Dr. L. Jacobson

Lehrbuch der Ohrenheilkunde für Ärzte und Studierende

Dr. L. Jacobson

Lehrbuch der Ohrenheilkunde für Ärzte und Studierende

ISBN/EAN: 9783744696128

Hergestellt in Europa, USA, Kanada, Australien, Japan

Cover: Foto ©berggeist007 / pixelio.de

Weitere Bücher finden Sie auf **www.hansebooks.com**

LEHRBUCH

DER

OHRENHEILKUNDE

FÜR ÄRZTE UND STUDIRENDE

VON

Dr. L. JACOBSON

PRIVATDOCENT UND OHRENARZT IN BERLIN

MIT 318 ABBILDUNGEN AUF 20 TAFELN

LEIPZIG

VERLAG VON GEORG THIEME

1893.

Inhaltsverzeichniss.

Seite

Specielle Pathologie und Therapie der Ohrenkrankheiten.

Einleitung.

Die Lehre von den Ohrenkrankheiten und ihrer Behandlung hat in den letzten 30 Jahren einen mächtigen Aufschwung genommen. Gleichwohl wird der Ohrenheilkunde auch heute weder im ärztlichen noch im Laienpublikum diejenige Wichtigkeit beigelegt, welche ihr thatsächlich gebührt. Es ist dieses ausserordentlich bedauerlich. Denn *die Krankheiten des Ohres sind für Leben und Gesundheit des Menschen von sehr viel grösserer Bedeutung als diejenigen vieler anderer Organe des Körpers, ihre richtige Erkenntniss und Behandlung also für den Arzt von der grössesten Wichtigkeit.*

Letzteres mit Gründen zu belegen, dürfte in der Einleitung eines Lehrbuchs der Ohrenheilkunde nicht überflüssig sein. Drei Gesichtspunkte sind es, auf welche in dieser Beziehung hingewiesen werden muss:

1) *Die ungemein grosse* **Häufigkeit** *der Ohrenkrankheiten,*

2) *Die grossen* **Gefahren**, *welche sie* in äusserst zahlreichen Fällen nicht nur für die Function des Sinnesorgans, d. h. also *für das Hörvermögen,* nicht nur ferner *für das Allgemeinbefinden des Patienten,* sondern auch ganz insbesondere *für das Leben desselben herbeiführen,*

3) *Die grosse Wichtigkeit* **frühzeitiger** *richtiger Erkenntniss und Behandlung.*

Was zunächst den ersten Punkt betrifft, so *gehören die Ohrenkrankheiten zu den* **häufigsten** *Krankheiten überhaupt.* Es ist dieses leicht verständlich, wenn man bedenkt, dass das Ohr sowohl bei den acuten Infectionskrankheiten, z. B. bei Typhus, Diphtheritis, Scharlach, Masern, welch' letztere fast keinen Menschen verschonen, wie auch bei den so ausserordentlich häufigen Erkrankungen der Nase und des Rachens, bei Schnupfen, Mandelentzündung, Rachencatarrh und dergl., ganz ungemein oft in Mitleidenschaft gezogen wird. Nach v. Tröltsch ist selbst in den mittleren Jahren durchschnittlich unter drei Menschen zum Mindesten einer schwerhörig. Natürlich soll dieses nicht heissen, dass bei wenigstens einem Drittel aller Menschen zwischen dem 20. und 50. Jahr eine *hochgradige,* schon im gewöhnlichen Leben dem Betreffenden lästige Schwerhörigkeit besteht, sondern nur, *dass das Hörvermögen bei mindestens einem Drittel der Menschen auf einem oder beiden Ohren nicht mehr normal ist.* Einseitige Schwerhörigkeit kann, wie dieses später noch eingehender erörtert wird, sogar sehr hochgradig sein, ohne dass der Patient selber sie überhaupt bemerkt.

Was den zweiten der oben angegebenen Punkte anlangt, so giebt es zwar sehr viele Ohrenkrankheiten, welche zunächst weder Schmerz noch andere subjective Beschwerden, sondern nur eine mehr minder hochgradige, sich gewöhnlich mit der Zeit immer mehr steigernde *Herabsetzung der Hörschärfe* verursachen. Indessen auch bei diesen treten im weiteren Verlauf häufig ein *dumpfer Druck im Kopfe,* ferner *Schwindelanfälle,* insbesondere aber fast immer *subjective Gehörsempfindungen*

(Sausen, Brausen, Zischen, Singen etc.) hinzu, und die letzteren werden nicht selten so quälend, dass sie die Patienten vollkommen verzweifelt machen, *ja sogar zum Selbstmord treiben können.* Es ist eigentlich zu bedauern, dass subjective Beschwerden bei vielen Ohrenkranken erst nach längerem Bestehen des Leidens auftreten. Denn, wenn dieses früher geschähe, so würden die Patienten sich veranlasst sehen, schon früher ärztliche Hülfe nachzusuchen und nicht erst, wie es jetzt leider so häufig der Fall ist, in einem Zeitpunkte, wo eine Heilung ihres Leidens unmöglich ist.

Sehr viel seltener als durch die subj. Gehörsempfindungen wird das Allgemeinbefinden der Patienten durch *Schmerzen* beeinträchtigt. Immerhin sind letztere zumal bei den acuten Ohrenkrankheiten noch häufig genug und gewöhnlich *von ausserordentlicher Vehemenz.*

Dass auch die Herabsetzung des Hörvermögens, wenn sie nicht mehr geringfügig ist, den Lebensgenuss der Patienten erheblich beeinträchtigt, indem sie ihnen den geselligen Verkehr, den Besuch von Versammlungen, Vorträgen und Theatern verleidet, bedarf keiner eingehenderen Erörterung. Wohl aber möchte ich an dieser Stelle noch darauf hinweisen, dass ein hochgradig Schwerhöriger auch bei der Beschaffung seines Lebensunterhalts die grössten Schwierigkeiten findet, da ein gutes Gehör für die allermeisten Berufsarten durchaus nothwendig ist, und ferner darauf, dass erhebliche Schwerhörigkeit, wenn sie bei einem Kinde auftritt, die geistige Entwicklung desselben aufs Aeusserste beeinträchtigt, ja in vielen Fällen, worauf ich später noch eingehender zurückkomme, zur *Taubstummheit* führt.

Sollten schon die angeführten Momente zur Genüge darthun, wie wichtig es für den Arzt ist, die Krankheiten des Ohres richtig erkennen und behandeln zu können, um so seine Clienten von **oft wüthenden Schmerzen** *oder von* **qualvollen subj.** *Gehörsempfindungen zu befreien und ihnen ein für ihre* **geistige Entwicklung** *wie auch für ihre* **Berufs- und Erwerbsthätigkeit** *gleich wichtiges Sinnesorgan zu erhalten, so wird dieses doch noch einleuchtender, wenn man bedenkt, dass gewisse Formen von Ohrerkrankungen in sehr zahlreichen Fällen* **zum Tode** *führen.* Es sind dieses die so ungemein häufigen eitrigen Entzündungen des Gehörorgans, insbesondere die chronischen Mittelohreiterungen, welche, weil sie meist durch Jahre hindurch subjective Beschwerden nicht verursachen, leider auch heute noch allzu oft vollkommen vernachlässigt werden.

Bei einiger Ueberlegung dürfte es nicht überraschen, dass eine Eiterung in einem Organ, welches der Schädelbasis so ausserordentlich nahe liegt wie das Ohr, leicht auf den Inhalt des Schädels, Gehirn etc., übergreift, und dass dann Krankheiten wie Hirnhautentzündung, Hirnabscess oder Hirnsinusthrombose entstehen, welche, wenn sie in neuerer Zeit auch mitunter geheilt worden sind, doch, wie dieses später noch näher ausgeführt wird, in der Mehrzahl der Fälle *tödtlich* verlaufen.

Nachdem hiermit die grosse Wichtigkeit erwiesen ist, welche die Krankheiten des Gehörorgans nicht nur für *das Wohlbefinden,* sondern auch für *die Lebensdauer der Patienten* besitzen, hätten wir noch den dritten der oben angeführten Punkte zu besprechen, d. h. also zu erörtern, warum es von wesentlicher Bedeutung ist, Ohrenkrankheiten schon *frühzeitig* richtig zu erkennen und zu behandeln. Das letztere ist ja im grossen Ganzen bei *allen* Krankheiten der Fall, bei denjenigen des Ohres aber wohl in ganz besonderem Maasse und zwar aus zweierlei Gründen: Das Gehörorgan besitzt in seinen für die Function besonders wichtigen Abschnitten, dem mittleren und inneren Ohre, nur sehr geringe räumliche Dimensionen. Die Folge hiervon ist, dass im Mittelohr schon eine mässige Schwellung der Schleimhaut genügt, um die in der Norm durch Luft getrennten, aber nur sehr wenig, an einigen Stellen kaum 2 mm von einander entfernten Paukenhöhlenwände zu gegenseitiger

Berührung und, wenn letztere längere Zeit bestehen bleibt, unter Umständen zur Verwachsung zu bringen.

Dasselbe gilt in noch höherem Maasse von den Gehörknöchelchen, deren Abstand von den benachbarten Paukenhöhlenwänden ein noch kleinerer ist. Und ähnlich liegen die Verhältnisse im Labyrinth. Dass eine pathologische Aneinanderlagerung der in der Norm durch Luft getrennten Theile des Paukenhöhlenapparats die normale Schwingungsfähigkeit des letzteren bei Einwirkung von Schall und hierdurch die Hörschärfe des betreffenden Ohres erheblich herabsetzen kann, ist ohne Weiteres verständlich. Wird sie frühzeitig erkannt, so sind wir meist im Stande, sie durch geeignete therapeutische Maassnahmen zu beseitigen. Haben sich indessen im Laufe der Zeit bereits feste Verwachsungen zwischen den einzelnen Theilen des Paukenhöhlenapparats gebildet, so ist dieses oft nur sehr unvollkommen, zuweilen gar nicht mehr möglich.

Und in gleicher Weise, wie in dem eben angeführten Beispiel für die Erhaltung des Gehörs, ist eine frühzeitige sachverständige Behandlung wiederum von der grössesten Bedeutung, um ein Uebergreifen der Entzündung auf die Schädelhöhle und daraus resultirende tödtliche Folgekrankheiten zu verhüten. Im Beginn ist es meist leicht möglich, einer Paukenhöhleneiterung Herr zu werden; besteht die letztere aber schon Jahre lang und hat sie sich im Laufe der Zeit von der Schleimhaut auf die knöchernen Wände des Mittelohrs weiter fortgepflanzt, so macht ihre Behandlung oft die grössesten Schwierigkeiten, erfordert häufig grosse operative Eingriffe, und auch diese sind dann nicht immer mehr im Stande, den Patienten vor den verderblichen Folgen der Ohreiterung zu schützen und sein durch letztere gefährdetes Leben zu erhalten.

Der zweite Grund, warum es gerade bei den Krankheiten des Ohres von so wesentlicher Bedeutung ist, dass der Arzt dieselben *frühzeitig* erkennt, basirt in dem Umstande, dass die Patienten selber aus Mangel an subjectiven Beschwerden ihr Leiden nur allzu oft vollkommen übersehen und unbeachtet lassen. Wie schon erwähnt wurde, ist das häufigste, in zahlreichen Fällen lange Zeit hindurch einzige Symptom der Ohrenkrankheiten Schwerhörigkeit. Diese aber bleibt viel öfter ganz unbemerkt als z. B. eine Beeinträchtigung des Sehvermögens. Wird jemand kurzsichtig, so merkt er sehr bald, dass er entfernte Gegenstände, z. B. Strassenschilder, Häusernummern und dergl. nicht mehr erkennen kann, wird er weitsichtig, so fällt es ihm sofort auf, dass er kleine Schrift in dem gewöhnlichen Abstand nicht mehr zu entziffern vermag, dass er z. B. die Zeitung weit vom Auge entfernen muss, um sie überhaupt noch lesen zu können. Wird Jemand schwachsichtig, so kann dieses, wenn die Herabsetzung der Sehschärfe nur auf dem *einen* Auge oder nur in der Peripherie des Gesichtsfeldes stattgefunden hat, freilich gleichfalls lange Zeit hindurch vollkommen unbemerkt bleiben. Eine doppelseitige Herabsetzung der centralen Sehschärfe aber wird stets schon ziemlich früh erkannt, weil selbst die Unbemittelten und Ungebildeten an das Auge recht hohe Ansprüche stellen und eine Herabsetzung ihrer Sehschärfe, auch wenn dieselbe noch gering ist, beim Lesen der Zeitung oder bei feinen Handarbeiten sehr bald bereits bemerken.

Anders ist es beim Ohre. Eine Abnahme der Hörschärfe spüren die meisten Menschen erst dann, wenn ihnen das Verständniss der gewöhnlichen lauten Conversationssprache Schwierigkeiten zu bereiten beginnt. Letztere aber wird von einem normalen Ohre in geschlossenen Räumen auf mindestens 30 Meter verstanden, d. h. auf eine Entfernung, in welcher sehr viele Menschen überhaupt niemals hören wollen, während andere erst beim Besuch einer Versammlung oder eines Theaters, wo sie zufällig weit von dem Redner oder der Bühne entfernt sitzen, auf die Mangelhaftig-

1 *

keit ihres Hörvermögens aufmerksam werden, dann aber zunächst auch erst in undeutlicher Aussprache seitens der Redner oder Schauspieler oder schlechter Acustik des betroffenen Raums den Grund für ihr unzureichendes Verstehen zu suchen pflegen.

Dass wegen der relativ geringen Ansprüche, welche das Leben in civilisirten Ländern an das Hörvermögen stellt, eine Schwerhörigkeit bereits ziemlich weit vorgeschritten sein kann, bevor sie bemerkt wird, ist hiernach erklärlich, ebenso auch ohne Weiteres, dass bei einseitiger Ohrerkrankung selbst hohe Grade ganz unbeachtet bleiben können. Auffällig aber ist es, dass die Eltern ohrenkranker Kinder sich häufig durchaus nicht von der Schwerhörigkeit derselben überzeugen lassen wollen. Oft genug erhält der Ohrenarzt, wenn er den Angehörigen demonstrirt, dass das Kind nur in der Nähe gesprochene Worte richtig wiederholt, in normaler Entfernung geflüsterte aber nicht mehr, stets die Antwort: „das liegt nur daran, dass das Kind nicht aufpasst: es ist nicht schwerhörig, sondern nur *ängstlich* oder *zerstreut.*" Wollen die Eltern in solchen Fällen das Vorhandensein eines Ohrenleidens bei ihrem Kinde durchaus nicht anerkennen, so haben sie es sich selber zuzuschreiben, wenn sich bei letzterem allmählich eine unheilbare Taubheit entwickelt.

Da aber oft genug bei Kindern sowohl wie bei Erwachsenen Schwerhörigkeit besteht, ohne dass sie selber bez. ihre Umgebung es überhaupt wissen, so ist es **Pflicht der behandelnden Aerzte, die Hörschärfe ihrer Clienten öfters zu prüfen.** *Würden die Aerzte eine derartige Untersuchung, die, wie wir später sehen werden, ausserordentlich einfach ist, und eigentliche otiatrische Kenntnisse überhaupt nicht voraussetzt, bei ihren Kranken nur drei oder vier Mal im Jahre vornehmen, so würden sie sich überzeugen, dass ein ungemein grosser Procentsatz ihrer Patienten auf einer oder gar beiden Seiten ohrenkrank ist, und würden nun in der Lage sein, durch Einleitung entsprechender Behandlung in den meisten Fällen noch Heilung zu schaffen* **bei einem Leiden, das, wenn man es unbeachtet lässt,** *wie wir oben gesehen haben,* **im Laufe der Zeit oft genug nicht nur vollkommene Taubheit, sondern sogar den Tod des Kranken herbeiführt.**[*]

*) In diesem Sinne dürfte es auch zweckmässig erscheinen, dass das Hörvermögen sämmtlicher *Schulkinder* in regelmässigen Intervallen (zum Mindesten 1—2 Mal im Jahre) von sachverständiger Seite geprüft werde, ein Vorschlag, der von Ohrenärzten bereits öfter gemacht worden ist. WEIL fand bei solchen Untersuchungen in einer Schule über 30% der Kinder auf einem oder beiden Ohren schwerhörig. Ist eine Schwerhörigkeit constatirt, so soll nach GELLÉ sofort die Familie benachrichtigt und eine Behandlung angerathen werden. Abgesehen davon, dass durch derartige officielle Prüfungen des Hörvermögens bei zahlreichen Kindern, die jetzt, weil sie in der Schule nicht weiter kommen, für dumm, faul oder zerstreut gehalten werden, als wahrscheinlicher Grund ihres Zurückbleibens eine Schwerhörigkeit entdeckt werden würde, dass die Kinder hiernach dem Lehrer, den sie bisher gar nicht oder nur unvollkommen verstanden, näher gesetzt und dadurch in ihrer geistigen Entwicklung gefördert werden könnten, so würden derartige officielle Untersuchungen auch die Möglichkeit geben, die schon im Kindesalter so überaus häufigen Ohrenkrankheiten *frühzeitig* zu erkennen. Die Einleitung einer sachverständigen Behandlung hinge natürlich auch dann noch immer von dem guten Willen der Eltern ab. Leider haben die Ohrenärzte auch in dieser Beziehung heutzutage noch mit grossen Schwierigkeiten zu kämpfen. Es ist geradezu unverständlich, dass die Kinder wohlhabender Eltern, ja selbst solche aus dem Mittelstande, heute gewöhnlich schon vom 3. oder 5. Jahre an fast alle paar Monate zum Zahnarzt geschickt werden, nicht etwa, weil sie kranke Zähne haben, sondern nur, um einer Erkrankung der Zähne vorzubeugen, während für ein so wichtiges Organ, wie das Ohr, in dieser Beziehung meist gar nichts geschieht.

Wenn die überwiegende Majorität der Aerzte heutzutage dieser so naheliegenden und nach dem vorher Ausgeführten wohl Jedem einleuchtenden Forderung nicht entspricht, so liegt dieses daran, dass Kenntnisse in der Ohrenheilkunde bisher bei den medicinischen Prüfungen nicht verlangt werden. Aus diesem Grunde beschäftigen sich die meisten Mediciner während ihres Universitätsstudiums mit der in Rede stehenden Specialdisciplin gar nicht, ja sie erfahren nicht einmal, eine wie grosse practische Wichtigkeit dieselbe besitzt. *Nach* dem Examen suchen Manche früher oder später diese Lücke ihres Wissens noch auszufüllen. Indessen im grossen Ganzen ist letzteres doch nur relativ selten der Fall.

Es ist natürlich, dass Aerzte, welche sich weder auf der Universität noch später mit Ohrenheilkunde jemals beschäftigt haben, nicht geneigt sind, das Ohr oder auch nur die Hörfähigkeit ihrer Patienten zu untersuchen. Es ist ferner ebenso natürlich, dass sie, falls sich ein Ohrenkranker in ihre Behandlung begiebt, meist vollkommen falsche therapeutische Maassnahmen treffen. Dahin gehören z. B. die noch immer so häufigen *Extractionsversuche von ins Ohr gerathenen Fremdkörpern mit Pincette oder Kornzange ohne Beleuchtung des Ohres mit dem Reflector.* Wir werden später sehen, wie häufig solche durchaus verkehrten ärztlichen Eingriffe dem Patienten, der den Fremdkörper sonst ohne Schaden vielleicht 30, 40 Jahre und länger hätte im Ohre behalten können, bereits das Leben gekostet haben. Und doch ist, wie wir gleichfalls später sehen werden, die richtige Therapie der Fremdkörper im Ohre eine ausserordentlich einfache und in 10 Minuten zu erlernen.

Ganz ähnlich verhält es sich mit anderen Maassnahmen, welche die meisten Aerzte, die Ohrenheilkunde niemals getrieben haben, bei Schmerz oder Sausen im Ohre, sowie bei Schwerhörigkeit mit Vorliebe verordnen, ich meine *das Einträufeln von einigen Tropfen Oel in den Gehörgang, das Ausspritzen desselben mit Wasser oder Kamillenthee und endlich das Einleiten von warmen Wasser- oder Kamillentheedämpfen in den Ohreingang, das „Bähen" des Ohres.* Diese natürlich sehr gut gemeinten Verordnungen nämlich sind durchaus nicht so harmlos, wie es den Anschein hat. Denn *meistens nützen sie nicht nur nichts, sondern schaden sogar und zwar nicht selten recht erheblich.* So verursachen sie z. B. in solchen Fällen, wo als Folge einer vor längerer Zeit abgelaufenen Otitis media purulenta eine Trommelfellperforation zurückgeblieben ist, wovon die Patienten selber oft gar nichts wissen, recht häufig ein erneutes Auftreten eitriger Mittelohrentzündung, d. h. einer Krankheit, an welcher nicht wenige Menschen früher oder später zu Grunde gehen.

Das Gleiche kann eintreten, wenn der Arzt Jemandem, der eine „trockene Trommelfellperforation" hat, zur Abhärtung oder Kräftigung Fluss- oder Seebäder verordnet. Denn durch das Eindringen von Wasser in die Paukenhöhle entsteht hierbei ungemein oft von Neuem eine Mittelohreiterung. Bestand keine Trommelfellperforation, so sind die obigen unbedachten ärztlichen Verordnungen in ihren Folgen zwar weniger verhängnissvoll, aber auch nicht immer ganz unschädlich. Denn das Ausspritzen oder „Bähen" des Ohres verursacht nicht selten eine Entzündung des äusseren Gehörgangs, insbesondere wenn man nicht dafür sorgt, dass der Kranke nach dem Ausspritzen oder Bähen noch 2—3 Tage einen Pfropf von Verbandwatte im Ohreingang trägt. Das Einträufeln von Oel aber führt zuweilen zur Entwicklung von Aspergilluspilzen im Ohre und dadurch zur Otitis externa parasitaria.

Die obigen Ausführungen dürften genügen, um zu beweisen, dass, wenn auch nicht specialistische, so doch einige Kenntnisse in der Ohren-

heilkunde für jeden Arzt von der grössesten Wichtigkeit sind und dass ein gewisses Maass derselben **von allen Aerzten** *verlangt werden muss.*

Dass *Militärärzte*, welche die Ohren der Stellungspflichtigen zu untersuchen, *Eisenbahnärzte*, die das Hörvermögen des Betriebspersonals zu prüfen bez. festzustellen haben, ob die betreffenden Beamten fähig sind, die acustischen Signale aus genügender Entfernung zu percipiren, dass *Gerichtsärzte*, welche bei traumatischen Ohrerkrankungen häufig Gutachten über die Schwere derselben oder über etwaige Simulation von Schwerhörigkeit und Taubheit, endlich *bei Lebensversicherungsgesellschaften angestellte Aerzte*, die feststellen müssen, ob die Antragsteller ein Ohrenleiden haben, welches die Lebensdauer herabsetzen könnte, *wenigstens die otiatrischen* **Untersuchungsmethoden** beherrschen sollten, ist selbstverständlich.

Die Leser eines Lehrbuchs der Ohrenheilkunde zerfallen in drei verschiedene Gruppen und zwar:

1) in solche Aerzte, die sich zu Specialisten für Otiatrie ausbilden wollen,

2) in solche, die sich in ihrer Praxis von der grossen Häufigkeit und Wichtigkeit der Ohrenkrankheiten überzeugt und in Folge dessen den Wunsch haben, sich auch auf diesem Gebiete wenigstens einige Kenntnisse anzueignen bez. bei geeigneten Fällen die betreffenden Capitel nachzulesen,

3) endlich in Studenten, die den lobenswerthen Eifer besitzen, sich auf der Universität nicht nur in solchen Fächern Kenntnisse zu erwerben, welche im Examen geprüft werden.

Für die zweite und dritte Categorie von Lesern ist es wünschenswerth, dass ein Lehrbuch möglichst kurz sei. Denn ihre Zeit ist gewöhnlich mehr als hinreichend in Anspruch genommen. *Es war in Folge dessen bei Abfassung des vorliegenden Lehrbuchs auch mein Bestreben,* **alles Ueberflüssige wegzulassen.**

Dementsprechend habe ich es für richtig gehalten, *von Literaturangaben ganz Abstand zu nehmen.* Wer erfahren will, was zur Erkenntniss und Behandlung der Ohrenkrankheiten erforderlich ist, für den ist es von Wichtigkeit, bestimmte diagnostische und therapeutische Thatsachen kennen zu lernen, nicht aber zu hören, von wem und wo dieselben zuerst publicirt sind. Es kommt hinzu, dass der fertige Specialist, welcher selber literarisch zu arbeiten wünscht, in dem zur Zeit bei Vogel in Leipzig erscheinenden, unter der Mitwirkung zahlreicher namhafter Autoren von Hermann Schwartze herausgegebenen grossen Sammelwerk „Handbuch der Ohrenheilkunde", soweit es der schon vorliegende 1. Theil beurtheilen lässt, eine Zusammenstellung der Quellenangaben in bisher unerreichter Vollständigkeit finden wird.

Sodann glaubte ich die Anatomie und Physiologie des Ohres im Allgemeinen als bekannt voraussetzen zu dürfen. Die Anatomie habe ich deshalb nur insoweit besprochen, als sie in practischer Beziehung für den Ohrenarzt von besonderer Bedeutung ist, vorzugsweise also die topographischanatomischen und die Grössenverhältnisse der verschiedenen Bestandtheile des Ohres. Aus der Physiologie des letzteren habe ich nur dasjenige erörtert, was mir zum Verständniss der Ohrenkrankheiten nothwendig erscheint, und dieses nicht im Zusammenhang, sondern bei den einzelnen Capiteln, speciell in denjenigen über die Hörprüfungen, über die Diplacusis und über die Gleichgewichtsstörungen gesondert.

Aus gleichem Grunde habe ich alle hypothetischen und controversen Dinge, zumal wenn dieselben eine practische Wichtigkeit nicht besitzen, entweder gar nicht oder doch nur ganz kurz berührt. Wenn ich hiervon in dem Capitel über die Differentialdiagnose zwischen Erkrankungen des schallleitenden und -empfindenden

Apparats eine Ausnahme gemacht habe, so geschah es, weil ich in dieser auch practisch immerhin wichtigen Frage einen von der Mehrzahl der heutigen Autoren abweichenden Standpunkt einnehme und nicht verfehlen wollte, denselben an dieser Stelle nach besten Kräften zu vertreten.

Auch auf casuistische Mittheilungen glaubte ich in dem vorliegenden Lehrbuch aus dem oben angegebenen Grunde verzichten zu sollen.

Wenn letzteres trotz alledem doch ziemlich voluminös geworden ist, so liegt dieses einmal daran, dass entsprechend dem raschen Ausbau der Otiatrie in den letzten Jahren für den heutigen Ohrenarzt umfangreiche specialistische Kenntnisse nothwendig geworden sind, und ferner daran, dass ich absichtlich bemüht war, *das Wissenswerthe auch möglichst verständlich zu machen.* Das letztere scheint mir bei einem *Lehrbuch* nicht unrichtig zu sein. In *Compendien* darf man den Gegenstand mehr andeutungsweise behandeln. Diese indessen werden Niemandem dazu dienen, sich gründliche *neue* Kenntnisse zu erwerben, sondern nur bereits vorhandene ins Gedächtniss wieder zurückzurufen.

Um denjenigen, welche zunächst nur das in practischer Hinsicht hauptsächlich Wichtige aus dem Gebiete der Ohrenheilkunde erfahren wollen, Zeit zu ersparen, habe ich dieses gross, alles übrige aber klein drucken lassen. Wer nur einen allgemeinen Ueberblick über unsere Specialdisciplin gewinnen will, kann letzteres überschlagen. Ganz übergehen durfte ich meines Erachtens in dem vorliegenden Lehrbuch auch das weniger Wichtige nicht, da dasselbe ja auch für solche Aerzte bestimmt ist, welche sich zu Specialisten für Ohrenheilkunde ausbilden wollen, und ferner, da auch dem Nichtspecialisten gelegentlich seltenere Ohrerkrankungen vorkommen, über welche es ihm von Wichtigkeit sein dürfte, das Nothwendige nachlesen zu können.

Im Allgemeinen ist das in diesem Buche Mitgetheilte das Ergebniss meiner eigenen, während einer fast 16 Jahre langen Thätigkeit an dem grossen Krankenmaterial der Berliner otiatrischen Universitätsklinik und -poliklinik gesammelten Erfahrungen. Nur bei der *Behandlung* der Ohrenkrankheiten glaubte ich ausser den von mir selber erprobten therapeutischen Maassnahmen auch noch andere mittheilen zu sollen, für deren Wirksamkeit die Empfehlung einiger unserer bedeutendsten lebenden Ohrenärzte wohl als hinreichende Gewähr betrachtet werden darf.

Zur Anatomie des Ohres.

Da wir die Anatomie des Gehörorgans im Allgemeinen als bekannt voraussetzen
dürfen, so sollen an dieser Stelle nur diejenigen Verhältnisse in seinem Bau hervorgehoben werden, welche vom Standpunkte des Ohrenarztes aus eine besonders
grosse praktische Wichtigkeit besitzen.

I. Aeusseres Ohr. Ohrmuschel (Auricula) und äusserer Gehörgang (Meatus auditorius externus).

(Die anatomischen Verhältnisse des äusseren Ohres sind auf Taf. I Fig. 1—5 dargestellt.)

Die die knorplige Grundlage der **Ohrmuschel** bedeckende Haut ist dünn, besitzt
kein Fettpolster und trägt überall feine Härchen mit entsprechenden Talg-, sowie kleine
Schweissdrüsen. Besonders reichlich finden sich die Haare am Tragus, Antitragus und
in der Incisura intertragica. Sie sind hier mitunter, namentlich bei Männern und in
höherem Alter, von ansehnlicher Länge und werden als *Bockshaare (Hirci)* bezeichnet
(s. Taf. I Fig. 1).

Der **äussere Gehörgang** besteht aus einem lateralen *knorpligen* und einem
medialen *knöchernen* Theil, welche einen nach unten und vorn offenen stumpfen Winkel mit
einander bilden. Eine beide Abschnitte verbindende nachgiebige bindegewebige Zwischen-
substanz (Taf. I Fig. 3 (10)), eine Art von Ringband, macht es uns möglich, durch entsprechenden Zug an der Ohrmuschel (s. S. 26) die Richtung des knorpligen Theils derart
zu verändern, dass aus dem vorher winklig geknickten Canal ein gerade verlaufender wird,
wie dieses zur Ohrenspiegeluntersuchung sowohl, wie auch zu instrumentellen Vornahmen
in der Tiefe des Ohres in den meisten Fällen nothwendig ist.

Der ganze äussere Gehörgang verläuft annähernd transversal, ist aber in horizontaler
Richtung zickzackförmig geknickt (Taf. I Fig. 3 u. 4). Die erste mit ihrem Scheitel nach
vorn gerichtete Knickung liegt etwa in der Mitte des knorpligen Abschnitts, die zweite,
mit ihrem Scheitel nach hinten gerichtete, an der Uebergangsstelle zwischen knorpligen
und knöchernem Gehörgang. Im Frontalschnitt erscheint der Gehörgang etwas nach aufwärts gekrümmt (s. Taf. I Fig. 1).

Der *knorplige Theil* bildet eine nach oben und hinten offene Rinne, welche durch
eine feste Membran geschlossen ist. Er enthält gewöhnlich zwei, zu der Längsaxe
fast senkrecht verlaufende, durch fibröses Bindegewebe geschlossene Spalten (*Incisurae
Santorinianae*) (Taf. I Fig. 1 u. 3), durch welche mitunter Parotisabscesse in den
Gehörgang durchbrechen. Der *knöcherne Theil* grenzt vorn an das Kiefergelenk,
welches sich nach aussen noch bis an die vordere Wand des knorpligen Abschnitts
erstreckt, oben an den Boden der mittleren Schädelgrube (Taf. I Fig. 1), hinten an
die Warzenzellen (Taf. I Fig. 3 u. Taf. III Fig. 1, 2, 5, 6, 7, 8, 9, 10).

Mit Rücksicht auf diese topographischen Verhältnisse ist es erklärlich, dass
bei cariöser Erkrankung der oberen Gehörgangswand, welche übrigens bei verschiedenen Individuen eine ungleiche Dicke zeigt, sich der Entzündungsprocess zuweilen auf die Dura mater fortpflanzt und zu letal verlaufender Meningitis führt,
und dass bei Caries des Warzentheils häufig ein Uebergreifen der Zerstörung auf
die hintere Gehörgangswand beobachtet wird.

Die dicke und compacte *untere* und die namentlich in ihrem inneren Abschnitt dünne *vordere* Wand des knöchernen Gehörgangs zeigen in der Längsrichtung eine in das Lumen des Canals vorspringende convexe Wölbung, welche an der äusseren Grenze des inneren Drittheils am stärksten ist.

Hier ist die engste Stelle des knöchernen Theils, der *Isthmus*, in welchem Fremdkörper mitunter fest eingekeilt werden. Derselbe ist von der vorderen Peripherie des Trommelfells 7—8, von der hinteren nur 1—2 mm entfernt. Um also eine Verletzung des Trommelfells zu vermeiden, dürfen wir bei instrumentellen Extractionsversuchen von Fremdkörpern an der hinteren und oberen Gehörgangswand nur mit grösster Vorsicht eindringen.

Die convexe Wölbung der vorderen Wand des Gehörgangs ist zuweilen so stark, dass sie eine Besichtigung der vorderen Trommelfellpartieen vollständig unmöglich macht. Nach innen von dem Isthmus unmittelbar vor dem Trommelfell zeigt die vordere und untere Gehörgangswand eine concave Ausbuchtung (*Sinus meat. audit. ext.*), aus welcher kleinere Fremdkörper mitunter schwer zu entfernen sind (Taf. I Fig. 1 u. 3).

Die *Länge* des äusseren Gehörgangs beträgt, wenn man darunter die Entfernung vom vorderen Rand der Tragusplatte (Taf. I Fig 3a) bis zum Ende der vorderen unteren Gehörgangswand versteht, etwa 35 mm, von denen ca. 21 auf den knorpligen, 14 auf den knöchernen Abschnitt entfallen. Versteht man dagegen darunter die Entfernung des Trommelfells von einer durch den hinteren Rand der Ohröffnung (Taf. I Fig. 3 b) gelegten Sagittalebene, so beträgt sie an der oberen Wand 24, an der unteren 26, an der hinteren 22 und an der vorderen 27, im Mittel 24 mm, von denen ca. $\frac{1}{3}$ auf den knorpligen Theil entfällt.

Aus diesen Maassangaben ist ohne Mühe ersichtlich, dass das am inneren Ende des Meat. audit. ext. in der hier befindlichen Knochenrinne, dem *Sulcus tympanicus*, befestigte *Trommelfell* mit der oberen und hinteren Wand des Gehörgangs einen stumpfen, mit der unteren und vorderen einen spitzen Winkel bildet (Taf. I Fig. 1 u. 3).

Der *Trommelfellfalz* oder *Sulc. tympanicus* bildet übrigens keinen vollkommen geschlossenen Kreis. Ein kleines, oberhalb des Processus brevis mallei gelegenes Stück vom inneren Rande des knöchernen Gehörgangs, die *Incisura Rivini*, bleibt vielmehr falzlos.

Die *Weite* des knorpligen wie des knöchernen Abschnitts zeigt grosse individuelle Verschiedenheiten. Ersterer ist bei Kindern meist enger als bei Erwachsenen, oft aber entsteht auch im Greisenalter durch Collaps seiner vorderen und hinteren Wand eine schlitzförmige Verengerung der äusseren Ohröffnung.

Bei Erwachsenen ist das Lumen des knorpligen Theils des Gehörgangs im Mittel ca. 8 mm hoch und 5 mm breit, das des knöchernen ca. 10 mm hoch und 6 mm breit.

Statt des knöchernen Theils finden wir beim Neugeborenen nur eine Knochenspange, den *Annulus tympanicus*, welche sich nach aussen in einen etwa die Hälfte des ganzen Gehörgangs bildenden häutigen Canal fortsetzt. Letzterer verkleinert sich in den ersten Lebensjahren in dem Maasse, als das *Os tympanicum* an Grösse zunimmt.

Die den Gehörgang auskleidende *Cutis* hat im knorpligen Theil eine Dicke von 1—2 mm und enthält hier zahlreiche Haarbälge (Taf. I Fig. 5 b), in welche seitlich traubenförmige Talgdrüsen (Taf. I Fig. 5 t) münden, im knöchernen wird sie allmählich immer dünner bis zu 0,1 mm und ist hier mit dem Periost unzertrennlich verwachsen.

Im subcutanen Bindegewebe liegen die tubulösen knäuelförmig zusammengewundenen *Ohrenschmalzdrüsen (Glandulae ceruminales)* (Taf. I Fig. 5 o), deren Ausmündungen sich beim Erwachsenen auf der freien Hautfläche des Gehörgangs befinden und schon mit blossem Auge sichtbar sind (Taf. I Fig. 1). Beim Neugeborenen und in manchen Fällen auch noch beim Erwachsenen münden sie in die Haarbälge. Im hohen Alter verfallen sie einer weitgehenden Atrophie. Denkt man sich den knorpligen Gehörgang in vier Theile getheilt, so liegt die Mehrzahl der Ohrenschmalzdrüsen an der oberen und unteren Wand des zweiten und dritten Viertels. Einzelne finden sich indessen auch weiter nach aussen und innen bis nahe gegen die Ohröffnung bez. bis zum Beginn des knöchernen Gehörgangs.

II. Mittelohr.

A. Die **Ohrtrompete** oder **Tuba Eustachii**: ist eine enge Röhre, welche die Paukenhöhle mit dem Nasenrachenraum verbindet. Ihre Längsaxe bildet bei der gewöhnlichen aufrechten Kopfhaltung (Taf. XII Fig. 2) mit der Horizontalebene einen nach hinten und aussen offnen Winkel von 30°, mit der durch das Septum narium gelegten Sagittalebene einen nach hinten und aussen offenen Winkel von 45—50°, mit der Gehörgangsaxe einen nach unten, aussen und vorn offenen Winkel von 150°, verläuft also schräg von vorn, unten und innen (medial) nach hinten, oben und aussen (lateral) (Taf. I Fig. 14).

Von ihrer zwischen 34 und 44 mm schwankenden, im Durchschnitt 36,4 mm betragenden *Länge* kommen etwa ²⁄₃ also ca. 24 mm auf den unteren knorplig-membranösen, ¹⁄₃ also ca. 12 mm auf den oberen knöchernen Abschnitt.

An der Verbindungsstelle dieser beiden Theile, welche einen namentlich an der unteren Seite der Röhre stets deutlich ausgesprochenen, nach unten offenen, sehr grossen stumpfen Winkel mit einander bilden, der *Pars ossea* und der *Pars cartilaginea*, befindet sich 24—28 mm von der Rachenmündung (*Ostium pharyngeum*) der Ohrtrompete entfernt die engste Stelle des Tubenlumens, der *Isthmus tubae*. Von hier aus erweitert sich der knöcherne Theil in seinem Verlauf nach aufwärts zur Paukenhöhle allmählich immer mehr, während der knorplig-membranöse in seinem Lumen eine verticale Spalte darstellt, deren Höhe bis zur Rachenmündung langsam grösser wird. Unmittelbar über der *Pars ossea tubae*, von ihr theils durch ein knöchernes Septum, theils (lateralwärts) nur durch eine fibröse Membran getrennt, liegt der nur 2 mm Durchmesser zeigende *Canalis* oder *Semicanalis tensoris tympani* (Taf. I Fig. 9 u. Taf. II Fig. 2 u 11). Beide zusammen bilden am macerirten Präparat den *Canalis musculo-tubarius*.

Medianwärts und nach unten grenzt an die knöcherne Tuba der *Canalis caroticus* (Taf. II Fig. 2). Die diese beiden Canäle von einander trennende dünne Knochenwand zeigt in seltenen Fällen Dehiscenzen.

Von den Wänden der *knöchernen* Tuba gehen die obere, mediale und laterale ohne scharfe Grenzen in die entsprechenden Wände der Paukenhöhle über, die untere Wand dagegen bildet mit der vorderen Paukenhöhlenwand eine scharfe, recht- oder stumpfwinkige Kante (Taf. I Fig. 9).

Die *Pars cartilaginea tubae* besteht zum grösseren Theil aus dem *Tubenknorpel*, durch welchen die ganze mediale resp. hintere Wand derselben, die obere Kante, das Dach der Tuba und ein an letzteres grenzender kleiner Abschnitt der lateralen Wand gebildet wird, während der übrig bleibende untere Theil der letzteren membranös ist (Taf. I Fig. 10). Der Tubenknorpel zeigt in seinem Verlauf vom Isthmus bis zur Rachenmündung der Tuba Veränderungen in Bezug auf Grösse und Form, welche durch die Darstellung seines Querschnitts in Fig. 11 (Taf. I) illustrirt werden. Die Höhe seiner medialen Platte b (Taf. I Fig 11) wächst vom Isthmus bis zum Ost. pharyng. allmählich von 3 bis auf 12 mm, ihre Breite von 1,5 bis auf 7 mm. Die laterale Knorpelplatte a (Taf. I Fig. 11) ist durchschnittlich 1,5 mm hoch.

An ihrer Innenwand ist die Tuba mit einer an verschiedenen Stellen Schleim- und Balgdrüsen führenden *Schleimhaut* ausgekleidet, welche im knöchernen Theil meist sehr dünn, glatt und innig mit dem Periost verbunden ist, und der Mucosa der Paukenhöhle gleicht, im knorpligen Theil an verschiedenen Stellen, insbesondere im unteren pharyngealen Theil, in vorzugsweise longitudinal verlaufende Falten gelegt erscheint. An ihrer Oberfläche trägt sie ein *Cylinderepithel mit Flimmerhaaren*, deren Bewegung von der Paukenhöhle zum Rachen gerichtet ist.

Die innere Lichtung der Tuba zeigt am *Ostium tympanicum*, der Einmündung in die Paukenhöhle, eine Höhe von im Mittel 4,5 und eine Breite von 3,3 mm, am Isthmus eine Höhe von 2—4,5, im Mittel 3 und eine Breite von kaum 1 mm. Die Pars cartilaginea tubae besitzt in ihrem grösseren Theil in der Ruhelage kein freies Lumen; ihre mediale und laterale Wand liegen mehr oder minder fest an einander und bilden eine geschlossene verticale Spalte, welche nur zeitweilig durch die Contraction der von der Ohrtrompete zum weichen Gaumen hinziehenden M. tensor und levator palati mollis geöffnet wird. Der erstere Muskel zieht bei seiner Contraction den membranösen Theil der Ohrtrompete und den lateralen Knorpelhaken von der medialen Knorpelplatte ab, sodass ihr Lumen klafft, er heisst daher auch *Abductor* oder *Dilatator tubae*; der letztere hebt den Boden der Ohrtrompete, wodurch das Ost. pharyng. tubae zwar verkleinert, das Lumen der ganzen knorpligen Tuba aber durch Auseinanderdrängen ihrer medialen und lateralen Wand wahrscheinlich verbreitert wird. Ausserdem haben die genannten Muskeln bekanntlich die Function, das Gaumensegel zu spannen und zu heben. Das Ostium pharyngeum tubae klafft auch während der Ruhestellung der genannten Muskeln. Allein in geringer Entfernung von demselben bilden die vorher bereits erwähnten am Boden der Tuba befindlichen Schleimhautfalten einen Wulst, welcher das Tubenlumen in der Ruhelage der Musculatur klappenartig verschliesst.

Das Ost. pharyng. tub. liegt an der Seitenwand des Nasenrachenraums in der Höhe der unteren Nasenmuschel. Es ist von der hinteren Rachenwand etwa 1,5—2, von der Nasenscheidewand etwa 2—2,5 cm entfernt und befindet sich etwa 1 cm. über dem Boden der Nasenhöhle. Seine hintere Wand bildet der ziemlich stark in das Cavum pharyngo-nasale prominirende knorplige *Tubenwulst*, welcher sich nach unten in die allmählich an Höhe abnehmende, sich schliesslich an der Seitenwand des Pharynx verlierende, zuweilen sehr mächtige *Wulstfalte* fortsetzt (Taf. I Fig. 12). Die vordere Wand ist membranös. Der obere Rand wird von einer hakenförmigen Umbiegung des Tubenwulstes umfasst, von welcher längs der vorderen Wand die kurze senkrecht abfallende *Hakenfalte* (Taf. I Fig. 12 u. 13) ausgeht. Hinter dem nach innen (medianwärts) vorspringenden knorpligen Tubenwulst, zwischen ihm und der hinteren Pharynxwand, liegt die *Rosenmüller'sche Grube* (Taf. I Fig. 12), eine Ausbuchtung der seitlichen Rachenwand. Die Gestalt des Ost. pharyng. tub. ist mannigfach, bald elliptisch, bald dreieckig, birn-, nieren- oder spaltförmig. Selbst bei ein und demselben Individuum sind Form und Grösse der Rachenmündung der Tuba auf beiden Seiten nicht immer gleich. Ihre Höhe misst etwa 6—9, die Breite ca. 5 mm.

Fig. 13 A und B (Taf. I) zeigen ein halbschematisches Bild des von vorn gesehenen Ost. pharyng. tub., A im Ruhezustand der Musculatur, B bei der Phonation und beim Schlingakt, wobei sich der Tubenwulst nach hinten bewegt. die bisher nicht sichtbare „Wulstfalte" zur Erscheinung gelangt und am Boden des Tubeneingangs in Folge der Verdickung des contrahirten M. levat. palat: moll. der die Wandungen auseinander drängende *Levatorwulst* sich erhebt.

Im Kindesalter verläuft die Tuba nahezu horizontal, ist kürzer und sowohl am Isthmus wie am Ost. tymp. weiter, als beim Erwachsenen; der Tubenwulst an der Rachenmündung ist hier kaum entwickelt, nur wenig prominent.

B. Die **Pauken-** oder **Trommelhöhle, Cavum tympani:** ist in der Norm mit Luft gefüllt und besteht aus dem *unteren Trommelhöhlenraum* (*Tympanum proprium*) und dem nach hinten in das Antrum mastoideum übergehenden *oberen Trommelhöhlenraum* [*Recessus epitympanicus* (Schwalbe), *Aditus ad antrum* (Bezold), *Attic* oder *Kuppelraum* (Hartmann')], in welch' letzterem der Kopf des Hammers und der grösste Theil des Ambos liegen. Beide Theile der Paukenhöhle werden an der medialen oder *Labyrinthwand* derselben durch einen dem *Canalis Fallopiae* (Taf. II Fig. 2) und zwar dem zweiten horizontalen Abschnitt desselben entsprechenden, oft nur schwach angedeuteten Knochenwulst (*Prominentia canalis facialis*) (Taf. I Fig. 9 F. W.) von einander getrennt.

Wir unterscheiden an der Paukenhöhle (Taf. I Fig. 1 u. Taf. II Fig. 7 u. 19) eine äussere, innere, obere, untere, hintere und vordere Wand, wobei indessen zu bemerken ist, dass bei der gewöhnlichen aufrechten Kopfhaltung (Taf. XII Fig. 2) die äussere und die innere Wand nicht senkrecht, sondern schräg von oben, aussen und hinten nach unten, innen und vorn verlaufen, wobei sie in der Richtung nach unten sowohl wie auch nach vorn leicht convergiren. Ihr Abstand von einander, die „Tiefe" des unteren Paukenhöhlenraums, ist hinten grösser als vorn, oben grösser als unten. Sie beträgt in einer durch das Ost. tymp. tub. gelegten Frontalebene an der Decke im Mittel 3,5, am Boden nur 3 mm, weiter hinten, an der Stelle des ovalen Fensters, oben 6,5, unten 5,8 mm, am Umbo des Trommelfells, zwischen ihm und dem Promontorium, 1,5—2 mm. Die äussere und innere Wand des Recess. epitymp. convergiren gleichfalls nach unten zu, sodass seine „Tiefe" im Frontalschnitt am Dach im Mittel 4,5, am Boden nur 3 mm beträgt.

Der grösste senkrechte Durchmesser, die „Höhe" des Tympan. propr., von der Mitte des Bodens aus gemessen, beträgt etwa 10—11 mm, die der hinteren Wand bis zum Eingang in den Recess. epitymp. ca. 9 mm, die der vorderen Wand bis zum unteren Rand des Ost. tymp. tub. ca. 4 mm.

Es können sich also am Boden der Paukenhöhle ansehnliche Secretmengen ansammeln, bevor sie durch die Eustachi'sche Ohrtrompete abfliessen.

Der *Längendurchmesser* des Tympanum propr., vom unteren Rande des Ost. tymp. tub. bis zum hinteren Rande des Eingangs zum Recess. epitymp. misst etwa 13 mm. Die knöchernen Wände der Paukenhöhle sind nicht vollkommen glatt. Es finden sich vielmehr an der vorderen, der unteren und der hinteren und ferner im unteren hinteren Theil der medialen Wand des Tympanum propr. und an der oberen Wand des Recess. epitymp. kleinere und grössere, durch transversale Zwischenwände getrennte blindsackartige Nischen (*cellulae tympanicae*).

1) *Die äussere* (*laterale*) *Wand des Cavum tympani* wird in ihrem unteren Abschnitt zum grössten Theil vom *Trommelfell* gebildet, dessen Anatomie bei der Besprechung des normalen Trommelfellbildes erörtert werden wird (vergl. diesbezüglich S. 29—34).

Im Bereich des Tympanum propr. betheiligt sich an der Bildung der lateralen Wand ferner noch ein das Trommelfell umgebender verhältnissmässig schmaler ringförmiger Knochenstreifen. Die laterale Wand des sich über das innere Ende des äusseren Gehörgangs herüberschiebenden Recess. epitymp. ist durchweg knöchern und wird von der zur Schläfenbeinschuppe gehörenden medialen Fläche der oberen Gehörgangswand gebildet (s. Taf. I Fig. 1 u. Taf. II Fig. 7).

2) *Die innere oder Labyrinthwand der Paukenhöhle* (Taf. I Fig. 9) enthält in ihrem hinteren Theil die beiden *Labyrinthfenster*, von denen das obere in das Vestibulum führende „*ovale*" (Taf. I Fig. 9 F. o.) sich am Ende einer etwa 2 mm tiefen, 4 mm langen und 2½ mm hohen Nische, der *Fossula ovalis*, befindet und die Steigbügelplatte aufnimmt, während das etwa 3 bis 4 mm darunter gleichfalls am Ende einer Knochennische befindliche „*runde*" *Fenster* (Taf. I Fig. 9 F. r.) durch eine dünne, die Trommelhöhle von dem Schneckencanal trennende Membran (*Membrana fenestrae rotundae s. Tympanum secundarium*) geschlossen ist. Das Foramen ovale besitzt eine Länge von etwa 3 und eine Höhe von etwa 1,5 mm. Seine Längsaxe verläuft bald horizontal, bald schief von vorn oben nach hinten unten. Die mit einer dünnen Knorpellage überzogenen Ränder des ovalen Fensters und der Steigbügelplatte sind durch die aus radiär verlaufenden gegen die Steigbügelfussplatte convergirenden elastischen Fasern bestehende *Ringband* (*ligamentum annulare stapedis*) (Taf. II Fig. 1 L. a.) beweglich mit einander verbunden. Dieses Band ist am hinteren Pol der Steigbügelfussplatte dicker und schmäler als am vorderen. Seine Breite wächst von hinten nach vorn allmählich von 0,015 bis auf 0,1 mm. Die grösstmögliche Excursion des Steigbügels beträgt in der Norm nur $\frac{1}{18}$—$\frac{1}{11}$ mm.

Zwischen den Labyrinthfenstern und vor denselben zeigt die innere Paukenhöhlenwand eine durch die erste Schneckenwindung gebildete, sich nach aussen vorwölbende, hinten stärkere, vorn allmählich schwächer und niedriger werdende Convexität, das *Promontorium* (Taf. I Fig. 9 Pr.), welches, wie S. 12 bereits erwähnt, sich dem Umbo des Trommelfells bis auf etwa 1,5—2 mm nähert. Seine Länge und Höhe beträgt durchschnittlich 8 mm (Taf. I Fig. 1 u. 9).

Ueber dem ovalen Fenster verläuft im hinteren Theil der inneren Paukenhöhlenwand einen nach aussen mehr minder vorspringenden, schräg von vorn nach hinten und abwärts ziehenden Wulst bildend, der zwischen dem 1. und 2. Knie liegende Abschnitt des an seiner lateralen Wand hier meist sehr dünnen, den *N. facialis* enthaltenden *Canal. Fallopp.* (Taf. I Fig. 9 F. W.), im vorderen dagegen an der Grenze zwischen innerer und oberer Trommelhöhlenwand das richtiger zur oberen als zur inneren Paukenhöhlenwand zu zählende gleichfalls wulstförmig vorgewölbte tympanale Ende des *Canal. s. Semicanal. pro tensore tympani* (Taf. I Fig. 9 (2)) mit seinem nach aussen gerichteten, bald senkrecht über dem vorderen Ende der Fenestra oval., bald einige Millimeter vor oder auch hinter demselben befindlichen *Process. cochleariformis* (Taf. I Fig. 9 (3)), über welchem die Sehne des M. tens. tymp. nach aussen zum Hammergriff tritt (Taf. I Fig. 1).

Die laterale Wand des Canal. Fallopp. zeigt über dem For. ovale sehr häufig eine von einer fibrösen Membran verschlossene Knochenlücke (Dehiscenz) von grösserer oder geringerer Ausdehnung, welche die Mitleidenschaft des N. facial. bei Erkrankung der Paukenhöhlenschleimhaut begünstigt. Nach hinten und oben von dem ovalen Fenster grenzt an den *Facialiswulst* ein von dem horizontalen Bogengang gebildeter, im hinteren Theil der inneren Paukenhöhlenwand gelegener convexer Vorsprung, die *Eminentia arcuata externa* (Taf. I Fig. 9 E. a. e.). Derselbe zeigt eine glatte Oberfläche und nimmt den unteren Theil der medialen Wand des Recess. epitymp. ein, deren oberer Abschnitt in Folge der hier befindlichen Cellulae tympan. gerieft erscheint.

3) *Die obere, das Dach der Paukenhöhle* darstellende und diese von der mittleren Schädelgrube trennende Wand, das *Tegmen tympani* (Taf. I Fig. 1 u. Taf II Fig. 19), wird durch eine Knochenplatte von sehr verschiedener Dicke gebildet. Sehr häufig ist sie — insbesondere über dem Hammer-Ambossgelenk, also bereits im Bereich des Recess. epitymp. — durchscheinend dünn, in seltenen Fällen sogar von einer oder mehreren Lücken (Dehiscenzen) durchbrochen, welch' letztere sich am häufigsten über dem Recess. epitymp. oder dem Antr. mastoid. vorfinden. In anderen Fällen wiederum zeigt sie zwei durch zwischengelagerte Zellräume von einander getrennte Knochenlamellen, eine obere und eine untere. Immer aber ist sie dünner als die obere Wand des knöchernen Gehörganges (Taf. I Fig. 9). Durch die Differenz in der Dicke der oberen Paukenhöhlen- und der oberen Gehörgangswand entsteht der oberhalb des Tympan. propr. gelegene *obere Paukenhöhlenraum* (s. S. 12).

Die Breite des Tegmen tympani d. h. ihr von aussen nach innen verlaufender Durchmesser beträgt über dem Hammerkopf durchschnittlich 5—6 mm.

Bei Kindern zeigt das Dach der Paukenhöhle die *Sutura petroso-squamosa*, welche einen gefässhaltigen bindegewebigen Fortsatz der Dura mater enthält. Letzterer setzt die Auskleidung der Schädelhöhle mit derjenigen des Mittelohrs in Verbindung und vermittelt in vielen Fällen die Fortleitung von Hyperämie und Entzündung des Mittelohrs auf die Meningen. In ihrem vorderen, dem Tympanum propr. entsprechenden Theil verwächst die Sut. petroso-squamos. bereits vom 5. Monat an, in ihrem hinteren, dem Recess. epitymp. und Antr. mastoid. angehörenden Abschnitt dagegen bleibt sie bis zur Vollendung des Wachsthums bestehen, mit den Jahren allmählich immer enger werdend.

Die obere Wand des Tympanum propr. kann als eine directe Fortsetzung des Dachs der knöchernen Tuba Eust. angesehen werden, deren Axe sie parallel verläuft. Sie zeigt beim Uebergang in die Labyrinthwand in ihrem medialen Theil den durch den Canal. tensor. tymp. gebildeten wulstförmigen Vorsprung (Taf. I Fig. 9 (2)), durch welchen die Höhe des medialen Abschnitts der Paukenhöhle im Verhältniss zu derjenigen des lateralen Theils beeinträchtigt wird. Senkrecht über der quer durch die Paukenhöhle ziehenden Sehne des M. tensor. tymp. grenzt sie nach hinten an das sanft ansteigende Dach des Recess. epitymp. (Taf. I Fig. 9). Nach hinten setzt sich die obere Wand der Paukenhöhle in die obere Wand des Antrum mastoid. fort (Taf. I Fig. 9); nach aussen verschmilzt sie mit der oberen Lamelle vom Dach des äusseren Gehörgangs (Taf. I Fig. 1).

4) *Die* **untere** den Boden des Cav. tymp. bildende und dieses von dem Bulbus venae jugularis trennende *Paukenhöhlenwand* (Taf. I Fig. 1) ist schmäler als die obere und wie diese gleichfalls von wechselnder Dicke. In manchen Fällen wird sie durch eine nur schwache, mitunter papierdünne, in anderen durch eine mächtige compacte Knochenplatte gebildet, in noch anderen besteht sie aus zwei durch zwischengelagerte Zellräume von einander getrennten Knochenlamellen. Selten enthält sie Dehiscenzen [*] und liegt dann der Bulbus ven. jugul. unmittelbar unter der Schleimhaut der Paukenhöhle. In solchen Fällen kann bei der Trommelfellparacentese eine Verletzung des Bulbus ven. jugul. und colossale Blutung aus dem Ohre erfolgen. Die meist geriefte tympanale Oberfläche der unteren Paukenhöhlenwand ist bald plan, bald concav, bald convex. Sie liegt je nach der Tiefe der hier befindlichen Cellul. tympanicae 0,75—4,5, im Mittel 2—3 mm unter dem unteren Rande des Trommelfells (s. Taf. I Fig. 1 u. Taf. II Fig. 7).

5) *Die* **hintere** *Trommelhöhlenwand* wird in ihrem unteren Abschnitt durch eine vom Boden ziemlich steil ansteigende, mehrere Millimeter hohe Knochenwand gebildet, von deren medialem Theil in der Höhe des unteren Randes der Fenestra oval. sich ein nach vorn gerichteter, kleiner kegelförmiger, den M. stapedius enthaltender Knochenvorsprung, die *Eminentia pyramidalis* (Taf. I Fig. 9 E. p.) erhebt, und an welche sich nach oben eine etwa 6 mm hohe dreiseitige Lücke anschliesst (Taf. I Fig. 9 c c), durch welche der Recess. epitymp. mit dem Antr. mastoid. communicirt. Am unteren Rande dieser Oeffnung, also an der Kante, welche die hintere Wand des Tympanum propr. mit dem Boden des Antr. mastoid. bildet, findet sich eine Vertiefung (*Fossa incudis*), innerhalb deren der kurze Schenkel des Ambos an die Paukenhöhlenwand angeheftet ist (Taf. I Fig. 9 u. Taf. II Fig. 19).

Hinter der hinteren Wand des Tympanum propr. an der Grenze zwischen ihr und der Labyrinthwand verläuft bis zum *Foramen stylomastoideum* herab der absteigende Schenkel des Can. Fallopp. (Taf. I Fig. 9 u. Taf. II Fig. 2).

6) *Die* **vordere** *Trommelhöhlenwand* wird in ihrem unteren Abschnitt durch eine vom Boden der Paukenhöhle ohne scharfe Abgrenzung schräg nach vorn und oben sanft ansteigende Knochenwand gebildet, welche das Cav. tymp. gegen den aufsteigenden Theil des *Canal. carotic.* abgrenzt (Taf. I Fig. 9 u. Taf. II Fig. 2). In letzterem verläuft von dem Knochencanal durch einen mit dem Sinus cavernosus zusammenhängenden Venensinus allseitig getrennt die Carotis interna (Taf. II Fig. 2 u. Taf. I Fig. 3). Das genannte den lateralen Theil der hinteren Wand des Canal. carotic. bildende Knochenblatt ist 1—2 mm dick, in seltenen Fällen dehiscent, an seiner tympanalen Oberfläche riffig. Bei cariöser Zerstörung desselben kann Arrosion der Carotis und tödtliche Blutung aus dem Ohre zu Stande kommen.

Im oberen Theil der vorderen Paukenhöhlenwand befindet sich eine unregelmässige in die knöcherne Ohrtrompete führende Lücke das *Ost. tympanicum tubae* (Taf. I Fig. 9 a f). Dieselbe liegt dicht unter dem Tegmen tympani und am vorderen Rande des Trommelfells.

---

[*] E. MÜLLER fand solche bei 2 von 100, KÖRNER bei 30 von ca. 900 macerirten Felsenbeinen.

Eine längs der oberen Tubenwand gezogene nach hinten verlängerte Linie, welche bei der gewöhnlichen aufrechten Kopfhaltung (Taf. XII Fig. 2) mit der Horizontalebene einen Winkel von 30° bildet, trifft den unteren Begrenzungsrand des Eingangs zum Antr. mastoid., welch' letzteres also bei der gewöhnlichen aufrechten Kopfhaltung erheblich höher liegt als das Ost. tymp. tubae (Taf. I Fig. 9). Vordere, untere und hintere Wand der Paukenhöhle gehen ohne scharfe Ecken in einander über (Taf. I Fig. 9).

Der über dem Tympan. propr. und oberhalb des tympanalen Endes des Meat. audit. ext. gelegene *Recess. epitymp.* (Taf. I Fig. 1 u. 9 u. Taf. II Fig. 7 u. 19 R. e.), welcher sich nach hinten sowohl wie nach aussen in das Antr. mastoid. fortsetzt, wird durch den in ihm befindlichen Hammerkopf und Amboskörper in einen lateralen und medialen Abschnitt getrennt, von denen der letztere der bei Weitem grössere ist. Beide Abtheilungen communiciren oben mit einander, unten mit dem Tympan. propr., vorn mit der Tuba Eust., hinten mit dem Antr. mastoid. Die keilförmige laterale Abtheilung nimmt von oben nach unten an Tiefe allmählich ab; unten befinden sich Ambosskörper und Hammerhals beinahe in Berührung mit dem medialen Rande der oberen Gehörgangswand. Der laterale Theil des Recess. epitymp. communicirt mit dem Tympan. propr. vorn und hinten nur durch eine sehr enge Spalte. Die Communicationsöffnung am unteren Ende des medialen Theils ist viel freier; aber auch sie wird durch den Vorsprung des Canal. facial. durch Bänder und Schleimhautfalten verengt. Während das Tympan. propr. nur wenig in seiner Grösse variirt, zeigen Recess. epitymp. und Antr. mastoid. eine sehr wechselnde Grösse.

Die senkrechte Entfernung von dem höchsten Punkte des inneren Randes der oberen Gehörgangswand, also von der Kuppe des Rivinischen Ausschnittes bis zur unteren Fläche des Tegmen tymp., schwankt zwischen 3 und 6 mm, und ist durchschnittlich 4 mm gross. Ein vom höchsten Punkte der Incis. Rivini senkrecht nach oben in den Recess. epitymp. eingeführtes rechtwinklig abgebogenes Instrument kann also, wenn das abgebogene Ende länger als 3 mm ist, leicht an das Tegmen tympani anstossen und, da letzteres oft nur paperdünn oder gar dehiscent ist, Dura mater oder Gehirn verletzen. Wird das Instrument mehr nach hinten gerichtet, so ist diese Gefahr eine geringere, da die Entfernung zwischen oberer Gehörgangswand und Tegmen tympani nach hinten immer grösser wird.

Die mit einander in Gelenkverbindung stehenden drei Gehörknöchelchen, Hammer, Ambos und Steigbügel, deren Gestalt und Grösse individuell etwas verschieden sind, bilden eine die Paukenhöhle durchsetzende Kette, welche die bei Schalleinwirkung eintretenden Trommelfellbewegungen auf die Labyrinthflüssigkeit überträgt.

1) Der keulenförmige *Hammer* liegt mit seinem oberen mächtigsten Abschnitt, dem *Hammerkopf*, in dem Recess. epitymp., der unten an ihn angrenzende *Hammerhals* medianwärts von der Membrana Shrapnelli. Der *Hammergriff* (*Manubrium mallei*) endlich ist mit seiner ganzen lateralen Kante, dem am oberen Ende derselben befindlichen *Processus brevis mallei* und der das untere Ende der Kante häufig ersetzenden *Superficies umbilicalis* (s. S. 31) am Trommelfell befestigt. Die in Fig. 3, 4 u. 5 (Taf. II) dargestellten senkrecht zur Längsaxe des Manubr. mallei ausgeführten Schnitte veranschaulichen die Verbindung desselben mit der Membr. tympani. Vom Umbo bis in die Nachbarschaft des Proc. brevis wird diese vorzugsweise durch die Radiärfasern des Trommelfells vermittelt, welche continuirlich in die Faserzüge des Hammergriffperiostes übergehen. Im Bereich des Proc. brevis dagegen sind es die mächtigen peripheren Circulärfaserbündel, welche sich mit dem Perichondrium desselben an seiner lateralen Fläche verbinden.

Griff und Kopf des Hammers liegen nicht in einer geraden Linie, ihre Axen bilden vielmehr einen nach oben und innen (medianwärts) offenen Winkel von 140° (s. Taf. II Fig. 6).

Das Manubr. mallei stellt zusammen mit dem von seinem oberen Ende seiner lateralen Kante entspringenden gegen das Trommelfell gerichteten, von vorn nach hinten abgeplatteten kegelförmigen kurzen Fortsatz des Hammers, Proc. brev. mallei, eine dreiseitige Platte mit vorderer und hinterer über die Innenfläche des Trommelfells prominirender Fläche, medialem, lateralem und oberem Rande dar. Die etwa 5,25 mm lange äussere Kante ist unterhalb des kurzen Fortsatzes ausserordentlich scharf, wird aber in ihrem unteren leicht lateralwärts gekrümmten Ende gewöhnlich durch eine kleine nach aussen sehende ovale Fläche (*Superficies umbilicalis*) ersetzt, sodass der Hammergriff also in seinem unteren spatelförmig verbreiterten Ende am Umbo des Trommelfells nicht wie im oberen Theil eine vordere und hintere, sondern vielmehr eine mediale und laterale Fläche aufweist (Taf. II Fig. 6 A (6)). Die etwa 4,5 mm lange *mediale* Kante zeigt nahe ihrem oberen Ende, da wo sie sich allmählich zum Hammerhalse verbreitert, etwa dort, wo aussen der Proc. brevis liegt, die ca. 1 mm breite Insertion der von dem Rostrum cochleare quer durch die Paukenhöhle ziehenden *Sehne des M. tens. tymp.* (Taf. II Fig. 6 (8)).

welche mitunter von der medialen Kante auf die vordere oder hintere Fläche des Hammergriffs, zuweilen auch auf beide übergreift.

Die Richtung der Tensorsehne in ihrem etwa 2,5 mm langen zum Muskelbauch fast
rechtwinkligen Verlauf durch die Paukenhöhle bildet mit der Ebene des Trommelfell-
randes nahezu einen rechten, mit dem unteren Theil des Hammergriffs und dem vorderen
Theil der „Drehungsaxe" des Hammers dagegen einen spitzen Winkel. Bei der Contraction des von der Pars motoria Trigemini versorgten M. tens. tymp. wird eine Anspannung
des Trommelfells erfolgen, wobei der Umbo noch mehr nach einwärts gezogen und der
Proc. brev. mallei stärker nach aussen vorgetrieben wird; sodann aber erfolgt hierbei auch
eine stärkere Anspannung des Axenbandes des Hammers, besonders der hinteren Faserzüge des Lig. mallei ext..

Da, wo der obere Rand des Manubr. mallei in einem rechten Winkel mit dem
medialen zusammentreffen würde, ist dasselbe mit dem unter einem Winkel von $1^{1}/_{2}$ Rechten
abgeknickten Hammerhalse vereinigt.

Mit den knöchernen Wänden der Paukenhöhle steht der Hammer durch eine Reihe
fibröser Bänder in Verbindung und zwar:

a. durch das rundliche *Lig. mallei superius* (Taf. II Fig. 7 L. m. s.), welches vom
Tegmen tympani zum oberen Ende des Hammerkopfs verläuft und bei der individuell
verschiedenen Entfernung zwischen diesen beiden von sehr wechselnder Länge ist, in
Fällen, wo der Hammerkopf der oberen Paukenhöhlenwand dicht anliegt, auch vollständig fehlt.

b. durch das *Lig. mallei ext.* (Taf. II Fig. 7 L. m. e.), ein kurzes straffes Band,
welches von der ganzen hinteren Hälfte der Incis. Rivini entspringt und sich an der hinteren Fläche des Hammerkopfs an eine im unteren Theile derselben befindliche Knochenleiste (*Crista mallei*) ansetzt.

c. durch das kurze und breite *Lig. mallei ant.* (Taf. II Fig. 8 L. m. a.), welches
vorn am Halse und Kopf des Hammers entspringt und, den Proc. longus mallei (Taf. II
Fig. 6 C(3)) umfassend, nach vorn zur Fiss. Glaseri verläuft.

Das Lig. mallei sup. und ext. hemmen die Auswärtsdrehung des Hammergriffs.

Zwischen dem Lig. mallei ant. und ext. befindet sich eine Lücke (Taf. II Fig. 8(4)).
durch welche man von oben her in den zwischen dem kurzen Fortsatz des Hammers,
dem Hammerhals, der Membr. Shrapnelli und dem Lig. mallei ext. gelegenen PRUSSAK-
schen Raum (Taf. II Fig. 7(4)) gelangt. Mitunter allerdings ist diese Lücke durch eine
horizontale Schleimhautfalte geschlossen.

2) Von dem *Ambos* gehört allein der von dem Trommelfell nur $1^{1}/_{2}$—2 mm entfernte *lange Fortsatz* oder *Schenkel* dem Tympanum propr. an, während der *kurze
Fortsatz* sowohl wie auch der hinter dem Hammerkopf liegende *Körper* (Taf. II Fig. 9)
sich oberhalb des Trommelfells im Recess. epitymp. befinden (s. Taf. I Fig. 1 u. Taf. II Fig. 11).

Hammerkopf und Amboskörper stehen mit einander in Gelenkverbindung. Die
eigenthümliche durch Sperrzähne ausgezeichnete Anordnung der Gelenkflächen hat zur
Folge, dass bei der Bewegung des Trommelfells bez. des Hammergriffs nach innen auch
der lange Ambosschenkel mitsammt dem Steigbügel nach innen geht, da der untere
Sperrzahn des sich hierbei nach aussen bewegenden Hammerkopfs den unteren Sperrzahn
des Amboskörpers mitnimmt, sodass die Gelenkflächen des Hammers und Ambos fest an
einander gepresst werden. Bewegt sich dagegen der Hammergriff nach aussen, der Kopf
also nach innen, so entfernt sich sein Sperrzahn von demjenigen des Amboskörpers, und
letzterer braucht daher, soweit es die Gelenkkapsel gestattet, der Bewegung des Hammers
nicht zu folgen (s. Taf. I Fig. 1 u. Taf. II Fig. 11).

Die Gelenkflächen tragen dünne Knorpelüberzüge. Die nicht besonders feste, vielmehr leicht zerreissliche fibröse Gelenkkapsel gestattet eine noch nicht 5° betragende, also
sehr geringe Drehung beider Knochen gegen einander, sodass die Excursionsweite am
unteren Ende des langen Ambosschenkels bei maximaler Gelenkverschiebung der ersten
beiden Gehörknöchelchen nur $^{1}/_{4}$ mm beträgt.

Der nach hinten gerichtete *kurze Fortsatz* oder *Schenkel des Ambos* ist an seiner,
einen dünnen Knorpelüberzug tragenden äussersten Spitze mit der am oberen Ende der
hinteren Paukenhöhlenwand dicht am Eingang zum Antr. mast. (Taf. I Fig. 9) befindlichen
gleichfalls überknorpelten *Fossa incudis* durch das kurze, höchstens 1 mm lange, *Lig.
incudis posterius* (Taf. II Fig. 8 L. i. p.) verbunden, und stellt diese Ambos-Paukenverbindung
eine Syndesmose dar. Das medianwärts fast rechtwinklig umgebogene untere Ende des
dem Hammergriff ziemlich parallel verlaufenden langen Ambosschenkels läuft in eine kleine
in transversaler Richtung abgeplattete kreisrunde Scheibe, das Linsenbein (*Process. lenti-
cularis s. Ossiculum Sylvii*) (Taf. II Fig. 9 P. l.) aus, deren nach Innen gerichtete mit

einem starken Knorpelüberzug versehene leicht convexe Fläche mit der gleichfalls überknorpelten leicht concaven Gelenkpfanne des Steigbügelköpfchens (Taf. II Fig. 10 A(4))
articulirt (Taf. I Fig. 1 u Taf. II Fig. 1). Beide Gelenkflächen werden durch eine an
elastischen Fasern reiche Gelenkkapsel verbunden, welche eine ziemlich ausgiebige seitliche Verschiebung der Gelenkflächen gegen einander gestattet.

Die *Fussplatte* oder *Basis des Steigbügels* füllt die Fenest. oval. beinahe vollständig aus, ist von dem Rande derselben an ihrem vorderen Pol 0,1, am hinteren Pol
nur 0,015, in der Mitte der oberen und unteren Seite 0,030 mm entfernt. Die knöcherne
Fussplatte ist am Rande 0,06, im Centrum nur 0,03 mm, die auf ihrer Vestibularfläche
aufliegende Knorpellage 0,06 mm dick. Die Höhe des Steigbügels, d. h. die Entfernung
zwischen der Vestibularseite der Basis und der lateralen Fläche des Köpfchens, beträgt
zwischen 3,2 und 4,5, im Durchschnitt 3,7 mm, die Breite, von der Mitte beider Schenkel
aus gemessen, zwischen 1,8 und 3,5, im Durchschnitt 2,3 mm. Der Abstand zwischen
den Steigbügelschenkeln und den Wänden der Pelvis ovalis (s. Taf. I Fig. 1) misst in der
Norm nur ⅛—¼ mm, kann aber bei Schwellung der Schleimhaut ganz aufgehoben sein.

Die etwa 2 mm lange feine Sehne des *M. stapedius* inserirt gewöhnlich am hinteren Rande der Gelenkpfanne des Köpfchens, seltener am Halse des Steigbügels. Bei
der Contraction des von einem Zweige des N. facialis versorgten, in der Emin. pyramidal.
eingeschlossenen M. stapedius wird die Basis des Steigbügels an ihrem vorderen Ende ein
wenig aus der Fen. oval. herausgehoben, wobei ihr straffer fixirter hinterer Pol als Dreh-
punkt dient. Die Sehne des M. staped. ist bei der Ohrenspiegeluntersuchung öfter sichtbar als der hintere Steigbügelschenkel, da dieser vom Köpfchen des Steigbügels nach
hinten und innen umbiegt und sich hierdurch der Wahrnehmung entzieht, während die
Sehne horizontal gegen die hintere Paukenhöhlenwand verläuft.

Die Wände der Paukenhöhle sind an ihrer Innenfläche mit einer dünnen *Schleim-*
haut bekleidet, welche sich an verschiedenen Stellen nach innen umschlägt, um — ähnlich
wie das Peritoneum die intraperitoneal gelegenen Organe der Bauchhöhle — ihrerseits die
in dem Cav. tymp. befindlichen drei Gehörknöchelchen, die Bänder derselben und die
Sehnen ihrer Muskeln mit dünnen Ueberzügen zu versehen, wobei natürlich eine Reihe
von brückenartigen Schleimhautfalten zu Stande kommt, welche mitunter lückenhaft resp.
in feine Fäden aufgelöst erscheinen. Unter diesen gefässhaltigen *Schleimhautduplicaturen*
wären besonders zu erwähnen: eine von der oberen Paukenhöhlenwand zum Hammerkopf
und zum oberen Rande des Ambosskörpers ziehende Membran, ferner eine von
der Sehne des Tens. tympani zur oberen Paukenhöhlenwand ziehende breite Falte, alsdann
die zwischen den Schenkeln des Steigbügels und zwischen dem hinteren Schenkel des
letzteren und der Sehne des M. staped. ausgespannte Steigbügelfalte, endlich die *hintere*
und *vordere Taschenfalte* (Taf. II Fig. 11). Erstere liegt nach aussen vom langen
Ambossschenkel und ist dreiseitig. Ihre vordere Seite ist am oberen Theil der hinteren
Fläche des Hammergriffs fixirt und erstreckt sich bis etwa 2 mm oberhalb seines unteren
Endes. Die hintere Seite ist an einer etwas einwärts vom Sulc. tympanic. befindlichen
und diesem parallel leicht bogenförmig herabziehenden Knochenleiste befestigt. Die etwa
4 mm lange Basis des ca. 3—4 mm hohen Dreiecks bildet der nach unten gerichtete
concave freie Rand der Falte, in dessen hinterer Hälfte in vielen Fällen die *Chorda*
tympani liegt, und mit welchem man in die *hintere Trommelfelltasche* d. h. in den
zwischen medialer Fläche des Trommelfells und lateraler Fläche der hinteren Taschenfalte
befindlichen Raum gelangt. Die sich vom N. facialis vor seinem Austritt aus dem
For. stylomastoid. abzweigende *Chorda tymp.* (Taf. II Fig. 11) steigt zunächst in nach vorn
und unten concavem Bogen an der inneren Fläche der hinteren Trommelfelltasche aufwärts,
zieht dann oberhalb der Sehne des Tens. tympani über den Hammerhals hinweg und begiebt
sich, nun wiederum abwärts steigend, durch die Fiss. Glaseri zum N. lingual. Trigemini.
Sie enthält Geschmacksfasern für die vorderen zwei Drittel der Zunge und secretorische
Fasern für die Speicheldrüsen. Die *vordere Taschenfalte*, welche durch den Schleimhaut-
überzug des Lig. mallei ant. und die sich an den unteren Rand desselben anschmiegende
Chorda tymp. gebildet wird (Taf. II Fig. 11), ist kleiner als die hintere. Ihr unterer freier
Rand liegt unmittelbar über der Sehne des Tens. tympani. Die hintere Trommelfelltasche
communicirt oben an resp. unter dem Lig. mallei ext. mit dem nach vorn durch eine
Scheidewand von der vorderen Trommelfelltasche stets getrennten, also blind geschlossenen
Prussak'schen Raume (Taf. II Fig. 7 u).

Zwischen Kopf und Hals des Hammers einerseits und Membr. Shrapnelli bez. der
darüber gelegenen lateralen Knochenwand der Paukenhöhle andererseits spannen sich zahlreiche Schleimhautfalten aus, durch welche eine Reihe grösserer und kleinerer unter einander
communicirender maschenförmiger Hohlräume gebildet werden (Taf. II Fig. 12, 13,

14, 15). Betrachtet man Serien von Frontalschnitten durch die Paukenhöhle, so findet man an den hintersten Schnitten durch das Trommelfell zwischen dem Amboskörper und dem Lig. incudis sup. nach innen und der lateralen knöchernen Paukenhöhlenwand nach aussen einen grossen ungetheilten Raum. Schmiegelow's *Autrum* Shrapnelli: auf weiter nach vorn gelegten Schnitten dagegen sieht man, dass dieser Raum durch eine vom Ambos und Hammer zur äusseren Wand verlaufende, im vorderen Theil ihrer lateralen Insertion in dem Bereich der Membr. Shrapnelli fallende transversale Schleimhautfalte in einen oberen und unteren Abschnitt getheilt wird, von denen jeder wiederum durch Schleimhautfalten in grössere und kleinere unter einander communicirende unregelmassige Hohlräume, Schmiegelow's *Cellulae Shrapn.*, getheilt wird. Zu letzteren, in welchen sich mitunter sehr hartnäckige mit Perforation der Shrapnell'schen Membran verbundene Eiterungsprocesse etabliren, gehört auch der *Prussak'sche Raum*.

Die *Mucosa der Paukenhöhle* ist mit dem Periost derselben zu einer sehr dünnen, zarten, durchsichtigen Membran innig vereinigt, im Durchschnitt 0,075 mm dick, nur dort, wo grössere Nervenstämmchen und Gefässe in ihre tiefe periostale Lage eingebettet sind, dicker. Die dem Knochen zunächst liegende tiefe Bindegewebsschicht der Schleimhaut sendet zahlreiche von Bindegewebszügen begleitete Gefässzweige in den von ihr bekleideten Knochen hinein und kann daher als Periost angesehen werden. Es erklärt sich hieraus, dass der Knochen an jeder erheblichen Schleimhauthyperämie, sei dieselbe in acuten wie in chronischen Krankheiten entstanden, participirt. Auf dem Promontorium, der Innenfläche des Trommelfells und der Oberfläche der Gehörknöchelchen trägt die Paukenhöhlenschleimhaut ein einfaches Pflasterepithel, an den übrigen Stellen nach Köllikr ein flimmerndes Cylinderepithel von etwa 0,02 mm Höhe (Taf. II Fig. 16). Die Uebergangszonen zwischen beiden Modificationen des Epithels zeigen allmähliche Höhenabnahme der Cylinderzellen (Taf. II Fig. 17). Nach späteren Untersuchungen von Bell ist auch die untere Paukenhöhlenwand mit Plattenepithel bekleidet. Die bindegewebige Grundlage der Schleimhaut besteht am Rand des Trommelfells und an der Oberfläche der Gehörknöchelchen aus einem lockeren Gerüst von Bindegewebsbälkchen, in dessen Maschenräumen Leukocyten enthalten sein können, und ist hier von dem aus festverbundenen Bindegewebszügen bestehenden Periost deutlich abgegrenzt, an anderen Stellen hat auch sie derbere bindegewebige Grundlage, sodass sie vom Periost kaum abzugrenzen ist. *Drüsen* sind in der Paukenhöhlenschleimhaut in spärlicher Anzahl gefunden worden und zwar nur am Boden, im unteren Theil der äusseren und im äusseren Theil der oberen Wand. Einzelne Autoren leugnen sie ganz. Die Schleimabsonderung geschieht in der Paukenhöhle sowohl von den spärlichen Drüsen, wie auch von der gesammten Epithelauskleidung. Die sehr zahlreichen *Blutgefässe* der Paukenhöhlenschleimhaut liegen mit ihren grösseren Stämmchen in der tiefen periostalen Schicht derselben, während ihr Capillarnetz bis unter das Epithel vordringt. Sie anastomosiren mit denjenigen des Warzentheils, der Eustachischen Ohrtrompete resp. des Rachens, des äusseren Gehörgangs, der Meningen und des Labyrinths. Die letztere Verbindung findet durch das runde und ovale Fenster sowohl wie auch durch die Knochenwandungen statt. Die Fiss. Glaseri endlich vermittelt die Verbindung der Paukenhöhlengefässe mit dem Unterkiefergeflecht.

Vor der Geburt ist die Paukenhöhle luftleer und von einem die Gehörknöchelchen vollständig einhüllenden *embryonalen Bindegewebe* (einer spindelförmige Zellen enthaltenden gallertartigen Grundsubstanz) erfüllt, welches mitunter schon vor der Geburt, gewöhnlich aber erst nach derselben unter dem Einfluss des beim Beginn der Athmung stattfindenden Lufteintritts in die Paukenhöhle eine nunmehr rasch erfolgende fettige Metamorphose eingeht und zu Fett und Eiterkörperchen enthaltenden, dicken, gelbgrünlichen Flüssigkeit zerfällt. Letztere wird durch die beim Neugebornen sehr gefässreiche, stark gewulstete und gelockerte Paukenhöhlenschleimhaut in den ersten Lebenswochen resorbirt.

Die Gehörknöchelchen haben *beim Neugeborenen* bereits dieselbe Grösse wie beim Erwachsenen.

C. Der **Warzentheil (Pars mastoidea):** Der nach oben mit dem Scheitelwand-, nach hinten mit dem Hinterhauptsbein durch Nähte verbundene, nach vorn an die Schuppe, die Felsenbeinpyramide, die Paukenhöhle und die hintere Gehörgangswand (Taf. III Fig. 1 u. 2, Taf. IV Fig. 8 u. Taf. V Fig. 2) grenzende *Warzentheil* zeigt eine äussere, verschieden stark convexe und eine innere concave Fläche. Nach unten geht er in den eigentlichen *Warzenfortsatz (Processus mastoideus)* über, dessen freies Ende eine in sagittaler Richtung verlaufende Rinne, die *Incisura mastoidea*, zeigt. In dieser inserirt der M. biventer, weiter unten an der Spitze des Warzenfortsatzes der M. sternocleidomastoid. An der Innenseite der Incis. mastoid. verläuft die A. occipitalis.

Am oberen oder hinteren Rande der Pars mastoidea, am häufigsten durch die

Sutura mastoideo-occipitalis, mitunter auch erst in der Hinterhauptsschuppe verlaufen ein oder mehrere Gefässcanäle, *Foramina mastoidea*, für das oder die *Emissaria Santorini*, durch welche die äusseren Schädelvenen mit dem *Sinus transversus* anastomosiren. Mitunter fehlt das For. mastoid.; in anderen Fällen ist es sehr weit, misst bis zu 5 mm und vicariirt für das For. jugulare. Hier fehlt der Sulcus sigmoideus oder ist nur schwach angedeutet.

Das venöse Blut ergiesst sich dann in den stark erweiterten Canal. mastoid. und gelangt zum grossen Theil in die Vena jugul.. An der Aussenfläche des Warzentheils, dessen in der Norm dünne, fettlose Haut mehrere kleine Lymphdrüsen enthält, verlaufen dicht hinter der Ohrmuschel die *A.* und *V. auricularis post.* nach aufwärts.

Das im Inneren des Warzentheils befindliche Höhlensystem besteht aus dem *Antrum mastoideum* und den *Cellulae mastoideae*, welch' letztere in der Norm alle mit dem Antrum und durch dieses mit der Paukenhöhle communiciren.

Das Antrum schliesst sich unmittelbar nach hinten an den Recess. epitymp. s. Aditus ad antr. an und liegt nach hinten und oben von der inneren Hälfte des knöchernen Gehörgangs, von welcher es durch eine 3—4 mm dicke Knochenschicht getrennt ist. Es ist bereits beim Neugeborenen vorhanden, liegt hier sehr oberflächlich und ist etwa ebenso gross wie beim Erwachsenen. Seine obere, etwa in horizontaler Richtung verlaufende Wand ist die directe Fortsetzung des Tegmen tymp., in welches sie ohne scharfe Grenze übergeht (Taf. II Fig. 19), die untere ist nach vorn bei c Fig. 9 (Taf. I) rechtwinklig gegen die hintere Paukenhöhlenwand abgesetzt — die Knickungsstelle entspricht die Ambospaukenverbindung — nach hinten verläuft sie rasch nach abwärts in die Wurzel des Warzenfortsatzes hinein (Taf. II Fig. 2). Das Antrum besteht demnach aus einem vorderen, oberen, horizontalen und einem hinteren, unteren, verticalen Abschnitt.

Die durch den Facialiswulst und den äusseren Bogengang (Taf. I Fig. 9 F. W. und E. a. c.) gebildete Prominenz heisst die *Antrumschwelle*. Hinter derselben verläuft die innere Antrumwand etwas medianwärts. Der etwa in der Richtung des Canal. musculotubarius, also von vorn und innen nach hinten und aussen verlaufende Längsdurchmesser des Antrum, von der Mitte der Schwelle nach hinten bis an die hintere Wand desselben gemessen, ist in der Norm zwischen 9 und 15, im Mittel 12 mm, die Höhe des Antrum, von der Mitte der oberen Wand vertical nach abwärts gemessen, zwischen 6 und 10, im Mittel 8 mm, der Querdurchmesser von der lateralen zur medialen Wand, unterhalb der Mitte der oberen Wand gemessen, 5 bis 8,5, im Mittel 6,7 mm lang.

Die obere Wand des Antrum wird vom Tegmen tymp., die mediale von der Wurzel der Felsenbeinpyramide, die laterale bez. vordere von der hinteren Wand des knöchernen äusseren Gehörgangs bis zu der *Spina supra meatum* (Taf. II Fig. 20 Sp. s. m.) gebildet. Letztere stellt einen bei den meisten[*]) Menschen vorhandenen kleinen Knochenvorsprung am hinteren oberen Rande des Porus acust. ext. dar, das Ende einer schmalen Leiste, die sich über dem Gehörgang von der als Fortsetzung der hinteren Jochbogenwurzel über dem äusseren Gehörgang horizontal verlaufenden und sich nach hinten allmählich nach aufwärts krümmenden *Linea temporalis* abspaltet und nach hinten unten zieht. Ueber der *Spina supra meat.*, welche entweder die Form einer Spitze oder eines Höckers oder eines kleinen Knochenkamms hat, etwa 7 mm unter der Linea temporal. und etwas unter der oberen Gehörgangswand liegt, oder an Stelle derselben befindet sich mitunter eine ansehnliche Vertiefung, welche gewöhnlich von zahlreichen gröberen Gefässporen, sehr viel seltener von Dehiscenzen der lateralen Antrumwand durchsetzt ist.

Das Antrum ist von der inneren Hälfte des knöchernen Gehörgangs, welcher sich nach vorn und unten von demselben befindet, durch eine 3—4 mm dicke Knochenschicht getrennt. Sein Boden liegt mehrere Millimeter tiefer als die obere Wand des knöchernen Gehörgangs. Die Wandungen des Antrum mastoideum sind siebförmig mit grösseren oder kleineren Oeffnungen versehen (Taf. I Fig. 9), welche in die unter einander und mit dem Antrum communicirenden lufthaltigen *Cellulae mastoideae* führen. Ein Theil der letzteren gehört nicht dem Warzen-, sondern dem Schuppentheil an und müsste daher richtiger *Cellul. squamosae* genannt werden. Dieselben erstrecken sich nach vorn bis zur Linea semicircul. und zur Wurzel des Jochfortsatzes, oft sogar noch in diesen hinein, finden sich also auch im Dach des äusseren Gehörgangs zwischen der oberen Wand des letzteren und der mittleren Schädelgrube.

Beim Neugeborenen ist der Warzen- vom Schuppentheil durch die *Fiss. squamoso-mastoidea* (Taf. III Fig. 3 a—d) getrennt. Diese zieht von der *Incisura parietalis*, wo sie mit der an der Innenfläche des Schuppentheils und zwar entweder in der Berührungs-

---

[*]) SCHÜLTZKE freilich fand bei 14 von 120 Schädeln keine Spur von einer Spina supra meatum oder einem sie ersetzenden Grübchen.

2*

linie zwischen Boden und Seitenwand der mittleren Schädelgrube oder einige Millimeter nach innen von dieser Linie auf der Felsenbeinpyramide verlaufenden *Fiss. petroso-squamosa* zusammenstösst, nach unten bis zur Insertion des *Process. styloides* hin.

Hinter dem unteren Theil der Fiss. mastoideo-squamosa (Taf. III Fig. 3 de) entwickelt sich später der beim Neugeborenen noch nicht über das Niveau der äusseren Schädeloberfläche hervortretende *Process. mastoid.*, während die Fissur, durch welche sich entlang dem sie erfüllenden Bindegewebe entzündliche Processe von den pneumatischen Räumen des Warzenfortsatzes nach aussen fortpflanzen können, allmählich verwächst.

Kleinere Reste derselben findet man beim Erwachsenen ziemlich häufig (Taf. II Fig. 20 F. s. m.), die ganze nur in sehr seltenen Fällen.

Das sich an die Paukenhöhle hinten anschliessende pneumatische Höhlensystem wird beim Neugeborenen nur durch das Antr. mastoid. und die vor der Fiss. squamoso-mastoid. gelegenen Cellul. squamos. gebildet, während Cellul. mastoid. noch nicht existiren. Letztere entwickeln sich erst später vom Antrum aus und verbreiten sich von hier aus in den Warzenfortsatz — beim 5jährigen Kinde können sie bereits bis in die Spitze desselben hineinreichen — und in die Basis der Felsenbeinpyramide. Die *Ausbildung der lufthaltigen Räume* ist aber individuell sehr verschieden. Mitunter erfüllen sie den ganzen Warzenfortsatz bis zur Spitze, sind von dieser zuweilen nur durch ein sehr dünnes, durchscheinendes Knochenplättchen getrennt und dringen ferner auch in den hinter der Incis. mastoid. gelegenen Theil der Pars petroso-mastoid. ein. Sie können bis nahe an die Sutur zwischen Warzentheil und Hinterhauptsbein gelangen, ja sogar unter Ueberschreitung der Sutur medianwärts in den Process. jugul. des Hinterhauptbeins vordringen und diesen blasig auftreiben. In anderen Fällen finden sich umgekehrt pneumatische Räume nur in der Basis des Warzentheils, während die Spongiosa des letzteren in ihrem grösseren Theil von röthlichem oder fettreichem, gelbem, *diploëtischem Gewebe* erfüllt ist.

ZUCKERKANDL fand unter 100 Warzenfortsätzen 40 vollkommen pneumatisch, 22 mit Ausnahme des Antrum vollständig diploëtisch (Taf. III Fig. 4), 29, in denen die Pars mastoid. nur an der Spitze in 3 mm Dicke diploëtisch, sonst vollkommen pneumatisch und 9, wo die untere Hälfte diploëtisch, die obere pneumatisch war. In der Regel findet sich Diploë nur an der Spitze und in der medialen Wand des Warzentheils.

Nach HARTMANN giebt es auch Warzenfortsätze, in denen die knöcherne Masse weitaus überwiegt, und wo nur wenige kleine Hohlräume in sie eingestreut sind, und handelt es sich hier durchaus nicht immer um eine pathologische Osteosclerose.

Auch *die Gestalt und Grösse der einzelnen lufthaltigen Zellen* zeigt sich individuell sehr verschieden. Im Allgemeinen sind die der Spitze des Warzenfortsatzes angehörigen Zellen grösser als die übrigen, sie können hier eine beträchtliche Ausdehnung, im grössten Durchmesser bis zu 10 mm, erreichen. Die pneumatischen Warzenfortsätze bestehen oft aus einer grossen Anzahl unregelmässiger Luftzellen, welche nach aussen von einer sehr dünnen Knochenlamelle bedeckt sind (Taf. III Fig. 5), mitunter enthalten sie neben zahlreichen kleineren nur ein oder zwei grössere Höhlen, welche gewöhnlich an der Spitze liegen, zuweilen auch im Ganzen nur ein oder zwei grosse Lufträume. Die Längsaxen der pneumatischen Zellen des Warzenfortsatzes convergiren nach dem Antrum zu in radiärer Anordnung. Die kleineren liegen in der Nähe desselben, die grössten in der Peripherie.

Mit ihrer unteren Fläche bildet die Pars mastoid. einen Theil der *mittleren Schädelgrube* (Taf. II Fig. 19 u. Taf. III Fig. 6 u. 7), mit ihrer Innenfläche grenzt sie an die *hintere Schädelgrube* bez. den in der Fossa oder dem Sulcus sigmoid. verlaufenden *Sinus sigmoideus* (Taf. V Fig. 2). Letzterer geht oben mit einer nach vorn und oben gerichteten Convexität in den Sin. transversus über (Taf. V Fig. 1).

Unten am For. jugul. steigt er jäh gegen die untere Wand der Pyramide an, um in den Bulbus ven. jugul. überzugehen. Die obere Flexur der Fossa sigmoid. zeigt in seltenen Fällen eine durch Einsinken der Suluswand entstehende, von der Sinuswand ausgekleidete Nebenbucht. In einem von ZUCKERKANDL beschriebenen Fall war diese so excessiv entwickelt, dass die Pars mastoid. an einer über haselnussgrossen Partie papierdünn geworden war und eine vorn nur 3 mm von der Spina supra meat. entfernte usurirte Stelle zeigte, an welcher diese, einen Varixknoten ähnliche, bulböse Ausbuchtung des Sinus aussen mit den Weichtheilen in unmittelbarer Berührung stand.

In den Sin. sigmoid. mündet der an der oberen Kante der Pyramide verlaufende *Sinus petrosus sup.* (Taf. V Fig. 1).

In ihrem unteren Theil enthält die Innenfläche des Warzentheils die *Incisura mastoidea*. Die hierhin gerichtete Innenwand des eigentlichen Proc. mastoid. ist oft papierdünn, sodass Abscesse sie leicht durchbrechen können.

Drängt man von der Spina supra meat., welche bei der gewöhnlichen aufrechten

Kopfhaltung stets höher als der Boden des Antrum mastoid. liegt, senkrecht zur Schädeloberfläche ein, so gelangt man in den hinteren Theil des Antrum, dessen Entfernung von der äusseren Fläche des Schläfenbeins bis 6 mm beträgt. Die Spina ist aber durch die Insertion der Ohrmuschel verdeckt. Das Insertionsgebiet der letzteren hat in der Höhe der Spina nach Bezold eine mittlere Breite von 15. nach Hartmann von 10—11 mm und nimmt nach unten gegen die Spitze des Proc. mastoid. entsprechend der nach vorn concaven hinteren Grenzlinie des Muschelansatzes an Breite ab. Hartmann fand unter 100 Schläfenbeinen 41, bei denen die kürzeste Entfernung zwischen Fossa sigmoid. und hinterer Gehörgangswand, welche meist unter der Höhe der Spina supra meat. liegt, 12 mm und weniger, darunter 6, wo sie 7 mm, 5, wo sie 6, und eins, wo sie nur 5 mm betrug.

Dringt man unmittelbar hinter der Ansatzlinie der Ohrmuschel, die etwa der Mitte der Breite des Warzentheils entspricht, senkrecht zur Oberfläche ein, so gelangt man nicht etwa in das Antrum, sondern nach Durchbohrung einer Knochenwand, deren Dicke zwischen 2 und 15 mm schwankt, in den am weitesten nach aussen vorgewölbten Theil des Sulcus sigmoid..

Die Entfernung des letzteren von der hinteren Gehörgangswand ist individuell sehr verschieden. Mitunter beträgt sie nur wenige Millimeter (Taf. III Fig. 7, 9 u. 10), mitunter 24 mm (Taf. III Fig. 2, 6 u. 8 u Taf. I Fig. 3). Bei starker Vorwölbung des Sin. transvers. springt derselbe häufig auch weit nach aussen vor, sodass er in einigen Fällen dicht unter der die äussere usurirte Warzentheilfläche bekleidenden Haut gefunden wurde.

In einem von Hartmann beschriebenen Fall war der Sinus ohne deutlich bulböse Form so stark nach aussen und vorn vorgewölbt, dass im darüberliegenden Knochen eine 6 mm lange, 7 mm breite Lücke entstanden war, deren vorderer Rand von der Spina supra meat. nur 5 mm abstand (Taf. III Fig. 11). Die Entfernung zwischen vorderer Sinuswand resp. Fossa sigmoid. und hinterer Gehörgangswand betrug in diesem Fall nur 2 mm, und befand sich die der ersten Umbiegung des Sinus entsprechende Stelle der Fossa sigmoid. fast ganz nach aussen von der Spina supra meat..

Nach Bezold schwankt die Dicke der dünnsten Stelle der Pars mastoid., welche der grössten Convexität der Aussenwand des Sinus sigmoid. gegenüberliegt und somit der tiefsten Stelle der Fossa sigmoid. entspricht, zwischen 2 und 17 mm, und ihre horizontale Entfernung von der Spina supra meat. zwischen 6 und 24 mm und zwar betrug die letztere bei 32 von 100 Schläfenbeinen weniger als 15 mm, bei 15 von 100 weniger als 7 mm; bei 12 von 100, bei welchen die der stärksten Ausbuchtung der Fossa sigmoid. entsprechende Stelle des Warzentheils nur 7 mm und weniger dick war, befand sich dieselbe nur 12 mm und weniger von der Spina supra meat. entfernt.

Die die Zellen des Warzentheils nach aussen bedeckende Corticalis ist sehr verschieden (2—6 mm) dick. Mitunter ist sie so dünn wie Papier und giebt dann schon einem geringen Drucke nach. Zuweilen zeigt sie sogar Lücken, welche direct in das Antrumgebiet, seltener in die Cellulae mastoid. führen. In ihrem oberen, der Linea temporal. entsprechenden Theil pflegt die Corticalis am dicksten zu sein, von hier nach abwärts bis zur Höhe der Convexität dünner und dann wieder bis zur Spitze dicker zu werden.

Sehr dünn und daher eindrückbar oder gar dehiscent zeigt sich ausser der lateralen Wand des Antrum mitunter auch die dasselbe von der mittleren Schädelgrube trennende obere Wand desselben (Taf. II Fig. 19) sowie die den Sulcus sigmoid. von den hinteren Cellul. mastoid. trennende Knochentafel.

Die das Antrum und die Cellulae mastoid. auskleidende, ein niedriges nicht flimmerndes Plattenepithel tragende *Schleimhaut* ist sehr dünn und mit dem dünnen Periost fest verbunden.

Die Höhe des Warzentheils d. h. die Entfernung von seiner Spitze bis zu einer durch die Spina supra meat. gelegten Horizontalebene wächst im ersten Lebensjahre von 7,6 bis zu 15,5 mm; erst im fünften Lebensjahr erreicht sie 20, im achtzehnten 30 mm.

Bei Erwachsenen schwankt die Höhe zwischen 19 und 31 mm, die Breite der horizontalen Entfernung von der Mitte der hinteren Gehörgangswand bis zum hinteren Ende der Incis. mastoid., eine Linie, welche also ziemlich beträchtlich unterhalb der Spina supra meat. verlauft, zwischen 17 und 34 mm.

Der beim Erwachsenen conisch geformte Warzenfortsatz erhält diese Form erst im dritten Lebensjahr. Die Neger haben im Allgemeinen kleinere, die Mongolen grössere Warzenfortsätze als die Europäer.

An 60 von Schülzke untersuchten Schädeln befand sich *der Boden der mittleren Schädelgrube* in einer den hinteren Rand des Por. acustic. ext. tangirenden Frontalebene über einer den oberen Rand des Por. acust. ext. tangirenden Horizontalebene 6—19 mm an der Grenze zwischen Boden und Seitenwand der mittleren Schädelgrube, 5—16 mm dagegen an einer 5 mm von diesem Absatz nach innen gelegenen Stelle. Es giebt aber Schädel, bei denen der Boden der mittleren Schädelgrube noch tiefer steht und sich von der oberen Gehörgangswand nur um 2 mm entfernt (HARTMANN, KÖRNER), und zwar steht bei diesem „Tiefstand" der mittleren Schädelgrube häufig die äusserste Partie ihres Bodens am tiefsten.

Die Entfernung zwischen hinterer Gehörgangs- und vorderer Sinuswand fand SCHÜLZKE bei seinen Messungen an 60 Schädeln zwischen 3 und 20 mm, und zwar betrug sie bei 5 von 120 Schläfenbeinen weniger als 6, bei 11 weniger als 10 mm. Die äussere Wandstärke der Fossa sigmoid. an ihrer dünnsten, innerhalb des Warzentheils gelegenen Stelle fand SCHÜLZKE zwischen 5 und 18 mm; weniger als 5 mm betrug sie bei 11 von 120 Schläfenbeinen.

III. Inneres Ohr oder Labyrinth.

Das knöcherne Labyrinth besteht aus dem *Vorhof* (*Vestibulum*), an welchen sich nach vorn und medianwärts die *Schnecke* (*Cochlea*), nach hinten und lateralwärts die *3 Bogengänge* (*Canales semicirculares*) anschliessen (Taf. IV Fig. 6).

An der lateralen Wand des *Vorhofs* befinden sich die Fenestra ovalis, an der Basis seiner vorderen Wand der Eingang in die Schnecke, an der hinteren Wand 5 Oeffnungen für die Mündungen der 3 Bogengänge, an der medialen Wand und zwar in ihrem hinteren unteren Theil die Mündung des *Aquäduct. vestibuli* und ferner die *Maculae cribrosae* zum Durchtritt für die Nerven.

Die *3 Bogengänge*, der horizontale oder äussere, der vordere oder obere verticale und endlich der hintere (innere) oder untere verticale, liegen in drei auf einander senkrechten Ebenen. Der obere verticale Bogengang steht senkrecht zur oberen Kante der Pyramide und bildet an der vorderen oberen Fläche der letzteren die Eminentia arcuata (Taf. III Fig. 13 u. 14). Der untere verticale befindet sich mehr nach hinten und tiefer als der obere; seine Ebene liegt in der Richtung der oberen Pyramidenkante. Ein Ende jedes Bogengangs zeigt eine geringe ampullenartige Erweiterung, das andere nicht. Der mediale Schenkel des oberen verticalen und der obere Schenkel des unteren verticalen Bogengangs sind nicht ampullenartig erweitert und fliessen vor ihrer Mündung in den Vorhof zu einem gemeinsamen Canal, das Crus commune, zusammen. Die knöchernen Ampullen des horizontalen und der oberen verticalen Bogengangs bilden nach der Paukenhöhle zu am Eingang in's Antr. mast. einen Wulst (Taf. I Fig. 9 E a c.).

Die knöcherne *Schnecke* grenzt mit ihrer Basis an den Grund des Meat. aud. int., mit ihrer Spitze an den oberen Theil der knöchernen Tuba Eust.. Sie ist derart auf die Kante gestellt, dass ihre Axe, der *Modiolus*, in der Flucht des inneren Gehörgangs liegt. Die *Scala vestibuli* der Schnecke bildet die unmittelbare Fortsetzung des Vestibulum. Die *Scala tympani* liegt mit ihrem blinden Anfangstheil noch unter dem Boden des Vestibulum. Ihre laterale Wand entspricht hier dem Promontorium, ihr hinteres Ende der Fenestra rotunda. Nahe der letzteren befindet sich im Anfangstheil der Scala tympani die Schneckenmündung des *Aquäduct. cochleae*, welcher von hier in annähernd transversaler Richtung nach unten und innen (medianwärts) zieht. Der horizontal gelegene Boden des Vestibulum setzt sich continuirlich in die knöcherne Scheidewand zwischen Scala tympani und vestibuli, die *Lamina spiralis ossea*, fort. Diese Scheidewand geht indessen sehr bald in die verticale Stellung über. In Folge dessen liegt dann die Scala vestibuli lateralwärts, die Scala tympani medianwärts.

Von dem an der hinteren Pyramidenfläche gelegenen Fundus des zwischen die Blätter der Dura mater eingeschlossenen *Saccus endolymphaticus* (Taf. III Fig. 12) gehen nach RÜDINGER eine Anzahl verschieden langer Canälchen aus, welche sich in die Dura mater einsenken. Auch enthält derselbe nach RÜDINGER interepitheliale Lücken, die mit den in der Umgebung reichlich vorhandenen Lymphspalten in der Dura mater direct communiciren. Auf diesen Bahnen findet die einer beständigen Erneuerung bedürfende Endolymphe des ganzen Labyrinths ihren Abfluss, und können auf ihnen auch Druckdifferenzen im Labyrinth zum Ausgleich gelangen.

Da wir die Anatomie des Gehörorgans, wie S. 9 bereits erwähnt wurde, als bekannt voraussetzen, und nur dasjenige nochmals besprechen, was für die practische Ohrenheilkunde von Bedeutung ist, wie namentlich die topographischen Verhältnisse und die Maasse der einzelnen Theile, so soll hier auf die sehr complicirte, für die Diagnose und Therapie der Ohrenkrankheiten practisch weniger wichtige Anatomie des häutigen Labyrinths nicht näher eingegangen und diesbezüglich nur auf die Fig. 1—7 (Taf. IV) verwiesen werden, in denen die betreffenden Theile dargestellt sind.

Allgemeine
Diagnostik der Ohrenkrankheiten.

A. Die ohrenärztlichen Untersuchungsmethoden.

I. Ohrenspiegeluntersuchung (Otoscopie).

1) *Die zur Untersuchung dienenden Instrumente:* Während die Inspection der Ohrmuschel und ihrer Umgebung bei direct auffallendem Lichte stattfinden kann, bedienen wir uns zur Besichtigung des Gehörgangs, des Trommelfells und der bei normaler oder pathologisch vermehrter Transparenz des letzteren bez. Defecten in demselben (Trommelfellperforationen) dem Auge wahrnehmbaren Theile des Mittelohrs gewöhnlich eines Spiegels, welcher die auf ihn auffallenden Lichtstrahlen in den Gehörgang *reflectirt*. Es ist dieses in der Regel ein in der Mitte durchbohrter *Concavspiegel* aus Glas von 7—8 cm Durchmesser und etwa 15 cm Brennweite. Will man bei *Sonnenlicht* untersuchen, welches sich namentlich zur *Durchleuchtung* des Trommelfells von Vortheil erweist, so muss als Reflector ein central durchbohrter *Planspiegel* verwandt werden.

Zweckmässig ist es, wenn der *Reflector* so eingerichtet ist, dass er mit einem Handgriff als *Handspiegel* (Taf. XV Fig. 1), mit einer Stirnbinde versehen als *Stirnspiegel* (Taf. XV Fig. 2) benützt werden kann. Des letzteren bedienen wir uns, wenn wir die sonst zum Halten des Reflectors bestimmte rechte Hand zur Einführung von Instrumenten in den Gehörgang, Operationen oder anderen instrumentellen Eingriffen im Inneren des Ohres gebrauchen.

Wem das Tragen eines Stirnspiegels unbequem ist, kann statt dessen den in Fig. 3 (Taf. XV) dargestellten *Mundspiegel* benützen, dessen Mundplatte m mit den Zähnen festgehalten wird. Bei dem Stirn- wie bei dem Mundspiegel muss das Gelenk so construirt sein, dass es dem Reflector eine möglichst ausgiebige Bewegung nach allen Richtungen gestattet. Bei vielen käuflichen Stirnspiegeln ist hierauf nicht hinreichend Rücksicht genommen.

Ausser dem Reflector gehört zur Ohrenspiegeluntersuchung der *Ohrtrichter*.

Die Einführung desselben in den äusseren Gehörgang geschieht in den meisten Fällen, um etwaige an den Wänden des letzteren haftende, die Inspection der tieferen Gehörgangspartien und des Trommelfells hindernde kleine Ceruminalklümpchen, sowie Fetzen von abgestossenem Epithel, insbesondere aber die den Wänden des knorpligen Abschnitts häufig in grosser Anzahl aufsitzenden Haare, welche bei starker Entwicklung die Besichtigung des knöchernen Gehörgangs und des Trommelfells ohne Zuhülfenahme des Trichters vollkommen unmöglich machen können, zur Seite zu schieben, seltener, um die entzündlich geschwollenen oder die collabirten Wände des knorpligen Gehörgangs bei starker Verengerung desselben so weit von einander zu drängen, dass ein Einblick in die Tiefe möglich wird. Endlich kann die Einführung eines innen polirten Trichters in einen sehr engen Gehörgang auch dazu dienen, durch Reflexion der mit dem Spiegel hineingeworfenen Lichtstrahlen seitens seiner glatten Wände eine bessere Beleuchtung der tieferen Theile, insbesondere des Trommelfells, herbeizuführen.

Ist der Gehörgang weit, so gelingt die Besichtigung seiner Wände und des Trommelfells auch ohne Einführung des Trichters leicht, falls nicht in das Lumen hineinragende Haare, Epithelfetzen oder Ceruminalklümpchen den von dem Spiegel hineingeworfenen Lichtstrahlen sowohl, wie dem untersuchenden Auge störend in den Weg treten.

Auf Taf. XV Fig. 4—8 sind verschiedene in Gebrauch befindliche *Formen* von Ohrtrichtern dargestellt. Ich benütze am liebsten die in Fig. 5 abgebildeten. Indessen ist dieses Sache der Gewohnheit.

Das zur Verfertigung der Trichter in der Regel verwandte *Material* ist Metall (Silber, Neusilber, Aluminium), Hartgummi oder Glas.

Metall- und Glastrichter sind leichter zu desinficiren, als solche aus Hartgummi (vergl. hierüber bei der allgemeinen Therapie „Desinfection der Instrumente"). Die Metalltrichter haben ausserdem den Vorzug, am wenigsten zerbrechlich zu sein, dagegen den Nachtheil, dass sie in der kalten Jahreszeit leicht zu kalt und dem Patienten bei der Einführung daher weniger angenehm sind. Man muss sie in solchem Falle durch kurzes Eintauchen in heisses Wasser vorher etwas erwärmen und dann abtrocknen.

Alle Ohrtrichter sollen, damit sie nach der Einführung in den Ohreingang nicht wieder herausfallen, vielmehr auch ungehalten stecken bleiben, so leicht als möglich und, um die Gehörgangswände nicht zu reizen oder zu verletzen, an ihrer vorderen (schmäleren) Oeffnung gut abgerundet sein.

Wegen der individuell verschiedenen Weite der Gehörgänge braucht man verschieden *weite* Trichter.

Der weiteste muss an seiner schmalen Oeffnung einen *inneren Durchmesser* von 7 mm haben; dann folgen andere von 5, 3 und 2 mm. Die Trichter Fig. 4, 5 u. 6 (Taf. XV) haben an der äusseren Oeffnung einen Durchmesser von 15, 13$^1\!/_2$ und 12 mm. Die *Länge der Trichteraxe* ist etwa 3$^1\!/_2$ cm. Für operative Eingriffe im Ohr benütze ich gern solche von nur 3 cm Länge (Taf. XV Fig. 4).

Kleine Ceruminalklümpchen, Epithelfetzen, Wattepartikelchen und ausgefallene Haare im knorpligen Abschnitt des Gehörgangs können, wie bereits erwähnt, durch den Ohrtrichter allein zur Seite gedrängt und hierdurch aus dem Wege geräumt werden. Grössere derartige Massen oder auch kleinere, die im knöchernen Abschnitt des Gehörgangs sitzen, müssen, wenn sie die Ohrenspiegeluntersuchung hindern, auf andere Weise entfernt werden.

Hierzu dienen die *Ohrenspritze*, das *Wattestäbchen*, das *stumpfe Häkchen*, die *Ohrsonde*, *-pincette* und *-zange*. Zur *Spritze* werden wir nur dann greifen, wenn das Lumen des Gehörgangs mit Eiter erfüllt oder von einer grossen, auf andere Weise nicht zu entfernenden Ceruminal- bez. Epidermisansammlung so weit verlegt ist, dass eine Besichtigung des Trommelfells resp. eines grossen Theils desselben unmöglich ist.

(Ueber das Ausspritzen des Ohres und das hierauf folgende Austrocknen desselben vergleiche in der „allgemeinen Therapie", über die der Ausspritzung vorauszuschickende Anwendung erweichender Ohrtropfen bei Ceruminalpröpfen oder Cholesteatomen des äusseren Gehörgangs bei den eben genannten Krankheiten.)

Geringe Eitermengen, welche auf dem Trommelfell liegen, braucht man nicht auszuspritzen. Dieselben lassen sich vielmehr unter Leitung des Stirnspiegels mit einem durch den Trichter eingeführten *Wattestäbchen* abtupfen. Unter letzteren verstehen wir den in Fig. 9 (Taf. XV) dargestellten Watteträger, auf dessen vorderes, mit einem Schraubengewinde versehenes Ende eine kleine Menge von hydrophiler oder antiseptischer Watte derartig aufgedreht ist, dass die Spitze des Instruments von der Watte vollständig umgeben und mindestens einen halben Centimeter weit überragt wird (s. Taf. XV Fig. 10). Ein solches durch den Ohrtrichter eingeführtes Wattestäbchen, mit welchem man unter Leitung des Stirnspiegels die Gehörgangswand an den betreffenden Stellen vorsichtig abzuwischen hätte, können wir ferner auch dazu benützen, um kleine Cerumialklümpchen oder Epidermisfetzen, welche in das Lumen des knöchernen Gehörgangs prominiren und die Besichtigung tieferer Theile hindern, entweder zu entfernen oder wenigstens so weit zur Seite zu drängen, dass sie die Untersuchung nicht weiter beeinträchtigen. Zu letzterem Zweck kann auch die stumpfwinklig abgebogene, vorn geknöpfte *Ohrsonde* (Taf. XV Fig. 11) dienen. Kommt man mit Wattestäbchen oder Sonde nicht zum Ziel, so kann zur Entfernung der störenden Massen ein *stumpfes bez. geknöpftes Häkchen* (Taf. XV Fig. 12, 13 u. 14) gebraucht werden, welches man hinter dieselben führt, und bei dessen langsamem und vorsichtigem Zurückziehen lose aufsitzende Cerumen- und Epidermispartikelchen mit herausbefördert werden. Natürlich darf die Spitze des Häkchens, auch wenn sie abgestumpft ist, nicht gegen die Gehörgangswand gerichtet sein, um diese nicht unnütz zu reizen oder zu verletzen.

In selteneren Fällen werden sich die stumpfwinklig geknickte oder bajonett-förmige *Ohrpincette* (Taf. XV Fig. 15 u. 16), welche schlanke, vorn gut abgerundete, innen geriefte Branchen haben muss und möglichst wenig federn darf, eine stumpf-winklig abgeknickte, vorn mit Löffeln versehene *Zange* (Taf. XV Fig. 17) oder das in Fig. 18 u. 19 Taf. XV abgebildete Instrument als besonders zweckentsprechend er-weisen, das letztere insbesondere dann, wenn eine dünne Epithelplatte von einer der Wände des Gehörgangs in das Lumen desselben hineinragt und dieses nach Art eines Vorhangs verlegt.

Solche Lamellen pflegen sowohl der Zange wie der Pincette auszuweichen; mit Wattestäbchen oder Sonde lassen sie sich zwar an die Gehörgangswand, von der sie aus-gehen, andrücken, schnellen aber häufig unmittelbar nach dem Zurückziehen derselben wieder in die Höhe. Mit dem Instrumente (Taf. XV Fig. 18 u. 19) dagegen, dessen eine Branche hinter den Vorhang geführt wird, lassen sich bei fassen und extrahiren.

Die geschilderten instrumentellen Eingriffe verursachen selbst bei vorsichtigster, kunstgerechter Ausführung — über die bei derselben zu beobachtenden Cautelen vergl. später in dem Abschnitt „allgemeine Therapie" — eine leichte Reizung der Gehörgangswände bez. des Trommelfells, sodass diese Theile darnach fast immer eine mehr minder ins Auge fallende Hyperaemie, mitunter sogar kleine Blutungen zeigen. Dasselbe gilt von dem Ausspritzen des Ohres, durch welches ausser der Hyperaemie noch eine leichte Trübung des Epithels verursacht wird, wodurch die normale Trans-parenz und der Glanz des Trommelfells leiden. Um diagnostischen Fehlern vor-zubeugen, ist es nothwendig, auf diese *arteficiellen Veränderungen des Ohren-spiegelbefundes*, welche allerdings gewöhnlich nur kürzere Zeit bestehen bleiben, aufmerksam zu machen. Behindern die an den Gehörgangswänden aufsitzenden Cermi-nalklümpchen oder Epithelfetzen die Ohrenspiegeluntersuchung nicht allzu sehr, so ist es, um Reizung des Ohres und die erwähnten künstlichen Veränderungen des otoscopischen Bildes zu vermeiden, jedenfalls besser, sie nicht vorher zu entfernen.

2) *Technik der Untersuchung und Wahl der Lichtquelle:* Das zu besichtigende Ohr des Patienten ist von der Lichtquelle *abzuwenden.* Der Reflector, dessen centrale, kreisrunde, einen Durchmesser von 6—8 mm zeigende Durchbohrung sich unmittelbar vor dem untersuchenden Auge des Arztes befinden muss, und welchen der letztere, wenn der Spiegel mit einem in der rechten Hand zu haltenden Handgriff[*] versehen ist, mit dem oberen Rande leicht gegen seine Stirn oberhalb des Margo supraorbitalis anlegt, wirft die von der Lichtquelle schräg auf ihn auffallenden Strahlen in den Gehörgang des zu Untersuchenden.

*) Auch die Stirnbinde lässt sich mit der Hand halten, sodass etwas Geübtere auch ohne einen eigenen Handspiegel auskommen.

Sieht man hier keine Verschwellung am Ohreingang, wie sie durch eine Otitis externa circumscripta hervorgerufen wird, eine Krankheit, welche, wie wir später sehen werden, übrigens schon aus den anamnestischen Angaben des Patienten gewöhnlich mit ziemlich grosser Wahrscheinlichkeit diagnosticirt werden kann, so fasst der Arzt die Ohrmuschel des Kranken in ihrem oberen Theil zwischen zweitem und drittem Finger der linken Hand und *zieht sie* mit derselben, um den winklig geknickten Gehörgang in einen gerade verlaufenden Canal zu verwandeln (s. S. 9). *kräftig vom Kopf des Patienten ab* und zwar bei Erwachsenen meist in der Richtung nach hinten, oben und aussen (lateralwärts) wie in Fig. 1 u. 2 (Taf. XI), bei Kindern in der Richtung nach hinten und aussen wie in Fig. 1 (Taf. XII), im ersten Lebensjahr nach aussen, vorn und unten.

Nur bei energischer Streckung des sonst winklig geknickten Gehörgangs durch kräftigen Zug an der Ohrmuschel, wird es möglich, sich den ganzen Canal und das an seinem inneren Ende ausgespannte Trommelfell bei der Ohrenspiegeluntersuchung in allen Fällen zur Anschauung zu bringen. Wegen der ungleichen Krümmungsverhältnisse des äusseren Gehörgangs in den verschiedenen Lebensaltern und bei verschiedenen Personen muss, wie vorher erwähnt, auch der an der Ohrmuschel ausgeübte Zug *in verschiedener Richtung* erfolgen. Derselbe wird stets ein durchaus kräftiger sein dürfen. Nur wenn eine Otitis externa circumscripta besteht, wird er den Kranken Schmerzen bereiten, und muss man bei dieser Affection von ihm Abstand nehmen.

Hat man die Ohrmuschel mit dem zweiten und dritten Finger der linken Hand vom Kopf des Patienten abgezogen, so sieht man nun zunächst ohne vorherige Einführung eines Trichters mit dem hinter der centralen Durchbohrung des Reflectors befindlichen Auge in den Gehörgang hinein, um sich über die Weite desselben, etwaige Krankheitszustände in seinem äusseren Theil und ferner darüber zu informiren, ob er die Ohrenspiegeluntersuchung störende Eiter-, Cerumen-, oder Epidermismassen enthält. Ist dieses nicht der Fall, so führt man mit der rechten Hand einen Ohrtrichter hinein, schiebt denselben unter leicht rotirenden Bewegungen vorsichtig und ohne dem Patienten Schmerz zu bereiten so weit vor, bis er einen Widerstand findet, höchstens aber bis zum knöchernen Theil, welcher gegen Berührung weit empfindlicher ist als der knorplige, fasst das äussere Ende des Trichters zwischen zweiten Finger und Daumen der linken Hand wie in Fig. 1 u. 2 (Taf. XI) und sieht nun mit dem hinter dem Reflector befindlichen Auge von Neuem in den Gehörgang des Kranken. Selbstverständlich wird man *stets den weitesten* Ohrtrichter einführen, welcher sich in dem gegebenen Fall bis zum knöchernen Gehörgang vorschieben lässt, um gleichzeitig einen möglichst grossen Theil vom Trommelfell übersehen zu können.

Befinden sich im äusseren Theil des knorpligen Gehörgangs lose aufsitzende, wandständige, kleine Ceruminalklümpchen oder Epidermisfetzen, so wird man natürlich bestrebt sein, denselben bei der Einführung des Trichters unter Leitung des Stirnspiegels, wenn möglich, auszuweichen, damit sie nicht tiefer hineingeschoben und hier der weiteren Untersuchung hinderlich werden.

Auch bei Einführung des weitesten Trichters, welcher im knorpligen Gehörgang noch Platz hat, ist es nur selten möglich, sämmtliche Theile des knöchernen Abschnitts oder auch des Trommelfells gleichzeitig zu übersehen. Wir sind vielmehr gezwungen, durch *Verschiebungen der Trichteraxe* die einzelnen Theile der Membran, sowie auch des knöchernen Gehörgangs nach einander einzustellen, mit dem Reflector zu beleuchten und zu besichtigen. Der Anfänger wird, um keinen Abschnitt des Untersuchungsgebietes zu übersehen, gut thun, die Axe des Ohrtrichters zunächst gerade von aussen nach innen, dann von unten nach oben, von vorn nach hinten, von oben nach unten und endlich von hinten nach vorn zu richten und durch jedesmalige entsprechende Lageveränderung des Reflectors und der Blickrichtung sich auf diese Weise sämmtliche Theile des Trommelfells und des äusseren Gehörgangs nacheinander zur Anschauung zu bringen.

Von technischer Wichtigkeit ist es, dass der Ohrtrichter bei den genannten erforderlichen Richtungsveränderungen seiner Axe die ursprüngliche Lage im knorpligen Gehörgang *unverändert* beibehält, da sonst die Verschiebungen seiner Spitze empfindliche Reizungen der Wände desselben verursachen würden. Um diese zu vermeiden, müssen wir nicht allein dem Trichter, sondern auch dem ihn bergenden knorpligen Abschnitt des Gehörgangs die gewünschte Lageveränderung geben, was wegen der beweglichen Anheftung des letzteren an seine Nachbarschaft bei einiger Uebung unschwer gelingt. Wir erreichen dieses, wenn wir die zwischen den drei ersten Fingern der linken Hand gefassten Theile, also Trichter und Ohrmuschel, *gleichzeitig* in die entsprechende Richtung bringen. Behalten die genannten Finger der linken Hand ihre Lage zu einander bei, so behält auch der Trichter seine ursprüngliche Lage im knorpligen Gehörgang.

Bei dem in verschiedenen Richtungen erfolgenden Abziehen der Muschel vom Kopf des Patienten mittels zweiten und dritten Fingers der linken Hand begegnet es Ungeübten häufig, dass sie auch den mit der rechten Hand eingeführten und genügend weit vorgeschobenen, dann aber zwischen zweiten und dritten Finger der linken Hand gefassten Trichter wieder etwas aus dem Gehörgang herausziehen, wodurch die Besichtigung des Trommelfells unmöglich werden kann. Es ist daher nicht überflüssig, zu bemerken, dass man, während zweiter und dritter Finger der linken Hand die Ohrmuschel abziehen, mit dem leicht an den unteren Rand des Trichters gestützten linken Daumen ihn leise *hineindrücken* soll, ohne natürlich durch etwaigen starken Druck dem Patienten Schmerz zu bereiten.

Was die Wahl der zur Ohrenspiegeluntersuchung erforderlichen *Lichtquelle* anlangt, so ist die Benützung des *diffusen Tageslichts* insofern am bequemsten, als wir hier grosse leuchtende Flächen zur Verfügung haben und deshalb mit dem Reflector leicht ein Lichtbild von grosser Ausdehnung und genügender Helligkeit auf die seitliche Kopfgegend des Kranken, an welcher sich das Ohr befindet, werfen können. Am besten ist es, das Licht von einer weissen oder weisslichen Wolke bez. einer von hellem Tageslicht beleuchteten weissen Wand zu entnehmen, weil weisses Licht am hellsten ist. Scheint die Sonne ins Fenster, so kann man ein weisses Rouleaux herunterlassen und das von diesem diffundirte Licht mit dem Concavspiegel auffangen. (Directes Sonnenlicht darf man nur mit dem Planspiegel ins Ohr werfen). Die von einem klaren blauen oder trüben grau bewölkten Himmel sowie von einer gelben oder grauen Häuserwand auf den Reflector fallenden Strahlen sind zur Ohrenspiegeluntersuchung nicht intensiv genug. Es wird daher insbesondere bei nicht sehr grosser Uebung in der Otoscopie und schwierigerem Trommelfellbefund sowohl an trüben, dunklen Tagen wie auch bei wolkenlosem, blauen Himmel, in der Dämmerung und an vom Fenster weit entfernten Krankenbetten zweckmässiger sein, mit *künstlichem Licht* zu untersuchen.

Letzteres wird gewöhnlich von einer *Gas-* oder *Petroleumlampe*, deren Glocke abgenommen ist, kann aber auch z. B. bei Untersuchung bettlägeriger Kranker von einer gewöhnlichen *Kerzenflamme (Stearin- oder Wachslicht)* entnommen werden. In neuerer Zeit sind die Brenner der Petroleumlampen sehr vervollkommnet worden, so dass sie ein sehr helles und ziemlich weisses Licht geben.

Allerdings bedingen diese Mitrailleusen-, Diamantbrenner und ähnliche eine grosse, namentlich für den untersuchenden Arzt unangenehme Wärmeentwicklung. Um letztere zu vermeiden, was insbesondere im Sommer von Wichtigkeit ist, kann man sich des *Auer'schen Gasglühlichts* oder einer *electrischen Glühlampe* (Taf. XV Fig. 20) bedienen. Von dieser wird das Licht nicht mit dem Concavspiegel reflectirt, sondern, durch eine Convexlinse gesammelt, direct in das Ohr geworfen.

Bei Anschaffung einer Untersuchungslampe, von welcher das Licht mit dem Ohrenspiegel reflectirt werden soll, ist, wie immer dieselbe auch sonst beschaffen sein mag, darauf zu achten, dass sie an einem Stativ *herauf- und heruntergeschoben* werden kann (s. Fig. 1 Taf. XI), weil man zuweilen sehr grosse, zuweilen sehr kleine Patienten zu untersuchen hat.

Da die Einzelheiten, welche bei der Ohrenspiegeluntersuchung wahrgenommen werden sollen, insbesondere einzelne Details des Trommelfellbefundes sowohl unter normalen wie pathologischen Verhältnissen, ausserordentlich klein sind, so müssen wir uns, um dieselben deutlich erkennen zu können, dem Ohr des Patienten ziemlich weit nähern. Hierbei kann es nun leicht geschehen, dass der Kopf des Kranken, welcher sich zwischen der Lichtquelle und dem vor dem untersuchenden Auge befindlichen Reflector befindet, die Lichtstrahlen von letzterem ganz oder theilweise abhält. Um dieses zu verhindern, müssen wir den Kopf des Kranken in die entsprechende Lage bringen. Otoscopirt man *bei natürlichem Licht*, so befindet sich der Kranke zwischen Arzt und Fenster, entweder dicht am Fenster oder auch in einiger Entfernung davon, das zu besichtigende Ohr von letzterem abgewandt.

Bei Untersuchung Erwachsener können Arzt und Patient sowohl stehen, wie sitzen; die Untersuchung kleinerer Kinder wird man besser im Sitzen vornehmen, um sich nicht zu sehr bücken zu müssen (Taf. XII Fig. 1). Otoscopirt man *bei künstlichem Licht*, so befindet sich Patient zwischen Arzt und Lampe resp. Kerze. Letztere dürfen nur wenig vom Kranken entfernt sein und sollen bei Untersuchung des rechten Ohres *vor* seinem Kopf, bei derjenigen des linken *hinter* demselben (Taf. XI Fig. 1) und, damit man bei Einführung von Instrumenten in den Gehörgang mit der rechten Hand das Auffallen der Lichtstrahlen auf den Reflector nicht hindert, ein wenig *höher* stehen als das Ohr des Patienten.

Ich halte den Reflector vor dem rechten Auge und habe hierbei den Vortheil, dass das Licht bei der oben angegebenen Stellung der Lampe von derselben abgewandt und ausserdem noch durch den Reflector etwas beschattet wird. Wer mit dem linken Auge besser sieht, kann den Spiegel ruhig vor das linke bringen. Immer indessen soll man mit demjenigen Auge untersuchen, welches sich hinter dem Reflector befindet. Das andere aber soll nicht, wie es Anfänger zu thun pflegen, zugekniffen werden. Denn hierdurch tritt erstens leicht eine Ermüdung auch des offenen Auges ein, zweitens aber soll uns das nicht durch den Spiegel verdeckte Auge dazu dienen, den Lichtreflex, wenn er bei unruhiger Haltung des Spiegels von dem Ohreingang abgewichen und auf eine andere Stelle des Kopfes gefallen ist, wieder aufzufinden und an seinen Bestimmungsort, den Ohreingang, zurückzuleiten.

Hypermetropen und Presbyopen müssen, um scharfe Bilder zu bekommen, Convexgläser benützen und zwar solche, mit denen sie kleine Objecte in etwa 10 cm Entfernung deutlich erkennen können. Ob sie sich zu diesem Zweck einer Brille bedienen oder das corrigirende Glas am Reflector befestigen (Taf. XV Fig. 3), ist gleichgültig. *Emmetropen und Myopen* mässigen Grades otoscopiren am besten ohne Brille. Bei stärkerer Myopie, etwa von 10,0 an, wo also der Fernpunkt höchstens 10 cm weit vom Auge entfernt liegt, müssen entsprechende Concavgläser benützt werden.

3) *Ueble Zufälle bei der Ohrenspiegeluntersuchung:* In einzelnen Fällen hat man bei der Einführung des Ohrtrichters in den Gehörgang Ohnmacht oder epileptiforme Anfälle beobachtet. Indessen ist dieses sehr selten. Etwas häufiger entsteht dabei — wahrscheinlich durch Reizung des Ramus auricularis Vagi — Reflexhusten.

4) *Ergebniss der Ohrenspiegeluntersuchung, otoscopischer Befund:*

A. Der Hautüberzug des knöchernen **Gehörgangs** erscheint, wenn man bei diffusem Tageslicht untersucht, in der Norm schmig weiss. Unter pathologischen Umständen können die Wände des Meat. audit. ext. Hyperaemie, circumscripte und diffuse Schwellung, seröse oder eitrige Absonderung, Ulcerationen oder Fistelöffnungen zeigen, das Lumen des Canals kann durch seröses, schleimiges oder eitriges Secret, durch Ansammlung von Cerumen oder abgestossenem Epithel, durch Fremdkörper, durch Tumoren (Exostosen, Polypen, Granulationen), welche von seinen Wänden entspringen oder in der Paukenhöhle bez. am Trommelfell inseriren, mehr minder verlegt sein.

B. *Normaler Trommelfellbefund.* Das *Trommelfell (Membrana tympani)* ist eine den äusseren Gehörgang gegen die Paukenhöhle hin abschliessende, dünne, aber recht resistente Membran von unregelmässig *längsovaler* Form.

Am Rande ist sie in dem bei Weitem grössten Theil ihrer Circumferenz in einer an der inneren Grenze des äusseren Gehörgangs befindlichen seichten Knochenrinne, dem *Sulc. tympanicus*, befestigt. Letzterer umgiebt die ganze Peripherie des Trommelfells mit Ausnahme eines kleinen, am oberen vorderen Pol desselben oberhalb des Process. brev. mallei gelegenen Stücks. Hier im Bereich der *Incis. Rivini* ist die Membran direct an den falzlosen *Margo tympanic.* der Schläfenschuppe angeheftet.

Das Trommelfell bildet mit der oberen und mit der hinteren Wand des äusseren Gehörgangs einen stumpfen, mit der unteren und mit der vorderen einen spitzen Winkel. Legt man durch die bei der gewöhnlichen aufrechten Kopfhaltung (Taf. XII Fig. 2) annähernd horizontal und transversal verlaufende Gehörgangsaxe eine Frontal- und eine Horizontalebene, so schneiden diese eine durch den Rand des Trommelfells bez. den ihn umgebenden Sulc. tympanicus gelegte Ebene in zwei Linien, welche mit der Gehörgangsaxe beim Erwachsenen einen nach oben und aussen offenen Winkel von 45—55°, also von individuell verschiedener Grösse, und einen nach hinten und aussen offenen Winkel von etwa 40° bilden (Taf. I Fig. 1 u. 3).*) sodass also die durch die Sulci tympanici gelegten Ebenen beider Trommelfelle sich verlängert in einer schräg von vorn oben nach hinten unten verlaufenden Kante**) schneiden.

Das Trommelfell indessen ist *keine ebene Membran.* Durch den mit seiner oberen Hälfte fest verbundenen, von vorn oben und aussen nach hinten unten und innen verlaufenden Hammergriff wird es vielmehr ein Wenig nach vorn und unten von seiner Mitte *trichterförmig einwärts gezogen.* Die Linien aber, welche die tiefste, am meisten nach innen gelegene Stelle dieses etwa 2 mm tiefen Trichters, den „*Nabel*" oder „*Umbo*" des Trommelfells mit der Peripherie desselben verbinden,

---

*) Kleinere Winkel ergeben sich, wenn man die Neigung einer durch den Sulc. tympanic. gelegten Ebene nicht zu der Axe, sondern zu den *Wänden* des Gehörgangs untersucht. *Denn von diesen verlaufen die obere und untere vom Trommelfell an zunächst etwas nach aufwärts, die vordere und hintere dagegen etwas nach rückwärts.* In Folge dessen bildet z. B. eine durch den Sulc. tympanic. gelegte Ebene im Frontalschnitt mit der unteren Gehörgangswand einen nach oben und aussen offenen Winkel von nur 27°, mit der oberen von nur 10°. Beim Neugeborenen liegt das Trommelfell mitunter etwas horizontaler als beim Erwachsenen.

**) *Aus diesem Grunde liegt, was für Operationen am Trommelfell von Wichtigkeit ist, die obere Peripherie desselben sowohl wie die hintere dem Ohreingang um etwa 6—7 mm näher als die untere und die vordere.*

sind nicht, wie bei einem gewöhnlichen Trichter, gerade, sondern vielmehr nach aussen mehr minder convex gewölbt (Taf. I Fig. 1 u. 3) und zwar am stärksten im unteren und vorderen Theil der Membran.

Sehen wir von dieser Convexität zunächst ab und untersuchen wir die Neigung imaginärer „Trommelfellradien", d. h. solcher gerader Linien, welche den Umbo mit der Peripherie verbinden würden, gegen die Gehörgangsaxe, so würde dieselbe bei gewöhnlicher aufrechter Kopfhaltung (Taf. XII Fig. 2) auf dem Frontalschnitt in der unteren Hälfte durch einen nach unten und aussen offenen Winkel von 95—105°, in der oberen durch einen nach oben und aussen offenen Winkel von nur 30° bezeichnet werden (Taf. I Fig. 1), während sie auf dem Horizontalschnitt (Taf. I Fig. 3) im vorderen Theile 95°, im hinteren 25° beträgt.

Es steht also der verticale „Radius" des Trommelfells in der unteren Hälfte, der horizontale in der vorderen Hälfte nahezu senkrecht auf der Gehörgangsaxe, während die obere und die hintere Trommelfellhälfte mit den entsprechenden Gehörgangswänden nur sehr kleine Winkel bilden und daher ohne deutliche Knickung in sie übergehen.

Die *Farbe*, welche das Trommelfell bei der Ohrenspiegeluntersuchung zeigt, ist eine Mischfarbe. Sie setzt sich zusammen:

1) aus der Farbe derjenigen Strahlen, welche wir mit dem Reflector in den Gehörgang werfen.

2) aus der Eigenfarbe der Membrana tympani.

3) aus der Farbe derjenigen Theile, welche, da das bei manchen Thieren vollkommen durchsichtige Trommelfell auch beim Menschen einen geringen Grad von Transparenz besitzt, durch dasselbe hindurchscheinen.

Die Farbe derjenigen Strahlen, welche mit dem Reflector in das Ohr hineingeworfen werden, ist eine verschiedene, je nachdem die Untersuchung bei *natürlichem* oder bei *künstlichem* Licht erfolgt. In letzterem Fall ist sie in der Regel *gelb*, mögen wir nun Gas-, Petroleum- oder Kerzenlicht benutzen. In ersterem ist sie *weiss*, wenn wir einen weiss-, *grau*, wenn wir einen graubewölkten, *bläulich*, wenn wir einen wolkenlosen blauen Himmel haben. Indessen werden mitunter auch *grüne* Strahlen hineinfallen, wenn vor unserem Untersuchungszimmer ein grüner Baum, *rothe*, wenn sich ein rothes Haus davor befindet, von welchem Licht auf den Reflector gelangt. Je mehr und je intensiveres Licht wir auf das Trommelfell werfen, desto *heller* wird dasselbe natürlich erscheinen, und es hängt daher seine Farbe zum Theil auch von der Weite des Gehörgangs ab. Bei engem Gehörgang, der nur wenig Lichtstrahlen aufnehmen kann, wird die Membrana tympani ceteris paribus *dunkler* aussehen als bei weitem, und ganz besonders dunkel, wenn das hineingeworfene Licht eine geringe Intensität besitzt, wie z. B. das an einem trüben Tage von einem grauen oder auch das von einem klaren blauen Himmel entnommene; denn auch die Lichtstärke der blauen Strahlen ist eine relativ geringe.

Die Farbe derjenigen Theile, welche durch das Trommelfell hindurch schimmern, ist in der Norm die *gelblichweisse* Farbe des Knochens. Denn dem Trommelfell gegenüber und von demselben nur wenige (zwischen 1.5 und 5) Millimeter, also an verschiedenen Stellen ungleich weit entfernt liegt die innere Wand der Paukenhöhle, die sogenannte „Labyrinthwand (Taf. I Fig. 1 u. 3), eine Knochenfläche, deren dünner Schleimhautüberzug die Stelle des Periosts vertritt und letzterem auch bezüglich der Farbe entspricht.

Aus den genannten drei Componenten setzt sich eine Mischfarbe zusammen, welche das normale Trommelfell bei natürlicher Beleuchtung mit diffusem Tageslicht (von den selteneren Fällen, in denen wir z. B. von einem grünen Baum oder rothen Haus grüne resp. rothe Strahlen mit dem Reflector ins Ohr werfen, mag hier zunächst abgesehen werden) etwa in der Farbe des von einer Cigarre aufsteigenden Rauchs, also *rauch- oder perlgrau*, erscheinen lässt, welchem indessen an einzelnen Stellen, insbesondere da, wo die knochengelbe innere Paukenhöhlenwand deutlicher hindurchschimmert, also vorzugsweise in den mittleren Particen der Membran, ein *schwach gelblicher Ton beigemengt* ist. Der vor dem Hammergriff gelegene vordere und obere Theil des Trommelfells pflegt *etwas dunkler*, der hinter und unter ihm gelegene *etwas heller* zu erscheinen.

Bei künstlicher Beleuchtung ist vermöge des mit dem Reflector hineingeworfenen gelben Lichts die Beimischung eines gelben Tons zu dem Grau erheblich stärker, und erscheint das Trommelfell daher bei dieser *deutlich gelbgrau* gefärbt.

Im Kindesalter zeigt die Membr. tympani ein dunkleres Grau und geringere Transparenz.

In der oberen Hälfte des Trommelfells, bei der gewöhnlichen aufrechten Kopfhaltung (Taf. XII Fig. 2) schräg von vorn oben und aussen nach hinten unten und innen bis zum Umbo herabsteigend, verläuft eine weisse oder knochengelbe, an der Aussenfläche nur wenig über die seitlich angrenzenden Trommelfellparticen prominirende Leiste, *der Hammergriff (Manubr. mallei)* (Taf. I Fig. 1 u. Taf. VI Fig. 1 u. 2), welche an ihrem unteren Ende bisweilen eine spatel- oder scheibenförmige Verbreiterung zeigt (Taf. VI Fig. 2). Letztere ist häufig stärker gelb gefärbt und wird daher als *gelber Fleck* des Trommelfells bezeichnet.

Am oberen Ende des Hammergriffs befindet sich ein kleiner gelblich weiss gefärbter, etwas prominirender, und die Membr. tympani nach aussen leicht vorwölbender rundlicher Höcker, *der kurze Fortsatz des Hammers, Process. brev. mallei*. Derselbe befindet sich in manchen Fällen dicht unter der Trommelfellperipherie (Taf. I Fig. 1 u. Taf. VI Fig. 1); in anderen liegt er etwas weiter nach abwärts, sodass über ihm noch ein kleines Segment des Trommelfells vorhanden ist, durch welches ein Theil des Hammerhalses hindurchscheint (Taf. VI Fig. 2). In diesen letzteren Fällen zeigt das Trommelfell zwei in der Norm nur äusserst schwach ausgeprägte, vom Proc. brevis ausgehende und durch dessen Prominenz zu Stande kommende Falten, von denen die eine, längere, nach hinten, die andere, kürzere, nach vorn verläuft, die *hintere und vordere Trommelfellfalte*.

Um an dem normalen oder pathologisch veränderten Trommelfelle einzelne Details genauer localisiren zu können, denkt man sich dasselbe durch zwei auf einander senkrechte Linien, von denen die eine durch den Hammergriff gelegt ist, während die andere sein unteres Ende tangirt, den *„verticalen"* und *„horizontalen" Meridian* in vier Theile zerlegt, welche, obwohl sie wie aus Taf. VI Fig. 18 leicht ersichtlich, von ungleicher Grösse sind, als *„Trommelfellquadranten"* bezeichnet werden, und von denen wir einen *vorderen oberen, hinteren oberen, vorderen unteren und hinteren unteren* unterscheiden. Der hintere obere Quadrant ist der bei Weitem grösste.

Das Trommelfell besteht aus drei Schichten. Die nach aussen liegende, aus einer oberflächlich gelagerten *Epidermisschicht*, und einem darunter befindlichen, die Gefässe und Nerven des Trommelfells führenden, spärlichen Bindegewebslager bestehende *Cutisschicht*, eine Fortsetzung der Gehörgangshaut, befindet sich lateralwärts vom Griff und kurzen Fortsatz des Hammers.

An dem übrigen Theile des Trommelfells sehr dünn, erreicht sie hinter dem Hammergriff, im Bereich eines schmalen, seine Spitze nach dem Umbo richtenden rechtwinkligen Dreiecks eine grössere Dicke. Dieser von der oberen Gehörgangswand auf das Trommelfell herabsteigende dreieckige, schmale, undurchsichtige Hautstreifen, die *Stria malleolaris* (v. Tröltsch's *Cutisstrang*, Prussak's *absteigende Fasern*), enthält die Hauptgefässe und -nerven des Trommelfells. Seine lange Cathete entspricht dem vorderen Rande des Hammergriffs, die kurze verläuft vom Processus brevis nach hinten; die Hypothenuse steigt schräg vom Umbo zur hinteren Trommelfellfalte auf (s. Taf. VI Fig. 2).

An ihrer freien Oberfläche trägt die Cutisschicht des Trommelfells einen homogenen Ueberzug von mehrfach geschichtetem Pflasterepithel, welcher dem Trommelfell im Verein mit einer seine Aussenfläche bedeckenden, sehr dünnen Fettschicht einen gewissen zarten *Glanz* verleiht. Im vorderen unteren Quadranten ist letzterer innerhalb eines seine Spitze nach dem Umbo, seine Basis nach der vorderen unteren Trommelfellperipherie richtenden schmalen gleichschenkligen Dreiecks, dessen Höhe mit der verlängerten Hammergriffaxe einen nach vorn und unten offenen stumpfen Winkel von etwa 50^0 bildet, des sogenannten *Lichtkegels* (Taf. VI Fig. 1), ein sehr viel stärkerer, als an den übrigen Theilen des normalen Trommelfells. Grösse, Gestalt und Helligkeit dieses dreieckigen Lichtreflexes zeigen übrigens auch in der Norm beträchtliche individuelle Verschiedenheiten, welche von der Tiefe des Trommelfelltrichters, der Wölbung der Trichterwände und der spiegelnden Beschaffenheit der Oberfläche abhängen. Bei tiefer liegendem Umbo wird er länger und schmäler, bei Abnahme der Trichterhöhe umgekehrt kürzer und breiter gefunden werden. Die Peripherie des Trommelfells erreicht er nur selten; gewöhnlich ist seine Helligkeit in der Mitte zwischen Spitze und Basis am grössten. Bei $86\,^0/_0$ der Normalhörenden ist er verschwommen.   Ausser dem „Lichtkegel" zeigt das normale Trommelfell einen kleinen Lichtreflex mitunter noch über dem Process. brevis an der tiefsten Stelle der Membr. Shrapnelli (s. S. 33) und einen verwaschenen Glanz im hinteren oberen Quadranten.

In der mittleren mächtigsten Schicht des Trommelfells, der *Substantia s. Membrana propria*, lässt sich eine äussere, nach dem Centrum zu an Dicke zunehmende Lage *radiärer*, und eine innere, nach dem Centrum zu an Dicke abnehmende Lage *circulärer* fibröser Bindegewebsfasern unterscheiden. Die ersteren entspringen von der Trommelfellperipherie und inseriren am Hammergriff, die letzteren, welche eine geringe Elasticität zeigen, und sich daher nach der Durchschneidung etwas verkürzen, haben einen dem Trommelfellrande annähernd parallelen Verlauf und hetten sich gleichfalls dem Hammergriff an (Taf. VI Fig. 3).

Die innerste oder *Schleimhautschicht* ist ein Theil der Mittelohrschleimhaut. Sie ist mit der Lamina propria des Trommelfells so innig verbunden, dass sie sich nicht von ihr loslösen lässt, während eine Trennung der äusseren und mittleren Trommelfellschicht, also der Cutisschicht und der Lamina propr., von einander unschwer gelingt.

Die *Dicke des Trommelfells* ist im Bereiche der Stria malleolaris am grössten und beträgt hier 0.4 mm, an den dünnsten Stellen dagegen nur 0.1 mm.

Die äussere Peripherie der Membr. tympani ist, wenn wir von einem kleinen, über dem Proc. brev. mallei gelegenen Abschnitt derselben, welcher dem falzlosen Theil des äusseren Gehörgangs, der Incis. Rivini, entspricht (Taf. VI Fig. 2 u. 3), absehen, durchweg von einem aus derben Bindegewebsbündeln und zahlreichen elastischen Fasern gebildeten schmalen, undurchsichtigen, weissen, gegen das Centrum scharf abgesetzten Saum (Taf. VI Fig. 2) umgeben, dem *Sehnenring* oder *Ringwulst* (*Annulus tendinosus s. cartilagineus*).

Ist der Sulc. tympanic. tief, so kann er den in ihm befindlichen Sehnenring vollständig verdecken, sodass wir bei der Ohrenspiegeluntersuchung von letzterem nichts wahrnehmen können. In anderen Fällen sehen wir das Trommelfell von einem schmalen, weissen, undurchsichtigen, ringförmigen Saum umgeben, welcher nur von einem kleinen, nach oben und vorn von dem Proc. brev. mallei gelegenen Theil der Peripherie unterbrochen ist. Gewöhnlich freilich ist der Sehnenring vom äusseren Gehörgange aus nur an einzelnen Abschnitten seines Umkreises sichtbar. während andere durch das zu stark vorspringende äussere Falzblatt des Sulc. tympanic. vollkommen verdeckt werden.

Die in der Norm macroscopisch nicht sichtbaren *Blutgefässe des Trommelfells*, welche mit den Gefässen des äusseren Gehörgangs sowohl wie des Mittelohrs in Verbindung stehen, verlaufen theils in der Cutis. theils in der Schleimhautschicht desselben. An dem Gefässnetze der Cutis unterscheiden wir die *Hammergriff-*, die *Rand-* und die *Radiärgefässe* (s. S. 34). welche mit einander anastomosiren.

Die Gefässe der Cutis- und der Schleimhautschicht sind nach Kessel durch ein die Membr. propria durchbohrendes Capillarnetz mit einander verbunden.

Derjenige kleine Abschnitt des Trommelfells. welcher nach unten von dem Proc. brev. mallei. nach oben von dem falzlosen Theil des äusseren Gehörgangs. der Incis. Rivini. seitlich von zwei zwischen den Ecken der letzteren und dem Proc. brevis ausgespannten kurzen Falten. welche als weisse Stränge erscheinen, den *oberen Trommelfellfalten* oder Prussak'schen *Grenzsträngen*, begrenzt ist. die *Membrana flaccida* *Shrapnelli* (Taf. VI Fig. 2). unterscheidet sich von dem bisher beschriebenen Theil. der *Pars tensa membranae tympani*, einmal durch das Fehlen eines Annulus tendin. an ihrer Peripherie und dann dadurch. dass sie von den drei Schichten des übrigen Trommelfells nur die Cutis- und die Schleimhautschicht besitzt. während die mittlere. mächtigste Schicht. die Substantia propria, fehlt. Sie ist in Folge dessen viel dünner und schlaffer als das übrige Trommelfell und bildet über dem Proc. brevis eine kleine eingesunkene Grube. an deren tiefsten Stelle wir häufig einen Lichtreflex wahrnehmen können.

Durch den hinteren oberen Quadranten des Trommelfells sieht man mitunter *den unteren Theil des langen Ambosschenkels* als einen gelben Streifen undeutlich hindurchscheinen (s. Taf. VI Fig. 2). Derselbe verläuft dem Hammergriff parallel. in manchen Fällen sehr nahe demselben. in anderen weiter von ihm entfernt. mitunter bis zur Mitte des Manubrium. selten noch weiter herab. Häufig indessen liegt er mehr aufwärts. zuweilen sogar ganz über der oberen Trommelfellperipherie. in welch' letzterem Falle wir ihn selbst bei vollkommenem Defect des oberen und hinteren Quadranten bei der Ohrenspiegeluntersuchung nicht wahrnehmen können. Bei sehr guter Beleuchtung kann man im hinteren unteren Quadranten des Trommelfells mitunter die an der inneren Paukenhöhlenwand befindliche *Nische zum runden Fenster* als eine dreieckige oder auch anders gestaltete dunkle Stelle hindurchsehen (Taf. VI Fig. 2) und über derselben. hinter und etwas über dem unteren Ende des Hammergriffs die knochengelbe Farbe des an der inneren Paukenhöhlenwand befindlichen *Promontoriums*. Mitunter scheint im hinteren oberen Quadranten die *hintere* v. Tröltsch'sche *Trommelfelltasche* (s. S. 17 u. Taf. II Fig. 11) als weisslich graue vom Hammergriff nach hinten ziehende Trübung hindurch (s. Taf. VI Fig. 2).

Die *Grösse des Trommelfells* zeigt bei verschiedenen Individuen beträchtliche Unterschiede.

Das *Trommelfell des Neugeborenen* hat fast dieselbe Ausdehnung wie dasjenige des Erwachsenen. es findet also nach der Geburt nur noch eine sehr unbedeutende Grössenzunahme desselben statt. Auch ist die Neigung des Trommelfells beim Neugeborenen von der beim Erwachsenen nicht merklich verschieden.

Bisweilen lassen sich der vordere und untere Rand des Trommelfells und eine an denselben angrenzende schmale Zone desselben. mitunter sogar die ganze vor dem Hammergriff gelegene Trommelfellpartie wegen zu starker angeborener (noch physiologischer) Vorwölbung der vorderen und unteren Gehörgangswand trotz vorschriftsmässigen Abziehens der Muschel bei der Ohrenspiegeluntersuchung nicht zur Anschauung bringen. Desgleichen können pathologische Veränderungen im Gehörgang. Ceruminalpfröpfe oder Eiter- und Schleimansammlungen in denselben. Verengerung seines Lumens durch entzündliche Affectionen der Wände (Otitis ext. circumscripta und diffusa), Exostosen- und Hyperostosen-Bildung. Granulationen und Polypen das ganze Trommelfell oder Theile desselben der Besichtigung mit dem Ohrenspiegel vorübergehend oder auch dauernd entziehen.

Im Anschluss an obige Beschreibung des normalen Trommelfellbildes mögen hier sogleich die Merkmale der wichtigsten

pathologischen Trommelfellbefunde

erörtert werden:

I. *Die Hyperaemie des Trommelfells.* Während die Trommelfell-gefässe in der Norm nicht sichtbar sind, treten dieselben bei einer Entzündung der Membran, bei activer und passiver Hyperaemie in den Kopfgefässen und endlich bei Reizen, welche das Trommelfell oder den äusseren Gehörgang treffen, als rothe Stränge zu Tage. In manchen Fällen genügt hierzu schon eine länger dauernde Untersuchung mit dem Ohrtrichter, desgleichen kräftiges Husten, Schnäuzen oder Application der Luftdouche.

Bei geringen Graden von Hyperaemie tritt in der Regel zunächst eine *In-jection der Hammergriffgefässe* ein, und sieht man hierbei mit dem Ohrenspiegel ein nach aussen und hinten, selten auch nach vorn von dem Manubr. mallei ge-legenes, seine Spitze nach dem Umbo richtendes, schmäleres oder breiteres drei-eckiges Bündel rother, sich nach oben auf die obere Gehörgangswand fortsetzender Gefässe (Taf. VI Fig. 4), welche bei starker Entwicklung die Contouren des Ham-mergriffs, bei noch stärkerer auch diejenigen des Proc. brev. mallei vollkommen verdecken können. Bei stärkerer Hyperaemie gesellt sich hierzu eine *Injection der Randgefässe*, eines an der Trommelfellperipherie befindlichen und sich von hier auf die unmittelbar angrenzende Partie des äusseren Gehörgangs fortsetzenden cir-culären Gefässkranzes (Taf. VI Fig. 5). Durch sie kann die Grenze zwischen Trommelfell und Gehörgang undeutlich werden. Bei noch stärkerer Hyperaemie füllen sich auch die „*Radiärgefässe*", welch letztere von der Peripherie der Mem-bran zum Umbo verlaufen (Taf. VI Fig. 5). Hier pflegt dann der normale Glanz des Trommelfells, insbesondere der „Lichtkegel" desselben verschwunden zu sein. In den höchsten Graden von Hyperaemie erscheint uns das Trommelfell als eine *diffus rothe Fläche*, in welcher einzelne injicirte Gefässgebiete nicht mehr zu unterscheiden sind.

Beschränkt sich die Hyperaemie auf die *Schleimhautschicht* der Membran und sind die übrigen Schichten normal, so behält die Aussenfläche ihren gewöhnlichen Glanz, der Lichtkegel ist deutlich erkennbar, und die von innen durchscheinende Röthe verleiht dem Trommelfell das Aussehen einer *glänzend rothen Kupferplatte.*

II. *Die Ecchymosen am Trommelfell.* Dieselben erscheinen, wenn es sich um eine *frische* Hämorrhagie handelt, als hellrothe, wenn das Extravasat bereits *älter* ist, als roth- oder schwarzbraune oder auch schwarze, scharf begrenzte, unregelmässige Flecke von sehr verschiedener Grösse und Gestalt (Taf. VI Fig. 30), welche leicht mit aufgelagertem Cerumen oder auch, wenn sie zufällig klein und von runder Contour sind, mit einer Trommelfellperforation, -narbe oder -atrophie *verwechselt* werden können. Bezüglich der Unterscheidung von letzteren s. S. 40 u. 42. Die Ecchymosen können einfach oder auch in grösserer Zahl an ein und demselben Trommelfell gefunden werden.

III. *Die Verkalkungen oder Kalkablagerungen im Trommelfell.* Dieselben erscheinen als undurchsichtige, *kreideweisse Flecke*, welche niemals mit verwaschenen Rändern in die Umgebung übergehen, stets vielmehr scharf umrandet sind und mitunter über die Aussenfläche der Membran prominiren. In manchen Fällen nicht **grösser als ein kleiner** Stecknadelkopf (s. Taf. VI Fig. 6) sind sie in anderen so ausgedehnt, dass sie einen grossen Theil des Trommelfells, ja fast das ganze einnehmen können (Taf. VI Fig. 7). Aber auch die sehr grossen Verkalkungen haben meist eine „intermediäre Lage", sie reichen nicht ganz bis zum Hammergriff und nicht ganz bis zur Trommelfellperipherie, sind vielmehr in der Mehrzahl der Fälle noch von einem, wenn auch nur sehr schmalen Saum unverkalkten Trommelfellgewebes umgeben. Grosse Verschiedenheiten bieten sie auch bezüglich der *Gestalt*, deren Erscheinungsformen in den einzelnen Fällen zu mannigfach sind, um eine genaue Beschreibung zu gestatten. Manche Verkalkungen zeigen auf weissem Grunde zahlreiche schwarze Punkte, sodass sie wie ein Stück *Eierschale* aussehen (Taf. VI Fig. 8).

Sind die Verkalkungen auf die Substantia propria beschränkt, so kann ihre Farbe durch Hyperaemie oder Schwellung der sie nach aussen bedeckenden Cutisschicht verändert werden, und erscheinen sie in solchen Fällen mitunter statt weiss zunächst gelb oder röthlich, um bei Abnahme der Röthung und Schwellung allmählich in ihrer weissen Farbe wieder hervorzutreten. Zuweilen sieht man auch ein oder mehrere, in der Cutis verlaufende, injicirte Gefässe über die Verkalkung hinwegziehen.

Die *Verwechslung* einer Verkalkung mit der auch in der Norm nicht seltenen, spatelförmigen, mitunter weiss gefärbten Verbreiterung am unteren Ende des Hammergriffs (Taf. VI Fig. 2) wird nur einem in der Ohrenspiegeluntersuchung sehr Ungeübten begegnen können.

Bisweilen finden sich an einem und demselben Trommelfell *mehrere* Verkalkungen (s. Taf. VI Fig. 6).

IV. *Die Verknöcherungen oder Knochenablagerungen im Trommelfell*. Dieselben unterscheiden sich von den Verkalkungen nur dadurch, dass sie nicht kreideweiss, sondern **knochengelb** sind, und ferner dadurch, dass sie nur äusserst *selten* zur Beobachtung gelangen, während jene zu den recht häufig vorkommenden pathologischen Trommelfellbefunden gehören.

V. *Die Trommelfelltrübungen*. Dieselben entstehen durch Verdickungen der Membran, welche jede der drei Schichten derselben einzeln oder auch mehrere gleichzeitig betreffen können. Die *Verdickungen der Schleimhautschicht und der Subst. propr.* stellen sich, wenn sie circumscript auftreten, als grau- oder bläulichweisse Streifen (Taf. VI Fig. 9) und Flecken (Taf. VI Fig. 10) von sehr verschiedener Ausdehnung und Form dar, welche einfach oder auch in grosser Zahl vorkommen und undurchsichtiger sind als das normale Trommelfell. Gewöhnlich gehen sie mit verwaschenen Rändern in das ungetrübte Gewebe über, welches infolge der Contrastwirkung zwischen den heller gefärbten, weil mehr Licht reflectirenden, verdickten Stellen abnorm dunkel und dünn, mitunter sogar ein wenig vertieft erscheint.

Dehnt sich die Verdickung über die ganze Fläche des Trommelfells aus, so erscheint dasselbe als eine undurchsichtige, milchglasartige, diffus grau- oder bläulich-weiss gefärbte Membran oder Platte.

Ist die *Cutisschicht* verdickt, so zeigt das Trommelfell nicht nur verminderte Transparenz, sondern häufig auch veränderte Wölbung. Betrifft die Verdickung der Cutisschicht die Gegend des Hammergriffs, so erscheinen die Contouren des letzteren, häufig auch die des Proc. brevis entweder ganz verschwunden oder wenigstens nur undeutlich wahrnehmbar (Taf. VI Fig. 28). Nimmt auch die *Epitheldecke* an der Verdickung Theil, oder betrifft letztere allein das Epithel, wie z. B. beim Auf-

3*

quellen desselben infolge von öfteren Ausspritzungen des äusseren Gehörgangs, öfteren Einträufelungen wässriger Flüssigkeiten in denselben. Einwirkung von Dämpfen („Bähen des Ohres"), so verliert das Trommelfell seine homogene, etwas glänzende Oberfläche, wird trüb und glanzlos, das verdickte Epithel aber erscheint als eine schmutzig-weiss, grau-, bläulich-weiss oder auch gelblich gefärbte, undurchsichtige Schicht, welche entweder eine gleichmässige Decke darstellt oder mosaikartig in einzelne Felder zerfällt. Mitunter sieht das mit gequollenen Epithelien bedeckte Trommelfell wie mit Mehlstaub bestreut aus.

VI. *Die Trommelfellperforationen.*

Dieselben zeigen in der Mehrzahl der Fälle einen scharfen Rand, den *„Perforationsrand"* und innerhalb desselben eine Fläche, deren Niveau tiefer (mehr medianwärts) gelegen ist. Letztere gehört der inneren Paukenhöhlenwand an, welche wir durch den Trommelfelldefect hindurch sehen. Die *Contouren* der durch eitrige Zerstörung des Gewebes zu Stande gekommenen Trommelfellperforationen — über die traumatischen s. später bei den „traumatischen Läsionen des Gehörorgans" — sind rundlich. Wir finden kreisrunde, elliptische, ovale, nierenförmige und herzförmige Löcher (Taf. VI Fig. 11—16). Die beiden letzteren Formen kommen dadurch zu Stande, dass der Hammergriff der eitrigen Einschmelzung in der Regel länger widersteht, als das Trommelfell, und daher häufig in den Defect hineinragt.

Was den *Sitz der Perforationen* anlangt, so können sich dieselben an sämmtlichen Stellen des Trommelfells befinden, und ist es, damit die sehr nahe der Peripherie gelegenen, insbesondere auch die klinisch äusserst wichtigen *Perforationen der Shrapnell'schen Membran* (Taf. VI Fig. 17 u. 19) unserer Wahrnehmung nicht entgehen, bei der Ohrenspiegeluntersuchung durchaus nothwendig, dass wir durch entsprechende Verschiebungen der Trichteraxe uns auch die peripheren Theile des Trommelfells, wenn irgend möglich, vollkommen zur Anschauung bringen. Ist die vordere Wand des knöchernen Gehörgangs sehr stark convex gewölbt, so kann sie kleine im vorderen Theil des Trommelfells, nahe der Peripherie desselben (Taf. VI Fig. 21) oder gar im Rande selber gelegene Perforationen vollkommen verdecken, sodass wir dieselben durch Inspection allein, selbst bei vorschriftsmässigem stärksten Abziehen der Ohrmuschel, nicht erkennen können. Noch leichter ist dieses natürlich möglich, wenn das Lumen des Gehörgangs durch Exostosen, Hyperostosen oder Schwellung seiner Hautauskleidung verengt ist, oder wenn im Gehörgang befindliche Polypen, sei es dass sie in diesem, am Trommelfell oder in der Paukenhöhle entspringen, die Perforationsstelle verlegen.

Die *Grösse der Perforationen* ist sehr verschieden. In manchen Fällen sind sie so klein, wie eine Stecknadelspitze (Taf. VI Fig. 23), in anderen so gross, dass wir irgend einen Trommelfellrest bei der Ohrenspiegeluntersuchung nicht mehr auffinden können (Taf. VI Fig. 24). Zwischen diesen Grenzfällen aber giebt es zahlreiche Zwischenstufen.

Die *Farbe der Perforation*, wenn man von der Farbe eines Loches überhaupt sprechen darf, hängt zum Theil von ihrer Grösse ab. Ist sie so klein, dass die bei der Ohrenspiegeluntersuchung hindurchfallenden Lichtstrahlen nicht ausreichen, um die dahinterliegende innere Paukenhöhlenwand zu erleuchten, misst der Durchmesser einer kreisrunden Perforation weniger als etwa 2—3 mm, so erscheint sie als dunkler Fleck, dunkelbraun oder schwarz. Ist sie dagegen grösser, so zwar, dass die hindurchfallenden Lichtstrahlen hinreichen, um die innere Paukenhöhlenwand zu erleuchten, so wird die letztere es sein, welche die Farbe des Trommelfellochs bestimmt. Dasselbe wird *knochengelb* erscheinen, wenn sich die Paukenhöhlenschleimhaut in normalem Zustande befindet, *grau-, gelb-* oder *bläulich-weiss,* wenn sie sclerosirt oder epidermisirt ist, ist sie dagegen entzündet, *in den verschiedensten Nüancen des Roths,* vom hellen Rosaroth bis zum dunklen Blauroth.

Erstreckt sich die Perforation über den hinteren oberen Trommelfellquadranten, so tritt bei der Ohrenspiegeluntersuchung mitunter, wie in Fig. 15 (Taf. VI), der *untere Theil des langen Ambos- und der hintere Steigbügelschenkel* zu Tage. Letzterer wird allerdings in der Mehrzahl der Fälle durch die lateralwärts von ihm gelegene, vom Steigbügelköpfchen fast horizontal nach hinten ziehende, als weisser Streifen erscheinende *Stapediussehne* (Taf. VI Fig. 24) der Wahrnehmung entzogen. Zuweilen ist, wenn der lange Ambosschenkel bez. dass untere Ende desselben zerstört oder luxirt ist, auch das sonst durch ihn verdeckte Steigbügelköpfchen (s. Taf. VI Fig. 16) sichtbar. Ist der hintere untere Trommelfellquadrant zu Grunde gegangen, so sieht man manchmal, wie in Fig. 15, 16, 24, 25 (Taf. VI), an der inneren Paukenhöhlenwand nahe dem hinteren unteren Trommelfellrand die *Nische zum runden Fenster* als eine dunkle, dreieckige oder auch anders gestaltete kleine Grube. Indessen kann diese sowohl wie auch das Ambosssteigbügelgelenk bereits vollkommen ausserhalb des Trommelfellbereiches liegen und daher selbst bei totaler Zerstörung des hinteren unteren bez. hinteren oberen Quadranten dem untersuchenden Auge unsichtbar bleiben (Taf. VI Fig. 27). Bei grossen Trommelfellperforationen sieht man ferner gegenüber dem freien Ende des Hammergriffs, bald mehr nach vorn, bald mehr nach hinten von diesem, das an der inneren Paukenhöhlenwand verschieden stark nach aussen vorspringende *Promontorium* (Taf. VI Fig. 15, 16, 24, 25, 27). Bei Defecten der unteren Trommelfellhälfte gelangen *der Boden der Paukenhöhle mit seinen Knochenzellen* (Taf. VI Fig. 24), bei denjenigen der vorderen mitunter das *Ost. tympanic. tubae* zum Vorschein (Taf. VI Fig. 24).

Bei ausgedehnter Zerstörung des Trommelfells und auch bei nicht zu grossen Perforationen, die aber einen centralen Sitz haben, wird der ganz oder wenigstens an seinem unteren Ende freigelegte Hammergriff mit dem event. noch an ihm haftenden Trommelfellrest durch den M. tensor tympani nach einwärts gezogen (Taf. VI Fig. 14 u. 25), da die diesem Zug in der Norm entgegenwirkenden, sich am Manubrium ansetzenden Radiärfasern des Trommelfells bei solchen Perforationen ja zum grössten Theil zu Grunde gegangen sind. Er erscheint hierbei perspectivisch verkürzt (s. S. 44). Diese durch den M. tens. tympani bewirkte Einwärtsziehung des Hammergriffs kann durch pathologische Veränderungen innerhalb der Paukenhöhle z. B. durch Adhaesionen vereitelt werden.

In der Regel findet man an einem Trommelfell nur *eine* Perforation, doch kommen Fälle von *doppelter* Perforation an ein und demselben Trommelfell jedem beschäftigten Ohrenarzt mitunter vor (Taf. VI Fig. 26). *Drei* oder gar *vier* neben einander bestehende Trommelfelllöcher gehören zu den Seltenheiten. Eine siebförmige Durchlöcherung der Membran durch *zahlreiche* kleine Lücken findet sich bisweilen bei tuberculösen und diphtheritischen Mittelohreiterungen und bei Pyaemie. Indessen fliessen durch schnelle Vergrösserung jedes einzelnen die kleinen Löcher bald zu einem einzigen grossen Defect zusammen.

Während in manchen Fällen die Diagnose einer Trommelfellperforation nach den oben angegebenen Merkmalen ausserordentlich leicht ist, kann sie in anderen wiederum grosse Schwierigkeiten bereiten. Es wird dieses erstens dann der Fall sein, wenn die Lücke im Trommelfell so klein ist, dass sich ihre Ränder vollständig an einander legen, wodurch die Wahrnehmung der Perforation durch Inspection allein überhaupt unmöglich wird, ferner dann, wenn ein Loch, welches genügende Grösse besitzt, um bei der Ohrenspiegeluntersuchung als solches noch erkannt zu werden, durch eine Borke von eingetrocknetem Secret*) verdeckt wird, was

---

*) Dass flüssiges Secret in der Tiefe des Gehörgangs ein Trommelfellloch vollkommen verdecken kann und daher, wenn man eine Diagnose stellen will, zunächst durch Aus-

namentlich bei kleinen Defecten nicht selten der Fall ist, aber auch bei etwas grösseren gelegentlich vorkommen kann. Schwer zu diagnosticiren aber sind nicht nur die ganz kleinen, sondern *ferner* auch die ganz grossen Perforationen, diejenigen, bei welchen das ganze Trommelfell sammt Hammergriff und kurzem Fortsatz durch die Eiterung zu Grunde gegangen ist. Denn in diesen Fällen fehlt für die Diagnose der Perforationsrand, welcher, wie wir vorher angegeben haben, weiter nach aussen liegt, als das innerhalb des Randes gelegene Gebiet. Wir sehen hier sehr häufig eine rothe Fläche vor uns, von der wir zweifelhaft sein können, ob sie das entzündete Trommelfell oder die durch einen totalen Trommelfelldefect hindurch zu Tage tretende, mit entzündeter Schleimhaut bekleidete, innere Paukenhöhlenwand darstellt. Oft allerdings wird es uns selbst bei sehr ausgedehnten Zerstörungen des Trommelfells, wenn wir uns nur gewöhnt haben bei der Ohrenspiegeluntersuchung stets ausgiebige Verschiebungen mit der Trichteraxe vorzunehmen und dieselbe gehörig nach der Peripherie zu richten, noch gelingen, an einer oder der anderen Stelle der letzteren einen, wenn auch nur ganz schmalen, Saum noch erhaltenen Trommelfellgewebes aufzufinden, welcher weiter nach aussen (lateralwärts) liegt als die übrige fragliche Fläche, wodurch die letztere als innere Paukenhöhlenwand gekennzeichnet wird (Taf. VI Fig. 16). Besonders häufig wird es uns selbst bei sehr grossen Defecten der Membr. tympani gelingen, an der oberen vorderen Peripherie einen Rest vom Manubr. mallei oder wenigstens den Process. brevis, zuweilen verbunden mit ein paar seitlichen, flügelförmigen Anhängen noch erhaltenen Trommelfellgewebes (s. Taf. VI Fig. 27), aufzufinden. Denn der Hammer leistet, wie oben bereits erwähnt, der eitrigen Zerstörung meist länger Widerstand als das Trommelfell. Als innere Paukenhöhlenwand wird die fragliche rothe Fläche ferner erwiesen, wenn wir in derselben ein injicirtes Gefäss nicht in radiärer Richtung, sondern direct von oben nach unten verlaufen sehen wie in Fig. 24 (Taf. VI). Weniger leicht wird eine Verwechslung vorkommen, wenn die durch einen totalen Trommelfelldefect hindurch zu Tage tretende innere Paukenhöhlenwand nach Ablauf der Entzündung mit einem sehniggrauen, glänzenden Narbengewebe bedeckt ist.

Schwierigkeiten für die Diagnose können *endlich* auch bei solchen Perforationen entstehen, welche weder ganz klein noch ganz gross sind, wo aber die characteristische Niveaudifferenz zwischen dem Perforationsrand und der innerhalb desselben medianwärts gelegenen Fläche verloren gegangen ist. Dieses kann entweder dadurch geschehen, dass der Trommelfellrest aus irgend welchen Gründen so weit nach innen gesunken ist, dass sich der Perforationsrand der inneren Paukenhöhlenwand vollkommen anlegt, oder auch dadurch, dass die Schleimhaut der letzteren so stark geschwollen ist, dass sie sich mit dem in seiner gewöhnlichen Lage verbliebenen Trommelfellrest durchaus in gleichem Niveau befindet oder sogar durch die Perforation herauswuchert und den Trommelfellrest nach aussen überragt.

Um in diesen schwierigen Fällen die durch die einfache Inspection unmögliche Diagnose sicher zu stellen, giebt es nun noch andere *Anhaltspunkte*. Es sind dieses folgende:

1) ein auscultatorisches Zeichen, das *Perforationsgeräusch*, welches bei Trommelfelldefecten mitunter zu Stande kommt, wenn wir comprimirte Luft durch die Eustachische Ohrtrompete in die Paukenhöhle treiben, von wo sie mit dem genannten Geräusch in den Gehörgang entweicht. Es geschieht dieses in manchen Fällen schon bei leisem *Schnauben der Nase*, in anderen erst bei Anwendung grösserer

Druckstärken, wie sie entweder durch den VALSALVA'schen Versuch oder auch erst durch die *Luftdouche* (mit oder ohne Zuhülfenahme des Catheters) erzeugt werden. Tritt hierbei Perforationsgeräusch auf, d. h. ein zischendes oder pfeifendes Geräusch, welches laut genug ist, um vom Arzte auch ohne Benützung des ihn mit dem Patienten verbindenden Auscultationsschlauches (s. S. 49) wahrgenommen zu werden, häufig so laut, dass es in weiter Entfernung von dem kranken Ohre z. B. überall in einem ganz grossen Saal deutlich gehört werden kann, so können wir mit fast absoluter Sicherheit das Vorhandensein einer Trommelfellperforation behaupten.

Denn ohne eine solche könnte ein derartiges Geräusch nur dann noch zur Beobachtung gelangen, wenn eine das Mittelohr mit dem Gehörgang verbindende Knochenfistel besteht, durch welche die comprimirte Luft aus der Paukenhöhle entweichen könnte. Solche Knochenfisteln aber gehören ohne gleichzeitiges Trommelfellloch zu den allergrössten Seltenheiten.

Können wir dagegen ein characteristisches Perforationsgeräusch, das übrigens in der Regel auch von den Patienten selber wahrgenommen wird, bei den vorhin angegebenen Maassnahmen *nicht* nachweisen, so schliesst dieses das Vorhandensein einer Trommelfellperforation keineswegs aus. Denn einmal kann die Eustachische Ohrtrompete so eng sein, dass bei der angewandten Druckstärke die im Nasenrachenraum comprimirte Luft überhaupt nicht in die Paukenhöhle gelangt, aus welcher sie dann natürlich auch nicht herausströmen kann. Sodann kann die Ohrtrompete zwar durchgängig, der Lufteintritt in die Paukenhöhle aber durch Adhäsionen und dergl. behindert oder der Trommelfelldefect durch eingedickte Eitermassen bez. Schleimhautwucherungen verlegt sein, sodass ein Perforationsgeräusch wiederum nicht zu Stande kommen kann. Endlich aber entweicht die bei der Luftdouche in das Cavum tympani eindringende Luft auch *nicht bei allen* Trommelfellperforationen mit einem deutlichen, zischenden und pfeifenden Geräusch. Das letztere ist am lautesten und meist mit feuchtem Rasseln (s. S. 61) verbunden, wenn in der Tiefe des Ohres noch Flüssigkeit vorhanden ist, wenn also der Eiterungsprocess noch besteht, schwächer dagegen, wenn die Secretion bereits vollkommen beseitigt und insbesondere, wenn die zurückgebliebene trockne Perforation sehr gross ist, wo dann ein Perforationsgeräusch meist vollkommen fehlt. Das Vorhandensein einer Perforation wird uns aber auch in den letzteren Fällen bei der Auscultation des Mittelohrs während der Luftdouche in der Regel dadurch offenbar, dass die eingeblasene Luft durch den Auscultationsschlauch bis an unser eigenes Trommelfell dringt, was wir nicht nur aus dem sehr lauten Geräusch, sondern auch durch das *Gefühl* erkennen.

2) Findet man nach Application der Luftdouche in der Tiefe des Ohres *Flüssigkeit*, welche, wie durch eine unmittelbar vor derselben vorgenommene Ohrenspiegeluntersuchung constatirt wurde, vorher nicht darin war, so können wir gleichfalls fast mit absoluter Sicherheit das Vorhandensein einer Trommelfellperforation behaupten. Denn nur aus dem Mittelohr kann die Flüssigkeit durch die Luftdouche in den äusseren Gehörgang getrieben worden sein. Dieses aber ist, von den vorher bereits erwähnten sehr seltenen Fällen abgesehen, in denen Mittelohr und Gehörgang allein durch eine Knochenfistel in Verbindung stehen, nur da möglich, wo eine Trommelfellperforation besteht, durch welche die vorher im Mittelohr versteckte Flüssigkeit in den Gehörgang herausgepresst werden kann.

3) Gelangt beim Ausspritzen des Ohres Spritzwasser *in den Nasenrachenraum*, von wo es mitunter durch die Nase abläuft, in anderen Fällen auch durch Ausspeien oder Herunterschlucken entfernt wird, so ist dieses gleichfalls ein Beweis für das Bestehen einer Trommelfellperforation. Denn die Flüssigkeit, welche wir

in den Gehörgang spritzen, kann in das Cavum pharyngo-nasale natürlich nur dann gelangen, wenn zwischen Gehörgang und Mittelohr eine Verbindung besteht, und diese wird, von den vorher erwähnten ganz seltenen Ausnahmefällen abgesehen, nur durch ein Trommelfellloch vermittelt.

4) Entfernt man beim Ausspritzen des Ohres *Schleim*, welcher in dem abfliessenden Spritzwasser, insbesondere wenn dieses in einer dunklen Schale z. B. einem schwarzen Eiterbecken aufgefangen wird, in Form von zusammenhängenden Fäden oder fadenziehenden Flocken und Klümpchen leicht kenntlich ist, so kann hieraus ebenfalls auf das Vorhandensein einer Trommelfellperforation geschlossen werden. Denn Schleim kann nur im Mittelohr entstehen. Der äussere Gehörgang besitzt keine Schleimhaut. Beim Ausspritzen desselben kann also Schleim nur dann entfernt werden, wenn der Gehörgang mit dem Mittelohr communicirt, was wiederum, von den vorher erwähnten, ganz seltenen Ausnahmefällen abgesehen, immer nur durch Vermittlung einer Trommelfellperforation möglich ist. Das Fehlen von Schleimflocken im Spülwasser schliesst das Vorhandensein einer Mittelohreiterung mit Perforation des Trommelfells natürlich nicht aus, da ja bei dieser auch reiner Eiter abgesondert werden kann.

5) Mitunter sieht man bei der Ohrenspiegeluntersuchung in der Tiefe des Ohres sogenannte *„pulsirende Lichtreflexe"*. Es sind dieses kleine Lichtpünktchen, an welchen man zeitweilig eine mehr minder lebhafte, dem Radialpuls isochron erfolgende, hin- und herzuckende Bewegung beobachten kann. Diese pulsirenden Lichtreflexe deuten mit ausserordentlich grosser Wahrscheinlichkeit das Vorhandensein einer Perforation an.

Denn ohne eine solche sind sie nur ganz selten in einzelnen Fällen von acuter Mittelohrentzündung oder auch an dem Inhalt eines bereits aufgebrochenen Abscesses bei Otitis externa beobachtet worden.

Andererseits findet man pulsirende Lichtreflexe durchaus nicht in allen Fällen von Trommelfellperforation. Stets fehlen sie, wenn die Secretion im Mittelohr vollkommen beseitigt ist. Denn die pulsirenden Lichtpunkte sind *Flüssigkeitsreflexe*. Aber auch diejenigen Fälle von Trommelfellperforation, bei welchen die Mittelohreiterung noch nicht beseitigt ist, zeigen *nicht alle* pulsirende Lichtreflexe. Und auch da, wo solche zeitweilig beobachtet werden, sind sie *nicht dauernd* vorhanden, stellen ihre Bewegung vielmehr öfters ohne nachweisbare Ursache für kürzere oder längere Zeit ein, um dann wieder einige Minuten lang rhythmisch hin und her zu zucken, welches Spiel sich im Lauf einer Viertelstunde zu öfteren Malen wiederholen kann.

Wo pulsirende Lichtreflexe wahrgenommen werden, sind sie ein sehr wichtiges und willkommenes diagnostisches Merkmal für das Vorhandensein einer Perforation; denn von den vier übrigen vorher angegebenen Hilfsmitteln, um in schwierigen Fällen die Diagnose zu sichern, dürfen wir nicht immer Gebrauch machen. So können wir z. B. in acuten Fällen von Mittelohreiterung, in denen noch heftige Schmerzen bestehen, die Luftdouche nicht unbedenklich appliciren, wenn wir nicht Gefahr laufen wollen, Schmerz und Entzündung hierdurch zu steigern.

Das Ausspritzen des Ohres aber darf zu diagnostischen Zwecken gleichfalls häufig nicht Anwendung finden. Denn durch dasselbe könnte eine beseitigte Mittelohreiterung vielleicht von Neuem wieder angeregt werden.

Verwechselt werden Trommelfellperforationen mitunter:

a) mit *Ecchymosen* am Trommelfell oder mit demselben *aufgelagertem Cerumen*. In beiden Fällen sieht man dunkle Stellen am Trommelfell, welche in ihrem Aussehen mit kleinen Perforationen Aehnlichkeit haben können, von diesen aber meist schon durch ihre unregelmässige, nicht rundliche Gestalt unterschieden sind. Ausserdem kommen sie im Gegensatz zu den Perforationen häufig in grösserer Anzahl an ein und demselben Trommelfell vor und lassen natürlich ein Perforationsgeräusch bei der Luftdouche vermissen.

b) mit *Narben* und *atrophischen Stellen* am Trommelfell. Bezüglich der Unterscheidung von diesen siehe S. 42 u. 43.

VII. *Die Narben im Trommelfell.* Dieselben entstehen aus den Perforationen. Bei der Vernarbung der letzteren regeneriren sich nur die Cutis- und die Schleimhautschicht des Trommelfells, nicht aber die mittlere, mächtigste Schicht desselben, die Subst. propria.*)

Hieraus lassen sich die physikalischen Eigenschaften der Trommelfellnarben leicht erklären: Da ihnen die mächtigste Schicht des normalen Trommelfells fehlt, so sind sie erheblich *dünner, durchsichtiger* und *nachgiebiger* als das letztere. Nicht selten ist ihre Transparenz so gross, dass man die hinter ihnen oder, richtiger gesagt, medianwärts liegenden Theile wie durch ein offenes Loch hindurchsieht (s. Taf. VII Fig. 3), woher sie auch leicht mit Trommelfellperforationen verwechselt werden. In anderen Fällen lassen sie nicht alle Lichtstrahlen hindurchfallen, werfen vielmehr einige noch zurück, sodass sie dann bei der Ohrenspiegeluntersuchung als ein dünnes, an der Oberfläche einen zarten Schimmer zeigendes Häutchen erscheinen. Im Grunde der Narben, also an ihrer tiefsten Stelle, steigert sich dieser Schimmer nicht selten zu einem etwas stärkeren *Lichtreflex* (s. Taf. VII Fig. 2 u. 6).

Was *Sitz, Form, Grösse* und *Zahl* anlangt, so gilt für die Narben am Trommelfell dasselbe, wie für die Perforationen, aus denen sie ja hervorgehen (vergl. diesbezüglich S. 36 u. 37). Ihre *Farbe* hängt ebenso wie die der letzteren zum Theil von ihrer Grösse ab. Sind sie so klein, dass die hindurchfallenden Lichtstrahlen nicht ausreichen, um die innere Paukenhöhlenwand zu erleuchten, so erscheinen sie dunkel (grau, braun oder schwarz) (s. Taf. VII Fig. 6). Im anderen Fall werden es die durch die Narbe hindurchscheinenden Theile sein, welche die Farbe der ersteren bestimmen. Grössere Narben werden also, wenn sich die Paukenhöhlenschleimhaut im normalen Zustande befindet, knochengelb (s. Taf. VII Fig. 3), wenn sie hyperaemisch ist, geröthet erscheinen u. s. f.

Durch die stets durchsichtigen Narben sieht man bei entsprechender Lage derselben ebenso oder wenigstens fast ebenso deutlich wie durch eine Trommelfellperforation hindurch die *Ambossteigbügelverbindung* bez. das *Steigbügelköpfchen*, die *Sehne des M. stapedius*, die *Nische zum runden Fenster*, das hinter dem Umbo als gelbliche Prominenz erkennbare *Promontorium*, die *Chorda tympani*, die *Knochennischen an der unteren Paukenhöhlenwand* und das *Ost. tympanicum tubae* (s. z. B. Taf. VII Fig. 3). Hierüber sowie über die *Einwärtsziehung* und perspectivische Verkürzung *des Hammergriffs bei grösseren Narben* in Folge des Verlustes der sich an ihm inserirenden Radiärfasern des Trommelfells vergl. S. 37.

In der Mehrzahl der Fälle zeigen die Narben ebenso wie die Perforationen einen vollkommen *scharfen Rand* (s. Taf. VII Fig. 2, 3, 5, 6). Nur selten

---

*) Diese Annahme ist in neuerer Zeit durch Gruber in Zweifel gezogen worden. Während man früher allgemein der Ansicht war, dass bei den nach eitriger perforativer Entzündung der Paukenhöhle entstehenden Trommelfellnarben eine Regeneration der Subst. propria gar nicht, bei den nach Riss- und Stichwunden sich bildenden aber nur in ganz geringem Maasse stattfindet, hat Gruber in einer nach Mittelohreiterung entstandenen Trommelfellnarbe die Radiärfasern der Subst. propria sehr deutlich regenerirt gefunden. Allerdings handelte es sich hier um eine Narbe, welche aus einem Totaldefect des Trommelfells hervorgegangen war.

geht letzterer nach längerem Bestehen der Narbe allmählich verloren, sodass die Narbe dann mit zum Theil verwaschenen Rändern in die Umgebung übergehen kann.

Wir unterscheiden *freistehende, anliegende* und *adhaerente Narben* (s. Taf. VII Fig. 7, 8 u. 9). Zu der ersteren Gruppe gehören fast alle kleinen Narben, welche, da ihnen die Subst. propria fehlt, meist sowohl von aussen wie von innen *concav* erscheinen, nur selten so stark eingesunken sind, dass sie die innere Paukenhöhlenwand erreichen, und ferner auch manche grössere Narben in der ersten Zeit ihres Bestehens.

Bei längerem Bestehen erschlaffen die grösseren Narben in Folge der häufigen Dehnungen, welche sie bei der in der Paukenhöhle z. B. beim Niesen, Schnauben, Husten stattfindenden Luftverdichtung erleiden, mehr und mehr und legen sich schliesslich, einen stark concaven Sack bildend, der inneren Paukenhöhlenwand vollkommen an (*anliegende Narben*).

Bilden sich endlich zwischen der Innenfläche der letzteren und der inneren Paukenhöhlenwand resp. dem Steigbügel und langem Ambosschenkel Verwachsungen, so haben wir eine *adhaerente Narbe*.

Die freistehenden Narben machen bei weiter, wegsamer Ohrtrompete mitunter während der In- und Exspiration den hierbei in der Paukenhöhle stattfindenden Druckschwankungen entsprechende, mit dem Ohrenspiegel wahrnehmbare Bewegungen, desgleichen auch beim Schlingen. Eine auffallende Beweglichkeit zeigen sie ferner bei Untersuchung mit dem SIEGLE'schen Trichter (s. S. 46).

Vernarbt ein Totaldefect der Pars tensa des Trommelfells, so entsteht ein neues Trommelfell, welches sich von dem alten durch das Fehlen des Lichtkegels und durch einen eigenthümlichen Glanz unterscheidet, auch nicht trichter-, sondern meist kuppelförmig ist. War der Hammergriff durch Eiterung zu Grunde gegangen, so sieht man in dem neugebildeten Trommelfell an seiner Stelle nicht selten einen von dem Proc. brevis, wenn dieser vorhanden ist, nach abwärts laufenden, weissen Bindegewebsstrang, welcher leicht den knöchernen Griff vortäuschen kann.

Kleine Narben können *verwechselt* werden: a. mit dem Trommelfell *aufgelagertem Cerumen* oder *Trommelfellecchymosen.* In beiden Fällen sieht man am Trommelfell gleichfalls dunkle, scharf umrandete Flecke. Von den fast immer rundlichen Trommelfellnarben unterscheiden sie sich durch ihre gewöhnlich unregelmässige Gestalt und ferner dadurch, dass sie nicht selten in grösserer Anzahl an ein und demselben Trommelfell auftreten. b. mit *atrophischen Stellen* am Trommelfell (siehe hierüber S. 43). c. mit *kleinen Perforationen.* Von diesen unterscheiden sie sich durch das fehlende Perforationsgeräusch bei der Luftdouche.

Grössere Narben können *verwechselt* werden: a. mit *atrophischen Stellen* am Trommelfell (siehe hierüber S. 43). b. mit *Perforationen.* Um sie von letzteren zu unterscheiden, muss man die Ohrenspiegeluntersuchung *vor* und *nach* Application der Luftdouche vornehmen. Handelt es sich um eine Perforation, so wird die Luftdouche den Trommelfellbefund entweder gar nicht verändern oder doch nur in der Weise, dass der Trommelfellrest, falls er nicht adhaerent war, von der inneren Paukenhöhlenwand etwas weiter abgehoben und etwa vorher im Mittelohr verstecktes Secret in den Gehörgang geblasen wird. Die innere Paukenhöhlenwand indessen ist auch, wenn durch die Luftdouche Secret in den Gehörgang geblasen wurde, nach Entfernung desselben mit dem Wattestäbchen im Bereich der Perforation stets ebenso deutlich zu erkennen wie vor der Luftdouche. Anders aber, wenn es sich um eine Narbe handelt. Diese wird durch die Luftdouche von der inneren Paukenhöhlenwand mehr minder abgehoben. In manchen Fällen erscheint sie auch nachher noch concav, wenn auch weniger wie vor der Luftdouche, in anderen plan, in noch anderen convex und mitunter in Form einer Blase oder eines Beutels, der, wenn die Narbe hinter dem Hammergriff sass, letzteren theilweise überragen und verdecken kann, über das Trommelfell vorgestülpt (s. Taf. VII Fig. 4). Immer aber wird die *vor* der Luftdouche deutlich durch die Narbe hindurchscheinende innere Paukenhöhlenwand *nach* derselben weniger deutlich, mitunter gar nicht mehr sichtbar sein. Statt ihrer erscheint nun die vorher vollkommen durchsichtige, gespannte Narbe als ein undurchsichtiges, häufig vielfach zerknittertes und von der inneren Paukenhöhlenwand mehr minder abgehobenes Häutchen. Diese Veränderung des Trommelfellbildes bleibt nur in denjenigen Fällen aus, wo die Innenfläche der Narbe an der inneren Paukenhöhlenwand angewachsen ist. Da indessen die Verwachsungen meist nicht die ganze Innenfläche der Narbe einnehmen, letztere vielmehr nur an einzelnen Stellen adhaerirt, so wird auch bei den adhaerenten Narben häufig durch die Luftdouche eine Veränderung des Trommelfellbildes erzeugt, indem die zwischen den adhaerenten Stellen gelegenen Partieen der Narbe durch den Luftstrom nach aussen abgehoben werden.

VIII. Bei der *Trommelfellatrophie*, wie sie durch lang anhaltenden Druck seitens eines harten Ceruminalpfropfs, ferner in Folge von starker Dehnung der Membran durch zu häufige Luftdouche, durch langdauernde Einwärtsziehung (s. unten), endlich auch als Residuum einer Entzündung zu Stande kommen und kleinere oder auch grössere Abschnitte des Trommelfells, mitunter sogar das ganze (s. Taf. VII Fig. 11) befallen kann, ist ebenso wie bei den Trommelfellnarben die Subst. propr. zu Grunde gegangen.

Die atrophischen Partieen sind deshalb gleichfalls mehr minder *concav, dünner, durchsichtiger* und *nachgiebiger* als das normale Trommelfell und unterscheiden sich von den scharfumrandeten Narben nur durch ihre meist *verschwommenen Grenzen* und ferner dadurch, dass sie abweichend von ersteren, häufig in *grösserer Anzahl* am Trommelfell auftreten (Taf. VII Fig. 12). Mit vollkommener Sicherheit ist die differentielle Diagnose übrigens nicht immer zu stellen, da gelegentlich atrophische Stellen auch schärfere Ränder besitzen und solitär, Narben andererseits zuweilen, wenn auch selten, multipel vorkommen können und nicht in allen Fällen scharf abgesetzte Ränder, sondern mitunter in ihrem ganzen Umkreis oder wenigstens an einer Seite verwaschene Grenzen zeigen. An der tiefsten Stelle eingesunkener atrophischer Trommelfellpartieen sieht man nicht selten einen oder mehrere unregelmässige *Lichtreflexe*.

Zuweilen werden normale Abschnitte des Trommelfells, welche sich zwischen anderen stark getrübten oder verkalkten befinden und daher durch Contrastwirkung abnorm dünn und dunkel erscheinen, fälschlich für atrophisch gehalten. Dasselbe begegnet Ungeübten mitunter an denjenigen Stellen des durchaus normalen Trommelfells, durch welche Vertiefungen an der inneren Paukenhöhlenwand, wie namentlich die Nische zum runden Fenster, hindurchscheinen und die daher dunkel gefärbt sind.

IX. *Die Einwärtsziehung des Trommelfells.* Wenn man kurzweg von einem einwärtsgezogenen Trommelfell spricht, so hat man hierbei weder die physiologische trichterförmige Einwärtsziehung des normalen Trommelfells in seiner Mitte, noch die eingesunkenen, von aussen concaven Narben oder atrophischen Partieen des Trommelfells im Auge, sondern vielmehr diejenige pathologische Einziehung desselben, welche durch eine Drehung des Hammers um seine unmittelbar unter dem Proc. brevis von hinten oben nach vorn unten verlaufende, mit der Horizontalen einen sehr spitzen, nach hinten und oben offenen Winkel bildende Drehungsaxe zu Stande kommt. Dreht sich der Hammer um diese Axe, so kann entweder der Kopf desselben nach innen und der Griff nach aussen oder, wie bei der Einwärtsziehung des Trommelfells, der Kopf nach aussen und der Griff nach innen sich bewegen. Letzterer muss dann natürlich das an ihm befestigte Trommelfell gleichfalls nach einwärts ziehen.

Von den Zeichen, durch welche wir die *pathologische Einwärtsziehung* des Trommelfells von der *physiologischen* unterscheiden, sind die wichtigsten folgende:

1) *Stärkere Prominenz* des in der Norm nur wenig vorspringenden *Proc. brevis*. Derselbe ragt in manchen Fällen von „Einwärtsziehung" als ein starker Vorsprung *schnabelförmig* aus dem Trommelfell heraus (s. Taf. VII Fig. 13 u. 16).

2) *Stärkere Prominenz* der in der Norm nur sehr wenig vorspringenden, kaum angedeuteten *hinteren Falte*. Diese erscheint bei der Einwärtsziehung des Trommelfells häufig als stark nach aussen prominirende, scharfkantige, graue oder weissliche Leiste, welche vom kurzen Fortsatz entweder annähernd horizontal nach hinten bis zum Trommelfellrand (Taf. VII Fig. 13 u. 16) oder auch in einer der hinteren oberen Trommelfellperipherie mehr parallelen Richtung bogenförmig vom Proc. brevis nach hinten und unten bis etwa zur Höhe des Umbo verläuft (Taf. VII Fig. 15). In seltenen Fällen tritt auch eine stärker prominirende vordere Trommelfellfalte zu Tage.

3) Der *Hammergriff* liegt *mehr horizontal* und verläuft *mehr nach einwärts und hinten* wie in der Norm (Taf. VII Fig. 13, 15 16 u. 17).

4) Das *Manubr. mallei* erscheint *perspectivisch verkürzt* (Taf. VII Fig. 13, 15, 16 u. 17). Diese natürlich nur scheinbare Verkürzung des Hammergriffs kann bei hohen Graden von Einwärtsziehung des Trommelfells, wo derselbe vollständig horizontal von aussen und vorn nach innen und hinten verläuft, oder wo er gar *über* der Horizontalen liegt, so stark sein, dass wir bei der Ohrenspiegeluntersuchung, wenn wir in horizontaler Richtung gerade von aussen nach innen hineinsehen, überhaupt gar Nichts vom Hammergriff mehr erblicken und höchstens, wenn wir die Trichteraxe schräg von unten und aussen nach oben und innen richten, sein unteres Ende noch wahrnehmen können (Taf. VII Fig. 16).

Ungeübte pflegen in solchen Fällen die gleichfalls am kurzen Fortsatz entspringende prominente hintere Falte für den Hammergriff zu halten. Diese Verwechslung indessen ist leicht zu vermeiden, wenn man sich vergegenwärtigt, dass, wenn das Manubr. mallei vom Proc. brevis horizontal nach hinten verlaufen soll, wie die hintere Falte, die Einwärtsziehung des Trommelfells eine so hochgradige sein muss, dass wir den Hammergriff nur in sehr erheblicher perspectivischer Verkürzung, unter keinen Umständen aber in der Ausdehnung der hinteren Falte zu finden erwarten dürfen.

Nicht in allen Fällen von Einwärtsziehung sind die oben genannten vier Zeichen gleichmässig gut entwickelt.

So kann z. B. trotz starker Einwärtsziehung des Hammergriffs, welche immer auch eine erhebliche perspectivische Verkürzung desselben bedingt, die hintere Falte vollkommen fehlen oder nur schwach prominiren, wenn der Proc. brevis dicht unter dem oberen Trommelfellrande bez. demselben sehr nahe lag.

In anderen Fällen ist der Hammergriff zwar mehr nach innen, nicht aber mehr nach hinten gerichtet wie in der Norm, was z. B. durch Adhaesionen zwischen dem Kopf des Hammers und den benachbarten Wänden der Paukenhöhle bedingt sein kann.

Dass bei geringen Graden pathologischer Einwärtsziehung jedes der vorher genannten vier Zeichen nur wenig entwickelt ist, ist selbstverständlich, und wird es Sache der Uebung sein, eine geringe pathologische Einwärtsziehung von einer physiologischen unterscheiden zu können.

Als *besondere Erscheinungen*, welche man nicht in allen Fällen von Einwärtsziehung des Trommelfells, wohl aber in vielen beobachtet, wären folgende zu nennen:

A. in Folge der pathologischen Annäherung an die innere Wand der Paukenhöhle werden diese sowohl, wie auch einzelne im Cav. tympani gelegene Theile deutlicher als in der Norm durch das Trommelfell hindurchscheinen. Wir werden also bei starker Einwärtsziehung der Membran, durch welche dieselbe gleichzeitig stärker gespannt und daher transparenter wird, die in der Norm hellgelbe Farbe des *Promontoriums*, häufig auch den *langen Ambos-*, den *hinteren Steigbügelschenkel*, das *Steigbügelköpfchen*, die *Sehne des M. stapedius*, das *innere Blatt der hinteren Trommelfelltasche*, die *Chorda tympani*, die *Nische zum runden Fenster* in besonderer Deutlichkeit hindurchscheinen sehen. Natürlich ist dieses nur dann der Fall, wenn das Trommelfell nicht durch vorausgegangene Krankheitsprocesse seine normale Transparenz eingebüsst hat.

B. Mitunter folgen nicht alle Trommelfellpartieen der pathologischen Einwärtsziehung desselben gleichmässig gut, und findet man deshalb nicht selten, insbesondere nahe dem unteren Rande der Membran, eine scharfe Knickung derselben (Taf. VII Fig. 17), welche dadurch hervorgerufen wird, dass die periphere Zone des Trommelfells vermöge grösserer Resistenz ihrer Substanz dem Zuge nach einwärts bedeutenderen Widerstand entgegensetzt als die centrale. In anderen Fällen wiederum beobachtet man, dass diejenigen Abschnitte des Trommelfells, welche zu beiden Seiten des Hammergriffs liegen, stärker retrahirt sind als dieser, sodass das ganze Manubrium mallei oder wenigstens der obere Theil desselben sammt dem Proc. brevis hier zwischen den angrenzenden, nischenförmig eingesunkenen Trommelfellpartieen abnorm stark nach aussen vorspringt.

C. Der Lichtkegel erscheint stark verschmälert oder ganz fehlend. Ein vorher einwärtsgezogenes Trommelfell zeigt *nach der Luftdouche* (s. S. 47) deutliche Veränderungen. Dieselben sind um so stärker, je weniger die Membran und der mit ihr verbundene Hammergriff durch pathologische Veränderungen, (wie Adhäsionen, starke Retraction der Sehne des Tens. tympani, Verdickung und Starrheit der Trommelfellsubstanz etc.) gehindert werden, dem auf ihre Innenfläche einwirkenden Luftdruck nachzugeben. Liegen derartige Hindernisse nicht vor, so werden nach einer hinreichend kräftigen Lufteintreibung in die Paukenhöhle *folgende Veränderungen des Trommelfellbefundes* wahrnehmbar sein (cf. Taf. VII Fig. 14):

a) der Proc. brevis prominirt ungleich weniger als vorher.

b) der Hammergriff ist aus der abnorm einwärtsgezogenen Stellung in die normale zurückgekehrt, seine scheinbare (perspectivische) Verkürzung ist verschwunden, die Hammergriffgefässe zeigen, weil durch die Luftdouche eine plötzliche Lageveränderung des Manubr. mallei und des Trommelfells zur oberen Gehörgangswand, eine Knickung der auf diese übertretenden Venen und in Folge dessen vorübergehende Stauung in denselben herbeigeführt wird, meist starke Injection.

c) die vorher stark prominirende hintere Falte erscheint fast ausgeglichen.

d) gewisse, durch das eingezogene Trommelfell, falls es normale oder übernormale Transparenz besass, ungemein deutlich hindurchscheinende Theile der Paukenhöhle (s. oben) (Labyrinthwand, Ambossteigbügelgelenk etc.) sind entweder gar nicht mehr oder nur noch undeutlich sichtbar.

e) partielle Einsenkungen der Membrana tympani (Narben, atrophische Partieen) prominiren nach der Luftdouche in Form von Blasen über das Niveau der Membran, meist allerdings nur für kurze Zeit, um bald wieder zurückzusinken; sie können den Hammergriff mehr minder bedecken (Taf. VII Fig. 1).

f) war das ganze Trommelfell atrophisch, so wird der Hammergriff nach der Luftdouche durch die stark nach aussen gewölbten, an ihn angrenzenden Theile der Membran mehr minder bedeckt und liegt wie in einer vertieften Rinne derselben.

X. Ueber das otoscopische Bild des *entzündeten* Trommelfells s. später bei der Myringitis.

XI. Ueber das otoscopische Bild eines durch das Trommelfell hindurchscheinenden *Paukenhöhlenexsudats* s. später bei dem acuten Mittelohrcatarrh.

5) Da instrumentelle Eingriffe im Inneren des Ohres nur unter Leitung des Spiegels stattfinden sollen, so können wir an dieser Stelle auch von der *Sondenuntersuchung* sprechen, welche mitunter im *Gehörgang* oder der *Paukenhöhle* vorgenommen werden muss. Zweck derselben ist, Sitz (Insertionsstelle) und Beschaffenheit (Consistenz, Beweglichkeit) von Tumoren oder entzündlichen Neubildungen (Polypen, Exostosen, Furunkeln) zu erforschen oder das Vorhandensein von Fistelöffnungen und Knochencaries zu ermitteln. Zu letzterem Ende empfehlen sich statt der gewöhnlichen Ohrsonde (Taf. XV Fig. 11) mehr stumpfe oder noch besser vorn geknöpfte Häkchen (Taf. XV Fig. 14), deren abgebogener, vorderer Theil verschieden lang sein kann.

6) Zur Untersuchung der Trommelfellbewegungen bei Luftverdünnung und -verdichtung im äusseren Gehörgang dient *Siegle's pneumatischer Ohrtrichter* (Taf. XV Fig. 20). Es ist dieses ein Trichter, welcher nach aussen durch eine schräg eingesetzte Glasplatte verschlossen ist und welcher seitlich zur Befestigung eines Gummischlauchs einen kurzen Hohlzapfen trägt. Ist das engere Ende dieses Trichters in den äusseren Gehörgang luftdicht eingesetzt, so kann man die auf der Aussenseite des Trommelfells befindliche Luft durch Saugen an dem Schlauche verdünnen, durch Hineinblasen in denselben verdichten und die hierbei stattfindenden Bewegungen des Trommelfells durch das Glasfenster mit dem Ohrenspiegel betrachten. Sie werden ausgelöst entweder, indem der Arzt das freie Ende des Gummischlauchs in den Mund nimmt und an demselben periodisch saugt oder, indem er dasselbe mit dem Ansatz einer kleinen Stempelspritze eines kleinen, dickwandigen Gummiballons verbindet und mit diesen die in dem Trichter enthaltene Luft verdünnt oder verdichtet.

Der äussere weitere Theil des Siegle'schen Ohrtrichters ist mit dem engeren, welcher wegen der ungleichen Weiten der äusseren Gehörgänge gewöhnlich in drei verschiedenen Stärken geliefert wird, durch ein Schraubengewinde zu verbinden. Füllt keines der drei Ansatzstücke den Gehörgang hermetisch aus, so stelle man eine luftdichte Verbindung durch einen über den nächst engeren Ansatz herüberzuziehenden Gummischlauch her. Damit an der Glasplatte nicht störende Lichtreflexe entstehen, soll dieselbe so tief wie möglich in den Trichter hineingesetzt sein.

Wird die Luftverdichtung durch Einblasen mit dem Munde bewirkt, so ist die Glasplatte vorher durch Reiben oder über einer Flamme ein wenig zu erwärmen, weil sie sonst leicht beschlägt. Damit die nachgiebigen Wände des knorpligen Theils des Gehörgangs sich bei der Aspiration der Luft nicht vorlegen und die Besichtigung des Trommelfells erschweren oder unmöglich machen, schiebe man den Siegle'schen Ohrtrichter mit der rechten Hand bis zum knöchernen Abschnitt vor und fixire ihn dann mit der Linken so, dass der Reflex der Glasscheibe nicht störend wirkt.

Beleuchtet man nun das Trommelfell mit dem Reflector, so kann man beobachten, wie dasselbe in der Norm bei abwechselnder Verdichtung und Verdünnung der in dem Siegle'schen Trichter eingeschlossenen Luft, namentlich in der Mitte zwischen Hammergriff und Peripherie, ausgiebige Bewegungen macht. Der Lichtkegel wird bei Aspiration desselben länger, bei Compression kleiner. Das untere Ende des Hammergriffs rückt bei Verdichtung der Luft unter normalen Verhältnissen nach hinten und innen, während er bei Verwachsung seines Kopfes mit der oberen Paukenhöhlenwand, bei Ankylose des Hammer-Ambosgelenkes oder bei Verdickung und Starrheit des Trommelfells unbeweglich bleibt.

Die Untersuchung mit dem Siegle'schen Trichter ist ferner *von Wichtigkeit*

für die Diagnose von Synechieen zwischen innerer Paukenhöhlenwand und Trommelfell sowie von *Atrophie* und *Erschlaffung* des letzteren. Die **adhaerenten** Partieen bleiben bei der Verdichtung und Verdünnung der Luft unbeweglich, die nicht
adhaerenten machen deutliche Bewegungen. *Atrophische* Partieen des Trommelfells
zeigen, wenn sie der inneren Paukenhöhlenwand nicht angewachsen sind, eine abnorm grosse Beweglichkeit. Oft übrigens erweist sich ein getrübtes, eingezogenes
Trommelfell bei Untersuchung mit dem SIEGLE'schen Trichter als stark erschlafft,
ein normal aussehendes dagegen als straff gespannt.

Geringfügige Veränderungen der Trommelfellspannung lassen sich mit dem
SIEGLE'schen Trichter nicht diagnosticiren; nur bei auffällig geringer Beweglichkeit
der Membran darf auf eine Vermehrung, bei excessiver Beweglichkeit auf eine Verminderung der Spannung geschlossen werden.

Ausser den angegebenen Erscheinungen beobachten wir bei Untersuchung mit
dem SIEGLE'schen Trichter eine *Injection der Gefässe* am Trommelfell und im
Gehörgang bei der Verdünnung, Verminderung einer schon vorher vorhandenen
Gefässinjection bei Verdichtung der Luft.

II. Auscultation des Mittelohrs.

Man versteht hierunter die Beobachtung derjenigen Geräusche, welche bei
Application der Luftdouche, d. h. beim Einblasen comprimirter Luft von der Rachenmündung der Eustachischen Ohrtrompete aus in das Mittelohr, unter normalen oder
pathologischen Verhältnissen zu Stande kommen. Die überwiegende Mehrzahl dieser
Geräusche ist mit Sicherheit nur dann zu untersuchen, wenn wir die Luftdouche
mit Hülfe des *Catheterismus* vornehmen, nicht aber bei den Ersatzverfahren des
letzteren, dem *Valsalva'schen Versuch*, dem *Politzer'schen Verfahren* und der
trocknen Nasendouche, theils weil der Lufteintritt ins Mittelohr bei diesen zu
kurze Zeit andauert, um die dabei entstehenden Schallphaenomene mit genügender
Musse auscultiren zu können, theils weil sie, wie wir später sehen werden, wenigstens
zum Theil mit störenden Nebengeräuschen verbunden sind.

A. Luftdouche mittels des Tubencatheters. (Catheterismus tubae Eustachii.)*)

1) *Die hierzu gehörenden Instrumente und Apparate.*

Es sind dieses:

a) *der Tubencatheter*, eine cylindrische Röhre aus Metall (Silber, Neusilber) oder
Hartgummi, welche in ihrem vorderen Theil schnabelförmig gekrümmt, an ihrem hinteren Ende zur Verbindung mit dem Compressionsapparat conisch erweitert ist. Da der
vordere, 2—2¹⁄₂ cm **) lange, in einem Winkel von 140—150⁰ abgebogene, gekrümmte Theil des Catheters, sein „*Schnabel*", nach der Einführung in die Nase
nicht mehr sichtbar ist, so ist an dem hinteren Ende des Instruments, wie in Fig. 1
(Taf. XVI) ein Ring r angebracht, welcher sich in derselben Ebene befindet wie der

---

*) Ueber die hierfür wichtigen, den Verlauf der Tuba Eust., sowie die Beschaffen-
heit, Lage und Nachbarschaft ihrer Rachenmündung betreffenden anatomischen Verhältnisse s. S. 11 u. 12.
**) Einen Catheter mit längerem, etwa 3 cm messendem Schnabel benützt man,
wenn er sich in die Ohrtrompete einführen lässt, zur Injection grosser Flüssigkeitsmengen
in die Paukenhöhle und wo bei starken Widerständen in der Tuba Eust. die Luft durch
einen gewöhnlichen Catheter in die Paukenhöhle nicht eindringt. Luft- und Flüssigkeits-
eintritt gelingt nämlich um so leichter, je tiefer man die Schnabelspitze in den Tubencanal vorgeschoben hat.

Schnabel und auch nach derselben Seite gerichtet ist wie dieser. sodass wir aus der Stellung dieses Ringes in jedem Moment die Lage des Schnabels ermessen können. Die *Länge des Catheters* kann zwischen $11^{1}/_{2}$ und 13 cm schwanken. Längere Instrumente. so z. B. solche von 17 cm Länge. wie sie von einigen ausgezeichneten Ohrenärzten auch heute noch gebraucht werden. scheinen mir weniger empfehlenswerth zu sein. Der Geübte wird ja auch mit solchen ebenso schonend arbeiten können wie mit kürzeren. Minder Geübte indessen werden mit nur $11^{1}/_{2}$ bis 13 cm langen Cathetern dem Kranken weniger Schmerzen bereiten wie mit längeren. Denn bei Anwendung der letzteren ragt nach Einführung ihres vorderen Endes in die Rachenmündung der Ohrtrompete noch ein mehrere Centimeter langes Stück aus der Nase heraus. Es ist natürlich. dass kleine Bewegungen an dem hinteren (äusseren) Ende des Instruments. wie sie nach Einführung des vorderen in das Ost. pharyng. tubae zwar eigentlich nicht mehr vorkommen sollen. von weniger Geübten aber niemals ganz vermieden werden. bei einem langen Hebelarm weit grössere Excursionen des vorderen Endes und dementsprechend stärkere Reizung der Tubenschleimhaut bedingen als bei einem kurzen. Dazu kommt. dass man bei den langen Instrumenten den Schlauch des Doppelballons mit dem zweiten Finger und Daumen der linken Hand gar nicht oder nur mit grosser Mühe zudrücken kann. was bei kurzen. welche nur sehr wenig aus der Nase herausragen. leicht gelingt (s. Taf. XIII Fig. 1). und. wie wir später sehen werden. zur Erzielung stärkeren Luftdrucks mitunter nothwendig ist. Endlich ist die Anwendung von $11^{1}/_{2}$—13 cm langen Cathetern namentlich für Ungeübte auch deshalb sehr bequem. weil ihre Länge kaum grösser ist als die Entfernung zwischen Naseneingang und hinterer Rachenwand: sie können an letztere erst dann anstossen. wenn sie fast ganz in die Nase eingeführt sind. während bei den langen Instrumenten. welche immer noch mehrere Centimeter weit aus dem Naseneingang herausragen. weniger leicht beurtheilt werden kann. ob ein dem Catheter sich entgegenstellender Widerstand von der hinteren Rachenwand gebildet wird oder nicht.

Bezüglich der *Dicke der Catheter* wäre zu bemerken. dass 3 verschiedene Stärkegrade. deren äusserer Durchmesser 2. $2^{1}/_{2}$ und 3 mm misst bei einer Wandstärke von $^{1}/_{4}$—$1^{1}/_{2}$ mm. vollkommen genügen.

Sehr wichtig ist es. dass *das vordere Ende der Instrumente* nicht scharf. sondern *sorgfältig abgerundet* ist. weil man dem Patienten sonst viel leichter Schmerzen bereiten und Schleimhautrisse zufügen kann.

Was das *Material der Catheter* anlangt. so gebe ich den metallenen vor den aus Hartgummi verfertigten schon deshalb den Vorzug. weil sie sich leichter. schneller und einfacher desinficiren lassen (s. später bei der „allgemeinen Therapie" Desinfection der Instrumente).

b) *Der Doppelballon* (Taf. XVI Fig. 2) *zum Einblasen von Luft in den Catheter.* Derselbe muss grösser und kräftiger sein. wie der an den RICHARDSON-schen Zerstäubungsapparaten gebräuchliche. Der als Windkessel dienende obere Ballon b^2 ist von einem starken seidenen Netz umgeben. In dem von ihm ausgehenden Gummischlauch s ist ein etwas gekrümmtes. mit einem Haken h versehenes Metallrohr r eingeschaltet. Das freie Ende des Schlauchs wird über ein kleines hohles Ansatzstück von Hartgummi a (Taf. XVI Fig. 3) herübergezogen. dessen vorderer conisch verjüngter Theil genau in die trichterförmige Erweiterung am äusseren Ende des Catheters hineinpasst.

Ausser durch den Hartgummiansatz kann die Verbindung zwischen Doppelballon und Catheter auch durch eine kleine, mit antiseptischer Watte zu füllende *Desinfectionskapsel aus Metall* (Taf. XVI Fig. 4) bewerkstelligt werden, welche die in den Catheter einströmende Luft filtrirt. die Druckkraft des Ballons aber etwas beeinträchtigt. Statt des

Doppelballons kann zur Compression der Luft ein *Wasserstrahlgebläse* (Taf. XVI Fig. 5) benützt werden*) Es ist dieses ein Apparat, welcher mit einer Wasserleitung verbunden wird, und in welchem durch den Druck der letzteren, vorausgesetzt dass dieser mindestens $2\frac{1}{2}$ Atmosphären beträgt, eine Luftverdichtung um $1\frac{1}{2}$—$3\frac{1}{4}$ Atmosphäre stattfinden kann. Zur Luftdouche wird der Apparat gewöhnlich so eingerichtet, dass die in ihm enthaltene Luft unter ca. $1\frac{1}{2}$ Atmosphären steht. Das Wasserstrahlgebläse verursacht ein ziemlich starkes Geräusch, welches bei der Auscultation des Mittelohrs stören würde; es darf sich daher nicht in dem Untersuchungszimmer befinden. Am besten bringt man es im Keller an, wo auch der Druck der Wasserleitung am höchsten ist. Die Verbindung des Apparats mit dem Untersuchungszimmer vermittelt ein Metallrohr, die Verbindung des letzteren mit dem Catheter ein am Ende mit einem Hahn versehener Gummischlauch, aus welchem die comprimirte Luft bei Oeffnung des Hahns unter fast constantem Druck herausströmt.

c) Der früher mit dem unglücklich gewählten Namen „*Otoscop*" bezeichnete *Auscultationsschlauch*, durch welchen der Arzt die beim Einströmen der comprimirten Luft in das Mittelohr des Kranken entstehenden Geräusche beobachtet. Es ist dieses ein Gummischlauch von ca. 85 cm Länge und einem inneren Durchmesser von etwa 5 mm (Taf. XVI Fig. 6). An seinen Enden trägt er zwei olivenförmige hohle Ansätze, von denen der eine aus Elfenbein in das Ohr des Arztes, der andere aus Glas verfertigte in das des Patienten hineingesteckt wird. Wegen der verschiedenen Weite der Gehörgänge und um sie nach dem Gebrauch, wenn nöthig, desinficiren zu können, muss man solche Glasansätze in grösserer Zahl und von verschiedener Weite besitzen. Der ganze Auscultationsschlauch darf nicht zu schwer sein, weil er sonst während des Catheterismus leicht aus dem Ohr des Patienten oder des Arztes wieder herausfällt.

2) *Vorbereitungen zum Catheterismus:*

Man lasse den Patienten sich setzen und zwar so, dass er seinen Kopf hinten gegen eine Wand oder Thüre anlegen kann, gebe letzterem die aus Fig. 2 (Taf. XII) ersichtliche Stellung, fordere den Kranken dann auf, sich die Nase zu schnauben, während der Einführung des Instruments und des Einblasens der Luft ruhig Athem zu holen und die Augen offen zu halten.

Den Patienten beim Catheterismus stehen zu lassen, halte ich deshalb für unzweckmässig, weil man während des Catheterismus zuweilen Schwindel, seltener Ohnmacht, noch seltener hysterische oder epileptische Krampfanfälle eintreten sieht und, wenn ein stehender Patient umsinkt, Gefahr läuft, ihm mit dem eingeführten Catheter in der Nase oder im Nasenrachenraum Verletzungen zuzufügen, was sich bei einem sitzenden schon leichter vermeiden lässt.

Die in Fig. 2 (Taf. XII) dargestellte Kopfhaltung soll man deshalb einnehmen lassen, weil bei dieser der Boden der Nasenhöhle, auf welchem die Spitze des Catheters bis in das Cav. pharyngonasale gleiten soll, horizontal steht. Hebt Patient das Kinn in die Höhe, bevor man das Instrument in den Naseneingang eingeführt hat, so geräth dasselbe leicht in den mittleren Nasengang. Ist dieses aber geschehen, so kann man es wohl auch bis an die hintere Rachenwand, niemals aber in das Ost. pharyng. tubae einführen.

Die Nase soll Patient vor Beginn des Catheterismus stets ausschnauben, einmal, um grössere in derselben enthaltene Mengen flüssigen Secrets, welche leicht in das Lumen des Instruments gerathen und in die Paukenhöhle geblasen werden könnten, möglichst zu entfernen, dann aber auch, um eine sehr trockene Nasenschleimhaut, bei welcher die Berührung mit dem Catheter besonders empfindlich ist, vorher etwas anzufeuchten.

---

*) Zu beziehen bei Dr. Münckе, Berlin N.W., Louisenstr. 58.

Die Aufforderung, während des Catheterismus wie gewöhnlich Athem zu holen, ist nothwendig, weil die Patienten sonst häufig während der ganzen Procedur, die namentlich bei geringerer Uebung des Arztes doch vielleicht eine ganze Minute dauert, den Athem krampfhaft anhalten, was insbesondere bei älteren Personen bez. solchen, die an Herz- und Lungenkrankheiten leiden, unerwünschte Folgen haben kann.

Das Schliessen der Augen muss verboten werden, weil bei gewaltsamem Zukneifen derselben, wie wir es namentlich bei sehr ängstlichen und widerspänstigen Patienten häufig beobachten, durch Mitbewegung eine gleichzeitige, krampfhafte Contraction der Rachen- und Gaumenmusculatur eintritt, durch welche der im Cav. pharyngonasale befindliche Catheterschnabel fest eingekeilt, und die nothwendige Drehung desselben vollkommen unmöglich gemacht werden kann. Anfängern begegnet es ungemein häufig, dass sie den Catheterschnabel trotz aller Mühe nicht in die Rachenmündung der Tuba zu dirigiren vermögen, „weil sich derselbe in dem Nasenrachenraum absolut nicht drehen lässt". In solchem Falle genügt fast immer eine einfache Aufforderung an den Patienten, die Augen zu öffnen und ruhig Athem zu holen (am besten durch die Nase), um das soeben noch vorhandene Hinderniss sofort zu beseitigen, sodass der vorher eingekeilte und vollkommen festgestellte Catheter sich nunmehr aufs Leichteste drehen und in die Ohrtrompete einführen lässt.

Ist der Kranke auf diese Weise zum Catheterismus vorbereitet, so stecke der Arzt den Schlauch des Doppelballons in ein Knopfloch seiner Weste und zwar in Nasenhöhe des Kranken, nehme den Catheter aus dem zu seiner Desinfection dienenden Kochapparat*) in welchem er mindestens 5 Minuten in 1 ½ %iger Sublösung gekocht hat *), presse die in seinem Lumen noch befindliche Flüssigkeit mit dem Doppelballon heraus, wobei er sich gleichzeitig überzeugt, ob der Catheter frei durchgängig oder verstopft ist, trockne ihn mit einem reinen Tuche vollkommen ab und verbinde das zu catheterisirende Ohr des Patienten mit dem eigenen durch den Auscultationsschlauch.

Wichtig ist, dass die olivenförmigen Ansätze des letzteren in die betreffenden Gehörgänge gut hineinpassen und von selber in denselben stecken bleiben. Ist dieses nicht der Fall, so nehme man ein entsprechend weiteres oder engeres Ansatzstück, führe dasselbe nach Abziehen der Ohrmuschel, wie bei der Einführung des Ohrtrichters (s. S. 26) tief in den knorpligen Theil des Gehörgangs hinein, dulde aber nicht, dass Patient während des Catheterismus den von selber nicht haftenden Ansatz mit der Hand in seinem Ohre festhält, da es sonst leicht geschieht, dass er denselben entweder in eine falsche, die Auscultation unmöglich machende Richtung bringt oder sogar den Schlauch ganz zudrückt. Die engen Oeffnungen der olivenförmigen Ansatzstücke verstopfen sich nicht selten mit Cerumen, wodurch die Fortleitung der Auscultationsgeräusche zum Ohr des Arztes vollkommen aufgehoben werden kann. Sie müssen daher vor der Einführung auf ihre Durchgängigkeit untersucht werden.

Aerzte von mittlerer Grösse thun am besten, während des Catheterismus vor dem Patienten und etwas seitlich von ihm zu stehen (s. Taf. XII Fig. 2); ungewöhnlich grossen wird es bequemer sein, sich zu setzen.

---

*) Natürlich ist das Auskochen nur bei metallenen, nicht bei Hartgummicathetern möglich, weil letztere hierbei weich werden und ihre Form verlieren würden. Kocht man die Catheter aber nach dem Gebrauche stets aus, so ist es für Patienten, welche nicht selber diesen Wunsch haben, durchaus nicht nothwendig, sich einen eigenen, nur zu ihrer Behandlung bestimmten Catheter anzuschaffen. Für syphilitische Personen freilich wird man besser stets andere Instrumente benützen wie für nicht syphilitische.

3) *Technik des Catheterismus:* Die Einführung des Catheters vom Naseneingang bis in die Rachenmündung der Eustachischen Ohrtrompete muss *in der vorsichtigsten und sanftesten Weise* geschehen, das Instrument so leicht wie möglich gehalten und, ohne einen stärkeren Druck mit den Fingern an ihm auszuüben, behutsam vorgeschoben bez. gedreht werden. Stets soll man darauf bedacht sein, jede Irritation der sehr empfindlichen Theile, über welche dasselbe hinübergleiten muss, zu vermeiden, nicht nur deshalb, weil man dem Kranken sonst Schmerzen oder gar Verletzungen zufügen kann, welche denselben oft genug veranlassen, die Application des Catheters nicht zum zweiten Male zu gestatten, sondern auch, weil bei Reizung der Nasen- oder Rachenschleimhaut nur allzu leicht reflectorisch krampfhafte Contractionen der Rachen- und Gaumenmusculatur oder gar Würgbewegungen hervorgerufen werden, welche die zur Einführung des Instruments in das Ost. pharyng. tubae nothwendigen Bewegungen im Nasenrachenraum aufs Aeusserste erschweren bez. unmöglich machen können.

Man fasse den Catheter an seinem hintern Ende, den Ring r nach unten gerichtet, locker zwischen den drei ersten Fingern der rechten Hand wie in Fig. 2 (Taf. XII), also etwa in Schreibfederhaltung, und führe ihn *so sanft wie möglich und ohne einen Druck auszuüben,* den Schnabel senkrecht nach unten sehend, von vornherein in horizontaler Richtung in den zwischen Septum narium, unterer Muschel und Boden der Nasenhöhle befindlichen unteren Nasengang der zu catheterisirenden Seite.

Die Nasenspitze muss man in den meisten Fällen zuvor durch den Daumen der linken Hand, mit deren übrigen Fingern man sich auf die Stirn resp. den Nasenrücken des Patienten fest aufstützen kann, etwas in die Höhe heben, um den Eingang der Nase ein wenig zu erweitern (s. Taf. XII Fig. 2).

Da der Catheter durchaus durch den unteren Nasengang hindurch geführt werden muss*), der Boden des letzteren aber bei der in Fig. 2 (Taf. XII) dargestellten Kopfhaltung horizontal von vorn nach hinten verläuft, so ist es insbesondere für den weniger Geübten entschieden empfehlenswerth, den Catheter oder richtiger das hintere, nicht gekrümmte Ende desselben von vornherein ganz horizontal zuhalten, wie aus Fig. 2 (Taf. XII) ersichtlich ist. Mitunter freilich befindet sich vorn am Eingang eine kleine Erhebung des Nasenbodens, die Spina nasalis anterior (Taf. I Fig. 12), über welche man namentlich bei sehr engen Nasenlöchern den Catheter bei horizontaler Haltung nicht gut hinüberführen kann. In solchem Falle richte man ihn zunächst etwas von unten nach oben, führe die Spitze des Schnabels über die genannte Erhebung des Nasenbodens hinüber, schiebe sie aber, sobald letztere überschritten ist, weil man sonst leicht in den mittleren Nasengang gerathen würde, nun in der bisherigen Richtung nicht weiter vor, stütze sie vielmehr unmittelbar hinter der Spina nasal. ant. leicht auf den Nasenboden auf und hebe dann die Spitze des Schnabels gewissermaassen als Hebelpunkt benützend, das aussen gelegene trichterförmig erweiterte Ende des Catheters so weit in die Höhe, bis letzterer in seinem hinteren ungekrümmten Theil vollkommen horizontal steht. Erst jetzt führe man ihn tiefer in den unteren Nasengang hinein, wobei man mit der Schnabelspitze leicht und, ohne einen Druck auszuüben, auf dem Boden desselben hingleitet. Hat der Schnabel den unteren Nasengang verlassen, so schiebt man ihn genau in derselben

---

*) Der mittlere Nasengang ist meist zu eng und empfindlich, um den Catheter hindurchzuführen; sollte dieses aber auch noch angehen, so gelingt es nicht, letzteren nach Einführung durch den mittleren Nasengang im Nasenrachenraum zu drehen und sein vorderes Ende in das Ost. pharyng. tubae zu dirigiren.

Haltung wie bisher noch so weit vor, bis die Spitze an die gegen Berührung meist unempfindliche hintere Rachenwand anstösst.

Den beschriebenen Weg vom Naseneingang bis an die hintere Rachenwand legt der Catheter, wenn man ihn in der angegebenen Weise hält, mitunter zurück, ohne auf irgend ein Hinderniss zu stossen. In anderen Fällen stellt sich ihm an einer oder der anderen Stelle des Weges ein Widerstand entgegen, welcher ein weiteres Vordringen bei der bisherigen Haltung des Instruments unmöglich macht. Selten handelt es sich hierbei um eine sehr starke Vergrösserung der unteren Nasenmuschel, viel häufiger um eine Prominenz des Septum narium. Letzteres hat beim Erwachsenen nur ausnahmsweise eine vollkommen mediane Stellung, gewöhnlich ist es in seiner vorderen Hälfte nach einer oder der anderen Seite — überwiegend häufig nach links — mehr weniger vorgewölbt. Ausser diesen sehr häufigen Verbiegungen finden wir am Septum ferner nicht selten partielle Verdickungen in Form von vorspringenden Gräten oder Spinen, welche ebenso wie die Verbiegungen die Durchgängigkeit des unteren Nasengangs sehr wesentlich beeinträchtigen können.

Stösst der Schnabel des Catheters auf seinem Wege durch die Nase auf ein Hinderniss, so darf nun erst recht keine Gewalt und kein stärkerer Druck mit dem Instrument angewendet werden. Es würde dieses ja auch vollkommen erfolglos bleiben, da es sich um Formfehler des knorpligen oder knöchernen Nasengerüstes handelt, welche auf solche Weise nicht weggeschafft werden können. Man würde bei gewaltsamem Vorschieben des Catheters nichts weiter erreichen, als dass man dem Patienten intensive Schmerzen und Verletzungen zufügt. Trifft der Schnabel bei der vorher geschilderten vorschriftsmässigen Haltung und Führung des Catheters im unteren Nasengange auf einen Widerstand, so versuche man nicht etwa das Instrument weiter vorzuschieben, drehe es vielmehr vorsichtig und sanft derart um seine Axe, dass der Schnabel bez. der Ring r. sich nach aussen und oben, d. h. vom Septum narium ab, wendet. Da das Hinderniss in den meisten Fällen durch einen Vorsprung der Nasenscheidewand bedingt wird, so vermag man dasselbe durch eine solche Bewegung des Catheterschnabels zu umgehen. Wie weit man letzteren nach aussen und oben drehen muss, hängt von der Grösse des Vorsprungs ab. Man setze die Drehung so lange fort, bis der Schnabel bei ganz leisem Vorschieben des Instruments gewissermassen von selber*) über das Hinderniss hinweggleitet. Ist dieses geschehen, so wird man ihn nun wieder in seine vorherige Richtung (senkrecht nach unten) zurückleiten müssen, wobei der Catheter in manchen Fällen eine vollkommene Axendrehung um 360° ausführt.

Nur selten führt die eben beschriebene Drehung des Catheterschnabels nach aussen nicht zum Ziel. Dieses ist der Fall, wenn das Hinderniss nicht von einer Prominenz des Septum narium, sondern vielmehr von einer stark vergrösserten, ungewöhnlich vorspringenden unteren Nasenmuschel gebildet wird. Ein solches wird in ganz ähnlicher Weise umgangen; nur muss die Drehung des Catheters hier so

---

*) Dass man bei einer derartigen Enge bez. Unwegsamkeit der Nase die *dünnste* Nummer des Catheters wählen wird, ist wohl selbstverständlich. Wenn nöthig, muss man dem Schnabel desselben eine *schwächere* Krümmung geben, was sich bei der nicht unbedeutenden *Biegsamkeit* auch der metallenen Instrumente, insbesondere der silbernen, leicht mit der Hand bewerkstelligen lässt. Ein schwach gekrümmter Catheter mit kurzem Schnabel passirt nicht selten noch ohne Schwierigkeit und, ohne dass der Patient Schmerz dabei empfindet, Nasengänge, welche sich für einen stärker gekrümmten, mit einem langen Schnabel versehenen, vollkommen unwegsam erwiesen.

geschehen, dass der Schnabel nicht nach aussen (lateralwärts) vom Septum ab, sondern umgekehrt nach innen (medianwärts) dem Septum zu gedreht wird*)

Ist der Catheter mit seinem vorderen Ende bis an die hintere Rachenwand vorgeschoben, so hat man nun diejenigen Bewegungen mit ihm auszuführen, welche erforderlich sind, um die Spitze des Schnabels in das Ost. pharyng. tubae hineinzubringen. Dieselben können nach verschiedenen Methoden erfolgen**).

a) **Die Nasenscheidewandmethode** (nach *Löwenberg*): Ist der Catheter bis zur hinteren Rachenwand vorgeschoben, so drehe man ihn um 90⁰ derart um seine Axe, dass der Schnabel horizontal und zwar nach der dem zu catheterisirenden Ohre entgegengesetzten Seite, also, wenn er in die linke Nasenhälfte eingeführt war, nach rechts gerichtet ist. In dieser Stellung ziehe man nun das Instrument so weit zurück d. h. also von der hinteren Rachenwand weg zum Naseneingang hin, bis sich ein leichter Widerstand fühlbar macht, dadurch bedingt, dass der Scheitel der Schnabelkrümmung an den hinteren Rand der Nasenscheidewand anstösst.

Sobald man diesen Widerstand fühlt, ziehe man das Instrument nicht weiter zurück, schiebe es aber auch nicht wieder tiefer hinein, sondern drehe es jetzt langsam und sanft um fast 225⁰, also um einen Winkel von 2¼ Rechten, derart um seine Axe, dass sich der vorher horizontal und medianwärts gerichtete Schnabel nach unten und aussen (lateralwärts) bis etwas über die Horizontalstellung bewegt. Derselbe befindet sich dann in dem Ost. pharyng. tubae.

Benützt man ein wenig gekrümmtes Instrument, so ist es bei dieser Methode, um nach der ersten Viertelkreisdrehung beim Zurückziehen den Widerstand vom hinteren Rande des Septum narium nicht unbeachtet zu lassen, für minder Geübte zweckmässig, vor dem Zurückziehen des Catheters sein hinteres, aussen sichtbares Ende, so weit es, ohne dem Patienten irgend einen Schmerz zu bereiten, möglich ist, lateralwärts, also von der Nasenscheidewand ab, zu drängen. Hierdurch wird der Scheitel der Schnabelkrümmung der Medianebene genähert und beim Zurückziehen von dem hinteren Rande des Septum leichter aufgehalten.

b) **Die Tubenwulstmethode**: Ist der Catheter bis zur hinteren Rachenwand vorgeschoben, so drehe man ihn langsam und sanft um 90⁰ derart um seine Axe, dass der Schnabel horizontal und — umgekehrt wie bei a. — nach der zu catheterisirenden Seite gerichtet ist, wonach sich seine Spitze in der Rosenmüller'schen Grube befindet. Nun ziehe man das Instrument vorsichtig und sanft so weit zurück, d. h. von der hinteren Rachenwand weg, zum Naseneingange hin, bis die Spitze des Schnabels über den in das Cav. pharyngonasale mehr minder weit prominirenden Tubenwulst soeben herübergeglitten ist, wonach sie sich im Ost. pharyng. tubae befindet, und, damit die Verlaufsrichtung des Schnabels derjenigen der Ohrtrompete entspricht, nur etwa noch um 45⁰ nach oben und aussen gedreht zu werden braucht.

Bei wenig gekrümmten Instrumenten ist es, um nach der ersten Viertelkreisdrehung beim Zurückziehen den durch den Tubenwulst gebildeten Vorsprung der

---

*) Stösst man bei Einführung des Catheters durch den unteren Nasengang auf ein sehr schwer zu überwindendes Hinderniss, so ist es zweckmässig, das Instrument zunächst ganz herauszuziehen und sich durch Rhinoscopia anterior über die Art des Hindernisses zu informiren.

**) Bei der Benennung dieser Methoden richte ich mich nach den bei ihnen massgebenden anatomischen Anhaltspunkten, nicht, wie dieses in anderen Lehrbüchern geschieht, nach den Namen derjenigen Autoren, welche sie empfohlen haben, einmal deshalb, weil diese fast in jedem Buche anders angegeben werden, und dann auch, weil sie weniger leicht im Gedächtniss haften bleiben.

seitlichen Rachenwand deutlich zu fühlen. zweckmässig. vor dem Zurückziehen des Catheters sein hinteres. aussen sichtbares Ende, soweit es. ohne dem Patienten irgend einen Schmerz zu bereiten. möglich ist. medianwärts. also der Nasenscheidewand zu. zu drängen. Hierdurch wird die Spitze des Schnabels der seitlichen Rachenwand genähert. so dass sie beim Zurückziehen des Instruments den vom Tubenwulst gebildeten Vorsprung deutlicher fühlt.

c. **Die Gaumensegelmethode**: Ist der Catheter bis zur hinteren Rachenwand vorgeschoben. so ziehe man ihn ohne vorherige Drehung so weit zurück. d. h. von der hinteren Rachenwand weg zum Naseneingange hin. bis sich ein leichter Widerstand fühlbar macht. dadurch bedingt. dass der Scheitel der Schnabelkrümmung an den unteren Choanenrand bez. den weichen Gaumen anstösst. Sobald man diesen Widerstand fühlt. ziehe man das Instrument nicht weiter zurück. schiebe es aber auch nicht wieder tiefer hinein. sondern drehe es jetzt um etwa 135°. also um $1^1/_2$ Rechte. derart um seine Axe. dass sich der vorher senkrecht nach unten gerichtete Schnabel nach oben und aussen (lateralwärts) bis etwas über die Horizontalstellung bewegt. Derselbe befindet sich dann im Ost. pharyng. tubae.

Benützt man ein wenig gekrümmtes Instrument. so ist es bei dieser Methode vor dem Zurückziehen desselben von der hinteren Rachenwand. um den Widerstand des unteren Choanenrandes nicht unbemerkt zu lassen. zweckmässig. das hintere. aussen sichtbare Ende ein wenig zu heben. soweit es. ohne dem Patienten irgend einen Schmerz zu bereiten. möglich ist. Hierdurch wird der Schnabel gesenkt. so dass derselbe nun über den unteren Choanenrand nicht hinweggleiten kann. sondern sich in denselben einhakt.

Die in den oben geschilderten 3 Methoden angegebenen Bewegungen des Chatheterschnabels im Nasenrachenraum müssen sämmtlich recht *behutsam, vorsichtig und langsam* ausgeführt werden. weil schnelle. hastige Bewegungen sehr viel stärker reizen und leichter reflectorisch Contractionen der Gaumen- und Rachenmuskeln. ja sogar Würgbewegungen auslösen können, wodurch. wie früher bereits erwähnt. der Catheterschnabel im Nasenrachenraum fest eingekeilt und jede Drehung desselben vollständig unmöglich gemacht werden kann. Je leiser ausserdem der Catheterschnabel die in Betracht kommenden Theile, welche die für die Einführung wichtigen anatomischen Anhaltspunkte liefern. also hintere Rachenwand. Rosenmüller'sche Grube. Tubenwulst. hinteren Rand des Septum narium. hintere Fläche des Gaumensegels. berührt. desto weniger Schmerz bereitet man dem Patienten.

Damit der Schnabel des Catheters der Leitungslinie des Tubencanals gleichgerichtet ist. und der eintretende Luftstrom leicht in die Paukenhöhle eindringen kann. muss der am hinteren Ende des Catheters befindliche Ring (Taf. XVI Fig. 1) im Allgemeinen derart nach oben und aussen gedreht werden. dass eine durch ihn verlaufende Ebene bei Erwachsenen den *äusseren Augenwinkel* schneiden würde. bei Kindern etwas weniger.

Ist das vordere Ende des Catheters nach einer der drei angegebenen Methoden in die Rachenmündung der Tuba eingeführt, so muss man dafür Sorge tragen, dass dasselbe während der Lufteinblasung auch in derselben verbleibt. Dieses bewerkstelligt man mit der linken Hand. welche. nachdem der Catheter mit der rechten in das Ost. pharyngeum eingeführt ist. von der Stirn so weit herunterrückt. dass ihre drei ersten Finger das hintere. aussen sichtbare. trichterförmige Ende des Catheters wie in Fig. 2 Taf. XIII dicht vor der Nasenspitze zwischen sich fassen und in seiner richtigen Lage fixiren können. während sich der vierte und fünfte Finger auf den Nasenrücken anstützt. Die drei ersten Finger der linken Hand sollen den Catheter zwar sicher fixiren. dürfen hierbei aber keinen zu starken Druck auf ihn auszüben, weil ein solcher sich auf das vordere, im Ost. pharyngeum befindliche, Ende fortpflanzen und hier dem Patienten heftigen Schmerz bereiten würde. Der vierte und fünfte Finger dagegen können sich fest auf den Nasenrücken aufstützen, was dem Patienten kaum empfindlich ist und der linken Hand den nöthigen Halt gewährt.

Hat letztere, wie angegeben, die *Fixirung des Catheters* übernommen, so fügt man nun mit der rechten Hand zunächst das an dem Doppelballon befindliche, conisch verjüngte Ansatzstück a (Taf. XVI Fig. 3) in das trichterförmig erweiterte Ende des Catheters ein, ohne dabei an letzterem einen heftigen Druck auszuüben oder es gar zu verschieben, und bläst dann durch Compression des unteren Ballons b¹ (Taf. XVI Fig. 2) Luft in den Catheter. Dringt diese mit deutlichem, durch den Auscultationsschlauch wahrnehmbarem Geräusch in die Paukenhöhle des Patienten ein, so wird man mit der Rechten ruhig weiter fortfahren, durch rasch hintereinander wiederholte, im Ganzen durchschnittlich 12 Mal ausgeübte, kräftige Compression des Ballons den Luftstrom durch etwa 5 bis höchstens 10 Secunden zu unterhalten, falls dieses nicht dadurch contraindicirt wird, dass der Patient schon nach den ersten vorsichtigen und schwachen Lufteinblasungen schwindlig wird — ein namentlich bei Flüssigkeitsansammlung in der Paukenhöhle nicht seltener Fall.

Lässt sich indessen ein deutliches Einströmen der Luft in die Paukenhöhle durch den Auscultationsschlauch nicht wahrnehmen, so setze man die Compression des Ballons nicht weiter fort, insbesondere wenn die ausströmende Luft einen erheblichen Widerstand findet, und der als Windkessel dienende Ballon b² (Taf. XVI Fig. 2) sich in Folge dessen aufbläht. Denn wenn dieses auch gelegentlich durch eine starke Verengerung bez. Unwegsamkeit der Eustachischen Ohrtrompete veranlasst sein kann, so ist es doch viel häufiger durch falsche Lage des Catheters bedingt, indem die Mündung des letzteren entweder an die Rachen- oder Tubenwand fest angedrückt wird. Würde man nun durch weiteres, kräftiges Zudrücken des Ballons die Luft gewaltsam comprimiren, so könnte dieselbe die die Cathetermündung verlegende Schleimhaut verletzen und ein *submucöses Emphysem* (s. S. 59) erzeugen. Man wird daher in solchem Falle zunächst stets versuchen müssen, ob man nicht bei einer Lageveränderung des Catheterschnabels und hiernach, wiederholter vorsichtiger Compression des Ballons ein freieres Ausströmen der Luft und ein deutlicheres Auscultationsgeräusch erhält. Zu diesem Behufe wird man zuvörderst kleine Drehungen des Catheters um seine Axe vornehmen, bei denen der Schnabel ein wenig nach oben oder auch nach unten bewegt; nützt dieses nichts, so wird man das aussen sichtbare Ende des Instruments ein wenig vorschieben oder zurückziehen, ein wenig heben oder senken, ein wenig nach aussen oder innen drängen und nach jeder dieser Veränderungen der Lage durch den Auscultationsschlauch beobachten, ob man nun bei vorsichtigem Zusammendrücken des Ballons ein deutlicheres Einströmen der Luft in die Paukenhöhle erhält. Ist dieses nicht der Fall, so wird man den Catheterismus nochmals nach einer der anderen Methoden ausführen, die in dem gegebenen Falle vielleicht leichter und besser gelingt, als die vorher benützte. Befürchtet man, das Instrument durch den mittleren Nasengang vorgeschoben zu haben, so soll man es ganz herausziehen und nun von Neuem durch den unteren Nasengang einführen.

Bei sehr weitem Nasenrachenraum missglückt die Auffindung der Tubenmündung nicht selten wegen zu geringer Länge des Catheterschnabels, und kommt man in solchen Fällen dann bei Anwendung eines längeren Schnabels oft leicht zum Ziel.

Das Sicherheitsgefühl, den Catheter richtig in das Ost. pharyng. tubae eingeführt zu haben, erhält man nur durch eine *sehr grosse, an vielen hundert Kranken erworbene Uebung. Wer eine solche nicht besitzt, wird insbesondere bei schwachem, undeutlichem Auscultationsgeräusch immer im Zweifel sein müssen, ob das Eindringen der Luft nur durch sehr starke Widerstände in der Ohrtrompete oder Paukenhöhle (Verengerung des Tubencanals, Exsudatansammlung im Cav. tympani) erschwert ist, oder ob der Catheter eine falsche Lage hat.*

Andererseits darf man aus der Wahrnehmung eines *deutlichen Auscultationsgeräusches* nicht etwa den Schluss ziehen, dass man das Instrument richtig eingeführt hat. Denn wenn die Spitze desselben, statt in der Rachenmündung der Tuba, sich an einer anderen Stelle des Nasenrachenraums z. B. in der ROSENMÜLLER'schen Grube befindet, so entsteht beim Ausströmen der Luft während des Catheterismus auch hier ein Geräusch, welches mitunter durch den Auscultationsschlauch recht stark zum Ohre des Arztes fortgeleitet wird.

Mit Sicherheit werden wir natürlich überzeugt sein dürfen, den Catheterismus richtig ausgeführt zu haben, wenn sich nach demselben eine *Auswärtswölbung des Trommelfells* mit dem Ohrenspiegel nachweisen lässt. Man erkennt dieselbe an einer Vorwölbung der zwischen Hammergriff und Peripherie gelegenen Partieen des Trommelfells, an einer Verkürzung des Lichtkegels und an dem Auftreten eines glänzenden Lichtreflexes an einem bogenförmigen Segment der hinteren oberen Trommelfellperipherie. Zuweilen wölben sich der hintere obere Quadrant des Trommelfells und die Membrana Shrapnelli deutlich über den Hammergriff vor. Letzterer aber zeigt am normalen Trommelfell bei der Luftdouche keine Bewegung.

Bleibt die Auswärtswölbung des Trommelfells beim Catheterismus tubae oder den Ersatzverfahren desselben aus, so dürfen wir hieraus natürlich nicht umgekehrt schliessen, dass keine Luft in die Paukenhöhle eingedrungen ist. Es kann dieses ja auch durch starke Verdickung und Starrheit oder durch Verwachsungen veranlasste Unbeweglichkeit des Trommelfells bedingt sein.

Ebenso wenig verlässlich bezüglich des Eindringens der Luft in die Paukenhöhle beim Catheterismus und seinen Ersatzverfahren ist die *subjective Empfindung des Patienten.* Manche zwar fühlen das Hineinströmen der Luft ganz deutlich, andere dagegen gar nicht. Letzteres liegt wahrscheinlich an einer herabgesetzten Sensibilität der Mittelohrschleimhaut. Mitunter behaupten die Kranken auch, das Eindringen der Luft ins Ohr zu fühlen, selbst wenn der Catheter ganz falsch liegt.

Von den vorher angegebenen drei Methoden ist *die zweite*, bei welcher der horizontal gestellte Catheterschnabel von der ROSENMÜLLER'schen Grube aus über den Tubenwulst hinüber gezogen wird, vielleicht die sicherste. Denn bei ihr wäre ein Verfehlen des Ost. pharyng. tubae, welches ja unmittelbar vor dem Tubenwulst liegt, nur dann möglich, wenn man das Instrument zu weit nach vorn, also über das Ost. pharyngeum hinweg, zieht. In manchen Fällen indessen bildet der Tubenwulst keinen deutlichen Vorsprung an der seitlichen Wand des Nasenrachenraums, sei es, dass er durch Geschwürs- oder Narbenbildung hierselbst, durch Altersatrophie oder Schwund in Folge chronischer Catarrhe abgeflacht bez. verstrichen, sei es, dass die ROSENMÜLLER'sche Grube durch starke Wulstung der Schleimhaut, Granulationen, adenoide Wucherungen ausgefüllt ist. Ausserdem aber hat diese Methode entschieden den Nachtheil, schmerzhafter zu sein als die anderen. Eine sehr leichte und geübte Hand wird freilich im Stande sein, die Spitze des Catheterschnabels so leise über den Tubenwulst hinüberzuziehen, dass dem Patienten ein nennenswerther Schmerz nicht erwächst, insbesondere wenn die Schnabelspitze nicht in horizontaler Richtung von innen nach vorn über ihn hinweggeführt wird, sondern ihn mit einer schwachen Spiraldrehung nach unten umgeht.

Bei einer nicht sehr zarten Führung des Instruments aber, hauptsächlich also für den weniger Geübten, wird es wegen der geringeren Schmerzhaftigkeit derselben besser sein, die *Nasenscheidewandmethode* zu benützen. Diese wiederum ist bei engem Nasenrachenraum, vorzüglich aber bei starker Reizbarkeit desselben und hierdurch veranlassten Contractionen des weichen Gaumens, durch welche die grosse Drehung des Catheterschnabels um mehr als 180° aufs Aeusserste behindert wird, mitunter gar nicht ausführbar und dann ihrerseits mit der *Gaumensegelmethode* zu vertauschen, welch' letztere freilich wohl die am wenigsten sichere ist.

Wer im Catheterismus tubae grosse Uebung besitzt, wird von den vorher eingehend geschilderten Vorschriften, die darauf hinzielen, dem weniger Geübten die anatomischen Anhaltspunkte, welche sich für die Einführung des Catheters in die Rachenmündung der Tuba benützen lassen, zu liefern, mitunter ganz absehen und sein Augenmerk ausschliesslich darauf richten können, dem Patienten jedes Gefühl der Belästigung zu ersparen. Dieses wird natürlich am besten erreicht werden, wenn man die Schleimhaut der Nase und des Nasenrachenraums mit der Spitze des Instruments gar nicht oder doch so wenig wie möglich berührt. Der sehr Geübte wird daher den Catheterschnabel bei der Einführung durch den unteren Nasengang nicht gerade senkrecht nach unten, sondern ein wenig nach unten und aussen gerichtet halten, wobei der Schnabel mitunter bis in den Nasenrachenraum vordringen kann, ohne die Nasenschleimhaut überhaupt zu berühren. Sobald der Schnabel aber die Nase verlassen, die Choane hinter sich hat, wird man ihn, wenn auch nicht immer, so doch recht häufig durch eine Drehung bis etwas über die Horizontale und geringes weiteres Vorschieben direct in das Ost. pharyng. tubae hineinführen können.

Auf der anderen Seite giebt es Patienten, bei denen der Catherismus auch dem Geübtesten die grössten Schwierigkeiten bereitet bez. unmöglich ist.

Die *Entfernung des Catheters nach Beendigung der Luftdouche* muss auf demselben Wege erfolgen, auf welchem er eingeführt war. Die nach oben und aussen gerichtete Schnabelspitze ist also zunächst vorsichtig und langsam wieder nach unten und innen zu führen, und dann das Instrument mit senkrecht nach unten sehendem Schnabel leise aus der Nase zu ziehen. Hierbei ist es am besten, den Catheter gewissermassen von selber herausgleiten zu lassen, wobei derselbe, falls Hindernisse im unteren Nasengang vorhanden sind, mitunter eine vollständige Axendrehung um 360° macht.

4) *Hindernisse des Catheterismus und die zu ihrer Ueberwindung mitunter nothwendigen Mittel (Catheterismus von der anderen Nasenhälfte aus, Catheterismus von der Mundhöhle aus):* Unter den hier in Betracht kommenden *Hindernissen des Catheterismus* nimmt die erste Stelle eine *sehr hochgradige Verengerung des unteren Nasengangs* ein, wie sie sich theils angeboren, theils in Folge traumatischer Laesionen der Nasenscheidewand und -muscheln, sodann auch nach ulcerativen Processen und Caries durchaus nicht selten findet. Besondere Schwierigkeiten bieten diejenigen Fälle, in denen eine Vergrösserung der unteren Nasenmuschel mit einer so hochgradigen Deviation oder Prominenz des Septum narium verbunden ist, dass Muschel und Scheidewand dicht an einander liegen. Gelingt es bei einer Verengerung des unteren Nasengangs nicht leicht, durch die vorher (S. 52 u. 53) beschriebenen Axendrehungen des Catheters das Hinderniss ohne Schmerz für den Patienten zu umgehen, so thut man, wie bereits erwähnt, besser, das Instrument herauszuziehen und die Nase zunächst mittelst Rhinoscopia anterior zu untersuchen. Auf diese Weise wird man erkennen, ob es überhaupt noch im Bereich der Möglichkeit liegt,

einen sehr dünnen, schwach gekrümmten Catheter mit kurzem Schnabel durch den
verengten unteren Nasengang hindurchzuführen*) und wie man denselben hierbei
am besten zu dirigiren hat. Erweist sich ersteres als absolut unmöglich, so wird
man von dem Catheterismus ganz Abstand nehmen und ein Ersatzverfahren desselben (s. S. 63—65) in Anwendung ziehen. Nur in den seltenen Ausnahmefällen,
wo ein solches entschieden contraindicirt ist oder wegen sehr starker Verengerung
der Tuba unwirksam bleibt, und ferner da, wo die Application des Catheters selbst
behufs Einführung von Bougies in die Ohrtrompete oder Injection von Flüssigkeit in
die Paukenhöhle erforderlich ist, wird man denselben von der anderen Nasenhälfte
aus bez., wenn auch diese unwegsam ist, und wenn der Catheterismus von ihr aus
nicht gelingt, durch die Mundhöhle einführen.

Der *Catheterismus von der anderen Nasenhälfte aus* ist nur bei engem Nasenrachenraum mit einem Instrument von 2 cm Schnabellänge ausführbar, gewöhnlich erfordert er ein Instrument von mindestens 2,5 cm Länge und stärkerer Krümmung des
Schnabels. Ist der Catheter durch den unteren Nasengang der anderen Seite bis an die
hintere Rachenwand in der gewöhnlichen Weise hindurchgeführt, so dreht man ihn um
90° nach innen, drängt, so weit es möglich ist, ohne dem Patienten Schmerz zu bereiten,
das äussere Ende von der Nasenscheidewand ab, so dass die Schnabelspitze in die
Rosenmüller'sche Grube der zu catheterisirenden Seite geräth, und zieht ihn nun so
weit zurück, bis die Schnabelspitze über den Tubenwulst hinweggeglitten ist. Der Schnabel
befindet sich dann mit seiner Spitze in dem Ost. pharyng. tubae und braucht nur noch
um ca. 45° nach aussen und oben gedreht zu werden, um eine der Tuba Eust. parallele
Verlaufsrichtung zu erhalten.

Der sehr selten nothwendige *Catheterismus von der Mundhöhle aus* wird gewöhnlich folgendermassen ausgeführt: Man führt das Instrument, den Schnabel horizontal nach
der zu catheterisirenden Seite gerichtet, auf der Zunge, welche man mit ihm niederdrückt,
bis zur hinteren Rachenwand, wendet seine Spitze hinter dem Gaumensegel nach oben
und aussen und schiebt sie bis zur Rosenmüller'schen Grube vor. Sodann zieht man
den Catheter so weit zurück, bis seine Spitze über den Tubenwulst hinweggeglitten ist.
In denjenigen Fällen, wo an der seitlichen Rachenwand die von dem Tubenwulst
nach unten auslaufende „Wulstfalte" (Taf. I Fig. 12) sichtbar ist, kann man durch Hinaufschieben der Schnabelspitze vor dieser Falte sofort in das Ost. pharyng. tubae gelangen.
Bei Defecten des harten und weichen Gaumens ist die Tubenmündung häufig durch
die Gaumenlücke vom Munde aus sichtbar, sodass die Catheterspitze leicht direct hinein-
geführt werden kann. Von den letzterwähnten Fällen aber abgesehen, wird der Catheterismus vom Munde aus häufig durch störende Würg- und Brechbewegungen sehr erschwert,
und ist es, um diese zu beseitigen, nothwendig, Gaumensegel und Zungengrund vorher
mit 5°/₀ Cocainlösung zu bepinseln.

Ein zweites häufiges Hinderniss des Catheterismus bildet die bei manchen
Menschen vorhandene *sehr grosse Reizbarkeit der Schleimhaut des Gaumensegels
und des Nasenrachenraums*. Dieselbe ist mitunter so gross, dass während der
Einführung des Catheters theils willkürlich, theils reflectorisch anhaltende Schling-,
Würg- oder Brechbewegungen erfolgen, welche einmal die Drehungen des Catheterschnabels im Nasenrachenraum ausserordentlich behindern, sodann aber die richtige
Einführung desselben in das Ost. pharyng. tubae auch deshalb ungemein erschweren,
weil letzteres bei den Bewegungen des Gaumensegels seine Lage fortwährend verändert. In solchen Fällen muss man *den Catheter vollkommen ruhig halten*
und den Patienten *kräftig durch die Nase athmen* lassen, wodurch sich die
stürmischen Contractionen der Rachenmuskeln mitunter so beruhigen, dass man den
Catheter nun in die Rachenmündung der Tuba einführen kann. Gelingt dieses
nicht, so ziehe man ihn ganz heraus.

---

*) Um dem Patienten unnöthigen Schmerz zu ersparen, kann man in solchen Fällen
die Nasenschleimhaut vorher cocaïnisiren.

Seltener als durch die eben angegebenen Hindernisse wird der Clatheterismus tubae durch *grosse Enge des Cavum pharyngonasale, hochgradige Tonsillen-hypertrophie, adenoide Wucherungen und andere Tumoren, sowie Narben-bildungen im Nasenrachenraum,* durch *narbige Verzerrung des Ost. pharyng. tubae,* ferner durch *anhaltendes Niesen und Husten* oder *starkes Nasenbluten* erschwert. Letzteres ist zwar selbst bei schonender Einführung des Instruments bei dazu disponirter Nasenschleimhaut durchaus nicht selten, meist aber doch nicht so stark, dass die Ausführung des Catheterismus deshalb unterbrochen zu werden brauchte.

Endlich wäre unter den Hindernissen des Catheterismus der *Widerstand des Patienten* anzuführen. Es sind nicht nur ungeberdige Kinder, welche sich gegen die Einführung des Catheters in einer Weise sträuben, dass, da man die Narcose hierbei wohl nur in den seltensten Fällen wird zu Hilfe rufen wollen, von demselben Abstand genommen werden muss, sondern nicht selten auch Erwachsene, welche trotz allen Zuredens von Seiten des Arztes die Procedur, die ihnen vielleicht gar nicht einmal schmerzhaft sein würde, von vornherein verweigern. Artige Kinder vom 5. Lebensjahre an lassen sich übrigens häufig sehr gut catheterisiren.

5) *Ueble Zufälle beim Catheterismus tubae und bei der Luft-douche überhaupt:*

Nachdem wir **Schwindel-, Ohnmachts- und Krampfanfälle** sowohl wie *Nasenbluten,* welche während des Catheterismus auftreten können, im Vorhergehenden bereits erwähnt haben, wäre hier nur noch der **Trommelfellruptur** und des **Emphy-sems** zu gedenken, welche beim Catheterismus tubae sowohl wie auch bei den Ersatzverfahren desselben eintreten können. Ueber erstere vergl. später bei den „trau-matischen Läsionen des Gehörorgans."

Das **Emphysem** entsteht meist nur dann, wenn die Schleimhaut des Nasen-rachenraums verletzt wurde, häufiger wohl noch nach einer Verletzung der Tuben-schleimhaut mit dem Bougie, weshalb man, wenn sich dieses nach dem Heraus-ziehen blutig zeigt, niemals die Luftdouche folgen lassen darf, seltener aber auch, ohne dass ein Trauma vorausging, bei Ulcerationen im Cavum pharyngonasale. In all' diesen drei Fällen kann die eingepresste Luft bei der Luftdouche durch den Schleimhautdefect in das submucöse Gewebe eindringen.

Im Moment der Entstehung des Emphysems empfindet der Patient einen heftigen, stechenden Schmerz. Wird dieser beachtet und die Lufteinblasung sofort unterbrochen, so bleibt das Emphysem meist auf den Rachen beschränkt, und man findet bei der Untersuchung nur eine blasenartige Aufblähung der Schleimhaut an der Uvula oder dem weichen Gaumen bez. der hinteren Pharynxwand. Setzt man aber die Lufteintreibung weiter fort, so kann das Emphysem sich auf das submu-cöse Gewebe der Mundhöhle und des Larynx, auf das subcutane Bindegewebe der Wange, der Augenlider, der seitlichen Theile des Halses weiter fortpflanzen und bis an die Innenwand des Thorax gelangen.

Objective Symptome: Die emphysematösen Theile erscheinen mehr weniger geschwellt und aufgedunsen. Mitunter erkennt man das Emphysem von aussen nur dadurch, dass, wenn man mit den Fingern über die seitliche Halsgegend hinter dem aufsteigenden Ast des Unterkiefers herüberstreicht, sich ein deutliches Knistern fühlbar macht.

Subjective Symptome: Dieselben bestehen in einem Gefühl von Spannung in den befallenen Partieen, in einer Behinderung beim Schlingen, in lästigem Kitzel im Rachen, welcher zu fortwährendem Räuspern reizt, und, wenn das Emphysem sich nach abwärts gegen den Larynx zu fortgepflanzt hat, in Athembeschwerden.

bez. Erstickungsanfällen *). In den ersten Stunden nach der Entstehung wird häufig auch über heftige stechende Schmerzen geklagt.

Verlauf: Derselbe ist meist günstig und rasch, indem die in das submucöse resp. subcutane Gewebe eingedrungene Luft gewöhnlich binnen 3 Tagen, seltener erst innerhalb einer Woche resorbirt ist.

Therapie: Bei drohenden Suffocationserscheinungen geht man mit dem Zeigefinger rasch durch die Mundhöhle bis an die Epiglottis und versucht mit dem scharfen Nagel desselben die aufgeblähte Schleimhaut an der hinteren Rachenwand und um den Introitus laryngis herum oberflächlich zu *ritzen*. Eine Tracheotomie ist bisher noch nie nothwendig geworden. Bei starker emphysematöser Aufblähung der Uvula und des weichen Gaumens führen *oberflächliche Einschnitte in die Schleimhaut* mit der Scheere, durch welche die angesammelte Luft entweichen kann, eine augenblickliche erhebliche Linderung der Beschwerden herbei. Daneben zur Beruhigung der Schmerzen *Gurgelungen mit Eiswasser* oder *kühle Gargarismen* sowie die *Application einer Eisblase oder kalter Umschläge um den Hals.* Bei geringen Graden von Emphysem kann man sich auf die letztgenannten Verordnungen beschränken. *In allen Fällen aber warne man die Patienten sich zu schnäuzen*, weil hierbei von Neuem Luft in das submucöse Gewebe eintreten und so eine Zunahme des Emphysems entstehen kann. Aus demselben Grunde muss auch die Luftdouche für mindestens 8 Tage *ausgesetzt* werden.

B. Die bei der Luftdouche mittels des Tubencatheters wahrnehmbaren Auscultationsgeräusche.

Bei normalem Zustande des Mittelohrs hören wir bei der Luftdouche mittels des Catheters durch den Auscultationsschlauch ein *weiches (hauchendes) „Blasegeräusch"*, welches man, da es mit Worten schwer zu beschreiben ist, nur durch grosse practische Uebung genau kennen lernen kann. Ungefähr gleicht es dem rauhen vesiculären Athmungsgeräusch. In mancher Beziehung ist dasselbe *von der Weite des Catheters abhängig*, welchen man in das Ost. pharyng. tubae eingeführt hat. Ist dieser *weit*, so wird das Geräusch *lauter*, ist er *eng*, wird es *leiser* sein, da die Luft im ersteren Falle ceteris paribus unter grösserem, im letzteren unter geringerem Druck i n das Mittelohr einströmt. Benützt man zur Lufteinblasung den *Doppelballon*, so wird das Geräusch *bei engem Catheter* ferner mehr *continuirlich, bei weitem mehr stossweise abgesetzt* erscheinen. In ersterem Falle nämlich kann die Luft wegen des durch den engen Catheter verursachten grossen Widerstandes nicht bei jeder Compression des Ballons b^1 (Taf. XVI Fig. 2) vollständig ausströmen, staut sich vielmehr in dem als Windkessel dienenden Ballon b^2 an, dehnt diesen bis zu einem gewissen Volumen aus und entweicht aus dem Catheter unter einem durch die elastische Kraft des Ballons b^2 hervorgebrachten, ziemlich constanten Druck in annähernd gleichmässig starkem Strome. Bei weitem Catheter dagegen kann sie bei jeder Compression des Ballons b^1 vollkommen entweichen, strömt daher unter einem bei jedesmaligem Zusammendrücken desselben plötzlich und stark anschwellenden, ebenso rasch aber auch wieder sinkenden Druck aus dem Catheter aus und erzeugt dabei natürlich ein stossweise abgesetztes Geräusch.

Nach Voltolini ist in zwei von Turnbull mitgetheilten plötzlichen *Todesfällen* beim Catheterismus tubae mit Hülfe der Compressionspumpe, in denen der Sectionsbefund negativ war, die Todesursache wahrscheinlich in Glottisoedem oder in Compression des Kehlkopfs durch die Luftgeschwulst zu suchen. Nach Pollack kann ein Emphysem der Glottis beim Catheterismus tubae niemals entstehen.

Unter pathologischen Verhältnissen ist das Auscultationsgeräusch entweder *leiser, als in der Norm* und, wenn man die Luft mit dem Doppelballon einbläst, selbst bei Benützung eines weiten Catheters *abnorm continuirlich*. Dieses deutet auf *pathologische Verengerung des Tubencanals*, durch welche das Geräusch, mit dem die Luft in die Paukenhöhle einströmt, in derselben Weise beeinflusst werden muss wie beim Gebrauch eines engen Catheters. Zuweilen hört man bei Verengerung des Tubencanals durch Schwellung seiner Schleimhautauskleidung, auch wenn die Luft unter gleichmässig starkem Druck eingeblasen wird, ein *unregelmässig abgesetztes, intermittirendes, „saccadirtes" Auscultationsgeräusch*: Das Blasegeräusch erscheint plötzlich unterbrochen, um nach Kurzem wiederzukommen. Es deutet dieses auf Schleimmassen oder Falten, welche den Tubencanal bald ventilartig verlegen, bald wieder freilassen. Mitunter hört man im Beginn der Lufteinblasung mittels des Catheters ein schwaches, entfernt klingendes Geräusch, das erst nach öfterer Compression des Doppelballons plötzlich in das normal laute Auscultationsgeräusch übergeht. Dieses spricht für eine *Verklebung der Tubenwände*, welche der Luftstrom plötzlich überwindet.

In anderen Fällen ist das Auscultationsgeräusch ceteris paribus *lauter als in der Norm:* es beweist dieses eine *pathologische Erweiterung der Ohrtrompete.* Während des Schlingactes wird, weil die Tuba sich hierbei erweitert, das Blasegeräusch stärker.

Dringt die Luft bei krankhafter Verengerung der Tuba nur bis zum Isthmus derselben vor, so hört man dennoch ein Blasegeräusch. Es unterscheidet sich dieses aber von dem normalen dadurch, dass es nicht nur viel schwächer, sondern auch viel entfernter erscheint als jenes, von welchem der auscultirende Arzt den Eindruck hat, als wenn es unmittelbar vor seinem eigenen Ohr entstände.

Ausser dem geschilderten, bei normalem oder krankhaftem Verhalten der Ohrtrompete verschiedenen *„Blasegeräusch"*, hört man während der Luftdouche mittels des Catheters durch den Auscultationsschlauch in pathologischen Fällen mitunter *„Rasselgeräusche"*, welche dem ersteren gewöhnlich nur zeitweilig, seltener während seiner ganzen Dauer beigemischt und nur sehr ausnahmsweise so laut sind, dass sie das Blasegeräusch vollkommen verdecken. Unter ihnen sind ebenso wie bei der Auscultation der Lungen *trockene und feuchte Rasselgeräusche* zu unterscheiden. Erstere treten entweder als *tiefes Schnurren* oder als *hohes Pfeifen* auf. Sie entstehen ganz ähnlich wie das Schnurren und Pfeifen (der Rhonchus sonorus et sibilans) beim Bronchialcatarrh durch das Hinüberstreichen des Luftstroms über die nicht mehr glatte, sondern unebene, rauhe Oberfläche der catarrhalisch erkrankten, ungleichmässig geschwollenen Tubenschleimhaut. Bei einer solchen zeigt auch das Blasegeräusch nicht mehr den weichen Character, wie in der Norm, sondern vielmehr eine *schärfere, rauhe* Beschaffenheit. *Die feuchten Rasselgeräusche* andererseits entstehen dadurch, dass der beim Catheterismus in die Paukenhöhle eindringende Luftstrom durch eine dort unter pathologischen Verhältnissen mitunter vorhandene Flüssigkeitsansammlung in Form von Blasen hindurchtritt bez. sie zu Blasen aufwirft, bei deren Platzen ein gewisses Geräusch entsteht, ebenso wie dieses beim Eintritt des respiratorischen Luftstroms in eine mit Flüssigkeit gefüllte Lungencaverne der Fall ist. Dieses feuchte Rasselgeräusch macht den Eindruck, als wenn es in dem Ohre des auscultirenden Arztes selber oder doch wenigstens dicht davor entstände; man bezeichnet es daher als *„nahes, feuchtes Rasselgeräusch"*. Dasselbe kann ebenso, wie das in einer Lungencaverne zu Stande kommende *„reichlich"* oder *„spärlich"* sein. In ersterem Fall hört man in der Zeiteinheit sehr zahlreiche und gewöhnlich kleine Blasen platzen, was auf eine grössere Menge in das

Lumen der Paukenhöhle ausgeschiedener Flüssigkeit und insbesondere auf eine dünne Beschaffenheit derselben deutet. Der Gehörseindruck hierbei hat eine gewisse Aehnlichkeit mit demjenigen, welchen das Ausstossen von Speichel durch eine Zahnlücke hervorruft.

Im Falle des spärlichen Rasselns platzen in der Zeiteinheit nur sehr wenige Blasen. Dieses findet man bei geringfügigen Flüssigkeitsansammlungen in der Paukenhöhle und ferner bei zäher, dickflüssiger Consistenz derselben. Hat das Exsudat eine ganz dicke, leim- oder gelatineartige Beschaffenheit, so hört man häufig selbst bei längerer Dauer der Lufteinblasung nicht eine einzige Blase platzen, statt dessen aber nicht selten neben dem „Blasegeräusch" ein tiefes *Knarren* oder ein *holpriges, schnarrendes Geräusch*, welches wahrscheinlich dadurch entsteht, dass der Luftstrom die dicke Gallerte in Vibration versetzt oder sie von ihrer Unterlage langsam fortbewegt.

Tritt das „nahe feuchte Rasseln" nur im Beginn der Lufteinblasung auf, so deutet dieses auf eine geringe Flüssigkeitsmenge, welche durch den Luftstrom baldigst aus dem Cav. tympani fortgeblasen oder in dünner Schicht über die Oberfläche der Paukenhöhlenwände vertheilt wurde.

Nach SCHWARTZE hört man mitunter trotz reichlicher Ansammlung seröser oder schleimiger Flüssigkeit am Boden der Paukenhöhle unterhalb des Niveaus des Ost. tympanicum tubae vollkommen normales Blasegeräusch ohne jedes Rasseln. Der Luftstrom streicht in solchen Ausnahmefällen über das Niveau der Flüssigkeit fort, ohne dieselbe in Bewegung zu versetzen oder in sie einzudringen. Bei *vollkommener* Ausfüllung des Cav. tympani durch die Flüssigkeitsansammlung hört man *gar kein Auscultationsgeräusch*, weil die Luft hierbei überhaupt nicht in die Paukenhöhle eindringen kann.

Von den soeben beschriebenen *„nahen feuchten Rasselgeräuschen"* sind andere zu unterscheiden, welche einen entfernteren Eindruck machen und gewöhnlich auch viel grossblasiger erscheinen als jene. Dieselben kommen dadurch zu Stande, dass derjenige Theil der Luft, welcher nicht in die Paukenhöhle eindringt, sondern nach seinem Austritt aus dem Catheterschnabel in den Nasenrachenraum entweicht, entweder hier oder auch schon im Ost. pharyng. tubae flüssige Secretansammlungen findet, durch welche er in Form von Blasen hindurchtritt. Dieses *„entfernte, feuchte Rasseln"* ist ebenso wie andere Geräusche, welche beim Ausströmen der Luft in den Nasenrachenraum insbesondere dann entstehen, wenn der Catheter nicht richtig eingeführt ist, und welche mitunter so laut sind, dass sie auch ohne Zuhülfenahme des Auscultationsschlauchs gehört werden, von den durch Eindringen der Luft in das Mittelohr entstehenden, uns bei der Auscultation desselben *allein* interessirenden und mit Ausnahme des Perforationsgeräuschs (s. S. 38) stets nur durch den Auscultationsschlauch hörbaren, sehr einfach dadurch zu unterscheiden, dass man während des Catheterismus den Auscultationsschlauch durch zeitweises Zudrücken abwechselnd schliesst und öffnet: Entstehen die fraglichen Geräusche durch Eindringen der Luft ins Mittelohr, so werden sie durch das Zudrücken des Auscultationsschlauchs viel stärker abgeschwächt als solche, die im Nasenrachenraum zu Stande kommen. Zu letzteren gehört ausser dem vorher bereits erwähnten, entfernten feuchten Rasseln ein *hauchendes* Geräusch, welches meistens dann zu Stande kommt, wenn die Spitze des Catheterschnabels in der ROSENMÜLLER'schen Grube liegt, und der austretende Luftstrom die hintere Tubenlippe trifft, und ferner ein *brodelndes, flatterndes oder schnarrendes*, welches wahrscheinlich dann entsteht, wenn der Luftstrom die membranöse Tubenwand oder das Gaumensegel in Vibration setzt.

Bei Trommelfellperforationen hört man das bereits S. 38 u. 39 beschriebene und näher gewürdigte „Perforationsgeräusch".

Mitunter wird das sonst annähernd normale „Blasegeräusch" beim Catheterismus durch einen *schwachen Knall* eingeleitet, welcher entweder darauf beruht, dass die vorher miteinander verklebten Tubenwände durch den Luftstrom von einander abgehoben, oder dadurch, dass das der inneren Paukenhöhlenwand anliegende Trommelfell aufgebläht wird, was zuweilen auch ein *Knacken* hervorruft, seltener endlich dadurch, dass im Cav. tympani befindliche Adhaesionen zerrissen werden. Ein sehr *heftiger Knall* dagegen entsteht nur bei einer etwaigen durch den andringenden Luftstrom verursachten Trommelfellruptur.

Lässt sich selbst bei forcirter Lufteinblasung durch den Catheter gar kein Auscultationsgeräusch wahrnehmen, so kann dieses, ausser durch falsche Lage des Schnabels, Schwerhörigkeit des untersuchenden Arztes oder Verstopfung des Auscultationsschlauchs nur durch Verwachsung der Tubenwände, Verstopfung des Canals durch Fremdkörper, complete Anfüllung der Paukenhöhle mit Secret oder endlich durch bindegewebige Verwachsung ihrer Wände, durch welche das normale, lufthaltige Lumen der Paukenhöhle vollkommen aufgehoben ist, bedingt sein.

Mitunter sind nach Beendigung der Luftdouche, wenn also keine Luft mehr in die Paukenhöhle eindringt, noch kurze Zeit, höchstens aber einige Secunden, andauernde Nachgeräusche „secundäre Auscultationsgeräusche" hörbar, welche entweder durch nachträgliches Platzen aufgewirbelter Secretblasen oder durch das Zurückweichen eines vom Luftstrom aufgeblähten Trommelfells oder einer Pseudomembran entstehen.

C. Die Ersatzverfahren des Catheterismus tubae.

1) *Der Valsalva'sche Versuch.* Derselbe wird in folgender Weise ausgeführt: Nach einer tiefen Inspiration schliesst man Mund und Nase, letztere durch Zuhalten mit den Fingern, und verdichtet nun, indem man kräftig exspirirt, die im Nasenrachenraum befindliche Luft. Bei normaler Wegsamkeit der Eustachi'schen Ohrtrompete und bei kräftigen Exspirationsmuskeln erwachsener Personen dringt die comprimirte Luft hierbei in die Paukenhöhle ein, sodass das Trommelfell, wenn sich dasselbe im Zustand der Norm befand, eine Auswärtswölbung (s. S. 56) und, wenn der VALSALVA'sche Versuch länger anhaltend ausgeführt wurde, eine venöse Stauung im Bereich der Hammergriffgefässe zeigt. Bei starker Verengerung der Tuba dagegen und ferner bei zu schwacher Exspiration, z. B. bei Kindern oder schwächlichen Personen, findet ein Lufteintritt in die Paukenhöhle bei diesem Verfahren nicht Statt.

2) *Der passive Valsalva'sche Versuch.* Derselbe wird in der Weise ausgeführt, dass man einen mit passendem abgeschenen, birnförmigen Gummiballon (Taf. XVI Fig. 7) mit der Nase des Patienten verbindet, letztere sodann mit den Fingern der linken Hand luftdicht schliesst und nun, während Patient auch den Mund geschlossen hält, mit der rechten den Ballon kräftig zusammendrückt. Hierbei findet durch Einwirkung des Luftstroms eine *reflectorische Hebung des Gaumensegels* statt. Dieser legt sich der hinteren Rachenwand an und schliesst den Nasenrachenraum nach unten zu ab. Die in letzterem comprimirte Luft dringt, bei genügender Druckstärke bez. nicht zu grossen Widerständen im Tubencanal, in die Paukenhöhle ein insbesondere bei Kindern, bei welchen der Nasenrachenraum enger und die Tuba kürzer ist als bei Erwachsenen.

Der Gummiballon muss gerade so gross sein, dass man ihn mit der vollen Hand, wenn auch nicht ganz umspannen, so doch bequem vollständig zusammendrücken kann. Als *Ansatzstück* benützt man am besten ein *olivenförmiges* (Taf. XVI Fig. 7), welches gross genug ist, um das Nasenloch des Patienten luftdicht zu verschliessen. Wegen der verschiedenen Weite der Nasenöffnungen und, um die Ansatzstücke nach dem Gebrauch gründlich desinficiren zu können, muss man deren eine grössere Anzahl besitzen. Früher wurden dieselben gewöhnlich aus Hartgummi, Horn oder Holz hergestellt und hatten dann in der Längsaxe eine ziemlich dünne, cylindrische

Durchbohrung. Ich bevorzuge, weil sie sich besser auskochen lassen, solche aus Glas, welche, damit sie nach dem Herausnehmen aus dem kochenden Wasser zur Abkühlung in kalte Carbol- oder Salicyllösung getaucht werden können, ohne hierbei zu platzen, eine Wandstärke von nur wenigen Millimetern Dicke haben, im Inneren aber vollständig hohl sind.

Politzer wandte ursprünglich als Ansatzstück eine catheterförmig gebogene, durch ein elastisches Zwischenstück mit dem Ballon verbundene Hartgummiröhre an, welche etwa 1 Centimeter tief in die Nase eingeführt werden sollte. Ein solcher Ansatz verursacht häufiger Schmerz, Verletzung der Schleimhaut und Nasenbluten, ein olivenförmiger selbst bei ungeberdigen Kindern, bei denen die Luftdouche mitunter einige Gewalt von Seiten des Arztes erfordert, niemals.

Zwischen Olive und Gummiballon kann noch zur Filtration der eingeblasenen Luft eine *Desinfectionskapsel* (Taf. XVI Fig. 8) eingeschaltet werden.

Am bequemsten ist es, die Olive in das linke Nasenloch des Patienten zu fügen, welches durch dieselbe ganz abgeschlossen werden muss. Mit dem Daumen der linken Hand drückt man sodann, wie in Fig. 1 (Taf. XIV), den rechten Nasenflügel an das Septum narium und mit dem dritten Finger derselben den linken Nasenflügel an die Olive an. Muss man aus Gründen, die später in der „allgemeinen Therapie" in dem Abschnitt „Luftdouche" erörtert werden, die Olive in das rechte Nasenloch stecken, so drückt man mit dem Daumen der Linken den rechten Nasenflügel an die Olive und mit dem dritten Finger derselben den linken Nasenflügel an das Septum an. Die rechte Hand umspannt den Ballon am besten in der in Fig. 1 (Taf. XIV) dargestellten Weise, da es so am leichtesten möglich ist, ihn kräftig zu comprimiren, ohne dass das olivenförmige Ansatzstück dabei seitlich aus der Nasenöffnung herausgerissen wird.

3) *Das Politzer'sche Verfahren.* Dasselbe wird in folgender Weise ausgeführt: Man lässt den Kranken einen nicht allzu grossen Schluck Wasser in den Mund nehmen und weist ihn an, denselben erst dann herunter zu schlucken, wenn man ihn entweder durch Nicken mit dem Kopf oder durch das Commando „Jetzt" dazu auffordert. Dann fügt man den Ansatz wie in Fig. 7 (Taf. XVI) abgebildeten Gummiballons in ein oder das andere Nasenloch des Patienten, verschliesst den Naseneingang desselben luftdicht mit der linken Hand (s. oben) und comprimirt nun, während Patient auf das verabredete Zeichen schluckt, mit der rechten den Ballon. Während des Schluckactes hebt sich das Gaumensegel, legt sich an die hintere Rachenwand an und bewirkt so einen allerdings nur kurze Zeit währenden Abschluss des Nasen- vom Mundrachenraum. Wird die in ersterem enthaltene Luft bei hermetischem Verschluss des Naseneingangs durch Compression des Gummiballons verdichtet, so wird sie hierbei um so eher in die Paukenhöhle eindringen, als der knorplige Tubencanal während des Schlingactes durch die Contraction des Tensor und vielleicht auch des Levator veli palatini erweitert wird.

Natürlich muss man den Ballon bei dem Politzer'schen Verfahren genau in demjenigen Zeitpunkt zusammendrücken, in welchem durch Anlegen des Gaumensegels an die hintere Rachenwand der Abschluss des Nasen- vom Mundrachenraum gerade Statt findet. Man muss daher, nachdem man das Commando „Jetzt" gegeben hat, noch eine kleine Weile, vielleicht eine Secunde lang, warten, bevor man comprimirt. So viel Zeit braucht der Patient, um das vorn im Munde gehaltene Wasser bis in den Rachen zu befördern. Comprimirt man schon früher — Ungeübte machen nicht selten den Fehler, dass sie „Jetzt" commandiren und gleichzeitig auch schon den Ballon zusammendrücken — so gelangt die verdichtete Luft aus dem Nasen- in den Mundrachenraum, aus welchem sie das Wasser nicht selten heraustreibt, sodass Patient dasselbe dann schnell ausspeien muss. Comprimirt man andererseits zu spät, d. h. dann, wenn das Gaumensegel schon wieder gesunken und der Abschluss des Nasen- vom Mundrachenraum bereits vorüber ist, so dringt die verdichtete Luft sowohl in letzteren wie auch in den Oesophagus, durch welchen sie das Wasser mit ziemlicher Gewalt in den Magen herabtreibt, sodass unmittelbar darnach ein Druck-, Beklemmungs- und Schmerzgefühl auftritt, welches gewöhnlich erst nachlässt, wenn Patient aufstösst, wobei die Luft aus dem Magen entweicht. Bei zu später wie bei zu früher Compression aber bleibt der Zweck des POLITZER-schen Verfahrens unerreicht, indem die Luft nicht in die Paukenhöhle einströmt.

Bei magerem Halse ist der Moment, in welchem man den Ballon zusammen-drücken soll, durch Beobachtung des Kehlkopfs leicht zu ermitteln. Letzterer steigt beim Schluckakt zuerst in die Höhe und dann wieder herunter. Man comprimire, sobald er den höchsten Stand erreicht hat. Drückt man den Ballon beim POLITZER-schen Verfahren im richtigen Augenblicke zusammen, so entsteht hierbei, indem die Luft die Gaumenklappe durchbricht, ein ziemlich lautes *gurgelndes Geräusch*.

4) *Die trockene Nasendouche nach Lucae:* Dieselbe wird ganz in derselben Weise ausgeführt wie das eben beschriebene POLITZER'sche Verfahren, nur lässt man den Patienten nicht schlucken, sondern laut, kurz und accentuirt „A" sagen. Man comprimirt den Ballon im Moment der Phonation, bei welcher sich, ebenso wie beim Schluckakt, das Gaumensegel an die hintere Rachenwand anlegt und den Nasenrachenraum nach unten zu abschliesst. Meist entsteht bei der „trocknen Nasendouche", indem die verdichtete Luft die Gaumenklappe durchbricht, ein *krächzendes Geräusch*. Unmittelbar nach derselben müssen viele Patienten Schleim ausspeien, welchen der Luftstrom aus dem Nasen- in den Mundrachenraum herabgeschleudert hatte.

GRUBER lässt statt „A" die Silben „hack, heck, hick, hock oder huck" aus-sprechen.

Bei dem passiven VALSALVA'schen Versuch sowohl wie bei der „trocknen Nasendouche" und dem POLITZER'schen Verfahren ist es zweckmässig, den Patienten so zu placiren, dass er den Hinterkopf an eine Wand oder Thüre anlegen kann. Ob er dabei sitzt oder steht, ist ziemlich gleichgültig; ersteres höchstens im Hin-blick auf etwaigen Eintritt von Schwindel oder Ohnmacht vorzuziehen.

D. Auscultation des Mittelohrs während der Ersatzverfahren des Catheterismus tubae (Valsalva'scher Versuch, Politzer'sches Verfahren, trockene Nasendouche).

Das krächzende Geräusch bei der trockenen Nasendouche, das gurgelnde beim POLITZER'schen Verfahren, der schwache Druck bei dem VALSALVA'schen Versuch und die kurze Zeitdauer, während welcher die Luft bei all' diesen Ersatzverfahren des Catheterismus tubae in die Paukenhöhle einströmt, sind Hindernisse für eine genaue Auscultation des Mittelohrs während derselben. Wir werden letztere daher, wie S. 47 bereits erwähnt wurde, meist nur beim Catheterismus vornehmen. Nur *ein* Auscultationsphaenomen lässt sich auch bei den Ersatzverfahren mit genügender Deutlichkeit beobachten, das Perforationsgeräusch (s. S. 38 u. 39), welches oft so laut ist, dass es bei ihnen allen, ebenso gut wie beim Catheterismus, zur Wahrnehmung gelangt.

III. Sondirung oder Bougirung der Eustachischen Ohrtrompete.

Dieselbe wird als Untersuchungsmethode nur in denjenigen Fällen angewandt, in denen die Auscultation des Mittelohrs eine grosse Unwegsamkeit der Eustachischen Ohrtrompete erweist, wo also bei einem Luftdruck von 0.5 Atmosphären kein deutliches Einströmen der Luft in die Paukenhöhle nachweisbar ist. Wir benützen sie, um so weit als möglich den *Sitz und den Grad der Verengerung im Tubencanal* zu ermitteln.

Bedient man sich beim Catheterismus des Doppelballons, so deutet bereits ein grosser Widerstand, welchen der Arzt beim Comprimiren desselben empfindet, und eine starke Aufblähung des Ballons b² (Taf. XVI Fig. 2) — die richtige Einführung des Cathers und seine Durchgängigkeit vorausgesetzt — auf bedeutende Verengerung bez. vollkommene Stenose der Eustachischen Ohrtrompete hin.

Nach Umbartscurßen kann die Tuba auch bei scheinbar normaler Durchgängigkeit für Luft verengt sein, und sitzt die Strictur dann gewöhnlich am Isthmus.

Man verwendet zur Sondirung der Tuba Eust. entweder stumpf conisch zulaufende, vorn abgerundete oder leicht geknöpfte, nachgiebige, schwarze Gewebsbougies nach Art der englischen Harnröhrenbougies oder bei stärkeren Stricturen an beiden Enden geknöpfte, gut geglättete, durchsichtige, gelbe Celluloidbougies. Letztere werden bei längerem Gebrauch etwas brüchig, was man an den, insbesondere unterhalb des Kopfes auftretenden, feinen Querstrichen erkennen kann. Damit der Kopf solcher alter und spröder Bougies bei der Sondirung nicht etwa im Tubencanal zurückbleibt, muss er vorher abgebrochen und an dem Ende ein neuer, kleinerer Kopf angefeilt werden.

Um den Grad der Verengerung zu bestimmen, braucht man *sechs verschiedene Stärken* (von Charrière No. $\frac{1}{2}$ gleich $\frac{1}{6}$ mm bis inclusive No. 5 gleich $\frac{5}{6}$ mm).

Vor Beginn der Sondirung, bei welcher zuerst stets die dünneren Nummern versucht werden müssen, schiebt man das Bougie durch den zur Einführung zu benützenden Catheter soweit vor, bis sein vorderes Ende eben an der Schnabelspitze erscheint, und bringt dann dort, wo es das hintere, trichterförmig erweiterte Ende des Catheters verlässt, mit Tinte oder Farbe einen feinen Querstrich an. Dieser befindet sich also genau am hinteren Ende des Catheters, wenn die Spitze des Bougies sein vorderes Ende verlässt, um selber in den Tubencanal einzudringen. Damit man nun jederzeit weiss, wie weit es in diesem bereits gelangt ist, macht man hinter der vorher erwähnten ersten Marke mit Tinte oder Farbe noch einige andere feine Querstriche an dem hinteren Ende des Bougies und zwar einen, welcher von der ersten Marke um die durchschnittliche Länge der knorpligen Tuba, also um 24 mm, und einen zweiten, welcher von diesem wiederum um die durchschnittliche Länge der knöchernen Tuba, also um 11 mm, absteht. Statt mit Tinte oder Farbe kann man die Marken auch durch weisse Fäden herstellen, welche man an den betreffenden Stellen um das Bougie herumlegt (s. Taf. XVI Fig. 9). Diese haben den Vorzug, dass man sie an letzterem herauf- und herunterrücken kann, was, wenn man das Instrument durch Catheter von ungleicher Länge hindurchführt, bequemer ist, als an demselben jedesmal neue Striche mit Tinte oder Farbe anzubringen.

Will man nicht nur wissen, ob die Verengerung im knorpligen oder knöchernen Abschnitt der Tuba, sondern auch, an welcher Stelle dieser Theile sie liegt, so kann man zwischen den drei erwähnten Marken noch einige andere, etwa um 5 mm von einander entfernte Querstriche machen.

In der Norm lässt sich ein Bougie von $^4/_3 - ^5/_3$ mm Dicke durch den Isthmus tubae hindurchführen.

Was die *Technik der Sondirung* anlangt, so führt man zunächst einen Catheter in die Rachenmündung der Ohrtrompete ein und sucht sich von seiner richtigen Lage durch Auscultation zu überzeugen. Damit die Bougiespitze beim Austritt aus dem Catheter einen möglichst geringen Spielraum hat, wähle man das Instrument so eng, als es zur Aufnahme des Bougies eben noch angeht. Der Catheter muss ferner einen etwas längeren und stärker gekrümmten Schnabel haben als gewöhnlich, damit seine Spitze so tief als möglich in den Tubencanal eindringt, und das sonst häufige Zurückgleiten des Bougies in den Pharynx möglichst verhindert wird. Natürlich muss das Stück, um welches der Catheterschnabel selbst in die Tuba Eust. vorgeschoben wird, mit in Anschlag gebracht werden, wenn man überlegt, wie weit das Bougie vorgeschoben werden darf, ohne in die Paukenhöhle zu gelangen. Vollständig sicher wird man dieses niemals bestimmen können, da die Länge der Tuba individuell verschieden ist und zwischen 34 und 44 mm schwankt. Wird das Bougie über die Tuba hinaus in die Paukenhöhle vorgeschoben, so würde es bei normaler Lage des Trommelfells diesem parallel, den langen Ambosschenkel kreuzend, unterhalb der Sehne des Tens. tympani gegen das Antr. mastoid. hin vordringen. Bei pathologischer Einwärtsziehung aber könnten das Trommelfell durch die Spitze des Bougies verletzt, die Gehörknöchelchen dislocirt und dadurch eine erhebliche Schädigung des Ohres herbeigeführt werden.

Hat man sich von der richtigen Einführung des Catheters in das Ost. pharyng. tub. nach besten Kräften überzeugt, so löst man durch Herausziehen des Ansatzstückes a (Taf. XVI Fig. 3) aus dem trichterförmigen Ende desselben die Verbindung zwischen Catheter und Doppelballon, führt das Bougie in ersteren hinein und schiebt es nun so weit vor, bis sich ein Widerstand fühlbar macht, welcher entweder durch den Isthmus tubae oder durch eine Strictur im Verlauf des Canals bedingt wird. Um diesen zu überwinden und keinen falschen Weg zu machen, ziehe man das Bougie zunächst ein wenig zurück und versuche es dann sehr vorsichtig, ev. unter langsamen Drehungen um seine Axe, allmählich durch die verengte Stelle hindurchzuschieben, falls dieses ohne Anwendung von Gewalt, durch welche nicht nur wochenlang dauernde Entzündungen, sondern bei Ossificationslücken im Tubencanal sogar Verletzungen der Carotis verursacht werden könnten, zu erreichen ist. Im anderen Falle ziehe man das Bougie heraus und ersetze es durch ein dünneres. Um *das erlaubte Maass von Kraft beim Vorschieben des Bougies* nicht zu überschreiten, ist Uebung und eine feinfühlende Hand erforderlich. Zuweilen gelingt es erst, nach vier oder noch mehr Sitzungen die stricturirte Stelle zu passiren. Mitunter bleibt jeder Versuch, das Bougie durch den Tubencanal hindurchzuführen, wegen winkliger Knickung im knöchernen Abschnitt desselben, abnormer Vorbauchung des Canal. carotic. in sein Lumen oder einer faltenartigen Wulstung der Schleimhaut am Ost. pharyng. und zwar mitunter selbst in solchen Fällen vergeblich, in denen die Auscultation vollkommen normales Einströmungsgeräusch ergiebt, wo also eine Verengerung der Tuba überhaupt nicht besteht.

In der Regel wird man mit einer Knopfstärke von $^2/_3$ mm beginnen und, wenn nöthig, zu dünneren Instrumenten zurückgreifen. Bei sehr empfindlicher Tubenschleimhaut darf man das Hinderniss nicht gleich das erste Mal überwinden wollen, muss vielmehr erst eine mehrtägige Pause eintreten lassen, nach welcher, wenn die Empfindlichkeit sich hinreichend vermindert hat, von Neuem ein Versuch gemacht werden darf. Jenseits des Isthmus sind Stricturen sehr selten. Es genügt daher meist, wenn das Bougie nur etwas über den Isthmus hinaus vorgedrungen ist.

Beim Vorschieben des Bougies in die Tuba empfindet Patient gewöhnlich zunächst ein Stechen in der Kehlkopfgegend, welches, je weiter das Instrument in den Canal vorrückt, um so höher hinauf gegen die Paukenhöhle zu, mitunter auch in die Zähne oder den Hinterkopf verlegt wird. Während das Bougie den Isthmus tubae passirt, klagen die Patienten meistens über einen stechenden Schmerz am Trommelfell, sie hören hierbei ausserdem fast immer ein knisterndes, wahrscheinlich durch die Abhebung der Tubenwände von einander entstehendes Geräusch, welches ebenso wie ein Scharren bei Bewegungen des Bougies in der Tuba mit Hilfe des Auscultationsschlauchs auch für den Arzt wahrnehmbar ist.

Ausser diesem kann als objectives Zeichen einer richtigen Einführung des Bougies in den Tubencanal ferner der Umstand betrachtet werden, dass der Catheter ohne weitere Unterstützung in seiner Lage festgehalten wird, und endlich, dass das aus der Nase herausgezogene Bougie an seinem vorderen Ende eine dem Verlauf der Tuba entsprechende, schwach S-förmige Krümmung aufweist.

Ist das Bougie indessen statt in den Tubencanal in den Nasenrachenraum gedrungen, was namentlich dann leicht geschieht, wenn die Catheterspitze sich nicht tief im Ost. pharyng., sondern nur *vor* demselben befand, so giebt sich dieses durch ein Stechen oder Kratzen in der seitlichen Halsgegend, welches während des Vorschiebens weiter nach abwärts wandert und während des Schlingaktes zunimmt, durch ungehindertes Vorrücken des Instruments und endlich dadurch zu erkennen, dass dasselbe nach seiner Entfernung aus der Nase eine scharf nach auf- oder abwärts gerichtete Krümmung zeigt.

Schmerzen beim Schlucken bleiben auch nach richtiger Einführung des Bougies oft noch durch einige Stunden hindurch bestehen. Durch tägliche oder gewaltsame Bougirung kann eine acute Mittelohrentzündung hervorgerufen werden. Ist das aus der Tuba entfernte Bougie blutig, so ist die Luftdouche mindestens für einen Tag aufzuschieben. Ueberhaupt aber darf dieselbe nach der Bougirung nur mit grösster Vorsicht vorgenommen werden, da gerade hiernach am häufigsten ein Emphysem (s. S. 59) zu Stande kommt.

Hört man beim Catheterismus nach der Bougirung durch den Auscultationsschlauch ein viel freieres und breiteres Einströmungsgeräusch als vorher, so beweist dieses, dass die Tuba verengt war. Ein nur *etwas* freieres Auscultationsgeräusch nimmt man nach der Bougirung mitunter auch bei vorher nicht verengter Tuba wahr.

IV. Ueber das Hörvermögen im normalen Zustande, über die ohrenärztlichen Hörprüfungen und über die Differentialdiagnose zwischen Erkrankungen des schallleitenden und -empfindenden Apparates.

Die functionellen Leistungen des menschlichen Gehörorgans *im physiologischen Zustande* sind ausserordentlich mannigfaltig. Wir vermögen mit Hülfe unseres Ohres regelmässig periodische*) Schallschwingungen ebensowohl wie nicht periodische wahrzunehmen und als *Klang* und *Geräusch* von einander zu unterscheiden, wir erkennen vermittelst desselben Schallwellen verschiedener *Schwingungsweite,**)* verschiedener *Schwingungsdauer***) wir unterscheiden in einer gleichzeitig auf uns einwirkenden Klangmasse die

---

*) *Periodische Schallschwingungen* sind solche, welche nach genau gleichen Zeitabschnitten immer in genau derselben Weise wiederkehren.

**) Unter *Schwingungsweite oder Amplitude der Schwingungen* versteht man die grösste Abweichung des schwingenden Körpers aus seiner Ruhelage.

***) Unter *Schwingungsdauer oder Periode der Schallschwingungen* versteht man die Länge der gleichen Zeitabschnitte, welche zwischen einer und der nächsten Wieder-

sie zusammensetzenden einfachen Componenten (s. S. 93—95) und endlich erkennen wir bis zu einer gewissen Grenze *nach* einander auf uns einwirkende Schalleindrücke als zeitlich getrennt *)

Bei Erkrankungen des Ohres können die eben genannten Fähigkeiten desselben in höherem oder geringerem Grade gelitten haben. Wollen wir Aufschluss darüber erhalten, ob und in wie weit das pathologisch veränderte Ohr in functioneller Beziehung von dem normalen sich unterscheidet, so müssen wir streng genommen seine Leistungsfähigkeit in jeder der vorhin angegebenen Richtungen zu bestimmen suchen. Dieses aber wäre mit ausserordentlich grossen Schwierigkeiten verknüpft. Wir lassen uns daher bei der *otiatrischen Functionsprüfung* gewöhnlich daran genügen, die Grösse desjenigen Schallreizes festzustellen, der in dem Ohre eine Schwellenempfindung auslöst, eine Untersuchung, zu welcher in neuerer Zeit als Schallquelle nicht nur Geräusche, sondern auch Töne verschiedener Höhe benützt werden.

Den *Zweck*, den wir bei Vornahme der *Hörprüfung* im Auge haben, ist doppelter Art. Einmal beabsichtigen wir, den augenblicklichen Zustand des untersuchten Ohres in Bezug auf seine Hörschärfe festzustellen, um Veränderungen derselben im weiteren Verlauf der Erkrankung und unter dem Einfluss der Behandlung sicher ermitteln zu können. Sodann sollen die Resultate der Hörprüfung auch darüber Aufschluss geben, ob wir den Sitz des Leidens im schallleitenden oder -empfindenden Apparat zu suchen haben.

In letzterer Beziehung scheint mir aus Gründen, auf die ich später näher eingehen werde, der Nutzen der Hörprüfung ein ziemlich geringfügiger zu sein; in ersterer dagegen ist sie von grosser Bedeutung und können wir sie bei der Behandlung von Ohrenkranken behufs Controlle unserer therapeutischen Maassnahmen nicht oft genug vornehmen.

Um aber eine Besserung oder Verschlechterung des Hörvermögens auf unsere therapeutischen Eingriffe beziehen zu dürfen, müssen wir die Hörprüfung stets unmittelbar vor und sofort oder wenigstens kurz *nach* denselben vornehmen, weil die Hörschärfe Ohrenkranker an verschiedenen Tagen, zu verschiedenen Tageszeiten, bei verschiedener Witterung (Temperatur, Feuchtigkeitsgehalt der Luft, Wind), unter dem Einfluss ferner von körperlichem Unwohlsein, Ermüdung, psychischer Erregung und noch mancher anderer Momente, auch ohne dass irgend welche Behandlung stattgefunden hat, häufig eine ungleiche ist.

Unter den heute in Gebrauch befindlichen *Methoden zur Bestimmung der Hörschärfe* gebührt der Prüfung mittels der *Sprache* schon deshalb der erste Platz, weil das Hören bez.

bolung der gleichen Bewegung verfliessen. Sie ist umgekehrt proportional der *Schwingungszahl* eines Tons, d. h. der Anzahl der Schwingungen, welche der tönende Körper in der Secunde ausführt. Ist also die Schwingungsdauer oder Periode eines Tons $\frac{1}{1000}$ Secunde, so ist seine Schwingungszahl = 1000; der tönende Körper macht in der Secunde 1000 Schwingungen.

Der *tiefste* dem normalen Ohr noch wahrnehmbare Ton macht nach Preyer 16—23, der *höchste* 40 960 Schwingungen in der Secunde, sodass also die Scala der hörbaren Töne 11¹ Octaven umfasst.

Von den in der Musik Anwendung findenden Tönen ist der tiefste das Subcontra-C (C͟H) grösserer Orgeln mit 16¹ Schwingungen. Claviere gehen gewöhnlich nur bis zum Contra-C (C¹) mit 33 Schwingungen, höchstens bis zum A͟H mit 27¹ Schwingungen. Allein der musikalische Character der unterhalb des E¹ mit 41,25 Schwingungen gelegenen Töne ist nach v. Helmholtz unvollkommen; der Mittelton des Claviers ist das c¹ mit 264 Schwingungen.

Die musikalisch gut brauchbaren Töne mit deutlich wahrnehmbarer Tonhöhe liegen zwischen 40 und 4000 Schwingungen im Bereich von 7 Octaven.

Manche Musiker können noch Töne, die sich nur um $\frac{1}{120}$ ihrer Schwingungszahl von einander unterscheiden, als verschieden hoch erkennen.

*) Bei zwei schnell auf einander folgenden Tönen geschieht dieses nach v. Helmholtz, wenn mindestens 0,1 Secunde zwischen beiden verstreicht.

Verstehen der letzteren für den Kranken practisch von viel grösserem Werthe ist, als die Perception einzelner Töne und Geräusche, wie sie bei der Untersuchung mit Stimmgabeln, König'schen Klangstäben, oder der Galton'schen Pfeife, mit der Uhr, dem Politzer'schen „einheitlichen" oder anderen Hörmessern in Betracht kommen. Ist sie es doch, auf deren Verständniss ein Jeder im geselligen und geschäftlichen Verkehr mit seinen Mitmenschen täglich und stündlich angewiesen ist. Ausserdem aber besitzt die Prüfung mit der Sprache vor den meisten anderen hier in Betracht kommenden Methoden den unschätzbaren Vorzug, dass wir bei ihr objectiv feststellen können, ob der Kranke, der das vorgesprochene Wort natürlich sofort wiederholen muss, auch thatsächlich *richtig* gehört hat.

Benützen wir den Politzer'schen *Hörmesser*, so können wir die Schläge desselben vom Patienten zählen lassen und so controliren, ob er dieselben in der betreffenden Entfernung noch percipirt. Dass aber die *richtige* Gehörsempfindung hierbei zu Stande kommt, lässt sich mit diesem Hörmesser ebenso wenig ermitteln, wie mit der Uhr. Bei Prüfung mit *Stimmgabeln, Pfeifen* oder anderen *musikalischen Istrumenten* kann hierüber Aufschluss erhalten werden, wenn Patient genügend musikalisch ist, um den Ton derselben richtig nachzusingen oder zu pfeifen, und der Arzt musikalisch genug, um dieses sicher zu beurtheilen. Da die letzten beiden Bedingungen in einer grossen Anzahl von Fällen nicht erfüllt sind, so ergiebt sich, dass auch die Untersuchung mit musikalischen Tönen uns im Allgemeinen nicht immer die volle Gewissheit verschafft, dass der Kranke in der That die *richtige* Gehörsempfindung gehabt hat.

Da es sich bei der Bestimmung der Hörschärfe darum handelt, die Grösse desjenigen kleinsten Schallreizes festzustellen, der in dem zu untersuchenden Ohre eben noch eine Gehörsempfindung auslöst, oder mit anderen Worten die „*Reizschwelle*" für das betreffende Gehörorgan zu ermitteln, so ist es natürlich, *dass bei allen Hörprüfungen*, mögen sie nun mit einzelnen Geräuschen oder Tönen, oder mit der aus einer sehr complicirten und mannigfachen Mischung beider Schallarten zusammengesetzten Sprache angestellt werden, *grosse Aufmerksamkeit von Seiten des Kranken vorhanden sein, dass eine Ermüdung desselben durch zu lange Untersuchung vermieden und dass jeder Störung durch Nebengeräusche im Untersuchungszimmer (Strassenlärm), soweit als möglich, vorgebeugt werden muss.* Ausserdem soll die Prüfung, insbesondere wenn man etwaige Veränderungen in der Hörschärfe im weiteren Verlauf der Erkrankung oder unter dem Einfluss unserer Behandlung feststellen will, *stets in denselben Localitäten* vorgenommen werden, da man sonst wegen der verschiedenartigen Reflexion der von der Schallquelle ausgehenden Schallstrahlen von den Wänden des Untersuchungsraums und den in ihm befindlichen Gegenständen trügerische Ergebnisse erhält.

So fand ich z. B. die Hörweite für Flüsterworte ceteris paribus stets deutlich grösser, wenn dieselbe in einem sehr schmalen, langen Corridor bestimmt wurde, als bei der Prüfung in einem grossen quadratischen Untersuchungssaal.

1) *Prüfung mit der Sprache:* Um bei Benützung der Sprache als Schallquelle die erforderliche Gleichmässigkeit in der Stärke zu erzielen, bedarf es natürlich einer gewissen Uebung von Seiten des Untersuchers. Verhältnissmässig leicht ist letztere zu erlangen, wenn man sich, was ja bei sehr hochgradiger Schwerhörigkeit des Patienten freilich ausgeschlossen ist, zum Vorsprechen der *Flüstersprache* bedient.

Wer seine Fähigkeit, gleichmässig stark flüstern zu können, bezweifelt, kann dieselbe mit dem Le...'schen Phonometer (Taf. XVI Fig. 10) controliren. Hat man nämlich den Mund fest gegen das Mundstück des Apparats angedrückt, so muss der Fühlhebel *c* bei gleicher Stärke der **Flüstersprache und bei Benützung** desselben Worts, z. B. „drei", stets den gleichen Winkelausschlag, dessen Weite von dem in dem betreffenden Worte zur Anwendung kommenden grössten Exspirationsdruck abhängig ist, anzeigen. Bezold benützt beim Flüstern, damit dieses möglichst gleichmässig stark geschehe, nur die nach einer nicht forcirten Exspiration in der Lunge zurückbleibende Residualluft.

Die Hörprüfung wird in der Weise vorgenommen, dass man den Patienten zunächst das nicht zu untersuchende Ohr fest zuhalten lässt. Am besten ist es, wenn er einen Finger der gleichseitigen Hand, welcher gut in den Eingang des zu verschliessenden Ohres hineinpasst, leicht angefeuchtet, möglichst luftdicht, fest und tief in den Gehörgang hineinsteckt. Sind seine Finger hierzu alle zu dick oder zu dünn, so soll er die Handfläche so fest als möglich gegen die Ohrmuschel andrücken und so den Ohreingang gegen eintretende Schallwellen abschliessen. In beiden Fällen tritt freilich in dem verschlossenen Ohre Sausen ein, theils durch das Pulsationsgeräusch der Finger- und Handarterien, theils mitunter durch die Reibung des Fingers an den Gehörgangswänden resp. durch Vermehrung des intralabyrinthären Drucks.

Hat man auf solche Weise das andere Ohr vom Hörakt möglichst ausgeschlossen, so spricht man nun zunächst aus der grössten zu Gebote stehenden Entfernung dem Kranken, welchen man vorher schon angewiesen hatte, jedes Wort, das er deutlich verstanden zu haben glaubt, unverzüglich nachzusprechen, in gleichmässig starkem Flüsterton und stets deutlich articulirt, eine Reihe von Worten vor. Ist er nicht im Stande, dieselben zu wiederholen, so nähert man sich ihm langsam und allmählich so lange, bis er eines oder das andere der vorgeflüsterten Worte richtig nachspricht, und zwar in einer verticalen Ebene, welche man sich bei der gewöhnlichen aufrechten Kopfhaltung des Kranken (Taf. XII Fig. 2) durch beide Ohreingänge desselben, etwa in deren Mittelpunkt hindurchgelegt denkt. Am besten ist es hierbei, wenn sich der Mund des Arztes und der Ohreingang des Patienten annähernd in gleicher Höhe befinden. Nun bestimmt man die gefundene Entfernung, in welcher das betreffende Wort zuerst richtig verstanden wurde, also die Hörweite *) für dasselbe im Augenblicke der Untersuchung, in Metern. Zweckmässig ist es, wenn auf dem Fussboden unseres Ordinationszimmers zu diesem Behuf ein in Meter und Decimeter getheilter Maassstab angebracht ist, an dessen Anfang man den Patienten derartig hinstellt, dass sich sein Ohreingang ungefähr über dem Nullpunkt befindet, während sich ihm der Arzt auf dem Maassstab allmählich nähert, so dass er die Entfernung zwischen seinem Munde und dem Ohre des Patienten jederzeit leicht abmessen kann. Das gefundene Resultat wird dann nach folgendem Schema notirt:

R. Fl. 2.5 (Bismarck).

In diesem Beispiel bedeutet R, dass das rechte Ohr untersucht, das Uebrige, dass die Hörweite des Ohres für das Flüsterwort („Fl") Bismarck 2.5 Meter gross gefunden wurde. Das Wort, für welches man die Hörweite bestimmt hat, wie oben in Parenthese beizufügen, ist durchaus nothwendig, da die verschiedenen Sprachlaute und daher auch verschiedene Worte, selbst unter sonst gleichen Verhältnissen, also bei gleicher Ruhe im Untersuchungszimmer, gleicher Stärke des Flüsterns und gleicher Aufmerksamkeit des Untersuchten schon unter normalen Verhältnissen eine sehr ungleiche Hörweite besitzen. In welchem Maasse dies der Fall ist, dürfte am

---

*) Da Schwerhörige oft im Ablesen der Sprache vom Munde eine grosse Fertigkeit besitzen, so muss man, um sich vor Täuschungen zu schützen, stets dafür Sorge tragen, dass sie das Gesicht des Arztes bei der Hörprüfung nicht etwa in einem Spiegel sehen können.

besten durch ein Beispiel aus dem gewöhnlichen Leben anschaulich gemacht werden. Will man auf der Strasse Jemanden anrufen, so braucht man nur ein scharfes „S" mit Flüsterstimme kräftig auszustossen, um durch dieses Geräusch die Aufmerksamkeit des Betreffenden, selbst wenn sich derselbe in ziemlich grosser Entfernung befindet, zu erregen. Würde man dagegen P oder L mit noch so starker Flüstersprache angeben, so würden diese Laute in dem Strassenlärm vollständig verschwinden, und Niemand würde dadurch veranlasst werden, sich umzudrehen. Es erhellt hieraus, dass die verschiedenen Laute der Sprache, selbst wenn sie mit demselben Exspirationsdruck angegeben werden, eine sehr ungleich starke Gehörsempfindung hervorrufen.

Ist aber bereits bei normalem Zustande des Ohres die Hörweite für verschiedene Sprachlaute und Worte eine sehr ungleiche, so muss nun bei der Untersuchung von Schwerhörigen noch weiter in Betracht gezogen werden, dass die Perceptionsfähigkeit des Ohres für die verschiedenen Laute nicht bei *allen* Erkrankungen desselben in *gleicher* Weise herabgesetzt wird. Während also z. B. das Flüsterwort „Sechs" wegen der darin enthaltenen Zischlaute von einem normal Hörenden noch in viel grösserer Entfernung vernommen wird als das Flüsterwort „Drei", ist bei manchen Ohrenkranken gerade das Umgekehrte der Fall, während sich bei anderen wiederum dasselbe Verhältniss zwischen den Hörweiten der beiden genannten Worte findet wie in der Norm. Kurz es ist, um Fehlschlüsse hinsichtlich der Verbesserung oder Verschlechterung des Hörvermögens im weiteren Verlauf des Leidens bez. unter dem Einfluss der Behandlung zu vermeiden, durchaus nothwendig, das Wort, für welches die Hörweite bei der ersten Untersuchung bestimmt wurde, in dem Krankenjournal stets zu notiren wie in obigem Beispiel, um bei späteren Prüfungen immer wieder auf dasselbe zurückzukommen. Da sich nun aber der Kranke, wenn man ihm häufig das gleiche Wort vorgesprochen hat, dasselbe merkt, so wird er es, falls man bei der Hörprüfung immer nur wenige Worte verwendet, später schon aus der Anzahl seiner Silben, aus der Betonung derselben und aus einzelnen in ihm enthaltenen, besonders leicht verständlichen Lauten errathen, auch wenn es noch ausserhalb seiner jeweiligen Hörweite vorgesprochen wurde und daher vollkommen deutlich nicht verstanden werden konnte. Um dieses Errathen, welches uns gleichfalls wiederum zu Fehlschlüssen Veranlassung geben könnte, zu vermeiden, genügt es nicht allein, den Patienten vor der Hörprüfung zu ermahnen, dass er nur dann nachspricht, wenn er thatsächlich deutlich verstanden zu haben glaubt, sonst aber still schweigt. Denn das Errathen ist zum Theil ein unwillkürliches. Es ist vielmehr, um dieser Fehlerquelle soweit als möglich vorzubeugen, nothwendig, bei jeder Hörprüfung eine *grössere Anzahl von Worten* und zwar womöglich ausser denjenigen, dessen Hörweite man bei der ersten Untersuchung notirt hatte, jedes Mal andere vorzusprechen.

Völlig indessen wird die genannte Fehlerquelle auch hierdurch nicht eliminirt. Am besten wäre es vielleicht, nur Worte einer dem Kranken unbekannten Sprache zu benützen, da diese weniger leicht von einem zum anderen Mal im Gedächtniss halten bleiben würden. Dieses indessen dürfte wieder die Schwierigkeit herbeiführen, dass manche Kranke, insbesondere Kinder, die ihnen vollständig unbekannten Worte überhaupt nicht wiederholen würden *), und so lässt man sich heutzutage gewöhnlich

---

*) Aus dem gleichen Grunde ist es auch ungeeignet, Prüfungsworte zu benützen, welche der Bildungsstufe der Patienten nicht entsprechen. Einem Kinde oder gänzlich ungebildeten Menschen unter anderen bekannten Worten solche, die ihm ganz fremd sind, wie Parcival, Telescop oder dergl. vorzuflüstern, wäre verkehrt.

daran genügen, aus der eigenen Sprache des Patienten zur Prüfung eine grosse Anzahl von Worten zu entnehmen und sich unter diesen die jedesmalige Hörweite für eins oder mehrere zu notiren. Zweckmässig dürfte es jedenfalls sein, wenn sich unter den Prüfungsworten verschiedene befinden, welche unter einander grosse Aehnlichkeit besitzen und daher auch von Kranken häufig mit einander verwechselt werden. Diese aber soll man unter den anderen Worten, welche man vorspricht, jedes Mal so vertheilen, dass sie nicht unmittelbar auf einander folgen, sondern vielmehr durch andere getrennt werden. Bei sorgfältiger Prüfung von Schwerhörigen macht man die Beobachtung, dass nicht selten Worte mit einander verwechselt werden, deren Silbenzahl nicht dieselbe ist, bei denen also die Aehnlichkeit auf besonders hervortretenden gleichen Sprachlauten beruhen muss. Noch häufiger wird eine Verwechslung dann stattfinden, wenn ausser der Aehnlichkeit der am meisten hervortretenden Sprachlaute noch eine gleiche Anzahl bez. Betonung der Silben vorhanden ist. Nicht selten werden in einem mehrsilbigen Worte die Vocale richtig verstanden, die Consonanten nicht, und daher statt des vorgesprochenen Wortes ein anderes nachgesprochen, in welchem wohl die Vocale, nicht aber die Consonanten dieselben sind. Im Allgemeinen werden A und E leichter percipirt als O und U. Ich lasse nachstehend eine Tabelle folgen, in welcher eine Reihe von Flüsterworten, die meiner Erfahrung nach nicht allzu selten mit einander verwechselt werden, neben einander gestellt sind:

Bismarck	Zwieback	Siegellack	Ziegenbock				
Pferdebahn	Ferdinand	Edelmann	Gegenwart	Helgoland	Februar	Eduard	
Friedrich	Wütherich	Dieterich	Niedlich	Niedrig	Kriegsgericht		
Papagei	Tapferkeit						
Theater	Neapel						
Dänemark	Telegraph	Telemach	Kegelbahn	Pelican	Eberhard	Gegenwart	
				Eduard	„Hören Sie mal"		
Hermann	Ferdinand	Bernhard	Elephant				
Marzipan	National	Backenzahn	Baden-Baden	Nachtigall	Carlsbad	Zanzibar	
		Afrika	Parcival	Arsenal	Arzenei	18 Mark	18 Jahr
Apfelsine	Capuziner	Euphrosyne					
Königsberg	Königgrätz						
Taschentuch	Taschenbuch						
Chocolade	Schublade	Herculanum	Journal				
Breslau	Dessau						
Alexander	Salamander						
Potsdam	Constanz	Porzellan	Postamt	Postkarte			
Laura	Flora						
Gärtner	Kerker						
Norderney	Osterei						
Frankfurt	Hamburg						
Ofen	Boden						
Teller	Feldherr	Pfeffer					

Die Flüstersprache wird von einem normalen Ohr im Mittel auf etwa 20 bis 25 m deutlich verstanden, ersteres bei dem gewöhnlichen Tageslärm, letzteres in einem möglichst geräuschlosen Untersuchungsraum. Da diese Entfernungen die Grösse unseres Ordinationszimmer im Allgemeinen erheblich überschreiten, so kommt es zuweilen vor, dass wir bei der Prüfung mit der Flüstersprache eine Herabsetzung der Hörschärfe nicht constatiren können, trotzdem der Patient behauptet, dass sich dieselbe seit einiger Zeit entschieden verschlechtert habe. Hier wird man, abgesehen von der Prüfung mit der Uhr, zu welcher man in solchen Fällen seine Zuflucht nehmen kann, darauf zu achten haben, dass der Patient die vorgeflüsterten Worte nicht allein *richtig*, sondern auch *schnell* nachsprechen soll. Denn, wenn dieses langsam geschieht, so ist es, falls kein Sprachfehler vorliegt — Stotterer haben vor manchen Worten eine solche Scheu, dass sie dieselben lieber gar nicht wiederholen — ein Zeichen, dass das Verstehen der Prüfungsworte den Kranken Schwierigkeiten verursachte, welche nur durch mehr minder langes Nachdenken beseitigt werden konnten. Bei sehr wenig geräumigem Untersuchungszimmer kann man sich auch in der Weise helfen, dass man sich nicht das zu prüfende offene Ohr des Patienten, sondern vielmehr das verschlossene andere zuwenden lässt und sich ihm beim Vorflüstern in der verlängerten Gehörgangsaxe des letzteren nähert, oder auch so, dass man den Patienten, der das eine Ohr natürlich wieder zuhält, mit dem Gesicht gegen die Wand kehrt und sich ihm beim Flüstern in der Verlängerung seiner Medianebene nähert. In beiden Fällen wird der Untersuchte nicht so weit hören, als wenn sein Ohreingang, wie vorher beschrieben, dem Arzte direct zugewandt ist.

Werden die mit *gewöhnlicher* Flüstersprache vorgesprochenen Worte bei letzterer Stellung auch trotz grösster Annäherung an den Patienten, wenn sich also der Mund des Untersuchers dicht an dem Ohreingang des ersteren befindet, nicht verstanden, so muss man zunächst zur *scharfen* Flüstersprache übergehen, d. h. mit grösster Kraft flüstern, und wenn auch dieses nicht verstanden wird, die *mittellaute* bez. *laute* Sprache, im Nothfall noch durch den Hörschlauch concentrirt, in Anwendung ziehen. Gegen den allgemeineren Gebrauch der letzteren spricht, abgesehen von der grösseren Hörweite derselben, welche die gewöhnliche Ausdehnung unserer Ordinationszimmer noch weit unzureichender erscheinen lassen würde, ferner, dass man mit der tönenden lauten Sprache selbst bei grosser Uebung nicht so gleichmässig stark sprechen kann, wie mit der tonlosen Flüstersprache, da es hier nicht wie bei dieser nur auf die gleichmässige *Stärke des Exspirationsdrucks*, sondern auch auf die *Höhe des Organs* ankommt, welche nicht nur bei verschiedenen Untersuchern sehr ungleich ist, sondern auch bei demselben an verschiedenen Tagen, insbesondere unter dem Einfluss von Heiserkeit, wechselt. Trotzdem aber wird es sich bei sehr schwerhörigen Personen, welche die Flüstersprache nicht mehr einen Meter weit hören, empfehlen, nicht nur mit dieser, sondern auch mit der *lauten* Sprache zu prüfen, weil bei Anwendung der letzteren die Zunahme der Hörweite im Verlauf der Behandlung mitunter deutlicher hervortritt.

Bei hochgradiger Schwerhörigkeit des zu untersuchenden Ohres tritt eine grosse Schwierigkeit dann ein, wenn das andere sehr viel besser, vielleicht sogar sehr feinhörig ist. Denn ein solches lässt sich selbst durch luftdichten Verschluss, welcher am besten wohl noch durch tiefes und festes Einführen des befeuchteten Fingers in den Gehörgang zu erreichen ist, nicht so völlig vom Hörakt ausschliessen, dass es die Flüster- oder gar laute Sprache nicht doch noch in einiger Entfernung versteht. Man kann sich hiervon auf einfache Weise überzeugen, wenn man sich selber beide Ohren so fest wie möglich verstopft. Ist nun das zu untersuchende Ohr so schwerhörig, dass wir bei der Prüfung demselben ganz nahe kommen müssen, so ist es, wenn Patient das vorgesprochene Wort wiederholt, immer zweifelhaft, ob er dasselbe mit dem sehr schwerhörigen, offenen Ohre oder mit dem viel besseren, verschlossenen gehört hat. In solchem Falle ist es zweckmässig, während der Kranke das bessere Ohr dauernd so fest als möglich zuhält, bei der Prüfung das zu untersuchende Ohr desselben durch Hineindrücken des Tragus mit dem Daumen oder Hineinstecken eines Fingers zeitweilig zu verschliessen bez. durch einen Gehülfen verschliessen zu lassen und so zu ermitteln, ob dasselbe Wort, gleichmässig stark vorgesprochen, bei Verschluss beider Ohren ebenso gut gehört wird, als bei Verschluss des besseren allein.

Ist letzteres der Fall, so wird man allerdings noch immer im Ungewissen bleiben, ob das betreffende Wort nur von dem anderen besseren Ohre oder auch von dem zu untersuchenden schlechten percipirt ist. Wurde dasselbe dagegen nur dann nachgesprochen, wenn das schlechtere Ohr offen gelassen war, so dürfen wir hieraus mit Sicherheit schliessen, dass es nur mit diesem gehört wurde.

Eine zweite, vielleicht noch bessere Methode, um sich in solchen zweifelhaften Fällen soweit als möglich Klarheit zu verschaffen, dürfte darin bestehen, dass man den Patienten in sein schlechtes Ohr einen langen Hörschlauch (Taf. XVI Fig. 18) hineinstecken lässt und in diesen hineinspricht. Da man hierbei von dem besseren oder guten Ohr des Patienten, welches natürlich dauernd verschlossen sein muss, um die Länge des Schlauches weiter entfernt ist, so ist die Gefahr, dass er die vorgesprochenen Worte mit dem verstopften besseren Ohre hört, jedenfalls geringer, als wenn man den Hörschlauch nicht benützt. Selbstverständlich kann in besonders wichtigen und schwierigen Fällen diese zweite Methode auch mit der ersten combinirt werden, indem man während des Vorsprechens der lauten oder Flüsterworte nun nicht den Eingang des zu untersuchenden Ohres mit dem Finger, sondern vielmehr die freie, weite Oeffnung des Hörschlauchs durch ein dicht davor gehaltenes dickes und möglichst grosses Brett aus Holz oder Pappe zeitweilig fest verschliesst. Um aber auch noch die Fortpflanzung der Schallwellen zu dem besseren Ohre durch Vermittlung der Kopfknochen soweit als möglich zu verhindern, könnte man beim Hineinsprechen in den Hörschlauch die freie Oeffnung des letzteren mit einer Platte aus dickem Holz oder Pappe umgeben, durch welche die Schallwellen vom Schädel möglichst abgehalten werden.

Kinder sind häufig theils aus Eigensinn, theils aus Aengstlichkeit überhaupt nicht dazu zu bewegen, die vorgesprochenen Worte zu wiederholen. Aber auch solche, welche dies thun, ermüden rasch in ihrer Aufmerksamkeit, und ist es daher nothwendig, bei der Prüfung jedes Mal vielleicht nur 4 oder 5 Worte vorzusagen. Immerhin ist gerade bei Untersuchung von Kindern die Prüfung mit der Sprache derjenigen mit der Uhr oder dem POLITZER'schen Hörmesser weit vorzuziehen. Denn wegen der geringen Aufmerksamkeit der meisten Kinder werden wir bei diesen stets in Zweifel sein müssen, ob sie Uhr oder POLITZER'schen Hörmesser thatsächlich hören, auch wenn sie es selber angeben. Bei Prüfung mit der Sprache dagegen haben wir, wenn die Kinder richtig nachsprechen, einen vollgültigen Beweis, dass sie dieselbe in der betreffenden Entfernung auch thatsächlich verstanden haben.

2) *Prüfung mit der Taschenuhr:* Auch bei dieser wird jedes Ohr für sich geprüft, das andere, wie S. 71 angegeben, möglichst vom Höract ausgeschlossen. Zweckmässig ist es, den Patienten während der Untersuchung die Augen schliessen zu lassen, damit er nicht weiss, wie weit vom Ohre die Uhr entfernt ist. Im anderen Falle nämlich macht er viel leichter, bewusst oder unbewusst, unrichtige Angaben. Da die Hörweite für die beiden Hauptgeräusche der Taschenuhr, das Tick und das Tack, wohl bei allen Arten derselben verschieden gross ist, — bei manchen sind noch Nebengeräusche vorhanden, von denen Patient indessen abstrahiren muss, — so soll man ihm die Uhr bei der Prüfung zunächst für ganz kurze Zeit dicht ans Ohr halten, damit er den Schlag derselben kennt, dann sie aber sofort bis über die Grenze des deutlichen Hörens, also am besten bis jenseits ihrer normalen Hörweite, welche vorher bestimmt sein muss, entfernen, um sie nun in der Verlängerung der Gehörgangsaxe, also etwa in einer durch die Mitte beider Ohreingänge gelegten transversalen Linie, dem Kranken allmählich so zu nähern, bis er das Tick-Tack deutlich wahrnimmt. Würde man sie umgekehrt allmählich vom Ohre entfernen, so würde ein sicheres Resultat schwerer erhalten werden, da das Ohr von einem langsam verschwindenden Geräusch noch eine Nachempfindung behält, und in Folge dessen die Lage der Hörschwelle bei allmählicher Entfernung der Schallquelle nicht so exact zu bestimmen ist als bei allmählicher Annäherung der letzteren.

Nach Schwartze nimmt die Hörweite für das Uhrticken bei Leuten über 50 Jahre stets ab, auch wenn im Sprachverständniss keine Behinderung auffällt.

Ueberhaupt besteht zwischen der Hörweite für die Uhr und derjenigen für die Sprache durchaus kein bestimmtes Verhältniss. Es giebt Kranke, welche die Uhr weiter hören als andere, die Sprache dagegen nicht, und wiederum andere, wo das Gegentheil der Fall ist. Auch ist es nicht selten, dass sich das Hörvermögen für die Sprache unter dem Einfluss unserer Behandlung bessert, für die Uhr dagegen nicht, und umgekehrt.

Bevor man die Entfernung, in welcher Patient das Tick-Tack zu hören beginnt, als seine Hörweite für die betreffende Uhr notirt, soll man durch *öftere Wiederholung der Bestimmung* in der vorher angegebenen Weise die Richtigkeit seiner Angabe controliren. Zu letzterem Behuf ist es auch zweckmässig, wenn die zur Prüfung dienende Uhr eine Hemmungsvorrichtung besitzt, mittels welcher man den Gang derselben beliebig oft unterbrechen kann.

3) *Prüfung mit Politzer's „einheitlichem Hörmesser"* (Taf. XVI Fig. 11):

Man fasst denselben bei b und b¹ mit Daumen und zweitem Finger der rechten Hand und zwar so, dass der feste, stählerne Cylinder c horizontal und in der Verlängerung der Gehörgangsaxe liegt, drückt mit dem dritten Finger das hintere Ende d des stählernen Hämmerchens h auf das mit einer weichen Gummiplatte belegte Hartkautschukstück g herab und lässt dann, indem man den dritten Finger rasch hebt, den vorderen Theil des Hammers h auf den Cylinder c herunterfallen, wobei ein Geräusch ähnlich dem einer stark tickenden Uhr entsteht. Für letzteres, das durch öfteres abwechselndes Niederdrücken und Loslassen des hinteren Hammerendes beliebig oft wiederholt werden kann, wird nun die Hörweite in derselben Weise bestimmt wie für das Ticken einer Uhr (vergl. S. 75). In der Norm beträgt sie im Mittel etwa 15 Meter. Indessen ist das Geräusch — Politzer nennt es „Ton" — verschiedener Exemplare seines Hörmessers durchaus weder gleich laut noch gleich hoch. Das mit demselben erhaltene Prüfungsresultat ergiebt nach Politzer „in Folge der stärkeren Intensität des Tones mit dem der Flüstersprache ein bestimmteres Verhältniss, als dieses bei der Prüfung mit der Uhr der Fall ist, daher auch aus der Zunahme der Hörweite für den Ton des Hörmessers mit grösserer Sicherheit auf eine entsprechende Zunahme der Hörweite für die Sprache geschlossen werden kann als bei der Prüfung mit der Taschenuhr."

Das Verhältniss zwischen der *Hörweite* eines kranken und derjenigen des normalen Ohres kann, gleichgültig, ob man zur Prüfung Sprache, Uhr oder Politzer'schen Hörmesser benutzt hat, durch einen *Bruch* ausgedrückt werden, dessen Zähler die für das betreffende Prüfungsmittel erhaltene, nach Metern oder Centimetern bestimmte, pathologische Hörweite angiebt, während der Nenner die normale Hörweite darstellt. Hört also ein krankes Ohr beispielsweise eine in der Norm auf 200 cm hörbare Uhr nur 10 cm weit, so ist seine Hörweite $H = \frac{10}{200}$*).

Das Verhältniss der pathologischen zur normalen *Hörschärfe* aber wird durch obigen Bruch *keineswegs* ausgedrückt. Denn dieses hängt von der Intensität derjenigen Schallreize ab, welche in dem normalen und in dem kranken Ohr eine Schwellenempfindung auslösen. In einem geschlossenen Raume aber, wie es doch ein ärztliches Untersuchungszimmer ist, werden die Schallstrahlen von den Wänden und den in ihm befindlichen Gegenständen, Möbeln etc., in so unregelmässiger Weise reflectirt, dass der gesetzmässige Zusammenhang zwischen der Intensität des Schalls und der Entfernung der Schallquelle vom Ohr sich nicht ermitteln lässt.

---

*) Wird eine in der Norm auf 200 cm weit hörbare Uhr von dem Kranken nur beim Anlegen an die Ohrmuschel gehört, so wird dieses Resultat der Hörprüfung von manchen Autoren durch $H = \frac{i \, c}{200}$ (in contiuo), wird sie auch beim Anlegen ans Ohr nicht mehr gehört, als $H = \frac{o}{200}$ bezeichnet.

Ausser den eben geschilderten Methoden der Hörprüfung, deren Aufgabe es ist, den jeweiligen Zustand der Hörschärfe zu ermitteln, giebt es nun noch andere, welche Anhaltspunkte für die Bestimmung des Sitzes der Erkrankung liefern oder — genauer gesagt — eine Differentialdiagnose zwischen Affectionen des schalleitenden und des schallempfindenden Apparates ergeben sollen.

Der Werth der Hörprüfung in letzterer Beziehung ist, wie ich bereits S. 69 erwähnt habe, nach meiner Ueberzeugung ein sehr geringfügiger. Ich hätte daher die hier in Betracht kommenden Untersuchungsmethoden vielleicht ganz übergehen können.

Indessen die meisten Autoren der Jetztzeit sind der Ansicht, dass denselben eine sehr grosse diagnostische Bedeutung zukommt, wenn sie auch, was diese Anschauung freilich gewiss nicht unterstützt, über den Werth der einzelnen von ihnen sehr verschiedener Meinung sind.

Aus diesem Grunde halte ich es doch für richtig, die hauptsächlichsten der in Rede stehenden Methoden der Hörprüfung und die Schlüsse, welche sie gestatten sollen, wenn auch nur kurz, zu erörtern, um so mehr, da dieselben in der ohrenärztlichen Literatur der Neuzeit eine sehr grosse Rolle spielen und zum Verständniss derselben nothwendig sind:

1. *Prüfung der Perceptionsdauer von Stimmgabeltönen per „Kopfknochenleitung"* *):

---

*) Obwohl auch die in der Luft sich ausbreitenden Schallwellen die Kopfknochen in Vibration versetzen und durch letztere dem N. acust. zugeleitet werden können, so versteht man in der otiatrischen Literatur, wenn man kurzweg von der *„Kopfknochenleitung"* spricht, ausschliesslich die Uebertragung solcher Schallschwingungen auf den Hörnerven, welche von einer mit den Kopfknochen in unmittelbaren Contact gebrachten festen Schallquelle ausgehen. Die *Zuleitung zum häutigen Labyrinth* kann hierbei *auf doppeltem Wege* erfolgen, nämlich

a) durch Ausbreitung der Schallwellen in den Kopfknochen, Fortschreiten derselben bis zum knöchernen Labyrinth und Uebergang auf die das letztere erfüllende, die membranösen Theile enthaltende Flüssigkeit;

b) durch Uebergang der in den Kopfknochen fortgeschrittenen Schallwellen auf Trommelfell, Gehörknöchelchen und wohl auch andere Theile des normalen oder pathologisch veränderten Paukenhöhlenapparats, wie die Membran des runden Fensters, neugebildete Bindegewebsligamente und -membranen im Cavum tympani, Flüssigkeitsansammlungen in demselben etc. und Uebertragung der so dem Paukenhöhlenapparat übermittelten Vibrationen auf die Labyrinthflüssigkeit.

Mit Rücksicht auf den zweiten der angegebenen Zuleitungswege bezeichnet man die „Kopfknochenleitung" in neuerer Zeit auch als *cranio-tympanale* oder *osteo-tympanale Leitung.* Um sie *isolirt prüfen* zu können, muss man natürlich Schallquellen benützen, welche ohne directen Contact mit den Kopfknochen von den zu Untersuchenden nicht mehr gehört werden. Da die Töne höherer Stimmgabeln wenigstens in der Norm, selbst bei sehr schwachem Anschlag derselben, per Luftleitung noch in grösserer Entfernung hörbar sind, so benützt man *zur Prüfung der Kopfknochenleitung in der Regel tiefe Gabeln,* welche selbst bei stärkster Vibration nur noch in sehr geringem Abstand vom Ohre gehört werden und daher auch bei ein- oder beiderseits normaler Hörschärfe unmittelbar oder doch jedenfalls sehr bald nach kräftigstem Anschlag auf die Kopfknochen aufgesetzt werden können, ohne dass eine Wahrnehmung ihres Grundtons per Luftleitung und hieraus resultirende Fehlerquellen zu befürchten sind. Beachtung erfordert bei diesen Gabeln nur einmal und hauptsächlich, dass sie *von höheren Obertönen vollkommen frei* sein müssen, was wohl am besten durch *Befestigung von Gewichten an dem oberen Ende der Zinken* (Taf. XVI Fig. 12) erreicht wird, sodann dass sie nicht gar zu viel wiegen, weil sie sonst einen unangenehmen Druck auf den Schädel des Patienten ausüben und auch die Hand des untersuchenden Arztes, welche den Stiel der Gabel während der ganzen Prüfung halten und seine Basis gleichmässig stark an die Schädelknochen andrücken muss, zu sehr anstrengen, endlich dass sie nicht zu rasch und auch nicht zu langsam ausklingen. Im ersteren Falle würde Patient bei dem Weber'schen Versuch (s. S. 79) nicht genügende Beobachtungszeit haben, um zu entscheiden, ob er den Ton auf einer Seite stärker wahr-

Dieselbe wird in der Weise ausgeführt, dass man eine tiefe Stimmgabel von 132—36 Schwingungen in der Secunde, also zwischen c und Contra-Des gelegen, stark anschlägt, sie dann sofort mit der Basis ihres Stiels auf die Medianebene des Schädels aufsetzt und zwar etwa in demjenigen Punkte, wo dieselbe eine durch beide Ohreingänge gelegte Frontalebene schneidet, und nun den Patienten auffordert, durch das Wort „Jetzt" den Moment zu bezeichnen, in welchem er den Ton der allmählich ausklingenden Gabel soeben nicht mehr wahrnimmt.

Zeigt sich deutlich, dass der Stimmgabelton vom Scheitel des Patienten aus länger gehört wird als von dem eines Gesunden, so leidet derselbe nach Ansicht einiger Autoren sicher an einer Erkrankung des äusseren oder mittleren Ohres, niemals aber an einer uncomplicirten Labyrinthaffection.

Um zu ermitteln, ob die Stimmgabel „per Kopfknochenleitung" von dem Patienten länger gehört wird als in der Norm, dürfte es am besten sein, sie zunächst auf den Scheitel eines Ohrgesunden und, sobald sie letzterem verklungen ist, sofort auf den Scheitel des Kranken zu setzen bez., wenn sie von diesem nicht deutlich länger gehört wird als von jenem, in umgekehrter Reihenfolge zu verfahren. Als *erschwerende Momente für diese Untersuchung* wären anzuführen:

1) dass der Augenblick, in dem der Ton einer abklingenden Stimmgabel soeben verschwindet, selbst bei angestrengter Aufmerksamkeit nicht leicht zu bestimmen ist insbesondere von Kranken, welche an einer dem Stimmgabelton gleichen oder ähnlichen subj. Gehörsempfindung leiden;

2) dass die Perceptionsdauer der auf die Kopfknochen aufgesetzten tönenden Stimmgabel zum Theil auch von dem Druck abhängt, mit welchem die Basis des Gabelstiels an den Schädel angedrückt wird;

3) dass sie durch das Aufsetzen des Stiels auf den Kopf des Patienten nach dem Ausklingen des Tons auf dem des Gesunden oder umgekehrt etwas verkürzt wird;

4) dass sie selbst in der Norm nicht immer gleich gross, in höherem Lebensalter z. B. geringer ist als in der Jugend. Ob auch bei *gleich* alten Individuen mit normalen Ohren Verschiedenheiten der Perceptionsdauer der Stimmgabel von den Kopfknochen aus vorkommen, ist noch nicht hinlänglich festgestellt. Nach neueren Untersuchungen von Siebenmann scheint dieses sogar in ziemlich erheblichem Maasse der Fall zu sein.

Um die aus diesen Gründen sich ergebenden Schwierigkeiten der Untersuchung möglichst zu überwinden, werden wir einmal uns bemühen, den Stiel der Gabel stets gleich stark gegen den Scheitel des Gesunden und des Kranken anzudrücken, sodann aber den Versuch öfter wiederholen müssen. Die unter 3) angeführte Fehlerquelle lässt sich vermeiden, wenn man statt der gewöhnlichen, aus freier Hand angeschlagenen Gabel die in Fig. 13 (Taf. XVI) dargestellten benützt, welche durch eine constante Federkraft stets gleichmässig stark in Schwingung gesetzt werden können. Mit diesen kann man beim Gesunden wie beim Kranken die Zeit vom Moment des Anschlags bis zum Ausklingen des Tons vom Scheitel aus mittelst der Secundenuhr (bequemer mittels eines Chronoscops) messen und die gefundene normale und pathologische cranio-tympanale Hörzeit oder Perceptionsdauer mit einander vergleichen. Zu beachten wäre hierbei, dass die Zeit, welche man nach dem Anschlag dieser „*Hammergabeln*" vergehen lässt, bevor man sie auf den Scheitel applicirt, beim Kranken wie beim Gesunden gleich lang sein muss, weil die Gabel beim Aufsetzen des Stiels auf einen festen Körper wie den Schädel schneller abklingt als in der Luft. Die Pause zwischen Anschlag und Aufsetzen soll also beispielsweise jedesmal 3 Secunden lang sein.

Mag man sich nun dieser „Hammer-" oder der gewöhnlichen Gabeln zur Untersuchung der Perceptionsdauer vom Scheitel aus bedienen, so wird man wegen der vorher erwähnten Schwierigkeiten immer gut thun, eine pathologische Verlängerung der osteotym-

nimmt, als auf der anderen, in letzterem, also bei allzu langer Perceptionsdauer des Tons, werden Patient und Arzt vorzeitig ermüden.

Ich halte zur Untersuchung der Kopfknochenleitung Lucae's englische c- oder A-Gabel mit 132 bez. 110 Schwingungen in der Secunde für die geeignetste. Dieselbe hat vor von anderer Seite empfohlenen, sehr viel grösseren und schwereren Gabeln auch den Vorzug, dass sie den Schädel viel weniger erschüttert, so dass man bei ihr leichter als bei jenen unterscheiden kann, ob man ihre Vibrationen *hört* oder etwa nur *fühlt*. Politzer benützt für den Weber'schen Versuch eine c²-Gabel (528 Schwing.). Um die Gabeln in Schwingung zu setzen, fasst man ihren Stiel mit der Rechten und schlägt nun eine der Zinken kräftig gegen ein weiches Holzstück oder gegen den inneren Rand der linken Hand.

panalen Hörzeit mit Sicherheit nur dann anzunehmen, wenn dieselbe beim Kranken zum Mindesten um etwa 5 Secunden mehr beträgt als in der Norm.

2. *Der Weber'sche Versuch:* Setzt man eine schwingende Stimmgabel, über deren Beschaffenheit S. 77 u. 78 zu vergleichen ist, mit der Grundfläche ihres Stiels auf den Schädel auf und zwar in der Medianebene des letzteren, so hört man den Ton derselben unter normalen Verhältnissen in *einem* Ohr gewöhnlich nicht stärker als im *anderen.*[*] Steckt man nun aber in den Gehörgang der einen Seite den Finger fest hinein, so vernimmt man, wie zuerst von E. H. Weber beobachtet wurde, den Stimmgabelton entweder *allein* auf der verstopften Seite oder hier doch wenigstens *viel lauter* als auf der anderen.

Eine solche „*Lateralisation*" desselben beobachten wir nicht selten auch bei Ohrenkranken und zwar bei einseitiger Schwerhörigkeit sowohl wie bei doppelseitiger. Bei *letzterer* wird dem Ausfall des „Weber'schen Versuchs", welcher hier darin besteht, dass man die kräftig angeschlagene, tiefe Stimmgabel (c oder A, nach Politzer c²) auf die Medianebene des Schädels aufsetzt und nun den Patienten fragt, ob er den Ton derselben in einem oder dem anderen Ohre stärker wahrnimmt, von der Mehrzahl der Autoren eine sehr erhebliche differentialdiagnostische Bedeutung nicht zuerkannt, wohl aber bei *ersterer.*

Ist nämlich nur ein Ohr schwerhörig und wird der Ton der auf die Medianlinie des Schädels aufgesetzten Stimmgabel per Kopfknochenleitung allein oder stärker, auf der afficirten Seite gehört — Bezold bezeichnet dieses als „W im sch." d. h. Weber'scher Versuch im schlechten Ohr — *so besteht hier nach Ansicht vieler Autoren sicher eine Erkrankung des äusseren oder mittleren Ohrs. Das Labyrinth braucht sich dabei nicht völlig normal zu verhalten;* nur darf es nicht so stark afficirt sein, dass die Perception der Stimmgabelschwingungen durch den Hörnerven überhaupt nicht mehr möglich ist; der N. acusticus darf nicht vollständig gelähmt sein.

Bei Erkrankung des Labyrinths dagegen oder des Hörnervenapparats überhaupt soll der Ton der Gabel von der Medianlinie aus per Kopfknochenleitung stets und ohne Ausnahme auf dem normalen Ohre stärker percipirt werden, vorausgesetzt dass auf dem anderen neben der Affection des Labyrinths resp. des N. acusticus nicht noch eine solche des äusseren oder mittleren Ohres vorhanden ist. Dieses Präváliren des Tons nach dem gesunden Ohre hin — Bezold bezeichnet dieses mit „W. im b.", d. h. Weber'scher Versuch im besseren Ohr — soll allerdings auch bei einseitiger Mittelohraffection vorkommen können.

Manche Patienten mit einseitiger z. B. rechtsseitiger Schwerhörigkeit geben bei Anstellung des Weber'schen Versuchs auf die Frage, in welchem Ohre sie den Ton der Gabel hören, ohne überhaupt weiter aufzupassen, sofort die Antwort „natürlich in dem linken, auf dem rechten bin ich ja taub." Solche Kranke muss man ermahnen, zunächst ruhig zu beobachten, bevor sie antworten, da es durchaus nicht unmöglich wäre, dass sie den Ton vom Schädel aus trotz der Taubheit des rechten Ohrs doch vielleicht gerade in diesem stärker hörten.

Es giebt aber auch andere Fälle, in denen Patienten mit einseitiger Schwerhörigkeit beim Weber'schen Versuch trotz grösster Aufmerksamkeit nicht entscheiden können, ob sie den Ton in einem Ohre stärker hören oder nicht — Bezold bezeichnet dieses mit „W. unentsch." d. h. Weber'scher Versuch unentschieden. Bei diesen ist es zweckmässig, die Gabel nach einander auf verschiedene Punkte der Medianlinie aufzusetzen, zunächst also auf den Scheitel, ferner auf die Mitte der oberen Zahnreihe dann auf die Medianlinie des Unterkiefers. Nicht selten nämlich wird der Ton von einer dieser Stellen deutlicher lateralisirt als von einer anderen. *Nach Urbantschitsch ändert sich zuweilen die Schallperception je nach der Applicationsstelle* in der Weise, dass z. B. ein gewisser Stimmgabelton von der Nasenwurzel aus mit dem rechten, einige Millimeter höher dagegen mit dem linken Ohre gehört wird. *Auch die Höhe des Tons zeigt sich von grossem Einflusse* so zwar, dass zwei Stimmgabeln, welche nur um einen halben Ton von einander differiren, vollständig verschiedene Untersuchungsresultate ergeben können. Schwartze zieht aus dem Ausfall des Weber'schen Versuchs nur dann Schlüsse auf den Sitz der Erkrankung, wenn derselbe „zu verschiedenen Zeiten wiederholt *vor* und *nach* der Luft-

---

[*] In seltenen Ausnahmefällen erhielt Schwartze beim Aufsetzen der Stimmgabel in der Medianebene des Schädels auch bei Individuen mit beiderseits vollkommen normaler und durchaus gleicher Hörschärfe für Sprache und Uhr die Angabe, dass sie den Ton der Gabel in *einem* Ohre stärker hörten, als im *anderen.* Sinogmann fand gleichfalls bei Anstellung des Weber'schen Versuchs mit der A-Gabel an 23 beiderseits vollkommen normal hörenden Personen, dass bei drei derselben der Ton der Gabel deutlich nach dem einen Ohre „*lateralisirt*" wurde.

douche mit Stimmgabeln verschiedenster Tonhöhe ausgeführt und bei wechselnder Applicationsstelle am Schädel immer das gleiche Resultat liefert. . . . . Hört der Kranke bei einseitiger Taubheit alle Stimmgabeltöne überall vom Schädel nur auf dem gesunden Ohre, so liegt eine Erkrankung im schallempfindenden Apparat vor (Hörnerv)."

3) *Der Rinne'sche Versuch:* Setzt man den Stiel einer angeschlagenen Stimmgabel, über deren Beschaffenheit S. 77 u. 78 zu vergleichen ist, mit seiner Grundfläche dergestalt auf den Warzentheil auf, dass die Ohrmuschel nicht berührt wird, und bringt man dann, sobald der Ton von hier aus verklungen ist, die Zinken der Gabel, ohne sie von Neuem anzuschlagen, ohne sie aber auch durch Berührung eines festen Körpers z. B. der Muschel in ihren Schwingungen zu dämpfen, sofort vor den Ohreingang, so hört man nun in der Norm den Ton stets von Neuem.*)

Anders ist es bei Schwerhörigen. In manchen Fällen freilich wird auch von diesen der Ton der Gabel vor dem Ohre, also per Luftleitung, länger gehört als bei Application des Stiels auf den Warzenfortsatz, also per Knochenleitung; in anderen aber ist es umgekehrt: die Gabel wird, wenn ihr Ton per Luftleitung nicht mehr wahrnehmbar ist, bei Application des Stiels auf den Warzenfortsatz per Knochenleitung von Neuem gehört. Ersteres nennt man den *positiven*, letzteres den *negativen Ausfall des* Rinne'schen V.'s Der negative Ausfall des Rinne'schen V.s beweist nach Bezold bei allen **doppelseitigen** Erkrankungen des Ohres mit nicht zu weit auseinander liegender Hörweite der beiden Seiten das Vorhandensein einer Veränderung am Schallleitungsapparat.

Bei *einseitigen* Affectionen beweist der negative Ausfall des Rinne'schen V.s zum wenigsten, wenn die Schwerhörigkeit hochgradig ist, das Vorhandensein einer Erkrankung des Schallleitungsapparates auch nach Bezold nicht, weil bei solchen „die Knochenleitung ins gesunde Ohr auch vom Warzenfortsatz der kranken Seite aus nicht auszuschliessen ist", sodass „trotz vollständiger Intactheit des Schallleitungsapparates die a. t.**) Leitung von der o. t.***) Leitung überwogen werden kann, weil letztere theilweise dem gesunden Ohre angehört. Der Rinne'sche V. kann also hier auch bei rein nervösen Affectionen negativ ausfallen."

Ein normal langer oder nur wenig verkürzter positiver Ausfall des Rinne'schen V.s lässt nach Bezold „bei stark herabgesetzter Hörweite†) neben sonstigem negativem Untersuchungsbefunde für Spiegel und Luftdouche††) eine wesentliche Betheiligung des Schallleitungsapparates an der Functionsstörung ausschliessen, mag die Erkrankung eine doppelseitige oder einseitige sein." Wir würden dann also eine Affection des inneren Ohrs bez. des schallempfindenden Apparates annehmen müssen.

Andererseits aber kann der Rinne'sche V. nach Bezold auch bei solchen Krank-

---

*) Die *Perceptionsdauer* eines Stimmgabeltons per Luftleitung hängt sowohl von dem Abstande ab, in welchem sich die Gabel von dem Ohre befindet, wie auch von der Stellung ihrer Zinken zur Gehörgangsaxe. Bei der Prüfung wird man die Gabel natürlich in diejenige Lage bringen, in welcher sie möglichst lange gehört wird. Es ist daher der Abstand von dem Ohreingang nur gerade so gross zu wählen, als nöthig ist, damit Patient bei unvermeidlichen kleinen Bewegungen des Kopfes nicht an sie anstösst, wodurch ihre Schwingungen plötzlich stark gedämpft werden würden, also etwa 1—2 cm gross. Bezüglich der Stellung der Zinken zum Gehörgange wäre zunächst zu bemerken, dass das obere Ende derselben sich gerade in der Höhe des Ohreingangs und nicht zu weit nach vorn von demselben befinden soll. Dreht man die senkrecht gehaltene Gabel vor dem Ohr um eine durch ihren Stiel gelegte Längsaxe um 360°, so bemerkt man, dass ihr Ton an vier Stellen vollkommen verschwindet. Es beruht dieses auf der *Interferenz der von den Zinken der Gabel ausgehenden Schallwellen.* Zwischen je zwei dieser Zinkenstellungen, in denen der Ton gänzlich erloschen ist, schwillt derselbe zunächst an und dann wieder ab. Diejenige Lage, in welcher er am stärksten ist, ermittelt man am leichtesten empirisch, indem man die Gabel, wenn ihr Ton dem Patienten beinahe verschwunden scheint, um eine durch ihren Stiel gelegte Längsaxe dreht und hierbei diejenige Stellung feststellt, in welcher sie am längsten gehört wird.

**) *acro-tympanale Leitung.*

***) *osteo-tympanale Leitung.*

† Nach Lucae, wenn das Flüsterwort „drei" nicht mehr 1 Meter weit vom Ohre gehört wird.

†† Bei acuten und subacuten Mittelohrerkrankungen mit Exsudat in der Paukenhöhle hat ihn Bezold selber auch bei starker Herabsetzung des Hörvermögens sehr häufig positiv gefunden.

heitsprocessen positiv ausfallen, welche allein die Membran des runden Fensters betreffen und eine Bewegungsverminderung derselben veranlassen.

Fällt der Versuch bei doppelseitiger Erkrankung des Ohrs zwar beiderseits positiv, aber im Verhältniss zur Hörweite wesentlich verkürzt aus, so lässt sich hieraus nach Bezold eine Differentialdiagnose zwischen Erkrankung des mittleren und inneren Ohres ebenso wenig gewinnen wie in denjenigen Fällen von doppelseitiger Schwerhörigkeit, wo er auf der einen Seite positiv, auf der anderen negativ ist.

4) *Die vergleichende Untersuchung der Hörschärfe für hohe und tiefe Stimmgabeltöne per Luftleitung.*

Man benützt zu derselben in der Regel einen Ton aus der grossen und einen aus der um 5 Octaven höheren, viergestrichenen Octave, also z. B. das von der in Fig. 12 (Taf. XVI) abgebildeten Gabel hervorgebrachte A und andererseits das fis⁴ der in Fig. 14, 15 u. 16 (Taf. XVI) dargestellten Gabeln. Prüft man die Perceptionsfähigkeit schwerhöriger Individuen mit den genannten Tönen, so findet man ein sehr verschiedenartiges Verhalten. Nur in seltenen Fällen werden dieselben trotz hochgradiger Schwerhörigkeit für die Flüstersprache ganz ebenso gut gehört wie von einem normalen Ohre. Ungleich häufiger findet man neben herabgesetzter Perceptionsfähigkeit für die Sprache auch eine verminderte Hörschärfe für die genannten Töne *) und zwar entweder für beide oder wenigstens für einen derselben. In ersterem Fall wiederum kann die Perceptionsfähigkeit für den hohen und den tiefen Ton anscheinend gleichmässig gelitten haben, bei anderen Patienten dagegen findet man die Herabsetzung derselben für den hohen Ton grösser, als für den tiefen, bei noch anderen das Umgekehrte.

Wird der hohe Ton unverhältnissmässig viel schlechter gehört als der tiefe, so beweist dieses nach Ansicht vieler Autoren das Vorhandensein einer Erkrankung des inneren Ohrs bez. des schallempfindenden Apparats. Der schallleitende Apparat kann dabei vollkommen gesund oder auch gleichzeitig afficirt sein. Denselben Schluss sollen wir ziehen können, wenn die von starken Stimmgabeln, wie sie in Fig. 15 u. 16 (Taf. XVI) dargestellt sind, hervorgebrachten Töne der viergestrichenen Octave *gar nicht* gehört werden, vorausgesetzt dass der äussere Gehörgang offen ist. Denn bei verschlossenem Meatus werden sie auch von einem gesunden Ohr nur sehr abgeschwächt percipirt. Findet man aber die Herabsetzung des Hörvermögens für den hohen und den tiefen Ton *gleichmässig stark* oder für den tiefen Ton *grösser* als für den hohen, so lassen sich hieraus Schlüsse über den Sitz des Leidens *nicht* ziehen, weil beides sowohl bei Erkrankung des schallleitenden wie auch des schallempfindenden Apparats vorkommen kann.

Die vergleichende Untersuchung der Perceptionsfähigkeit für hohe und tiefe Töne per Luftleitung wird am besten in der Weise vorgenommen, dass man zunächst die tiefe Gabel vor dem Ohreingang des Kranken abklingen lässt, bis ihm der Ton derselben soeben verschwindet. Der Moment, in dem dies geschieht, soll von dem Patienten, den man vorher entsprechend instruirt haben muss, durch das Wort „jetzt" oder „aus" bezeichnet werden, nicht aber durch ein Nicken oder Schütteln des Kopfes, weil hierbei leicht ein Missverständniss entstehen und ausserdem die Gabel berührt und in ihren Schwingungen plötzlich gedämpft werden kann. Um letzteres zu vermeiden, muss Patient während der Untersuchung den Kopf möglichst still halten. Wird die Gabel von dem kranken Ohre soeben nicht mehr gehört, so

---

*) Die Untersuchung hat übrigens durchaus denselben Werth, wenn man statt A einen ihm nahe liegenden Ton, z. B. das um eine Terze höhere c und statt des fis⁴ ebenso etwa das e¹, d¹ oder g¹ wählt. Wesentlich ist eben nur, dass die benützten Töne ungefähr den genannten, weit auseinander liegenden, Theilen der Scala angehören.

bringt man sie sofort vor das eigene, vorausgesetzt dass dieses normal ist, und untersucht mit demselben, ob der Ton überhaupt noch hörbar ist, und wie laut er etwa erscheint. In derselben Weise geschieht die Prüfung mit der hohen Gabel, bei welcher Patient sich indessen, um den hohen Ton nicht mit diesem zu hören, das andere Ohr zuhalten muss.

Um die Beeinträchtigung der Perceptionsfähigkeit des kranken Ohrs für die benützten, in der Scala weit auseinanderliegenden, beiden Töne bei dieser Untersuchung vergleichen zu können, scheint mir das beste Verfahren darin zu bestehen, dass man, sobald Patient durch das Wort „jetzt" oder „aus" den Moment bezeichnet hat, in welchem er den Ton der Gabel soeben nicht mehr wahrnimmt, sofort *die Entfernung* bestimmt, in welcher derselbe von einem normalen Ohre (ev. demjenigen des Arztes selber) noch percipirt wird. Wird die vor dem kranken Ohre eben verklungene *hohe* Gabel von dem gesunden auf eine sehr viel grössere Entfernung gehört als die vor dem kranken Ohre ausgeklungene *tiefe*, so ist die Perceptionsfähigkeit des Patienten für hohe Töne unverhältnissmässig viel stärker herabgesetzt als für tiefe, und umgekehrt.

Ist die Entfernung dagegen, in welcher der Ton der vor dem kranken Ohre soeben verklungenen hohen und tiefen Gabel von dem gesunden noch wahrgenommen wird, etwa die gleiche, so hat das Hörvermögen des Kranken für hohe und tiefe Töne annähernd gleichmässig gelitten.

Eine unverhältnissmässig starke Beeinträchtigung der Perceptionsfähigkeit für hohe Töne lässt sich bei dem geschilderten Verfahren mit Leichtigkeit constatiren. Denn die tiefen Gabeln werden selbst bei allerstärkstem Anschlage auch von einem normalen Ohr nur in einer ziemlich kleinen, in maximo wohl kaum 0,1 m betragenden Entfernung noch gehört, während die in Fig. 14, 15, 16 (Taf. XVI) abgebildeten c¹- oder fis¹-Gabeln selbst bei ganz schwachem Anschlage schon auf viele Meter, bei starkem Anschlage aber auf so grosse Entfernungen vernommen werden, dass sich die Grenze selbst in den geräumigsten Untersuchungslocalen nicht feststellen lässt. Ihre Töne dringen durch Thüren und Wände hindurch. Hört ein Patient also z. B. die tiefe Gabel nicht nur bei stärkstem, sondern sogar bei schwachem Anschlag, die hohe dagegen nur bei stärkstem Anschlag, so ist ein Zweifel daran, dass seine Hörschärfe für hohe Töne ganz unverhältnissmässig viel stärker herabgesetzt ist als für tiefe, vollkommen ausgeschlossen.

Das umgekehrte Verhältniss dagegen ist ebenso wie eine gleichmässige Herabsetzung für hohe und tiefe Töne sehr viel schwerer festzustellen. Denn die hohen Gabeln geben, wie schon erwähnt, selbst bei ganz schwachem Anschlage, sehr viel lautere, weil auf grössere Entfernung hörbare Töne als die tiefen; ausserdem aber klingen sie verhältnissmässig sehr viel schneller ab als die letzteren, derart, dass z. B. eine fis¹-Gabel, welche so schwach angeschlagen wurde, dass sie nur 0,1 m von dem Ohre entfernt gehört wird, — es genügt hierzu eine ganz zarte Berührung einer Zinke mit dem Finger oder ein Anblasen derselben mit dem Munde — nach zwei oder drei Secunden selbst dicht am Ohre nicht mehr hörbar ist, während eine c-Gabel, welche im Moment des Anschlages ebenfalls nur auf 0,1 m percipirt wurde, dicht am Ohre noch etwa eine ganze Minute lang tönt.

Wegen des ausserordentlich raschen Abklingens der in Fig. 15 u. 16 (Taf. XVI) abgebildeten hohen Gabeln kann es vorkommen, dass ein noch ziemlich lauter hoher Ton in der kurzen Zeit, welche man braucht, um die dem Kranken verklungene Stimmgabel vor das gesunde Ohr zu bringen, vollständig verschwunden ist. Aus diesem Grunde kann man bei der in Rede stehenden Untersuchung leicht in den Fehler verfallen, die Hörfähigkeit des Patienten für den hohen Ton für durchaus normal oder wenigstens für weniger herabgesetzt zu halten, als sie es thatsächlich ist. Um diese Quelle von Irrthümern nach Möglichkeit zu vermeiden, halte ich es für rathsam, in den betreffenden Fällen statt der in Fig. 15 u. 16 (Taf. XVI) dargestellten *grossen*, die in Fig. 14 (Taf. XVI) abgebildeten *kleinen hohen Gabeln* zu benützen, welche weniger rasch abklingen. Indessen wird man auch mit ihnen aus dem angeführten Grunde in sehr vielen Fällen kaum in der Lage sein, mit Sicherheit festzustellen, dass das Hörvermögen des Kranken für hohe und tiefe Töne gleichmässig oder für tiefe stärker gelitten hat als für hohe.

Um in den keineswegs seltenen Fällen, in denen der Kranke die tiefe Gabel selbst bei allerstärkstem Anschlag gar nicht wahrnimmt, seine Perceptionsfähigkeit für dieselbe nicht zu unterschätzen, muss man ihren Ton durch einen entsprechenden *Resonator* (Taf. XVI Fig. 17) verstärken. Bei den hohen Gabeln der viergestrichenen Octave ist dieses niemals nöthig, da man mit ihnen auch ohne Zuhülfenahme von Resonatoren so ausserordentlich starke Töne hervorbringen kann.

Eine weitere nicht unerhebliche Schwierigkeit liegt bei der in Rede stehenden vergleichenden Prüfung der Hörschärfe für hohe und tiefe Töne per Luftleitung darin, das der Moment, in welchem die benützte Stimmgabel dem Kranken soeben verklungen erscheint, selbst bei grösster Aufmerksamkeit desselben und bei grösster Ruhe im Untersuchungszimmer recht schwer zu bestimmen ist, insbesondere wenn Patient an subj. Gehörsempfindungen leidet, welche dem Ton der zur Anwendung gelangenden Gabel ähnlich sind.

Um die Bestimmung etwas zu erleichtern, ist es zweckmässig, die allmählich abklingende Gabel ab und zu von dem Ohre zu entfernen und dann wieder zu nähern, da man das plötzliche Eindringen einer Gehörsempfindung auf einen in Ruhe befindlichen Hörnerv leichter merkt, als das endliche Aufhören einer ganz allmählich schwächer werdenden continuirlichen. Dass nach dieser öfteren Entfernung die Stimmgabel wieder in diejenige Lage zum Ohreingang gebracht werden muss, in welcher sie am besten gehört wird (vergleiche hierüber S. 80), ist wohl ebenso selbstverständlich, als dass sie bei der Annäherung nicht etwa durch Anstossen gegen den Kopf des Patienten plötzlich gedämpft werden darf, und dass bei Prüfung des einen Ohrs mit der hohen Gabel das andere vom Höract stets möglichst ausgeschlossen werden muss.

Besonderer Besprechung aber bedarf unter den zu vermeidenden Fehlerquellen noch der Umstand, dass durch eine sehr starke Einwirkung der benützten Stimmgabeltöne auf das Gehörorgan häufig eine *Uebertäubung resp. Ermüdung* desselben eintritt, so dass man bei der Untersuchung in sehr vielen Fällen eine bedeutend geringere Hörschärfe für den zur Prüfung dienenden Stimmgabelton findet, wenn man die vor das Ohr gehaltene Gabel sehr stark, als wenn man sie schwach angeschlagen hatte. Es gilt dieses vorzugsweise für die hohen Gabeln, welche bei starkem Anschlag so ausserordentlich laute Töne geben und von einem normalen Ohre selbst bei schwächerem Anschlag sehr viel unangenehmer empfunden werden als die tiefen bei allerstärkstem, und welche, wenn man sie dicht vor den Ohreingang hält, sogar ein Gefühl der Betäubung oder Schmerz hervorrufen können.

Auf der anderen Seite wiederum muss man sich hüten, die Gabeln allzu schwach anzuschlagen. In jedem Fall sollen sie unmittelbar nach dem Anschlag doch stets so laut tönen, dass Patient sie sicher und deutlich vernimmt, da er das Verschwinden eines Tons natürlich nur dann mit Bestimmtheit angeben kann, wenn er denselben vorher deutlich gehört hatte.

Man beobachtet nicht selten, dass Patienten eine Stimmgabel noch immer zu hören behaupten, obwohl dieselbe selbst für ein normales Ohr längst verklungen ist. Sie überzeugen sich dann meist leicht von ihrer Selbsttäuschung, wenn man ihnen die Gabel, stark angeschlagen, vor das Ohr hält, und machen dann später richtige Angaben. Vorher wussten sie eben noch nicht, *was* sie hören sollen, und verwechselten irgend eine andere Gehörsempfindung mit dem Ton der vorgehaltenen Stimmgabel.

In Vorstehendem wären, wenn auch nicht alle, so doch die wichtigsten und hauptsächlichsten Hörprüfungsmethoden, welche nach der Meinung vieler Autoren dazu dienen, sichere Anhaltspunkte für die differentielle Diagnose zwischen Erkrankungen des schallleitenden und -empfindenden Apparats zu liefern, geschildert, und die diesbezüglichen Schlüsse, welche aus dem Ergebniss derselben gezogen werden, angegeben, letzteres allerdings nur insoweit, als diese Ergebnisse eine wirkliche differentialdiagnostische Bedeutung besitzen sollen.

Wo sich aus ihnen nur „mit Wahrscheinlichkeit" oder „für viele Fälle, wenn man von allerdings häufigen Ausnahmen absieht" über den Sitz der Erkrankung etwas soll schliessen lassen, habe ich absichtlich davon Abstand genommen, die Ansichten der von dem diagnostischen Werth dieser Hörprüfungsmethoden überzeugten Autoren eingehender mitzutheilen, da differentialdiagnostische Merkmale meines Erachtens nur dann einen Nutzen haben, wenn ihr Vorhandensein uns in *jedem* Falle den gewünschten Aufschluss liefert, nicht aber nur in der Mehrzahl der Fälle „von häufigen Ausnahmen abgesehen".

Nehmen wir vorläufig an, dass die Schlüsse, welche eine grosse Anzahl von Ohrenärzten aus dem Ergebniss der in Rede stehenden Hörprüfungsmethoden bezüglich des Sitzes der Erkrankung ziehen zu dürfen glaubt, thatsächlich richtig und hinlänglich sicher gestellt seien, und prüfen wir, ob denselben selbst unter dieser Voraussetzung eine so „hohe diagnostische Bedeutung" zukommt, so zeigt sich bei eingehenderer Betrachtung, dass dieses durchaus nicht der Fall ist.

Was zunächst die *Prüfung der Perceptionsdauer von Stimmgabeltönen per Kopfknochenleitung* anlangt, so soll man, falls dieselbe grösser gefunden wird als in der Norm, allerdings auf eine Erkrankung des schallleitenden Apparates schliessen dürfen. In praxi aber stellt sich dieser Untersuchung die grosse Schwierigkeit entgegen, dass man bei derselben zum Vergleich stets ein normal hörendes Individuum braucht, welches sich genau oder wenigstens annähernd *in demselben Alter* befindet wie der Patient, da die osteo-tympanale Perceptionsdauer bei jüngeren Individuen, auch ohne dass dieselben an einer Erkrankung des schallleitenden Apparats leiden, grösser ist als bei älteren.

Bezüglich des *Weber'schen Versuches* wäre zu bemerken, dass derselbe in den zahlreichen Fällen von *doppelseitiger* Schwerhörigkeit sichere differentialdiagnostische Schlüsse überhaupt nicht gestattet. Bei *einseitiger* Schwerhörigkeit kann man nach Politzer allerdings eine Erkrankung des äusseren oder mittleren Ohres in allen denjenigen Fällen annehmen, wo der Ton der auf die Medianlinie des Schädels aufgesetzten schwingenden Stimmgabel vorzugsweise und verstärkt auf der afficirten Seite wahrgenommen wird.

Nun hat aber Urbantschitsch gefunden, dass die Gabel zuweilen von einigen Punkten der Medianlinie nach dem einen, von anderen nur um wenige Millimeter entfernten, gleichfalls der Medianlinie angehörenden nach dem anderen Ohre gehört wird, und dass bei Benützung verschiedener Stimmgabeltöne, welche in der Scala durchaus nicht weit von einander liegen, gleichfalls verschiedene Angaben erhalten werden können. Dass hierdurch die Verwerthbarkeit des Weber'schen Versuchs erheblich beeinträchtigt werden muss, ist evident; wird man doch in einem derartigen Fall immer in Zweifel sein müssen, *welcher* Gabel bez. *welchem* Punkt der Medianlinie als Applicationsstelle man die grösste Bedeutung in differentialdiagnostischer Hinsicht beimessen soll. Auch die Schwartze'sche Beobachtung, „dass die Erscheinung der subjectiven Tonverstärkung der auf die Medianebene gesetzten Stimmgabel nach *einem* Ohre vorhanden war, wo beide Ohren für Uhr- und Sprachprüfung normal waren und zwischen beiden Ohren nicht die geringste Differenz des Gehörs nachweisbar war", ein Verhältniss, welches in neuerer Zeit Sirrkesmann bei ⅓ der von ihm untersuchten normal Hörenden fand, dürfte nicht gerade geeignet sein, das Vertrauen, welches auf die Bedeutung des Weber'schen Versuches für die differentielle Diagnostik von vielen Seiten gesetzt wird, zu rechtfertigen. Schwartze lässt das Resultat der Untersuchung „nur dann als zuverlässig gelten, wenn die Prüfung, zu verschiedenen Zeiten wiederholt, vor und nach der Luftdouche mit Stimmgabeln verschiedenster Tonhöhe ausgeführt und bei wechselnder Applicationsstelle am Schädel immer das gleiche Resultat liefere." Es ist ersichtlich, dass durch diese Forderung die Verwerthbarkeit des Weber'schen Versuches für die differentielle Diagnostik wiederum sehr erheblich eingeschränkt wird.

Dazu kommt, dass sowohl beim Weber'schen Versuch wie bei der Untersuchung der Perceptionsdauer der auf den Scheitel aufgesetzten schwingenden Stimmgabel die abnorme Verstärkung der Perception auf dem erkrankten Ohre wohl eine Affection des schallleitenden Apparats *beweisen*, nicht aber ein gleichzeitiges Ergriffensein des schallempfindenden *ausschliessen* soll. Auch dieser Umstand setzt meiner Meinung nach die Bedeutung der beiden genannten Untersuchungsmethoden in diagnostischer Beziehung nicht unwesentlich herab. Denn wenn durch die verstärkte Kopfknochenleitung auch eine Erkrankung des äusseren oder mittleren Ohrs wirklich erwiesen würde, so bleibt doch immer fraglich, ob letztere nicht ziemlich nebensächlich und die Hauptursache der Schwerhörigkeit vielmehr in der vielleicht gleichzeitig vorhandenen Affection des schallempfindenden Apparats zu suchen ist.

Gehen wir nun weiter zu dem *Rinne'schen Versuch* über und halten wir uns hier an die Angaben Bezold's als desjenigen, welcher dem Rinne'schen Versuch einen ganz besonders hohen Werth für die differentielle Diagnostik beilegt, so gilt hier genau das Gleiche. Ein *negativer* Ausfall des Rinne'schen V.'s soll allerdings eine Erkrankung des äusseren oder mittleren Ohrs sicher stellen, schliesst aber eine daneben vorhandene Affection des Labyrinths bez. des schallempfindenden Apparats durchaus nicht aus, und ist es sehr wohl möglich, dass gerade in letzterer die hauptsächliche Ursache der Schwerhörigkeit zu suchen ist. Dazu kommt, dass nach Bezold selber der negative Ausfall des Rinne'schen V.'s einen diagnostischen Schluss nur dann gestattet, wenn *doppelseitige* Schwerhörigkeit besteht. Im anderen Fall kann der Versuch, weil die Knochenleitung in's gesunde Ohr nicht auszuschliessen ist, auch bei vollständiger Intactheit des schallleitenden Apparats, also bei einer uncomplicirten Affection des schallempfindenden negativ ausfallen. Wie aber, frage ich, ist es, wenn, was doch sehr wohl vorkommen kann, auf der einen Seite allein der schallempfindende, auf der anderen der schallleitende Apparat erkrankt ist? Hier wird *doppelseitige* Schwerhörigkeit bestehen. *Der Rinne'sche Versuch wird hier beiderseits negativ ausfallen können, obwohl auf dem einen Ohre der schallleitende Apparat vollkommen intact und nur der schallempfindende afficirt ist.*

Man gelangt also, wenn man Bezold's Gedankengang bezüglich der nicht auszuschliessenden Kopfknochenleitung in das andere Ohr und des hieraus resultirenden Einflusses auf den Ausfall des Rinne'schen V.'s etwas weiter fortspinnt, nothwendig zu dem Resultat, dass auch bei doppelseitiger Schwerhörigkeit durch den negativen Ausfall des Rinne'schen V.'s eine Erkrankung des Schallleitungsapparates beider Ohren keineswegs bewiesen wird, dass der letztere vielmehr auf der einen Seite vollkommen intact sein kann. *Hieraus folgt, dass aus dem negativen Ausfall des Rinne'schen Versuches nicht nur bei ein-, sondern auch bei doppelseitiger Schwerhörigkeit eine sichere differentielle Diagnose zwischen Erkrankungen des schallleitenden und des schallempfindenden Apparates nicht gestellt werden kann.*

Für den positiven Ausfall aber gilt das Gleiche, da dieser auch nach Bezold nicht nur bei den Affectionen des Labyrinths bez. des Hörnervenapparats, sondern auch bei denjenigen der Membran des runden Fensters vorkommt.

Nach meiner Meinung ergibt die Prüfung der Kopfknochenleitung und in Folge dessen auch der Weber'sche und Rinne'sche Versuch — denn auch der Ausfall des letzteren hängt wesentlich von den Verhältnissen der Kopfknochenleitung ab — sichere Anhaltspunkte für die differentielle Diagnose überhaupt nicht. So lange man annahm, dass die durch Luft hörbaren Schwingungen eines mit dem Schädel in Berührung gebrachten, schallgebenden festen Körpers ausschliesslich *direct von den Kopfknochen* auf das im Os petrosum enthaltene Labyrinth übertragen würden, war man gewiss berechtigt, bei Herabsetzung der „Kopfknochenleitung" eine Erkrankung des Labyrinths bez. des schallempfindenden Apparats zu diagnosticiren. Denn sonst konnte man die herabgesetzte Knochenleitung nur auf verminderte Leitungsfähigkeit seitens der Kopfknochen selbst beziehen, deren Vorhandensein bei den verschiedensten Ohrenkrankheiten nicht gerade sehr wahrscheinlich war. Nachdem aber Lucae experimentell nachgewiesen hat, dass auch bei der Kopfknochenleitung Trommelfell und Gehörknöchelchenkette in Schwingung gerathen und ihre Vibrationen auf das Labyrinth übertragen, musste man einsehen, dass auch eine Erkrankung des äusseren und mittleren Ohrs die Perception von den Kopfknochen aus verändern kann. Thatsächlich ist ja auch von E. H. Weber gezeigt worden, dass bei einer sehr einfach zu bewirkenden Aenderung im schallleitenden Apparat, nämlich beim Verstopfen eines Gehörgangs mit dem Finger, eine Verstärkung der Knochenleitung auf der betreffenden Seite eintritt. Es ist nun aber durchaus nicht bewiesen, dass die verschiedenartigen Veränderungen im schallleitenden Apparat, welche bei Erkrankungen des Mittelohrs vorkommen, *alle* ebenso wie die Verstopfung des äusseren Gehörgangs mit dem Finger eine *Verstärkung* der Kopfknochenleitung zu Stande bringen müssen. Vielmehr ist es mir durchaus wahrscheinlich, dass einige von ihnen auch das Umgekehrte, also eine *Herabsetzung* der Kopfknochenleitung bewirken können, sodass wir die letztere ebensowohl bei Erkrankungen des schallleitenden wie des schallempfindenden Apparats finden und sie demnach nicht als diagnostischen Behelf zur Unterscheidung dieser beiden grossen Krankheitsgruppen benützen können.

In dieser Anschauung stimme ich zum Theil wenigstens mit POLITZER überein, welcher sich im Gegensatz zu einigen anderen Autoren, die noch immer daran festhalten, dass Erkrankungen des äusseren oder mittleren Ohrs stets nur eine *Verstärkung* der Kopfknochenleitung verursachen können, zur Annahme einer Erkrankung des Nervenapparats zwar dann für berechtigt hält, wenn ein stärkerer Schall wie z. B. die Schläge seines mittels der Metallplatte p (Taf. XVI Fig. 11) mit dem Schädel in Berührung gebrachten Hörmessers nur schwach oder gar nicht percipirt werden, nicht aber dann, wenn sich die Herabsetzung der Knochenleitung nur für eine mässig stark tickende Taschenuhr oder durch Lateralisation des Stimmgabeltons nach der gesunden Seite bei Anstellung des WEBER'schen Versuchs bemerklich macht, da dieses beides „ebensowohl bei Mittelohraffectionen als auch bei Labyrintherkrankungen vorkommt." Ich gehe aber insofern noch weiter als POLITZER, als ich andererseits bei Erkrankungen des Labyrinths nicht nur eine Herabsetzung, sondern auch eine Verstärkung der Kopfknochenleitung für möglich halte: Da ein grosser Theil des Labyrinths, wie die knöchernen Bestandtheile desselben, das Periost, die Peri- und Endolymphe, das membranöse Labyrinth, kurz alle nicht nervösen Gebilde desselben nur dazu dienen, den Schall den peripheren Endigungen des N. acusticus zuzuleiten, so können pathologische Veränderungen in diesen Theilen, deren Function lediglich in mechanischer Bewegung besteht, welche die Erregung der Nervenendigungen zu Stande bringen soll, nach meiner Ansicht ganz in gleicher Weise wie Erkrankungen der im äusseren oder mittleren Ohre gelegenen schallleitenden Apparate *ebensowohl eine Verstärkung wie eine Herabsetzung* der Kopfknochenleitung bedingen. *Wenn dem aber wirklich so ist, so können wir auch eine Verstärkung der Kopfknochenleitung nicht mehr für die differentielle Diagnostik zwischen Erkrankungen des Mittelohrs und des Labyrinths verwerthen.*

Stellen wir uns indessen auf den meiner Meinung nach durchaus unrichtigen Standpunkt derjenigen Autoren, welche der Untersuchung der Kopfknochenleitung eine sehr grosse diagnostische Wichtigkeit beilegen und eine Verstärkung derselben lediglich auf pathologische Veränderungen des äusseren und mittleren Ohres, eine Herabsetzung dagegen ausschliesslich auf solche im Labyrinth und Hörnervenapparat beziehen wollen, so bleibt doch immer noch zu bedenken, dass bei **gleichzeitiger** Erkrankung dieser beiden grossen Abschnitte des Gehörorgans ihr Einfluss auf die Knochenleitung sich compensiren oder gar übercompensiren kann.

Wenn aber die durch eine sonst nicht nachweisbare Erkrankung des Mittelohrs hervorgerufene Verstärkung der Kopfknochenleitung durch eine gleichzeitig bestehende Affection des Labyrinths oder Hörnervenapparats ausgeglichen werden kann, so ergiebt uns diese Untersuchung natürlich wiederum keinen Aufschluss über den fraglichen Sitz des Leidens, und wegen der Möglichkeit einer Uebercompensation werden wir gleichfalls weder bei Verstärkung der Kopfknochenleitung den schallempfindenden Apparat, noch bei Herabsetzung derselben den schallleitenden als intact annehmen dürfen.

Es zeigt sich also, dass, auch wenn wir uns auf den vorher erwähnten, mir durchaus unrichtig erscheinenden Standpunkt mancher anderen Autoren stellen, diagnostische Schlüsse über den Sitz des Ohrenleidens aus dem Verhalten der „Kopfknochenleitung" doch nicht gezogen werden können.

Was nun die *vergleichende Prüfung der Perceptionsfähigkeit für hohe und tiefe Töne per Luftleitung* anlangt, so wird die Bedeutung einer im Vergleich zu den tiefen Tönen unverhältnissmässig stark herabgesetzten Hörschärfe für die hohen als Symptom einer Erkrankung des schallempfindenden Apparats durch die von SCHWARTZE angeführte Beobachtung, dass Ausfall der höchsten Töne auch angeboren bei sonst gut entwickeltem Gehör vorkommt, etwas beeinträchtigt.

Aus all' diesem ergiebt sich, dass der Werth der in Rede stehenden Hörprüfungsmethoden für die differentielle Diagnostik zwischen Erkrankungen des „schallleitenden" und „schallempfindenden" Apparats thatsächlich ein so bedeutender nicht ist, selbst wenn man die bezüglichen Angaben der für diese Untersuchungsmethoden eintretenden Ohrenärzte als vollkommen bewiesen gelten lassen will.

Gehen wir nun dazu über, das Fundament, auf welchem die angeführten diagnostischen Schlüsse aufgebaut sind, etwas näher zu betrachten und auf seine Zuverlässigkeit zu prüfen!

Bei eingehender Durchsicht der einschlägigen Literatur zeigt sich hierbei, dass die meisten Autoren in der Weise vorgegangen sind, dass sie eine grössere Anzahl von Schwerhörigen, bei welchen aus den durch Ohrenspiegeluntersuchung und Auscultation des Mittelohrs festgestellten objectiven Veränderungen auf das Vorhandensein einer Erkrankung des schallleitenden Apparats geschlossen werden durfte, einer oder mehreren der vorher geschilderten Stimmgabelprüfungen unterzogen und, wenn sie hierbei in der Mehrzahl der Fälle ein characteristisches Resultat, also einen bestimmten Ausfall der Prüfungsmethoden, fanden, diesen als diagnostisches Merkmal für die Affectionen des Schallleitungsapparats überhaupt proclamirten.

Ein solches Verfahren ist nach meiner Meinung nicht einwandsfrei. Denn, wenn die Stimmgabelprüfungen selbst in *allen* Fällen von Erkrankung des schallleitenden Apparats immer *dasselbe* Ergebniss liefern würden — in Wirklichkeit wird dieses angeblich pathognostische Resultat aber durchaus nicht in allen, wenn auch vielleicht in den meisten Fällen erhalten — so bleibt es doch immer zweifelhaft, ob nicht bei den zur Untersuchung benützten Patienten neben der festgestellten Affection des schallleitenden Apparats noch eine solche des schallempfindenden bestand, und ob nicht gerade die letztere für den characteristischen Ausfall der Stimmgabeluntersuchungen verantwortlich zu machen ist.

Würde bei allen denjenigen Schwerhörigen, bei welchen sich Veränderungen im äusseren und mittleren Ohr durch die objective Untersuchung nicht auffinden lassen, das Ergebniss der Stimmgabelprüfungen ein *entgegengesetztes* sein wie dort, wo der schallleitende Apparat nachweisbar erkrankt ist, so könnte man vielleicht mit etwas grösserer Berechtigung annehmen, dass der ersterwähnte Ausfall derselben eine Affection des schallleitenden, der entgegengesetzte eine solche des schallempfindenden Apparats anzeige. Dem ist nun aber nicht so. Wir finden vielmehr bei zahlreichen Schwerhörigen, bei denen der schallleitende Apparat wenigstens nachweisbar nicht erkrankt ist, ganz dasselbe Ergebniss der Stimmgabelprüfungen, wie bei solchen, bei denen pathologische Veränderungen im äusseren oder mittleren Ohre vorhanden sind. Es ist dieses übrigens ja auch nicht anders zu erwarten. Ist es doch anatomisch festgestellt, dass auch bei solchen Schwerhörigen, bei welchen Ohrenspiegel und Auscultation des Mittelohrs etwas Abnormes nicht nachzuweisen vermögen, an den unserer objectiven Untersuchung unzugänglichen Stellen des Schallleitungsapparats, z. B. den Labyrinthfenstern, oft genug sehr erhebliche pathologische Veränderungen (Steigbügelankylose etc.) vorhanden sind, welche die bestehenden Functionsstörungen mindestens ebenso gut verursachen können als andere, die sich durch die *objective Untersuchung intra vitam* feststellen lassen.

Da es durch letztere allein nun einmal nicht möglich ist, diejenigen Ohrenkranken, bei denen nur der schallleitende, und diejenigen, bei denen umgekehrt nur der schallempfindende Apparat afficirt ist, sicher von einander zu trennen, so hat man auch vielfach die klinischen *Symptome*, die *Entstehungsursache* und den *Verlauf des Leidens* mit herangezogen, um sie für die Einreihung des betreffenden Falls unter die Affectionen des schallleitenden oder schallempfindenden Apparats zu verwerthen.

In diesem Sinne sprechen manche Autoren von „**Labyrinthsymptomen**" und zählen hierhin *die subj. Gehörsempfindungen, die Hyperaesthesia acustica, Schwindel und Gleichgewichtsstörungen, Uebelkeit, Erbrechen und Taubheit.* Ich will nicht bestreiten, dass einzelne dieser Symptome eine pathognomonische Bedeutung, wenn auch nicht für die Erkrankungen des Labyrinths allein, so doch für diejenigen des ganzen schallempfindenden Apparats im Gegensatz zu denjenigen des schallleitenden *vielleicht* besitzen. Indessen ist hierüber etwas Sicheres bis jetzt nicht festgestellt.

Absolute doppelseitige Sprachtaubheit freilich weist nach Schwartze mit Sicherheit auf eine Erkrankung des Hörnervenapparats hin, sie schliesst indessen eine gleichzeitige Affection der schallleitenden Theile durchaus nicht aus, und sieht man in Folge dessen nicht selten, dass Ohrenkranke, die vorher für Sprache vollkommen taub waren, dieselbe nach einer Luftdouche, nach Application des künstlichen Trommelfells oder dergl. wieder verstehen. Nach Urbantschitsch kann völlige Sprachtaubheit auch durch pathologische Zustände im äusseren und mittleren Ohre allein, ohne nachweisliche Veränderungen im Labyrinth, bedingt sein.

Schwindel und Gleichgewichtsstörungen, Uebelkeit und Erbrechen sind vielfach auch bei Erkrankungen des schallleitenden Apparats beobachtet worden. Ob sie hier nur dann vorkommen können, wenn durch Druck auf die Aussenfläche des Trommelfells oder durch andere ursächliche Momente auch die Steigbügelplatte stärker nach innen gedrängt und hierdurch bez. durch Belastung der Membr. tymp. secundaria eine secundäre Drucksteigerung oder bei Mittelohrentzündungen eine fortgepflanzte Hyperaemie im Labyrinth entstanden ist, will ich dahingestellt sein lassen (vergl. hierüber auch später in der allgemeinen Symptomatologie in dem Abschnitt „Gleichgewichtsstörungen").

Subj. Gehörsempfindungen kommen bei fast allen Erkrankungen des schallleitenden Apparates vor. In manchen Fällen entstehen sie hier vielleicht durch secundäre Druck- und Circulationsveränderungen im Labyrinth. Indessen ist diese Annahme, wie später in der allgemeinen Symptomatologie näher ausgeführt werden wird, durchaus nicht für alle Fälle erforderlich; vielmehr ist es sehr wohl denkbar, dass durch Veränderungen im schallleitenden Apparat allein subj. Gehörsempfindungen verursacht werden können.

Hyperaesthesia acustica gegen hohe Töne beobachtete KESSEL nach Durchschneidung der Tensersehne und betrachtet er dieselbe hier als eine Folge der Contraction des M. stapedius.

Es ist demnach, wenn auch vielleicht nicht ganz sicher, so doch ausserordentlich wahrscheinlich, dass ein jedes der vorher aufgeführten 'Labyrinthsymptome' ebensowohl wie durch Erkrankungen des schallempfindenden so auch durch solche des schallleitenden Apparats erzeugt werden kann. Zahlreiche klinische Beobachtungen lehren, dass dieselben bei Affectionen des Mittelohrs, ja sogar des äusseren Gehörgangs vorkommen und nach Beseitigung derselben sofort verschwinden. So hat man z. B. bei einfachen Ceruminalpfröpfen (s. dort) nicht allein hochgradige Schwerhörigkeit und subj. Gehörsempfindungen, sondern sogar, wenn auch viel seltener, heftigen Schwindel beobachtet, welcher durch Entfernung des Pfropfs ebenso, wie die übrigen Beschwerden, beseitigt werden konnte. Es ist ja wohl möglich, dass in solchen Fällen der Pfropf das Trommelfell und die Gehörknöchelchenkette nach einwärts gedrängt und hierdurch eine Druckveränderung im Labyrinth bewirkt hat, auf welche der Schwindel und die subj. Gehörsempfindungen in letzter Instanz zurückgeführt werden müssen. Immerhin zeigt dieses Beispiel, dass eine Anzahl von Labyrinthsymptomen durch einfache Erkrankungen des schallleitenden Apparats bedingt sein kann, wenn auch vielleicht nur vermöge der Einwirkung, welche dieselben auf den Labyrinthinhalt ausüben.

Da nun selbst bei vollkommen normalem Trommelfellbefund und Auscultationsgeräusch während des Catheterismus tubae, wie wir durch Sectionen wissen, an den unseren objectiven Untersuchungsmethoden unzugänglichen Theilen der Paukenhöhle und zwar gerade an den dem Labyrinth am nächsten liegenden Partieen derselben, nämlich an den Fensternischen, sehr erhebliche pathologische Veränderungen vorhanden sein können, die wir intra vitam nicht zu erkennen im Stande sind, so folgt, dass die Beobachtung der sogenannten Labyrinthsymptome in einem concreten Fall uns höchstens vielleicht die Berechtigung giebt, einen krankhaften Zustand des Labyrinths zu supponiren, wobei es dahingestellt bleiben muss, ob derselbe ein primärer oder ein secundär vom Mittelohr aus inducirter ist, nicht aber eine gleichzeitig bestehende Affection des schallleitenden Apparats selbst in solchen Fällen auszuschliessen, in denen uns unsere objectiven Untersuchungsmethoden irgend etwas Pathologisches an demselben nicht bemerken lassen.

Wenn demnach das Vorhandensein der in Rede stehenden Symptome die Annahme eines, in manchen Fällen allerdings erst durch primäre Erkrankung des Schallleitungsapparats hervorgerufenen, abnormen Zustands im Labyrinth vielleicht gerechtfertigt erscheinen lässt, so beweist andererseits das Fehlen derselben durchaus nicht, dass der schallempfindende Apparat gesund ist. Vielmehr hat man denselben bei Sectionen oft genug hochgradig erkrankt gefunden, wo intra vitam weder vollkommene Taubheit noch auch Hyperaesthesia acustica, Schwindel, Uebelkeit und Erbrechen bestanden hatten.

Es ist also weder das Vorhandensein noch das Fehlen der sogenannten Labyrinthsymptome für die differentielle Diagnose zwischen reinen Erkrankungen des schallleitenden und solchen des schallempfindenden Apparates zu verwerthen.

Ebenso wenig aber fördert uns in dieser Beziehung die Ermittlung der eventuellen *Ursachen* des fraglichen Ohrenleidens oder die Beobachtung seines *Verlaufs* sehr erheblich. Denn, wie wir später bei der speciellen Pathologie der Ohrenkrankheiten zeigen werden, führen die gleichen *Ursachen* mitunter Erkrankungen des schallleitenden, mitunter solche des schallempfindenden Apparats herbei. Und was den *Verlauf* des Leidens anlangt, so ist es durchaus wahrscheinlich, dass beide Arten von Affectionen nicht nur eine erhebliche Beeinträchtigung bez. vollkommene Vernichtung der Function zur Folge haben, sondern auch, dass beide zur Heilung gelangen und mit völliger Wiederherstellung der functionellen Leistungsfähigkeit des Ohres enden können.

Freilich giebt es gewisse therapeutische Massnahmen, von denen es nahe liegt anzunehmen, dass sie, wenn überhaupt, nur auf krankhafte Veränderungen des schallleitenden, nicht aber auf solche des schallempfindenden Apparats günstig einzuwirken im Stande sind. Hierhin gehören z. B. der Catheterismus tubae und seine Ersatzverfahren, die Application der LUCAE'schen federnden Drucksonde und ferner verschiedene operative Eingriffe, wie die Trommelfellparacentese, die Tenotomie des Tens. tympani und andere. Bei gründlicherer Ueberlegung indessen wird es uns nicht entgehen können, dass auch diese eine Wirkung auf den schallempfindenden Apparat auszuüben sehr wohl im Stande sind, insofern sie durch Einwirkung auf die Membr. tymp. secundaria und die Steigbügelplatte eine Druckveränderung im Labyrinth herbeiführen können.

Da wir mithin selbst bei der gründlichsten *klinischen* Untersuchung von Ohrenkranken weder mit Rücksicht auf die vorhandenen Symptome noch auf die wahrscheinlichen Ursachen des Leidens, noch endlich auf den Verlauf oder die Beeinflussung desselben durch unsere therapeutischen Massnahmen in der Lage sind, einen gegebenen Fall während des Lebens *mit Sicherheit* als eine *reine* Erkrankung des schallleitenden bez. eine solche des schallempfindenden Apparats zu bezeichnen, so ist es erklärlich, dass man versucht hat, diesen Mangel unserer differentiellen Diagnostik durch *anatomische Untersuchungen des Ohres post mortem* zu beseitigen.

Natürlich können wir eine Förderung für die hier in Rede stehende Differentialdiagnose nur von der Section solcher Ohrenkranker erwarten, deren Gehörorgan man intra vitam und zwar noch möglichst kurze Zeit vor dem Tode genau untersucht, und bei denen man nicht nur den Ohrenspiegelbefund und das Auscultationsgeräusch beim Catheterismus tubae, sondern insbesondere auch den Zustand des Hörvermögens, die etwa vorhandenen subjectiven Beschwerden und die Ergebnisse der verschiedenen vorher erwähnten Stimmgabelversuche sorgfältig festgestellt hatte. Einige solche Untersuchungen sind in der ohrenärztlichen Literatur vorhanden. Ihre Zahl indessen ist so gering, dass ich dieselben als eine ausreichende Grundlage für die dem Ergebniss einzelner Stimmgabelversuche beigelegte differentialdiagnostische Bedeutung nicht anerkennen kann. Wenn ein solcher Versuch in drei oder vier Fällen, in denen die anatomische Untersuchung eine *reine* Affection des schallleitenden Apparats thatsächlich festgestellt hat, in einer bestimmten Richtung ausfiel, so beweist dieses nach meinem Dafürhalten durchaus noch nicht, dass dieser Ausfall für Erkrankungen des Schallleitungsapparats *pathognostisch* ist. Vielmehr ist es sehr wohl möglich, dass in den nächsten zur Untersuchung gelangenden Fällen gerade das Entgegengesetzte gefunden wird. Lägen aber auch anatomische Untersuchungen von im Leben sorgfältig beobachteten Fällen zu vielen Hunderten vor, so bliebe es meines Erachtens doch noch sehr zweifelhaft, ob den auf diese Weise gewonnenen Resultaten eine erhebliche Wichtigkeit für unsere differentielle Diagnostik beigelegt werden dürfte, *und ist hier zunächst die Frage zu erörtern, ob die anatomische Untersuchung eines Gehörorgans über die functionellen acustischen Leistungen desselben überhaupt ausreichenden Aufschluss zu geben vermag?*

Diese principiell wichtige Frage ist meines Erachtens mit „*nein*" zu beantworten. Sehen wir hier zunächst davon ab, dass wir den schallempfindenden Apparat für anatomisch gesund nur dann erklären können, wenn wir denselben, was bisher wohl nur ganz ausnahmsweise geschehen ist, in Zukunft ja aber geschehen könnte, in seiner ganzen Ausdehnung, also nicht allein das Labyrinth, sondern auch den Stamm des Hörnerven und seinen Verlauf im Gehirn genau untersucht und hierbei nichts Abnormes gefunden haben, ferner davon, dass, trotz anatomischer Integrität des Hörnervenapparats in seinen peripheren wie centralen Abschnitt, eine *functionelle* Erkrankung desselben, die mit unseren heutigen Methoden auch bei gründlichster microscopischer Untersuchung nicht nachweisbar ist, niemals ausgeschlossen werden kann, so wird man als einen für unser Gebiet ausserordentlich ins Gewicht fallenden Mangel der anatomischen Untersuchung doch ohne Zweifel anerkennen müssen, dass selbst der geübteste Microscopiker bei anatomischer Untersuchung der schwingungsfähigen Theile des mittleren und inneren Ohres niemals wird feststellen können, ob dieselben ihrer physiologischen Function, bei Einwirkung äusseren Schalls in bestimmter Weise mitzuschwingen und hierdurch direct oder indirect die peripheren Endigungen des Hörnerven in Erregung zu versetzen, intra vitam in normaler Weise entsprechen konnten oder nicht.

Wir brauchen, um dieses zu erhärten, gar nicht einmal auf die grossen Schwierigkeiten hinzuweisen, welche die anatomische Untersuchung der Labyrinthgebilde insbesondere auch deshalb bietet, weil bei Beurtheilung der diesbezüglichen microscopischen Befunde die artefiellen Veränderungen, welche die betreffenden Theile durch die vorher erforderlichen Praeparationsmethoden erlitten haben, stets in Rechnung gezogen werden müssen, können uns vielmehr auf die viel einfachere Betrachtung der entsprechenden Verhältnisse am Trommelfell beschränken:

Es mag dahin gestellt bleiben, ob ein geübter Microscopiker zu constatiren im Stande ist, dass ein normal erscheinendes und auch bei anatomischer Untersuchung nichts Abnormes zeigendes Trommelfell intra vitam acustisch normal functionirte. Meines Erachtens ist dieses nicht der Fall. Sicher aber ist, dass wir umgekehrt auf Grund einer pathologischen Veränderung des Trommelfells nicht auch eine abnorme acustische Function desselben anzunehmen berechtigt sind. *Wissen wir doch durch zahlreiche klinische Beobachtungen, dass Personen, deren Trommelfelle wesentliche krankhafte Veränderungen, wie hochgradige Einwärtsziehung, Trübung, Verdickung und Verkalkung der Membran, zeigen, dennoch ein vollkommen normales Gehör besitzen können.*

Um letzteres zu verstehen, müssen wir uns vergegenwärtigen, dass die acustische Functionsfähigkeit eines mitschwingenden Systems auf dem Verhältniss beruht, in welchem die Masse, die Elasticität und die Dämpfung desselben zu einander stehen, und dass, wenn *eine* dieser physicalischen Constanten, also z. B. die Masse des Systems, eine Veränderung erlitten hat, durch entsprechende Aenderung der *anderen* ein Ausgleich stattfinden kann, so zwar, dass das veränderte System in derselben Weise mitschwingt wie vorher. Im Ohre nun liegen die betreffenden Verhältnisse sehr complicirt: hier ist es nicht allein das Trommelfell, welches bei Einwirkung von Schallwellen in Mitschwingung geräth, sondern ausserdem noch die Kette der Gehörknöchelchen, das Ringband des Steigbügels, die Membran des runden Fensters, die nicht nervösen Gebilde des Labyrinths, also die in demselben enthaltene Peri- und Endolymphe, die membranösen Wandungen der Säckchen und der halbzirkelförmigen Canäle, die Lamina basilaris der Schnecke, die Corti'sche und Reissner'sche Membran und die theils elastischen, theils festen Anhänge der peripheren Endigungen des Hörnerven, endlich aber auch wahrscheinlich noch die knöchernen Theile des Schläfenbeins.

Die Beobachtung, dass bei erheblicher pathologischer Veränderung des Trommelfells die Gehörschärfe vollkommen normal sein kann, lässt sich nun entweder durch die Annahme erklären, dass, wenn einige seiner physicalischen Constanten in bestimmter Weise krankhaft verändert sind, durch entsprechende Aenderung anderer ein die normale Functionsfähigkeit herstellender Ausgleich zu Stande kommt, oder auch durch die anderweitige Annahme, dass durch entsprechende Aenderungen an den vorher aufgeführten übrigen Theilen des innerhalb unseres Schallleitungsapparats befindlichen mitschwingenden Systems die Störung der physiologischen Function des Trommelfells compensirt wird.

Jedenfalls lehrt unser Beispiel, dass wir durch anatomische Untersuchung niemals zu eruiren vermögen, in welchem Theil des Gehörorgans der die Functionsstörung bedingende krankhafte Zustand seinen Sitz hat. Denn ebenso wenig wie ein dem Auge pathologisch erscheinender Theil des Schallleitungsapparats acustisch abnorm zu functioniren braucht*), ebenso wenig dürfen wir umgekehrt annehmen, dass ein unserem Auge durchaus normal *erscheinender Theil des Ohres auch thatsächlich normal functionirt.*

---

*) Um zu erkennen, ob pathologische Veränderungen am Trommelfell die Spannungsverhältnisse desselben alteriren, was, wie ich vorher ausgeführt habe, durchaus nicht immer der Fall zu sein braucht, hat Lucae 1886 empfohlen, das „*Anblasegeräusch*" des äusseren Gehörgangs zu untersuchen. Zu diesem Behuf führt er das eine Ende einer kleinen Gummiröhre ungefähr ½ cm tief in den vorher von allen etwaigen Ansammlungen befreiten Gehörgang ein und bläst diese Röhre schwach an. Hierbei hört man nach Lucae in der Norm ein tieferes Geräusch, dessen Grundton etwa an der Grenze der kleinen und eingestrichenen Octave liegt. Dasselbe resultirt aus der gemeinschaftlichen Resonanz des äusseren Gehörgangs, des Mittelohrs und des Trommelfells. Während bei normalem Trommelfell nach Lucae in der Regel auch ein normales Anblasegeräusch beobachtet wird, kann dasselbe bei pathologischem Trommelfellbefunde sowohl normal als pathologisch ausfallen. Bedeutend *erhöht* zeigte es sich bei stärkerer Einziehung des Trommelfells und bei totaler starker Verdickung desselben, weniger häufig bei partiellen Verdickungen, selbst wenn dieselben in grossen, intermediären Kalkablagerungen bestehen. Eine *Vertiefung* kommt bei erhaltener Continuität des Trommelfells viel seltener zur Beobachtung. Sie zeigt sich am häufigsten bei grossen, schlaffen Perforationsnarben, manchmal ohne dass eine Beeinträchtigung des Gehörs vorhanden ist, während dagegen die Fälle mit Erhöhung des Geräusches, also mit vermehrter Spannung des Trommelfells, nach L. stets mit Schwerhörigkeit verschiedenen Grades einhergehen. Diese von L. angegebene Untersuchungsmethode hat bis jetzt wenig Anwendung bei den Ohrenärzten gefunden. Es liegt dieses zum Theil wohl daran, dass, um die Höhe eines Geräusches zu beurtheilen, ein sehr feines musikalisches Gehör erforderlich ist, was nicht jeder Ohrenarzt besitzt. Ausserdem aber ist wohl einleuchtend, dass auch das „Anblasegeräusch" des äusseren Gehörgangs uns einen sicheren Aufschluss über die Spannungsverhältnisse des *ganzen* Schallleitungsapparats nicht zu liefern vermag, insofern kann anzunehmen ist, dass Spannungsveränderungen der

Ich glaube daher, dass wir durch anatomische Untersuchung über die etwaige Bedeutung der verschiedenen Methoden der Hörprüfung (des WEBER*'schen, des* RINNE*'schen Versuchs etc.) für die differentielle Diagnostik zwischen Erkrankungen des schallleitenden und des schallempfindenden Apparats ebensowenig bestimmte Aufschlüsse erhalten können wie durch die klinische Beobachtung, und bin der Ansicht, dass wir uns weder jetzt noch in Zukunft jemals werden für berechtigt halten dürfen, nach dem verschiedenen Ausfall der in Rede stehenden Stimmgabelversuche mit* **Sicherheit** *eine reine* **uncomplicirte** *Affection des schallleitenden bez. des -empfindenden Apparats zu diagnosticiren.*

Auch kann ich der Ansicht derjenigen Autoren, welche bei *übereinstimmendem Ausfall* **mehrerer** dieser Hörprüfungsmethoden die entsprechende Diagnose für gesichert halten, insbesondere wenn der übrige Symptomencomplex, die Entstehungsgeschichte des Leidens und der Verlauf desselben damit in Einklang zu stehen scheinen, durchaus nicht beipflichten.[*] Denn da nach meiner Meinung die differentialdiagnostische Verwerthung von keiner dieser Methoden auf einem ausreichenden Fundament basirt ist, so kann ich nicht erwarten, bei einem Zusammenfassen von mehreren derselben nunmehr durchaus sichere Anhaltspunkte für die Diagnose zu erhalten. Wie wenig sich aber die Symptome, die Entstehungsgeschichte und der Verlauf des Leidens für die hier in Betracht kommende differentielle Diagnose mit Sicherheit verwerthen lassen, ist vorher bereits zur Genüge erörtert worden.

Aus all' diesen Gründen können uns die Ergebnisse der in Rede stehenden Hörprüfungsmethoden nach meinem Dafürhalten sichere Anhaltspunkte für die differentielle Diagnose bezüglich

---

Membran des runden Fensters oder des Lig. annulare stapedis oder gar der nicht nervösen Labyrinthgebilde dieses „Anblasegeräusch" beeinflussen werden. Dass eine Vertiefung desselben bei grossen, schlaffen Perforationsnarben nicht immer mit Schwerhörigkeit einhergeht, hat LUCAE übrigens selber hervorgehoben, und steht dieses in gutem Einklang mit meinen oben (S. 89 u. 90) erörterten Anschauungen über die Beziehungen zwischen anatomischen Veränderungen des Schallleitungsapparats und seiner acustischen Functionsfähigkeit.

[*] Häufig hört man die Ansicht äussern, dass *ein* Symptom in der Medicin niemals eine Diagnose ergebe, und dass man daher auch nicht erwarten dürfe, aus dem Ausfall des WEBER'schen und des RINNE'schen oder eines der anderen hier in Rede stehenden Stimmgabelversuche *allein* eine differentielle Diagnose zwischen Erkrankungen des schallleitenden und -empfindenden Apparats stellen zu können. Das ist indessen unrichtig. Denn freilich giebt es in der Medicin Symptome, aus denen allein eine Diagnose gestellt werden kann und auch gestellt wird. So beweist z. B. ein diastolisches Aortengeräusch das Vorhandensein einer Insufficienz der Aortenklappen, der microscopische Nachweis von Epithelien der Harncanäle oder von Cylindern im Urin eine Erkrankung des Nierenparenchyms. Auch die otiatrische Diagnostik kennt solche pathognostischen Symptome. So beweist z. B. die Entleerung von Schleimfäden oder -klümpchen beim Ausspritzen des Gehörgangs oder ein „nahes feuchtes Rasselgeräusch" bei der Auscultation eine Erkrankung des Mittelohrs. Kurz die obige Anschauung mancher Autoren ist mit Leichtigkeit als nicht stichhaltig zu erweisen.

Die grosse Hartnäckigkeit, mit welcher Viele an der „hohen diagnostischen Bedeutung" dieser Stimmgabelversuche festhalten, ist meines Erachtens zum Theil wohl darin begründet, dass sie die Mangelhaftigkeit unseres diagnostischen Könnens nicht gern zugeben wollen, in der Meinung, dass hierdurch das wissenschaftliche Ansehen unserer Specialdisciplin Schaden leiden könnte. Diese Befürchtung indessen scheint mir grundlos zu sein. Es giebt in der Medicin Gebiete genug, auf denen die Diagnostik nicht mehr leistet als in der Otiatrie. So werden die besten Kliniker bei den meisten Psychosen, bei Hysterie, bei Epilepsie, bei Chorea, bei Diabetes intra vitam über den Sitz der diesen Erkrankungen zu Grunde liegenden anatomischen Veränderungen etwas Sicheres nicht auszusagen vermögen. Ja, häufig genug ist auch post mortem bei diesen Affectionen die Krankheitsursache nicht nachweisbar.

des Sitzes der Erkrankung im schallleitenden oder schallempfindenden Apparat unter keinen Umständen liefern.

Dagegen bin ich nach Beobachtungen an Kranken geneigt, *mit einer gewissen Wahrscheinlichkeit* eine Affection des Labyrinths bez. des schallempfindenden Apparats dann anzunehmen, wenn der Patient „hohe" Stimmgabeltöne wie c^4 oder fis^4 per Luftleitung ganz unverhältnissmässig viel schlechter hört als „tiefe" (z. B. c oder A).

Sodann giebt es zwei Formen von Functionsanomalien, von denen die eine nach meiner Meinung *mit Sicherheit*, die andere wenigstens *mit grosser Wahrscheinlichkeit* die Annahme einer jenseits der Paukenhöhle gelegenen Erkrankung gestattet. Erstere ist das *„Falschhören"*, welches mitunter zum *„Doppelhören"* (*Diplacusis binauralis sive Paracusis duplicata*, in neuerer Zeit auch *Diplacusis disharmonica* genannt) führt. Die Kranken hören einzelne Töne der Scala falsch. Wenn die Anomalie nur auf einem Ohre besteht, so erscheinen sie ihnen auf diesem entweder höher oder auch tiefer als auf dem anderen.

Die Differenz in der Tonhöhe war in den bisher publicirten Fällen sehr verschieden gross, in einigen betrug sie nur den Bruchtheil eines halben Tons, in anderen mehrere ganze Töne, einmal sogar eine volle Octave. Zwischen diesen Extremen sind mannigfache Zwischenstufen von Falschhören beobachtet worden. Gewöhnlich betraf dasselbe nicht die ganze Ausdehnung der musikalischen Scala, sondern nur einen kleineren oder grösseren Theil derselben. Die Töne innerhalb des letzteren wurden in manchen Fällen sämmtlich um das gleiche Intervall, z. B. um eine Terze, zu hoch oder zu tief gehört, in anderen war dieses nicht der Fall. So heisst es von einem derartigen Kranken, dass er das Contra-A rechts um einen ganzen Ton höher hörte als links, und dass die Tondifferenz, je weiter sich die anderen zur Prüfung verwendeten Töne vom Contra-A nach aufwärts entfernten, um so geringer wurde, bis sie endlich bei der fünften Octave gänzlich verschwand. Zuweilen beobachtet man, dass das Falschhören von Tönen, welches mitunter, wenn auch nicht immer, nicht nur bei Zuleitung derselben durch die Luft, sondern auch durch den Knochen (Application von Stimmgabeln auf den Schädel) nachweisbar ist, sich im weiteren Verlauf des Leidens allmählich vermindert, so zwar, dass das in den ersten Tagen deutlich wahrnehmbare Intervall später immer geringer wird und schliesslich vollkommen verschwindet.

Es ist natürlich, dass ein solches Leiden genau nur von *musikalischen* Menschen beobachtet werden kann, und auch diesen wird das Falschhören gewöhnlich nur dann zum Bewusstsein gelangen, wenn dasselbe zum Doppelhören führt, in welchem Falle sie statt eines Tones immer zwei percipiren, wodurch beim Anhören von Musik meist eine sehr störende, mitunter vollkommen unerträgliche Empfindung von Dissonanz entsteht. Führt das Falschhören *nicht* zur Diplacusis binauralis — und dieses wird sehr wahrscheinlich immer dann der Fall sein, wenn entweder das falschhörende oder auch das andere Ohr eine vergleichsweise sehr geringe Hörschärfe besitzt, sodass bei der Gehörswahrnehmung nur die Eindrücke des einen gut oder besser hörenden Ohres mitwirken, die des anderen aber unwillkürlich vollkommen vernachlässigt werden, — so dürfte es auch ein musikalischer Patient nur dann bemerken, wenn es, wie in einem von mir beobachteten Falle, das einzig noch functionirende Ohr eines ausübenden Musikers (Violinisten) betroffen hat. Derselbe hörte, da sein anderes Ohr schon vor langer Zeit vollkommen zu Grunde gegangen war, zwar nicht *doppelt*, wohl aber, trotzdem er sich bewusst war, richtig zu spielen, Alles, was er spielte, *falsch*.

Personen, welche weder Musik machen, noch hören, kann das Vorhandensein der in Rede stehenden Functionsanomalie um so leichter vollkommen entgehen, als dieselbe gewöhnlich nur kürzere Zeit andauert. Aber auch bei anderen kann dieses vorkommen, wenn sie ein nur geringes musikalisches Gehör und daher ein wenig entwickeltes Gefühl für Dissonanz besitzen. Da die Zahl der unmusikalischen Menschen eine sehr grosse ist, darf es nicht Wunder nehmen, dass wir in der ohrenärztlichen Literatur Mittheilungen über „Falschhören" im Ganzen sehr selten antreffen, wie hinzu, dass dieser interessante pathologische Zustand genau eigentlich auch nur von solchen Ohrenärzten beobachtet werden kann, welche selber musikalisch sind.

Bei der Untersuchung desselben muss man natürlich bestrebt sein, nur *reine, einfache Töne* zu benutzen, nicht aber Klänge, welche neben ihrem Grundton noch eine Reihe von Obertönen enthalten. Sodann muss man sich bemühen, die zur Prüfung be-

stimmten Töne, indem man sie nicht zu laut erklingen lässt und das andere Ohr möglichst gut verschliesst, allein auf das falschhörende einwirken zu lassen, da die Patienten,
wenn das andere Ohr sehr viel besser hört und nicht ausreichend vom Höract ausgeschlossen wird, in Folge der überwiegenden normalen Gehörsempfindung die abnorme häufig
überhaupt nicht mehr wahrzunehmen im Stande sind. Um einfache Töne zu erhalten,
kann man Stimmgabeln benützen, deren Obertöne, wie in Fig. 12 (Taf. XVI), durch Ge-
wichte beseitigt sind, besser noch, da dieses meist doch nicht vollständig gelingt, Stimmgabeln mit Resonatoren oder endlich weite gedackte und schwach angeblasene Orgelpfeifen,
deren Klang fast frei von Obertönen und nur von Luftgeräusch begleitet ist.

Was nun die *Erklärung für das Zustandekommen des „Falschhörens"*
von Tönen resp. der „Diplacusis binauricularis" und ihre diagnostische Be-
deutung anlangt, so steht dieselbe in nächster Beziehung zu der v. HELMHOLTZ-
schen *Theorie über die Klanganalyse im Labyrinth*, und scheint es mir daher
geeignet die letztere an dieser Stelle in Kürze zu erörtern:

Die tägliche Erfahrung lehrt, dass wir an einem Klang ausser *Stärke* und *Höhe*
noch eine dritte Eigenthümlichkeit wahrzunehmen vermögen, nämlich die *Klangfarbe*.
Da nun, wie man durch einfache physikalische Beobachtungen feststellen kann, die *Stärke*
eines Klanges von der *Breite* oder *Amplitude der Schwingungen* des als Schallquelle
dienenden tönenden Körpers, seine *Höhe* aber von der *Schnelligkeit* derselben abhängt,
so kann die dritte Eigenthümlichkeit eines Klanges, die *Klangfarbe*, welche es uns so
ausserordentlich leicht macht, zu erkennen, ob gleich hohe und starke Töne beispielsweise
von einem Klavier, oder einer Violine, einer Trompete oder irgend einem anderen Instrument angegeben sind, nur von einer weiteren, dritten Eigenschaft der Schallschwingungen
abhängen, nämlich von der Art und Weise, wie die Bewegung innerhalb jeder einzelnen
Schwingungsperiode vor sich geht, d. h. also von der *Schwingungsform*. Die letzteren
kann man sich am besten anschaulich machen, wenn man den tönenden Körper seine
Schwingungen auf einem durch ein Uhrwerk mit gleichmässiger Geschwindigkeit vorüber-
gezogenen Stück Papier selber aufschreiben lässt.

Fig. 4 bez. in vergrössertem Maassstab Fig. 5 (Taf. V) stellt die Schwingungscurve einer angeschlagenen Stimmgabel — ihre Vibrationen haben dieselbe Form wie diejenigen eines in Bewegung gesetzten Pendels —, Fig. 6 (Taf. V) die Schwingungscurve
eines vom Bogen angegriffenen Punktes einer Violinsaite dar. Durch FOURIER und
OHM ist nachgewiesen worden, dass mit Ausnahme der in Fig. 4 (Taf. V) dargestellten,
einem „Ton" entsprechenden pendelartigen Schwingungen, die man auch „*einfache oder
Sinusschwingungen*" nennt, jede beliebige regelmässig periodische Schwingung aus einer
Summe von einfachen, pendelartigen Schwingungen zusammengesetzt werden kann, deren
Schwingungszahlen 1, 2, 3, 4 etc. mal so gross sind, als diejenige der zusammengesetzten
Bewegung [*]) und dass diese Zusammensetzung einer jeden complicirteren periodischen
Schwingung aus einfachen Sinusschwingungen stets nur *in einer einzigen Weise* möglich
ist. So entsteht die in Fig. 7 C (Taf. V) dargestellte complicirte Schwingungscurve,
wenn wir die einfachen Sinuscurven Fig. 7 A u. B (Taf. V), deren Perioden im Verhältniss von 1 : 2 stehen, dagegen die in Fig. 8 C (Taf. V) gezeichnete complicirte
Schwingungscurve, wenn wir die einfachen Sinusschwingungen Fig. 8 A u. B. (Taf. V),
deren Perioden im Verhältniss von 1 : 3 stehen, Fig. 10 C (Taf. V), wenn wir die Curven
Fig. 10 A u. B (Taf. V), deren Perioden im Verhältniss von 1 : 2, Fig. 9 C (Taf. V),
wenn wir die Curven Fig. 9 A u. B (Taf. V), deren Perioden im Verhältniss von 2 : 3
stehen, summiren.

Aus der Zusammensetzung der einfachen Sinuscurven A u. B Fig. 7 (Taf. V)
erhält man nun aber nicht immer die Curve C Fig. 7 (Taf. V), vielmehr kann man
aus der Summation derselben noch unendlich viel andere Schwingungsformen erhalten,
wenn man, ehe man zur Addition schreitet, die Curve B unter A um eine grössere oder
kleinere Strecke seitlich verschiebt, oder, wie die Physiker sagen, den *Phasenunterschied*
der Schwingungen ändert. Verschiebt man sie soweit, dass der Punkt e nicht wie vorher
unter d_0, sondern unter d_1 liegt, so ergibt sich bei der Summation die Curve D (Fig. 7

---

[*]) Eine aus einfachen Sinusschwingungen zusammengesetzte periodische Bewegung
erzeugt nach v. HELMHOLTZ im Gegensatz zum einfachen „*Ton*" einen „*Klang*", in welchem ausser dem „*Grundton*", der auch als *erster* „*Partialton*" des *Klanges* bezeichnet
wird, eine Reihe sogenannter „*harmonischer Obertöne*" enthalten sind.

Taf. V) mit schmalen Bergen und breiten Thälern; verschiebt man B so weit, dass c unter d² fällt, so ergiebt sich bei der Summation die Curve E (Fig. 7 Taf. V) u. s. w.

Wie nun v. Helmholtz zum Theil mit Hülfe seiner Resonatoren, zum Theil mit seinem berühmten *Vocalapparat*, bei welchem er die Klänge der einzelnen Vocale mittels elektromagnetischer Stimmgabeln mit vorgesetzten Resonatoren, deren Schwingungen er in hier nicht näher wiederzugebender Weise einen Phasenunterschied ertheilen konnte, experimentell nachgewiesen hat, documentiren sich diejenigen complicirten Schallschwingungen, welche aus Sinusschwingungen von ungleicher Schwingungsdauer, wie z. B. C Fig. 7 (Taf. V) und C Fig. 8 (Taf. V) zusammengesetzt sind, oder solche, deren einfache Componenten zwar dieselben Perioden, nicht aber dieselben Amplituden zeigen, dem Ohre stets durch eine verschiedene Klangfarbe, nicht aber diejenigen, deren verschiedene Schwingungsform nur durch Phasenunterschiede der sie zusammensetzenden einfachen Sinusschwingungen resultirt.

Was folgt hieraus für die Physiologie des Ohres?

Würden alle durch ihre Form sich unterscheidenden Schallschwingungen sich dem Ohre durch eine verschiedene Klangfarbe zu erkennen geben, so könnte man annehmen, — und so geschah es vor v. Helmholtz — dass es die ungleiche Form der Erregung des ganzen Hörnervenendes ist, welche diese Eigenthümlichkeit der Gehörsempfindung, die „Klangfarbe" bedingt, ebenso wie man die verschiedene Stärke eines Tons auf eine ungleich starke, die verschiedene Höhe desselben auf eine verschieden schnelle Erregung des Hörnervenendes beziehen könnte. Da nun aber die unendlich zahlreichen Schwingungsformen, welche durch blosse Phasenverschiebungen zusammenwirkender einfacher Sinusschwingungen entstehen, nach v. Helmholtz's Untersuchungen keine verschiedene, sondern stets die gleiche Klangfarbe zeigen, so kann zur Erklärung der letzteren eine verschiedene Form der Erschütterung des ganzen Hörnervenendes nicht angenommen werden. Wohl aber erklärt sich dieselbe in durchaus einfacher Weise, wenn man supponirt, dass die peripheren Enden der einzelnen Hörnervenfasern alle mit abgestimmten, schwingungsfähigen Hülfsapparaten verbunden sind, welche nur dann und immer dann in Mitschwingung gerathen, wenn in den auf das Labyrinth fortgepflanzten periodischen Schallschwingungen einfache Töne enthalten sind, deren Schwingungszahl dem Eigenton jener Hülfsapparate entspricht, dass die Eigentöne dieser mit verschiedenen Nervenfasern verbundenen elastischen Gebilde eine regelmässige Stufenfolge durch die ganze Länge der musikalischen Scala bilden und dass die mit ungleich abgestimmten Endapparaten verbundenen Nervenfasern verschieden empfinden, so zwar, dass die Perception verschiedener Tonhöhen bez. verschiedener Klangfarben eine Empfindung in verschiedenen Nervenfasern wäre und für jede einzelne Nervenfaser nur die Unterschiede der Stärke der Erregung übrig blieben. Diese Annahme erklärt nicht allein, warum wir in einem musikalischen Klang nicht nur den Grundton, sondern — mitunter leicht, mitunter schwer und nur bei grösserer Uebung resp. angestrengter Aufmerksamkeit — gleichzeitig die harmonischen Obertöne desselben hören, warum wir Klänge, welche ungleiche Obertöne oder auch dieselben, aber in anderem Intensitätsverhältniss enthalten, als verschieden empfinden, sondern auch, warum wir die unendlich zahlreichen Arten zusammengesetzter Schwingungsformen, welche nur durch Phasenunterschiede der einzelnen Partialtöne eines musikalischen Klanges entstehen, nicht als verschieden empfinden, eine Erscheinung, welche sich ausser durch diese v. Helmholtz'sche Theorie über „die Klanganalyse im Labyrinth" wohl durch keine andere Annahme über den physiologischen Vorgang beim Hören erklären lässt.

v. Helmholtz veranschaulicht diese seine Theorie von der Klanganalyse im Labyrinth durch eine sehr einfache und instructive Betrachtung. Er sagt („Die Lehre von den Tonempfindungen" S. 210): „Denken wir uns den Dämpfer eines Claviers gehoben, und lassen irgend einen Klang kräftig gegen den Resonanzboden wirken, so bringen wir eine Reihe von Saiten in Mitschwingung, nämlich *alle* die Saiten und *nur* die Saiten, welche den einfachen Tönen entsprechen, die in dem angegebenen Klange enthalten sind." . . . . „Könnten wir nun jede Saite eines Claviers mit einer Nervenfaser so verbinden, dass die Nervenfaser erregt würde und empfände, so oft die Saite in Bewegung geriethe, so würde in der That genau so, wie es im Ohre wirklich der Fall ist, jeder Klang, den das Instrument trifft, eine Reihe von Empfindungen erregen, genau entsprechend den pendelartigen Schwingungen, in welche die ursprüngliche Luftbewegung zu zerlegen wäre; und somit würde die Existenz jedes einzelnen Obertons genau ebenso wahrgenommen werden, wie es vom Ohre wirklich geschieht. Die Empfindungen verschieden hoher Töne würden unter diesen Umständen verschiedenen Nervenfasern zufallen, und daher ganz getrennt und unabhängig von einander zu Stande kommen. Nun lassen in der That die neueren Entdeckungen der Microscopiker über den inneren Bau des Ohres die Annahme zu, dass im Ohre ähnliche Einrichtungen vorhanden seien, wie wir sie uns eben erdacht haben. Es findet sich nämlich das Ende jeder Nervenfaser des Gehörnerven verbunden mit kleinen elastischen Theilen, von denen wir annehmen müssen, dass sie durch die Schallwellen in Mitschwingung versetzt werden."

Erklärt die v. Helmholtz'sche *Theorie von der Klanganalyse im Labyrinth* mithin auf einfache und ungezwungene Weise, warum alle diejenigen Klänge, in welchen *verschiedene* Partialtöne vorkommen oder auch solche, in denen die *gleichen* Partialtöne, aber in *verschiedenem* Stärkeverhältniss enthalten sind, für unser Ohr eine *ungleiche* Klangfarbe besitzen, nicht aber solche, deren Partialtöne gleich hoch und gleich stark, indessen in ihrer Phase gegen einander verschoben sind, kurz *giebt die genannte Theorie eine durchaus befriedigende Erklärung für die verschiedenen Vorgänge des Hörens unter physiologischen Verhältnissen, soweit sich dasselbe auf Töne und musikalische Klänge bezieht, so ist sie es auch wiederum, welche allein in allen Fällen auf einfache Weise das Zustandekommen des pathologischen „Falschhörens" von Tönen bez. der „Diplacusis binauricularis dysharmonica" verständlich macht.* Nehmen wir nämlich an, dass der in der Norm auf c abgestimmte elastische Endapparat der c-empfindenden Hörnervenfaser unter pathologischen Verhältnissen auf dem rechten Ohre verstimmt ist, so zwar, dass er nun nicht mehr auf c, sondern auf d mitschwingt, so wird Patient mit dem rechten Ohre, wenn d angeschlagen wird, c, also um einen Ton tiefer und, wenn das linke Ohr bei der Prüfung vom Höract nicht ausgeschlossen wird, *doppelt* hören. Sind statt eines mehrere von den ungleich abgestimmten elastischen Endapparaten der Hörnervenfasern verstimmt, so wird das „Falsch-" bez. „Doppelhören" nicht einen, sondern mehrere Töne der Scala betreffen, und wird es ganz von dem Grad der Verstimmung abhängen, um welches Intervall der resp. die auf dem kranken Ohr vernommenen Töne von den thatsächlich auf das Ohr einwirkenden differiren.

Nach meiner Ansicht ist diese Erklärung für das Zustandekommen des pathologischen Falschhörens von Tönen bez. der Diplacusis binauricularis dysharmonica für diejenigen Fälle, wo auf dem kranken Ohr statt des richtigen ein zu diesem in keinem harmonischem Verhältniss stehender Ton gehört wird, die einzig mögliche.

Ob durch pathologische Vorgänge in den Hörnervenfasern und in ihren centralen Ursprüngen gleiche Erscheinungen hervorgerufen werden können, muss ich allerdings dahingestellt sein lassen.

Dagegen ist die Annahme einzelner Autoren, dass das pathologische Falschhören von Tönen in den oben genauer definirten Fällen gelegentlich auch bei vollkommen normalem Zustande des Labyrinths und Hörnervenapparats lediglich durch Erkrankung des Trommelfells bez. des Mittelohrs oder, allgemein gesagt, durch Spannungsänderungen des Schallleitungsapparats erzeugt werden kann, nach meiner Ansicht für diese Fälle durchaus unhaltbar. Denn nach den Gesetzen der Resonanz schwingt ein mitschwingender Körper, sei es die Platte des Telephons oder die Membran des Phonographen oder auch das menschliche Trommelfell, immer in der Periode des erregenden Tons.[1] Wirkt also auf das Trommelfell ein Ton von 100 Schwingungen in der Secunde ein, so macht das Trommelfell ebenfalls 100 Schwingungen in der Secunde, wirkt ein Ton von 200 Schwingungen ein, so macht es 200 Schwingungen in der Secunde u. s. w..

---

[1] v. Helmholtz sagt S. 236 l. c.: „Wenn nämlich ein elastischer Körper durch einen Ton in Mitschwingung versetzt wird, so schwingt er mit in der Schwingungszahl des erregenden Tones."

Werden die physicalischen Constanten des mitschwingenden Systems verändert. wie dieses bei Mittelohraffectionen nicht selten geschieht, so kann hierdurch nichts Anderes beeinflusst werden als die Amplitude des Mitschwingens. Es wird also bei Mittelohrkrankheiten das Trommelfell bei gewissen Tönen der Scala *weniger stark* mitschwingen wie in der Norm, es kann sogar vorkommen, dass die Amplitude des Mitschwingens = 0 wird, dass also gewisse Töne auf den Hörnervenapparat überhaupt nicht mehr übertragen werden. Schwingt aber das Trommelfell oder, allgemeiner gesagt, der schallleitende Apparat noch mit, so muss es immer in der Periode des erregenden Tones geschehen.

Es kann mithin durch krankhafte Veränderungen innerhalb des äusseren und mittleren Ohres die Diplacusis in den oben bezeichneten Fällen niemals erklärt werden und, wenn dieselbe gerade bei Mittelohrcatarrhen oder -entzündungen relativ häufig beobachtet ist, so beweist dieses noch nicht, dass sie durch letztere bedingt wird, sondern nur, dass häufig neben der Mittelohrkrankheit noch eine Labyrinthaffection besteht.

Auch die freilich sehr eigenthümliche und zuweilen gegen die Erklärung des Falschhörens vom Labyrinth aus angeführte Erscheinung, dass in manchen Fällen von Diplacusis binauricul. dysharmonica, in welchen die Patienten statt eines per Luftleitung zugeführten Stimmgabeltons einen zu diesem unharmonischen vernehmen, die auf den Schädel aufgesetzte Stimmgabel *per Kopfknochenleitung* richtig empfinden wird, bez. dass in diesen Fällen der betreffende Stimmgabelton nur per Luft-, nicht aber per Knochenleitung doppelt gehört wird, kann die oben erörterte Anschauung nicht erschüttern. Denn wenn wir auch annehmen wollen, dass bereits im schallleitenden Apparat z. B. im Trommelfell abgestimmte Fasern vorhanden sind, von denen jede nur bei ihrem Eigenton in Mitschwingung geräth, und welche unter pathologischen Verhältnissen verstimmt sein können, so wird hierdurch die Erscheinung des Falsch- oder Doppelhörens einfacher Töne in obigen Fällen durchaus nicht erklärt. Es würde nämlich bei pathologischer Verstimmung einzelner dieser Fasern der betr. Ton einfach durch andere auf das Labyrinth übertragen, und in diesem die richtige Gehörsempfindung ausgelöst werden. Die oben erwähnte interessante Erscheinung, dass in manchen Fällen von Diplacusis binauricul. dysharmonica die betreffenden Stimmgabeltöne nur per Luft-, nicht aber per Kopfknochenleitung falsch bez. doppelt gehört werden, ist daher nach meiner Ansicht nicht anders zu erklären, als durch die Annahme, dass beim Aufsetzen von Stimmgabeln auf den Schädel diejenige Hörnervenfaser, welche die Empfindung des betr. Stimmgabeltons vermittelt, nicht durch Vibration ihres abgestimmten elastischen Endapparats, sondern direct (etwa vom Knochen oder der Labyrinthflüssigkeit aus) in Erregung versetzt wird. *Anders liegen die Verhältnisse, wenn die Patienten statt des richtigen Tons auf dem kranken Ohr einen seiner harmonischen Obertöne hören,* also einen Ton, dessen Schwingungszahl 2, 3, 4, 5 etc. Mal grösser ist. Dieses nämlich kann ebensowohl wie durch Erkrankung der abgestimmten peripheren Endorgane der Hörnervenfasern im Labyrinth auch durch Erkrankung des schallleitenden Apparats bedingt sein. Denn ein abgestimmter elastischer Körper schwingt, wenn er wenig gedämpft ist, nicht nur bei seinem Eigenton, sondern auch bei seinen harmonischen Untertönen leicht mit; man überzeugt sich hiervon rasch, wenn man von einer Saite des Klaviers den Dämpfer abhebt. Sind also bereits im Trommelfell oder, allgemeiner gesagt, im schallleitenden Apparat einzelne abgestimmte Fasern vorhanden, welche nur bei ihrem Eigenton in Mitschwingung gerathen, so wird, wenn eine derselben unter pathologischen Umständen weniger gedämpft ist als in der Norm, diese schon auf ihre harmonischen Untertöne, also auf die tiefere Octave, auf die tiefere Duodecime, auf den um 2 Octaven tieferen Ton etc. relativ stark resoniren, und in Folge hiervon neben dem richtigen Ton auf demselben Ohr noch ein falscher gehört werden. Wird also bei der Diplacusis neben dem richtigen Ton einer seiner harmonischen Obertöne vernommen, so kann dieses auch auf einer Affection des *schallleitenden* Apparats beruhen. Die oben gegebene Erklärung wird insbesondere in denjenigen Fällen von Diplacusis zutreffen, wo schon mit *einem* Ohr, also *monaural*, gleichzeitig ausser dem richtigen noch ein falscher Ton gehört wird. Natürlich können eine Verstimmung der abgestimmten Fasern im Ohr und eine pathologische Verminderung ihrer Dämpfung combinirt vorkommen und hieraus complicirte Verhältnisse resultiren.

Aehnlich verhält es sich auch mit solchen Beobachtungen von Falschhören, bei welchen nicht einfache Töne, sondern Klänge zur Prüfung benützt wurden. Denn es ist wohl möglich, dass in Folge von Veränderungen am Trommelfell oder im Mittelohr einzelne Partialtöne eines Klanges weniger stark und andere wiederum stärker auf das Labyrinth übertragen werden wie in der Norm, und dass auf diese Weise der Klang dem erkrankten Ohr einen höheren bez. tieferen Charakter zu haben scheint als dem gesunden.

Die vorher (S. 92) erwähnte zweite Functionsanomalie, welche, wenn auch nicht mit völliger Sicherheit, so doch mit grosser Wahrscheinlichkeit die Annahme einer *jenseits* der Paukenhöhle, also im Labyrinth oder in den übrigen Theilen des schallempfindenden Apparats gelegenen Erkrankung gestattet, besteht darin, dass die Herabsetzung des Perceptionsvermögens für verschiedene Töne der Scala vollständig unregelmässig, gleichsam sprungweise erfolgt ist, so beispielsweise, dass einzelne Töne durchaus normal oder nur sehr wenig herabgesetzt vernommen, die nächstfolgenden dann gar nicht oder nur sehr schlecht, die darauf folgenden wieder gut gehört werden u. s. w. in ungeordneter Weise.

So beobachtete Politzer z. B. einen ohrenkranken Kapellmeister, welcher mit dem rechten Ohre die ganze musikalische Scala noch hörte mit Ausnahme des h¹ und f¹, welche Töne gar nicht gehört wurden, Magnus eine Dame, welche f¹, fis¹, g¹, gis¹, ais¹ und h¹ auf dem Klavier auch bei stärkstem Anschlage nicht hören konnte, wohl aber sämmtliche tieferen Töne desselben und die benachbarten Töne der zweigestrichenen Octave mit Ausnahme von dreien, dann wieder eine Anzahl von Tönen, bis in den höchsten Lagen die Perception ganz undeutlich wurde. Mittels der v. Helmholtz'schen Resonatoren hörte letztere Patientin die fehlenden Töne auch bei leisem Anschlag.

Im Ganzen gelangen derartige Fälle von *unregelmässig ungeordneten partiellen Tondefecten* ungemein selten zur Beobachtung.

Zum Nachweis derselben kann man sich des Klaviers und des Harmoniums bedienen. Das letztere hat den Vortheil, dass es uns leicht gestattet, die Angaben des Patienten zu controliren. Wenn man nämlich eine Taste anschlägt, ohne die Bälge zu treten, so entsteht hier kein Ton. Ein Kranker, der dieses nicht weiss, wird glauben, jedesmal wenn der Arzt die Taste herunterdrückt, einen Ton hören zu müssen, und wird man daher auf leichte Weise ermitteln können, ob Patient auch hinreichend aufmerksam ist und zuverlässige Angaben macht.

B. Allgemeine Symptomatologie.

1) **Schwerhörigkeit bez. Taubheit.** Eine Beeinträchtigung des normalen Hörvermögens *findet sich bei der weitaus grössten Zahl von Ohrenkrankheiten,* bei Ceruminalpfröpfen, bei Verlegung und Verschwellung des äusseren Gehörgangs (Eczem desselben, Otit. ext. circumscripta und diffusa, Polypen und Exostosen), bei Myringitis, bei Mittelohrcatarrh und -entzündung, endlich bei Erkrankung des Labyrinths und der übrigen Theile des schallempfindenden Apparats. Bezüglich ihres *Grades* begegnet man den verschiedensten Nuancen.

Die ersten Anfänge der Schwerhörigkeit werden leider sehr häufig ganz übersehen, weil in dem gewöhnlichen Leben vieler Menschen nur geringe Anforderungen an das Gehör gestellt werden. Ist sie einseitig, so bleibt oft genug auch ein *hoher* Grad sehr lange Zeit vollkommen unbemerkt. Sehr viel seltener ist es, dass bereits *Spuren* von Schwerhörigkeit von den Patienten als sehr lästig empfunden werden. Von solchen wird uns gewöhnlich die Angabe gemacht, dass sie zwar bei Unterhaltung mit einer oder auch einigen wenigen Personen noch gar nicht im Verständniss gehindert sind, dagegen in Gesellschaft, „wo Viele durch einander reden", dem Lauf des Gesprächs absolut nicht folgen können, oder auch dass sie langsam Gesprochenes sehr gut, schnell Gesprochenes dagegen nicht mehr verständen.

Es scheint mir, dass in letzteren Fällen vielleicht *eine Insufficienz der Dämpfung im Ohre* vorliegt.

Manche sehr schwerhörige Personen verstehen mittellaute Sprache besser als sehr laute. Es dürfte dieses, wie Oscar Wolf hervorgehoben hat, darin begründet sein, dass bei sehr lauter Sprache die Vocale weit mehr an Stärke gewinnen als die Consonanten, welch' letztere schon ohnediess eine viel geringere Schallintensität besitzen und daher bei sehr lauter Sprache von den Vocalen vollkommen übertönt werden können.

Die *Ursache der Schwerhörigkeit bei den einzelnen Affectionen des Gehörorgans* kann eine sehr verschiedene sein. Bei den Erkrankungen des schallempfindenden Apparats beruht sie auf einer mehr minder hochgradigen Lähmung der percipirenden Theile, bei den Krankheiten des schallleitenden entweder auf solchen pathologischen Veränderungen, welche den äusseren Gehörgang verlegen und so die Schallwellen hindern, zum Mittelohr zu dringen, oder auf solchen, welche in letzterem ihren Sitz haben und, indem sie das Mitschwingen des Mittelohrapparats bei Einwirkung von äusserem Schall entweder ganz aufheben oder, was häufiger ist, nur im Verhältniss zur Norm herabsetzen, auch die Erschütterung des Labyrinthwassers und der in diesem befindlichen peripheren Hörnervenendigungen beeinträchtigen.

Die *Herabsetzung für verschiedene Schallqualitäten* ist sehr häufig eine ungleiche. Es giebt Patienten, welche für Sprache vollkommen taub sind, Musik aber noch hören. Manche hören die tiefen Töne (z. B. c oder A) schlecht oder gar nicht, hohe dagegen (z. B. c^1 oder fis^1) ganz oder relativ gut, andere wieder umgekehrt. Noch andere hören die genannten Töne, sowohl die tiefen wie die hohen, vollkommen oder wenigstens beinahe normal, Sprache dagegen sehr schlecht.

Einzelne behaupten, die Sprache ganz gut zu *hören*, aber nicht *verstehen* zu können.

Dass bei den sehr mannigfaltigen pathologischen Veränderungen, welche bei anatomischer Untersuchung Ohrenkranker an den einzelnen Theilen des Mittelohrs gefunden sind (grosse und kleinere Perforationen an den verschiedensten Stellen des Trommelfells, diffuse und circumscripte Verdickung und Verdünnung dieser Membran, Einwärtsziehung sowie totale und partielle Verwachsung derselben mit der Innenwand der Paukenhöhle, Luftverdünnung und Exsudatansammlung in letzterer, Schwellung und Lockerung ihrer Schleimhautauskleidung, Verdickung, Verdichtung oder Atrophie derselben, totale oder partielle Zerstörung der Gehörknöchelchen, Fixation derselben durch Adhaesionen, abnorme Starrheit bez. Ankylose oder andererseits abnorme Lockerung bez. Luxation ihrer Gelenke, Retraction der Sehnen des M. tens. tymp. oder staped. und Atrophie der genannten Muskeln, abnorme Lage der Fenstermembranen zum Labyrinth, Veränderung ihrer Beweglichkeit u. A. m.), das Mitschwingen des schallleitenden Apparats bei Einwirkung von Schall von dem normalen die verschiedenartigsten Abweichungen zeigen kann, ist leicht erklärlich und zwar um so mehr, wenn man bedenkt, dass zum schallleitenden Apparat ausserdem noch sämmtliche nicht nervösen Theile des Labyrinths gehören, welche durch Erkrankung gleichfalls in der mannigfaltigsten Weise in ihren physikalischen Eigenschaften verändert werden können.

2) **Subjective Gehörsempfindungen** sind solche, welche nicht durch einen ausserhalb des Körpers entstehenden Schall, sondern entweder *durch eine nicht acustische Reizung des Hörnervenapparats* in seinem labyrinthären oder centralen Abschnitt (veränderte Blutzufuhr (Anämie und Hyperämie), Druck von Tumoren, Entzündung u. A. m.) oder *durch im Ohr bez. seiner Umgebung, jedenfalls aber im Körper selbst entstehende Geräusche* hervorgerufen werden. Erstere sind die *subj. Gehörsempfindungen im engeren Sinne*, letztere die *„entotischen"* Geräusche.

Die subj. Gehörsempfindungen kommen bei der Mehrzahl der Ohren-krankheiten vor, sowohl bei den Affectionen des äusseren Gehörgangs, wie bei denjenigen des mittleren und inneren Ohrs. Sehr viel seltener beobachtet man sie ohne gleichzeitige oder doch wenigstens bald auftretende Ohrerkrankung und spricht man in solchen Fällen von „*nervösem Ohrensausen*". Das Letztere findet sich am häufigsten bei sehr nervösen, geistig überangestrengten, anämischen, durch schwere Krankheit oder Wochenbett erschöpften Individuen sowie bei cerebralen Affectionen; zuweilen wird es reflectorisch von der Ausbreitung des Trigeminus oder Facialis ausgelöst. Hierhin gehört insbesondere dasjenige Sausen, welches während eines neuralgischen Anfalls, z. B. während einer Dentalgie, auftritt und mit ihm verschwindet.

Die subj. Gehörsempfindungen werden nur selten nach aussen hin verlegt, und findet dieses, wenn überhaupt, gewöhnlich nur in der ersten Zeit ihres Bestehens statt, wo die Patienten sie mitunter so lange für objective Geräusche halten, bis sie sich davon überzeugt haben, dass diese Annahme auf einer Täuschung beruht.

Sehr viel häufiger wird der *Sitz der subj. Gehörsempfindungen* in das Ohr oder in das Innere des Kopfes (Schläfe, Scheitel, Hinterkopf) verlegt. In manchen Fällen sind sie nur *in einem*, in anderen *in beiden Ohren* vorhanden. Sind sie auf einem Ohre sehr viel stärker als auf dem anderen, so klagen die Patienten häufig nur über das eine, weil die Gehörsempfindung stets nach der Seite des stärker erregten Ohres verlegt wird. Erst wenn das Geräusch auf diesem schwächer wird z. B. in Folge eines therapeutischen Eingriffs, macht sich dasselbe nun auch auf dem anderen Ohre geltend.

Der *Character der subj. Gehörsempfindungen* ist bei verschiedenen Patienten ein sehr verschiedener. Am häufigsten werden sie als ein *hohes* Sieden, Zischen, Zirpen, Pfeifen, Singen und Klingen, als ein *tieferes* Sausen, Brausen, Rauschen, Summen oder als ein *ganz tiefes* Brummen, Dröhnen oder Flattern bezeichnet, seltener werden einzelne oder mehrere musikalische Töne oder ganze Melodieen, noch seltener menschliche oder thierische Stimmen gehört. Bei dem *Hören von Stimmen* handelt es sich gewöhnlich um *Psychosen.* Geisteskranke können übrigens durch Beseitigung oder Besserung eines Ohrenleidens von Gehörshallucinationen befreit werden. Ausser den eben genannten Arten von Gehörsempfindungen kommen in selteneren Fällen noch zahlreiche andere vor, so z. B. Donnern, Trompetenschmettern, Krachen, Vogelgezwitscher, Glockengeläute u. A. m.. Häufig zeigen die subj. Geräusche einen *pulsirenden Charakter,* indem sie in dem Rhythmus des Radialpulses an- und abschwellen. Die Kranken sprechen dann von einem „Klopfen" oder „Hämmern" in ihrem Ohr resp. Kopf oder von dem rhythmischen „Zischen einer Locomotive".

Manche Kranke hören immer nur *ein* Geräusch, welches allerdings in Bezug auf seine Stärke wechseln kann, andere haben *zwei oder mehrere* subj. Gehörsempfindungen, welche von einander vollkommen getrennt vernommen werden so zwar, dass die eine von ihnen beispielsweise dauernd vorhanden ist, während die andere nur ab und zu auftritt, dass die eine unter dem Einfluss der Behandlung sich vermindert, während die andere unverändert bleibt.

In vielen Fällen gewöhnen sich die Patienten an ihre subj. Gehörsempfindungen so sehr, dass sie dieselben später gar nicht mehr als etwas Lästiges empfinden, in anderen verursachen sie ihnen die grössten Qualen. Sie können den Schlaf rauben, das Gedächtniss und die Denkthätigkeit schwächen, die Kranken an jeder geistigen Arbeit hindern und sie schliesslich derartig verzweifelt machen, dass sie zum Selbstmord schreiten.

7*

Die subj. Gehörsempfindungen treten in manchen Fällen nur zeitweise auf, in anderen sind sie continuirlich vorhanden.

Selten werden sie ausschliesslich beim Schütteln des Kopfes und dann meist in Form eines hohen Klingens gehört. Ob es sich hier vielleicht um eine Lockerung in der Gehörknöchelchenkette, z. B. um Luxation oder Subluxation des Ambos-Steigbügelgelenks handelt, lasse ich dahingestellt.

Die *continuirlichen* subj. Gehörsempfindungen gehen mitunter aus den *intermittirenden* hervor, in anderen Fällen sind sie von Anbeginn continuirlich.

In regelmässigen Intervallen auftretende subj. Gehörsempfindungen sind bei Intermittens beobachtet worden.

Schwächere subj. Gehörsempfindungen werden *durch äusseres Geräusch übertönt*, sodass sie von den Patienten auf der Strasse z. B. nicht gehört werden und ihnen nur in ganz ruhigen Räumen, namentlich des Abends im Bett und hier mitunter auch nur bei gespannter Aufmerksamkeit, zum Bewusstsein kommen, starke dagegen werden immer vernommen, zuweilen selbst bei grossem äusserem Lärm, so z. B. beim Fahren in der Eisenbahn oder beim Brausen eines Wasserfalls.

Nicht selten ist es auch, dass subj. Gehörsempfindungen *durch äussere Geräusche erheblich gesteigert oder* durch solche erst *ausgelöst* werden. Dieses ist namentlich bei solchen Patienten der Fall, welche durch ihren Beruf wiederholten dauernden Schalleinwirkungen ausgesetzt sind, wie z. B. Musiker. Hier besteht häufig auch eine erhebliche Hyperaesthesia acustica (s. S. 102).

Die *Stärke der subj. Gehörsempfindungen* zeigt häufig grosse Schwankungen. Eine *Steigerung* derselben wird in vielen Fällen durch feuchte Witterung, Wind, grosse Hitze, langen Aufenthalt in geschlossenen Räumen, ferner durch körperliche und geistige Anstrengung, Gemüthserregung, Nachtwachen, gebückte Stellung, alcoholische Getränke, körperliches Unwohlsein, Menstruation, Gravidität und Puerperium, durch angestrengtes Lauschen z. B. im Theater hervorgerufen, zuweilen *während*, häufiger unmittelbar *nach* der Einwirkung von grossem äusserem Geräusch beobachtet.

Bei erheblicher Zunahme der subj. Gehörsempfindungen tritt mitunter Schwindel ein.

Zu den „*entotischen*" gehören die knackenden Geräusche, welche beim Schlingact und — in regelmässigen Intervallen sich wiederholend — bei clonischen Contractionen der Tubenmuskeln durch Abhebung der Tubenwände von einander, ferner diejenigen, welche durch einen Krampf des M. tens. tymp. oder stapedius, durch Platzen von Schleimblasen in der Paukenhöhle, durch Bewegung des Trommelfells und endlich durch den Blutstrom (Gefässgeräusche) entstehen. Durch eine pathologisch verstärkte Resonanz im Ohre und durch Hyperaestesie des Hörnerven wird die Wahrnehmung dieser entotischen Geräusche begünstigt. Dieselben sind bisweilen so laut, dass sie auch von der Umgebung des Patienten gehört werden können, und werden sie dann als *objectiv wahrnehmbare Ohrgeräusche* bezeichnet. Was die *Gefässgeräusche* anlangt, so kann man unter pathologischen Verhältnissen sowohl die Pulsationen des Herzens und der Arterien wie die Venengeräusche hören. Ein zum Ohre fortgeleitetes „Nonnengeräusch" verschwindet sofort bei Compression der V. jugularis in der Höhe des Zungenbeins.

Kayser isturte ein auch objectiv hörbares Ohrgeräusch durch Compression des Ram. mastoid. der A. auricul. post., Cursani ein continuirliches Ohrensausen durch Operation eines von der Ohrmuschel auf den äusseren Gehörgang übergreifenden Aneurysma cirsoides. Objectiv wahrnehmbare Ohrgeräusche sind ferner bei aneurysmatischer Erweiterung des inn Canal. carot., liegenden Abschnitts der Carot. int., bei Aneurysma der A. auricul. post., sodann bei clonischem durch Hypertrophie der Tonsillen, der Nasenmuscheln oder Rachencatarrh reflectorisch hervorgerufenem Krampf des Levat. veli palat. oder des Constrict.

pharyng. sup. beobachtet worden. Teczek beschrieb einen Fall, wo ein vielleicht durch Krampf des Stapedius verursachtes, sich 144 Mal in der Minute wiederholendes, objectiv bis auf 20 cm Entfernung vom Ohre wahrnehmbares Geräusch, welches am meisten dem Knipsen mit den Nägeln glich, leichte Melancholie herbeigeführt hatte, welche durch Beseitigung desselben schnell geheilt wurde. Das Geräusch erfolgte in diesem Falle vollkommen rhythmisch in der doppelten Frequenz, wie der Pulsschlag, und in der gleichen, wie eine deutlich wahrnehmbare Undulation über der V. jugul. ext. und in der Regio submaxillaris am Halse; es wechselte in der Stärke. Oeffnen des Mundes, In- und Exspiration, Anhalten des Athems, Compression der Carotiden liessen es vollkommen unbeeinflusst. Weder am Kehlkopf noch an der Rachenmusculatur, dem weichen Gaumen oder der Zunge bestanden unwillkürliche Bewegungen. Das Trommelfell erschien normal und zeigte gleichfalls keine Bewegungen. Ein zufälliger Druck des Ohrtrichters gegen die hintere Gehörgangswand beseitigte das Geräusch. Erst mehrere Minuten nach Aufhören des Drucks kehrte es wieder. Daraufhin tamponirte Teczek den Gehörgang fest mit Watte, und seit dem Beginn der Tamponade, welche er 24 Stunden einwirken liess, sistirte das Geräusch für die Dauer. Sehr bald darauf schwand auch die Melancholie.

Herzo machte darauf aufmerksam, dass Kranke mit *Facialisparalysen* bei Bewegungsversuchen der absolut gelähmten Gesichtsmuskeln ein tiefes Summen im Ohre hören, indem der Willensimpuls, der die gelähmten Gesichtsmuskeln vergebens zu innerviren sucht, den noch intacten Stapedius zur Contraction bringt. Gleichfalls durch eine pathologische Mitbewegung im Gebiete der Binnenmuskeln des Ohres kam nach Burani der laute Ton zu Stande, welchen ein von ihm beobachteter, von cerebraler Hemiplegie befallener Patient bei jedem Versuch, den gelähmten linken Arm zu erheben, in seinem linken Ohre wahrnahm.

Was die *Entstehung der einzelnen Arten von subj. Gehörsempfindungen* anlangt, so ist darüber bis jetzt wenig Sicheres bekannt.

Mit grosser Wahrscheinlichkeit werden wir annehmen dürfen, dass *Erkrankungen des schallempfindenden Apparats* fast alle Arten von subj. Gehörsempfindungen verursachen können.

Es giebt keinen Grund, warum diejenigen Theile unseres Nervensystems, welche unter physiologischen Verhältnissen im Stande sind, bei Reizung durch äusseren Schall uns die verschiedenartigsten Gehörsempfindungen zu vermitteln, nicht auch bei pathologischer Reizung hierzu im Stande sein sollen.

Freilich werden wir diesbezüglich zwischen den einzelnen Abschnitten des schallempfindenden Apparats doch einen Unterschied machen müssen. So werden wir nach unseren heutigen physiologischen Anschauungen nicht annehmen können, dass *das Hören von Worten bez. menschlichen Stimmen oder von längeren bekannten Melodieen* durch pathologische Reizung des Hörnervenstamms oder seiner labyrinthären Endigungen verursacht wird.

Wäre hierzu doch erforderlich, dass die pathologischen Reize in jedem Zeitmoment lediglich diejenigen und alle diejenigen Hörnervenfasern träfen, welche beim Hören der betreffenden Worte, Menschenstimmen und bekannten Melodieen unter physiologischen Verhältnissen in Erregung gerathen. Dass aber krankhafte Veränderungen im Labyrinth oder am Acusticusstamm nicht nur in so raschem Wechsel hinter einander, sondern auch in der ganz bestimmten für das Hören von bekannten Melodieen und Worten nothwendigen Aufeinanderfolge die verschiedensten Fasern des Hörnerven erregen sollen, ist kaum denkbar, *und werden wir daher bei den genannten Arten subjectiver Gehörsempfindungen, welche sich ja auch meistens bei Geisteskranken finden, einen pathologischen Reizungszustand des Gehirns annehmen müssen.*

Das Hören verschiedener Töne sowohl zu gleicher Zeit wie auch nach einander kann man sich schon eher durch pathologische Veränderungen z. B. Entzündungen im Labyrinth oder im Stamm des Acusticus erklären, da es bei solchen ja sehr leicht möglich ist, dass die Reizung nicht nur zahlreiche Hörnervenfasern zugleich, sondern auch verschiedene nach einander betrifft. Ich will mithin durchaus nicht bestreiten, dass auch das Hören von Melodieen durch alleinige Erkrankung des Labyrinths oder des Hörnervenstamms verursacht werden kann, wohl aber glaube ich dieses thun zu dürfen, wenn es sich um *bekannte* Melodieen handelt, da die pathologischen Veränderungen in den peripheren Theilen des schallempfindenden Apparats doch nicht zufällig der Art angeordnet sein werden, wie es nothwendig wäre, um gerade solche Gehörsempfindungen hervorzubringen.

Was die *Erkrankungen des äusseren und mittleren Ohrs* in ihrer Bedeutung für das Zustandekommen subj. Gehörsempfindungen betrifft, so werden objective Geräusche bez. Töne, welche unter pathologischen Verhältnissen in den genannten Abschnitten des Ohres entstehen, wie z. B. das gewöhnlich als *Knistern oder Knattern* bezeichnete Geräusch platzender Schleim- oder Luftblasen bei Exsudatansammlungen im Mittelohr, die *Blutgeräusche* in den hyperaemischen Gefässen des Trommelfells und der Mittelohrschleimhaut bei Entzündung dieser Theile, das Geräusch beim Abheben verklebter Tubenwände von einander, der *Knall* beim Platzen des Trommelfells, der *Muskelton* bei krampfhafter Contraction des Tensor tympani oder Stapedius, durch den schallleitenden Apparat und zwar vorzugsweise vermittelst der sogenannten „Kopfknochenleitung" auf den Acusticus übertragen und als subj. Gehörsempfindungen percipirt werden müssen.

Das Gleiche gilt, wenn bei Erkrankungen des äusseren oder mittleren Ohrs die sogenannte „Kopfknochenleitung" verstärkt oder die Resonanz im Ohre günstiger geworden ist, auch für andere im Körper entstehende Geräusche, welche wir unter physiologischen Verhältnissen nicht percipiren. Hierhin gehören insbesondere die durch den Blutstrom erzeugten Gefässgeräusche, dann aber auch solche, welche bei Muskelcontraction zu Stande kommen. Diese Geräusche werden übrigens auch bei normalem äusserem und mittlerem Ohr subj. Gehörsempfindungen auslösen können, wenn pathologische Verhältnisse im Labyrinth oder im Schädel vorhanden sind, welche ihre Uebertragung auf den Hörnerven in abnormer Weise begünstigen, oder wenn der letztere hyperaesthetisch ist.

Subj. Gehörsempfindungen, die durch *Gefässgeräusche* verursacht sind, werden durch *Druck auf die Halsgefässe* häufig verändert, pulsirende durch Compression der Carotis bisweilen vorübergehend beseitigt.

Andererseits können auch ohne eigene Erkrankung des Labyrinths die Druck- und Spannungsverhältnisse in diesem bei Affectionen des äusseren und mittleren Ohrs durch Einwärtsziehung des Trommelfells und der Gehörknöchelchenkette, durch Belastung der Membr. tympani secundaria mit Exsudat u. A. derartig verändert sein, dass hieraus eine Reizung des Hörnerven und in Folge dessen subj. Gehörsempfindungen resultiren.

Dass besonders laute Gefässgeräusche, wie z. B. bei Aneurysma in der Nähe des Ohrs, auch ohne irgend eine Erkrankung des letzteren subj. Gehörsempfindungen verursachen können, leuchtet von selber ein.

Ein *hohes Ohrenklingen* tritt mitunter in einem völlig gesunden Gehörorgan auf und zwar durchaus spontan ohne nachweisbare Veranlassung; es dauert dann aber nur ganz kurze Zeit an. Sodann kann es durch Application des constanten Stroms auf das Ohr hervorgerufen werden und zwar sowohl bei Kathodenschliessung wie bei Anodenöffnung. Berührung eines durch Trommelfellperforation freigelegten Steigbügels erzeugt gleichfalls zuweilen hohes, schnell vorübergehendes Ohrenklingen. Mitunter lässt sich bei länger andauerndem Ohrenklingen nachweisen, dass während desselben die Perceptionsfähigkeit für den ihm entsprechenden Ton mehr minder herabgesetzt ist.

Der Muskelton gleicht einem *tiefen Brummen*. Die mitunter bei Facialiskrampf bez. Blepharospasmus beobachteten Ohrgeräusche werden als tiefes Sausen, Rauschen oder Dröhnen bezeichnet.

Ueber das bei abnormem Offenstehen der Tuba Eust. vorkommende, von der In- und Exspiration abhängige und diesen synchrone entotische Geräusch siehe bei der Autophonie (S. 103).

Mitunter bewirkt Druck auf den Warzenfortsatz bez. den ersten Halswirbel oder Beblasen der Gehörgangswand mit einem Gummiballon vorübergehend, seltener dauernd eine Verminderung der subj. Gehörsempfindungen.

3) *Hyperaesthesia acustica.* Sehr laute schrille Töne und Geräusche insbesondere aus den höchsten Octaven sind auch dem normalen Ohre unangenehm. Bei vielen Ohrenkranken aber besteht eine *abnorme Empfindlichkeit gegen Schall.* Derselbe wird

von ihnen selbst bei durchaus nicht übermässiger, dem normalen Ohre keineswegs unangenehmer Intensität schmerzhaft empfunden. Diese Erscheinung, welche man Hyperaesthesia acustica nennt, ist ganz besonders auffällig, wenn sie bei Personen auftritt, deren Hörvermögen sehr herabgesetzt ist, welche also die betreffenden Schallphänomene jedenfalls bedeutend schwächer hören als Gesunde. Und gerade dieses ist recht häufig der Fall. Findet man doch das in Rede stehende Symptom nicht nur öfters bei leicht erregbaren, überarbeiteten, an Schlaflosigkeit leidenden, nervösen, anämischen Individuen, bei Hemicranie, Trigeminusneuralgieen oder Cerebralaffectionen, wie z. B. als Vorläufer paralytischer Geistesstörung, wo gewöhnlich auch gegen andere Sinneseindrücke eine gesteigerte Empfindlichkeit besteht, sondern am häufigsten bei Erkrankungen des Mittelohrs oder Labyrinths insbesondere bei dem trockenen chronischen Mittelohrcatarrh, nicht selten selbst bei vollkommener Taubheit.

SAPOLINI beobachtete es bei Personen, welche eine Höllensteinlösung als Haarfärbemittel gebraucht hatten, und sah es nach Weglassung derselben schwinden.

Dass die Hyperaesth. acust. Kopfschmerz und nervöse Aufregung verursachen kann, ist leicht verständlich.

4) *Diplacusis.* Ausser der *Diplacusis binauricularis dysharmonica*, welche bereits S. 92—97 zur Genüge besprochen worden ist, und bei welcher beim Hören mit beiden Ohren ein Ton doppelt, d. h. gleichzeitig, aber bezüglich seiner Höhe verschieden, gehört wird, giebt es noch eine zweite Form, die *Diplacusis echotica*, bei welcher ein einfacher Schall (Geräusch, Wort etc.) doppelt gehört wird und zwar qualitativ gleich, aber zeitlich getrennt, sodass also auf dem kranken Ohre nach jeder, häufiger nur nach bestimmten Gehörsempfindungen ein deutlicher Nachhall wie ein Echo vernommen wird. Mitunter verschwindet das Doppelhören auch hierbei, wenn das gesunde Ohr beim Hören zugehalten wird, in anderen Fällen bleibt es auch dann bestehen. Die erstere Form der Diplacusis echotica erklärt sich nach KAYSER durch eine *Verzögerung der Gehörsempfindung auf dem kranken Ohre.* Die letztere ist nach meinem Dafürhalten auf eine *pathologische Beeinträchtigung der normalen Dämpfung in den mitschwingenden Theilen des Ohres* zu beziehen. Der Sitz dieser Dämpfungsanomalie kann sowohl im Mittelohr wie im Labyrinth gelegen sein.

5) **Autophonie oder Tympanophonie.** Man versteht hierunter ein *im Ganzen selten* vorkommendes eigentümliches Gefühl, welches manche Ohrenkranke haben, wenn sie selber sprechen, und welches sie meist ausserordentlich belästigt: Die eigene Sprache klingt ihnen hierbei gänzlich verändert, sie haben die Empfindung, als ob ihre Stimme anstatt aus dem Munde heraus vielmehr von innen her direct in ihr Ohr hineindringe und zwar abnorm laut und mit einem trompetenartig schmetternden, dröhnenden Klang. Diese Empfindung ist häufig so unangenehm, dass die Patienten sich scheuen, anders als ganz leise zu sprechen; mitunter ist sie fast unerträglich.

Die *pathologische Resonanz in dem erkrankten Ohre* erstreckt sich zuweilen nicht nur auf die *eigene Sprache* bez. den Gesang des Patienten, sondern auch auf ihr *Athmungsgeräusch*, indem jeder Athemzug in dem erkrankten Ohre wiederhallt und hier mitunter ein lautes Rauschen verursacht. *Der schmetternde Wiederhall tritt besonders bei den Consonanten m und n auf*, bei welchen ein Gaumenverschluss nicht stattfindet, sodass die Schallwellen hier ungehindert in die Tubenmündungen gelangen können; er ist *meist auch objectiv nachzuweisen*. Verbindet man nämlich das eigene Ohr durch einen Auscultationsschlauch (Taf. XVI Fig. 6) abwechselnd mit dem gesunden und dem kranken Ohre des Patienten, so hört man, wenn derselbe spricht, insbesondere bei m und n, auf der kranken Seite einen eigenthümlichen metallischen Beiklang.

In der Mehrzahl der Fälle tritt die Autophonie nur anfallsweise auf und dauert nicht ununterbrochen den ganzen Tag über an. Sie verschwindet fast immer bei liegender Stellung des Patienten, ferner unmittelbar nach dem Essen und lässt sich auch sonst durch gewisse Manipulationen auf kürzere oder längere Zeit beseitigen, so durch Neigen des Kopfes namentlich nach vorn oder nach der kranken

Seite, durch starkes Einziehen von Luft bei geschlossenem Munde oder anderweitiger Luftverdünnung im Mittelohr z. B. durch eine Schluckbewegung bei verschlossener Mund- und Nasenöffnung, durch die Nasendouche, durch Bougirung der Ohrtrompete, durch Einblasen von reizenden Flüssigkeiten, z. B. $\frac{1}{4}-\frac{1}{2} \%$iger Lösung von Zinc. sulfur., in die letztere bez. von reizenden Pulvern ($\frac{1}{4} \%$ Arg. nitr. cum Amylo) in die Nase und den Nasenrachenraum, welch' letztere Maassnahmen die Schleimhaut vorübergehend congestioniren und ihre Secretion befördern.

Haben die Kranken die lästige Empfindung durch kräftiges Einathmen bei geschlossenem Munde beseitigt, so müssen sie nachher häufig ganz vorsichtig durch den *Mund* ausathmen, da, sobald sie bei geschlossenem Munde durch die *Nase* exspiriren, die Autophonie sofort wieder auftritt.

Man hat die Autophonie *bei Narbencontracturen im Rachen*, welche den pharyngealen Abschnitt der Tuba klaffen machen, *bei starker Herabsetzung des Kräfte- und Ernährungszustandes* — hier nach OSTMANN durch einen Schwund des Fettpolsters an der lateralen häutigen Tubenwand — am häufigsten aber *bei acuten und chronischen Nasenrachen- und Mittelohrcatarrhen oder -entzündungen* beobachtet, besonders bei Personen mit habituellem Nasenrachencatarrh.

Ihre *Ursache* ist in *pathologischem Offenstehen des Rachentheils der Tuba* in Folge von Insufficienz des hinter dem Ost. pharyngeum gelegenen ventilartigen Verschlusses, vielleicht auch in einem Krampf der eröffnenden Muskeln zu suchen. Dabei kann der Canal in seinem mittleren oder oberen Abschnitt verengt oder verstopft sein.

Dass bei Tubencatarrhen, bei denen die Schleimhaut ja allerdings gerade geschwollen ist und stärker secernirt, der pharyngeale Abschnitt der Ohrtrompete mitunter abnorm klafft, ist bei näherer Ueberlegung durchaus nicht unverständlich. Ist es doch sehr wohl denkbar, dass die in der Norm weiche, membranöse laterale Wand der Tuba bei entzündlicher Schwellung weniger geeignet wird, sich der knorpligen anzuschmiegen und so den in der Norm unmittelbar hinter dem Ost. pharyng. vorhandenen, losen, ventilartigen Verschluss der Ohrtrompete herzustellen. Der letztere wird ausbleiben und ein pathologisches Offenstehen des Tubencanals zu Stande kommen, wenn die membranöse Tubenwand an Elasticität oder Volumen derart verloren hat, dass sie sich dem Tubenknorpel nicht mehr dicht anlegen und den Canal ventilartig abschliessen kann. Um darzuthun, dass die Autophonie in der That durch abnormes Offenstehen der Tuba zu Stande kommt, führte POOLEY in das Ost. pharyng. einen Catheter ein, dessen Schnabel an seiner Convexität eine Oeffnung hatte. Solange die letztere offen gelassen wurde, war Autophonie vorhanden, dagegen verschwand sie, sobald POOLEY das Loch verschloss.

Die *Prognose* scheint in den catarrhalischen Fällen und, wo Abmagerung nach überstandenen Krankheiten die Ursache ist, nicht ungünstig zu sein. Mitunter allerdings ist das Leiden sehr langwierig.

6) **Paracusis oder Hyperacusis Willisii.** Man versteht hierunter die bei manchen Schwerhörigen zu beobachtende auffallende Erscheinung, dass sie im Geräusch (im Strassenlärm, beim Fahren in der Pferdebahn oder im Eisenbahnwagen, beim Anhören von Musik etc.) besser hören als sonst. Nach URBANTSCHITSCH kann das *Besserhören mancher Ohrenkranken unter der Einwirkung von Schall oder Erschütterung des Körpers* diese Ursachen noch Stunden lang überdauern.

WILLIS erzählt von einer tauben Frau, mit welcher man sich nur unterhalten konnte, wenn ihr Bedienter die Trommel schlug, FABARZ von einem tauben Knaben, welcher in einer klappernden Mühle die Sprache sehr gut, ausserhalb derselben aber nicht hören konnte.

Die genannte eigenthümliche Erscheinung wird von einzelnen Autoren darauf zurückgeführt, dass die mechanische oder acustische Erschütterung eine erhöhte Erregbarkeit des Hörnerven hervorruft, von anderen darauf, dass sie die in ihren

Gelenken starr gewordenen Gehörknöchelchen aus ihrer Gleichgewichtslage bringt und hierdurch zur Fortleitung des Schalls geeigneter macht, von noch anderen wenigstens für einen Theil der Fälle endlich darauf, dass durch den äusseren Lärm subj. Geräusche, welche in der Ruhe das Hören behindern, zum Schweigen gebracht werden.

Nach Einigen findet sie sich ausschliesslich bei Erkrankungen des schallleitenden Apparats, welche die Schwingungsfähigkeit der Gehörknöchelchen herabgesetzt oder sonst ein durch stärkere Erschütterungen zu beseitigendes Hinderniss verursacht haben. Brückner sah sie bei acuten und chronischen Mittelohrcatarrhen mit und ohne Exsudatbildung, bei eitrigen Mittelohrentzündungen, Cerumenpfröpfen und Myringitis, niemals bei ausgesprochenen Labyrinthaffectionen und hält sie daher für ein prognostisch relativ günstiges Zeichen.

7) Schwindelgefühl, Gleichgewichtsstörungen, Uebelkeit und Erbrechen. Schwindel und *Gleichgewichtsstörungen* sind bei Ohrenkranken *sehr häufig.* Oft sind sie mit Uebelkeit und Erbrechen verbunden.

Ihre Intensität ist sehr verschieden. Mitunter besteht nur eine geringe Unsicherheit bei raschen Bewegungen des Körpers oder des Kopfes, namentlich bei schnellem Umdrehen, Aufstehen, Aufrichten aus gebückter Stellung und beim Sehen nach oben. In anderen Fällen können die Kranken nur taumelnd wie ein Betrunkener gehen. Zuweilen, wenn auch selten, kommt es zu den heftigsten Sturzbewegungen. Nach einer Beobachtung von Urbantschitsch können diese von solcher Stärke sein, dass auch der Begleiter mit zu Boden gerissen wird. Mitunter tritt schon beim Stehen ein deutliches Schwanken des Körpers ein, besonders wenn Patient die beiden Hacken an einander gestellt hat, und ferner bei geschlossenen Augen. In manchen Fällen hat der Kranke nur ein Schwindelgefühl; er hat die Empfindung, als wenn sich die ihn umgebenden Gegenstände bewegen, oder als wenn er selber sich dreht, nach vorn stürzt und dergl..

Die Schwindelerscheinungen mit oder ohne Uebelkeit und Erbrechen können spontan auftreten oder durch gewisse Eingriffe hervorgerufen werden. Zu letzteren gehören das *Ausspritzen* des Ohres, die *Luftdouche* bez. starkes Schnauben der Nase, *Sondendruck auf den Steigbügel*, Berührung polypöser Wucherungen in der Paukenhöhle (am ovalen Fenster), welche in manchen Fällen Schwindel, zuweilen sogar auch Uebelkeit und Erbrechen erzeugen. *Beim Ausspritzen* tritt namentlich dann öfters Schwindel ein, *wenn das hierzu benützte Wasser nicht warm genug ist, oder wenn zu kräftig gespritzt wird.*

Die Druckstärke indessen scheint — unterhalb eines gewissen Maximums — von geringerem Einfluss zu sein als die Temperatur. In einem von Schwartze beschriebenen Fall trat jedesmal beim Ausspritzen des Ohres, „auch ohne dass ein besonderer Druck dabei zur Anwendung kam," Schwindel ein. Hier wurde bei der Section das ovale Fenster offen stehend gefunden.

Heftiger Schwindel und Gleichgewichtsstörungen entstehen *bei directen Verletzungen des Labyrinths.*

So beobachtete Hartmann eine Patientin, welche sich „eine Stricknadel am hinteren oberen Rande des Trommelfells mit grosser Gewalt eingestossen" hatte. Sie stürzte hierauf sofort zu Boden und „musste zu Bett gebracht werden. Es traten bei allen Bewegungen die heftigsten Schwindelerscheinungen auf, daneben unstillbares Erbrechen und starke subj. Geräusche mit einem mittleren Grade von Schwerhörigkeit. Die Erscheinungen bestanden in voller Intensität etwa zwei Tage, um dann allmählich besser zu werden."

Die spontanen Schwindelerscheinungen können *anhaltend* sein oder in *Anfällen* auftreten. *Dauer und Häufigkeit der letzteren* ist sehr verschieden. Mitunter währen sie nur einige Secunden oder Minuten, in anderen Fällen Stunden oder Tage

lang. Bei manchen Patienten bleibt es bei *einem* Anfall, bei anderen wiederholen
sich dieselben in Intervallen von Tagen, Wochen oder Monaten. Zuweilen treten
die Anfälle sogar mehrmals des Tages auf.

Ebenso verschiedenartig ist auch der *Verlauf der Anfälle*. Mitunter gehen
ihnen längere Zeit andauernde Vorboten voraus, welche die Kranken in den Stand
setzen, sich vor dem Hinfallen zu schützen; bei anderen dagegen treten sie ganz
plötzlich ein. Nicht selten bleibt der Gang des Patienten auch nach dem eigentlichen Anfall noch längere Zeit hindurch unsicher.

*Häufig tritt Schwindel bei Ohrenkranken gleichzeitig mit subj. Gehörs-
empfindungen, zuweilen auch mit Schwerhörigkeit oder Taubheit auf.* Diese
Symptome, zu denen sich noch Uebelkeit und Erbrechen gesellen können, bleiben
gewöhnlich nicht alle gleich lange bestehen, vielmehr pflegen Uebelkeit, Erbrechen
und Gleichgewichtsstörungen früher zu verschwinden als die subj. Gehörsempfindungen
und die Schwerhörigkeit. Meist tritt nach kürzerer oder längerer Zeit ein neuer
Anfall auf, bei welchem die genannten Symptome sämmtlich wiederkehren, oder, wenn
sie noch nicht ganz verschwunden waren, doch plötzlich stark exacerbiren. In
manchen Fällen erfolgt übrigens der Eintritt der einzelnen Symptome nicht genau
gleichzeitig. Vielmehr können sie auch *nach* einander erscheinen, sodass sie sich
alle erst auf der Höhe des Anfalls zusammenfinden.

Charcot beobachtete, dass dem Schwindel und der Schwerhörigkeit ein Pfeifen im
Ohre als eine Art Aura vorausging. Urbantschitsch berichtet über einen Kranken, bei
dem zuerst immer Ohrensausen, am 2. Tag Schwindel und Uebelkeit, am 3. erst Schwerhörigkeit auftrat, worauf sämmtliche Symptome vom 4. Tage an allmählich schwanden.
Ich sah einen Patienten, bei dem Nystagmus, Schwindel und Uebelkeiten stets dann auf-
traten, wenn sein Ohrensausen erheblich nachliess.

Was die *Erklärung der Gleichgewichtsstörungen bei Ohrenkranken* anlangt, so
liegt eine sehr grosse Anzahl von Thierversuchen vor, bei welchen Durchschneidung der
membranösen halbzirkelförmigen Canäle des Labyrinths oder Reizung der in ihren Ampullen
befindlichen Nerven Gleichgewichtsstörungen, mitunter auch Erbrechen hervorrief, und aus
denen geschlossen wurde, dass die Bogengänge als „Organe des Gleichgewichts" oder,
wie Andere es bezeichneten, „des statischen" oder „Raumsinnes" zu betrachten seien.
Nach Breuer gilt letzteres auch von dem im Vorhof befindlichen Otolithenapparat. Von
anderer Seite wiederum ist behauptet worden, dass bei all' diesen Thierversuchen stets
gleichzeitig mit der Läsion des Labyrinths eine Verletzung des Centralnervensystems erfolgt und dass letztere es sei, welche die beobachteten Gleichgewichtsstörungen bedinge,
während das Ohrlabyrinth nichts mit denselben zu thun habe.

Es ist gewiss ausserordentlich schwierig, bei den experimentellen Bogengangsopera-
tionen am Thiere gröbere oder feinere Verletzungen von dem Ohre benachbarten Gehirnpartieen völlig auszuschliessen, und will ich mir eine sichere Entscheidung darüber, ob
die gesetzten Veränderungen am Gehirn oder am Ohrlabyrinth es sind, welche bei diesen
Thierexperimenten die beobachteten Gleichgewichtsstörungen hervorrufen, durchaus nicht
anmassen.

Wohl aber möchte ich an dieser Stelle darauf hinweisen, dass auch Baginsky, einer
derjenigen Autoren, welche am entschiedensten die Beziehung der Bogengänge resp. der
vestibulären Acustiuszweige zum Gleichgewicht leugnen, selber zugiebt, dass „in manchen
Fällen vom Acusticus aus auf dem Wege des Reflexes Schwindelerscheinungen ausgelöst
werden könne", wobei er freilich, wie es scheint, nur an den Schneckenzweig des Hörnerven denkt. Ist diese Unterscheidung, deren Berechtigung ich nicht prüfen will, so
auch theoretisch gewiss von erheblichem Interesse, so ist sie doch in practischer Beziehung
kaum von besonderer Bedeutung. Denn für den Ohrenarzt ist es freilich von Wichtigkeit, zu wissen, ob Erkrankungen des Labyrinths bez. des Hörnerven die bei unseren
Patienten so häufigen Gleichgewichtsstörungen verursachen können, oder ob wir bei letzteren
stets an eine Erkrankung des Gehirns denken müssen. Die weitere Frage dagegen, ob
pathologische Veränderungen im Labyrinth oder am Hörnerven nur dann Gleichgewichtsstörungen hervorrufen, wenn sie auf die Vorhofs-, nicht aber dann, wenn sie auf die
Schneckenfasern des Hörnerven einwirken, ist insbesondere wegen der engen Nachbarschaft
dieser Gebilde practisch nur von geringem Interesse.

Für mich wird die Annahme einer nahen Beziehung des Hörnerven zum Gleichgewicht, zu welcher heute übrigens wohl die Mehrzahl der Physiologen und Ohrenärzte hinneigt, *ganz besonders durch die grosse Häufigkeit wahrscheinlich gemacht, in welcher wir Gleichgewichtsstörungen bei Ohrenkrankheiten* überhaupt und vorzugsweise bei solchen *auftreten sehen*, bei denen objective Veränderungen im äusseren oder mittleren Ohre nicht zu finden sind, und welche daher wahrscheinlich im Labyrinth oder im Hörnervenapparat ihren Sitz haben. *Eine besondere Stütze für diese Annahme finde ich auch in dem Umstande, dass wir so ausserordentlich häufig gleichzeitig mit den Schwindelerscheinungen subj. Gehörsempfindungen und Schwerhörigkeit auftreten bez. exacerbiren sehen* und zwar oft genug gleichfalls in Fällen, in denen die objective Untersuchung im äusseren und mittleren Ohr keine Veränderungen nachzuweisen vermag, wo solche also wahrscheinlich im Labyrinth oder Hörnervenapparat zu suchen sind.

Die meisten Autoren, welche in den *Bogengängen ein Organ zur Erhaltung des Gleichgewichts* sehen, nehmen an, dass bei Bewegungen des Kopfes Druckschwankungen in der Endolymphe entstehen, welche auf die in den Ampullen befindlichen Nervenendigungen einen Reiz ausüben, und dass aus der Grösse dieser physiologischen Reize, die bei verschiedener Stärke und Richtung der Kopfbewegungen in den verschiedenen Ampullen beider Ohrlabyrinthe ungleich gross sei, unwillkürlich reflectorisch ein Urtheil über die jedesmalige Kopfstellung abstrahirt werde. Ist dieses richtig, so ist leicht verständlich, dass bei Erkrankung des Bogengangapparats (sowohl der Bogengänge und ihrer Ampullen selber, wie auch der ampullären Nervenfasern des Acusticus) eine *pathologische* Reizung der letzteren stattfinden kann, welche zu einem *falschen* Urtheil über die Kopfstellung und hiermit zu Gleichgewichtsstörungen (subjectivem Schwindelgefühl, gestörter Coordination, taumelndem Gang) führt.

EWALD ist der Ansicht, dass vom Ohrlabyrinth unter physiologischen Verhältnissen beständig ein *Tonus der Musculatur* angeregt wird, mit dessen Wegfallen sowohl die normale Gebrauchsfähigkeit der quergestreiften Muskeln auf der betreffenden Seite wie auch das Muskelgefühl beeinträchtigt wird.

Dass, wie wir aus der Pathologie wissen, nicht jede Erkrankung des Bogengangapparats das Gleichgewicht beeinträchtigt, ist nicht weiter verwunderlich, da zur Erhaltung desselben nach BECHTEREW nicht nur das Ohrlabyrinth, sondern auch die centrale graue Substanz des dritten Ventrikels und der Olivenkern der Medulla oblongata dienen. Auch in diesen nämlich sollen im normalen Zustande ebenso wie in den Bogengängen stets physiologische Erregungen stattfinden, welche „reflectorisch durch das Kleinhirn den zweiten die Muskel führenden motorischen Bahnen übermittelt werden". Wir dürfen wohl annehmen, dass bei Erkrankung des Ohrlabyrinths oder des Acusticus diese ebenfalls zur Erhaltung des Gleichgewichts dienenden Gehirnpartieen vicariirend in Thätigkeit treten.

Die angeführten Ergebnisse experimenteller Untersuchungen erklären das häufige Auftreten von Gleichgewichtsstörungen bei Ohrenkranken zur Genüge. Ist es hiernach doch wohl verständlich, dass nicht nur Erkrankungen des Labyrinths selber, sondern auch Affectionen des äusseren und mittleren Ohrs, wenn sie secundär zu Störungen der Druck- und Circulationsverhältnisse im Labyrinth führen, und endlich solche Ohrerkrankungen, welche die vorher genannten Abschnitte des Gehirns in Mitleidenschaft ziehen, Schwindel erzeugen können.

Hiervon aber abgesehen soll nach der Ansicht sehr vieler Autoren vom Gehörorgan aus Schwindel und Erbrechen auch noch in anderer Art hervorgerufen werden können, und zwar auf dem Wege des Reflexes bei Reizung sensibler Nerven des äusseren und mittleren Ohrs. Auf diese Weise soll es sich z. B. erklären, dass Ausspritzen mit kaltem Wasser so sehr viel leichter Schwindel erzeugt als solches mit warmem.

Ich muss gestehen, dass ich das Zustandekommen von Gleichgewichtsstörungen in Folge von Reizung sensibler Nerven des äusseren und mittleren Ohrs durch letztere Beobachtung nicht für genügend bewiesen erachten kann. Denn beim Ausspritzen können die Druckverhältnisse und speciell beim Ausspritzen mit kühlem Wasser die Circulationsverhältnisse des Labyrinths derartig verändert werden, dass der Schwindel wohl auch hierauf allein bezogen werden darf. Besser liesse sich für die reflectorische Erregung desselben von den sensiblen Nerven des äusseren und mittleren Ohrs aus folgende von Urbantschitsch an einem Patienten angestellte Beobachtung verwerthen. Bei diesem erzeugte schon schwaches Ausspritzen stets Schwindel und Uebelkeiten, „wogegen bei Schutz des knorpligen Gehörgangs vermittelst eines Trichters selbst eine starke Ausspritzung gut vertragen wurde". Urbantschitsch erwähnt ferner eine Patientin, bei welcher Reizung der mittleren Nasenmuschel an einem bestimmten Punkte im vorderen Theil derselben stets eine Sturzbewegung nach rechts und hinten hervorrief.

Dass Schwindel vielleicht doch durch Reizung sensibler Nerven des äusseren oder mittleren Ohrs ausgelöst werden kann, dafür spricht auch die Beobachtung anderer Arten von Reflexschwindel.

Hierhin gehören die Schwindelanfälle bei Magenkrankheiten, bei Helminthen, bei Digitaluntersuchung des Anus (Leube). Soltmann beobachtete einen Knaben, welcher jedes Mal Schwindel bekam, wenn S. den im Leistencanal zurückgehaltenen Hoden des Knaben drückte. Charcot beobachtete Schwindel in Folge von Kehlkopferkrankung.

Muss nach All' dem anerkannt werden, dass etwas absolut Sicheres über die Art des Zustandekommens von Schwindelerscheinungen bei Ohrenkranken noch nicht feststeht, so ist es doch äusserst wahrscheinlich, dass dieselben auf sehr verschiedene Weise entstehen können, und zwar

a) durch pathologische Veränderungen im Centralnervensystem.

b) durch Erkrankung des Hörnervenapparats mit Einschluss des ganzen Ohrlabyrinths und

c) durch Erkrankung oder künstliche Reizung des äusseren und mittleren Ohrs, sei es, dass diese secundär die Druck- oder Circulationsverhältnisse im Labyrinth verändern oder direct durch Reflex auf das Gehirn zu Gleichgewichtsstörungen führen.

Welche pathologische Veränderungen im äusseren, mittleren und inneren Ohr Schwindel verursachen können und welche nicht, darüber ist vorläufig etwas Sicheres noch nicht bekannt. Nach Woakes können die Menière'schen Symptome (s. später das Cap. „Die Menière'sche Krankheit") auch durch eine Erkrankung des Gangl. cerviale inf. Sympathici verursacht werden. Dieses nämlich steht einerseits mit den Vagusästen in Verbindung und soll daher Uebelkeit und Erbrechen auslösen können, andererseits beeinflusst es die A. vertebralis bez. die Labyrinthgefässe, und sollen in Folge dessen von ihm aus Schwerhörigkeit, Ohrensausen und Schwindel hervorgerufen werden können.

Dass dem Schwindel nicht selten circulatorische Veränderungen im Labyrinth oder dem Centralnervensystem zu Grunde liegen, dafür spricht die in vielen Fällen zu beobachtende Flüchtigkeit desselben.

8) Ohrenschmerz. Derselbe findet sich a) *bei entzündlichen Processen im äusseren und mittleren Ohr*, also bei Herpes, Phlegmone und Perichondritis der Ohrmuschel, mitunter auch bei dem Othämatom derselben, Affectionen, die alle relativ selten sind, sodann bei der häufigen Otitis ext. und zwar insbesondere bei der circumscripten Form (der Gehörgangsfurunculose), bei der gleichfalls sehr häufigen einfachen und perforativen acuten Mittelohrentzündung, ferner bei Otit. med. purul. chron., sobald eine Eiterretention in der Tiefe des Ohres stattfindet, bei Periostitis und Ostitis mastoidea und bei Caries des Schläfenbeins, selten bei primärer Myringitis, b) aber auch *bei einer reinen Neuralgie* der das äussere oder mittlere Ohr versorgenden sensiblen Nerven, der *Otalgia nervosa*. Hierhin haben wir auch die *bei Geschwüren im Rachen oder Kehlkopf, bei Peritonsillitis,* insbesondere aber *bei Zahncaries* irradiirten Ohrenschmerzen (s. später bei den Neurosen des schallleitenden Apparats) zu zählen.

Nicht selten klagen die Patienten auch bei trockenem chronischem Mittelohrcatarrh, seltener bei den Residuen einer mit Vernarbung des Trommelfells abgelautenen Mittelohreiterung über Schmerz im Ohr. Wenn man hier indessen genauer examinirt, so geben sie fast immer an, dass es sich nicht um eigentlichen Schmerz, sondern vielmehr um ein lästiges Gefühl von *Druck oder Fülle im Ohre* handelt. Hartnäckiger Kopfschmerz und Migräne sollen öfters reflectorisch durch unbedeutende Mittelohrcatarrhe, die der Kranke ganz unbeachtet lässt, hervorgerufen und schnell durch Luftdouche geheilt werden können.

Die Schmerzen sind mitunter auf das Ohr beschränkt, sehr häufig aber verbreiten sie sich auch über die Umgebung desselben, strahlen gegen das Hinterhaupt, den Scheitel, die Schläfe und Stirn, die Zähne, die seitliche Halsgegend und den Nacken aus.

Entzündliche Schmerzen exacerbiren in der Regel des Abends und in der Nacht. Die auf *Otitis ext.* beruhenden werden meist durch *Kieferbewegungen*, z. B. beim Kauen, die von *Otitis med.* abhängigen sehr häufig durch *Niesen, Husten, starkes Schnäuzen* der Nase oder die *Luftdouche* erheblich verstärkt bez. hervorgerufen. All' diese Manipulationen nämlich bewirken eine Zerrung der entzündeten Theile und einen Druck auf dieselben.

Bei Erkrankung des Warzentheils ist, wenn auch nicht immer, so doch häufig *Fingerdruck auf die Regio mastoid.* oder einzelne Stellen derselben sehr schmerzhaft. *Bei der Furunculose des äusseren Gehörgangs* findet man eine Empfindlichkeit gegen Fingerdruck meist in der Gegend *unmittelbar vor dem Tragus*.

9) **Gefühl von Fülle und Druck im Ohre und Eingenommenheit des Kopfes.** Auch diese subjectiven Beschwerden sind bei Ohrenkranken *häufig*. Man findet sie sowohl bei Verlegung des äusseren Gehörgangs durch einen Ceruminalpfropf, wie auch bei Mittelohraffectionen, so z. B. bei vielen Fällen von Einwärtsziehung des Trommelfells, mag dieselbe durch Catarrh oder Entzündung des Mittelohrs oder durch Retraction der Sehne des Tens. tympani entstanden sein, sodann aber auch ohne Einwärtsziehung des Trommelfells bei acuten und chronischen Mittelohrcatarrhen oder -entzündungen bez. ihren Residuen. Seltener gelangen sie bei Erkrankungen des Labyrinths zur Beobachtung.

10) **Fieber.** Dasselbe ist bei den entzündlichen Erkrankungen des Ohrs sehr häufig. Es erreicht insbesondere bei der Otit. med. mitunter einen sehr hohen Grad.

11) **Ausfluss aus dem Ohre.** Unter obiger Bezeichnung versteht man gewöhnlich einen Ausfluss aus dem äusseren Gehörgang. Allerdings kann sich Flüssigkeit aus dem Ohre auch durch die Tuba Eust. entleeren, während der Meat. audit. ext. trocken bleibt. Jedoch geschieht dieses nur in sehr seltenen Fällen.

Ausfluss von *Liquor cerebrospinal.* aus dem Ohre (Gehörgang oder Tuba Eust.) findet man bei traumatischer Eröffnung des Labyrinths und bei denjenigen penetrirenden Schädelbrüchen, welche durch den Bereich des äusseren oder mittleren Ohrs verlaufen.

Ausfluss von *Blut* aus dem Ohre kommt bei directer und indirecter Verletzung des äusseren Gehörgangs bez. Mittelohrs vor (s. später „traumatische Laesionen des Gehörorgans"). Indessen ist dieses, wenn man von den zu therapeutischen Zwecken vorgenommenen operativen Eingriffen absieht, selten. Noch seltener kommt er durch cariöse Arrosion der Carotis int., des Bulbus Ven. jugul. sowie des Sin. transvers. petros. sup. und inf. bei Otit. med. purul. zu Stande (s. später unter „lethale Folgeerkrankungen bei Ohraffectionen"). Sehr viel häufiger ist ein blutiger Ausfluss bei Entzündungen und Neubildungen im äusseren und mittleren Ohre. Hier handelt es sich allerdings gewöhnlich nicht um reines Blut, sondern um eine seröse, schleimige oder eitrige Absonderung, welcher mehr minder reichliche Blutmengen beigemischt sind. Von den Entzündungen des äusseren und mittleren Ohrs scheinen die im Verlauf der *Influenza* entstandenen besonders häufig ein stark haemorrhagisches

Secret zu liefern. Mit mehr oder weniger Blut untermischter Eiter wird ferner häufig bei Caries und Necrose des Schläfenbeins und bei Vorhandensein von Polypen oder Granulationen im Ohre abgesondert. Sehr viel seltener bildet das Carcinom oder Angiom des letzteren die Ursache eines blutigen Ausflusses.

Ungleich häufiger als Liq. cerebrospin. und reines Blut wird ein *seröses, schleimiges oder eitriges Secret* aus dem Ohre entleert. In zahlreichen Fällen findet man auch *Mischformen,* also *serös-schleimige* oder *schleimig-eitrige Absonderung.*

Von dem Liquor cerebrospinalis kann man ein seröses Exsudat durch chemische Untersuchung unterscheiden. Ersteres nämlich enthält eine reducirende Substanz, letzteres nicht.

Schleimiges Secret kann nur im Mittelohr entstehen und entleert sich von hier aus in den Gehörgang fast immer durch eine Trommelfellperforation, nur in sehr seltenen Fällen durch eine Knochenfistel, welche das Innere des Mittelohrs mit dem Meat. audit. ext. verbindet. *Man kann daher aus einem schleimigen Ohrenfluss stets ohne Weiteres auf eine Mittelohrentzündung und fast auch mit völliger Sicherheit auf das Vorhandensein einer Trommelfellperforation schliessen* (s. auch S. 40).

Seröses und eitriges Secret können bei Entzündungen dieser Theile sowohl vom äusseren Gehörgang wie auch vom Trommelfell wie auch endlich vom Mittelohr abgesondert werden. Nur selten stammt der aus dem Gehörgang abfliessende Eiter nicht aus dem Ohre selbst, sondern aus einem in den Gehörgang durchgebrochenen Parotis-, Lymphdrüsen- oder Hirnabscess. Bei der Furunculosis des Meat. audit. ext. kommt es, wenn überhaupt, nur zu einem sehr spärlichen Ohrenfluss. Es entleeren sich hierbei meist nur einige wenige Eitertropfen, mitunter mit etwas Blut vermischt. Bei allen übrigen Entzündungen des äusseren und mittleren Ohrs kann die *Menge des abgesonderten Secrets* sowohl gering wie auch reichlich sein. Bei sehr abundanter Secretion liegt gewöhnlich eine Otitis med. vor, die überhaupt die häufigste Ursache des Ohrenflusses bildet. Erwähnung verdient, weil gerade diese Fälle besonders leicht ganz übersehen werden, dass auch bei secretorischen Entzündungen des äusseren oder mittleren Ohrs die Absonderung ganz gering sein kann, so zwar, dass ein Ausfluss gar nicht stattfindet, das spärliche Secret vielmehr sich im Inneren des Ohres eindickt und zu Krusten eintrocknet. Meist macht sich hierbei allerdings ein *Foetor ex aure* bemerklich.

C. Krankenexamen.

Obwohl das für die Diagnose der einzelnen Ohrenkrankheiten Erforderliche später bei der Besprechung derselben im speciellen Theil angegeben werden wird, so scheint es mir nicht überflüssig, schon an dieser Stelle in Kürze mitzutheilen, in welcher Weise man bei der Untersuchung seiner Patienten am besten verfährt, um möglichst schnell über die wissenswerthen Punkte Aufschluss zu erhalten. Denn, wenn auch bei manchen Kranken die Zuhülfenahme *sämmtlicher* ohrenärztlicher Untersuchungsmethoden, die wir vorher geschildert haben, und ausser denselben mitunter sogar noch eine Untersuchung des ganzen Körpers nothwendig ist, so ist dieses doch keineswegs immer der Fall und ist es daher zweckmässig, von vornherein zu wissen, worauf wir bei jedem Patienten achten müssen, und was bei manchen von ihnen zunächst unberücksichtigt bleiben darf.

Am richtigsten erscheint es mir, sich von dem Kranken zuvörderst erzählen zu lassen, *worüber er zu klagen hat.* Auf diese Weise erfährt man allerdings sehr häufig nur einen Theil seiner vom Ohre ausgehenden Beschwerden. Wenn

Schmerzen bestehen, so wird der Patient wohl selten unterlassen dem Arzte hiervon Mittheilung zu machen. Dagegen wird das Vorhandensein von *Schwerhörigkeit*, *Ohreneiterung* und *Schwindel* oft genug ganz verschwiegen. Was das letztere Symptom anlangt, so liegt dieses daran, dass den Kranken der mögliche Zusammenhang desselben mit ihrem Ohrenleiden völlig unbekannt ist. Für den Ohrenarzt ist es aber gerade von besonderer Wichtigkeit, von dem Bestehen dauernden oder anfallsweise auftretenden Schwindelgefühls bei seinen Patienten Kenntniss zu erhalten, weil bei Leuten, die schon an solchem leiden, noch häufiger als bei anderen beim Ausspritzen des Ohrs oder bei der Luftdouche heftige Schwindelanfälle, zuweilen mit Uebelkeit und Erbrechen oder gar Ohnmacht verbunden, vorkommen, welche für den Kranken wie für den Arzt sehr unangenehm sein können. *Nach dem Vorhandensein von Schwindel soll man daher jeden neu zur Untersuchung kommenden Patienten fragen.* Bezüglich der übrigen vorher genannten Symptome ist dieses zuvörderst nicht gerade nothwendig, da das Bestehen von Schwerhörigkeit und von Ohreneiterung ja doch im Verlauf der weiteren Untersuchung constatirt wird.

Wird über *Schmerzen* geklagt, so unterrichte man sich von vornherein darüber, *ob dieselben beim Kauen zunehmen*, weil dieses gewöhnlich eine Otit. ext. anzeigt, bei welcher man sich, um dem Patienten nicht wehe zu thun, meist sehr hüten muss, die Ohrmuschel etwas unvorsichtig anzufassen oder einen Trichter in den Gehörgang zu stecken.

Hat Patient seine Hauptbeschwerden angegeben, so wird man im Allgemeinen am schnellsten zur Stellung der Diagnose gelangen, wenn man nunmehr unverzüglich zur *Ohrenspiegeluntersuchung* übergeht. Durch letztere erkennen wir sofort, ob die Affection im äusseren oder mittleren Ohre ihren Sitz hat. Haben wir einen Ceruminalpfropf oder eine Entzündung des äusseren Gehörgangs gefunden, so kann hinter dieser allerdings noch eine Mittelohrkrankheit vorhanden sein, und werden wir hierüber bei dem weiteren Krankenexamen Aufschluss zu erhalten suchen müssen. Immerhin aber werden wir bei letzterem schneller zum Ziele gelangen, wenn wir vorher durch eine kurze Untersuchung mit dem Ohrenspiegel, welche später, wenn nöthig, ja noch gründlicher wiederholt werden kann, wenigstens einigermassen sichergestellt haben, in welche Krankheitsgruppe der betreffende Fall gehört, ob zu den Krankheiten des äusseren oder des mittleren bez. inneren Ohrs, ob im zweiten Fall zu den Entzündungen bez. zu den eitrigen Processen, ob das Trommelfell perforirt ist oder nicht.

Hat man dieses gethan, so wird der Kranke nunmehr zunächst gefragt werden müssen, wie lange seine mit dem Ohrenleiden vielleicht in Zusammenhang stehenden Beschwerden — und jetzt kann man in zweifelhaften Fällen auch nach solchen Erscheinungen examiniren, welche der Patient selber nicht angegeben hat, welche aber für die Diagnose von Wichtigkeit sind, wie *Druck und Fülle im Ohr, Autophonie, Hyperaesthesia acustica, Uebelkeit, Erbrechen, Obstipation, Kopfschmerz, Fieber, Frostanfälle, Ohreneiterung etc.,* — bereits bestehen.

Denn von der *Dauer* der Erkrankung ist, wenigstens bis zu einem gewissen Grade, auch die *Prognose* abhängig. Ein lange bestehendes Leiden ist im Allgemeinen schwerer zu beseitigen und trotz der Behandlung gewöhnlich länger als ein vor Kurzem entstandenes. Freilich ist diese Regel nur im grossen Ganzen richtig und zeigt dieselbe zahlreiche Ausnahmen.

Auf unsere Frage nach der Dauer ihrer Beschwerden erhalten wir selbst von intelligenten Patienten, die sich genauer beobachtet haben, leider häufig eine durchaus unzuverlässige Auskunft, *insofern die Kranken über den Beginn einer etwa vorhandenen Schwerhörigkeit und Ohreneiterung sich oft genug selber täuschen.*

Erstere nämlich kommt den Kranken häufig lange Zeit gar nicht zum Bewusstsein, insbesondere wenn sie nur einseitig ist, oder wenn sie sich ganz allmählich entwickelt hat, bez. wenn die Lebensstellung des Patienten nur geringe Ansprüche an sein Gehör bedingt; auch wird bei Kindern nicht selten eine selbst hochgradige Schwerhörigkeit übersehen und seitens der Eltern und Lehrer mit „Zerstreutheit" der Kinder verwechselt.

Die *Ohreneiterung* aber ist mitunter schon in den ersten Lebensjahren aufgetreten, von welchen die Kranken später keine Erinnerung mehr besitzen. Nicht selten kommt es auch vor, dass eine sehr lange bereits bestehende geringe Schwerhörigkeit oder Ohreneiterung sich plötzlich erheblich steigert, dass subj. Gehörsempfindungen hinzukommen, und dass die Patienten dann fälschlich den Eintritt dieser plötzlichen Steigerung resp. der subj. Gehörsempfindungen für den Beginn des Leidens, das sie vorher garnicht bemerkt hatten, halten.

Hat man sich, so gut es geht, über die Art der zur Zeit vorhandenen bez. im Verlauf des Leidens bemerkten Beschwerden und über die Dauer derselben Aufschluss verschafft, so frage man nun nach der *muthmasslichen Ursache des Leidens, seinem bisherigen Verlauf* und der *früheren Behandlung.*

In ersterer Beziehung werden uns die Kranken häufig gar keine oder wenigstens keine richtige Auskunft ertheilen können, da die *Ursachen* der Ohrerkrankungen in vielen Fällen überhaupt unbekannt sind, in anderen unbeachtet bleiben. Indessen werden wir mitunter doch eine richtige Antwort erhalten, so z. B. wenn die Affection im unmittelbaren Anschluss an ein *Trauma* aufgetreten ist, welches das Ohr selber oder den Schädel betroffen hat. Auch führen manche Patienten ihre Ohrenkrankheit vollkommen richtig auf einen *Schnupfen*, eine *Angina* oder eine *acute allgemeine Infectionskrankheit*, wie *Masern, Scharlach, Diphtheritis, Pocken, Typhus, Influenza*, zurück, in deren Verlauf dasselbe entstanden ist. Wo indessen gar keine bez. keine wahrscheinlich klingenden Angaben über die etwaige Aetiologie des Leidens gemacht werden, nenne man dem Patienten die häufigsten Ursachen der Ohrenkrankheiten und frage ihn, ob eine oder mehrere derselben bei ihm vorgelegen haben resp. ob sie mit seinem Leiden zeitlich in Zusammenhang gebracht werden können. *Natürlich wird ein derartiges Nachforschen nach dem aetiologischen Moment nur dann erforderlich sein, wenn dasselbe für die Diagnose, Prognose oder Therapie der bestehenden Ohrenkrankheit von Wichtigkeit ist. In diagnostischer Beziehung* ist die Ermittelung desselben hauptsächlich für diejenigen Fälle von Bedeutung, wo wir im Zweifel sind, ob der Sitz der Erkrankung in der Paukenhöhle oder im Labyrinth bez. in den übrigen Theilen des schallempfindenden Apparats zu suchen ist, also hauptsächlich für die „trockenen" Fälle, wenn wir so diejenigen Fälle von Schwerhörigkeit bezeichnen wollen, wo bei freiem äusserem Gehörgang im Mittelohr weder ein secretorischer Catarrh noch eine Eiterung besteht. Wir werden hier nämlich für die Annahme einer Affection des schallempfindenden Apparats einen gewissen Anhalt erhalten, wenn das Leiden des Patienten im Verlauf einer Erkrankung oder durch eine äussere Ursache entstanden ist, welche, nach den vorliegenden Erfahrungen öfters zu Affectionen des Hörnervenapparats Veranlassung giebt. *Hierhin gehören insbesondere die Krankheiten des Gehirns und seiner Häute, die Syphilis, der Mumps*, sodann aber auch die *Einwirkung eines Traumas, eines sehr lauten Tons oder Geräuschs, gewisse Berufsarten, bei welchen fortdauernd äusserer Lärm auf das Gehörorgan einwirkt*, wie bei Schlossern, Schmieden, Fassbindern, Klempnern, Artilleristen, Arbeitern in geräuschvollen Fabriken, Locomotivführern und -heizern, und endlich der *Gebrauch von Chinin und Salicylsäure.*

Bei der Otit. ext. ist es, wenn die Furunkelbildung sehr hartnäckig ist und fortwährend recidivirt, von diagnostischer Bedeutung, zu constatiren, ob Patient *Diabetiker* ist oder ob er die üble Angewohnheit hat, sich wegen Juckens im Ohr häufig mit einer Haarnadel, einem Ohrlöffel und dergl. *die Gehörgangswände zu scheuern*, und bei der Otit. ext. parasitaria, ob er gewöhnt ist, sich öfters *Oel ins Ohr zu träufeln*.

Prognostisch und *therapeutisch* aber muss uns daran gelegen sein, das etwaige Bestehen von *constitutionellen Erkrankungen*, wie insbesondere *Scrophulose* und *Syphilis*, welche häufig die Ursache von Ohrenkrankheiten bilden, in anderen Fällen wenigstens den Verlauf derselben beeinflussen, zu erkennen und in entsprechender Weise zu bekämpfen.

Was die Kenntniss des bisherigen Verlaufs und der etwaigen früheren Behandlung des Leidens anlangt, so ist diese auch hauptsächlich in prognostischer und therapeutischer Beziehung für uns von Wichtigkeit. So werden wir uns z. B. selbstverständlich keinen Erfolg von einer Behandlungsmethode versprechen, welche bei dem betreffenden Kranken vor Kurzem noch von einem anderen zuverlässigen Ohrenarzt längere Zeit hindurch ganz fruchtlos angewandt worden ist. *Hat man sich über diese anamnestischen Punkte in denjenigen Fällen, wo dieses erforderlich scheint, Aufschluss verschafft, so wird man nun, wenn nöthig, zur Vervollständigung der objectiven Untersuchung und zur Hörprüfung übergehen.* Diesbezüglich verweisen wir auf das bei den Untersuchungsmethoden Gesagte und auf die Besprechung der einzelnen Ohrenkrankheiten im speciellen Theil.

Durchaus rathsam ist es, bei jedem Patienten beide Ohren zu untersuchen. Denn, wenn auch mitunter nur über das eine Ohr geklagt wird, so besteht doch häufig auf dem anderen gleichfalls eine Erkrankung, und bietet diese vielleicht ein viel lohnenderes Object für unsere Behandlung als diejenige, welche den Kranken eigentlich zu uns geführt hat. Ist es doch z. B., wenn ein Ohr unheilbar taub geworden ist, von grösster Wichtigkeit, eine auch nur geringe Erkrankung des anderen nicht unbeachtet zu lassen, damit diese nicht etwa auch so weit fortschreitet, bis alle therapeutischen Versuche vergeblich sind. Ausserdem aber erfahren wir durch die Untersuchung des anderen Ohres häufig, dass die Angaben des Kranken unzuverlässig sind. Behauptet Patient z. B., dass das eine Ohr vollkommen normal ist und stets gesund war, und ergiebt die Untersuchung desselben das Vorhandensein einer Mittelohreiterung mit Perforation des Trommelfells oder eine erhebliche Schwerhörigkeit, so beweist dieses, wie wenig Werth den Aussagen des Kranken beizulegen ist.

Die *Anamnese* und der aufgenommene *Status praesens* sind natürlich sorgfältig zu notiren und durch entsprechende Ergänzungen im weiteren Verlauf der Erkrankung zu vervollständigen.

Allgemeine
Therapie der Ohrenkrankheiten.

In Folgendem sollen einige Massnahmen, welche bei der Behandlung nicht nur einer, sondern vieler Ohrenkrankheiten zur Anwendung gelangen, um im speciellen Theile häufige Wiederholungen zu vermeiden, ein für alle Mal besprochen werden.

I. Desinfection der Instrumente.

Um Wundinfection zu vermeiden, ist es zweckmässig, alle Instrumente vor jedesmaligem Gebrauch zu *sterilisiren*. Nach jeder grösseren Operation, bei welcher dieselben mit Blut oder Eiter beschmutzt sind, müssen sie zunächst auf mechanischem Wege sorgfältig gereinigt werden. Zu diesem Zwecke spüle man sie mit kaltem Wasser gründlich ab, lege sie dann für längere Zeit in eine heisse Lauge von Soda und Schmierseife und bearbeite sie in dieser energisch mit einer Bürste*). Ist dieses geschehen, so werden sie wiederum abgespült, *sorgfältig* abgetrocknet und dann mit Alcohol und einem Lederlappen geputzt. Hiernach sind die Instrumente wohl von allen gröberen Verunreinigungen befreit, aber nicht absolut keimfrei. Um letzteres zu erreichen, lege man sie in ein reines Kochgeschirr, bedecke sie mit Wasser, das womöglich schon vorher gewärmt ist, setze diesem auf 1 Liter mindestens 2 Esslöffel pulverisirter Soda hinzu und lasse sie in dieser etwa 1—1$\frac{1}{2}$%igen Sodalösung 5 Minuten kochen. Sodann stellt man das Kochgeschirr mit den Instrumenten in eine Schüssel mit kaltem Wasser und kühlt es hierdurch ab. Für grössere Operationen, wie z. B. die Aufmeisslung des Warzentheils, kann man sich eines von Schimmelbusch construirten „Apparates zur Sodasterilisation der Metallinstrumente" bedienen. Haben die Instrumente in letzterem kurz vor der Operation 5 Minuten in Sodalösung gekocht, so hebt man den Drahtkorb, in dem sie sich befanden, heraus, stellt ihn in eine Schale, welche gleichfalls in dem Apparat ausgekocht war, und füllt diese mit kalter abgekochter Sodalauge. Messer sollen nach Schimmelbusch, damit sie nicht stumpf werden, nur einige Secunden in die kochende Sodalösung gelegt werden, nachdem man sie vorher mit steriler Gaze und Alcohol abgerieben hat. Es soll diese Zeit genügen, um die gewöhnlichen Eitercoccen an ihnen abzutödten. Nach Ihle ist letzteres nicht sicher, und werden die Messer selbst durch sehr langes Kochen in Sodalösung nicht in mindesten abgestumpft; nur müsse man vermeiden, dass die Schneide derselben mit den Wänden des Kochtopfes oder mit anderen in diesem liegenden Instrumenten in Berührung komme, und dafür Sorge tragen, dass die Sodalösung wirklich mindestens 1% reine Soda enthalte. Zu ersterem Zweck empfiehlt er einen „Messerschutzkasten", in welchem die Messer in den Kochtopf gelegt werden sollen. Die Sodalösung aber soll nach I. niemals mit der gewöhnlichen gepulverten Soda des Handels, sondern stets mit vom Apotheker bezogener gepulverter „Ammoniaksoda", besser noch mit der gepulverten Soda der Pharmacopoea germanica III (Natr. carb. sicc. Pharmacop. III) hergestellt, und zwar sollen von dieser auf jeden halben Liter Wasser mindestens ein gestrichener Esslöffel voll, ist die Soda krystallisirt, mindestens 3 Esslöffel zugesetzt werden. Ist man auf die Soda des Handels angewiesen, so nehme man stets die krystallisirte. Sollen Instrumente, die bei der Operation beschmutzt wurden, während derselben weiter be-

*) Zum Ausscheuern der Ohrtrichter empfehlen sich die in Fig. 25 (Taf. XVI) abgebildeten Bürsten.

nützt werden, so spüle man sie mit kaltem Wasser ab und lege sie dann wieder für 5 Minuten in kochende Sodalösung.

Für die beschriebene Sterilisationsmethode eignen sich insbesondere Instrumente, die ganz aus Metall oder Glas bestehen. Indessen vertragen auch solche mit Holz- oder Horngriffen, falls letztere nur angenietet und nicht eingeleimt sind, nach Schmmelbusch mehrmaliges Kochen sehr wohl. Ebenso lassen sich die ganz aus Gummi bestehenden Ohrenspritzen (Taf. XVII Fig. 5) gut durch Kochen in Wasser oder Sodalösung sterilisiren.

Tubenbougies dagegen dürfen weder ausgekocht noch für längere Zeit in Carbol- und Sublimatlösung gelegt werden, weil sie sonst verderben. Bei ihnen ist man daher hauptsächlich auf die mechanische Reinigung angewiesen. Man reibe sie mit einem sterilen, in warmes Wasser resp. Sublimatlösung getränkten Tupfer fest ab und dann mit einem trockenen trocken.

II. Vorsichtsmassregeln bei Einführung von Instrumenten in den äusseren Gehörgang bez. die Paukenhöhle.

Die Wände des äusseren Gehörgangs und der Paukenhöhle sind in den meisten Fällen so empfindlich, dass schon die Berührung derselben mit stumpfen Instrumenten selbst von verständigen erwachsenen Patienten gewöhnlich nicht ruhig ertragen, sondern mit einem hastigen Zurückziehen des Kopfes beantwortet wird, bei welchem leicht Verletzungen des Ohrs zu Stande kommen können.

Man muss daher nicht nur, wenn man scharfe Instrumente, wie das Furunkelmesser, die Paracentesenadel und dergl. im Ohre benützen will, sondern auch bei Einführung von stumpfen (Sonde, Häkchen, Polypenschlinge, federnde Drucksonde, Pincette) *den Kopf der Patienten sicher fixiren lassen*. Es geschieht dieses am besten durch einen Gehülfen, welcher den Kopf des Kranken zwischen die Hände nimmt und ihn fest gegen seine Brust andrückt. *Wenn möglich, lasse man ausserdem auch noch die gleichseitige Hand festhalten*, da insbesondere sehr unvernünftige Patienten, namentlich Kinder, dem Arzte mit letzterer nicht selten an den Arm schlagen, wobei eine unbeabsichtigte Verletzung des Ohres kaum zu vermeiden ist. Aus dem gleichen Grunde ist es nicht zweckmässig, dass sich der Arzt bei der Einführung von Instrumenten ins Ohr mit seinem rechten Arm auf die Schulter des Kranken stützt, weil mit dieser, selbst wenn ein Gehülfe den Arm des Patienten festhält, doch oft noch eine plötzliche Bewegung vorgenommen wird, durch welche die sichere Führung des Instruments im Ohre verhindert werden kann. Braucht man für das eingeführte Instrument einen Stützpunkt, so lege man dasselbe lieber auf den am unteren Rande des Ohrtrichters befindlichen Daumen der linken Hand auf.

Wo die vorher genannten Instrumente etwas tiefer in den Gehörgang eingeführt werden müssen, darf dieses natürlich nur unter Leitung des Reflectors (Stirn- oder Mundspiegel) und bei möglichst guter Beleuchtung geschehen, und darf man ihre Spitze nicht für einen Moment aus dem Auge verlieren. Werden sie nur im äussersten Theil des Gehörgangs dicht am Ohreingange benützt, wie z. B. mitunter das Messer zur Incision ganz aussen sitzender Furunkel, die Pincette zur Herausnahme oder Einführung eines den Ohreingang verschliessenden Tampons, so kann dieses selbstverständlich auch ohne Zuhülfenahme des Reflectors bei direct auffallendem Licht geschehen. Zu letzterer Manipulation mit der Pincette ist übrigens, da eine Verletzung bez. starke Reizung des Ohres hierbei kaum möglich ist, ebenso wie beim Ausspritzen desselben mit der Seite 116 beschriebenen Spritze und bei Einführung eines Wattestäbchens (Taf. XV Fig. 10) ausser bei ganz ungeberdigen und sich jedem Eingriff heftig widersetzenden Kindern auch eine Fixation des Kopfes bez. der gleichseitigen Hand nicht nothwendig.

8*

In allen anderen Fällen aber soll man zum Mindesten den Kopf von einem Gehülfen fixiren lassen und zwar am besten so, dass das betreffende Ohr ein wenig nach oben gerichtet ist, da bei dieser Stellung des Kopfes die von der seitlich und oberhalb desselben befindlichen Lichtquelle ausgehenden Strahlen am besten auf den Reflector fallen können, ohne einerseits durch den Kopf des Patienten, andererseits durch die das Instrument führende Hand des Arztes allzu sehr abgeblendet zu werden.

Bei allen feineren instrumentellen Eingriffen im Gehörgang oder in der Paukenhöhle, wie z. B. bei Untersuchung mit der Sonde, bei Trommelfellparacentese, bei der Extraction von Polypen und Granulationen mit der Schlinge oder bei Aetzung derselben, bei Application der federnden Drucksonde *halte ich es für rathsam, dass nicht nur der Kranke, sondern auch der Arzt sitzt* (s. Taf. XI Fig. 1). Ersterer nämlich ist von dem Gehülfen im Sitzen viel leichter zu fixiren als im Stehen, letzterer aber hat im Sitzen auch eine viel grössere Sicherheit in der unter Leitung des Reflectors vorzunehmenden Instrumentenführung. *Relativ leicht kann man den Kopf des Patienten auch fixiren lassen, wenn dieser liegt,* und wird man bettlägerige Kranke bei der Trommelfellparacentese und ähnlichen Operationen im Ohre besser liegen als sitzen lassen. Bei gröberen Eingriffen im Ohre, wie z. B. beim Ausspritzen desselben, kann der Arzt ruhig stehen. Auch die Aufmeisselung des Warzentheils an dem auf dem Operationstisch liegenden Patienten wird im Stehen bequemer sein als im Sitzen.

III. Das Ausspritzen des Ohres.

a) **Vom Ohreingang aus.** Man bedient sich hierzu am besten der in Fig. 1 (Taf. XVII) dargestellten *Spritze*. Wesentlich ist an derselben einmal, dass ihr *vorderes Ende dünn genug* ist, *um in den Gehörgang eingeführt zu werden* — bei Benützung von Spritzen mit dicken olivenförmigen Ansätzen gelangt die Spritzflüssigkeit oft nicht in die Tiefe des Ohres — sodann, dass *über die Spitze der Spritze vorn ein dünnes weiches Gummidrain* hinübergezogen ist, welches dieselbe etwa 1—1,5 cm überragt, und durch welches eine Reizung bez. Verletzung der sehr empfindlichen Gehörgangswände, die sonst leicht vorkommen könnte, vermieden wird, endlich dass die *Spritze selber stets vollkommen rein* ist. Um letzteres zu erreichen, muss sie so construirt sein, dass man sie auskochen kann. Bei den früher gebräuchlichen Instrumenten mit Lederkolben war dieses nicht möglich, und findet man daher in letzteren häufig sehr grosse Mengen von Micrococcen. *Die Spritze (Fig. 1 Taf. XVII) kann vor der Sprechstunde ausgekocht werden.* Während derselben in den Zwischenpausen zwischen dem Ausspritzen eines und des anderen Patienten würde dieses natürlich zu viel Zeit erfordern. Um nun sicher zu sein, dass man keinem Kranken mit dem Spritzwasser Microorganismen in das Ohr bringt, muss man *zu der Spritze zwei oder mehr Ansätze* besitzen, welche, wie aus Fig. 2 (Taf. XVII) ersichtlich ist, leicht aufgesteckt und abgenommen werden können. Ist die Spritze mit vorher abgekochter Flüssigkeit, welche also lebensfähige pathogene Microorganismen nicht enthält, gefüllt, so entleert man sie in das Ohr des Patienten. Erweist sich eine zweite Injection nothwendig, so zieht man das gebrauchte Ansatzstück ab und vertauscht es mit einem anderen, welches soeben *ausgekocht* ist.

Nur bei solchem Vorgehen ist man sicher, seinem Kranken eine von Infectionsträgern freie Spritzflüssigkeit zu injiciren. Das Auskochen der Spritze vor der Sprechstunde und die Benützung ausgekochter Injectionsflüssigkeit allein genügen hierzu nicht. Denn sobald der Spritzenansatz in ein eiterndes Ohr gesteckt ist, kommt er mit den Microorganismen des Eiters in Berührung und überträgt dieselben, wenn man ihn jetzt wieder in die Spritzflüssigkeit taucht, in diese und, wenn man die Spritze von Neuem füllt, auch in die letztere.

Um bei ein und demselben Patienten die Spritze nicht allzu oft füllen zu müssen, fasst dieselbe ca. 100 Cubikcentimeter, ist also ziemlich gross, aber doch nicht zu gross, um, wenn man den Daumen der rechten Hand in den Ring r, den zweiten und dritten Finger derselben hinter die Scheibe s legt, bequem mit einer Hand entleert werden zu können (s. Fig. 2 Taf. XIV).

Will man das Ohr mit einer Flüssigkeit ausspritzen, welche Metall angreift, wie z. B. mit verdünntem Chlorwasser, so benütze man statt der beschriebenen *Metallspritze* die von TRAUTMANN angegebene *aseptische Glasspritze* (Taf. XVII Fig. 4). Dieselbe hat einen Stempel aus Asbest und kann ebenfalls ganz ausgekocht werden. Ein Gleiches gilt auch von der in Fig. 11 (Taf. XVII) dargestellten Gummispritze mit abzunehmenden Glasansätzen.

Bei der Füllung jeder Spritze muss man darauf bedacht sein, keine Luft mit einzusaugen, da diese bei der Entleerung zum Schluss mit einem dem Patienten sehr unangenehmen Geräusch entweicht. Man entferne also bei ihrer Füllung die Spritze nicht früher aus der Spritzflüssigkeit, als bis der Stempel vollständig zurückgezogen ist. Ist aus Versehen oder wegen unzulänglicher Dichtigkeit der Spritze doch Luft mit eingesogen worden, so richte man die Spitze senkrecht nach oben und schiebe nun den Stempel so weit vor, bis die Luft entleert ist, und der Flüssigkeitsstrahl austritt.

Die Spritzflüssigkeit muss Blutwärme, also eine Temp. von 28—30° R *oder* 37—39° C. *haben*, da sie kälter leicht Schwindel, Eingenommenheit des Kopfes, mitunter sogar Uebelkeiten, Erbrechen oder Ohnmacht erzeugt. Innerhalb der angegebenen Grenzen kann die Temperatur schwanken, und richte man sich diesbezüglich nach den individuellen Wünschen des Kranken. Manchen ist etwas wärmeres, anderen etwas kühleres Spritzwasser angenehmer. Auch bei richtiger Temperatur der Injectionsflüssigkeit erzeugt das Ausspritzen des Ohres zuweilen, insbesondere wenn ein zu starker Druck angewandt wird, oder wenn die innere Paukenhöhlenwand, wie dieses bei chronischer Mittelohreiterung nicht selten vorkommt, arrodirt und durchbrochen ist, so zwar, dass das Labyrinth nunmehr mit dem Mittelohr communicirt, Schwindel, Uebelkeit, Erbrechen und subj. Gehörsempfindungen, Erscheinungen, welche mitunter selbst mehrere Wochen hindurch anhalten, ja zuweilen sogar tiefe Ohnmacht. *Man injicire daher am Anfang stets sehr schwach; verträgt der Patient das Spritzen gut, entstehen weder Schwindel und Uebelkeit, noch Schmerzen, so kann man den Druck, wenn nöthig, allmählich zu steigern versuchen. Immer aber soll man beim Ausspritzen des Ohres mit Rücksicht auf die so häufig dabei auftretenden Gleichgewichtsstörungen den Patienten sitzen lassen.*

Erzeugt das Ausspritzen des Ohres schon bei schwachem Druck heftigen Schwindel, so ziele man über die Spitze der Spritze einen vorn geschlossenen, dagegen seitlich mit zahlreichen Oeffnungen versehenen, etwa 2 cm langen Gummischlauch, aus welchem das Wasser seitlich in vielen dünnen Strahlen ausströmt (Taf. XVII Fig. 3b). Noch schonender ist vielleicht die *Ausspülung des Ohrs mittels eines Sprayapparats*.

Die aus dem Ohre abfliessende Spritzflüssigkeit wird am besten in einem von dem Patienten selber oder von einem Gehülfen unterhalb des Ohrläppchens fest gegen die seitliche Hals- und Gesichtsgegend angelegten schwarzen *Eiterbecken* aus Hartgummi oder Papiermaché aufgefangen, einer Durchnässung der Kleider durch ein über die Schulter gelegtes Handtuch vorgebeugt (s. Fig. 2 Taf. XIV).

Damit die Spritzflüssigkeit sicher bis in die Tiefe des Gehörgangs, bei Trommelfellperforation wenn möglich auch in die Paukenhöhle eindringt, ertheilen wir durch *Abziehen der Ohrmuschel nach hinten oben und aussen, bei Kindern nach hinten und aussen* dem knorpligen Theil des Gehörgangs, bevor wir den weichen Gummiansatz der Spritze ½—1 cm weit in ihn einführen, diejenige Verlaufsrichtung, welche der knöcherne besitzt.

*Zum Selbstgebrauch können sich die Kranken eines kleinen Gummi-
ballons (Taf. XVII Fig. 5) bedienen.* Auch dieser kann vor dem Gebrauch ausgekocht werden, nachdem man über die Spitze seines gleichfalls aus Gummi bestehenden, gewöhnlich aber nicht hinreichend weichen Ansatzes ein dünnes 1—1$\frac{1}{2}$ cm
weit überstehendes weiches Gummidrain herübergezogen hat. Bei diesen Ballonspritzen
aber muss man noch sorgfältiger wie bei den Stempelspritzen darauf achten, bei
der Füllung keine Luft mit einzuziehen.

Mitunter empfiehlt es sich, die Spritze mit einem *S-förmigen Röhrchen*
(Taf. XVII Fig. 6 u. 7) zu verbinden, welches vorher durch einen Trommelfelldefect in
das Cav. tympani eingeführt wird und dessen vordere Oeffnung so gerichtet werden
kann, dass das Spritzwasser in den oberen Paukenhöhlenraum, ja sogar auch in
das Antrum mastoid. gelangt. Hierzu bedient man sich einer aus Silber, Neusilber,
Hartgummi oder einem elastischen Gewebe, wie es zu den französischen Harnröhren-
Cathetern benützt wird, gefertigten S-förmigen Canüle, welche durch einen Gummischlauch mit der Spritze verbunden wird. Ihr gerades Mittelstück ist ca. 7 cm,
das vordere nahezu rechtwinklig abgebogene Ende wenig mehr als 1 mm lang.
Der äussere Durchmesser des Röhrchens misst 1$\frac{1}{2}$ bis 3 mm. *Man führt dasselbe
unter Leitung des Stirnspiegels und den S. 115 u. 116 angegebenen Cautelen
mit der rechten Hand vorsichtig durch die Trommelfellperforation in die
Paukenhöhle ein,* fasst dann das untere stumpfwinklig abgebogene Ende zwischen
den drei ersten Fingern der linken Hand, mit welchen das Röhrchen nunmehr
während der ganzen Manipulation ruhig, leicht und sicher fixirt werden muss, stellt
mit der Rechten die Verbindung mit der Spritze her und injicirt die Flüssigkeit
anfangs mit sehr geringem, später, wenn hierbei weder Schwindel, noch Benommenheit oder Kopfschmerz auftritt, allmählich steigendem Druck. Ist die Ausflussöffnung
des S-röhrchens gerade nach oben gerichtet, so gelangt der Flüssigkeitsstrahl in den
oberen Paukenhöhlenraum, richtet man sie durch Drehung der Canüle mit der Linken
nach hinten, so gelangt er in die Warzenhöhle. Sobald das Spritzwasser keine
Secretmassen mehr herausspült, entfernt man das S-röhrchen wieder ebenso vorsichtig
aus dem Ohre, wie man es eingeführt hat.

*Mit Rücksicht auf die meist grosse Empfindlichkeit des Trommelfellrestes
und der Paukenhöhlenwände sowie auf die grosse Gefahr, verhängnissvolle
Verletzungen im Cav. tympani herbeizuführen, soll die Ausspülung mit dem
S-röhrchen stets nur von solchen Aerzten vorgenommen werden, welche sich
in intratympanalen Manipulationen genügende Sicherheit und Geschicklichkeit
angeeignet haben, am besten nur von einem erfahrenen Ohrenarzt.* Im anderen Falle kann sie den Patienten leicht grossen Schaden zufügen. Sind dieselben
ganz besonders empfindlich, so kann man vor der Einführung der Canüle Cocain in's
Ohr träufeln. In gleicher Weise wie durch einen Trommelfelldefect in die Paukenhöhle kann man das S-röhrchen auch durch eine in der hinteren und oberen Gehörgangswand befindliche Fistel in den Warzentheil einführen und diesen dann ausspülen. Die von Schwartze angegebenen Antrumröhrchen (Taf. XVII Fig. 8) eignen
sich besser zu Durchspülungen der Paukenhöhle von dem von aussen operativ eröffneten Antrum mastoid. aus.

b) **Von der Tuba aus.** Dieselbe geschieht in folgender Weise: Man führt
zunächst einen Catheter mit langem und starkgekrümmtem Schnabel möglichst tief
in das Ost. pharyng. tubae ein und überzeugt sich von seiner richtigen Lage durch
Einblasen von Luft und gleichzeitige Auscultation des Mittelohrs. Sodann entfernt
man den Hörschlauch aus dem Ohre des Kranken, löst, während der Catheter mit

der linken Hand dauernd in seiner richtigen Lage fixirt wird, mit der rechten den Doppelballon von ihm ab und fügt statt dessen die bereitgehaltene, bereits gefüllte Ohrenspritze (Taf. XVII Fig. 1), wenn möglich, luftdicht in sein hinteres Ende hinein, zu welchem Behuf man die Spritze auch zweckmässig durch einen kurzen Gummischlauch mit dem in das Trichterende des Catheters passenden Hartgummiansatz (Taf. XVI Fig. 3) verbinden kann. Ist dieses geschehen, so treibt man durch mässig kräftiges Vorschieben des Stempels — welche Druckstärke noch zulässig ist, muss durch längere Uebung erlernt werden — die Spritzflüssigkeit durch den Catheter und die Ohrtrompete hindurch in die Paukenhöhle ein, aus welcher sie durch die Trommelfellperforation in den Gehörgang abfliesst.

Vor der Injection lässt man den Patienten tief Luft holen; während derselben darf er nicht einathmen, um nichts von der Flüssigkeit, welche, da der Catheter das Ost. pharyng. tubae ja doch nicht hermetisch verschliesst, nach unten zu abfliesst, in den Larynx zu aspiriren. Manche Patienten lernen nach öfterer Durchspülung der Paukenhöhle von der Tuba aus, den Nasenrachenraum während der Injection durch Hebung des Gaumensegels nach unten zu abzuschliessen und, selbst wenn die Durchspülung mehrere Minuten lang fortgesetzt wird, während derselben ruhig durch den Mund zu athmen. Die hierbei aus der Nase abfliessende Spritzflüssigkeit muss in einem von einem Gehülfen darunter zu haltenden Eiterbecken, die aus dem Ohre in Tropfen oder in einem dünnen Strahl ausströmende in einem von dem Patienten selber zu haltenden kleinen Gefäss, z. B. einem kleinem Glase, aufgefangen werden. Es fliesst um so weniger Flüssigkeit in den Rachen bez. die Nase ab, je tiefer die Catheterspitze in den Tubencanal eingeführt ist, und je genauer die Richtung des Schnabels derjenigen der Ohrtrompete entspricht. Wegen der immer ziemlich erheblichen Widerstände in der Tuba und Paukenhöhle aber ist derjenige Theil der Flüssigkeit, welcher aus dem Ohreingang abströmt, niemals so gross als der in Rachen und Nase gelangende. *Freilich darf eine Durchspülung der Paukenhöhle von der Tuba aus überhaupt nur dann vorgenommen werden, wenn ein relativ freier Abfluss der injicirten Flüssigkeit nach dem Gehörgang sichergestellt ist.* Besteht eine starke Verengerung der Tuba, so muss diese vorher durch Bougirung gehoben, ist die Trommelfellperforation zu eng oder für den Abfluss ungünstig, also zu hoch, gelegen, so muss sie entweder dilatirt, oder — am besten galvanocaustisch — eine zweite Oeffnung im unteren Theil des Trommelfells hergestellt, sind im Gehörgang oder in der Paukenhöhle den Abfluss hindernde polypöse Wucherungen vorhanden, so müssen dieselben vorher entfernt werden. *Die zur Durchspülung benützte Flüssigkeit muss* aus denselben Gründen wie beim Ausspritzen vom Gehörgang aus (s. S. 116 u. 117) *gekocht haben und blutwarm sein.*

Nach der Ausspülung, sei es vom Gehörgang, sei es von der Tuba aus, *wird die Ohrmuschel* mit einem reinen Tuch *abgetrocknet, der Gehörgang* nach unten geneigt und mit dem zweiten Finger der rechten Hand, dessen Spitze man mit einem Tuch bedeckt in den Ohreingang steckt, gut *ausgeschüttelt.* Ist hiernach noch viel Flüssigkeit in der Tiefe des Ohres zurückgeblieben, so trocknet man dasselbe, wenn nöthig, unter Leitung des Stirnspiegels mit dem Wattestäbchen, d. h. mit einem an der Spitze gut mit antiseptischer Watte umwickelten Watteträger (Taf. XV Fig. 10) aus oder schiebt mit der Ohrpincette (Taf. XV Fig. 16) einen länglichen Tampon von hydrophiler Gaze oder Watte für einige Minuten in den Gehörgang hinein, um ihn dann, wenn er bei seitlicher Neigung des Kopfes die Flüssigkeit aufgesogen hat, wieder heraus zu nehmen und den Ohreingang mit einem neuen, trockenen Tampon antiseptischer Watte locker zu verschliessen. *Letzterer muss*, damit keine Otitis ext. entsteht, wenn auch nicht im Zimmer, so doch im Freien *nach dem Ausspritzen des Ohres und ebenso nach der Einträuflung von Ohrtropfen noch zwei Tage lang, besteht aber eine Trommelfellperforation, dauernd im Ohre getragen werden.*

IV. Die Luftdouche.

Unter den bereits S. 47—65 bei der allgemeinen Diagnostik beschriebenen, verschiedenen Verfahren zur Luftdouche *hat der Catheterismus tubae den unbestrittenen Vorzug, dass man mit ihm jedes Ohr isolirt behandeln kann. Dieses aber ist von grosser Bedeutung.* Denn einmal giebt es zahlreiche Fälle, in denen überhaupt nur *ein* Ohr erkrankt ist, und wo das bei allen Ersatzverfahren des Catheterismus unvermeidliche Eindringen der Luft in *beide* Ohren auf der gesunden Seite, namentlich bei längere Zeit hindurch angewandter Application der Luftdouche, erheblichen Schaden, wie Dehnung und Erschlaffung des Trommelfells, Schwerhörigkeit und Ohrensausen, verursachen kann. Sodann aber ist auch bei *doppelseitiger* Erkrankung die Luftdouche nicht selten auf der *einen* Seite von Nutzen, auf der *anderen* nachtheilig. Bei den Ersatzverfahren des Catheterismus aber strömt die Luft stets in *beide* Tuben hinein, freilich nicht immer mit gleichem Druck, sondern stärker auf derjenigen Seite, wo die Wiederstände im Tubencanal und in der Paukenhöhle die schwächeren sind.

Ein zweiter Vorzug des Catheterismus vor seinen Ersatzverfahren besteht darin, dass wir bei ihm, falls wir die Technik der Einführung durchaus beherrschen und auch in der Auscultation des Mittelohrs vollkommen sicher sind, durch letztere in *allen* Fällen zweifellos constatiren können, ob die Luft wirklich in die Paukenhöhle eingedrungen, ob also der eigentliche Zweck der Luftdouche in dem gegebenen Falle überhaupt erreicht ist. Bei den Ersatzverfahren des Catheterismus, bei denen die Auscultation aus den S. 47 u. 65 angegebenen Gründen nur mangelhafte, unzureichende Resultate ergiebt, ist dieses nicht möglich, falls nicht etwa nach Application derselben eine charakteristische Veränderung des Trommelfellbildes bez. eine deutliche Zunahme der Hörweite nachweisbar ist.

Endlich ist der Catheterismus auch bei solchen Kranken noch anwendbar, welche mit Gaumendefecten, Lähmung oder Insufficienz der Gaumenmusculatur und anderen krankhaften Veränderungen im Cav. pharyngo-nasale *behaftet sind*, die den sonst beim Schlingen und der Phonation stattfindenden Abschluss des Nasenvom Mundrachenraum verhindern, und bei denen die Ersatzverfahren daher misslingen.

Letztere hinwiederum haben vor dem Catheterismus voraus einmal, dass ihre Technik eine ungleich einfachere, ihre Erlernung viel weniger schwierig ist, und dass sie daher auch von Aerzten, die sich nur wenig mit Ohrenheilkunde beschäftigt haben, ja sogar von den Kranken selbst leicht angewandt werden können, sodann dass sie häufig auch da noch ohne Schwierigkeit ausführbar sind, wo sich dem Catheterismus sogar bei grosser technischer Ausbildung des Arztes in dieser Manipulation mehr minder erhebliche Hindernisse in den Weg stellen, also bei grosser Verengerung der unteren Nasengänge und des Nasenrachenraums, bei leicht blutenden Ulcerationen in denselben, bei den sehr zahlreichen ohrenkranken Kindern, welche sich gegen die Einführung des Catheters aufs Heftigste sträuben, ferner aber auch bei sehr nervösen und unvernünftigen Erwachsenen, die vor dem Catheterismus eine grosse Angst empfinden und sich demselben widersetzen, und bei schwer Kranken oder durch schwere Krankheit Herabgekommenen, deren Schwäche und Reizbarkeit uns gebietet, ihnen Schmerz und Aufregung möglichst fern zu halten, endlich dass sie bei acuter Entzündung der Nase, des Rachens und der Tuba weniger reizen als die Application des die entzündeten Theile direct berührenden Catheters.

Was die *vergleichsweise Wirksamkeit des Catheterismus und seiner Ersatzverfahren* anlangt, so können sich von letzteren wohl nur das POLITZER'sche Verfahren und die trockene Nasendouche mit ihm messen. Denn beim VALSALVA'schen Versuch tritt die Luft meist mit viel zu geringer Kraft in die Paukenhöhle ein; ausserdem aber kommt bei diesem eine venöse Stauung in den Kopfgefässen zu Stande, sodass er bereits vorhandene hyperämische Zustände im Ohr zu steigern und bei atheromatösen Gefässen und Lungenemphysem Gefahren für den Patienten herbeizuführen vermag. Das POLITZER'sche Verfahren und die trockene Nasendouche erweisen sich in manchen Fällen therapeutisch ganz ebenso wirksam wie der Catheterismus selbst, in anderen gelingt die Luftdouche nur bei diesem, nicht aber bei jenen.

Dieses findet man insbesondere bei sehr starker Auflockerung der gesammten Schleimhaut der Tuba und insbesondere ihres Ost. pharyng. Bei einer solchen erzwingt man den Eintritt der Luft in die Paukenhöhle oft nur dadurch, dass man die stark geschwollenen, fest aneinander liegenden Tubenwände durch den Schnabel des Catheters eine Strecke weit von einander drängt.

Auf der anderen Seite aber giebt es auch solche Fälle, in denen beim Catheterismus keine Luft in die Paukenhöhle eindringt, wohl aber bei seinen Ersatzverfahren, vorzüglich bei dem von POLITZER angegebenen. *Auch muss noch erwähnt werden, dass in manchen Fällen der Catheterismus, in anderen wiederum die trockene Nasendouche und insbesondere das POLITZER'sche Verfahren eine bedeutendere Zunahme der Hörweite herbeiführt.* Ein stärkeres Einströmen von Luft in die Paukenhöhle erzielt man beim Catheterismus tubae, wie S. 61 bereits erwähnt wurde, dadurch, dass man den Kranken während desselben wiederholt *schlucken* lässt.

Bei einem *Vergleich des POLITZER'schen Verfahrens und der trockenen Nasendouche* wäre zu Gunsten der letzteren anzuführen, dass sich dieselbe auch bei kleineren Kindern anwenden lässt, welchen man die für das POLITZER'sche Verfahren nothwendige Anweisung, auf Commando zu schlucken, noch nicht verständlich machen kann, die aber meistens sofort zu schreien anfangen, sobald man die Olive des Ballons in den Naseneingang fügt. Beim Schreien legt sich ganz ebenso wie bei dem „A"-sagen das Gaumensegel an die hintere Rachenwand an. Bei solchen Kindern, welche, gerade wenn man den Ballon eingesetzt hat, nicht zum Schreien zu bewegen sind — und auch dieses kommt bisweilen vor — genügt es, wie S. 63 bereits auseinandergesetzt wurde, gewöhnlich, den Ballon einfach zusammen zu drücken, um durch diesen „passiven VALSALVA'schen Versuch" Luft in die Paukenhöhle zu treiben. Als ein Vorzug des POLITZER'schen Verfahrens vor der trockenen Nasendouche ist dagegen zu erwähnen, dass bei ersterem noch in vielen Fällen von beträchtlicher Unwegsamkeit der Eustachischen Ohrtrompete, in welchen die letztere versagt, Luft in die Paukenhöhle eindringt. Es geschieht dieses, weil der Gaumenverschluss bei der Phonation in der Regel schwächer ist als beim Schluckakt, und daher von der andringenden Luft bereits durchbrochen werden kann, bevor dieselbe den zum Eintritt in die Paukenhöhle nothwendigen Druckgrad erreicht hat, und ferner, weil die Erweiterung des Tubencanals beim Schlingen stärker ist als bei der Phonation. Nur ganz ausnahmsweise ist das Umgekehrte der Fall. Im Allgemeinen aber ist die Kraft, mit welcher die Luft in die Paukenhöhle eindringt, beim POLITZER'schen entschieden grösser als bei den übrigen Ersatzverfahren des Catheterismus. Es ist dieses zwar nicht immer ein Vortheil, da nicht selten ein schwächeres Einströmen der Luft vollkommen ausreicht, ja sogar bei leichter Zerreisslichkeit des Trommelfells (atrophischen Zuständen oder Narben in demselben) und ferner, wenn es sich um einen Fall von abgelaufener acuter Mittelohrentzündung handelt, bei dem die Schmerzen vor Kurzem erst sistirt haben, zunächst entschieden vorzuziehen ist. Indessen auch beim POLITZER'schen Verfahren lässt sich eine geringe Druckstärke unschwer erhalten, indem man den Ballon einfach nicht mit der vollen Hand und aller Kraft, sondern schwächer ev. mit nur einigen Fingern und unvollständig zusammendrückt.

In manchen Fällen von starker Unwegsamkeit des Tubencanals, in denen die Luftdouche weder bei der Phonation noch bei dem Schluckakt in die Paukenhöhle eindringt, kommt man zum Ziel, wenn man sie von der anderen Seite aus applicirt, oder wenn man den Kopf derart gegen die Schulter neigen lässt, dass das zu behandelnde Ohr nach oben zu liegen kommt.

Beim Catheterismus kann man ein stärkeres Einströmen der Luft in die Paukenhöhle in geeigneten Fällen *dadurch erzwingen*, dass man während fortgesetzter Compression des Ballons mit der Rechten den Schlauch unmittelbar hinter dem Hartgummiansatz a (Taf. XVI Fig. 1 u. 3) mit dem Daumen und zweiten Finger der linken Hand eine Zeit lang zusammendrückt und dann, wenn der Windkessel sich stark aufgebläht hat, plötzlich öffnet. *Eine noch grössere Druckstärke wird erzielt*, wenn man den auf die eben angegebene Weise aufgeblähten Ballon b^2 (Taf. XVI Fig. 2) mit der Rechten umfasst und mit dieser, nachdem Daumen und zweiter Finger der Linken den Schlauch wieder freigelassen haben, kräftig zusammendrückt (s. Taf. XIII Fig. 4).

Die Stärke des anzuwendenden Drucks bei der Luftdouche mittels des Catheterismus oder seiner Ersatzverfahren muss sich ganz nach dem vorliegenden Fall richten. *Ist die Tuba sehr undurchgängig, so müssen wir stärkeren Druck anwenden, ist sie leicht wegsam, schwächeren.*

Lässt man dieses unberücksichtigt, so kann man durch zu starke Druckerhöhung in der Paukenhöhle Kopfschmerz, Schwindel, Ohnmacht oder Trommelfellruptur zu Stande bringen.

V. Luftverdünnung im äusseren Gehörgang.

POLITZER benützt hierzu einen etwa 30 cm langen Gummischlauch, dessen eines Ende eine central durchbohrte Olive trägt, welche sich luftdicht in den Gehörgang einfügen lässt, während das andere mit einem kugelrunden, im Durchmesser 6—7 cm grossen, kräftig aspirirenden oder mit dem zum POLITZER'schen Verfahren dienenden birnförmigen Gummiballon (Taf. XVI Fig. 7) luftdicht verbunden ist. Er drückt den Ballon zuerst zusammen, steckt die Olive luftdicht in den Gehörgang und lässt nun mit der Compression allmählich nach. Diese Manipulation kann in einer Sitzung 4—5 mal wiederholt werden. DELSTANCHE benützt statt dessen seinen in Fig. 9 (Taf. XVII) abgebildeten *Raréfacteur*. Mit diesem kann man übrigens auch durch *abwechselndes* Hineindrücken und Loslassen des in dem Instrument befindlichen federnden Stempels nach luftdichtem Einfügen des Gummischlauchs in den Gehörgang die Luft in letzterem abwechselnd verdichten und verdünnen.

Bei all' diesen Verfahren ist Vorsicht erforderlich. Sonst kann es leicht zu Gefässzerreissung, zu Ecchymosen oder gar zur Trommelfellruptur kommen. Man verdünne die Luft im Gehörgang also nicht zu stark und insbesondere nicht zu schnell.

VI. Einführung geringer Flüssigkeitsmengen in das Mittelohr mit Hülfe des Catheterismus tubae.

Man führt einen Catheter mit möglichst langem Schnabel in das Ost. pharyng. tubae ein (s. S. 51—57), überzeugt sich durch zwei- bis dreimalige Compression des

Doppelballons und gleichzeitige Auscultation des Mittelohrs von seiner richtigen Lage, zieht sodann das Ansatzstück a (Taf. XVI Fig. 1) aus dem äusseren, trichterförmig erweiterten Ende des Catheters heraus und spritzt nun 6—8 Tropfen der bis auf etwa 30° R erwärmten medicamentösen Flüssigkeit mit einer kleinen Pipette in den Catheter hinein, dessen Schnabel der Längsaxe der Ohrtrompete möglichst entsprechend gerichtet sein soll.   Hierauf wird das Ansatzstück a (Taf. XVI Fig. 1) wieder in den Catheter eingefügt und die Flüssigkeit, während man, insbesondere bei enger Tuba, den Patienten schlucken lässt, durch kräftige Compression des Doppelballons in das Mittelohr geblasen, wobei man durch den Auscultationsschlauch ein scharfes Einströmungsgeräusch und „feuchtes nahes" Rasseln hört.

Da häufig ein Theil der Flüssigkeit während der Lufteinblasung in den Rachen abfliesst — hatte Patient während der Einspritzung mit der Pipette das Kinn in die Höhe gehoben, so findet dieses schon vorher statt, was natürlich zu vermeiden ist — so wird nach Beendigung der Procedur mitunter über Kratzen im Halse, sowie über Reiz zum Räuspern und Husten geklagt, welche Beschwerden indessen durch Gurgeln mit kaltem Wasser meist bald beseitigt werden.   Im Ohr empfinden die Patienten nach der Einspritzung gewöhnlich ein Gefühl von Wärme und Fülle, zuweilen Brennen, seltener Schmerz.   Letzterer kann durch Frottiren der äusseren Ohrgegend oder Eingiessen von lauwarmem Wasser in den Gehörgang in der Regel rasch gehoben werden.

Unmittelbar nach der Injection geringer Flüssigkeitsmengen durch den Catheter in die Paukenhöhle findet man bei der Ohrenspiegeluntersuchung das Trommelfell entweder vollkommen unverändert oder eine mehr minder starke Hyperämie der Hammergriffgefässe und der angrenzenden Partieen der oberen und hinteren Gehörgangswand; bei grosser Transparenz des Trommelfells kann man nicht selten auch die in der Paukenhöhle befindliche Flüssigkeit hindurchscheinen sehen.

VII. Einführung von Dämpfen in das Mittelohr mit Hülfe des Catheterismus tubae.

Die Dämpfe *rasch sich verflüchtigender Medicamente* wie Ol. terebinthin. rectificat., Jodäthyl, Aether sulfur. und acet., Chloroform oder Menthollösung werden am bequemsten derart in einen *birnförmigen Gummiballon* (Taf. XVI Fig. 7) aspirirt, dass man den letzteren zusammendrückt, seinen Ansatz a in die Mündung des die Flüssigkeit enthaltenden Fläschchens, natürlich nicht in die Flüssigkeit selbst hineinsteckt und nun mit der Compression des Ballons allmählich nachlässt.   Ist letzterer mit den Dämpfen angefüllt, so steckt man sein Ansatzstück a in den vorher bereits in die Tuba eingeführten Catheter und treibt sie durch Compression des Ballons in das Mittelohr hinein.   Will man einen *Doppelballon* benützen, so tränkt man einen kleinen Wattebausch mit der leicht verdampfenden Flüssigkeit, bringt ihn in eine *Insufflationskapsel* (Taf. XVI Fig. 1) und schaltet diese zwischen Doppelballon und Catheter.   Die in's Mittelohr eingeblasene Luft ist dann mit den medicamentösen Dämpfen geschwängert.   Weniger bequem ist es, einen mit doppelt durchbohrtem Kork verschlossenen und mit dem rasch sich verflüchtigenden Medicament gefüllten Glaskolben zwischen Catheter und Doppelballon zu schalten und durch die hineingeblasene Luft das Medicament zu verflüchtigen.

Zur Application *warmer Wasserdämpfe* auf die Mittelohrschleimhaut bedient man sich eines mit Wasser gefüllten Glaskolbens mit weitem Halse, welcher auf einem Sand- oder Wasserbade mittelst Spiritusflamme erwärmt wird, und dessen Kork- oder Gummistöpsel dreifach durchbohrt ist.   In den mittleren Bohrcanal ist ein Thermometer eingefügt, durch welches die Temperatur der Dämpfe gemessen werden soll. In den beiden anderen stecken zwei rechtwinklig gebogene Glasröhren, von denen die eine mit dem zur Austreibung der Dämpfe dienenden Doppelballon, die andere mit dem in die Tuba eingeführten Catheter durch Gummischläuche verbunden ist. Die Temperatur der Dämpfe soll zwischen 30 und 40° betragen. Haben sie diese erreicht, so entfernt man die Flamme unter dem Sandbade. Damit sich das Metall des Catheters nicht zu sehr erwärmt und unangenehmes Brennen in der Nase erzeugt, muss man bei der Application der warmen Dämpfe öfters Pausen eintreten lassen. Zweckmässig ist es, den Catheter da, wo er dem besonders empfindlichen Naseneingange anliegt, vor seiner Einführung mit einem Stückchen Gummischlauch zu bekleiden. In die Paukenhöhle gelangen die Dämpfe sicherer, wenn man sie nicht ununterbrochen, sondern stossweise einströmen lässt. Von Zeit zu Zeit wird man sich durch Auscultation überzeugen müssen, ob sie auch wirklich eindringen, und ob der Catheter sich nicht verschoben hat, insbesondere, wenn man den letzteren nicht durch eine Nasenklemme, sondern von dem Patienten selber halten lässt.

Zur Anwendung von *Salmiakdämpfen im Statu nascenti* empfiehlt sich der in Fig. 23 (Taf. XVI) dargestellte Apparat, welcher von Gottstein angegeben und etwa folgendermassen beschrieben ist: In dem weiten Halse eines Pulverglases (a) befindet sich ein doppelt durchbohrter Kautschukstöpsel (d), durch dessen grössere Bohrung ein U-förmiges Gabelrohr knapp bis an den Boden des Glases hindurchgesteckt ist. Im zweiten Bohrloch befindet sich eine nur bis an die untere Fläche des Stöpsels reichende Röhre aus Hartgummi von 5 mm Durchmesser, die an der oberen Fläche des Stöpsels zur Aufnahme des Ballon-Ansatzes trichterförmig (c) erweitert und zur Ermöglichung des bequemen Ansetzens des Ballons in einem Winkel von etwa 130° abgebogen ist. In jeden Schenkel (b) der U-förmigen Röhre kommt ein das Lumen erfüllender, etwa 3 cm langer Pfropf aus langfasrigem Asbest (e). Der eine wird mit Liq. Ammonii caustici, der andere mit Acid. muriat. conc. pur. wohl getränkt, und das Pulverglas zu ¹/₃ mit Wasser gefüllt, dem etwas Wein- oder Schwefelsäure zugesetzt werden kann. Schliesst der Stöpsel in dem Glase und die Röhren in den Bohrungen luftdicht, und steckt man den Gummiballon (Taf. XVI Fig. 7) zusammengedrückt in den Hartgummitrichter (c) hinein, um ihn dann loszulassen, so zieht er aus den Röhren (b) Ammoniak- und Salzsäuredämpfe, welche sich schon im absteigenden Schenkel des Gabelrohrs zu Salmiakdämpfen vereinigen, im Wasser gewaschen und in reichlicher Menge in den Ballon aspirirt werden, der nun beim Comprimiren einen dicken weissen Strahl von Salmiakdämpfen entleert. Wird der Apparat nicht gebraucht, so thut man gut, die Mündungen der U-Röhre mit Gummistöpseln zu verschliessen. Neben den Asbestpfropfen muss immer genügender Raum für das Durchstreichen von Luft vorhanden sein, da der Apparat sonst schlecht functionirt. Um das Herabsinken der Asbestpfropfen zu verhindern, sind an dem unteren Ende der Schenkel der U-Röhre „Einstiche" angebracht, welche das Lumen daselbst verengen. Da durch ammoniak- oder salzsäurehaltige Dämpfe starke Reizung der Schleimhäute entsteht, ist die Reaction der Dämpfe vor dem Gebrauch stets erst mit Lakmuspapier zu prüfen und eine saure Reaction durch Vermehrung des Ammoniaks, eine alkalische durch Vermehrung der Salzsäure zur neutralen zu machen. Der birnförmige Gummiballon (Taf. XVI Fig. 7) wird, nach Einführung des Catheters in die Tuba, comprimirt, in den Trichter c des Salmiakentwicklungsapparats, welcher zur Rechten des Arztes auf dem Tisch steht oder vom Patienten gehalten wird, hineingesteckt, die Dämpfe aspirirt, was nur einige Secunden dauert, und nun durch den in den Catheter gesteckten Ballon ins Mittelohr getrieben. Die Prozedur ist in einer Sitzung etwa 5 bis 8 mal auszuführen, dazwischen öfter gewöhnliche Luft einzublasen.

Beim Eindringen von Dämpfen in das Mittelohr entsteht ein Gefühl von Wärme und Fülle in demselben, stärkeres Brennen oder Stechen am häufigsten bei Salmiakdämpfen. Der zurückströmende Dampf erregt häufig Kratzen im Rachen und Hustenreiz. Die *Dauer der Dampfeinleitung* variirt zwischen einigen wenigen und 10 Minuten.

VIII. Application von Ohrtropfen in den äusseren Gehörgang („Ohrbäder").

Die in den Gehörgang einzuträufelnden *Ohrtropfen* sind aus den S. 117 erörterten Gründen vorher *stets bis zur Bluttemperatur zu erwärmen*.

Zu diesem Behuf giesst man etwa einen Theelöffel der betreffenden Flüssigkeit in ein Reagenzgläschen, stellt dieses in ein Gefäss mit heissem Wasser und lässt es so lange darin, bis die Tropfen ordentlich lauwarm sind, wovon man sich durch Aufgiessen auf die Hohlhand überzeugt.

Nun lässt man den Patienten sich horizontal auf das Sopha oder Bett legen, das zu behandelnde Ohr nach oben gewandt — nur bei Instillation von Höllensteinlösung gegen chronische Mittelohreiterung (siehe dort) darf Patient nicht ganz wagerecht liegen — und giesst aus dem Reagenzglas so viel Flüssigkeit in den Gehörgang, bis derselbe vollkommen gefüllt ist. Ist Patient gezwungen, sich die Einträufelung selber zu machen, so saugt er am besten die vorher erwärmten Ohrtropfen in eine kleine Pipette (Taf. XVII Fig. 10) ein, aus welcher er sie dann nachher auch in horizontaler Lage leicht ins Ohr instilliren kann.

Damit sie hier möglichst in die Tiefe, bei Trommelfellperforation in die Paukenhöhle und Tuba Eust. dringen, soll Patient, insbesondere bei enger Oeffnung im Trommelfell, während er die Tropfen im Ohre hat, mehrmals den Tragus kräftig in den Gehörgang hineindrücken oder die Luftdouche (VALSALVA'scher Versuch, trockene Nasendouche oder POLITZER'sches Verfahren) ausführen, bei welcher Luftblasen durch die im Gehörgang befindliche Flüssigkeit entweichen, und letztere in die Paukenhöhle eindringt oder gar theilweise durch die Eustachische Ohrtrompete in den Nasenrachenraum abfliesst. Zu demselben Zwecke kann er endlich auch bei geschlossener Mund- und Nasenöffnung schlucken, wobei eine Aspiration der Luft aus der Paukenhöhle nach dem Rachen zu stattfindet. *Nach 5—15 Minuten* erhebt sich der Patient und lässt die Tropfen, indem er das Ohr nach unten neigt, herausfliessen, worauf der Gehörgang in der S. 119 beschriebenen Weise ausgetrocknet und verstopft wird.

Braucht man nicht zu befürchten, dass die zum Einträufeln verordnete Flüssigkeit sich durch häufiges Erwärmen zersetzt, wie z. B. Lösungen von Kal. sulfurat., so kann man jedesmal die ganze Flasche in heissem Wasser erwärmen und die Ohrtropfen direct aus dem Arzneiglas oder auch aus einem vorher erwärmten Theelöffel in den Gehörgang eingiessen.

Handelt es sich um alcoholische Ohrtropfen, so muss man den Patienten darauf aufmerksam machen, dass er, bevor die Flasche in heisses Wasser gestellt wird, den Pfropfen herausnimmt, da im anderen Falle die sich entwickelnden Alcoholdämpfe den Pfropfen mit grosser Gewalt heraustreiben oder die Flasche zersprengen können. Natürlich muss man bei alcoholischen Ohrtropfen den Patienten auch warnen, die Flüssigkeit mit einer Flamme in Berührung zu bringen, da sie sonst brennt.

IX. Application von pulverförmigen Medicamenten in den äusseren Gehörgang bez. in die Paukenhöhle.

Dieselbe erfolgt mit Hülfe eines *Pulverbläsers* (Taf. XV Fig. 24). Durch die nach Wegschieben der Verschlussplatte s freigelegte seitliche Oeffnung o schüttet man eine ganz kleine Messerspitze des betreffenden Pulvers in das Rohr des Insufflators hinein, steckt dann, nachdem die Oeffnung o durch den Schieber wieder verschlossen ist, die Spitze des Rohres in den Gehörgang oder besser in einen in diesem befindlichen Ohrtrichter und bläst nun durch Compression des Gummiballons das Pulver heraus.

Damit dasselbe hierbei auch in die Tiefe des Ohrs gelangt, verwandle man vorher den winklig geknickten Gehörgang durch Zug an der Muschel wie bei der Ohrenspiegeluntersuchung (s. S. 26) in einen gerade verlaufenden Canal. Unmittelbar nach der Insufflation überzeuge man sich durch Ohrenspiegeluntersuchung, ob das Pulver auch wirklich an der richtigen Stelle liegt.

Um mit dem Pulverbläser keine Infection zu verursachen, schiebe ich über das vordere Ende desselben ein vorn abgerundetes Glasröhrchen, welches vor jedesmaliger Benutzung leicht gründlich desinficirt werden kann.

X. Genau localisirte Aetzung von Granulationen und Polypen im Ohre (Gehörgang, Trommelfell, Paukenhöhle, Warzentheil [nach Eröffnung desselben]).

Dieselbe geschieht am besten entweder mit dem Galvanocauter oder mit einer an die Sonde angeschmolzenen Chromsäure- oder Lapisperle. Da diese Aetzmittel aber leicht zerfliessen und dadurch auch gesundes Gewebe angreifen können, so muss die zu ätzende Stelle vorher gut gereinigt und mit dem Wattestäbchen (Taf. XV Fig. 10) abgetrocknet werden. Liegt sie in der Tiefe des Gehörgangs oder in der Paukenhöhle, so führe man die Aetzsonde oder den Galvanocauter, um die gesunden Gehörgangswände bei unruhiger Haltung des Instruments nicht zu verletzen, durch einen Trichter hinein unter den S. 115 u. 116 angegebenen Cautelen.

a) **Aetzung mit Chromsäure:** Eine geknöpfte Sonde (Taf. XV Fig. 11) oder ein rechtwinklig abgebogenes stumpfes Häkchen (Taf. XV Fig. 12) befeuchte man am vorderen Ende mit etwas Wasser, stecke sie dann in ein Schälchen mit Chromsäurekrystallen und halte die Spitze des Instruments, sobald ein Paar der Krystalle an ihr haften, über eine kleine Spiritusflamme. Ist die Chromsäure eben geschmolzen, so wird das Instrument von der Flamme, mit der es übrigens, weil bei zu starker Erhitzung der Chromsäure das nicht ätzende schwarzgrüne Chromoxyd entsteht, nie in Berührung kommen darf, entfernt. Beim Erkalten bildet sich an seiner Spitze eine feste, rothe Chromsäureperle, die etwa wie der Kopf eines Zündhölzchens aussieht.

Es genügt, letztere unter den vorher S. 115 u. 116 angegebenen Cautelen für kurze Zeit mit den betreffenden Granulationen oder Polypen in leise Berührung zu bringen, um dieselben localisirt und ziemlich energisch zu ätzen. Einige Minuten nach der Aetzung oder, falls Schmerzen schon früher eintreten, auch unmittelbar nach derselben ist das Ohr mit warmem Wasser oder Borsäurelösung auszuspritzen, wonach der Schmerz fast immer sofort aufhört, sodass die Aetzung mit Chromsäure, falls sie in der angegebenen Art ausgeführt wird, als ein ganz schmerzloses Verfahren betrachtet werden kann.

Erst nach Abstossung des gelben Aetzschorfs, bis zu welcher gewöhnlich mehrere Tage vergehen, darf eine ev. erforderliche Wiederholung der Aetzung stattfinden.

b) **Aetzung mit Höllenstein in Substanz:** Hierzu bedient man sich einer Silbersonde; den Kopf derselben taucht man in ein kleines Schälchen mit eben über der Flamme geschmolzenem Höllenstein oder man erhitzt ihn selber über einer Flamme und bringt ihn dann mit dem Höllensteinstift in Berührung, wobei eine Lapisperle an der Sondenspitze haften bleibt.

c) **Application des Galvanocauters im Ohre:** Bei der geringen Weite des äusseren Gehörgangs müssen die im Ohr zur Anwendung gelangenden *Brenner sehr dünn* sein und, um möglichst geringen Schmerz und keine reactive Entzündung zu verursachen, *bei Schliessung der Kette blitzartig weissglühend* werden. Der Stromschluss darf erst dann stattfinden, wenn der Brenner, welcher vor der Einführung jedesmal ausgeglüht werden muss, die zu ätzenden Theile berührt. Da alle bisher gebräuchlichen Brenner, auch solche, die nach Dr. Jacoby's Angabe von Bruns in Breslau gefertigt sind, den Fehler haben, dass sie nicht nur an der Spitze, mit welcher allein man brennen will, sondern noch mindestens $\frac{1}{2}$ cm weit nach abwärts von dieser glühend werden, hierdurch aber bei engem Lumen des Gehörgangs leicht eine Verbrennung seiner Wände veranlasst werden kann, so habe ich andere (Taf. XVI Fig. 20 u. 21) anfertigen lassen, welche thatsächlich nur an ihrem äussersten Ende, d. h. also höchstens noch 2—3 mm von der Spitze entfernt glühen.

Die nach der Galvanocauterisation im Gehörgang auftretenden heissen Dämpfe sind unmittelbar nach derselben durch Hineinblasen mit dem Munde zu entfernen.

Der im Moment der Aetzung heftige Schmerz schwindet nach derselben sofort. Die galvanocaustische Aetzung, welche in jeder Sitzung 4—5 Mal vorgenommen werden kann, hat vor den vorher genannten Verfahren den Vorzug, dass sie die Neubildung meist rascher zerstört als diese.

Bei der galvanocaustischen Aetzung von Granulationen in der *Paukenhöhle* treten selbst bei vorsichtigster Ausführung zuweilen kurze Zeit anhaltender Schwindel, selten länger dauernde Kopfschmerzen ein.

XI. Blutentziehungen am Ohre.

Dieselben werden in der Umgegend des Ohres meist mit Hülfe von *Blutegeln* vorgenommen, weil diese am wenigsten Schmerz verursachen. Um das Einfliessen von Blut in den Gehörgang zu verhindern, ist derselbe vorher durch einen Tampon mit antiseptischer Watte aussen zu verstopfen. Die Stellen, an denen die Egel angesetzt werden sollen, und die im speciellen Theil (s. d.) näher angegeben werden, muss der Arzt auf der Haut des Patienten vorher bezeichnen, am besten wol durch ein Kreuz mit Blaustift (Taf. VIII Fig. 1). Das Ansetzen soll mittels eines *Blutegelglases* (Taf. XVII Fig. 12) geschehen, an dessen engerer Oeffnung sich das schmälere Ende des Blutegels, der Kopf desselben, befinden muss. Da gewöhnlich nicht alle Blutegel anbeissen, so verschreibt man zweckmässig zwei mehr, als gebraucht werden.

Die unbrauchbaren, kranken Thiere erkennt man daran, dass sie im Gegensatz zu den gesunden schlaff erscheinen, sich im Wasser nicht lebhaft bewegen und beim Drücken wenig oder gar nicht zusammenziehen.

Beim Ansetzen vermeide man dicht über grösseren Gefässen z. B. der A. temporalis gelegene Hautstellen. Vor demselben setze man die Thiere eine Viertelstunde aufs Trockene, um sie blutdürstiger zu machen, *desinficire* dann die Hautpartie, auf welcher sie angesetzt werden sollen, indem man dieselbe zunächst mit warmem Wasser und Seife möglichst energisch abbürstet, dann, nachdem sie mittels eines reinen Tuches oder steriler Gaze abgetrocknet ist, mit Aether und endlich mit 3 %igem Carbolwasser abspült und abreibt, und setze nun die Egel mittels eines Blutegelglases auf die vorher bezeichneten Stellen auf. Wollen sie durchaus nicht anbeissen, so benetzt man die Haut mit etwas Zuckerwasser oder Milch. Nützt auch dieses nichts, so macht man mit der Lanzette einen feinen Einstich in die Haut, was sicher zum Ziele führt.

Während der Egel die Haut durchsägt, empfindet Patient einen lebhaften Schmerz, der aber beim Saugen, welches $\frac{1}{2}$—$1\frac{1}{2}$ Stunden dauert, ganz aufhört. Der Egel fällt, sobald er vollgesogen ist, von selber ab. Soll er früher abfallen, so bestreut man ihn mit etwas Kochsalz. Nach dem Abfallen kann man die Blutegelstiche, wenn Patient nicht zu sehr angegriffen ist, noch 10—15 Minuten *nachbluten* lassen.

Zur *Stillung der Blutung* genügt es meist, einen kleinen Bausch Salicylwatte auf die blutende Stelle fest aufdrücken zu lassen, insbesondere wenn diese, wie in der Regio mastoid., dicht über dem Knochen liegt. In anderen Fällen wird das

Andrücken von trockner Eisenchloridwatte erforderlich. Nur sehr selten wird, um der Blutung Herr zu werden, die Umstechung nothwendig sein.

Ich lasse die Blutegel gewöhnlich von einem Heilgehülfen setzen und verordne, dass, wenn es nach einigen Stunden bez. in der Nacht von Neuem zu bluten anfängt, der Heilgehülfe sofort wieder geholt werde. Im anderen Fall geräth nämlich meist die ganze Umgebung des Kranken in grosse Aufregung, und, wenn es ihr nicht gelingt, die Blutung zu stillen, so hat Patient am nächsten Tage in Folge des Blutverlustes Kopfschmerzen. Die vorher angegebenen Vorschriften bezüglich der Desinfection der Haut und Stillung darf man übrigens niemals zu geben verabsäumen, da auch die Heilgehülfen sonst leicht Fehler machen.

Bei kleinen Kindern beschränke man sich auf 1—2, bei Erwachsenen auf 3—6 Blutegel. Die zur Stillung der Blutung angedrückte Watte kann so lange liegen bleiben, bis sie von selber abfällt, worauf dann jeder Stich einzeln mit englischem Pflaster zugeklebt werden soll. Bei Otorrhoe kann man letzteres auch noch mit Collodium bestreichen.

Der *künstliche Blutegel nach Heurteloup* besteht aus der *Saugpumpe* (Taf. XV Fig. 26) und dem *Scarificator* (Taf. XV Fig. 25).

Nach Desinfection und Befeuchtung der Haut lässt man zunächst die Saugpumpe etwas wirken, setzt dann den Scarificator auf, dessen wie ein Locheisen geformte Klinge der Hautdicke entsprechend gestellt ist, versetzt sie mit Hülfe der Schnur in Rotation und bringt hierdurch die kleine kreisförmige Wunde hervor. Sodann setzt man wiederum den Saugapparat auf und saugt durch langsames und allmähliches Herausschrauben des Stempels das Blut aus der Wunde heraus. Das Auspumpen kann wiederholt, auch können mehrere Scarificationen neben einander vorgenommen werden. Jedoch ist darauf zu achten, dass der Rand der Pumpe stets überall aufsitzt, ohne indessen die Haut bis zur Hemmung des Blutzuflusses zusammenzudrücken.

Der Apparat darf nur dann angewandt werden, *wenn die Umgebung des Ohres nicht druckempfindlich ist,* weil bei seiner Application der Glascylinder fest angedrückt werden muss, was bei acuten Entzündungen des äusseren und mittleren Ohres wegen der hierbei entstehenden heftigen Schmerzen gewöhnlich nicht angängig ist. Der künstliche Blutegel soll stets des Abends vor dem Schlafengehen applicirt werden, und muss Patient auch am folgenden Tage sich vollkommen ruhig im Zimmer halten und sowohl lautes Geräusch wie Alles, was eine Congestion zum Labyrinth und Gehirn verursachen kann, streng vermeiden. Je nach der Constitution des Kranken entzieht man mit dem Heurteloup *zwischen 30 und 120 Gramm Blut.* Will man gute Erfolge erzielen, so ist grosse Technik in der Handhabung des Apparats erforderlich.

XII. Application der Eisblase auf das Ohr.

Ich benütze zu diesem Zweck stets die in Fig. 22 (Taf. XV) abgebildeten Eisbeutel aus grauem gummirtem Zeug, welche sich der Ohrmuschel und ihrer Umgebung — insbesondere kommt hier die Regio mastoidea in Betracht — am besten anschmiegen. Dieselben werden, damit sie nicht zu sehr drücken, mit *kleinen* Eisstückchen oder Schnee gefüllt und zwar nicht zu prall, dann, wie in Fig. 23 (Taf. XV) zusammengedrückt, nun, damit der Gummi nicht direct auf der Haut liegt, mit einer einfachen Lage eines reinen Tuches bedeckt und so aufs Ohr gelegt, nachdem man den Eingang des letzteren, um ein Hineinfliessen von Eiswasser in den Gehörgang unter allen Umständen zu verhüten, mit einem Tampon antiseptischer Watte verstopft hat. Der Pfropf der Eisblase, welche zusammengedrückt wie in Fig. 23 (Taf. XV) eine kreisrunde Fläche von ca. 15 cm Durchmesser bedecken muss, soll nach auswärts vom Ohre liegen. Ist es dem Patienten bequemer, so kann er sich mit dem kranken Ohre auf den Eisbeutel herauflegen. Wo die Ohrgegend sehr druckempfindlich ist, wird auch dieses nicht angehen, und muss man dann versuchen, die Eisblase im Bett oder auf dem Sopha so zu befestigen, dass Patient das kranke Ohr nur seitlich gegen sie zu legen braucht, wobei jeder Druck auf dasselbe vermieden werden kann. Will der Kranke nicht liegen, sondern herumgehen, so kann man die Eisblase durch eine um den Kopf gelegte Binde auf dem Ohre befestigen lassen. Solange der Eisbeutel getragen wird und noch zwei Stunden nach Abnahme desselben, soll Patient das gleichmässig warme Zimmer nicht verlassen.

XIII. Application von feuchtwarmen hydropathischen Umschlägen auf das Ohr.

Man tauche ein Stück hydrophiler Verbandgaze etwa von der Grösse eines Quadratfusses in abgekochtes lauwarmes Wasser, drücke es so stark aus, dass es nicht mehr nass, sondern nur feucht ist, lege es nicht glatt wie eine Compresse, sondern kraus zusammen und bedecke damit die Ohrmuschel. Ueber diese feuchte Gaze wird ein Stück Guttaperchapapier gelegt, welches dieselbe nach allen Seiten mehrere Centimeter weit überragt, und wird dieser Ohrumschlag dann durch eine um den Kopf gelegte ungestärkte Mull- oder Cambricbinde befestigt. Ist der Druck dem Patienten unangenehm, wie z. B. bei Furunculose des äusseren Gehörgangs, so kann man zur Verminderung desselben zwischen Guttaperchapapier und Binde eine Schicht Watte legen.

Solange Patient einen solchen Verband trägt und auch noch zwei Stunden nach Abnahme desselben soll er im gleichmässig warmen Zimmer bleiben.

XIV. Die electrische Behandlung des Ohres.

Dieselbe ist früher bei den Erkrankungen des inneren Ohres häufig in Anwendung gebracht worden. Bei Schwerhörigkeit scheint sie kaum etwas zu nützen, wohl aber mitunter bei subj. Gehörsempfindungen, Ohrschwindel und Kopfdruck. Am zweckmässigsten erweist sich hier die *Application des constanten Stroms*, also die Galvanisation des Ohres: Man lasse diejenigen Reizmomente, welche die subj. Gehörsempfindungen schwächen, mit möglichster Intensität und Dauer einwirken, und suche andererseits diejenigen, welche sie steigern, durch *langsames Ein- und Ausschleichen* in ihrer Wirkung möglichst abzuschwächen (*Erb*). Am häufigsten werden die subj. Gehörsempfindungen durch *Anodenschluss und -dauer* vermindert. Man setze die Anode vor dem Tragus, die Kathode am Nacken auf, und steigere den Strom durch Einschleichen (mit Hülfe des in Nebenschliessung befindlichen Rheostaten) bis zu derjenigen Stärke, bei welcher ev. die vorhandenen Ohrgeräusche deutlich schwächer werden bez. verschwinden. In dieser Stärke — meist nicht über 2 M. A. — lasse man den Strom so lange wie möglich einwirken und schleiche nun, da Anodenöffnung das Sausen wieder vermehren würde, durch allmähliche Verminderung der Rheostatenwiderstände so langsam als möglich aus. Hat man die Stromintensität, bei welcher das Sausen abnimmt, einmal festgestellt, so kann man das nächste Mal sofort mit dieser Stromstärke schliessen, um zu prüfen, ob sich die plötzliche Anodenwirkung noch günstiger erweist als die langsam ansteigende beim Einschleichen. Besteht Sausen auf beiden Ohren, so ist es zweckmässig, die Anode *gabelförmig* zu theilen, so dass sie an beiden Ohren angesetzt werden kann. Mitunter, wenn auch selten, erzielt man in Fällen, in denen Anodenwirkung nichts nützt, noch eine Verminderung des Sausens durch *Kathodenschluss und -dauer*. Das Verfahren hierbei ist ganz dasselbe, wie es oben geschildert wurde, mit dem Unterschied, dass statt der Anode die Kathode am Tragus aufgesetzt wird. Die einzelnen Sitzungen müssen *mindestens 5 bis 20 Minuten* dauern und meist sehr häufig wiederholt werden.

Je länger das Sausen nach der Galvanisation des Ohres verschwindet, desto kürzere Zeit wird die electrische Behandlung fortgeführt werden müssen, um es ganz zu beseitigen. Sehr glänzend sind die Erfolge derselben nicht. Nur in seltenen Fällen werden die subj. Gehörsempfindungen vollständig und dauernd geheilt. Meist werden sie höchstens nur vermindert. Und selbst hierzu ist gewöhnlich eine sehr grosse Anzahl von Sitzungen nothwendig. Da das Ohrensausen indessen auch durch alle anderen Behandlungsarten häufig ganz unbeeinflusst bleibt, so ist ein Versuch mit der Galvanisation des Ohres bei sehr hartnäckigen und qualvollen subj. Gehörsempfindungen durchaus rationell. Leider bleibt in manchen Fällen auch diese gänzlich erfolglos.

XV. Locale Anaesthesirung bei operativen Eingriffen im Ohre.

Einträufelung von Cocain ins Ohr scheint die Empfindlichkeit bei Operationen im äusseren Gehörgang und am Trommelfell kaum wesentlich herabzusetzen*). Bei solchen in der Paukenhöhle ist sie wohl von Nutzen, aber, wie es scheint, auch nur dann, wenn sich der Eingriff allein auf die Schleimhaut, nicht aber auf den darunter gelegenen Knochen erstreckt.

Uebrigens führt einfache Einträufelung von Cocain ins Ohr mitunter zu sehr unangenehmen Intoxikationserscheinungen, wie Schwere des Kopfes, Schwindel, Uebelkeit oder Erbrechen, Symptome, welche zuweilen viele Stunden lang anhalten, am nächsten Tage allerdings fast immer vollkommenem Wohlbefinden Platz machen.

XVI. Die Trommelfellparacentese.

Wir verstehen hierunter die operative Perforation des Trommelfells, welche in neuerer Zeit nur noch entweder mittels einer zweischneidigen *Lanzennadel* oder mit dem *Galvanocauter* ausgeführt wird. Erstere ist, damit die operirende Hand das Trommelfell nicht beschattet, stumpfwinklig oder bajonettförmig abgebogen (Taf. XVII Fig. 13 u. 14). Die Nadel muss vollkommen scharf**), ihr Schaft so stark sein, dass er beim Schneiden mit der Spitze nicht federt. Seine Länge von der Spitze bis zu dem Knick k soll 7 cm betragen.

Zur Erweiterung der Oeffnung bei zu engen bez. für den Abfluss des Eiters ungünstig gelegenen Trommelfellperforationen benützt Schwartze ein vorn stumpfes *Trommelfellmesser* (Taf. XVII Fig. 15). Letzteres sowohl, wie die Nadel werden vor dem Gebrauch gewöhnlich durch kurzes Eintauchen in Alcohol absolut, oder 3%iges Carbolwasser desinficirt und mit sterilisirter Gaze abgetrocknet. Indessen scheint es, als wenn sie auch durch Auskochen in $1\frac{1}{2}\%$iger Sodalösung unter den S. 114 angegebenen Cautelen nicht an Schärfe verlieren. Zur galvanocaustischen Paracentese benütze ich den in Fig. 21 (Taf. XVI) abgebildeten nur an der Spitze erglühenden *Brenner*. Auch dieser kann durch Auskochen sterilisirt werden.

Was die **Technik** der Paracentese anlangt, so sind zunächst die S. 115 u. 116 angegebenen Vorbereitungen bezüglich genügender Fixation des Patienten und guter Beleuchtung des Trommelfells mit dem Reflector zu treffen. Ist dieses geschehen, so stecke man in den Gehörgang des zu operirenden Ohres einen möglichst weiten und kurzen Trichter hinein und fixire diesen, sowie die in geeigneter Weise abgezogene Muschel mit der linken Hand derart, dass diejenige Stelle am Trommelfell, an welcher die Paracentese ausgeführt werden soll, gut eingestellt ist. Dann schiebe man die mit den drei ersten Fingern der rechten Hand am Griff gefasste

---

*) Hessler freilich giebt an bei Operationen am Trommelfell wenn auch nicht vollkommene Schmerzlosigkeit, so doch ziemliche Herabsetzung der Empfindlichkeit erzielt zu haben, wenn er die genannte Membran in Intervallen von einigen Minuten 5—6 Mal mit erwärmter 15—20 %iger Cocainlösung bepinselte.

**) Von dem Intactsein der Spitze überzeuge man sich vor jeder Operation, am besten durch Besichtigung mit der Loupe.

Paracentesennadel unter steter Leitung des Auges langsam und vorsichtig*) bis dicht an die zu perforirende Stelle des Trommelfells vor und durchbohre nun, indem man sie plötzlich ein wenig vorstösst, rasch die ganze Dicke der Membran. Hiernach erweitere man vor dem Herausziehen des Instruments die angelegte Stichöffnung mit der einen oder der anderen Schneide der Nadel bis zu der gewünschten Länge, also auf mindestens 2 mm, bei zähem Exsudat auf das Doppelte und mehr. Im Allgemeinen wird es am zweckmässigsten sein, die Schnittöffnung in dem am weitesten (in der Norm zwischen 2.5 bis 4 mm) von der inneren Paukenhöhlenwand entfernten *hinteren unteren* Quadranten des Trommelfells anzulegen, wie in Fig. 2 (Taf. VIII), weil dieser dem Ohreingang näher liegt als der vordere untere, und das in der Paukenhöhle angesammelte Exsudat durch eine hier befindliche Oeffnung sowohl bei aufrechter wie auch bei liegender Stellung des Patienten gut abfliessen kann. Indessen kann die Paracentese, falls die vordere Gehörgangswand nicht zu stark vorgewölbt ist, auch im *vorderen unteren* Quadranten ausgeführt werden wie in Fig. 3 (Taf. VIII). Es ist dieses namentlich, wenn man das rechte Ohr operirt, mitunter bequemer. Natürlich ist hier eine Verletzung der inneren Paukenhöhlenwand wegen ihres an dieser Stelle geringeren Abstandes vom Trommelfell leichter möglich. Bei starker circumscripter Vorwölbung des Trommelfells ist die höchste Stelle der Vorbauchung zu incidiren.

Da sich nach TOYNBEE die Circulärfasern des Trommelfells nach der Durchschneidung in Folge ihrer Elasticität etwas verkürzen, die Radiarfasern aber nicht, so könnte es zweckmässig erscheinen, den Schnitt bei der Paracentese, damit die Oeffnung klafft, stets in solcher Richtung anzulegen, dass die Circulärfasern quer durchtrennt werden, wie in Fig. 3 (Taf. VIII). Thatsächlich indessen scheint die Richtung des Schnitts auf das Klaffen desselben keinen sehr grossen Einfluss auszuüben.

In der oberen Hälfte des Trommelfells wird man eine Paracentesenöffnung natürlich nicht gern anlegen, weil durch eine solche das in der Paukenhöhle angesammelte Secret wenigstens bei aufrechter Körperhaltung nicht frei abfliessen kann. *Bei dickflüssigem, zähem, schleimigem Exsudat* muss *ein recht langer Schnitt* gemacht, unter Umständen selbst die ganze hintere Trommelfellhälfte von oben nach unten gespalten werden, damit die sehr cohaerente Masse hindurchtreten kann. In solchen Fällen können auch *Kreuz- oder Lappenschnitte* erforderlich werden, insbesondere wenn das Trommelfell starr und verdickt ist. *Bei atrophischer Verdünnung der Membran* dagegen klaffen schon einfache Schnittöffnungen meist durch längere Zeit hindurch. Soll ein stark eingesunkenes Trommelfell paracentesirt werden, so ist dasselbe vorher durch die Luftdouche nach aussen zu treiben. Indessen darf dieses nur dann geschehen, wenn eine schmerzhafte Entzündung der Paukenhöhle nicht besteht. Bei solcher kommt übrigens eine Einwärtsziehung des Trommelfells auch nur in den seltensten Fällen vor.

Bevor man die erste Paracentese am Lebenden macht, ist es rathsam, durch öftere Ausführungen derselben am anatomischen Präparat sich einige Uebung in der genannten Operation anzueignen, da dieselbe insbesondere wegen der Schräglage des Trommelfells schwieriger ist, als man glaubt.

Die hauptsächlichsten Fehler, die Ungeübte machen, bestehen darin, dass sie den Schnitt zu klein und nicht an der beabsichtigten Stelle anlegen. Mitunter ritzen sie das Trommelfell auch nur oberflächlich ein, ohne die ganze Dicke desselben zu durchdringen. Letzteres ist namentlich dann der Fall, wenn das Trommelfell durch frühere Erkrankungen oder durch entzündliche Infiltration ungemein verdickt ist.

---

*) Eine Ueberhastung ist selbst bei ängstlichen Patienten stets zu vermeiden, weil man hierbei statt der Membr. tympani leicht den Gehörgang ansticht.

Wegen der sehr kurzen Zeit, welche die Ausführung der Paracentese erfordert, kann diese Operation ausser bei sehr ungeberdigen Kindern stets ohne *Narcose* vorgenommen werden. Muss man in derselben Sitzung auf beiden Ohren operiren, so ist bei Kindern, da diese sich nach dem ersten doch immerhin recht schmerzhaften Eingriff meist heftig sträuben, in der Regel die Narcose vorzuziehen.

Bei atrophischem Trommelfell verursacht dieselbe kaum einen *Schmerz*. Sonst dagegen ist dieser in der Regel ziemlich heftig, aber gewöhnlich nur einige Minuten andauernd; bei verdicktem, sehr hyperaemischem Trommelfell freilich kann er stark sein und stundenlang währen. Hat man die innere Paukenhöhlenwand mit der Spitze der Nadel ein wenig verletzt, so werden hierdurch länger anhaltender Schmerz und Bluterguss in das Cav. tympani, weiter aber keine üblen Folgen hervorgerufen.

Die bei der Paracentese stattfindende *Blutung* kann bei acuter Entzündung des Trommelfells reichlich, bei entzündlicher Verdickung desselben sogar so stark sein, dass das Blut noch einige Zeit nach der Operation aus dem Ohre herausträufelt; in der Regel ist sie ganz unbedeutend, bei atrophischem Trommelfell häufig gar nicht vorhanden. Lange anhaltende, die Gehörgangstamponade erfordernde Nachblutungen sind ausser bei Haemophilie ungemein selten. Von LUDEWIG und HILDEBRANDT wurden in neuerer Zeit zwei Fälle beschrieben, in denen bei einer wegen Exsudatansammlung in der Paukenhöhle vorgenommenen Trommelfellparacentese durch die Lanzennadel der Bulbus ven. jugularis verletzt wurde. Es ergoss sich hierauf sofort ein Strom dunklen Blutes aus dem Ohre. Derselbe hatte in dem einen Falle die Dicke des Gehörgangslumens und führte trotz schleunigster Tamponade zu einem Blutverlust von ca. 1000 g. In dem anderen gingen nur etwa 100 g Blut verloren. Durch Tamponade mit Jodoformgaze und Schnürverband wurde die Haemorrhagie augenblicklich gestillt. In dem einen dieser Fälle zeigte sich vor Ausführung der Paracentese im hinteren unteren, in dem anderen in beiden unteren Quadranten eine durchscheinende bläuliche Verfärbung.

Die galvanocaustische Trommelfellparacentese, bei welcher sich die Oeffnung, nicht wie bei der mit der Lanzennadel ausgeführten, gewöhnlich bereits in wenigen Tagen, sondern stets erst in einigen, frühestens in drei, Wochen schliesst, wird, wie bereits erwähnt, mittels eines winklig gekrümmten Spitzbrenners (Taf. XVI Fig. 21) ausgeführt. Derselbe muss im Moment der Stromschliessung sofort weissglühend werden. Letztere darf aber erst dann erfolgen, wenn der Brenner mit dem Trommelfell in Berührung kommt; auch darf sie, da die Oeffnung in der Membran nicht viel grösser als ein Hanfkorn werden soll, höchstens eine Secunde lang andauern. Um einer Verbrennung der Schleimhaut an der inneren Paukenhöhlenwand vorzubeugen, vermeide man, mit dem Brenner einen Druck auf das Trommelfell auszunüben. Die bei der Operation entstehenden heissen Dämpfe im Gehörgang müssen nach derselben sofort herausgeblasen werden. Im Uebrigen gilt für die Technik der galvanocaustischen Perforation des Trommelfells das vorher (S. 130 u. 131) für die Paracentese mit der Nadel bereits Ausgeführte. Der *Schmerz* ist bei der Durchbohrung des Trommelfells mit dem Galvanocauter sehr viel heftiger als bei derjenigen mit der Nadel. Indessen tritt, falls man keine Nebenverletzung im Gehörgang oder der Paukenhöhle gemacht hat, keine erheblichere Reaction ein als bei dieser.

Wurde die Paracentese zur Entleerung eines catarrhalischen Paukenhöhlenexsudats vorgenommen, so wird man unmittelbar nach derselben in den meisten Fällen mehrmals, zum Mindesten drei bis vier Mal, die *Luftdouche* appliciren müssen. Ein sehr dünnflüssiges, seröses Secret kann zwar nach der Operation schon von selber in den Gehörgang abfliessen, ein Theil desselben aber wird in der Regel zurückbleiben, und die zähen, schleimigen Exsudate verharren überhaupt meist noch nach der Durchschneidung des Trommelfells ruhig so lange an ihrem alten Platz in der Tuba, in der Paukenhöhle und den mit letzterer in Verbindung stehenden Hohlräumen, bis man sie durch die Luftdouche — gewöhnlich bedient man sich hierbei des Politzer'schen Verfahrens und nur, wo dieses im Stich lässt, des Catheters — heraustreibt. Das durch die jedesmalige Lufteinblasung aus der Paukenhöhle herausgeschleuderte Secret wird mit dem Wattestäbchen (Taf. XVI Fig. 10) oder, wenn es sich um zähen Schleim handelt, auch durch Fassen mit der Ohrpincette unter Leitung des Stirnspiegels aus dem Gehörgang entfernt. Ist dieses geschehen, so wird die Luftdouche zum zweiten Mal applicirt und so fort, bis bei derselben endlich nur noch Luft, nicht aber Flüssigkeit mehr aus der Paracentesenöffnung heraustritt.

Geringe Mengen zähen Exsudats werden mitunter auch durch den Luftstrom nicht aus der Paukenhöhle entfernt, grössere bleiben zuweilen in der Paracentesenöffnung, insbesondere wenn diese zu klein ausgefallen ist, eingeklemmt.

Führt in solchen Fällen selbst die wiederholte Application der Luftdouche nicht zum Ziel, so kann man versuchen, das zähe Exsudat durch Luftverdünnung im äusseren Gehörgang (S. 122) aus der Paukenhöhle herauszusaugen oder durch Luftverdichtung hierselbst per tubam in den Nasenrachenraum zu treiben.

Das Wichtigste bleibt immer, dass die Oeffnung im Trommelfell ausgiebig angelegt wird. Hat man die Paracentese bei einer Entzündung des Mittelohrs gemacht, so darf man derselben aus Gründen, die später bei der Behandlung der Otitis media ausgeführt werden, die Luftdouche nicht folgen lassen.

Nachbehandlung und Verlauf nach der Operation. Ein paracentesirter Kranker soll sich ruhig halten, das Zimmer hüten, raschen Temperaturwechsel, schwere, erhitzende Arbeit und alles Andere, was eine Congestion zum Kopfe bewirken kann, wie Rauchen, alcoholische Getränke, gebückte Kopfhaltung, vermeiden.

Wurde die Operation zur Entfernung eines catarrhalischen Exsudats vorgenommen, so führe man, nachdem man den Gehörgang mit dem Wattestäbchen ausgetrocknet und zwischen den Schnitträndern etwa eingeklemmtes Secret oder Blutextravasat entfernt hat, in den knorpligen Abschnitt desselben ein Stück sterilisirter oder antiseptischer Gaze, lege darüber eine Lage Borwatte und befestige diese auf dem Ohre durch ein Capistrum. Bei solchen Vorsichtsmassregeln pflegt eine Entzündung nach der Operation nicht einzutreten.

Die Schnittränder verkleben resp. verheilen mitunter schon nach einigen Stunden, gewöhnlich erst nach einem, selten nach 3—4 Tagen, nach der Durchschneidung von atrophischen Stellen oder Narben am Trommelfell aber in der Regel erst nach viel längerer Zeit, zuweilen erst nach Wochen oder Monaten. Die Verklebung lässt sich in den ersten Tagen leicht durch die Luftdouche wieder aufheben, und muss diese, wenn sie noch Secret aus der Paukenhöhle entleert, täglich mehrmals applicirt werden, insbesondere wo es sich nicht nur um ein seröses, sondern um ein schleimiges Exsudat handelt. Hier muss man, wenn sich nach der Paracentese täglich neue Secretmengen in der Paukenhöhle ansammeln, und die Luftdouche die verklebten Schnittränder nicht wieder zu trennen vermag, dieses durch vorsichtige, unter den S. 115 u. 116 angegebenen Cautelen vorgenommene Einführung einer sorgfältig sterilisirten Sonde in die verklebte Trommelfellwunde zu erreichen suchen.

Während in den acuten Fällen die *einmalige Paracentese* meistens genügt, ist in den chronischen sehr häufig eine *öftere Wiederholung* derselben nothwendig, und ist es, wenn sich nach der Verheilung der Paracentesenöffnung dicker Schleim oder Schleimeiter immer wieder von Neuem in der Paukenhöhle ansammelt, was insbesondere bei andauernder starker Schwellung der Tubenschleimhaut nicht selten vorkommt, zweckmässig, die künstliche Trommelfellperforation zum zweiten Male nicht mit der Nadel, sondern galvanocaustisch herzustellen, weil sie dann jedenfalls länger, nämlich durch einige Wochen hindurch, offen bleibt.

In manchen Fällen tritt nach der Paracentese, ob dieselbe nun mit der Nadel oder dem Galvanocauter gemacht ist, eine *reactive Entzündung* ein, bei Tuberculösen fast immer, bei Scrophulösen, Anaemischen und Potatoren häufig. Dieselbe beginnt selten früher als nach zwei und selten später als nach acht Tagen. Meist handelt es sich hierbei um geringfügige Entzündungen des Mittelohrs oder des äusseren Gehörgangs, mitunter aber auch um schwerere Formen, bei denen der Warzentheil in Mitleidenschaft gezogen wird, und aus denen sich selbst, wenn auch nur sehr selten, eine Pyaemie entwickeln kann, oder um phlegmonöse Entzündungen des Gehörgangs mit Erysipel der Ohrmuschel und des Kopfes. *Hieraus folgt, dass die im Allgemeinen allerdings ungefährliche Paracentese nicht als ein ganz harmloser Eingriff betrachtet werden darf,* dass man sich bedenken soll dieselbe bei schlechtem Wetter an ambulanten Kranken vorzunehmen, und dass man gut thut, dem Operirten das oben angegebene diaetetische Verhalten, Zimmerruhe und einen Occlusivverband zu verordnen. Eine langwierige, profuse, schleimig-eitrige Otorrhoe kann sich insbesondere bei mit Nasen- und Rachencatarrh behafteten scrophulösen Kindern an die Paracentese anschliessen, auch wenn eine schmerzhafte, reactive Entzündung nach derselben nicht aufgetreten war.

Die Stelle der künstlichen Trommelfellöffnung ist, falls eine Eiterung nicht eintrat, nach der Verheilung oft gar nicht mehr zu erkennen. An dem durch die Paracentese gesetzten Blutextravasat am Trommelfell lässt sich die später bei den „traumatischen Laesionen des Gehörorgans" beschriebene Wanderung beobachten. Trat an den Schnitträndern eine Eiterung ein, so bleibt nach der Verheilung eine Narbe zurück.

Bei Tuberculösen hinterlässt die Paracentese gewöhnlich, bei Scrophulösen mitunter eine persistente Trommelfellperforation.

Nach Verheilung der Paracentesenöffnung muss man, wenn dieselbe wegen eines catarrhalischen Paukenhöhlenexsudats angelegt wurde, noch durch mehrere Wochen zeitweilig catheterisiren und durch Auscultation zu ermitteln suchen, ob sich von Neuem Secret in der Paukenhöhle angesammelt hat. Neben denjenigen Maassnahmen, welche darauf hinzielen, die Ohrtrompete wegsam zu erhalten, sind hier zur Verhütung von Recidiven etwaige Nasen- und Rachenkrankheiten möglichst zu beseitigen und kalte Abreibungen zu verordnen.

XVII. Die Durchschneidung der hinteren Trommelfellfalte.

Dieselbe wird *mit der Paracentesennadel* ausgeführt, natürlich, um eine secundäre Mittelohreiterung auszuschliessen, unter strenger Berücksichtigung der möglichen antiseptischen Cautelen (s. S. 135 bei der Tenotomie des Tensor tymp.). Bei der Durchschneidung der hinteren Falte, welche senkrecht zu der Längsrichtung derselben von oben nach unten und, um eine Verletzung des Ambos-Steigbügelgelenks zu vermeiden, *dicht hinter dem kurzen Fortsatz des Hammers* (Taf. VIII Fig. 4) ausgeführt werden soll, hört man gewöhnlich ein *knirschendes Geräusch.* Nach derselben schiebe man, auch wenn die *Blutung* wie in den meisten Fällen gering ist, einen kleinen Pfropf von hydrophiler Gaze bis zur Schnittstelle vor, damit keine das Trommelfell belastenden Blutkrusten zurückbleiben. Ergiesst sich das Blut bei der Operation in die Trommelhöhle, so tritt die eventuelle Besserung erst nach der Resorption desselben ein.

Mitunter führt die Durchschneidung der hinteren Falte sofort eine bedeutende Abnahme der Schwerhörigkeit und der subj. Gehörsempfindungen herbei. In anderen Fällen geschieht dies erst später. Im Voraus lässt sich der *Erfolg der Operation* nicht bestimmen. Auch wenn er günstig war, pflegte er längstens einige Monate vorzuhalten. In einem von Schwartze operirten Fall trat sogar eine erhebliche Verschlechterung des Hörvermögens ein. Nur selten ist jahrelang andauernde Besserung des Gehörs und der subj. Geräusche nach dieser Operation beobachtet worden.

Mitunter findet bei ihr, insbesondere wenn man die Spitze der Nadel etwas zu tief eingesenkt hat, eine *Verletzung der Chorda tympani* statt, *durch welche indessen nur geringe und vorübergehende Beschwerden hervorgerufen werden*. Dieselben bestehen in einem von metallischem oder säuerlichem Geschmack begleiteten, durch einige Tage anhaltenden prickelnden Gefühl und ferner in einer Herabsetzung des Geschmacks an dem gleichseitigen Zungenrand, welch' letztere mehrere Wochen andauert, dem Patienten indessen gewöhnlich erst bei besonderer Untersuchung seines Geschmackssinns zum Bewusstsein kommt. Oefters zeigt sich auch stärkerer Belag auf der gleichseitigen Zungenhälfte.

XVIII. Die Tenotomie des Tensor tympani.

Dieselbe wird in folgender Weise ausgeführt: Zunächst wird das Trommelfell dicht hinter und parallel zum Hammergriff in der ganzen Länge des letzteren mit der Paracentesennadel durchschnitten, sodann durch die Schnittöffnung das in Fig. 16 (Taf. XVII) abgebildete *Tenotom* — die stumpfe und abgerundete Spitze nach oben gerichtet — eingeführt. Berührt dieselbe die obere Paukenhöhlenwand, so wird das Instrument um 90° nach vorn gedreht, so zwar, dass seine schneidende Kante — die andere ist stumpf — nach unten gerichtet ist *) und über der Tensorsehne liegt. Letztere wird sodann ohne stärkeren Druck durch sägenförmige Züge von oben nach unten durchtrennt, wobei man ein knirschendes Geräusch hört. Andere durchschneiden die Tensorsehne von unten nach oben, indem sie das Tenotom, mit der schneidenden Seite nach oben gerichtet, hinter dem Hammergriff hinaufschieben, bis dasselbe die Tensorsehne erreicht hat, und dann letztere durch eine kleine Hebelbewegung des Instruments durchtrennen.

Der Bluterguss in die Paukenhöhle ist in der Regel unbedeutend und wird in einigen Wochen resorbirt. Eine *Verletzung der Chorda tympani* ist nicht selten, verursacht aber nur geringe Beschwerden (vergl. hierüber oben). Die Operation, welche gründliche Vorübung am anatomischen Präparat erfordert, ist ohne Narcose ausführbar. Enge des Gehörgangs, grosse Empfindlichkeit des Trommelfells, sehr starke Einwärtsziehung und endlich Verwachsung desselben mit dem Promontorium erschweren sie beträchtlich.

KESSEL anaesthesirt das Trommelfell bei der Tenotomie des Tens. tympani durch Bespülung mit 30%iger Cocainlösung und schreitet zur Durchschneidung der Membran, bei welcher er den Gefässplexus des Hammers und den in ihm eingeschlossenen N. tympanicus sorgfältig vermeidet, erst dann, wenn bei der Berührung des Trommelfells nur Tast- und Temperatur-, aber keine Schmerz-Empfindung mehr vorhanden ist. Zwei Tage vor der Operation spritzt er den Gehörgang aus, desinficirt ihn dann zwei Tage hindurch mit Sublimatalcohol und hält ihn mit Watte verstopft. Nach der Operation muss über das Ohr ein antiseptischer Occlusivverband angelegt werden, um eine reactive Entzündung zu verhüten. KESSEL beobachtete nach Durchschneidung der Tensorsehne öfters eine nach etwa 8 Tagen wieder verschwindende Hyperästhesie gegen Töne des „oberen Hörbereichs" und betrachtet dieselbe als eine Folge der Contraction des M. stapedius, durch welche „die Uebertragung von Tönen von 7000 Schwingungen an in einer Stärke geschieht", welche unangenehme Sensationen hervorzurufen im Stande ist."

Ein Urtheil über die erzielte Hörverbesserung erhält man erst, wenn die künstlich gesetzte Trommelfellperforation verheilt ist, was in etwa 5—12 Tagen zu geschehen pflegt. Nach der Heilung der Trommelfellperforation empfiehlt KESSEL, den M. stapedius durch den galvanischen Strom zur Contraction zu bringen und das Trommelfell sammt den Gehörknöchelchen durch Aspiration vom Gehörgang aus in Bewegung zu setzen.

XIX. Die operative Entfernung des Trommelfells mit dem Hammer und event. auch mit dem Ambos.

Dieselbe dient

1) zur Verminderung der Schwerhörigkeit und der subj. Gehörsempfindungen (s. später bei der Therapie der chronischen Mittelohreiterung und des chronischen Mittelohrcatarrhs).

---

*) Hierzu ist erforderlich, dass man für das rechte und linke Ohr zwei verschiedene Tenotome besitzt (s. Taf. XVII Fig. 16 u. 17).

2) zur Heilung gewisser Formen von chronischer Mittelohreiterung (s. bei diesen). Sie wird in neuerer Zeit in verschiedener Weise ausgeführt.*) Die ältere Methode ist folgende:

Das Trommelfell oder, wenn dasselbe in Folge eines Eiterungsprocesses zum Theil zu Grunde gegangen ist, der noch übrige Rest desselben wird hart an seiner Peripherie umschnitten und abgelöst und zwar in der hinteren Hälfte, um hier, wenn möglich, eine Regeneration zu verhindern, mit Einschluss des Sehnenrings. Man benützt hierzu das in Fig. 18 (Taf. XVII) abgebildete, vorn geknöpfte, zweischneidige Messer, welches man durch eine mit der Paracentesennadel angelegte Schnittöffnung am Rande des Trommelfells oder, wenn eine Perforation bereits bestand, von dieser aus einführt. Die Schnitte werden, um das Operationsfeld während derselben möglichst frei von Blut zu halten, am besten immer von unten nach oben geführt. Nun wird die Blutung gestillt, ist sie gering, durch öfteres Tupfen mit dem Wattestäbchen, ist sie stark, durch längere Zeit im Ohre zu lassende Tampons aus Jodoformgaze oder aus mit concentrirter Alaunlösung getränkter Watte, welch' letztere das Operationsterrain freilich immer etwas verschmiert.

Nach der Blutstillung wird ein Tenotom (Taf. XVII Fig. 16 od. 17) mit nach oben gerichteter Schneide von hinten her, immer unter Fühlung mit dem Hammergriff, an diesem in die Höhe geschoben und, sobald man den Widerstand der Tensorsehne fühlt, letztere durch eine kleine Hebelbewegung durchtrennt. Hierauf wird das Tenotom in derselben Ebene um etwa 180⁰ nach oben und hinten gedreht, bis Fühlung mit dem langen Ambosschenkel eintritt, und nun mit nach abwärts sehender Schneide das Ambos-Steigbügelgelenk durchschnitten. Letzteres ist insbesondere bei Ankylose des Hammer-Ambosgelenks sehr nothwendig, da man hier bei der Extraction des Hammers leicht auch den fest mit ihm verbundenen Ambos herausreisst und hierbei Gefahr läuft, den Steigbügel zu luxiren. Dagegen wird die Trennung des Ambos-Steigbügelgelenks natürlich unterlassen werden, wenn dasselbe in Folge von Caries des langen Ambosschenkels bereits gelöst ist.

Hängt das Trommelfell nun nur noch am Hammergriff, so schiebt man die vordere Branche des in Fig. 18 oder 19 (Taf. XV) dargestellten, lithotriptorähnlichen Instruments hinter den letzteren, fasst ihn durch Vorschieben der hinteren beweglichen Branche möglichst dicht unter dem Process. brevis — andere benützen hierzu die Wilde'sche Schlinge, welche gleichfalls möglichst hoch am Manubrium hinaufgeschoben werden muss, — und extrahirt den Hammer sammt dem daran hängenden Trommelfell unter vorsichtigen, von innen und oben nach aussen und unten gerichteten Bewegungen, durch welche man den Hammerkopf um den Sulcus tympanicus herumzuhebeln bezweckt.

Hat man ein stark eingesunkenes Trommelfell zu excidiren, so hebe man dasselbe durch Application der Luftdouche kurz vor der Operation so weit wie möglich von der gegenüberliegenden inneren Paukenhöhlenwand ab. Bei besonders engem Gehörgang ist die Operation, welche entweder bei reflectirtem Licht unter Benützung des Stirn- oder Mundspiegels oder mit Hülfe eines kleinen electrischen Beleuchtungsapparats (Taf. XV Fig. 21) vorgenommen werden muss, kaum ausführbar. Sehr erschwert wird dieselbe ferner durch eine stärkere Blutung aus dem chronisch entzündeten Trommelfell, welche, indem sie das kleine Operationsfeld in der Tiefe des Ohres verdeckt, die sichere Führung der Instrumente hindert, und ferner durch Adhaesionen, welche das Trommelfell bez. den Griff und Kopf des Hammers an die innere oder obere Paukenhöhlenwand fixiren. Bei atrophischem Trommelfell kann die Blutung vollkommen fehlen.

Ist der Hammergriff durch straffes Bindegewebe an die Labyrinthwand geheftet, so muss er erst mit der Paracentesennadel umschnitten und mit dem Synechotom (Taf. XVII Fig. 19) gelöst werden.

Hat man den Sehnenring an der hinteren Hälfte der Trommelfellperipherie nicht mit entfernt, so tritt fast immer in 3—6 Wochen eine Regeneration der Membran ein, wodurch indessen der Erfolg für das Gehör und insbesondere die subj. Geräusche durchaus nicht immer wieder aufgehoben wird.

Wird die Operation nur zur Verbesserung des Gehörs unternommen, so braucht

* Vor der Ausführung am Lebenden suche man sich die nothwendige technische Sicherheit durch öftere Uebung an dem der Leiche entnommenen, in einem Schraubstock fest eingespannten Felsenbein und später durch Operationsversuche an der Leiche selbst, welch' letztere wegen des hier erhaltenen knorpligen Theils des äusseren Gehörgangs bereits schwieriger sind, anzueignen.

man den Ambos nur dann mit zu entfernen, wenn derselbe pathologisch fixirt ist; soll sie dagegen zur Heilung einer chronischen Mittelohreiterung dienen, so empfiehlt es sich, nach der Extraction des Trommelfells und des Hammers *stets* auch den Ambos zu entfernen. Zu diesem Behufe sind hakenförmige Instrumente construirt worden, welche den Ambos nach Trennung vom Steigbügel durch einen von oben auf seinen kurzen Fortsatz wirkenden Hebel nach unten dislociren und in das Gesichtsfeld bringen sollen.

Der in Fig. 20 u. 21 (Taf. XVII) abgebildete *Amboshaken* wird entlang der oberen Gehörgangswand eingeführt, sobald der kurze Hebelarm in die Paukenhöhle gelangt ist, zurückgezogen, sodass der horizontale Theil gerade im Rivini'schen Ausschnitt liegt und der kürzere, winklige Theil in seiner ganzen Länge mit der Knochennische über dem Gehörgang Fühlung hat. Sodann wird der kleine Hebel durch eine einfache Rotation nach hinten über den kurzen Fortsatz des Ambos geführt, und letzterer durch den am vorderen Ende des Instruments befindlichen Knopf derart nach unten gedrückt, dass er in den unteren Paukenhöhlenraum fällt, aus welchem er mit der Pincette leicht zu entfernen ist.

Durch den Amboshaken kann übrigens leicht der Facialis gequetscht und gelähmt werden, insbesondere bei Dehiscenzen in der lateralen Wand des Canal. Fallopp. Auch sind bei Benützung des Amboshakens Nebenverletzungen am Tegmen tympani und am Stapes vorgekommen. Schwartze hat im Anschluss an die Operation Schwindel von Tage bis Monate langer Dauer, anfangs besonders beim Aufrichten im Bett, mit Brechneigung verbunden, in einem Falle sogar Monate lang dauernde Unfähigkeit, sicher zu gehen, beobachtet.

Nach Schwartze lässt sich die Excision des Trommelfells sammt Hammer und Ambos in manchen Fällen, in denen die Membr. tympani stark verdickt und die Paukenhöhlenschleimhaut sclerosirt ist, ohne Narcose ausführen, weil die Sensibilität der betreffenden Theile hier mitunter ausserordentlich herabgesetzt ist. Es muss dieses natürlich vorher durch vorsichtiges Sondiren des Trommelfells erst festgestellt sein.

Wurde die Operation nicht bei Eiterung, sondern als Mittel zur Hörverbesserung oder wegen subj. Geräusche unternommen, so entfernt man nach derselben zunächst das Blut aus Gehörgang und Paukenhöhle und legt dann einen antiseptischen Occlusivverband an. Das sich in den ersten Tagen stets bildende seröse Secret muss durch tägliches Einlegen von weicher Mullgaze in den Gehörgang und durch Auftupfen mit Wundwatte entfernt werden.

Gewöhnlich tritt trotz des antiseptischen Occlusivverbandes nach 24—36 Stunden eine eitrige Entzündung ein, die Wochen und Monate dauern kann.

Eine andere Methode zur Entfernung des Trommelfells mit dem Hammer bez. dem Ambos, welche indessen nicht als Mittel gegen Schwerhörigkeit und subj. Gehörsempfindungen, sondern nur zur Beseitigung gewisser, sonst unheilbarer Formen *chronischer* Mittelohreiterung in Betracht kommt, ist von Stacke für diejenigen Fälle angegeben worden, bei welchen nicht nur die beiden äusseren Gehörknöchelchen, sondern auch die Wände des Kuppelraums bez. des Antr. mastoid. cariös erkrankt sind. Nach Stacke scheint die Eiterung entsprechend den nahen anatomischen Beziehungen zwischen beiden Hohlräumen fast stets vom Atticus aus in das Antr. mastoid. fortzukriechen und zwar nicht nur bei den schweren Fällen von Caries und Cholesteatom im Mittelohr, sondern auch bei geringfügigen, nicht oder nur zeitweise fötiden Atticuseiterungen. Er schildert seine Operation, bei welcher zunächst der Atticus, dann, falls sich durch die Sondenuntersuchung das Antr. mastoid. als an dem Eiterungsprocess betheiligt erkennen lässt, auch dieses und der Adit. ad antr. in derselben Narcose *breit* eröffnet wird, etwa in folgender Weise:

„Ein bogenförmiger Schnitt parallel der Insertionslinie der Ohrmuschel und etwa 2 mm hinter derselben trennt die Weichtheile bis auf den Knochen. Oberhalb der Ohrmuschel muss der Schnitt weit nach vorn in die Schläfengegend verlängert werden, so zwar, dass ein von dem Endpunkte desselben bei aufrechter Kopfhaltung gefälltes Loth das Kiefergelenk trifft; unten reicht er, um eine Durchschneidung des Facialisstammes zu vermeiden, nicht weiter als bis zur Spitze des Warzenfortsatzes. Nach sorgfältiger Unterbindung blutender Gefässe wird in der ganzen Ausdehnung des Schnittes das Periost bei sorgfältigster Schonung desselben gegen den Gehörgang zurückgeschoben, oben insbesondere die Wurzel des Jochbogens weit nach vorn entblösst. Dadurch kommt der Rand des knöchernen Meat. audit. ext. zu gut drei Viertheilen seiner Circumferenz zu Gesicht und mit ihm die häutige Auskleidung des Gehörgangs, welche als periostaler Trichter aus dem knöchernen Abschnitt hervorragt. Dieser Trichter wird mit einem schmalen stumpfen Raspatorium bis tief in den Gehörgang von seiner Unterlage abgelöst, dann möglichst nahe dem Trommelfell schräg durchtrennt, herausgelöst, mit der Ohrmuschel in einen Wundhaken gefasst und nach vorn gezogen. Man hat nun den knöchernen Meatus wie am Skelet vor sich; von Weichtheilen ist nur dicht am Trommelfell ein ringförmiger Rest zurückgeblieben. Letzteres ist um die ganze Länge des knorpligen Gehörganges dem Auge näher gerückt und deutlich bei directem Tageslicht zu sehen. Bei trübem Wetter benütze ich statt des diffusen Tageslichts einen electrischen Beleuchtungsapparat (Taf. XV Fig. 21) welcher mittelst eines Stativs am Operationstisch so befestigt werden kann, dass, ohne den Operateur in seinen Bewegungen zu hindern, das Licht unentwegt in das Operationsterrain fällt. Ich entferne nun den Hammer mit dem Trommelfell oder dessen Resten, führe den „Schützer" (Taf. XVIII Fig. 1), ein S-förmig gebogenes schmales Raspatorium, hoch in den Atticus hinauf und meissle auf demselben die Knochenlamelle, welche die äussere und untere Wand des Kuppelraums bildet, so vollständig weg, dass die gekrümmte Sonde zwischen Dach des Kuppelraums und oberer Gehörgangswand keinen Vorsprung mehr erkennen lässt. Da die gewöhnlichen Hohlmeissel an der schrägen Gehörgangswand zu leicht abgleiten, habe ich solche mit rückwärts gebogener Schneide construiren lassen, welche ganz ausserordentlich gut fassen (Taf. XVIII Fig. 2). Mit ein paar Meisselschlägen ist der Atticus oben bis zum Tegmen tympani, hinten bis zum Adit. ad antr. eröffnet. Ich extrahire nun den Ambos mit der Pincette, führe die Sonde resp. den Schützer nach hinten in den Aditus und meissle lateralwärts desselben von Margo tympanicus und von der hinteren oberen Gehörgangswand so viel ab, bis die Sonde bequem in das Antrum eindringt, und ich mich mit Hülfe derselben über Lage, Grösse und Form des Hohlraums orientiren kann. Es genügen dazu gleichfalls ein paar Meisselschläge. Wo sich Caries zeigt, wird der scharfe Löffel mit Vorsicht, aber energisch gebraucht." Ist dieses geschehen, so brachte STACKE früher den „mit der Ohrmuschel in Verbindung gebliebenen äusseren Abschnitt des Gehörgangs in seine Lage zurück, fixirte ihn durch ein sein Lumen ausfüllendes Drainrohr, welches bis fast in die Paukenhöhle vorgeschoben wird, und nähte die grosse Hautwunde in toto. Ausspülungen wurden gänzlich vermieden. Die Wunde ist in 3—5 Tagen per primam geheilt, der Gehörgang hat sich angelegt; selbst ausgedehnte Entblössungen im knöchernen Abschnitt überhäuten sich rasch. Narbige Stenosen kamen niemals vor, selbst nicht in Fällen, wo umfangreiche, breit aufsitzende Exostosen*) abgemeisselt werden mussten. Schon nach 5 Tagen — S. wechselt den ersten Verband, wenn keine besondere Indication vorliegt, erst nach 8—14 Tagen — hat man dieselben Verhältnisse, als hätte man vom Gehörgang aus operirt, nur fehlt ausser Hammer und Ambos nicht nur das Trommelfell, sondern die ganze externe knöcherne Paukenhöhlenwand. Frei bis in alle Buchten liegt die Paukenhöhle da, jeder directen Besichtigung und Behandlung zugänglich. Der knöcherne Gehörgang selbst bleibt in seinem lateralen Abschnitt unverletzt."

In neuerer Zeit hat sich STACKE, wie schon vorher angedeutet wurde, davon überzeugt, „dass die gleichzeitige Erkrankung des Warzenfortsatzes bei chronischer Eiterung und Caries im Atticus die Regel ist" und schlägt er daher jetzt nach der vorher geschilderten Entfernung der *ganzen* lateralen Paukenhöhlenwand, „die das Antrum nach aussen deckende Knochenmasse und, was von der hinteren Gehörgangswand noch stehen geblieben ist, weg, dadurch das Antrum in eine flache Mulde verwandelnd. Diese Mulde bildet zusammen mit dem Gehörgang eine einzige grosse Höhle. Medialwärts ist diese Höhle abgeschlossen durch die Labyrinthwand der Paukenhöhle, die mediale Wand des Atticus und des nun als Halbrinne in das Antrum mündenden Aditus. Es ist wesentlich, dass die Communication zwischen Antrum und Gehörgang eine möglichst breite ist aus Grün-

---

*) Bei dem Abmeisseln des Knochens in der Tiefe des Gehörgangs nimmt STACKE auf die meist sehr dünne, häutig-periostale Bedeckung desselben keine Rücksicht. Er hat gefunden, „dass selbst grosse, nach der Operation völlig entblösst daliegende Strecken im knöchernen Gehörgang sehr bald anfangen zu granuliren und sich dann vom Rande her zu überhäuten, ohne dass auch nur die geringste Verschwellung oder gar Stenose eintrat."

den, welche sich bei der Nachbehandlung ergeben haben. Lateralwärts kann man von der hinteren Gehörgangswand so viel fortnehmen, dass die untere Gehörgangswand fast ununterbrochen in die untere Antrumwand übergeht; in der Tiefe dagegen bleibt zwischen Gehörgang und Antrum immer noch eine Leiste stehen, und in dem Niveau des Aditus ist die Weite des Spalts durch diesen selbst gegeben. Wollte man hier nach unten den Aditus erweitern, so würde die Verletzung des Facialis unvermeidlich sein, während eine solche bei Beachtung der angegebenen Cautelen zu den Unmöglichkeiten gehört. Ich habe wenigstens nicht ein einziges Mal Facialislähmung gesehen. Der Meissel darf eben die mediale Wand der Hohlräume nicht berühren, sondern diese sämmtlich nur gewissermassen auf der *Sonde* eröffnen. Facialis und Labyrinth liegen aber stets noch medialer als die mediale Wand der Mittelohrräume, und es gehört schon eine ziemlich unvorsichtige Handhabung des Meissels dazu, um diese Theile zu verletzen. Schwerer zu vermeiden ist die Verletzung des Steigbügels, doch liegt derselbe selten so frei, wie man es am Praeparat sieht, sondern ist in die succulente Schleimhaut so eingebettet, dass er kaum zu Gesicht kommt. Die einzige unvermeidliche, aber gänzlich belanglose Nebenverletzung ist die Durchmeisselung der Chorda tympani. Geschmacksstücken am Zungenrand gehören zu den regelmässigen Folgen der Operation. Weitere Nachtheile sah ich niemals.

Es ist also in der angegebenen Weise möglich, *gerade die sonst unzugänglichen Parthieen des Mittelohres so vollkommen freizulegen, dass jede Stelle dieses immerhin complicirten Höhlensystems zugänglich und übersichtlich ist.* Dadurch ist die Entfernung krankhafter Producte in hohem Maasse ermöglicht. Cholesteatommassen und Granulationen werden leicht mit dem scharfen Löffel ausgeschält, cariöse Stellen entfernt. Im Uebrigen gelingt es meist, mit trockener Jodoformgaze die Höhlen derart auszuwischen, dass der blanke Knochen überall frei zu Tage liegt. Ist alles erreichbare Kranke entfernt, so suche ich die flache Mulde, welche das Antrum nach dem Gehörgang zu bildet, durch einen Weichtheillappen zu decken. Es eignet sich hierzu sehr gut die mit der Ohrmuschel in Verbindung gebliebene häutig-periostale Auskleidung des Gehörgangs. Dieselbe wird in der Richtung ihrer Axe oben der Länge nach gespalten bis dicht an die Ohrmuschel; durch einen zweiten Schnitt am Endpunkt des ersten und senkrecht zu diesen entsteht ein viereckiger Lappen, welcher nach hinten umgeklappt und auf die Meisselfläche auftamponirt wird. Selten reicht dieser Lappen weit in die Antrumhöhle hinein, oft reicht er nur hin, die Meisselfläche zwischen Antrum und Gehörgang zu bedecken. Der Zweck der Transplantation ist ein doppelter: erstens *eine persistente überhäutete Lücke zwischen Gehörgang und Antrum zu sichern,* und zweitens *gesunde Epidermis in das Mittelohr zu bringen.* Es überhäutet sich von den Lappen aus das Innere sämmtlicher Mittelohrräume. — Die Knochenhöhle wird nun ebenso wie die Hautwunde und der Gehörgang tamponirt, wobei darauf zu achten ist, dass der Lappen fest und glatt aufliegt. Ausspülungen werden strengstens vermieden, dagegen die Knochenhöhle mit Jodoformäther bestäubt. Genäht wird nicht, höchstens der obere Wundwinkel, um ein späteres Herabhängen der Ohrmuschel zu verhüten. Die ganze Ohrgegend deckt ein Moosverband. Derselbe bleibt mindestens 5 Tage liegen, wenn nicht besondere Gründe ein früheres Wechseln erfordern. Es kommt natürlich Alles darauf an, dass vor und während der Operation Alles aseptisch zugeht*); dann ist auch der Wundverlauf ein durchaus aseptischer. Wo vorher Fieber bestand, pflegt es im Verlauf von 1—2 Tagen stetig, seltener rapid herunterzugehen. Von vornherein fieberlose Fälle verliefen fieberlos. Vor der Operation vorhandener Foetor war häufig beim ersten Verbandwechsel noch bemerkbar, verlor sich dann schnell, wenn nicht cariöse Stellen zurückgelassen waren. Beim ersten Verbandwechsel zeigt sich die Wunde völlig aseptisch, der Lappen fest auf der Unterlage angeheilt. In den Knochenhöhlen spriessen hier und da gesunde Granulationen hervor, die Weichtheile granuliren schon allseitig. Wegen der zunehmenden Secretion sind nun antiseptische Spülungen nicht mehr zu entbehren, werden aber nur *unter schwächstem Druck* gemacht; Durchspülungen durch den Katheter wurden gänzlich unterlassen. Im weiteren Verlauf ist es die Hauptaufgabe der Therapie, das Wachsthum der üppig aufschiessenden Granulationen in denjenigen Schranken zu halten, welche eine schnelle Ueberhäutung begünstigen. Insbesondere ist darauf der grösste Werth zu legen, dass die Granulationen den Spalt zwischen *Antrum und Gehörgang*, sowie *den Aditus und Atticus nicht erfüllen und verengern.* Stets muss das Bild, wie es nach der Operation entstanden ist, erkennbar

---

*) Wie bei allen seinen Operationen benützt Stacke „zum Tupfen wie zum Verband nur unmittelbar vorher im Koch'schen Dampfapparat *sterilisirte* trockene Mullgaze, auch Watte und Binden werden sterilisirt."

bleiben. Die Sonde muss von der Paukenhöhle nach oben bis zum Tegmen, von hier durch den Aditus in das Antrum, sich stets an der medialen Wand haltend, frei hin- und hergeführt werden können. Verhindern dies Granulationen, so müssen sie durch energische Aetzungen beseitigt werden, da sonst statt glatter Vernarbung Stränge und Brücken entstehen, unter denen Retention und Eiterung fortbesteht. Bei jedem Verbandwechsel müssen aus denselben Gründen alle Buchten und Spalten unter Spiegel sorgfältig tamponirt werden. Die Verbände müssen dementsprechend zunächst alle 2—3 Tage, später täglich gewechselt werden. Die Granulationen dürfen sich nirgends über das Niveau des transplantirten Lappens erheben. Nur so kann sich die Epidermis über die ganze granulirende Fläche fortschieben. Ich halte es für sehr wesentlich, dass die Hautwunde in der ersten Zeit weit offen bleibt, der besseren Uebersicht wegen. Vom Gehörgang aus sind gewisse Stellen nicht so gut zu sehen wie von hinten, so die Mündung des Ostium tubae. Auch der lateralste Theil des hinteren Antrumwinkels ist nur von hinten gut zu erreichen. Ist dieser Theil überhäutet, die Lücke zwischen Antrum und Gehörgang weit, so lasse ich die Hautwunde sich schliessen, was in der 4.—6. Woche zu geschehen pflegt. In allen Fällen bleibt zwischen Gehörgang und Antrum eine breite Communication für immer bestehen.“

Die *Behandlungsdauer* schwankt bei dieser Operation in den geheilten Fällen nach Stacke zwischen 2 und 9 Monaten; im Mittel beträgt sie 4 Monate. Seit Einführung der *Transplantation* ist sie eine geringere geworden. Am schnellsten heilten diejenigen Fälle, wo Eiterung, Caries oder Cholesteatom nur im Atticus, Aditus und Antrum vorhanden waren, viel langsamer diejenigen, wo sich ausserdem noch Caries an der Labyrinthwand — diese ist operativ meist nicht zu beseitigen — oder im hinteren unteren Winkel der Paukenhöhle hinter dem Margo tympanicus fand. Die letztere, insbesondere bei stark gewölbtem Gehörgang sehr schwer zugängliche Stelle ist die einzige, welche bei der operativen Freilegung der Mittelohrräume nicht mit Sicherheit zu erreichen ist, wenn man nicht etwa die hintere untere Gehörgangswand wegmeisseln will. Oft sind die Nebenräume schon Monate lang ausgeheilt, während in der Paukenhöhle noch hartnäckige, von kleinen cariösen Herden ausgehende Granulationsbildung fortdauert. Nach Ablauf der Eiterung erscheinen die Paukenhöhle bis zum Tegmen tympani, der Aditus, das Antrum epidermisirt, zum Theil glänzend. Jeder Winkel ist auch jetzt noch dem Auge und der Sonde zugänglich.

Das Hörvermögen wurde bei den von Stacke nach seiner Methode Operirten nie verschlechtert gefunden.

In der angegebenen Reihenfolge operirt der genannte Autor indessen nur, wenn die Betheiligung des Antrum mastoid, an der Eiterung vorher zweifelhaft ist, wenn also nie entzündliche Erscheinungen am Knochen von aussen erkennbar waren. Ist dieses nicht der Fall, vielmehr die Indication für Aufmeisslung des Antr. mastoid. von vornherein gegeben, so hält er es für ebenso zweckmässig, zunächst das Antrum aufzumeisseln und von diesem aus den Adit. ad antr. und den Atticus freizulegen. Nach Stacke's neueren Erfahrungen ist die Betheiligung des Antr. mastoid. an den chronischen Eiterungen des Atticus, wie bereits oben erwähnt wurde, die Regel. Man wird daher in diesen Fällen fast immer berechtigt sein, das Antrum mastoid. von aussen aufzumeisseln und erst von ihm aus den Atticus freizulegen. Dieses Verfahren ist jedenfalls einfacher und bequemer als die Stacke'sche Operation.

Nach Schwartze ist bei der letzteren eine gründliche Vorübung am anatomischen Präparat noch wichtiger als bei der älteren Methode der Excision des Trommelfells und der äusseren beiden Gehörknöchelchen, die durch Monate hindurch fortzusetzende Tamponade mühsam, zeitraubend und schmerzhaft. Wird aber die Tamponade in der ersten Zeit nicht mit der allergrössten Sorgfalt unter Beleuchtung ausgeführt, so kann Stenose und Verwachsung des Gehörgangs entstehen. Schwartze hat auch

in mehreren Fällen nach der STACKE'schen Operation sowohl im Gehörgang wie an
der Schuppe Necrose auftreten gesehen.

Was das Verhältniss der eingreifenderen STACKE'schen Operation zu der früheren
S. 136 u. 137 geschilderten Hammer-Ambosextraction betrifft, so hält SCHWARTZE in
Fällen, wo man ausser der Caries der Gehörknöchelchen eine tiefer gehende Knochenerkrankung nicht nachweisen kann, zunächst die letztere für indicirt, da sie weniger
gefährlich und weniger complicirt ist und in solchen Fällen mitunter sehr schnell
zur Heilung führt.

XX. Application von Lucae's federnder Drucksonde.

Dieselbe trägt an ihrem oberen Ende (Taf. XVII Fig. 22) eine kleine Excavation a
mit stumpf abgeschliffenem Rande.   Um diese wird vor jedesmaligem Gebrauch ein
wenig Verbandwatte gewickelt und mit einer Sonde in die Aushöhlung eingepresst. Einfacher ist es, die so vorbereitete Pelotte ein für alle Mal mit Gummi elasticum (oder
Collodium) zu überziehen, ersteres, indem man sie in eine durch Benzin bereitete
Gummilösung von der Consistenz eines dicken Syrups eintaucht und an der Luft
trocknen lässt.   Unmittelbar vor dem Gebrauch wird die so hergerichtete Pelotte in
Carbol- oder Salicyllösung eingetaucht und mit Verbandwatte abgetrocknet.   Sodann
führt man sie unter den S. 115 u. 116 angegebenen Vorsichtsmassregeln bis nahe an
den kurzen Fortsatz des Hammers heran, setzt sie mit leichter, aber sicherer Hand auf
diesen auf und geht nun sofort zu stempelartigen, etwa senkrecht gegen das Manubr.
mallei gerichteten Bewegungen des Instrumentes über, bei welchen der in der Lei-
tungsröhre c gleitende auf einer im Handgriff angebrachten Spiralfeder ruhende,
stählerne Stift b abwechselnd durch den Druck der operirenden Hand in die Leitungs-
röhre hineingedrückt und beim Nachlass desselben durch die Kraft der Spiralfeder
wieder herausgetrieben wird.

Das Aufsetzen der ausgehöhlten Pelotte auf den Process. brevis verursacht
immer einen kleinen *Schmerz*, auf welchen man die Patienten vorbereiten muss.
Derselbe ist aber, wenn der Operirende genügende Uebung in der Application des
Instruments und eine leichte Hand besitzt, äusserst unbedeutend.   Bei den stempelartigen Bewegungen der Drucksonde, welche sich, wie es ja beabsichtigt wird, der
Gehörknöchelchenkette mittheilen, entsteht erheblicher Schmerz nur dann, wenn letztere
durch Adhaesionen, Verwachsungen und anderweitige Entzündungsprodukte, wie dieses
bei der Mittelohreiterung und bei dem trockenen chronischen Mittelohrcatarrh näher
beschrieben werden wird, pathologisch fixirt und ausserordentlich unbeweglich geworden
ist.   Er erklärt sich durch die Zerrung und Dehnung der die abnorme Rigidität der Gehörknöchelchenkette verursachenden Gewebe.   Ist die Empfindlichkeit bei
dem Gebrauch der Drucksonde eine sehr grosse, so werden wir die stempelartigen
Bewegungen nur wenige Male, vielleicht nur *1—2 Mal*, ausführen können.   Im
anderen Falle macht man sie im Beginn der Behandlung etwa *4—8 Mal* rasch
hinter einander und, wenn dieses gut vertragen wird, ohne aber erheblichen Erfolg
zu haben, später auch noch öfter, etwa *20—30 Mal*.

Indem ich bezüglich der Indication für die Anwendung der federnden Drucksonde, welche hauptsächlich bei dem trockenen chronischen Mittelohrcatarrh und nach
Ablauf einer acuten oder chronischen eitrigen Mittelohrentzündung in Frage kommt,
auf den speciellen Theil verweise, sei hier bereits bemerkt, dass wir häufig unmittelbar nach der Application derselben ausser etwaiger Besserung anderweitiger
Beschwerden eine bedeutende Abnahme der Schwerhörigkeit constatiren können.   In
solchen Fällen scheint es mir gerathen, nach Anwendung der Drucksonde nicht noch

zu catheterisiren. Zuweilen beobachtet man am nächsten Tage, dass das Gehör inzwischen noch besser geworden ist. Ob dieses durch Lufteintritt in die Pauken-höhle beim Schnäuzen der Nase oder beim Niesen zu Stande kommt oder worauf sonst es beruht, muss ich dahingestellt sein lassen. Jedenfalls aber halte ich es für rathsam, wo nach einmaliger Anwendung der Drucksonde später noch eine weitere spontane Besserung des Hörvermögens erfolgt, zunächst von einer Wieder-holung der Application und von anderen Eingriffen Abstand zu nehmen und abzu-warten, ob das Gehör nicht von selber eine befriedigende Schärfe erreicht. Ist dieses nicht der Fall, oder hat die sofort erzielte Besserung bereits wieder nachgelassen, so wird man die Anwendung der Drucksonde wiederholen, und kann dieses in vielen Fällen, in denen sie momentan nur ganz geringe Schmerzempfindung, nachher aber gar keine Reizerscheinungen verursacht, ruhig täglich oder wenigstens jeden zweiten Tag geschehen.

Hat die Hörweite unmittelbar nach Application der Drucksonde nur wenig oder gar nicht zu- oder vielleicht sogar abgenommen, so lasse ich sofort die Luftdouche mittels des Catheterismus tubae folgen. Nicht selten kann hiernach dann eine bedeu-tende Zunahme der Hörweite constatirt werden und dieses auch in solchen Fällen, in denen der Catheterismus allein das Hörvermögen gar nicht oder nur äusserst wenig gebessert hatte. Jedenfalls aber wird die etwa durch die Drucksonde verur-sachte Verschlechterung des Gehörs durch unmittelbar darauf folgenden Catheterismus sofort wieder beseitigt und der Status quo ante wiederhergestellt. Eine bleibende Verschlechterung erinnere ich mich nicht, jemals gesehen zu haben.

Unmittelbar nach Application der Drucksonde entsteht fast immer eine *Injec-tion der Hammer- mitunter auch der Randgefässe des Trommelfells*, die indessen bis zum nächsten Tage gewöhnlich verschwunden ist. *Trommelfellecchy-mosen in der Nähe des Proc. brevis* kommen nur dann zu Stande, wenn der Patient bei der Drucksondenbehandlung sehr ungeberdig ist und den natürlich von einem Gehülfen fixirten Kopf durchaus nicht still hält. Hierbei kann es dann selbst einem wenig Geübten begegnen, dass die auf den kurzen Fortsatz aufgesetzte Pelotte von diesem abgleitet, und hierdurch eine kleine Ecchymose bez. eine Reizung des Trommelfells entsteht. Bis letztere vorüber ist, wird man die nächste Application der Drucksonde verschieben. Das Zustandekommen einer *traumatischen Per-foration des Trommelfells* ist bei nur einiger Uebung in der Handhabung des Instruments nicht zu befürchten.

Wo die vordere Gehörgangswand stark vorspringt und der Process. brevis sich hinter derselben gleichsam versteckt, rathe ich, statt des in Fig. 21 (Taf. XVII) abgebildeten geraden Instrumentes das in Fig. 23 (Taf. XVII) dargestellte zu benützen, dessen Stempel b eine geringe, nach vorn gerichtete concave Krümmung besitzt, durch welche es möglich wird, die Pelotte a auf den kurzen Fortsatz des Hammers aufzusetzen, ohne dass der Stempel b die vordere Gehörgangswand berührt und sie bei seinen Bewegungen scheuert.

Wegen der bei Application der Drucksonde fast immer entstehenden, wenn auch geringfügigen, Hyperaemie des Trommelfells lasse ich, wenn der Patient am selben Tage ins Freie geht, den Ohreingang hierbei lose mit Watte verstopfen.

XXI. Die directe Mobilisation des Steigbügels.

Dieselbe wird in folgender Weise ausgeführt: Man umschneidet die hintere Hälfte des Trommelfells, falls dieselbe noch vorhanden, nicht während einer vorausgegangenen Eiterung zu Grunde gegangen ist, dicht am Knochen und nach oben bis über die Gegend des langen Ambosschenkels hinaus, führt dann durch die klaffend gemachte Lücke eine mit einer kleinen Pelotte versehene Sonde in die Paukenhöhle ein, so zwar, dass ihr inneres Ende unter dem Ambos-Steigbügelgelenk und parallel zu den beiden Steigbügelschenkeln liegt, während ihr Stiel sich gegen den Ohrtrichter lehnt, und übt man mehrmals hinter einander einen sanften und vorsichtigen Druck auf das Köpfchen des Steigbügels aus. Wird letzterer hierdurch allein noch nicht beweglich, so zieht man die Sonde zunächst etwas heraus, legt sie dann dicht über dem Ambos-Steigbügelgelenk gegen den vorderen Rand des langen Ambosschenkels an und übt gegen diesen mehrfach einen Druck aus in der Richtung von vorn nach hinten und zugleich etwas von innen nach aussen, um hierdurch den Steigbügel ein wenig aus der Fenestra ovalis herauszuheben. Letzteres kann man auch mit einem an den vorderen Rand des langen Ambosschenkels oder zwischen die Steigbügelschenkel angelegten Häkchen erreichen, sowie mitunter mittelbar durch einen Zug am Hammergriff. Wo ausser dem Steigbügel noch Hammer oder Ambos fixirt ist, muss man entweder Trommelfell sammt Hammer resp. Ambos operativ entfernen (s. S. 135—141) oder nach Entfernung des Trommelfells das Ambos-Steigbügelgelenk trennen. Besteht neben der Fixation des Steigbügels nur noch eine starke Verdickung des Trommelfells, so ist letzteres zu excidiren.

Die directe Mobilisation des Steigbügels kann nach localer Anaesthesirung mittels Cocain (s. S. 130 u. 135) ausgeführt werden. Vor derselben muss Gehörgang und Trommelfell mehrere Tage lang durch Auswaschen mit 1⁰⁄₀iger Sublimatlösung und nachfolgendem Verschluss mit Jodoformwatte desinficirt werden. Eine störende Blutung während der Operation stillt man durch Austupfen mit Cocaini 1,0, Acid. bor. 0,25; Aq. dest. 8,0. Nach derselben soll das Ohr mit Sublimatlösung ausgewaschen und durch einen antiseptischen Verband, der bei reichlicher Nachblutung noch an demselben, sonst erst am nächsten Tage und später in grösseren Intervallen erneuert werden muss, geschlossen werden.

Man hüte sich bei der Operation davor, das Ambos-Steigbügelgelenk zu luxiren, die Stapediussehne abzureissen, die Schenkel des Steigbügels zu zerbrechen und endlich seine Fussplatte aus dem ovalen Fenster herauszureissen. In den ersten zwei Wochen nach der Operation lasse man den Patienten täglich zwei bis drei mal, in der dritten täglich nur einmal vorsichtig den Valsalva'schen Versuch ausführen. Bei ausgedehnter Sclerose soll man nach der Operation, wenn keine Hyperaemie mehr besteht, Salmiakdämpfe in statu nascenti durch den Catheter in die Paukenhöhle blasen (s. S. 124), wobei indessen, da dieselben leicht reizen, grosse Vorsicht beobachtet werden muss.

XXII. Diätetische Vorschriften und Behandlung constitutioneller Erkrankungen bei chronischen Affectionen des mittleren und inneren Ohres.

Um einer Verschlimmerung der genannten Ohrenleiden möglichst vorzubeugen, müssen *Erkältungen soviel als möglich vermieden*, und der Neigung hierzu theils durch Abhärtung, auf welche wir später noch zurückkommen, theils durch wollene oder seidene Unterkleider, durch Sorge für trockene und warme Füsse event. durch entsprechende Behandlung etwaiger Hyperhydrosis pedum (s. später bei der Rhinitis und Pharyngitis chronica) entgegengewirkt werden. Feuchte und dumpfe Wohnungen sind aufzugeben. Den Aufenthalt in dunstigen oder raucherfüllten Räumen sollen die Patienten meiden, bei stürmischem und kaltem Wetter, wenn irgend möglich, im Zimmer bleiben.

Der Genuss alcoholischer Getränke, das Rauchen und Schnupfen ist insbesondere bei solchen Kranken, welche hiernach eine Zunahme ihrer Schwerhörigkeit und ihrer subj. Gehörsempfindungen deutlich merken, möglichst *einzuschränken oder zu verbieten.*

Kaltwassercuren und kalte Bäder, insbesondere in der See, haben, wenn auch nicht immer, so doch sehr häufig eine Zunahme der in Rede stehenden Ohrenleiden zur Folge, insbesondere bei anaemischen und geschwächten Individuen, sowie bei den hereditären und schleichenden Formen von trockenem chronischem Mittelohrcatarrh (Sclerose der Mittelohrschleimhaut), und ist es daher vorsichtiger, dieselben ganz *zu untersagen, wenn sie der Allgemeinzustand nicht etwa dringend noth-*

wendig macht. In letzterem Fall verhüte man durch Wattetampons und Badekappe das Eindringen von Wasser in den Gehörgang und trockne nach dem Bade den ganzen Körper, insbesondere aber die Haare, auf's Sorgfältigste ab. *Untertauchen im Bade und die Application kalter Strahldouchen auf den Kopf, sowie kalte Begiessungen desselben sind unter allen Umständen unstatthaft.* Nach manchen Autoren wirken nicht nur Seebäder, sondern schon der Aufenthalt am Meere auf Ohrenleiden ungünstig ein, und soll dieses in der stärkeren Luftbewegung, dem leichten Temperatur- und Witterungswechsel und den häufigen Schwankungen des atmosphärischen Drucks an der Meeresküste begründet sein.

Nach Anderen erweisen sich die Seeluft und warme Seebäder bei den secretorischen Formen des chronischen Mittelohrcatarrhs und bei chronischer Mittelohreiterung als vortheilhaft und zwar vorzugsweise bei scrophulösen und rhachitischen Kindern. *Bei Sclerose der Mittelohrschleimhaut* dagegen sei insbesondere, wenn starke subj. Gehörsempfindungen beständen, *auch der Aufenthalt an der See zu verbieten.* Macht der Allgemeinzustand Ohrenkranker den Genuss der Seeluft wünschenswerth, wie z. B. bei beginnender Lungentuberculose, so sind nach SCHWARTZE des milderen Klimas wegen die Seebäder am Mittelmeer (Abbazia, Castellamare, Insel Lido [bei Venedig]) oder an der Südküste Englands, z. B. Hastings, Brighton, Ramsgate, Isle of Wight (Ventnor, Ryde), zu bevorzugen.

Statt der kalten Bäder kann man *zur Abhärtung tägliche nasskalte Abreibungen des ganzen Körpers mit Ausnahme des Kopfes* und bei Kindern Regendouchen mit Anfangs lauem, allmählich kühlerem Wasser, bei denen der Kopf durch eine Wachstaffetkappe zu schützen ist, ohne Gefahr und häufig mit gutem Erfolge anwenden.

Was die russischen (Dampf-) und die römischen (Warmluft-) Bäder anlangt, so sah SCHWARTZE nach dem Gebrauch einiger dieser Bäder bei Sclerose der Mittelohrschleimhaut colossale plötzliche Verschlechterung des Gehörs unter Schwindelanfällen, Uebelkeit und subj. Gehörsempfindungen auftreten. Contraindicirt sind beide stets bei Fieber, Vollblütigkeit und organischen Erkrankungen des Herzens und der Lunge. *Lauwarme Bäder (25—27° R), 1—2 mal wöchentlich, wirken oft sehr günstig,* so z. B. bei chronischen Catarrhen durch Anregung der Hautthätigkeit. Erzeugen sie Fluxionen zum Kopf, so müssen sie verboten werden.

Als heilsam erweist sich *bei den secretorischen Mittelohrcatarrhen und den Mittelohreiterungen* der Aufenthalt in einer waldreichen Gegend oder in den Alpen während der warmen, in klimatisch milden südlichen Gegenden während der rauhen Jahreszeit. Die *klimatische Cur* kann in geeigneten Fällen mit einer *Bade- und Brunnencur* verbunden werden, und zwar verordne man *bei Scrophulose starke Kochsalzwässer (Soolen)*) und Jod- und bromhaltige Kochsalz-*

---

*) Arnstadt (Thüringen) 300 m ü. M., Aussee (bei Ischl) 655 m, Baden-Baden 206 m, Berlin (Admiralsgartenbad), Bex (Kanton Waadt, Schweiz) 435 m, Cannstatt (Württemberg) 219 m, Colberg (Sool- und Seebad), Dürkheim (Rheinpfalz) 130 m, Frankenhausen (Thüringen) 130 m, Gandersheim (Braunschweig) 107 m, Gmunden (Oberösterreich) 422 m, Hall (Tirol), Harzburg 249 m, Homburg v. d. Höhe (am Taunus) 188 m, Hubertusbad (Harz), Ischl (Salzkammergut) 469 m, Jagstfeld (Württemberg), Juliushall (Braunschweig), Kissingen (Bayern) 198 m, Kösen (Thüringen) 163 m, Köstritz (Thüringen), Nauheim (Hessen) 138 m, Neuhaus (Unterfranken-Bayern) 224 m, Rehme-Oeynhausen (Westphalen) 71 m, Reichenhall (Bayern) 471 m, Rheinfelden (Aargau, Schweiz) 270 m, Rothenfelde (Hannover) 112 m, Salzdetfurth (Hannover), Salzuflen (Lippe) 75 m, Salzungen (Thüringen) 262 m, Schweizerhall (bei Basel), Soden a. Taunus (Preussen) 150 m, Soden a. d. Werra (Regbz. Kassel), Sodenthal (Rheinbayern), Suderode (Harz) 172 m, Sulza (Thüringen) 118 m, Sulzbad (Elsass) 320 m, Sulzbrunn (Bayern) 875 m, Wiesbaden (Nassau) 117 m, Wittekind (bei Halle).

wässer*), *bei Anämie Eisen-,***) *bei Plethora abdominalis*, *Hämorrhoidariern und Frauen in den klimacterischen Jahren die Glaubersalz-****) *und Bitter-,†) bei Rheumatismus oder Arthritis schwache Kochsalzwässer††).*

Bei erethischen Individuen mit starken, sehr quälenden subj. Gehörsempfindungen muss man mit Soolbädern vorsichtig sein, weil sie nicht selten eine Gefässaufregung und dadurch Verschlimmerung der Ohrgeräusche herbeiführen. Hier eignen sich *die einfachen Kochsalzthermen††) oder die indifferenten Thermen (Wildbäder)†††).* Von den genannten Bäder- und Brunnencuren abgesehen ist eine etwa vorhandene constitutionelle Allgemeinerkrankung in der gewöhnlichen Weise zu behandeln:

Bei *Scrophulose* verordne man innerlich *Leberthran*ᵃ), *Jodeisen*ᵝ) oder Ar-

---

*) **Bex** (Kanton Waadt, Schweiz) 435 m. **Dürkheim** (Rheinpfalz) 130 m. **Elmen** (bei Magdeburg), **Hall** (Oberösterreich) 376 m, **Inowrazlaw** (Posen), **Königsdorff-Jastrzemb** (Schlesien), **Krankenheil- und Adelheidquelle** bei **Tölz** (Oberbayern) 670 m, **Salzschlirf** (Hessen-Nassau) 250 m.

) **Alexandersbad (Oberfranken), **Alexisbad** (Anhalt-Bernburg) 325 m. **Antogast** (Badischer Schwarzwald) 500 m, **Berka** (Sachsen-Weimar) 330 m, **Bocklet** (Unterfranken) 210 m, **Brückenau** (Unterfranken, bei Kissingen) 300 m, **Buchenau** (Bayern), **Charlottenbrunn** (Schlesien) 469 m, **Cudowa** (Schlesien) 400 m, **Dissentis** (Graubünden), **Driburg** (Westphalen) 220 m, **Elster** (Sachsen), **Fideris** (Schweiz) 1056 m, **Flinsberg** (Schlesien), **Franzensbad** (Böhmen) 450 m, **Hofgeismar** (Hessen), **Homburg** (Nassau) 188 m, **Imnau** (Hohenzollern) 397 m, **Kissingen** (Bayern) 198 m, **Langenau** (Schlesien), **Levico** (Südtirol) 520 m (stark arsenikhaltig), **Liebenstein** (Sachsen-Meiningen) 345 m, **Lobenstein** (Reuss) 503 m, **Marienbad** (Böhmen) 628 m, **St. Moritz** (Engadin) 1769 m, **Peterstal** (Baden) 431 m, **Prezza** (Corsica), **Pyrmont** (Waldeck) 120 m, **Reiboldsgrün** (Sachsen) 700 m, **Reinerz** (Schlesien) 568 m, **Rippoldsau** (Baden), **Roncegno** (Südtirol) 535 m (stark arsenikhaltig), **Ruhla** (Sachsen-Weimar) 450 m, **Schandau** (Sachsen) 125 m, **Schwalbach** (Nassau) 316 m, **Spaa** (Belgien), **Steben** (Oberfranken) 580 m, **Tarasp** (Graubünden) 1200 m. **Tatzmannsdorf** (Ungarn) 347 m.

***) **Bertrich** (a. d. Mosel) 150 m. **Carlsbad** (Böhmen) 374 m. **Elster** (Sachsen), **Franzensbad** (Böhmen) 450 m, **Marienbad** (Böhmen) 628 m, **Rohitsch** (Steiermark) 228 m. **Tarasp** (Engadin) 1200 m.

†) **Friedrichshall** (bei Coburg), **Kissingen** (Bayern) 198 m. **Mergentheim** (Württemberg) 188 m. **Ofen** (Ungarn), **Püllna** und **Saidschütz** (Böhmen).

††) **Baden-Baden** 206 m, **Battaglia** (bei Padua, Italien), **Bourbonne les Bains** (Vogesen), **Cannstatt** (Württemberg), **Homburg** (im Taunus) 188 m, **Kissingen** (Bayern) 198 m. **Kronthal im Taunus** (Apollinarisbrunnen) 163 m, **Niederbronn** (Elsass) 192 m, **Soden** (im Taunus) 150 m, **Wiesbaden** (Nassau) 117 m.

†††) **Badenweiler** (Baden) (422 m) 26,4° C, **Landeck** (Schlesien) (450 m) 32°, **Laxeuil** (Vogesen) 30—56°, **Pfäffers-Ragaz** (Schweiz) (520 m) 38°, **Plombières** (Frankreich, Vogesen) 20—70°, **Römerbad** (Steiermark) 34—38°, **Schlangenbad** (Hessen) 28—32°, **Teplitz** (Böhmen) (230 m) 38—48°, **Warmbad** (Sachsen) 30°, **Warmbrunn** (Schlesien) 36—41°, **Wildbad-Gastein** (Salzburg) 25—49°, **Wildbad** (Württemberg) 33—37°.

ᵃ) *Ol. jecor. Aselli* bei Erwachsenen 15—30 g pro die, bei kleinen Kindern 1—3 mal tägl. 1 Theelöffel, bei grösseren 1—3 mal täglich 1 Kinderlöffel ¼ Stunde nach dem Essen durch Monate und Jahre hindurch zu brauchen. Alle 4—6 Wochen lasse man 8—14 Tage pausiren, ebenso auch in den heissen Sommermonaten, weil sonst leicht Appetitlosigkeit eintritt. Nach dem Einnehmen gebe man zur Beseitigung des üblen Geschmacks ein Pfefferminzplätzchen. Bei bleichen Kindern verordnet man besser *Ol. jecoris Aselli ferratum* in derselben Dosis.

ᵝ) Rp. Sirup. Ferr. jodat. 20,0   oder Rp. Ferr. jodat. saccharat. 0,2
        Sirup. simpl. 30,0   Sacch. lactis 0,8
M. D. S. 3 mal täglich 1 Theelöffel nach   M. f. pulv. D. tal. dos. XII in charta cerat.
dem Essen, bei kleinen Kindern ½ Theelöffel.   S. 3 mal tägl. 1, bei Kindern ½ Pulver.

senik*). bei *scrophulösen Drüsenanschwellungen* ferner Einreibung der Drüsen mit *Jod-* oder *Jodoformsalben***) oder Einreibung des Rückens und der Extremitäten mit *Schmierseife (Sapo kalinus)****). Sodann kann man bei Scrophulose auch in der kälteren Jahreszeit sowie bei Aermeren, welche die natürlichen Soolbäder nicht aufsuchen können, *künstliche Soolbäder*†) im Hause brauchen lassen und zwar entweder täglich oder bei schwachen Individuen 2—3 mal die Woche.

Bei Anämie verabreiche man *neben roborirender Diät Eisenpräparate*††) in grossen Gaben lange Zeit hindurch. Bei manchen Personen verursachen dieselben Verdauungsbeschwerden, Durchfälle und dgl.. Man muss dann mit dem Präparat wechseln oder die Dosis vermindern und, wenn kein Präparat vertragen wird, das Eisen ganz aussetzen. Vorsichtig ist es, bei Verabreichung von Eisenpräparaten Gerbsäure oder gerbsäurehaltige Substanzen (Säuren, saure Speisen, Obst) vermeiden zu lassen.

In schwereren Fällen von Anämie wirkt *Arsenik*†††) *mit oder ohne Eisen*

---

*) Rp. Sol. arsenical. Fowleri
    Aqu. amygdal. amarar. ää 5,0
    M. D. S. 3 mal täglich 3—5 Tropfen
    ½ Stunde nach dem Essen. (Nie bei leerem Magen!)

**) Rp. Jod. pur. 0,1—0,5   oder Rp. Jodoform. 1,0
    Ung. Kal. jodat. ad 10,0   Vasel. flav. ad 10,0
    M. f. ungt. D. S. 2—3 mal   M. f. ungt. D. S Einreibung.
    tägl. einzureiben.

***) Man löse ½ bis 1½ Esslöffel Sapo kalinus in etwas lauem Wasser auf, reibe damit zweimal wöchentlich Rücken und Extremitäten 10 Minuten lang feucht ein und wasche dann mit Wasser ab.

†) Man löse für einen Erwachsenen 6—9 kg Koch- oder Seesalz bez. 2—5 kg Koch- oder Seesalz mit 2 kg Mutterlaugensalz in einem Vollbad von 27—28° R und lasse den Patienten 10—30 Minuten darin. Bei Kindern nehme man ½—⅔ der angegebenen Dosis und nach Verhältniss des Wanneninhalts, also etwa 1—2½ kg Seesalz. Am billigsten ist Stassfurter Badesalz.

††) z. B. die BLAUD'schen Pillen:
Rp. Ferr. sulfur.
    Kal. carbon. ää 10,0—15,0
    Tragacanth. q. s.
    ut. f. pil. No. 100
Consp. pulv. cort. Cinnamom.
M. D. S. 3 mal tägl. 2—4 Pillen nach dem
    Essen.
(4—6 Schachteln hinter einander zu verbrauchen.)

oder: Rp. Ferr. lact. 0,25
    Sacch. alb. 0,5
    M. pulv. D. tal. dos. X.
    S. 2 mal tägl. 1 Pulver.

oder: Rp. Ferr. lact. 3,0
    Succ. Liquir. q. s.
    ut. f. pil. No. 50.
Consp. D. S. 3 mal tägl. 2—4 Pillen.

†††) Rp. Acid. arsen. 0,3
    Pip. nigr. 3,0
    Succ. et pulv. Liquir. q. s.
    ad pil. No. 100.
S. 2—3 mal tägl. 1 Pille nach dem Essen.

ferner: Rp. Sir. fer. oxydat. solubil. 50,0
    D. S. 3 mal tägl. 1 Theelöffel, bei Kindern
    ½ Theelöffel.

oder: Rp. Liq. ferr. album. 100,0
    D. S. 3 mal tägl. ½—1 Theel., kurz vor
    den Mahlzeiten, bei Kindern 5—30 Tropfen
    unverdünnt oder in ½ Tasse Milch.
(Beeinflusst häufig den Appetit sehr günstig.)

oder: Rp. Tinct. ferr. saccharat. comp.
    (Athenstädt) 100,0
    D. S. 3 mal tägl. 1 Esslöffel, für Kinder
    1 Theelöffel bei oder nach dem Essen.

oder: Pyrophosphorsaures Eisenwasser, welches auch bei schwachen Magen meist sehr gut vertragen wird (Tägl. 1 Flasche).

Bei gleichzeitiger Neigung zu Obstipation:
Rp. Pilul. aloet. ferrat. No. 50.
    D. S. 3 mal tägl. 1—2 Pillen.

oder: Rp. Ferr. reduct. 5,0
    Acid. arsen. 0,2
    Extr. Gentian. q. s.
    ad pil. No. 100.
S. 2—3 mal tägl. 1—2 Pillen nach dem Essen.

mitunter sehr günstig. *Besteht neben Anämie Scrophulose, so verordne man Jod- und Eisenpräparate* (s. S. 145 β) *oder Ol. jecoris ferratum* (s. S. 145 α). *Bei Stauungshyperämie* ist regelmässige Bewegung (Spazierengehen, Zimmergymnastik, Rudern) zu verordnen, allzuviel Sitzen namentlich bei vorgebeugter Haltung, bei Frauen z. B. die feinen Handarbeiten, zu verbieten. Hier wirken auch *Abführkuren* oft sehr günstig*).

Bei subj. Gehörsempfindungen ist Alles, was dieselben steigert, möglichst zu vermeiden. Hierhin gehören Gemüthsaufregungen, angestrengte körperliche oder geistige Arbeit, *Excesse in venere*, meist auch der Genuss aufregender Getränke (Alcoholica, starker Kaffee oder Thee). Die letzteren sind, wenn sie das Sausen in der That steigern — mitunter ist dieses auch nicht der Fall, was Patient selber ausprobiren muss — namentlich des Abends zu verbieten, weil sonst die Nachtruhe gestört wird.

Rauchen ist wegen der hierbei stattfindenden Reizung des Nasenrachenraums namentlich für die Affektionen des mittleren Ohres nachtheilig, bei Uebermass zuweilen auch für diejenigen des inneren Ohres.

XXIII. Behandlung der subjectiven Gehörsempfindungen.

Die subj. Gehörsempfindungen gehören zum Symptomencomplex der meisten Ohrenkrankheiten. Eine Therapie, welche die letzteren bessert, wird häufig auch die

---

*) z. B. Carlsbader Wasser, Mühl-, Schloss- oder Marktbrunnen, (durchschnittlich 1 Flasche (4 Becher à 210 ccm des Morgens nüchtern) auf 30—45° (am besten in einem LEHMANN'schen Apparat) erwärmt. Nach 2 Bechern eine Pause von $1/_4$—1 Stunde, in welcher Patient sich bewegen soll. Während der Cur sind Säuren, fette und schwere Speisen, Hülsenfrüchte und Alcoholica zu vermeiden.) oder Ofener, oder Friedrichshaller Bitterwasser 1 Weinglas.

oder Rp.
Extract. Rhei
Extract. Aloes
Sapon. jalap. ää 2,0
Pulv. et succ. Liq. q. s.
ut. f. pil. No. 40.
D. S. Morgens u. Abends
je 2 Pillen.

oder Rp.
Extract. Rhei compos.
Extract. Aloes ää 3,0
Pulv. et succ. Liq. q. s.
ut. f. pil. No. 30.
D. S. Morgens u. Abends
je 1 Pille.

oder Rp.
Podophyllin. 0,5
Extract. Belladonn. 0,3
Pulv. et Succ. Liq. q. s.
ut. f. pil. No. 30.
Consperg. Lycopod.
D. S. Abends 1—2 Pillen.

oder Rp.
Fol. Senn. pulv.
Magnes. ust.
Sacch. alb.
Sulfur. depur.
Tartar. depurat. ää 10,0
M. f. pulv.
D. S. 3 mal täglich
1 Theelöffel.

oder Rp.
Cort. Frangul. concis.
Fol. Senn. concis.
Herb. Millefol. concis.
Rhizomat. Gramin. concis.
ää 25,0.
M. D. S. 1 Esslöffel auf
1 Tasse Thee.

oder Rp.
Extr. Cascarae Sagrad.
fluid.
Aqu. dest.
Sirup. Zingib. ää 10,0.
M. D. S. 2 mal täglich
1 Theelöffel.

oder Rp.
Sal. Carolinens. factit. 100,0
D. S. Morgens 1—2 Theelöffel in einer Tasse warmen Wassers.

oder Rp.
Decoct. cort. Frangul.
25,0 150,0.
Natr. sulfur. 20,0.
M. D. S. Früh und Abends
1 Weinglas voll.

oder Rp.
Lact. sulf.
Pulv. rad. Rhei
Pulv. Liquir. compos.
Elaeosacch. Foenicul. ää 7,5.
M. f. pulv. D. in scatula.
S. Morgens und Abends
1 Theelöffel.

oder Rp.
Magnes. sulf.
Magnes. ust.
Pulv. rad. Rhei ää 10,0.
M. f. pulv.
D. S. 3 mal täglich
1 Theelöffel.

10*

ersteren beseitigen oder wenigstens vermindern. Da dieses aber nicht immer der Fall ist, da manches Ohrenleiden unheilbar, und da das in Rede stehende Symptom für den Patienten häufig ganz besonders quälend, oft fast unerträglich ist, so sollen hier diejenigen Mittel, durch welche dasselbe mitunter günstig beeinflusst wird, im Zusammenhange angegeben werden, mit dem Bemerken, dass bei jedem einzelnen Kranken zuvörderst immer erst versucht werden soll, ob die gegen das vorhandene Ohrenleiden gerichtete, bei der speciellen Besprechung desselben in den folgenden Capiteln empfohlene Behandlung im Stande ist, auch die subj. Gehörsempfindungen hinreichend zu vermindern.

Ist dieses nicht der Fall, so empfiehlt sich zunächst die innerliche Darreichung der *Bromsalze*, des Kal., Natr. oder Ammon. bromat. in Gaben von 2—4 g pro die. Dieselben wirken insbesondere in denjenigen Fällen günstig ein, wo die subj. Gehörsempfindungen den *Schlaf* beeinträchtigen, wo sie mit *Kopfschmerz* verbunden sind und wo sie durch *nervöse Aufregungen* gesteigert werden. Da Bromsalze bei längerem Gebrauch nicht selten mehr minder schwere *Intoxicationserscheinungen* verursachen*), so ist es von Wichtigkeit, diese durch zweckmässige Form der Verabreichung und geeignete Vorsichtsmassregeln während der Bromcur soweit als möglich zu verhüten.

Es geschieht dieses nach ERLENMEYER am besten durch Verordnung seines nach Art eines natürlichen Säuerlings erfrischend schmeckenden, moussirenden „*Bromwassers*", welches in 750 ccm eines natürlichen kohlensäurehaltigen Mineralwassers 4 g Bromnatrium, 4 g Bromkalium und 2 g Bromammonium gelöst enthält. Man verabreiche hiervon ca. 100—125 ccm, also etwa ein Weinglas voll, 1—3 mal täglich, am besten 10—15 Minuten nach der Mahlzeit oder auch während derselben als Getränk. Die Flaschen sind liegend und kühl aufzubewahren. Angebrochene stelle man gut verkorkt auf den Korken. Billiger dürfte dasselbe erreicht werden, wenn man eine Lösung von Natr. bromat. 4,0, Kal. bromat. 4,0 und Ammon. bromat. 2,0 in 150 g Wasser verschreibt und hiervon 2—3 mal täglich je einen Esslöffel in einem Glase kohlensäurehaltigen Getränks nach dem Essen einnehmen lässt. Im trockenen Zustand die ERLENMEYER'sche Combination von Bromsalzen zu verschreiben, ist unzweckmässig, da das trockene Bromammonium unhaltbar ist und sich beim Liegen an der Luft zersetzt. Vor und während einer Bromcur ist auf *sorgfältige Hautpflege* zu achten. ERLENMEYER empfiehlt tüchtige Abwaschungen und Abreibungen der ganzen Haut, insbesondere wenn dieselbe stark fettig ist, mit alcalischer Natron- oder gewöhnlicher Schmierseife und warmem Wasser, wenn möglich im Bade. Diese sollen schon vor der Cur 2—3 mal und während derselben jeden 2. Tag vorgenommen werden. Sodann sollen die Patienten *fette und saure Speisen* sowie eine Ueberladung des Magens, *ferner das Rauchen*, insbesondere das Einziehen des Tabakrauchs in die Luftröhre, *vermeiden* und für tägliche genügende Stuhlentleerung Sorge tragen.

Bei günstiger Wirkung lasse man die Bromsalze mehrere Wochen hindurch brauchen.

Haben sie nach 1—2 Wochen eine Besserung des Sausens nicht herbeigeführt, so kann man versuchsweise *Chinin* verordnen. Das letztere aber gebe ich gewöhnlich nur in der ausserordentlich kleinen Dosis von 0,01 g 2—3 mal täglich**) und lasse es, wenn die Patienten nach 2—3 Tagen eine entschiedene Zunahme

---

*) Letztere bestehen in einem acneartigen Exanthem auf der Haut, in Magencatarrh und Dyspepsie, Bronchialcatarrh, Herzschwäche, körperlicher Schlaffheit, Schwindel, Schlafsucht, psychischer Unlust und Gedächtnissschwäche. Manche Patienten zeigen gegen Brompräparate eine besondere Idiosyncrasie und bekommen schon nach geringen Gaben zahlreiche Furunkel, die sich in tiefe, eiternde, schwer heilende Hautgeschwüre verwandeln können.

**) Rp. Chinin. muriatic. 0,1
   Pulv. Althaeae
   Extract. Gentian. ää q. s.
   ut. f. pilul. No. X.
   D. S. 3 mal täglich eine Pille.

des Sausens angeben, was durchaus nicht selten der Fall ist, nicht weiter brauchen. Von den angegebenen Chininpillen sieht man insbesondere *bei anämischen und geistig überarbeiteten Personen* und ferner bei solchen, welche gleichzeitig an *Schwindel* leiden, mitunter eine günstige Einwirkung auf die subj. Gehörsempfindungen. Sind letztere durch die Pillen erheblich gesteigert oder durch den Gebrauch grösserer Gaben von Chinin bez. Salicylsäure hervorgerufen, so werden sie in manchen Fällen durch *Acidum hydrobromicum**) vermindert. Dieses wirkt nicht selten auch auf die pulsirenden Ohrgeräusche, insbesondere wo dieselben zum Symptomencomplex einer acuten Mittelohrentzündung gehören, günstig ein.

Die subj. Gehörsempfindungen bei *Syphilitischen* werden häufig durch *Jodkali*, diejenigen bei *Anämischen* durch *Eisen* vollkommen geheilt.

Politzer hat *bei pulsirenden Geräuschen* mit und ohne Herzleiden wiederholt von *Tinct. Digitalis* (6—10 Tropfen 3 mal täglich) oder von der *Tinct. semin. Strophanti* (3 mal täglich 5 Tropfen) guten Erfolg gesehen. *Bei Syphilitischen*, bei denen die Mittelohrerkrankung mit einer Labyrintherkrankung verbunden ist, empfiehlt er, neben der innerlichen Anwendung von *Jodkali* (0.5—1.0 pro. die) eine *Jod- oder Jodolsalbe***) auf den Warzenfortsatz einzureiben. *Bei plötzlicher heftiger Steigerung des Sausens* verordnet er die *Application eines Gegenreizes am Warzenfortsatz* entweder in Form spirituöser Einreibungen***) auf demselben oder, indem er durch ein fliegendes Vesicans die Coriumschicht am Warzenfortsatz blosslegt und sie 1—2 mal täglich mit Unguent. stibiat. oder Unguent. Mezerei †) bestreicht, haben sich die Geräusche in sehr hohem Grade gesteigert, eine *subcutane Morphiuminjection*. Die Gegenreize am Warzenfortsatz empfiehlt er ferner bei frisch entstandenen Gehörsempfindungen. Einen günstigen Einfluss auf die letzteren sah er sodann insbesondere *bei abnorm trockenem Gehörgang* häufig von einer *Bepinselung* des letzteren in seinem knorpligen Abschnitt *mit medicamentösen Glycerinlösungen* ††).

Schwartze empfiehlt *bei quälendem Ohrensausen mit allgemeinem nervösem Erethismus* als häufig beruhigend *protrahirte lauwarme Wasser-*, besser noch

---

*) Rp. Acid. hydrobrom. (10⁰.₀) 20,0
    D. S. 3 mal tägl. ¹⁄₄ Stunde
    nach dem Essen 20—40
    Tropfen in einem Glase
    Zuckerwasser zu nehmen.

Da die *sehr* saure Medicin selbst in dieser starken Verdünnung die Zähne leicht angreift, so lässt man sie am besten durch ein Glasröhrchen aufsaugen und den Mund jedesmal nach dem Einnehmen mit einer Lösung von Natr. bicarbonic. (¹⁄₂ Theelöffel auf 1 Glas Wasser) ausspülen.

**) Rp. Jod. pur. 0,05
    Kal. jodat. 1,0
    Unguent. emoll. ad 10,0
    M. f. unguent.
    D. S. Aeusserlich.

oder Rp. Jodol. pur. 0,5
    Unguent. emoll. ad 10,0
    M. f. unguent.
    D. S. Aeusserlich.

***) Rp. Spirit. sinap.
    Spirit. aromat. ää 30,0
    D. S. 20 Tropfen hinter dem
    Ohr einzureiben.

oder Rp. Spirit. formicar.
    Balsam. Hofmanni ää 30,0
    D. S. 20 Tropfen hinter dem
    Ohre einzureiben.

†) Bei zu häufiger unvorsichtiger Einreibung können diese Salben tiefgehende Geschwüre, welche Narben hinterlassen, ja selbst Knochennecrose erzeugen. Fliessen sie im heissen Sommer herunter, so kann am Halse eine ausgedehnte Eruption von Pusteln entstehen, welche bleibende Hautnarben hinterlassen.

††) Rp. Tinct. ambrae 2,0
    Aether. sulfur. 1,0
    Glycerin. pur. 12,0
    D. S. Einpinselung.

oder Rp. Tinct. Valerian. 2,0
    Aether. acet. 1,0
    Glycerin. pur. 12,0
    D. S. Einpinselung.

Kleienbäder *) von 25—27° R (s. diesbezüglich aber auch S. 145), während er Soolbäder wegen der durch dieselben herbeigeführten Aufregung lieber verbietet, *bei pulsirenden Geräuschen* insbesondere solchen, die bei Carotiscompression verschwinden, *zeitweilige Abführcuren und viel Bewegung bei knapper Diät*, um hierdurch die Blutzufuhr zum Ohre zu vermindern, *in verzweifelten Fällen*, wenn die Geräusche während der Compression der Carotis vollkommen sistiren, die *Unterbindung der Carotis communis.*

Urbantschitsch sah *bei nervösen Individuen* mitunter von 1—2 wöchentlicher Darreichung von *Tinctur. Aconiti* (8—12 Tropfen pro die)**). Gruber *bei nervösem Ohrensausen* von *Tinctur. Arnicae* (5—15 Tropfen mehrmals täglich auf Zucker) guten Erfolg.

Hartmann empfiehlt *Atropin 0,002—0,003* oder *Tinctur. arsenical. Fowleri* 2—10 Tropfen pro die und den *constanten Strom.*

Bürkner beobachtete, wenn die subj. Geräusche mit *Schwindel* verbunden sind, oft ausgezeichneten Erfolg von einer *Combination von Jod- und Bromkali***).

Baumgarten erzielte in einzelnen Fällen von chronischem Mittelohrcatarrh sowie von Labyrinthaffectionen und in fast allen Fällen von hysterischem oder nervösem Sausen gute Erfolge mittelst *Injection einer 5%igen Cocaïnlösung in's Mittelohr durch den Tubencatheter*. Besonders oft wurde hierdurch *das pulsirende Geräusch* beseitigt, während das als „Wasserkochen" beschriebene höchstens geringer wurde. Wenn die ersten 2—3 Einspritzungen erfolglos waren, blieben es auch die späteren. Selten sah er von ihnen Erfolg bei anämischem Geräuschen, niemals bei durch Sclerose oder Chinintaubheit verursachten. Schwabach sah nach Injection von 5 Tropfen einer 5%igen Cocaïnlösung durch die Tuba bei chronischem Ohrensausen *schwere Intoxicationserscheinungen*, welche mehrere Tage anhielten, Trockenheit und Zusammenziehen im Halse, Uebelkeit und Erbrechen, Benommenheit des Kopfes, heftigen Schwindel, Kältegefühl über den ganzen Körper und ausserordentliche Schwäche. Er räth daher, Anfangs stets nur 3 *Tropfen einer 2%igen Lösung* zu injiciren und erst allmählich zu steigern. Auch soll Patient noch $\frac{1}{2}$ Stunde lang nach der Injection unter ärztlicher Aufsicht bleiben.

Mitunter nützt wenigstens vorübergehend die *Application eines schwachen constanten Stroms* etwa 3 mal wöchentlich je 10—20 Minuten lang (s. S. 129).

In denjenigen Fällen, *wo die subj. Gehörsempfindungen durch äusseren Lärm eine Verschlimmerung erfahren*, verordne man *möglichst grosse acustische Ruhe*, Aufenthalt an einem ruhigen Ort, bei übermässiger Empfindlichkeit gegen jedes Geräusch Verschluss des Gehörgangs mit Wachs, Guttapercha und dergl. und entziehe die Kranken für längere Zeit ihrem Beruf, falls letzterer mit dauernder Schalleinwirkung auf das Ohr verbunden ist.

Für Fälle, in denen sehr quälendes Ohrensausen allen anderen Behandlungsarten widerstanden hat, hat man, falls dasselbe nicht auf einen primären Reizzustand im Hörnerven bezogen werden kann, die *Trommelfellparacentese* vorgeschlagen, weil anhaltende subj. Gehörsempfindungen bei Trommelfellperforationen selten sind. Da aber vorläufig eine sichere Methode, eine künstlich angelegte Oeffnung im Trommelfell auch dauernd offen zu halten, noch nicht gefunden ist, so hat die Paracentese im günstigsten Fall nur einen bald vorübergehenden Erfolg.

---

*) 1—3 Kilogramm Weizenkleie werden in einem leinenen Beutel $\frac{1}{2}$ Stunde lang mit 4—8 Liter Wasser abgekocht. Beutel und Decoct werden dem Bade zugesetzt.

**) Rp. Tinct. Aconiti 2,5
      Sirup. cort. aurant. 47,5
      M. D. S. 3—4 mal täglich ein Theelöffel nach dem Essen.

***) Rp. Kal. jodat.
       Kal. bromat. ää 5,0—10,0
       Aq. destill. 120,0
       M. D. S. 2 mal täglich 1 Esslöffel in einer Tasse Milch.

Bei

Hyperästhesia acustica

empfiehlt sich ausser einer Behandlung des Grundleidens symptomatisch, ein „Antiphon" (Taf. XVI Fig. 23 u. 24) tragen zu lassen, welches, wenn seine Grösse richtig ausgewählt ist, äussere Geräusche besser abhält als Watte. Modellirwachs und Anderes, womit man den Gehörgang verschliessen kann.

XXIV. Ueber Schwitzcuren insbesondere mittelst subcutaner Pilocarpininjectionen.

Mit Pilocarpincuren hat man in den letzten Jahren *bei acuten und subacuten Labyrinthaffectionen* häufig, zuweilen wiewohl sehr viel seltener auch bei *chronischen* gute Erfolge erzielt.

Dieselben dürften gleich wie die Besserung bei Glaskörpertrübungen oder frischen retinitischen Exsudaten auf eine durch das Pilocarpin angeregte Resorption von entzündlichen Ausschwitzungen zu beziehen sein. Nach O. WOLF tritt nach der subcutanen Pilocarpininjection eine profuse Absonderung aus der Paukenhöhle ein, und meint er, dass hierdurch die Circulation und Resorption im Labyrinth gebessert werden könnte.

Contraindicirt ist die Pilocarpincur bei Herzkrankheiten, Herzschwäche und bei Krankheitszuständen der Bronchien oder Lungen, sowie bei alten schwächlichen Personen.

Freilich hat CONRAD bei einem 88 jährigen Patienten innerhalb 30 Tagen 24 subcutane Injectionen von 0,02 Pilocarpin, muriatic, gemacht und zwar mit bestem Erfolge. Dennoch ist die Cur bei alten Leuten im Allgemeinen contraindicirt.

Man injicire *bei sonst gesunden Erwachsenen* zunächst 0,01 g Pilocarpin, muriat. *subcutan**) und steige nach SCHUBERT bald bis zur Grenze der individuellen Verträglichkeit, welche nach S. meist bei 0,015 — 0,02 liegt. *Bei Säuglingen* kann man 0,001 — 0,0025, *bei Kindern über einem Jahre* 0,002 bis 0,005 injiciren. Bei acuten Labyrinthaffectionen injicirt man täglich oder, wenn dieses nicht vertragen wird, jeden zweiten Tag, bei chronischen event. nur 2 mal in der Woche. Im Ganzen lässt man, wenn sonst keine Contraindication eintritt, wenigstens 12 mal schwitzen, wo sich ein Erfolg bemerkbar macht, auch länger (bis etwa 30 mal).

Die Einspritzung soll im Bett vorgenommen werden, 1 — 2 Stunden vor der Mahlzeit, nie bei vollem Magen. Schweiss- und Speichelabsonderung tritt hierauf gewöhnlich nach 5 — 45 Minuten ein und hält meist etwa 2 Stunden an. Erst wenn sie aufgehört hat, darf Patient leichte Nahrung erhalten. Nachher soll er das Zimmer nicht mehr verlassen und nicht viel Flüssigkeit geniessen. Mitunter prävalirt die Speichel-, mitunter wiederum die Schweisssecretion. Letztere tritt zuerst gewöhnlich an der Stirn auf.

Ich habe bei Erwachsenen in der Regel nur 0,01 g Pilocarpin, muriatic, subcutan injicirt, die Patienten dann aber mit Ausschluss des Kopfes in wollene Decken wickeln und in letzteren 2 Stunden schwitzen lassen. Da sie die auch eingewickelten Arme nicht bewegen können, so muss man ihnen ein Speiglas mit in's Bett geben, in welches sie den Speichel entleeren können. Subcutan wirkt das

---

*) Rp. Pilocarpin, muriat, 0,2
    Aq. destill, ad 10,0   } Die Lösung ist, damit sie keimfrei bleibt,
    Acid. carbol. liquefact. gtt. I   } wohl verschlossen aufzubewahren.
    M. D. S. $1/2$ —1 Spritze voll zu injiciren.

Pilocarpin schneller und intensiver als bei *innerlicher* Verabreichung. Ist letztere aber aus äusseren Gründen geboten, so gebe man *bei sonst gesunden Erwachsenen* täglich einmal 0.02—0.03, *bei Kindern über einem Jahre* 0.004—0.015 g und lasse den Patienten wie bei der subcutanen Injection sofort zu Bett gehen.

Das Pilocarpin ist übrigens ein inconstantes Präparat, welches je nachdem ihm mehr weniger Jaborin beigemischt ist, ungleich wirkt. Auch ist die Reaction der Patienten gegen das Mittel verschieden und *die Dosis* daher *auszuprobiren.*

Um eine etwaige zu starke speichel- oder schweisstreibende Wirkung, sowie andere Nebenerscheinungen des Pilocarpingebrauchs, wie Erbrechen, Diarrhoe, Harndrang, Schmerzen in der Lendengegend, Nebelsehen und die sehr seltene Myosis zu beseitigen, gebe man event. eine Dosis *Atropin* (2—3 Tropfen einer Lösung von 0.03 Atropin. sulf. in Aq. dest. 10.0).

Das Pilocarpin ist ein äusserst verlässliches und energisches Diaphoreticum und Sialagogum. Indessen kann es bei dazu vorhandener Disposition bedrohliche Herzschwäche, Collaps, sowie Lungenödem, ferner lästiges Erbrechen erzeugen und schon eine mässige Bronchitis zur Pneumonie steigern.

Aus diesen Gründen wird man in vielen Fällen vorziehen, eine **andere Art von Schwitzcur** einzuleiten. In Betracht kämen hier von *äusseren* Mitteln: **heisse Wasserbäder mit folgender Einwicklung, heisse Luftbäder** und **heisse feuchte Einwicklung.**

Bei dem ersten dieser 3 Verfahren, welches unter ihnen den reichlichsten Schweiss hervorruft, giebt man dem Patienten ein Wasserbad, dessen Temperatur durch Zugiessen von heissem Wasser von 30° R allmählich bis auf 33° erwärmt wird, lässt ihn ¼ bis ½ Stunde darin und packt ihn dann auf 1—2 Stunden in warme wollene Decken und Betten ein. Auch hierdurch können Beklemmungen und Herzklopfen, starke Congestionen zum Kopf und Aufregungen hervorgerufen werden. Es ist also auch bei diesem Verfahren grosse Vorsicht und sorgfältige Ueberwachung des Kranken nothwendig. Bei Herzschwäche und Lungencomplicationen ist dasselbe contraindicirt.

Weniger energisch hinsichtlich der erzielten Schweissproduction, aber auch milder in Bezug auf die unbeabsichtigten üblen Nebenwirkungen wirkt die Einwicklung des Körpers in grosse, in heisses Wasser getauchte, gut ausgerungene Tücher, etwas stärker, aber auch noch lange nicht so energisch als die heissen Wasserbäder mit nachfolgender Einwicklung, heisse Luftbäder.

Die letzteren werden wohl am besten in folgender einfacher und billiger Art hergestellt: Ueber den Unterkörper des im Bett liegenden Kranken wird eine Art von chirurgischem Schutzkorb gestellt, welcher die Bettdecke in die Höhe hebt. Dem hierdurch geschaffenen Hohlraum wird mittels eines Winkelrohrs von einer auf dem Fussboden stehenden Lampe aus heisse Luft zugeführt *).

Nach allen etwas längere Zeit gebrauchten Schwitzcuren neigen die Patienten zu Erkältungen, was nicht unberücksichtigt bleiben darf.

XXV. Hörrohre für Schwerhörige.

Dieselben haben den Zweck, eine grössere Anzahl von Schallstrahlen dem Ohre zuzuführen, als ohne sie auf das Trommelfell bez., wenn letzteres verloren gegangen ist, in die Paukenhöhle fallen würde, um hierdurch, wenn möglich, das Sprachverständniss Schwerhöriger zu erleichtern. Dass dieses nur durch relativ *grosse* Instrumente erreicht werden kann, dürfte wohl ohne weitere Begründung verständlich sein. *Kleine* Röhrchen, welche ins Ohr hineingesteckt werden, können nur in den-

---

*) Ein hierzu geeigneter billiger und portativer Apparat ist unter dem Namen „Phénix à air chaud" von CHARLES FEURICS (Genf) zu beziehen. Die Patienten, welche in diesem heissen Luftbad 1—2 Stunden zubringen sollen, dürfen die Füsse nicht unmittelbar an die am Bettende befindliche Oeffnung in den Schwitzkasten bringen, aus welcher die heisse Luft ausströmt.

jenigen seltenen Fällen Nutzen bringen, wo der knorplige Gehörgang derartig collabirt
ist, dass seine Wände an einander liegen und dadurch den Eintritt einer genügen-
den Anzahl von Schallstrahlen verhindern. Hier können die als „Abrahams" bekannten kurzen, einen kreisrunden oder ovalen Querschnitt zeigenden Silberröhrchen,
welche in den Gehörgang geschoben werden, und deren am äusseren Ende befindliche, trichterförmige Erweiterung in der Concha liegen muss, das Hörvermögen
dadurch, dass sie das Lumen des collabirten knorpligen Gehörgangs offen halten,
verbessern. Sonst aber sind diese kleinen Instrumente ebenso wie die in neuerer
Zeit vielfach angepriesenen, „unbemerkt im Ohre zu tragenden künstlichen Ohrtrom-
meln" vollkommen nutzlos. Was aber die grossen Hörrohre anlangt, deren umfangreiche Eingangsöffnung und übrige Dimensionen die Möglichkeit gewähren, mehr
Schallstrahlen, als sonst in das Ohr dringen, nicht nur aufzufangen, sondern auch
zusammenzuhalten und gesammelt in den Gehörgang zu leiten, so sind dieselben so
auffällig, dass sehr viele Schwerhörige, denen sie — insbesondere für das Hören
aus grösserer Entfernung (Kirche, Versammlungen, Theater und dergl. mehr) —
gewiss von Nutzen wären, schon aus Eitelkeit sich nicht entschliessen können, sie
zu benützen. Dazu kommt, dass der Gebrauch dieser Hörrohre im Allgemeinen
ziemlich *unbequem* ist, insofern die meisten derselben mit der Hand in's Ohr gesteckt und während der Benützung dauernd gehalten werden müssen, endlich aber,
dass manche hochgradig Schwerhörige *ohne* Hörrohr — wahrscheinlich durch Vermittlung der Kopfknochen — wenigstens laut ins Ohr Gesprochenes noch verstehen,
mit einem solchen dagegen, weil die Kopfknochenleitung nun weniger in Thätigkeit
treten kann, nicht mehr, dass also das Rohr das Gehör noch verschlechtert.

Aus all' diesen Gründen erklärt es sich, dass die Zahl derjenigen, welche sich
eines Hörrohrs bedienen, eine relativ kleine ist. Immerhin giebt es noch genug
Schwerhörige, welche ohne ein solches nicht existiren möchten. Sehr ins Gewicht
fällt hierbei auch, dass der *Umgebung* eines hochgradig Schwerhörigen, mit welchem
man, um sich verständlich zu machen, laut und angestrengt schreien muss, der
Gebrauch eines Hörrohrs nicht selten grosse Erleichterung verschafft.

In dieser Beziehung, so z. B. auch *für den Verkehr des Arztes mit sehr
schwerhörigen Personen und für den Unterricht sehr schwerhöriger Kinder,*
erweist sich namentlich *der Dunker'sche Hörschlauch,* $^2/_3$—1 m lang, (Taf. XVI
Fig. 18) als besonders vortheilhaft. Derselbe ist allerdings nur für ein Zwiegespräch zu benützen, insofern der zu dem Schwerhörigen Sprechende das Mundstück
des Schlauchs in die Hand nehmen und vor seinen Mund halten muss.

Es scheint, als wenn conisch zulaufende Schläuche wirksamer sind, als die gleichmässig weiten, und einfach trichterförmige Mundstücke wirksamer, als becherförmige.
Manche Patienten ziehen statt der gewöhnlichen zapfenförmigen Ohrstücke, welche *in* den
Gehörgang zu stecken sind, becherförmige Endstücke vor, welche *über* die Ohrmuschel
gestülpt werden.

Man spreche stets nur mit gewöhnlicher, höchstens mit ein wenig erhobener
Stimme, dabei aber so deutlich wie möglich in den Hörschlauch hinein, niemals
gar zu laut, weil dieses dem Patienten meist unangenehm ist. Was die nicht nur
für ein Zwiegespräch, sondern auch für das Verständniss mehrerer sich unterhalten-
der Personen und überhaupt für das Hören aus grösserer Entfernung brauchbaren
Hörrohre anlangt, so muss man bei jedem Kranken verschiedene Formen versuchen
und ihn diejenigen, die ihm am besten erscheinen, wenn möglich eine Zeit lang
bei verschiedenen Gelegenheiten probiren lassen, um vor der Anschaffung festzustellen, welches ihm die besten Dienste leistet. Im Voraus kann man niemals
wissen, welches von den sehr zahlreichen, bei den Instrumentenmachern vorhandenen
Hörrohren sich für den betreffenden Patienten am meisten eignen wird. Nicht

selten zeigt es sich auch als vortheilhaft, wenn er sich verschiedene Instrumente anschafft, von denen ihm das eine bei dieser, das andere bei jener Gelegenheit grösseren Nutzen gewährt.

Im Allgemeinen werden die *metallenen* Hörrohre, weil durch sie die Stimme einen störenden blechartigen Klang erhält, insbesondere für das Hören in der Nähe weniger gut vertragen, als die aus *Hartgummi* verfertigten. Die störende Verstärkung derjenigen Töne, auf welche der Apparat resonirt, ist bei den metallenen Hörrohren ganz besonders gross und beeinträchtigt sie die Deutlichkeit des Hörens durch das Rohr mitunter ganz ausserordentlich.

Die Figuren 14—21 (Taf. XIX) stellen eine Reihe von Hörrohren dar, welche in manchen Fällen gute Dienste leisten.

Der aus Hartgummi gefertigte Schallfänger des Hörrohrs Fig. 19 (Taf. XIX) wird von Herren in der seitlichen *Brusttasche* des Rockes getragen, weshalb das Instrument weniger auffällt, als andere von gleicher Grösse. Aus demselben Grunde empfehlen sich für manche Schwerhörige, die nicht gern auffallen wollen, die in Fig. 14, 15 u. 18 (Taf. XIX) dargestellten, an einem *Stock* oder *Fächer* angebrachten Hörrohre.

Politzer hat in manchen Fällen durch das in Fig. 22 (Taf. XIX) abgebildete kleine Hörrohr, dessen schmäleres Ende in den äusseren Gehörgang gesteckt wird, während das breitere mit nach hinten gegen die Concha gerichteter Oeffnung in der Ohrmuschel zu liegen kommt, eine Zunahme der Hörweite für Sprache bis auf das Doppelte und darüber erzielt. Dasselbe ist aus rosafarbigem, vulcanisirtem Kautschuk gefertigt und zwar je nach der Weite des Gehörgangs in 3 verschiedenen Grössen.

Solche Schwerhörige, welche mit einem Hörrohre besser hören — sehr vielen, und zwar nicht nur den vollkommen Tauben nützt keines derselben, — dürfen sich ihrer ruhig bedienen, da ein *nicht übermässiger* Gebrauch ihrer Hörfähigkeit sicher nicht schaden wird.

Relativ am meisten nützen sie nach Schwartze bei Defecten des Trommelfells und der beiden äusseren Gehörknöchelchen.

Verursacht ihr Gebrauch, wie dieses namentlich bei Erkrankung des Hörnerven mitunter vorkommt, eine entschiedene Zunahme der subj. Gehörsempfindungen bez. eine schmerzhafte Empfindlichkeit im Ohre, so wird man ihn ganz verbieten oder doch sehr erheblich einschränken müssen. Allzu lange Zeit hinter einander soll ein Hörrohr niemals benützt werden.

Ist eine Schwerhörigkeit, die durch ohrenärztliche Behandlung nicht mehr gebessert werden kann, so hochgradig, dass Patient auch mittelst eines Hörrohrs Sprache nicht mehr zu verstehen vermag, so bleibt nichts übrig, als dass er durch geeigneten Unterricht erlernt, das Gesprochene vom Munde abzulesen (vergl. hierüber das Capitel „Taubstummheit").

Specielle Pathologie und Therapie
der Ohrenkrankheiten.

I. Krankheiten des äusseren Ohres (Ohrmuschel und äusserer Gehörgang).*)

Eczem des äusseren Ohres.

Am äusseren Ohr unterscheiden wir ebenso wie an anderen Stellen des Körpers dem Verlaufe nach ein *acutes* und ein *chronisches**)* Eczem und nach den anatomischen Veränderungen der Haut 6 Formen resp. Stadien: eine *Eczema papulosum, vesiculosum, pustulosum, madidans s. rubrum, crustosum* und *squamosum*. Dem Auftreten von Knötchen im Stadium papulosum geht gewöhnlich Röthung voran, sodass manche Autoren noch von einem *Stadium erythematosum* sprechen. Die Erkrankung kann Ohrmuschel und äusseren Gehörgang getrennt oder beide zusammen befallen. Nicht selten betrifft sie nur einzelne Theile der Muschel. Sehr häufig besteht gleichzeitig Eczema faciei et capillitii.

Tritt durch starke Anschwellung der Hautauskleidung, durch Ansammlung von Exsudat bez. abgestossener Epidermis oder durch Borkenbildung Verschluss oder Verlegung des äusseren Gehörgangs ein, so können hierdurch Schwerhörigkeit und subj. Gehörsempfindungen hervorgerufen werden, letztere wohl auch durch consecutive Hyperämie im Mittelohr und Labyrinth. Im Uebrigen zeigt das Eczem am äusseren Ohr genau dieselben **Symptome** wie an anderen Stellen des Körpers, also *objectiv* Röthung und Schwellung der Haut, welche mitunter so beträchtlich ist, dass die Muschel eine unförmliche Gestalt annimmt, Bildung kleiner Papeln, Ausscheidung seröser oder eitriger Flüssigkeit, durch welche die Epidermis in Form von Bläschen oder Pusteln abgehoben, mitunter ganz hinweggeschwemmt wird, und die im Gehörgang nicht selten einen üblen Geruch annimmt, Nässen, Bildung von gelben Krusten und von Rhagaden, welch' letztere namentlich bei Berührung des Ohres heftigen Schmerz verursachen, und Abstossung von Epidermisschuppen, *subjectiv* Hitze, Brennen, Spannungsgefühl und Jucken.

---

*) Die **Verletzungen**, die **Missbildungen**, die syphilitischen **Erkrankungen** des äusseren Ohres, die **Neubildungen** an und die **Fremdkörper** in demselben werden in den später folgenden Capiteln „traumatische Läsionen, Missbildungen, Syphilis, Neubildungen des Gehörorgans und Fremdkörper im Ohre," die **Knochencaries und -necrose** des äusseren Gehörgangs sowie die **Cholesteatome** desselben gleichfalls später in den Capiteln „Caries und Necrose" und „Cholesteatom des Gehörorgans" besprochen werden.

**) Bei der Bezeichnung „*chronisches Eczem*" berücksichtigen die Dermatologen nicht sowohl die Dauer der Erkrankung, als vielmehr die anatomischen Veränderungen der Haut. Sie nennen „*chronisch*" diejenigen Formen des Eczems, bei denen Schuppenbildung und derbere Infiltration der Cutis besteht und bei denen der Symptomencomplex der acuten Entzündung (Schmerz, Röthung und Hitze) nicht vorhanden ist.

Aetiologie: Sehr häufig ohne nachweisbare Ursache zu Stande kommend, tritt das Eczem mitunter in Folge äusserer Schädlichkeiten auf, unter denen wir hier insbesondere Irritation der Haut durch sehr warme oder hydropathische Umschläge, durch antiseptische Verbände mit Carbol- oder Sublimatlösungen und Jodoform, durch reizende in den Gehörgang geführte Arzneistoffe wie Chloroform, Eau de Cologne, Campher, durch otorrhoisches Secret, durch scharfe Salben, Pflaster oder Pomaden, endlich durch das Ohrlöcherstechen hervorheben wollen.

Diagnose: Das *acute* Eczem kann wohl nur mit Erysipel verwechselt werden. Zur Unterscheidung dienen die Schmerzhaftigkeit, die schärfere Begrenzung, die festere teigige Schwellung der erkrankten Theile beim Erysipel und ferner das hierbei meist sehr hohe, mit einem Schüttelfrost einsetzende Fieber, welch' letzteres bei acutem Eczem viel seltener vorkommt. Ausserdem findet man bei Erysipel wohl grosse, nie aber kleine multiple Blasen, wie bei Eczem. Starkes Nässen spricht für das letztere.

Beim *chronischen* Eczem sind Verwechslungen mit Lupus, tertiären Syphiliden und Psoriasis denkbar. Zur Unterscheidung ist es nothwendig, die crustösen oder squamösen Auflagerungen zu entfernen. Alsdann wird man darunter beim Lupus die typischen weichen Knötchen finden, beim Eczem aber nässende Stellen, bei Lues die typischen scharf abgeschnittenen Geschwüre mit schmutzig belegtem Grunde. Bei den beiden letzteren Processen kommt es zur Bildung von Narben, die beim Eczem niemals vorkommen. Zur Unterscheidung von Psoriasis dient, dass man bei dieser nach Hinwegkratzen der Schuppen aus den einzelnen erweiterten Papillargefässen kleine minimale Blutstropfen austreten sieht, während beim Eczem nach Entfernung der Schuppen meist seröse Exsudation zu finden ist.

Verlauf und Prognose: Das *acute* Eczem dauert meist eine bis acht Wochen, kann sich aber auch auf längere Zeit ausdehnen. Sehr häufig geht es in das *chronische* über, welches insbesondere bei schwächlichen Individuen oder mit Menstruationsanomalieen behafteten weiblichen Kranken der Behandlung hartnäckig trotzt und *Jahre lang* dauern kann. Durch das häufig sehr quälende Jucken lassen sich die Kranken öfters verleiten, die Gehörgangswände mit festen Körpern (Ohrlöffeln und dergl.) zu scheuern. Hierdurch entstehen oft *intercurrirend* schmerzhafte *diffuse Entzündungen und Furunkel* des Gehörgangs. Bei genügender Ausdauer in der Behandlung tritt schliesslich auch beim chronischen Eczem fast immer *Heilung* ein. Freilich bleibt eine *Hypertrophie der Haut* mitunter bestehen, und kann hierdurch, abgesehen von Verunstaltung der Ohrmuschel, Stenose oder Atresie des Gehörgangs verursacht werden.

Therapie: Bei dem *acuten* Eczem ist die Berührung der Haut mit wässrigen Flüssigkeiten sehr häufig schädlich, indem dieselben die Schwellung vermehren*). Man vermeide also das Waschen und Ausspritzen des Ohres und beschränke sich beim acuten nässenden *Eczem der Muschel* auf Application eines *Streupulvers**), vor dessen Anwendung aber Watte in den Ohreingang gesteckt werden muss, da es sonst rasch zur Verstopfung des Gehörgangs kommt. Das Pulver wird entweder mit einem Wattebausch oder mit einer Streupulverbüchse auf-

---

*) Eine Ausnahme machen kalte Umschläge mit essigsaurer Thonerde (Liquor. Alumin. acetic. 0,5—1,0; Aq. destill. 100).

**) Rp. Bismuth. subnitric. 5,0—10,0 oder um den Geruch des Secrets zu verdecken
   Amyl. oryzae ad 100,0   Rp. Amyl. oryzae 90,0
   F. pulv. subtilissim.   Pulv. irid. flor. 10,0
   D. in scatula   D. in scatula
   S. Streupulver.   S. Streupulver.

gestreut. Werden durch die Streupulver allein sehr heftige brennende Schmerzen nicht gelindert, so bedecke man die entzündeten Theile mit in eiskaltem *Salicylöl**) getränkten Leinenlappen.

Ist das Nässen durch die Application von Streupulver sistirt, so finden Salben resp. Pasten Anwendung, bei dem acuten Eczem Bor-****), Wilson'sche***) oder Hebra'sche †) Salbe, bei dem chronischen ausser den eben genannten noch Wismuthsalbe ††) oder die Lassar'sche Paste †††).

Vor dem Auftragen der Salben und Pasten sind etwaige Krusten durch Auflegen von mit reinem *Olivenöl* oder 2 %igem *Thymolöl*") getränkten Leinenläppchen gründlich zu erweichen und, falls man ihre spontane Ablösung nicht abwarten will — letzteres ist jedenfalls besser —, nach 24 Stunden mit einem weichen Pinsel sehr leise und vorsichtig abzustreifen. Nach Entfernung der Krusten bepinselt man dann sämmtliche eczematösen Stellen der Muschel mit einer der genannten Salben und bedeckt sie mit passend geschnittenen, mit Salbe bestrichenen Lappen aus reiner weicher Leinwand oder hydrophiler Verbandgaze, die durch einen Wattebausch in die Vertiefungen der Muschel hineingedrückt und mit Mullbinden befestigt werden. Ist der *Gehörgang* eczematös, so führt man kleine mit Salbe imprägnirte Bourdonnets ein. Bei starkem Nässen oder Verschiebungen des Verbandes ist derselbe ebenso wie die Bourdonnets im Gehörgang in 24 Stunden 2 mal, sonst nur 1 mal zu wechseln. Die Lassar'sche Paste trocknet in ziemlich kurzer Zeit an und kann mit etwas Watte und einigen dünnen Touren von hydrophilem Mull zu einem Dauer-Trockenverband benützt werden. Bei Durchnässung oder lebhaftem Jucken soll man die angetrocknete Paste mit Oelläppchen erweichen, entfernen und neue auftragen. Will man den Watteverband vermeiden, so streue man auf die mit Paste bedeckte Haut Puder (s. S. 156 **).

Bei *Rhagadenbildung* Aetzung mit 1—2 %iger Argentumlösung.

Unter der Salbenbehandlung kehrt in manchen Fällen die Haut völlig zur Norm zurück; in anderen hört nur das Nässen auf, die erkrankte Fläche überhäutet sich, bleibt aber noch infiltrirt, geröthet und schuppend; in noch anderen, namentlich in sehr alten Fällen mit starker Infiltration bleibt die Salbenbehandlung ziemlich wirkungslos. In dieser letzten Categorie sehr hartnäckiger Eczeme lasse man die erkrankte Haut einmal täglich mit Spiritus saponato-kalinus und lauwarmem Wasser mit einem rauhen Lappen tüchtig abseifen, wobei gewöhnlich eine kleine Blutung eintritt, dann abtrocknen und sofort wieder mit Salbe verbinden.

---

*) Rp. Acid. salicylic. 1,0
    Ol. Olivar. ad 100,0
    M. D. S. Aeusserlich.

) Rp. Acid. boric. 5,0—10,0   *) Rp. Benzoes pulv. 3,75   †) Rp. Emplastr. lithargyri simpl.
    Vaselin. flav. ad 100,0   Adip.   180,0   Vaselin. flav.   āā 25,0
    M. F. unguent.   digere per hor. 24   len. ign. misc.
    D. S. Borvaselin.   cola et adde   c. Acid. carbol. 1,0
                          Zinc. oxydat. 30,0   M. D. S. carbolisirte Hebra-
                          M. f. unguent.   Salbe.
                          D. S. Wilson'sche Salbe.

††) Rp. Bismuth. subnitric. 10,0   †††) Rp. Acid. salicylic. 2,0
    Vaselin. flav. ad 100,0   Vaselin. flav. 50,0
    M. exactissime f. unguent.   Zinc. oxydat.
    D. S. Wismuthsalbe.   Amyl.   āā 24,0
                          M. len. terendo exactiss.
                          F. pasta.

") Rp. Thymol. 2,0
    Ol. Olivar. ad 100,0
    M. D. S. Aeusserlich.

Knapp empfiehlt bei chronischem Eczem des Ohres als besonders wirksam das folgende Verfahren:

Nachdem die Borken durch Aufweichen und Abwaschen mit warmem Wasser, welchem, wenn ausgedehnte Excoriationen vorhanden sind, eine geringe Menge Chlornatrium,chlorsaures Kali oder kohlensaures Natron zugesetzt werden soll, entfernt und die kranken Partieen sorgfältig und vorsichtig abgetrocknet sind, bestreiche man dieselben mit 2—3° „iger *Höllensteinsolution*, wobei, um die abfliessende Lösung aufzusaugen, ein nasser Schwamm unmittelbar unter die kranken Stellen angedrückt wird, trockne sie dann nochmals ab und bedecke sie mit hydrophiler Gaze, welch' letztere, so lange noch Secretion besteht, vorher mit reinem Cold-Cream oder 1%iger gelber Quecksilberoxydsalbe (Unguent. hydrarg. oxydat. flav.) bestrichen sein soll. Eine stärkere Höllensteinlösung braucht man selten, wohl aber häufig, nämlich wenn noch lebhafterer Entzündungsreiz besteht, ferner, um die Stärke der Reaction zu prüfen, im Beginn der Behandlung und gegen Ende derselben eine nur 1°„ige. Die Reinigung und Bepinselung mit Höllensteinlösung soll der Arzt selber vornehmen, anfangs jeden Morgen, später seltener. Ist noch reichliche Absonderung vorhanden, so soll Patient selbst am Abend das Ohr, wie oben beschrieben, reinigen und mit Salbe bestrichene hydrophile Gaze auflegen.

Ist das Eczem von vornherein *trocken und schuppend*, oder ist ein nässendes Eczem durch die angeführte Behandlung in dieses Stadium übergeführt, so applicire man 5—10% ige *Tanninvaselinsalbe* oder Unguent. hydrarg. praecipitat. alb..

In den hartnäckigsten Fällen von chronischem Eczema squamosum lasse man eine *Theersalbe**) oder *Theerlösung***) mit einem Borstenpinsel auftragen und dieses wiederholen, wenn sich der Theerschorf der letzteren abgestossen hat, anfangs also unter Umständen 1—2 mal täglich, später seltener. Da aber die Theerbehandlung in einem zu frühen Stadium, namentlich wenn die Haut noch sehr infiltrirt ist oder gar nässt, leicht acute Verschlimmerung hervorruft, so möge man zunächst an einer kleinen Stelle versuchen, ob der Theer schon vertragen wird. Später kann man allmählig zu reinem Theer (Ol. Rusci pur.) übergehen. Ist die Haut unter der Theerbehandlung blasser und geschmeidiger geworden, so wende man Einpinselungen von 2.5% igem Carbolvaselin, Unguent. hydrargyri praecipitat. album oder flavum an. Bei eczematöser Erkrankung des Ohrläppchens sind Ohrringe stets zu entfernen.

Selbstverständlich muss man *bei artificieller Entstehung* des Eczems die zu Grunde liegenden äusseren Reize beseitigen, und bei etwaigem Zusammenhang mit *innerer Erkrankung* (Anämie, Scrophulose, Rhachitis, chronische Verdauungsstörungen) geeignete innere Mittel, wie Eisen, Jodeisen, arsenikhaltige Brunnen, Leberthran und entsprechende Diät verordnen (vergl. diesbezüglich auch S. 143 bis 147). Innerliche Darreichung von *Arsenik****) versuche man nur in besonders hartnäckigen Fällen.

Bei dem *Eczema squamosum des äusseren Gehörgangs* erweist sich am wirksamsten die eventuell unter Leitung des Stirnspiegels vorzunehmende Bepinselung der Wände mit einem in 3—10% ige *Höllensteinlösung* getauchten Wattestäbchen, welche nach Abstossung des schwärzlichen Schorfs, also nach 1—2 Tagen, zu wiederholen ist. Ist hierdurch Heilung erzielt, so bestreiche man zur Verhütung von Recidiven und zur Beseitigung des etwa noch zurückgebliebenen Juckens die Cutis des knorpligen Gehörgangs durch längere Zeit etwa 2 mal die Woche mit

---

Rp. Ol. Rusci 5,0
    Vaselin. flav. 50,0
    Zinc. oxydat. alb.
    Amyl. aa 22,5
    M. f. unguent.
**) Rp. Liquor. Kal. arsenic.
    Aq. destillat.   aa 10,0
    M. D. S. 2 mal täglich 6—10—20 (!) Tropfen.

**) Rp. Ol. cadin. 1,0—10,0
    Ol. Olivar. ad 100,0
    M. D. S. Aeusserlich.

einer dünnen Schicht von Unguent. praecipitat. alb.. Besteht neben dem Eczem des Ohrs Eczem der Kopf- oder Gesichtshaut. so muss dieses gleichzeitig behandelt werden.

Ist ein Ohreczem im Anschluss an *Pediculosis capitis* aufgetreten, so muss diese zuvor beseitigt werden. und geschieht letzteres am besten, indem man den Kopf 3—4 mal täglich mittelst Flanelllappens mit Sublimatessig (Sublimat. 1.0, Acet. commun. 300.0) einreibt.

Herpes Zoster des äusseren Ohres

ist ziemlich selten. Er tritt entweder an der hinteren Fläche der Muschel, insbesondere am Ohrläppchen auf entsprechend dem Verlauf des N. auricularis magnus vom Plexus cervical., oder, wenn er zum N. auriculo-temporalis Trigemini in Beziehung steht, in der Gegend vor dem Tragus und an der vorderen Gehörgangswand. Vor der Eruption der gruppenförmig angeordneten, mit seröser Flüssigkeit gefüllten, kleinen Bläschen, welche von einem gerötheten Hof umgeben sind, bestehen mehrere Tage hindurch heftige Schmerzen im Kopf und in der Umgebung des Ohres, die mitunter bis zur Eintrocknung der Bläschen andauern und zuweilen von Fieber begleitet sind. Gewöhnlich tritt schon nach wenigen Tagen Heilung ein.

Therapie: Gegen die Schmerzen Morphium innerlich oder subcutan oder Einpinselung von Belladonnasalbe*). Um die Eintrocknung der Bläschen zu beschleunigen, Streupulver (Borsäure).

Die Seborrhoe des äusseren Ohres

ist sehr selten. Sie entsteht durch entzündliche Reizung und Hypersecretion der Talgdrüsen. Ohrmuschel und äusserer Gehörgang erscheinen entweder mit einer schmutzigen, anfangs weissen, später bräunlichen Fettschicht *(Seborrhoea oleosa)* oder mit weisslichen Schüppchen bedeckt *(Seborrh. sicca)*. Die leicht geröthete Haut macht einen fettig glänzenden Eindruck. Da Jucken und Nässen hierbei fehlt, ist eine Verwechslung mit Eczem leicht zu vermeiden.

Therapie: Zur Heilung führen Waschungen mit alcalischem *Seifenspiritus* resp. Einfettung der Haut mit *Schwefelsalbe**)*.

Pemphigus, Psoriasis, Ichthyosis congenita, Acne vulgaris, Herpes tonsurans

sind an der Ohrmuschel sehr selten.

Geschwüre am äusseren Ohr.

1) Oberflächliche **Erosionsgeschwüre**, wie sie am Ohreingang bei profuser, namentlich jauchiger Otorrhoe und bei nässenden Eczemen mitunter vorkommen, werden durch Bepinselung mit 5—10 %iger *Höllensteinlösung* und Einführung von in Höllensteinlösung getauchten Wattetampons zur Heilung gebracht.

2) **Diphtheritische Geschwüre** der Ohrmuschel und des Gehörgangs, welche mitunter selbstständig, häufiger bei gleichzeitiger Rachen- und Mittelohrdiphtheritis auftreten, zeigen einen schmutzig-*grauweissen, sehr festhaftenden Belag*, welcher sich durch Spritzen nicht entfernen lässt, und nach gewaltsamer Ablösung desselben mit der Sonde einen *blutenden*, schon bei leiser Berührung *äusserst empfindlichen Grund*. Dabei besteht gewöhnlich *blutig-eitriger oder dünner jauchiger Ausfluss* aus dem Gehörgang, welcher mitunter die Haut der Wange anätzt und auch hier diphtheritisch belegte Excoriationen

---

*) Rp. Extract. Belladon. 1,0
    Lanolin   9,0
    M. f. unguent.

**) Rp. Sulf. praecipit. 1,0
    Adip. suill.
    Vaselin. flav. ää ad 10,0
    M. f. unguent.
    D. S. Aeusserlich.

erzeugt, Schwellung der Umgebung des Ohres sowie der benachbarten Lymphdrüsen und heftiges Fieber. Oft kann man wegen starker Verschwellung des Gehörgangs die tieferen Theile nicht besichtigen. Die Ohrmuschel ist etwas, mitunter sogar stark geschwollen.

Bei gleichzeitiger Mittelohrdiphtheritis meist schmerzloser Verlauf und Anästhesie der Ohrgegend, bei primärer Diphtheritis des äusseren Ohres dagegen heftige Schmerzen. Die diphtheritischen Beläge, welche sich von den bei acuter scarlatinöser Mittelohreiterung mitunter vorkommenden und bis zum Ohreingang reichenden weissen Auflagerungen von macerirter Epidermis dadurch unterscheiden, dass sie sehr viel fester haften und sich nicht wie diese leicht in grösseren Platten ablösen lassen, stossen sich in manchen Fällen rasch ab, gewöhnlich indessen haften sie sehr lange. Auch kann nach erfolgter Abstossung an den erkrankten Stellen sowohl wie auch an anderen bisher noch intacten neue Ausschwitzung erfolgen und dadurch der Verlauf der diphtheritischen Entzündung sehr in die Länge gezogen werden.

Oberflächliche diphtheritische Geschwüre heilen *ohne*, tiefgreifende *mit Narbenbildung,* durch welch' letztere *Verengerung und Verwachsung des Gehörgangs* entstehen kann.

Therapeutisch verordne man zur Auflösung der Membranen 15 Minuten lang dauernde „Ohrbäder" von Aqua calcis (s. S. 124 u. 125), worauf das Ohr mit $3^0/_0$iger Borsäurelösung ausgespritzt und Borsäurepulver eingestäubt werden soll.

3) **Syphilitische Geschwüre** (vergl. hierüber später bei „Syphilis des Gehörorgans"). Dieselben können am Ohreingang sowohl wie auch am Uebergang des knorpligen in den knöchernen Gehörgang sitzen, zeigen ringförmige Gestalt. schmutzig grau-weissen oder -gelben Belag und stark aufgeworfene Ränder. Sie kommen bei gesundem Mittelohr, häufiger bei chronischer Mittelohreiterung vor. Der Nachweis starker Lymphdrüsenschwellung in der Umgebung des Ohres und anderweitiger Zeichen allgemeiner Syphilis sichern die Diagnose.

Therapeutisch empfiehlt sich neben der Allgemeinbehandlung (s. später bei Syphilis des Gehörorgans) die zwar schmerzhafte, aber auch wirksame energische Aetzung mit Arg. nitr. in Substanz.

4) Ueber die Ulcerationen bei **Caries und Necrose** s. später bei „Caries und Necrose des Gehörorgans".

5) Ueber die bei **Carcinom** entstandenen Geschwüre s. später bei „Neubildungen des Gehörorgans".

Das

Erysipel

zeigt hier dieselben Eigenthümlichkeiten wie an anderen Stellen des Körpers, glänzende, scharf abgesetzte Röthnung und Schwellung der Haut, die sich gewöhnlich auf Wange und Schläfe fortsetzt, meist mit heftigen Schmerzen verbunden ist, und gewöhnlich hohes Fieber. Mitunter kommt es zur Bildung ausgebreiteter Blasen, welche die Grösse eines Markstückes erreichen können *(Erysipelas bullosum)*, und gewöhnlich mit serösem, selten mit eitrigem Exsudat gefüllt sind. Zuweilen entwickeln sich subcutane, meist an der hinteren Muschelfläche sitzende Abscesse, welche man, um eine weitgehende Unterminirung der Haut zu verhüten, frühzeitig incidiren muss.

Therapie: Bestreichen der erysipelatösen Stellen mit Oel und Bedecken mit Watte lindern Spannungsgefühl und Schmerz. Sodann werden Umschläge mit $^1/_2$ $1^0/_{00}$iger Sublimatlösung oder stündliche Bepinslungen der erkrankten Hautstellen und ihrer Nachbarschaft in einer Ausdehnung von 5 cm von der Grenze der Röthung an gerechnet mit Carbol-Terpentinölmischung (Acid. carbol. 2,0: Ol. Terebinth. 30,0) empfohlen, wobei man sich natürlich hüten muss, dass etwas von der Flüssigkeit in's Auge gelangt. Auf von der Epidermis entblösste Hautstellen pinsle man das Carbolterpentinöl der sonst eintretenden Schmerzen wegen nicht ein. Bei sehr starker Spannung der Haut mache man kleine Incisionen in dieselbe, um Auch Einpinslungen von Ichthyol resp. Ichthyol und Vaselin. flav. ää oder $10^0/_0$igem Resorcinvaselin sowie häufig zu erneuernde Umschläge mit $10^0/_0$iger Resorcinlösung sind empfehlenswerth. Ist Gangrän eingetreten, so verbinde man die gangränösen Stellen mit 1—2 %iger Lösung von essigsaurer Thonerde. Ausserdem mag eine Eisblase applicirt und das Fieber, wenn nöthig, durch Antipyretica bekämpft werden.

Lupus der Ohrmuschel.

Der Lupus zeigt an der Ohrmuschel dieselben Eigenthümlichkeiten wie an anderen Stellen des Körpers. Wir unterscheiden auch hier einen *Lupus maculosus*, bei welchem sich rothe Flecke an der Haut finden, unter den oberflächlichen Schichten der letzteren aber, im Corium, bereits die typischen lupösen Infiltrate zu fühlen sind. Später wachsen die sich weich anfühlenden kleinen bräunlichen Knötchen und fliessen zusammen: es entwickelt sich das Bild des *Lupus hypertrophicus s. tumidus*. Schliesslich kommt es zur Ulceration der Knötchen *(Lupus exulcerans)* und nach Abstossung des necrotischen Gewebes zur Narbenbildung und zur Schilferung *(Lupus exfoliativus)*. Auch der *Lupus erythematodes* kommt am Ohre vor. Selten beginnt der Lupus primär an der Ohrmuschel. Meist greift er erst von benachbarten Theilen auf diese über. Besonders gern sitzt er am Ohrläppchen, welches dann häufig eine ausserordentlich starke Schwellung zeigt.

Therapie: Bei Vorhandensein von nur wenig Knötchen empfiehlt sich die Anwendung des scharfen Löffels, des Paquelins resp. des Galvanocauters oder des Lapisstifts. Bei ausgedehnteren Infiltrationen ist der Gebrauch von concentrirter Milchsäure vorzuziehen. Man tauche eine mit Watte umwickelte Kornzange in die Lösung und verreibe letztere hiermit auf den erkrankten Stellen. Nimmt der Lupus nur kleinere Flächen ein, so empfiehlt sich als radicalstes Mittel die Excision der erkrankten Hautpartieen und nachfolgender Ersatz durch Transplantation gesunder Haut.

Phlegmone der Ohrmuschel.

Dieselbe entsteht durch Insectenstiche, nach dem Ohrlöcherstechen oder nach anderen Verletzungen und kann diffus oder circumscript auftreten. In ersterem Fall befällt sie die ganze Muschel und breitet sich mitunter noch auf die Nachbarschaft aus, in letzterem betrifft sie nur einzelne Theile z. B. Tragus oder Lobulus. Durch starke Röthung und Schwellung der Haut und des subcutanen Gewebes erhält die Muschel bei der diffusen Phlegmone ein unförmliches Aussehen. Dabei bestehen heftiger Schmerz, Druckempfindlichkeit und nicht selten Fieber. *Ausgang* in Rückbildung oder Abscedirung, mitunter in Gangrän der Haut und des Knorpels.

Therapie: Im Beginn kalte Ueberschläge oder Eisbeutel (s. S. 128). Bei Eiterbildung frühzeitige ausgiebige Incision und hydropathische Umschläge.

Erfrierung der Ohrmuschel.

Dieselbe kann sich über die ganze Muschel ausbreiten oder auf den äusseren Rand derselben beschränken. Bei den *Erfrierungen ersten Grades*, der *Congelatio erythematosa*, finden wir an der Haut der Muschel geschwollene, blaurothe, gegen die Umgebung sich nicht scharf abgrenzende Flecke, welche stark brennen und jucken, mitunter sogar sehr schmerzhaft sind.

Bei den nur nach langem Aufenthalt in grosser Kälte vorkommenden schweren Erfrierungen entstehen zunächst auf der gerötheten Haut mit seröser oder blutiger Flüssigkeit gefüllte Blasen *(2. Grad der Erfrierung, Congel. bullosa)*. Später kann der Inhalt der Blasen eitrig werden. Mitunter kommt es zu einer vollständigen Necrotisirung und Abstossung kleinerer oder grösserer Theile der Ohrmuschel *(3. Grad, Congel. escharotica)*.

Bei *chronischer* Kälteeinwirkung tritt eine derbe Infiltration ein, sodass die erfrorenen Stellen als flache blaurothe Knoten erscheinen *(Perniones, Frostbeulen)*, in deren Mitte nicht selten schmerzhafte torpide Ulcerationen auftreten. Bei disponirten, namentlich jungen und anämischen, Individuen, insbesondere Mädchen, können stark juckende oder brennende Frostbeulen bereits bei Temperaturen, die noch oberhalb des Nullpunkts liegen, entstehen und sich regelmässig beim Eintritt der kälteren Jahreszeit wieder einstellen.

Therapie: Bei *acuter Erfrierung leichteren Grades* Ueberschläge mit Aqua Goulardi: bei schwererer zuerst Abreibungen mit Schnee oder Application des Eisbeutels, dann Bismuth-, Bor- oder Jodoformsalbenverbände.

Bei *Erfrierungen 2. Grades* frühzeitige Eröffnung der Blasen und energische Aetzungen mit 10%iger Höllensteinlösung, welch' letztere nach Abstossung des Schorfs so lange wiederholt werden müssen, bis sich gesunde Granulationen entwickeln.

Bei *Erfrierungen 3. Grades* soll man, bevor die Entfernung der abgestorbenen Theile mit dem Messer vorgenommen wird, die vollständige Demarcation abwarten.

Bei *Frostbeulen* kann man 2—3 mal täglich Waschungen der Ohren mit möglichst heissem Wasser, ferner 2 mal täglich Einpinslung mit Jodtinctur, Collodium, Ol. terebinthinae, Traumaticin. alb. oder Jodolcollodium (1 : 20) verordnen. Excoriirte Hautstellen sind mit Borvaselin zu bepinseln, Rhagaden mit Höllenstein zu ätzen.

Auch Verband mit Unguent. Hebrae ist bei *sämmtlichen* Formen von Erfrierung sehr empfehlenswerth.

Prophylactisch verordne man häufige Waschungen mit Alcohol absolut, und sorge für zureichenden Schutz gegen Kälteeinwirkung.

Ohrblutgeschwulst (Othämatom).

Das Othämatom besteht in einem Bluterguss zwischen dem Knorpel der Ohrmuschel und dem Perichondrium oder zwischen den Knorpellagen selbst und ist eine im Ganzen seltene Krankheit. Besonders selten ist es bei Kindern; doch ist es einmal schon bei einem $1\frac{1}{4}$ Jahre alten Kinde beobachtet worden.

Aetiologie: Wir unterscheiden ein *traumatisches* und ein *spontanes* Othämatom. Ersteres entsteht durch mechanische Insulte, welche die Ohrmuschel treffen und durchaus nicht sehr intensiv zu sein brauchen, Fall auf's Ohr, Ohrfeigen, Faustschläge, Zerren an der Muschel etc., letzteres dagegen ohne nachweisbare Gelegenheitsursache.

Es scheint, dass eine mit Gefässerweiterung und -neubildung verbundene Degeneration des Ohrmuschelknorpels (Erweichung des Knorpelgewebes und Bildung von mit Flüssigkeit gefüllten Höhlen und Spalten in demselben), welche durch Ernährungsstörungen oder frühere Verletzungen der Ohrmuschel hervorgerufen ist und den Knorpel sowohl wie die Gefässe des Perichondriums zu leichterer Zerreissung besonders geeignet macht, das Zustandekommen eines Othämatoms begünstigt.

Unstreitig findet sich dasselbe öfter bei Geisteskranken als bei Gesunden. Ob erstere aber eine besondere Disposition zur Othämatombildung haben oder ob sie nur häufiger als Gesunde traumatischen Einwirkungen auf die Ohrmuschel ausgesetzt sind, ist immer noch strittig.

Objective Symptome: An der vorderen (lateralen) Fläche der Ohrmuschel meist in deren oberem Theil (s. Taf. VIII Fig. 5) findet sich eine bläuliche oder bläulichrothe, gewöhnlich convex gewölbte, glatte, mitunter aber auch unebene Geschwulst, welche nur äusserst selten auf die hintere (mediale) Fläche übergreift und sich bei der Palpation entweder teigig anfühlt oder auch deutlich fluctuirt. Ihre Grösse ist verschieden. Bisweilen nimmt sie die ganze laterale Fläche der Muschel mit Ausnahme des Ohrläppchens ein. Der Inhalt besteht in frischen Fällen aus reinem Blut, in älteren aus blutig-seröser Flüssigkeit oder coagulirtem Faserstoff.

Subjective Symptome: fehlen häufig ganz. Mitunter besteht ein Gefühl von Spannung und Hitze, zuweilen, namentlich bei der traumatischen Form, auch heftiger Schmerz.

Diagnose: Das Othämatom entsteht meist *sehr rasch*. Innerhalb weniger Stunden kann es Wallnussgrösse erreichen. Eine Verwechslung mit *Perichondritis* der Muschel, mit *Angiom* oder einem *Neoplasma* ist hierdurch ausgeschlossen.

Prognose: Vereiterung. Verjauchung und spontaner Aufbruch ist sehr selten. In der Regel wird der Bluterguss *resorbirt*, wonach sich das abgehobene Perichondrium dem Knorpel wieder anlegt. Aber auch bei dieser günstigen Form des Verlaufs bleibt nicht selten durch Verdickung, Atrophie und Schrumpfung des Knorpels und der Cutis eine *Deformität*, Verkrüppelung, Verdickung oder Verkrümmung der Ohrmuschel zurück.

Therapie: Wenn Schmerzen bestehen, applicire man, nach Verstopfung des Ohreingangs mit Salicylwatte, *Bleiwasserüberschläge*, besser noch einen *Eisbeutel* (s. S. 128). Wird hierdurch in einigen Tagen ein Nachlass der Schmerzen nicht herbeigeführt, so entleere man den Inhalt der Geschwulst unter antiseptischen Cautelen mit der Pravaz'schen Spritze oder bei sehr ausgedehntem Othämatom mittelst Incision. Nach der *Entleerung* versuche man durch *Druckverband* mit Jodoformgaze und Salicylwatte einer Wiederansammlung des Ergusses, welche einen erneuten Eingriff erfordern würde, entgegen zu wirken. Bei älteren Othämatomen ist nach HARTMANN schon wegen der erforderlichen Entfernung der Gerinnsel die Spaltung nothwendig.

Gegenüber dieser operativen Behandlung, welche von manchen Autoren auch bei den nicht schmerzhaften Fällen angewandt wird, empfehlen andere bei letzteren ein mehr exspectatives Verhalten zu beobachten und höchstens zur Beförderung der Resorption in der dritten oder vierten Woche 1—4 mal täglich je 15 Minuten lang die Geschwulst, welche zur Schonung ihres Hautüberzuges vorher mit Glycerinsalbe reichlich bestrichen werden soll, in vorsichtiger Weise *massiren* und in der Zwischenzeit einen Druckverband (ein Wattebausch auf der lateralen, ein anderer auf der medialen Fläche des kranken Ohres durch stramme, um Stirn und Hinterkopf gelegte Bindentouren sorgfältig befestigt) tragen zu lassen. Sobald Schmerzen auftreten, ist die Massage zu sistiren.

Knorpelhautentzündung der Ohrmuschel (Perichondritis auriculae).

Diese Krankheit ist selten. Sie entwickelt sich allmählich und unter Entzündungserscheinungen, *spontan* oder nach einem *Trauma*, nimmt in der Regel vom Perichondrium des knorpligen Gehörgangs ihren Ausgang, sodass im Beginn Verwechslung mit einem Gehörgangsfurunkel möglich ist, und breitet sich dann über die Ohrmuschel aus, meist aber nur über die vordere (laterale) Fläche derselben. Im Beginn zeigt der den Knorpel bedeckende Hautüberzug unverändertes Aussehen. Auf der Höhe der Entzündung finden wir eine rothe oder rothblaue, unebene, sich heiss anfühlende, fluctuirende, schmerzhafte Geschwulst, welche die ganze laterale Fläche der Muschel einnehmen kann, gegen das Ohrläppchen aber scharf abgesetzt erscheint.

Sie kann über Taubeneigrösse erreichen und den Ohreingang vollständig verschliessen. Vom *Othämatom* unterscheidet sie sich durch ihre langsamere Entwicklung. Die *Dauer der Entzündung* ist in der Regel ziemlich lang und schwankt zwischen einigen Wochen und Monaten.

Im Beginn der Erkrankung empfehlen sich *therapeutisch* die Application eines *Eisbeutels* und ferner, um durch *Compression* das Exsudat zur Resorption zu bringen, Bepinselungen der Muschel mit *Collodium oder Traumaticin*. Ist aber bereits Fluctuation zu fühlen, so entleere man die angesammelte Flüssigkeit, welche meist eine synovialähnliche viscide, mitunter aber auch eitrige Beschaffenheit zeigt, sofort durch *ausgiebige Spaltung* der bedeckenden Weichtheile. Es zeigt sich dann bei der Sondenuntersuchung das Perichondrium vom Knorpel abgelöst, der Knorpel uneben, rauh, die Weichtheile stark geschwollen und hart. Um der sich neu bildenden Flüssigkeit freien Abfluss zu verschaffen, müssen nach der Spaltung der Geschwulst Drainröhren oder Jodoformgazetampons eingeführt werden. Bilden sich Granulationen, so entferne man sie mit dem scharfen Löffel. Bestehen bereits Hautfisteln, so müssen dieselben gespalten werden. Mitunter ist es zur *Heilung*, welche übrigens sowohl ohne Formveränderung der Muschel, wie auch mit bleibender Deformität derselben (Verdickung, narbige Schrumpfung, Atrophie, sehr selten Verknöcherung) erfolgen kann, nothwendig, ein necrotisches Knorpelstück zu excidiren.

Erworbene Verengerungen und Verwachsungen des äusseren Gehörgangs.

1) Exostosen und Hyperostosen.

Es sind dieses Knochenneubildungen, welche den Wänden des Gehörgangs aufsitzen und sein Lumen mehr weniger verengern. Die circumscripten Wucherungen heissen „*Exostosen*", die diffusen, eine mehr gleichmässige Verdickung der normalen Knochenwände, besonders häufig der hinteren und oberen Wand darstellenden und zuweilen die ganze Länge des Canals einnehmenden „*Hyperostosen*". Sie können sowohl aus *compacter* wie aus *spongiöser* Knochensubstanz bestehen.

Aetiologie: Während die Bildung der in Rede stehenden Knochenwucherungen in manchen Fällen auf primäre oder im Verlauf von Mittelohreiterungen auftretende chronische Entzündungen der Gehörgangswände insbesondere auf eine Periostitis des Meat. audit. ext. zurückgeführt werden kann — die Hyperostosen der hinteren oberen Wand entstehen häufig nach Ablauf cariöser Processe und Ausstossung von Sequestern des Warzentheils durch eine Lücke der Gehörgangswand — ist in anderen eine Entstehungsursache nicht aufzufinden. Einige Autoren beobachteten ein hereditäres Vorkommen. Bei Kindern sind Exostosen nur äusserst selten beobachtet worden.

Objective Symptome: Die Exostosen erscheinen, wofern sie nicht von entzündeter Haut bedeckt oder von Cerumen umhüllt und durch letzteres der Wahrnehmung überhaupt entzogen sind, bei der *Ohrenspiegeluntersuchung* als weisse oder gelbliche, runde oder ovale, planconvexe Geschwülste mit gewöhnlich glatter, seltener unebener Oberfläche. Sie entspringen von den Wänden des Gehörgangs, am häufigsten von der hinteren oberen Wand seines knöchernen Theils.

In den meisten Fällen breithasig aufsitzend zeigen sie in anderen einen Stiel, wobei eine Pilzform resultiren kann. Sehr mannigfach ist ihre Ausdehnung. Einige sind kaum grösser als ein Stecknadelkopf, andere ausreichend, um fast den ganzen Gehörgang zu füllen. Mitunter sitzen sie in der Tiefe des Canals in der Nähe des Trommelfells, in anderen Fällen reichen sie nach Aussen bis zum Ohreingang. Ihr Hautüberzug ist oft so verdünnt, dass die Knochenfarbe durchscheint, zuweilen zeigt er einzelne über die Geschwulst hinziehende erweiterte Gefässe. Ist er entzündet, so erscheinen die Exostosen nicht mehr gelb oder weiss und trocken, sondern roth, mitunter nässend, zuweilen mit Granulationen bedeckt. Nicht selten findet man in ein und demselben Gehörgang *mehrere* Exostosen (Taf. VIII Fig. 7), die sich auch von zwei gegenüberliegenden Wänden entgegengewachsen können.

Subjective Symptome: In vielen Fällen verursachen die Exostosen und Hyperostosen gar keine Beschwerden. Verschliessen sie den Gehörgang vollkommen, so erzeugen sie Schwerhörigkeit, subj. Gehörsempfindungen und ein Gefühl von Fülle und Druck im Ohr, mitunter auch Schwindel. Die genannten Symptome können zeitweilig auch in solchen Fällen auftreten, wo die Exostosen den Canal zwar nicht vollständig ausfüllen, wo aber das noch restirende schlitzförmige Lumen so klein ist, dass es bei entzündlicher Schwellung des Hautüberzuges oder auch durch Ansammlung von Cerumen und abgestossenen Epithelien leicht verlegt wird, und ebenso wo hinter den Exostosen angesammelte Cerumen- oder Epidermismassen das Trommelfell nach innen drängen. Schmerzen pflegen bei uncomplicirten Exostosen nur dann aufzutreten, wenn die bis zur Berührung genäherten Wände des Gehörgangs einen Druck auf einander ausüben, wodurch Entzündung und Eiterung entstehen kann, sehr selten auch bei kleineren Geschwülsten durch Auslösung einer Trigeminusneuralgie.

Eine von Moos beobachtete Patientin, welche im rechten Meat. audit. ext. 3 erbsengrosse Exostosen hatte, litt seit einem Jahre an heftigen atypisch auftretenden Schmerzanfällen in der rechten Gesichtshälfte, welche mitunter 6—8 Stunden anhielten. Sie betrafen hauptsächlich das Gebiet des zweiten und dritten Trigeminusastes. Der rechte Oberkiefer war beim Kauen so schmerzhaft, dass Patientin nur auf der linken Seite kauen konnte. Beim Sondiren der Exostosen zeigte sich, dass eine derselben den Ausgangspunkt der Schmerzanfälle bildete, und in der That verschwanden die letzteren nach der Entfernung der betreffenden Exostose mit Meissel und Hammer sofort und für die Dauer.

Diagnose: Verwechslung der Exostosen mit anderen Erkrankungen des Gehörgangs ist vorzugsweise in denjenigen Fällen möglich, wo der sie bedeckende Hautüberzug sich entzündet hat. Denn dann kann ihr Aussehen dem der *Furunkel* oder *Polypen* ähnlich werden. Aufschluss verschafft die unter Leitung des Stirnspiegels (s. auch S. 115 u. 116) vorzunehmende Sondenuntersuchung, bei welcher nur die Exostose knochenharte Resistenz, die Furunkel und Polypen dagegen mehr minder weiche Beschaffenheit zeigen. Dass bei Verschwellung des Gehörgangs durch Eczem, Furunkelbildung oder Otit. ext. diff., sowie bei Verstopfung mit Cerumen in der Tiefe sitzende Exostosen der Wahrnehmung entzogen sein können, ist selbstverständlich.

Verlauf: Manche Exostosen bleiben *stationär*, andere *wachsen*, meist indessen sehr langsam. Eine *Verkleinerung* beobachtet man höchstens an den im Verlauf chronischer Mittelohreiterung auftretenden als Osteophyten aufzufassenden Bildungen nach Sistiren der Eiterung.

Prognose: Dieselbe ist im Wesentlichen von der Grösse *der Exostosen* und der Weite des Gehörgangs abhängig. Ist letzterer von Natur bereits sehr eng, so können selbst kleinere Exostosen, wenn sich hinter ihnen ein *Eiterungsprocess* etablirt, *ernste Gefahren für das Leben* der Patienten herbeiführen: durch die unnachgiebige Knochengeschwulst nämlich, welche das freie Lumen des Gehörgangs in einen schmalen Spalt verwandelt, wird der hinter ihr abgesonderte Eiter frei abzufliessen gehindert, und kann in Folge der Zurückhaltung und Stauung desselben Caries der Gehörknöchelchen, der knöchernen Wände sowohl des Gehörgangs wie des Mittelohrs, Fortpflanzung der Entzündung auf die Schädelhöhle und tödtlicher Ausgang durch Meningitis, Hirnabscess, Sinusthrombose, Pyämie oder Septicämie eintreten.

Die genannten traurigen Folgezustände können bei dem Vorhandensein von Exostosen nicht nur durch Mittelohreiterung, sondern auch durch Otit. ext. diff. hervorgerufen werden, da bei letzterer der hinter der Knochenneubildung zurückgehaltene Eiter leicht eine Perforation des Trommelfells und so die Entstehung eitriger Mittelohrentzündung herbeiführen kann. Bei geringer Grösse der Knochengeschwulst und weitem Gehörgang ist die geschilderte Gefahr eine weniger grosse. Indessen darf nicht vergessen werden, dass insbesondere unter dem Einfluss von Otorrhoe die knöchernen Tumoren namentlich bei jugendlichen Individuen mitunter auch rasch wachsen können.

Das *Gehör* wird bei uncomplicirten Exostosen nur dann beeinträchtigt, wenn sie das Lumen des Gehörgangs hermetisch verschliessen, oder bei nicht obturirenden, wenn der noch übrig bleibende Spalt durch angesammeltes Cerumen, abgestossenes Epithel oder Schwellung der Wände zeitweilig verlegt wird. Letzteres findet in manchen Fällen sehr häufig statt, und kann dem Patienten grosse Belästigung verursachen.

Therapie: Exostosen, hinter denen eine Eiterung besteht, erfordern, wenn sie gross genug sind, um dem freien Abfluss des Eiters ein Hinderniss zu bereiten, rasche *operative Entfernung.* Wenn auch in manchen Fällen die verderblichen, oft genug tödtlichen Folgen der Eiterretention in der Tiefe des Ohres lange Zeit ausbleiben, so treten sie auf der anderen Seite nicht selten schnell und ganz plötzlich auf, so dass eine zu lange aufgeschobene Operation unter Umständen zu spät kommen kann.

Die Entfernung der Exostosen geschehe in der Chloroformnarcose mittelst Meissel und Hammer nach sorgfältiger Reinigung des Operationsfeldes und bei guter Beleuchtung mit dem Stirnspiegel. Zweckmässig ist es, den knorpligen Theil des Gehörgangs durch geeignete Haken z. B. Lidhalter (Taf. XVIII Fig. 20) möglichst weit auseinander ziehen zu lassen. Um Nebenverletzungen zu vermeiden, erscheint es mir am rathsamsten, die Exostosen nicht stückweise, sondern in toto zu entfernen. Zu diesem Behufe meissele man an ihrer Basis vorsichtig eine Rinne in den Knochen, welche allmählich mehr und mehr vertieft wird, bis es schliesslich, wenn die Exostose mit der knöchernen Wand des Gehörgangs nur noch durch eine schmale Knochenspange zusammenhängt, durch eine hebelnde Bewegung des Meissels gelingt, sie abzubrechen, worauf sie — nach Zerreissung des dünnen Hautüberzuges oder Trennung desselben mit einem geknöpften Messer — mit der Pincette in toto aus dem Gehörgang entfernt werden kann. Ist sie zu gross, um sich ohne Gefährdung der gegenüberliegenden Gehörgangswand von ihrer Basis absprengen zu lassen, so muss man zuerst einen Theil der Kuppe wegmeisseln.

Für das beschriebene Operationsverfahren, welches bei den harten aus compacter Knochensubstanz bestehenden Exostosen gut, bei sehr morschen leicht einbrechenden spongiösen dagegen weniger gut gelingt, haben sich mir ganz schmale kaum 2 mm breite flache Meissel (Taf. XVIII Fig. 10) als besonders geeignet erwiesen. Indessen mag man auch grosse, wenig gewölbte Hohlmeissel (Taf. XVIII Fig. 7) zweckmässig dazu benützen können, insbesondere wenn sie dieselbe Krümmung besitzen, wie die der Exostose als Basis dienende Gehörgangswand. In der Tiefe eignen sich noch besser wie die genannten Meissel die auf Taf. XVIII in Fig. 11 abgebildeten Winkelmeissel, da sie einen besseren Einblick in den Gehörgang gestatten.

Nach Schwartze soll man sich die Operation sehr tief sitzender, an der hinteren Wand befindlicher Exostosen dadurch erleichtern können, dass man vorher Ohrmuschel und knorpligen Gehörgang von hinten ablöst und nach vorn umklappt (s. später bei der Therapie der Fremdkörper im Ohre). Die hierbei unvermeidliche Blutung muss, bevor man zu meisseln beginnt, vollkommen sistirt sein, da auch eine geringe Blutmenge genügt, um das kleine Operationsfeld in störender Weise zu verdunkeln.

Nach Entfernung der Exostosen wird die Ohrmuschel genau wieder angenäht, und erfolgt bei der nothwendigen Beobachtung antiseptischer Cautelen Heilung per primam.

Nach Rohrer und Kretschmann dürfte es bei tiefsitzenden breitbasigen Exostosen, die nicht mit wenigen Meisselschlägen abzutragen sind, zweckmässiger sein, den knorpligen Gehörgang nicht zu durchtrennen, sondern Periost und Haut im Verlauf des ganzen Gehörgangs bis über die Exostose hinaus abzuhebeln, nach vorn zu klappen und letztere subperiostal zu entfernen. Man vermeidet hierdurch die störende Blutung im Gehörgang, vielleicht auch eine Entzündung desselben und erzielt wahrscheinlich schnellere Heilung.

Ist die Härte der Knochenneubildung so gross, dass sie dem Meissel hartnäckig widersteht, so kann man die behufs Entfernung derselben herzustellende Rinne etwas jenseits ihrer Basis in den weicheren Mutterboden verlegen und sich durch Mitnehmen einer dünnen Schicht der darunter befindlichen knöchernen Gehörgangswand die Operation erleichtern. Ist es möglich, die Exostosen subperiostal zu entfernen, so ist dieses wohl stets von Vortheil, da der vor dem Meisseln abgelöste mit der übrigen Cutis in Zusammenhang bleibende Haut- und Periostüberzug gut ernährt wird und sich mit dem entblössten Knochen vereinigen kann.

Nach Beendigung der Operation und sorgfältiger Reinigung des Gehörgangs werden dann die abgelösten Haut- und Periostlappen mit der Sonde angedrückt, etwas Jodoformpulver aufgestreut und ein entsprechend weites mit Jodoformgaze umwickeltes Drainrohr in den Gehörgang eingelegt. Darüber ein antiseptischer Verband, der, wenn keine Eiterung vorher bestand, bei strenger Ueberwachung des Patienten 4—5 Tage liegen bleiben kann, dagegen, wenn Eiterung schon vorhanden war oder nach der Operation eintritt, früher und öfter erneuert werden muss. Die zur Nachbehandlung erforderliche Zeit schwankt zwischen einigen Tagen und Wochen.

Bei Exostosen, hinter denen eine Eiterung nicht besteht, kommt ein operatives Einschreiten nur dann in Frage, wenn sie gross genug sind, um durch mechanische Verlegung des Gehörgangs auf der betreffenden Seite dauernd erhebliche Schwerhörigkeit zu bewirken, und wenn das andere Ohr gleichfalls unheilbar taub oder hochgradig schwerhörig ist. In letzterem Fall werden auch solche Exostosen, welche noch nicht vollständig obturiren, bei denen aber durch Verstopfung des restirenden Gehörgangslumens mit Cerumen und dergl. in kurzen Zwischenräumen bereits Schwerhörigkeit oder Taubheit sich einstellt, bei dem Kranken den Wunsch nach operativer Beseitigung, welche in der vorher beschriebenen Weise natürlich gleichfalls nach sorgfältigster, womöglich Tage lang vorgenommener Reinigung und Desinfection des äusseren Gehörgangs auszuführen ist, hervorrufen.

In den übrigen Fällen genügt es, wenn wir die mit Gehörgangsexostosen behafteten Patienten zunächst darauf aufmerksam machen, dass sie ein Leiden haben, welches, wenn eine Eiterung hinzutritt, ernste Gefahren für das Leben herbeiführen kann, und dass sie daher sorgfältig vermeiden müssen, durch unzweckmässige Reinigung des Ohres mit Ohrlöffeln, Ohrschwämmen und dergl., durch häufiges Ausspritzen, durch Scheuern der Wände mit Haarnadeln und anderen festen Körpern bei Juckreiz eine Entzündung oder Verletzung des Gehörgangs sich zuzuziehen.

Bei der geringsten Beschwerde im Ohre sollen sie sofort bei einem Ohrenarzt sachverständigen Rath und Hülfe nachsuchen und womöglich auch von Zeit zu Zeit controliren lassen, ob und wie rasch sich die Knochenneubildung vergrössert.

Bei schnellem Wachsthum der Exostosen kann man, wenn eine Eiterung hinter denselben nicht vorhanden ist, versuchen, sie durch periodisch wiederholte Application des *Heurtloup'schen Blutegels* am Warzenfortsatz (s. S. 128) oder innerliche Darreichung von *Kal. jodat.* allmählich zu verkleinern.

Ist durch Ansammlung von Cerumen oder abgestossener Epidermis hinter der Exostose oder in dem Spalt zwischen ihr und der gegenüberliegenden Wand der Symptomencomplex einer Obturation des Gehörgangs (Schwerhörigkeit, Ohrensausen etc.) entstanden, so entferne man die genannten Massen durch Ausspritzen mit 2 %iger lauwarmer Borsäurelösung event. nach vorheriger, im Ganzen etwa 3 mal vorgenommener, jedes Mal 5 Minuten lang fortgesetzter Erweichung mit lauwarmer 1 %iger Sodalösung (Natr. carbon. 1,0, Aqu. dest., Glycerin, pur. ää 49,5). Das durch die Exostosen etwas behinderte Eindringen dieser Flüssigkeit in die aufzuweichenden Massen kann Patient selber dadurch erleichtern, dass er, während das Ohr mit der Sodalösung gefüllt ist, mit dem Finger öfters auf den Tragus drückt, wodurch die Flüssigkeit in die Tiefe gepresst wird. Zum Ausspritzen muss man sich bei starker Verengerung des Gehörgangs durch die Exostosenbildung einer Spritze bedienen.

deren Spitze in den noch restirenden Spalt, wenn irgend möglich, eingeführt werden kann. Zu diesem Behufe habe ich conisch sich zuspitzende Gummidrains (Taf. XVII Fig. 3a), welche über das Ende der Spitze hinübergezogen werden, als zweckmässig erprobt.

Bei entzündlicher Lockerung und Schwellung des Hautüberzuges der Exostosen empfiehlt sich Bepinselung desselben mit *Höllensteinlösung*.

Bei nachweislich *syphilitischer Grundlage* wird man, wenn eine Lebensgefahr durch Eiterretention nicht vorliegt, versuchen können, durch eine antisyphilitische Behandlung Verkleinerung der Exostosen herbeizuführen.

2) Anderweitige erworbene Verengerungen (Stricturen) bez. erworbener Verschluss (Atresie) des äusseren Gehörgangs.

Ausser durch Exostosen und Hyperostosen kann dauernde **Verengerung** des Canals *durch starke Verdickung seiner Hautauskleidung* bedingt werden, wie sie mitunter im Verlauf sehr hartnäckiger Eczeme des Gehörgangs oder der Otit. ext. diff. sich entwickelt, ferner *durch Narbencontractur* nach Ulcerationsprocessen, welche in Folge von Syphilis, Diphtheritis, traumatischen Läsionen der Gehörgangswände, Anätzung durch concentrirte Säuren, reinen Bleiessig etc., Verbrennung (z. B. durch geschmolzenes Metall oder Galvanocaustik) entstanden sind. Endlich findet man bei alten Personen nicht selten eine schlitzförmige Verengerung der äusseren Ohröffnung *durch Atrophie des Knorpels und Collaps der Gehörgangswände.*

Bei den vorher genannten Entzündungen kann auch vollkommene **Verwachsung** des Gehörgangs zu Stande kommen, wenn die von Epidermis entblössten Wände desselben oder von diesen ausgehende gleichfalls ihres Epithelüberzugs beraubte Granulationen oder Polypen sich unmittelbar berühren. Das Granulationsgewebe verwandelt sich in diesen Fällen später in fibröse oder Knochensubstanz.

Objective Symptome: Die **Verengerung** wie die **Verwachsung** des Gehörgangs kann sich über die ganze Länge des Canals oder wenigstens einen grossen Theil derselben erstrecken oder auf eine kleine Stelle beschränken.

Im letzteren Fall sieht man mitunter bei der Untersuchung des Gehörgangs mit dem Ohrenspiegel bald nahe dem Ohreingang bald mehr nach der Tiefe zu ein ringförmiges, eine mehr minder grosse Oeffnung umfassendes *Diaphragma* oder einen septumartigen Verschluss von grösserer oder geringerer Dicke, in welchen die Wände des Gehörgangs ohne scharfe Grenzen übergehen. Eine Verwechslung dieser diaphragmaartigen Bildungen mit dem intacten oder perforirten Trommelfell, dem sie in Bezug auf Dicke, Transparenz und Oberflächenglanz sehr ähnlich sehen können, lässt sich vermeiden, wenn man sich den grösseren Abstand des Trommelfells von dem Ohreingang stets vor Augen hält. Auch dient zur Unterscheidung das Fehlen des Proc. brevis und des Manubr. mallei. Um zu prüfen, ob ein membranöser, bindegewebiger oder knöcherner Verschluss vorliegt, bedient man sich der unter Leitung des Stirnspiegels (s. auch S. 115 u. 116) vorzunehmenden Sondenuntersuchung. Der knöcherne Verschluss ist durch seine Härte deutlich erkennbar. Der membranöse und der bindegewebige dagegen sind weniger leicht von einander zu unterscheiden, insbesondere wenn die verschliessende Membran dick und wenig nachgiebig ist.

Subjective Symptome: Stricturen des Gehörgangs verursachen Hörstörung nur dann, wenn durch Ansammlung von Cerumen, eingedicktem Eiter oder abgestossener Epidermis eine Verstopfung der verengten Stelle entstanden ist. Bei länger ihr bestehender Eiterung kann die Strictur, wie bei Besprechung der Exostosen näher ausgeführt ist (s. S. 165), grosse Gefahren für das Leben des Kranken herbeiführen.

Die **Atresie** bewirkt, wenn ein knöcherner oder ausgedehnter dicker bindegewebiger Verschluss besteht, erhebliche Schwerhörigkeit oder Taubheit; ist sie dagegen membranös, so kann sogar Flüstersprache, durch ein schlauchförmiges Hörrohr zugeleitet, noch gut verstanden werden, was sowohl zur Unterscheidung der verschiedenen Arten der Atresie von einander, wie auch zur Bestimmung unseres therapeutischen Verhaltens von Wichtigkeit ist.

Therapie: Stricturen des Gehörgangs erfordern nur dann eine Behandlung, wenn sie sehr hochgradig sind und durch Verlegung mit Cerumen und abgestossenen Epidermismassen häufiges Auftreten von Schwerhörigkeit bewirken, oder wenn hinter ihnen eine Eiterung besteht und die Gefahr einer Eiterretention droht. Die Therapie der *bindegewebigen*, durch Schwellung oder Hypertrophie der Cutis entstandenen Stricturen beschränkt sich auf allmählige Erweiterung durch Einlegen fest zusammengedrehter Wattetampons oder, wenn dieses wirkungslos bleibt, allmählig an Stärke zunehmender sterilisirter Laminariakegel. Letztere dürfen nicht länger liegen bleiben, als bis mässiger Schmerz entsteht, und sind stets an ihrem äusseren Ende mit einer Fadenschlinge zu versehen, damit ein Hineinschlüpfen in die Tiefe verhütet werden kann. Wenn nach wiederholter Anwendung der Laminaria die Verengerung doch immer wieder zurückkehrt oder wenn eine Narbenstrictur vorliegt, kann man vor Einführung der Laminaria in der Längsrichtung der Gehörgangswände Scarificationen machen und nachher längere Zeit conische Hartgummicanülen tragen lassen. *Knöcherne Stricturen* erfordern bei drohender Eiterretention Entfernung mit dem Meissel oder Eröffnung des Warzentheils. Bei *Collaps der knorpligen Wände* im Alter erzielt man mitunter durch Einlegen kleiner Röhren in den Anfangstheil des Gehörgangs, die das Lumen des letzteren offen halten, Hörverbesserung.

Bei **Gehörgangsatresie** ist ein therapeutischer Versuch nur dann zu machen, wenn auf dem betreffenden Ohre mit einem schlauchförmigen Hörrohr noch Flüstersprache verstanden wird. Dann nämlich handelt es sich um einen membranösen Verschluss; diesen kann man durch circuläre Excision hart an der Gehörgangswand, welche nach dem ersten Einstich mit einem spitzen Messer am besten mit einem vorn geknöpften (Taf. XVII Fig. 18) vollendet wird, beseitigen. Ist dieses geschehen, so lasse man zur Verhütung einer Wiederverwachsung bis zur vollständigen Vernarbung der durchtrennten Wundränder ein entsprechend weites, dickwandiges, mit Salbe bestrichenes Bleirohr tragen. Es muss dieses, damit das durch die Operation geschaffene Lumen offen bleibt, mitunter sehr lange fortgesetzt werden. Selbstverständlich ist ein operativer Eingriff ferner nothwendig, wenn hinter dem Verschluss des Gehörgangs noch Eiterung besteht.

Pityriasis versicolor

kommt im äusseren Gehörgang ausserordentlich selten vor. Kirchner beobachtete einen Fall, wo dieselbe Affection auch am Halse und der Brust bestand, und die Pilze von hier wahrscheinlich durch die Fingernägel ins Ohr übertragen worden waren. Die Haut des Gehörgangs zeigte die charakteristischen bräunlich gelben Flecke und ferner eine mässige kleienartige Abschuppung. Patient litt dabei an starkem Jucken. Einpinslung von Oleum cadinum und Spirit. vini aa 2—3 mal wöchentlich führte zur Heilung.

Psoriasis des äusseren Gehörgangs

ist gleichfalls sehr selten und auch von Kirchner beobachtet worden. Characteristische Plaques, die sich schnell vergrösserten, und starkes Jucken. Heilung durch Einpinslung von Ol. cadin. und Spirit. vini aä.

Entzündung des äusseren Gehörgangs (Otitis externa).

1) Otitis externa circumscripta sive follicularis (Furunculosis meatus audit. ext.).

Dieselbe ist characterisirt durch die Bildung von Furunkeln in der Haut des Gehörgangs und sitzt meist im knorpligen, seltener im knöchernen Theile desselben.

Aetiologie: Nach neueren Untersuchungen sind als Ursache der Furunkel die *pyogenen Staphylococcen* zu betrachten. Dieselben müssen aber, um Furunkel zu erzeugen, durch Einreibung oder eine ähnliche Manipulation in die Bälge der Wollhaare, zwischen Haarschaft und Wurzelscheide, gepresst werden. Sonst können sie auf gesunder Haut selbst in grosser Menge lagern, ohne Entzündung zu erregen. Auf verletzter Haut dagegen erzeugen sie nicht Furunkel, sondern Abscess oder Phlegmone.

Diese Ergebnisse microscopischer und experimenteller Untersuchungen stehen mit den durch klinische Beobachtung gewonnenen Erfahrungen bezüglich der Aetiologie der Furunkel in gutem Einklange. Sie erklären, warum dieselben oft im Verlauf oder im Anschluss an eitrige Entzündungen des äusseren und mittleren Ohres entstehen, bei welchen sich die in dem eitrigen Secret enthaltenen pyogenen Staphylococcen auf der Haut des Gehörgangs anhäufen, sie erklären ferner, warum sich in der Nachbarschaft *eines* Furunkels so häufig neue bilden, sie erklären das Auftreten derselben bei Leuten, welche wegen Juckens im Ohre (Eczem, Pruritus) den Gehörgang mit dem Finger, Ohrlöffel und Anderem zu scheuern gewöhnt sind. Dass gewisse Kachexieen, wie Diabetes mellitus, eine Disposition für Furunkulose hervorrufen, ist nicht zu leugnen. Vielleicht gestalten dieselben den Körper zu einem günstigeren Nährboden für die Staphylococcen.

Subjective Symptome: Dieselben bestehen hauptsächlich in *Schmerzen*, welche mitunter gering, häufig aber äusserst heftig sind und vom Ohr aus in die Umgebung *ausstrahlen* können. Fast immer werden sie durch *Kieferbewegungen*, z. B. beim Kauen, ferner durch *Fingerdruck auf den Tragus* und die Gegend vor dem Ohre, meist auch durch *Zug an der Ohrmuschel* oder anderweitige Verschiebungen derselben erheblich gesteigert. Bei all' diesen Manipulationen nämlich findet ein Druck auf den Furunkel statt, welcher ebenso wie ein direct ausgeübter *Sondendruck* sehr empfindlich ist. Zu den Schmerzen, welche vielen Kranken lange Zeit die Nachtruhe rauben, kann sich *Fieber* gesellen. Die genannten Erscheinungen sind in der Regel heftiger, wenn die Entzündung in den tieferen, geringer, wenn sie in den oberflächlichen Schichten der Haut sitzt. In den vom Ohreingang entfernten Partieen des äusseren Gehörgangs verursachen die Furunkel besonders grosse Schmerzen, weil hier weniger subcutanes Zellgewebe vorhanden ist, und das entzündlich infiltrirte Gewebe in Folge dessen stärkere Einschnürung erleidet. Führt die Furunkelbildung zu einer vollkommenen Verschwellung des Gehörgangs, so können auch *Schwerhörigkeit, subj. Gehörsempfindungen* und ein *Gefühl von Fülle im Ohre* eintreten.

Objective Symptome: Wenn man mit dem Reflector Licht in das Ohr hineinwirft, so sieht man an den Gehörgangswänden und zwar meistens schon ohne vorherige Einführung des Trichters eine oder auch mehrere *mit etwas gerötheter Haut bedeckte Anschwellungen*, welche in das Lumen des Canals mehr oder weniger weit hineinragen. In anderen Fällen ist es, um Klarheit zu gewinnen, bei der Spiegeluntersuchung nothwendig, einen Trichter in das Ohr zu stecken; doch darf dieses nur mit grösster Vorsicht geschehen und ohne jeden starken Zug an der Ohrmuschel. Denn letzterer sowohl wie die Berührung des Furunkels mit dem Trichterrand können heftige Schmerzen hervorrufen.

Bei *oberflächlichem* Sitz der Entzündung sind die Furunkel meist scharf begrenzt, intensiv geröthet, stark prominirend der Art, dass sie in manchen Fällen das Lumen des Gehörgangs vollkommen verlegen; bei *tieferem* Sitz zeigen sie keine so scharfe Begrenzung, sind blasser und flach. Mitunter gesellt sich zu der circumscripten eine mehr diffuse, sich über den ganzen Gehörgang verbreitende Schwellung, welche den Sitz des Furunkels durch Inspection zu erkennen schwer oder unmöglich macht. *Sondenberührung* ist stets schmerzhaft. Befindet sich der Furunkel, wie dieses am häufigsten der Fall ist, an der vorderen unteren Wand des knorpligen Gehörgangs, so findet man die *Gegend vor dem Tragus* oft *geschwollen und geröthet*; sitzt er dagegen an der hinteren Gehörswand, so zeigt sich zuweilen starke *Schwellung über dem Warzentheil.*

Diagnose: Eine Verwechslung mit von gerötheter Haut bekleideten *Gehörgangsexostosen* ist durch eine selbstverständlich nur unter Leitung des Stirnspiegels vorzunehmende vorsichtige Sondenuntersuchung (s. S. 115 u. 116) leicht auszuschliessen: Die Exostose zeigt Knochenhärte, der Furunkel eine weichere Consistenz und gewöhnlich auch grössere Empfindlichkeit bei Berührung.

Anlass zur Verwechslung mit noch nicht aufgebrochenen Furunkeln können ferner *Polypen* geben und zwar solche, welche wohl in der Tiefe des Ohres entspringen, aber weit nach aussen bis in den Ohreingang hineinragen. Diese indessen lassen sich zum Unterschied von den Furunkeln mit der Sonde aussen vollständig umkreisen. Die mehr in der Tiefe sitzenden Polypen zeigen einen viel stärkeren Glanz und gewöhnlich auch eine gesättigtere Röthe als die Furunkel. Sind letztere aufgebrochen und wuchert aus der Eiterhöhle Granulationsgewebe hervor, so kann hierdurch ein Polyp leichter vorgetäuscht werden.

Die bei Entzündungen des Warzentheils häufig auftretenden *Senkungen der hinteren oberen Gehörgangswand* unterscheiden sich von den Furunkeln hauptsächlich durch ihre meist geringere Prominenz, durch geringere Schmerzhaftigkeit bei Sondenberührung und durch den Verlauf.

Bei *Parotisabscessen*, welche durch eine Incis. Santorini oder an der Verbindungsstelle des knöchernen und knorpligen Abschnitts in den Gehörgang durchgebrochen sind, findet bei Druck auf die Parotisgegend eine Zunahme der Anschwellung oder, wenn die Cutis schon perforirt ist, der Eiterabsonderung im Gehörgang statt. Auch kann man bei diesen eine Sonde vom Meat. audit. ext. aus in das Parotisgewebe einführen.

Eine Verwechslung mit *Perichondritis auriculae* (s. S. 163) wird durch Beobachtung des weiteren Verlaufs ausgeschlossen. In einem von Toyn beschriebenen sehr seltenen Fall täuschte ein *Aneurysma* im Meat. audit. ext. einen Furunkel vor; die Incision der dicht vor dem Trommelfell gelegenen weichen fluctuirenden Schwellung am Boden des Gehörgangs hatte eine reichliche Blutung zur Folge, welche mehrtägige Tamponade nothwendig machte.

Verlauf und Prognose: Eine ernstere *Gefahr für das Leben* oder für die Function des Ohres ist bei der Otit. ext. furunculosa kaum vorhanden. In einzelnen sehr seltenen Fällen ist allerdings im Verlauf derselben Exitus lethalis in Folge von Pyämie beobachtet worden. Was das *Hörvermögen* anlangt, so kann dieses bei völliger Verschwellung des Gehörgangs bedeutend beeinträchtigt sein, die Schwerhörigkeit ist hier aber immer vorübergehend und verschwindet beim Nachlass der Schwellung.

Ist das Leiden demnach bezüglich seiner Folgen entschieden als ein leichtes aufzufassen, so dürfen wir in Bezug auf die *Dauer* desselben die Prognose nur vorsichtig stellen. Der einzelne Furunkel kann sich *zertheilen*; häufiger kommt es zur *Abscedirung:* Auf der Höhe des Furunkels bildet sich ein gelber Punkt und hier entleert sich am 3.—10. Tage eine meist nur geringe Eitermenge und der abgestossene Gewebspfropf, womit in der Regel völliger Nachlass der Beschwerden erfolgt. Sehr häufig aber entsteht nach Entleerung des ersten Furunkels entweder sogleich oder nach kurzer Zwischenpause an einer anderen Stelle des Gehörgangs ein zweiter und so fort, sodass die Entzündung bei manchen Kranken Monate, selbst Jahre lang andauert und durch die mit ihr verbundenen heftigen Schmerzen, die Beeinträchtigung der Nachtruhe und der Aufnahme fester Speisen den Kräftezustand der Patienten ausserordentlich herabsetzt. Man wird daher gut thun, in jedem Fall von Otit. ext. circumscripta den Kranken von vornherein darauf aufmerksam zu machen, dass bei der *grossen Neigung der Affection zu Recidiven* sein Leiden unter Umständen lange andauern kann.

Mitunter kehren nach spontaner oder künstlicher Eröffnung eines Furunkels die zunächst geschwundenen Schmerzen später von Neuem wieder, wenn sich die Abscessöffnung verkleinert bez. verstopft hat und dadurch der freie Abfluss des Eiters behindert wird.

Während der abscedirte Furunkel gewöhnlich nach Entleerung des Eiters sehr bald zusammensinkt und höchstens noch eine geringe, einige Wochen hindurch persistirende Erhabenheit an der erkrankten Stelle der Gehörgangshaut und vermehrte Epithelabstossung daselbst hinterlässt, so kommt es in selteneren Fällen zu protrahirter Absonderung eines dünnflüssigen, bei Bildung von Granulationen an der Aufbruchsstelle mit Blut vermischten Eiters aus der von schlaffen, unterminirten Rändern bedeckten Abscesshöhle und in noch selteneren zur Erkrankung des darunter liegenden Knochens, zwei Ausgänge, welche die Dauer der Erkrankung erheblich verlängern. Die bei Gehörgangsfurunkeln mitunter auftretende Schwellung vor dem Tragus bez. über dem Warzentheil geht bei Abnahme der Otit. ext. in der Regel spontan zurück.

Therapie: Bei sehr heftigen Schmerzen schafft die energische *Spaltung des Furunkels* dem Kranken entschieden am raschesten Erleichterung. Ist der Sitz desselben mit dem Ohrenspiegel nicht ganz deutlich zu erkennen, so incidire man da, wo sich bei der Sondenuntersuchung, die natürlich nur unter Leitung des Stirnspiegels vorgenommen werden darf, die Berührung am schmerzhaftesten erweist, bei multiplen Furunkeln entsprechend an mehreren Stellen. Man benütze hierzu entweder ein gewöhnliches Bistouri oder ein sichelförmiges Messer (Taf. XVII Fig. 24 a) oder ein schmales Messer mit beiderseitig geschliffener Spitze (Taf. XIX Fig. 1). Letzteres wird mit nach der Mitte des Gehörgangs gewandter Schneide durch die Basis des Furunkels hindurchgestochen, und dieser dann von der Basis nach der Oberfläche durchtrennt. Nach der Incision entleere man, wenn bereits Eiterung eingetreten war, ebenso wie nach spontanem Aufbruch des Abscesses, den Furunkelpfropf durch mässigen Druck auf die Umgebung der Aufbruchsstelle, lege einen Streifen von in $3^0/_0$ige Borsäurelösung getauchter hydrophiler Verbandgaze in den Gehörgang und applicire bis zum Aufhören jeder Druckempfindlichkeit *hydropathische Ueberschläge* (s. S. 129) auf das Ohr.

Die Spaltung des Furunkels indessen ist ausserordentlich schmerzhaft. Bei sehr empfindlichen oder messerscheuen Patienten wird man statt ihrer andere Verfahren zur Milderung der Schmerzen in Anwendung ziehen müssen. Unter diesen wäre zuvörderst die Application von *Blutegeln* anzuführen. Sitzt der Furunkel an der hinteren Wand, so setze man sie auf den Warzentheil, sonst aber unmittelbar vor dem Tragus, bei erwachsenen kräftigen Personen 4—6, bei schwächlichen 3, bei Kindern einen (vergl. auch S. 127 u. 128). Sodann wären *Eis-, hydropathische* oder *warme Brei-Umschläge* zu erwähnen (vergl. S. 128 u. 129). Letztere freilich werden von manchen Autoren vollständig verpönt. Ich kann diesem Urtheil nicht beipflichten, glaube vielmehr, dass Cataplasmen, wofern sie nur nicht zu heiss, zu gross und zu lange hinter einander gemacht werden — man applicire Leinsamenumschläge von Fünfmarkstückgrösse und etwa so warm, wie sie auf dem Auge vertragen werden, mehrmals täglich mehrere Stunden lang auf den Tragus bez. die Gegend vor dem Ohre — mitunter sehr wirksam sind. Ob Wärme oder Kälte wohlthuender wirkt, muss man in jedem Falle ausprobiren.

Bei nicht sehr heftigen Schmerzen wird man mit hydropathischen Ueberschlägen auskommen. Zur Unterstützung der genannten Mittel erweisen sich nach meinen Erfahrungen *lauwarme „Ohrbäder" mit $^1/_2 - 1^0/_0 iger$ Lösung von Kal. sulfurat.* (nicht sulfur.!) 3 mal des Tages 5 Minuten lang in allen Stadien und Formen der Furunculosis als zweckdienlich. Dieselben sind auch nach Ablauf der Krankheit zur Verhütung von Recidiven noch einige Wochen hindurch täglich 1—2 mal weiter zu gebrauchen. Andere empfehlen als schmerzlindernd lauwarme „Ohrbäder" mit $1^0/_0 iger$ Sublimatlösung.

Ausspritzungen des Ohres vermeide man womöglich ganz, da sie das Auftreten neuer Furunkel befördern.

Granulationen, die sich *an der Aufbruchsstelle* eines abscedirten Furunkels entwickeln, sind, wenn sie nicht, was meist der Fall ist, von selber verschwinden, mit der Schlinge abzutragen bez. durch Aetzung mit Lapis oder Chromsäure zu zerstören.

Diätetisch empfiehlt es sich, bei schmerzhafter Entzündung dem Kranken Zimmeraufenthalt, bei Fieber sogar Bettruhe zu verordnen, und Alles, was eine Erhitzung des Kopfes verursachen kann, wie körperliche Anstrengung, Alcoholica und dergl. zu verbieten.

Prophylactisch behandle man etwaige der Furunculose zu Grunde liegende Eczeme des Gehörgangs in entsprechender Weise, entferne bei profuser Otorrhoe den Eiter durch häufiges Wechseln des Gehörgangstampons, verbiete das Scheuern und Kratzen der Gehörgangswände mit Ohrlöffeln und dergl., insbesondere auch die vielfach übliche häufige Reinigung des äusseren Gehörgangs bei Kindern mit Haarnadeln oder stark zusammengedrehten Handtuchzipfeln, warne die Kranken, den Furunkeleiter aus dem afficirten Ohr in das gesunde zu übertragen, wodurch auch auf diesem leicht eine Entzündung hervorgerufen wird, und vermeide aufs Peinlichste die Uebertragung der Affection auf andere Patienten durch unreine Instrumente (Ohrtrichter etc.).

Wegen des nach Ablauf der Furunculose häufig zurückbleibenden *Juckens* kann man auf die Wände des knorpligen Gehörgangs noch mehrere Wochen jeden zweiten Tag eine ganz dünne Schicht Borsalbe (Acid. boric. 1,0, Vaselin. flav. ad 20,0) auftragen.

Löwenbach räth bei Otit. ext. circumscripta möglichst lange und wiederholte „Ohrbäder" mit Boralcohol zu verordnen und zwar vor dem Aufbruch der Furunkel mit gesättigter, nach dem Aufbruch mit übersättigter Lösung*). Dieselben sollen auch nach Beseitigung der Krankheit noch mindestens 14 Tage lang weiter gebraucht werden.

Personen, die zu bestimmten Zeiten z. B. beim Eintritt der Menses, im Frühling oder Herbst stets Ohrfurunkel zu bekommen pflegen, lässt L. zu diesen Zeiten prophylac-

---

*) Rp. Acid. boric. subtilissime pulverisat. 20,0
   Alcohol. absol. ad 100,0
   M. D. S.   Aeusserlich.   Vor dem Gebrauch umzuschütteln.

tisch regelmässig Boralcohol einträufeln und den Gehörgang, damit sich derselbe nicht mit Borpulver verstopft, ab und zu mit lauwarmem Borwasser ausspritzen. Als schmerzlindernd empfiehlt er langdauernde Ohrbäder von 10⁰/₀iger alcoholischer Cocain-lösung*).

GROSCH empfiehlt bei Ohrfurunkeln stündlich essigsaure Thonerde 1,0: Aqu. destill. 4,0 in den Gehörgang zu träufeln und den letzteren dann mit Watte zu verstopfen, bei fluc-tuirenden Furunkeln nach Entleerung derselben durch einen Einstich. Höchstens nach 4 Stunden sollen die Schmerzen nachlassen, nach ca. 5 Stunden beinahe gänzlich ver-schwunden und in 2—6 Tagen fast immer Heilung eingetreten sein.

CHOLEWA schiebt bei Ohrfurunkeln fest gedrehte mit 10—15⁰/₀iger Menthollösung**) getränkte Wattewieken, welche durch ihre Grösse auf die entzündlich infiltrirten Wände einen leichten Druck ausüben müssen, in den Gehörgang hinein. Dieselben bleiben 24 Stunden liegen und sollen dann erneuert werden. Bereits abscedirte Furunkel werden vorher durch Einstich entleert. AXTON und SZENES, BRONNER und HARTMANN haben CHOLEWA's günstige Erfolge mit dieser Behandlungsmethode nicht bestätigen können. Es soll sich nach der Mentholapplication oft ein sehr lästiges Brennen einstellen.

GRÜNWALD schiebt bei Otit. ext. circumscripta einen mit Liquor. Alumin. acetic. 5,0: Aqu. destillat. 95,0 getränkten dünnen Mull- oder Wattestreifen mög-lichst tief in den Gehörgang und legt über denselben eine kleine Wattekugel, über welche ein Stückchen Guttaperchapapier handschuhfingerförmig derart gestülpt ist, dass die Watte nach Aussen freiliegt. Sitzt der Furunkel im Anfangstheil des Gehörgangs, so muss man, damit nicht durch den Druck dieses Verbandes starke Schmerzen entstehen, über den eingeführten feuchten Mullstreifen noch eine sich in die Muschel schmiegende, mit der gleichen Lösung getränkte dünne Mulllage legen, diese mit Guttaperchapapier bedecken, letzteres mit etwas Watte polstern und das Ganze mit einer gutsitzenden Binde schliessen. Diese Behandlung soll sehr bald Erleichterung herbeiführen. Sie hat ferner den Vorzug, dass Patient ungestört seinen Geschäften nachgehen kann.

Eine *eigenthümliche Form der Otit. ext. circumscripta* ist von BLAU beschrieben worden. Sie ist weit seltener als der gewöhnliche Furunkel des Gehörgangs und unter-scheidet sich von letzterem nur dadurch, dass es bei ihr niemals zu einer Vereiterung der Geschwulst und Aufbruch derselben kommt, und dass eine Incision, auch wenn sie an der richtigen Stelle ausgeführt wird und tief genug geht, gar keinen oder höchstens einen ganz vorübergehenden Nachlass der Schmerzen zur Folge hat. Nach wochenlangem Bestehen von bald stärkeren, bald geringeren Schmerzen, sowie wechselnder Schwellung, die sich mitunter auch auf die Bedeckung des Warzentheils fortsetzt, tritt schliesslich ausnahmslos Genesung ein. Das Krankheitsbild sieht einem später von HESSLER beschrie-benen und mit der Bezeichnung **Otitis ex infectione** belegten ähnlich. Bei HESSLER's Patienten, die sich meist beim Kratzen wegen Pruritus mit einem unreinen Instrument im Gehörgang verletzt und dadurch inficirt hatten, traten plötzlich starkes Fieber mit Frost und einer Temperatur bis zu 40⁰ C, intensive Schmerzen in und hinter dem Ohre sowie in der gleichseitigen Kopfhälfte und starke mitunter sehr ausgedehnte Schwellung in der Umgebung ein. Die benachbarten Lymphdrüsen stark geschwollen, der äussere Gehörgang entzündlich verengt. Stets nur wässrige, niemals eitrige Absonderung aus demselben. Durchweg günstiger Ablauf des Processes binnen 4 Tagen und 4 Wochen.

Therapeutisch empfiehlt BLAU die zeitweise Application einer Eisblase auf's Ohr, Aufpinseln von Jodtinctur in der Umgebung desselben und innerliche Darreichung von Jodkalium in grossen Dosen oder hydropathische Ueberschläge. HESSLER verordnet nach Ablauf der Entzündung gegen das zurückbleibende Jucken Application von „Ohrbädern" mit 1⁰/₀iger Sublimatlösung mehrere Wochen hindurch und dazwischen von Zeit zu Zeit energische Ausspritzungen mit 1⁰/₀iger Carbollösung.

---

*) Rp. Cocain. muriat.   2,0   **) Rp. Menthol. 10,0—15,0
Alcohol. absol. ad 20,0   Ol. Olivar. ad 100,0
M. D. S. Ohrtropfen.   M. D. S. Aeusserlich.

2) *Otitis externa diffusa:*

Während sich bei der Otit. ext. follicularis die Entzündung auf einzelne circumscripte Stellen des Gehörgangs beschränkt, handelt es sich bei der Otit. ext. diffusa um eine Hautentzündung, die sich über die ganze Ausdehnung des Gehörgangs oder wenigstens über einen grossen Theil desselben gleichmässig verbreitet und auch die äussere Fläche des Trommelfells in Mitleidenschaft zieht. Oft indessen finden wir an ein und demselben Ohre beide Entzündungsformen, indem sich sowohl zu der Otit. ext. diff. Furunkelbildung, als auch zu der Furunculosis eine diffuse Entzündung hinzugesellen kann. Bei letzterer ist das Periost des Gehörgangs häufig in Mitleidenschaft gezogen.

Wir unterscheiden eine **acute** und eine **chronische** Form der Otit. ext. diff.. Letztere kann sich aus ersterer entwickeln. In anderen Fällen entsteht sie, ohne dass ein schmerzhaftes acutes Anfangsstadium vorausgegangen ist.

Aetiologie: Als idiopathische Erkrankung ist die Otit. ext. diff. sehr selten. Häufiger tritt sie *in Folge mechanischer, chemischer oder thermischer Reizung* des äusseren Gehörgangs auf, so z. B. im Anschluss an rohe instrumentelle Extractionsversuche von Fremdkörpern, bei heftigem Scheuern des stark juckenden Canals insbesondere mit unreinen Instrumenten, Haarnadeln, Ohrlöffeln und dergl., nach Application scharfer reizender Stoffe, wie sie mitunter gegen Zahnschmerzen in das Ohr eingeführt werden, nach Verbrennung der Wände z. B. durch geschmolzenes Metall. Ausserdem entwickelt sie sich häufig im Verlauf von Gehörgangsexanthemen (Eczem, Erysipel etc.) und einfacher oder eitriger Mittelohrentzündung.

Ueber die *durch Aspergilluspilze* hervorgerufene vielleicht häufigste Form der Otit. ext. diff. s. S. 177—180.

Objective Symptome: Bei der **acuten** Otit. ext. diff. finden wir mit dem Ohrenspiegel zunächst eine *Röthung und Schwellung* sowohl *der Gehörgangswände*, insbesondere im knöchernen Theil des Canals, wie auch *der äusseren Fläche des Trommelfells*, wodurch die Grenze zwischen Trommelfell und Gehörgang weniger deutlich erkennbar wird. Hierzu tritt bald sowohl an den Gehörgangswänden wie an der Aussenfläche des Trommelfells eine *Maceration und Abstossung des Epithels* in Form kleiner, weisslicher, dünner Schuppen oder grösserer Fetzen und Membranen, die nur die Wände bedecken oder auch das Lumen des Canals erfüllen können, und in den meisten Fällen *Secretion* einer anfangs serösen, später eitrigen, mitunter auch etwas blutig tingirten, häufig sehr übelriechenden Flüssigkeit.

Die abgestossene Epidermis stellt zuweilen einen sack- oder handschuhfingerförmigen schmutzig weissen Ausguss des Gehörgangs dar, welchen man beim Ausspritzen des Ohres in toto entfernen kann, worauf dann die stark geröthete, aufgelockerte und geschwollene Cutis frei zu Tage tritt. Am Trommelfell sind in Folge der Verdickung der letzteren die Contouren des Hammergriffs und des Proc. brevis entweder gar nicht oder nur undeutlich zu erkennen.

Greift die Entzündung von der Hautauskleidung des Gehörgangs weiter auf das darunter liegende Gewebe über, so kommt es in dem innersten Abschnitt des knöchernen Theils, wo das subcutane Zellgewebe fehlt, zur *Periostitis*, in den weiter lateralwärts gelegenen Parthieen zur *Phlegmone*. In beiden Fällen finden wir starke, mitunter bis zum völligen Verschluss des Canals anwachsende Schwellung der Gehörgangswände und gleichmässige Empfindlichkeit derselben bei Sondenberührung. Nicht selten tritt hier Vereiterung oder Verjauchung und fistulöser Durchbruch des oft in grosser Ausdehnung vom Knochen abgelösten Hautüberzuges ein. Der blossgelegte Knochen kann cariös erkranken und dadurch ein Durchbruch des Eiters in den Warzentheil, die Schädelhöhle, das Kiefergelenk und die Parotis vorbereitet werden. Bis zum vierten Lebensjahre ist ein Uebergreifen der Eiterung auf Kiefergelenk und Parotis auch ohne cariöse Knochenerkrankung möglich auf dem Wege der dann stets noch vorhandenen Ossificationslücke in der vorderen unteren Gehörgangswand.

Sehr selten nur entwickelt sich am Trommelfell ein circumscriptes Geschwür, das die Membran von aussen nach innen perforirt, worauf es zu Otit. med. purul. kommt. Hat eine Ausbreitung der Entzündung auf das äussere Periost des Warzentheils stattgefunden, so zeigt sich eine starke Schwellung hinter der Ohrmuschel.

Bei der **chronischen** Form der Otit. ext. diff. findet man bei der Ohrenspiegeluntersuchung die Gehörgangswände nur wenig geschwollen, ihren Hautüberzug macerirt, mit übelriechendem, meist dickflüssigem, schmierigem Eiter und abgestossenen Epithelfetzen bedeckt, mitunter kleine Granulationen oder einen grossen Polypen. Das Trommelfell zeigt eine Verdickung der Cutisschicht und zuweilen gleichfalls Granulationen. Verengerung und Verwachsung des Gehörgangs kann nach Ablauf der Entzündung zurückbleiben und zwar entweder in Folge von einfacher Verdickung der Cutis oder auch durch Entwicklung von Hyperostosen. Im knorpligen Theil kommt es mitunter durch narbige Verdichtung des Bindegewebes zu ringförmigen Stricturen.

Subjective Symptome: Bei der **acuten** Form der diffusen Entzündung leiden die Kranken an Jucken, Hitze und Schmerz im Ohre, welch' letzterer durch Kieferbewegung oder Druck auf den Tragus gesteigert wird, zuweilen sehr heftig ist und in die Umgebung ausstrahlt, mitunter auch an Fieber. Subj. Gehörsempfindungen, Schwerhörigkeit und Eingenommenheit des Kopfes können sowohl durch intercurrirende Verschwellung resp. Verstopfung des Gehörgangs mit Eiter oder abgestossener Epidermis wie auch durch die begleitende Trommelfellentzündung hervorgerufen werden, in manchen Fällen aber auch fehlen.

Bei der **chronischen** Form der Otit. ext. diff. besteht meist heftiges Jucken im Ohr, zuweilen Schwerhörigkeit und Sausen, sehr selten Schmerz.

Prognose: Der Verlauf ist von seltenen Ausnahmefällen abgesehen ein günstiger. Mitunter dauert die Entzündung nur wenige Tage und endet mit der Abstossung der Epidermis. Aber auch da, wo es zur Eiterung kam, kann schnell und ohne weitere Folgen Heilung eintreten. Auf der anderen Seite freilich kann die acute Form der Erkrankung in die chronische übergehen. Indessen auch letztere ist heilbar. Nach Ablauf der Entzündung dauern Schwerhörigkeit und subj. Gehörsempfindungen mitunter noch längere Zeit an, pflegen indessen schliesslich meist zu verschwinden. Ist im Verlauf der Erkrankung das Trommelfell perforirt und dadurch Mittelohreiterung entstanden, so tritt die Prognose der letzteren in ihre Rechte. Lethaler Ausgang in Folge von Meningitis, Sinusthrombose und Pyämie oder Septicämie ist bei der Otit. ext. diff. nur in einzelnen seltenen Fällen beobachtet worden.

Therapie: Bei heftigen Schmerzen verbiete man Alles, was Congestion zum Kopf hervorrufen kann, angestrengte Arbeit, Alcoholica etc., lege auf die Ohrmuschel und Umgegend einen Eisbeutel (s. S. 128) und setze, wenn dieses allein nichts nützt, ausserdem Blutegel dicht vor dem Tragus (s. S. 127 u. 172). Tritt auch hiernach ein Nachlass der Schmerzen nicht ein, so kann man stündlich einige Tropfen einer Morphiumlösung (Morph. acetic. 0.2, Aq. dest. ad 10.0) lauwarm ins Ohr träufeln und 10 Min. darin behalten lassen. Hat sich zu der Entzündung der Hautauskleidung eine Perichondritis oder Periostitis des Gehörgangs hinzugesellt, so muss man in heftigen Fällen mit einem sichelförmigen Messer (Taf. XVII Fig. 24a) frühzeitig mehrfache lange und tiefe Einschnitte in die Wände des Canals parallel der Axe desselben machen und hierauf bis zum Schwinden jeder Druckempfindlichkeit

hydropathische Ueberschläge appliciren.   War fistulöser Durchbruch der Gehörgangswände bereits erfolgt, so ist die Fistel bei zu enger Oeffnung mit dem Sichelmesser
zu dilatiren.   Kommt es zur Nekrose des knöchernen Gehörgangs, so muss der
Sequester — event. nach vorheriger Verkleinerung — extrahirt werden, sobald er
gelöst ist.   Bis dahin aber können Monate vergehen.

Bei Schwellung hinter der Ohrmuschel Jodanstrich.

Zur Beseitigung der Secretion ist der Gehörgang je nach der Menge der Absonderung 1—3 mal täglich mit lauwarmer $3^0/_0$ iger Borsäurelösung auszuspritzen und
dann gut auszutrocknen.   In den Pausen zwischen den Ausspülungen verstopfe man
den Canal durch Salicylwattetampons oder mit der Pincette vorsichtig eingeführte
Wieken von hydrophiler Verbandgaze, welche, sobald sie mit Eiter durchtränkt sind,
herausgenommen und durch neue trockene ersetzt werden müssen.   Hört die Eiterung
unter dieser Behandlung nach einigen Tagen nicht auf, so insufflire man, falls sich
nicht etwa im Verlauf der Entzündung Polypen oder Granulationen im Gehörgang
entwickelt haben, nach dem Ausspritzen und Austrocknen des Canals feingepulverte
Borsäure in denselben, was in acuten Fällen meist schon nach kurzer Zeit zum
Ziele führt.   In chronischen kann man, wenn die eben genannten Verfahren die
Absonderung nicht beseitigen oder wenn Granulationsbildung besteht, nach der Aus-
spülung des Ohres (mit $3^0/_0$ iger Borsäurelösung) Einträuflungen von Borspiritus
(Acid. bor. 5.0; Alcohol. absol. 95.0) vornehmen lassen.   Hilft auch dieses nichts,
so bepinsle man die vorher durch Ausspritzen gereinigten Gehörgangswände unter
Leitung des Stirnspiegels mit einem in 3—4$^0/_0$ ige Höllensteinlösung getauchten
Wattestäbchen.

Ueber die Behandlung der im Verlauf der Erkrankung etwa entstandenen
Granulationen oder *Polypen* s. später bei den „Neubildungen des Gehörorgans".

Die bei Otit. ext. diff. nicht selten sich entwickelnde *Verengerung des Gehörgangs* kann, wofern sie nicht durch Hyperostosen bedingt ist, durch täglich zu wiederholendes Einlegen von sterilisirten Laminariacylindern, welche, um ein Hineinschlüpfen
zu verhüten, an ihrem äusseren Ende mit einer Fadenschlinge zu versehen sind,
beseitigt werden.   Dieselben dürfen indessen erst dann zur Anwendung gelangen,
wenn die Schmerzen vollständig aufgehört haben.   Beim Nachlass der Stenose können
sie durch fest zusammengedrehte Tampons aus Wundwatte ersetzt werden.   Ueber
die Behandlung der *Hyperostosen* s. S. 166—168.

Bei Verdickung des Trommelfells und recidivirender Epidermisabstossung im
Gehörgang empfehlen sich häufige Bepinselungen mit 2—3$^0/_0$ iger Lapislösung.

Otitis externa parasitica, Otomycosis aspergillina.

Wie bei Besprechung der Otit. ext. diff. (S. 175) schon erwähnt wurde, giebt
es eine Form dieser Erkrankung, welche durch *Aspergilluspilze* hervorgerufen oder,
richtiger gesagt, unterhalten wird.   Denn nach Siebenmann gedeihen die genannten
Pilze im Ohre überhaupt nur dann, wenn in demselben eine Entzündung, und zwar
eine ganz bestimmte Form von Entzündung (s. hierüber später S. 179) bereits besteht.

Die Otit. ext. parasit. unterscheidet sich von der im vorigen Capitel geschilderten gewöhnlichen diffusen Entzündung des Meat. audit. ext. nur dadurch, dass
die von der äusseren Trommelfellfläche und den Wänden des Gehörgangs, namentlich seines knöchernen Theils, *abgestossenen Epithelfetzen*, welche hier wie dort in grösseren oder kleineren Membranen mitunter auch als handschuhfingerförmige, sackartige Ausgüsse des Canals (Taf. VIII Fig. 6) entfernt werden können, bei der Ohrenspiegeluntersuchung entweder wie mit feinem Kohlenstaub, oder wie mit gelbem Samen lycopodii bestreut, also *schwarz oder gelb punctirt* erscheinen.   Im ersteren

Fall handelt es sich um *Aspergillus niger* (VAN TIGHEM) oder *fumigatus* (FRESENIUS), im letzteren um *A. flavus* (BREFELD). Ausser diesen Epithelmembranen kommen aber bei Otit. ext. parasit. noch andere ähnlich aussehende Membranen vor, welche ganz aus Pilzen bestehen.

Die Entwicklung derselben verläuft nach SIEBENMANN in folgender Weise: Zunächst zeigt sich auf der entzündeten, eine seröse Flüssigkeit absondernden Oberfläche des Trommelfells und des Gehörgangs ein mehlartiger weisser Belag. Dieser verwandelt sich rasch zu einer compacten Membran. Letztere stösst sich bisweilen nach 5 bis 8 Tagen ab, um sich unter günstigen Verhältnissen innerhalb 48 Stunden zu regeneriren. Mitunter entwickeln sich an der Pilzhaut auf ihrer dem Lumen des Gehörgangs zugewandten Seite die characteristischen Fruchtträger, zuerst rein weiss oder grau, dann dunkler werdend. In anderen Fällen überwiegt das Mycel so, dass es als flaumige oder watteähnliche Masse den ganzen Gehörgang ausfüllen kann. Zuweilen werden die in rascher Folge abgestossenen Membranen in dem engen Raum des Gehörgangs nass in einander gepresst zu einer festen Masse, welche einem Pfropf nassen Zeitungspapiers ähnlich sieht.

Untersucht man die aus dem Ohr entfernten unter Zusatz von $8^0/_0$ iger Kalilauge sorgfältig zerzupften Pilzmembranen unter dem Microscop bei 3 bis 400 facher Vergrösserung, so findet man die den Fruchtboden (*Mycelium*) bildenden, gewöhnlich farblosen dünnwandigen, septirten, sich unter mehr weniger spitzem Winkel verzweigenden Pilzfäden (*Hyphen* oder *Mycelien*) und die aus gewöhnlichen Hyphen entspringenden unverästelten dickwandigen *Fruchtträger*, deren oberes kuglig oder keulenförmig erweitertes Ende, die *Blase* (*Placenta* oder *Receptaculum*) dünne, meist radiär gestellte haarförmige Aussackungen (*Sterigmen*) treibt. Letztere schnüren von ihrer Spitze zur Basis hin die kleinen runden oder ovalen *Sporen* oder *Conidien* ab, welche sich zu einer rosenkranzförmigen Kette an einander reihen (s. Taf. VIII Fig. 6). Blase, Strigmen und Conidien bilden zusammen das *Frucht köpfchen* (*Capitulum*). Dieses hat je nach der Spezies eine andere *Farbe*.

Bei *A. flavus* ist es gold- oder schwefelgelb, olivengrün oder braun; bei *A. fumigatus* anfangs hell, später leicht gelblich, bläulich, meergrün, schliesslich bei oder nach der Reife bräunlich oder dunkelgrau, bei *A. niger* schwarz oder graubraun gefärbt. Bei herausgespritzten Membranen haben die Köpfchen ihre reifen Conidien gewöhnlich fast alle verloren und bestehen nur aus Blasen und Sterigmen.

Die Pilzwucherungen sitzen ihrem Nährboden meist fest auf. Sie vermögen Schleimhaut und intacte Epidermis nicht zu durchdringen, ebenso wenig das Rete Malpighii. Nach SIEBENMANN hält sich Aspergillus im Ohr, „selten auf der Epidermis (fumigatus): gewöhnlich (bei niger und flavus immer) sitzt er auf der Oberfläche des freigelegten Rete oder des Coriums, ohne in letztere einzudringen. Dagegen können Mycelien der tieferen Thallusschichten von den Zellen des Rete Malpighii umwachsen werden.”

Bei gleichzeitiger Trommelfellperforation können sich die Pilzvegetationen bis in die Paukenhöhle erstrecken. Im Uebrigen zeigt die Otit. ext. parasit. dieselben **Symptome** wie andere Formen der diffusen Gehörgangsentzündung, so dass wir diesbezüglich auf das vorige Capitel S. 175 u. 176 verweisen können. *Characteristisch* für eine grosse Zahl von Otomycosen ist nach SIEBENMANN allein der Umstand, dass von Zeit zu Zeit Pilzmembranen aus dem Ohre entfernt werden können oder herausfallen, und dass bis zur Bildung einer neuen Membran die subjectiven Symptome nachlassen, um sich dann von Neuem zu steigern.

Aetiologie: In manchen Fällen lässt sich die Uebertragung von Sporen durch *unsaubere Stempelspritzen* oder sonstige *unreine Instrumente*, *Einträuflung schimmelhaltiger Lösungen, öliger oder fettiger Substanzen*, die im Ohre leicht ranzig werden. *Aufenthalt in feuchten, modrigen Räumen*. Schlafen neben schimmelhaltigen Tapeten als Ursache für die Entwicklung von Aspergilluspilzen im äusseren Gehörgange nachweisen.

Nach SIEBENMANN braucht man indessen auf derartige aetiologische Momente durchaus nicht immer zu recurriren, da sich die Conidien der häufigsten Ohraspergillen, d. h. des A. fumigat., flav. und niger überall und zwar durchaus nicht selten in der Luft unserer Wohnräume suspendirt finden. Wenn die Otomycose trotzdem keine häufige Krankheit ist, so liegt dieses daran, dass das normale Ohr für Aspergillus keinen günstigen Nährboden bildet.

Reine unveränderte Epidermis ist für Aspergillus unfruchtbar. Auf ihr kann höchstens A. fumigat. wachsen, aber auch nur dann, wenn die Keimstelle feucht ist und Tage lang feucht bleibt. Schleimhaut und Schleim sind für Aspergillen ebenfalls unfruchtbar. Gut gedeiht derselbe im Serum. Nach SIEBENMANN ist für das Wachsthum von Aspergilluspilzen im Ohr das Vorhandensein einer Dermatitis oder einer Otit. med., welche Serum absondern, nothwendig, und zwar muss die Entzündung derartig sein, dass sich das Serum weder schnell zersetzt, noch schnell eintrocknet, weil die Pilze in diesen beiden Fällen auch wiederum rasch zu Grunde gehen würden. Dementsprechend findet man die Otomycose öfters bei alten Trommelfellperforationen mit degenerirter Auskleidung der Paukenhöhle und seröser Secretion, ferner bei acuter Dermatitis der Gehörgangswände oder des Trommelfells und endlich bei nässenden Eczemen des äusseren Ohrs. Indessen auch bei diesen Krankheitszuständen ist Otomycosis aspergillina durchaus nicht sehr häufig, da sich in dem engen Gehörgang leicht eine Stauung und Zersetzung des Secrets einstellt und Aspergilluspilze in faulendem Serum auch nicht gedeihen.

Die Otomycosis wird durch alles dasjenige begünstigt, was einen eitrigen Ohrenfluss in einen serösen umwandelt und seine Zersetzung aufhält, wie Einträuflungen von adstringirenden und desinficirenden Medicamenten, besonders Zink-, Tanninlösungen und Glycerin und ferner durch Alles, was eine acute Dermatitis hervorrufen oder eine schon vorhandene steigern kann, wie Ausseifen und Scheuern eines gesunden Ohres, Einträuflung von Wasser oder wässrigen Lösungen in dasselbe, Application von Oel, Salben oder anderen Fetten in den Gehörgang, insbesondere wenn sie ranzig sind, mechanische Insulte, Kratzen und dergl. mehr. Frisches Cerumen wirkt pilzfeindlich. Fehlen desselben ist als aetiologisches Moment für die Otomycose zu betrachten, mag es durch chronische Entzündungen oder durch directe Entfernung (Waschen und Herauskratzen) verursacht sein. Das seröse Secret wird nach SIEBENMANN durch den Stoffwechsel der Aspergilluspilze derartig verändert, dass es auf die Gewebe reizend einwirkt.

Diagnose: Wenn man bei diffuser Gehörgangsentzündung *in den abgestossenen Epithelfetzen* schon mit blossem Auge *zahlreiche schwarze oder gelbe Punkte* sieht, so ist die Diagnose „Otitis externa parasitica" fast sicher gestellt. Freilich kann die schwarze Punktirung auch durch aufgelagerten *Kohlenstaub* bedingt sein, worüber wir uns durch *mikroscopische Untersuchung* Aufschluss verschaffen müssen. Eine solche ist auch in denjenigen Fällen von Otit. ext. diff. nothwendig, wo die characteristischen schwarzen oder gelben Pünktchen mit blossem Auge nicht wahrgenommen werden können, wo aber eine geringe und vorwiegend seröse Secretion sowie massenhafte Desquamation macerirter Epidermismassen den Verdacht auf Aspergilluspilze hervorruft.

Unter den *subjectiven Symptomen* der diffusen Gehörgangsentzündung ist *unerträgliches Jucken* dasjenige, welches am häufigsten bei der parasitären Form getroffen wird, und daher zu microscopischer Untersuchung der abgestossenen Membranen anregen muss. Die letztere giebt übrigens nicht immer gleich bei dem ersten Präparat sicheren Aufschluss. Mitunter findet man die Pilze erst, wenn man ein Stückchen noch festhaftender Epidermis von der Wand abzieht und sorgfältig untersucht. Der Lieblingssitz der Pilzmembranen ist das Trommelfell und das innere Drittel des Meat. audit. ext.; seltener findet man sie in der Paukenhöhle, noch seltener in den lateralen Parthieen des Gehörgangs.

Prognose: Dieselbe ist durchaus günstig, da bei entsprechender Behandlung des Leidens stets *Heilung* eintritt, wenn auch mitunter *lange Zeit* darüber vergeht.

Das letztere ist ganz insbesondere dann der Fall, wenn sich die Otomycose im Mittelohr etablirt hat.

Therapie: Zur Beseitigung der Secretion, der Desquamation und der Pilzwucherung entferne man die abgestossenen Membranen durch gründliches Ausspritzen des Ohres mit 3 %iger Borsäurelösung und fülle unmittelbar hiernach den Gehörgang mit lauwarmem *Alcohol. absolut.* oder 2 % igem Salicylalcohol, welcher 10 bis 15 Minuten lang darin bleiben soll, an. Bei täglich 2 bis 3 maliger Wiederholung dieses Verfahrens pflegen Absonderung und Pilzwucherung bereits nach 3 bis 4 Tagen verschwunden und Heilung erzielt zu sein. Um letztere dauernd zu erhalten und *Recidive zu verhüten*, empfiehlt es sich, die Alcoholeinträuflungen in den Gehörgang auch nach Entfernung der Pilzwucherungen noch 1 bis 2 Wochen weiter brauchen und ein Jahr hindurch in jedem Monat etwa ein Mal wiederholen zu lassen. Am Anfang der Behandlung verursacht reiner Alcohol mitunter so heftiges Brennen, dass man genöthigt ist, ihn mit destillirtem Wasser zu verdünnen. Bald indessen vertragen die Kranken immer concentrirtere Mischungen und schliesslich reinen Alcohol.

Führt die angegebene Behandlung nicht rasch zum Ziel, so instillire man statt des reinen Alcohols eine 1—2 % ige alcoholische Sublimatlösung. Unter den sonst noch empfohlenen Mitteln erwähnen wir Insufflationen eines feinen Pulvers aus gleichen Theilen Acid. boric. und Zinc. oxydat. in den vorher ausgespritzten und ausgetrockneten Gehörgang.

Prophylactisch vermeide man Alles, was die Gehörgangswand ihrer schützenden Cerumendecke beraubt, Alles, was den Verlust der Epidermis herbeiführen kann, also unnöthiges Ausspritzen und Einfetten und mechanische Reizung des Gehörgangs sowie unnöthige Installationen in denselben, behandle abnorme Secretionsvorgänge im äusseren und mittleren Ohre möglichst trocken resp. mit Alcohol und vermeide, wenn möglich, die oben angegebenen Pilzbildung begünstigenden Mittel (Zinc. sulfur., Glycerin, Tannin).

Otitis externa crouposa. Bei der sehr seltenen Otit. ext. croup. handelt es sich um eine bei in Uebrigen gesunden Personen vorkommende wiederholte Ausscheidung von gelblich gallertartigen *Faserstoffmembranen* an den Wänden des knöchernen Gehörgangs oder an der Aussenfläche des Trommelfells oder endlich an beiden zugleich. Die meist nach abgelaufener Otit. med. acuta auftretende oder mit Otit. ext. follicul. combinirte Entzündung entwickelt sich unter gewöhnlich geringen Schmerzen. Die Faserstoffmembranen lassen sich schon durch mässig starkes Ausspritzen entfernen, können sich aber in Intervallen von 1—2 Tagen von Neuem bilden. Die darunterliegende Cutis erscheint geröthet, geschwollen, stellenweise excoriirt.

Therapeutisch empfiehlt es sich, nach Ausspritzung des Ohres mit 3 %iger Borsäurelösung Borsäurepulver zu insuffliren, wonach mitunter bereits sehr bald vollkommene Heilung erfolgt.

Ohrenschmalz-, Ceruminalpfropf (Thrombus sebaceus) im äusseren Gehörgang.

Mit dem Namen Ceruminalpfropf bezeichnen wir Ansammlungen von Ohrenschmalz, welche das Lumen des äusseren Gehörgangs an irgend einer Stelle anscheinend vollständig ausfüllen und den genannten Canal nach Art eines Pfropfes verschliessen. Sie entstehen durch abnorm reichliche Absonderung von Cerumen seitens der Ceruminaldrüsen und durch unzureichende Entfernung desselben.

In ihnen finden sich häufig ausgefallene Gehörgangshärchen, Epidermisschuppen, mitunter auch Cholestearinkrystalle. Nach Roosa enthalten Ceruminalpfröpfe eine grosse Anzahl von Bacterien und zwar unter zahlreichen saprophytischen einige der Pathogenität verdächtige Arten. Aus der Anwesenheit pathogener Bacterien im Cerumen erklärt sich nach Roosa das spontane Auftreten circumscripter und diffuser Entzündungen des Gehörgangs und insbesondere das Vorkommen eitriger Entzündungen in dem zwischen einem Ceruminalpfropf und dem Trommelfell gelegenen Raume.

Objective Symptome: Bei der Ohrenspiegeluntersuchung finden wir im äusseren Gehörgang eine Masse, welche es unmöglich macht, das Trommelfell zu sehen. Die *Farbe* derselben ist sehr verschieden. Es giebt hellgelbe, dunkelgelbe, hellbraune, dunkelbraune, rothbraune und schwarze Cerumenpfröpfe. Einige zeigen *fettigen Glanz*, andere erscheinen matt und *glanzlos*. Ebenso verschieden ist ihre *Consistenz*, in manchen Fällen erscheinen sie weich, teigig, in anderen wiederum steinhart; dazwischen finden sich zahlreiche Uebergangsformen. Namentlich die sehr harten Pfröpfe verursachen mitunter *Entzündungen der Gehörgangswände und*, wenn sie diesem anliegen, auch *des Trommelfells*. Auch können sie das letztere nach einwärts pressen und an ihm sowohl wie an den Wänden des Gehörgangs durch Druck *atrophische Zustände*, ja selbst *Usur* herbeiführen. Nur selten nimmt der Ceruminalpfropf den ganzen Gehörgang bis zum Trommelfell ein, in welchem Falle man an seinem inneren Ende nach der Entfernung mitunter einen treuen Abdruck der äusseren Trommelfellfläche findet; meist erfüllt er nur einen Theil des Canals.

Subjective Symptome: Die Beschwerden sind in manchen Fällen sehr erheblich, in anderen geringer, in noch anderen fehlen sie vollständig. Es ist erklärlich, dass ein Pfropf, der den Gehörgang vollkommen hermetrisch verschliesst, grössere Störungen verursachen wird, als ein anderer, welcher loser sitzt so zwar, dass zwischen seinem Rande und den Gehörgangswänden noch einige Spalten bleiben, durch welche, selbst wenn sie capillär sind, Schallwellen zum Trommelfell hindurchdringen können. Auch wird das letztere in seiner Schwingungsfähigkeit weit stärkere Beeinträchtigung erfahren, wenn der Cerumenpfropf der äusseren Trommelfellfläche dicht anliegt, als wenn dieses nicht der Fall ist. Die häufigsten Klagen, welche Kranke mit Cerumenpfröpfen uns angeben, sind *Schwerhörigkeit* mehr minder hohen Grades, *subj. Gehörsempfindungen* (Sausen, Brausen, Zischen etc.) und die *Empfindung von Fülle und Druck im Ohre;* es ist ihnen, „als wenn etwas im Ohre steckt, als wenn dasselbe verstopft ist." Mitunter treten hierzu ein Gefühl von *Benommenheit* des Kopfes und *Schwindel*, seltener *Erbrechen*, *psychische Depression* und Unfähigkeit zu geistiger Arbeit.

Die genannten Symptome pflegen nicht allmählich, sondern *plötzlich* einzutreten, sehr häufig, nachdem *beim Waschen oder Baden* Wasser ins Ohr gedrungen ist. Es erklärt sich dieses dadurch, dass grössere Cerumenmengen, welche schon längere Zeit im Gehörgange lagen, ohne ihn zu verstopfen, durch das eingedrungene Wasser zum Aufquellen gebracht werden und nun plötzlich eine vollkommene Obturation herbeiführen. In ähnlicher Weise ist der plötzliche Eintritt der Beschwerden in denjenigen Fällen aufzufassen, in welchen derselbe durch *Erschütterung des Kopfes*, wie beim Fall, Sturz oder Sprung, verursacht wurde, und auch da, wo er *beim Reinigen des Ohres* mittelst einer Haarnadel, eines zusammengedrehten Handtuchzipfels, eines Ohrlöffels, „Ohrschwammes" oder dergl. erfolgte. Hier werden grössere, schon länger im Gehörgange lagernde, ihn aber noch nicht obturirende Ohrenschmalzmassen mechanisch in ihrer Lage derartig verändert, dass sie nun das bisher wenigstens theilweise freie Lumen vollständig verschliessen.

Aus demselben Grunde beobachten wir mitunter Ceruminalpfröpfe, bei welchen die Hörweite unter dem Einfluss der *Kieferbewegungen* häufige Schwankungen zeigt.

Bestehen neben einem Cerumenpfropf, unabhängig von ihm oder auch durch ihn veranlasst entzündliche Veränderungen im Ohre, so gesellt sich zu den vorher aufgeführten Beschwerden *Schmerz*, vielleicht auch Fieber.

Diagnose: Zur Stellung derselben genügt in den meisten Fällen ein Blick durch den Ohrenspiegel. Verwechseln kann man einen Cerumenpfropf mit *Blutgerinnseln*, welche den Gehörgang vollständig erfüllen, mit *Cholesteatom-* und mit zu gelben oder braunen Borken *eingetrockneten Eitermassen*. Sicherheit erhalten wir ausser durch die anamnestischen Angaben des Kranken durch mikroskopische Untersuchung des Entfernten. Zuweilen wird ein in die Tiefe des Gehörgangs gelegter *Wattepfropf* oder auch ein anderer *Fremdkörper* derart von Cerumen umhüllt, dass hierdurch ein ächter Ohrenschmalzpfropf vorgetäuscht werden kann.

Prognose: Nach der Entfernung des Cerumenpfropfs, welche meist leicht gelingt, verschwinden die von ihm abhängigen Beschwerden entweder sogleich oder in ganz kurzer Zeit vollkommen. Denn dieselben werden in der Hauptsache durch den mechanischen Verschluss des äusseren Gehörgangs eventuell durch Druck auf das Trommelfell bedingt, welche beide nach Entfernung des Pfropfes aufhören. Trotzdem stelle ich die Prognose von vorn herein niemals unbedingt *günstig*. Denn neben dem Cerumenpfropf im äusseren Gehörgang können im mittleren oder inneren Ohre Veränderungen bestehen, welche eine völlige Heilung oder auch eine erhebliche Besserung des Leidens ausschliessen. Mit Rücksicht hierauf scheint es mir rathsam, dem Kranken zu sagen, dass durch Entfernung der im Gehörgang angesammelten Massen die Beschwerden möglicherweise vollkommen beseitigt werden werden, dass aber andrerseits vielleicht nach derselben in den vorläufig noch der Untersuchung unzugänglichen tieferen Theilen des Ohres krankhafte Zustände sich finden können, welche ihrerseits einer besonderen Behandlung bedürfen. Nicht selten recidiviren die Ohrenschmalzpfröpfe in kurzen Zwischenräumen, mitunter schon nach einigen Wochen. Es wird dieses insbesondere zu befürchten sein, wenn der Bau des Gehörgangs Verhältnisse zeigt, die eine leichte Obturation begünstigen, so z. B. bei Verengerung durch Exostosen.

Therapie: Zur Entfernung der Cerumenpfröpfe bediene man sich der Ohrenspritze.[*] In manchen Fällen gelingt es, den Pfropf schon durch *sanftes Spritzen* mit lauwarmem Wasser aus dem Gehörgang herauszuspülen. Wenn aber nach drei- oder viermaliger Entleerung der Spritze der Pfropf nicht herauskommt und auch bei der Ohrenspiegeluntersuchung nicht wahrgenommen werden kann, dass er wesentlich nach aussen gerückt ist, so ist es rathsam, das Ausspritzen zunächst einzustellen und dem Patienten *erweichende Ohrtropfen* zu verordnen. Denn zu lange fortgesetztes und namentlich zu kräftiges Ausspritzen des Ohres kann Schaden verursachen: die heftige mechanische Reizung hierbei giebt mitunter zu Entzündungen der Gehörgangswände und des Trommelfells Veranlassung; der auf die Aussenfläche des letzteren einwirkende starke Druck kann sich auf das Labyrinth fortpflanzen, und hierdurch ausser Schwindel- oder Ohnmachtsanfällen, welche nach dem Spritzen gewöhnlich rasch vorübergehen, Schwerhörigkeit und Ohrensausen entstehen, Beschwerden, die zuweilen zwar ebenfalls rasch wieder schwinden, mitunter aber auch nach Entfernung des Pfropfes noch lange Zeit zurückbleiben. Nicht selten haften die Pfröpfe an einzelnen Stellen des Trommelfells und der Gehörgangswände so fest, dass, wenn wir sie durch sehr kräftiges Spritzen gewaltsam herausbefördern, an diesen Stellen Verletzungen und Blutungen eintreten.

---

[*] Bezüglich der beim Ausspritzen des Ohres *stets* zu beachtenden Vorschriften siehe S. 116, 117, 119 u. 120.

Ich lasse daher stets, wenn ich es nicht etwa mit einem auf der Durchreise befindlichen, in seiner Zeit sehr beschränkten Patienten zu thun habe, vor dem Ausspritzen zwei Tage hindurch täglich 3 mal *Ohrtropfen*[*] *von Natr. carbon* 1,0: *Aqua destill.* 99.0 einträufeln. Nach sechsmaliger Anwendung dieser Tropfen pflegt der Pfropf so erweicht zu sein, dass er bereits durch leises Spritzen entfernt werden kann. Ist dieses nicht der Fall, handelt es sich um einen besonders harten und festhaftenden Pfropf, so müssen die Ohrtropfen noch einige Tage hindurch weiter angewandt werden. Haben wir eine gewisse Menge Cerumen durch die Spritze herausbefördert, so soll, bevor weiteres Spritzen eingestellt werden darf, durch Ohrenspiegeluntersuchung festgestellt werden, ob nicht noch mehr im Ohr steckt. Mitunter wird man über die enorme Menge des im Gehörgang angesammelten Cerumens erstaunt sein.

Ist der ganze Pfropf entfernt, so muss das im Ohr befindliche Wasser gut ausgeschüttelt (s. S. 119) und nun eine Hörprüfung vorgenommen werden. In manchen Fällen wird der Patient unmittelbar nach der Entfernung des Pfropfes normale Hörschärfe zeigen und seine früheren Beschwerden vollständig verloren haben. Dann hat er nichts weiter mehr zu thun, als den Gehörgang *während der nächsten zwei Tage* durch einen *Tampon von Verbandwatte* verstopft zu halten, einmal um eine sonst namentlich in der kalten Jahreszeit leicht eintretende Otitis ext. zu vermeiden, dann aber auch, um das nach der Entfernung eines Ohrenschmalzpfropfes mitunter äusserst empfindliche Ohr vor zu heftigen Schalleindrücken zu schützen. Bleibt auf der ausgespritzten Seite eine Empfindlichkeit gegen äusseres Geräusch noch längere Zeit zurück, so muss der Wattetampon noch länger getragen werden.

Wenn mit der Entfernung des Cerumenpfropfes die Beschwerden nicht sofort beseitigt sind, so warte ich zunächst ab, ob sie innerhalb zwei bis drei Tagen von selber aufhören. Ist dieses nicht der Fall, so mache man eine *Lufteintreibung*, am besten mittelst Catheters, wonach, wenn es sich nur um eine Einwärtspressung des Trommelfells durch den Druck des Pfropfes oder den beim Ausspritzen angewandten Wasserstrahl handelte, eine dauernde, vollkommene Beseitigung der noch vorhandenen Schwerhörigkeit und der übrigen lästigen Erscheinungen eintreten kann.

Bestehen indessen als Ursache der zurückgebliebenen Beschwerden krankhafte Zustände im mittleren und inneren Ohre, so bedürfen diese einer eigenen, hier nicht näher zu besprechenden Behandlung.

Ueber die Entfernung von *Cholesteatomen* aus dem äusseren Gehörgang, welche mitunter mit Cerumenpfröpfen verwechselt werden, s. später bei der Therapie der Cholesteatome des Gehörorgans.

Verminderung oder Aufhören der Cerumenabsonderung

ist bei sonst normalem Zustande des Ohrs sehr selten; häufiger ist sie bei und nach Entzündungen, — bei eitrigen Entzündungen des Gehörgangs und des Mittelohrs hört die Cerumenabsonderung auf und kehrt meist erst nach der Heilung wieder — bei Narbenbildungen im äusseren Gehörgang, bei seniler Atrophie desselben oder bei

[*] Ueber die bei der Application aller *Ohrtropfen* stets zu beachtenden Vorsichtsmassregeln siehe S. 124 u. 125. Bei Verordnung obiger 1% igen Sodalösung müssen wir den Patienten darauf aufmerksam machen, dass dieselbe den Pfropf zum Aufquellen bringt, und hierdurch vielleicht während des Gebrauchs eine *Zunahme der Beschwerden* (der Schwerhörigkeit, des Sausens, des Verstopfungsgefühls etc.) eintreten kann, die aber nach dem Ausspritzen des Ohres sofort verschwindet und daher keinen Grund zur Beunruhigung abgiebt.

dem trockenen chronischen Mittelohrcatarrh. Sie erzeugt oft Jucken und ein lästiges Gefühl der Trockenheit im Ohre.

Therapeutisch empfiehlt sich zeitweilige Bepinselung des knorpligen Gehörgangs mit Vaselin oder Glycerin.

II. Krankheiten des Mittelohrs (Trommelfell, Paukenhöhle, Eustachische Ohrtrompete und Warzentheil*)).

Wesen, Eintheilung und Aetiologie derselben.

Die meisten Erkrankungen des Mittelohres nehmen, wenn wir von den idiopathischen Trommelfellaffectionen absehen, ihren Ausgang von der *Schleimhaut* desselben, von welcher sie sich freilich häufig genug auf die unter der Mucosa befindlichen *knöchernen Theile* weiter ausbreiten. Nur in seltenen Fällen handelt es sich um eine primäre Erkrankung der letzteren, wobei dann im weiteren Verlauf die sie bedeckende Schleimhaut auch ihrerseits wiederum mit afficirt werden kann.

Sehr häufig finden wir die pathologisch-anatomischen Veränderungen *gleichzeitig* in der Eustachischen Ohrtrompete, der Paukenhöhle und dem Warzentheil.

Nicht selten gesellt sich zu den Affectionen des Mittelohrs *secundär* eine Erkrankung des äusseren Gehörgangs sowohl wie auch des Labyrinths.

Bei der Eintheilung und Beschreibung der Erkrankungen des Mittelohrs dürfte es am zweckmässigsten sein, sich von der *Verschiedenartigkeit der Krankheitserscheinungen* leiten zu lassen; denn bei dieser Art der Darstellung erhalten wir am ehesten bestimmte Anhaltspunkte für die in jedem einzelnen Falle in Betracht kommender Momente betreffs Diagnose, Prognose und Therapie. Freilich kommen in der Praxis Fälle vor, deren Symptomencomplex nicht ausgeprägt genug ist, um sie mit voller Sicherheit der einen oder anderen Krankheitsgruppe zuzählen zu können. So wird sich mitunter nicht entscheiden lassen, ob ein Fall als acute einfache Mittelohrentzündung, oder als acuter Mittelohrcatarrh zu bezeichnen ist. Ebenso wird es im Beginn oft zweifelhaft sein, ob eine einfache oder perforative Mittelohrentzündung vorliegt; handelt es sich doch bei den letztgenannten Affectionen zunächst nur um Unterschiede in der Intensität der auftretenden Symptome. Auch darf man nicht vergessen, dass schliesslich jede Eintheilung von Krankheiten in einzelne Gruppen eine mehr minder künstliche ist, und dass in Wirklichkeit *Uebergangsformen* vorkommen, welche sich einer wie auch immer getroffenen Classification nicht fügen.

Eine grössere Anzahl verschiedener Mittelohraffectionen wird durch analoge Schädlichkeiten hervorgerufen, sodass es zweckmässig erscheint, die **Aetiologie** derselben gemeinsam zu besprechen.

Bei dem acuten Mittelohrcatarrh und bei der acuten Mittelohrentzündung, sowohl der einfachen wie der perforativen, wären als Krankheitsursachen anzuführen:

1) die *„Erkältung"*, plötzliche Abkühlung des Körpers bei Einwirkung von Kälte oder Zugluft namentlich bei schwitzender Haut und Durchnässung.

---

*) Die **Verletzungen**, die **Missbildungen**, die **syphilitischen Erkrankungen**, die **Cholesteatome**, die **Knochencaries und -necrose** des Mittelohrs, die **Neubildungen** und die **Fremdkörper** in demselben werden in den später folgenden Capiteln „traumatische Läsionen, Missbildungen, Syphilis, Cholesteatom, Caries und Necrose, Neubildungen des Gehörorgans" und „Fremdkörper im Ohre" besprochen werden.

Ob hierbei durch Reflex auf die vasomotorischen Nerven des Mittelohrs eine die Aufnahme und Weiterentwicklung der als Erreger der Otit. med. zu betrachtenden Microorganismen (s. weiter unten) begünstigende Congestion der befallenen Schleimhautpartieen oder eine das Eindringen der erwähnten Infectionsträger in die Paukenhöhle erleichternde Lähmung der Flimmerbewegung in der Eustachischen Ohrtrompete zu Stande kommt, mag dahingestellt bleiben.

2) *Erkrankungen der oberen Luftwege wie Rhinitis, Pharyngitis, Tonsillitis, Laryngitis, Bronchitis.*

Bei diesen kommt es zu Erkrankungen des Mittelohrs entweder dadurch, dass sich die Affection von der Schleimhaut des Nasenrachenraums per continuitatem auf diejenige der Tuba Eust. und so fort weiter ausbreitet, oder dadurch, dass der in der Norm durch die Ohrtrompete vermittelte Druckausgleich zwischen der in der Paukenhöhle und der im Nasenrachenraum befindlichen Luft, wie dieses später näher ausgeführt wird, aufgehoben und hierdurch eine zu Einwärtsziehung des Trommelfells und der Gehörknöchelchenkette, zu Schleimhauthyperaemie und seröser Transsudation führende Luftverdünnung in der Paukenhöhle hervorgerufen wird, endlich dadurch, dass durch vieles Schnauben, Räuspern, Niesen oder Husten Micrococcen enthaltende Luft oder auch Schleim und Eitermassen, in seltenen Fällen Schnupftabak in das Mittelohr hineingeblasen werden.

3) *Eindringen von Flüssigkeiten in die Paukenhöhle vom Nasenrachenraum aus durch die Eustachische Ohrtrompete.* Hierdurch erklären sich viele Fälle von Mittelohrcatarrh sowohl wie von einfacher oder perforativer Mittelohrentzündung, welche nach Einspritzungen in den Nasenrachenraum (z. B. bei der Weber'schen Nasendouche), beim Aufziehen von kalten Flüssigkeiten in die Nase aus der Hohlhand und auch beim Untertauchen im Bade entstehen. Hierhin gehören gewiss auch viele Fälle von Mittelohrentzündung bei Masern, Scharlach und Diphtheritis, da bei den hier vielfach angewandten Einspritzungen in die Nase gerade bei Kindern, bei denen die Tuba Eust. kürzer und weiter ist als bei Erwachsenen, besonders leicht Infectionsträger in das Mittelohr gelangen können.

4) *Reizung der Paukenhöhlenschleimhaut durch kalte oder unreine Luft, kalte oder unreine Flüssigkeiten, Dämpfe oder Entzündungsproducte, welche durch eine traumatische bez. nach abgelaufener Mittelohreiterung zurückgebliebene Trommelfellperforation hindurch vom äusseren Gehörgang aus in die Paukenhöhle dringen.*

Auf diesem Wege entstehen zahllose Fälle von eitriger oder schleimig-eitriger Mittelohrentzündung durch die leider auch heute noch nicht beseitigte Unsitte, bei irgend welchen Beschwerden seitens des Ohres, wie Schwerhörigkeit, Sausen oder auch Schmerzen, ohne eine vorhergegangene sachkundige Ohrenspiegeluntersuchung den Gehörgang *mit Wasser, Kamillenthee und dergl. ausspritzen, Wasser- oder Kamillentheedämpfe hineinleiten oder endlich Oel einträufeln* zu lassen. Gelangen die genannten oder ähnliche Substanzen durch ein von Alters her bestehendes Trommelfellloch, von dessen Existenz die Patienten oft genug garnichts mehr wissen, oder durch eine frisch entstandene traumatische Perforation oder endlich durch ein Foramen Rivini, wie es mitunter, wenn auch sehr selten, angeboren vorkommt, in die Paukenhöhle, so können sie hier vermöge der in ihnen enthaltenen entzündungserregenden Microorganismen sowohl wie auch in Folge der mechanischen, chemischen oder thermischen Reizung der Schleimhaut eine Mittelohrentzündung erzeugen. Dasselbe findet natürlich oft genug statt, wenn bei einer früher entstandenen persistenten Trommelfellperforation sich im äusseren Gehörgang eine Entzündung etablirt, deren Producte durch den Trommelfelldefect hindurch in die Paukenhöhle gerathen.

Auf das Vorhandensein älterer Perforationen des Trommelfells sind auch viele

Fälle von eitriger oder schleimig-eitriger Mittelohrentzündung zurückzuführen, welche *im Gefolge eines kalten Bades* auftreten, wobei natürlich oft genug Wasser von aussen in das Ohr gelangt. Mitunter aber genügt unter den genannten Umständen zur Erzeugung einer Mittelohrentzündung schon das *Eindringen von kalter oder staubiger Luft*, sodass Patienten, die nach Ablauf einer Otit. media parul. einen Trommelfelldefect zurückbehalten haben, wenn sie ein Recidiv vermeiden wollen, wenigstens im Freien stets einen den Ohreingang verschliessenden Watte- oder Gazepfropf tragen müssen.

5) *Eine Reihe acuter und chronischer Allgemeinerkrankungen, wie Scharlach, Masern, Pocken, Influenza, Diphtheritis, Typhus, Pneumonie, Keuchhusten, Puerperalfieber, Syphilis, Scrophulose, Tuberculose und Diabetes.*

Nach neueren Untersuchungen ist es mehr als wahrscheinlich, dass *sowohl der acute Mittelohrcatarrh, wie die einfache und perforative acute Mittelohrentzündung* durch gewisse auch in anderen Gewebsterritorien pathogen wirkende *Microorganismen* hervorgerufen werden, und zwar sind als die häufigsten Erreger der genannten Krankheiten der *Diplococcus pneumoniae, der Streptococc. pyogenes* und endlich der *Staphylococc. pyogenes albus und aureus* anzusehen. Es gilt dieses *ebensowohl für die primären oder genuinen Formen* des acuten Mittelohrcatarrhs und der acuten Mittelohrentzündung, also für diejenigen, die bei übrigens gesunden oder höchstens mit Localerkrankungen der oberen Luftwege behafteten Individuen auftreten und welche entweder durch „Erkältung" oder durch mechanische Einwirkungen, z. B. nach starkem Niessen, Luftdouche, Bougiren der Tuba Eust., Ausspritzungen des Cavum pharyngonasale, Eindringen von Fremdkörpern (z. B. Tabakskörnern) in die Paukenhöhle durch Ohrtrompete oder Trommelfellperforationen hindurch, Entfernung von Nasen- und Nasenrachenpolypen, adenoiden Wucherungen oder durch BELLOCQUE'sche Tamponade, Operationen am Trommelfell, Schlag oder Fall auf das Ohr oder den Schädel, kurz nach mechanischer Reizung oder Verletzung der Mittelohrwände entstehen, *wie auch für die secundären* bei oder nach allgemeinen Infectionskrankheiten (s. oben) auftretenden.

Jeder der vorher genannten Micrococcen kann, wie es scheint, sowohl einen serösen oder schleimigen Mittelohrcatarrh, wie auch eine einfache oder perforative eitrige Mittelohrentzündung ins Leben rufen, was wahrscheinlich von der Menge der ins Mittelohr gelangenden pathogenen Microben, von der Intensität ihrer Virulenz, von dem Tempo der Einwanderung, welche schleichend, langsam oder stürmisch von Statten gehen kann, und endlich davon abhängt, ob sie nur auf einem oder mehreren Invasionswegen in die Paukenhöhle gelangen. Jeder von ihnen kann *allein* oder auch mit einem resp. beiden anderen *zusammen* vorkommen *(Mischinfectionen)*.

Alle drei finden sich neben zahlreichen anderen Microorganismen auf der Schleimhaut der Mund-, Nasen- und Rachenhöhle und zwar nicht nur bei Erkrankungen derselben, bei Schnupfen, Ozäna, Pharyngitis, Tonsillitis, Diphtheritis und anderen, sondern auch, wiewohl seltener, bei normaler Beschaffenheit der genannten Räume. In die Mundhöhle gelangen sie durch die Athmungsluft und die durchpassirenden Speisen und Getränke, in Nase und Nasenrachenraum durch den Respirationsstrom. Bei ruhiger Athmung dürfte freilich nur ein kleiner Theil der in der Luft suspendirten Microorganismen bis in das Cav. pharyngonasale und das Ost. pharyng. tub. gelangen, der grösste Theil aber in der Nasenhöhle haften bleiben.

Bei der Anwesenheit pathogener Keime in der gesunden Mund-, Nasen- und Nasenrachenhöhle ist es eigentlich wunderbar, dass die Otitiden nicht noch viel häufiger vorkommen. Wir müssen annehmen, dass der Körper *in der Norm gegen die Angriffe der genannten Microorganismen gewisse Schutzvorrichtungen* besitzt. Zu letzteren wären einmal die bacterientödtende Eigenschaft des Bluts und der Gewebssäfte, die Lebensenergie der Gewebszellen und die Resorptionskraft der verschiedenen Organe zu zählen, sodann aber auch die Intactheit der Epithellage der Mund-, Rachen- und Nasenhöhle, der Eustachischen Ohrtrompete und der Paukenhöhle, insbesondere die Intactheit des Flimmerepithels der Tuba Eust., welche dem Eindringen von Microparasiten in die Paukenhöhle entgegenwirkt. Vollkommen freilich scheint die Flimmerbewegung des Tubenepithels das Eindringen derselben in das Cav. tympani nicht verhüten zu können, da beim Kaninchen wenigstens auch in der normalen Paukenhöhle Keime, wenn auch nur in geringer Zahl, gefunden worden sind. *Die Anwesenheit der Micrococcen allein genügt also nicht immer, um eine Entzündung zu erregen; es müssen vielmehr noch andere Umstände hinzukommen, welche* ihnen günstige Bedingungen zu ihrer Wucherung schaffen, und diese dürften in einer verminderten Widerstandsfähigkeit der betreffenden Gewebe, wie sie z. B. durch Erkältung, durch Traumen, durch acute und chronische Allgemeinerkrankungen herbeigeführt werden kann, zu suchen sein.

Was nun die *Invasionswege* betrifft, auf welchen die genannten Microorganismen in das Mittelohr gelangen, so ist als die gewöhnlichste Eingangspforte der *Tubencanal* zu betrachten. Durch diesen können die in der Nase, dem Rachen und der Mundhöhle befindlichen Keime, insbesondere bei der Luftdouche (beim Catheterismus und seinen Ersatzverfahren), dann aber auch *bei starkem Schnauben, Niesen, Husten, Würgen und Erbrechen, sowie beim Ausspritzen der Nase* vermöge der hierbei einwirkenden mehr minder beträchtlichen vis a tergo in grosser Menge in die Paukenhöhle geschleudert werden. Es wird dieses um so eher geschehen, wenn das Secret der genannten Räume in Folge von krankhaften Veränderungen in derselben wie Coryza, Angina, Ozäna u. a., oder von Operationen, z. B. Entfernung der Rachentonsille, wonach sich auf der Wundfläche massenhaft pyogene Organismen vorfinden, besonders reich an Keimen ist. Die letzteren können ferner aber auch von der Mucosa des Nasenrachenraums auf dem Wege der *in der Tubenschleimhaut befindlichen Safträume und Lympfgefässe* in die Paukenhöhle fortkriechen. z. B. bei diphtheritischer Scharlachnecrose des Rachens, oder aus der Schädelhöhle längs des die Fiss. petrosquamosa durchziehenden *Fortsatzes der Dura mater*.

Ein *zweiter* Invasionsweg in das Cav. tympani wäre der vom äusseren Gehörgang aus *durch eine Trommelfellperforation hindurch*, ein *dritter die hämatogene Infection* des Mittelohrs *durch die Blutbahn*, wie sie wohl bei Endocarditis und bei Pyämie, sondern wahrscheinlich *bei allen Infectionskrankheiten* stattfinden kann.

Was die verschiedenen *Complicationen der Otit. media acuta*, wie Facialisparalyse, Warzentheilerkrankung, Caries, Meningitis, Hirnabscess, Sinusthrombose, Pyosepticämie etc. anlangt, so können dieselben unter besonderen Umständen von jedem der als Erreger der Otit. media auftretenden Microorganismen hervorgerufen werden. Sie werden entweder durch eine besonders *hochgradige Virulenz des Entzündungserregers* oder durch *individuelle Prädisposition des Patienten* verursacht. Letztere kann *localer* Natur sein. Hierhin gehören Dehiscenzen der Mittelohrwände, Kleinheit oder ungünstige Lage der Trommelfellperforation, Verlegung derselben durch Granulationen und dergl.. Sie kann aber auch in dem *geschwächten Allgemeinzustand* des Körpers ihren Grund haben, so bei Typhus, Pyämie, Diabetes etc.

Solange der ursprüngliche Entzündungserreger seine volle Vegetationskraft besitzt, können andere Keime im Entzündungsherd nur schwer oder gar nicht aufkommen. Erst wenn jener im Absterben ist, gewinnen diese an Terrain und es kann nun *ein* pathogener Keim den *anderen* ablösen, wodurch dann der Entzündungs- resp. Eiterungsprocess in die Länge gezogen wird. Solche secundäre, tertiäre etc. Keime können sowohl durch die Tuba, wie auch bei vorhandener Trommelfellperforation vom äusseren Gehörgang aus in die Paukenhöhle gelangen. Um dem Uebergang der acuten Mittelohrentzündung in die chronische vorzubeugen, müssen wir diese *secundäre, tertiäre etc. Infection der Mittelohrschleimhaut durch neue pathogene Microorganismen* an Stelle der bereits absterbenden oder abgestorbenen soviel wie möglich zu verhüten suchen.

Die *Otit. media tuberculosa* entsteht, wenn Tuberkelbacillen entweder direct insbesondere bei Zwangsbewegungen durch den Tubencanal, oder indirect aus den Periostgefässen der knöchernen Tuba in die Paukenhöhle eindringen.

Die Entzündung des Trommelfells (Myringitis).

Dieselbe kommt als *Theilerscheinung der Otit. ext. diff. und insbesondere der Otit. med.* ungemein häufig vor, idiopathisch dagegen, also ohne gleichzeitige Erkrankung des äusseren Gehörgangs und der Paukenhöhle, recht selten. An dieser Stelle soll nur die *idiopathische* Form der Myringitis besprochen werden.

a) *Die acute idiopathischs Trommelfellentzündug (Myringitis acuta).*

Aetiologie: Sie entsteht einmal *durch Einwirkung eines kalten Luftzuges oder kalten Wassers* auf das Trommelfell, wie z. B. bei kalten Bädern und Douchen, bei kalten Ueberschlägen auf den Kopf ohne Verschluss des Ohreingangs mit Watte, sodann — meist allerdings mit Entzündung des Gehörgangs combinirt, mitunter aber auch ohne eine solche — *durch Einwirkung von siedenden, ätzenden oder reizenden Massen auf die Membran*, wie z. B. bei zufälligem oder absichtlich herbeigeführtem Eindringen von kochendem

Wasser, geschmolzenem Metall und dergl., Einführen von Knoblauch, Chloroform, Eau de Cologne oder ätherischen Oelen auf Watte zur Linderung von Zahnschmerzen. Bepinselung des Trommelfells mit Lapis- oder Jodlösung und ferner *im Anschluss an mechanische, auf die äussere Fläche des Trommelfells beschränkte*, also keine Ruptur verursachende *Verletzungen*. In manchen Fällen ist eine Ursache nicht aufzufinden. Ueber die bei Tuberculösen vorkommende primäre Myringitis s. später in dem Capitel „Tuberculose", über die croupöse Form der primären Trommelfellentzündung S. 180.

Subjective Symptome: Im Beginn der Entzündung bestehen meist heftige *Schmerzen* im Ohre, welche mitunter in die Nachbarschaft ausstrahlen, daneben zuweilen subj. *Geräusche, Pulsiren, Gefühl von Hitze, seltener von Kälte im Ohr*. Bei Kindern kann auch *Fieber* vorhanden sein. Der Schmerz pflegt gewöhnlich nur einige Tage zu währen und mit dem Eintritt einer zunächst meist serösen oder serös-sanguinolenten Secretion zu verschwinden; nach Verbrühung oder Anätzung des Trommelfells dagegen kann er auch Wochen lang andauern. Das Hörvermögen ist bei der idiopathischen Myringitis im Gegensatz zu der als Theilerscheinung der Otit. media auftretenden nur wenig herabgesetzt.

Objective Symptome: Der *Ohrenspiegelbefund* variirt, je nachdem die Entzündung die *ganze* Trommelfellfläche oder nur einen *Theil* derselben betrifft. Als erstes objectiv wahrnehmbares Symptom der Myringitis findet man, insbesondere in der Cutisschicht, eine mehr minder starke *Hyperaemie* der Membran, deren Erscheinungsformen in ihren verschiedenen Intensitätgraden bereits S. 34 geschildert sind. In manchen Fällen treten gleichzeitig die S. 34 beschriebenen *Ecchymosen* auf. Später gesellt sich dann bald, falls es sich nicht um eine ganz leichte Entzündung handelt, welche in diesem Stadium bereits ihren Höhepunkt erreicht hat, eine *seröse Durchtränkung der Cutisschicht* hinzu, welche der gewöhnlich dunkelrothen, oft auch lividen Trommelfelloberfläche einen gewissen Flüssigkeitsglanz verleiht, und durch welche mitunter das Epithel in Form kleiner hanfkorngrosser, mit seröser Flüssigkeit gefüllter, hellgelb gefärbter, durchscheinender *Bläschen* abgehoben wird. Häufig allerdings beobachtet man diese Bläschen nicht, theils weil dieselben meist schon nach einigen Stunden platzen, worauf an der betreffenden Stelle des Trommelfells, das vorher abgehobene, dann wieder zurückgesunkene Epithel als eine schmutzigweisse oder graue, trübe, leicht zerklüftete Schrunde erscheint, theils weil sie in vielen Fällen überhaupt nicht auftreten, vielmehr in Folge starker seröser Durchfeuchtung von vorn herein *Maceration und Zerfall des Epidermisüberzugs* erfolgt. In letzterem Falle erscheint dann das Trommelfell, welches durch Hyperaemie, seröse Durchfeuchtung und oft auch bereits durch entzündliche *zellige Infiltration seiner Cutisschicht* abgeflacht oder nach aussen gar vorgewölbt ist, als eine plane oder convexe Fläche, auf ihrer Aussenseite bekleidet mit einer schmutzig-weiss oder grau gefärbten, trüben und durch unregelmässige Spalten in eine Reihe kleinerer oder grösserer Felder mosaikartig zerklüfteten glanzlosen Decke, dem macerirten und in Folge des Aufquellens geplatzten Epidermisüberzug. Durch die erwähnten, die einzelnen Felder der Epitheldecke trennenden Furchen scheint das darunter liegende entzündlich geröthete Corium hindurch.

Im weiteren Verlauf wird nun durch die abgesonderte Flüssigkeit oft die macerirte Epidermisschicht entweder in Form einzelner kleiner Fetzen oder auch in toto vollkommen *weggespült*. In letzterem Fall erscheint das Trommelfell als eine *rothe, feuchtglänzende, mitunter nach aussen convexe Fläche*, welche von Ungeübten leicht mit einem das Lumen des Gehörgangs ganz ausfüllenden *Polypen* verwechselt werden kann. In ersterem Fall dagegen sieht man *auf rothem glänzendem Grunde*, dem entzündlich gerötheten, aufgelockerten und geschwollenen Corium, *einzelne graue oder schmutzig-weisse, trübe Epithelinseln* von unregelmässiger Grösse, Gestalt und Anordnung.

Die Contouren des Manubr. mallei und später auch die des Proc. brevis werden mitunter schon durch die Hyperaemie und seröse Durchfeuchtung der Cutisschicht mehr weniger *verdeckt*, vollends aber durch die Maceration der Epidermisdecke und die zellige Infiltration des Corium. Mitunter entwickelt sich an der Aussenfläche der Membran eine spärliche und kurz dauernde *Eiterabsonderung*. Das Vorkommen grösserer *mit serösem* (gelbem und transparentem) oder eitrigem (grünlich gelbem und undurchsichtigem) *Inhalt gefüllter interlamellärer Blasen* am Trommelfell ist selten; etwas häufiger dasjenige von dunkelrothen, rothblauen oder dunkelvioletten *Blutblasen*, welche zuweilen auch auf den Gehörgang übergreifen. Derartige grössere Blasen resp. Abscesse können sich über den Hammergriff herüberlagern und die Contouren desselben verdecken (Taf. VII Fig. 19). Platzen sie, so fliessen ein paar Tropfen wässriger, eitriger oder blutiger Flüssigkeit in den Gehörgang; im letzteren Fall bleibt an ihrer Stelle mitunter eine dunkle Auflagerung eingetrockneten Bluts am Trommelfell zurück.

Sehr selten entwickelt sich bei der idiopathischen Myringitis ein zur *Perforation* führendes Geschwür am Trommelfell.

Der dem Trommelfell zunächst gelegene Theil des *knöchernen Gehörgangs* entzündet sich, wenn er auch Anfangs unbetheiligt erschien, später secundär, und in Folge der Röthung und Schwellung seines Hautüberzugs verschwindet die scharfe Begrenzung zwischen ihm und dem Trommelfell.

Die geschilderten, bei der Ohrenspiegeluntersuchung wahrnehmbaren Veränderungen bilden sich beim Rückgang der Entzündung in derselben Reihenfolge zurück, in welcher sie entstanden sind. So erscheinen z. B. die Contouren des Proc. brevis, welche bei zunehmender Röthung und Schwellung des Trommelfells später verschwinden als diejenigen des Manubr. mallei — der in dem gerötheten Trommelfell als gelbes Köpfchen sichtbare, etwas prominente kurze Fortsatz könnte in solchem Falle von Ungeübten leicht mit einer von rothem Hof umgebenen gelben *Eiterpustel* verwechselt werden — bei der Abnahme der Entzündung und Schwellung auch früher wieder als die letzteren.

In gleicher Weise bleibt die Injection der Hammer- und Randgefässe entsprechend ihrem früheren Auftreten meist länger bestehen als die der Radiärgefässe, sodass im letzten Stadium der Entzündung dasselbe Trommelfellbild zur Beobachtung gelangt, wie im Beginn. Die graue Farbe des normalen Trommelfells kehrt in der Regel zuerst am Umbo zurück und verbreitet sich von hier aus allmählich über die ganze Membran; schliesslich erhält auch die Gegend des Lichtkegels wieder ihren normalen Glanz.

Wie aus obiger Schilderung des Ohrenspiegelbefundes bei der Myringitis hervorgeht, ist das Bild des entzündenden Trommelfells ein sehr verschiedenes, je nachdem es sich um einen geringen oder um einen hohen Grad von Entzündung handelt, je nachdem der Process die ganze Membran befällt oder sich auf Theile derselben beschränkt, je nachdem endlich die Untersuchung in einem früheren oder späteren Stadium der Erkrankung vorgenommen wird.

Diagnose: Die Diagnose einer Trommelfellentzündung ist für den mit der Ohrenspiegeluntersuchung Vertrauten eine leichte. Sie beruht auf den vorher beschriebenen entzündlichen Veränderungen des normalen Trommelfellbildes. *Ueber die Unterscheidung der entzündeten Membrana tympani von der mit entzündeter Schleimhaut bekleideten, durch einen grossen bez. totalen Trommelfelldefect sichtbaren inneren Paukenhöhlenwand* s. S. 38, 39 u. 40.

Bei ungenügender Uebung in der Otoscopie kann ferner, wie oben bereits angedeutet wurde, das von Epidermis entblösste, geröthete und geschwellte Corium des entzündeten Trommelfells, welches eine plane oder auch etwas convexe feuchtglänzende rothe Fläche darstellt, mit der Aussenfläche eines grossen, das Lumen des

Gehörgangs erfüllenden *Polypen* verwechselt werden. Zur Sicherung der Diagnose dient die Sondenuntersuchung, welche indessen nur im Nothfall und selbstverständlich nur unter Leitung des Reflectors und mit grösster Vorsicht (s. auch S. 115 u. 116) vorgenommen werden darf. Handelt es sich um einen Polypen, so kann die Sonde zwischen dem Rande des Tumors und der Gehörgangswand eindringen, was bei der Trommelfellentzündung natürlich unmöglich ist.

Eine *idiopathische* Myringitis werden wir nur in denjenigen Fällen annehmen dürfen, wo bei hochgradiger mit dem Ohrenspiegel wahrnehmbarer Entzündung der Membran die Hörschärfe kaum merklich herabgesetzt ist, während höhere Grade von Hörstörung das Vorhandensein einer als Theilerscheinung der Otit. media auftretenden Trommelfellentzündung wahrscheinlich machen.

Da bei der Mittelohrentzündung das Auscultationsgeräusch während des Catheterismus tubae bestimmte, S. 61 u. 62 beschriebene Veränderungen zeigt, so könnte zur differentiellen Diagnose zwischen der idiopathischen Myringitis und der als Theilerscheinung der Otit. media auftretenden die Auscultation herangezogen werden. Während des acuten Stadiums indessen ist es besser, hiervon Abstand zu nehmen, weil der Catheterismus eine Zunahme der Entzündungserscheinungen zur Folge haben kann. Interlamelläre mit Serum, Eiter oder Blut gefüllte Blasen (Taf. VII Fig. 19), welche auch bei idiopathischer Myringitis häufiger zur Beobachtung gelangen, können mit sackartigen Ausstülpungen der Membran durch in der Paukenhöhle angesammeltes Exsudat (Taf. VII Fig. 30) verwechselt werden. Letztere kommen namentlich dann öfters vor, wenn das Trommelfell bereits vor Eintritt der Exsudation in die Paukenhöhle an irgend einer Stelle durch Atrophie oder Narbenbildung erschlafft war. Die differentielle Diagnose solcher Exsudatsäcke von interlamellären Trommelfellblasen beruht auf den eben erwähnten, sowohl bei der Hörprüfung wie auch eventuell bei der Auscultation des Mittelohrs wahrnehmbaren Unterschieden zwischen idiopathischer Myringitis und Otitis media.

Verlauf: Im Gegensatz zu der Otitis media erfolgt bei der acuten idiopathischen Myringitis die *Heilung* meist schon in 3 bis 8 Tagen, sehr selten erst nach mehreren Wochen.

Leichte Hyperämie und Trübung des Trommelfells mit Epidermisabschuppung können allerdings auch nach erfolgter Heilung noch längere Zeit zurückbleiben. Auch kann die Entzündung dauernde Veränderungen am Trommelfell, wie atrophische Verdünnung, Trübungen der Membran und Kalkeinlagerungen in die Substanz derselben hinterlassen.

Uebergang der acuten Myringitis in die chronische ist selten.

Therapie: Bei sehr unbedeutenden oder ganz fehlenden Schmerzen genügt es, das entzündete Trommelfell durch Verschluss des Ohreingangs mit 4 $^0/_0$ iger Salicylwatte vor äusseren Schädlichkeiten zu schützen. Sodann muss Patient Alles, was eine Congestion zum Kopf hervorrufen kann, wie starke körperliche Anstrengung, Alcoholica, ferner aber auch, um eine Erschütterung bez. Zerreissung der entzündeten Membran zu verhüten, starkes Schnäuzen möglichst vermeiden; auch sorge man bei etwaiger zufälliger Complication mit heftigem Husten durch entsprechende Medicamente für Milderung desselben.

Sind dagegen stärkere Schmerzen vorhanden, so muss man ausserdem eine *Eisblase* aufs Ohr legen; und wenn dieses nichts nützt, *Blutegel* dicht vor dem Tragus setzen (s. S. 127 u. 172) eventuell auch noch durch kräftige Abführmittel auf den Darm ableiten. Lassen auch diese Maassnahmen zur Linderung der Schmerzen im Stich, und sind interlamelläre Blasen resp. Abscesse am Trommelfell sichtbar, so spalte man die äussere Decke derselben mit der Paracentesennadel, vermeide hierbei indessen, sämmtliche Trommelfellschichten zu durchtrennen, da sonst mitunter eine eitrige Mittelohrentzündung entsteht. HARTMANN empfiehlt bei Myringitis als schmerzlindernd Einträuflung von 10—20⁰/₀igem lauwarmen Carbolglycerin.

Etwaige Eiterabsonderung an der Oberfläche des Trommelfells ist gewöhnlich durch *Ausspülung* des Ohres mit 3⁰/₀iger Borsäurelösung rasch zu beseitigen; wenn nicht, muss man derselben *Insufflation* von Borsäurepulver nachfolgen lassen.

b) Die chronische idiopathische Trommelfellentzündung (Myringitis chronica).

Sie entwickelt sich mitunter aus der acuten Form, insbesondere wenn diese scrophulöse und kachectische Individuen befallen hatte; in anderen Fällen tritt sie ohne acutes Anfangsstadium von vornherein schleichend auf.

Objective Symptome: Erstreckt sich die Entzündung über die ganze Ausdehnung der Trommelfelloberfläche, so erscheint die Membran bei der *Ohrenspiegeluntersuchung* mit Secret bedeckt und nach Entfernung des letzteren undurchsichtig, verdickt und abgeflacht. Das *Secret*, welches meist nur in geringer Menge abgesondert wird, ist bald mehr serös, bald mehr eitrig, und gewöhnlich recht fötid. Mitunter kommt es bei der chronischen Entzündung des Trommelfells zu einer starken *Wucherung seiner Epidermis* und findet man dann auf der Aussenfläche der Membran eine dicke, undurchsichtige Schicht von schmutziger, gelblichweisser Farbe, welche der darunter liegenden Cutis fest anhaftet und sich daher beim Ausspritzen des Ohres nur schwer von derselben ablösen lässt. Ist dieses doch erreicht, so liegt nun die *entzündete Cutis* entweder als durchweg rothe, sammetartig glänzende oder, falls die Epidermisdecke nur zum Theil weggespült ist, mit unregelmässig angeordneten schmutzig gelbweissen Auflagerungen bedeckte Fläche frei zu Tage. Zuweilen, wenn auch selten, zeigt sie stecknadelkopf- oder hanfkorngrosse *papilläre Excrescencen*, die entweder vereinzelt oder auch in grosser Anzahl auftreten, und in letzterem Falle dem entzündeten Trommelfell das Aussehen einer rothen, feucht glänzenden Himbeere verleihen können, seltener *grössere Granulationen oder Polypen (Myringitis villosa* und *granulosa).*

Wegen der starken Verdickung der darüber liegenden Epidermis- und Cutisschicht sind bei der diffusen chronischen Myringitis die *Contouren des Manubr. mallei* und gewöhnlich *auch die des Proc. brevis nicht wahrnehmbar.* Beschränkt sich die Entzündung, was seltener der Fall ist, auf einzelne Theile des Trommelfells, so findet man die oben beschriebenen Veränderungen nur an diesen.

Subjective Symptome: Dieselben bestehen in den meisten Fällen in lästigem *Jucken im Ohre* und in *üblem Geruch* aus demselben. Nur selten wird über ein Gefühl von Fülle, vorübergehende Stiche und subj. Geräusche geklagt. Das Gehör ist meist nur wenig herabgesetzt.

Diagnose: Für die Annahme einer idiopathischen chronischen Myringitis im Gegensatz zu der als Theilerscheinung einer chronischen Mittelohrentzündung auftretenden secundären spricht eine nur geringfügige Abnahme der Hörschärfe. Ausserdem aber kann hier als Hülfsmittel für die differentielle Diagnose die Auscultation beim Catheterismus tubae mit herangezogen werden, bei welcher, wenn eine Mittelohrentzündung vorliegt, Schwellung der Schleimhaut, Secretion event. auch Perforationsgeräusch nachweisbar wäre. Endlich spricht das Fehlen einer Trommelfellperforation für das Bestehen einer idiopathischen Myringitis, da bei einer als Theilerscheinung der Otit. media auftretenden in chronischen Fällen wohl immer Perforation vorhanden ist.

Verlauf und Prognose: Die primäre chronische Myringitis ist meist *sehr hartnäckig*, oft von Jahre langer Dauer, kann aber bei passender Behandlung *vollständig heilen*. Als *Residuen* der Entzündung nach Ablauf derselben bleiben Trübungen, Verdickungen, Kalkablagerungen und atrophische Stellen am Trommelfell häufig zurück. Oberflächliche oder perforirende Geschwürsbildung ist selten, etwas häufiger eine längere Zeit anhaltende Abschuppung der Epidermis oder Krusten-bildung an der Aussenfläche des Trommelfells nach Beseitigung der Secretion *(Myringitis sicca oder desquamatica)*. Das *Gehör* kann sich vollkommen wieder herstellen. In anderen Fällen bleibt eine geringe, sehr selten — bei exessiver Ver-dickung der Membran — hochgradige Schwerhörigkeit dauernd bestehen.

Therapie: Nach *Ausspritzen* des Gehörgangs mit $3\,^0/_0$ iger Borsäurelösung und Aufsaugen der etwa zurückgebliebenen Flüssigkeit mit Verbandwatte *insufflire* man so viel feingepulverte *Borsäure,* dass das Trommelfell mit einer dicken Pulver-schicht bedeckt ist. Am nächsten Tage soll, falls sich das Pulver durchfeuchtet zeigt, oder von dem Secret vollständig gelöst ist, in derselben Weise verfahren werden, während in der Zwischenzeit der Ohreingang durch antiseptische Watte dauernd verstopft gehalten wird. Findet man das eingeblasene Borsäurepulver nach 24 Stunden noch vollkommen trocken, so lässt man es noch 2 bis 3 Tage im Ohre liegen und spritzt erst dann wieder aus.

Setzt diese Behandlung in etwa 8 Tagen die Eiterabsonderung gar nicht herab, so lasse man 1—3 mal täglich nach vorhergehendem Ausspritzen des Ohres mit $3\,^0/_0$ igem Borwasser eine Einträuflung von lauwarmem $5\,^0/_0$ igem *Boralcohol* machen. Letzterer muss etwa 15 Minuten im Ohre bleiben und Anfangs, wenn er heftige Schmerzen hervorruft, zur Hälfte mit destillirtem Wasser verdünnt werden. Nach öfterer Anwendung pflegt er allmählich in immer stärkerer Concentration vertragen zu werden. Diese Behandlungsweise passt insbesondere für die desquamativen und granulösen Formen der chronischen Myringitis. Werden indessen die papillären Excrescenzen und Granulationen an der Aussenfläche des Trommelfells durch alleinige Anwendung des Boralcohols nicht bald zum Schwinden gebracht, so zerstöre man sie entweder mit dem Galvanocauter (s. S. 126 u. 127) oder durch circumscripte Aetzung mit Argent. nitric. oder Chromsäure (s. S. 126). Grössere von der Aussenfläche des Trommelfells entspringende Polypen sind mit der Schlinge zu entfernen (s. später bei der Therapie der Ohrpolypen).

Bei sehr hartnäckiger durch die genannten Mittel nur wenig oder gar nicht verminderter Secretion wende man Einträuflungen einer $5-10\,^0/_0$ igen lauwarmen *Höllensteinlösung* an, welche indessen nach höchstens einer Minute durch Ausspülung mit lauwarmem Salzwasser neutralisirt werden muss. Durch diese Instillationen, welche erst nach Abstossung des Höllensteinschorfs, gewöhnlich also nicht früher als nach 2 bis 3 Tagen, wiederholt werden dürfen, pflegt selbst eine hartnäckige Eiterabsonderung in 3 bis 4 Wochen beseitigt zu werden. Bei nicht perforiren-den Ulcerationen im Trommelfell empfiehlt sich Auftragen von Jodoform- oder Jodolpulver.

Die acute einfache Mittelohrentzündung (Otitis media simplex acuta).

Dieselbe ist **pathologisch-anatomisch** characterisirt durch starke *Hyperämie der Schleimhaut,* welcher sehr bald *Auflockerung* und *Verdickung* der letzteren in Folge von seröser Durchfeuchtung und von Infiltration mit Blutkörperchen und Rundzellen und ferner der *Erguss eines schleimig-eitrigen oder eitrigen Exsu-*

dats auf die freie Oberfläche folgt, sowie durch eine gleichzeitige *begleitende Entzündung des Trommelfells*. Das Epithel der mitunter auch ecchymosirten Schleimhaut ist trüb, aufgequollen, stellenweise abgehoben und abgestossen. Das in den Mittelohrraum ergossene *Exsudat* besteht aus einer dicken, trüben, Schleim-, Eiter- und Epithelzellen, Detritus und Microorganismen, nicht selten auch zahlreiche rothe Blutkörperchen enthaltenden Flüssigkeit. In dieser waltet mitunter der Schleimgehalt vor; in anderen Fällen besteht sie hauptsächlich aus Eiterzellen mit nur geringer Beimengung von Schleim. Zuweilen ist das Exsudat so zäh und consistent wie Gallerte, in seltenen Fällen vorwiegend hämorrhagisch *(Otit. med. hämorrhagica)*. Durch die Verdickung der Mucosa, welche zuweilen eine Stärke von 2 mm und mehr erreicht, und durch das ausgeschiedene Exsudat kann *das freie Lumen der Paukenhöhle* fast aufgehoben sein.

Die Hyperaemie der Schleimhaut pflanzt sich in schwereren Fällen auf die von ihr bekleideten *Knochen* fort und macht sich mitunter auch im *Labyrinth* geltend.

Die Otit. med. simpl. acuta kann sich auf die Paukenhöhle beschränken, häufiger breitet sie sich über das *ganze* Mittelohr aus. Fast immer erstrecken sich Hyperaemie und Schwellung auf die dem Trommelfell benachbarten Theile des *äusseren Gehörgangs*.

In seltenen Fällen tritt die acute einfache Mittelohrentzündung *ganz circumscript* auf und beschränkt sich auf den oberen Paukenhöhlenraum oder auch auf das häufig in sich abgeschlossene nach innen vom Hammerkopf und -hals, nach aussen von Shrapnell'scher Membran und oberem knöchernen Theil der lateralen Paukenhöhlenwand begrenzte Höhlensystem (Taf. II Fig. 12, 13, 14, 15.).

Bezüglich der **Aetiologie** s. S. 184—186. Hinzuzufügen wäre noch, dass sich die acute einfache Mittelohrentzündung auch *aus dem acuten oder chronischen exsudativen Mittelohrcatarrh* entwickeln kann und zwar entweder durch Wucherung der Microorganismen bei Veränderung der Schleimhaut, z. B. nach Erkältungen, Verletzungen, oder auch in Folge der Luftdouche (s. S. 197, 198 u. 238).

Symptome: *Bei der Ohrenspiegeluntersuchung* findet man *das Bild des entzündeten Trommelfells*, wie wir es bei Besprechung der primären Myringitis bereits früher (S. 188 u. 189) geschildert haben. Die auch bei letzterer Krankheit nicht selten vorkommende und dort (S. 188) bereits erklärte Abflachung resp. Auswärtswölbung des entzündeten Trommelfells ist bei der acuten Mittelohrentzündung zum Theil auf den Druck des in der Paukenhöhle angesammelten freien Exsudats zu beziehen. In Folge dessen erscheint der in der Norm stets am wenigsten resistente hintere und obere Quadrant des Trommelfells häufig am stärksten nach aussen gewölbt. Ausser der Entzündung der Membrana tympani finden wir *ferner häufig Hyperämie, leichte Schwellung und seröse Durchfeuchtung der Cutis in dem angrenzenden Theil des knöchernen Gehörgangs.* In den seltenen Fällen einer circumscripten im oberen Paukenhöhlenraum oder in Schmiegelow's Antr. und Cellul. Shrapnelli localisirten acuten einfachen Mittelohrentzündung erscheint der obere Theil des Trommelfells und die angrenzende Gehörgangswand stark geröthet und die Membrana flaccida blasenförmig vorgewölbt.

Die subjectiven Symptome bestehen erstens in stechenden, bohrenden, reissenden oder klopfenden *Schmerzen im Ohre*, welche häufig sehr heftig sind, gewöhnlich aber nicht continuirlich andauern, sondern in Anfällen auftreten, die durch völlig oder wenigstens beinahe *schmerzfreie*, oft Stunden lang währende *Intervalle* getrennt sind. Gegen Abend und in der Nacht exacerbiren sie fast immer. Räuspern, Husten, Aufstossen, mehr noch Niesen und stärkeres Schnäuzen der Nase, ferner heftige Erschütterungen des Kopfes rufen gewöhnlich eine Zunahme der Schmerzen

hervor, seltener auch Schluckbewegungen. Aufregungen, Genuss erhitzender Getränke
und stärkere Schalleindrücke. Vom Ohr *irradiiren* sie mitunter in die Nachbarschaft (gegen Scheitel, Schläfe, Hinterkopf, Hals und Zähne). Nur selten geht
ihnen ein Gefühl von Fülle und Verlegtsein im Ohre oder Kopfschmerz voraus.
Die der Tuba Eust. entsprechende Parthie der seitlichen Halsgegend unmittelbar
hinter dem aufsteigenden Unterkieferast und unter der Ohrmuschel ist gewöhnlich,
die Regio mastoidea dagegen namentlich bei Erwachsenen nur in schwereren Fällen
druckempfindlich. Bei letzteren muss eine starke entzündliche Schwellung der
Schleimhautauskleidung des Warzentheils angenommen werden. Mitunter klagen die
Kranken am Anfang nur über Schmerzen im Kopf oder in den Zähnen, nicht aber
im Ohre, sodass hierdurch Irrthümer in der Diagnose, Verwechslung mit rheuma-
tischem Kopfschmerz oder Trigeminusneuralgie hervorgerufen werden können. Recht
häufig besteht ein gewöhnlich Abends exacerbirendes *Fieber*, welches zuweilen,
namentlich bei Kindern, einen hohen Grad erreichen und dann mit *Kopfschmerz*,
Erbrechen, *Betäubung*, *Schwindel*, *Delirien*, in seltenen Fällen sogar mit *Convulsionen* verbunden sein kann. Bei Kindern mit Otit. med. simplex acuta kommen
Temperaturen von 40° C nicht gerade selten vor. In anderen Fällen wiederum
ist die Körpertemperatur nur um einige Zehntel höher als in der Norm. *Schwerhörigkeit* ist auf der erkrankten Seite stets vorhanden; indessen kann sie, solange
sich die Entzündung im Stadium der Fluxion befindet, gering sein, um erst später
nach Eintritt der Exsudation auf die freie Fläche einen höheren Grad zu erreichen.
Oft zeigt übrigens die Herabsetzung der Hörschärfe während der Dauer der Krankheit mehr minder erhebliche Schwankungen. *Subj. Gehörsempfindungen* sind häufig,
aber nicht constant, oft zeigen sie einen pulsirenden Character.

Zuweilen bestehen *Schwere und Eingenommenheit des Kopfes* sowie die S. 103
u. 104 besprochene *Autophonie*, ferner wird namentlich nach Ablauf der Schmerzen
nicht selten über *Knistern und Knacken bei Schluckbewegungen* geklagt. Auch
kann *Facialislähmung* vorkommen, wenn, was durch Dehiscenzen im Canal. Fallopp.
begünstigt wird, Hyperämie und Entzündung auf das Neurilemm des Facialis
übergreifen.

Ueber die **Differentialdiagnose** zwischen acuter Mittelohrentzündung und
primärer Myringitis s. S. 190, über die Unterscheidung der Otit. med. acuta simplex
von der Otit. med. acuta perforativa in dem folgenden Capitel (S. 200, 201, 202
u. 204).

Bei *Kindern*, welche den Sitz ihrer Schmerzen noch nicht anzugeben vermögen, kann, wenn hohes Fieber, Erbrechen, Betäubung, Delirien oder gar Convulsionen bestehen, der *Verdacht* von dem Vorhandensein *einer intracraniellen Erkrankung*, insbesondere einer Meningitis auftauchen, und soll daher in solchen
Fällen stets von sachkundiger Seite eine Ohrenspiegeluntersuchung vorgenommen
werden. Findet man hierbei ein entzündetes Trommelfell, so ist eine Cerebralaffection
zwar nicht ausgeschlossen, wohl aber eine acute Mittelohrentzündung sehr wahrscheinlich gemacht, mit Rücksicht auf die Seltenheit primärer Myringitis fast sichergestellt. Auch sogenannte „*Zahnkrämpfe*" werden bei kleinen Kindern häufig
durch eine acute Mittelohrentzündung vorgetäuscht.

Verlauf und Prognose: Die acute einfache Mittelohrentzündung pflegt bei
richtiger Behandlung zu vollkommener *Heilung* zu gelangen. Das in der Paukenhöhle angesammelte Exsudat nimmt allmählich immer mehr ab und auch die
Schwellung und Hyperaemie der entzündeten Theile kann sich vollkommen zurückbilden, sodass nach Ablauf der Krankheit weder irgendwelche objective Veränderungen noch subjective Beschwerden mehr nachweisbar sind. In anderen Fällen

bleiben Trübungen, Verdickungen, Kalkablagerungen oder auch atrophische Stellen im Trommelfell zurück, die Tuba Eust. bleibt in Folge von Schwellung und Verdickung ihrer Schleimhaut enger, sodass das Auscultationsgeräusch beim Catheterismus abnorm dünn resp. schwach und event. von trockenem Rasselgeräusch begleitet erscheint. Trotz dieser durch die Otoscopie bez. Auscultation des Mittelohrs objectiv nachweisbaren *Residuen* der überstandenen Krankheit braucht Patient in seinem subjectiven Befinden keinerlei Störungen mehr aufzuweisen, indem sowohl die Schwerhörigkeit wie auch die subj. Gehörsempfindungen gänzlich geschwunden sein können. Letztere bleiben in seltenen Ausnahmefällen trotz vollkommener Restitution des Gehörs bestehen.

Die *Dauer der Otit. med. simpl. acuta* schwankt bei genuinen Entzündungen, gesunder Constitution und günstigen äusseren Verhältnissen des Patienten je nach der Intensität des Processes zwischen einigen Tagen und etwa drei Wochen; die *Dauer des schmerzhaften Stadiums* und des Fiebers, falls letzteres vorhanden ist, zwischen einigen Stunden und etwa 8 Tagen. Bei schwächlichen, anämischen, scrophulösen, tuberculösen, syphilitischen und diabetischen Individuen aber kann der Verlauf ein protrahirterer sein, desgleichen in den bei acuten Infectionskrankheiten oder chronischen Nasenrachenaffectionen und während der Gravidität entstandenen Entzündungen sowie bei solchen Patienten, welche sich äusseren Schädlichkeiten, wie Erkältungen und dergl., nicht genügend entziehen.

In all' diesen Fällen kann der *Ausgang der Erkrankung* auch ein ungünstigerer sein, die einfache Mittelohrentzündung *in die perforative* und — namentlich bei häufigen Recidiven, für welche immer eine grosse Disposition noch längere Zeit nach Ablauf der Krankheit zurückbleibt, — *in den chronischen Mittelohrcatarrh übergehen.* Endlich kann bei der Otit. med. simpl. acuta auch *Tod durch Meningitis oder Pyämie* erfolgen. Indessen ist dieses so ungemein selten, dass man selbst bei dem namentlich im Kindesalter bei dieser Krankheit häufigen Vorkommen von Cerebralsymptomen kaum ernstlich an einen lethalen Ausgang zu denken braucht.

Therapie: Solange Schmerzen vorhanden sind, muss die Behandlung zunächst gegen diese gerichtet sein. In ganz leichten Fällen wird es genügen, am Tage eine *Opium- oder Morphiumsalbe* (Ung. opiatum oder Morph. muriat. 0,1—0,5; Vasel. flav., Lanol. āā 5,0) 2—3stündlich in der Umgegend des Ohres einreiben zu lassen, und in der Nacht, falls Patient durch Schmerzen im Schlaf gestört wird, einen feuchtwarmen *hydropathischen Umschlag* (s. S. 129) auf das Ohr zu appliciren. Bei etwas schwereren Fällen, in denen die Schmerzanfälle häufiger und stärker auftreten, lasse man den feuchtwarmen hydropathischen Ueberschlag auch am Tage tragen, wobei der Kranke dann natürlich das Zimmer hüten muss. Ist die Entzündung noch heftiger, sind die Schmerzen sehr intensiv, und, wenn auch an Stärke wechselnd, so doch ziemlich continuirlich, so empfiehlt es sich, eine *Eisblase* (s. S. 128) auf's Ohr zu legen und, falls auch hiernach in einigen Stunden ein erheblicher Nachlass der Schmerzen nicht eintritt, 2—6 *Blutegel* in der nächsten Umgebung des Ohres, also *dicht vor den Tragus und auf den Warzentheil* zu setzen (s. S. 127). Durch diese wird gewöhnlich eine rasche und eclatante Abnahme resp. vollkommene Beseitigung der Schmerzen bewirkt.

Wo schon die objective Untersuchung mit dem Ohrenspiegel die Entzündung *sehr heftig* erscheinen lässt, werden wir gut thun, *sofort* Blutegel zu verordnen, ohne vorher mit der Anwendung von narcotischen Salben oder hydropathischen Ueberschlägen unnütz Zeit zu verlieren. Bei sehr kräftigen Patienten und Symptomen von Hirnhauthyperaemie kann man ausserdem *Laxantien* verabreichen in einer Dosis, bei welcher mehrmals täglich flüssige Stühle erfolgen *).

Nach der Application der Blutegel kann der Eisbeutel noch so lange aufgelegt werden, als er dem Patienten angenehm ist. Mitunter vermehrt aber Eis die Beschwerden und muss dann event. mit feuchtwarmen Ueberschlägen vertauscht werden. Wo die Nachtruhe durch grosse Schmerzen längere Zeit gestört wird, gebe man innerlich ein Narcoticum, entweder Morph. muriatic. 0.01—0.02, oder, falls dieses schlecht vertragen wird, Chloralhydrat 2.0 oder Sulfonal 2.0 **).

BENDELAK-HEWETSON empfiehlt Instillationen von 20%igem *Carbolglycerin*, durch welche die Schmerzen in manchen Fällen geradezu coupirt, in anderen sehr gemildert werden sollen. Von HARTMANN wird dieses bestätigt, doch benützt er nur 10%iges Carbolglycerin.

Wird weder durch Eis noch durch feuchtwarme Umschläge noch auch durch Blutegel im Lauf von etwa 2—3 Tagen eine nennenswerthe Linderung der Schmerzen herbeigeführt, so mache man die *Trommelfellparacentese* (s. S. 130). Dieselbe ist ferner *sofort* auszuführen, wo drohende Erscheinungen, wie sehr hohes Fieber, heftige Kopfschmerzen, Uebelkeit und Erbrechen, Schwindel, Delirien oder Convulsionen bestehen, und ausserdem in denjenigen, eigentlich allerdings in die Gruppe der Otit. med. perforativa acuta gehörenden, Fällen, wo der Ohrenspiegelbefund einen baldigen Trommelfelldurchbruch erwarten lässt, also bei gelbgrüner Verfärbung der am stärksten vorgewölbten Partie des Trommelfells. Nach der Paracentese, nach welcher gewöhnlich bald ein schleimig-eitriger oder eitriger Ausfluss sich einstellt, — nur selten, nämlich bei ganz zähem dickem Exsudat, kommt kein Secret zum Vorschein — tritt entweder sogleich oder doch wenigstens sehr bald erhebliche Verminderung der Schmerzen ein, welche mitunter allerdings später wieder exacerbiren können. Bei herabgekommenen, scrophulösen oder tuberculösen Kranken können der Paracentese sehr langwierige chronische Mittelohreiterungen folgen.

Sehr wichtig ist es, dass Patient während des Bestehens der Otit. med. simpl. acuta, insbesondere aber während des schmerzhaften Stadiums derselben, sich eine

---

*) z. B. Rp.
Calomel. 0,2—0,5 (bei Kindern 0,02—0,05)
Sacch. alb. 0,3
M. f. pulv. D. tal. dos. ad capsul. amylaceas V
S. alle 3 Stunden 1 Pulver bis zur Wirkung.

oder Rp.
Calomel. 0,1
Tuber. Jalapae pulv. 0,3
Sacch. alb. 0,3
M. f. pulv. D. tal. dos. V
S. 3—4 mal täglich 1 Pulver.

oder Infus. Sennae composit. (Wiener Trank) stündlich 1 Thee- bis Esslöffel bis zur Wirkung.

oder Ol. Ricini stündlich 1 Thee- bis Esslöffel bis zur Wirkung (in Kaffee oder Bouillon, besser noch in Capsul. gelatin. elastic.).

oder Bitterwasser.

**) Rp.
Morphin. muriatic. 0,01—0,02
Sacch. alb. 0,5
M. f. pulv. D. tal. dos. No. IV
S. Abends 1 Pulver zu nehmen.

Rp.
Chorali hydrat. 4,0
Sirup. cortic. aurant. 20,0
Aqu. destillat. ad 40,0
M. D. S. vor d. Schlafengehen 1—2 Esslöffel zu nehmen.

Rp.
Chloral. hydrat. 2,0
Morph. muriat. 0,02
Aqu. destill. 40,0
Sirup. cort. aurant. 20,0
M. D. S. Abends die Hälfte zu nehmen.

Rp.
Sulfonal. 1,0—2,0
d. tal. dos. No. III
S. 1 Pulver in einem Glase heissen Zuckerwassers gelöst mit dem Abendessen zwischen 7 u. 8 Uhr zu nehmen.

gewisse Schonung auferlegt, vor Allem jede Erkältung zu vermeiden sucht, bei heftiger Entzündung das Zimmer, bei Fieber sogar das Bett hütet und auch in leichten Fällen nur bei warmem Wetter in's Freie geht. Das Trommelfell werde während der ganzen Dauer der Krankheit durch einen lose in den Ohreingang gesteckten permanent zu tragenden und durch öfteres Erneuern stets rein zu haltenden Tampon aus hydrophiler oder $4\,^0/_0$iger Salicylwatte oder Gaze vor von aussen eindringender kalter Luft, Staub und Nässe geschützt. Sodann muss Alles, was Congestionen zum Kopf verursachen kann, wie der Genuss stärkerer alcoholischer Getränke, ferner anstrengende körperliche oder geistige Arbeit namentlich bei gebückter Kopfhaltung, sowie psychische Aufregungen streng untersagt werden, desgleichen auch das Rauchen und der Aufenthalt in raucherfüllten Räumen.

Ist eine *Angina catarrhalis* vorhanden, so verordne man ein Gurgelwasser ($^1/_2$ Theelöffel gepulverten Alaun auf $^1/_4$ Liter Wasser oder einen Theeaufguss von 1—2 Theelöffel Species ad gargarisma auf eine Tasse Wasser [reizmildernd]), bei *gleichzeitigem Catarrh der Respirationsorgane* Expectorantien (z. B. Ammon. chlorat. 5,0, Succ. Liquir. depur. 5,0, Aqu. dest. ad 200,0 zweistündlich 1 Esslöffel). Im Beginn ist es zweckmässig, den Patienten in's Bett zu legen und durch Verordnung *diaphoretischer Getränke*, Flieder- oder Lindenblüthenthee mit Zusatz von Spirit. Mindereri (1—2 Esslöffel auf eine Tasse Thee) und dergl., eine Ableitung auf die Haut herbeiführen. *Zur Milderung der subj. Gehörsempfindungen* kann, falls dieselben dem Patienten lästig und von pulsirendem Character sind, häufig mit gutem Erfolg *Acid. hydrobromic.* verordnet werden (s. S. 149).

Gegen die durch die acute einfache Mittelohrentzündung veranlassten *Hörstörungen* ist die *Luftdouche* zu appliciren, entweder in Form des Catheterismus tubae oder, wenn dieser durch sehr starke Empfindlichkeit der gleichzeitig entzündeten Nasen- resp. Rachenschleimhaut contraindicirt ist, nach einem der Ersatzverfahren desselben (trockene Nasendouche oder POLITZER'sches Verfahren), welch' letztere aber, wenn bei ihnen wegen zu starker Tubenschwellung keine Luft in die Paukenhöhle eindringt, doch wieder mit dem Catheterismus vertauscht werden müssen und ausserdem bei einseitiger Erkrankung mitunter auf das gesunde Ohr ungünstig einwirken können (s. S. 120). *Niemals sollte die Luft früher eingeblasen werden, als bis jeder Schmerz vollkommen geschwunden ist*, weil durch den Eintritt derselben in die Paukenhöhle sowie durch die dabei stattfindende passive Bewegung des entzündeten Trommelfells und der Gehörknöchelchenkette eine bedeutende Zunahme der Schmerzen und der übrigen Entzündungserscheinungen hervorgerufen werden kann. Auch wenn Schmerzen nicht mehr bestehen, darf die Luftdouche *zunächst nur mit grössester Vorsicht und unter möglichst geringem Druck* angewandt werden. Man comprimire den Ballon nur so stark, bis der Lufteintritt in die Paukenhöhle eben stattgefunden hat, wodurch dann meist sofort eine sehr beträchtliche Besserung des Hörvermögens und Abnahme der subj. Gehörsempfindungen erfolgt. Ist dieses nicht der Fall, so kann man, falls nicht bereits bei der geringen Druckstärke Schmerzen von Neuem eintreten, allmählich je nach Bedarf zu stärkeren Druckgraden übergehen. *Immer aber muss man sich vor Augen halten, dass die Luftdouche, abgesehen von der damit verbundenen mechanischen Reizung der entzündeten Theile, abgesehen davon ferner, dass sie in seltenen Fällen vielleicht eine Ruptur des entzündlich veränderten Trommelfells zu verursachen vermag, sehr wohl auch dadurch eine Verschlimmerung des Processes herbeiführen kann, dass sie aus Nase und Nasenrachenraum infectiöse Microorganismen in das Mittelohr verschleppt, wodurch eine Steigerung der Entzündung, Verzögerung ihres Verlaufs oder endlich Verwandlung der Otit.*

med. acuta simplex in die Otit. med. acuta perforativa veranlasst werden kann. Auch wird sie in manchen Fällen das infectiöse Paukenhöhlensecret in den Warzentheil oder den Aditus ad antrum schleudern und diese zuvor vielleicht noch nicht erkrankten Räume in Entzündung versetzen können. Es erscheint mir daher rationell, die Lufteinblasungen bei der acuten einfachen Mittelohrentzündung möglichst lange hinauszuschieben oder event. vollkommen zu unterlassen. Gelangen doch auch zahlreiche Fälle zur Beobachtung, in denen die Hörstörung ohne Application der Luftdouche in nicht zu langer Zeit gänzlich verschwinden, insbesondere, wenn man durch hydropathische Ueberschläge die Resorption des in die Paukenhöhle ausgeschiedenen Exsudats befördert und durch entsprechende Verordnungen (s. später in dem Capitel „Die Krankheiten der Nase etc.") etwa begleitende Affectionen der Nase und des Rachens bekämpft. Häufig genug freilich erweist sich die Luftdouche wegen anhaltender mehr weniger erheblicher Schwerhörigkeit resp. subj. Gehörsempfindungen doch als nothwendig. Die durch sie meist sofort erzielte Besserung pflegt zunächst vorübergehend zu sein. Hat das Gehör nach 24 Stunden wieder erheblich abgenommen, so wird man die Luftdouche täglich, später, wenn die erzielte Gehörsverbesserung länger anhält, jeden dritten Tag und allmählich immer seltener vornehmen, bis Patient schliesslich dauernd eine normale Hörschärfe aufweist. Die Erklärung für die günstige Wirkung der Luftdouche wird später bei dem acuten Mittelohrcatarrh gegeben, und ist das dort Ausgeführte auch für die Otit. med. simpl. acuta gültig. In den seltenen Fällen, in denen die Luftdouche gar keine Gehörsverbesserung zur Folge hat, und in den etwas häufigeren, in denen sie am Anfang zwar Gutes leistete, nach längerer Anwendung indessen keine Fortschritte mehr zu erzielen vermag, habe ich mitunter von der *Application der federnden Drucksonde,* welcher man, wie S. 142 näher ausgeführt ist, unter Umständen unmittelbar den Catheterismus folgen lassen muss, recht günstige Erfolge gesehen. Nach Ablauf des schmerzhaften Stadiums erweisen sich ferner *häufiges Gurgeln* je nach dem Zustande des Pharynx mit indifferenter oder adstringirenden Lösungen und bei Hypersecretion in der Nase und im Nasenrachenraum der *Gebrauch des v. Tröltsch'schen Zerstäubungsapparates* (Taf. XX Fig. 1) als zweckmässig.

Politzer empfiehlt, falls das in die Paukenhöhle ausgeschiedene Exsudat sehr zäh und schwer resorbirbar ist, was aus dem spärlichen nahen feuchten Rasseln beim Catheterismus, aus der geringen Hörweite nach demselben und aus der nach fortgesetzten Lufteinblasungen immer wieder schwindenden Hörverbesserung geschlossen werden kann, die Verflüssigung desselben durch mehrere Tage hindurch vorzunehmende subcutane Injectionen von 0,004—0,005 *Pilocarpin. muriatic.*

Schwartze giebt in denjenigen Fällen, wo das Cav. tympani von der excessiv geschwollenen Schleimhaut ganz erfüllt ist, die Luft beim Catheterismus überhaupt nicht bis zur Paukenhöhle vordringt und die Paracentese nur etwas Blut entleert, und ferner in denjenigen, wo eine Mitleidenschaft des Labyrinths wahrscheinlich ist (hochgradige Schwerhörigkeit für die Töne der 4 gestrichenen Octave), auch bei nicht syphilitischen Patienten *Calomel* 0,06—0,12 g pro dosi 3 mal täglich *bis zur beginnenden Salivation,* um hierdurch möglichst schnelle Abschwellung zu erzielen und Verwachsungen in der Paukenhöhle zu verhüten. Die Luftdouche ist auch in diesen Fällen täglich zu appliciren.

Nach Zaufal soll man schon bei Beginn der acuten Mittelohrentzündung die *Ohrmuschel und ihre Umgebung sowie den äusseren Gehörgang streng desinficiren und desinficirt erhalten,* um hierdurch, falls später das Trommelfell perforirt wird, einer Secundärinfection vom Meat. audit. ext. aus vorzubeugen. Zu diesem Zwecke sollen die Bart- und Kopfhaare in der Umgebung des Ohres, wenn es angeht, abrasirt, die Muschel und ihre Umgebung mit Bürste und Seife gründlich gereinigt, der Gehörgang bis zum Trommelfell mit einem bauschigen Aquarellpinsel, der mit Seifenschaum vollgesogen ist, vorsichtig ausgerieben und dann Alles mit saurer oder mit Kochsalz versetzter Sublimatlösung 1,1000 mit Hülfe eines gläsernen Irrigators gründlich abgespült werden. Sodann wird von Z. ein *Verband mit essigsaurer Thonerde* nach der Billroth'schen

Formel (Aluminis 1,0, Plumb. acet. 5,0, Aq. 100,0) angelegt und zwar in folgender Weise: „In die erwärmte, gut umgeschüttelte Lösung wird ein dem Lumen des äusseren Gehörgangs entsprechend dicker Tampon v. Baxx'scher Watte getaucht, ausgedrückt und bis in die Mitte des äusseren Gehörgangs vorgeschoben. Ein grösserer Bausch v. Baxx'scher Watte wird gleichfalls in die heisse Lösung getaucht, ausgedrückt, sodass er nicht tropft, und hinter der Ohrmuschel derart applicirt, dass er breitgedrückt die hintere Hälfte der Schläfe, den Warzentheil und die seitliche Halspartie bis zum Unterkieferwinkel bedeckt. Ein ebenso vorbereiteter breiter Wattebausch wird den frei gebliebenen Theil der Schläfengegend, die Regio parotidea bis zum Unterkieferwinkel und die Ohrmuschel zu bedecken. Ueber das Ganze kommt Billroth-Battist, welcher in Form eines oblongen Streifens so darüber gelegt wird, dass der Battist zwei Finger breit über die Umrandung der Wattebäusche hervorragt. Seine freien Ränder werden unter die Watte umgeschlagen, sodass eine Verdunstung der Flüssigkeit kaum möglich ist." Das ganze Kataplasma wird mit Mullbinden befestigt und kann 24—48 Stunden liegen bleiben. Manchem Patienten ist es angenehmer, wenn die Lösung kalt genommen wird. Nur sehr selten erzeugt ein solcher Verband Eczem, welches nach Einstäubung mit Zinkoxyd-Amylumpulver gewöhnlich in 2—3 Tagen wieder verschwindet. Dieser Verband wirkt nicht nur antiseptisch, sondern auch schmerzlindernd und resorptionsbefördernd. Gegen die Schmerzen lässt Z. ausserdem den Gehörgang mit der klaren, von dem weissen Niederschlag abgegossenen Flüssigkeit der nach Billroth's Formel verschriebenen Sol. Burowii den Gehörgang füllen. Dieselbe ist, je nachdem es dem Kranken angenehmer ist, entweder lauwarm oder nahezu heiss einzugiessen und 8—10 Minuten darin zu lassen. Diese *Ohrbäder*, deren Wirksamkeit in der erhöhten Temperatur liegt, sind, falls die Schmerzen nicht nachlassen, öfters zu wiederholen. Noch Besseres sollen Instillationen von 5—15 Tropfen einer erwärmten 5—10%igen Cocaïnlösung (s. hierüber S. 130) leisten. Kommen heftige andauernde Schmerzen auch durch diese Cocaïninstillationen in dem Meat. audit. ext. nicht zum Stillstand, so schreitet Z. in der Regel zur Trommelfellparacentese. Zur Beförderung der Resorption empfiehlt er ferner die *Massage*, welche in folgender Weise vorzunehmen ist: „Der Patient entkleidet die Brust und sitzt auf einem niederen Stuhl oder Schemel. Der Masseur steht hinter dem Patienten. Beide Hände des Massirenden werden gut mit gereinigtem Vaselin eingesalbt. Beide Hände werden flach und zwar die eine auf den Proc. mastoid., die andere auf die Parotisgegend so aufgelegt, dass der eine Zeigefinger die Wurzel der Muschel, der andere den vorderen Rand des Tragus berührt. Patient neigt den Kopf auf die entgegengesetzte Seite. Die Striche mit der flach aufgelegten Hand werden anfangs leicht, später mit immer mehr zunehmendem Drucke bis nach abwärts zum Schlüsselbein und zur Schulterhöhe geführt. Der Druck hat mittelst der Zeigefinger besonders in der Grube zwischen Unterkieferast und dem Kopfe des Sternokleidomastoideus und in der Gefässfurche vor dem inneren Rande dieses Muskels einzuwirken. Eine Sitzung dauert 3—5 Minuten." Täglich sollen 3 Sitzungen zu je 3 Minuten oder 2 zu je 5 Minuten stattfinden. Bei doppelseitiger Erkrankung soll jede Seite für sich in Zwischenräumen von 3—4 Stunden massirt werden. Antipyretica vermeidet Z. bei der acuten Mittelohrentzündung grundsätzlich, weil er die Zu- und Abnahme der Temperatur für den sichersten Massstab der Erkrankungsintensität ansieht und das Andauern bez. die Höhe des Fiebers als einen wesentlichen Anhaltspunkt für die Stellung der Indication zur Trommelfellparacentese betrachtet.

Kommt es zum spontanen Durchbruch des Trommelfells, so ist nach Z. eine Secundärinfection vom äusseren Gehörgange aus durch gut abschliessende Verbandmittel (sterilisirte Watte) resp. durch Anlegung eines a- oder antiseptischen Verbandes zu vermeiden. Um aber eine Secundärinfection von der Tuba aus möglichst zu verhüten, empfiehlt er, die Luftdouche während des ganzen Verlaufs der Otit. med. acuta entweder gar nicht oder im Interesse der Wiederherstellung der Function erst dann zu appliciren, wenn nach Ablauf der stürmischen Entzündungserscheinungen innerhalb der folgenden 8 bis höchstens 14 Tage nicht eine fortschreitende Besserung des Hörvermögens nachweisbar ist. Allein auch in letzterem Falle sollen nur die schonendsten Methoden der Luftdouche angewandt, die Gewalt des Luftstroms möglichst gemässigt, die Secretmassen im Cav. pharyngonasale resp. im Tubenostium vorher entfernt werden.

In Bezug auf die *Prophylaxe* der acuten Mittelohrentzündung, insbesondere *zur Verhütung von Recidiven*, empfiehlt Z. die *operative Entfernung der Pharynxtonsille*, wenn ihre Grösse ein Respirationshinderniss bildet und dadurch auch zur Secretstauung Veranlassung giebt, *sowie der hypertrophischen Nasenschleimhaut, besonders der hypertrophischen hinteren Muschelenden. Solange die Operationswunde noch nicht geheilt ist, ist Patient anzuweisen, die Nase nicht zu schnäuzen, sondern das*

Secret durch eine tiefe Inspiration bei geschlossenem Munde in den unteren Rachenraum zu befördern, oder, falls er durchaus das Taschentuch benützen will, stets nur durch *eine* Nasenöffnung ohne besondere Druckanstrengung zu schnäuzen. *Desgleichen muss natürlich die Luftdouche während dieser Zeit vollkommen unterbleiben, ebenso wie bei acuten Entzündungen der Nase und der Nasenschleimhaut, bei Diphtheritis, Croup und Ozäna.* Ist die Luftdouche durchaus nothwendig, so versuche man das Secret aus der Umgebung der Tubenmündung durch Ausspritzungen, Abwischen mit Tampons oder die oben beschriebene tiefe Inspiration bei geschlossenem Munde vorher zu entfernen. Um *bei schwer Erkrankten, Soporösen,* wenn sie bei offenem Munde athmen, die Stauung und Zersetzung des Mundsecrets möglichst hintanzuhalten, soll man dasselbe nach Z. mit sterilisirter Watte auswischen und *Mund- und Nasenhöhle öfter mit durch Acidum Halleri angesäuertem reinem Glycerin auspinseln,* wodurch der Nährboden für die Spaltpilze verschlechtert und das Austrocknen der Schleimhaut beschränkt wird. Neben der Beachtung der „Mund- und Nasenhygiene" lässt Z. durch Vermeidung von Zug, Regulirung der Kleidung, Aufgeben schlecht ventilirter feuchter Wohnungen und systematische Abhärtung auch der Erkältung möglichst vorbeugen.

Zur *Verhütung von Recidiven* nach Ablauf der acuten einfachen Mittelohrentzündung verordne man kalte Gurgelungen, tonisirende Behandlung, lasse, solange noch irgend welche Hyperaemie am Trommelfell oder dem äusseren Gehörgang sichtbar ist, den Ohreingang im Freien mit einem Watte- oder Gazepfropf verschlossen halten, von dem sich Patient überhaupt erst in der warmen Jahreszeit allmählich entwöhnen soll, und verbiete für einige Monate das Kurzscheeren der Haare, Douchen auf den Kopf, Dampf- und kalte Bäder. *Prophylactisch* ist es zweckmässig, Kinder, welche sich einen starken Schnupfen zugezogen haben, vor kalten und feuchten Witterungseinflüssen möglichst zu schützen.

Die acute perforative Mittelohrentzündung (Otitis media acuta purulenta perforativa).

Dieselbe zeigt **pathologisch-anatomisch** vollständig die gleichen Erscheinungen wie die eben besprochene acute einfache Mittelohrentzündung (vergl. daher S. 192 u. 193) und unterscheidet sich von dieser nur durch die *grössere Intensität der entzündlichen Veränderungen* und ferner dadurch, dass sie früher oder später stets eine *Trommelfellperforation* herbeiführt. Das auf die freie Fläche der Mucosa ausgeschiedene *Exsudat* ist entweder schleimig-eitrig, oder rein eitrig, mitunter — namentlich im Beginn — vorwiegend haemorrhagisch, in welch' letzterem Falle man von *Otit. med. haemorrhagica* spricht. Bei schwerer Erkrankung kommt es zuweilen zur *Necrose der Schleimhaut,* sodass der freigelegte Knochen cariös erkranken kann. Nicht selten findet sich auch im *Warzentheil* Eiter.

Das *Labyrinth* kann intact bleiben; in anderen Fällen zeigt es starke Hyperaemie, in noch anderen seröse Exsudation, nur ausnahmsweise eitrige Entzündung.

Aetiologie: Ueber diese vergl. S. 184—187. Hinzuzufügen wäre noch, dass sich die acute perforative Mittelohrentzündung *aus dem acuten und chronischen exsudativen Mittelohrcatarrh oder auch aus der acuten einfachen Mittelohrentzündung* entwickeln kann sowohl bei ungünstigen Ernährungsverhältnissen (z. B. Scrophulosen) wie auch, wenn in Folge der Luftdouche oder durch Veränderungen der Schleimhaut, z. B. nach Erkältung, Verletzung, unpassender Behandlung (Cataplasmen), eine Wucherung der infectiösen Keime im Mittelohr zu Stande kommt.

Sodann entsteht sie zuweilen *nach der Trommelfellparacentese, nach Schlag oder Fall auf Ohr oder Schädel, nach von unkundiger Hand ausgeführten, gewaltsamen instrumentellen Extractionsversuchen von Fremdkörpern aus dem Ohre, nach Verbrühung desselben und nach Verletzung durch ätzende Substanzen.*

Das sehr häufige Vorkommen der acuten perforativen Mittelohrentzündung *bei Neugeborenen* wird durch die bei diesen bestehende mit der Rückbildung des fötalen Schleimhautpolsters verbundene Hyperaemie und Schwellung der Mittelohrschleimhaut begünstigt.

Symptome: *Vor Eintritt der Perforation* bietet die acute perforative Mittelohrentzündung bei der *Ohrenspiegeluntersuchung* denselben Befund, wie die intensiveren Formen der acuten einfachen Mittelohrentzündung (s. S. 193). So leichte Fälle, wie sie zuweilen bei jener vorkommen, in denen es nur zu einer Hyperaemie, nicht aber zu seröser Durchfeuchtung bez. Vorwölbung des Trommelfells kommt, gelangen bei der perforativen Mittelohrentzündung nicht zur Beobachtung. An der am meisten vorgewölbten zuweilen zugespitzten Stelle des Trommelfells sieht man mitunter einen hellgelb gefärbten Fleck, an welchem gewöhnlich bald der Eiter aus der Paukenhöhle durchbricht. Tritt hierin eine Verzögerung ein, so kann sich ein Senkungsabscess unter der Haut der oberen Gehörgangswand bilden, wobei letzterer buckelförmig herunter hängt. Der Epidermisüberzug der Gehörgangswände in der Nachbarschaft des Trommelfells kann aber auch durch seröse oder haemorrhagische Exsudation blasenförmig abgehoben sein. Ausserdem findet man im Meat. audit. ext. nicht selten Fetzen abgestossenen, macerirten Epithels, welche theils von der Trommelfelloberfläche theils aber auch von den Wänden des Gehörgangs selbst stammen, zuweilen im knöchernen Abschnitt starke Schwellung und geringe Secretion.

Nach Eintritt der Perforation des Trommelfells, welche gewöhnlich zuerst sehr klein, mitunter nur nadelstichgross ist, bei scarlatinöser Mittelohreiterung dagegen nicht selten schon sehr frühzeitig erhebliche Ausdehnung besitzt, sieht man bei der Ohrenspiegeluntersuchung stets *Secret in der Tiefe des Gehörgangs* und nach Ausspritzen desselben und der event. im Meatus befindlichen Epidermisfetzen an dem entzündeten Trommelfell die S. 36—41 beschriebenen *Zeichen der Perforation.* Diese sitzt meist im vorderen unteren Quadranten, mitunter aber auch an anderen Stellen des Trommelfells, relativ selten an der Membrana Shrapnelli, durchaus nicht immer in derjenigen Trommelfellparthie, welche vor dem Durchbruch des Eiters am stärksten vorgewölbt war, und in seltenen, gewöhnlich durch einen besonders hartnäckigen Verlauf ausgezeichneten, Fällen von Mittelohreiterung an der Spitze einer kleinen, circumscripten, zitzenförmigen Erhabenheit. Die letztere bleibt auch nach dem Eiterdurchbruch häufig noch lange bestehen, während die mehr diffuse Vorwölbung, welche das ganze Trommelfell, oder die ganze hintere Hälfte desselben betrifft, nach Eintritt der Perforation meist bald nachzulassen pflegt.

Die *Absonderung* ist von sehr verschiedener *Menge.* In manchen Fällen ist sie so spärlich, dass ein Ausfluss aus dem Ohr überhaupt nicht stattfindet, in anderen so abundant, dass sich das Trommelfell und die Tiefe des Gehörgangs unmittelbar nach dem Ausspritzen des Ohres sofort wieder mit Secret vollkommen bedeckt zeigen *). Was die *Beschaffenheit* des letzteren anlangt, so ist es im

---

*) In letzterem Fall handelt es sich meist um *Eiterretention* in der Paukenhöhle oder im Warzentheil. Es ist wichtig dieses zu betonen, da man gerade in solchen Fällen von Aerzten häufig die Ansicht aussprechen hört, „eine Eiterstauung könne hier wohl nicht bestehen, da ja so viel Eiter aus dem Ohr herauskäme." Diese Annahme ist eine durchaus unrichtige. Hat man ein Ohr soeben ausgespritzt, so kann selbst bei abundantester Absonderung nicht so viel Secret von der Schleimhaut geliefert werden, dass dasselbe unmittelbar nach dem Ausspritzen das Trommelfell sofort wieder bedeckt. Wohl aber ist dieses möglich, wenn der in der Paukenhöhle oder dem Warzentheil zurückgehaltene Eiter unter einem sehr hohem Druck steht und in Folge dessen nach der Reinigung des

Beginn öfters *serös*, später entweder *eitrig* (gelb oder gelbgrün und undurchsichtig) oder *schleimig-eitrig*. Das *eitrige* Secret vertheilt sich in der zur Ausspritzung benützten und im Eiterbecken wieder aufgefangenen Flüssigkeit gleichmässig; das *schleimig-eitrige* bildet aus Schleim bestehende, fadenziehende Flocken resp. zusammenhängende Klumpen von grauweisser oder gelber Farbe. Im Anfang zeigt es häufig spärliche Beimengungen von Blut. Die dem Ohr benachbarten *Lymphdrüsen* sind, insbesondere bei den im Verlauf acuter Infectionskrankheiten auftretenden Mittelohreiterungen, häufig geschwollen und schmerzhaft, der Warzentheil druckempfindlich, die Rachenschleimhaut geschwollen und geröthet.

Im Uebrigen zeigt die Otit. med. acuta perforativa dieselben Symptome wie die Otit. med. acuta simplex (s. S. 193 u. 194). Nur sind die *Schmerzen* gewöhnlich *vehementer*, machen wohl Remissionen, aber fast niemals vollständige Intermissionen. Desgleichen sind *Eingenommenheit des Kopfes, Fieber, Cerebralerscheinungen* hier *häufiger und hochgradiger* als dort. Eine Temperatur von über 40° kommt hier, ohne dass anderweitige Complicationen vorliegen, bei Kindern wie bei Erwachsenen durchaus nicht selten vor. Bei Kindern kann sie 8 Tage hindurch andauern, ohne dass der Verlauf deshalb ein ungünstiger zu sein braucht.

Bei solchem Fieber verursacht eine acute, perforative Mittelohrentzündung, insbesondere *vor* Durchbruch des Trommelfells, nicht selten die schwersten Hirnsymptome, wie *Schwindel, Erbrechen, tiefen Sopor, fortwährende Delirien, Convulsionen, Flockenlesen, starke Verengerung der Pupillen, Unregelmässigkeit des Pulses*, welche später, namentlich wenn dem im Mittelohr angesammelten Eiter durch spontane oder künstliche Perforation des Trommelfells Abfluss geschaffen ist, wieder vollkommen verschwinden können. Sie werden am häufigsten im Kindesalter beobachtet, wo die Sutura petrosquamosa noch offen steht und die durch dieselbe verlaufenden Bindegewebszüge leichter eine Fortpflanzung der Entzündung von der Pauken- auf die Schädelhöhle vermitteln können, mitunter aber auch bei Erwachsenen.

*Die Möglichkeit, in solchen Fällen durch die Trommelfellparacentese vielleicht eine sofortige erhebliche Besserung der drohenden Allgemeinerscheinungen herbeiführen, den lethalen Ausgang abwenden und bleibende Zerstörung des Gehörorgans verhüten zu können, macht es den Aerzten zu einer **gebieterischen Pflicht**, in jedem Fall von mit Fieber verbundenen Cerebralerscheinungen, insbesondere im Kindesalter, ferner bei der Eklampsie der Kinder, aber auch bei Typhus und acuten Exanthemen Erwachsenen entweder selber eine Ohrenspiegeluntersuchung vorzunehmen oder, wenn ihnen hierin die erforderliche Sicherheit fehlt, einen Ohrenarzt zu consultiren.*

Verlauf: Der *Trommelfelldurchbruch* findet in der Regel zwischen dem 2. und 5., meist am 3. Tage der Erkrankung statt, seltener noch früher z. B. nach einigen Stunden, so insbesondere häufig bei der scarlatinösen Mittelohreiterung, andererseits auch, wenn das Trommelfell durch vorausgegangene Erkrankungen des Ohres abnorm verdickt war, erst später, mitunter nach 2—3 Wochen.

Mit dem Eintritt der Perforation und dem durch dieselbe stattfindenden Abfluss des Secrets aus der Paukenhöhle erfolgt gewöhnlich sofort oder doch wenigstens

Gehörgangs sofort wieder hervorquillt. Dass eine Eiterretention im Warzentheil bestehen kann, auch wenn das Secret nach dem Ausspritzen des Ohrs *nicht* sofort wieder hervorquillt, bedarf wohl kaum der Erwähnung. Es wird dieses der Fall sein einmal dann, wenn der Eiter überhaupt nicht nach der Paukenhöhle hin abfliessen kann, und ferner, wenn er unter keinem hohen Druck steht.

sehr bald ein *vollkommener Nachlass der Schmerzen, des Fiebers und der etwa vorhandenen Hirnsymptome*. Selbst Kinder, welche mit unregelmässigem Puls, Erbrechen, Zähneknirschen, Delirien, wiederholten Convulsionen und hohem Fieber (39°, 40° und mehr) daniederliegen, entweder vollkommen somnolent oder vor Schmerzen beständig kläglich schreiend und winselnd, erscheinen nach dem Durchbruch des Eiters durch das Trommelfell häufig wie mit einem Zauberschlage frei von Fieber, Cerebralsymptomen und Schmerzen. Dauern die letzteren fort oder kehren sie bald wieder, so liegt dieses entweder an einer entzündlichen Reizung der knöchernen Wände der Paukenhöhle oder an einer zu schnellen Verklebung der Perforationsöffnung und dadurch bedingter Eiterretention im Cavum tympani oder endlich an Complication mit Erkrankung des Warzentheils (Periostitis, Ostitis, Empyem, Caries, Necrose) bez. Otit. externa.

Ausserordentlich selten ist es namentlich bei Erwachsenen, dass der Eiter per tubam abfliesst und eine Trommelfellperforation ausbleibt.

Die *Secretion* ist in den ersten Tagen nach Eintritt der Trommelfellperforation gewöhnlich sehr stark, vermindert sich bei günstigem Verlauf allmählich und *sistirt* in der Mehrzahl der genuinen Fälle nach 10—20, seltener schon nach 2—3 Tagen, mitunter aber auch erst nach mehreren Monaten. Letzteres findet besonders häufig bei scrophulösen, tuberculösen, syphilitischen, diabetischen, cachectischen Individuen, bei Scarlatina, Diphtheritis, Typhus und schweren Puerperien, bei chronischen Affectionen der Nasenrachenschleimhaut (Blennorrhoe und Ozäna), bei complicirender Otit. externa und Warzentheilerkrankung, bei acuter Granulationsbildung am Trommelfell oder der Paukenhöhlenschleimhaut, bei acuter Caries an irgend einer Stelle des Schläfenbeins und der Gehörknöchelchen, endlich bei Perforationen der Membr. Shrapnelli und in jenen Fällen statt, wo sich die kleine Perforation an der Spitze einer conisch-zitzenförmigen Erhabenheit am Trommelfell befindet. Auch in diesen Fällen kann *Heilung* sogar mit vollständiger Wiederherstellung der Hörschärfe zu Stande kommen; nicht selten aber erfolgt hier der *Uebergang in die chronische Mittelohreiterung,* wobei Ulceration der Perforationsränder, grössere Defecte des Trommelfells und Wucherungen an der Schleimhaut entstehen können.

Die *Beschaffenheit des Secrets* kann während der ganzen Dauer der Krankheit dieselbe bleiben oder auch wechseln, so zwar, dass einer rein eitrigen eine schleimigeitrige Absonderung folgt und umgekehrt. Bei ungünstigem Verlauf und Ausgang in Caries ist das Secret mitunter jauchig und mit Blut vermischt.

Nach Aufhören der Secretion kann die Trommelfellperforation ganz rasch, schon in wenigen Stunden, oder auch allmählich *vernarben*. Zuweilen ist die vernarbte Stelle — über die Diagnose der Trommelfellnarben s. S. 11—13 — von dem übrigen Trommelfell gar nicht zu unterscheiden.

Die entzündlichen *Veränderungen am Trommelfell* können sich nach Ablauf der Secretion vollkommen zurückbilden (s. diesbezüglich S. 189), sodass dasselbe später wieder durchaus normales Aussehen zeigt. In anderen Fällen bleiben Trübungen, Kalkeinlagerungen, Perforationen, Narben und atrophische Stellen am Trommelfell zurück, welche indessen nicht immer eine nennenswerte Beeinträchtigung des Gehörs bedingen.

Das *Hörvermögen* ist bei der acuten perforativen Mittelohrentzündung in den ersten beiden Tagen gewöhnlich nur wenig, vor dem Durchbruch des Trommelfells (am 3.—5. Tage) in der Regel am stärksten herabgesetzt. Während der Dauer der Secretion zeigt es meist vielfache *Schwankungen,* zur Norm kehrt es gewöhnlich erst einige Zeit nach dem Verschluss der Perforationsöffnung, bei günstigem Verlauf etwa nach 3—6 Wochen, in anderen Fällen erst nach mehreren Monaten zurück. Nicht selten aber bleiben Hörstörungen bestehen, und zwar nicht nur bei Uebergang der acuten in die chronische Mittelohreiterung, sondern auch nach Ablauf der Eiterung und Verschluss der Perforationsöffnung, entweder bedingt durch die am Trommelfell zurückbleibenden Veränderungen oder in Folge von in der Paukenhöhle entstandenen Adhaesionen resp. Verdickung und Verdichtung der Paukenhöhlenschleimhaut oder, was namentlich bei Scarlatina und scarlatinöser Diphtheritis nicht selten ist, in Folge von Exsudation ins Labyrinth, endlich beim Uebergang der eitrigen Entzündung in den serös-schleimigen Mittelohrcatarrh. Bei Scarlatina und scarlatinöser Diphtheritis kommen bleibende Hörstörungen oft auch in Folge von ausgedehnten persistenten Substanzverlusten am Trommelfell zu Stande, welche häufig von Caries bez. Exfoliation der Gehörknöchelchen begleitet sind. Vollständiger bleibender Verlust des Gehörs ist ungemein selten und nur bei Uebergreifen der Eiterung auf das Labyrinth möglich (Scarlatina, Diphtheritis).

Die auf der Höhe der Entzündung gewöhnlich continuirlichen *subj. Gehörsempfindungen* machen bei der Abnahme der Entzündung allmählich immer länger dauernde Intermissionen, um nach Wochen oder Monaten meist vollständig zu verschwinden; mitunter allerdings bleiben sie lange Zeit bestehen.

Etwa im Verlauf der Otit. med. perforativa aufgetretene *Facialislähmung* überdauert die Entzündung nur selten.

Exitus lethalis durch Meningitis, Hirnabscess, Sinusthrombose, Pyämie, Anätzung der Carotis (in Folge acuter Caries) kann sowohl *vor* wie auch *nach* Eintritt der Perforation erfolgen.

Diagnose: *Vor Eintritt der Perforation* kann die acute perforative mit der acuten einfachen Mittelohrentzündung verwechselt werden, zumal da es mitunter trotz sehr stürmischer, objectiver und subjectiver, Entzündungssymptome nicht zum Durchbruch des Trommelfells kommt, und in anderen Fällen wiederum bei geringfügigen Erscheinungen Perforation eintritt. *Nach dem Durchbruch des Eiters* wäre nur noch eine Verwechslung mit Otit. ext. diffusa möglich. Zur Sicherung der Diagnose dient der Nachweis der Trommelfellperforation, über welchen S. 36—41 das Erforderliche bereits gesagt ist.

Prognose: *Lethaler Ausgang* ist bei Otitis media acuta perforativa sehr selten, namentlich nach Eintritt der Perforation. Selbst die bedrohlichsten Zeichen meningitischer Reizung pflegen wieder vorüberzugehen, und auch bei schwerer metastasirender Pyämie ist Genesung nicht ausgeschlossen. Die meisten Fälle von acuter perforativer Mittelohrentzündung sonst gesunder Individuen enden, wenn von vornherein eine richtige Behandlung eingeleitet wird, und die Patienten sich die nothwendige Schonung angedeihen lassen, mit *vollkommener Heilung* im Laufe von 4—6 Wochen.

Auch *die bei Scharlach, Pocken und Typhus* so häufig von der acuten Mittelohreiterung *zurückbleibenden dauernden Hörstörungen* würden sich meist vermeiden lassen, wenn im Beginn des Ohrenleidens eine richtige Behandlung eingeleitet würde. Leider aber pflegt dieses wegen der schweren Allgemeinerkrankung zunächst wenig beachtet oder auch, wenn die Patienten wegen ihres betäubten oder bewusstlosen Zustandes nicht selber über das Ohr klagen, ganz übersehen zu werden.

Ueber die im Verlauf der acuten perforativen Mittelohrentzündung mitunter auftretenden *Complicationen mit Periostitis und Ostitis mastoidea* sowie *mit Caries und Necrose* der knöchernen Mittelohrwände und der Gehörknöchelchen s. später in den Capiteln „Krankheiten des Warzentheils" und „Caries und Necrose", über die seltene Complication *mit intracraniellen Erkrankungen* in dem Capitel

„lethale Folgeerkrankungen bei Ohraffektionen." Ueber den Ausgang der acuten in die chronische Mittelohreiterung s. S. 203.

Therapie: Bei heftigen Schmerzen setze man dicht vor und hinter der Ohrmuschel *Blutegel* (s. S. 127), welche namentlich im Beginn der Entzündung eine wesentliche Erleichterung zu verschaffen pflegen. Gleichzeitig verordne man *Bettruhe* und gegen starke, in der Nacht auftretende Schmerzen Morphium oder, falls dieses schlecht vertragen wird, Chloralhydrat bez. Sulfonal (s. S. 196). Ein weiteres empfehlenswerthes Mittel zur Linderung der Schmerzen ist die Application einer *Eisblase* auf das Ohr (s. S. 128) und, wenn diese nichts nützt oder die Schmerzen sogar steigert, die versuchsweise Anwendung hydropathischer *feuchtwarmer Ueberschläge* (s. S. 129) und häufiges Auffüllen des Gehörgangs mit lauwarmem abgekochtem Wasser, welches 5—10 Minuten darin bleiben kann.

Wird durch diese Verordnungen ein erheblicher Nachlass der sehr heftigen Schmerzen innerhalb 2—3 Tagen nicht herbeigeführt, so mache man die *Trommelfellparacentese*, insbesondere wenn man Eiter in der Paukenhöhle voraussetzen darf, was namentlich bei sehr starker Vorwölbung des Trommelfells und bei der relativ selten vorkommenden gelben Verfärbung desselben durch hindurchschimmernden Eiter der Fall sein wird. Die Operation, über deren Technik S. 130—134 zu vergleichen ist, kürzt den Schmerz ab und vermindert nach Schwartze, indem sie die Schleimhaut entlastet, wahrscheinlich auch die Gefahr secundärer Erkrankung der Knochenwände der Paukenhöhle. *Bei allen heftigen Formen von Otit. media im Scharlach und Typhus* empfiehlt Schwartze, die Operation stets *so früh als möglich* vorzunehmen, weil hierdurch oft den unheilbaren Folgezuständen im Gehörapparat vorgebeugt werden könne, desgleichen auch, wenn das Trommelfell durch frühere Erkrankungen verdickt und der spontane Durchbruch des Eiters in Folge dessen erschwert ist, wobei leicht eine Fortleitung der eitrigen Entzündung auf Labyrinth und Schädelhöhle stattfinden kann. Die Paracentese ist *ferner* vorzunehmen, wenn nach zu raschem Verschluss der spontanen oder künstlichen Trommelfellperforation heftige Schmerzen und andere Erscheinungen von Eiterretention wieder auftreten, und *endlich sofort*, wenn *drohende Allgemeinerscheinungen* (sehr hohes Fieber, Kopfschmerz und Hirnsymptome) ein Uebergreifen der Entzündung auf die Schädelhöhle befürchten lassen. Nicht selten ist eine *Erweiterung der Trommelfellperforation* mit der Paracentesennadel oder besser mit einem vorn abgestumpften Trommelfellmesser (Taf. XVII Fig. 15) auch in solchen Fällen nothwendig, wo der Eiter zwar spontan das Trommelfell durchbrochen hat, die Perforationsöffnung aber nicht gross genug ist, um ihm freien Abfluss zu gestatten, sodass in der Paukenhöhle doch eine *Secretverhaltung* stattfindet.

Hören die Schmerzen nach der Paracentese nicht bald vollkommen auf, so versuche man, sie durch weitere Application der Eisblase bez. feuchtwarmer hydropathischer Ueberschläge oder *Instillation von abgekochtem lauwarmem Wasser* resp. 10—15 Tropfen einer 3—10%igen sterilisirten *lauwarmen Cocainlösung* in den Gehörgang zu bekämpfen. Nach Baumgarten freilich verursachen Instillationen von Cocainlösung bei acuter Mittelohreiterung leicht *Intoxicationserscheinungen*, B. sah in einem Falle Schwindel, taumelnden Gang, Kopfschmerz und Erbrechen schon nach Einträufelung von 2—3 Tropfen einer 5%igen Cocainlösung auftreten, und muss man daher hiermit vorsichtig sein.

In den seltneren Fällen, wo trotz spontaner oder künstlicher Trommelfellperforation sehr heftige Schmerzen oder gar Hirnsymptome andauern, kann es sich, wenn nicht etwa eine Complication mit Meningitis oder Hirnabscess vorliegt, erstens um *Eiterretention* wegen zu kleiner bez. ungünstig (also im oberen Theil der

Membran) gelegener Perforationsöffnung oder Verlegung derselben durch Granulationen, zweitens um ein Ergriffensein der tiefen periostalen Schleimhautschichten handeln. Im ersteren Fall müssen wir dem zurückgehaltenen Eiter durch *Vergrösserung der Perforation*, *Anlegen einer Gegenöffnung* im unteren Theil des Trommelfells, *Beseitigung der Granulationen* durch Aetzung mit Chromsäure oder *Aufmeisslung des Warzentheils* freieren Abfluss verschaffen. Im letzteren empfehlen sich nach Schwartze Inunctionen vom Ung. hydrarg. cinereum oder subcutane Sublimatinjectionen bis zum Eintritt der Salivation.

Der Ohreingang soll vom Beginn der Krankheit an dauernd durch einen stets rein zu haltenden losen *Tampon* aus 4 %iger Salicylwatte oder Gaze verschlossen gehalten werden. Nach Eintritt der Perforation dienen zur Entfernung des Eiters *schwache Ausspülungen* des Ohres mit 2—3 %iger, 28 °—30 ° R warmer Borsäurelösung (s. S. 116 etc.), welche je nach der Menge der Absonderung 2—6 mal des Tages wiederholt werden müssen. Nach denselben ist der Gehörgang durch *vorsichtiges Ausschütteln* (s. S. 119) oder, falls dieses Schmerzen macht, durch öfteres Einführen von antiseptischer Watte auszutrocknen und mit 4 %iger Salicylwatte oder Gazetampons aussen lose zu verstopfen. Letztere sind je nach der Reichlichkeit der Secretion stündlich oder zweistündlich, wenn sie sich schon früher mit Eiter benetzt zeigen, auch noch öfter, im Beginn zuweilen schon alle 10 bis 15 Minuten zu *erneuern*. Bei einseitiger Affection liege der Patient möglichst viel auf der kranken Seite, weil hierdurch der Abfluss des Eiters erleichtert wird. Verursachen selbst sanfte Ausspülungen des Ohres Schmerzen, so pflege ich dieselben zunächst ganz zu *unterlassen* und das abgesonderte Secret nur durch häufiges Erneuern des Gehörgangstampons aus dem Ohre zu entfernen.

In den meisten Fällen nimmt bei einfacher *Reinigung mit Borsäurelösung* die Eiterung innerhalb weniger Tage bereits deutlich an Menge ab. Geschieht dieses nicht, so kann man nach Ausspülung des Ohres und Austrocknung desselben *Borsäurepulver* einblasen (s. S. 125), indessen nur bei solchen Perforationen, die mindestens 2 mm im Quadrat messen und im unteren Theil des Trommelfells sitzen. Bei noch kleineren Trommelfelldefecten dagegen und bei hohem, also für den Abfluss des Eiters aus der Paukenhöhle ungünstigem, Sitz derselben hüte man sich vor Insufflation eines jeden Pulvers, da dieses die Perforationsöffnung verlegen und insbesondere bei profuser Secretion *Eiterretention in der Paukenhöhle mit consecutiver secundärer Entzündung und Caries des Warzentheils, Pyämie oder cerebralen Complicationen* herbeiführen kann. Um hiervor sicher zu sein, darf man bei acuter Mittelohreiterung, falls es sich nicht um den seltenen Fall eines acut entstandenen sehr grossen Trommelfelldefects handelt, niemals den ganzen Trommelfellrest mit Borsäurepulver bestäuben, sondern nur ein Wenig davon durch die Perforationsöffnung hindurch auf die dahinter liegende innere Paukenhöhlenwand streuen.

Statt dieser Pulverbehandlung empfiehlt Schwartze verdünnte Lösungen von *Liq. plumbi subacetici* und zwar anfangs 1 Tropfen auf 20 Tropfen destillirten Wassers, später allmählich in stärkerer Concentration (bis zu 1 Tropfen auf 5 Tropfen Aqu. dest.) 2—3 mal täglich in den unmittelbar vorher ausgespritzten und sorgsam ausgetrockneten Gehörgang einzuträufeln und 5—10 Minuten darin zu lassen. Indessen sollen auch diese Ohrtropfen, da sie wie alle Adstringentien eine irritirende Wirkung haben, erst dann angewandt werden, wenn die spontanen Schmerzen und die Druckempfindlichkeit in der Umgebung des Ohres vollkommen verschwunden sind, und ferner *niemals* bei hochgelegener kleiner Perforation. Man soll sie *sofort* aussetzen resp. abschwächen, wenn sie lebhaftes Brennen im Ohre hervorrufen und die entzündliche Reizung vermehren. Bleiben Bleiniederschläge am Trommelfell haften, so ist die Eiterung meist sistirt und soll dann das weitere Ausspritzen resp. Einträufeln eingestellt werden.

Hört die Eiterung unter der angegebenen, längere Zeit fortgesetzten Behandlung nicht auf, so liegt dieses, von *constitutionellen Ursachen* abgesehen, meist daran, dass der in der Paukenhöhle sich bildende Eiter wegen *zu kleiner oder hochgelegener*, z. B. in der Membr. Shrapnelli befindlicher, *Perforation* nicht frei genug abfliessen kann. In solchem Fall muss die zu enge Oeffnung erweitert oder eine zweite recht breite im unteren Theil des Trommelfells angelegt werden. Ist dieses geschehen, so empfiehlt SCHWARTZE, die Paukenhöhle mittelst *Durchspritzung durch den Catheter* (s. S. 118 u. 119) auszuspülen, wozu man 28—30° R warme $^3/_4$% ige Kochsalz- oder 2—3%ige Borsäurelösung benutzt. Sind es *Granulationswucherungen* an den Perforationsrändern, welche den freien Abfluss des Eiters hindern, so sind dieselben durch Aetzung mit der Höllensteinsonde oder dem Galvanocauter zu zerstören (s. S. 126 u. 127).

Ist die Eiterung beseitigt, so schliesst sich die Perforation nach kurzer Zeit von selbst.

Bezüglich der *diätetischen Vorschriften*, bezüglich der *Behandlung gleichzeitiger Erkrankungen der Nase und des Rachens* und der Massregeln zur *Verhütung von Recidiven*, bezüglich der Verabreichung von *Acid. hydrobromic.* gegen quälende pulsirende subj. Gehörsempfindungen, bezüglich endlich der *Behandlung etwa zurückbleibender Schwerhörigkeit und subj. Gehörsempfindungen* mittelst Luftdouche und federnder Drucksonde gilt für die acute perforative dasselbe, wie für die acute einfache Mittelohrentzündung (vergl. daher diesbezüglich S. 197—200).

SCHUBERT sah in Fällen von eben abgelaufener Otit. med. acuta perforativa, in welchen die Secretion bereits sistirt, die Trommelfellperforation zugeheilt war, das Gehör aber durch längere Zeit hindurch consequent fortgesetzte übliche Behandlung nicht besser werden wollte, guten Erfolg von einer *Pilocarpincur* (s. S. 151 u. 152), indem schon nach wenigen Injectionen das durch Wochen hindurch unverändert gebliebene Gehör sich verdoppelte und später noch weiter zunahm.

Nach ZAUFAL bildet das Bestehen einer Neuritis optica oder Stauungspapille bez. das Auftreten hyperämischer Erscheinungen im Augenhintergrund oder sonstiger Symptome einer beginnenden *Neuroretinitis*, für welche eine andere Ursache als die Eiterung im Ohre nicht gefunden werden kann, sowohl bei der acuten wie bei der chronischen Mittelohreiterung, eine *unbedingte Indication zur möglichst baldigen Aufmeisslung des Warzentheils*, an welche sich eventuell noch die Eröffnung eines extraduralen oder Hirnabscesses bez. des thrombosirten Sinus sigmoideus anschliessen muss. Denn diese Veränderungen des ophthalmoscopischen Befundes, welche bei allen mit einer Erhöhung des Hirndrucks verbundenen intracraniellen Krankheitszuständen (Hirntumoren, Abscessen, meningitischen Exsudaten, Hydrocephalus internus etc.) aufzutreten pflegen, bilden hier ein Zeichen für das Hinzutreten von Meningitis, Hirnabscess oder Sinusthrombose.

Andererseits sind, wie namentlich KIRN hervorgehoben hat, durchaus nicht *alle* Fälle von otitischer Meningitis, Sinusthrombose oder Hirnabscess von Neuritis optica begleitet. Die als *Stauungspapille* bekannte entwickeltere Form der Neuritis optica, wie sie z. B. bei Hirntumoren auftritt, hat KIRN bei Otitis niemals gefunden. Nach ZAUFAL soll die ophthalmoscopische Untersuchung auch bei einfachen Schleimcatarrhen im Mittelohr nicht unterlassen werden, da ja auch diese, wenngleich sehr selten, doch mitunter zu intracraniellen Affectionen führen. Uebrigens wird ZAUFAL's Anschauung von der prognostisch sehr ernsten Bedeutung einer zu Mittelohreiterung hinzutretenden Neuritis optica nicht von allen Autoren getheilt. Vielmehr wird mit Rücksicht auf Fälle, bei denen neben anderen Cerebralsymptomen (wie Kopfschmerzen, Benommenheit, Schwindel, Erbrechen, Schmerzen und Steifigkeit im Nacken) ausgesprochene Neuritis optica bestand und in welchen alleinige Aufmeisslung des Warzentheils, ohne dass gleichzeitig die Schädelkapsel eröffnet und ein subduraler oder Hirnabscess entleert worden wäre, vollkommene Heilung herbeiführte, von Vielen angenommen, dass Neuritis optica bei den in Rede stehenden Ohrenleiden auch *ohne* ernstere intracranielle Complication vorkommen könne.

Die chronische eitrige Mittelohrentzündung (Otitis media purulenta chronica).

Dieselbe entsteht in der Mehrzahl der Fälle aus der acuten perforativen Mittelohrentzündung unter den bei dieser S. 203 angegebenen ungünstigen localen und constitutionellen Verhältnissen oder auch durch falsche Behandlung, seltener ohne ein einleitendes acutes Anfangsstadium als primär chronische Erkrankung.

Nur ausnahmsweise kommt sie durch Uebergreifen einer chronischen Entzündung des Trommelfells oder des äusseren Gehörgangs (z. B. bei vernachlässigtem chronischem Eczem des letzteren) auf das Cav. tympani zu Stande.

Die **pathologisch-anatomischen** Veränderungen können sich auf einzelne Abschnitte des Mittelohrs beschränken, so z. B. auf den oberen Paukenhöhlenraum, wobei es dann zur Perforation der Membrana Shrapnelli kommt, sehr viel häufiger jedoch erstrecken sie sich auf den gesammten Mittelohrtractus. Sie bestehen hauptsächlich in *Hyperaemie und Hyperplasie der Mittelohrschleimhaut,* welche durch Gefässerweiterung und -neubildung bez. Rundzelleninfiltration bedingt ist, und *in Absonderung von Secret* auf die freie Fläche der Mucosa.

Die Massenzunahme der Schleimhaut kann so hochgradig sein, dass die pneumatischen Hohlräume des Mittelohrs gänzlich durch dieselbe ausgefüllt und die Gehörknöchelchen völlig in sie eingebettet erscheinen. Die Epitheldecke der Mucosa ist an einzelnen Stellen abgestossen, an anderen stark gewuchert; ihre oberste Lage hat meist den Character der Flimmerzellen verloren.

Häufig entstehen durch Bindegewebswucherung papilläre oder zottenförmige Excrescenzen, *Granulationen* oder *Polypen* an der Schleimhaut und ferner, entweder durch unmittelbare Berührung der entzündeten Schleimhautflächen, wenn diesen ihre Epitheldecke verloren gegangen war, oder durch circumscripte Schleimhautwucherung *Synecchien,* welche die einzelnen Wände der Paukenhöhle, insbesondere die innere und äussere Paukenhöhlenwand, die Labyrinthwand und das Trommelfell resp. eine in letzterem neu entstandene Narbe, ferner die Gehörknöchelchen und ihre Bänder, die Sehne des Tens. tympani und des Stapedius, endlich die Schleimhautfalten der Paukenhöhle unter einander in abnormer Weise verbinden, das Ost. tympanic. tubae und das Antrum mastoideum gegen das Cav. tympani absperren und letzteres in mehrere Abtheilungen trennen können. Seltener kommt es zur *Ulceration der Mucosa,* welche mitunter auf die darunter liegenden Knochen übergreift und zu cariöser Erkrankung bez. Zerstörung derselben führt. Die genannten Veränderungen der Schleimhaut können *nach* einander auftreten, mitunter aber auch gleichzeitig *neben* einander bestehen. Die geschwollene Schleimhaut, sowie die neu entstandenen Synecchien innerhalb des Mittelohrs können später *atrophiren* oder auch durch Umwandlung der Rundzellen in festes Bindegewebe, Kalk oder Knochen allmählich immer starrer und straffer werden, *schrumpfen, verkalken oder verknöchern.*

Das *Trommelfell* ist *entzündlich verdickt, perforirt* und zeigt einen mehr weniger ausgedehnten Substanzverlust, der durch Schmelzung des Gewebes an den Perforationsrändern entsteht.

Dass ein durch frühere Erkrankung sehr stark verdicktes Trommelfell bei Otit. med. purul. chronica nicht perforirt wird und das im Mittelohr abgesondertes Secret durch die Tuba Eust. oder durch eine Knochenfistel im Gehörgang bez. Warzentheil abfliesst, gehört zu den allergrössten Seltenheiten.

Die von der Schleimhaut überzogenen **Gehörknöchelchen** und die **knöchernen Wände des Mittelohrs** zeigen sich bei microscopischer Untersuchung häufig entzündet, die oberflächlichen Knochenpartieen und die von den tiefen Schleimhautschichten in die Knochen eindringenden Bindegewebszüge mit Rundzellen infiltrirt, die Gefässlücken erweitert. Hieraus kann später Verdichtung des Knochens, *Hyperostose* und Osteophytbildung oder *Caries* bez. *Necrose* entstehen. Auch kann nach vollkommener oder theilweiser Zerstörung ihrer Schleimhautüberzüge, Gelenk- und Haftbänder eine *Luxation* oder *Exfoliation der Gehörknöchelchen* zu Stande kommen. Letztere wird am häufigsten beim Ambos, seltener beim Hammer, am seltensten beim Steigbügel beobachtet.

Das von der Schleimhaut abgesonderte *Secret* ist eitrig oder schleimig-eitrig. Bei längerer Stagnation desselben in der Paukenhöhle und den pneumatischen Anhängen derselben, wie sie bei Behinderung des Abflusses durch zu kleine oder hochgelegene Perforationen, Verlegung derselben durch Granulationen oder Polypen, Verwachsung des Trommelfells mit der inneren Paukenhöhlenwand oder Verengerung des äusseren Gehörgangs oft zu Stande kommt, kann es sich eindicken und verkäsen.

Die das Tegmen tympani bedeckende *Dura mater* ist in manchen Fällen verdickt und abnorm adhärent, in anderen eitrig infiltrirt und abgelöst.

Symptome: *An der Ohrmuschel und in der Nachbarschaft* derselben findet man mitunter, zumal bei Individuen mit leicht reizbarer Haut, in Folge der Einwirkung des otorrhoischen Secrets der Otit. med. purul. chron. nässendes oder impetiginöses Eczem, oder auch chronische diffuse *Dermatitis*. Die dem Eiterherd benachbarten *Lymphdrüsen*, die Nacken- und seitlichen Halsdrüsen, sind öfters geschwollen, namentlich bei Kindern und zwar nicht nur bei scrophulösen.

Im Gehörgang bez. in der Paukenhöhle zeigt sich bei der Ohrenspiegeluntersuchung *eitriges* oder *schleimig-eitriges* Secret (s. S. 110 u. 202), welchem mitunter, insbesondere wenn Granulationen oder Polypen vorhanden sind, etwas *Blut* beigemischt ist. In manchen Fällen wird das Secret *massenhaft*, in anderen so *spärlich* abgesondert, dass es in der Tiefe des Ohres zu gelben, grünlichen oder braunen Borken eintrocknet. Ersteres ist vorzugsweise bei der scarlatinös-diphtheritischen Form der Otit. med. purul. chronica, bei Granulationen im Mittelohr und bei Caries des Schläfenbeins der Fall. Bei letzterer ist die Absonderung auch öfters dünnem Fleischwasser ähnlich, also mehr serös-eitrig, ferner sehr übelriechend und ätzend. Namentlich bei vernachlässigter Mittelohreiterung, bei welcher sich das Secret leicht zersetzt und fault, ist dasselbe, auch ohne dass Caries besteht, häufig ungemein *fötid*. Es riecht oft wie faulender Käse. Die vorher erwähnten *Borken* von eingetrocknetem Secret bei spärlicher Absonderung sitzen oft so fest auf ihrer Unterlage, dass es Mühe macht, sie mit einer geknöpften Sonde oder einem stumpfen Häkchen loszulösen. Nach ihrer Entfernung findet man den Eiterungsprocess in der Tiefe mitunter abgelaufen, die Trommelfellperforation vielleicht schon vernarbt; in anderen Fällen treten nun erst dicker Eiter und Granulationen zu Tage, die vorher durch die Borke verdeckt waren. Letztere scheint zuweilen sogar durch Druck die Eiterung zu unterhalten und Granulationsbildung zu befördern. Auch können Krusten, welche in einer kleinen Perforationsöffnung sitzen, die Schliessung derselben verhindern.

In seltenen Fällen zeigt der Ausfluss eine deutlich *blaue* oder *grüne* Farbe, welche durch das Vorkommen des Bacillus pyocyaneus und fluorescens bedingt ist.

Nach längerer Eiterretention entfernt man beim Ausspritzen des Ohres mitunter zusammengeballte, übelriechende *Bröckel eingedickten Eiters*, zuweilen mit Epidermis und Cholestearin vermischt.

Ist das Ohr durch Ausspritzen von Secret befreit und die in der Tiefe zurückgebliebene Spritzflüssigkeit durch Ausschütteln (S. 119) bez. vorsichtiges Austrocknen
mittelst Wattestäbchen (Taf. XV Fig. 10) sorgfältig entfernt, so findet man bei
der Spiegeluntersuchung den **Gehörgang** entweder normal oder zum Theil mit
macerirter Epidermis ausgekleidet. Seine untere Wand zeigt zuweilen Erosionen,
selten tiefere Ulcerationen. Das Lumen kann durch Borken aus eingetrocknetem
Secret, geschichtete Epidermislamellen oder Granulationen, endlich durch Hyperostose
der knöchernen Wände, seltener durch chronische entzündliche Verdickung der Cutis
verengt sein. Mitunter findet man auch eine complicirende Otit. ext. follicul. im
knorpligen, seltener Caries und Necrose im knöchernen Abschnitt.

Das **Trommelfell** zeigt stets eine, selten mehrere *Perforationen*, über deren
verschiedene Erscheinungsformen und Erkennungsmittel S. 36—41 zu vergleichen
ist. Die *Grösse derselben* hängt weder von der Dauer noch von der Intensität der
Eiterung ab. Am ausgedehntesten pflegen die bei Scharlach, scarlatinöser Diphtheritis, Tuberculose und Scrophulose entstandenen Defecte zu sein.

Perforationen der Membr. flaccida sind weniger häufig, als diejenigen der
Pars tensa des Trommelfells, immerhin aber noch häufig genug.

Sie kommen durch eine eitrige Entzündung im Prussak'schen Raum bez. in Schwegalow's
Antr. und Cellul. Shrapnelli (s. S. 18), welche in den genannten Hohlräumen selbstständig auftritt oder nach Ablauf einer ursprünglich über die ganze Paukenhöhle verbreiteten Entzündung hier fortdauert, zu Stande. Letzteres wird durch die abgeschlossene
Lage der Cellul. Shrapnelli, welche den Abfluss des in ihnen gebildeten Secrets erschwert
und eine Stauung, Eindickung und Zersetzung desselben verursacht, begünstigt. Denn
hierdurch kommt es leicht zu einem chronischen Verlauf des Entzündungsprocesses. Sodann kann bei der eitrigen Mittelohrentzündung durch von früheren Erkrankungen zurückgebliebene Veränderungen an der Pars tensa des Trommelfells, wie starke Verdickungen derselben oder Verwachsungen mit der Labyrinthwand, ein Hochstand der Exsudate und Durchbruch derselben an der Stelle der Shrapnell'schen Membran veranlasst werden. Nur in seltenen
Fällen entstehen diese Perforationen durch ein Uebergreifen einer Otit. ext. diff. auf die
Membr. flaccida, durch eine Otit. ext. circumscripta, welche an dem Knochenrand derselben
ihren Sitz hat, sodass bei der Vereiterung des circumscripten Entzündungsherdes eine
Communication zwischen Gehörgang und dem entsprechenden Abschnitt des Mittelohrs
eintritt, endlich, indem eine mit Secretion einhergehende Erkrankung des äusseren Gehörgangs sich durch ein Foramen Rivini hindurch auf die jenseits der Membr. Shrapnelli
gelegenen Hohlräume fortpflanzt.

Untersucht man unmittelbar nach dem Durchbruch des Eiters, so findet man
die *Perforation der Membr. Shrapnelli* in der Regel im vorderen Theil derselben,
ein Wenig über und vor dem Proc. brev. mallei. Später nimmt sie an *Grösse*
gewöhnlich zu und erstreckt sich dann auch auf den hinteren Theil der Shrapnell'schen
Membran. In Folge der Stauung und Zersetzung des entzündlichen Secrets in den
vielen, von einander abgeschlossenen kleinen Cellul. Shrapnelli nimmt diese mit Perforation der Membr. flaccida einhergehende Form der Mittelohreiterung, wie oben
bereits erwähnt, in der Regel einen sehr *chronischen Verlauf*, und die Entzündung
hat Zeit, sich von ihrem Ausgangspunkt auf die benachbarten Theile weiter aus-
zubreiten, wobei nicht nur die die kleinen Cellul. Shrapnelli von einander trennenden
Schleimhautsepta, sondern auch der Kopf und Hals des Hammers, sowie der
Ambos und der über dem Trommelfell gelegene, den Rivini'schen Ausschnitt be-
grenzende Theil der knöchernen lateralen Paukenhöhlenwand, d. h. die äussere Wand
des Kuppelraums, endlich die Wände des Antr. mast. angegriffen und zerstört werden können. Hierdurch entstehen mitunter *in der oberen Gehörgangswand* oberhalb des Proc. brev. mallei so *ausgedehnte curiöse Knochendefecte*, dass man
einen freien Einblick in den Recess. epitymp. gewinnt, in welchem dann, je nach
der Grösse des Substanzverlustes, entweder nur der Hals oder auch der Kopf des

Hammers, das Hammer-Ambosgelenk, ja selbst der ganze Ambos und, wenn diese Theile cariös zu Grunde gegangen sind, mitunter das ovale Fenster, der darüber liegende Wulst des Canal. Fallopp., bei grösserer Ausdehnung der Lücke nach hinten sogar die Erhabenheit des horizontalen Bogengangs zu Tage treten (s. Taf. VI Fig. 17 u. 19).

Sehr häufig indessen werden die Perforationen der Shrapnell'schen Membran und auch die an sie angrenzenden Defecte in der oberen Gehörgangswand durch *Cholesteatom-* oder *verkäste Eiter-Massen* vollständig verlegt oder durch *Granulationen* ausgefüllt. Letztere sind bei den Perforationen der Membr. Shrapnelli überhaupt häufiger als bei der Pars tensa, wahrscheinlich weil die ersteren meist bis an den knöchernen Rand des Trommelfells, hier also den Rand des Rivini'schen Ausschnitts, reichen, an welchem leicht eine kleine Stelle von den bedeckenden Weichtheilen entblösst, von dem Eiterungsprocess in Mitleidenschaft gezogen wird und zu granuliren beginnt.

Bei der *Luftdouche* tritt durch eine Perforation der Membr. Shrapnelli gewöhnlich weder Luft noch Eiter heraus, weil die spärlichen Communicationsöffnungen, welche zwischen den Cellul. Shrapnelli und der übrigen Paukenhöhle bez. dem Ost. tympanic. tubae bestehen, meist durch Secretmassen, geschwollene Schleimhaut, Granulationen, Verwachsungen oder neugebildete bindegewebige Ligamente und Membranen verlegt sind. Ist der untere Paukenhöhlenraum also frei und im Zustand der Norm, so hört man bei der Auscultation nur ein einfaches Blasegeräusch.

Neben der Perforation der Membr. flaccida ist mitunter noch eine zweite an einer anderen Stelle des Trommelfells bez. eine fast vollkommene Zerstörung auch der Pars tensa desselben vorhanden.

Der etwa übrig gebliebene **Rest der Membrana tympani** ist während des Bestehens der Otit. med. purul. chronica in der Regel entzündlich verdickt, gleichmässig roth oder durch aufgelagerte Epidermis resp. interstitielles Exsudat ganz oder theilweise schmutzig-weiss, grünlich-gelb oder röthlich-grau gefärbt, zuweilen mit Granulationen oder kleinen Polypen besetzt, selten excoriirt. Bei den auf die Cellul. Shrapnelli beschränkten Eiterungsprocessen kann er ein annähernd normales Aussehen bewahren. Der *Perforationsrand* ist mitunter mit der inneren Paukenhöhlenwand direct oder durch bindegewebige Stränge verwachsen, entweder in toto oder partiell. In anderen Fällen liegt er derselben nur ganz oder theilweise an. In noch anderen ist er überall durch einen freien Zwischenraum von ihr getrennt, sodass er bei geeigneter Beleuchtung mit dem Spiegel einen dunklen Schatten auf sie wirft.

Das **Manubr. mallei** kann durch die verdickte Cutisschicht vollkommen verdeckt sein oder nur undeutlich hindurchscheinen (s. Taf. VI Fig. 28). Bei grösseren, namentlich centralen Perforationen ragt ein mehr minder grosser Theil desselben oder auch das ganze frei in den Defect hinein (Taf. VI Fig. 15, 16 u. 25), entweder in seiner ursprünglichen Form oder auch erheblich verdickt. Durch den Zug des Tens. tympani wird der Hammergriff in solchen Fällen aus den S. 37 angegebenen Gründen, falls nicht Adhaesionen und Verwachsungen entgegenwirken, stark nach innen (medianwärts) gezogen, sodass sein unteres Ende die innere Trommelhöhlenwand berühren kann, mit welcher er mitunter verwächst. Zuweilen ist er so stark nach innen, hinten und oben gerichtet und perspectivisch verkürzt, dass wir ihn bei der Ohrenspiegeluntersuchung kaum wahrnehmen können. Nicht selten ist das ganze Manubrium oder ein Theil seines unteren Endes (Taf. VI Fig. 16, 24, 27) durch cariöse Schmelzung zu Grunde gegangen oder auch der ganze Hammer eliminirt.

Die durch einen genügend grossen Trommelfelldefect hindurch deutlich sichtbare **Paukenhöhlenschleimhaut** zeigt die verschiedensten Grade der *Röthung*, vom

14*

blassen Rosa- bis zum dunklen Scharlach- oder Blauroth. Nicht selten ist sie stark *geschwollen*, bald *glatt*, bald himbeerartig *granulirt* (*Otit. med. granulosa*), oder auch mit grösseren Granulationen besetzt, zuweilen so stark gewulstet, dass sie über den Rand der Perforation prolabirt, sodass es dann fraglich werden kann, ob man die gewucherte Paukenhöhlenschleimhaut oder ein nicht perforirtes entzündetes Trommelfell vor sich hat. Nicht selten erheben sich von der entzündeten Mucosa auch *Polypen*, welche mit einem Stil versehen sind und durch die Trommelfellperforation hindurch in den Gehörgang ragen können. In anderen Fällen wiederum ist die Schleimhaut so wenig geschwollen, dass die Vertiefungen der inneren und unteren Paukenhöhlenwand (die Nische zum runden Fenster, die Cellul. tympanicae) deutlich erkennbar sind. Zuweilen wird sie von festhaftenden *Epidermisschichten* bedeckt.

Was die **chronische Eiterung des Atticus** anlangt, so zeigt das bei dieser je nach der Intensität der Entzündung bald reichlicher, bald spärlicher abgesonderte Secret gewöhnlich die Beschaffenheit des *Knochen- und des Stagnationseiters:* es ist dickflüssig, schmierig, übelriechend, senkt sich im Wasser zu Boden und fühlt sich zwischen den Fingern rauh an. Seine Farbe schwankt zwischen Hell- und Dunkel- oder Grün-gelb. Oft kommen auch Mischformen von Schleim- und Knocheneiter vor. Ist die Secretion nicht so profus, dass der ganze Gehörgang mit Eiter angefüllt ist, so sieht man bei der chronischen Eiterung des Atticus häufig an der oberen hinteren Gehörgangswand eine gelbe Eiterstrasse, die nach innen in die oberen Theile der Paukenhöhle oder in eine lateral vom Trommelfell in den Gehörgang einmündende Warzentheilfistel führt. Häufig sind dem Eiter kleine weisse Häutchen beigemischt, welche entweder aus dem Gehörgang oder aus dem Mittelohr stammen. Im letzteren Fall findet man sie meist in kleinen Ballen zusammenhängend und perlmutterartig glänzend. Sie deuten bei regelmässiger Wiederkehr auf das Vorhandensein eines *Cholesteatoms im Kuppelraum oder Warzentheil.* Mitunter sind die erwähnten Ballen so gross, dass man erstaunt ist, wie sie durch die enge Perforation haben austreten können. Aus der *Perforation der Membr. Shrapnelli*, aus welcher der Eiter hervorquellen kann, wachsen, wie bereits erwähnt, häufig leicht blutende *Granulationen* heraus, welche in der Schleimhaut des Atticus oder des Antrum entspringen. Mitunter nicht grösser als ein Stecknadelkopf, erreichen sie in anderen Fällen eine solche Ausdehnung, dass sie den Gehörgang obturiren. Wuchern sie nach Entfernung mit der Schlinge und energischer Aetzung sofort wieder, so ist dieses ein ziemlich sicheres Zeichen für das Vorhandensein von *Caries des Hammers*, die sich auf den Kopf desselben beschränken kann.

Neben der eitrigen oder schleimig-eitrigen Secretion der Mittelohrschleimhaut wäre als constantes Symptom der Otit. med. purul. chron. ferner die *Herabsetzung der Hörschärfe* anzuführen. Diese erscheint in verschiedenen Fällen ausserordentlich verschieden. Mitunter ist sie so *gering*, dass Flüsterworte noch auf 6 m und weiter verstanden, in anderen Fällen so *beträchtlich*, dass diese nur noch dicht am Ohr gehört werden. Ersteres beobachtet man nicht allzu selten selbst bei ausgedehntem Substanzverlust des Trommelfells, ja sogar nach Exfoliation des Hammers und Ambos. Man ersieht hieraus, dass es zum Hören abgesehen von der Functionsfähigkeit des inneren Ohrs bez. des ganzen schallempfindenden Apparats hauptsächlich auf die Schwingungsfähigkeit der Labyrinthfenstermembranen ankommt. *Bei Perforation der Membr. Shrapnelli* besteht meist auffallend gutes Gehör.

Etwaige *absolute Taubheit* muss bei der chronischen Mittelohreiterung wohl stets auf eine complicirende Erkrankung des schallempfindenden Apparats bezogen werden. Uebrigens zeigt die Hörstörung in ein und demselben Fall sehr *bedeutende Schwankungen*, welche von der verschiedenen Menge des in der Paukenhöhle befindlichen Secrets, von der verschiedenen Lage desselben in Bezug auf die acustisch besonders wichtigen Theile des schallleitenden Apparats, zu denen vor allem die Labyrinthfenster zu zählen sind, ferner von der wechselnden Schwellung der Schleimhaut abhängen. *Subj. Gehörsempfindungen* kommen bei reiner Otit. med. purul. chron. wohl vor, sind dann aber meist intermittirend und nicht sehr intensiv.

Schmerzen im Ohre sind hier nur bei *Erkrankung des Warzentheils,* ferner bei *Secretverhaltung* z. B. durch Verengerung des Gehörgangs, polypöse Granulationen, Verlegung der Trommelfellperforation, sodann bei *Caries* der knöchernen Mittelohrwände und endlich bei *Exacerbation der Entzündung,* wie sie z. B. nach starken Temperaturumschlägen, nach operativen Eingriffen oder der Anwendung von reizenden Medicamenten im Ohre zu Stande kommen kann, vorhanden. Häufiger sind *Druck und Schwere im Kopf oder Kopfschmerz,* insbesondere bei Eiterretention oder Ansammlung eingedickter Secretmassen im Mittelohr, nach deren Entfernung gewöhnlich grosse Erleichterung eintritt. *Facialislähmung* deutet bei der chronischen Mittelohreiterung gewöhnlich auf Caries, ebenso *Schwindel* und *Erbrechen.*

Bei den zur Perforation der Shrapnell'schen Membran führenden **chronischen Eiterungen im oberen Paukenhöhlenraum** sind Kopfschmerz, Schwere und Eingenommenheit des Kopfes, Schwindel, Untähigkeit zu geistiger Arbeit und psychische Verstimmung recht häufige Symptome. Selten fliesst Eiter aus der Paukenhöhle in den Nasenrachenraum und verursacht unangenehme Geruchs- und Geschmacksempfindungen sowie Verdauungsstörungen.

Verlauf und Prognose: Die Otit. med. purul. chronica kann unter günstigen Verhältnissen des Patienten und bei richtiger Behandlung zur *Heilung* gelangen. Die *Eiterung* kann selbst nach jahrelanger Dauer vollkommen *sistiren,* der *Trommelfelldefect zuheilen,* und zwar, wenn er klein war, ohne eine sichtbare Veränderung zu hinterlassen, war er gross, unter Bildung einer *Trommelfellnarbe,* über deren verschiedene Erscheinungsformen und Erkennungsmittel S. 41—43 zu vergleichen ist. Es hängt dieses weder von der Grösse der Perforation noch von der Dauer der Eiterung ab. Mitunter beobachtet man Vernarbung von sehr ausgedehnten, fast das ganze Trommelfell einnehmenden Substanzverlusten, während manche kleine und kürzere Zeit bestehende Oeffnungen persistent bleiben. In selteneren Fällen findet eine Vernarbung noch mehrere Jahre nach Ablauf der Eiterung statt. Die Narben rücken bei ihrer Entstehung entweder von der ganzen Circumferenz der Perforation gleichmässig gegen das Centrum zu vor oder wie in Fig. 20 (Taf. VI) von einer Seite des Randes zur gegenüberliegenden, oder es bildet sich zunächst eine den Defect quer durchsetzende Brücke, deren Ränder später mit den Perforationswänden durch Narbengewebe verwachsen. Die Entzündung des *Trommelfellrestes* und der Mittelohrschleimhaut kann sich nach Ablauf der Eiterung allmählich vollkommen zurückbilden. Dabei kann der Trommelfellrest durchaus normales Aussehen wiedererlangen, während in anderen Fällen atrophische Stellen, bindegewebige Verdickungen, Trübungen, Verkalkungen, selten Verknöcherungen dauernd in ihm zurückbleiben, pathologische Veränderungen, welche S. 34—43 bereits beschrieben sind. Nicht selten ist der Trommelfellrest oder auch eine die Perforation etwa verschliessende Narbe mit der inneren Paukenhöhlenwand in verschiedener Ausdehnung verwachsen. Der *Hammergriff* erscheint nach Ablauf der Eiterung entweder normal oder verdickt oder auch durch cariöse Zerstörung verkürzt bez. vollkommen geschwunden. Bei sehr ausgedehnten oder bei mittelgrossen Narben, welch' letztere aber im Centrum des Trommelfells sitzen müssen, wird er, falls nicht andere

Einflüsse, wie z. B. Adhaesionen dem entgegen wirken, aus den S. 41 angegebenen Gründen durch den M. tensor tymp. nach innen gezogen.

Kommt es nicht zur Verheilung des Trommelfelldefects, so bleibt eine *persistente Perforation* zurück, deren Rand sich nach Ablauf der Eiterung lippenförmig überhäutet, mitunter verkalkt, mitunter in der ganzen Circumferenz oder auch nur in einem Theil derselben mit der inneren Paukenhöhlenwand verwächst. In solchen Fällen kann die Eiterung leicht recidiviren, insbesondere wenn der Ohreingang nicht durch einen Watte- oder Gazetampon verschlossen wird und nun die in Folge des Trommelfelldefects blossliegende Paukenhöhlenschleimhaut durch das Eindringen von kalter oder unreiner Luft, Zug, Staub oder Flüssigkeit, z. B. beim Waschen oder Baden, in Reizzustand geräth. Zuweilen kommt es indessen auch bei persistenter Trommelfellperforation nie zu einem Recidiv der Mittelohreiterung, insbesondere wenn nach Ablauf derselben die Epidermis des Trommelfells oder des Gehörgangs durch den Trommelfelldefect hindurch in die Paukenhöhle hineingewachsen ist, wodurch eine *dermoide Umwandlung der Paukenhöhlenschleimhaut* zu Stande kommt. Letzteres geschieht am häufigsten, wenn sich der Substanzverlust bis zur Peripherie erstreckte oder wenn der Perforationsrand mit der inneren Paukenhöhlenwand verwachsen war. Die *epidermisirte Paukenhöhlenschleimhaut* erscheint trocken und glanzlos.

Andererseits kann auch nach Heilung des Trommelfelldefects ein Recidiv der Mittelohreiterung eintreten, insbesondere bei acuter Erkrankung der Nase und des Rachens, bei Bronchialkatarrh, oder bei fieberhaften Krankheiten.

Die Mittelohrschleimhaut gewinnt nach Ablauf der Eiterung in manchen Fällen durchaus *normale* Beschaffenheit wieder, in anderen Fällen bleibt sie noch längere Zeit *hyperämisch*, geröthet und feuchtglänzend, in noch anderen verwandelt sie sich durch Uebergang der Rundzellen in Spindelzellen entweder an einzelnen circumscripten Stellen oder auch mehr diffus in ein straffes sehnenartiges Bindegewebe, welches durch Schrumpfung allmählich immer dichter und starrer wird, und zeigt sich dann *schmutzigweiss oder grau* und verdickt. Nicht selten erscheint sie an einzelnen Stellen noch secernirend, geröthet, aufgelockert und granulirend, an anderen bereits trocken und von glänzendem Narbengewebe überzogen. Sodann kann es ferner zur *Verdickung* der vorher entzündeten Schleimhaut durch Kalk- oder Knocheneinlagerung und andererseits zur *Atrophie* derselben kommen.

Die im Verlauf der chronischen Mittelohreiterung etwa entstandenen bindegewebigen *Synechien*, welche in Form von ligamentösen Brücken oder membranösen Schwarten die einzelnen Theile des schallleitenden Apparates (das Trommelfell, die Gehörknöchelchen, die knöchernen Paukenhöhlenwände, die Membran des runden Fensters, das Ringband des Steigbügels, die Sehne des Tens. tympani und Stapedius, die Falten der Paukenhöhlenschleimhaut) in abnormer Weise mit einander verbinden und ihre Beweglichkeit mehr minder beeinträchtigen, zeigen nach Ablauf der Eiterung mitunter dieselben Verwandlungen wie die entzündete Schleimhaut, indem auch sie durch Schrumpfung und Retraction des neugebildeten Bindegewebes, durch Verkalkung oder Verknöcherung allmählich immer dichter, starrer und straffer werden, andererseits aber auch atrophiren können. Durch die *Verdickung und Verdichtung ihrer Schleimhautüberzüge* bez. totale oder partielle *Verkalkung* und *Verknöcherung* derselben, durch Fixirung mittelst neugebildeter bindegewebiger *Pseudoligamente und -membranen*, welche mitunter gleichfalls particell oder in toto in Kalk- oder Knochensubstanz sich verwandeln, muss die Beweglichkeit der *Gehörknöchelchen* mehr minder beeinträchtigt werden, und es ist erklärlich, dass unter

Umständen hierdurch eine vollkommene *Unbeweglichkeit oder Ankylose* derselben herbeigeführt werden kann.

Die *Tuba Eust.* kann sich nach Ablauf der Eiterung in Folge von Atrophie ihrer Schleimhautauskleidung abnorm weit erweisen, häufiger erscheint sie in Folge von Verdickung derselben verengt.

Der eben geschilderte Ausgang der Otit. med. purul. chronica, bei welchem es also zum *Aufhören der Eiterung* kommt, ist quoad vitam der günstigste. Es giebt nun aber auch zahlreiche andere Fälle, in denen die *Eiterung bis zum Tode* dauert. Letzterer erfolgt mitunter ganz *unabhängig von dem Ohrenleiden* nach Jahrzehnte langem Bestehen desselben. Häufig genug indessen ist er auch eine *directe Folge* der chronischen Mittelohreiterung, da diese nicht selten zur *Meningitis, Hirnabscess, Sinusphlebitis, Pyaemie und Septicaemie,* weniger oft durch Anätzung der Carotis interna, des Sinus transversus, des Bulbus ven. jugul. zu *tödtlicher Ohrblutung* führt. Ueber die Wichtigkeit, welche die ophthalmoscopische Untersuchung des Augenhintergrundes nach ZAUFAL für die Erkenntniss intracranieller Complicationen der Mittelohreiterung besitzt, siehe S. 207.

Die genannten *lethalen Folgekrankheiten,* welche mitunter ganz unerwartet und plötzlich eintreten und bei der chronischen Mittelohreiterung viel häufiger vorkommen als bei der acuten, im Ganzen aber überhaupt viel häufiger sind, als gewöhnlich angenommen wird, können noch bei ganz geringfügiger Eiterabsonderung zu Stande kommen, so dass wir die Gefahr eines auf die Ohraffection als Ursache zu beziehenden tödtlichen Ausgangs als beseitigt erst dann ansehen können, wenn es uns gelungen ist, den Eiterungsprocess *vollständig* zu sistiren. Letzteres ist trotz sorgfältigster Behandlung nicht immer zu erreichen. Vorzugsweise ungünstig gestalten sich in dieser Beziehung diejenigen Fälle von chronischer Mittelohreiterung, welche im Scharlach oder Typhus, bei Scrophulose, Tuberculose, Syphilis, Diabetes, Leukämie, bei chronischer Nasenrachenblennorrhoe und Ozäna entstanden sind, ferner diejenigen, wo Caries der Gehörknöchelchen und des Schläfenbeins besteht, wo die Perforation in der Membr. Shrapnelli sitzt, wo cholesteatomatöse Massen vorhanden sind — hier kommt es besonders häufig zur Ausbreitung der Entzündung auf Warzentheil und Schädelhöhle — und wo der Gehörgang stark stenosirt ist.

Die *schwere Heilbarkeit der mit Perforation der Membr. flaccida einhergehenden Eiterungen im oberen Paukenhöhlenraum* wird nicht allein durch die S. 17, 18 u. 210 erörterten anatomischen Eigenthümlichkeiten dieser Region, welche langwierige Stauung und Zersetzung der gebildeten Secretionsproducte bedingt, sondern auch dadurch verursacht, dass gerade bei Perforationen der Membr. Shrapnelli besonders häufig Cholesteatome im Mittelohr entstehen, welche wiederum ihrerseits, wie später eingehender erörtert werden wird, ausserordentlich schwer zur Heilung zu bringen sind.

Durch die bereits erwähnten Adhaesionen, welche sich im Verlauf der chronischen Mittelohreiterung zwischen den einzelnen Theilen des schallleitenden Apparats bilden können, und zwar sowohl durch die directen Verwachsungen zwischen Trommelfellrest bez. Trommelfellnarbe und Labyrinthwand wie auch durch etwa neugebildete, zwischen den Wänden der Paukenhöhle sich ausspannende Pseudoligamente und -membranen, wird das Cavum tympani mitunter in einzelne kleinere Räume getheilt, welche unter einander nicht zu communiciren brauchen. In diesen können sich weissliche, cholestearinhaltige Epithelmassen oder eine viscide braune Flüssigkeit oder auch Eiter ansammeln. Hierdurch wird schliesslich die äussere Wand der betreffenden Hohlräume perforirt, und es entwickelt sich dann gewöhnlich eine Eiterung, welche äusserst hartnäckig ist und unseren therapeutischen Massnahmen grossen Widerstand entgegensetzt. In anderen Fällen tritt eine vollkommene oder theilweise Verödung der fraglichen Hohlräume, welche übrigens häufig auch in dem Atticus sich bilden, ein, indem dieselben durch ein aus den Schleimhautwucherungen hervorgehendes Bindegewebe, welches sich später in Kalk oder Knochensubstanz verwandeln kann, mehr minder ausgefüllt werden.

Was die *Functionsstörung nach Ablauf der Mittelohreiterung* anlangt, so kann die Hörschärfe wieder vollkommen *normal* werden, selbst wenn am Trommelfell pathologische Veränderungen, wie Trübung, Verdickung, Verkalkung, Verknöcherung, atrophische Stellen oder Narben, zurückbleiben. Andererseits kann durch die Verdickung und Verdichtung der Paukenhöhlenschleimhaut, durch neugebildete Pseudoligamente und -membranen, durch Einwärtsziehung des Trommelfells die Beweglichkeit des schallleitenden Apparates mehr minder beeinträchtigt sein, sodass eine geringe oder auch hochgradige *Schwerhörigkeit* dauernd bestehen bleibt. Es kann dieses natürlich ebensowohl bei persistenter Perforation, wie auch bei Vernarbung des Trommelfelldefects der Fall sein. Die Beweglichkeitsstörung braucht übrigens durchaus nicht den ganzen schallleitenden Apparat zu betreffen; sind doch die einzelnen Theile des letzteren für den Höract von sehr verschiedener Dignität. So können ganz circumscripte Adhaesionen, welche den Steigbügel fixiren, sehr hochgradige Schwerhörigkeit verursachen in Fällen, in denen das Trommelfell, der Hammer und der Ambos normale Beweglichkeit behalten haben, und ebenso wird es sein, wenn lediglich die Membran des runden Fensters durch starke Verdichtung ihres Schleimhautüberzugs bez. Verkalkung oder Verknöcherung unbeweglich geworden ist oder organisirte Bindegewebsmassen die Nische zum runden Fenster vollständig ausgefüllt haben. Auch wird ein einziges starres Pseudoligament, welches den Kopf des Hammers an die Paukenhöhlendecke unbeweglich fixirt, eine stärkere Schwerhörigkeit verursachen können, wie manche viel ausgedehntere Adhaesionen, welche schlaffer sind und die Beweglichkeit der Gehörknöchelchen nicht in demselben Maasse behindern. Zuweilen wird durch das Aufhören der Eiterung eine erhebliche Verschlechterung des Hörvermögens hervorgerufen, wahrscheinlich in Folge der hierbei eintretenden grössern Trockenheit der Schleimhautüberzüge und daraus resultirender Beweglichkeitsstörung des schallleitenden Apparats. In anderen Fällen wiederum tritt das Entgegengesetzte ein, und müssen wir dann wohl annehmen, dass durch die Abschwellung der Schleimhaut der schallleitende Apparat an Beweglichkeit gewinnt. Mitunter ist die zurückbleibende Schwerhörigkeit auf *Continuitätsstörung in der Gehörknöchelchenkette* zu beziehen, wie sie während des Eiterungsprocesses durch Zerstörung oder Lockerung der Gelenkbänder, durch Caries der Knöchelchen oder auch vollkommene Exfoliation derselben zu Stande kommen kann. Bei einer Discontinuität zwischen langem Ambosschenkel und Steigbügelköpfchen wird zuweilen die Uebertragung des Schalls auf den Steigbügel durch eine diesem anliegende oder adhärente Trommelfellnarbe vermittelt. Hier pflegt, wenn die Narbe durch die Luftdouche abgehoben wird, vorübergehend eine beträchtliche Verschlechterung des Hörvermögens einzutreten. In anderen Fällen wird das letztere durch Auswärtswölbung einer Trommelfellnarbe nach der Luftdouche erheblich verbessert, sei es, dass die Narbe wichtigen Theilen des Schallleitungsapparates insbesondere dem Ambossteigbügelgelenk anlag und die Bewegungen dieser Theile bei Schalleinwirkung durch Dämpfung erschwerte, sei es dass durch die Auswärtswölbung der Narbe die Spannungsverhältnisse des Trommelfells für das Mitschwingen bei Schalleinwirkung geeigneter wurden, sei es endlich, dass die Narbe an ihrer Innenfläche irgendwo angewachsen war und dadurch die zum Mitschwingen erforderliche Beweglichkeit des Schallleitungsapparates beeinträchtigte. Nicht selten findet man bei sehr grossen Trommelfelldefecten selbst nach Exfoliation des ganzen Hammers und Ambos eine Hörweite für Flüstersprache von mehreren Metern, wenn nur die Stapesplatte beweglich und die Membr. tympani secundaria nicht verdickt ist. Im Allgemeinen zeigt die Hörfähigkeit nach Ablauf der Eiterung nicht so häufige und grosse Schwankungen wie während des Bestehens derselben.

Eine im Verlauf der chronischen Mittelohreiterung entstandene *Facialisparalyse* kann zurückgehen bez. schwinden, wenn sie durch entzündliche Infiltration des Nerven oder durch Druck auf denselben, nicht aber, wenn sie durch eitrige Zerstörung der Nervenfasern entstanden ist.

Diagnose: Ein Verkennen der Otit. med. purul. chronica ist nur dann möglich, wenn die Eiterung so gering ist, dass das abgesonderte Secret in der Tiefe des Ohres eintrocknet und eine die Perforationsstelle bedeckende Borke bildet, welche mit aufgelagertem Cerumen verwechselt werden kann. Dieses ist z. B. nicht selten bei den Defecten der Membr. Shrapnelli der Fall, welch' letztere ihrer hohen Lage wegen überhaupt leichter übersehen werden, als die Perforationen an anderen Stellen des Trommelfells. Erst wenn man eine solche Borke mit der geknöpften Sonde oder einem Häkchen entfernt hat, wird man gewahr, dass unter derselben die Eiterung noch fortbesteht. Ueber die Diagnose der bei der Otit. med. purul. chronica nicht seltenen Granulationen und Polypen s. später in dem Capitel „Neubildungen des Gehörorgans", über die Diagnose etwaiger Caries und Necrose im Mittelohr in dem Capitel „Caries und Necrose".

Therapie: Jede chronische Mittelohreiterung kann, wie wir S. 215 erörtert haben, eine *lebensgefährliche Erkrankung* verursachen, und geschieht dieses nur allzu häufig. Von äusserster Wichtigkeit ist es daher, dass diese Affection *aufs Sorgfältigste* behandelt und die Eiterung, wenn irgend möglich, beseitigt wird. Natürlich wird hierzu in den meisten Fällen die Zuziehung eines erfahrenen Ohrenarztes erforderlich sein. *Die Gleichgültigkeit, mit welcher viele mit chronischer Otorrhoe behaftete Patienten dieses Leiden betrachten, ihre Unlust, dasselbe gründlich specialistisch behandeln zu lassen, und die Lässigkeit, welche sie hierbei an den Tag legen, ist aufs Höchste zu beklagen. Denn sie wird häufig genug mit dem Tode bezahlt. Es wäre zu wünschen, dass von ärztlicher Seite die Wichtigkeit und Nothwendigkeit einer gründlichen sachverständigen Behandlung chronischer Otorrhoe in der Praxis aufs Energischste betont würde.*

Zur Heilung der Otitis med. purul. chron. ist zunächst die *regelmässige, gründliche Entfernung des abgesonderten Secrets* erforderlich, da dieses bei dem dem Mittelohr eigenthümlichen anatomischen Bau hier leicht stagniren, sich zersetzen und so die Eiterung unterhalten und eine Verschwärung der Schleimhautauskleidung des Mittelohrs sowie seiner knöchernen Wände herbeiführen kann. Zu diesem Ende muss das Ohr *ausgespritzt* werden (s. hierüber S. 116). Mitunter, wenn auch selten, gelangt eine seit vielen Jahren bestehende Mittelohreiterung, die bisher vollkommen unbeachtet und unbehandelt geblieben war, sofort zur Heilung, sobald man das Ohr nur ein- oder wenige Male vom Gehörgang aus ausspritzt und den Ohreingang dann mit antiseptischer Watte verschliesst. In zahlreichen Fällen indessen gelingt es bei einfachem Ausspritzen des Ohres vom Gehörgang aus nicht, allen Eiter zu entfernen, insbesondere wenn die Trommelfellperforation klein ist, und soll man daher nach vorheriger Ausspülung die Luftdouche anwenden, um zu prüfen, ob durch diese noch Eiter aus der Paukenhöhle in den Gehörgang getrieben wird, aus welchem er dann durch nochmaliges Ausspritzen herausgespült werden muss. Zuweilen ist zur gründlichen Entfernung des Secrets sogar eine Durchspülung der Paukenhöhle von der Tuba aus mittelst Flüssigkeitsinjection durch den

Catheter nothwendig. Das zum Ausspritzen dienende Wasser muss 5 Minuten gekocht haben, damit alle in ihm befindlichen pathogenen Keime, auf welche wir Rücksicht zu nehmen haben, getödtet sind. Es soll, um das Epithel der Mittelohrschleimhaut nicht zum Aufquellen zu bringen, einen Zusatz von $^3/_4\ ^0/_0$ Kochsalz oder, um gleichzeitig leicht antiseptisch zu wirken, noch besser von $3\ ^0/_0$ Borsäure enthalten.

Nach dem Ausspritzen mit lauwarmer Borsäurelösung lasse ich die letztere gewöhnlich noch in den Gehörgang der kranken Seite einfüllen und etwa 5 Minuten darin behalten, wobei Patient flach auf dem anderen Ohre liegen und mit dem Finger öfters den Tragus in das kranke Ohr hineindrücken soll, um die Borsäurelösung — an Stelle derselben kann man hierzu auch eine $16\ ^0/_0$ige Lösung von Natr. tetraboric. (JÄNICKE) benützen — möglichst in die Tiefe zu treiben. Nach Beendigung dieser Procedur wird das Ohr ausgetrocknet (s. S. 119) und mit Carbol-, Bor- oder Salicylwatte bez. -gaze verstopft. Dann bleibe Patient, namentlich in der kalten Jahreszeit, noch mindestens eine Stunde im warmen Zimmer.

Statt mit Borsäurelösung kann man das Ohr bei fötidem Secret auch zweckmässig mit verdünntem Chlorwasser (1 Theil Aqua Chlori auf 4 Theile Wasser) ausspritzen lassen. Indessen reizt dieses mitunter und ist den Patienten oft wegen seines sehr penetranten Geruchs recht unangenehm, insbesondere, wenn es in den Schlund abläuft. Andererseits hat es den Vortheil, stark desodorirend zu wirken und diffuse oder circumscripte Schleimhautschwellungen (Granulationen) zum Schrumpfen zu bringen. Nach dem Ausspritzen mit verdünnter Aqua chlorata muss das Ohr durch öftere Einführung von Wattetampons gründlich ausgetrocknet werden, weil sonst leicht durch den Reiz des Chlorwassers Excoriationen an der Gehörgangshaut entstehen. Zum Ausspritzen mit Chlorwasser kann man eine Metallspritze nicht benützen, da Metall durch dasselbe sofort stark angegriffen wird.

Die *Ausspülungen mit* $3\ ^0/_0$*iger Borsäurelösung oder verdünntem Chlorwasser* werden bei profuser Secretion 3—4 mal, bei mässiger dagegen nur 1—2 mal täglich vorgenommen. In den Zwischenpausen wird das in den Gehörgang ergossene Secret durch *öfteres Erneuern der Wattetampons*, welche man, falls sie leicht an der Haut festkleben und beim Herausnehmen zu Excoriationen derselben Veranlassung geben, besser mit *Gazetampons* vertauscht, entfernt. Auf solche Weise wird die Eiterung in manchen Fällen binnen einigen Wochen sistirt.

Ist dieses nicht der Fall, so stäube ich, wenn eine grosse Trommelfellperforation besteht, nach der, wie oben beschrieben, vorgenommenen Ausspülung des Ohres mit $3\ ^0/_0$iger Borsäurelösung und Austrocknung mit dem Wattestäbchen *Acid. boric. subtilissime pulverisat.* oder, wo dieses nach mehrmaliger Anwendung eine erhebliche Besserung nicht herbeiführt, eine *Mischung von Borsäure und Alaun*[*]) mit dem Pulverbläser (Taf. XV Fig. 24) ein (s. S. 125), und zwar so viel, dass die freiliegende Paukenhöhlenschleimhaut bei der nachfolgenden Ohrenspiegeluntersuchung eben nicht mehr durch das Pulver hindurchscheint. Bei kleiner oder für den Abfluss des Eiters ungünstig, also hoch gelegener Trommelfellöffnung sowie bei Fisteln im Gehörgang darf man kein Pulver einblasen, um den Eiter, insbesondere wenn derselbe reichlich abgesondert wird, nicht im Mittelohr zurückzuhalten, da hierdurch Schmerzen und Ausbreitung der Entzündung auf den Warzentheil oder gar Pyaemie

---

[*]) Rp. Alum. ust. 1,0—3,0
　　　Acid. boric. ad 10,0
　　　M. exactissime
　　　F. pulv. subtilissim. D.S. Aeusserlich.

und cerebrale Complicationen hervorgerufen werden können. Durch die genannten *Insufflationen*, welche anfangs täglich, später, wenn das Pulver nach 24 Stunden noch nicht fortgeschwemmt, sondern nur schwach durchfeuchtet ist, jeden zweiten Tag bez. noch seltener angewandt werden, und welchen unmittelbar gewöhnlich ein meist kurz anhaltendes Sausen folgt, gelangen viele Fälle von chronischer Mittelohreiterung, welche durch alleiniges Ausspülen mit Borsäurelösung gar nicht oder nur wenig gebessert wurden, zur Heilung. Ist diese erfolgt, so soll man das Pulver, um die Secretion nicht von Neuem anzuregen, noch mehrere Wochen im Ohre belassen und dann erst durch eine Ausspülung mit Borsäurelösung, welcher eine sorgfältige Austrocknung folgen muss, entfernen. Bei geringer Absonderung und grosser Trommelfellperforation wende man die genannte *Pulverbehandlung* stets an. Dass auch bei ihr im Ohreingang stets ein Pfropf antiseptischer Watte oder Gaze getragen werden muss und höchstens im gleichmässig warmen Zimmer herausgelassen werden darf, ist selbstverständlich. Denn es gilt dieses für ein mit Trommelfellperforation behaftetes Individuum *stets und unter allen Umständen.*

Bestehen zahlreiche kleine *Granulationen* auf dem Trommelfell oder der Mittelohrschleimhaut oder eine starke, gleichmässige Schwellung der letzteren, so verordne ich, falls nicht Caries oder eine intercurrente acute Entzündung vorhanden ist, nach vorherigem Ausspritzen des Ohrs mit 3 %iger Borsäurelösung Einträufelungen von *Alcohol absolutus* (s. S. 124 u. 125). Derselbe verursacht insbesondere im Beginn der Behandlung nicht selten zu starkes Brennen im Ohre und ist dann mit den gleichen Mengen Aqua destill. zu verdünnen. Später kann man ihn meist allmählich concentrirter und endlich rein appliciren. Die Instillationen sollen 2 mal täglich vorgenommen werden und jedes Mal 10—15 Minuten dauern, falls nicht stärkeres Brennen oder Schmerz den Kranken veranlasst, sie schneller abzubrechen. Nach der Einwirkung des Alcohols zeigt die Paukenhöhlenschleimhaut, auch wenn sie vorher stark geröthet war, eine nur blassröthlich-graue Farbe. Treten nach der Einträufelung Eingenommenheit des Kopfes, Kopfschmerz oder Schwindel ein, so nehme man von der Alcoholbehandlung Abstand. Dieselbe pflegt bei längerer Anwendung die Granulationen zum Schrumpfen zu bringen und damit auch die Secretion zu sistiren. Schneller wirken *localisirte Aetzungen der Granulationen mittelst Galvanocaustik oder Chromsäure* (s. S. 126 und S. 127), welche übrigens mit der *Alcoholbehandlung* verbunden werden können. Grössere Granulationen oder Polypen sind stets operativ oder durch Aetzen (s. S. 126 u. 127) zu beseitigen, wofern sie nicht an der Besichtigung unzugänglichen Stellen der Paukenhöhle aufsitzen, in welch' letzterem Fall auch wiederum die Alcoholbehandlung an ihre Stelle treten muss.

Nur in den sehr seltenen Fällen von chronischer Mittelohreiterung, in welchen das Ausspritzen des Ohrs die Absonderung deutlich vermehrt, und ferner in denjenigen, wo dieses selbst in seinen S. 117 angegebenen Modificationen heftigen Schwindel verursacht, greife man zu der *trockenen Behandlung*. Bei letzterer entfernt man das Secret nicht durch Ausspritzen des Ohres, sondern durch Reinigung mit dem Wattestäbchen, welche stets vom Arzte selber vorgenommen werden muss, event. nach vorausgegangener Luftdouche, und insullirt dann ein antiseptisches Pulver. Eine so gründliche Reinigung wie durch den Wasserstrahl wird bei dieser trockenen Behandlung niemals erzielt. Es kommt daher hier viel leichter zur Stagnation des Secrets in den dem Wattestäbchen unzugänglichen Höhlen des Mittelohrs und in Folge massenhafter Entwicklung von Mikroorganismen daselbst zur Zersetzung der zurückgehaltenen eingedickten Massen. Letztere aber kann einerseits zur Hyperplasie, andererseits zur Verschwärung der Mittelohrschleimhaut bez. der von ihr bekleideten Knochen, also sowohl zur Bildung von Polypen und Granulationen, wie auch zu Ulcerationen nicht nur der Mucosa, sondern des Knochens, d. h. zu Caries, endlich durch Aufnahme von Bacterien ins Blut zu Septicaemie führen.

Indessen auch in Fällen, die nicht „trocken" behandelt werden, findet nicht selten eine *Secretverhaltung* statt, gegen welche *operative Eingriffe* nothwendig werden können. So kann es vorkommen, dass eine kleine Trommelfellperforation erweitert werden muss, wenn bei profuser blennorrhoischer Absonderung der Austritt von Schleimklumpen aus der Paukenhöhle nicht frei genug von Statten gehen kann, oder wenn verkäster Eiter, zusammengeballte epitheliale Massen oder in der Paukenhöhle befindliche Polypen und Granulationen die ·kleine Perforationsöffnung verlegen und in Folge dessen Symptome von Eiterretention auftreten. Die *Dilatation der Trommelfellperforation* wird mit der Paracentesennadel (Taf. XVII Fig. 13 u. 14) oder dem Trommelfellmesser (Taf. XVII Fig. 15 u. 18) ausgeführt und soll stets in derjenigen Richtung, in welcher sich die stärkste Vorwölbung des Trommelfells befindet bez., wenn eine solche nicht vorhanden ist, nach unten geschehen. Mitunter hat die operative Erweiterung einer kleinen Perforation nicht nur den Zweck, die momentan bestehende Eiterretention zu beseitigen, sondern auch durch die nunmehr hinreichend grosse Oeffnung die zur Entfernung oder Zerstörung von in der Paukenhöhle sitzenden Granulationen oder Polypen nothwendigen Instrumente resp. die zur Verflüssigung und Ausspülung eingedickter Massen erforderlichen S-Röhrchen (s. S. 118) einführen zu können. In anderen Fällen kann es sich als nothwendig erweisen, neben der bestehenden, an einer für den Abfluss ungünstigen Stelle, z. B. in der Shrapnell'schen Membran, befindlichen noch eine *zweite Perforation am Trommelfell anzulegen.* Es wird dieses einmal dann der Fall sein, wenn eine von der vorhandenen Perforationsöffnung entfernte Parthie des letzteren stark vorgebaucht ist, und öfters wiederkehrende Schmerzen eine Eiterretention im Mittelohr vermuthen lassen, oder wenn die Ursache einer hartnäckig andauernden Secretion in hinter der vorgewölbten Stelle des Trommelfells sitzenden polypösen Wucherungen bez. käsigen Massen gesucht werden kann. In noch anderen Fällen müssen *Adhaesionen zwischen Labyrinthwand und Trommelfellrest*, welche Eiterretention im Mittelohr verursachen, *durchtrennt* werden.

Ist die Secretverhaltung beseitigt, so sistirt der Eiterungsprocess nicht selten ausserordentlich rasch, vorausgesetzt dass keine Caries vorhanden ist. Ueber die sehr wichtige und nothwendige gleichzeitige *Behandlung* etwa *complicirender Polypen oder Granulationen im Ohre* sowie *von Caries oder Necrose des Schläfenbeins und der Gehörknöchelchen, über die Behandlung* ferner *gleichzeitig vorhandener Erkrankungen der Nase, des Rachens und des Nasenrachenraums*, welch' letztere vorzüglich auch zur Verhütung der so häufigen Recidive von erheblicher Wichtigkeit ist, s. später in den Capiteln „Neubildungen des Gehörorgans", „Caries und Necrose" und „die Krankheiten der Nase etc.", über die *Behandlung gleichzeitig bestehender constitutioneller Dyscrasieen* (Anämie, Scrophulose, Syphilis) und über die nothwendigen *diätetischen* Vorschriften s. S. 143—147.

Die vorher (S. 217—220) angegebenen Medicamente und Methoden zur Beseitigung der chronischen uncomplicirten Mittelohreiterung haben mich in sehr zahlreichen Fällen zum Ziele geführt. Ausser ihnen giebt es aber noch unzählige andere, welche von den verschiedenen Autoren angewandt und mehr minder warm empfohlen worden sind. Da es nach meiner Ansicht bei der Behandlung der Otit. med. purul. chron. hauptsächlich darauf ankommt, die *Eiterretention zu verhüten* und Alles, was eine solche veranlassen könnte, wie zu kleine oder hochgelegene Trommelfellperforation, Verlegung derselben sowie des äusseren Gehörgangs durch Granulationen, Polypen,

Sequester, eingedickte Eiter- oder Cholesteatommassen, endlich Verengerung des Meat. audit. ext. in geeigneter, bei den genannten Krankheitszuständen eingehend erörterter Weise, zu beseitigen, so sollen von den sonst noch üblichen Mitteln nur noch *einige* hier aufgeführt werden, welche von gewichtiger Seite hauptsächlich befürwortet werden.

Schwartze legt bei der Behandlung der chronischen Mittelohreiterung besonderen Werth auf die gründliche und regelmässige Entfernung des Secrets mittelst *Durchspülungen der Paukenhöhle von der Tuba aus* (s. S. 118, 119 u. 207). Nach seinen Erfahrungen treten bei den ersten Versuchen der Durchspülung mitunter leichtes Schwindelgefühl und vorübergehende Kopfschmerzen ein, die aber nach öfterer Wiederholung derselben ausbleiben, erheblichere Nachtheile, wie insbesondere Schädigung des Gehörs fast niemals, vorausgesetzt dass die S. 119 angegebenen Cautelen berücksichtigt werden. Bei subacuten Exacerbationen der Mittelohrentzündung räth er von den Durchspülungen ab, weil letztere dann die Schmerzen vermehren. Bestehen indessen drohende Symptome von Hirnreizung, als deren wahrscheinliche Ursache Eiterretention in der Paukenhöhle angenommen werden kann, so empfiehlt er, falls der leichte Abfluss der durch den Catheter injicirten Spritzflüssigkeit aus Paukenhöhle und Gehörgang vorher sichergestellt ist, auch bei subacuten Exacerbationen vor der Vornahme eingreifender Operationen zunächst den Versuch zu machen, ob sich durch eine Durchspülung der Paukenhöhle von der Tuba aus nicht eine Besserung des Zustandes herbeiführen lässt.

Wird, wie in der grösseren Hälfte der Fälle von chronischer Mittelohreiterung, durch gründliche und regelmässige Entfernung des Secrets mittelst reinigender und desinficirender Ausspülungen vom Gehörgang bez. der Tuba aus oder mittelst der Luftdouche eine vollständige Beseitigung resp. erhebliche Verminderung der Absonderung nicht herbeigeführt, so verordnet S., falls Granulationen fehlen, zunächst *Instillationen von verdünntem Bleiessig* in das Ohr (s. S. 124 u. 206), denen indessen jedesmal eine sorgfältige Reinigung und Austrocknung desselben vorausgehen muss. Er lässt die Lösung stets unmittelbar vor dem Gebrauch frisch bereiten und nimmt Anfangs einen Tropfen Liquor Plumbi subacetici auf 20 Tropfen Aq. destill., um im weiteren Verlauf der Behandlung allmählich bis zu einer 2—3 mal so starken Concentration zu steigen. Er wendet dieses Mittel aber nur so lange an, als die Kranken unter ohrenärztlicher Controlle bleiben können, da dasselbe *weisse Niederschläge* im Ohre verursacht, welche durch gründliches Ausspritzen von Seiten des Arztes entfernt werden müssen, wenn sie nicht eine schädliche Reizung der Gewebe bez. Retention des Secrets bewirken sollen. Kann Patient nicht längere Zeit unter ohrenärztlicher Aufsicht bleiben, so verordnet S. an Stelle des Plumb. aceticum Ohrentropfen von *Zinc. sulfur.* 0.2—1.0 % oder *Cupr. sulfur.* 0.1—0.5 %.

Wo die genannten adstringirenden Mittel auch nicht zum Ziele führen, leitet er, falls Caries oder Granulationen im Ohre nicht vorhanden sind — auch die kleinen trachomähnlichen Körner, welche häufig an den Rändern und der Umgebung älterer Trommelfelldefecte gefunden werden, bilden bereits eine Contraindication vielmehr nur eine Hyperaemie und gleichmässige Schwellung und Auflockerung der Paukenhöhlenschleimhaut besteht, die Behandlung mit *kaustischen Höllensteinlösungen* ein, ein Heilverfahren, welches er bei veralteten Mittelohreiterungen als das relativ sicherste betrachtet und welches nur in den seltensten Ausnahmefällen Schmerzen verursacht, wenn die von ihm gegebenen Vorschriften exact beobachtet werden. Letztere sind folgende: Nach vorausgeschickter gründlichster Entfernung des Secrets durch Ausspülung vom Gehörgang oder der Tuba aus bez. durch die Luftdouche und sorgfältiger Austrocknung des Ohrs unter Leitung des Spiegels werden 15 Tropfen einer 3—10 %igen lauwarmen Höllensteinlösung mittels einer Glaspipette in den Gehörgang eingegossen und einige Secunden bis eine Minute oder noch länger darin gelassen. Während dessen soll Patient, damit die Flüssigkeit auf möglichst ausgedehnte Partieen der Mittelohrschleimhaut einwirken kann, wenn die Trommelfellperforation gross ist, seinen Kopf nach verschiedenen Richtungen, insbesondere auch nach hinten, drehen, ist sie dagegen klein, den Tragus fest in den Gehörgang drücken, wobei die Höllensteinlösung mitunter in den Schlund abfliesst. Damit sie hierbei nicht in die Tuba des anderen Ohres gelangen und hier eine Entzündung erregen kann, darf man den Kranken beim Eingiessen der Höllensteinlösung den Kopf nicht horizontal auflegen, sondern nur so weit zur Seite neigen lassen, als nöthig ist, um das Zurückfliessen aus dem Gehörgang zu verhindern. Die Concentration der Lösung und die Zeit, während welcher man dieselbe im Ohre lassen darf, sollen um so grösser sein, je stärker die Röthung und Schwellung der Schleimhaut und je reichlicher die Secretion ist; beides wird also bei fortschreitender Besserung entsprechend vermindert werden können. Glaubt man, dass der Höllenstein lange genug eingewirkt hat, so lässt man den Kranken das betreffende Ohr nach unten neigen, um die Hauptmasse der Lösung so zu entfernen, und spritzt dann sofort lauwarme concentrirte Kochsalzlösung in den Gehörgang, wodurch der noch im Ohre befindliche Höllenstein in weisses, unlösliches Chlorsilber verwandelt wird. Um endlich auch dieses und das überschüssige Kochsalz vollständig aus dem Ohre zu entfernen, muss man in letzteres dann sofort noch einige Spritzen lauwarmen Wassers injiciren. War durch Abfliessen der Höllensteinlösung in das Cav. pharyngo-nasale in diesem ein Brennen entstanden, so muss, falls dasselbe durch sofortiges Ausspritzen des Ohrs mit concentrirter Kochsalzlösung nicht beseitigt wird, Salzwasser in die Nase eingespritzt werden. Die beschriebene Instillation von Höllensteinlösung in den Gehörgang erzeugt auf der Mittelohrschleimhaut einen *weissen Schorf*, welcher um so schneller abgestossen wird, je stärker die Schleimhaut geschwollen ist. Ist er vollständig abgestossen, so muss die Einträufelung der Lapislösung sogleich wiederholt werden. Thut man dieses nicht, so ist der Erfolg nicht grösser als bei Behandlung mit Adstringentien. Nur sehr selten wird die Instillation 2 mal, gewöhnlich vielmehr anfangs 1 mal täglich, später bei fortschreitender Abnahme der Schleimhautschwellung immer seltener stattfinden müssen. In frischeren Fällen wird die Mittelohreiterung nach S. oft schon durch 2—3 malige Application der Höllensteintropfen sistirt; und auch in älteren, in denen sie mitunter längere Zeit fortgesetzt werden muss, soll bereits nach 3- oder 4maliger Anwendung fast immer eine deutliche Verminderung der Röthung und Schwellung der Schleimhaut und erhebliche Abnahme der Secretion eintreten. Mitunter zeigt sich die Schleimhaut bereits nach der ersten Aetzung so verändert und die Secretion so vermindert, dass man die Lösung schon beim zweiten Male schwächer nehmen muss. Wo die 10 °/₀ ige Höllensteinlösung noch nicht genügt, kauterisirt S. die stark hypertrophirte Paukenhöhlenschleimhaut bei grossen Trommelfellperforationen mit Lapis mitigatus (1 : 2 und 1 : 1) in Substanz und lässt der Aetzung sofort die Neutralisation mit Salzwasser folgen.

Entstehen durch die Höllensteinbehandlung heftige Schmerzen, die auch nach dem Ausspritzen mit Kochsalzlösung anhalten, so empfiehlt Urbantschitsch, 3 °/₀ ige Jodkaliumlösung einzuträufeln. Bepinselung mit letzterer verhütet auch die Schwärzung der Haut durch Argent. nitric..

Ist unter der Höllensteinbehandlung die Absonderung so gering geworden, dass ein Ausfluss gar nicht mehr stattfindet, die blasse Paukenhöhlenschleimhaut aber noch immer etwas feucht erscheint, so bestäubt Schwartze die letztere mit minimalen Mengen von *Alaunpulver*.

Wenn im Verlauf einer Otit. med. purul. chron. subacute Entzündungen im äusseren Gehörgang oder im Mittelohr auftreten, sei es, dass der erstere durch Furunkelbildung oder phlegmonöse bez. periostitische Entzündung seiner Wände verschwillt, sei es, dass der Warzentheil druckempfindlich wird, so muss die Anwendung des Höllensteins sowohl wie auch der vorher angegebenen adstringirenden Mittel unverzüglich ausgesetzt werden.

Bei schmerzhaften diffusen Anschwellungen der oberen Gehörgangswand, welche auf eine Schleimhautentzündung in den über dem Gehörgang gelegenen pneumatischen Mittelohrräumen hinweist, macht S. tiefe Incisionen in die geschwollene Haut, welche bei wiederkehrender Schwellung zu wiederholen sind, und applicirt dann hydropathische Ueberschläge. Unter dieser Behandlung können sich die Schwellungen nach ihm auch nach monatelangem Bestande noch zurückbilden, ohne dass Caries und fistulöser Durchbruch des darunter liegenden Knochens sich entwickeln.

Bei vollkommener Erfolglosigkeit aller localen Heilversuche empfiehlt sich nach S. der Aufenthalt in südlichem Klima, besonders Nordägypten, und zwar vorzüglich bei catarrhalischer Anlage auch ohne ausgesprochene Tuberculose.

Politzer hält es bei der Behandlung der chronischen Mittelohreiterung für wichtig, *mit den Mitteln zu wechseln*, und wenn eines derselben durch 8—10 Tage erfolglos angewandt ist, zu einem anderen überzugehen. Nach ihm verlieren die meisten Mittel nach längerem continuirlichen Gebrauch an Wirksamkeit, und hält er es daher fast stets für zweckmässig, nach 3—5 wöchentlicher Anwendung *eines* Medicaments ein anderes zu verordnen. Ist letzteres eine Zeit lang gebraucht, so könne man unter Umständen wieder auf das erstere zurückgreifen.

Er empfiehlt als Spritzflüssigkeit bei geruchlosem Ohrenfluss entweder reines Wasser oder eine 5%ige *Glaubersalzlösung*, bei Eiterndem 2—3%iges *Carbolwasser*, in hartnäckigeren Fällen, vorausgesetzt dass die in den Gehörgang injicirte Flüssigkeit nicht in den Nasenrachenraum abfliesst, *Sublimatlösung* (0,1—0,2 1000), ferner *Borsäurelösung* und andere, bei profuser blennorrhoischer Secretion einen Zusatz von 4—5 Tropfen *Oleum terebinth.* auf 200 g Wasser. Wo das Secret durch das alleinige Ausspritzen vom Gehörgang aus und auch durch die Luftdouche nicht vollkommen aus dem Mittelohr entfernt wird, — das letztere ist nach P. insbesondere bei Perforationen im vorderen unteren Quadranten des Trommelfells zu befürchten — schiebt er ein vorn abgerundetes Gummiröhrchen, ähnlich einem Mastdarmrohr, mit einem Ballon verbunden, durch den Gehörgang bis in die Nähe der Perforationsöffnung vor und bläst mittelst desselben Luft in die Paukenhöhle ein, wodurch oft grössere Secretmengen in den Gehörgang getrieben werden sollen.

Genügt die Entfernung des Secrets durch Ausspritzen des Ohrs nicht, um die Mittelohreiterung zu sistiren, so wendet P. in uncomplicirten Fällen zunächst Insufflationen von fein *pulverisirter Borsäure* an. Beseitigt diese den event. vorhandenen Factor des Secrets nicht rasch genug, so lässt er sie mit *Carbolsäure*, bei Blennorrhoe mit *Oleum terebinth.* verreiben, und zwar 1 g Borsäure mit 1 Tropfen Carbolsäure oder einigen Tropfen Terpentinöl. Bleibt die Insufflation von Borsäurepulver erfolglos, so empfiehlt er Instillationen von 5%igem *Boralcohol*, ferner *Jodol* zur Einpulverung oder gleichfalls in 5%iger alcoholischer Lösung als Ohrtropfen, desgleichen Einträufelungen von *Resorcin* in 1%iger wässriger oder alcoholischer Solution, von *Wasserstoffsuperoxyd* in 6%iger Lösung u. a. m., bei Otit. med. granulosa Instillation von *Alcohol absolut.*, oder, wenn das Secret fötid ist, 5%iger alcoholischer Lösung von Borsäure oder Jodol.

Führen die genannten Behandlungsmethoden eine Verminderung der Secretion nicht herbei, so nimmt P. *Durchspülungen* der Paukenhöhle mittelst reinen Wassers *von der Tuba aus* vor, insbesondere bei profuser blennorrhoischer Absonderung, bei welcher die vom Gehörgang aus eingeführten Medicamente durch das rasch nachrückende Secret bald weggespült werden und daher auf die Mittelohrschleimhaut nur ungenügend einwirken können, ferner da, wo die medicamentöse Behandlung vom Gehörgange aus durch eine Verengerung des letzteren behindert ist, und endlich, wo die excessiv geschwollene Mittelohrschleimhaut aus der Perforationsöffnung herauswuchert. Ist die Durchspülung per tubam unausführbar, so fügt P., nachdem das Mittelohr durch Luftdouche und Ausspritzung vom Gehörgange aus möglichst gereinigt ist, in letzteren eine mit olivenförmigem Ansatz versehene, mit warmem Wasser gefüllte Spritze luftdicht ein und treibt das Wasser durch

Vorschieben des Stempels durch Gehörgang und Mittelohr in den Nasenrachenraum. Dieses darf indessen nur da geschehen, wo die Flüssigkeit leicht und, ohne dass Erscheinungen von Labyrinthdruck auftreten, durch die Ohrtrompete abfliesst.

Bürkner bevorzugt unter den adstingirenden Ohrtropfen eine Lösung von 2,0 *Acid. tannic.*: 100,0 Glycerin.

Solange die Mittelohreiterung besteht, soll die Behandlung nicht für längere Zeit unterbrochen werden, weil sonst leicht die Folgezustände einer vernachlässigten Otorrhoe, Stagnation und Zersetzung des Secrets in der Tiefe des Ohrs, polypöse Wucherungen und Granulationen, Caries der knöchernen Theile etc., entstehen können. Ist der Patient aus äusseren Gründen für längere Zeit nicht in der Lage, sich ohrenärztlich behandeln zu lassen, so muss er eins der vorher angegebenen Heilverfahren, welches eine Controlle von Seiten des Arztes nicht unbedingt erfordert, selber anwenden.

Die **chronischen Eiterungen des Atticus** werden durch regelmässiges Ausspritzen des Ohrs mit antiseptischen Lösungen vom Gehörgang aus event. unter Zuhülfenahme der in Fig. 6 u. 7 (Taf. XVII) abgebildeten S-förmigen Röhrchen, durch regelmässige Durchspülungen der Paukenhöhle von der Tuba aus (s. S. 118, 119, 207 u. 221), durch Beseitigung der Granulationen mittelst Schlinge oder Aetzungen häufig nicht sistirt, und ist es in solchen Fällen indicirt, das *Trommelfell sammt Hammer und Ambos zu excidiren* (vergl. hierüber S. 135—141), um so den oberen Paukenhöhlenraum für die Behandlung vom äusseren Gehörgang aus besser zugänglich zu machen und dem in ihm gebildeten Eiter freieren Abfluss zu verschaffen.

Da es sich hierbei um die Abwendung lethaler Folgezustände von Eiterretention im Ohre handelt, so soll man sich nach Schwartze bei einseitiger Affection zu der Operation sogar auf die Gefahr hin entschliessen, dass durch dieselbe ein Theil des auf dem betreffenden Ohre noch vorhandenen Gehörs geopfert wird. Häufig aber ist das letztere so weit herabgesetzt, dass dieses gar nicht in Betracht kommt. Auch kann dasselbe nach der Operation sogar *besser* werden und können subj. Geräusche verschwinden. Nach Stacke hat die Excision des Trommelfells und des Hammers *niemals* eine Verschlechterung des Gehörs zur Folge. In den seltenen Fällen, in denen eine solche eintritt, wäre sie nach seiner Ansicht wohl auch ohne die Operation zu Stande gekommen. Er empfiehlt dieselbe daher nicht nur in *jedem* Fall von Caries der Gehörknöchelchen, auch ohne dass vorher Wochen und Monate lang andere Behandlungsmethoden erfolglos angewandt sind, sondern auch dort, wo der Hammer überhaupt nicht cariös ist, wo aber eine sonst unheilbare Eiterung im Atticus oder ein Cholesteatom im oberen Paukenhöhlenraum vorliegt.

Ist das für die Operation in Frage kommende Ohr sehr schwerhörig, so kann man der Ansicht Stacke's unbedingt beipflichten: hört Patient indessen auf diesem Ohre noch ziemlich gut, so darf man ihm meiner Ansicht nach nicht verschweigen, dass nach der Operation das Gehör auch *schlechter* werden kann, und muss ihm die Entscheidung, ob dieselbe vorgenommen werden soll oder nicht, ganz besonders dann anheimstellen, wenn das Gehör auch auf der anderen Seite herabgesetzt ist. Man muss hierbei doch im Auge behalten einmal, dass in manchen Fällen die Eiterung auch *ohne* Operation beseitigt wird, in anderen wiederum, z. B. bei Cholesteatom des Mittelohrs, auch *trotz* derselben nicht zur Heilung gelangt, wenigstens nicht für die Dauer, dass viele Patienten mit Otorrhoe ein hohes Alter erreichen, und endlich, dass es nicht feststeht, ob das Gehör bei denjenigen, bei denen es nach dem Eingriff schlechter wurde, auch ohne denselben in gleicher Weise gelitten hätte, eine Frage, die wohl kaum jemals wird entschieden werden können. Patient und Arzt werden sich zu dem genannten Eingriff um so eher entschliessen,

je weniger das betreffende Ohr an Hörvermögen überhaupt noch zu verlieren hat,
und je stärker die subjectiven Beschwerden (Kopfschmerzen, Schwere im Kopf und
Schwindel) sind. Besonders indicirt erscheint die Operation, wenn das Secret trotz
gründlichster Reinigung des Ohrs vom Gehörgang und der Tuba aus dauernd stark
fötid bleibt.

Nach der, wie S. 135—137 angegeben, ausgeführten Excision des Trommelfells
und der ersten beiden Gehörknöchelchen vom Gehörgange aus lässt man die Kranken
1—2 Tage das Bett hüten und das Ohr die ersten 8 Tage hindurch mit 2 bis
3 %iger Carbol- oder mit $^1/_2$—1 %iger Sublimatlösung ausspritzen, dann austrocknen
und mit Jodoformgaze verschliessen. In vielen Fällen tritt im Laufe von 1—3
Wochen nach der Operation eine vollkommene Beseitigung der Secretion und Vernarbung des Trommelfelldefects ein, in anderen hört die Eiterung nach dieser Zeit
nicht auf, und müssen dann tägliche *antiseptische Ausspülungen der Paukenhöhle mit dem in Fig. 6 u. 7 (Taf. XVII)* abgebildeten *S-Röhrchen* stattfinden,
welches nunmehr durch den grossen Trommelfelldefect hindurch viel leichter und
schmerzloser eingeführt werden kann als vorher durch die enge Perforation der
Shrapnell'schen Membran. Man benützt zu den Ausspülungen, über welche S. 118
zu vergleichen ist, etwa 2 %iges Carbolwasser und richtet die vordere Oeffnung des
Röhrchens nach derjenigen Seite, von welcher das Secret herabfliesst.

Unter diesen Massnahmen, zu welchen noch Durchspülungen von der Tuba
aus (s. S. 118, 119, 207 u. 221) hinzukommen können, tritt häufig bald ein Nachlass,
später vollkommenes Aufhören der Eiterung und schliesslich auch Vernarbung ein.

Ist dieses trotz längere Zeit fortgesetzter sorgfältiger Nachbehandlung nicht
der Fall, so muss die *operative Eröffnung des Antrum mastoideum* in Betracht
gezogen werden. Die letztere ist von vornherein vorzunehmen, wenn eine Vorwölbung
der hinteren oberen Gehörgangswand, Fisteln in derselben oder andere Erscheinungen
auf eine Erkrankung des Warzentheils hinweisen. Die bei chronischer Eiterung
des Atticus häufig vorhandenen Schmerzen im Ohre, welche von diesem aus in die
ganze Seite des Kopfes, Gesichts, Halses und Nackens ausstrahlen können, pflegen
ebenso wie ein oft Jahre lang bestehendes lästiges Gefühl von Eingenommenheit und
Dumpfheit im Kopfe, wenn neben der Entzündung im Atticus nicht noch anderweitige Complicationen von Seiten des Warzentheils oder des Schädelinhalts bestehen,
schon nach der Excision des Trommelfells und der ersten beiden Gehörknöchelchen
sofort zu verschwinden.

Die Excision des Trommelfells und des Hammers ist übrigens auch in solchen
Fällen indicirt, wo nur der Griff des letzteren cariös erkrankt ist und die mit grosser
Trommelfellperforation einhergehende Otorrhoe allen Behandlungsversuchen Widerstand
leistet. Gleichzeitig mit der Eiterung werden durch die Operation mitunter auch
quälende subj. Geräusche beseitigt und die Schwerhörigkeit vermindert.

Ist die Mittelohreiterung, sei es mit, sei es ohne Behandlung sistirt, die Trommelfellperforation aber nicht vernarbt, so hüte man sich, Einspritzungen, Einträufelungen in das Ohr oder sonstige Eingriffe, welche die Mittelohrschleimhaut reizen
könnten, vorzunehmen, da hierdurch die Eiterung leicht wieder hervorgerufen werden
kann. Aus demselben Grunde ist es in solchen Fällen nothwendig, dass Patient
im Freien den Ohreingang mit einem Watte- oder Gazepfropf stets verstopft
hält, um dadurch der Einwirkung von Kälte, Wind, Feuchtigkeit und Staub auf die
Paukenhöhlenschleimhaut vorzubeugen. Ebenso soll er *beim Waschen stets einen
Wattepfropf im Ohreingang tragen*, um das Eindringen von Wasser zu verhüten,
und denselben *nach dem Waschen* durch einen neuen, trockenen ersetzen. *Kalte
Vollbäder*, insbesondere in der See, *sind ganz zu verbieten*.

BARTHOLD versuchte eine persistente Trommelfellöffnung durch eine *„Myringoplastik"* genannte Operationsmethode zum Verschluss zu bringen. Ein solcher Versuch ist nur dann statthaft, wenn man durch eine Verlegung der Perforation mittelst eines befeuchteten Papier- oder Taftstückchens eine Besserung oder zum Mindesten keine Verschlechterung des Hörvermögens herbeiführt. Denn wenn die Vernarbung einer Trommelfellperforation auch den grossen Vortheil hat, dass sie die sonst freiliegende Paukenhöhlenschleimhaut vor Staub, Feuchtigkeit und Kälte schützt und dadurch dem Recidiviren der Mittelohreiterung bis zu einem gewissen Grade vorbeugt, wenn sie ferner mitunter auch das Hörvermögen bessert, so geschieht letzteres doch nicht immer, vielmehr wird zuweilen, insbesondere bei Fixation des Hammers oder Ambos, sowie auch bei Usur des langen Ambosschenkels, durch die Vernarbung der Trommelfellperforation das Hörvermögen verschlechtert, indem die Schallwellen, welche früher auf den Steigbügel auffielen und von diesem zum Labyrinth fortgeleitet wurden, nunmehr auf dem Wege zu letzterem viel grössere Hindernisse antreffen. Der Versuch, die Trommelfellperforation zur Vernarbung zu bringen, darf also nur dann unternommen werden, wenn der, wie oben angegeben, ausgeführte Probeverschluss das Gehör nicht verschlechterte.

Bei der BARTHOLD'schen Myringoplastik wird zunächst der Perforationsrand durch vorsichtiges Auftupfen von französischem Terpentinspiritus des Epithels beraubt, dann auf die hierdurch entstandene Wundfläche etwas Eiweiss gebracht und nun ein vorher passend zugeschnittenes Stück von der *Schalenhaut des Hühnereis* nach B. mit der Eiweiss-, nach HAUG mit der Schalenseite aufgelegt. Es geschieht dieses mit Hülfe einer Pipette, durch welche das Eihautstückchen solange angesogen wird, bis es den Rändern der Trommelfellperforation anliegt, worauf man es dann durch leichten Druck auf den Gummischlauch der Pipette von letzterer befreit. Das Eihautstückchen kann mit dem Trommelfellrest verwachsen. Mitunter tritt aber auch durch Reizung der Paukenhöhlenschleimhaut erneute Eiterung ein. Oft ist es sehr schwierig, die Schalenhaut anzupassen. Die bisherigen Erfolge der Myringoplastik, zu welcher B. auch *ein dem Arm entnommenes Cutisstück* benützte, sind sehr geringe.

GURGASOWSKI empfiehlt zu demselben Zweck noch ein anderes Verfahren. Er bestreicht nämlich nach gründlicher Reinigung des Ohrs mit Borsäurelösung und sorgfältiger Austrocknung mit v. BRUNS'scher Watte zunächst die Ränder der Trommelfellperforation mittelst eines auf einem knieförmigen Halter aufgesetzten kleinen Haarpinsels mit 10°/₀iger *Photoxylinlösung*. 10 Minuten darauf, wenn die Lösung getrocknet ist, macht er einen zweiten Anstrich in der Richtung von der Peripherie zum Centrum der Oeffnung, dann einen dritten u. s. w., bis das ganze Loch mit einer Photoxylinmembran bedeckt ist.

Gegen die während einer chronischen Mittelohreiterung und nach Beseitigung derselben bestehende *Schwerhörigkeit* ist zunächst die *Luftdouche* zu appliciren, durch welche das Trommelfell und die mit ihm in Verbindung stehende Gehörknöchelchenkette, die hier, wie S. 37 u. 211 ausgeführt ist, aus verschiedenen Gründen abnorm nach innen gezogen sein können, in ihre normale Lage zurückgebracht, neugebildete bindegewebige Ligamente und Membranen, welche die einzelnen Theile des schallleitenden Apparats in abnormer Weise fixiren, gedehnt, Synechieen zerrissen werden können und so der pathologischen Beweglichkeitsbeschränkung des schallleitenden Apparats entgegengewirkt werden kann. Welche Form der Luftdouche in dem gegebenen Fall gewählt werden soll, ist nach den S. 120—122 angegebenen Grundsätzen zu entscheiden. Wirkt die Luftdouche günstig auf das Gehör, so ist sie 2—3 mal wöchentlich höchstens 4—5 Wochen hindurch anzuwenden und dann nach einer 2—3 wöchentlichen Pause, wenn nöthig, von Neuem wieder aufzunehmen. Nützt dieselbe nichts oder nur wenig, so empfiehlt sich die Application von LUCAE's *federnder Drucksonde* event. mit nachfolgender Luftdouche (s. S. 141 u. 142).

POLITZER und SCHWARTZE empfehlen, wo die Luftdouche nichts hilft, *die Luftverdünnung im äusseren Gehörgang* (s. S. 122), welche insbesondere bei kleinen Perforationen und Synechieen zwischen Trommelfell und innerer Paukenhöhlenwand die Hörweite mitunter erheblich steigern soll, in manchen Fällen zwar nur vorübergehend, in anderen aber selbst dauernd.

Sodann kommt als Mittel zur Hörverbesserung das *künstliche Trommelfell* oder das YEARSLEY'sche *Wattekügelchen* in Betracht.

Beide leisten bei manchen Patienten, denen die vorher genannten Verfahren wenig oder gar nichts nützten, ganz Bedeutendes, so zwar, dass Personen, welche sonst nur laut ins Ohr Geschrienes verstanden, mit dem künstlichen Trommelfell oder dem Wattekügelchen leise Flüstersprache noch mehrere Meter weit hören. Indessen ist eine solche, namentlich bei freiliegendem Steigbügel zuweilen zu beobachtende Gehörsverbesserung nicht häufig. Immerhin ist auch eine weniger beträchtliche Zunahme der Hörweite für viele Patienten, welche beiderseits so schwerhörig sind, dass sie nur laute Sprache in der Nähe des Ohrs verstehen, von grosser Wichtigkeit, und giebt es Personen, welche nur durch das künstliche Trommelfell bez. das Wattekügelchen in den Stand gesetzt werden, ihren ein mässiges Hörvermögen verlangenden Beruf auszufüllen. Leider aber ist die Zahl derjenigen, welche von den genannten *Prothesen* nicht nur vorübergehend, sondern auch längere Zeit hindurch einen wesentlichen Nutzen haben, eine ziemlich geringe und zwar deshalb, weil letztere in den meisten Fällen bald eine Reizung des Ohrs und in Folge dessen Wiederauftreten einer bereits sistirten Secretion, Schwellung der Mittelohrschleimhaut oder Granulationsbildung herbeiführen, Nachtheile, welche nur dann in den Kauf genommen werden können, wenn die erzielte Hörverbesserung dem Patienten vollkommen unentbehrlich ist. Man nehme deshalb von der Application des künstlichen Trommelfells, welches stets stärker reizt als das Wattekügelchen, gänzlich Abstand in allen denjenigen Fällen, wo hochgradige Schwerhörigkeit überhaupt nicht oder wenigstens nur auf dem einen Ohre besteht, wo die Secretion noch nicht sistirt oder wenigstens sehr gering, und wo die Trommelfellperforation klein ist, ferner da, wo beim Einführen starker Schwindel entsteht, und endlich, wo das künstliche Trommelfell im Gehörgang oder Mittelohr eine reactive Entzündung erzeugt. Wendet man es überhaupt an, so lasse man es, um die Reizung möglichst zu beschränken, so kurze Zeit als möglich und immer nur dann tragen, wenn Patient mit anderen Personen verkehren muss. Vor dem Schlafengehen ist es stets aus dem Ohre zu entfernen und letzteres, wenn noch Secretion vorhanden ist, auszuspülen. Politzer empfiehlt, das künstliche Trommelfell in den ersten 4—5 Tagen immer nur ¹/₂ Stunde und je nach weiteren 4—5 Tagen immer um ¹/₂ Stunde länger tragen zu lassen, um die erkrankten Theile allmählich an den Reiz des als Fremdkörper wirkenden Instruments zu gewöhnen; in maximo soll es täglich höchtens 6—8 Stunden getragen und nach längerem Gebrauch zeitweilig einige Tage ganz weggelassen werden. Einen Nutzen darf man sich von dem künstlichen Trommelfell bez. dem Wattekügelchen bei solchen Patienten versprechen, welche nach dem Einträufeln einiger Tropfen Glycerin oder einer anderen Flüssigkeit plötzlich viel besser hören.

Da sämmtliche Formen des *künstlichen Trommelfells* — und es giebt deren sehr zahlreiche — das Ohr so stark reizen, dass sie nach kurzem Gebrauch meist wieder weggelassen werden müssen, so scheint es mir unnöthig, hier deren mehrere zu beschreiben, und beschränke ich mich darauf, das in Fig. 22 (Taf. XVI) abgebildete Lucae'sche zu erwähnen, welches mir eines der zweckmässigsten zu sein scheint. Dasselbe besteht aus einer circa 3 cm langen, im Durchmesser 2 mm messenden Gummiröhre, an deren einem Ende eine je nach der Weite des Gehörgangs bez. der Grösse der Trommelfellperforation mit der Scheere zu beschneidende Gummiplatte von ca. 7 mm Durchmesser mit Gummilösung aufgeklebt ist. Die Einführung des Instruments, dessen Platte vorher mit schwacher Glycerinlösung, mit Bor- oder Jodoformvaselin befeuchtet wird, geschieht mittelst einer in die Gummiröhre gesteckten Knopfsonde bei durch Abziehen der Ohrmuschel gerade gestrecktem Gehörgang. Hat man die Manipulation dem Patienten einmal genau gezeigt, so lernt er gewöhnlich bald, sich das Trommelfell selber richtig einzuführen. Behufs Entfernung desselben soll der Gehörgang durch entsprechenden Zug an der Ohrmuschel wiederum gerade gestreckt, das Instrument an dem im Ohreingang befindlichen äussersten Ende seines Stiels mit den Fingern gefasst und herausgezogen werden.

Das Yearsley'sche *Wattekügelchen* ist eine kleine Kugel aus antiseptischer Watte, welche mit sehr verdünntem Glycerin (1:4), 10⁰/₀igem Bor- oder Jodoformvaselin oder, falls die Paukenschleimhaut noch secernirt, mit desinficirenden oder adstringirenden Lösungen, wie Argilla acetica soluta oder alcoholische Borsäurelösung, befeuchtet wird. Ich habe dasselbe bei sistirter Eiterung mitunter einige Wochen hindurch *dauernd* im Ohre tragen lassen können. Dann allerdings trat gewöhnlich wieder eine Eiterung ein, welche die erzielte Hörverbesserung aufhob und mich veranlasste, das Wattekügelchen mit der Pincette oder dem Häkchen zu entfernen. In einem von Knapp beschriebenen Fall wurde das Wattekügelchen 29 Jahre lang getragen und bewirkte eine erhebliche Verbesserung des Gehörs.

Zur Einführung desselben, die natürlich unter Leitung des Spiegels vorgenommen werden muss (s. auch S. 115 u. 116), benützte ich immer die Ohrpincette (Taf. XV Fig. 16), schob es dann mit der Sonde (Taf. XV Fig. 11) an Ort und Stelle d. h. gegen die Trommelfellöffnung bez. gegen den freiliegenden Steigbügel, und drückte es hier so weit an, bis das Maximum der möglichen Hörverbesserung erreicht schien.   Nach BAUMGARTEN ist es zweckmässig, das Wattekügelchen mit $5-10\,^0/_0$ iger Cocainlösung zu tränken, weil dasselbe so nach seinen Erfahrungen eine weit grössere Hörverbesserung herbeiführt und auch besser vertragen wird, als mit anderen Flüssigkeiten durchtränkt, sodass es selbst in solchen Fällen, wo noch geringe Eiterung besteht, fast immer anstandslos liegen bleiben konnte.

Nach B. ist diese günstige Wirkung des Cocains darauf zu beziehen, dass dasselbe die Gefässe der Schleimhaut contrahirt und letztere zur Abschwellung bringt, worauf die Gehörknöchelchen leichter schwingen könnten.

Sowohl das künstliche Trommelfell wie das Wattekügelchen müssen, um die Hörweite, soweit als es ihnen in dem gegebenen Falle möglich ist, zu steigern, in eine ganz bestimmte, durch Versuche zu ermittelnde, Lage in der Tiefe des Ohrs gebracht sein und einen ganz bestimmten, gleichfalls durch Versuch zu ermittelnden, Druck auf die noch übrig gebliebenen Theile des Paukenhöhlenapparats ausüben.

Will der Patient sich das Wattekügelchen selber einführen, was den Vortheil hat, dass er es dann nur so lange im Ohre zu lassen braucht, als es ihm wirklich nothwendig ist, um es darnach wieder herauszunehmen und später von Neuem einzuführen, so versieht er dasselbe mit einem Faden, zieht diesen durch eine dünne Metallröhre oder ein am vorderen Ende des in Fig. 25 (Taf. XVII) abgebildeten Führungsstäbchens befindliches Loch und bringt es mittelst dieser in die Tiefe des Ohrs. Befindet es sich hier in seiner richtigen Lage, so entfernt er vorsichtig Röhre oder Führungsstäbchen. Mit Hülfe des Fadens, der aus dem Ohreingang heraushängen soll, kann Patient das Wattekügelchen später selber wieder entfernen. Hierauf ist das Ohr, wenn noch Eiterung besteht, auszuspritzen, und eine adstringirende Flüssigkeit einzuträufeln.

Bezüglich der *Hörverbesserung* sind Wattekügelchen und künstliches Trommelfell im Allgemeinen als gleichwerthig zu betrachten.   Freilich giebt es einzelne Fälle, wo das Wattekügelchen das Hörvermögen erheblicher steigert als das künstliche Trommelfell, und auch andere, wo wiederum das Entgegengesetzte stattfindet. Bei manchen Patienten bringt übrigens weder das Wattekügelchen noch das künstliche Trommelfell irgend eine Besserung des Gehörs zu Stande.   Zuweilen tritt nach Einführung des künstlichen Trommelfells oder des Wattekügelchens Sausen auf, das nach einiger Zeit wieder nachlässt, mitunter auch ein anhaltender neuralgischer Schmerz im Ohre und den Zähnen oder Thränenträufeln auf der betreffenden Seite.

Sowohl wenn nach Ablauf einer chronischen Mittelohreiterung eine sehr bedeutende Schwerhörigkeit zurückgeblieben ist, welche durch die vorher genannten Behandlungsmethoden (Luftdouche, federnde Drucksonde, Luftverdünnung im äusseren Gehörgang, künstliches Trommelfell oder Wattekügelchen) gar nicht gebessert wird, wie auch, wenn sehr quälende subj. Gehörsempfindungen auf andere Weise gar nicht gemildert werden können, kann man den Versuch machen, *auf operativem Wege* noch etwas zu erreichen.   Hierbei handelt es sich darum, den durch Adhaesionen abnorm fixirten schallleitenden Apparat wieder beweglich zu machen.

Das Ergebniss der in Betracht kommenden Operationen, welche in Folgendem beschrieben werden, ist im Voraus nicht zu bestimmen, indessen ist es im Allgemeinen besser als bei den nicht eitrigen Adhaesivprocessen, wie sie sich im Verlauf des trockenen chronischen Mittelohrcatarrhs entwickeln, da bei dem letzteren das Labyrinth sehr viel häufiger in Mitleidenschaft gezogen ist. Immerhin soll man nach POLITZER auch bei den aus einer Mittelohreiterung hervorgegangenen Adhaesivprocessen stets nur dann operiren, wenn eine schwächer tickende Taschenuhr durch die Kopfknochen noch percipirt wird, und sich vor dem Eingriff stets durch Untersuchung mit dem SIEGLE'schen Trichter oder während der Luftdouche über die Beweglichkeit der einzelnen Trommelfellpartheen und der Gehörknöchelchen informiren.

Bestehen *Synechieen zwischen Trommelfell oder Trommelfellnarbe einer- und innerer Paukenhöhlenwand bez. langem Ambosschenkel und Steigbügel andererseits*, was sich durch Inspection des Trommelfells während der Luftdouche oder durch Untersuchung mit dem SIEGLE'schen Trichter erkennen lässt, so können dieselben, so lange sie frisch sind, gewöhnlich durch eine *kräftige Lufteinblasung* in das Mittelohr zerrissen werden. Sind sie dagegen alt und fest, so gelingt dieses nur ausnahmsweise unter heftigem Schmerz, krachendem Geräusch im Ohr und einer Blutung in die Paukenhöhle. Der Zerreissung folgt oft eine bedeutende bleibende Besserung des Gehörs.

Gelingt sie nicht durch alleinige Anwendung einer kräftigen Luftdouche, so kann man die Synechieen — insbesondere die strangförmigen — operativ trennen und dadurch mitunter eine erhebliche, bleibende Zunahme des Gehörs herbeiführen. Behufs *Durchschneidung derartiger straff gespannter Stränge in der Paukenhöhle*, deren Insertion am Trommelfell bez. dem Hammergriff bei atrophisch verdünnter und daher besonders transparenter Membran mitunter deutlich gesehen werden, in anderen Fällen erschlossen werden kann, wenn während der Luftdouche oder der Luftverdünnung im Gehörgang spalt- oder trichterförmige circumscripte Einziehungen des Trommelfells unverändert bleiben, wird zunächst mit der Paracentesennadel neben der Insertionsstelle des Stranges am Trommelfell ein Einschnitt gemacht, durch diesen ein kleines an der Spitze winklig gebogenes Tenotom oder das WREDEN'sche Synechotom (Taf. XVII Fig. 19) eingeführt und mit diesem die Discision vorgenommen.

Zeigen sich an der Oberfläche des Trommelfells neben unregelmässigen Vertiefungen balken- oder leistenförmige, vorspringende Stränge, welche die Gehörknöchelchen fixiren und welche sich bei Untersuchung mit Sonde und SIEGLE'schem Trichter als straff gespannt erweisen, so kann man diese, falls hochgradige Schwerhörigkeit besteht, eine schwächer tickende Taschenuhr aber noch durch die Knochen percipirt wird, nach POLITZER durch 1—2 senkrecht auf ihre Längsrichtung bis zum Promontorium geführte Incisionen mittelst des in Fig. 24 d (Taf. XVII) abgebildeten Messers durchschneiden, und hat P. hierdurch, trotzdem die Schnittränder später wieder verwachsen, mitunter eine nicht nur vorübergehende, sondern sogar bleibende Zunahme der Hörweite erzielt, insbesondere in Fällen, wo die leistenförmigen Erhabenheiten zwischen dem nach hinten verzogenen Hammergriff und dem Ambossteigbügelgelenk ausgespannt waren.

Ausgedehnte *flächenhafte Synechieen* sind leichter durch rechtzeitige Anwendung der Luftdouche zu verhüten, als, wenn sie zu Stande gekommen sind, zu beseitigen, da die operativ getrennten Stellen selbst bei recht häufiger Application der Luftdouche nach dem Eingriff fast immer wieder verwachsen, worauf die event. erzielte Besserung des Gehörs und der subj. Geräusche ganz oder grösstentheils wieder zu verschwinden pflegt. Statt die adhaerente Trommelfellparthie loszulösen, was am leichtesten mittelst eines kleinen scharfen Löffels geschieht, nachdem der freie Rand an einer Stelle incidirt ist, kann man dieselbe auch mittelst des Synechotoms (Taf. XVII Fig. 19) circumcidiren und an der Labyrinthwand zurücklassen.

Bei Verwachsung des unteren Hammergriffendes mit dem Promontorium und hierdurch bedingter hochgradiger Hörstörung empfiehlt POLITZER wiederholte senkrechte Incisionen in das in unmittelbarer Nähe des Griffendes befindliche Narbengewebe und, wenn diese nichts nützen, bei frei zu Tage liegendem Ambossteigbügelgelenk, um den Steigbügel von dem seitens des abnorm nach einwärts gedrängten langen Ambosschenkels auf ihn ausgeübten Druck zu befreien, die Durchschneidung des langen Ambosschenkels, worauf das obere Ende des durchschnittenen Knöchelchens, damit dasselbe nicht mit dem unteren wieder verwachsen kann, durch einen kräftigen Druck mit der geknöpften Sonde nach hinten und oben, wenn möglich, verschoben werden soll. Bei Ankylose des Ambos ist letzteres natürlich unausführbar.

Sind *im Petris ovalis fibröse Bindegewebsmassen* vorhanden, welche die Beweglichkeit des Steigbügels beeinträchtigen, so durchtrennt P. dieselben durch einen unmittelbar unterhalb des Steigbügelköpfchens geführten Horizontalschnitt, welchem er, falls das Gehör hierdurch nicht gebessert wird, einen zweiten gleichfalls horizontalen oberhalb des Steigbügelköpfchens hinzufügt.

Ist die Stapediussehne in das den Steigbügel umgebende Narbengewebe mit einbezogen und retrahirt, so kann mit dem letzteren auch die erstere durch einen auf ihre Längsrichtung senkrechten Schnitt durchtrennt und dadurch Schwerhörigkeit und Ohrensausen vermindert werden. Andererseits kann die *Durchschneidung der Stapediussehne* auch eine erhebliche Verschlimmerung des Zustandes zur Folge haben, indem nach derselben noch eine abnorme Empfindlichkeit gegen Geräusche und vermehrter Schwindel auftritt. Man soll sich daher nach Schwartze nicht leichtfertig zur Durchschneidung der freiliegenden Stapediussehne entschliessen.

Ausser durch die vorher genannten operativen Eingriffe hat Politzer ferner durch *Incisionen in verdickte Perforationsränder, in bandartige Verdickungen des nicht adhaerenten Trommelfells*, durch welche der Hammergriff fixirt wurde, durch *Durchschneidung der hinteren Trommelfellfalte* (s. S. 134) bei starker Prominenz derselben und gleichzeitiger Retraction des Hammergriffs wiederholt gute Erfolge für das Hörvermögen und die subj. Gehörsempfindungen erzielt, welche theils dauernd waren, theils nur einige Wochen oder Monate anhielten. In anderen Fällen blieben seine Operationen ganz erfolglos.

Kessel empfiehlt *bei Perforationen am Lichtkegel, ferner bei den nieren- und herzförmigen Perforationen und überhaupt bei Verlust der Radiärfasern am unteren Ende des Hammergriffs*, bei welchen Zuständen der letztere durch den Tensor tympani nach einwärts gezogen werde, die Tenotomie des Tensors. Nach ihm setzen die genannten Perforationen theils durch Verlust der Resonanz am Trommelfell, theils durch starke Widerstände an der Gehörknöchelchenkette, theils durch Ueberdruck im Labyrinth hochgradige Hörstörungen, welche durch *die Tenotomie des Tens. tympani* gebessert werden könnten.

Besteht in Folge *totaler Verkalkung des Trommelfells* und dadurch bedingter *vollkommener Unbeweglichkeit des Hammers* oder in Folge von *Ankylose des Hammer-Ambosgelenks*, von *Verwachsung des Hammerkopfs mit dem Tegmen tympani* oder endlich von *flächenförmiger Verwachsung des Trommelfells mit dem Promontorium* eine fast totale Taubheit, verbunden vielleicht mit continuirlichen subj. Gehörsempfindungen, und bessert die Probepunction des Trommelfells das Hörvermögen, so kann die *Excision der Membrana tympani und des Hammers* nicht nur die subj. Geräusche, sondern auch die Schwerhörigkeit vermindern. Vocalgehör musste vorher noch vorhanden sein. Da nach dem Eingriff indessen meist eine reactive Entzündung, bei Excision des vollkommen verkalkten Trommelfells gewöhnlich eine sehr langwierige, meist Monate lange Behandlung erfordernde Eiterung auftritt, so kann der unmittelbare Erfolg für das Gehör in der Folge wieder beeinträchtigt werden. Der Einfluss auf etwaige subj. Geräusche scheint im Allgemeinen günstiger zu sein, da diese, auch wo die Hörverbesserung vorübergehend war, oft dauernd verschwinden.

Mior und Andere empfehlen bei *Beweglichkeitsbeschränkung des Steigbügels* die *directe Mobilisation desselben* (s. S. 142), vorausgesetzt, dass die Knochenleitung für die Uhr noch erhalten ist, die Stimmgabel vom Scheitel auf dem schlechteren Ohr gehört wird, die Schwerhörigkeit nicht allzu alt und nicht stark progressiv ist und keine vollkommene knöcherne Ankylose des Steigbügels vorliegt, wovon man sich durch Sondenuntersuchung vorher überzeugen muss.

Nach der directen Mobilisation der Steigbügels zeigt sich die Hörverbesserung, wenn überhaupt, entweder sofort oder in den nächsten Tagen, seltener erst nach 3—6 Wochen oder, nachdem die Wunde im Trommelfell wieder vernarbt und seine Entzündung vorübergegangen ist. Bleibt eine Hörverbesserung aus oder geht sie nach einiger Zeit wieder zurück, so kann die Mobilisation, wenn die durch die erste Operation erzeugte Reizung gänzlich geschwunden ist, also gewöhnlich nach ca. 14 Tagen, noch ein-, wenn nöthig, auch zwei-mal wiederholt werden. Hat sich die Trommelfellperforation inzwischen wieder geschlossen, so wartet man mit der Wiederholung lieber einen ganzen Monat.

All diese Operationen sind nur dann statthaft, wenn wir eine gleichzeitige Nerventaubheit möglichst sicher ausschliessen und den Patienten längere Zeit in Behandlung behalten können. Letzteres ist deshalb nothwendig, weil dem operativen Eingriff mitunter eine Wochen lang dauernde Entzündung resp. Eiterung folgt.

Bei *sehr schlaffen Narben*, die, wenn sie stark eingesunken sind, das Gehör beeinträchtigen und mitunter bei jeder Schluckbewegung ein knackendes Geräusch hervorbringen können, empfiehlt sich die S. 244 beschriebene *Collodiumbehandlung* oder das Bestreichen der Narbe mit *Photoxylinlösung* (s. S. 226).

Der acute Mittelohrcatarrh (Catarrhus auris mediae acutus, Otitis media catarrhalis acuta).

Pathologische Anatomie: Die anatomischen Veränderungen bei dieser Krankheit bestehen in mehr weniger ausgesprochener *Hyperämie der Schleimhaut* des Mittelohrs, in Auflockerung und meist ungleichmässiger *Schwellung* derselben durch Gefässerweiterung, seröse Durchtränkung und Rundzellenwucherung und ferner in der Ausscheidung einer grösseren oder geringeren Menge seröser, schleimiger oder serös-schleimiger Flüssigkeit auf die freie Oberfläche der Mucosa bez. in die von ihr ausgekleideten Hohlräume. In Folge der starken Schleimhautschwellung ist der lichte Raum der Paukenhöhle etwas kleiner; seine Ausbuchtungen, insbesondere die Nischen des runden und ovalen Fensters, sind verstrichen, der Tubencanal und mitunter auch die Warzenzellen verengt und alle diese Hohlräume von dem in sie ausgeschiedenen catarrhalischen Secret mehr weniger erfüllt. Ein *seröses Exsudat* ist klar und dünnflüssig, ein *schleimiges* dicker, zäher*) und klebrig, fadenziehend wie Syrup oder auch consistent wie Gallerte. Das erstere ist meist hellgelb, das letztere farblos oder auch mehr weniger gelb gefärbt.

Der catarrhalische Erguss in das Mittelohr ist zum Theil als ein directes Product der entzündeten Schleimhaut, zum Theil aber auch als eine indirecte Folge des hier sehr häufigen vollkommenen Tubenverschlusses zu betrachten. Während nämlich in der Norm die im Warzentheil, der Paukenhöhle und dem knöchernen Abschnitt der Tuba befindliche Luft unter demselben Druck steht, wie die im Nasenrachenraum befindliche athmosphärische Luft, so wird der Tubencanal bei einem Mittelohrcatarrh, sei es durch Schwellung seiner Schleimhautauskleidung, sei es durch ausgeschiedenes Exsudat so sehr verengt sein können, dass er auch während der Contraction der Tuben-Gaumenmusculatur (beim Schlucken, Sprechen etc.) luftdicht geschlossen bleibt, und die in der Norm durch die Tuba vermittelte „*Paukenhöhlenventilation*" aufhört. Hält dieser Zustand einige Zeit an, so wird die im Mittelohr abgeschlossene Luft theilweise von den Schleimhautgefässen resorbirt und es entsteht daher in den das Mittelohr bildenden Hohlräumen eine Luftverdünnung, ein „negativer Druck." Die Folge hiervon ist, dass

1) eine Erweiterung der Schleimhautgefässe und, wie bei einem *Hydrops ex vacuo*, seröse Transsudation in den unter negativem Druck stehenden Mittelohrraum stattfindet;

2) das Trommelfell durch den auf seiner Aussenfläche lastenden Atmosphärendruck einwärts gepresst wird. Hierdurch wird die im Mittelohr bestehende Luftverdünnung zum Theil wohl wieder ausgeglichen, niemals aber ganz, da das Trommelfell auch in der Norm in Folge seiner Elasticität und seines Zusammen-

---

*) Es ist zuweilen so elastisch, dass mit der Pincette bis zu einer Länge von mehreren Centimetern ausgezogene Schleimfäden, wenn man sie loslässt, wieder vollkommen zurückschnellen.

hangs mit der Gehörknöchelchenkette dem auf seine Aussenfläche einwirkenden Druck der Athmosphäre einen gewissen Widerstand entgegensetzt, unter pathologischen Umständen aber durch starke Verdickung seiner Substanz, Verkalkung derselben, sowie in Folge abnormer Fixation der Gehörknöchelchen durch Adhaesionen vollkommen unbeweglich geworden sein kann.

In der Mehrzahl der Fälle von acutem Catarrh finden sich die oben angegebenen Veränderungen der Schleimhautauskleidung über den ganzen Mittelohrtractus verbreitet, seltener auf die Paukenhöhle oder auf den unteren Abschnitt der knorpligen Ohrtrompete beschränkt. Die letztere Affection, welche bei acutem oder chronischem Nasenrachencatarrh sehr häufig primär selten ist, wird als *acuter Tubencatarrh* bezeichnet.

In sehr schweren Fällen von acutem Mittelohrcatarrh findet sich eine gleichzeitige *Hyperaemie des Labyrinths*.

Bezüglich der **Aetiologie** vergl. das S. 184—187 Ausgeführte.

Hinzuzufügen wäre hier noch, dass catarrhalische Ergüsse in das Mittelohr auch durch Tumoren, welche die Tuba comprimiren, durch Lähmungen ihrer Musculatur (bei Facialisparalyse und nach Diphtheritis) oder durch Narben im Nasenrachenraum, welche das Ost. pharyng. tubae verengern, zu Stande gebracht werden können, wie dieses nach dem oben über die Beziehungen zwischen Tubenverschluss, aufgehobener „Paukenhöhlenventilation" und Luftverdünnung im Mittelohr Gesagten leicht verständlich ist.

Symptome: Das *Trommelfellbild* zeigt sich in Fällen von acutem Mittelohrcatarrh bei der Ohrenspiegeluntersuchung in zweierlei Art verändert.

Mitunter nämlich lässt die Membran das *in die Paukenhöhle ausgeschiedene Exsudat* durchscheinen und erscheint dann an denjenigen Stellen, hinter welchen sich dasselbe befindet, mehr weniger gelblich verfärbt. Es wird dieses immer dann der Fall sein, wenn das Trommelfell seine normale bez. in Folge vorausgegangener Krankheitsprocesse, die zur Atrophie oder Narbenbildung geführt hatten, übernormale Transparenz besitzt. Ist die Membrana tympani dagegen stark verdickt und getrübt, so wird sie auch einen beträchtlichen Flüssigkeitserguss in die Paukenhöhle nicht hindurchscheinen lassen.

Die zweite, bei acutem Mittelohrcatarrh insbesondere bei etwas längerer Dauer desselben ungemein häufige, wenn auch nicht constante Veränderung des Trommelfells besteht in der S. 43—46 beschriebenen, aus der Luftverdünnung auf seiner Innenfläche resultirenden, pathologischen *Einwärtsziehung* desselben. Durch die mehr minder stark retrahirte Membran sieht man die etwas hyperämische Paukenhöhlenschleimhaut röthlich durchschimmern. Zuweilen ist der Blutreichthum der letzteren so gross, dass das durchscheinende, in Folge der hinter ihm befindlichen Flüssigkeitsansammlung abnorm glänzende Trommelfell einer polirten Kupferplatte ähnlich sieht.

Was den *Ohrenspiegelbefund bei einem* in die Paukenhöhle ausgeschiedenen *durchscheinenden* serösen, schleimigen oder serös-schleimigen *Exsudat* anlangt, so erscheinen diejenigen Trommelfellparthieen, hinter welchen sich dasselbe befindet, wie oben bereits erwähnt, mehr minder gelb, mitunter röthlich- oder grünlich-gelb verfärbt. Ist der Erguss *dünnflüssig*, so sinkt er der Schwere gemäss auf den Boden der Paukenhöhle herab, und ist es daher der untere Abschnitt des Trommelfells, welcher die gelbliche Verfärbung aufweist. Dieselbe setzt sich nach oben gegen den darüber befindlichen lufthaltigen Theil des Cav. tympani meist durch eine haarscharfe, in der Regel schwarze, seltener graue oder weisse „*Niveaulinie*" ab, deren Form verschieden sein kann.

Zuweilen ist sie ganz horizontal wie in Fig. 21 (Taf. VII), zuweilen nach oben concav wie in Fig. 22 (Taf. VII), in anderen Fällen wiederum wellenförmig wie in Fig. 23 (Taf. VII), in noch anderen besteht sie aus zwei von der Peripherie des Trommelfells zum Hammergriff aufsteigenden concaven Abschnitten wie in Fig. 24 (Taf. VII). Verschieden wie ihre *Gestalt* ist auch die *Höhe*, in welcher die Niveaulinie am Trommelfell erscheint, und hängt letztere bei einem den Boden der Paukenhöhle bedeckenden Exsudat von der Menge desselben ab.

Mitunter können ausgefallene *Gehörgangshaare*, welche dem Trommelfell unmittelbar auf- oder dicht vor demselben liegen, die Niveaulinie eines Paukenhöhlenexsudats vortäuschen. Zur Unterscheidung dient, dass Haare sich meistens bis in den Gehörgang verfolgen lassen oder dass sie über den Hammergriff fortlaufen, denselben in einen unteren und oberen Abschnitt theilend, was bei der Niveaulinie eines Paukenhöhlenexsudats, welches sich doch einwärts von dem Manubr. mallei befindet, natürlich unmöglich ist.

Bei dünnflüssiger Beschaffenheit des Ergusses wird die Niveaulinie, wenn man während der Ohrenspiegeluntersuchung den Kopf des Patienten langsam von hinten nach vorn neigen lässt, ihre Lage zum Hammergriff deutlich verändern (s. Taf. VII Fig. 25). Das Niveau einer dünnen Flüssigkeit nämlich wird immer horizontal stehen müssen. Bildet dasselbe also bei der gewöhnlichen aufrechten Kopfhaltung des Patienten (Taf. XII Fig. 2) mit dem Hammergriff den in Fig. 21 (Taf. VII) dargestellten Winkel, so wird es, wenn Patient den Kopf stark nach vorn neigt, wie in Fig. 25 (Taf. VII), einen sehr viel spitzeren Winkel mit ihm bilden und umgekehrt bei Neigung des Kopfs nach hinten einen sehr viel stumpferen.

Bei *dickflüssigen zähen* Ergüssen beobachtet man bei veränderter Kopfhaltung entweder gar keine oder doch nur eine sehr langsame Lageveränderung der Niveaulinie zum Hammergriff. Ist das Exsudat klebrig und dickflüssig, so sinkt es ferner nicht immer auf den *Boden* des Cav. tympani herab, kann vielmehr in den oberen oder mittleren Parthieen des unteren Paukenhöhlenraums hängen bleiben, sodass dann die entsprechenden Theile des Trommelfells, nicht aber der untere Abschnitt desselben die pathologische gelbliche Verfärbung zeigen.

Letztere kann übrigens bei sehr wenig gefärbten bez. völlig farblosen Exsudaten sehr gering sein oder, was indessen selten der Fall ist, auch vollkommen fehlen. Hier würden dann nur die eigenthümlichen, das Exsudat gegen die lufthaltigen Theile der Paukenhöhle absetzenden Begrenzungslinien, welche ausser den oben angegebenen hauptsächlichsten noch verschiedene andere unregelmässig geschwungene Formen, wie in Fig. 26 (Taf. VII) aufweisen können, bei der Ohrenspiegeluntersuchung den Verdacht auf das Vorhandensein eines Paukenhöhlenexsudats hervorrufen. Diese aber werden von minder Geübten allein noch leichter übersehen bez. falsch gedeutet, als wenn sie mit einer partiellen gelblichen Verfärbung des Trommelfells vergesellschaftet sind.

In zweifelhaften Fällen wird es immer zweckmässig sein, die *Ohrenspiegeluntersuchung vor und unmittelbar nach Application der Luftdouche* vorzunehmen. Nach dieser wird das Trommelfellbild, wofern das Paukenhöhlenexsudat nicht allzu klebrig und consistent war, sehr auffällige und characteristische Veränderungen zeigen. In manchen Fällen nämlich wird eine *Niveaulinie*, die einen den Boden der Paukenhöhle bedeckenden Erguss nach oben hin begrenzt, nach Application der Luftdouche deutlich *heruntergerückt* erscheinen, wie es z. B. in Fig. 27 (Taf. VII) dargestellt ist. Es erklärt sich dieses dadurch, dass durch die Luftdouche das Trommelfell nach aussen geblasen, der frontale oder transversale Durchmesser der Paukenhöhle also vergrössert wird, sodass der in seiner Menge durch die Luftdouche natürlich nicht vermehrte Flüssigkeitserguss, um den Raum zwischen dem unteren Theil des Trommelfells und der Labyrinthwand noch ausfüllen zu können, in seinem Niveau entsprechend sinken muss. In anderen Fällen wird die vorher eine zusammenhängende Masse bildende Flüssigkeit durch den Luftstrom in Form von Blasen aufgeworfen, sodass nach der Luftdouche einzelne oder zahlreiche von scharfen, schwarzen oder schimmernden Contouren begrenzte *Flüssigkeits- oder Luftblasen*, welche sich bei sehr dünner Beschaffenheit des Secrets mitunter deutlich bewegen oder auch nach kurzem Bestehen platzen und verschwinden können, durch das Trommelfell hindurchscheinen (s. Fig. 28 Taf. VII). Hier kann dann die ursprüngliche Niveaulinie vollkommen verschwunden sein. Durch die Luftdouche wird auch das Aussehen der vorher erwähnten geschwungenen Linien am Trommelfell, welche bei farblosen Paukenhöhlenexsudaten oder bei sehr geringen auf der Innenfläche des Trommelfells befindlichen Secretmengen das einzige mit dem Ohrenspiegel wahrnehmbare Zeichen eines Flüssigkeitsergusses in die Paukenhöhle bilden, von minder Geübten aber leicht übersehen bez. mit streifenförmigen Trommelfelltrübungen oder -atrophieen verwechselt werden, gewöhnlich derart verändert, dass die richtige Diagnose nunmehr gestellt werden kann. Es zeigt sich nämlich, dass die vorher sichtbaren fraglichen Linien nach der Luftdouche entweder vollkommen verschwunden sind oder doch ihre Gestalt bez. ihren Sitz am Trommelfell gänzlich geändert haben, was bei beweglichen Auflagerungen von Secret auf der Innenfläche des Trommelfells nicht wunderbar ist, bei Trübungen oder atrophisch verdünnten Stellen in der Trommelfellsubstanz dagegen selbstverständlich niemals vorkommen kann.

Besondere Schwierigkeiten bereiten der Diagnose mittelst Ohrenspiegeluntersuchung diejenigen Fälle von serösem, schleimigem oder serös-schleimigem Paukenhöhlenexsudat, in welchem die ausgeschiedene Secretmenge so gross ist, dass sie den unteren Paukenhöhlenraum vollkommen erfüllt und bis in den oberen hinauf reicht. Denn hier befindet sich das Niveau des Flüssigkeitsergusses *oberhalb* des Trommelfells. Letzteres wird also die characteristische und für die Diagnose eines Paukenhöhlenexsudats werthvolle Niveaulinie nicht hindurchscheinen lassen können und statt dessen nur eine gleichmässig gelbe bez. grünlich- oder röthlichgelbe Verfärbung und in Folge der hinter ihm befindlichen, das Licht stark reflectirenden Flüssigkeit einen abnorm vermehrten Glanz aufweisen. Ist man in der Ohrenspiegeluntersuchung sehr geübt, so werden diese allerdings nur quantitativen Abweichungen von dem ja auch in der Norm graugelb und etwas glänzend erscheinenden Trommelfellbild genügen, um die Diagnose auf ein Paukenhöhlenexsudat zu stellen. Im anderen Falle wird man nicht selten auch hier durch eine unmittelbar nach Application der Luftdouche wiederholte Spiegeluntersuchung Aufschluss erhalten, indem diese das Niveau der ausgeschiedenen Flüssigkeit sinken machen und mitunter die vorher vermisste Niveaulinie im obersten Abschnitt des Trommelfells erscheinen lassen wird (s. Taf. VII Fig. 29).

Die Luftdouche wird übrigens natürlich nicht nur den aus dem durchscheinenden Paukenhöhlenexsudat, sondern auch den aus der abnormen Einwärtsziehung des Trommelfells resultirenden pathologischen Ohrenspiegelbefund in entsprechender, S. 43 bis 46 bereits geschilderter, Weise verändern. Wird ein sehr atrophisches Trommelfell durch die Luftdouche nach aussen geblasen, so erscheint es zuweilen stark gefaltet, ähnlich zerknittertem Seidenpapier und so undurchsichtig, dass das Paukenhöhlenexsudat nicht mehr hindurchscheinen kann.

Ist das ganze Cav. tympani von Exsudat erfüllt, so ist das Trommelfell mitunter abgeflacht oder gar vorgewölbt. War der hintere obere Quadrant des Trommelfells in Folge früherer Krankheitsprocesse stark atrophisch verdünnt, so kann derselbe beim acuten Mittelohrcatarrh durch das in der Paukenhöhle angesammelte Exsudat nach aussen vorgewölbt werden und blasenartig aus dem Niveau der übrigen Membran herausragen (Taf. VII Fig. 30).

Die *Auscultationserscheinungen beim Catheterismus tubae* sind verschieden, je nachdem sich der acute Mittelohrcatarrh auf den knorpligen Abschnitt der Ohrtrompete beschränkt oder auch die Paukenhöhle befallen und hier zu einer Secretansammlung geführt hat. Im ersteren Fall werden wir nur *abgeschwächtes Blasegeräusch*, verbunden *mit trockenem oder entferntem feuchtem Rasseln* (vergl. S. 61 u. 62). im letzteren. von den S. 62 aufgezählten Ausnahmen abgesehen. ausserdem noch *nahe feuchte Rasselgeräusche* bez., wenn das Cav. tympani von Exsudat ganz ausgefüllt ist. sodass der Luftstrom überhaupt nicht eindringen kann. *gar kein Auscultationsgeräusch* hören.

Eine auf das Ost. pharyngeum beschränkte Verschwellung des Tubencanals wird man annehmen dürfen, wenn die Luft beim Catheterismus leicht, beim Politzer'schen Verfahren dagegen erst bei Anwendung grossen Druckes in die Paukenhöhle einströmt. Dringt sie auch beim Catheterismus nur schwer bez. erst bei Application hoher Druckstärken in die Paukenhöhle ein, so handelt es sich um eine *jenseits* der Rachenmündung gelegene circumscripte oder diffuse Verengerung des Tubencanals.

Bei dem *acuten Tubencatarrh* sieht man bei der postrhinoscopischen Untersuchung das Ost. pharyng. tubae gewöhnlich von stark erweiterten Venen, die sich in die Tuba hinein verfolgen lassen, umgeben, mit Schleim belegt, oder einen zähen Schleimpfropf, der aus ihm herausragt, die Mucosa desselben geröthet und oedematös geschwollen, mitunter so stark, dass das Ostium schlitzförmig verengt ist.

Die **subjectiven Symptome** bestehen einmal in einem *Gefühl von Vollsein und dumpfem Druck im Ohre*, welches zwar nicht constant, aber namentlich im Beginn des acuten Mittelohrcatarrhs sehr häufig ist. ferner in *subj. Gehörsempfindungen*, welche gleichfalls nicht in allen Fällen vorhanden, meist schwach und intermittirend sind und unmittelbar nach der Luftdouche für einige Zeit ganz zu verschwinden oder doch wenigstens beträchtlich nachzulassen pflegen. Dazu gesellen sich in manchen Fällen die S. 103 u. 104 beschriebene *Autophonie*, ferner *Schwere und Eingenommenheit des Kopfes*, viel seltener beim Schütteln des letzteren die Empfindung. als wenn sich in dem erkrankten Ohre etwas hin- und herbewegt. wie es bei dünnflüssigen Secretansammlungen in der Paukenhöhle hierbei thatsächlich der Fall ist. häufig endlich öfteres *Knacken im Ohre* insbesondere beim Schlingen. Letzteres wird dadurch hervorgerufen. dass sich die abnorm klebrigen Wände der Tuba Eust. bei Contraction ihrer Musculatur mit einem gewissen Geräusch von einander abheben. oder dass hierbei Luft in die Paukenhöhle eintritt.

Schmerz ist beim acuten Mittelohrcatarrh fast niemals vorhanden. Nur in seltenen Fällen empfinden die Kranken im Beginn *leichte, fliegende Stiche*. Gleichfalls ziemlich selten, aber doch wiederholt beobachtet ist das Vorkommen schwerer, anscheinend cerebraler Störungen, bestehend in heftigem *Schwindel, Unsicherheit beim Gehen, Uebelkeit und Erbrechen*, hervorgerufen durch eine den Catarrh begleitende Hyperämie des Labyrinths oder der Meningen oder endlich durch in Folge der Einwärtsziehung des Trommelfells oder Secretansammlung in der Paukenhöhle erhöhten intralabyrinthären Druck. Im letzteren Fall schwinden die genannten Erscheinungen gewöhnlich nach der Luftdouche oder Trommelfellparacentese. Noch seltener kommt es beim acuten Mittelohrcatarrh zu *Facialislähmung*. Dieselbe beruht dann auf einer starken Circulationsstörung oder Secretansammlung in der Paukenhöhle. Begünstigt wird ihre Entwicklung durch Dehiscenzen an der lateralen Wand des Canal. Fallopp., bei welcher das Neurilemm des Facialis in unmittelbarem Contact mit der Paukenschleimhaut steht.

Das Hörvermögen ist. wo der Catarrh zu einer Einwärtsziehung des Trommelfells geführt hat. fast immer beeinträchtigt. Der Grad der Herabsetzung ist sehr verschieden. Bald ist die *Schwerhörigkeit* unbedeutend, sodass sie von dem Patienten. namentlich bei nur einseitiger Affection. leicht ganz übersehen. bald wiederum so hochgradig, dass nur noch laut am Ohre Geschrieenes verstanden wird, und dass die Kranken, weil sie auch ihre eigene Sprache nur undeutlich hören, selber übermässig schreien. In anderen Fällen klingt die eigene Sprache den Kranken lauter als in der Norm, schallt in einem oder beiden Ohren abnorm stark, und sprechen sie dann viel leiser als gewöhnlich.

Characteristisch für die secretorischen Mittelohreatarrhe, die acuten sowohl wie die chronischen, ist der bei ihnen sehr *häufige, rasche und plötzliche Wechsel der Hörschärfe innerhalb kurzer Zeiträume und ohne nachweisbare äussere Veranlassung:* Die Patienten geben an, dass sie zeitweise recht gut hören, bis sich plötzlich „eine Wand in ihrem Ohre vorschiebt" oder „eine Klappe vorlegt", wodurch das Gehör dann sofort erheblich herabgesetzt wird, oder sie geben an, dass sie meistens recht schlecht hören, bis häufig unter der Empfindung eines Knalls „etwas in ihrem Ohre aufgeht", worauf sie dann sofort wieder gut hören. Es handelt sich hier wahrscheinlich um plötzliche Lageveränderungen des durch den auf seine Innenfläche einwirkenden negativen Druck einwärtsgezogenen Trommelfells in denjenigen Momenten, wo die verengte Tuba Eust. bei einer starken Contraction ihrer Musculatur vorübergehend eröffnet und der Athmosphärenluft Eintritt in die Paukenhöhle gestattet wird, und ferner um plötzliche Lageveränderungen des in die Paukenhöhle ausgeschiedenen Exsudats in Bezug auf die für die Schallleitung besonders wichtigen Theile desselben wie z. B. die Steigbügelplatte und die Membran des runden Fensters.

Ausser diesen plötzlichen und ohne äussere Veranlassung erfolgenden häufigen Schwankungen zeigt das Hörvermögen beim acuten Mittelohreatarrh meist eine deutliche Verminderung bei jähem Temperaturwechsel, feuchter Witterung, übermässigem Genuss alkoholischer Getränke und anderweitig verursachter Congestion zum Kopfe, sowie bei Hinzutritt bez. Steigerung eines Nasenrachencatarrhs.

Mitunter ist das Gehör in der Rückenlage besser als bei aufrechter Stellung. Auch dieses muss auf Lageveränderung des Exsudats im Mittelohr bezogen werden.

Bei den *acuten Tubencatarrhen*, wie sie bei heftigem Schnupfen so häufig sind, besteht ein sehr lästiges Gefühl von Druck und Fülle und *beim Schnäuzen starkes Brodeln im Ohre.* Dabei fehlen, wenn sich der acute Catarrh auf das untere Ende der knorpligen Tuba beschränkt, in der Regel während der ganzen Dauer seines Bestehens sowohl Veränderungen am Trommelfell wie auch Herabsetzung des Hörvermögens.

Diagnose: Wo bei normaler oder übernormaler Transparenz des Trommelfells ein in die Paukenhöhle ausgeschiedenes Exsudat sichtbar und durch die vorher S. 232—234 angegebenen pathologischen Veränderungen des *Ohrenspiegelbefundes* kenntlich ist*), ist die Diagnose eines secretorischen Mittelohreatarrhs gesichert. Ob die acute oder chronische Form desselben vorliegt, müssen wir aus den anamnestischen Angaben des Patienten über die Dauer seines Leidens sowie aus der Beobachtung des Verlaufs entnehmen.

Bei einer durch vorausgegangene Krankheitsprocesse hervorgerufenen Trübung oder Verdickung des Trommelfells aber ist ein in die Paukenhöhle ergossenes catarrhalisches Secret bei der Ohrenspiegeluntersuchung sehr häufig absolut nicht zu erkennen. Hier muss dann die *Auscultation* des Mittelohrs zu Hülfe gezogen werden. Hört man beim Catheterismus tubae durch den Auscultationsschlauch die

---

*) Bei *eitrigem* Erguss in die Paukenhöhle zeigt das Trommelfell die bei der Myringitis beschriebenen Veränderungen; das Trommelfell wird undurchsichtig, sodass ein eitriges Paukenhöhlenexsudat fast niemals durch dasselbe hindurchscheint.

S. 61 u. 62 beschriebenen *„nahen feuchten Rasselgeräusche"*, so ist das Vorhandensein eines Flüssigkeitsergusses in der Paukenhöhle sichergestellt. Ob dieser durch einen Mittelohrcatarrh oder durch eine Mittelohrentzündung verursacht ist, wird sich aus dem Ohrenspiegelbefund und den subjectiven Beschwerden des Kranken meist leicht ergeben. Schon die sehr heftigen Schmerzen, welche sowohl bei der einfachen, wie bei der perforativen Form der acuten Mittelohrentzündung wenigstens im Beginn fast constant vorhanden sind und nur in den seltensten Ausnahmefällen auch hier vollkommen fehlen, sind ein ziemlich ausreichendes Unterscheidungsmerkmal. Dazu kommt ferner, dass bei der Entzündung des Mittelohrs stets auch eine Myringitis vorhanden, das Trommelfellbild also ein durchaus anderes ist, wie beim acuten Mittelohrcatarrh. In den sehr seltenen Fällen, in denen bei letzterem heftiger Schmerz oder bei einer mit Entzündung des Trommelfells einhergehenden Otit. med. acuta vollkommen schmerzloser Verlauf beobachtet wird, handelt es sich um eine *Uebergangsform* zwischen acutem Mittelohrcatarrh und acuter Mittelohrentzündung, welche, solange das in die Paukenhöhle ausgeschiedene Exsudat nicht entleert und durch microscopische Untersuchung als catarrhalisch oder eitrig erwiesen ist, sowohl dieser wie jener Krankheit zugezählt werden kann.

Dass und unter welchen Umständen auch die Auscultation des Mittelohrs mitunter das Vorhandensein von Flüssigkeit in der Paukenhöhle *nicht* nachzuweisen vermag, ist S. 62 bereits erörtert, und das dort Ausgeführte bezüglich des Mangels „naher feuchter Rasselgeräusche", trotz Flüssigkeitsansammlung in der Paukenhöhle, hier zu vergleichen.

Ausser dem „nahen feuchten Rasseln" findet man bei dem acuten Mittelohrcatarrh auch noch anderweitige Abweichungen des Auscultationsgeräuschs von der Norm, nämlich *trockenes Rasseln* (Schnurren und Pfeifen) und *abgeschwächtes Blasegeräusch*. Bei der catarrhalischen Schwellung der Paukenhöhlen- und insbesondere der Tubenschleimhaut ist dieses leicht verständlich.

Verlauf und Prognose: *Der acute Mittelohrcatarrh kann vollkommen geheilt* werden, die Schwerhörigkeit wie die übrigen subjectiven Symptome *in einem Zeitraum von einigen Tagen oder Wochen* dauernd gänzlich verschwinden.

Dabei ist es nicht nöthig, dass sich die anatomischen Veränderungen im Mittelohr, was ja allerdings auch vorkommt, vollkommen zurückbilden, indem die Hyperaemie der Schleimhaut verschwindet, die Infiltration derselben mit Rundzellen durch fettige Entartung der letzteren, Zerfall und Aufnahme in die Lymphgefässe gänzlich zurückgeht, und das auf die freie Fläche ausgeschiedene Exsudat durch Resorption oder künstliche Entleerung entfernt wird. Wir finden vielmehr nach Ablauf eines acuten Mittelohrcatarrhs mit vollkommener Restitution des Gehörs und Beseitigung aller subjectiven Beschwerden nicht selten persistirende Trübungen, Verdickungen, Kalkablagerungen und atrophische Stellen im Trommelfell.

Viel häufiger aber nimmt der acute Mittelohrcatarrh einen **protrahirten** *Verlauf und geht in den* **chronischen** *über.* Es hängt dieses zum grossen Theil von dem aetiologischen Moment ab: Ein durch Erkältung oder acuten Schnupfen hervorgerufener Mittelohrcatarrh wird im Allgemeinen viel rascher zur Heilung gelangen, als z. B. ein im Verlauf chronischer und schwer zu beseitigender Nasenrachenaffectionen oder des Keuchhustens entstandener.

Von Wichtigkeit ist hierfür ferner, ob der Patient sich während der Erkrankung einem geeigneten diätetischen Regime unterzieht, oder ob er sich fortwährend neuen Erkältungen, Durchnässungen des Körpers und anderweitigen Schädlichkeiten, wie es z. B. der Aufenthalt in rauchgefüllten Localen, feuchten Wohnungen, übermässiger Genuss von Tabak und alcoholischen Getränken sind, aussetzt. Als hierhin gehörig sind ferner noch Kaltwassercuren und der Gebrauch von Seebädern bei schon bestehendem Mittelohrcatarrh zu nennen.

Begünstigt wird der Uebergang in die chronische Form durch die grosse Neigung des acuten Mittelohrcatarrhs zu Recidiven. Sehr häufig bleibt nach Ablauf der ersten Attacke noch lange Zeit eine so grosse Disposition zu Rückfällen zurück, dass solche bereits durch eine leichte Erkältung, einen Schnupfen, ein kaltes Bad hervorgerufen werden. Insbesondere treten bei Kindern, welche an häufigen bez. beständigen Catarrhen des Nasenrachenraums mit adenoiden Wucherungen oder Hypertrophie der Tonsillen leiden, acute Mittelohrcatarrhe nicht selten in jedem Frühling und Herbst auf, bis dieselben dann schliesslich nach öfterer Wiederholung überhaupt nicht mehr vollkommen zurück-, vielmehr in die chronische Krankheitsform übergehen.

Als prädisponirende Momente, welche diesen ungünstigen Ausgang eines acuten Mittelohrcatarrhs begünstigen, sind gewisse Allgemeinerkrankungen, wie Scrophulose, Tuberculose, Morbus Brightii, Anämie u. a. zu betrachten.

Was die verschiedene Beschaffenheit der catarrhalischen Secrete anlangt, so werden die dünnflüssigen sehr viel rascher und leichter resorbirt als die dickflüssigen, zähen. Die Gefahr der Recidive ist besonders auch in denjenigen Fällen vorhanden, wo zwar das Exsudat vollständig resorbirt und das Gehör wieder durchaus normal, die Tuba aber nicht wieder vollkommen wegsam geworden ist.

Als *ungünstige Momente für die Prognose* wären ausser den vorher erwähnten ferner noch hereditäre Anlage zu chronischer Schwerhörigkeit, continuirliche subj. Gehörsempfindungen, geringe Zunahme der Hörweite nach der Luftdouche, verminderte Kopfknochenleitung, Complication mit Ozäna oder Nasenblennorhoe und Lähmung des Gaumensegels (bei Facialislähmung oder Diphtheritis) anzuführen.

Mitunter entstehen schon bei einem acuten Mittelohrcatarrh Veränderungen des Paukenhöhlenapparats, welche nicht wieder rückbildungsfähig sind und daher, wie bei den *trockenen Mittelohrcatarrhen* eingehend geschildert werden wird, *bleibende Hörstörungen* veranlassen. Es sind dieses bindegewebige Verdickungen der Schleimhaut, sowie zarte, neu gebildete, bindegewebige Ligamente und Membranen, welche einzelne Theile des Paukenhöhlenapparats in abnormer Weise mit einander verbinden und die Beweglichkeit desselben beeinträchtigen können. Die letzteren entstehen dadurch, dass die Schleimhautüberzüge der Paukenhöhlenwände und der Gehörknöchelchen in Folge ihrer starken Schwellung und der meist gleichzeitig bestehenden Einstülpung des Trommelfells an gegenüber liegenden Flächen mit einander in Berührung kommen, und dass, nachdem das Epithel an den Berührungsstellen durch Druck usurirt ist, das Bindegewebe mit einander verwächst. Schwillt die Schleimhaut jetzt wieder ab, so bleiben die verwachsenen Stellen als strangförmige oder membranöse Synechieen zurück.

Zuweilen entwickelt sich auch aus dem acuten Mittelohrcatarrh die acute einfache oder perforative Mittelohrentzündung, insbesondere unter dem Einfluss falscher Behandlung, so z. B. mitunter nach Einspritzungen von Wasser oder Einleitung heisser Dämpfe in den Gehörgang oder Application von Breiumschlägen.

Therapie: Das Hauptmittel beim acuten Mittelohrcatarrh ist die *Luftdouche* in Form des Catheterismus, der trocknen Nasendouche oder des Politzer'schen Verfahrens. Welche dieser drei Arten von Luftdouche in dem gegebenen Fall den Vorzug verdient, ist nach den S. 120—122 aufgestellten Grundsätzen zu bestimmen.

Durch die Luftdouche werden einmal das meist pathologisch nach einwärts gezogene Trommelfell, sowie der in Folge hiervon gleichfalls nach einwärts gerückte Hammergriff, lange Ambosschenkel und Steigbügel wenigstens zeitweilig wieder in ihre normale Stellung zurückgebracht und dadurch derjenige Theil der Beschwerden, welcher durch die Einwärtsziehung des Trommelfells und der mit ihm verbundenen Gehörknöchelchenkette hervorgerufen wurde, — und dieses ist mitunter der weitaus grösseste — vorübergehend beseitigt, sodann aber auch bewirkt, dass die durch die pathologische Einstülpung stark gedehnte Membrana tympani nicht atrophisch wird und dann dauernd ihre abnorme Lage beibehält. Sodann wird der in den meisten Fällen von acutem Catarrh des Mittelohrs im Inneren des letzteren herrschende negative Druck durch die Luftdouche wenigstens zeitweilig aufgehoben und seine zur Hyperaemie und Transsudation führende ungünstige Wirkung auf die Blut- und Lympfgefässe der Mucosa beseitigt. Die Druck- und Circulationsverhältnisse in diesen werden sich in Folge dessen wieder mehr ihrem normalen Zustande nähern, und die Resorption des in das Mittelohr ausgeschiedenen Exsudats hierdurch erleichtert werden. Letztere wird durch die Luftdouche ferner auch noch insofern befördert, als sie das vorher zusammenhängende Exsudat zuweilen in Form von Blasen aufwirbelt und über eine grössere Schleimhautoberfläche vertheilt, von welcher es natürlich leichter aufgesogen werden kann, wie von einer kleineren. Ausserdem wird durch die Luftdouche das im pharyngealen Abschnitt der Tuba angesammelte Secret in den Nasenrachenraum geschleudert und endlich der Verwachsung sich berührender oder verklebter Schleimhautflächen vorgebeugt.

Unmittelbar nach der Luftdouche beobachtet man dementsprechend nicht selten eine sehr bedeutende Abnahme, ja sogar ein vollkommenes Verschwundensein der sämmtlichen subjectiven Beschwerden. Ueberraschend ist insbesondere häufig die Besserung des Hörvermögens; kommt es doch oft genug vor, dass ein vorher sehr schwerhöriges Ohr unmittelbar nach der Lufteinblasung wieder vollkommen normal hört. Diese günstige Wirkung indessen ist nicht von Dauer. Nach kürzerer oder längerer Zeit kehren die vorherigen Beschwerden allmählich zurück, wie es bei dem, wenn die Tuba unwegsam bleibt, allmählich wieder auftretenden negativen Druck in der Paukenhöhle nicht anders sein kann. Es ist daher meist nothwendig, die Luftdouche im Beginn der Behandlung zum Mindesten alle 24 Stunden zu wiederholen. Hält die Besserung des Gehörs später nach der Lufteinblasung länger an, so wird man sie in grösseren Zwischenpausen und endlich immer seltener appliciren, bis schliesslich eine Verbesserung durch die Luftdouche überhaupt nicht mehr wahrnehmbar ist.

Ist das Paukenhöhlenexsudat dünnflüssig, so ist es zuweilen möglich, dasselbe mit Hülfe des POLITZER'schen Verfahrens in toto aus der Paukenhöhle zu entfernen. Patient muss zu diesem Zweck seinen Kopf durch 1—2 Minuten stark nach vorn resp. unten und gegen die nicht erkrankte Seite neigen, sodass die Tuba Eust. des afficirten Ohres vertical von oben nach unten verläuft und die in die Paukenhöhle ausgeschiedene Flüssigkeit sich über dem Ost. tympanic. tubae befindet. Macht man nun bei dieser Kopfhaltung des Patienten das POLITZER'sche Verfahren, bei welchem sich der Tubencanal bekanntlich öffnet, so kann hierbei das ganze Paukenhöhlensecret in den Nasenrachenraum abfliessen.

Als vortheilhaft erweist sich ausser der Luftdouche zur Beschleunigung der Resorption des Exsudats die *Application hydropathischer Ueberschläge* über die Ohrmuschel (s. S. 129). Dieselben können, je nachdem es dem Patienten angenehmer ist, entweder über Nacht oder am Tage stattfinden, letzteres aber nur dann, wenn der Kranke das Zimmer nicht verlässt. Dem gleichen Zweck dient die Morgens und Abends je 5—10 Minuten lang mit befetteter Hand auszuführende *Massage der seitlichen Halsparthieen* (s. S. 199).

Wenn die eben angegebene Therapie, welche durch eine geeignete *gleichzeitige Behandlung etwa vorhandener pathologischer Zustände in der Nase, dem Rachen und dem Nasenrachenraum* sowohl (s. später bei den Krankheiten dieser Theile) wie auch *etwaiger constitutioneller Dyscrasieen* (s. S. 143—147) und durch ein *passendes diätetisches Regime* (s. S. 197) unterstützt werden soll. eine Heilung allein nicht herbeizuführen im Stande ist. so müssen wir die *Trommelfellparacentese* ausführen und das Exsudat entleeren. Es wird dieses einmal dann nothwendig sein. wenn die Menge des in die Paukenhöhle ausgeschiedenen Secrets so gross ist. dass nach der Luftdouche gar keine oder nur eine sehr rasch vorübergehende Besserung des Hörvermögens eintritt. insbesondere in denjenigen Fällen. wo das ganze Cav. tympani. also nicht nur der untere. sondern auch der obere Paukenhöhlenraum, von Exsudat völlig erfüllt ist. sodass bei der Luftdouche gar keine Luft hineindringen kann. ferner aber auch dann, wenn trotz regelrechter Ausführung der vorher geschilderten nicht operativen Behandlung durch 8 oder 14 Tage hindurch die Hörweite nicht wesentlich besser geworden ist als beim Beginn der Behandlung. Letzteres wird gewöhnlich entweder in zu grosser Menge oder in zu zäher Beschaffenheit des in das Mittelohr ausgeschiedenen Secrets seinen Grund haben. Ueber die *Ausführung der Paracentese* und die *Nachbehandlung* nach derselben. insbesondere auch über die zur Entfernung des Exsudats aus der Paukenhöhle nach der Durchschneidung des Trommelfells nöthigen Lufteinblasungen s. S. 130—134. Mitunter tritt nach der Paracentese ein mehrere Tage anhaltender seröser oder syrupähnlicher Ausfluss ein.

Zur Verhütung von Recidiven ist nach vollkommener Entfernung des in das Mittelohr ausgeschiedenen Exsudats und nach völliger Restitution des Hörvermögens neben Anweisung des S. 200 beschriebenen diätetischen Regimes immer noch dafür Sorge zu tragen. dass die für die „Paukenhöhlenventilation“ nothwenige Wegsamkeit der Eustachischen Ohrtrompete vollkommen wieder hergestellt wird. sodass letztere bei der Contraction der Tubengaumenmusculatur klafft. Zu diesem Zweck ist die Luftdouche noch mehrere Wochen oder Monate nach der Verheilung der Paracentesenöffnung. anfangs 2—3 mal wöchentlich. später alle 8—14 Tage einmal vorzunehmen.

Ist das in die Paukenhöhle ausgeschiedene Exsudat nicht serös. sondern schleimig und zäh. so muss die Paracentese nicht selten *mehrmals* wiederholt werden.

Der chronische Mittelohrcatarrh (Catarrhus auris mediae chronicus, Otitis media catarrhalis chronica)

ist *die häufigste aller Ohrenkrankheiten.* Wir fassen unter dieser Bezeichnung der am weitesten verbreiteten Terminologie gemäss eine grosse Anzahl von Krankheitsprocessen zusammen, welche sich sowohl pathologisch-anatomisch wie auch klinisch sehr verschieden verhalten.

Es erscheint mir zweckmässig, die chronischen Mittelohrcatarrhe bei der Beschreibung in zwei grosse Gruppen zu scheiden. nämlich in die *feuchten (secretorischen)* und in die *trockenen.* Dabei ist allerdings zu bemerken. dass letztere mitunter aus ersteren hervorgehen, und ferner dass auch *Mischformen* vorkommen. also Fälle. wo im Verlauf eines chronischen trockenen Mittelohrcatarrhs zeitweilig catarrhalische Exsudation auf die freie Oberfläche der Schleimhaut stattfindet. und solche. wo schon während des Bestehens eines feuchten chronischen Mittelohrcatarrhs die für die trockenen characteristischen anatomischen Veränderungen (s. S. 244 bis 246) sich ausbilden.

Die chronischen Mittelohrcatarrhe, sowohl die feuchten wie die trockenen, können selbstständig auftreten und zwar bei sonst gesunden Menschen. In *anderen Fällen entstehen sie aus dem acuten Mittelohrcatarrh* unter den

S. 237 u. 238 angeführten Umständen event. nach öfteren Recidiven desselben *oder aus den Mittelohrentzündungen.* Sie können sich also auch als secundäre *Folgezustände* auf der Basis sowohl der acuten einfachen wie der acuten oder chronischen eitrigen Mittelohrentzündung nach dem Verschwinden der diesen Krankheitsprocessen eigenthümlichen anatomischen Veränderungen entwickeln.

1) Der feuchte (secretorische) Mittelohrcatarrh.

Derselbe zeigt in Bezug auf die **anatomischen Veränderungen,** auf die **objectiven und subjectiven Symptome** dieselben Erscheinungen wie der acute Mittelohrcatarrh. den wir vorher S. 231—240 besprochen haben. Hinzuzufügen wäre nur einmal. dass bei ersterem eine Beschränkung des Krankheitsprocesses auf die Tuba Eust. nicht vorkommt. dass vielmehr *immer* auch die Paukenhöhle in Mitleidenschaft gezogen ist. und dass wir bei der Ohrenspiegeluntersuchung *stets* eine Veränderung des Trommelfellbildes (Einwärtsziehung desselben bez. bei hinreichender Transparenz der Membran Durchscheinen eines catarrhalischen Paukenhöhlenexsudats). bei der Auscultation mittelst Catheterismus aber die einer Secretansammlung im Cav. tympani entsprechenden Erscheinungen (s. S. 61, 62 u. 235) finden.

Ferner sind bei dem chronischen secretorischen Mittelohrcatarrh im Tubenknorpel mitunter partielle Verkalkungen und Verknöcherungen, in den Tubenmuskeln fettige Entartung und Atrophie gefunden worden.

Das während längerer Zeit durch den äusseren Atmosphärendruck nach einwärts gepresste und abnorm gedehnte Trommelfell wird nicht selten in toto oder partiell *atrophisch,* dünn und schlaff, und weist dann bei der Ohrenspiegeluntersuchung die S. 43. 234 u. 235 beschriebenen Veränderungen auf. Die partielle Atrophie zeigt sich häufiger an der hinteren als an der vorderen Trommelfellhälfte.

Die *abnorme Erschlaffung der Membran* kann, wenn der Mittelohrcatarrh geheilt ist. für sich allein eine Schwerhörigkeit bedingen. In anderen Fällen wird das Gehör gar nicht durch sie beeinträchtigt. Häufig aber klagen die Patienten bei starker Erschlaffung des Trommelfells über ein höchst lästiges Gefühl. welches die sich hin und her bewegende Membran verursacht. und welches viele von ihnen veranlasst. fast unaufhörlich bald den positiven. bald den negativen VALSALVA'schen Versuch auszuführen. und ferner über eine schmerzhafte Empfindlichkeit gegen hohe. besonders gegen schrille Töne.

Ausser den beim acuten Mittelohrcatarrh bereits angegebenen *Ursachen für die häufigen Schwankungen des Hörvermögens* wäre bei dem chronischen secretorischen Mittelohrcatarrh noch zu erwähnen. dass die Schwerhörigkeit hier in der warmen Jahreszeit in der Regel geringer zu sein pflegt als in der kalten. bei heiterem. trockenem Wetter geringer als bei trübem und feuchtem.

Eine *Heilung* mit vollkommener Beseitigung der Schwerhörigkeit und der übrigen subj. Beschwerden kann auch beim chronischen feuchten Mittelohrcatarrh selbst nach jahrelangem Bestehen desselben beobachtet werden. Indessen ist dieses *nicht häufig,* insbesondere weil sich bei ihm viel öfter als beim acuten nicht mehr rückbildungsfähige Veränderungen innerhalb der Paukenhöhle ausbilden. welche den schallleitenden Apparat dauernd abnorm belasten. spannen und seine Beweglichkeit ausserordentlich beeinträchtigen.

Hierhin gehören directe *Verwachsungen zwischen einzelnen Theilen des Paukenhöhlenapparats.* z. B. zwischen dem Umbo des Trommelfells und dem Promontorium. ferner *neugebildete bindegewebige Ligamente und Membranen,* die sich zwischen den Gehörknöchelchen, den Sehnen der Binnenmuskeln des Mittelohrs und den

Wänden der Paukenhöhle in Form von *Synechieen oder Adhaesionen* in verschiedener Ausdehnung und in mannigfacher Art ausspannen und dieselben in abnormer Weise unter einander verbinden, so z. B. Bindegewebsstränge zwischen den Steigbügelschenkeln und der Nische zum ovalen Fenster, zwischen dem langen Ambosschenkel und dem Hammergriff oder dem Trommelfell, zwischen dem Hammergriff und dem Promontorium, zwischen dem Hammerkopf oder Amboskörper resp. beiden und der oberen, medialen oder lateralen Paukenhöhlenwand. Bindegewebsmembranen, welche die Nische zum runden Fenster aussen vollkommen abschliessen und häufig durch Fäden mit dem Tympanum secundarium in Verbindung stehen, bei deren Schrumpfung die genannte Membran nach aussen gewölbt und in ihrer Function behindert werden kann; ferner *bindegewebige Verdickung und Verdichtung*, ja sogar *Verkalkung der Schleimhautauskleidung* des Mittelohrs. *Verdickung der Gelenkkapseln* der Gehörknöchelchen und der Knorpelüberzüge ihrer Gelenkflächen, endlich *Kalkablagerung im Trommelfell und in der Membran des runden Fensters.*

Die **Therapie** des chronischen feuchten Mittelohrcatarrhs ist dieselbe wie die des acuten (vergl. daher S. 238—240).

Politzer empfiehlt, wo eine Einziehung des Trommelfells besteht, der *Luftdouche* jedes Mal eine *Luftverdünnung im äusseren Gehörgang* (s. S. 122) unmittelbar folgen zu lassen, wodurch die günstige Wirkung der ersteren auf das Hörvermögen und auf die vorhandenen subj. Beschwerden gesteigert werden soll.

Ueber die *Behandlung* etwaiger nach Entfernung der Secrete *zurückbleibender hartnäckiger Schwellungen der Tubenschleimhaut* s. S. 259—261.

Schwartze injicirt (vergl. hierüber auch S. 122), wenn durch die angegebene Behandlung nach spätestens 14 Tagen eine erhebliche Abnahme des Secrets nicht nachweisbar, vielmehr beim Catheterismus immer noch dasselbe nahe feuchte Rasselgeräusch hörbar ist, im Gegensatz zu Politzer, welcher hiernach öfters eine entschiedene Verschlimmerung, Zunahme der Secretion und der Schwerhörigkeit gesehen zu haben angiebt, etwa 2 mal wöchentlich wässerige Lösung von *Zinc. sulfur.* ($1/4$—$1/2$ $^0/_0$), *Natr. carbon.* (2—4 $^0/_0$) oder *Ammonium muriat.* ($1/2$—3 $^0/_0$) durch den Catheter in die Paukenhöhle, aber höchstens 8—10 Tropfen, weil sonst entzündliche Reizung der Mittelohrschleimhaut, ja sogar Eiterungen dadurch hervorgerufen werden können. An den Zwischentagen wird nur Luft eingeblasen.

In Fällen von besonderer Hartnäckigkeit, wie sie vorzugsweise durch starke Betheiligung der pneumatischen Nebenräume der Paukenhöhle an dem Catarrh der Mittelohrschleimhaut bedingt wird, bevorzugt S. die Application von *Dämpfen*, welche durch den Catheter in die Paukenhöhle getrieben werden. Ist die Secretion sehr reichlich und zäh und die Tubenschleimhaut stark geschwollen, so bläst er *Salmiakdämpfe* in statu nascenti (s. S. 124) ein, durch welche die Tubenschwellung geringer und die Schleimabsonderung lockerer wird. Zur Unterstützung derselben empfiehlt er den gleichzeitigen innerlichen Gebrauch von Salmiak und häufiges Gurgeln mit Salmiaklösung. Ist die Schleimabsonderung profus und die Tubenschwellung gering, so bläst er *Terpentindämpfe* (s. S. 123), ist das in die Paukenhöhle ausgeschiedene Exsudat spärlich und zäh und die Tuba weit, *warme Wasserdämpfe* von 30—40 ^{0} R (s. S. 123 u. 124) ein.

Die *Salmiakdämpfe* müssen oft Wochen und Monate lang, im Anfang täglich applicirt werden. Bei subacuten Reizungszuständen aber dürfen sie keine Anwendung finden. Bei namentlich im Kindesalter häufiger, gleichzeitiger chronischer Coryza mit Hypersecretion soll man sie mittelst eines eichelförmigen Ansatzstückes für die Nasenöffnung (Taf. XVI Fig. 7) auch die Nasenhöhle durchstreichen lassen.

Die *Terpentindämpfe* müssen gleichfalls gewöhnlich mehrere Wochen hindurch täglich applicirt werden, jedes Mal aber nur höchstens einige Minuten hindurch, weil sonst Stunden lang anhaltender Schmerz im Ohre entstehen kann.

Die *Wasserdämpfe* dürfen, sobald sie eine Schwellung der Tubenschleimhaut hervorzurufen beginnen, nicht mehr täglich, sondern nur mit einfachen Lufteinblasungen alternirend applicirt werden. Sie sollen in jeder Sitzung durch 5—15 Minuten hinter einander eingeleitet werden. Nach S. erleichtern sie durch Verflüssigung des zähen Exsudats die Resorption desselben und führen mitunter selbst solche Fälle zu vollkommener Heilung, in denen, wie dieses namentlich bei in den Nischen der Labyrinthfenster fest haftendem, zähem Exsudat öfters der Fall ist, die einfache Luftdouche auch nicht einmal momentan eine Hörverbesserung zu erzielen im Stande war.

Die *Paracentese* macht S. bei dem chronischen feuchten Mittelohrcatarrh *sofort*, wenn das *ganze* Cav. tympani, also oberer und unterer Paukenhöhlenraum, von Exsudat erfüllt ist, und bei theilweiser Erfüllung der Paukenhöhle in denjenigen Fällen, wo eine *längere*, nach den oben angegebenen Grundsätzen durchgeführte, nicht operative Behandlung gar keinen Erfolg oder einen nur schnell vorübergehenden hatte. Häufig muss die Paracentese öfters wiederholt werden. Bürkner machte sie bei einem Patienten im Laufe von 4 Jahren 23 mal und brachte hierdurch den sehr langwierigen Catarrh schliesslich zur Heilung.

Wo die catarrhalische Hypersecretion der Mittelohrschleimhaut so *hartnäckig* ist, dass alle localen Mittel einen dauernden Erfolg nicht herbeizuführen vermögen, empfiehlt Schwartze bei kräftigen Patienten eine energische *Schwitzcur* mittelst Decoct. Zittmanni.

Bei im Verlauf eines chronischen feuchten Mittelohrcatarrhs intercurrent auftretender acuter Entzündung der Schleimhaut applicire man ein Vesicans oder einen Jodanstrich auf den Warzentheil, in heftigen Fällen Blutegel.

Die locale Behandlung der Mittelohrcatarrhe darf nicht länger fortgesetzt werden, als wie sich noch eine stetige Zunahme der Hörweite nachweisen lässt, wobei indessen berücksichtigt werden muss, dass bei der vorher geschilderten Therapie mittelst alternirender Application medicamentöser Flüssigkeiten auf die Tubenschleimhaut und Lufteinblasungen in die Paukenhöhle die Hörverbesserung erfahrungsgemäss gewöhnlich erst nach den letzteren eintritt.

Nach 3—6 Wochen, sehr viel seltener erst nach 3—4 Monaten tritt der Zeitpunkt ein, in welchem die locale Behandlung eine weitere Besserung des Hörvermögens nicht mehr herbeizuführen vermag. Wird dieselbe trotzdem noch fortgesetzt, so hat dieses gewöhnlich eine Verschlimmerung des Zustandes zur Folge. Zweckmässig ist es indessen, nach mehreren Wochen oder Monaten zu controliren, ob die durch die erste Behandlung erzielte Besserung noch andauert, um, wenn dieses nicht der Fall ist, eine *Nachbehandlung* einzuleiten, welche nach denselben Grundsätzen auszuführen ist wie die erste.

Bezüglich des *diätetischen Regimes* und der *Behandlung* etwa vorhandener *constitutioneller Erkrankungen* s. S. 113—117.

Kessel empfiehlt bei dem feuchten chronischen Mittelohrcatarrh, welchen er „*Schwellcatarrh*" nennt, die *Tenotomie des Tensor tympani* in denjenigen Fällen, in welchen die subj. Gehörsempfindungen eben continuirlich geworden sind und „der Ueberdruck im Labyrinth nachweisbar von der Veränderung der Binnenmuskeln abhängt," wo also der Steigbügel noch beweglich ist, der Ueberdruck im Labyrinth noch herabgesetzt werden kann und die Atrophie der Hörnervenfasern in dem „oberen Hörbereich" Kessels (4000 bis 5000 Schwingungen) nicht schon zu weit herabgestiegen ist, sich vielmehr der oberen Grenze des „mittleren Hörbereichs" (128—4000 Schwingungen) noch nicht genähert. In solch' frühen Stadien bessert die Tenotomie des Tensor nach K. die Hörschärfe stets, mitunter auch die subj. Gehörsempfindungen, Kopfdruck, Schwindel und habituellen Kopfschmerz. In einem Falle gelang es ihm, Hallucinationen durch sie zu beseitigen. Die Operation, die natürlich nur dann vorgenommen wird, wenn alle sonst zur Heilung des Catarrhs dienenden Methoden erschöpft sind, wenn die Tuba durchgängig gemacht ist und die Nasenrachenaffectionen soweit als möglich beseitigt sind, soll ferner die synergische Wirkung des nicht durchschnittenen Tensor tympani aufheben und so auch das nicht operirte und schwach afficirte Ohr manchmal beträchtlich bessern.

Ist in Folge des chronisch feuchten Mittelohrcatarrhs eine *starke Erschlaffung des ganzen Trommelfells oder einzelner Abschnitte* desselben entstanden, so empfiehlt sich nach McKeown und Keller die *Collodiumbehandlung:* Man giesse nach vorheriger Luftdouche und bei starker Seitwärtsneigung des Kopfes das Collodium durch den eingestellten Ohrtrichter direct in den Gehörgang, sauge das überschüssige, während der Kopf des Patienten noch einige Minuten in der Seitenlage verbleibt. sofort nach dem Eingiessen mit Watte auf und untersuche dann, ob das Trommelfell in toto mit dem Collodium überzogen ist oder nicht. In letzterem Falle wird die Procedur wiederholt. Nach der Application zeigt sich eine einige Stunden oder Tage lang anhaltende Injection der Hammergriffgefässe. Dem Kältegefühl während des Erstarrens des Collodiums folgt bald eine angenehme Wärme. mitunter auch mässiges Brennen. Während der ersten Tage spüren die Patienten beim Niesen. Aufstossen, Schneuzen der Nase und dergl. mehr minder heftige Stiche am Trommelfell. Die Wirkung der Behandlung äussert sich bald in einer erheblichen Herabsetzung der abnormen Excursionsfähigkeit des Trommelfells und in der Abnahme bez. dem gänzlichen Verschwinden der von letzterer abhängigen S. 241 besprochenen Beschwerden. Die Collodiumdecke beginnt sich nach 3—6 Wochen. mitunter noch später abzuheben, sodass sie mit der Pincette entfernt werden kann. Auch dann behält das Trommelfell stets einen erhöhten Grad von Spannung. Meist wurde der Sicherheit halber nach Abstossung der Collodiumdecke dieselbe Behandlung noch ein oder mehrere Male wiederholt.

2) *Der trockene chronische Mittelohrcatarrh.*

Unter obiger Bezeichnung werden zahlreiche Fälle mit sehr verschiedenartigen anatomischen Befunden zusammengefasst. Gemeinsam ist denselben, dass *die im Mittelohr entstandenen* **pathologisch-anatomischen** *Veränderungen niemals so völlig rückbildungsfähig* mehr sind. wie in manchen Fällen von feuchtem Mittelohrcatarrh.

Bei vielen von ihnen ist die Erkrankung der Mittelohrschleimhaut über den ganzen Tractus oder wenigstens einen grossen Theil derselben *verbreitet*, bei anderen auf die Mucosa der Labyrinthfenster und diesen angrenzende circumscripte Partien der Paukenhöhlenschleimhaut *beschränkt*. Die *erstere* Kategorie entwickelt sich häufiger aus dem feuchten Mittelohrcatarrh und den Mittelohrentzündungen. die *letztere* tritt meist primär auf, und handelt es sich hier um eine zur Verdichtung und Schrumpfung führende. meist schleichend verlaufende *interstitielle Entzündung der Trommelhöhlenschleimhaut*, welche besonders bei hereditärer Disposition oder ungünstigen. zu passiver venöser Hyperaemie in der Paukenhöhle führenden Circulationsverhältnissen vorzukommen scheint.

Bei der *ersten* Gruppe von Fällen zeigt sich die vorher mit Rundzellen infiltrirte Schleimhaut durch Umwandlung der Rundzellen in faseriges Bindegewebe entweder in ihrer gesammten Ausdehnung oder doch wenigstens in einem grossen Theil derselben mehr minder verdickt. meist glatt, blass, schnig-grau getrübt, fester, schwerer zerreisslich und gegen ihre Unterlage weniger verschieblich als in der

Norm. Daneben findet man recht häufig in der Paukenhöhle zahlreiche neugebildete bindegewebige Ligamente und Membranen, welche das Trommelfell, die Gehörknöchelchen und die Sehnen der Binnenmuskeln des Ohrs unter einander und mit den Wänden des Cavum tympani auf sehr verschiedene mannigfache Art (s. hierüber S. 208, 241 u. 242) in abnormer Weise verbinden, sowie auch directe Verwachsungen zwischen einzelnen Theilen des Paukenhöhlenapparats. Die verdickte und verdichtete Mittelohrschleimhaut sowohl wie die oben erwähnten neugebildeten Ligamente und Membranen innerhalb der Trommelhöhle enthalten mitunter Einlagerungen von Kalk oder Knochensubstanz. In anderen Fällen zeigen sich mehr weniger ausgedehnte Partieen der Mucosa atrophisch. In seltenen Fällen ist das Cav. tympani durch seine ungemein verdickte, in faseriges Bindegewebe verwandelte und an den gegenüberliegenden Flächen verwachsene Schleimhautauskleidung bez. durch Hyperostose seiner Knochenwände entweder ganz oder wenigstens theilweise verödet.

Sowohl bei den aus dem secretorischen Mittelohrcatarrh oder der Mittelohrentzündung hervorgegangenen *diffusen wie auch bei den* primär entstandenen, auf die an der inneren Paukenhöhlenwand befindlichen Labyrinthfenster und deren Umgebung beschränkten *circumscripten Formen von trockenem chronischem Mittelohrcatarrh*, bei welch' letzteren die Schleimhaut der Labyrinthwand sehr häufig hyperaemisch gefunden wird, *tritt allmählich eine Schrumpfung des innerhalb der Schleimhaut entstandenen neugebildeten Bindegewebes ein,* und es entsteht hierdurch eine sich namentlich in den tieferen, periostalen Schichten geltend machende Veränderung der Schleimhaut, welche man als „*Sclerose*" bezeichnet: die Mucosa ist starrer und unelastischer als in der Norm, aber durchaus nicht immer merklich verdickt, blass und vollkommen trocken; ihre Bindegewebsfasern erscheinen dichter und enthalten Kalk- oder Knocheneinlagerungen. Solche Einlagerungen finden sich ferner auch in den Knorpelbelägen der Gehörknöchelchen und ihrer Gelenkflächen, in den Bandapparaten derselben, im Ligamentum annulare stapedis, in der Membran des runden und im Knorpelüberzug des ovalen Fensters.

Durch die *Verdickung*, noch mehr aber durch die *Verdichtung und Schrumpfung* ihrer Schleimhautüberzüge, durch die *Verkalkung oder Verknöcherung* ihrer Bänder und Knorpelbeläge, bei welch' letzteren auch eine vollkommene Verwachsung der Gelenkflächen zu Stande kommen kann, durch *neugebildete*, bindegewebige oder gar verkalkte resp. verknöcherte *Ligamente* und *Membranen*, welche sie in abnormer Weise unter einander oder mit den Wänden der Paukenhöhle verbinden, wird die Beweglichkeit aller Gehörknöchelchen oder wenigstens einzelner von ihnen bei dem trockenen chronischen Mittelohrcatarrh meist ausserordentlich beeinträchtigt oder selbst vollkommen aufgehoben.

In letzterem Falle spricht man von einer *Ankylose* des betreffenden Knöchelchens. Am verhängnissvollsten für das Hörvermögen und daher wichtiger als die *Ankylose des Hammer-Ambos-* und *des Ambos-Steigbügelgelenks* ist natürlich die *Ankylose des Steigbügels mit dem ovalen Fenster*. Sie entsteht durch feste Verwachsung der Steigbügelplatte mit dem Rande des letzteren, durch eine von diesem ausgehende Knorpelwucherung, durch Verkalkung resp. Verknöcherung des Ligament. annulare stapedis, durch Anlöthung der Steigbügelschenkel an die Wände der Nische zum ovalen Fenster, endlich durch schlitzförmige Verengerung dieser Nische in Folge von Hyperostose ihrer Wandungen, welche eine Einklemmung der Steigbügelschenkel bewirkt. Letztere wird durch angeborene Enge der Nische erleichtert.

Den M. tensor tympani und stapedius findet man bei dem trockenen chronischen Mittelohrcatarrh mitunter verfettet und atrophisch. Jedoch ist dieses selbst bei Ankylose der Gehörknöchelchen durchaus nicht immer der Fall.

Die Sehne des Tens. tympani zeigt sich in Folge der Schrumpfung ihres Schleimhautüberzuges häufig retrahirt, wodurch abnorme Einwärtsziehung des Hammergriffs zu Stande kommt.

Dass zuweilen neben den soeben geschilderten, nicht mehr rückbildungsfähigen anatomischen Veränderungen im Mittelohrapparat bei der Section auch eine catarrhalische Exsudation auf die freie Fläche der Schleimhaut constatirt wird, wurde schon vorher S. 240 erwähnt. Derartige Befunde sind entweder dahin zu deuten, dass schon während des Bestehens eines *feuchten* Catarrhs nicht mehr rückbildungsfähige Veränderungen im Mittelohr sich entwickelt haben, oder dass im Verlauf eines *trockenen* chronischen Mittelohrcatarrhs eine intercurrente catarrhalische Exsudation stattgefunden hat.

Der trockene chronische Mittelohrcatarrh und insbesondere diejenige Form desselben, welche nicht aus dem secretorischen hervorgeht, sondern primär auftritt und meist schleichend verläuft, ist häufiger, als alle anderen Formen von Mittelohrentzündung mit einer **Erkrankung des Labyrinths** *complicirt.*

Es handelt sich hier wohl nicht immer um *secundäre* Labyrinthaffectionen (Atrophie, Verfettung, colloide Degeneration), vielmehr deutet der klinische Verlauf in manchen Fällen darauf hin, dass die Erkrankung des Labyrinths und des Mittelohrs *gleichzeitig* oder die erstere vielleicht sogar *früher* auftrat als die letztere. Insbesondere gilt dieses für einzelne Fälle der schon vorher mehrfach erwähnten, aus einer zur Sclerose führenden, interstitiellen Entzündung circumscripter Schleimhautparthieen an der inneren Paukenhöhlenwand hervorgegangenen Form von trockenem chronischem Mittelohrcatarrh. Bei der sehr geringen Dicke, welche sowohl die Steigbügelplatte wie auch die den Anfangstheil der Schnecke von der Trommelhöhle trennende Knochenschicht, das Promontorium, besitzt, ist es leicht verständlich, dass sich die an der inneren Paukenhöhlenwand vorhandene chronische Hyperaemie der Mittelohrschleimhaut durch den Knochen hindurch bald auf das Endosteum des Labyrinths und auf das Ligamentum spirale der ersten Schneckenwindung fortpflanzt. Aus dieser Hyperaemie und aus Rupturen kleiner andauernd hyperaemischer Gefässe des Labyrinths erklärt sich zum Theil die Entwicklung der bei der Sclerose der Mittelohrschleimhaut so häufigen Labyrinthaffectionen. Dazu kommt, dass der periostale Ueberzug der Innenfläche der Steigbügelplatte an der auf ihrer Aussenfläche sich abspielenden, interstitiellen Entzündung der Paukenhöhlenschleimhaut zuweilen theilnimmt, wodurch hyperostotische Auflagerungen entstehen, welche sich mitunter auch weiter auf die innere Vorhofswand ausbreiten. Die Steigbügelplatte sowie das Periost auf ihrer Aussen- und Innenfläche können hierdurch eine ausserordentliche Verdickung erfahren.

Aetiologie und Vorkommen: Die Aetiologie derjenigen trockenen chronischen Mittelohrcatarrhe, welche aus den secretorischen Formen des Mittelohrcatarrhs und der Mittelohrentzündung hervorgehen, ist auf S. 195, 237 u. 238 bereits genügend erörtert worden, insofern hier diejenigen Einflüsse, welche die Entwicklung nicht wieder rückbildungsfähiger anatomischer Veränderungen innerhalb des Paukenhöhlenapparats begünstigen, aufgeführt sind.

Was die Aetiologie der primär auftretenden, meist schleichend verlaufenden, sclerotischen Processe in der Paukenhöhle anlangt, so ist dieselbe noch nicht genügend erforscht. Wahrscheinlich werden auch diese durch alle diejenigen Momente, welche eine chronische Hyperaemie des Mittelohrs hervorrufen, unter Anderem auch durch öftere Unterbrechungen der Paukenhöhlenventilation, befördert. Angeborene Enge der Nasenhöhle, des Nasenrachenraums, der Ohrtrompete, der Paukenhöhle und der Fensternischen mögen für die Entwicklung dieses Leidens praedisponiren und lässt sich hierauf wohl die hereditäre Anlage zu trockenem chronischem Mittelohrcatarrh zurückführen.

Der letztere ist bei Kindern und jugendlichen Personen sehr viel seltener als im mittleren und höheren Lebensalter.

Kurz ist der Ansicht, dass die primäre, sich auf die Labyrinthfenster und deren nächste Umgebung beschränkende Form interstitieller Schleimhautentzündung, welche so häufig zur Steigbügelankylose führt, als eine Arthritis auf rheumatischer Grundlage aufgefasst werden kann.

Symptome: Bei denjenigen Fällen von trockenem chronischem Mittelohrcatarrh, bei welchen es sich um eine ganz *circumscripte*, auf die Labyrinthfenster und deren nächste Umgebung beschränkte, interstitielle Erkrankung der Paukenhöhlenschleimhaut handelt, findet man bei der Ohrenspiegeluntersuchung ein durchaus *normales Trommelfellbild* oder höchstens einen *röthlichen Schimmer hinter dem Umbo*, welcher von der hindurchscheinenden, hyperaemischen Labyrinthwand der Paukenhöhle herrührt, und zuweilen eine auffallend scharfe Begrenzung des ungewöhnlich weiss erscheinenden, mitunter mit kleinen Höckerchen (Verkalkungen oder Verknöcherungen seiner Cartilago glenoidalis) besetzten Hammergriffs.

Dort dagegen, wo die dem trockenen chronischen Mittelohrcatarrh eigenthümlichen anatomischen Veränderungen der Schleimhaut *diffus* auftreten, findet man am Trommelfell bei der Ohrenspiegeluntersuchung in der Regel pathologische Veränderungen. Dieselben bestehen in circumscripten oder diffusen *Trübungen* der Membrana propria und der Schleimhautschicht, wie sie S. 35 u. 36, in *Kalk-* oder *Knochenablagerungen*, wie sie S. 34 u. 35 beschrieben sind, in einer *Einwärtsziehung* der Membran (s. S. 43—45) und in *partieller oder totaler Atrophie* derselben (s. S. 43). Jeder der eben genannten pathologischen Trommelfellbefunde kann allein vorhanden sein oder mit den anderen bez. einem Theil derselben combinirt vorkommen.

Ist die Paukenhöhlenschleimhaut noch hyperaemisch, so erhält das Trommelfell eine roth- oder blaugraue Färbung. Zuweilen sind die Hammergriffgefässe injicirt. In den seltenen Fällen von *Verwachsung des Trommelfells mit der inneren Paukenhöhlenwand* zeigt dasselbe, wenn eine sehr ausgedehnte oder totale Synechie besteht, die Farbe einer gelblichen Pergamentplatte, wenn es sich dagegen um Adhaesionen von geringerem Umfange handelt, runde oder ovale Einsenkungen. Straffe Adhaesionen zwischen Trommelfell und anderen Theilen der Paukenhöhle sowohl wie gröbere Veränderungen der Trommelfellspannung erkennt man durch die Untersuchung mit dem SIEGLE'schen Trichter und durch die Besichtigung des Trommelfells während der Luftdouche. Zeigt sich der Hammergriff hierbei gut beweglich, so ist eine Ankylose desselben natürlich ausgeschlossen.

Wo im Verlauf eines trockenen chronischen Mittelohrcatarrhs intercurrent catarrhalisches Secret in die Paukenhöhle ausgeschieden wird, findet man, falls das Trommelfell nicht zu undurchsichtig geworden ist, bei der Ohrenspiegeluntersuchung die S. 232—235 geschilderten Bilder.

Der äussere Gehörgang erscheint bei dem trockenen chronischen Mittelohrcatarrh häufig *abnorm trocken* und ohne jede Absonderung von Cerumen. Wo die Labyrinthwand röthlich durch das Trommelfell hindurchscheint und die Hammergriffgefässe injicirt sind, zeigt sich nicht selten auch der knöcherne Gehörgang hyperaemisch.

Die *Auscultation* beim Catheterismus ergiebt in denjenigen Fällen, wo die anatomischen Veränderungen der Mittelohrschleimhaut sich auf die Labyrinthfenster und diesen angrenzende circumscripte Abschnitte der inneren Paukenhöhlenwand beschränken, vollkommen *normales*, wo sie dagegen diffus über die ganze Mucosa oder doch wenigstens einen grossen Theil derselben verbreitet sind, mehr minder *abgeschwächtes* event. mit trockenem Rasseln *(Schnurren und Pfeifen)* verbundenes Blasegeräusch, vorausgesetzt dass der Tubencanal durch verdickte Schleimhaut verengt ist. Ist letzteres nicht der Fall, so unterscheidet sich das Auscultationsgeräusch von dem normalen nur insofern, als es wegen der trockeneren Beschaffenheit der verdichteten Schleimhaut etwas *härter* klingt wie dieses. Ist die Tubenschleimhaut bereits atrophisch geworden und das Lumen des Canals in Folge dessen abnorm weit, so hört man beim Catheterismus ein *auffallend lautes* und *breites Blasegeräusch*. Hat intercurrent eine catarrhalische Exsudation auf die freie Fläche der Schleimhaut stattgefunden, so wird die Auscultation natürlich die beim feuchten Mittelohrcatarrh (S. 235) beschriebenen Geräusche wahrnehmen lassen.

Unter den **subjectiven Symptomen** des trockenen chronischen Mittelohr-catarrhs wäre zunächst die *Schwerhörigkeit* zu nennen. Dieselbe entwickelt sich in der Regel so *allmählich und schleichend*, dass sie oft Jahre hindurch voll-kommen unbemerkt bleibt. Nicht selten weiss ein mit dieser Krankheit behafteter Patient lange Zeit selber gar nicht, dass sein Gehör gelitten hat. Es ist das um so erklärlicher, als die Affection zunächst nur auf *einem* Ohre aufzutreten pflegt. Eine allmählich entstehende, einseitige Schwerhörigkeit aber wird *leicht übersehen*. Gewöhnlich ist es ein Zufall, der sie entdecken lässt. So kann es vorkommen, dass Jemand, der auf einer Seite schwerhörig ist, ohne hiervon etwas zu wissen, sich Abends im Bett zufällig gegen seine Gewohnheit auf das gesunde Ohr legt und nun, erstaunt, das sonst immer gut vernommene Ticken der in der Nähe befind-lichen Taschenuhr nicht zu hören, aufspringt, um nachzusehen, ob die Uhr stehen geblieben ist. Ist dieses nicht der Fall, so wird er jetzt merken, dass eines seiner Ohren gelitten hat, und es ist durchaus nicht selten, dass erst bei einer solchen Gelegenheit eine bereits weit vorgeschrittene, einseitige Schwerhörigkeit dem Patienten zum Bewusstsein kommt. In gleicher Weise wird das Vorhandensein einer solchen zur Wahrnehmung gelangen, wenn das andere, früher immer gesunde Ohr zufällig plötzlich von einer acuten Erkrankung, wie z. B. einem Ceruminalpfropf oder einer Otitis media, befallen wird. Nicht selten zeigt das Gehör bei dem trockenen chro-nischen Mittelohrcatarrh die S. 104 besprochene Erscheinung der *Paracusis Willisii*.

Die bei dem secretorischen Mittelohrcatarrh vorkommenden, plötzlichen und häufigen starken *Schwankungen der Hörfähigkeit* innerhalb kurzer Zeiträume und ohne nachweisbare äussere Veranlassung, wie sie S. 236 geschildert wurden, werden bei den trockenen chronischen Mittelohrcatarrhen nicht beobachtet. Indessen ist das Gehör auch bei ihnen im Verlauf eines oder einiger Tage nicht immer gleich. So findet man bei dieser Krankheit mitunter die Schwerhörigkeit am Abend grösser als am Morgen; zuweilen tritt sie während der Kaubewegungen beim Essen be-sonders stark hervor. Auch wird sie durch längeres, angestrengtes Horchen leicht gesteigert, wahrscheinlich, weil die Paukenhöhlenmuskeln beim chronischen trockenen Mittelohrcatarrh in Folge der hier bestehenden erschwerten Bewegungsfähigkeit der Gehörknöchelchen bei ihrer Thätigkeit eine grössere Arbeit zu leisten haben als in der Norm und daher rascher ermüden. Sodann pflegen schlechtes Wetter, ein beginnender Schnupfen, aber auch jedes andere körperliche Unwohlsein, starke Er-müdung, angestrengte geistige Arbeit, Genuss von Spirituosen, psychische Aufregung die Schwerhörigkeit sowohl wie die übrigen subjectiven Beschwerden des Patienten zu vermehren.

Unter den letzteren sind die häufigsten und quälendsten *subjective Gehörsempfin-dungen*. Dieselben treten bei manchen Patienten zu gleicher Zeit auf wie die Herab-setzung des Gehörs, bei anderen schon viel früher — in diesem Falle werden sie oft für „nervöses Ohrensausen" gehalten — bei noch anderen wiederum später, mitunter fehlen sie auch ganz. Anfangs sind sie meist schwach und intermittirend, später werden sie gewöhnlich continuirlich und häufig so ausserordentlich intensiv, dass sie die Kranken, insbesondere geschwächte, anaemische und nervöse Individuen, aufs Aeusserste deprimiren, ihnen jeden Lebensgenuss rauben, sie schlaflos, gedächtniss-schwach und zu geistiger Thätigkeit fast untüchtig, ja zuweilen derartig verzweifelt machen, dass sie zum Selbstmord schreiten. In anderen Fällen wiederum gewöhnen sich die Patienten, welchen die subj. Geräusche anfangs ungemein lästig waren, später so sehr an dieselben, dass sie sie kaum noch bemerken. Mitunter verschwinden die im Beginn vorhandenen Gehörsempfindungen nach kürzerer oder längerer Dauer des Leidens thatsächlich. Nicht immer stehen sie in Bezug auf die Intensität zu der Schwerhörigkeit in einem proportionalen Verhältniss. Vielmehr giebt es Fälle, in denen die Schwerhörigkeit gering, die subj. Geräusche dagegen stark sind, und andere, wo das Umgekehrte der Fall ist.

Als fernere häufige, wenn auch durchaus nicht constante, Symptome des trockenen chronischen Mittelohrcatarrhs wären *Eingenommenheit des Kopfes*, *Druck und Schwere in demselben bez. im Ohr*, sodann die S. 102 besprochene, hier wahrscheinlich auf Parese der Binnenmuskeln des Ohrs (Tens. tympani und Stapedius) zu beziehende *Hyperaesthesia acustica*, ferner *Betäubung* und *Schwindel* zu nennen. Letzterer tritt sehr häufig anfallsweise auf, meist unter plötzlicher Steigerung der subj. Geräusche, zuweilen auch gleichzeitig mit Uebelkeit und Erbrechen.

Endlich klagen die Patienten nicht selten auch über *Trockenheit und Jucken im äusseren Gehörgang.*

Diagnose: Wenn wir die vorher geschilderten Symptome des *trockenen chronischen Mittelohrcatarrhs* berücksichtigen, so werden wir denselben höchstens mit einer *Erkrankung des Labyrinths bez. des schallempfindenden Apparats* verwechseln können.

Dass eine **sichere** *Unterscheidung der genannten Affectionen des Gehörorgans von einander nach meiner Ansicht bisher nicht möglich ist*, wird S. 77—97 ausführlich erörtert. Inwieweit eine differentielle Diagnose *mit Wahrscheinlichkeit* gestellt werden und worauf sich dieselbe stützen kann, ist an den angegebenen Stellen gleichfalls ausgeführt und daher dort nachzulesen. Wenn auch die vorher angegebenen, objectiv wahrnehmbaren Symptome, welche bei dem trockenen chronischen Mittelohrcatarrh mitunter vorhanden sind, während sie in anderen Fällen ja auch ganz fehlen können, wie Einwärtsziehung, Trübung, Verdickung oder Atrophie des Trommelfells, Kalkablagerungen in demselben, abgeschwächtes, mitunter mit trockenem Rasseln verbundenes Auscultationsgeräusch beim Catheterismus, durch eine Erkrankung des schallempfindenden Apparats natürlich nicht verursacht werden können, so ist doch immer zu bedenken, dass diese Symptome nicht selten auch bei solchen Individuen gefunden werden, welche vollkommen normale Hörschärfe besitzen und über keinerlei Beschwerden von Seiten ihrer Ohren zu klagen haben. Sie können also als *Residuen eines abgelaufenen Mittelohrcatarrhs, einer abgelaufenen Mittelohrentzündung* zurückbleiben, ohne irgend welche Functionsstörung oder sonstige Beschwerden zu veranlassen. Ob also in denjenigen Fällen, wo die genannten Veränderungen des Trommelfellbefundes und des Auscultationsgeräuschs mit Schwerhörigkeit, subj. Gehörsempfindungen, Schwindel, Eingenommenheit des Kopfes, Paracusis Willisii, Hyperaesthesia acustica verbunden sind, Schallleitungshindernisse innerhalb des Paukenhöhlenapparats bestehen, wie sie dem trockenen chronischen Mittelohrcatarrh eigenthümlich sind, oder ob die soeben genannten subjectiven Symptome in einer Erkrankung des schallempfindenden Apparats ihre Ursache haben, *wird uns stets zweifelhaft sein müssen*. Nach meiner Ansicht ist diese Unvollkommenheit unserer differentiellen Diagnostik auch nicht so überaus betrübend. Wissen wir doch aus anatomischen Untersuchungen, dass in der Mehrzahl der Fälle von trockenem chronischem Mittelohrcatarrh *gleichzeitig daneben eine complicirende* Labyrinthaffection vorhanden ist.

Verlauf und Prognose: Die *Schwerhörigkeit* ist bei den trockenen chronischen Mittelohrcatarrhen *meist progressiv*, nur selten stationär. Während sie indessen in manchen Fällen sehr langsam und allmählich zunimmt und erst nach Jahren einen hohen Grad erreicht, entwickelt sich in anderen schon in der kurzen Zeit von einigen Wochen oder Monaten starke Schwerhörigkeit bez. Taubheit.

Selten findet die Abnahme des Gehörs continuirlich statt, in der Regel zeigt sie im Verlauf der Krankheit längere oder kürzere Zeit anhaltenden Stillstand, welcher dann wiederum von einer langsamen oder raschen Zunahme der Schwerhörigkeit gefolgt wird. Erkältungen, Excesse, psychische Aufregung oder Einwirkung von zu starkem Schall können plötzliche Ertaubung bewirken, deren Eintritt mitunter von besonders heftigen subj. Gehörsempfindungen und Schwindel begleitet wird. Dieselbe dauert in manchen Fällen an, in anderen geht sie wieder vorüber.

Politzer giebt an, dass, wenn bei einseitiger, allmählich erfolgter Ertaubung durch trockenen chronischen Mittelohrcatarrh das bisher normale Ohr später von derselben Krankheit afficirt wird, dieses meist in viel kürzerer Zeit das Gehör verliert als das zuerst erkrankte.

Tritt im Verlauf eines trockenen chronischen Mittelohrcatarrhs intercurrent catarrhalische Exsudation auf die freie Fläche der Schleimhaut oder acute eitrige Mittelohrentzündung ein, so pflegt während des Bestehens und meist auch nach Ablauf derselben die Schwerhörigkeit bedeutend grösser zu sein.

Was die *subj. Gehörsempfindungen* anlangt, so nehmen dieselben mit wachsender Schwerhörigkeit in der Regel zu, sehr viel seltener ab. Oft genug dauern sie selbst nach vollkommener Ertaubung ganz unverändert fort.

Die **Prognose** ist bei denjenigen Formen von trockenem chronischem Mittelohrcatarrh, welche aus dem secretorischen hervorgegangen sind, im Ganzen günstiger als bei den primär auftretenden, meist mit Labyrinthaffectionen complicirten, deren anatomisches Substrat in einer zur Sclerose führenden, auf die Labyrinthfenster und denselben benachbarte circumscripte Abschnitte der inneren Paukenhöhlenwand beschränkten, interstitiellen Entzündung der Mittelohrschleimhaut besteht.

Als in prognostischer Hinsicht *günstig* ist es zu betrachten, wenn trotz langer Dauer des Leidens die Schwerhörigkeit noch unbedeutend, die Kopfknochenleitung nicht vermindert ist, wenn subj. Geräusche fehlen oder doch nur zeitweilig auftreten, wenn unmittelbar nach der Luftdouche bez. der Application von Lucae's federnder Drucksonde Schwerhörigkeit und Ohrensausen sich deutlich verringert zeigen. Besonders *ungünstig* ist die Prognose bei hohem Alter des Patienten, bei constitutioneller Dyscrasie, wie Anämie, Scrophulose, Tuberculose, Syphilis, bei erblicher Disposition zu chronischer Schwerhörigkeit und endlich bei solchen Personen, welche sich fortwährend schädlichen Einflüssen (s. S. 143, 144 u. 250) aussetzen.

Bei sehr rascher Zunahme der Schwerhörigkeit ist die Prognose auch für den weiteren Verlauf ungünstig.

Wo der Grad der Schwerhörigkeit öfters wechselt, haben unsere therapeutischen Massnahmen mehr Aussicht auf Erfolg, als wo derselbe bereits seit Jahren stabil ist. Vollkommene Taubheit für die Sprache ist kein Grund, von einem Behandlungsversuch von vornherein Abstand zu nehmen, da die Möglichkeit einer Verbesserung des Gehörs, die freilich gewöhnlich nur gering sein wird, nicht gänzlich ausgeschlossen ist.

Therapie: Die Behandlung des trocknen chronischen Mittelohrcatarrhs wird zunächst am besten mit der *Luftdouche* begonnen. Wenn diese hier im Ganzen auch weit geringere Erfolge aufweist als bei den secretorischen Formen des Mittelohrcatarrhs, so giebt es doch immerhin Fälle genug, in denen nach Application der Luftdouche auch hier eine deutliche Verminderung der Schwerhörigkeit und der übrigen subjectiven Beschwerden sich constatiren lässt. Der *Zweck der Luftdouche* beim trocknen chronischen Mittelohrcatarrh ist, das durch Luftverdünnung in der Paukenhöhle, Retraction der Sehne des Tensor tympani oder neugebildete, bindegewebige Ligamente und Membranen etwa abnorm nach innen gezogene Trommelfell ebenso wie die mit ihm in Verbindung stehende Gehörknöchelchenkette wieder in die normale Lage zurückzubringen, durch die bei ihr stattfindende passive Bewegung der Gehörknöchelchen die in Folge der Verdichtung und Schrumpfung ihrer Schleimhautüberzüge etwa starrer gewordenen Gelenkverbindungen zwischen denselben zu lockern, neugebildete, die Schwingungsfähigkeit des Paukenhöhlenapparats beeinträchtigende, straffe bindegewebige Ligamente und Membranen zu dehnen oder bei genügender Druckstärke vielleicht sogar zu zerreissen und durch all' dieses nicht nur momentan die vorhandene Schwerhörigkeit und die übrigen subjectiven Beschwerden zu mildern, sondern auch die Entwicklung vollkommener Unbeweglichkeit des schallleitenden Apparats, wenn möglich, zu verhüten.* Bezüglich der *Wahl der einzelnen Arten der Luftdouche* (Catheterismus, POLITZER'S Verfahren, trockene Nasendouche) in dem gegebenen Fall ist das auf S. 120—122 Ausgeführte zu berücksichtigen. Die *Stärke des anzuwendenden Luftdrucks* soll auch hier nach den Widerständen in der Ohrtrompete regulirt werden. Bei sehr verengter Tuba wird die Druckstärke grösser sein müssen als bei normal oder gar abnorm weiter.

Die, wenn auch nicht in allen, so doch in vielen Fällen von trockenem chronischem Mittelohrcatarrh, insbesondere bei noch nicht zu weit vorgeschrittener Schwerhörigkeit unmittelbar nach der Luftdouche zu beobachtende Zunahme der Hörweite schwindet im Beginn der Behandlung meist schon nach einem oder wenigen Tagen, mitunter sogar in Folge von rasch wiederkehrender Retraction der Sehne des Tensor tympani oder neugebildeter, zwischen den einzelnen Theilen des schallleitenden Apparates in abnormer Weise ausgespannter, straffer Bindegewebs-ligamente und -membranen schon nach einigen Minuten oder Secunden.

Trotzdem ist es nach Ansicht der meisten Autoren rathsam, *die Luftdouche* nicht täglich, sondern *nur jeden zweiten oder dritten Tag zu appliciren.* Man soll sie so oft wiederholen, als sich unmittelbar nach ihrer Application eine Zunahme der Hörweite noch nachweisen lässt. Tritt, nachdem man die Luftdouche ein oder wenige Male angewandt hat, eine Verschlimmerung ein, so darf sie nicht weiter gebraucht werden. Es bezieht sich dieses indessen nicht auf diejenigen Fälle, wo unmittelbar nach der Luftdouche durch übermässige Spannung des Trommelfells oder zu starke Druckzunahme in der Paukenhöhle eine mehr minder erhebliche Verschlechterung des Hörvermögens auftritt, welche nach ein- oder mehrmaliger Schlingbewegung sofort wieder vorübergeht, um einer Besserung desselben gegenüber dem vor der Luftdouche vorhandenen Zustand Platz zu machen.

Neben der Schwerhörigkeit hat die Behandlung beim trockenen chronischen Mittelohrcatarrh ferner noch gegen die *Schwere und Eingenommenheit des Kopfes* und insbesondere gegen die hier so ausserordentlich häufigen, mitunter ungemein quälenden *subj. Gehörsempfindungen* anzukämpfen. Die letztgenannten Symptome werden in manchen Fällen ebenso wie das herabgesetzte Hörvermögen günstig durch die Luftdouche beeinflusst; in anderen bleiben sie unverändert, in noch anderen nehmen sie unter der Einwirkung derselben zu.

Andererseits giebt es auch Fälle, in denen die subj. Gehörsempfindungen durch die Luftdouche entschieden verringert werden, die Schwerhörigkeit indessen unverändert bleibt oder gar grösser wird. Hier werden wir dann berücksichtigen müssen, ob die Abnahme des Gehörs oder die subj. Geräusche die hauptsächlichste Beschwerde des Kranken bilden. Es giebt Patienten, welche mit ihrem Gehör, selbst wenn dasselbe sehr herabgesetzt ist, vollkommen zufrieden sind, die aber durch ihr furchtbares Ohrensausen aufs Aeusserste zu leiden haben und dasselbe ihrer Angabe nach „kaum länger zu ertragen im Stande sind". Wird hier das Sausen durch die Luftdouche noch verschlimmert, so werden wir dieselbe natürlich nicht öfter appliciren dürfen, selbst wenn sie das Hörvermögen entschieden günstig beeinflusst. Umgekehrt giebt es Patienten, welchen die Beseitigung ihres Ohrensausens, „an das sie sich schon vollkommen gewöhnt haben", viel weniger am Herzen liegt, als eine Verminderung ihrer Schwerhörigkeit. Oft genug hört man von Richtern, Rechtsanwälten, Lehrern u. A., deren Beruf ein wenigstens leidliches Gehör erforderlich macht, dass sie sich in der grössten Angst befinden, bei einer weiteren Abnahme ihres Hörvermögens ihre Existenz vollkommen zu verlieren. In solchen Fällen werden wir die Luftdouche, selbst wenn dieselbe die den Patienten nur wenig störenden subj. Gehörsempfindungen vermehrt, ruhig in Anwendung ziehen, wofern dieselbe sein Gehör entschieden verbessert.

Nützt die Luftdouche von vornherein oder auch nach längerem Gebrauch nichts mehr, so können nun noch *andere Behandlungsmethoden* versuchsweise zu Hülfe gezogen werden. Unter diesen ist die wichtigste nach meiner Ansicht die Application der von Lucae angegebenen „*federnden Drucksonde"* entweder *allein oder in Verbindung mit dem Catheterismus*, wie dieses S. 142 auseinandergesetzt ist. Es ist natürlich, dass eine Rigidität der Gehörknöchelchenkette durch die unmittelbar auf den Hammer einwirkende federnde Drucksonde viel eher vermindert werden kann, als durch die Luftdouche, bei welcher, insbesondere wenn das Trommelfell atrophisch und erschlafft ist, der Luftstrom nur dieses nach aussen wölbt, die durch Adhäsionen und dergl. abnorm fixirte Gehörknöchelchenkette aber in ihrer krankhaften Lage ganz unbeeinflusst lässt. Auch ist die Kraft, mit welcher die Gehörknöchelchenkette angepackt und mobilisirt wird, bei der Application der federnden Drucksonde natürlich weit grösser als bei der Luftdouche.

Dass letztere in vielen Fällen weniger günstig wirkt als erstere, liegt mitunter vielleicht auch daran, dass bei ihr ein positiver Druck nicht allein auf die Innenfläche des Trommelfells, sondern auch auf das Ligament. annulare stapedis und die Membran des runden Fensters ausgeübt wird, während bei der Drucksonde nur der Hammer und die mit ihm unmittelbar verbundenen Theile, also die beiden anderen Gehörknöchelchen und das Trommelfell, direct bewegt werden, die Membran des runden Fensters aber höchstens solche Bewegungen auszuführen braucht, welche ihr durch die passive Excursion des Trommelfells und der Steigbügelplatte mitgetheilt werden.

Ausser den genannten Behandlungsmethoden des trockenen chronischen Mittelohrcatarrhs wird von Politzer die *Application von Dämpfen oder medicamentösen Flüssigkeiten auf die Mittelohrschleimhaut* mit Hülfe des Catheterismus tubae empfohlen.

Die bei dieser entstehende mehr weniger starke Reizung soll die abnorm straff gewordene, verdichtete Mucosa und die neugebildeten Bindegewebsligamente und -membranen lockern und hierdurch der dehnenden Wirkung der Lufteintreibungen gefügiger machen, ausserdem aber in denjenigen Fällen, wo die Mittelohrschleimhaut noch durch Infiltration mit nicht organisirten Zellen verdickt ist, einen Zerfall der letzteren und Resorption des verflüssigten Infiltrats herbeiführen.

Die *Injection medicamentöser Flüssigkeiten*, unter denen sich P. am häufigsten einer sehr milde wirkenden Lösung von *Natron bicarbonicum* (Natr. bicarbon. 5,0. Aqua dest. 100,0. Glycerin. pur. 20,0), mitunter auch einer 2%igen *Pilocarpinlösung*, welche öfters leichte Salivation und Schweiss hervorruft, bei Syphilitischen, insbesondere wenn die Mittelohrerkrankung mit einer Labyrinthaffection verbunden ist, einer 3%igen Lösung von *Kal. jodat.* bedient, wirkt nach diesem Autor im Allgemeinen ebenso vortheilhaft und meist schneller als die *Application von Dämpfen*. Allerdings giebt es auch Fälle, in denen sich die letzteren heilsamer erweisen. Unter ihnen bevorzugt er insbesondere diejenigen des *Jodaethyls*. Salmiakund *Terpentindämpfe* wendet er nur bei einer noch bestehenden Tubenschwellung, gegen welche Flüssigkeitsinjectionen wirkungslos blieben, versuchsweise, gegen subj.

Gehörsempfindungen ferner die Dämpfe von *Aether sulfur.*, *Aether aceticus*, *Chloroform* oder einer Mischung von Aether sulfuricus 6.0 u. Liquor anaestheticus Hollandi 4.0 an.

Die Application von Dämpfen sowohl wie von medicamentösen Flüssigkeiten soll immer nur *abwechselnd mit Lufteintreibungen* stattfinden, so zwar, dass an einem Tage die Einblasung gewöhnlicher Luft, am anderen diejenige von medicamentösen Dämpfen oder Flüssigkeiten vorgenommen wird. Wirken die letzteren ungünstig, so kehrt P. wieder zur ausschliesslichen Anwendung der Luftdouche zurück.

In denjenigen Fällen von trockenem chronischem Mittelohreatarrh, wo sowohl der Trommelfellbefund wie auch die Auscultationserscheinungen beim Catheterismus nichts Abnormes zeigen, und ferner überall da, wo die Schwerhörigkeit nur eine geringfügige ist, räth er, von der Injection medicamentöser Dämpfe und Flüssigkeiten *gänzlich* abzusehen, weil dieselben hier häufig eine Verschlimmerung des Ohrenleidens herbeiführen.

Wo das Trommelfell abnorm einwärts gezogen ist, soll nach P. die bisher geschilderte örtliche Behandlung durch *Luftverdünnung im äusseren Gehörgang* mit Hülfe des DELSTANCHE'schen Rarefacteurs nicht selten erheblich unterstützt werden.

SCHWARTZE empfiehlt beim trockenen chronischen Mittelohreatarrh die *Einleitung warmer Wasserdämpfe* oder die bequemere *Injection von wenigen Tropfen medicamentöser Flüssigkeiten in die Paukenhöhle* mit Hülfe des Catheterismus (s. S. 122 u. 123). Von letzteren bevorzugt er 2 $^0/_0$ ige Lösungen von *Jodkali* oder von *Natr. carbon.* und ferner *Glycerin. pur.* in starker Verdünnung.

Diese Injectionen dürfen nach ihm erst dann wiederholt werden, wenn bei der Auscultation nahes feuchtes Rasselgeräusch nicht mehr hörbar und eine etwaige Reaction vollkommen verschwunden ist. Gewöhnlich ist dieses nach 2—3 Tagen der Fall. Zwischen den medicamentösen Injectionen, welche einige Wochen fortgesetzt, *in maximo* 10 *bis* 12 *mal* applicirt werden sollen, und zur Nachbehandlung bläst er gewöhnliche Luft ein. Ist der Erfolg ein günstiger gewesen, so kann die Behandlung mit medicamentösen Injectionen nach 6—12 Monaten wieder aufgenommen werden.

Die subj. Gehörsempfindungen werden durch das Einblasen von Luft, Flüssigkeiten oder Dämpfen in die Paukenhöhle nach S. nur wenig und für kurze Zeit vermindert, etwas mehr bez. für längere Zeit durch die *Luftverdünnung im äusseren Gehörgang.*

Bei Atrophie der Schleimhaut oder bei durchscheinender Röthung der Labyrinthwand, überhaupt *bei der hyperaemischen Form des trockenen chronischen Mittelohreatarrhs sind medicamentöse Injectionen nach S. ganz zu verwerfen;* sie passen nach ihm lediglich bei Fällen von indurativer Bindegewebshyperplasie.

Die von LUCAE empfohlenen Injectionen von 1—3 $^0/_0$ igen wässrigen Chloralhydratlösungen sollen nach SCHWARTZE insbesondere auf quälendes Ohrensausen günstig einwirken, während sie nach BÜRKNER letzteres zuweilen dauernd verstärken. *Bei deutlichen Zeichen passiver Congestion* im Ohre soll jede locale Behandlung nur schaden und wende man hier ein *antiphlogistisches und ableitendes Verfahren* an (periodische Application des künstlichen Blutegels, Ableitung vom Kopf durch *Abführmittel* und *Fussbäder*). Tritt eine erhebliche Zunahme der Schwerhörigkeit und der subj. Gehörsempfindungen ganz plötzlich ein, häufig gleichzeitig mit Schwindel und Erbrechen, so verordne man *Bettruhe, Diaphorese* und *Jodkali* innerlich.

URBANTSCHITSCH räth in jedem Falle, in dem das Lumen der Tuba enger als 1$^1/_2$—1$^1/_4$ mm gefunden wird, zur *Bougirung* derselben. DELSTANCHE injicirt im hyperplastischen Stadium des trockenen chronischen Mittelohrcatarrhs nach Bougierung der Tuba 10—20 %iges Jodoformvaselin, bei ausgebildeter Sclerose reines erwärmtes Vaselin (Paraffin. liquid.) durch den Catheter in Tuba und Paukenhöhle und benützt ferner zur Mobilisirung des abnorm rigiden Schallleitungsapparats ausser der Luftdouche mit Vorliebe seinen Rarefacteur (Taf. XVII Fig. 9). Diesen aber lasse man nie länger als 1 Minute hindurch einwirken.

Die örtliche Behandlung des trockenen chronischen Mittelohrcatarrhs übt in manchen Fällen eine günstige Wirkung nicht nur auf die Schwerhörigkeit des Patienten, sondern auch auf seine subj. Gehörsempfindungen, die Eingenommenheit des Kopfes, die psychische Depression aus. In anderen bleiben die letztgenannten Symptome oder wenigstens einige von ihnen unverändert, während das Gehör sich bessert, in noch anderen findet das Umgekehrte statt. Bezüglich der zweckmässigen *Dauer der örtlichen Behandlung*, bezüglich der Schädlichkeit einer ungebührlich langen Ausdehnung derselben siehe S. 213.

Da die erzielte Hörverbesserung bei dem trockenen chronischen Mittelohrcatarrh nach Ablauf einiger Wochen oder Monate zurückzugehen pflegt, so ist eine zeitweilige *Wiederaufnahme der Behandlung* hier dringend nothwendig. Die letztere wird jedesmal etwa 3—4 Wochen fortgesetzt und, je nachdem die erzielte Hörverbesserung längere oder kürzere Zeit anhält, in Pausen von einem oder mehreren Monaten wiederholt werden müssen.

In manchen Fällen wird hierdurch dem stetigen Fortschreiten der Schwerhörigkeit Einhalt gethan; in anderen bleibt die locale Behandlung vollkommen nutzlos; mitunter wirkt sie sogar *schädlich*. Das Letztere gilt insbesondere von den schleichend beginnenden, mit constanten subj. Gehörsempfindungen verbundenen, gewöhnlich zur Steigbügelankylose führenden Formen von trockenem chronischem Mittelohrcatarrh.

Ueber das nothwendige *diätetische Regime* sowie über die *Behandlung* etwa vorhandener *constitutioneller Erkrankungen* siehe S. 143—147, über diejenige complicirender Erkrankung *der Nase und des Nasenrachenraums*, welche, wenn eine Beseitigung von Congestiv- und Schwellungszuständen in den genannten Räumen möglich ist, häufig der fortschreitenden Zunahme der Schwerhörigkeit vorbeugt und insbesondere die subj. Gehörsempfindungen vermindert, s. später in dem Capitel „die Krankheiten der Nase, des Rachens und des Nasenrachenraums", über die *symptomatische Behandlung der Ohrgeräusche*, die, wie erwähnt, gerade hier so sehr im Vordergrund der Erscheinungen stehen, S. 147—150, über die Behandlung etwa vorhandener *Tubenstricturen* später in dem Capitel „Krankheiten der Tuba Eust.".

Die *operative Behandlung des trockenen chronischen Mittelohrcatarrhs hat im Ganzen nur geringe Erfolge aufzuweisen*. Empfohlen sind diesbezüglich insbesondere die galvanocaustische Perforation des Trommelfells, die Durchschneidung der hinteren und vorderen Falte, die Tenotomie des M. tensor tympani und endlich die Excision des Trommelfells und des Hammers.

1) *Die galvanocaustische Perforation des Trommelfells* (s. S. 132) übt mitunter eine bessere Wirkung auf das Hörvermögen und die subj. Geräusche aus als die bisher geschilderten nicht operativen Behandlungsmethoden, und zwar geschieht dieses einmal in den seltenen Fällen von nicht zu beseitigender Tubenstenose, bei welchen die zwischen Paukenhöhle und äusserer Athmosphäre bestehende Luftdruckdifferenz nur durch eine Durchlochung des Trommelfells ausgeglichen werden kann, dann aber auch dort, wo die Uebertragung der Schallwellen vom Trommelfell zum Steigbügel durch pathologische Fixation des Hammers (z. B. in Folge totaler Verkalkung des Trommelfells, flächenförmiger Verwachsung desselben mit dem Promontorium, Ankylose des Hammer-Ambossgelenks etc.) oder solche des Ambos behindert wird, während der Steigbügel und die Membran des

runden Fensters ihre Beweglichkeit behalten haben. Da man das Letztere indessen im Voraus niemals wissen kann, so ist es leicht möglich, dass auch *nach* Anlegung einer Oeffnung im Trommelfell die nun direct auf die Steigbügelplatte bez. die Membran des runden Fensters auffallenden Schallwellen dem Labyrinth nicht zugeleitet werden. Während demnach in manchen Fällen nach der galvanocaustischen Perforation des Trommelfells eine erhebliche Besserung in dem Gehör und den subj. Geräuschen des Patienten eintritt, bleibt sie in anderen vollständig aus.

Aber auch in der ersten Kategorie von Fällen ist der Erfolg von nur kurzer Dauer, da sich die Oeffnung im Trommelfell fast immer bald, spätestens in wenigen Monaten, schliesst. Ein Verfahren, mittelst dessen es gelingt, eine *bleibende Oeffnung im Trommelfell* zu schaffen, scheint bisher nicht zu existiren. Schwartze glaubt ein solches gefunden zu haben. Er durchschneidet das Trommelfell gewöhnlich im vorderen unteren Quadranten, nachdem er denselben mehrmals mit einer 10% „igen Cocainlösung betupft hat, vertical oder kreuzförmig mit der Paracentesennadel und ätzt die Schnittränder nach Abtrocknen des Bluts mit an die Spitze einer Silbersonde angeschmolzener Chromsäure. Bei der geringen Zahl der von ihm operirten Kranken ist sein Verfahren als ein in *allen* Fällen zuverlässiges bisher noch nicht zu betrachten.

Die von Kessel, um das Offenbleiben einer Perforation des Trommelfells zu sichern, vorgeschlagene, nach der Excision der Membran vorzunehmende, Abmeisselung eines Stückes vom Sulcus tympanicus, welche übrigens vom Gehörgang aus sehr schwierig ist, giebt nach Stacke durchaus keine Gewähr, dass der künstlich geschaffene Trommelfelldefect sich nicht doch wieder schliesst.

2) *Die Excision des Trommelfells und des Hammers* (s. S. 135—137). Sie wird in denselben Fällen von Nutzen sein können wie die galvanocaustische Perforation des Trommelfells (s. S. 254). Eine Besserung des Gehörs wird sie nur da erzielen, wo noch Vocalgehör vorhanden ist

Man schreite zur Excision des Trommelfells und des Hammers, welche bei totaler Verkalkung des letzteren eine sehr langwierige, mitunter Monate lange Nachbehandlung erfordernde, Eiterung zur Folge haben kann, nach Schwartze immer nur dann, wenn die vorher ausgeführte, galvanocaustische Perforation des Trommelfells thatsächlich eine zweifellose Besserung des Hörvermögens oder sehr quälender subj. Gehörsempfindungen herbeigeführt hatte.

Nach Stacke dagegen bildet das Ausbleiben einer Hörverbesserung nach der galvanocaustischen Paracentese keine Contraindication für die Excision des Trommelfells und des Hammers, da der Steigbügel auch in solchen Fällen frei von Adhaesionen und nur durch abnorme Einwärtsspannung der Gehörknöchelchenkette in seinen Excursionen behindert sein kann. Dagegen soll man nach St. bei Sclerose der Paukenhöhlenschleimhaut, welche erfahrungsgemäss vorwiegend den Steigbügel betrifft und einen ausgesprochenen progressiven Character hat, die Excision des Trommelfells und des Hammers als wenig aussichtsreich unterlassen.

Sexton operirt auch noch bei Sclerose, selbst bei fast vollständiger Taubheit, wenn quälende subj. Gehörsempfindungen vorhanden sind. Bei doppelseitiger Affection operirt er zuerst auf dem schlechter hörenden Ohre.

Die durch die Operation erzielte Gehörsverbesserung, welche nach Stacke unter günstigen Umständen bis zu 10 m für Flüstersprache betragen kann, dauert mitunter auch dann an, wenn sich an Stelle des excidirten Trommelfells eine bindegewebige Membran gebildet hat, welche die Paukenhöhle gegen den Gehörgang abschliesst.

Auf die subj. Geräusche scheint die Operation im Allgemeinen einen günstigeren Einfluss zu üben als auf die Schwerhörigkeit, da diese auch in Fällen, wo die Gehörsverbesserung vorübergehend war, oft dauernd verschwanden.

Burnett beseitigte durch dieselbe in einem Fall von chronischem Paukenhöhlencatarrh mit Adhärenz des Hammers nicht nur die lästigen subj. Geräusche, sondern auch heftige Schwindelanfälle, während das Gehör unverändert blieb.

Mior empfiehlt, mehrere Wochen nach der Excision des Trommelfells und des Hammers resp. Ambos, wenn jede Spur von Hyperaemie verschwunden ist, anfangs alle 2, später alle 4 Tage oder noch seltener 4—5 Tropfen von Jodium bis sublimat. 0,01 Vaselin. liquid. 80,0 ins Ohr träufeln und etwa 1 Minute lang darin zu lassen, um so eine Eintrocknung der Schleimhaut zu verhüten und das sich stets von Neuem reproducirende sclerotische Gewebe zur Resorption zu bringen.

3) *Die Durchschneidung der hinteren Trommelfellfalte* (s. S. 134 u. 135) ist für diejenigen Fälle von trockenem chronischem Mittelohrcatarrh empfohlen worden, in welchen starke Schwerhörigkeit und subj. Gehörsempfindungen durch die nicht operative Be-

handlung gar nicht oder nur wenig gebessert wurden, wo die hintere Falte stark prominirt, das Vorhandensein einer ausgedehnten Verwachsung des Trommelfells mit der inneren Paukenhöhlenwand durch die Besichtigung des Trommelfells mit dem Siegle'schen Trichter und während der Luftdouche ausgeschlossen werden kann und das Bestehen gleichzeitiger Nervtaubheit unwahrscheinlich ist. Ueber die Erfolge der Operation s. S. 134 u. 135.

4) *Die Tenotomie des Tensor tympani* (s. S. 135) könnte in solchen Fällen Nutzen bringen, wo Schwerhörigkeit und subj. Gehörsempfindungen ausschliesslich oder doch wenigstens hauptsächlich durch abnorme Einwärtsziehung des Hammergriffs bedingt und letztere wieder ausschliesslich oder doch wenigstens hauptsächlich durch Retraction der Tensorsehne verursacht wird. Die abnorme Einwärtsziehung des Hammergriffs als hauptsächlichste Ursache der Schwerhörigkeit und der subj. Gehörsempfindungen anzusprechen, sind wir vielleicht dann einigermaassen berechtigt, wenn diese Symptome, nachdem der Hammergriff durch eine Luftverdünnung im äusseren Gehörgang wieder in seine normale Lage gebracht ist, sich erheblich gebessert zeigen. Indessen auch in solchen Fällen bleibt es vollkommen ungewiss, ob die Tenotomie des Tensor tymp. Erfolg haben würde. Denn die Einwärtsziehung des Hammergriffs kann natürlich ebensowohl wie durch Retraction der Tensorsehne auch durch Schrumpfung und Verkürzung derjenigen Bänder, welche in der Norm von dem oberen Theil der lateralen Paukenhöhlenwand zum Hammerkopf und Amboskörper hinziehen, oder endlich durch in der gleichen Richtung wie die Tensorsehne verlaufende, pathologisch neugebildete Bindegewebsligamente und -membranen verursacht sein. In den beiden letzteren Fällen aber würde die Durchschneidung der Tensorsehne die abnorme Stellung des Hammergriffs gar nicht verändern.

Es bleibt demnach einfach Sache des Versuchs, ob die Operation von Erfolg begleitet ist oder nicht. Dazu kommt, dass auch im ersteren Fall in Folge des baldigen Zusammenwachsens der durchschnittenen Sehnenenden die zunächst erzielte günstige Wirkung gewöhnlich rasch vorübergeht, und endlich, dass mitunter im Anschluss an den Eingriff sich eine acute Mittelohrentzündung eingestellt hat, durch welche die Schwerhörigkeit und die subj. Gehörsempfindungen bedeutend verschlimmert wurden.

Aus all' diesen Gründen wird die in Rede stehende Operation von der Mehrzahl der Autoren wenig günstig beurtheilt. Schwartze beobachtete seinem Lehrbuche *) zufolge keinen einzigen Fall, in welchem die Tenotomie des Tens. tymp. einen bleibenden Nutzen gegen Schwerhörigkeit, subj. Gehörsempfindungen oder Schwindelanfälle gebracht hätte. Der in einzelnen Fällen insbesondere bezüglich des Ohrensausens auch von ihm erzielte momentane Erfolg hielt selten länger als einige Tage oder Wochen an. Politzer glaubt sogar, dass die Operation nicht selten eine rapide Zunahme der Schwerhörigkeit herbeiführen kann. Gruber und Urbantschitsch freilich hatten bessere Erfolge. Letzterer sah in einigen Fällen nach der Operation eine dauernde Besserung der subj. Gehörsempfindungen und des Schwindels, zuweilen auch der Schwerhörigkeit.

5) *Die directe Mobilisation des in seiner Beweglichkeit beschränkten Steigbügels* (s. S. 142 u. 143). Dieselbe wird durch Moos bei chronischem Mittelohrcatarrh mit normalem, atrophischem oder verdicktem Trommelfell, intacter oder etwas herabgesetzter Knochenleitung, subj. Geräuschen und event. auch Schwindelerscheinungen unter den S. 230 u. 231 bereits angegebenen Bedingungen empfohlen. Ueber eventuelle Wiederholung der Operation bei ungenügendem Erfolg s. gleichfalls S. 230.

Die im Ganzen geringen therapeutischen Erfolge, welche heutzutage bei dem so überaus häufigen trockenen chronischen Mittelohrcatarrh erzielt werden, haben dem Ansehen der Ohrenheilkunde ausserordentlich geschadet. Bedenkt man indessen, dass bei der überwiegenden Mehrzahl der mit diesem Leiden behafteten Menschen eine ohrenärztliche Behandlung leider erst dann eingeleitet wird, wenn dasselbe schon *viele Jahre oder Jahrzehnte* bestanden und sich in Folge dessen der in der Norm zarte, dehnbare und leicht verschiebliche Schleimhautüberzug des Trommelfells, der Gehörknöchelchen und der Labyrinthfenstermembranen in eine starre unverschiebliche Haut aus dichten, straffen Bindegewebsfasern verwandelt hat, eine Haut, die oft zum Theil sogar verkalkt oder verknöchert ist, und deren störende Einwirkung auf die normale Beweglichkeit des schallleitenden Apparats durch neugebildete bindegewebige, vielleicht gleichfalls verkalkte oder verknöcherte Adhaesionen innerhalb des

---

*) „Die chirurgischen Krankheiten des Ohres" 1885.

letzteren noch gesteigert wird, so begreift man, dass die otiatrische Therapie die im Lauf vieler Jahre allmählich entstandene Schwerhörigkeit bez. Taubheit sowie die subj. Gehörsempfindungen oft nicht mehr wesentlich zu bessern oder gar zu beseitigen vermag. *Ganz anders würden sich die Erfolge gestalten, wenn die in Rede stehende Affection schon im Beginn oder doch wenigstens in einem frühen Stadium in specialistische Behandlung käme.* Denn dann würden wir in zahlreichen Fällen sicher im Stande sein, mit Hülfe der vorher angegebenen Verfahren dem schallleitenden Apparat seine Beweglichkeit wenigstens bis zu einem gewissen Grade dauernd zu erhalten. Bei der nicht seltenen *hereditären Disposition* zu trockenem chronischem Mittelohrcatarrh muss es *wenigstens in solchen Familien, in denen chronische Schwerhörigkeit bereits öfters vorgekommen ist, als eine* **ernste Pflicht der Hausärzte** *bezeichnet werden, dass sie das Hörvermögen ihrer Klienten in nicht zu langen regelmässigen Intervallen sorgfältig prüfen und bei Feststellung der geringsten Hörschwäche sofort otiatrischen Rath nachsuchen.*

Krankheiten der Tuba Eustachii.

I) Geschwürsbildung.

Erosionsgeschwüre in der Umgebung ihrer Rachenmündung findet man mitunter *bei cariöser Zerstörung des knöchernen Abschnitts der Tuba,* wenn ein starkes Abfliessen von jauchigem Secret in den Nasenrachenraum stattgefunden hat, kleine, rundliche, oberflächliche Geschwüre am Tubenwulst und im Ost. pharyngeum öfters *bei eitrigem, folliculärem Catarrh des Nasenrachenraums,* oberflächliche Geschwüre am Ost. pharyngeum ferner *bei Variola.* Die letzteren sind meist rund, sitzen gewöhnlich an der lateralen Fläche der Rachenmündung, können aber auch das ganze Ost. pharyngeum in eine flache Geschwürsfläche verwandeln, selten dehnen sie sich auf das untere Drittel der knorpligen Tuba aus.

Die *bei Syphilis und Tuberculose* auftretenden, sich von der Rachenschleimhaut auf die Tuba fortpflanzenden Geschwüre greifen viel weiter in die Tiefe als die bisher genannten und erstrecken sich nicht selten bis in den Knorpel hinein. Im Rand und in der Umgebung tuberculöser Ulcera zeigen sich mitunter Miliartuberkel. An der Rachenmündung kommt eine Geschwürsbildung ferner noch bei *Scrophulose* und *Diphtheritis* vor.

In der knöchernen Tuba findet sich eine solche nur *bei Caries oder Tumoren,* z. B. Cancroiden.

Diagnose: Die am Ost. pharyng. tubae sitzenden Geschwüre sind durch postrhinoscopische Untersuchung nachweisbar. Ohne die letztere würden sie in vielen Fällen unbeachtet bleiben können.

Therapie: Zur Reinigung der Geschwüre benützt man die Nasendouche oder besser die *Schlunddouche* mittelst der v. Tröltsch'schen (Taf. XX Fig. 2) oder der Schwartze'schen Röhre (Taf. XX Fig. 3) (vergl. das Capitel „die Krankheiten der Nase" etc.).

Bei *syphilitischen* Geschwüren ist ausserdem gewöhnlich nur noch die *Inunctionscur* nothwendig.

Andere Geschwüre müssen nach der Nasen- oder Schlunddouche unter der Leitung des Rachenspiegels mit Höllensteinlösung oder -sonde *geätzt* werden. Scrophulöse oder tuberculöse Geschwüre, die hierdurch nicht zur Heilung gebracht werden, empfiehlt Schwartze mit dem galvanocaustischen Porzellanbrenner zu cauterisiren. Nach zwei- bis dreimaligem energischem Ausbrennen, wobei die Geschwürsränder nicht geschont werden dürfen, sah er bis auf den Knochen gehende Geschwüre an der oberen und hinteren Wand des Nasenrachenraums innerhalb einiger Wochen vernarben.

2) Verengerung (Strictur) und Verschluss der Tuba Eustachii.

Die oben genannten pathologischen Zustände entstehen durch *Schwellung* und *Auflockerung* der Tubenschleimhaut, durch *Neubildung von Bindegewebe* in derselben, durch *Hyperostose* der Wandungen im Verlauf des knöchernen Abschnitts, durch *Narbenbildung* resp. strang- oder flächenförmige narbige Verwachsung, durch *Schleimpfröpfe* innerhalb des Canals, die mitunter zu Krusten eingedickt sind, durch den letzteren von aussen *comprimirende Tumoren* im Nasenrachenraum und an der Schädelbasis und endlich durch *Insufficienz der Gaumentubenmusculatur*. Letztere findet man bei Chlorotischen, Reconvalescenten und Greisen, ferner bei chronischem Nasenrachencatarrh, hier theils in Folge wirklicher Atrophie, theils in Folge der grösseren Ansprüche, welche die Bewegung des catarrhalisch geschwollenen Gewebes an die Leistungsfähigkeit der Muskeln stellt, endlich bei angeborener oder erworbener Gaumenspalte.

Die *Strictur* sitzt gewöhnlich *im knorpligen Abschnitt* der Tuba; ist sie durch Schwellung der Schleimhaut bedingt, meist in ihrem unteren Theil oder der Rachenmündung, ist sie durch Schrumpfung neugebildeten Bindegewebes entstanden, meist im mittleren Abschnitt des knorpligen Theils nahe dem Isthmus.

Die sehr viel selteneren *Stricturen der knöchernen Tuba* werden entweder durch Schleimhautwucherung, Granulationen oder Narben am Ost. tympanicum oder Hyperostose ihrer Wandungen und endlich dadurch bedingt, dass der Canalis caroticus oder der Canal, pro tensore tympani abnorm stark in den Tubencanal vorspringen.

Die *Verlegung des Ost. pharyng. tubae* ist sehr häufig. Sie beruht auf einer *Schwellung* der *Schleimhaut* bei dem acuten und chronischen Nasenrachencatarrh, auf Verschluss durch *Secretmassen im Nasenrachenraum*, auf *Hyperplasie der Rachenmandel bez. adenoide Vegetationen* im Cav. pharyngonasale, wie sie besonders im Kindesalter so häufig sind, auf *starker Hypertrophie des hinteren Endes der unteren Nasenmuschel*, bei welcher dasselbe zuweilen der Rachenmündung der Tuba anliegt oder sogar in diese hineinreicht, auf *starker Hypertrophie der Gaumentonsillen*, bei welcher der hintere Gaumenbogen oder auch das ganze Gaumensegel gegen das Ost. pharyng. tubae angedrückt werden kann, auf *Hypertrophie des Velum palatin.*, bei welcher mitunter die vordere Tubenlippe gegen die hintere gedrängt wird, oder endlich auf *Geschwülsten im Cav. pharyngonasale* (Nasenrachenpolyp, Cysten, Osteosarcom).

Symptome: Das *Auscultationsgeräusch beim Catheterismus* ist, wenn die Tubenstrictur oberhalb des Ost. pharyngeum sitzt, leiser als in der Norm, ist sie durch Schwellung der Schleimhaut bedingt, abnorm scharf, häufig mit trockenen Rasselgeräuschen (Schnurren und Pfeifen) vermischt und mitunter wegen der Faltenund Klappenbildung der Schleimhaut auch bei gleichmässig eingeblasenem Luftstrom stossweise abgesetzt, nicht selten überhaupt nur beim Schluckakt, bei welchem die Tubenwände von einander abgezogen werden, wahrnehmbar (vergl. hierüber S. 61 u. 121). Bei den bindegewebigen Stricturen ist das Auscultationsgeräusch oft gar nicht oder kaum hörbar und bleibt dasselbe beim Schlingakt unverändert.

Beim Lufteinblasen durch den Catheter fühlt man während der Compression des Ballons einen *abnorm starken Widerstand*. Dringt die Luft nach *Bougierung* der Eustachischen Ohrtrompete viel freier und mit viel lauterem Einströmungsgeräusch in die Paukenhöhle ein, so gewinnt das Vorhandensein einer Tubenstrictur sehr an Wahrscheinlichkeit (vergl. hierüber S. 68).

Beruht die Verengerung auf catarrhalischer Schwellung des Ost. pharyng. tubae, so sitzt an dem Schnabel des herausgezogenen Catheters in der Regel zäher, glasiger Schleim.

Bei den bindegewebigen Stricturen des Tubencanals zeigen der *Trommelfellbefund* und das *Hörvermögen* häufig keine Abweichung von der Norm, bei den durch Schwellung der Schleimhaut bedingten dagegen ist das Trommelfell meist einwärts gezogen und das Hörvermögen herabgesetzt. Daneben können *subj. Gehörsempfindungen* und das *Gefühl von Verlegtsein des Ohres* bestehen.

Die **Diagnose** kann nur dann auf eine reine, ohne gleichzeitige Erkrankung der Paukenhöhle bestehende Verengerung bez. Verschliessung der Eustachischen Ohrtrompete gestellt werden, wenn neben den vorher genannten pathologischen Befunden bei der Auscultation des Mittelohrs und bei der Sondirung der Tuba Eust. am Trommelfell wohl eine Einwärtsziehung, sonst aber keine weiteren krankhaften Veränderungen im Cav. tympani mit dem Ohrenspiegel wahrzunehmen sind und dementsprechend unmittelbar nach der Luftdouche, vorausgesetzt, dass die Luft auch wirklich in die Paukenhöhle eingedrungen ist, die Hörschärfe wieder vollkommen normal gefunden wird. Wie übrigens S. 231 bereits ausgeführt wurde, kommt es nicht nur bei Verschluss, sondern auch bei Verengerung der Tuba secundär gewöhnlich bald zu Hyperaemie und Exsudation in der Paukenhöhle.

Therapie: Ist der Verschluss der Tuba durch einen im Inneren des Canals befindlichen *Schleimpfropf* bedingt, so genügen zur Heilung oft schon wenige *Lufteintreibungen* mittelst des POLITZER'schen Verfahrens oder der trockenen Nasendouche. Auch zur Beseitigung der auf *Schleimhautschwellung* beruhenden Tubenstricturen reicht in vielen Fällen die Application der *Luftdouche* hin, welche hier freilich meist längere Zeit hindurch fortgesetzt werden muss und durch *häufiges kaltes Gurgeln* und kalte Abreibungen des ganzen Körpers unterstützt werden kann.

Wird hierdurch Heilung nicht erzielt, ist die Schwellung der Schleimhaut sehr hartnäckig, so empfiehlt POLITZER *Massage* der unterhalb der Ohrmuschel zwischen dem aufsteigenden Aste des Unterkiefers und dem Warzenfortsatz gelegenen seitlichen Halsgegend täglich 2—3 Mal durch 2—3 Minuten, ferner Eintreibung von *Terpentindämpfen* durch den Catheter in das Mittelohr, endlich Injectionen von *Sol. Zinc. sulfur. (2 : 100)* in den Tubencanal. Die letzteren werden in der Weise ausgeführt, dass man nach einer Lufteintreibung 8—10 Tropfen der angegebenen Zinklösung mittelst Pravaz'scher Spritze in den Catheter hineinbringt und dann den Kopf des Patienten seitlich und etwas nach rückwärts neigen lässt, wobei die Flüssigkeit in die Tuba abfliesst. In die Paukenhöhle soll sie nicht gelangen, weil hierdurch oft eine Zunahme der catarrhalischen Secretion und der Schwerhörigkeit hervorgerufen wird. Mitunter erweist sich das Zinc. sulfur. nach POLITZER erst dann als wirksam, wenn man demselben eine mehrmalige, in derselben Weise vorzunehmende Injection von *Sol. Ammon. muriat. (5—10 : 100)* oder *Sol. Sodae bicarbon. (15—30 : 100)* hat vorausgehen lassen. *Die erwähnten medicamentösen Injectionen in den Tubencanal* sollen aber immer nur *abwechselnd mit Lufteintreibungen* stattfinden, so zwar, dass an einem Tage die medicamentöse Injection, am anderen die Luftdouche vorgenommen wird. Wirken die Injectionen ungünstig, so kehrt POLITZER wieder zu den Lufteintreibungen allein zurück.

Führt auch dieses nicht zum Ziel oder handelt es sich um eine durch Bindegewebsneubildung verursachte Strictur, so muss die Tuba etwa 2—3 Mal wöchentlich *bougirt* werden. Die Bougies, über deren Einführung S. 66—68 zu vergleichen ist, müssen, um eine Erweiterung der Strictur zu bewirken, jedes Mal 5—10 Minuten liegen bleiben. Bläst man unmittelbar nach Entfernung derselben von

Neuem Luft durch den Catheter in die Paukenhöhle, so dringt dieselbe in viel breiterem Strome hinein als vorher. Die Patienten fühlen hierauf häufig grosse Erleichterung, erhebliche Abnahme des Ohrensausens, und auch das Gehör ist oft beträchtlich gebessert. In anderen Fällen hat die Erweiterung der Strictur weder eine Zunahme des Hörvermögens noch eine Verminderung der Geräusche zur Folge.

Die Einführung der Bougies, welche allmählich progressiv stärker zu nehmen sind, ist so lange fortzusetzen, bis die Luft beim Catheterismus ohne merklichen Widerstand in die Paukenhöhle eindringt. Mitunter freilich wird dieses überhaupt nicht erreicht, die Strictur auch durch häufige Bougierung nicht erweitert, zuweilen sogar eine Zunahme der Schleimhautschwellung, der Schwerhörigkeit und der subj. Gehörsempfindungen oder gar eine schmerzhafte Entzündung durch sie herbeigeführt. Es ist demnach nothwendig, die Wirkung der Bougierung zu controliren. Bindegewebige Stricturen werden dauernd durch dieselbe nur sehr selten beseitigt. Meistens kehren sie einige Monate nach der Behandlung wieder, so dass die Bougierung von Neuem wieder aufgenommen werden muss.

Nach Urbantschitsch soll die *Bougierung* in allen denjenigen Fällen von chronischer Mittelohrerkrankung vorgenommen werden, wo der Isthmus tubae weniger als $^1/_3$ mm Lichtung besitzt.

Politzer führt, wenn die Tubenschwellung so stark ist, dass Lufteinblasungen ins Mittelohr überhaupt nur sehr schwer gelingen, mit concentrirter Höllensteinlösung imprägnirte, getrocknete Darmsaiten (dünne Violinsaiten), welche rasch quellen, jeden 2. bis 3. Tag durch den Catheter bis zum Isthmus in die Tuba ein und lässt sie hier 3—5 Minuten hindurch liegen. In manchen Fällen soll schon nach 3—4maliger Einführung dieser imprägnirten Darmsaiten die Tubenpassage wieder hergestellt sein. Lässt man sie zu lange liegen, so können sie eitrige Mittelohrenentzündung mit Perforation des Trommelfells herbeiführen.

Schwartze widerräth die Anwendung der in Höllensteinlösung getauchten und dann getrockneten Darmsaiten ganz, weil nach ihm Aetzungen mit Höllenstein, selbst mit Lapis mitigat., innerhalb des Tubencanals nur allzuleicht schmerzhafte Mittelohrentzündungen mit Ausgang in Eiterung hervorrufen.

Bei catarrhalischer Schwellung am Ost .pharyng. tubae empfiehlt Schwartze Bepinselung mit 3—4$^0/_0$iger *Höllensteinlösung* oder Zerstäubung von wenigen Tropfen der letzteren mittelst des v. Tröltsch'schen Apparats (Taf. XX Fig. 1), zur Entfernung von Schleim aus dem Tubencanal den *Catheterismus*, zur Verminderung der Absonderung tägliche *Injection* einiger Tropfen von *Sol. Zinc. sulfur.* ($^1/_5$ $^0/_0$) in die Tuba mit Hülfe des Catheters. *Bei sehr hartnäckigen Tubenstricturen* benützt er *Laminariabougies*, welche vor der Einführung ganz kurze Zeit in kochendes Carbolwasser getaucht und dann mit Glycerin bestrichen werden. Man lässt dieselben 10—30 Minuten in der Tuba liegen, wobei sie auf das Dreifache ihrer ursprünglichen Stärke anschwellen, und entfernt sie dann *vorsichtig und langsam* gleichzeitig mit dem Catheter, durch den man sie ja nach dem Aufquellen nicht mehr hindurchziehen kann. Sollen sie bis über den Isthmus tubae eingeführt werden, so darf ihr Durchmesser höchstens 1 mm betragen; sollen sie nur das Ost. pharyngeum und den Anfangstheil der knorpeligen Tuba erweitern, so kann man sie viel dicker nehmen. Schwartze sah nach höchstens sechsmaligem Einlegen dieser Bougies (jeden dritten Tag) die hartnäckigsten Fälle von Verdickung der Tubenschleimhaut dauernd verschwinden. Nach jedesmaliger Application treten mitunter Kopf- und Zahnschmerzen auf. Bei schlechter Beschaffenheit des Materials können die Laminariabougies in der Tuba abbrechen und das abgebrochene Stück in ihr sitzen bleiben, wenn es nicht durch Würgbewegungen herausbefördert wird.

Hartmann lässt bei starken chronischen Schwellungen der Tubenschleimhaut in derselben Weise wie Politzer (s. S. 259) wenige Tropfen Jodglycerin (Jod. pur. 0,3, Kal.

jodat. 3.0 : Glycerin pur. 10,0—30,0) durch den Catheter in die Tuba hineinfliessen. Ein Eindringen derselben in die Paukenhöhle muss vermieden werden.

Bronner bläst bei starker catarrhalischer Verschwellung der Tuba Mentholdämpfe durch den Catheter. Er benützt hierzu eine Insufflationskapsel (Taf. XVI Fig. 4). Dieselbe wird mit Bimsteinstückchen gefüllt und auf letztere 20⁰ ₈ige Lösung von Menthol in Olivenöl oder in Alcohol gegossen. Bei reichlicher Secretion im Mittelohr giesst er auf den Bimstein einige Tropfen Terpentin- oder Cubebenöl.

Bei Insufficienz der Gaumentubenmusculatur empfiehlt sich der *electrische Strom.*

Die eine Electrode wird auf die seitliche Halsgegend applicirt, die andere durch die Nase oder den Mund in den Schlundkopf geschoben und hier auf die Schleimhaut aufgesetzt oder durch den Catheter in das Ost. pharyng. tubae eingeführt. Man benützt den faradischen oder den galvanischen Strom, den letzteren unter Anwendung zeitweiliger Stromwendungen. Die Galvanisation kann auch in der Weise geschehen, dass man die positive Electrode im Nacken aufsetzt und mit der negativen die seitliche Halsgegend dicht unter dem Unterkiefer bestreicht.

Beruht die Verengerung bez. Verschliessung der Tuba auf *Erkrankungen der Nase, des Nasenrachenraums oder des Rachens,* so müssen diese behandelt werden (vergl. später das betreffende Capitel). Von operativen Eingriffen kommen hier die Cauterisation hyperplastischer Schleimhaut in den genannten Räumen mit dem Galvanocauter, die Entfernung adenoider Vegetationen sowie der gewucherten Rachenmandel, die Tonsillotomie, die Exstirpation der Nasen- und Nasenrachenpolypen sowie der hypertrophischen hinteren Enden der unteren Nasenmuscheln mit der Schlinge und bei Verwachsung des Gaumensegels mit der hinteren Rachenwand die operative Trennung der Synechieen in Betracht.

Gaumenspalte und Wolfsrachen sind gleichfalls, wenn möglich, zu operiren. Bei nicht operablen Fällen gewähren die Suersen'schen Obturatoren ein gutes Schutzmittel des Tubeneingangs gegen das Eindringen von Schädlichkeiten.

3) Verwachsung oder Obliteration der Tuba Eustachii.

Narbiger Verschluss des Ost. pharyng. tubae ist nach diphtheritischen, variolösen, scrophulösen und syphilitischen Geschwüren im Nasenrachenraum beobachtet worden. Nach letzteren entsteht sehr häufig gleichzeitig eine Anlöthung des Gaumensegels an die hintere Rachenwand.

Eine *Verwachsung des Ost. tympanicum* durch Bindegewebswucherung kommt nach Ablauf einer Paukenhöhleneiterung oder bei Caries des Felsenbeins vor. Verwachsungen *im Verlauf des Tubencanals* sind sehr selten.

Diagnose: Dieselbe beruht auf dem vollkommenen *Fehlen des Einströmungsgeräuschs beim Catheterismus* und auf der Unmöglichkeit, ein Bougie durch die obliterirte Stelle hindurchzuschieben.

Eine Verwachsung des Ost. pharyng. tubae ist durch die *Rhinoscopia posterior* zu erkennen.

Prognose und Therapie: Bindegewebige oder narbige Verwachsung der Tuba ist meist unheilbar. Sitzt dieselbe am Ost. tympanicum, so kann man sie mitunter mit einem Laminariabougie *durchstossen.* Sonst bleibt, wenn als Folge der Verwachsung starke Einwärtsziehung des Trommelfells, Exsudatansammlung in der Paukenhöhle und hochgradige Schwerhörigkeit besteht, nur die *totale Excision des Trommelfells mit dem Hammer* (s. S. 135—137) übrig, da die Paracentese oder partielle Excision des Trommelfells keine bleibende Oeffnung in demselben herstellen und das Gehör daher nur vorübergehend bessern kann.

4) Abnormes Offenstehen der Tuba Eustachii.

In selteneren Fällen steht die Tuba auch während der Ruhelage ihrer Musculatur offen. Hier zeigt dann das Trommelfell mitunter deutliche *respiratorische Bewegungen,* indem es sich während der Exspiration unter dem Einfluss des bei dieser in die Paukenhöhle eindringenden Luftstroms nach aussen wölbt, bei der

Inspiration aber wieder zurückgeht. Ausserdem besteht hier häufig *Autophonie* (s. S. 103 u. 104).

Bei Besprechung der letzteren sind auch die **Ursachen** des pathologischen Offenstehens der Ohrtrompete bereits erörtert (vergl. diesbezüglich S. 104).

Die **Prognose** ist in den catarrhalischen Fällen und, wo die Ursache in einer vorübergehenden Herabsetzung des Kräftezustandes nach schweren Krankheiten zu suchen ist, nicht ungünstig. Mitunter allerdings ist das Leiden sehr langwierig. Liegen demselben atrophische Processe zu Grunde, so ist die Prognose schlecht.

Therapie: Ist die Ursache des abnormen Offenstehens der Tuba in einem Catarrh derselben zu suchen, so muss eine gegen letzteren gerichtete Behandlung eingeleitet werden (vergl. S. 259—261). Liegt ihr eine starke Herabsetzung des Kräftezustandes zu Grunde, so muss man diesen zu heben suchen. Palliativ nützen die auf S. 103 u. 104 bereits aufgeführten Eingriffe, welche die Schleimhaut der knorpligen Ohrtrompete zur Anschwellung bringen.

Krankheiten des Warzentheils *).

Die Periostitis des Warzentheils (Periostitis mastoidea).

Dieselbe tritt ziemlich selten *idiopathisch*, d. h. ohne gleichzeitige bez. soeben abgelaufene Entzündung des Mittelohrs oder des äusseren Gehörgangs, ungleich häufiger *secundär* auf und zwar

1) zuweilen *bei Entzündungen des Meat. audit. ext.* durch Vermittlung des Periosts, welches sich ja vom knöchernen Gehörgang direct auf die äussere Fläche des Warzentheils fortsetzt.

2) öfter *bei acuter oder chronischer Mittelohreiterung*, hier vorzüglich in solchen Fällen, wo wegen sehr enger oder hochgelegener Trommelfellperforation. Verlegung derselben durch Granulationen, Polypen oder eingestäubte pulverförmige Medicamente, wie insbesondere Alaun und Jodoform, endlich wegen pathologischer Verengerung des äusseren Gehörgangs der Eiterabfluss aus dem Mittelohr erschwert ist. Die Fortpflanzung der Entzündung auf die äussere Fläche des Warzentheils erfolgt dann durch die namentlich in den ersten Lebensjahren recht häufigen angeborenen Knochenspalten (Residuen der Fiss. mastoideo-squamosa), durch die Gefässcanäle der Corticalis des Warzentheils oder durch cariöse Defecte derselben.

Symptome: Dieselben bestehen in *Schmerzen in der Regio mastoidea*, welche meist sehr heftig sind, gewöhnlich nach der Schläfe, dem Scheitel oder dem Hinterhaupt ausstrahlen und durch Fingerdruck auf den Warzentheil gesteigert werden, in einer mit oder ohne Röthung des Hautüberzuges einhergehenden derben, an den Grenzen sich verflachenden, *sehr druckempfindlichen Anschwellung der Weichtheile über der Pars mastoid.* bis zu einer Dicke von mehreren Centimetern, welche fast immer die Ohrmuschel mehr minder stark vom Kopfe *abdrängt*, und ferner in mässigem *Fieber*, welches bei Abscessbildung einen höheren Grad erreichen kann. Mitunter, insbesondere wenn die Umgebung des M. sternocleidomast. in Mitleidenschaft gezogen ist, sind die Bewegungen des Kopfes sehr schmerzhaft, sodass sich zuweilen ein *Caput obstipum* entwickelt.

---

*) Ueber die **Caries und Necrose** des Warzentheils, über die **Neubildungen,** über das **Cholesteatom,** die **Verletzungen,** die **Missbildungen** und die **Neurosen** desselben vergl. die späteren Capitel „Caries und Necrose, Neubildungen, Cholesteatom, traumatische Läsionen, Missbildungen des Gehörorgans" und „Neurosen des schallleitenden Apparats".

Greift die Entzündung auf die hintere obere Gehörgangswand über, so zeigt auch diese Röthung und Schwellung.

Verlauf und Prognose: Die Periostitis mastoidea kann *zurückgehen*, ohne dass es zur Eiterung kommt; in sehr häufigen Fällen indessen führt sie zur *Abscessbildung*. Oft fühlt man nach wenigen Tagen bereits eine mehr minder deutliche *Fluctuation*.

Der Eiter kann entweder hinter der Ohrmuschel nach aussen oder durch eine Incis. Santorini bez. durch den membranösen Theil des knorpligen Gehörgangs in letzteren *durchbrechen* und kann dann bei primärer Periostitis mastoid., insbesondere bei Anlegung eines zweckmässigen Druckverbandes, durch Verlöthung der Abscesswände rasch *Heilung* erfolgen. *In vielen Fällen indessen entstehen* nach Durchbruch des durch den Eiter abgehobenen Periosts zuvörderst *weitgehende Senkungen und Fistelgänge unter der Haut nach der seitlichen Hals-, nach der Nackengegend, seltener nach der Wange,* und tritt der Durchbruch des Eiters nach aussen dann häufig an einer oder mehreren weit vom Warzenfortsatz entfernten Stellen ein.

Bestand ein umfangreicher subperiostaler Abscess lange Zeit, so kann *secundär oberflächliche Necrose der Corticalis,* bei scrophulösen Kindern *oberflächliche Caries* entstehen. Letztere unterscheidet sich von der centralen Caries durch das fast völlige Fehlen von Schmerzen.

Die *primäre* Periostitis mastoid. verläuft stets *günstig.* Die Prognose der *secundären* dagegen ist insofern *zweifelhaft,* als man gewöhnlich zunächst nicht wissen kann, ob sich die Entzündungen von dem Gehörgang oder dem Mittelohr auf das Periost des Warzentheils fortgepflanzt hat, ohne den Knochen selber in Mitleidenschaft zu ziehen, oder ob gleichzeitig auch noch eine Erkrankung des letzteren besteht, wobei dann die Prognose natürlich weit ungünstiger ist. In den ersteren Fällen ist ebenso wie bei der primären Periostitis völlige Heilung äusserst wahrscheinlich.

Diagnose: *Bei Otitis ext. follicul.* tritt insbesondere bei *tiefem* Sitz der Furunkel an der hinteren Gehörgangswand zuweilen eine *ödematöse Anschwellung in der Regio mastoid.* auf, welche nach der Incision der Furunkel schnell schwindet und nie abscedirt. Eine solche darf mit Periostitis mastoid. ebensowenig verwechselt werden wie die *bei acuten Mittelohrentzündungen* (s. S. 202) zuweilen vorkommende, gleichfalls bei Berührung sehr schmerzhafte, *entzündliche Schwellung der* vor dem Ansatz des M. sternocleidomast. gelegenen *Glandulae subauriculares.* Können die letzteren noch als umschriebene Drüsenknoten gefühlt werden, so ist ein diagnostischer Irrthum kaum zu befürchten. Anders aber, wenn durch Entzündung und Infiltration des Hautüberzugs die Geschwulst mehr diffus geworden ist, wenn die entzündeten Lymphdrüsen vereitert sind, wenn Fistelgänge unter die Haut entstanden sind, und wenn Fieber besteht. Hier kann die Diagnose zuweilen erst nach der Incision gestellt werden.

Abscesse im subcutanen Bindegewebe der Regio mastoid., also *phlegmonöse oder parosteale Abscesse am Warzentheil* sind ungleich seltener als die periostitischen.

Fluctuation über der Pars mastoid. kann auch durch *starkes Oedem,* durch *Knochengranulationen,* die die Corticalis durchwuchert haben, und durch *Sarcome* vorgetäuscht werden. *Zur Sicherung der Diagnose* in zweifelhaften Fällen dient die *Acupunctur.*

Eine *primäre Periostitis* darf nur dann angenommen werden, wenn eine Entzündung des äusseren Gehörgangs oder des Mittelohrs weder gleichzeitig vorhanden noch kurze Zeit vorausgegangen ist.

Häufig recidivirende Periostitis des Warzentheils mit Abscessbildung ist ein sicheres Zeichen einer Knochenerkrankung.

Eine Anschwellung in der Regio mastoid. wird, wenn sie *erheblich* ist, — mitunter ist sie so stark, dass sie die Ohrmuschel in einem rechten Winkel vom Kopfe abdrängt, — kaum unbeachtet bleiben. *Um aber auch eine geringe Schwellung über dem Warzentheil nicht zu übersehen, ist es zweckmässig, den Kopf des Patienten in bezüglichen Fällen von der Rückseite aus zu betrachten und hierbei die Stellung beider Ohrmuscheln mit einander zu vergleichen,* da so auch eine *geringe* Abdrängung der Ohrmuschel vom Schädel sehr viel leichter auffällt als bei der Betrachtung von vorn.

Therapie: Im Beginn der Erkrankung bepinsle man den Warzentheil einmal oder auch mehrmals täglich mit *Jodtinctur,* welcher bei sehr zarter Haut *Tinct. Opii simpl.* oder *Tinct. Gallarum* zugesetzt werden muss, lasse dauernd eine *Eisblase* auflegen (s. S. 128) und verordne dem Patienten völlige *Ruhe,* reizlose Diät und Abführmittel.

Tritt unter dieser Behandlung in spätestens 3 Tagen nicht ein erheblicher Nachlass der Beschwerden ein, nimmt die Druckempfindlichkeit und Schwellung gar noch zu oder war letztere schon im Beginn der Behandlung so bedeutend, dass die Muschel rechtwinklig vom Kopfe abstand, so mache man, auch wenn noch keine Fluctuation zu fühlen ist, selbstverständlich unter Berücksichtigung aller antiseptischen Cautelen, parallel zur Insertion der Ohrmuschel und, um den Stamm der A. auricularis post. zu vermeiden, etwa 1 cm hinter derselben eine Incision durch die mitunter ausserordentlich verdickten Weichtheile bis auf den Knochen von etwa 4—5 cm Länge, den sogen. *„Wilde'schen Schnitt".* Derselbe beeinflusst den Entzündungsprocess, insbesondere wenn die Blutung dabei reichlich ist, meist ausserordentlich günstig, und zwar auch in solchen Fällen, wo es noch nicht zur Abscedirung gekommen war und daher kein Eiter entleert, die infiltrirten Theile vielmehr nur entspannt werden.

Bestand bereits deutliche Fluctuation, so muss die Incision natürlich sofort vorgenommen werden um so mehr, als tiefe Abscesse in der Regio mastoid. sich erfahrungsgemäss sowohl unter der Eisbehandlung wie namentlich unter Kataplasmen nicht selten weit nach dem Hinterhaupt und der seitlichen Halsgegend zu ausbreiten. Mitunter wird übrigens bei mangelnder oder ganz undeutlicher Fluctuation durch die Incision ein Eiterherd eröffnet und umgekehrt bei ausgesprochenem Fluctuationsgefühl kein Eiter entleert.

Hat man den Stamm der A. auricul. post. bei der Incision durchgeschnitten, so muss man ihn, um Nachblutungen vorzubeugen, *unterbinden. Nach der Wilde'schen Incision* soll insbesondere, wenn Eiter entleert wurde, eine *gründliche Sondenuntersuchung* vorgenommen werden, *um einerseits etwa vorhandene Eitersenkungen, andererseits Caries und Necrose des Warzentheils aufzufinden.*

Tiefe Senkungsabscesse und Fistelgänge sollen, wenn möglich, vollständig *gespalten,* ist dieses nicht angängig, nach Anlegung von *Gegenöffnungen drainirt, ungesunde Granulationen* von den Wänden der Fistelgänge mit dem scharfen Löffel *abgeschabt* werden.

Ist die blossgelegte Corticalis des Warzentheils verfärbt oder zeigt sie gar eine fistulöse Oeffnung, so dürfte die einfache Incision zur Heilung nur in seltenen Fällen hinreichen und ist hierzu vielmehr die *Eröffnung des Antr. mastoid.* meist durchaus nothwendig. Findet man die Oberfläche rauh, so ist die Corticalis hier oft so morsch, dass sie schon durch einen schwachen Sondendruck perforirt und der unter ihr befindliche Knochenabscess eröffnet wird.

Zeigt sich unter dem subperiostalen Abscess eine *oberflächliche Caries* des Warzentheils, so entferne man die erweichten Knorpelpartieen mit dem scharfen Löffel, zeigt sich *superficielle Necrose*, so müssen die abgestorbenen Knochensplitter bez. der schalenförmigen Sequester nach der vollständigen Lösung extrahirt werden. Die WILDE'sche Incision heilt unter einem antiseptischen Occlusivverband rasch, falls keine tiefe Knochenerkrankung besteht. In letzterem Fall bleibt bei der Vernarbung fast immer eine Fistel zurück oder die Narbe bricht bald wieder auf.

Spontan aufgebrochene Abscesse heilen oft nur, wenn man die Oeffnung *erweitert.* Es gilt dieses vorzüglich von den in den äusseren Gehörgang durchgebrochenen, welche meist erst nach Spaltung der hinteren oberen Gehörgangswand oder nach Anlegen einer Gegenöffnung am Warzentheil zur Heilung gelangen.

Die Entzündung der Warzenzellen (acuter und chronischer Catarrh und eitrige Entzündung derselben).

Entzündungsprocesse im Antrum mastoid. und in den Warzenzellen im engeren Sinne des Wortes treten selten *selbstständig,* sehr viel häufiger zusammen mit einer acuten oder chronischen Entzündung der Paukenhöhle auf und zwar nach Ansicht der meisten Autoren in der Mehrzahl der Fälle nicht zu gleicher Zeit mit den letztgenannten Affectionen, sondern später wie diese, also *secundär.* Die das Antr. mastoid. auskleidende Schleimhaut zeigt fast immer dieselben pathologischen Veränderungen wie die Mucosa der Paukenhöhle, diejenige der Cellulae mastoid. dagegen oft sehr viel geringere oder auch gar keine.

Wir finden *bei der acuten Entzündung der* das Innere des Warzentheils auskleidenden *Schleimhaut* letztere *hyperaemisch* und *geschwollen,* sodass die pneumatischen Zellen schon hierdurch vollkommen *obliterirt* sein können und ihre in der Norm unter einander und mit der Paukenhöhle bestehende Communication mitunter ganz *aufgehoben* ist. Die in ihnen sonst vorhandene Luft wird aber ausser durch die Schwellung ihrer Schleimhautauskleidung ferner noch durch das auf die freie Fläche der letzteren ausgeschiedene *Exsudat,* welches analog dem in der Paukenhöhle enthaltenen entweder *serös, schleimig,* bez. *serös-schleimig* oder *eitrig* ist, verdrängt. In letzterem Fall entsteht durch Retention von Eiter in den Warzenzellen ein *Empyem* derselben und zwar am häufigsten dann, wenn der Abfluss des im Verlauf einer acuten oder chronischen Paukenhöhleneiterung sich bildenden Secrets wegen zu geringer Weite oder zu hoher Lage der Oeffnung im Trommelfell, wegen Verlöthung des letzteren mit der inneren Trommelhöhlenwand, wegen Verlegung der Paukenhöhle und des äusseren Gehörgangs durch Granulationen oder Polypen, wegen pathologischer Verengerung des Meat. audit. extern. und ähnlicher Ursachen nicht frei genug von Statten gehen kann.

Nach POLITZER *ist der Warzentheil bei Mittelohreiterungen fast* **ausnahmslos** *an dem Entzündungsprocesse betheiligt,* und fand P. die Schleimhautauskleidung desselben bei Sectionen von Mittelohreiterungen stets hyperaemisch und geschwollen, glatt oder drusig, zuweilen mit microscopischen Polypen bedeckt, das Innere der Zellen von eitriger oder schleimig-eitriger Flüssigkeit, bröckligen käsigen Massen oder Granulationsgewebe erfüllt, nach abgelaufener Otitis med. purul. mit einer mehrschichtigen trockenen Epidermislage bedeckt, mit succulenten Bindegewebswucherungen oder Cholesteatommassen ausgefüllt oder durch Sclerose vollkommen verödet, in anderen Fällen Caries und Necrose des Knochens. *Da diese bei Mittelohreiterungen sich entwickelnden Veränderungen im Warzentheil nach* POLITZER *sehr häufig bestehen, ohne während des ganzen Lebens irgend welche subjectiven Symptome oder äusserlich wahrnehmbare Veränderungen an der Regio mastoidea zu verursachen, so nennt er diejenigen Entzündungen des Warzentheils, welche subjective Beschwerden oder äusserlich wahrnehmbare Veränderungen* *hervorrufen, die* **reactiven** *Entzündungen desselben.* Bei letzteren dürfte es sich entweder um *Einklemmung* einer sehr stark geschwollenen Schleimhaut in Warzenhöhle und -zellen, um *Retention* unter hohem Druck stehenden Eiters hierselbst oder endlich um *Uebergreifen der Entzündung auf die Knochensubstanz* handeln.

Ausser der mechanischen Zurückhaltung des in der Paukenhöhle sich bildenden Eiters trägt es zum Zustandekommen einer eitrigen Entzündung der Warzenzellen wahrscheinlich auch bei, wenn beim Schnäuzen der Nase oder bei der Luftdouche Infectionsträger in das Antr. mastoid. hineingeblasen werden oder wenn sie bei Rückenlage des Patienten mit dem Eiter hierhin abfliessen.

In die Paukenhöhle kann der im Antr. mastoid. gebildete bez. angesammelte Eiter insbesondere bei geschwollener Schleimhaut schwer abfliessen, da die das Cav. tympani und das Antr. mastoid. verbindende Oeffnung hoch über dem Boden des letzteren, dicht unterhalb seiner Decke, liegt.

Die *Entwicklung einer reactiven Entzündung des Warzentheils* scheint ausser *durch behinderten Abfluss bez. durch Zersetzung* des in seinen Zellräumen gebildeten *Eiters*, worin wohl die häufigste der Entstehungsursachen zu suchen ist, ferner noch *durch Erkältung und Trauma* und endlich *durch eine bei Scharlach, Typhus, Influenza, Tuberculose und Syphilis bestehende Praedisposition* bedingt zu werden. Bei den eben genannten Allgemeinkrankheiten kommt es auch wohl noch am häufigsten vor, dass die Entzündung der Warzenzellen und der Paukenhöhle zu gleicher Zeit entstehen.

Ohne vorausgegangene oder gleichzeitig auftretende Paukenhöhleneiterung, also *primär und idiopathisch*, entwickelt sich ein *Abscess im Warzentheil* ungemein selten.

Bei *chronischem Catarrh* der die Warzenzellen auskleidenden Schleimhaut entstehen in diesen Pseudomembranen, welche einzelne Zellen gegen die Paukenhöhle hin abschliessen können, wodurch grössere, mit seröser oder schleimiger Flüssigkeit erfüllte, cystenartige Räume entstehen. Die neugebildeten Membranen können zum Theil verkalken oder verknöchern.

Verlauf und Prognose: Der *Catarrh der Warzenzellen* pflegt unter der gewöhnlichen Behandlung des Paukenhöhlencatarrhs *zurückzugehen.* Nur in seltenen Fällen tritt hier später noch eine *Vereiterung* ein.

Auch **eitrige reactive Entzündungen der Warzenzellen** können sich, *wenn sie* **leicht sind,** von selber oder unter dem Einfluss antiphlogistischer Massnahmen *wieder zurückbilden. Recidiviren sie häufig, so kommt es allmählich* zur Hypertrophie der die Zellen auskleidenden Schleimhaut, zur condensirenden Ostitis, Eburneation oder *Sclerose des Warzentheils*, bei welcher die Zellräume desselben durch Knochenauflagerung an ihren Wänden verengt bez. vollkommen ausgefüllt und somit luftleer werden, und bei oberflächlichem Sitz zur Verdickung des Periosts.

Bei **höheren** *Graden* eitriger Entzündung gehen die die Zellen von einander trennenden dünnen knöchernen Septa durch *cariöse Schmelzung oder Necrose* zu Grunde, im ersten Fall langsamer, im zweiten schneller, und es kommt dann zur Bildung einer umfangreicheren zusammenhängenden Eiteransammlung im Inneren der Pars mast., zu einem *Knochenabscess*, welcher entweder den grössten Theil oder nur einen kleinen Abschnitt des Warzentheils einnimmt und dann bald oberflächlich nahe der Corticalis, bald wieder ganz in der Tiefe in der Nähe des Sinus transv. gelegen ist. Er kann mit dem Cav. tympani communiciren oder auch ausser Verbindung mit demselben stehen.

Der im Inneren des Warzentheils angesammelte Eiter kann sich in die Paukenhöhle entleeren oder resorbiren oder eindicken und verkäsen. Indessen ist all' Dieses selten der Fall. *Viel häufiger perforirt der Eiter*, da er durch die hochgelegene häufig durch Schleimhautschwellung, Granulationen oder verkäste Massen verlegte Einmündung des Antr. mastoid. in die Paukenhöhle nicht frei genug in letztere abfliessen kann, *die ihn einschliessenden Knochenwände meist nach cariöser oder necrotischer Zerstörung derselben.*

Am häufigsten erfolgt der Durchbruch an der lateralen Wand und entwickelt sich dann nicht selten ein Abscess in der Regio mastoid., welcher, wenn er nicht vorher künstlich entleert wird, nach Zerstörung des Periosts und der Cutis an einer oder mehreren Stellen durchbricht. Die Fistelöffnung in der Haut ist von derjenigen im Periost und diese wiederum von der im Knochen befindlichen oft weit entfernt, sodass man beim Sondiren der Hautfistel sehr häufig nicht in die Knochenfistel hineinkommt. Die Communication des subperiostalen Abscesses mit dem Inneren des Pars. mastoid. ist nur dort sicher nachzuweisen, wo man nach seiner Eröffnung mit der Sonde direct durch eine Fistel in den Knochen eindringen kann, oder wo die in die Paukenhöhle vom Gehörgang aus eingespritzte Flüssigkeit durch die Hautfistel in der Regio mastoid. abfliesst. Oft aber ist sie sogar auch nach der Spaltung des Abscesses nicht sicher zu erkennen. Mitunter entsteht ein subperiostaler Abscess an der Aussenfläche des Warzentheils schon *vor* dem Durchbruch der Corticalis. Bevor die Haut perforirt wird, haben sich öfters *Senkungsabscesse* gebildet, die bis zur Mittellinie des Hinterhauptbeins oder bis in den Nacken reichen, sich aber auch gegen den Scheitel und das Gesicht hin erstrecken können. *Uebrigens finden sich in der lateralen Wand des Warzentheils mitunter Fistelöffnungen von beträchtlicher Grösse, ohne dass der Hautüberzug die geringsten Veränderungen zeigt.* Zuweilen werden dieselben von Granulationen durchwuchert, und kann hierdurch Fluctuation vorgetäuscht werden. In anderen Fällen lassen sich die cariösen Lücken im Knochen auch bei sorgfältiger Palpation des letzteren nicht durchfühlen.

Im Ganzen seltener als durch die laterale bricht der im Inneren des cariös erkrankten Warzentheils angesammelte Eiter seine vordere Wand, also die hintere (obere) Wand des knöchernen Gehörgangs. Dem Durchbruch an dieser Stelle geht oft eine starke *Vorbauchung und Senkung der oberen und hinteren Gehörgangswand* voraus, welche auf eine Entzündung des über der späteren Perforationsstelle befindlichen Periosts und der Cutis bez. auf Unterminirung und Loslösung derselben durch den aus dem Warzentheil bereits durchgebrochenen Eiter zurückzuführen ist. Dieselbe ist mitunter so stark, dass das Lumen des Gehörgangs nicht nur beträchtlich verengt, sondern sogar vollkommen verlegt werden kann (Taf. VIII Fig. 8). Nicht selten dauert es lange Zeit, bis der Eiter den vorgebauchten Hautüberzug der Gehörgangswand durchbricht, und liegt auch hier die Fistelöffnung in der Haut von derjenigen in dem darunter befindlichen Knochen oft weit entfernt.

Etwas seltener wohl als durch die laterale und vordere bricht der im Inneren des cariös erkrankten Warzentheils angesammelte Eiter durch dessen mediane und obere Wand hindurch. Im ersteren Fall gelangt er in die *hintere Schädelgrube* bez. das *Labyrinth*, in letzterem in die *mittlere Schädelgrube.*

Sehr viel seltener erfolgt die Perforation gegen die Incisura mastoid., von welcher die Warzenzellen oft nur durch eine papierdünne Knochenplatte getrennt sind. Bei dem tiefen Sitz dieser Durchbruchsstelle medianwärts von einer dicken Muskellage und den Fascien des Halses kann der Eiter nicht an die Oberfläche dringen, breitet sich vielmehr leicht unter den Halsmuskeln und längs den Scheiden der grossen Halsgefässe aus. Zuerst hat man hierbei nach Bezold den Eindruck einer entzündlichen Infiltration der Muskelansätze am Warzenfortsatz. Dieselben erscheinen emporgehoben. Allmählich entwickelt sich eine brettharte Schwellung zu beiden Seiten des M. sternocleidomastoid.. Bei den dem Verlauf des letzteren folgenden *tiefen Senkungsabscessen, welche sich bis zur Clavicula. dem Sternum, unter das Schulterblatt und sogar in die Achselhöhle ausdehnen und sowohl nach aussen am Halse, nach oben in den Meat. audit. ext. wie nach unten in den Thoraxraum oder auch in den Larynx durchbrechen können*, ist im Beginn gewöhnlich *Caput obstipum* vorhanden. Zuweilen haben die Patienten bei Druck auf die infiltrirte Umgebung des Warzenfortsatzes das Gefühl. als wenn die Luft durch das Ohr ginge. Auch entstehen hierbei mitunter subj. Gehörsempfindungen, die beim Nachlass des Druckes wieder verschwinden. Beides ist wohl auf die Communication eines tiefen Senkungsabscesses mit der Paukenhöhle zu beziehen. Als Anhaltspunkt für die Diagnose des Eiterdurchbruchs durch die mediane Wand des Proc. mastoid. dient ferner die andauernde Schmerzhaftigkeit und Druckempfindlichkeit des Warzenfortsatzes bei fehlender Schwellung an seiner Aussenfläche und bei einer unterhalb desselben vorhandenen und sich weiter ausdehnenden, schmerzhaften. derben Infiltratrion.

Bei tiefer Senkung bis zur Clavicula kann durch Druck des Eiters auf den Plex. brachialis *Schwerbeweglichkeit des Arms* entstehen. Der Durchbruch gegen die Incisura mastoid. hin erfolgt vorzugsweise in solchen Fällen, wo der untere Abschnitt des Warzentheils aus einer einzigen, grossen, dünnwandigen pneumatischen Zelle oder mehreren solchen besteht und insbesondere dann, wenn die laterale Wand sehr dick ist und dem Durchbruch des Eiters daher grösseren Widerstand entgegensetzt

Bei Kindern, wo die äussere Wand des Warzentheils im Allgemeinen dünner ist und daher keinen so grossen Widerstand leistet wie bei Erwachsenen, ist der Durchbruch an der Aussenfläche der Pars mastoid. die Regel. Freilich kann in Folge lange bestehender chronischer Mittelohreiterung auch schon bei Kindern der Warzentheil sclerosirt. die Corticalis sehr verdickt sein. Immerhin ist bei diesen die Gefahr des Eiterdurchbruchs in die Schädelhöhle und sich hieran anschliessender. meist lethal verlaufender Folgeerkrankungen, wie Meningitis. Hirnabscess und Thrombophlebitis der Sinus (mit consecutiver Pyaemie oder Septicaemie) entschieden geringer als bei Erwachsenen.

Hat der Eiterdurchbruch an der lateralen Fläche des Warzentheils stattgefunden. so wird die Abscesshöhle in acuten Fällen und bei sonst gesunden Individuen. insbesondere bei Kindern. mitunter von Bindegewebe ausgefüllt. welches später verknöchert. und kommt es in diesen Fällen zur Heilung mit einer eingezogenen Knochennarbe am Warzentheil. In anderen bleibt die eiternde granulirende Höhle. welche durch eine oder mehrere Fisteln nach aussen mündet, während des ganzen Lebens bestehen. Mitunter producirt sie auch Epidermismassen. selten grössere in den Gehörgang oder an die Aussenfläche wuchernde Polypen.

Die **Prognose** *des Empyems des Warzentheils ist jedenfalls eine ernste.* Durch schwere Allgemeinerkrankungen wie insbesondere Tuberculose wird sie noch mehr getrübt. **Aber auch in den schwersten Fällen können wir durch entsprechende operative Behandlung oft genug Heilung erzielen.** Besonders unerwartet tritt *Exitus lethalis* in Folge von Pyaemie oder Meningitis mitunter gerade in denjenigen Fällen ein. wo im Verlauf chronischer Mittelohreiterung vielleicht wohl ein circumscripter Druckschmerz am Warzentheil. niemals aber Entzündungserscheinungen an dem Hautüberzug desselben bestanden haben.

Symptome und Diagnose: *Bei acutem Catarrh der Warzenzellen* hat Patient entweder gar keine Beschwerden oder höchstens ein Gefühl von Druck und Schwere in der Regio mastoid., welche sich bei Percussion des Warzentheils und Fingerdruck auf denselben zuweilen zu mässigem Schmerz steigert. Die Diagnose dieser Affection ist daher, da auch objective Veränderungen vollkommen fehlen, häufig unmöglich.

Bei der eitrigen reactiven Entzündung des Warzentheils dagegen bestehen gewöhnlich heftige *Schmerzen hinter dem Ohre*, welche nach dem Nacken und in die ganze Kopfhälfte *irradiiren*. Bald pflegt der Warzentheil gegen Fingerdruck[*]) sehr empfindlich zu werden und zwar nach Schwartze gewöhnlich zuerst und hauptsächlich an seiner Wurzel unterhalb der Linea temporalis; erst später dehnt sich nach S. die *Druckempfindlichkeit* weiter aus und erstreckt sich zuweilen auch auf das Occiput. Im Beginn ist oft *Fieber* vorhanden, welches indessen nach der Bildung des Abscesses aufhören kann.

An der Aussenfläche des Warzentheils bemerkt man mitunter gar keine Veränderungen, und zwar kommt dieses trotz reichlicher Eiteransammlung in den Knochenzellen nicht nur recht häufig in chronischen Fällen vor, bei welchen sich oft eine Osteosclerose und periostale Verdickungen entwickelt haben, sondern bei von Hause aus dicker Corticalis auch in acuten. Andererseits kann, namentlich wenn die Entzündung in den oberflächlichen Partieen des Knochens ihren Sitz hat, rasch eine *geröthete, heisse, derbe oder undeutlich fluctuirende Schwellung der Weichtheile in der Regio mastoid.* entstehen, welche die letztere nach hinten und unten zuweilen überschreitet und ebenso, wie dieses S. 262 bereits erwähnt wurde, mitunter zu einer *Contractur des M. sternocleidomast.* führt. Indessen die Schwellung der Regio mastoid. wie die Empfindlichkeit auf Druck, die spontanen Schmerzen und das Fieber können auch vorhanden sein, ohne dass sich Eiter im Knochen findet.

Die **Diagnose** einer eitrigen Entzündung der Warzenzellen ist daher im Beginn mit Sicherheit selbst von dem Erfahrensten oft nicht zu stellen. *Ein ziemlich zuverlässiges Symptom ist nach Schwartze die entzündliche Schwellung und Vorwölbung der hinteren oberen Gehörgangswand* (s. S. 267), welche in manchen Fällen wieder zurückgeht, in anderen von dem unter dem Periost angesammelten, gewöhnlich aus dem Inneren des Warzentheils stammenden Eiter durchbrochen wird. *Absolut sicher aber kann auch nach S. die Diagnose eines Abscesses im Warzentheil nur dann gestellt werden, wenn bei Eröffnung des letzteren Eiter abfliesst.* Anlass zu *Verwechslungen mit einem Abscess im Warzentheil* geben bisweilen die *syphilitische Sclerose und Hyperostose desselben*, sehr selten weiche, sich in der Tiefe des Warzentheils entwickelnde *Knochengeschwülste (Tuberkel, Gummata).*

Die Unterscheidung einer mit Periostitis complicirten Ostitis und einer selbstständigen Periostitis mastoid. ist, bevor man die Wilde'sche Incision gemacht hat, unmöglich. Bleiben nach letzterer die Schmerzen im Warzentheil gänzlich unverändert, so wird man mit grosser Wahrscheinlichkeit das Vorhandensein einer Ostit. mastoid. annehmen dürfen.

Auf *primäre Ostitis und Caries des Warzentheils* wird die Diagnose in denjenigen sehr seltenen Fällen gestellt werden müssen, in welchen bei Vorhandensein von Symptomen, die auf eine derartige Erkrankung des Warzentheils hinweisen, wie Schmerz, Schwellung in der Regio mastoid., Senkungsabscesse in der Nachbarschaft derselben, entzündliche Senkung der hinteren oberen Gehörgangswand und

---

[*]) Bei der Prüfung auf Druckempfindlichkeit muss man mit dem Daumen an den verschiedensten Stellen des Warzentheils einen tüchtigen Druck *senkrecht zur Oberfläche des Knochens* ausüben, nicht aber nur die über ihm gelegenen Weichtheile parallel zu seiner Aussenfläche verschieben.

Fieber, die Paukenhöhle keine Entzündungserscheinungen zeigt. Hat eine *primäre Ostitis mastoid.* auf das Cav. tympani übergegriffen, so ist sie von einer *secundären* nicht mehr zu unterscheiden.

Die *chronische eitrige Entzündung der Warzenzellen* verläuft noch häufiger als die *acute* ohne deutliche Symptome. Indessen kann eine Eiterretention im Warzentheil fast mit Sicherheit angenommen werden, wenn bei Otitis med. purul. chron. das Secret trotz gründlicher Ausspülung des Mittelohrs vom Gehörgang wie von der Tuba aus dauernd *fötid* bleibt und Caries oder Necrose, welche dieses bedingen könnten, weder im Gehörgang noch in der Paukenhöhle nachweisbar sind.

Ist das Antr. mastoid. nach der Paukenhöhle zu durch starke Schleimhautschwellung oder Granulationen ventilartig verlegt, so ist der Ausfluss aus dem Ohre bald gering, bald sehr reichlich, und hängt dieses davon ab, ob die Verbindung zwischen Paukenhöhle und Antrum mast. frei ist oder nicht. *An der Aussenfläche des Warzentheils aber brauchen bei Retention von Eiter oder selbst von käsigen Massen im Inneren desselben, wenn die Corticalis dick ist, niemals Veränderungen aufzutreten.*

Therapie: *Bei catarrhalischer Entzündung* der die Zellenräume des Warzentheils auskleidenden Schleimhaut ist eine besondere Behandlung meist überflüssig und genügen zu ihrer Beseitigung gewöhnlich die gegen den zu Grunde liegenden Paukenhöhlencatarrh gerichteten Massnahmen.

Im Beginn der *reactiven eitrigen Entzündung der Warzenzellen* empfiehlt sich die Application von *Blutegeln* an die am meisten druckempfindlichen Punkte des Warzentheils oder, wenn Druckempfindlichkeit fehlt, über die ganze Aussenfläche desselben gleichmässig vertheilt. Besteht die Entzündung bereits einige Tage, so nützen Blutegel nach Schwartze gewöhnlich nichts mehr; ich lasse sie gern auch dann noch ansetzen. Ausserdem soll auf die Regio mastoid. dauernd ein *Eisbeutel* aufgelegt werden (s. S. 128), der übrigens schon im ersten Beginn der Erkrankung, gleichgültig ob Blutegel gesetzt worden sind oder nicht, bez. auch nach denselben meist gute Dienste leistet und nur, wo er die Schmerzen steigert. wie am häufigsten bei anaemischen und nervösen Individuen, durch *hydropathische Ueberschläge resp. Bepinselung der Warzengegend mit Opium- oder Jodtinctur* zu ersetzen ist. Zur Nacht gebe man, wenn nöthig, *Morphium* innerlich oder subcutan.

Bei einer zu acuter oder chronischer Mittelohreiterung secundär hinzutretenden Ostitis mastoid. besteht eine fernere und **hauptsächlichste** *Aufgabe der Therapie darin, etwaige Eiterretention in der Paukenhöhle rasch zu beheben,* und dafür Sorge zu tragen, dass das im Warzentheil gebildete Secret frei in die Paukenhöhle und den Gehörgang abfliessen kann. Hierzu ist in manchen Fällen die *Trommelfellparacentese*, in anderen die *Erweiterung* schon vorhandener, aber *zu kleiner Perforationen*, das *Ausschneiden bez. -brennen* adhärenter Trommelfellreste oder *Beseitigung von Granulationen und Polypen aus Paukenhöhle und Gehörgang* nothwendig.

Sodann empfiehlt es sich nach Schwartze bei chronischen, nach Politzer auch bei acuten Mittelohreiterungen, zur Entfernung des Secrets aus dem Mittelohr neben dem Ausspritzen des Ohres vom äusseren Gehörgang aus und der Luftdouche *Durchspülungen durch den Catheter* (s. S. 118, 119, 207 u. 221), bei chronischen. wenn der Gehörgang weit ist, auch *directe Ausspülungen der Paukenhöhle und des Antr. mastoid. mittelst des S-Röhrchens* vorzunehmen, und falls gefahrdrohende Erscheinungen nicht bestehen, mehrere Tage hindurch zu wiederholen.

Bei entzündlicher Senkung der hinteren oberen Gehörgangswand werden durch tiefe Incision in die letztere, auch wenn kein Eiter hierbei entleert wird, die Schmerzen mitunter erheblich vermindert.

Tritt unter dieser Behandlung im Laufe von mehreren Tagen ein Nachlass der Entzündungssymptome nicht ein, nehmen das Fieber, die Schmerzen und die Geschwulst in der Regio mastoid. vielleicht sogar noch zu, so mache man die *Wilde'sche Incision* (s. S. 264), natürlich nur dann, wenn eine Anschwellung in der Warzengegend überhaupt vorhanden ist.

Nach derselben muss man den blossgelegten Knochen sondiren (s. hierüber S. 264), *um bei fistulösem Durchbruch der Corticalis sofort die Aufmeisslung des Warzentheils anzuschliessen.* Erscheint die Corticalis dagegen gesund, so wird man zunächst abwarten, ob in 1—2 Tagen eine deutliche Abnahme der Schmerzen erfolgt. Geschieht dieses nicht, *bleibt Fieber, Schmerz oder ödematöse Schwellung unverändert,* so kann man, wenn auch nicht mit völliger Sicherheit, so doch mit grosser Wahrscheinlichkeit das Vorhandensein eines Abscesses im Inneren des Warzentheils annehmen und soll dann sofort zur *Aufmeisslung* desselben schreiten. Die letztere ist ganz besonders dringend, wenn wir, wie z. B. bei von Natur sehr engem Gehörgang oder bei pathologischer Verengerung desselben durch chronische Entzündung seiner Wände, durch Exostosen oder Hyperostosen, das Hinderniss des Eiterabflusses ausser durch eine grössere Operation nicht schnell genug beseitigen können, und überhaupt stets da, wo, während die Entzündungserscheinungen am Warzentheil anhalten, der Eiterausfluss aus dem Ohre plötzlich sistirt. *Bei Erwachsenen*[*] *räth Schwartze, nicht länger als höchstens 8 Tage abzuwarten.* Ist in dieser Zeit unter Antiphlogose (Eisbeutel event. Wilde'sche Incision) bez. bei gleichzeitiger Mittelohreiterung unter sorgfältiger Ausführung aller derjenigen Massnahmen, welche geeignet sind, eine etwaige Eiterretention in der Paukenhöhle und im Gehörgang zu verhüten (s. oben S. 270), die aber, wenn das Antr. mastoid. durch Schleimhautschwellung, Granulationen oder membranöse Verwachsung von der Paukenhöhle abgeschlossen ist, eine im Warzentheil selber bestehende Eiterverhaltung nicht aufheben können, keine ganz entschiedene Besserung der localen Symptome und des Allgemeinbefindens eingetreten, so empfiehlt er, die Operation anzurathen, *nicht aber abzuwarten, bis Zeichen von Meningitis oder Pyaemie bereits vorhanden sind. Die Aufmeisslung ist in diesen Fällen das beste Mittel, um wüthende Schmerzen schnell zu sistiren und die mitunter ausserordentlich rasch entstehenden und um sich greifenden cariösen Zerstörungen des Knochens sowie lethale Folgeerkrankungen zu verhüten.* Schon in wenigen Wochen kann durch cariöse Zerstörung der medialen und oberen Wand des Warzentheils Sinus transversus oder Dura in grosser Ausdehnung freigelegt sein. Es schadet durchaus nichts, wenn man bei der Aufmeisslung keinen Eiter im Warzentheil antrifft, was auch, wenn alle Symptome auf einen Abscess im Inneren desselben hinweisen, vorkommen kann. Denn auch in solchen Fällen beeinflusst die Operation den Verlauf des Leidens meist ausserordentlich günstig, indem sie die heftigen Schmerzen gewöhnlich sofort beseitigt und die Mittelohreiterung, wenn sie acut war, rasch zur Heilung führt.

Wird die Operation verweigert, so versuche man unter gleichzeitigen desinfi-

---

[*] *Bei Kindern darf man etwas langer zögern,* da hier insbesondere in den ersten Lebensjahren öfters Rückbildung oder wegen der grösseren Dicke der Innenwand der Pars mastoid., der oberflächlicheren Lage des Antrum und endlich der noch nicht vollständigen knöchernen Verwachsung der Fiss. squamoso- und tympanico-mastoid. spontaner Durchbruch nach Aussen erfolgt.

cirenden Massnahmen gegen die Eiterung die Schmerzen durch *Jodbepinselung,* *hydropathische Ueberschläge und Narcotica* zu lindern. Auch hierbei kann nach spontanem Durchbruch des Abscesses nach aussen oder in den Gehörgang noch Heilung erfolgen, wenn auch gewöhnlich erst nach einer monatelangen schweren Leidenszeit; in anderen Fällen kann die Unterlassung der Operation Meningitis, Hirnabscess oder Pyaemie und den Tod zur Folge haben.

Abgesehen von der soeben erörterten *Indication zur Aufmeisslung* *des Warzentheils* muss letztere *sofort* vorgenommen werden, wo bei dem Verdacht von Eiteransammlung oder Cholesteatombildung im Inneren desselben *Zeichen* *einer lebensgefährlichen Folgeerkrankung* auftreten. Bei dieser **Indicatio vitalis** ist es gleichgültig, ob die Erkrankung des Warzentheils im Verlauf acuter oder chronischer Mittelohreiterung auftritt, ob seine Aussenfläche Entzündungserscheinungen zeigt oder vollkommen unverändert erscheint. Lässt sich neben anderen cerebralen Symptomen bei der ophtalmoscopischen Untersuchung *Stauungspapille* oder *Neu-* *ritis optica* nachweisen, so soll die Vornahme der Operation möglichst *beschleunigt* werden. In diesen Fällen muss man die Angehörigen des Kranken davon in Kenntniss setzen, dass der operative Eingriff zwar durchaus erforderlich, vielleicht aber auch nicht mehr im Stande ist, das Leben des Patienten zu erhalten. Nach ZAUFAL können die vorher genannten Veränderungen des Augenhintergrundes (Erweiterung der venösen Gefässe, Oedem der Retina und Papille, Verwaschensein der Contouren der letzteren, Trübung, Blutextravasate, Exsudatplaques) ein Uebergreifen der Mittelohrentzündung auf die Schädelhöhle (Meningitis, Sinusthrombose etc.) bereits zu einer Zeit anzeigen, wo anderweitige hierauf hindeutende Erscheinungen noch nicht vorhanden sind.

Eine **dritte** sehr häufige *Indication für die Aufmeisslung des Warzen-* *theils* ist gegeben, wenn sich *centrale Caries oder Necrose* desselben dadurch mit Sicherheit nachweisen lässt, dass man an seiner lateralen oder vorderen Wand nach vorausgegangener Incision subperiostaler Abscesse oder auch ohne solche, wenn bereits Hautfisteln bestehen, mit der Sonde Knochenfisteln findet, welche in das Innere des Warzentheils führen. Das Vorhandensein centraler Caries lässt sich, wenn auch nicht mit solcher Sicherheit wie in diesen Fällen, so doch mit einer beinahe an Sicherheit grenzenden Wahrscheinlichkeit auch in denjenigen annehmen, wo im Verlauf chronischer Mittelohreiterung wiederholt entzündliche Anschwellungen in der Regio mastoid, oder deren Nachbarschaft auftreten, welche sich zeitweilig von selber zurückbilden oder auch in Eiterung übergehen und nach spontanem Durchbruch mitunter an weit vom Warzentheil entfernten Stellen nach langen Senkungen des Eiters an der seitlichen Hals- oder Nackengegend bez. nach dem Pharynx [Retropharyngealabscess]) oder künstlicher Eröffnung wieder verschwinden, um nach kürzerer oder längerer Pause von Neuem aufzutreten. *Hier bezweckt die Opera-* *tion, den Heilungsprocess,* welcher in solchen Fällen freilich auch ohne dieselbe, namentlich im Kindesalter, oft genug zu Stande kommt, theils durch Entfernung der cariösen oder necrotischen Knochenpartieen, theils durch Erweiterung der meist zu kleinen Fistelöffnung wesentlich *zu beschleunigen* bez. etwaige *lethale Folge-* *erkrankungen,* welche auch hier, wenn schon entschieden seltener wie bei nicht perforirter lateraler Knochenwand, vorkommen, *zu verhüten.* Diese Fälle verlaufen, da der Eiter ja bereits Abfluss aus dem Knochen nach aussen gefunden hat, im Allgemeinen unter weniger schweren Erscheinungen. Mitunter indessen kann auch bei ihnen die Operation durch Indicatio vitalis geboten sein.

Eine *vierte Indication für die Aufmeisslung* ist in denjenigen sehr seltenen Fällen gegeben, wo andauernde und unerträgliche Schmerzen, gegen welche alle anderen

Mittel erfolglos geblieben sind, von dem äusserlich gesunden Warzentheil ihren Ausgang nehmen, ohne dass im Mittelohr Eiterretention besteht (*Knochenneuralgie*). Es ist hier meist eine Osteosclerose vorhanden und genügt zur Beseitigung der Schmerzen zuweilen das Ausmeisseln eines trichterförmigen Stücks aus der Corticalis ohne Eröffnung des Antr. mastoid.

Die **fünfte** *und letzte Indication zur Aufmeisslung des Warzentheils bezweckt die Verhütung lethaler Folgezustände einer durch all' unsere sonstigen therapeutischen Massnahmen ungeheilt gebliebenen jauchigen Mittelohreiterung* in solchen Fällen, wo Entzündungserscheinungen am Warzentheil, Schmerz, Fieber oder Zeichen einer ernsten Folgeerkrankung zwar vollkommen fehlen, ein trotz sorgfältigster Reinigung und Desinfection vom Gehörgang und der Tuba Eust. aus hartnäckig andauernder Fötor des im Mittelohr gebildeten Secrets aber doch darauf hinweist, dass im Warzentheil Eiter stagnirt. Wie auf S. 265 bereits erwähnt wurde, lehren die Sectionen bei chronischer Mittelohreiterung, dass Eiter und käsige Massen Jahre lang in den Warzenzellen liegen können, ohne irgend welche subjectiven Beschwerden oder äusserlich wahrnehmbare Veränderungen in der Regio mastoid. zu verursachen; letztere können sogar bei Jahre lang bestehender Caries necrotica im Warzentheil vollkommen fehlen und zwar dann, wenn das im Inneren desselben gebildete Secret frei genug nach der Paukenhöhle und dem äusseren Gehörgang oder der Tuba Eust. abfliesst und insbesondere wenn die Corticalis stark verdickt und sclerosirt ist. Gerade hier aber ist die Gefahr eines cariösen Durchbruchs nach der Schädelhöhle hin eine besonders grosse und ist daher in diesen Fällen die Indication für eine Aufmeisslung des Warzentheils gewiss gegeben, auch wenn drohende Symptome noch nicht vorhanden sind. *Lehrt doch auch die Erfahrung, dass zahlreiche Fälle von scheinbar unbedeutender Mittelohreiterung lethal verlaufen.* Es kommt hinzu, dass kleine cariöse Lücken in der Corticalis bei der Palpation der äusserlich vollkommen gesund erscheinenden Regio mastoid. oft nicht nachweisbar sind. Operirt man bei dieser zuerst von v. Tröltsch aufgestellten Indication, welche, da es sich bei ihr darum handelt in Fällen, in denen sichere Zeichen einer Warzentheilaffection niemals vorhanden waren und in denen auch das Allgemeinbefinden noch garnicht alterirt ist, etwaige schwere Folgeerkrankungen einer sonst unheilbaren chronischen Mittelohreiterung zu verhüten, als *prophylactische Indication* bezeichnet wird, so findet man bei manchen Patienten bereits eine grosse, mitunter gelöste Sequester enthaltende, cariöse Höhle im Warzentheil, welche sich leicht erreichen lässt, bei vielen anderen dagegen eine starke Sclerose, bei welcher die pneumatischen Zellen der Pars mastoid. ausserordentlich verengt bez. durch Knochenmasse vollkommen ausgefüllt sind, und wo dann die Operation aufs Aeusserste erschwert oder auch ganz unausführbar ist.

Nach operativer Eröffnung des Antr. mastoid. können etwa stagnirende Secretmassen durch Irrigation von der Wunde aus selbstverständlich viel besser entfernt werden als vorher vom äusseren Gehörgang oder der Tuba Eust. aus und ist daher eine Ausheilung der Mittelohreiterung und Verhütung eventueller Folgeerkrankungen durch diesen Eingriff sehr wohl möglich.

Als **Contraindication** für die Aufmeisslung des Warzentheils gelten weit vorgeschrittene und ausgebreitete Lungentuberculose, Haemophilie und ausgesprochene Meningitis.

Die Aufmeisslung des Warzentheils*).

Dieselbe wurde bis vor einiger Zeit ziemlich allgemein nach einer von SCHWARTZE angegebenen Methode ausgeführt: seit Kurzem scheint sich neben dieser bei chronischer Mittelohreiterung noch ein anderer Operationsmodus einzubürgern, zu welchem die erste Anregung von KÖSTER ausgegangen ist.

Vor der Operation werden die Haare in der Regio mastoid, und ihrer näheren Umgebung *abrasirt* und das ganze Operationsgebiet mit Einschluss der Ohrmuschel auf's Sorgfältigste *desinficirt**)*, sodann wird Patient chloroformirt und nun verfährt SCHWARTZE etwa in folgender Weise:

Durch einen 2,5 cm, bei grösseren Warzenfortsätzen oder stärkerer Infiltration der Weichtheile mitunter aber auch 5 cm langen, der Insertion der Muschel parallel und zur Vermeidung der A. auricul. post. etwa 1 cm hinter derselben geführten nach vorn concaven bogenförmigen Schnitt durchtrennt er die Weichtheile bis auf den Knochen, dann schiebt er mit einem Raspatorium (Taf. XVIII Fig. 19) oder Elevatorium (Taf. XVIII Fig. 13) das Periost nach vorn und hinten soweit wie irgend möglich zurück, stillt die Blutung, welche bei stärkerer Infiltration der Weichtheile mitunter ziemlich stark ist, durch Aufdrücken von Tupfern aus sterilisirter hydrophiler Gaze***), Torsion der spritzenden Gefässe mit Schieber- bez. Klemmpincetten (Taf. XVIII Fig. 23) oder, wenn nöthig, Unterbindung, und besichtigt nun, während die Wundränder durch zwei scharfe oder stumpfe Haken wie z. B. in Fig. 18 (Taf. XVIII) weit auseinander gezogen werden, *die freigelegte Corticalis des Warzentheils.*

Ist letztere an einer Stelle verfärbt *oder* cariös erweicht, so wird sie hier mit einem kleinen Meissel durchbrochen. Nun geht man mit einer hakenförmig abgebogenen geknöpften Sonde (s. Taf. XVIII Fig. 14) in die Knochenfistel hinein, untersucht mit Hülfe derselben, ob und wie weit die Corticalis unterminirt

---

*) Es ist dieses eine Operation, die wegen ihrer Schwierigkeit und der insbesondere mit Rücksicht auf die häufigen Anomalieen im Bau des Warzentheils, in der Lage des Sinus transvers. und der mittleren Schädelgrube nicht gering anzuschlagenden Gefahr, die Dura, den Sin. transvers., den N. facialis und endlich das Labyrinth zu verletzen, von Niemandem ausgeführt werden sollte, der sie nicht vorher sehr häufig an der Leiche gemacht hat.

**) Die Haut des Patienten im Operationsgebiet sowie die Hände des Arztes werden zweckmässig in folgender Art *desinficirt:* Zunächst wird die Haut eine Minute lang mit möglichst warmem, abgekochtem Seifenwasser energisch abgebürstet. Die Unternagelräume der Finger müssen schon vorher mit einem kleinen metallenen Nagelreiniger gründlich bearbeitet sein. Nach dem Abreiben wird die Haut nun mit sterilen Tüchern oder Gazestücken sorgfältig abgetrocknet, dann zunächst eine Minute lang mit 80%igem Alcohol angefeuchteten sterilen Gazetupfern abgerieben, hiernach mit $^1/_2$‰iger Sublimatlösung abgespült und abgerieben und endlich mit steriler Gaze abgetrocknet. Eine sehr verunreinigte Haut wird am besten vor der angegebenen Desinfection noch mit Aether abgerieben. Selbstverständlich ist es, dass alles zu den Sterilisationsproceduren verwandte Material selbst keimfrei sein, und dass, wer die Haut des Kranken desinficiren will, seine Hände bereits vorher desinficirt haben muss, um nicht noch etwa neue Keime auf dieselbe zu übertragen. Gaze, Wattebäusche und Tücher zum Abreiben sterilisirt man in Dampf. Frisch gewaschene und kurz vorher heiss gebügelte Handtücher sind auch ohnediess fast keimfrei. Bürsten sollen ausgekocht und in $^1/_2$‰iger Sublimatlösung dauernd aufbewahrt werden. Ueber die Desinfection der zur Operation erforderlichen Instrumente vergl. S. 114 u. 115.

Die Haare resp. Zöpfe werden vor der Operation in eine sterilisirte mit Sublimatlösung angefeuchtete, fest um den Kopf gelegte Binde eingewickelt, der Gehörgang mit Borsäurelösung angespült und aussen mit Salicylwatte verstopft.

***) Diese muss vor der Operation eine halbe Stunde in Dampf sterilisirt sein. Jedes Gazeläppchen darf nur einmal angewandt werden.

ist. und entfernt den etwa unterminirten Theil derselben rings um die Fistelöffnung herum mit Meissel und Hammer, ist er erweicht. event. auch mit dem
scharfen Löffel (Taf. XVIII Fig. 16 und 17). Sodann versucht man, mit letzterem *alle* im Inneren des Warzentheils etwa vorhandenen eingedickten Eiter- oder
Cholesteatommassen, alle Granulationen, sowie *alle* cariös erkrankten Parthieen des
Knochens und event. mit der Pincette oder Kornzange (Taf. XVIII Fig. 21) etwaige
kleinere oder grössere Sequester zu entfernen, *wobei man indessen bedacht sein
muss, Dura mater, Sin. transv., Canal. Falloppiae und Labyrinth nicht zu verletzen.* Erweist sich hierbei die äussere Oeffnung der Knochenwunde zu klein, so
erweitert man dieselbe je nach Bedarf mit Meissel und Hammer bez. scharfem
Löffel, wobei wiederum, wie dieses später noch näher auseinandergesetzt werden wird.
eine Verletzung der soeben genannten wichtigen Nachbartheile sorgfältig vermieden
werden muss.

In derselben Weise verfährt man. *wenn die Corticalis bereits fistulös durchbrochen ist.* Hier ist die Schwierigkeit der Operation natürlich eine viel geringere
als bei intacter. vielleicht sogar sehr dicker oder harter Corticalis. Indessen ist grosse
Vorsicht beim Gebrauch des scharfen Löffels und des Meissels auch in diesen Fällen
durchaus erforderlich. da ja auch hier durch die cariöse Zerstörung der Knochensubstanz Dura und Sinus transvers. nicht selten in grösserer oder geringerer Ausdehnung freigelegt. mitunter selber entzündet. eitrig infiltrirt und erweicht sind und
daher bei unvorsichtiger Ausräumung und Erweiterung der Knochenfistel leicht verletzt werden können. In einigen Fällen bestand sogar nach Ulceration der Dura
eine Communication zwischen der Eiterhöhle im Knochen und einem Hirnabscess.

Weitgehende subcutane Fistelgänge findet man übrigens nicht selten auch bei
acuten, erst einige Wochen bestehenden Erkrankungen und bei nur geringfügiger
Schwellung der Hautdecken.

Auch kann selbst bei ganz unverändertem Hautüberzug die Corticalis nach
der Incision grössere cariöse Defecte aufweisen. Bei feinen und langen Fistel-
gängen im Knochen, in deren Umgebung sich letzterer sehr fest und sclerosirt erweist. räth Schwartze, eine feine Sonde in sie einzuführen und längs dieser den
Knochen aufzumeisseln.

Ist die Corticalis äusserlich gesund, so legt man den Eingang des Operationscanals nach S. an der **Wurzel** des Warzentheils an und zwar in der Höhe der
Spina supra meatum (s. S. 19) zwischen 5 und 10 mm weit hinter derselben an
einer Stelle des Knochens, die in der Norm eine Anzahl grösserer Gefässlöcher zu
zeigen pflegt. weil von hier aus der kürzeste Weg zum Antr. mastoid führt.

An der **Spitze** *soll man die Eröffnung des Warzentheils nur in solchen
Fällen beginnen, wo Senkungsabscesse auf eine cariöse Erkrankung oder
fistulösen Durchbruch der Spitze hinweisen.* Hat der Eiterdurchbruch gegen die
Incis. mastoid. zu stattgefunden. so ist der Warzentheil an der Spitze bis zur Incisur
hin auf-, die Spitze event. vollständig abzumeisseln. Man bediene sich zur Entfernung des Knochens der in Fig. 1—6 (Taf. XVIII)
abgebildeten *Meissel* und eines *Hammers* (Taf. XVIII Fig. 22). Schwartze be-
nützte Hohlmeissel von 2—8 mm Breite (s. Taf. XVIII Fig. 7. S. 9). die breiteren
im Beginn der Operation. in der Tiefe des Knochens die schmäleren.

Ist die **Corticalis** *dünn oder* in Folge der Entzündung *morsch,* so werden
die Warzenzellen schon durch einige schwache Schläge mit Meissel und Hammer
freigelegt. so insbesondere auch bei Kindern. und gelangt man dann nach Entfernung der Corticalis entweder sofort in eine unregelmässige Höhle. welche Eiter.
Jauche. mitunter auch gelöste oder noch adhärente Sequester bez. Cholesteatom-

massen enthält, oder in von missfarbigen, leicht blutenden Granulationen ausgefüllte Zellräume. Erweichter Knochen kann, wie schon oben erwähnt wurde, mit dem *scharfen Löffel* entfernt werden.

Der *Operationscanal* soll nach S. *trichterförmig* sein, seine innere Oeffnung wenn möglich *stets*, also auch in denjenigen Fällen, wo schon der laterale Theil der Pars. mast. eine cariöse Höhle aufweist oder wo schon die Aussenfläche der Corticalis fistulös perforirt ist, in das Antr. mast. einmünden, die äussere, in der Corticalis gelegene, wenn möglich einen Durchmesser *bis zu 12 mm* erhalten, damit man während der Operation gut in die Knochenhöhle hineinsehen und in derselben vorhandene käsige oder Cholesteatommassen bez. Sequester bequem entfernen kann.

Den *trichterförmigen Operationscanal* lässt S., um den Sinus transvers. zu vermeiden, sich *von aussen, hinten und oben nach innen, vorn und unten* verjüngen, den Meissel niemals in der Richtung nach hinten, und um einer Verletzung der Dura mater vorzubeugen — die aufrechte Kopfhaltung (Taf. XII Fig. 2) vorausgesetzt — im oberen Theil des Operationscanals niemals horizontal nach innen, sondern vielmehr stets unter einem Winkel von 45° gegen den Horizont geneigt aufsetzen, nach innen, unten und vorn wirken und den Knochen Schale für Schale entfernen.

Lässt sich wegen starker *Vorlagerung des Sin. transvers.* oder *Tiefstandes der mittleren Schädelgrube* eine so grosse Eingangsöffnung nicht anlegen, so kann die Operation insbesondere bei dicker Corticalis sehr schwierig werden. In solchem Fall ist es zweckmässig, die äussere Oeffnung des Operationstrichters *oval* zu gestalten mit dem grösseren Durchmesser von oben nach unten.

Bei Erwachsenen gelangt man nach Schwartze in der Regel in einer Tiefe von 12—18 mm. von dem hinteren Rande seiner Operationsöffnung aus gerechnet, in das Antrum mast.; tiefer als 2.5 cm, d. h. bis zur Tiefe des Trommelfells, soll man nach ihm, wenn man das Antrum mastoid. nicht gefunden hat, auch bei verdickter Corticalis oder Sclerose des ganzen Warzentheils niemals eindringen, weil man sonst leicht den Canal. Fallopp. und das Labyrinth verletzen kann.

Schon in 2 cm Tiefe ist die grösste Vorsicht zu beobachten.

Gelingt es wegen Sclerose oder abnorm starker Vorwölbung des Sin. transvers. nach aussen und vorn nicht, auf diesem Wege ins Antrum zu gelangen, so löst S. die Ohrmuschel ab, klappt sie nach vorn um, schiebt das Periost mit einem schlanken Elevatorium von der hinteren Gehörgangswand zurück und meisselt von letzterer successive soviel ab, bis er das 0.5 cm oder weniger hinter dem Gehörgange gelegene Antrum von vorn eröffnet hat, „was indessen ohne Schädigung des noch erhaltenen Trommelfellrestes und Schallleitungsapparates der Paukenhöhle kaum ausführbar ist." In derselben Weise verfährt er, wo eine Knochenfistel vom Antrum in den Gehörgang führt, die hintere Wand des letzteren bereits cariös ist, oder stricturirende Exostosen und Hyperostosen im Meatus vorhanden sind.

Etwaige Granulationen im äusseren Gehörgang werden nach der Aufmeisslung des Warzentheils mit scharfem Löffel oder Wilde'scher Schlinge entfernt.

Sehr erschwert wird die Aufmeisslung durch Sclerose des Warzentheils und ferner durch starke Blutungen. Letztere stammen entweder aus dem verletzten *Sin. transvers.* oder aus abnorm starken *Knochenvenen*, insbesondere einer in dem ungewöhnlich weiten Canalis mastoid. gelegenen, oder endlich aus schwammigen die Knochenhöhle erfüllenden *Granulationen.* Sie stehen, wenn man im letzteren Fall die Granulationen mit dem scharfen Löffel entfernt, in den beiden ersteren bei Tamponade mit Jodoformgaze. Ist die Blutung gering, aber doch hinreichend, um die Besichtung des Operationscanals zu erschweren, so genügt es, letztere durch öfteres Aufdrücken bez. Einführen steriler Gazebäusche zu reinigen.

Nach der Operation bedeckt man die Wunde zunächst vorübergehend dicht und fest mit sterilisirter Gaze und reinigt die Haut in der Umgebung mittelst Tupfern und Sublimatlösung von dem übergeflossenen Blut.

Sodann spülte Schwartze früher die Wunde mit einer 30 ° R warmen, 1—2 %igen Carbolsäurelösung unter geringem Druck gründlich aus, — ein Abfluss nach dem Gehörgang oder durch die Tuba Eust. findet hierbei mitunter nach 2—8 Tagen statt, in einem Falle Schwartze's kam er erst am 25. Tage zu Stande — spritzte, wenn sich flüssiger oder eingedickter Eiter auf diesem Wege nicht herausbefördern liess und wenn das Trommelfell fehlte, mit einer vorn mit stumpfem, den Ohreingang abschliessendem Hornansatz versehenen Spritze in den Gehörgang, wobei sich dann mitunter käsige Massen in grösserer Menge aus der Wunde entleeren, führte nun ein weites Drainrohr in die Warzenhöhle ein und legte dann einen antiseptischen Occlusivverband an, nachdem er vorher, wenn die Dura freigelegt war oder wenn tuberculöse Caries bestand, ein wenig feingepulvertes Jodoform eingestäubt hatte. Damit das Jodoform, von welchem insbesondere bei Kindern wegen der Gefahr einer Intoxication nur wenig angewandt werden darf, besser in alle Winkel eindringe, empfiehlt S. bei chronischer Caries und Cholesteatom Jodoformemulsion von der Knochenöffnung aus durchzuspritzen.

Was die für den Enderfolg der Operation äusserst wichtige **Nachbehandlung** betrifft, so lasse man den Patienten nach der Aufmeisslung des Warzentheils 6—8 Tage lang das Bett hüten, heftige Bewegungen und Anstrengung vermeiden, für geregelte Verdauung Sorge tragen, kräftig aber reizlos ernähren und wegen der Gefahr einer Nachblutung überwachen.

Sodann liess Schwartze den antiseptischen Occlusivverband früher täglich einmal, bei Fieber sogar zweimal wechseln und hierbei von der Knochenwunde und dem Gehörgang aus mit 28—30 ° R warmer, ³/₄ %iger Kochsalzlösung, welcher 1—2 % Carbolsäure zugesetzt war, gründliche *Durchspülungen des Ohres* vornehmen und zwar in den ersten Tagen nach der Operation unter sehr geringem Druck mittelst Irrigator, später bis zur Heilung mit einer Clysopompe. Ist die Communicationsöffnung zwischen Antr. mastoid. und Paukenhöhle durch Schleimhautschwellung, Granulationen, Cholesteatommassen oder eingedickten käsigen Eiter verlegt, und fliesst die in die Operationswunde eingespritzte Flüssigkeit daher nicht ganz leicht aus dem Gehörgang oder durch die Tuba Eust. ab, so darf man nicht unter zu hohem Drucke spritzen, da sonst leicht sehr ernste Hirnerscheinungen, wie heftiger Schwindel, Kopfschmerz und Ohnmacht, auftreten. Die *Communication zwischen Knochenwunde und Paukenhöhle* kann sich, wie oben bereits erwähnt wurde, erst einige Zeit nach der Operation herstellen, sie kann aber auch unmittelbar nach derselben vollkommen frei sein und erst später durch Entwicklung von Granulationen im Knochencanal oder im Antr. mastoid. wieder aufgehoben werden. Neben den *Durchspülungen von der Wunde und dem Gehörgang aus* liess S., wenn es irgend möglich war, auch solche *von der Tuba aus* mit Hülfe des Catheters ausführen, letztere nur mit ³/₄ %iger Kochsalzlösung. Er hält diese Durchspülungen durch den Catheter für besonders wichtig. Ausserdem muss man etwaige im Gehörgang sich bildende Granulationen mit der Schlinge oder durch Aetzmittel (s. S. 126) beseitigen, solche im Knochencanal oder im Antr. mastoid., durch welche die Durchspülung von der Operationswunde aus erschwert wird, mit

dem scharfen Löffel oder durch tiefe Einführung dicker, wenn nöthig, vorn mit
einer angeschmolzenen Lapisperle armirter Sonden. In der Tiefe des Knochencanals
soll man wegen der Nähe des mitunter freiliegenden N. facialis bez. des horizontalen Bogengangs mit Lapisätzungen *sehr vorsichtig* sein. In den Gehörgang legte
S. insbesondere in der ersten Zeit nach der Operation, um die hier fast stets eintretende Verschwellung desselben zu verhüten, ein *Drainrohr* ein. Wo dieses nicht
ausreichend war, applicirte er *Pressschwammkegel*.

Das Drain in der Knochenwunde, welches bei jedem Verbandwechsel erneuert
werden muss, liess S. früher, sobald es wegen der in der Tiefe des Knochens sich
entwickelnden Granulationen nicht mehr schmerzlos eingeführt werden konnte, was
meist nach etwa 14 Tagen eintritt, durch den *conischen Bleinagel* (Taf. XIX
Fig. 12 u. 13) ersetzen. Dieser wird mittelst eines durch einen an ihm befindlichen Schlitz hindurchgezogenen und um den Kopf geführten Bandes sicher in dem
Operationscanal befestigt und muss bezüglich seiner Länge, Dicke und Form dem
betreffenden Falle genau passend gewählt werden. Ist die Eiterung bereits gering
geworden, so lässt S. den Bleinagel statt durch ein Band durch eine mit Leder
überzogene, genau nach der Knochenoberfläche modellirte Pelotte von Neusilberblech
mit federndem Bügel (Taf. XIX Fig. 11), unter welche Gaze und Watte gelegt
wird und die sich auch in der Nacht nicht verschiebt, befestigen. Auch der Bleinagel muss natürlich täglich gewechselt und sorgfältig desinficirt werden, und soll
man daher für jeden Patienten mehrere passende Nägel besitzen. Seine Einführung
ist nach S. nur in den ersten Tagen etwas schmerzhaft. Zuweilen aber verursacht
er eine Reizung der Haut und des Periosts.

Weglassen darf man den Bleinagel nach S. erst dann, wenn die Ohreiterung
nur noch minimal ist, wenn die in den Gehörgang eingelegte Gaze und der Nagel
selbst mindestens 24 Stunden vollkommen trocken bleiben, wenn das durch die Tuba
eingespritzte Wasser durch längere Zeit völlig klar und frei von Trübung aus dem
Gehörgang abfliesst, wenn letzterer nicht mehr geschwollen ist und ebenso wie die
Paukenhöhle keine Granulationen mehr aufweist.

Ist man im Zweifel, ob der Bleinagel bereits weggelassen werden darf, so
soll er nach S. nicht definitiv entfernt, sondern statt dessen vielmehr erst mehr
und mehr verdünnt resp. verkürzt und schliesslich durch allmählich immer dünner
zu nehmende Stücke von elastischen Cathetern oder Hohlbougies, welche, damit sie
nicht etwa in den Knochen hineinschlüpfen können, vorher mit einer Fadenschlinge
zu versehen sind, ersetzt werden. *Man halte den Operationscanal nach S. lieber
zu lange als zu kurze Zeit offen*, weil nach zu früher Verheilung wieder schmerzhafte Anschwellungen und anderweitige Erscheinungen auftreten können, welche eine
Nachoperation erforderlich machen.

Hat man den Canal ganz nahe dem Gehörgange angelegt, so bleibt letzterer
stets lange Zeit *schlitzförmig* verengt und erweitert sich erst wieder nach dem Fort-
lassen des Bleinagels. Musste dieser sehr lange getragen werden, so tritt eine
Verschiebung des Operationscanals nach vorn ein. Nach dem Weglassen des Nagels
pflegt sich der Canal, auch wenn er Monate lang bestanden hatte, meist in sehr
kurzer Zeit zu *schliessen*. Nur ausnahmsweise bleibt er *persistent*, und zwar vorzugsweise dann, wenn die Knochenhöhle sehr gross war, und der Canal sich völlig
überhäutet hatte. Für solche Fälle bildet die Pelotte (Taf. XIX Fig. 11) einen
guten Schutzapparat gegen äussere Schädlichkeiten.

Die von SCHWARTZE mit seinem oben geschilderten Verfahren erzielten *Erfolge* sind zweifellos als glänzende zu bezeichnen. Denn er heilte mit demselben
von 80 Fällen, deren Operationsresultate genau zusammengestellt wurden, 71, d. h.

92.5%: 6 blieben ungeheilt. 20 andere starben. 14 davon sicher unabhängig von der Operation. Bei den 6 übrigen war ein causaler Zusammenhang zwischen Operation und Tod nicht auszuschliessen.

Unter *Heilung* versteht S. die „zuverlässige und nach Jahren constatirte Ausheilung des Eiterungsprocesses" im Ohre. Unter den geheilten befanden sich zahlreiche äusserst langwierige Fälle schwerster Art, in denen die Schläfenbeincaries auch die Pyramide bereits ergriffen hatte.

Weniger günstig erscheinen die Schwartze'schen Resultate bei den oben erwähnten, durch Operation geheilten 74 Kranken mit Rücksicht auf die *Länge der Behandlungsdauer.* Diese schwankte *zwischen einem Monat und zwei Jahren,* im Durchschnitt betrug sie bei den acuten Fällen 3, bei den chronischen 9—10 Monate. Die längste Behandlungsdauer erforderten diejenigen Fälle, in welchen nicht nur der Warzentheil, sondern auch die Paukenhöhlenwände oder gar die knöcherne Labyrinthkapsel cariös erkrankt waren. Aber auch diese schwersten Fälle mit grösseren cariösen Excavationen innerhalb der Pyramide können nach S. „unter dem Einflusse regelmässiger desinficirender Durchspülung vom eröffneten Warzenfortsatz aus verheilen, indem sich die ganze Höhle mit gesunden Granulationen füllt, welche sich nach und nach in ossificirendes Bindegewebe umwandeln".

Das eben geschilderte Operationsverfahren Schwartze's hat später seitens anderer Autoren einige Modificationen bez. Veränderungen erfahren, welche nunmehr beschrieben werden sollen:

Bezold lässt den Hautschnitt etwas über der Stelle, wo die Linea temporalis die hintere Ansatzlinie der Auricula schneidet, beginnen und, indem er die Weichtheile bis zum Knochen spaltet, in dieser Ansatzlinie bogenförmig bis zum Anfang des unteren Dritttheils der Ohrmuschel, nicht aber weiter herablaufen, um den Stamm der A. auricularis post. nicht zu durchschneiden. Den so umgrenzten Ansatz der Ohrmuschel löst er sodann mitsammt dem Periost mittelst Raspatoriums nahe bis zur hinteren Wand des Gehörgangs vom Knochen ab.

Den parallel mit der Gehörgangsaxe, also in der Richtung nach vorn anzulegenden Operationscanal lässt B. mit seiner Eingangsöffnung stets in der vom Ansatz der Muschel bedeckten Oberfläche der Pars mastoid. und zwar möglichst weit nach vorn beginnen. Er bezweckt hiermit, dem Sinus sigmoid., wenn möglich, auch bei den sogenannten „gefährlichen" Schläfenbeinen auszuweichen. Es sind dieses solche, bei welchen der Sinus sigmoid. so weit nach vorn in die Basis der Felsenbeinpyramide und des Warzentheils eindringt, und bei welchen gleichzeitig der Boden der mittleren Schädelgrube so tief liegt, dass das Antrum nicht ohne Gefährdung des Sinus sowie der Dura mater des Schläfenlappens eröffnet werden kann. *Die obere Wand der trichterförmigen Eingangsöffnung, welcher er einen Durchmesser von nur 7 mm giebt, soll nach B. 5 mm unter der Linea temporalis, die hintere nicht weniger als 5 mm vor der hinteren Ansatzlinie der Ohrmuschel liegen.* Man halte sich mit dem Meissel, um die nach vorn ragende Convexität des Sinus stets zu umgehen, mehr der hinteren und oberen Gehörgangswand entlang.

In 10—12 mm Tiefe, vom vorderen Rande seiner Operationsöffnung an gerechnet, gelangt man nach B. in das Antr. mastoid. Weiter einzudringen ist nach ihm nicht rathsam, da man in 18—20 mm Tiefe direct auf den horizontalen Bogengang und die zweite Umbiegung des Canal. Fallopp. treffen würde.

B.'s Verfahren unterscheidet sich also von demjenigen Schwartze's dadurch, dass dabei der Hautschnitt in der Ansatzlinie der Ohrmuschel, nicht aber 1 cm hinter derselben geführt, die Ohrmuschel von der Aussenfläche des Warzentheils stets abgelöst und vorgeklappt wird, was bei stark infiltrirten Weichtheilen, welche mitunter eine Dicke von mehreren Centimetern erreichen, zuweilen grosse Schwierigkeiten macht, und ferner dadurch, *dass der Operationscanal im Knochen weiter nach vorn gerückt wird und ein viel kleineres Lumen erhält.* Es be-

*zweckt, die Gefahr der Verletzung des Sinus sigmoid. so weit als möglich
zu vermeiden.*

Eine *Freilegung* des Sinus ist übrigens nach BEZOLD bei Erwachsenen auch
bei seinem Verfahren durchaus nicht immer zu umgehen. Die Gefahr einer *Verletzung* desselben aber wird von der grösseren oder geringeren Geschicklichkeit des
Operateurs abhängen. Bei Benutzung des Meissels und *vorsichtiger Entfernung
flacher, dünner Knochenschalen* mittelst desselben wird dieselbe nicht allzu gross sein.
*Die abgesprengten Knochentheile müssen während der Operation, insbesondere wenn Dura oder Sinus freiliegen, sorgfältig mit der Pincette entfernt werden, weil ein spitzer Splitter sonst verhängnissvolle Verletzungen
herbeiführen kann.* Ebenso soll man, wenn Dura oder Sinus freigelegt sind, den
Rand der ihnen anliegenden Knochenöffnung möglichst *glätten*. Eine *Verletzung
des Sinus transvers.* führt übrigens durchaus nicht immer zum Tode; wohl aber
bedingt sie eine Unterbrechung der Operation, und darf letztere dann frühestens nach
8 Tagen wieder aufgenommen werden.

HARTMANN räth, *die obere Wand des Operationscanals* nicht weiter nach
aufwärts als *in der Höhe der oberen Gehörgangswand, die hintere* nicht weiter
als *1 cm hinter der Spina supra Meatum bez. 6—8 mm hinter der hinteren
Gehörgangswand* anzulegen. Er dringt, wenn nöthig, bis 16 mm tief ein.

Bei Neugeborenen oder kleinen Kindern ist die durchschnittliche Entfernung des Sinus sigmoid. vom Gehörgang nicht nur relativ, sondern absolut
grösser als bei Erwachsenen und daher die Gefahr einer Sinusverletzung bei der
Aufmeisslung des Warzentheils geringer. Dagegen ist die das Antrum von der
hinteren Schädelgrube trennende Knochenschicht in den ersten Lebensjahren sehr
dünn, und müssen wir uns daher hüten, mit unseren Instrumenten, insbesondere
dem scharfen Löffel, unvorsichtig in der Richtung nach hinten und nach innen
vorzudringen, um die Dura nicht zu verletzen.

Während es sich in den von BEZOLD und HARTMANN angegebenen Verfahren
zur Aufmeisslung des Warzentheils nur um mehr minder geringfügige Modificationen
der SCHWARTZE'schen Operationsmethode handelt, ist dasjenige KÜSTER's wohl als
eine *principielle Abänderung* derselben zu bezeichnen.

KÜSTER nämlich will sich in der Mehrzahl der Fälle nicht darauf beschränken,
allein das Antr. mastoid. zu eröffnen. Er lässt sich hieran nur dann genügen,
wenn eine *primäre Affection des Warzentheils* ohne schwere Veränderungen in
der Paukenhöhle vorliegt. In diesen Fällen ist es auch nach ihm ausreichend, die
Pars mastoid. breit aufzumeisslen und alles Kranke zu entfernen. Bei *primärer
Paukenhöhleneiterung* dagegen soll man nach K. von vornherein „*auf die
grundsätzliche Hinwegnahme der hinteren Wand des knöchernen Gehörganges
bedacht sein*". Ist ein Theil des Trommelfells und der Gehörknöchelchen noch erhalten, so meisselt er die hintere Gehörgangswand ab, perforirt den vorher abgelösten Periost- und Hautüberzug derselben möglichst nahe dem Trommelfell und
zieht durch diese Oeffnung ein Drainrohr, dessen eines Ende aus der Wunde heraus-
ragt, während das andere aus dem äusseren Ohr hervorsieht. Ist aber die Paukenhöhle mit Granulationen gefüllt, Trommelfell und Gehörknöchelchen ganz oder
grösstentheils verloren gegangen, so sucht er bis in die Paukenhöhle zu gelangen,
um alles Kranke unter Leitung des Auges mit dem scharfen Löffel entfernen zu
können. Dann wird, wie vorher beschrieben wurde, ein Drain eingelegt oder die
tiefe Knochenwunde nach einmaliger gründlicher Desinfection mit Jodoformgaze
tamponirt. „Die Verbände werden selten erneuert, methodische Ausspritzungen er-

scheinen schon aus dem Grunde überflüssig, weil die Eiterung nach dem Eingriff in der Regel geringfügig ist".

Bei hartem Knochen empfiehlt KÜSTER, den Meissel stets nur ganz oberflächlich einzutreiben und durch eine hebelnde Bewegung desselben das davorliegende Stück *herauszubrechen*. Hierbei ist es nach ihm unmöglich, den Sinus oder die Dura zu verletzen, da der Knochen immer etwas tiefer bricht, als der Meissel gefasst hat, die Tabula interna sehr leicht nachgiebt und sich auch von der Dura ohne Schwierigkeit ablöst.

Der Schwartze'schen Operation macht K. den Vorwurf, dass dieselbe bei der engen, oft noch durch Schwellung der Schleimhaut vollkommen verlegten Verbindung zwischen Antr. mastoid. und Paukenhöhle auf eine schwere Mittelohreiterung nur von geringem Einfluss sein könne, indem sie dem in der Paukenhöhle gebildeten Eiter nicht hinreichend freien Abfluss schaffe. „Es müssen daher fortdauernde Ausspritzungen durch Gehörgang und Wunde den mangelhaften Eiterabfluss ersetzen, was für den Patienten nicht nur überaus lästig, sondern selbst gefährlich ist. Dementsprechend erfolgt die Heilung in der Regel sehr langsam, in 8—10 Monaten, manchmal in noch viel längerer Zeit und wird hier und da einmal durch schwere Erscheinungen unterbrochen, die das Leben gefährden, wie wenn am Warzenfortsatz nichts geschehen wäre".

Aus der Küster'schen Operationsmethode hat sich später eine andere entwickelt, bei welcher durch Wegnahme nicht nur der hinteren, sondern auch eines Theils der oberen Gehörgangswand und zwar des medialen, den Boden des Kuppelraums bildenden Abschnitts der letzteren das Innere des Warzentheils, der untere und obere Paukenhöhlenraum und der Gehörgang in eine einzige grosse Höhle verwandelt werden, in welcher Secretverhaltungen nicht vorkommen können: Die in Rede stehende Operationsmethode gleicht durchaus der auf S. 137—141 beschriebenen STACKE'schen (vergl. also dort) mit dem Unterschiede, dass man bei ihr nicht zuerst den medialsten Abschnitt der hinteren und oberen Gehörgangswand und erst später den lateralen Theil derselben und die äussere Wand des Antr. mastoid. wegnimmt, sondern *in der entgegengesetzten Reihenfolge* verfährt, oder mit anderen Worten, dass man bei ihr nicht zuerst den Atticus und dann das Antr. mastoid. freilegt, sondern *umgekehrt* vorgeht. Den die Insertion der Ohrmuschel circumcidirenden Hautschnitt führt man im oberen Theil besser nicht durch den M. temporalis hindurch, weil die Muschel sonst nach Heilung der Operationswunde leicht tiefer stehen kann, als auf der anderen Seite. Es ist zweckmässiger, den Temporalis nur mit dem Elevatorium zurückzuschieben.

Bei *vollkommener* Ausführung dieser Operation muss nach derselben das Tegmen tympani mit der oberen Wand der Operationshöhle in einer durch keine vorspringende Kante gestörten Flucht liegen. Besteht Caries in dem hinteren unteren Winkel der Paukenhöhle, verdeckt durch den oft stark vorspringenden Margo tympanicus post., so muss man letzteren ebenfalls wegmeisseln. Natürlich ist hierbei wegen der grossen Gefahr einer *Verletzung* des unmittelbar dahinter liegenden Canal. Fallopp. äusserste Vorsicht geboten und muss bei *Zuckungen* im Facialisgebiet sofort Halt gemacht werden.

Um an diesen gefährlichen Stellen ruhig operiren zu können, ist es nothwendig, eine *sehr grosse*, wenn möglich 3 cm oder mehr im Durchmesser fassende *Eingangsöffnung im Knochen* anzulegen. Eine Freilegung des Sin. transvers. oder der Dura mater, welche, wenn sie normale Beschaffenheit besitzen, event. als blau- oder weissgraue Membranen zu Tage treten, die man mit einer dicken Knopfsonde etwas eindrücken kann, darf man nicht scheuen*). Um sie, wenn möglich, zu vermeiden, empfiehlt es sich bei der Wegnahme des Knochens mit Meissel und Hammer von vorn nach hinten fortzuschreiten d. h. durch successive Hinwegnahme dünner Knochenschalen concentrisch zur hinteren Gehörgangswand, deren häutig-periostale Bedeckung schon vorher zusammen mit der Ohrmuschel abgelöst und mittelst eines langen und breiten stumpfen Hakens nach vorn gezogen war**), das Antrum mast. von vorn zu eröffnen. Ist dieses geschehen, so wird man dasselbe durch Wegmeisseln seiner ganzen lateralen Knochenwand natürlich stets auch von aussen vollkommen freilegen.

Die bei der zuletzt besprochenen Methode zweckmässige *Nachbehandlung* braucht hier nicht weiter erörtert zu werden, da sie auf S. 139 u. 140 bereits eingehend genug beschrieben worden ist.

Es ist nicht zu verkennen, dass bei diesem Verfahren der *breiten operativen Freilegung nicht nur der Hohlräume des Warzentheils, sondern auch des oberen Paukenhöhlenraums* die cariösen und necrotischen Parthieen des Schläfen-beins leichter gründlich entfernt werden können als bei der früheren Schwartze'schen Operationsmethode***), dass bei ihm eine Secretverhaltung nach der Operation viel weniger leicht zu Stande kommen, Caries an der inneren Paukenhöhlenwand besser ausheilen kann und später wieder neugebildete Cholesteatommembranen sich leichter entfernen lassen.

Dementsprechend scheint in der That die **Behandlungsdauer bis zur Heilung** *bei diesem Verfahren geringer zu sein als bei dem früheren Schwartze'schen.* Insbesondere scheint in letzterer Beziehung die *Transplantation gesunder Haut in die Knochenhöhle* sehr vortheilhaft zu wirken. Hierzu kann man ausser der Haut des Gehörgangs (s. S. 139) auch andere, z. B. dünne mit einem scharfen breiten Rasirmesser aus der straff gespannten vorher wohl desinficirten Haut des Oberarms oder Oberschenkels ausgeschnittene Hautstücke benützen (vergl. hierüber bei der Therapie des Cholesteatoms). Natürlich kann die transplantirte Haut nur dann definitiv anheilen, wenn unter derselben auch wirklich alles Kranke vom

---

*) Bei diesem wie auch bei dem Schwartze'schen Verfahren ist es insbesondere gegen das Ende der Operation zweckmässig, mit dem Stirnspiegel oder einem kleinen electrischen Beleuchtungsapparat Licht in die Tiefe der Knochenhöhle zu werfen, um den Grund derselben besser besichtigen zu können. Denn im Dunkeln darf man in nächster Nähe der Dura, des Sinus, des Labyrinths und des N. Facialis natürlich nicht operiren. Die Tiefe des Operationscanals ist aber selbst bei sehr grosser Eingangsöffnung ohne *Zuhülfenahme künstlicher Beleuchtung* gewöhnlich nicht hell genug, um hier alle Details vollkommen genau erkennen zu können.

**) Die häutig-periostale Bedeckung der *vorderen* Gehörgangswand soll nur dann vom Knochen abgelöst werden, wenn der Meatus audit. ext. sehr eng oder seine häutige Auskleidung stark infiltrirt ist. In letzterem Fall ist es, um das Cav. tympani vollkommen übersehen und freilegen zu können, nothwendig, auch die *vordere* membranöse Gehörgangs-wand mit einem schmalen Elevatorium vollkommen von ihrer Unterlage abzulösen und den ganzen Haut- und Periosttrichter durch Vorklappen der Ohrmuschel aus dem knöchernen Gehörgang herauszuziehen.

***) Eine radicale Entfernung *aller* kranken Knochensubstanz ist auch bei dieser Methode nicht immer möglich. Denn wenn uns auch bei Caries der hinteren und oberen Wand des Warzentheils eine noch so ausgedehnte Freilegung des Sin. transvers. oder der Dura mater nicht abhalten soll, die kranken Parthieen an diesen Theilen des Schläfen-beins vollkommen gründlich zu entfernen, so ist doch eine *Caries an der medialen Antrumwand, am Canal. Fallopp. oder am horizontalen Bogengang operativ niemals gänzlich zu beseitigen,* weil man sonst die genannten zum inneren Ohr gehörenden Räume eröffnen müsste, und hierdurch nicht nur das *Gehör,* sondern auch das *Leben* des Patienten aufs Schwerste gefährden könnte.

Knochen entfernt worden war. War dieses nicht geschehen, so heilt die Haut entweder überhaupt nicht an oder sie wird, wenn sie angewachsen war, später durch neugebildeten Eiter wieder abgehoben.

Ein weiterer Vortheil dieser Methode ist es, dass man bei ihr die systematischen Durchspülungen des Schläfenbeins wenigstens in der früher nothwendigen Häufigkeit und Stärke entbehren kann. Dieses aber ist namentlich in denjenigen Fällen als ein Vorzug zu betrachten, wo in Folge eines cariösen Defects im Schläfenbein eine *Communication zwischen Mittelohr und Schädelhöhle* besteht oder wo, wie dieses nicht selten vorkommt, an der medialen Antrumwand ein *cariöser Defect im horizontalen Bogengang* vorhanden ist. In solchen Fällen nämlich können Durchspülungen, wenn sie unter etwas stärkerem Druck vorgenommen werden, nicht nur vorübergehend unangenehme Zufälle, wie Schwindel, Uebelkeit, Erbrechen, Kopfschmerz, hervorrufen, sondern auch durch Verschleppung von Infectionsträgern in das Labyrinth oder die Schädelhöhle *Labyrintheiterung oder Meningitis* herbeiführen.

Auf der anderen Seite ist bei dem zuletzt geschilderten Operationsmodus die *Gefahr, den Canal. Fallopp. bez. den N. Facialis und das Labyrinth, insbesondere den horizontalen Bogengang zu verletzen*, entschieden eine ungleich grössere als bei dem von SCHWARTZE angegebenen und werden daher an die Technik des Operateurs viel grössere Ansprüche gestellt als früher.

HESSLER empfiehlt, um die letzerwähnte Gefahr zu vermindern, in das eröffnete Antrum Jodoformgazetampons zu schieben, welche beim weiteren Abmeisseln der lateralen knöchernen Paukenhöhlenwand behufs Freilegung des Kuppelraums das Labyrinth vor Verletzung durch den Meissel schützen und gleichzeitig die Blutung aus der Paukenhöhle zum Stehen bringen.

Immerhin ist die Schwierigkeit und Gefährlichkeit der beschriebenen Operationsmethode doch eine so grosse, dass man sie wohl nur in chronischen Fällen von Mittelohreiterung zur Anwendung bringen, in den erfahrungsgemäss viel leichter und schneller zur Heilung gelangenden acuten dagegen bei der ungleich einfacheren Schwartze'schen verbleiben wird*).

*Freilich wird auch bei dieser bezüglich der **Nachbehandlung** jetzt wohl von den meisten Ohrenärzten ein etwas anderes Verfahren geübt, als es von S. ursprünglich empfohlen ist.* Zunächst pflegt man die Operationswunde in neuerer Zeit nicht mehr zu *drainiren*, sondern vielmehr mit Jodoformgaze zu *tamponiren*. Verursacht letztere Intoxicationserscheinungen (Uebelkeit, Erbrechen, Durchfall) oder Eczem in der Umgebung der Wunde, so vertausche man sie mit sterilisirter hydrophiler Gaze. Sodann wird der erste Verband nicht bereits am nächsten Tage nach der Operation, sondern, falls Fieber, Schmerz oder Durchsickern von Blut oder Secret es nicht schon früher erforderlich machen, gewöhnlich erst nach mehreren, etwa nach 6 Tagen gewechselt. Es ist seine Entfernung dann ohne jede Gewaltanwendung, ohne Blutung und ohne dem Patienten Schmerz zu bereiten, möglich. Der Gehörgang kann bei profuser Secretion schon vorher öfters gereinigt werden. Der Verbandwechsel muss später wegen der stärkeren Secretion der Wunde öfters vorgenommen werden und sind bei demselben Durchspülungen

---

*) Der *Hautschnitt* dürfte wohl auch bei letzterer stets etwas weiter nach vorn, also nicht 1, sondern nur $\frac{1}{2}$ cm hinter der Insertion der Ohrmuschel zu führen sein, da es sonst insbesondere bei stark infiltrirten Weichtheilen oft schwierig ist, den oberen vorderen Quadranten der lateralen Wand des Warzentheils, also derjenigen Stelle, an welcher wir die Eingangsöffnung des Operationscanals anlegen sollen, genügend freizulegen.

mit 1 %/₀iger Carbolsäure- oder, wenn die Spritzflüssigkeit in den Schlund abfliesst. 3 %/₀iger Borsäurelösung vom Gehörgang und der Wunde aus event. mit dem S-Röhrchen (Taf. XVII Fig. 6, 7 u. 8) in manchen Fällen nicht zu vermeiden. *Statt des Bleinagels* wird von einigen Autoren zur Offenhaltung des Operationscanals dauernd nur *Tamponade mit Jodoformgaze* verwandt.

Emphysem über dem Warzenfortsatz

kann durch heftiges Schnauben, Niesen, Trompetenblasen, zu starke Anwendung der Luftdouche und dergl. entstehen, wenn die Corticalis des Warzentheils Dehiscenzen, nicht aber, wie es scheint, wenn sie cariöse Lücken enthält. Es treten hierbei kuglige Vorwölbungen der Haut in der Regio mastoid. und nach Zerreissung des Periosts Hautemphysem ein. Letzteres kann nach einigen Tagen wieder verschwinden oder sich auch weiter über die Schädeldecken und mitunter über den ganzen Kopf ausbreiten. Die Beschwerden sind meist nur gering, die Anschwellung ist weich, schmerzlos.

Therapeutisch empfiehlt sich bei Pneumatocele capitis supramastoidea am meisten *Incision* unter antiseptischen Cautelen *und methodische Compression der Geschwulst.*

III. Krankheiten des schallempfindenden Apparats*).

Der schallempfindende Apparat besteht aus dem *Stamm des Hörnerven,* seinem *centralen Ursprung im Gehirn* und seiner *Endausbreitung im Labyrinth.* Von letzterem gehören die nicht nervösen Theile, streng genommen, nicht mehr zum schallempfindenden Apparat, dennoch werden auch diese gewöhnlich zu ihm gerechnet.

Wir wissen von den Erkrankungen des schallempfindenden Apparats sehr viel weniger als von denjenigen des schallleitenden. Es ist dieses leicht verständlich, wenn man bedenkt, dass ersterer in der knöchernen Schädel- und Labyrinthkapsel verborgen und daher beim Lebenden unseren objectiven Untersuchungsmethoden vollkommen entzogen, letzterer denselben, wenn auch nicht in seiner ganzen Ausdehnung, so doch wenigstens zu einem grossen Theile zugänglich ist.

Von den Erkrankungen des Schallleitungsapparats machen sich daher, wenn auch nicht alle, so doch sehr viele durch Veränderungen bemerklich, welche der Arzt durch Auscultation der während der Luftdouche entstehenden Geräusche, durch Inspection oder auch Palpation objectiv erkennen kann. Freilich dürfen wir, wenn wir *exact* verfahren wollen, die subjectiven Beschwerden des Patienten, zu denen auch die verschiedenartigen Störungen seines Hörvermögens bei Luft- und Knochenleitung zu zählen sind, nicht ohne Weiteres sämmtlich mit Bestimmtheit auf die nachgewiesenen objectiven Veränderungen innerhalb des äusseren und mittleren Ohrs beziehen, müssen es vielmehr *zweifelhaft* lassen, ob und in wie weit dieselben durch gleichzeitige krankhafte Veränderungen an den der Untersuchung unzugänglichen Parthieen des schallleitenden und solche im schallempfindenden Apparat bedingt werden, und das um so mehr, als bei der engen Nachbarschaft einzelner hier in Betracht kommender Gebiete des Gehörorgans, wie insbesondere der Paukenhöhle und des Labyrinths, die Erkrankungen des einen dieser Theile auch den anderen gewöhnlich mehr minder in Mitleidenschaft ziehen müssen.

*) Die Missbildungen, die Verletzungen, sowie die Neubildungen des schallempfindenden Apparats werden später in den Capiteln „Missbildungen, traumatische Läsionen, Neubildungen des Gehörorgans", die Caries und Necrose, und endlich die syphilitischen Erkrankungen des Labyrinths gleichfalls später in den Capiteln „Caries und Necrose" und „Syphilis des Gehörorgans" besprochen werden.

Immerhin liegt es nahe, wenn pathologische Veränderungen innerhalb des schallleitenden Apparats sich bei einem Patienten objectiv nachweisen lassen, die subjectiven Krankheitserscheinungen wenigstens zu einem Theil auf diese zu beziehen, und werden wir hierzu insbesondere dann eine ziemlich grosse Berechtigung annehmen dürfen, wenn, wie dieses ja oft genug vorkommt, die subjectiven Symptome mit dem Zurückgehen bez. Schwinden der objectiven Veränderungen im äusseren oder Mittelohr nachlassen oder aufhören, bei Steigerung derselben dagegen an Intensität zunehmen. Am klarsten wird sich der causale Zusammenhang zwischen den subjectiven Beschwerden und den objectiv nachweisbaren Veränderungen im schallleitenden Apparat da ergeben, wo wir therapeutisch im Stande sind, durch schnelle Beseitigung der letzteren auch erstere sofort zu sistiren. So dürfen wir diejenigen subjectiven Symptome eines Ceruminalpfropfs, welche nach dem Aussspritzen desselben sofort verschwunden sind, wohl mit Sicherheit auf die Verstopfung des äusseren Gehörgangs beziehen, während es von anderen, welche hiernach noch andauern und vielleicht erst nach der Luftdouche verschwinden, zweifelhaft bleibt, ob sie durch Veränderungen im Mittelohr oder im Labyrinth bedingt sind.

Sehr viel schwieriger liegt nun aber die Frage in solchen Fällen, wo sich weder im Beginn des Leidens noch in seinem späteren Verlauf irgend welche objectiven Veränderungen innerhalb des schallleitenden Apparats nachweisen lassen. Denn hier kann die Ursache für die subjectiven Krankheitserscheinungen ebensowohl in den unseren objectiven Untersuchungsmethoden unzugänglichen Theilen des schallleitenden Apparats, unter denen hier vorzugsweise die Labyrinthfenster und ein grosser Abschnitt der Gehörknöchelchenkette in Betracht kommen, wie auch im Labyrinth, im Hörnervenstamm oder endlich in dem centralen Ursprung des letzteren ihren Sitz haben. Dazu kommt, dass diese Fälle von Erkrankung des Gehörorgans, bei welchen wir intra vitam objectiv nachweisbare pathologische Veränderungen nicht finden, sehr viel seltener zum Tode führen als die anderen, und dass sich dem Ohrenarzte daher eine Section von Kranken, die er während des Lebens und womöglich noch kurze Zeit vor Eintritt des Todes genau untersucht hatte, gerade in diesen Fällen relativ selten bietet.

Ob und in wie weit wir durch Sectionen Aufschlüsse über die Symptomatologie *reiner* Erkrankungen des schallempfindenden Apparats in Zukunft erwarten dürfen, insbesondere solche, welche sich für die differentielle Diagnose dieser Affectionen von denjenigen des schallleitenden verwerthen lassen, mag an dieser Stelle unerörtert bleiben und darf ich in dieser Beziehung auf die Bedenken verweisen, welche ich bereits S. 89—91 ausgesprochen und begründet habe.

Wie man nun hierüber auch urtheilen mag, so kann zur Zeit wohl als feststehend betrachtet werden, dass wir die Erkrankungen des Gehörorgans *jenseits* der Paukenhöhle, also die im Labyrinth, im Stamm des Hörnerven und in dem centralen Ursprung des letzteren ihren Sitz habenden pathologischen Affectionen *vorläufig nur mit einer gewissen Wahrscheinlichkeit, keineswegs aber mit vollkommener Sicherheit* zu diagnosticiren im Stande sind.

Vielleicht, dass wir eine Erkrankung des schallempfindenden Apparats in dem gewöhnlichen Sinne des Wortes, d. h. also mit Einschluss des ganzen Labyrinths, mit einer fast an Sicherheit grenzenden Wahrscheinlichkeit in denjenigen Fällen annehmen dürfen, in welchen, wie dieses nicht selten bei der MENIÈRE'schen Krankheit, der Labyrinthsyphilis, der Cerebrospinalmeningitis und bei traumatischer Labyrintherschütterung vorkommt, hochgradige Schwerhörigkeit bez. Taubheit *ganz plötzlich* oder wenigstens in der kurzen Zeit von einigen Stunden eintritt, ohne dass wir bei der objectiven Untersuchung des Ohres irgend etwas Pathologisches finden. Hier liegt es nahe, den Sitz der Krankheit *jenseits* der Paukenhöhle anzunehmen, da diejenigen Affectionen des äusseren und mittleren Ohrs, welche das Hörvermögen *plötzlich* hochgradig herabsetzen, nach unseren bisherigen Erfahrungen stets Veränderungen erzeugen, welche sich bei der Ohrenspiegeluntersuchung oder der Auscultation des Mittelohrs leicht und sicher nachweisen lassen, wie Obturation des äusseren Gehörgangs durch Cerumen und Anderes, Haematotympanum, acuter Mittelohrcatarrh und acute Mittelohrentzündung.

Eine Schwierigkeit entsteht indessen auch in diesen Fällen dadurch, dass die Patienten mitunter von dem Vorhandensein sogar einer hochgradigen Schwerhörigkeit, insbesondere wenn diese einseitig ist, selber lange Zeit hindurch gar nichts wissen und dieselbe erst dann bemerken, wenn sie aus irgend einem anderen Grunde, z. B. dadurch, dass in dem betreffenden Ohre plötzlich Sausen aufgetreten ist, auf dasselbe aufmerksam werden. So kann es vorkommen, dass wir von Kranken die bestimmte Angabe erhalten, sie hätten früher niemals am Ohre gelitten, seien aber heute oder gestern auf der einen Seite plötzlich taub geworden unter gleichzeitigem Auftreten von Ohrensausen, und dass wir nun, wenn bei der objectiven Untersuchung etwas Pathologisches nicht nachweisbar ist, uns verleiten lassen, eine acute Erkrankung des schallempfindenden Apparats zu diagnosticiren in Fällen, in welchen entweder vielleicht seit vielen Jahren bereits ein trockener chronischer Mittelohrcatarrh bez. eine Sclerose der Mittelohrschleimhaut besteht, die, ohne dass die Patienten dieses gemerkt haben (vergl. diesbezügl. S. 97 u. 248), das Gehör auf der betreffenden Seite schon lange aufs Höchste beeinträchtigt hatten, oder wo eine acute Erkrankung des Mittelohrs, Catarrh, einfache oder perforative Entzündung desselben das Hörvermögen vor vielen Jahren bereits, vielleicht in der Kindheit, fast vollkommen vernichtet hatte, ohne dass die Patienten sich dessen noch zu erinnern vermögen, und ohne dass die genannten Affectionen nachweisbare Veränderungen hinterlassen haben. Wissen wir doch, dass sich sowohl bei trockenem chronischem Mittelohrcatarrh oder Mittelohrsclerose wie auch nach Ablauf von acuten Mittelohrcatarrhen oder -entzündungen mitunter intra vitam nicht die geringsten pathologischen Veränderungen durch unsere objectiven Untersuchungsmethoden auffinden lassen.

Der letztere Umstand hindert uns aber insbesondere in denjenigen Fällen, wo der Beginn der Hörstörung, welche sich selbstverständlich auch bei Erkrankung des Labyrinths resp. des schallempfindenden Apparats ebenso wie bei denjenigen des schallleitenden ganz langsam und allmählich entwickeln kann, längere Zeit zurückdatirt wird, die Ursache derselben, auch wenn der Ohrenspiegel- und Auscultationsbefund vollkommen normal ist, in den schallempfindenden Apparat zu verlegen.

Aus all' diesen Gründen, zu welchen noch die bereits S. 86—92 angegebenen hinzukommen, *ergiebt sich, dass es zur Zeit, von einzelnen, acut entstandenen Fällen abgesehen, kaum möglich sein dürfte, Erkrankungen des schallempfindenden Apparats* **mit Sicherheit** *zu diagnosticiren. Noch weniger aber sind wir in den meisten Fällen im Stande, die Affectionen der einzelnen Abschnitte dieses Apparats*, also diejenigen des Labyrinths, des Hörnervenstamms und seines centralen Ursprungs im Gehirn *diagnostisch von einander zu trennen.*

Ergiebt die ophthalmoscopische Untersuchung des Augenhintergrundes die Zeichen einer Neuritis optica oder Stauungspapille, so weist dieses mit einiger Wahrscheinlichkeit darauf hin, dass die Erkrankung des schallempfindenden Apparats nicht allein im Labyrinth, sondern vielmehr allein oder nebenbei auch in der Schädelhöhle ihren Sitz hat. Denselben Wahrscheinlichkeitsschluss werden wir ziehen können, wenn neben der Beeinträchtigung des Gehörs Störungen der Motilität, der Sensibilität und der Sehnenreflexe, Lähmungen des Facialis, Oculomotorius, Hypoglossus und Trigeminus, Veränderungen an den Pupillen bestehen. Sind aber neben der Hörstörung derartige Zeichen einer Erkrankung des Centralnervensystems nicht vorhanden, so lässt man sich gewöhnlich daran genügen, die Diagnose, wenn man den Sitz des Leidens in den schallempfindenden Apparat verlegt, ganz allgemein auf „nervöse Schwerhörigkeit" bez., wo das Sprachverständniss vollkommen verloren gegangen ist, auf „Nerventaubheit" zu stellen. Da diese Diagnose nach unseren früheren Ausführungen in der überwiegenden Mehrzahl der Fälle höchstens mit einiger Wahrscheinlichkeit, durchaus aber nicht mit Sicherheit gestellt werden kann, so ist es ausserordentlich schwierig, eine specielle Pathologie und Therapie der Erkrankungen des schallempfindenden Apparats zu liefern.

Nach Lage der Sache bleibt uns hier nichts Anderes übrig, als unter Hinweis auf die Bedenken, welche wir diesbezüglich S. 77—92 u. 284—286 bereits geltend gemacht haben, die allgemeinen diagnostischen Anhaltspunkte, welche von der Mehrzahl der heutigen Autoren für die Annahme einer Erkrankung des schallempfindenden Apparats benützt werden, an dieser Stelle nochmals kurz zusammenzustellen und im Anschluss hieran die einzelnen, in dieses Gebiet gehörenden Affectionen, wie sie von den Autoren der Jetztzeit beschrieben werden, zu schildern, dabei aber nochmals darauf aufmerksam zu machen, dass es sich hier meist um Krankheitsbilder handelt, welche mehr theoretisch construirt und am grünen Tisch entworfen, als auf unzweideutige klinische und pathologisch-anatomische Beobachtungen basirt sind.

Für das Vorhandensein einer Erkrankung des schallempfindenden Apparats sprechen nach Ansicht vieler Autoren der Jetztzeit hauptsächlich einmal gewisse Ergebnisse der **Functionsprüfung** *und ferner das Vorhandensein der sogen. „Labyrinthsymptome".* Zu den ersteren gehören die *Lateralisation des Stimmgabeltons nach der gesunden Seite beim Weber'schen Versuch* (s. S. 79), *der positive Ausfall des Rinne'schen Versuchs auf einem für Sprache sehr schwerhörigen Ohre* (s. S. 80) *und die verkürzte Perception des Tones einer auf den Scheitel aufgesetzten Stimmgabel* (s. S. 77 u. 78), Erscheinungen, die ich aus den S. 84—92 dargestellten Gründen als *sichere* Anhaltspunkte für die Annahme einer Erkrankung des Labyrinths bez. anderer Theile des schallempfindenden Apparats alle *nicht* anerkennen kann, sodann *eine verhältnissmässig starke Schwerhörigkeit für durch die Luft zugeleitete hohe Töne (aus der viergestrichenen Octave) bei relativ gutem Hörvermögen für die tiefen (c oder A)* (s. S. 81—83) *und die sehr selten beobachtete Erscheinung, dass die Herabsetzung des Perceptionsvermögens für verschiedene Töne der musikalischen Scala vollständig unregelmässig, gleichsam sprungweise erfolgt ist* (s. S. 97), zwei Ergebnisse der Functionsprüfung, welche uns meines Erachtens, wenn auch nicht mit vollkommener Sicherheit, so doch *mit einer gewissen Wahrscheinlichkeit* das Vorhandensein einer Erkrankung des schallempfindenden Apparats (mit Einschluss des ganzen Labyrinths) annehmen lassen, *endlich das* leider auch nur selten zu beobachtende Falschhören von Tönen bez. die Paracusis duplicata (s. S. 92—97), welche uns nach meiner zu anderen Autoren in Widerspruch stehenden Meinung unter den S. 96 näher angegebenen Einschränkungen zu einer solchen Annahme *mit Sicherheit* berechtigen.

Was ferner die sogenannten „*Labyrinthsymptome*" anlangt, so ist S. 87 u. 88 bereits eingehend ausgeführt, dass dieselben *auch bei Erkrankungen des äusseren und mittleren Ohrs* vorkommen und zwar höchst wahrscheinlich nicht nur in solchen Fällen, wo diese secundär zu Veränderungen im Labyrinth geführt haben, und dass allein das *Hören von menschlichen Stimmen oder bekannten Melodieen* auf eine

Erkrankung des schallempfindenden Apparats, genauer gesagt, des Gehirns bezogen werden muss.

Sodann lässt sich für die Annahme einer Erkrankung des schallempfindenden Apparats *das Fehlen aller objectiv nachweisbaren Veränderungen im Ohre* verwerthen, wenn wir in der Lage sind, die Untersuchung unmittelbar oder wenigstens ganz kurze Zeit, also höchstens *wenige* Tage nach dem Eintritt einer hochgradigen Schwerhörigkeit oder Taubheit vorzunehmen.

Was die *Entstehungsursachen* der Erkrankungen des Labyrinths und der übrigen Theile des schallempfindenden Apparats anlangt, so sollen *primäre* Affectionen dieser Theile, abgesehen von den durch traumatische Einwirkung auf den Schädel oder durch Schalleinwirkung entstandenen, nach der heute gültigen Ansicht sehr *selten* sein. Ob dieses thatsächlich der Fall ist, mag dahingestellt bleiben. Da Erkrankungen des Labyrinths und der übrigen Hörnervenapparats allein kaum den Tod herbeiführen können, so ist es sehr natürlich, dass *reine* Erkrankungen des schallempfindenden Apparats bei Obductionen selten gefunden werden, andererseits aber äusserst zweifelhaft, ob dieselben nicht thatsächlich viel häufiger vorkommen, als es hiernach den Anschein haben könnte.

Die *secundären* Affectionen des schallempfindenden Apparats entstehen nach den herrschenden Ansichten am häufigsten *im Gefolge von Mittelohrkrankheiten* und zwar vorzugsweise bei den sich ohne vorausgehende Secretion entwickelnden Formen von trockenem chronischem Mittelohrcatarrh oder Mittelohrsclerose, seltener bei den eitrigen einfachen und perforativen Mittelohrentzündungen, wenngleich auch bei diesen, insbesondere dann, wenn die die Labyrinthkapsel umgebende spongiöse Substanz des Felsenbeins cariös erkrankt, anatomische Veränderungen im Labyrinth durchaus nicht selten zu Stande kommen.

Sodann entstehen secundäre pathologische Affectionen des schallempfindenden Apparats ziemlich häufig *bei Erkrankungen des Centralnervensystems*, und zwar vorzugsweise bei epidemischer Cerebrospinalmeningitis, Hydrocephalus, acuter und chronischer Encephalitis, Hirntumoren, seltener bei Rückenmarkskrankheiten, und ferner *bei Störungen der Blutcirculation in den Kopfgefässen*, wie sie z. B. durch Herz-, Lungen- und Nierenkrankheiten oder Struma verursacht sein können. Auf eine arterielle Fluxion in den Labyrinthgefässen werden von Vielen die in Folge unterdrückter Menstruation und in den klimakterischen Jahren öfters auftretenden, mit subj. Gehörsempfindungen und Eingenommenheit des Kopfes verbundenen Schwindelanfälle zurückgeführt.

Als eine häufige Ursache für Erkrankungen des schallempfindenden Apparats gelten ferner *Typhus, Scarlatina, Diphtheritis, Mumps, Syphilis, Leukaemie, Diabetes.*

Grössere Dosen oder längerer Gebrauch von Chinin, Salycilsäure, Chloroform, Taback können vorübergehende, zuweilen aber auch dauernde Schwerhörigkeit, verbunden mit subj. Gehörsempfindungen verursachen, welche gewöhnlich auf eine Affection des schallempfindenden Apparats bezogen werden.

Mitunter, wenn auch selten, verursachen *Gemüthsaffecte*, wie plötzlicher Schreck oder grosser Kummer, subj. Gehörsempfindungen oder Schwerhörigkeit, welche man auf eine wahrscheinlich durch Einwirkung auf die Gefässnerven verursachte Erkrankung des Hörnervenapparats zurückführt.

Eine *besonders häufige Theilnahme des Labyrinths an den entzündlichen Erkrankungen im Mittelohr und in der Schädelhöhle* wird *im Kindesalter* durch die hier zahlreicheren anastomotischen Verbindungen zwischen den genannten Höhlen und ferner dadurch begünstigt, dass die Aquäducte beim Kinde eine ausgiebigere Communication zwischen Labyrinth- und Cerebrospinalflüssigkeit ermöglichen.

A. Krankheiten des Labyrinths.

1) *Anaemie*: Dieselbe ist anatomisch nach Steinbrügge bisher nicht nachgewiesen. Man vermuthet sie, wo *bei allgemeiner Blutarmuth* (z. B. nach Entbindungen, Abort, schweren Krankheiten, bei Chlorose oder perniciöser Anaemie) *Schwerhörigkeit oder subj. Gehörsempfindungen, zuweilen mit Schwindel oder Brechneigung* auftreten, ohne dass sich diese Erscheinungen durch eine Erkrankung des äusseren oder mittleren Ohrs erklären lassen. Freilich muss man hierbei im Auge behalten, dass die genannten Symptome *ebensowohl durch Anaemie des Gehirns* bedingt sein können. Auf Anaemie, sei es des Labyrinths, sei es des Gehirns, wird man sie besonders dann beziehen dürfen, wenn sie sich nach dem Genuss alkoholischer Getränke, bei horizontaler Lage, freudigen Gemüthsaffecten, kurz in Momenten, wo eine Congestion zum Kopfe eintritt, zeitweilig bessern.

Anaemie des Labyrinths kann ferner *durch Verengerung und Embolie der A. auditiva interna oder der A. basilaris* verursacht werden. Erstere kann durch *Tumoren,* welche die Arterien comprimiren, oder durch die nur im höheren Alter vorkommende *Endarteriitis chronica* bedingt sein. Eine durch *Angiospasmus* hervorgerufene Anaemie des Labyrinths ist äusserst selten.

Prognose: Dieselbe ist *bei der acuten Anaemie* nach Blutverlusten *meist günstig, bei der chronischen meist ungünstig,* insofern die Beschwerden hier gewöhnlich sehr lange bestehen bleiben und häufig im Laufe der Zeit zunehmen.

Therapie: Die Behandlung richtet sich gegen die allgemeine Anaemie. Man verordne *Tonica, kräftige Kost, Gebirgsluft, Eisen,* event. *mit Chinin* verbunden (vergl. auch S. 146). Für *acute* Fälle empfiehlt Schwartze versuchsweise Priessnitz'sche Umschläge im Genick, um ein schnelleres Zuströmen des Blutes zum Kopf zu erzielen. *Bei Angiospasmus* Bromkali, Chinin oder Galvanisation des Halssympathicus.

2) *Hyperaemie:* Dieselbe betrifft das ganze Labyrinth oder nur einzelne Theile desselben und ist meist mit Hyperaemie der Schädelhöhle vergesellschaftet.

Man findet sie bei Scharlach, Diphtheritis, Typhus, Mumps, Puerperalfieber, Meningitis, Pneumonie, acuter Tuberculose, bei Circulationstörungen im Gebiete der Kopfgefässe in Folge von Herz-, Lungen- und Nierenleiden, bei Berufsarten, welche forcirte Exspirationsbewegungen erforderlich machen und daher leicht zu venöser Stauung im Ohre führen, wie z. B. bei Glasbläsern, Trompetern, ferner bei chronischer Obstipation, Gravidität und Tumoren an der Schädelbasis, welche auf die V. auditiva int., oder solchen am Halse, welche auf die Halsvenen drücken und so den Abfluss des Venenbluts aus dem Labyrinth oder dem ganzen Kopf hemmen (z. B. Struma), sowie bei Thrombose derjenigen venösen Gefässe, in welche die Labyrinthvenen münden, wie des Sin. petros. sup. oder infer., der V. jugul. intern. etc., bei Unterdrückung gewohnter Secretionen (insbesondere Haemorrhoidalblutungen und Fussschweisse), bei Intoxication mit Kohlenoxyd, reichlichem Genuss von Chinin, Salicylsäure, Amylnitrit, Antipyrin, Alcohol, Tabak, bei geistiger Ueberanstrengung, Excessen in venere, bei angioneurotischen Congestionen in den Kopfgefässen z. B. bei einer durch Spondylitis cervicalis verursachten Drucklähmung der vom Plexus cervical. inf. stammenden, die A. vertebralis versorgenden vasomotorischen Nerven, durch welche eine Erweiterung dieses Gefässes und eine arterielle Labyrinthhyperaemie hervorgebracht wird, endlich häufig bei Mittelohrentzündungen, namentlich eitrigen, insbesondere, wo dieselben bei Infectionskrankheiten, z. B. Scharlach, Diphtheritis, Typhus, oder allgemeinen die Blutmischung alterirenden Ernährungsstörungen auftreten.

Als **Symptome** der Labyrinthhyperaemie, die indessen nicht alle vorhanden zu sein brauchen, mitunter auch nur vorübergehend auftreten, wären *subj. Gehörsempfindungen,* welche bei arterieller Hyperaemie *pulsirend* sind, *Schwindel, Uebelkeit und Erbrechen, Hyperaesthesia acustica,* sowie *Druck und Fülle in den Ohren und im Kopfe* zu nennen.

Das *Hörvermögen* kann lange Zeit normal bleiben; in anderen Fällen besteht Schwerhörigkeit, nach Schwartze indessen niemals vollkommene Taubheit.

Die genannten subjectiven Symptome zeigen nach dem Genuss alcoholischer Getränke, bei horizontaler Lage und in der Wärme eine *Verschlimmerung*, ebenso auch vorübergehend nach Application der Luftdouche.

Ausser ihnen findet man bei Labyrinthhyperaemie mitunter, wenn auch nicht immer. *Hyperaemie der Hammergriffgefässe, des knöchernen Gehörgangs, zuweilen auch der Ohrmuschel und des Gesichts.*

Ob neben der Hyperaemie des Labyrinths auch eine solche des *Gehirns* besteht. lässt sich nicht immer feststellen; doch werden wir eine cerebrale Complication stets dann annehmen müssen, wenn neben den vorher genannten Symptomen der Labyrinthhyperaemie *Flimmern vor den Augen, Funkensehen*, insbesondere aber *sensible oder motorische Störungen*, welch' letztere nur eine einzelne Muskelgruppe zu betreffen brauchen, auch nur vorübergehend auftreten.

Prognose: Ist die Labyrinthhyperaemie durch vorübergehende Stauungsvorgänge bedingt, wie z. B. bei der Gravidität, so können die von ihr abhängigen Symptome wieder *verschwinden.* Mitunter, wiewohl sehr viel seltener, geschieht dieses auch in solchen Fällen, wo der Labyrinthhyperaemie unheilbare Krankheiten zu Grunde liegen. Die *nach dem Gebrauch von Chinin und Salicylsäure* eintretenden Beschwerden gehen in den meisten Fällen gleichfalls zurück; zuweilen indessen bleiben subj. Geräusche auch dauernd bestehen und zwar in selteneren Fällen selbst nach mässigen Gaben der genannten Medicamente.

Therapie: Abgesehen von einer entsprechenden Behandlung etwaiger der Labyrinthhyperaemie zu Grunde liegenden Erkrankungen, von dem Aussetzen einer Beschäftigung, die sie hervorrufen oder fördern könnte, wird man dieselbe in leichten Fällen durch *Hautreize in der Umgebung des Ohrs*[*], in schwereren durch *methodische Application des künstlichen Blutegels* (siehe S. 128) am Warzentheil zu bekämpfen suchen. Letztere wirkt nach Schwartze mitunter auch in solchen Fällen sehr günstig, wo der Kranke durchaus nicht hyperaemisch aussieht, während sie nach Politzer, wenn Symptome einer gleichzeitigen Hirncongestion (Röthung des Gesichts und Wärmezunahme am Kopfe) fehlen, häufig Schwindel und subj. Gehörsempfindungen steigert. Hat eine 3—4 malige Application des künstlichen Blutegels, die in Zwischenräumen von 4—8 Tagen vorgenommen werden soll, keinen Erfolg, so ist von einer öfteren Wiederholung nach Schwartze nichts mehr zu hoffen. Treten nach der ersten Application starke Kopfschmerzen, Zunahme der subj. Gehörsempfindungen oder Schwindelanfälle mit Brechneigung auf, so soll man nach diesem Autor statt des Heurteloups lieber *Schröpfköpfe in den Nacken* oder *Blutegel an das Septum narium* bez. bei fortgebliebenen Haemorrhoidalblutungen *an den After* ansetzen lassen. Die Blutegel müssen an diesen Stellen, damit sie nicht hineinschlüpfen, mittelst eines durch ihren Körper gezogenen Fadens festgehalten werden. Sind Blutentziehungen erfolglos geblieben, so empfehlen sich *subcutane Injectionen von Pilocarpin. muriat.*, durch welche starke Diaphorese und Salivation hervorgerufen wird, selbstverständlich bei vorsichtiger Ueberwachung des Kranken, um den mitunter hierbei auftretenden Collapszuständen rechtzeitig begegnen zu können (vergl. auch S. 151 und 152). Ferner *Abführcuren* mittelst Bitterwässern oder drastischen Pillen und dergl. (s. S. 174), *heisse Hand- und*

---

[*] Rp. Spirit. aromat.
   Spirit. formicar.
   Spirit. sinaps. aa 30,0
   D. S. Stündlich einen Theelöffel voll in der Umgebung des Ohres einzureiben. oder Auflegen eines fliegenden Vesicans auf den Warzentheil und Bestreichen der blossgelegten Haut mit Unguent. tartar. stibiat. (vergl. hierüber S. 119).

Fussbäder von *40—45° C*, event. mit *Zusatz von Senfpulver* (50—100 g Senfmehl) werden mit kaltem Wasser angerührt und der Teig ins Fussbade vertheilt*). *hydropathische Einwicklungen der Füsse* und in sehr hartnäckigen Fällen, in denen all' dieses keinen dauernden Erfolg gehabt hat, *salinische Diuretica*.

Um die Wiederkehr der Congestionen zu verhüten, verordne man dem Patienten eine *einfache Lebensweise, leicht verdauliche Kost, viel Bewegung im Freien*, verbiete oder beschränke den Genuss alcoholischer Getränke sowie das Rauchen.

Mitunter erweisen sich *kalte Abreibungen* des Körpers als vortheilhaft.

Nach Politzer empfehlen sich, wo die Labyrinthhyperaemie gleichzeitig mit ausgesprochener Hirncongestion auftritt, kalte Ueberschläge auf den Kopf; nach Schwartze sind dieselben für das Ohr nachtheilig.

Bei angioneurotischen Congestionen in den Kopfgefässen erweist sich mitunter die *Galvanisation des Sympathicus* als nützlich.

Bei starkem Ohrensausen und Schlaflosigkeit verordne man *Brompräparate* (s. S. 148).

Bei passiven Congestionen zu Ohr und Kopf empfiehlt Schwartze Pillen aus Extr. ferr. pomat. und Extr. Rhei, bei Frauen in den climacterischen Jahren Elixir proprietatis Paracelsi (2 mal täglich $\frac{1}{2}$ Theelöffel durch Wochen hindurch).

3) *Labyrinthblutungen:* Blutextravasate im Labyrinth findet man mitunter *nach Verletzungen oder starken Erschütterungen des Schädels* (s. später bei den traumatischen Läsionen des Gehörorgans), gleichgültig ob dieselben eine Fractur oder Fissur des Felsenbeins herbeigeführt haben oder nicht, sodann *bei Caries oder Necrose* des letzteren, *bei Pachymeningitis haemorrhagica*, bei *Meningitis*, bei *Herz- und Nierenkrankheiten, Diabetes mellitus, Leukaemie, perniciöser Anaemie*, ferner nach Steinbrügge in vielen Fällen von *eitriger Mittelohrentzündung*, "insbesondere wenn diese im Gefolge von Infectionskrankheiten, wie Scharlach, Diphtherie, Typhus, Tuberculose und allgemeinen, eine Alteration der normalen Blutmischung bedingenden, Ernährungsstörungen auftreten", sodann aber auch ohne gleichzeitige Mittelohreiterung bei *Typhus, Scharlach, Diphtheritis, Masern, Variola, acuter Tuberculose, Mumps, Arthritis*. Wahrscheinlich entstehen sie auch mitunter in Folge plötzlicher Luftverdichtung im äusseren Gehörgang, *nach starkem explosivartigem Geräusch* (s. später bei den traumatischen Läsionen), nach *plötzlichem Uebergang aus comprimirter in gewöhnliche Luft*, nach innerlichem Gebrauch von *Chinin oder Salicylsäure*, sodann vielleicht auch nach *heftigem Erbrechen* oder *Niesen* und bei *Keuchhusten*.

Atheromatöse Degeneration der Arterien und Stauungshyperaemie bei Herzkrankheiten begünstigen die Entstehung von Labyrinthblutungen. Ob letztere indessen durch Circulationsstörungen oder durch entzündliche Vorgänge zu Stande kommen, ist in manchen Fällen schwer zu entscheiden.

Kleinere Extravasate können resorbirt werden, grössere die Nervenfasern und -endorgane zerstören oder zur Atrophie bringen, bei Fractur des Felsenbeins vereitern und bei Fortschreiten der Entzündung durch den Meatus audit. int. noch sehr spät den Tod herbeiführen.

Symptome: Dieselben bestehen in *plötzlich auftretender hochgradiger*

---

*) Bei Vollblütigen wirken zu *heisse Fussbäder* oft anregend, verursachen eine schlaflose Nacht, machen Kopfschmerzen etc. In solchen Fällen sind *lauwarme Fussbäder* ohne reizende Zusätze und wenn eine länger dauernde und stärkere Reizung der Fusshaut beabsichtigt wird, nach Schwartze *hydropathische Einwicklungen der Füsse während der Nacht* vorzuziehen.

Schwerhörigkeit oder Taubheit, subj. Gehörsempfindungen, Uebelkeit oder Erbrechen, Schwindel und taumelndem Gang.

Das Gehör kann nicht nur durch grosse, sondern auch durch zahlreiche capilläre Blutextravasate im Labyrinth erheblich beeinträchtigt werden.

Schwindelanfälle können übrigens bei Labyrinthblutung auch vollkommen fehlen.

Ging der letzteren eine längere Zeit andauernde Hyperaemie des Labyrinths voraus, so findet man mitunter bei der Ohrenspiegeluntersuchung eine *Injection der Hammergriffgefässe und des knöchernen Gehörgangs.*

Prognose: Dieselbe ist *in der Regel ungünstig,* insofern die Taubheit, auch wenn die übrigen Symptome nach einigen Monaten verschwunden sind, fast immer bestehen bleibt. In frischen Fällen erfolgt allerdings, wenn das Gehör nicht ganz verloren gegangen war, zuweilen im Laufe der Zeit noch eine erhebliche Besserung desselben. Indessen ist dieser günstige Verlauf, bei welchem man annehmen muss, dass der acustische Endapparat durch das allmählich zur Resorption gelangende Extravasat nur comprimirt, nicht zerstört war, ungemein selten. Bei einer der Labyrinthblutung zu Grunde liegenden Erkrankung des Circulationsapparats sind *Recidive* zu erwarten, desgleichen bei Leukaemie.

In einem von Blau beobachteten Fall stellten sich bei einem Leukaemischen mit starkem Schwindel, Uebelkeit, Erbrechen, Schwerhörigkeit und subj. Gehörsempfindungen auftretende Anfälle von Labyrinthaffection *jedesmal nach einer Spazierfahrt* ein, wahrscheinlich in Folge einer durch die Erschütterung hervorgerufenen Blutung ins Labyrinth.

Therapie: Dieselbe ist die gleiche wie bei der Labyrinthhyperaemie (s. S. 290 u. 291). *Die Hauptsache ist absolute Ruhe und Verhütung von Kopfcongestionen.* Nach Application des *künstlichen Blutegels* tritt oft sofort eine Abnahme des Schwindels und der subj. Gehörsempfindungen ein, die nach einigen Tagen oder Wochen wieder verschwinden kann, zuweilen aber auch Jahre lang andauert. Bei ausgeprägten Hirnsymptomen *Eisapplication. Jodkali* scheint die Resorption des Extravasats nur wenig zu fördern. Bei veralteten Fällen bleibt Alles vergeblich.

4) Entzündung des Labyrinths (Otitis interna): *Idiopathische (primäre)* Labyrinthentzündungen ohne traumatische Veranlassung sind, wie S. 288 bereits erwähnt wurde, nach der heute herrschenden Ansicht *sehr selten.*

Ob dieses thatsächlich richtig ist, möchte ich dahingestellt sein lassen. Beobachtet man doch nicht allzu selten in Folge von Erkältungen plötzlich auftretende schwere Functionsstörungen von Seiten des Gehörorgans, welche später wieder zurückgehen und welche, wenn im äusseren oder mittleren Ohr ein sie erklärender pathologischer Zustand nicht gefunden wird, wohl ohne grossen Zwang auf entzündliche Vorgänge im Labyrinth bezogen werden könnten, wenn man auch, da Patient hierbei eben nicht zu Grunde geht, nicht in der Lage ist, die Richtigkeit dieser Annahme durch anatomische Untersuchung zu beweisen.

Voltolini beschrieb eine *bei Kindern* vorkommende Erkrankung, welche er als *acute genuine Labyrinthentzündung* auffasst. Die Kinder erkranken ohne Vorboten plötzlich unter *Fieber,* starker Röthung des Gesichts und *Erbrechen;* bald stellen sich *Delirien, Convulsionen* und *Bewusstlosigkeit* ein. Diese an eine acute Meningitis erinnernden schweren Erscheinungen schwinden indessen bereits nach wenigen, gewöhnlich 4 oder 5 Tagen vollkommen, und es bleiben als alleinige Residuen der Krankheit *doppelseitige complete Taubheit* und längere Zeit anhaltender *taumelnder Gang* zurück.

Die Annahme, dass es sich hier um eine *doppelseitige primäre Labyrinthentzündung* handelt, ist von verschiedenen Seiten angegriffen worden, und hat insbesondere Gottstein darauf hingewiesen, dass *bei Epidemieen von Meningitis cerebrospin. Abortivformen* vorkommen, in denen diese Krankheit nicht etwa mehrere Wochen, sondern gleichfalls nur wenige Tage andauert, sodass die von Voltolini beschriebenen Fälle sehr wohl durch Meningitis bedingt sein können, sei es, dass letztere zu einer von der Schädelhöhle fortgepflanzten eitrigen Entzündung beider Labyrinthe oder zur Erkrankung der Hörnervenstämme bez. -wurzeln geführt hat. Da V.'s Annahme einer *primären* doppelseitigen Labyrinthentzündung als Ursache des beschriebenen Symptomencomplexes nicht durch Sectionsbefunde gestützt ist, so lässt sich vorläufig nicht mit Sicherheit entscheiden, ob dieselbe richtig oder unrichtig ist.

Secundäre Labyrinthentzündungen sind *bei Otitis media,* insbesondere den eitrigen Formen, *bei Meningitis* (cerebrospin. und tuberculosa) und *bei Pachymeningitis haemorrhagica* gefunden worden.

Bei Otitis med. kann der Eiterungsprocess entweder durch die eröffneten Labyrinthfenster oder durch einen cariösen Defect an der inneren Paukenhöhlenwand, welcher am häufigsten wohl in den horizontalen oder verticalen Bogengang führt, vom Mittelohr, *bei der Meningitis* kann die Entzündung entweder dem Hörnervenstamm entlang ·durch den Porus acusticus int. oder durch den Aquaeductus cochleae, durch Spalten des Saccus endolymphaticus oder endlich durch Vermittlung des in die Fossa subarcuata eintretenden gefässhaltigen Fortsatzes der Dura mater von der Schädelhöhle zum Labyrinth fortschreiten. Nach LUCAE kann das Uebergreifen eines Entzündungsprocesses *aus der Paukenhöhle* auf das Labyrinth auch in der Weise stattfinden, dass derselbe zunächst durch die Fiss. petro-squamosa zur Dura und dann von dieser längs der A. subarcuata auf die Markräume des Felsenbeins in der Umgebung des Labyrinths und endlich auf dieses selbst fortschreitet, und lassen sich nach ihm in dieser Weise vielleicht zahlreiche Fälle erklären, wo im Verlauf der Scharlachdiphtheritis und der Otitis media purul. bei Kindern totale Taubheit auftritt.

Bei den durch Infectionskrankheiten, acuten wie chronischen, *bedingten Labyrinthentzündungen,* bei welchen man, wofern die organischen Infectionsträger nicht aus der gleichzeitig erkrankten Pauken- oder Schädelhöhle ins Labyrinth gelangt sein können, annehmen muss, dass sie hierhin durch den allgemeinen Blutstrom verschleppt sind, veranlassen die Krankheitskeime nach STEINBRÜGGE in gleicher Weise wie bei den Erkrankungen des Mittelohrs und der Knochensubstanz in höchster Potenz eine *Mortification der Gewebe im Labyrinth.* Dieselbe kommt wahrscheinlich durch directe Einwirkung des Krankheitsgiftes auf die kleinen Gefässe des Periosts zu Stande, indem durch Stase und Thrombose in diesen Zerfall der am Periost befestigten Labyrinthgebilde eingeleitet wird. *Gleichzeitig* aber entsteht *eine reactive mit Eiterung einhergehende demarkirende Entzündung,* welch' letztere, wenn reichliche Eitermengen producirt werden, zu einer mechanischen Zerstörung der Labyrinthgebilde, andererseits aber auch zu einer *Neubildung gefässreichen,* später *mitunter verkalkenden oder verknöchernden Bindegewebes* führt. *Necrotische Processe auf der einen und Neubildung von Bindegewebe und Knochen im Labyrinth auf der anderen Seite* sind bei Erkrankungen desselben, welche im Verlauf der Cerebrospinalmeningitis, der Diphtherie, der Masern, der Tuberculose, der Syphilis, der Leukaemie und der Osteomyelitis entstanden waren, post mortem gefunden worden.

Natürlich ist es, dass die pathologisch-anatomischen *Labyrinthbefunde bei verschiedener Dauer und Intensität der Erkrankung verschieden* ausfallen. Hatte letztere erst *kurze Zeit* bestanden, so findet man mitunter nur Zerstörungen, währte sie aber *länger,* neben necrotischem Zerfall der Gewebe und Eiteransammlung Neubildung von Bindegewebe oder gar Knochensubstanz. Nach *leichten* Entzündungen zeigt das Labyrinth nach STEINBRÜGGE mitunter nur einige Bindegewebsfäden, welche die perilymphatischen Räume durchkreuzen, zuweilen daneben noch Verdickungen des Endosteum und knöcherne Auflagerungen am Rande der Scalen oder des Vorhofs, nach *schweren* vollkommene Ausfüllung sämmtlicher Hohlräume des Labyrinths mit Bindegewebe oder Knochensubstanz, dazwischen bezüglich der Intensität der Residuen producirter Entzündung die mannigfaltigsten Zwischenstufen. In gleicher Weise schwanken die Veränderungen der Nerven und ihrer Endapparate bei verschiedenen Graden der Entzündung zwischen particller Atrophie und völligem Schwund der Nerven und Ganglienzellen, zwischen theilweiser Verkümmerung und gänzlicher Zerstörung des Corti'schen Organs bez. der Corti'schen und Reissner'schen Membran, der Säckchen, Ampullen und häutigen Bogengänge.

Bei frischen intensiven Entzündungen des Labyrinths findet man in demselben stets starke *Hyperaemie* und *Blutextravasate,* gewöhnlich auch reichliche *Eiterbildung* oder wenigstens *kleinzellige Infiltration* (Durchsetzung mit lymphoiden Körpern).

Die Schnecke zeigt bei Labyrinthentzündungen häufig in der ersten Windung stärkere Zerstörungen bez. weitere Entwickelung der reactiven Neubildung als in der zweiten und dritten.

Die **Diagnose** *der secundären Labyrinthentzündung* stützt sich auf den Nachweis hochgradiger Schwerhörigkeit oder Taubheit, verbunden mit heftigen und anhaltenden subj. Gehörsempfindungen, Uebelkeit und Erbrechen, Schwindel und taumelndem Gang in Fällen, wo im Mittelohr ein diese Erscheinungen genügend erklärender krankhafter Zustand nicht nachgewiesen werden kann, und wo eine Allgemeinerkrankung besteht, in deren Verlauf nach Maassgabe der in der Literatur vorliegenden pathologisch-anatomischen Befunde häufiger Labyrinthentzündungen auftreten, wie Meningitis, Scharlach, Diphtherie, Syphilis, Leukaemie und Mumps. Freilich treten bei diesen nicht nur Entzündungen des Labyrinths, sondern auch Hyperaemie und Blutungen in demselben auf. Die Differentialdiagnose zwischen diesen drei Arten von Labyrintherkrankung bez. ihren Folgezuständen aber dürfte in vielen Fällen kaum zu stellen sein.

Greift ein im Mittelohr bestehender Eiterungsprocess auf das Labyrinth über, z. B. bei plötzlichem Durchbruch einer der Fenstermembranen, so wird dieses in der Regel durch *heftige subj. Gehörsempfindungen, plötzliche Zunahme der Schwerhörigkeit, Uebelkeit oder Erbrechen, Schwindel und schwankenden Gang* und Schmerz im Hinterkopf angezeigt.

Bezüglich der Frage, ob und inwieweit die *Ergebnisse der Hörprüfung* für die Annahme einer Labyrinthaffection verwerthet werden können, vergl. S. 287.

Bezüglich VOLTOLINI's *primärer Labyrinthentzündung der Kinder* ist das für die Diagnose Erforderliche bereits oben (S. 292) mitgetheilt worden.

Prognose: Eine Eiterung im Labyrinth kann sich längs des Acusticus in die Schädelhöhle fortsetzen und zur Meningitis führen. In anderen Fällen findet dieses nicht statt, der Eiter dickt sich ein, verkäst, verkalkt. Auch kann im Verlauf der Labyrintheiterung ein bindegewebiger Abschluss des inneren Gehörgangs entstehen, welcher die Fortleitung der Eiterung in die Schädelhöhle verhindert. In manchen Fällen führt die eitrige Entzündung des Labyrinths zur Necrose.

Quoad sensum ist die Prognose der Labyrinthentzündung im Allgemeinen als eine *schlechte* zu bezeichnen; denn wenn auch eine allmähliche Besserung einer durch sie hervorgerufenen hochgradigen Schwerhörigkeit, insbesondere bei frischeren Fällen, zuweilen beobachtet wird, so ist dieses doch selten der Fall. Gewöhnlich bleibt die Hörstörung unverändert oder steigert sich sogar bis zu vollkommener Taubheit. Schwindel und Gleichgewichtsstörungen pflegen allmählich zu verschwinden, meist allerdings erst nach längerem Bestehen. Die subj. Gehörsempfindungen erweisen sich als ungemein hartnäckig.

Die **Therapie** der Labyrinthentzündungen ist *dieselbe wie die der Hyperaemie und der Blutungen im Labyrinth.*

Ueber die Behandlung der syphilitischen Labyrinthentzündungen siehe später bei Syphilis des Gehörorgans.

Insbesondere für die syphilitischen, aber auch für andere Formen von Labyrinthtaubheit empfehlen sich *Schwefel- und Jodbäder* (Aachen, Tölz).

Durch entsprechende örtliche Behandlung gleichzeitig bestehender Mittelohraffectionen, bei der man indessen mit Rücksicht auf das krankhaft afficirte Labyrinth *sehr schonend* verfahren muss, kann eine Besserung des Zustandes erzielt werden.

Prophylactisch ist es von grosser Wichtigkeit, vorhandene Mittelohreiterungen aufs Sorgfältigste zu behandeln.

5) **Panotitis** nennt POLITZER eine vorzugsweise bei Kindern auftretende Erkrankung des Gehörorgans, „bei welcher Mittelohr und Labyrinth gleichzeitig oder rasch hinter einander von der Entzündung ergriffen werden". Er unterscheidet eine *idiopathische* und eine *bei scarlatinöser Diphtheritis oder Variola vorkommende Form* der Panotitis. Die erstere beginnt mit starkem *Fieber*, zu welchem *Bewusstlosigkeit* und *eclamptische Anfälle* hinzutreten können, dauert einige Stunden oder Tage und führt in dieser auffallend kurzen Zeit zu vollkommener *Taubheit*. Meist erst nach mehreren Tagen, selten schon vor Rückkehr des Bewusstseins, tritt beiderseits *Ohrenfluss mit Trommelfellperforation* ein. In allen Fällen bestand taumelnder Gang.

Die **Prognose** der *genuinen* Panotitis ist nach POLITZER ungünstig, die *der diphtheritischen* nicht immer.

Therapeutisch empfehlen sich *subcutane Injectionen von Pilocarpin. muriat.* (durch 20—30 Tage bez. mit Unterbrechungen durch mehrere Monate), innerlicher Gebrauch von *Jodkali*, längere Zeit fortgesetzte Einreibungen von *Jod- oder Jodoformsalben* hinter dem Ohre, Trink- und Badecuren im *Jodbade Hall*.

6) *Die Menière'sche Krankheit:* Im Jahre 1861 veröffentlichte P. MENIÈRE ein „*Mémoire sur des lésions de l'oreille interne donnant lieu à des symptomes de congestion cérébrale apoplectiforme*". In dieser Arbeit lenkte er die Aufmerksamkeit auf ein Krankheitsbild, welches er in zahlreichen Fällen beobachtet hatte und das er etwa in folgender Weise beschreibt:

„Ein junger kräftiger Mensch erkrankt *plötzlich* ohne nachweisbare Ursache an *Schwindel, Uebelkeit* und *Erbrechen;* ein Zustand unaussprechlicher Angst verzehrt seine Kräfte; das bleiche und in Schweiss gebadete Antlitz kündigt eine nahe Ohnmacht an. Oft sogar war der Kranke, nachdem er sich schwindlig und schwankend gefühlt hatte, *zur Erde gestürzt* und nicht im Stande, sich wieder zu erheben; auf dem Rücken liegend konnte er die Augen nicht öffnen, ohne die ihn umgebenden Gegenstände sich lebhaft im Kreise bewegen zu sehen, *die leichteste Bewegung des Kopfes* verstärkte Schwindel und Uebelkeit; sobald der Kranke seine Lage zu verändern versuchte, trat von Neuem Erbrechen ein. Diese Zufälle hatten durchaus keine Beziehung zu einer Ueberfüllung oder Leere des Magens, sie überraschten den Patienten inmitten vollkommenster Gesundheit; sie dauerten nicht lange, aber ihr Character war derart, dass die hinzugerufenen Aerzte an eine Gehirncongestion glaubten und eine dementsprechende Behandlung vorschrieben. Derartige Zustände riefen bei öfterer Wiederholung ernste Besorgnisse hervor, um so mehr, als *zwischen jeder Attaque eine Neigung zu Schwindel und Taumeln* bestehen blieb. Der **Patient** konnte den Kopf nicht plötzlich erheben, sich nicht nach rechts oder links drehen, ohne das Gleichgewicht zu verlieren; sein Gang wurde unsicher, er neigte sich, ohne es zu wollen, nach einer Seite, war oft gezwungen, sich an eine Wand zu lehnen, der Boden erschien ihm uneben, an dem geringsten Hinderniss stiess er an, beide Beine waren nicht mehr gleich geschickt, über die Stufen einer Treppe zu schreiten; kurz, die Muskeln des Stehens und Gehens functionirten nicht mehr mit ihrer gewohnten Ordnungsmässigkeit.

Jede etwas heftige Bewegung rief functionelle Störungen derselben Art hervor. Wenn sich der Kranke beim Zubettgehen *rasch* in die horizontale Lage begab, so schienen ihm *das* Bett und die umgebenden Gegenstände sofort in eine abnorm kreisende Bewegung zu gerathen, er glaubte sich auf dem Deck eines stark hin und her schaukelnden Schiffes und sofort stellten sich Uebelkeiten ein, ganz wie beim Eintritt der Seekrankheit. Andererseits traten dieselben Erscheinungen auf, wenn sich der Kranke beim Aufstehen *plötzlich* in die verticale Stellung begab, und, wollte er gehen, so drehte er sich um sich selbst und fiel hin. Man bemerkte dann die Blässe seines Gesichts und einen ohnmachtsähnlichen Zustand. Der Körper bedeckte sich mit kaltem Schweiss und Alles zeigte ein starkes Angstgefühl an . . . Man sah in all' diesen nichts als eine Gehirncongestion . . .

Allein der achtsame Kranke machte bald auf das Auftreten gewisser Erscheinungen aufmerksam wie z. B. auf oft sehr starke und anhaltende *Ohrgeräusche*, und dann nahm das Hörvermögen *auf einer, bisweilen sogar auf beiden Seiten* beträchtlich ab . . . Ich untersuchte die Ohren und entdeckte in ihnen meist keine Spur einer nennenswerthen Läsion, allein auch ich constatirte das Zusammentreffen der *Harthörigkeit* und der cerebralen Störungen, von denen man mir Mittheilung gemacht hatte. Bei einigen sehr achtsamen Patienten war es mir möglich, mittelst äusserst präciser Fragen festzustellen, dass dem Schwindel, dem ohnmachtsähnlichen Zustande, dem Hinstürzen, dem Erbrechen Ohrgeräusche vorausgegangen waren, dass diese keine besondere Ursache erkennen liessen, dass sie in den die Attaquen trennenden Pausen andauerten, oft aber mit einer Zunahme des Schwindels coincidirten und dass sie niemals die saccadirte arterielle Form zeigten, kurz, dass sie nie Carotisgeräusche waren . . . Ich hielt mich für genügend berechtigt, in diesen so schweren und beunruhigenden Erscheinungen lediglich die Symptome einer mit der Erhaltung der allgemeinen Gesundheit vereinbaren Verletzung eines besonderen Apparats zu erblicken, und in der That haben viele Patienten, welche derartigen Attaquen während Monaten und Jahren unterworfen waren, gesehen, dass dieselben allmählich verschwanden und keine Spur zurückliessen. Dann aber zeigte sich eine andere Symptomenreihe: die Ohrgeräusche persistirten mit einer merkwürdigen Hartnäckigkeit, das Hörvermögen nahm mehr und mehr ab, und ich konnte vollständigen Verlust desselben constatiren in Fällen, wo im Ohre auch nicht ein einziges Mal Schmerz aufgetreten war . . ."

Unter den von M. beobachteten hierher gehörenden Fällen nahm nur einer einen tödtlichen Verlauf. Derselbe betraf ein junges Mädchen, welches während seiner Menstruation in einer Winternacht auf dem Verdeck eines Postwagens gereist, in Folge der beträchtlichen Kälte, nachdem es bis dahin immer durchaus gut gehört hatte, plötzlich vollkommen ertaubt war, fortwährenden Schwindel zeigte und bei dem geringsten Versuch, sich zu bewegen, Erbrechen bekam. Am 5. Tage trat der Tod ein. Bei der Autopsie wurden *Gehirn und Rückenmark vollkommen normal* und als einzige Veränderung *in den Schläfenbeinen eine röthliche plastische Masse, eine Art von Blutausschwitzung,* gefunden, *welche die halbzirkelförmigen Canäle erfüllte,* im Vorhof nur noch spurenweise und in der Schnecke gar nicht mehr vorhanden war (*Blutung oder Entzündung im Labyrinth?*).

Auf Grund dieses Sectionsbefundes und der Beobachtungen, welche FLOURENS bei der Durchschneidung der Bogengänge an Thieren gemacht hatte, fühlte sich MENIÈRE zu der Annahme geneigt, dass die von ihm geschilderten, plötzlich auftretenden **Symptome**, „*welche in Schwindel, Erbrechen und einem ohnmachtsähnlichen Zustand bestehen, von subj. Gehörsempfindungen begleitet werden und Taubheit zur Folge haben*", von einer krankhaften Veränderung („altération") abhängen, *die in den halbzirkelförmigen Canälen ihren Sitz hat.* Zur Unterstützung dieser Ansicht macht er folgende Ausführungen:

„Können diese sich plötzlich entwickelnden Erscheinungen, welche sehr an eine „congestion cérébrale apoplectiforme" erinnern, wirklich einer Blutwallung („raptus sanguin") in der Schädelhöhle zukommen? und, wenn man den Kranken plötzlich hinsinken sieht, wie ein getödtetes Thier, soll dann der hinzugerufene Arzt glauben, dass das Gehirn so congestionirt war, dass es seine Functionen nicht mehr ausüben konnte? Dabei muss man bemerken, dass *keine Lähmung vorhanden ist, keine Deviation des Gesichts oder der Zunge; die Sprache ist nicht erschwert, die Intelligenz intact* und die vorher geschilderte functionelle Störung dauert nur kurze Zeit. *Nach dem Anfall besteht weder Schlafsucht noch Betäubung.* Der Patient ist wohl im Stande, über das, was sich zugetragen hat, Bericht zu erstatten . . . ."

M. erwähnt dann ferner, dass nach seinen Beobachtungen Personen, welche viel an Migräne leiden, oft Erscheinungen zeigen, welche den geschilderten analog sind, und dass gewisse Fälle von mit Erbrechen begleiteter Hemicranie häufig mit Taubheit enden. Er nimmt keinen Anstand, diese Formen von Migräne, welche mit Ohrensausen, Schwindel und allmählicher Abnahme des Hörvermögens einhergehen, von einer Läsion des inneren Ohres abzuleiten. Er fährt dann weiter an, dass der sogenannten „nervösen Taubheit", bei welcher die Ohren niemals von einer Entzündung befallen waren, und wo man objectiv gar keine pathologischen Veränderungen findet, meist Symptome vorausgehen, welche mit den in Rede stehenden eine bemerkenswerthe Analogie zeigen.

Andererseits thut er selber neuerer Versuche Erwähnung, welche zu beweisen scheinen, dass *Verletzung des Kleinhirns* beim Thiere eine *Drehbewegung auf die verletzte Seite* hervorruft, und dass diese Erscheinung der nach Durchschneidung der halbzirkelförmigen Canäle von FLOURENS beobachteten sehr ähnlich sieht, bemerkt aber, dass bei den vorher erwähnten Versuchthieren das Gehör intact blieb.

*Da nun Menière in dem von ihm geschilderten Symptomencomplex nichts enthalten zu sein scheint, was die Läsion eines so wichtigen Organs wie das Kleinhirn anzeigen könnte, da ferner in seinen Fällen stets bald eine erhebliche Schwerhörigkeit eintrat, so bleibt er bei seiner Ansicht stehen, dass die von ihm beobachteten Symptome nur einer Läsion des **inneren Ohres** angehören können.*

Plötzlich eintretender Schwindel und Taumel, welche einem ohnmachtsähnlichen Zustand, Uebelkeiten und Erbrechen Platz machen, kämen allerdings durchaus nicht allein bei einer *Läsion des inneren Ohres* vor, könnten vielmehr von gewissen *Cerebralaffectionen*, von einem *Congestivzustand der Meningen*, von einer *Verletzung des Kleinhirns oder seiner Anhänge* abhängen; würden diese Symptome indessen von Ohrgeräuschen begleitet und insbesondere, wenn sich bald eine bemerkenswerthe Abnahme des Hörvermögens zu ihnen hinzugesellt, so hätte man den Sitz des Leidens im Labyrinth und hauptsächlich in den halbzirkelförmigen Canälen zu suchen.

Ich habe den wesentlichsten Theil der Ausführungen M.'s absichtlich ziemlich wörtlich wiedergegeben, weil es meines Erachtens, wenn man einem pathologischen Zustand den Namen Menières's beilegt, von Wichtigkeit ist, zu wissen und zu beachten, was M. selber hierüber gesagt hat.

Obwohl dieses ja eigentlich selbstverständlich ist, so hat man es durchaus nicht immer gethan.

Man hat darüber gestritten, ob man von *Menière'scher Krankheit* oder *Menière'schem Symptomencomplex* sprechen soll. Es ist dieses meiner Ansicht nach ziemlich irrelevant.

Man hat aber auch von M.'s Krankheit oder Symptomencomplex in Fällen gesprochen, in welchen der plötzliche Eintritt von subj. Gehörsempfindungen und Schwerhörigkeit, Schwindel, Uebelkeit und Erbrechen durch eine *Mittelohraffection* hervorgerufen wurde, so z. B. durch rasch entstehenden Tubenverschluss oder durch raschen und reichlichen Erguss von Exsudat in die Paukenhöhle. Dieses nun scheint mir unrichtig zu sein, da M. das Vorkommen der genannten Symptome bei verschiedenen Affectionen des Mittelohrs wohl kannte und auch ausführlich bespricht, ausdrücklich aber hervorhebt, dass bei dem von ihm geschilderten Krankheitsbild, bei welchem die genannten Erscheinungen sich *anfallsweise* wiederholen, *objectiv wahrnehmbare pathologische Veränderungen im Ohre vollkommen fehlten.*

Auf der anderen Seite werden von manchen Autoren diejenigen Fälle, bei welchen die M.'sche Attaque ein Individuum befällt, welches schon vorher auf einen oder beiden Ohren etwas schwer hörte bez. an Ohrensausen litt, *nicht* als M.'sche Krankheit bezeichnet. Auch hiermit kann ich mich nicht einverstanden erklären. Denn unter den von M. selber beschriebenen Fällen litten einige bereits *vor* ihrem ersten Anfall gleichfalls an Schwerhörigkeit und Ohrensausen. Ausserdem aber ist nicht einzusehen, warum eine Erkrankung des Labyrinths bez. der Bogengänge, auf welche M. selber doch das von ihm geschilderte Krankheitsbild zurückführt, nur bei einem bis dahin vollkommen gesunden Gehörorgan auftreten soll.

Die M.'sche Krankheit ist später auch von anderen Ohrenärzten in zahlreichen Fällen beobachtet worden.

Als **Symptome** derselben, *die in der vorher wiedergegebenen Beschreibung M.'s noch nicht aufgeführt sind*, und von denen eines oder das andere bez. auch mehrere zugleich in einzelnen später publicirten Fällen zur Beobachtung gelangten, wären zu nennen: *kurz dauernde Bewusstlosigkeit im Beginn des Anfalls, vorübergehende Verdunklung des Sehfeldes oder transitorische Hemiopie mit horizontaler Trennungslinie nach, Pupillenerweiterung, Mouches volants, Glaskörper- und Netzhautblutungen während desselben, eine zitternde greisenhafte Schrift während der Dauer des Schwindels und der Gleichgewichts-*

störungen, psychische Depression und Gedächtnissschwäche, die sich in den ersten Wochen der Krankheit allmählich entwickeln.

Das *Hörvermögen* ist entweder vollkommen zu Grunde gegangen oder doch ausserordentlich stark herabgesetzt. *Schwindel und Gleichgewichtsstörungen* manifestiren sich am stärksten beim Stehen und Gehen mit geschlossenen Augen und im Dunkeln.

Bisweilen geht jedem Anfall *Sausen oder Pfeifen im Ohre* wie eine Art *Aura* voraus. Das Entgegengesetzte, nämlich das *Sistiren* continuirlicher subj. Gehörsempfindungen als Vorbote M.'scher Attaquen beobachteten Uraxtschitsch und ich.

Was die **Ursache** der Erkrankung betrifft, so ist in einigen Fällen *Einwirkung glühender Sonnenhitze* als veranlassendes Moment beschuldigt worden, in anderen wurde sie bei *Tabes* und *Leukaemie* beobachtet; Menière selber sah sie häufiger *bei Syphilitischen, Gichtikern und Rheumatikern.* Oft bleibt die Ursache der Erkrankung vollkommen *unklar.*

Ebenso ist es mit dem ihr zu Grunde liegenden pathologisch-anatomischen Process. Der letztere ist nach M. stets im Labyrinth zu suchen. In dem von ihm secirten Falle scheint es sich um eine *Blutung in's Labyrinth* gehandelt zu haben. Wahrscheinlich aber bilden eine häufige Ursache für M.'sche Anfälle *vasomotorische Störungen im Gebiet der Labyrinthgefässe.*

Verlauf: Von den den M.'schen Anfall zusammensetzenden Symptomen verschwindet am schnellsten die *Bewusstlosigkeit,* falls eine solche überhaupt vorhanden war, sodann das *Erbrechen;* länger pflegen *Schwindel und unsicherer Gang* anzudauern. Mitunter haben sich die letzteren in einigen Tagen so weit gebessert, dass Patient von Jemandem unterstützt oder mit Hülfe eines Stockes wieder gehen kann; gewöhnlich verschwinden sie, falls keine weiteren Attaquen auftreten, in einigen Wochen oder Monaten gänzlich. In ganz leichten Fällen dauern sie überhaupt nur wenige Minuten an. Andererseits wiederum können sie auch viele Jahre lang bestehen. Ist ihre Intensität bereits gering, so manifestiren sie sich hauptsächlich bei heftigeren Bewegungen. Viel länger als die Gleichgewichtsstörungen bleiben die *subj. Gehörsempfindungen* bestehen. In manchen Fällen freilich nehmen auch diese später an Intensität ab; in anderen dauern sie bis zum Tode in gleicher Heftigkeit an und zwar mitunter selbst bei völlig Ertaubten. Die *Schwerhörigkeit* bleibt unverändert oder nimmt allmählich zu.

Bisweilen bleibt es bei **einem einzigen Anfall.** *Bei anderen Patienten* **wiederholt sich** *derselbe* nach Tagen, Wochen oder Monaten und erfolgt dann unter Wiederauftreten von Uebelkeit und Erbrechen eine Verschlimmerung der subj. Gehörsempfindungen und, falls dieses noch möglich ist, der Schwerhörigkeit sowie eine Steigerung bez., wenn dieselben schon verschwunden waren, ein erneutes Auftreten der Gleichgewichtsstörungen. Mitunter kehren die Anfälle intermittensartig in regelmässigen Intervallen täglich oder jeden zweiten Tag wieder.

Die *Dauer der Anfälle,* von denen der erste durch den Eintritt von Uebelkeit oder Erbrechen, subj. Gehörsempfindungen, Schwindel und Schwerhörigkeit, die folgenden event. nur durch Exacerbation der genannten Symptome characterisirt sind, schwankt zwischen einigen Minuten und mehreren Tagen.

Diagnose: *Dieselbe ist nur in denjenigen Fällen möglich, wo wir Gelegenheit haben, den Kranken* **während** *oder doch wenigstens* **bald nach dem Anfall** *zu untersuchen.* Finden wir hierbei den vorher geschilderten Symptomencomplex (d. h. also plötzlich unter Schwindel, Uebelkeit resp. Erbrechen erfolgendes Auftreten oder erhebliche Zunahme von Schwerhörigkeit und subjectiven

Gehörsempfindungen) deutlich ausgesprochen, *im Bereiche der Hirn- und Rückenmarksnerven mit Ausnahme des Acusticus keine Lähmungserscheinungen* und *in der Paukenhöhle* keine Veränderungen, welche Menière'sche Symptome hervorrufen könnten, d. h. *keinen acuten Erguss catarrhalischen oder eitrigen Exsudats,* so kann die Diagnose auf Morbus Menière gestellt werden. Können wir dagegen die Kranken erst *längere Zeit nach dem Anfall* untersuchen, so kann die dem Anfall vielleicht zu Grunde liegende acute Mittelohraffection abgelaufen sein, ohne irgend welche objectiv nachweisbaren Spuren zu hinterlassen, und werden wir dann nicht unterscheiden können, ob eine M.'sche Krankheit in dem von dem genannten Autor angenommenen Sinne, d. h. also *eine primäre Labyrinthaffection,* vorliegt.

Prognose: *Bei vollkommener und bereits Monate lang anhaltender Taubheit* ist eine Besserung des Hörvermögens ausgeschlossen.

Bei frischer Erkrankung kann sich das letztere noch bessern. Indessen ist bedeutende Besserung oder gar Heilung sehr selten.

Therapie: Solange starke Gleichgewichtsstörungen bestehen, muss Patient das *Bett hüten* und sich in demselben *möglichst wenig bewegen.* Man gebe ihm diejenige Lage, in welcher der Schwindel am geringsten ist. Es ist diese individuell verschieden.

Im Anfall und in der ersten Zeit nach demselben versuche man, wenn die Patienten einen *congestiven Habitus,* Hyperaemie des Gesichts und des Kopfes zeigen, die stürmischen Erscheinungen durch Auflegen einer *Eisblase auf den Kopf,* *Sinapismen, spirituöse Einreibungen* (s. S. 149), *Jodanstrich* oder Application des künstlichen Blutegels *auf den Warzentheil* (s. S. 128), *Blasenpflaster am Nacken, Ableitung auf den Darm und schmale Kost* zu lindern.

Nach Ablauf der stürmischen Erscheinungen, also etwa in der 2. oder 3. Woche, kann man zur Resorption des Exsudats im inneren Ohre eine *Pilocarpincur* (s. S. 151 u. 152) einleiten.

Zur Beförderung der Resorption ist ferner vielfach Jodkali angewandt worden, 0.5—1.0 g pro die, 3—4 Wochen lang. Der Schwindel wird nicht selten durch innerlichen Gebrauch von *Chinin. muriat.* gemindert, doch habe ich, um das Sausen und die Schwerhörigkeit nicht zu verstärken, nie die von Charcot empfohlenen grossen Dosen*), sondern nur 0.01 pro dosi 3 mal täglich gegeben. Mitunter wird Schwindel und Sausen auch durch *Brompräparate* (s. S. 148) günstig beeinflusst. Urbantschitsch sah öfters von Tinct. nucis vomicae, 8—10 Tropfen pro die, guten Erfolg.

In den meines Erachtens nicht mit Menière's Namen zu bezeichnenden Fällen, wo eine Mittelohraffection zu Grunde liegt, muss diese natürlich entsprechend behandelt werden. Sonst aber wende man *Luftdouche und dergl.,* wenn überhaupt, *nur mit äusserster Vorsicht* an, um keine Verschlimmerung hervorzurufen.

---

*) *Charcot* empfahl bei *Menière'scher* Krankheit innerliche Darreichung von *grossen Dosen Chinin. sulphuric.* Er beginnt mit 0.3 pro die und steigt allmählich bis auf 0.7 oder gar 1.0 pro die. Nach vierwöchentlichem Gebrauch lässt er 14 Tage lang pausiren und beginnt dann wieder sogleich mit 0.4 g pro die. Verschlimmerung der Erscheinungen am Anfang der Cur soll von der Fortsetzung nicht abschrecken, da dieselben — mit Ausnahme freilich der Schwerhörigkeit — nach Charcot oft bald vollständig nachlassen. Bei etwa eintretenden Verdauungsbeschwerden muss der Chiningebrauch vorübergehend ausgesetzt werden.

B. Krankheiten des Hörnerven.

Das Neurilemm des Hörnerven zeigt sich bei Blutüberfüllung der Hirnhäute, bei Meningitis, Encephalitis, Aneurysma der A. basilaris und bei Stauungen in den Hirngefässen nicht selten *hyperaemisch.*

Ecchymosen am Hörnervenstamm sind bei Fracturen des Felsenbeins, bei Pachymeningitis hämorrhag., bei Scorbut, Leukaemie und bei Ohrsyphilis gefunden worden.

Neuritis des Acusticusstamms (Röthung, Schwellung, eitrige Infiltration, in schweren Fällen Erweichung und Zerfall des Nerven) fand man bei eitriger Basilarmeningitis, epidemischer Cerebrospinalmeningitis sowie bei Fissuren und Caries des Os petrosum.

Atrophie des Hörnervenstamms ist bei Compression desselben durch Tumoren des Gehirns, der Hirnhäute und der Nerven selbst, die in den Meatus audit. intern. und sogar in das Labyrinth eindringen können, und zwar durch Sarcom, Carcinom, Tuberkelknoten, Psammom, cavernöses Angiom, sodann bei Aneurysma der A. basilaris, ferner bei Blutextravasaten und Periostose im inneren Gehörgang, bei hämorrhagischer Pachymeningitis, bei apoplectischen und encephalitischen Processen am Boden des 4. Ventrikels und in der Nähe der Acusticus-Kerne und -Wurzeln, bei Erkrankungen des Cerebellum und der Medulla oblongata, bei Hydrocephalus internus, bei Verengerungen der A. basilaris und auditiva int., in einigen Fällen von Tabes und ferner mitunter bei Erkrankung des Labyrinths beobachtet worden.

Wahrscheinlich als Residuum eines abgelaufenen hyperaemisch-entzündlichen Processes sind die mitunter im Neurilemm des Nerven gefundenen *Concretionen von phosphorsaurem oder kohlensaurem Kalk* zu betrachten.

Diagnose: Bei den genannten Krankheitszuständen des Hörnerven finden wir dieselben Symptome wie bei Affectionen des Labyrinths: Schwerhörigkeit bez. Taubheit, subj. Gehörsempfindungen, Schwindel, mitunter Kopfschmerzen und ein Gefühl von Betäubung.

Treten hierzu noch *Functionsstörungen in anderen Hirnnerven,* so wird es zuweilen gelingen, den Sitz der Erkrankung zu ermitteln.

Bei dem bei älteren Leuten nicht allzu seltenen Aneurysma der A. basilar. wurden öfters neben den Hörstörungen Schling- und Respirationsbeschwerden, sowie Störungen der Articulation in Folge von Lähmung des Glossopharyngeus, Vagus und Hypoglossus beobachtet, häufig ferner Klopfen und Schmerzen im Hinterkopf sowie Schwindel.

Nach Politzer soll bei durch Hirntumoren bedingter Schwerhörigkeit, wofern dieselbe nicht sehr hochgradig ist, die bei Labyrinthkrankheiten nach diesem Autor stets erheblich verminderte bez. vollkommen geschwundene *Knochenleitung* intact, nach Gradenigo bei Erkrankung des Hörnerven im Gegensatz zu denen des Labyrinths die *Perceptionsfähigkeit für hohe Töne* nicht beeinträchtigt sein (vergl. diesbezüglich S. 81—83).

Functionelle Lähmung des Hörnerven. Empfindlichkeit gegen Geräusch, Gefühl von Zusammenziehen in den Ohren, von Rieseln oder Krabbeln im Gehörgang sind bei Hysterischen häufig; *hysterische Hörstörungen* dagegen selten. Die letzteren zeigen als characteristisch *auffallende Schwankungen und raschen Wechsel des Hörvermögens* auf einem oder beiden Ohren, sodass mitunter vollkommen normale Hörschärfe mit fast completer Taubheit abwechselt, sie sind *gewöhnlich mit Anaesthesie oder Hyperaesthesie anderer Sinnesnerven, mit Anaesthesie der betreffenden und Hyperaesthesie der entgegengesetzten Körperseite verbunden.*

Durch *Transfert* beim Auflegen eines Magneten oder Geldstücks kann zuweilen ein Hinüberwandern der hysterischen Acusticuslähmung und aller übrigen Symptome von einer auf die andere Seite bewirkt werden.

Ausser der hysterischen wird von einzelnen Autoren auch noch eine *rheumatische,* durch starke Erkältung oder im Verlauf anderer rheumatischer Affectionen entstandene, und endlich eine *angioneurotische Form functioneller Acusticuslähmung* angenommen.

Die letztere soll sich durch plötzlichen Eintritt von Schwerhörigkeit, Ohrensausen, Schwindel, Uebelkeit und Gesichtsblässe characterisiren, Erscheinungen, welche anfallsweise auftreten und nach einigen Minuten mit dem Eintritt der normalen Gesichtsfarbe wieder vollkommen verschwinden. Politzer erzielte in einem solchen Fall durch *Galvanisation des Halssympathicus* im Laufe von einigen Monaten Beseitigung der Anfälle. Urban-tschitsch beobachtete Anfälle von Ohrensausen und Schwerhörigkeit unter gleichzeitigem Auftreten von starkem Pulsiren der Carotis und bedeutender Röthung der seitlichen Halsparthieen und der Ohrmuschel und bezieht dieselben auf vasomotorische Störungen im Gebiete des Sympathicus, auf einen Gefässkrampf im Bereich der acustischen Centren dagegen die bei Migräne häufig vorkommende Hyperaesthesia oder Anaesthesia acustica sowie die durch Schreck hervorgerufene Taubheit.

C. Cerebrale Hörstörungen.

Ueber *Hörstörungen bei Erkrankungen des Gehirns und seiner Häute* s. später.

In einigen Fällen von *Railway-spine* fand Baginsky Störungen seitens des Gehörorgans, welche sich kürzere oder längere Zeit nach dem Eisenbahnunfall eingestellt hatten. Dieselben bestanden in progressiver Schwerhörigkeit, welche einige Male mit subj. Gehörsempfindungen und zeitweilig auftretenden, von einem Ohre zum anderen hinziehenden Schmerzen verbunden waren. Ob das Leiden, gegen welches alle therapeutischen Versuche erfolglos blieben, im Labyrinth oder den Leitungsbahnen bez. den Centren in der Grosshirnrinde (Schläfenlappen) oder an beiden Orten zugleich seinen Sitz hatte, und ob ihm palpable Veränderungen oder nur eine Commotion zu Grunde lagen, liess sich nicht entscheiden. Das relativ späte Auftreten der Symptome in einigen Fällen sprach für allmählich sich entwickelnde degenerative Processe.

Das häufige Vorkommen von Ohrerkrankungen bei den im Eisenbahnfahrdienst Beschäftigten erklärt es, warum bei ihnen schon geringfügige Schädelerschütterungen mitunter bedeutende Verschlechterung des Gehörs zu Stande bringen.

IV. Neubildungen des Gehörorgans.

Neubildungen an der Ohrmuschel und im äusseren Gehörgang.

Die langsam und schmerzlos wachsenden gutartigen *Fibrome* und *Myxofibrome* finden sich meist am Lobulus, besonders häufig bei Negerinnen. Diese kugligen oder halbkugligen, mehr minder derben, eine glatte oder zerklüftete Oberfläche zeigenden Tumoren werden mitunter so gross, dass sie die Muschel an Umfang übertreffen. Die Haut lässt sich nur teilweise über ihnen verschieben. Hierdurch und durch ihre derbere Consistenz unterscheiden sie sich von den Atheromen. Sehr selten sind sie auch im knorpligen Gehörgang beobachtet worden. An der Muschel kommen sie am häufigsten als *Narbenkeloide im Anschluss an das Durchstechen des Ohrläppchens* vor (s. Taf. IX Fig. 1).

Therapie: Bei kleinen Tumoren genügt es mitunter, vorhandene Ohrringe, durch deren Reiz die Geschwulst entstanden sein kann, zu entfernen. Bei grösseren schreite man zur *Exstirpation*, nehme hierbei aber möglichst auf eine die Muschel nicht verunstaltende Narbe Bedacht. Nach unvollständiger Entfernung können *Recidive* eintreten.

Die selteneren blaurothen, mehr weniger stark pulsirenden *Angiome* treten angeboren oder nach Erfrierung der Muschel auf, können an sämmtlichen Theilen derselben sitzen und auf Gehörgang, Gesichtshaut, Kopf und Hals übergreifen. Sehr selten wurden sie im Gehörgang allein beobachtet, beschränkt auf die zwei äusseren Drittel desselben. Bei langsamem Wachsthum verursachen sie kaum Beschwerden, bei raschem mitunter klopfende Schmerzen. Ruptur der ectatischen Gefässe kann eine tödtliche Blutung verursachen.

Therapie: Kleinere Gefässgeschwülste sind durch wiederholtes Einsenken des Thermo- oder Galvanocauters an verschiedenen Punkten in einer Sitzung zu veröden. Bei grösseren sind mehrere, nach Abstossung des Schorfes, also in ca. 6 Tagen, zu wiederholende Sitzungen nothwendig, da bei zu ausgedehnter Cauterisation leicht reactive Entzündungen und starke Nachblutungen eintreten. Grössere zum Angiom führende Arterien sollen vor der Operation unterbunden werden. Treten trotz wiederholter Anwendung des Thermocauters Recidive ein, so kann man versuchen, durch *Unterbindung der zur Ge-*

schwulst führenden Arterien event. der Carotis Heilung zu erzielen. Bei Angiomen des äusseren Gehörgangs empfehlen sich *Aetzungen mit Acid. nitric. fumans.*

Erwähnung finde an dieser Stelle auch das zuweilen an der Ohrmuschel beobachtete von der A. auricul. post. ausgehende *Aneurysma cirsoides*, welches sehr starke Ohrgeräusche verursachen kann.

Das aus einer verstopften Talgdrüse hervorgehende *Milium* der Muschel und des äusseren Gehörgangs ist häufig und stellt ein hirsekorngrosses, rundes, weisses Knötchen dar, welches weiter keine Symptome macht und daher keine Behandlung erfordert.

Das durch Verstopfung des Ausführungsganges einer Talg- resp. Haardrüse entstehende, eine ächte Retentionscyste darstellende *Atherom (Balggeschwulst oder Grützbeutel) der Muschel* zeigt Erbsen- bis Gänseeigrösse (Taf. IX Fig. 2), rundliche Form, glatte Oberfläche und gewöhnlich Fluctuation. Letztere kann durch starke Entwicklung der Membrana propria verschwinden und einer derben, fibromähnlichen Consistenz Platz machen. Die Haut über der Geschwulst ist leicht verschieblich. Platzt das Atherom, so entsteht eine Fistel, aus welcher sich Talg, oder wenn die Geschwult vorher in Eiterung übergegangen war, Eiter und stinkender Hauttalg entleeren.

Das sehr seltene *Atherom des Gehörgangs* kann das Lumen des Canals verstopfen und erfordert dann event. die Exstirpation mit dem Balge.

Therapie: Nachdem man die Haut über dem Balg mit grosser Vorsicht und ohne ihn zu verletzen, gespalten hat, lässt sich derselbe mit Myrthenblatt oder dünnem Scalpellstiel leicht herausschälen. Bleiben Reste zurück, so entstehen Fisteln. Nach Operation der Atherome antiseptisches Ausreiben der Höhle und Compressivverband, bei sehr grosser Höhle Naht mit Drainage.

Die Cysten der Ohrmuschel zeigen dasselbe Aussehen wie die Othämatome, enthalten aber nicht wie diese frisches Blut oder blutig-seröse, sondern vielmehr klare, hellgelbe, fadenziehende Flüssigkeit ohne Beimengung von Detritusmassen oder Fibringerinnseln, welche auf eine Blutung hinweisen könnten. Ihre Entstehung wird ebenso wie die der Othämatome wahrscheinlich durch die bei Sectionen im Knorpel der Ohrmuschel sehr häufig gefundenen Erweichungsheerde (s. S. 162) begünstigt. Die Flüssigkeit befindet sich zwischen Knorpel und Perichondrium der Muschel. Schmerzen verursachen die Cysten niemals.

Therapie: Man spalte die bedeckende Haut unter sorgfältiger Beobachtung aller antiseptischen Cautelen über der ganzen Ausdehnung der Geschwulst, tamponire die Höhle sodann nach Entleerung der Flüssigkeit zunächst mit Jodoformgaze und lege später ein Drainrohr ein. Die Heilung erfolgt bei aseptischem Verlauf in etwa 5—8 Tagen. Bei Infection der Wunde tritt Entzündung ein, welche die Heilung um viele Wochen verzögern kann, Röthung, Schwellung, Hitzegefühl und Schmerzen. Hier wird das an der lateralen Fläche des Knorpels abgehobene Perichondrium so fest, dass es sich dem Knorpel nicht mehr anlegt und beim Ausdrücken des Cysteninhalts Luft in die Höhle eintritt.

Die haselnuss- bis hühnereigrossen congenitalen *Dermoidcysten*, welche durch Einstülpung und sackförmige Abschnürung eines Stücks des äusseren Keimblatts in der Fötalperiode entstehen, und deren Wand aus wirklicher Cutis gebildet wird, sitzen seltener an der Ohrmuschel selbst, häufiger dicht vor derselben an der Schläfe oder hinter der Muschel, zuweilen unter dem Periost. Sie enthalten einen Brei von Cholestearin, Fetttröpfchen und -krystallen, Epidermiszellen und Haaren.

Ihre Exstirpation geschieht ebenso wie die der Atherome, ist aber viel schwieriger als diese, weil der Cystensack sehr dünn ist, daher ausserordentlich leicht einreisst und sich dann nach Entleerung seines Inhalts schwer herauspräpariren lässt. Gewöhnlich besitzen die Dermoidcysten einen tief im Bindegewebe sitzenden, Blutgefässe führenden Stiel, welcher noch mit dem Messer getrennt werden muss. Zur sicheren Heilung ist vollständige Entfernung des Sackes unbedingt erforderlich.

Sehr selten kommen **an der Ohrmuschel** *Adenome, Papillome, Lipome, Enchondrome und Gummata* vor. *Concremente aus harnsauren Salzen*, in Gestalt von gelblich-weissen Flecken werden bei Arthritikern, namentlich im oberen Theil der Muschel, häufig, partielle *Verkalkungen und Verknöcherungen des Knorpels* im Anschluss an Perichondritis und Othämatom zuweilen beobachtet.

Im äusseren Gehörgang hat man ferner noch hanf- bis haselnussgrosse *Chondrome*, ferner *Cysten* und *Papillome* (gestielte Warzen mit normaler Cutis überzogen) gefunden. Indessen sind diese Neubildungen sehr selten. Das *Chondrom* kann vom Gehörgangsknorpel ausgehen und einen Parotistumor vortäuschen.

Häufiger sind die *Knochenneubildungen*, welche gewöhnlich in Form der bereits S. 164—168 abgehandelten *Exostosen*, sehr viel seltener in Form *partieller Ossification* des knorpligen und membranösen Gehörgangs auftreten.

Ueber die *Condylome* des äusseren Gehörgangs s. später bei der Syphilis des Gehörorgans.

Am

Trommelfell

sind in seltenen Fällen hirsekorn - bis stecknadelkopfgrosse, perlartig glänzende, weisse Tumoren beobachtet worden, welche aus necrotischen Pflasterepithelzellen, körnigem Detritus und Cholestearinkrystallen bestehen und eine sehr feste Umhüllungsmembran besitzen *(Perlgeschwülste)*. Dieselben zeigen, wie die Extravasate am Trommelfell, eine excentrische Locomotion, bei der sie bis in den Gehörgang wandern können, pflegen keine Beschwerden zu verursachen und scheinen nach einer gewissen Zeit abzufallen.

Sehr selten hat man am Trommelfell ein *Cornu cutaneum* und *syphilitische Papeln (Gummata)* gefunden.

Ueber die *Tuberkel* des Trommelfells s. bei der Tuberculose des Gehörorgans.

In der

Tuba

sind ausser *polypösen Wucherungen* (s. S. 304) *spitze Condylome, Tuberkel, Exostosen* und *Hyperostosen* beobachtet worden.

Am

Warzentheil

kann unter den Erscheinungen einer Periostitis ein *Gumma* entstehen. Dasselbe kann zur Erweichung kommen und Fluctuation vortäuschen.

In sehr seltenen Fällen sind auch *Osteome* des Warzentheils beobachtet worden. So sah Politzer eine derartige Geschwulst in der Grösse einer halben Wallnuss, welche mit scharfen Rändern über den Warzentheil hervorragte und durch gleichzeitige Vorbauchung der hinteren Wand des äusseren Gehörgangs einen Verschluss des letzteren zu Stande brachte.

Gleichfalls sehr selten sind die *angeborenen Dermoidcysten* in der Regio mastoid. (vergl. auch S. 302). Sie liegen meist in einer Knochenvertiefung oder -lücke, etwas nach oben und hinten vom Warzenfortsatz.

Schwartze sah einmal eine *Cyste* am Warzentheil, welche vom äusseren Periost ausgegangen und wahrscheinlich aus einem durch ein Trauma hervorgerufenen Bluterguss im Periost entstanden war.

Nicht selten entwickelt sich eine entzündliche Anschwellung der auf dem Warzenfortsatz liegenden *Lymphdrüse*. Die Geschwulst kann erhebliche Ausdehnung, nach einer Beobachtung Schwartze's Faustgrösse, erreichen. Ist sie acut entstanden, so pflegt sie durch Jodanstrich und Eisbeutel schnell beseitigt zu werden. Bei grossen *Lymphomen*, welche die Beweglichkeit des Kopfes beeinträchtigen und den Patienten entstellen, lasse man 4—6 Wochen lang innerlich Sol. Fowleri (s. S. 146 u. 158) brauchen. Hilft dieses nichts, so müssen die geschwollenen Lymphdrüsen event. exstirpirt werden.

Die Ohrpolypen.

In der otiatrischen Literatur werden die Ausdrücke *„Polyp, Granulation, polypöse Granulation, polypöse Wucherung"* vielfach als gleichbedeutend gebraucht und einander substituirt. Um die hieraus resultirende Undeutlichkeit und Ungenauigkeit der Terminologie möglichst zu vermeiden, auf der anderen Seite aber mich von dem bisherigen Sprachgebrauch der Ohrenärzte nicht allzuweit zu entfernen, bezeichne ich als Polypen nur die *gestielten*, gutartigen Bindegewebsgeschwülste, deren Oberfläche mit Epithel bekleidet ist.

Die Polypen erscheinen bei der Ohrenspiegeluntersuchung als rothe Tumoren von sehr verschiedener *Grösse*. Mitunter sind sie so klein wie ein Hanfkorn, in anderen Fällen so gross, dass sie den ganzen äusseren Gehörgang ausfüllen, ja sogar noch ein Stück aus dem Ohreingang herausragen. Zwischen diesen Extremen giebt es zahlreiche Zwischenstufen. Die Mehrzahl besitzt Erbsen- bis Bohnengrösse.

Die meist glänzende *Oberfläche* der Polypen ist vollkommen *glatt* oder *himbeerartig granulirt* oder durch tiefere Einschnitte *zerklüftet*, sodass eine Bildung von Lappen und Zotten zu Stande kommt.

Ihre *Farbe* ist entweder *lebhaft roth oder blasser* (rosa oder gelbröthlich, selbst röthlichweiss). Ersteres ist bei den gefässreichen, an ihrer Oberfläche meist granulirten oder gelappten weichen, und bei Berührung z. B. mit der Sonde leicht blutenden Rundzellenpolypen der Fall, letzteres bei den seltener vorkommenden gefässarmen, an ihrer Oberfläche glatten, härteren Fibromen insbesondere bei solchen, die in den lateralen Theilen des Gehörgangs entspringen, bez. solchen, die zwar in der Tiefe inseriren, aber bis in die Nähe des Ohreingangs oder aus diesem herausragen. Das äussere Ende der letzteren ist mit einer derben, nicht secernirenden Haut bekleidet, sodass dieselben wie Auswüchse der Ohrmuschel erscheinen können.

Die *Form* der Polypen lässt sich oft erst nach ihrer Entfernung genauer erkennen, da die dem Ohreingang näher gelegenen Parthieen die tieferen häufig vollkommen verdecken. Sie ist entweder *keulenartig* wie z. B. in Fig. 3 (Taf. IX) oder *kuglig* wie in Fig. 4 (Taf. IX) oder *verzweigt* z. B. wie in Fig. 5 (Taf. IX).

Meist *entspringen* die Polypen von der *Paukenhöhlenschleimhaut* und zwar am häufigsten an der *Labyrinthwand*, seltener vom *Trommelfell* und dem *äusseren Gehörgang*, am seltensten von der *Schleimhaut des Warzentheils und der Tuba Eust.*.

Die Gehörgangspolypen inseriren gewöhnlich im knöchernen Theil, am häufigsten an der hinteren oberen Wand des Meatus in der Nähe des Trommelfells, nur selten im knorpligen Abschnitt.

Die Polypen des Trommelfells gehen meist von den hinteren oberen Parthieen desselben oder von der Membrana Shrapnelli aus.

Oft hat es bei der Ohrenspiegeluntersuchung den Anschein, als wenn ein Polyp im äusseren Gehörgang oder am Trommelfell entspringt, während er in Wirklichkeit im *Mittelohr*, *insbesondere im oberen Paukenhöhlenraum* inserirt und entweder durch eine Trommelfellperforation oder auch nach Durchbruch des Knochens in den Gehörgang gewuchert ist. Mitunter entspringen Paukenhöhlenpolypen vom Ost. tympanicum tubae.

In einem von Voltolini beschriebenen sehr seltenen Fall füllte ein Polyp die ganze durch Usur erweiterte *Tuba* aus und ragte aus beiden Oeffnungen derselben heraus. Kleinere polypöse Granulationen in der knöchernen Tuba sind nicht allzu selten.

Vom *Inneren des Warzentheils* ausgehende Polypen oder polypöse Granulationen durchwuchern zuweilen cariöse Lücken der lateralen oder vorderen Wand der Pars mastoidea.

Bei den Polypen des Mittelohrs ist in der Regel *Trommelfellperforation* vorhanden. Indessen giebt es auch seltene Fälle, in denen das Trommelfell anfangs intact ist, später durch den Polypen vorgebaucht und endlich perforirt wird.

Nicht selten sind in ein und demselben Ohre *mehrere* Polypen vorhanden, und können dieselben auch von verschiedenen Theilen des Ohrs (Mittelohr, Trommelfell und Gehörgang) ihren Ursprung nehmen.

Histologisch unterscheiden wir unter den Ohrpolypen folgende drei Hauptformen:

1) Die *Granulationsgeschwülste (Rundzellen- oder Schleimpolypen)*. Dieselben bestehen zum grössten Theil aus grossen, rundlichen, granulirten Zellen, deren runde Kerne in lebhafter Theilung begriffen sind, ferner aus einem glashellen, homogenen, von sehr zarten, sich nach allen Richtungen hin durchkreuzenden Bindegewebsfasern, mehr minder stark durchsetzten, spärliche, spindel- und sternförmige, kernhaltige Bindegewebszellen führenden, mucinhaltigen Stroma und zahlreichen Gefässen, welch' letztere häufig bersten und Blutextravasate liefern. — Die *Oberfläche* dieser Polypen ist in der Regel drüsig oder gelappt, selten vollkommen glatt.

2) Die selteneren *Fibrome oder Faserpolypen*. Diese sind ärmer an Gefässen, blasser und härter als die Granulationsgeschwülste. Die Rundzellen der letzteren sind zum grössten Theil durch derbes Bindegewebe ersetzt, in dessen bald homogener, bald fibrillärer Grundsubstanz zahlreiche spindel- und sternförmige, oft mit einander anastomosirende und so zierliche Zellennetze bildende Bindegewebskörperchen eingestreut sind. — Ihre *Oberfläche* ist meist glatt, nie grob papillär, stets mit einem mehrschichtigen Epithel grosser Pflasterzellen überzogen. Sie entspringen wahrscheinlich vom Periost des Gehörgangs und des Mittelohrs.

3) Die noch seltener vorkommenden *Myxome oder Gallertpolypen*, deren Grundsubstanz eine von anastomosirenden Netzen stern- und spindelförmiger Zellen, feinen Fibrillen und Gefässen durchzogene homogene Gallerte bildet, in welche spärliche lymphkörperchenähnliche Rundzellen eingelagert sind.

Die Oberfläche der Polypen ist entweder mit Cylinder- oder mit Flimmer- oder Pflasterepithel bekleidet. Die *Epitheldecke* ist ein- oder mehrschichtig. Nicht selten findet man an der Basis der Polypen Flimmer-, am äusseren Ende Pflasterepithel. Die Mehrzahl zeigt ein an der Oberfläche verhornendes *Rete Malpighii*. Von letzteren verlaufen nach innen *zapfenförmige*, das bindegewebige Stroma der Polypen verdrängende *Fortsätze*. Diese sind von mannigfacher Form, theils einfach, theils verzweigt (Taf. IX Fig. 7 u. 8). Mitunter treten die einzelnen Zweige desselben Zapfens oder auch verschiedener unter einander in Verbindung, wodurch bindegewebige Geschwulsttheile abgegrenzt werden können. Die Malpighi'schen Zellen verhornen häufig auch in der Tiefe dieser Zapfen. Ein Schnitt durch einen Polypen, welcher einen solchen Zapfen in querer Richtung getroffen hat, zeigt daher unter dem Microscop im Inneren der Geschwulst sogenannte Epithelialperlen (Taf. IX Fig. 9), in welchen mitunter Cholestearintafeln liegen, und wenn sich der abgestorbene epitheliale Inhalt dieser Perlen bei der Untersuchung des Schnittpräparats entleert hat, cystenartige, von einem Kranz nicht verhornter Epithelzellen eingefasste, runde oder ovale Lücken. In anderen Schnitten dagegen, welche solche Retezapfen, deren oberflächliche Zellen von der Peripherie aus eine Strecke weit nach innen verhornt sind, in der Längsrichtung getroffen haben, finden sich scheinbar Drüsenschläuche, während es sich in Wirklichkeit um Einkerbungen der glatten Geschwulstoberfläche handelt, durch welche der papillomatöse Bau derselben bedingt wird.

In manchen Fällen sitzen die Papillen einem compacten Kern auf, in anderen besteht der ganze Polyp aus verzweigten Papillen, ähnlich einem Condylom (Taf. IX Fig. 4 u. 5), in noch anderen finden sich einzelne papilläre Excrescenzen nur in der Nähe der Wurzel eines im übrigen vollkommen glatten grossen Polypen (Taf. IX Fig. 6).

Verwachsen die Spitzen der Papillen mit einander, so können cystenartige, mit dem Epithel der Oberfläche ausgekleidete Hohlräume entstehen. Letztere sind mitunter so gross, dass der ganze Polyp von einer einzigen grossen Cyste gebildet wird.

Sehr selten findet man im Inneren der Polypen *Verkalkung oder Verknöcherung*. Verschieden hiervon sind diejenigen Fälle, in denen aus der Paukenhöhle kommende Polypen den Hammer bez. Hammer und Ambos umwachsen haben und in sich schliessen.

Aetiologie: Die Ohrpolypen entstehen *am häufigsten bei chronischer, sehr viel seltener bei acuter Mittelohreiterung.* Indessen können sie auch, ohne dass eitrige Entzündung der Mittelohrschleimhaut besteht, in Folge von *Reizung der Gehörgangshaut durch Fremdkörper, sehr harte Cerominalpfröpfe, Sequester, oder bei Otitis ext. diff.* zur Entwicklung gelangen.

Symptome und Verlauf: Die Polypen sind — von sehr seltenen Ausnahmefällen abgesehen — während der ganzen Dauer ihres Bestehens mit *Ohreiterung* vergesellschaftet. In der Regel ist der zum Theil von der Oberfläche des Polypen selber abgesonderte Eiter *blutig tingirt*. Auch kommt es häufig, insbesondere beim Ausspritzen und beim Austrocknen des Ohrs, zu stärkeren *Blutungen* aus demselben.

Nicht selten bilden Polypen, indem sie den ganzen Gehörgang oder wenigstens die Trommelfellperforation verlegen, die *Ursache einer Eiterretention im Mittelohr*, durch welche Schmerz sowie Druck und Schwere im Ohr und der betreffenden Kopfhälfte, Druckempfindlichkeit in der Regio mastoid., subj. Gehörsempfindungen, Schwindel, Uebelkeit und Erbrechen hervorgerufen werden können. Nach Entfernung der Polypen schwinden diese häufig den Verdacht eines Hirnleidens erregenden Symptome meistens sofort, wenn nicht in der That eine secundäre Warzentheil- oder Cerebralerkrankung vorhanden ist. Mitunter tritt umgekehrt Schwindel erst im Anschluss an die Entfernung von Polypen auf.

In sehr seltenen Fällen verursachen die letzteren auf reflectorischem Wege Husten, Niesskrämpfe, Brechneigung oder epileptiforme Anfälle.

Das *Hörvermögen* ist bei Polypen des Trommelfells und Mittelohrs stets herabgesetzt, bei solchen des Gehörgangs mitunter vollkommen normal.

Bezüglich des *Wachsthums* verhalten sich die Polypen sehr verschieden. Mitunter vergrössern sie sich so schnell, dass sie in einigen Tagen oder Wochen Paukenhöhle und Gehörgang vollkommen erfüllen, in anderen Fällen erreichen sie im Laufe von Jahren nur eine geringe Grösse. Die Fibrome wachsen im Verhältniss zu den Rundzellenpolypen ausserordentlich langsam.

Die **Diagnose** eines Ohrpolypen ergiebt die *otoscopische Untersuchung*, event. *unter Zuhülfenahme der* stumpfwinklig abgebogenen, geknöpften *Sonde* (Taf. XV Fig. 11), über deren stets grösste Vorsicht und Schonung erfordernde Anwendung S. 115 u. 116 zu vergleichen ist. Dieselbe erweist uns den fraglichen Tumor, falls es sich in der That um einen Polypen handelt, als eine bewegliche, mehr minder weiche Geschwulst. Ueber die Unterscheidung der Polypen von *Gehörgangsfurunkeln* s. S. 171, von *Exostosen des Gehörgangs* S. 165, von einem *entzündeten Trommelfell* S. 190, von *malignen Tumoren* S. 311 u. 313. *Condylome* sind von den Polypen durch den Nachweis constitutioneller Syphilis und ferner dadurch zu unterscheiden, dass sie in der Regel massenweise die Gehörgangswände bedecken.

Zur Feststellung eines Trommelhöhlenpolypen hinter einem noch nicht perforirten, wohl aber vorgewölbten Trommelfell ist die Spaltung des letzteren erforderlich.

Eine *Verwechslung von Polypen und polypösen Granulationen* ist practisch bedeutungslos, da Prognose und Therapie bei beiden gleich sind.

Prognose und Therapie: *Ohrpolypen müssen*, obwohl sie mitunter das ganze Leben hindurch bestehen können, ohne das Allgemeinbefinden der Patienten erheblich zu schädigen, dennoch *so früh als möglich entfernt werden*, nicht nur weil sie oft Stauung des Secrets in der Tiefe und dadurch die Bildung eingedickter käsiger Massen hervorrufen, durch deren Zersetzung Caries verursacht werden kann, nicht nur weil sie durch Eiterretention im Mittelohr Meningitis, Hirnabscess und Sinusthrombose mit nachfolgender Pyaemie und Septicaemie und dadurch den Tod des Patienten herbeiführen können, sondern auch weil, bevor sie beseitigt sind, die sie fast immer begleitende Ohreiterung nicht aufhört.

Sind Symptome, welche das Vorhandensein der vorher genannten lebensgefährlichen Folgezustände von Eiterretention im Ohre wahrscheinlich machen, schon nachweisbar, so werden wir die Prognose bezüglich des Erfolges der Polypenoperation natürlich nur mit Vorsicht stellen, letztere aber nicht unterlassen dürfen, da sie vielleicht doch noch Hülfe zu schaffen im Stande ist.

Eine *spontane Heilung* von Ohrpolypen durch Schrumpfung beobachtet man nur in den seltensten Fällen. Relativ häufig aber ist es, dass namentlich mit einem langen dünnen Stiel versehene grosse Polypen *beim Ausspritzen des Ohres von ihrer Insertionsstelle abgerissen, oder auch in Folge von Zerreissung des dünnen Stiels spontan abgestossen* werden, wobei gewöhnlich eine verhältnissmässig nicht unbedeutende Blutung erfolgt.

Soll der Polyp nach seiner durch spontanes Abfallen, durch Ausspritzen oder auf operativem Wege erfolgten Entfernung nicht recidiviren, so müssen wir auch seinen *Wurzelrest gründlich zerstören*, was allerdings bei Mittelohrpolypen, deren Ursprungsstelle schwer oder gar nicht zugänglich ist, oft grosse Schwierigkeiten bereiten bez. unmöglich sein kann, und ferner *die begleitende Ohreiterung durch entsprechende Behandlung beseitigen*. Denn nur in seltenen Fällen verschwindet die letztere unmittelbar nach der Polypenoperation von selber.

Zur Entfernung der Polypen bedient man sich des *Wilde'schen Schlingenschnürers* (Taf. XIX Fig. 10), welcher gewöhnlich *mit gut ausgeglühtem Eisendraht*, sogenanntem Blumendraht, von 0,4 mm Dicke armirt wird[*]).

Vor Einführung des Instruments in das Ohr wird letzteres durch Ausspritzen gereinigt und event. mit 5—10 %/0iger Cocainlösung gefüllt (vergl. hierüber S. 130), dann bildet man sich eine Drahtschlinge von länglicher Form (Taf. XIX Fig. 10), gerade so gross, dass sie über den Polypen bequem herübergeschoben werden kann. Dieselbe wird unter den S. 115 u. 116 angegebenen Cautelen *bei kleineren Polypen*, welche das Lumen des Meatus audit. ext. nicht ausfüllen und von einer seiner Wände entspringen[**]), in den freien Theil desselben eingeführt und, indem man

---

[*]) Der von Gärtnern zum Binden von Sträussen benützte, in den Eisenhandlungen vorräthige Draht wird durch die bei *a*, *b* und *c* (Taf. XIX Fig. 10) befindlichen kleinen Löcher, welche gross genug sein müssen, um ihn bequem gleiten zu lassen, hindurch gezogen und seine Enden um den Querriegel *Q* aufgewickelt, so zwar, dass letzterer beim Zuziehen der Drahtschlinge noch ein wenig von dem am hinteren Theil des Instruments befindlichen Halbring *H* absteht. Letzterer muss (wie in Fig. 10 Taf. XIX) gerade so gross sein, dass er genau auf das erste Glied des Daumens passt, nicht aber auf diesem hin- und hergleitet, was die Handhabung des Instruments erschwert.

[**]) Ueber die *Insertion von Polypen*, welche den Querschnitt des äusseren Gehörgangs nur zum kleinen Theil ausfüllen, kann man sich mit der stumpfwinklig gebogenen, vorn geknöpften Sonde in der Regel leicht Aufschluss verschaffen, indem man mit ihr den die Ursprungsstelle verdeckenden äusseren Theil des Polypen unter Leitung des Stirnspiegels von den Gehörgangswänden abdrängt, wodurch erstere sichtbar wird. Füllt der laterale Theil der Geschwulst den Querschnitt des Gehörgangs vollkommen aus, so lässt

den sehr empfindlichen Gehörgang möglichst wenig zu berühren bez. zu insultiren sucht, vorsichtig und langsam so weit vorgeschoben, dass die Kuppe der Schlinge etwas weiter medianwärts liegt als das innere Ende des Polypen. Nun drängt man den im Ohr befindlichen Theil des Instruments so viel wie möglich gegen diejenige Gehörgangswand, von welcher der Tumor seinen Ursprung nimmt, zieht mit zweitem und drittem Finger der rechten Hand den Querriegel Q desselben (Taf. XIX Fig. 10) zurück, wobei gleichzeitig der Daumen ein wenig vorgeschoben wird, und schnürt auf diese Weise die Schlinge so weit zusammen, dass die Geschwulst vollkommen fest gefasst ist. Ist dieses geschehen, so wird, während die ersten drei Finger der rechten Hand in derselben Lage zu einander verbleiben, vorsichtig ein langsam zu steigernder Zug an dem ganzen Schlingenschnürer ausgeübt. Schon bei einer mässigen Stärke des Zuges gelingt es hierbei nicht selten, den Polypen von seiner Ursprungsstelle abzureissen und in toto zu extrahiren. Ist dieses nicht der Fall, so muss man das mit der Schlinge gefasste Stück des Polypen durch völliges Zuziehen derselben abschneiden, wobei dann aber ein mehr minder grosser Theil der Geschwulst im Ohre zurückbleibt. Ein sehr heftiger Zug darf an dem Schlingenschnürer natürlich niemals ausgeübt werden, weil sonst, insbesondere bei Polypen, die im Mittelohr entspringen und ihrer knöchernen Basis fest anhaften, ein Gehörknöchelchen, oder — wodurch sehr ernste Folgen, selbst der Tod herbeigeführt werden können — ein Stück von den Wänden der Paukenhöhle mit herausgerissen werden könnte.

Bei grossen Polypen, welche den Querschnitt des Meatus audit. ext. vollkommen erfüllen, führe man die um die Geschwulst gelegte Schlinge zwischen dieser und den Gehörgangswänden in die Tiefe, schiebe sie aber nicht vollkommen bis zur Insertionsstelle vor, deren Sitz ja auch gerade in solchen Fällen oft schwer oder gar nicht zu ermitteln ist, sondern schnüre sie, wenn ein nicht zu kleines Stück des Tumors gefasst ist, in der oben angegebenen Weise zusammen und suche denselben entweder in toto durch Abreissen von seinem Mutterboden zu entfernen oder, falls dieses bei mässiger Stärke des Zuges nicht gelingt, das gefasste Stück mit der Schlinge zu durchschneiden.

Der abgeschnittene Theil der Geschwulst bleibt mitunter im Ohre zurück und wird dann am besten durch Ausspritzen desselben entfernt.

Die Polypenoperation verursacht in der Regel eine nur unerhebliche *Blutung*, welche durch Tamponade des Gehörgangs mit Jodoformgaze meist leicht gestillt wird. In den seltenen Fällen, wo die Blutung stark ist und durch öfter erneuerte feste Tampons aus Jodoformgaze oder Salicylwatte nicht beseitigt wird, müssen in Alaunpulver getauchte oder gar mit Liq. ferri sesquichlor. getränkte Wattetampons zur Anwendung gelangen.

Sehr harte Polypen lassen sich mitunter weder extrahiren noch mit der kalten Schlinge durchschneiden. In solchen immerhin seltenen Fällen drehe man,

sich die Insertionsstelle derselben natürlich auch hierdurch nicht direct zur Anschauung bringen. In solchen Fällen kann man die Lage derselben in der Weise ermitteln, dass man die Sonde zwischen Gehörgangswand und Polyp einführt und in Spiraltouren allmählich so weit in die Tiefe schiebt, bis sie durch einen Widerstand gehindert wird, die Kreisbewegung zu vollenden (s. auch S. 115 u. 116). Stösst die Sonde auf diesen Widerstand in einer Entfernung von weniger als 16 mm vom Ohreingang, so wird dieselbe durch die Insertion der Polypen gebildet und kann hierdurch eruirt werden, an welcher der Gehörgangswände und wie weit vom Ohreingang entfernt der Tumor entspringt. Weiter als 16 mm aber darf man mit der Sonde, die für solche Untersuchungen an ihrem vorderen Ende von 5 zu 5 mm eine Marke haben muss, nicht eindringen, weil in dieser Entfernung vom Ohreingang das Trommelfell liegt und ein Widerstand in dieser Tiefe vom Hammergriff oder dem Trommelfellrest gebildet werden könnte.

nachdem letztere so weit wie möglich zugezogen ist, das Instrument mehrmals um seine Längsaxe, durchschneide dann den Draht auf beiden Seiten am Querriegel mit der Scheere und ziehe es aus dem Ohre heraus. Der von der Drahtschlinge eingeschnürte Polyp, welcher in Folge der Behinderung der Blutzufuhr gewöhnlich rasch abstirbt, kann, falls er inzwischen nicht von selber abfällt, gewöhnlich in einigen Tagen durch Fassen der Ligatur mit der Kornzange extrahirt werden. Gelingt dieses nicht, so schnüre man ihn durch weitere Torsion der Schlinge noch stärker zusammen. Wenn ein sehr harter Polyp der kalten Schlinge einen zu grossen Widerstand entgegensetzt, so kann man auch die *Galvanocaustik* benützen. Hierbei aber ist, um Verbrennung des Gehörgangs und der Paukenhöhle und daraus resultirende Periostitis und Narbenstricturen zu verhüten, grosse Vorsicht nothwendig. Der Strom darf nicht früher geschlossen werden, bis die Drahtschlinge fest zugezogen und von dem Gewebe des Polypen allseitig bedeckt ist. Um ein Durchschmelzen des Drahts zu verhüten, lasse man denselben nur rothglühend werden.

Von den geschilderten *Operationsverfahren* führt das *Abreissen des Polypen durch Zug an der umgelegten und zusammengeschnürten Schlinge*, bei welchem derselbe meist in toto extrahirt wird, am schnellsten und sichersten zum Ziel und ist daher, falls es bei nicht zu starken Tractionen gelingt, am meisten zu empfehlen. Recidive sind hiernach am seltensten. Nach dem *Abschneiden* und *Abschnüren* bleibt gewöhnlich noch ein mehr minder grosses Stück des Polypen im Ohre sitzen und ist dann an einem der nächsten Tage durch weitere Operation oder durch Aetzmittel zu beseitigen. Bis der Wurzelrest, dessen Insertionsstelle nach der Entfernung des Polypenkopfs mit der Schneideschlinge bei der Sondenuntersuchung leichter zu ermitteln ist als vorher, vollkommen zerstört und gar keine Prominenz mehr erkennbar ist, vergehen oft *Wochen oder Monate.*

Nicht selten findet man nach Entfernung *eines* Polypen aus dem Ohre in der Tiefe noch andere. *Die Polypenoperation ist daher nicht immer in einer Sitzung zu beendigen*, erfordert vielmehr, selbst wenn wir von den häufig durch lange Zeit fortzusetzenden Aetzungen des Wurzelrestes absehen, oft deren mehrere.

Je kleiner der Polyp ist, desto *schwerer* ist er mit der Schlinge zu entfernen, da dieselbe beim Zuziehen um so leichter über ihn weggleitet. *Schwer* ist es auch, namentlich bei nicht narcotisirten Kranken, kleine Polypen oder Polypenreste, welche am Trommelfell oder in der Paukenhöhle sitzen, mit der Schlinge zu operiren, da beim Zusammenziehen der letzteren, wie oben bereits erwähnt wurde, der Schlingenschnürer etwas vorgeschoben werden muss, hierbei aber, insbesondere bei unruhigen Patienten, leicht verhängnissvolle Verletzungen des Trommelfells, der Gehörknöchelchen und der Paukenhöhlenwände entstehen können.

In solchen Fällen wird die Schlinge besser mit *Aetzmitteln* bez. dem *Galvanocauter* oder auch mit einer *Polypenzange* (Taf. XV Fig. 17) vertauscht. Mit letzterer kann man kleinere Tumoren von ihrer Basis abschneiden, ohne einen stärkeren Druck auf dieselbe auszuüben. Sie eignet sich auch für kleinere Polypen des äusseren Gehörgangs, führt schneller zum Ziel als Aetzmittel, hat aber diesen gegenüber den Nachtheil, dass sie zum Oeffnen der Branchen einen wenn auch nur geringen Raum beansprucht. Ist ein solcher vorhanden, so beseitigt man grössere Massen, die aber zur Schlingenoperation zu klein bez. wegen ihres Sitzes am Trommelfell oder in der Paukenhöhle nicht geeignet sind, mit der Zange, welche in einer Sitzung mehrmals geöffnet und geschlossen werden kann, schneller als mit Aetzmitteln.

Von letzteren empfehlen sich am meisten der *Galvanocauter* (s. S. 126 u. 127) und die *Chromsäure* (s. S. 126). Ersterer verursacht grösseren Schmerz und ist in sehr engen Gehörgängen nicht so leicht ohne Nebenverletzungen zu appliciren als die an einer ganz dünnen Sonde angeschmolzene Chromsäure. Dagegen stösst sich der von letzterer erzeugte Aetzschorf langsamer ab, sodass die Zerstörung des Tumors durch Chromsäure längere Zeit in Anspruch nimmt. *Zur Beseitigung ganz kleiner Polypen, Polypenreste oder Granulationen, sowie nach Entfernung derselben zur Verhütung von Recidiven* dienen *Ohrtropfen von Spirit. vini rectificatiss.* (s. S. 125 u. 219), welche 2 mal täglich in den vorher durch Ausspritzen gereinigten und durch Einführung von Wattebäuschchen ausgetrockneten Gehörgang lauwarm eingeträufelt und jedesmal 15—30 Minuten darin gelassen werden.

Politzer giebt an, dass dieselben nach längerer Zeit auch grössere Polypen beseitigen, und werden sie daher von ihm bei operationsscheuen Personen unter Umständen schon *von vornherein* angewandt, desgleichen auch bei denjenigen Polypen, welche an unzugänglichen Stellen des Mittelohrs entspringen. Nach P. wirkt die Chromsäure zu energisch und schmerzhaft und hält dieser Autor für das zweckmässigste Aetzmittel den *Liq. ferri muriatici*, welchen er mit einer Sonde tröpfchenweise oder mit einem kleinen Wattekügelchen aufträgt. Die Application soll insbesondere bei vorheriger Betupfung der Schleimhaut mit 5°/₀iger Cocainlösung nur selten schmerzhaft sein, darf erst nach Abstossung des Schorfs wiederholt werden und soll oft in 2—3 Malen die Granulationen zum Schwinden bringen. *Ich benütze mit Vorliebe die Chromsäure* und habe bei Beobachtung der S. 126 angegebenen Vorsichtsmassregeln die ihr von P. zugeschriebenen üblen Eigenschaften nicht bestätigen können.

Die Behandlung der breitbasig aufsitzenden Granulationen, wie sie bei Entzündung der Gehörgangs- und Trommelfellhaut und der Schleimhaut des Mittelohrs sowohl als auch bei Caries der knöchernen Theile des Ohres auftreten, *ist dieselbe wie die der Polypen*. Freilich bilden sich auf entzündeter Haut und Schleimhaut entstandene Granulationen mit dem Rückgang der Entzündung häufig zurück, auch ohne dass eine besondere Behandlung gegen sie eingeleitet wurde, und ebenso schwinden die auf cariösem Boden aufschiessenden weichen Fleischwärzchen *nach* der Entfernung des kranken Knochens meist von selber, während sie *vor* Beseitigung des Knochenleidens trotz Abtragung oder Aetzung stets ungemein rasch wieder nachwuchern.

Die Operation der Ohrpolypen, über welche noch S. 115 u. 116 verglichen werde, ist keine ganz leichte, erfordert vielmehr eine recht beträchtliche Uebung. Hat man sich letztere angeeignet, so ist sie gewöhnlich selbst bei unruhigen Kindern *ohne Narcose* ausführbar.

Todesfälle in Folge von Polypenoperationen sind wohl nur bei *roher* Handhabung von Zangen oder Schlingen möglich, insbesondere bei *gewaltsamen* Extractionsversuchen sehr fest haftender Tumoren, durch welche Verletzung der Mittelohrwände und consecutives Uebergreifen der Eiterung auf die benachbarten lebenswichtigen Organe verursacht werden kann.

Ob man die Polypenschlinge oder -zange besser durch einen Ohrtrichter hineinführt oder nicht, hängt von dem Sitz und der Grösse des Tumors sowie von der Weite und Beschaffenheit des Gehörgangs ab.

Die Carcinome und Sarcome des Gehörorgans.

Dieselben sind *im Ganzen selten*. Sie können entweder vom Ohre selbst ihren Ausgang nehmen, und auf die Umgebung desselben (äussere Hautbedeckung, Parotis, Schädel- und Gesichtsknochen, Meningen und Gehirn, Nasenrachenraum) übergreifen oder umgekehrt primär in den Nachbarorganen sich entwickeln und später erst das Gehörorgan in Mitleidenschaft ziehen. Ausserordentlich selten ist es, dass letzteres durch Krebsmetastase ergriffen wird.

In den bis jetzt bekannt gewordenen Fällen von primären **Carcinomen** des Gehörorgans handelt es sich stets um *Epithelcarcinome*. Dieselben können zuerst an der

Ohrmuschel auftreten. Sie können aber auch im äusseren Gehörgang, in der Paukenhöhle und im Warzentheile entstehen und von hier aus weiter nach aussen und innen wuchern.

Das Cancroid der Ohrmuschel beginnt meist an der oberen Hälfte derselben. Es tritt entweder in Form kleiner derber *Knötchen* auf, welche mitunter erst nach Jahren ulcerös zerfallen, oder von vornherein als flaches *Geschwür*, welches scharf abgesetzte, ausgebuchtete, hart infiltrirte Ränder zeigt und sich Anfangs langsam, später rasch der Fläche und Tiefe nach ausbreitet. Durchbruch des Knorpels der Muschel, Uebergreifen auf die seitliche Kopf- und Halsgegend, auf den Gehörgang, das mittlere und innere Ohr, das Schläfenbein und die angrenzenden Knochen sowie auf das Innere der Schädelhöhle sind häufig beobachtet worden. Metastasen findet man in den Lymphdrüsen auf und an der Parotis, am Kieferwinkel und am vorderen Rande des M. sternocleidomastoideus.

Das Carcinom des äusseren Gehörgangs entsteht unter den Erscheinungen eines nässenden Eczems oder als umschriebene, stark juckende *Kruste*, welche sich später in ein der Fläche und Tiefe nach um sich greifendes, von zackigen Rändern begrenztes *Geschwür* verwandelt.

Aus den bis jetzt in der Literatur vorliegenden, zum grössten Theil von KRETSCHMANN zusammengestellten, nicht allzu zahlreichen Mittheilungen über **primäre Carcinome des Schläfenbeins** — K. wählte diese Bezeichnung, um nichts Bestimmtes über den Ursprung der Geschwulst vom äusseren Gehörgang, Paukenhöhle, Warzentheil etc. zu präsumiren — würde sich etwa folgendes Krankheitsbild zusammensetzen:

Unter den **subjectiven Symptomen** ist dasjenige, welches den Kranken in der Regel zuerst veranlasst, den Arzt aufzusuchen, der *Schmerz*, der zwar mitunter Tage und Wochen lang anhaltende Remissionen zeigt, gänzlich aber wohl niemals fehlt. Er besteht in einem continuirlichen quälenden Druck im Ohr und im Kopf, zu welchen sich gewöhnlich noch lancinirende, in die Umgebung ausstrahlende Schmerzen hinzugesellen. Gleichzeitig pflegt *Schwindel*, *Ohrensausen* und *Schwerhörigkeit* resp. bei Uebergreifen der Geschwulst auf das Labyrinth, *Taubheit* aufzutreten.

Wo das Carcinom ein früher gesundes Ohr befiel, stellte sich mehrere Monate vor dem Beginn der Schmerzen *eitriger Ausfluss* ein, welcher meist sehr reichlich, missfarbig und übelriechend wurde und Beimischung von Blut und Knochenpartikelchen enthielt. Die letzteren erscheinen im Spülwasser oft nur als Sand, zuweilen indessen, namentlich in den späteren Stadien des Leidens, auch in Stücken von der Grösse einer Erbse und darüber.

Bei der Ohrenspiegeluntersuchung findet man gewöhnlich an den Wänden des Gehörgangs und der Paukenhöhle *Granulationen*, welche meist blass sind, *stets breitbasig* aufsitzen, weiche Consistenz, bröcklige Beschaffenheit und ein eigenthümlich *zerklüftetes*, sie von den glänzenden gutartigen Polypen unterscheidendes *Aussehen* zeigen. Sie bluten *bei der leisesten Berührung und wachsen nach der Entfernung sehr rasch und unaufhaltsam nach.* Mitunter füllen sie den Gehörgang vollkommen aus; in anderen Fällen tritt die Granulationsbildung gegenüber den destructiven Processen zurück, sodass dann eine *Verwechslung des Carcinoms mit einfacher Caries necrotica* noch leichter möglich ist. Zuweilen findet man am Ohreingang, gewöhnlich unterhalb des Tragus, ein aus einem Knötchen hervorgegangenes, rings von gesundem Gewebe umgebenes *Geschwür*, *das sich bei microscopischer Untersuchung als carcinatös erweist.*

Im weiteren Verlauf entwickelt sich fast regelmässig *Facialislähmung*, welche durch Druck des Tumors auf den Nerven oder durch Anhäufung entzündlicher Producte zwischen Nervenscheide und -fasern oder endlich durch Eindringen der Geschwulstmassen in die Nervensubstanz mit folgender Zerstörung derselben bedingt ist. Mitunter gehen der Lähmung krampfhafte Contractionen der Gesichtsmuskeln voraus.

Noch später beginnen die um das Ohr gelegenen Parthieen, insbesondere die Regio mastoid., anzuschwellen. Die *Geschwulst* ist anfangs hart und fest, wenig oder gar nicht schmerzhaft. Zuweilen ist sie von einer oedematösen Schwellung der bedeckenden Haut, welche plötzlich auftreten und wieder verschwinden kann, begleitet. Später wird sie roth, weich und fluctuirend, und es kommt, falls nicht vorher incidirt wurde, von selber an einer oder mehreren Stellen hinter, vor oder unter der Muschel zum *Durchbruch*. Die *Geschwürsöffnungen*, aus welchen sich eine missfarbige, jauchige, meist fötide Flüssigkeit entleert, vergrössern sich allmählich durch Einschmelzung ihrer meist derb infiltrirten und aufgeworfenen Ränder. Durch Confluiren mehrerer und stetiges Weitergreifen des *ulcerativen Zerfalls* entsteht oft eine sehr ausgedehnte *Ablösung der Ohrmuschel* und *Blosslegung des Kiefergelenks oder der in dem oberen Halsdreieck gelegenen Muskeln, Nerven und Gefässe*. Trotzdem sind lebensgefährliche Blutungen kaum jemals beobachtet worden. In anderen Fällen bricht die Geschwulst nicht nach aussen durch, vergrössert sich vielmehr nur in der Richtung *nach innen*, wobei es indessen ebensowohl zu hochgradigen Zerstörungen kommen kann (s. Taf. X Fig. 2). Dabei starke *Jauchung*, unerträglicher *Gestank*, leichtere *Blutungen*.

Seltener wurden bei Carcinom des Schläfenbeins *Trigeminusneuralgieen* beobachtet, ferner *Schiefstellung des Unterkiefers* in Folge von Zerstörung seiner Gelenkpfanne. *Schmerzen beim Kauen* gehen dem Durchbruch des Kiefergelenks häufig schon voraus.

Dehnt sich die Neubildung auch auf das Gelenk zwischen Occiput und Atlas aus, so klagen die Kranken über *Schmerzen im Nacken*, die allerdings auch bei alleiniger Erkrankung des Warzentheils vorkommen, vermeiden Bewegungen des Kopfes soviel wie möglich und unterstützen den Kopf beim Aufrichten aus der liegenden Stellung mit beiden Händen. Bei ausgedehnter Zerstörung der Schädelkapsel kann *Prolapsus cerebri* entstehen.

Oft, wiewohl durchaus nicht immer, sind die benachbarten *Lymphdrüsen* (Nacken-, Cervical-, Submaxillardrüsen) geschwollen.

Fieber tritt nur bei Verjauchung der Geschwulst oder Hinzutreten von Meningitis oder Hirnabscess ein.

Am häufigsten sind die Carcinome des Gehörorgans bei *Leuten zwischen den 40. und 60. Lebensjahre* beobachtet worden.

Sehr oft bestand schon vorher Jahre lang chronische Otorrhoe, welche unter den **aetiologischen Momenten** für das Zustandekommen des Leidens ebensowohl wie die Angewohnheit Vieler, mit einem Instrument im Ohre zu bohren, und hereditäre Disposition nicht unbeachtet bleiben darf.

Die Dauer des Leidens beträgt durchschnittlich etwa 10 Monate, von dem ersten Schmerzanfall, etwa 1½ Jahre, von dem Eintritt der Eiterung an gerechnet, falls es sich um ein vorher nicht eiterndes Ohr handelt, das befallen wurde. Der *Tod* erfolgt in der Regel durch *Erschöpfung* oder, wenn das Carcinom die Dura mater durchbricht, *durch Meningitis*.

Häufig wird ein Carcinom des Schläfenbeins, insbesondere des Warzentheils, mit einfacher Caries necrotica verwechselt, da Symptome und Verlauf beider Affectionen oft lange Zeit hindurch grosse Aehnlichkeit zeigen.

In den bisher beobachteten Fällen hatte der Tumor, der eine weissliche oder gelbliche, saftarme, bröckliche Masse darstellt, in welcher häufig Knochentheilchen liegen, immer die Schuppe mit dem Jochfortsatz, die Pyramide, gewöhnlich auch den Warzentheil ergriffen, oft war er auch auf das Keil- und Hinterhauptsbein sowie auf die Orbita, den Unterkiefer und den Atlas fortgeschritten. Sehr häufig fanden sich gleichzeitig der knorplige Gehörgang, die Ohrmuschel, die umgebende Haut, die Parotis, der M. temporalis und sternocleidomast. carcinomatös erkrankt. Die Dura mater und die grossen durch den Tumor verlaufenden Arterien (Carotis, Maxillar. interna) und Nerven (ausser Acusticus und Facialis) scheinen der Zerstörung lange zu widerstehen. Die Geschwulst, welche in manchen Fällen zu schnellem Zerfall, in anderen mehr zur Wucherung tendirt und, abgesehen von der Erkrankung der benachbarten Lymphdrüsen, nicht zur Metastasenbildung neigt, zeigt meist die *histologische Beschaffenheit der Cancroide*. Sie besteht also aus einem mehr weniger zarten, kleinzellig infiltrirten Bindegewebstroma und aus Zapfen epithelialer Zellen, deren Querschnitt den bekannten Bau der Zellnester darstellen. Letztere können zum Theil verhornen und werden dann als „Perlkugeln" bezeichnet. Aehnliche Bilder findet man häufig auch in Durchschnitten vollkommen gutartiger Polypen (Taf. IX Fig. 9).

Die **Diagnose** der Carcinome des Schläfenbeins ist namentlich im Beginn der Erkrankung recht schwierig. Hartnäckige Schmerzen in der Tiefe des Ohrs, deren Heftigkeit mit dem objectiven Befund nicht im Einklang steht, sanguinolenten, übelriechenden Ausfluss, Ulcerationen am Ohreingang, reichliche Granulationen, welche nach der Entfernung rasch wieder wachsen, findet man auch bei *einfacher Caries necrotica*. Freilich haben die Granulationen hier meist eine andere Beschaffenheit.

indem sie nicht wie beim Carcinom bröcklig, *unregelmässig zerklüftet oder blumenkohlähnlich* erscheinen, sondern vielmehr eine glatte und glänzende bez. *regelmässig papilläre* Oberfläche zeigen. *Gesichert wird die Diagnose des Carcinoms erst durch den microscopischen Nachweis von Krebsgewebe in den Granulationen*, welcher indessen oft erst bei wiederholter Untersuchung an verschiedenen Theilen derselben in unzweideutiger Weise gelingt, oder im späteren Verlauf durch den *Aufbruch und ulcerativen Zerfall harter Anschwellungen in der Umgebung des Ohres.*

Sarcome kommen sowohl an der *Ohrmuschel* wie auch im *Mittelohr* vor.

Es sind Rundzellen-, Spindelzellen-, Osteo-, Fibro-, Myxo-Sarcome und ein psammomatöses Endothelsarcom mit Cholestearintafeln, Adenome und Chondroadenome im Gehörorgan gefunden worden, theils primär in demselben entstanden, theils von der Schädelhöhle, Dura mater und Parotis fortgepflanzt.

Die Sarcome des Schläfenbeins scheinen hauptsächlich *Kinder unter 10 Jahren* zu befallen. Mitunter, aber nicht immer, geht ihnen Eiterung voraus.

Im Beginn bestehen zuweilen *keine* subj. Beschwerden, — Schwartze beobachtete einen Fall, wo ein faustgrosser Tumor in der Hinterohrgegend bei einem dreijährigen Kinde in Zeit von 2 Monaten ohne jeden Schmerz und Ausfluss aus dem Ohre entstanden war, — später stellen sich Schmerzen, Schwindel und Otorrhö, zunächst mitunter nur etwas seröser Ausfluss ein.

Bei der Ohrenspiegeluntersuchung findet man *Granulationen*, welche meist weich und bläulichroth erscheinen, leicht bluten und nach der Entfernung ungemein rasch nachwachsen. Sie unterscheiden sich von den gewöhnlichen polypösen Granulationen äusserlich weniger als die carcinomatösen. Unter dem *Microscop* zeigen sie ein fibrilläres, mit Rund- oder Spindelzellen durchsetztes Gewebe.

In der Umgebung des Ohres (Warzentheil, Parotis und seitliche Halsgegend) findet sich häufig eine diffuse oder circumscripte *Schwellung*. Dieselbe vergrössert sich hier *viel rascher* als bei den Carcinomen, — *in wenigen Wochen können Tumoren von Gänseeigrösse entstehen* — ist übrigens weich, zuweilen scheinbar fluctuirend. *Primäre Sarcome des Warzentheils können einen subperiostalen Abscess vortäuschen.*

Bei Sarcomen pflegt der *Tod*, welchem meist Hirndruckerscheinungen, Kopfschmerz, Convulsionen vorausgehen, *schneller als bei Carcinomen*, gewöhnlich schon nach 3—6, selten später als nach 6—8 Monaten einzutreten.

Zur *Unterscheidung der Sarcome des Schläfenbeins von den Carcinomen* dient ausser der microscopischen Untersuchung der Umstand, dass erstere meist bei jüngeren Personen vorkommen und einen viel rapideren Verlauf nehmen.

Therapie: *Kleine Carcinome und Sarcome der Muschel* können mit *Galvanocauter oder scharfem Löffel* leicht radical entfernt, grössere müssen so rasch als möglich *excidirt* werden. Um Recidive zu vermeiden, führe man den Schnitt der scheinbaren Grenze des Krankheitsheerdes nicht allzu nah, sondern ½ bis 1 cm von ihr entfernt. Mitunter ist es nothwendig, die *ganze Muschel abzutragen* und grosse Abschnitte des äusseren Gehörgangs auszukratzen. Gleichzeitig soll eine *gründliche Exstirpation der erkrankten Lymphdrüsen* stattfinden.

Schwartze entfernte ein mit breitem Stiele aufsitzendes kirschgrosses Sarcom der Muschel mit der galvanocaustischen Schlinge und zerstörte den Boden, auf dem es gesessen, bis tief in den Knorpel hinein mit dem Galvanocauter, worauf in 14 Tagen vollständige und dauernde Heilung eintrat.

Bei Cancroiden des äusseren Gehörgangs und des Mittelohrs kann man, wenn sie noch nicht zu weit vorgeschritten, sondern relativ frisch sind, ein Pulver aus Alumen ust. und Herb. Sabinae zu gleichen Theilen (Lucae) insuffliren, durch welches in einigen Fällen Heilung erzielt ist.

Bei primärem Cancroid des Warzentheils ist im ersten Beginn durch Entfernung des erkrankten Knochens mit dem Meissel Heilung vielleicht noch möglich. Infiltrirte Lymphdrüsen sind dabei natürlich gleichfalls zu entfernen.

Sitzen Carcinome oder Sarcome nicht ganz aussen am Ohre, so ist eine Heilung derselben auf operativem Wege kaum möglich, da man bei ihrer tiefen Lage im Schläfenbein nicht alles Kranke beseitigen kann. In Folge dessen sind die meisten Autoren der Ansicht, dass bei derartigen malignen Neubildungen *alle operativen Eingriffe zu unterlassen* sind, und zwar um so mehr, als dieselben nur ein schnelleres Wachsthum der Geschwulst zur Folge hätten. Im Gegensatz hierzu empfiehlt Kretschmann eine möglichst gründliche Entfernung des erkrankten Gewebes mit dem scharfen Löffel event. nach Eröffnung des Warzentheils, da hierdurch Schmerzen, Blutung und Gestank vermindert würden. Gefährliche Verletzungen könne man bei vorsichtigem Gebrauch des scharfen Löffels vermeiden, weil die Wände der grossen Arterien intact blieben und die Sinus wahrscheinlich thrombosirten*). Selbst wenn der Tod durch die Operation, die natürlich in der Narcose auszuführen ist, etwas beschleunigt werden sollte, so käme dieses nicht in Betracht. Wichtiger sei es, dem Kranken, wenn auch nur auf kürzere Zeit, einen erträglichen Zustand zu schaffen.

Abgesehen von etwaigen operativen Eingriffen, über deren palliativen Nutzen die Ansichten der Autoren, wie erwähnt, auseinandergehen, sind zur Entfernung und Desinfection des Secrets häufige *Ausspülungen mit Carbolsäure oder 8%iger Chlorzinklösung*, welch' letztere allerdings etwas schmerzt, erforderlich. Als *Verbandmittel* empfiehlt K. besonders das *Torfmoos*, welches die Secrete fast vollständig aufsaugen und den Gestank sehr vermindern soll. Er bedeckt das Geschwür zunächst mit Jodoformgaze und bindet dann ein Torfmooskissen auf. Eine Erneuerung war nur alle 24 Stunden nöthig.

Bei Eintritt von Fieber in Folge von Vereiterung einzelner Geschwulsttheile entleere man den Eiter durch eine *Incision*, wonach die Temperatur gewöhnlich rasch sinkt. Dem Kräfteverfall begegne man durch *kräftige Nahrung*, den meist sehr heftigen Schmerzen durch Verabreichung von *Morphium*.

Was die *Neubildungen des inneren Ohrs* anlangt, so kommen nach den in der Literatur vorliegenden Angaben von primären Geschwülsten am *Acusticusstamm* Fibrome, Sarcome, Neurome, Gliome und Fibropsammome, im *Labyrinth* Osteophyten, Exostosen, Syphilome und Sarcome vor. Sodann können sowohl von der Schädelhöhle wie vom Mittelohr ausgehende Geschwülste (Carcinom, Sarcom, Psammom, cavernöses Angiom) *auf Labyrinth und Hörnervenstamm übergreifen*, und ist dieses sehr viel häufiger als das Vorkommen primärer Neubildungen an den genannten Theilen.

Die Tumoren des Hörnervenstamms können lange latent bleiben, greifen sie auf den Facialis oder andere Hirnnerven über, so wird die Diagnose klarer.

V. Caries und Necrose des Schläfenbeins.

Vorkommen, Aetiologie und Pathologisch-Anatomisches: Die Caries des Schläfenbeins ist häufig und ergreift hauptsächlich die knöchernen Wände des Mittelohrs und die Gehörknöchelchen, seltener die Pars petrosa mit dem Labyrinth, am seltensten den Meat. audit. int. Circumscripte superficielle Caries im äusseren

---

*) In einem von Kessel operirten Fall freilich, wo wegen einer fluctuirenden Geschwulst in der Regio mastoid., welche, wie sich später herausstellte, durch ein Fibromyxosarcoma cavernosum hervorgebracht war, die künstliche Eröffnung des Warzentheils vorgenommen wurde, trat während der Operation eine so heftige *arterielle Blutung* ein, dass die Carotis communis unterbunden werden musste. *Dennoch wiederholte sich die Blutung und der Patient starb eine halbe Stunde nach der Operation.*

Gehörgang ohne gleichzeitige Caries im Mittelohr ist ebenfalls selten. Sie findet sich mitunter bei anaemischen Individuen, welche der Tuberculose verdächtig sind. Selten ist auch eine cariöse Erkrankung der Schläfenbeinschuppe.

Die Ausbreitung der ulcerirenden Ostitis ist sehr verschieden. Es giebt Fälle, in denen sich dieselbe auf ganz kleine, punktförmige Herde beschränkt, und andere, in denen sie fast das ganze Schläfenbein ergriffen hat und sich sogar noch auf die benachbarten Knochen fortsetzt, am häufigsten auf das Hinterhauptsbein, seltener auf Scheitelbein, Jochbein oder Halswirbel. Zwischen diesen Extremen bezüglich der *Ausdehnung der cariösen Erkrankung* giebt es mannigfache Zwischenstufen. Durch cariöse Einschmelzung oder necrotische Ausstossung des Knochens können die verschiedenen Hohlräume des Ohrs beträchtlich erweitert und abnorme, oft ausgedehnte Communicationen zwischen ihnen geschaffen werden. So findet man mitunter Gehörgang, Warzentheil, Pauken- und Labyrinthhöhle in einen einzigen mit dem Cavum cranii in Verbindung stehenden grossen Hohlraum verwandelt.

Meist *entsteht* die Caries und Necrose des Schläfenbeins in Folge acuter oder chronischer Eiterungen der Weichtheile des Ohrs, die auf den Knochen übergreifen; selten wird sie durch primäre eitrige Ostitis oder Periostitis zu Stande gebracht. *Am häufigsten findet man sie bei Otitis med. purul. und zwar insbesondere in denjenigen Fällen, wo diese Krankheit bei Scharlach und Diphtherie, Tuberculose, Scrophulose und Syphilis, demnächst in solchen, wo sie bei schweren Typhen oder Masern* auftritt. Im Ganzen kommen Caries und Necrose *häufiger bei den chronischen als bei den acuten Mittelohreiterungen* vor. Die ausgedehntesten cariösen Zerstörungen findet man bei den tuberculösen und im Verlauf des Scharlachs entstandenen Otorrhöen.

Die häufige Theilnahme des Knochens an den Entzündungen der Mittelohrschleimhaut ist leicht verständlich, wenn man berücksichtigt, dass die letztere die knöchernen Wände des Mittelohrs und die Gehörknöchelchen mit einem äusserst zarten Ueberzug versieht, und dass ihre Gefässe mit denjenigen des Knochens unmittelbar zusammenhängen. Die entzündete, mit Rundzellen infiltrirte Schleimhaut setzt sich längs der Gefässe in die Havers'schen Canäle und Markräume des Knochens fort. Diese werden hierdurch erweitert, füllen sich mit Granulationsgewebe, und letzteres bringt die Knochensubstanz zum Einschmelzen.

Begünstigt wird die Entstehung von Knochencaries bei Mittelohreiterungen ausser durch gewisse Allgemeinleiden wie Tuberculose, Scrophulose, Syphilis und cachectische Zustände *durch alle diejenigen localen Verhältnisse, welche eine Retention, Verkäsung und Zersetzung der Absonderungsproducte im Mittelohr veranlassen können*, wie Stenose des äusseren Gehörgangs, Granulationen, Polypen, Sequester, eingedickte Secretmassen, zu enge oder hochgelegene Trommelfellperforation, und kommt es hier gewöhnlich zuerst zu einer Ulceration der Schleimhaut, durch welche der darunterliegende Knochen blossgelegt wird, und dann zu einer allmählich immer tiefer greifenden Verschwärung des letzteren. Wenn auch constitutionelle Erkrankungen, wie Tuberculose oder Scrophulose, und Störungen der Ernährung gewiss sehr häufig als Ursache für das Auftreten von Caries des Schläfenbeins betrachtet werden dürfen, so ist dieses doch nicht immer der Fall, da dieselbe auch bei vollkommen gesunder und kräftiger Constitution auftritt.

Primäre Erkrankungen des Knochens kommen am Schläfenbein, insbesondere am Warzentheil ebenfalls vor, sind aber *ungleich seltener*.

Sie beruhen nach STEINBRÜGGE vorwiegend auf der Einwanderung von *Tuberkelbacillen*, seltener von *Osteomyelitiscoccen* in die Knochenräume, wohin die genannten Microorganismen entweder durch den Blutstrom oder durch die Tuba Eust. gelangen. In letzterem Fall allerdings wird die Entzündung wohl meist in der Paukenhöhle beginnen, kann sich aber von hier aus sehr rasch auf den Warzentheil ausbreiten und noch vor Eintritt der Trommelfellperforation die Knochensubstanz in Mitleidenschaft ziehen.

In neuerer Zeit sind insbesondere die ausserordentlich umfangreichen cariösen Zerstörungen des Schläfenbeins, wie sie sich im Verlauf des *Diabetes* zuweilen sehr rasch entwickeln, als das *primäre* Leiden hingestellt worden, zu welchem die perforative Trommelhöhleneiterung erst secundär hinzutreten soll. Nach Steinbrügge indessen dürfte sich die *rasche Mortification der Knochensubstanz bei den Mittelohrentzündungen der Diabetiker,* welche sich häufig durch einen von Anbeginn stürmischen Verlauf, oft sehr profuse Eiterung, Neigung zu starken Blutungen und frühzeitige Betheiligung des Warzentheils auszeichnen, einfach dadurch erklären lassen, dass in traubenzuckerhaltigem Gewebe manche Infectionsträger besser gedeihen und im Kampf mit der lebenden Zelle leichter den Sieg davontragen als im normalen Körper.

Auf die Verschiedenheit der von den Bacterien erzeugten Gifte, welche bald rascher, bald langsamer den Tod der lebenden Zelle herbeiführen bez. durch Verschluss und Vernichtung von zahlreichen kleinen ernährenden Gefässen grössere Gewebspartieen zum Absterben bringen, sowie auf den ungleichen Widerstand, welchen das lebende Gewebe der Einwirkung der Krankheitsgifte entgegensetzt, führt Steinbrügge es auch zurück, dass in dem einen Falle **cariöse,** in dem anderen **necrotische** Zerstörungen der Knochensubstanz zu Stande kommen, und sondert er bei dieser gemeinsamen aetiologischen Darstellung der Caries und Necrose als der letzteren eigenthümlich nur diejenigen seltenen Ausnahmefälle ab, in welchen es durch *Embolieen kleiner Arterien,* wie z. B. der A. audit. int., zu *plötzlicher* vollkommener Unterbrechung der Blutzufuhr in grösseren Knochenpartieen kommt.

In gutem Einklang mit dieser Auffassung, nach welcher die cariös-necrotische Erkrankung des Knochens in der Mehrzahl der Fälle durch die Einwirkung von Microorganismen hervorgerufen wird, steht die Thatsache, dass man dieselbe am häufigsten in den pneumatischen Zellen und der Spongiosa, sehr viel seltener in der compacten Knochensubstanz des Schläfenbeins findet, da sich die Infectionsträger in ersteren viel leichter vermehren und weiter verbreiten können.

Wir finden daher als *Lieblingssitz* **cariöser** *Processe,* wie oben bereits kurz angedeutet ist, den *Warzentheil,* welchen seine anatomische Beschaffenheit übrigens auch zur Secretverhaltung bei eitriger Entzündung der mucös-periostalen Auskleidung besonders praedisponirt, ferner den den Boden des Antr. mast. bildenden *medianen Theil der hinteren oberen Gehörgangswand* und die *laterale Wand des Kuppelraums,* demnächst die *obere und untere Paukenhöhlenwand* und *die von spongiöser Substanz gebildeten Theile der inneren,* ferner den *Sulcus sigmoid.* und die *hintere Wand des Canal. caroticus,* dann aber insbesondere auch die *Gehörknöchelchen* und unter diesen wieder am häufigsten den Ambos, etwas seltener den Hammer, am seltensten den Steigbügel. Von den genannten Theilen können jeder allein oder auch mehrere zusammen von Caries oder Necrose ergriffen werden.

Die feste, compacte *Labyrinthkapsel,* in welcher sich übrigens häufig auch bei Erwachsenen noch einzelne, aus verkalktem Knorpel gebildete und daher der cariösen Erkrankung weniger Widerstand leistende Stellen eingesprengt finden, ist direct nur in den selteneren, stürmisch verlaufenden Fällen gefährdet, in denen die Membran des runden Fensters oder das Lig. annulare stapedis perforirt wird, und wo die Infectionsträger in Folge dessen direct in das Labyrinth hineingelangen, oder wo der mucös-periostale Ueberzug des Knochens zerstört und die Ernährung seiner oberflächlichen Schichten unterbrochen wird, sodass die Infectionsträger nun in die Havers'schen Canäle eindringen können.

Cariöse Defecte der **Gehörknöchelchen** findet man häufig sowohl am Kopf des *Hammers,* wo sie oft mit den hartnäckigen, mit Perforation der Membrana Shrapnelli einhergehenden Eiterungen im oberen Paukenhöhlenraum und Granulationsbildung daselbst zusammenhängen, gewöhnlich verbunden mit Caries und Necrose des Amboskörpers, wie auch am unteren Ende des Griffs (s. Taf. VI Fig. 16 u. Taf. VIII Fig. 11). Das Caput mallei kann durch Caries abgetrennt und ausgestossen werden, sodass das Manubrium über dem Process. brevis scharf abgesetzt erscheint. Letzteres geht gewöhnlich nur in seinem unteren Theil, seltener in der ganzen Länge durch Caries zu Grunde. Sehr selten sind cariöse Defecte in der Mitte des Griffs, wodurch derselbe in einen oberen und unteren Theil getrennt wird.

Bei cariöser Erkrankung des *Ambos* werden zunächst gewöhnlich die Schenkel und zwar am häufigsten der lange, später der Körper ergriffen (Taf. VIII Fig. 12), seltener ist es umgekehrt. Ziemlich häufig wird der ganze Ambos durch Granulationen aufgezehrt.

Beim *Steigbügel* beschränken sich die Zerstörungen fast immer auf Kopf und Schenkel (Taf. VIII Fig. 12), während die Fussplatte gewöhnlich, wenn auch nicht immer, erhalten und in ihrer Verbindung bleibt.

Die grosse Seltenheit einer cariösen Erkrankung der *Steigbügelplatte* beruht wahrscheinlich darauf, dass die Innenseite der letzteren von dem nicht direct gefährdeten Endosteum des Vorhofs bekleidet wird, weshalb ihre Ernährung auch von den Labyrinthgefässen aus stattfinden kann, während Hammer und Ambos von den sie umgebenden, selbst häufig necrotischen Weichtheilen aus ernährt werden und daher sehr viel leichter erkranken müssen.

Der *Hammer* ist insofern etwas weniger gefährdet als der Ambos, als er ja auch vom Trommelfell ernährende Gefässe bezieht, während der *Ambos* ganz von Paukenhöhlenschleimhaut umgeben ist und nur von den Gefässen der letzteren ernährt wird.

Die cariösen Gehörknöchelchen sind oft in ihren Verbindungen gelockert, *luxirt* und werden nicht selten *exfoliirt*. Die cariösen Veränderungen der exfoliirten Gehörknöchelchen (erweiterte Gefässlöcher oder leichte *Arrosion* der Oberfläche, *Rarefication* oder *osteophytische Auflagerungen* in der Umgebung der arrodirten Stellen) sieht man oft erst mit der Loupe.

Was die *Caries des* **Warzentheils** anlangt, so kommt es, da der Eiter aus diesem gewöhnlich nicht frei genug nach der Paukenhöhle abfliessen kann, sehr häufig zu einem *fistulösen Durchbruch seiner knöchernen Wände*. Ueber letzteren ist S. 267 u. 268 bereits das Nöthige gesagt worden und daher dort zu vergleichen.

Eine *flächenförmige superficielle Caries des Warzentheils* kommt nach Schwartze nur bei scrophulöser oder syphilitischer Periostitis zur Entwicklung. Bei der vom Antr. mastoid. ausgehenden Caries dagegen wird die Corticalis, wenn überhaupt, meist nur in geringer Ausdehnung von dem Destructionsprocess ergriffen, und erkennt man den Beginn desselben nicht selten an einer starken Erweiterung der Gefässlöcher oder an leichter Verfärbung des Knochens an einer wenig ausgedehnten Stelle.

Eigentliche **Necrose** wird am Schläfenbein insbesondere bei Erwachsenen *bedeutend seltener* beobachtet als Caries. Sie kommt relativ am häufigsten im *Warzentheil* vor, wo die Demarcation des Sequesters bei Kindern durch die Fiss. mastoideo-squamosa begünstigt wird, dann im *äusseren Gehörgang*, dem *Annulus tympanicus* und *der Schuppe*, am seltensten am *Labyrinth*. Von der *inneren Paukenhöhlenwand* lösen sich mitunter schalenförmige Sequester ab, an denen man Theile des Canal. Fallopp. oder der Fenestra oval. erkennen kann. Was die *Labyrinthnecrose* anlangt, welche man bei der Leiche im Beginn an der auffällig weissen Farbe der betreffenden Felsenbeinpartie und an der dieselbe abgrenzenden Demarcationslinie erkennt, in welch letzterer der Knochen etwas erweicht, mit Granulationen umgeben oder stellenweise bereits gelöst ist, so tritt dieselbe mitunter isolirt auf und zwar meist nach chronischer Mittelohreiterung in Folge von Caries der die compacte Labyrinthkapsel umgebenden spongiösen Substanz oder von Periostitis purul. im Labyrinth, seltener acut, wahrscheinlich in Folge von Embolie der A. audit. int., vorzugsweise bei jugendlichen Individuen. *Ausgestossen* wurde bisher am häufigsten *die necrotische Schnecke*, allein oder mit anhängenden Theilen der Bogengänge (Taf. VIII Fig. 10, 13, 14, 15), seltener *das ganze Labyrinth*, mit-

unter sogar mit dem inneren Gehörgang oder einem noch grösseren Theil des Felsenbeins. In einem Falle enthielt der exfoliirte Sequester *die Pars mastoid., den
Paukentheil mit der knöchernen Tuba, ein Stück der Squama und das Ge-
häuse der Schnecke mit den Bogengängen.* Dabei kann das Leben erhalten
bleiben, und können die schwersten Symptome von Gehirnentzündung nach Ausstossung
des Sequesters wieder zurückgehen. Die *Schuppe* kann, ohne dass gleichzeitig eine
Mittelohrerkrankung besteht, isolirt von Periostitis befallen werden und sich in toto
necrotisch exfoliiren.

*Zuweilen wandern die Sequester vom Orte ihrer Entstehung an eine
andere Stelle,* so z. B. vom Warzentheil oder der Paukenhöhle in den äusseren
Gehörgang, seltener vom Warzentheil in das Cavum tymp.; Labyrinthsequester bleiben
an Ort und Stelle liegen oder sie gelangen in die Pauken-, seltener in die Warzenhöhle und in den äusseren Gehörgang. Sehr grosse Theile der Pyramide, ja selbst
das ganze Schläfenbein können necrotisiren, sich lösen und spontan oder künstlich
entfernt werden. Am häufigsten ist dieses *bei Kindern* beobachtet, bei welchen,
selbst wenn sie sehr kräftig waren, im Typhus oder bei acuten Exanthemen, namentlich im Scharlach, die ausgedehntesten Necrotisirungen vorkommen können.

Häufiger findet man Caries und Necrose *neben* einander, so z. B. im Inneren
des cariös excavirten, von Granulationen erfüllten Warzentheils einen Sequester
(Taf. VIII Fig. 17) und liegen diesen Fällen von *Caries necrotica* in der Regel
schwere Allgemeinerkrankungen zu Grunde.

Nur in sehr seltenen Ausnahmefällen kommt ausgedehnte Caries an den
knöchernen Wänden des Mittelohrs und im äusseren Gehörgang *bei unverletztem
Trommelfell* vor. Gewöhnlich ist letzteres perforirt oder völlig zerstört, oft auch
polypös degenerirt, die *Mittelohrschleimhaut* ulcerirt oder gewulstet bez. mit polypösen Granulationen besetzt, die in den Gehörgang ragen können. In den nicht
von gewulsteter Schleimhaut oder schwammigen Granulationen ausgefüllten Räumen
des Mittelohrs findet man häufig eine mit Blut und kleinen Sequestern vermischte
Jauche oder *fötide, verkäste und schmierige,* seltener *cholesteatomatöse Massen.*

In der Umgebung der cariösen Stellen findet sich häufig eine *reactive
Entzündung,* welche dem Fortschreiten der Ulceration Einhalt thun kann; so kommt
es von der periostalen Auskleidung der Mittelohrräume aus zur Neubildung von
Bindegewebe, welches verknöchern und so eine Verdichtung und Verhärtung der
pneumatischen und diploetischen Knochensubstanz im Schläfenbein und eine Verengerung der in demselben befindlichen Hohlräume herbeiführen kann, zur *Hyperostose* und *Osteosclerose.*

Wenn durch diese reactiven Vorgänge auch nicht in allen Fällen ein den
cariösen Herd abschliessendes Narbengewebe zu Stande kommt, in vielen der ulcera-
tive Process vielmehr weiterschreitet, so wird die in der Umgebung auftretende,
sclerosirende Entzündung doch dünne Stellen des Knochens, an denen die Gefahr des
cariösen Durchbruchs besonders gross ist, widerstandsfähiger machen.

In derselben Weise wie der in der Nachbarschaft des cariösen Herdes gelegene *Knochen* werden in Folge reactiver Entzündung auch die vom Durchbruch
bedrohten Partien der *Dura mater,* die Wandungen der *Gefässe,* das Neurilemm
der *Nerven,* welche in der Nähe liegen und daher in den ulcerativen Process
leicht hineingezogen werden können, verdickt und hierdurch bis zu einem gewissen
Grade *geschützt.* In anderen Fällen findet man die Dura dem Knochen nur lose
anliegend und missfarbig.

Symptome und Diagnose: *Die Diagnose der Caries und Necrose des
Schläfenbeins ist in vielen Fällen mit Sicherheit gar nicht zu stellen,* da die

erkrankten Parthieen des Knochens oft nicht nur der Besichtigung, sondern auch der Sondenuntersuchung vollkommen unzugänglich sind. Wenn sich im Gehörgang oder auch in der durch einen grossen Trommelfelldefect hindurch frei zu Tage liegenden Paukenhöhle ein *Sequester* befindet, welcher als solcher schon durch einfache *Inspection*, sicherer durch *Sondenuntersuchung* (unter Leitung des Spiegels) erkannt werden kann, wenn ferner in der Regio mastoid, oder im Gehörgang *Fistelöffnungen* vorhanden sind, durch welche die Sonde auf rauhen Knochen oder einen Sequester gelangt, so ist die Diagnose natürlich eine leichte. Zu bemerken wäre hier nur, dass die Sondirung von Gehörgangsfisteln mit entsprechend gebogenen Instrumenten (Taf. XV Fig. 14 u. Taf. XVIII Fig. 14) nicht nur sehr schmerzhaft ist, sondern bei tieferem Eindringen in das Antr. mastoid., vielleicht durch Berührung der blossgelegten Dura, auch Schwindel und Erbrechen verursacht.

Man soll daher sowohl die im Gehörgang wie auch die auf der lateralen Fläche des Warzentheils mündenden Fisteln stets nur mit der grössten Vorsicht sondiren, die letzteren um so mehr, je tiefer das Instrument vordringt, ohne auf Widerstand zu stossen. Kann es doch vorkommen, dass dasselbe von der Hautfistel aus durch die perforirte Dura direct in die Höhle eines mit dem cariösen Warzentheil frei communicirenden Hirnabscesses gelangt.

Welchem Theil des Schläfenbeins der event. vorhandene Sequester — mit Sicherheit ist ein solcher nur dann zu diagnosticiren, wenn wir mit der Sonde ein vom Periost entblösstes, *bewegliches* Knochenstück fühlen — angehört, lässt sich, wenn überhaupt, gewöhnlich erst nach der Extraction entscheiden, und sind insbesondere die Labyrinthsequester durch ihre eigenthümliche, characteristische anatomische Beschaffenheit als solche meist leicht zu erkennen.

Grösseren Schwierigkeiten begegnet die Diagnose der Caries und Necrose des Schläfenbeins bereits in denjenigen Fällen, wo die Knochenerkrankung an der inneren, oberen oder unteren Paukenhöhlenwand bez. den Gehörknöchelchen ihren Sitz hat. Zuweilen freilich werden wir eine cariöse Stelle an der Labyrinthwand, deren Schleimhautüberzug durch Ulceration zu Grunde gegangen ist, nachdem der Eiter gründlich entfernt wurde, an ihrem stroh- oder missfarbigen Aussehen schon durch Inspection erkennen können. Indessen liegt der cariöse oder necrotische Knochen durchaus nicht immer bloss, ist vielmehr oft von verdickter Schleimhaut oder Granulationen bedeckt. In diesen Fällen, wo uns die Inspection über das Vorhandensein cariöser Knochenerkrankung, welche wir aus später zu erörternden Gründen zu vermuthen Veranlassung haben, keine Andeutung giebt, können wir Sonden z. B. solche von der in Fig. 25 (Taf. XVIII) dargestellten Form, welche, damit sie ganz beliebig an der Spitze abgebogen werden können, am besten aus Silber gefertigt werden, durch die Trommelfellperforation einführen und durch Abtasten der zugänglichen Knochen etwaige Rauhigkeiten an denselben aufsuchen. Mitunter werden wir dieselben finden, oft aber auch nicht. Es hängt dieses natürlich von der Lage der erkrankten Knochenstellen und von dem Sitz bez. der Grösse der Trommelfellperforation ab. Dass die Sondenuntersuchung stets nur unter Leitung des Spiegels und unter den S. 115 u. 116 erörterten Cautelen vorgenommen werden darf, ist selbstverständlich.

Ausdrücklicher Betonung indessen bedarf es, dass dieselbe bei Caries *besonders grosse Vorsicht* erheischt, weil gerade hier bei nicht hinreichend schonender Manipulation nicht allein eine für die Function des Organs verhängnissvolle Dislocation der Gehörknöchelchen zu Stande kommen, sondern auch der cariös angenagte und morsche Knochen leicht perforirt und hierdurch Ausbreitung der Eiterung auf das Labyrinth, den N. facialis, die Schädelhöhle und die dem Mittelohr nahe liegenden grossen Gefässe, Sin. tranvers., Bulbus ven. jugul., Carotis int. hervorgerufen werden kann. *Die Einführung der Sonden ins Ohr und insbesondere in die Pauken-höhle zur Untersuchung auf Caries darf daher nur von solchen Aerzten vor-genommen werden, welche sich in instrumentellen Manipulationen im Ohre unter Leitung des Spiegels eine grosse Sicherheit angeeignet haben und eine genaue Kenntniss der hier in Betracht kommenden topographisch-anatomischen Verhältnisse besitzen.*

Durch unvorsichtige Sondirung ist oft genug eine *Meningitis* entstanden, an welcher die Kranken zu Grunde gegangen sind. *Schmerz* und *Blutung* sind auch bei vorsichtigster und zartester Sondirung seitens eines geübten Ohrenarztes nicht immer zu vermeiden.

Berücksichtigt man ferner noch, dass Caries und Necrose des Warzentheils überhaupt nur in denjenigen Fällen, in welchen derselbe an seiner lateralen oder vorderen Knochenwand fistulös durchbrochen ist, und auch in diesen nicht immer, durch Sondenuntersuchung nachgewiesen werden kann, so ist es verständlich, dass selbst der sehr geübte Ohrenarzt eine *sichere* Diagnose auf Caries oder Necrose des Schläfenbeins häufig nicht stellen kann. In vielen Fällen aber wird er, ins-besondere bei längerer Beobachtung des Krankheitsverlaufs, im Stande sein, das Bestehen der genannten Knochenaffectionen aus der Beobachtung gewisser Symptome, welche häufig bei ihnen gefunden werden, *wenn auch nicht mit vollkommener Sicherheit, so doch mit einer gewissen Wahrscheinlichkeit* zu erkennen, und sollen diese **Symptome** daher hier im Zusammenhange besprochen werden.

Zunächst wird der Verdacht auf Caries und Necrose des Schläfenbeins nahe-gelegt, wenn im Verlauf einer chronischen Mittelohreiterung wiederholt Schmerzen im Ohr und seiner Umgebung auftreten, und weder eine Ursache für Secretverhal-tung noch eine frische Exacerbation noch endlich eine acute Otitis ext. hierbei auf-gefunden werden können.

Schmerzen im Ohr und im Kopf sind nämlich bei Caries und Necrose des Schläfenbeins sehr häufig, insbesondere in der Nacht. Sie werden durch Periostitis und Ostitis in der Nachbarschaft des cariösen Herdes, durch demarkirende Entzündung in der Umgebung von Sequestern oder durch chronische Entzündung der das Schläfenbein überziehenden Dura mater verursacht. Gewöhnlich kann man sie durch *Percussion des Schläfenbeins* hervorrufen oder steigern. In vielen Fällen sehr intensiv und andauernd, sodass oft Schlaflosigkeit dadurch entsteht, können sie freilich in anderen vollkommen fehlen, und hängt dieses nicht etwa von der Ausdehnung ab, in welcher das Schläfenbein cariös oder necrotisch erkrankt ist. Während mitunter bei geringfügiger Erkrankung des Knochens sehr heftige Schmerzen bestehen, können ausgedehnte Zerstörungen desselben, insbesondere bei Tuberculose und Scrophulose, völlig schmerzlos zu Stande kommen.

Schmerzfreie Intermissionen von Tagen und Wochen sind sehr häufig. Wurden die Schmerzen durch Eiterretention bedingt, so pflegen sie, wenn das Secret spontan oder künstlich entleert wird, rasch nachzulassen. Nicht selten findet man bei Caries auch *neuralgische Schmerzen im Gebiete verschiedener Trigeminus-äste*, besonders des Supraorbitalis. Wird durch Instillation verdünnter, adstrin-girender Ohrtropfen stets Schmerz hervorgerufen, so muss dieses den Verdacht auf Caries erwecken.

Als ein *häufiges Symptom ausgebreiteter* Caries wäre sodann eine *eigen-thümliche Beschaffenheit des Ausflusses* zu erwähnen. Derselbe erscheint hierbei oft als eine *dünne, röthliche oder bräunliche, blutig tingirte Fleischwasser ähnliche, übelriechende, häufig ätzende Flüssigkeit, welcher krümliche Bröckel verkästen Eiters beigemengt sind.* Nicht selten kann von dem Zerfall der Knochensubstanz stammender *Knochensand* im Ausfluss beim Reiben zwischen den Fingern gefühlt und sowohl mit blossem Auge wie auch unter dem Microscop (durch den Nachweis der Knochenkörperchen) erkannt werden. Bei Caries necrotica enthält das Spritzwasser oft *grössere Knochenfragmente.* Ist dem Eiter häufig *Blut* beigemengt, so ist dieses, wenn keine Verletzung vorausgegangen ist und sich auch keine Granulationen im Ohre finden, ein für Caries verdächtiges Zeichen. Das Gleiche gilt von dem *andauernden üblen Geruch* des Eiters trotz lange fortgesetzter, sorgfältiger Behandlung.

Bei *geringer* Ausbreitung der cariösen Erkrankung dagegen ist das Secret häufig ganz von derselben Beschaffenheit wie bei uncomplicirten Schleimhauteiterungen, nämlich ein stark schleimhaltiger, zeitweilig schwach blutig tingirter Eiter.

Der Ausfluss kann bei Caries und Necrose des Schläfenbeins öfters durch Verengerung des Gehörgangs, Granulationen oder vorgelagerte Sequester zurückgehalten werden und dann plötzlich *stocken.*

Aeusserst suspect ist das Vorhandensein leicht blutender Granulationen im Ohre, welche nach der Entfernung immer wieder nachwuchern und ferner das öftere Auftreten von Senkungsabscessen oder Fistelöffnungen im Gehörgang oder in der Umgebung des Ohrs (am Warzentheil, Hals, Nacken, Pharynx, selten vor der Ohrmuschel in der Schläfengegend).

Die entzündlichen Schwellungen und Abscesse entstehen entweder dadurch, dass sich die Entzündung vom Schläfenbein direct auf die Nachbarschaft fortsetzt, oder dadurch, dass der Eiter den zerstörten Knochen perforirt, oder endlich in selteren Fällen durch Fortleitung der Entzündung auf die benachbarten Weichtheile mittelst der Blut- und Lymphgefässe und ohne directen Zusammenhang mit dem Krankheitsherde.

Die im Verlauf der Caries und Necrose des Schläfenbeins sich bildenden Abscesse in der Umgebung der Ohrmuschel *perforiren* entweder nach aussen oder durch eine Incis. Santorini bez. den membranösen Theil des knorpligen Abschnitts in den Meat. audit. ext., selten nach innen in den Nasenrachenraum, sodass ein Retropharyngealabscess entsteht. Nach der Entleerung des Eiters kann sich die Abscesshöhle rasch schliessen, wenn sie nicht direct mit dem cariösen Herde communicirt. In letzterem Falle dagegen bleiben häufig ein oder mehrere, von infiltrirten Wänden umgebene oder von missfarbigen Granulationen ausgekleidete *Fistelgänge* zurück, welche sich erst dann schliessen, wenn die Knochenerkrankung in der Tiefe zur Heilung gelangt.

Facialislähmung kommt bei cariöser Arrosion des Canal. Fallop. häufig zu Stande und zwar durch Druck auf die Nerven bei stärkerer Secretanhäufung in der Paukenhöhle, durch Circulationsstörungen im Gebiete der A. stylomastoidea, welche die Paukenhöhlenschleimhaut und den Nerven gemeinsam versorgt, durch Perineuritis oder Neuritis, seltener durch Vereiterung und partielle Destruction des Facialis, durch Hyperostose des Canal. Fallop. oder durch von der Nervenscheide ausgehende bez. mit ihr zusammenhängende Schwielenbildung, welche zur Compression und Atrophie des Nerven führt.

Die Facialislähmung kann aber auch ebenso gut fehlen und findet sich ferner, auch ohne dass Caries vorhanden ist, häufig bei Mittelohreiterung, seltener bei einfachem Mittelohrcatarrh durch eine auf den Canal. Fallop. und die Facialisscheide fortgepflanzte Entzündung.

Angeborene Dehiscenzen des Canal. Fallop. begünstigen ihr Zustandekommen in diesen Fällen, sind aber für dasselbe durchaus nicht unbedingt erforderlich. *Bei Labyrinthnecrose tritt meist Facialislähmung ein* und zwar am häufigsten bei Necrose des oberen Vorhofabschnitts oder des ganzen Labyrinths sowie des Porus acustic. int., seltener bei

Necrose der Schnecke. *Exfoliation der Schnecke ist regelmässig mit Parese oder Paralyse des Facialis verbunden.* Sie wird hier durch Compression des Nerven seitens des gelösten Labyrinthsequesters oder seitens der in der Demarcationslinie des noch ungelösten Sequesters befindlichen Granulationen verursacht, kann Remissionen und Intermissionen zeigen und nach Ausstossung des Sequesters vollständig verschwinden.

Der Eintritt der Facialislähmung kann ganz plötzlich erfolgen. In anderen Fällen gehen Schmerzen im Ohre und der entsprechenden Gesichtshälfte oder Zuckungen in der letzteren voraus.

Ist die Leitung nur in einzelnen Bündeln des Nerven unterbrochen, so ist die Lähmung der verschiedenen Muskeln des Gesichts eine ungleiche, bald stärker in dem Schliessmuskel des Auges und den Stirnmuskeln, bald wiederum in den Muskeln des Mundes. Ist die Leitung im ganzen Nervenstamm unterbrochen, so sind sämmtliche Gesichtsmuskeln gelähmt bez., wenn es sich nur um eine *verringerte* Leitung handelt, geschwächt. In letzterem Falle beobachtet man Schwankungen in der Stärke der Lähmung.

Perforation der Shrapnell'schen Membran (s. Taf. VI Fig. 17 u. 19) *und nach der Entfernung hartnäckig nachwuchernde Granulationen am oberen Pol des Trommelfells deuten auf eine cariöse Erkrankung des* **Hammerkopfs**.

Politzer führt als ein häufiges Symptom der Felsenbeincaries *abendliches Fieber* an.

Für die Entwicklung von Caries bei einer *acuten* Mittelohrentzündung sprechen lang anhaltende, vom Ohr ausgehende Kopfschmerzen, lang andauernde Schwellung im Gehörgange, insbesondere an der hinteren oberen Wand und ungewöhnlich grosse Empfindlichkeit gegen Adstringentien.

Den nicht häufigen *syphilitischen Ursprung der Caries* erschliesst man aus dem Vorhandensein anderer syphilitischer Symptome.

Bei der Caries und Necrose des **Warzentheils** *besteht nicht selten spontaner Schmerz und Druckempfindlichkeit in der Regio mastoid. Beides kann aber auch fehlen und ist dieses besonders häufig bei Tuberculösen der Fall.*

Entzündliche Veränderungen an der den Warzentheil bedeckenden Haut, bei welchen die Regio mastoid. gewöhnlich stark geschwollen, derb anzufühlen oder fluctuirend, die normale oder gleichfalls infiltrirte Ohrmuschel vom Kopfe nach vorn und aussen abgedrängt, abstehend erscheint, treten bei *centraler Caries* desselben nur dann auf, wenn die Entzündung bereits die oberflächlichen Parthieen des Knochens ergriffen und das Periost in Mitleidenschaft gezogen hat. Die periostitischen Reizungen können in kürzeren oder längeren Zwischenpausen, welche oft Monate lang währen, wiederkehren und zu einer *Verdickung der Corticalis* führen. In anderen günstigeren Fällen kommt es zu *cariöser Perforation der Corticalis* und zur Bildung eines *subperiostalen Abscesses.* Letzterer durchbricht, wenn er nicht künstlich eröffnet wird, das Periost und dann auch die Haut. Schliesst sich die *Hautfistel,* so entwickeln sich später von Neuem Abscesse über dem Warzentheil und kommt es zum Wiederaufbruch der alten oder Bildung einer neuen Fistelöffnung.

Das wiederholte Auftreten von Abscessen in der Regio mastoid. deutet mit ziemlich grosser Sicherheit darauf hin, dass die Corticalis bereits fistulös durchbrochen ist. Ist letztere dagegen *sclerosirt,* so bricht der Eiter aus dem Inneren des cariös erkrankten Warzentheils fast niemals in der Regio mastoid., sondern meist *unter der Ohrmuschel,* mitunter aber auch *vor* und *über* derselben hindurch.

Bei den häufigen, in der seitlichen Halsgegend zu Tage tretenden, mitunter tief reichenden Senkungsabscessen (s. S. 267 u. 268), bei welchen man eine durch Infiltration der Parotis und des subfascialen Bindegewebes bedingte harte, schmerzhafte Geschwulst *unterhalb der Ohrmuschel* findet, hat der Durchbruch in der Regel an der *unteren*, seltener an der *inneren Fläche des Warzentheils* stattgefunden.

Ein häufiges Symptom der Caries und Necrose des Warzentheils ist eine starke Vorbauchung und Senkung der oberen hinteren Wand des knöchernen Gehörgangs, welche sich meist unter heftigen Schmerzen, seltener schmerzlos entwickelt und der Ausdruck einer periostitischen Schwellung der vorderen Wand des Warzentheils ist. Sie kann, wie oben bereits erwähnt wurde, so hochgradig sein, dass sie das Lumen des äusseren Gehörgangs an einer Stelle vollkommen verlegt (s. Taf. VIII Fig. 8). Brechen hier der im Inneren des Warzentheils angesammelte, flüssige oder verkäste Eiter bez. Cholesteatommassen oder necrotische Knochenstücke durch — mitunter geschieht dieses erst, nachdem die Senkung der oberen hinteren Gehörgangswand sehr lange Zeit bestanden hat — so bilden sich in der Fistelöffnung *Granulationen*, welche den Gehörgang verschliessen können und nach ihrer Entfernung schnell wieder nachwuchern. Sie können einen Polypen vortäuschen. Aufklärung schafft das Hervortreten von eitrigem oder käsigem Secret zwischen den Granulationen und die Untersuchung mit der Sonde, insbesondere mit dem geknöpften Häkchen (Taf. XV Fig. 14), mit welchem man leicht in die Fistelöffnung hineingelangt. Deutlicher erkennt man die letztere nach Entfernung der Wucherungen.

Die *primäre Caries des Warzentheils* unterscheidet sich von der secundären dadurch, dass das Trommelfell nicht perforirt ist, — ausnahmsweise findet man dasselbe übrigens auch bei der secundären mitunter erhalten — dass ferner das Gehör wenig oder gar nicht herabgesetzt ist und die Auscultation des Mittelohrs normales Blasegeräusch ergiebt.

Tiefe Senkungsabscesse am Halse oder Nacken, welche von einem cariösen Warzentheil stammen, werden öfters *mit scrophulösen Drüsen- oder mit von Caries der obersten Halswirbel ausgehenden Abscessen verwechselt.* Brechen die entleerten Abscesse bald nach der Vernarbung wieder auf, so spricht dieses dafür, dass sie vom Knochen ausgehen. Eine genaue, sachverständige Untersuchung des Ohres wird solche Irrthümer in der Diagnose verhüten können.

Leichter wird man Caries des Warzentheils mit Cancroid verwechseln können, welches nach Durchbruch des Knochens oft lange das Bild einer Caries necrotica vortäuscht. Die Erfolglosigkeit jeder Operation und die *microscopische Untersuchung der Granulationen* werden schliesslich auch hier zur richtigen Diagnose führen.

Dass *cariöse Zerstörungen der* **Gehörknöchelchen,** durch welche die Kette derselben unterbrochen wird, das *Hörvermögen* mehr minder herabsetzen werden, ist wohl selbstverständlich.

Labyrinthnecrose verursacht in den meisten Fällen, nicht aber in allen, totale *Taubheit.*

Bei Necrose der Bogengänge und selbst der Schnecke, wenn dieselbe nicht in toto zerstört ist, kann noch ein *geringer Rest von Gehör* bestehen bleiben. Auch kann selbst nach Ausstossung der necrotischen Schnecke die Stimmgabel vom Scheitel nach der Seite des afficirten Ohres percipirt werden.

Verdacht auf das Vorhandensein eines in Lösung begriffenen Labyrinthsequesters wird man schöpfen, wenn bei chronischer Mittelohreiterung mit polypösen Granulationen plötzliche complete Taubheit, Facialislähmung, Gleichgewichtsstörungen, Erbrechen, halbseitiger Kopfschmerz auftreten. *Gleichgewichtsstörungen können indessen bei Labyrinthnecrose, selbst bei Ausstossung der Bogengänge, auch fehlen, desgleichen subj. Gehörsempfindungen.*

Verlauf und Prognose: Die Ausgänge der Caries und Necrose des Schläfenbeins sind sehr verschieden. In manchen Fällen tritt *Heilung* der Knochenerkrankung ein und zwar entweder mit bleibendem Substanzverlust im Knochen in Folge cariöser Schmelzung oder necrotischer Ausstossung desselben, event. unter Confluiren der einzelnen Hohlräume des Schläfenbeins oder auch ohne wesentliche Difformität des Knochengerüstes.

Bei der Necrose pflegen nach Entfernung des Sequesters, welcher sich meist sehr langsam löst — bei Labyrinthnecrose können hierüber Jahre vergehen — die durch denselben unterhaltene, gewöhnlich stinkende *Eiterung und die Granulationsbildung auffällig rasch abzunehmen* bez. zu verschwinden, desgleichen auch häufig heftige Schmerzen, Convulsionen und Erbrechen. Der durch die Entfernung des Sequesters entstandene Substanzverlust wird rasch durch Granulationen *ausgefüllt,* welche sich zunächst zu faserigem Bindegebe und dann zu Knochensubstanz umwandeln, womit bei fehlenden Constitutionsanomalieen der Process zur Heilung gelangt.

In anderen weniger günstigen Fällen wird die von dem Sequester eingenommene Höhle und der event. von ihr ausgehende Fistelgang mit einer dünnen, glatten, gelblich-weissen, Epithel tragenden Bindegewebsschicht ausgekleidet, welche das Verschwinden der Höhle dauernd verhindert, und werden von der erwähnten schleimhautartigen Membran nach Entfernung des Sequesters nicht selten zwiebelartig geschichtete Epidermislamellen (*Cholesteatommassen*) proliferirt, die noch nach Jahren neue Entzündungen und Gefahren für den Patienten verursachen können, während die Fistelöffnung in der Haut durch einen aus Epithel, Cholestearintafeln und Detritus bestehenden, verhärtetem Cerumen nicht unähnlichen, schwärzlichen Pfropf verschlossen und gegen das Eindringen äusserer Schädlichkeiten abgeschlossen wird.

In noch anderen Fällen kommt es zur *Bildung von Exostosen und Hyperostosen,* welche nicht nur die durch die Necrose neu entstandenen Höhlen, sondern auch die Paukenhöhle und den Gehörgang theilweise oder ganz ausfüllen können, was mitunter hochgradige Schwerhörigkeit bez. Taubheit zur Folge hat.

Dass Caries und Necrose des Schläfenbeins *durch die dabei häufige Einschmelzung der Gehörknöchelchen,* welche zu den bei Mittelohreiterungen sonst noch auftretenden, die Function beeinträchtigenden anatomischen Veränderungen am schallleitenden Apparat hinzukommt, sowie *durch Erkrankung des Labyrinths* mehr minder erhebliche *Schwerhörigkeit* oder *Taubheit* verursachen kann, bedarf keiner besonderen Begründung. Indessen bleibt hierbei mitunter, wenn das Labyrinth intact blieb, auch ein sehr *gutes Hörvermögen* bestehen.

Caries und Necrose des Schläfenbeins bedingen stets eine **grosse Gefahr für das Leben** *des Patienten,* indem im Anschluss an dieselben nicht selten, und zwar am häufigsten bei directem Durchbruch des Eiters in die Schädelhöhle (s. Taf. VIII Fig. 16), mitunter auch ohne einen solchen *Meningitis, Hirnabscess, Pyaemie oder Septicaemie,* ferner in Folge profuser Jauchung *Marasmus, Morbus Brightii, amyloide Degeneration der Nieren und anderer innerer Organe,* weniger oft *lethale Blutungen* zu Stande kommen.

Die genannten, sehr ernsten Folgezustände, zu welchen als wenn auch nicht das Leben, so doch immerhin die Gesundheit des Patienten gefährdend noch die Facialislähmung hinzuzurechnen wäre, können *ganz plötzlich und unerwartet* auftreten und zum Tode führen.

Die cariöse Arrosion des Canal. Fallopp. führt mitunter nicht nur Facialislähmung, sondern, wenn die eitrige Perineuritis, dem centralen Theil des Facialis folgend, an die Schädelbasis gelangt, auch Meningitis herbei, wie dieses gleichfalls bei cariöser Arrosion des horizontalen Bogengangs geschehen kann, wenn sich die im Anschluss hieran entstehende, eitrige Entzündung des Labyrinths durch den Porus acust. int. dem Hörnerven entlang auf die Hirnbasis fortpflanzt.

Ein Durchbruch des Eiters aus dem cariös erkrankten Schläfenbein durch die innere Wand der Pars mastoid. bez. die obere Wand des Warzentheils und der Paukenhöhle in das Cavum cranii führt übrigens *durchaus nicht in allen Fällen* zu Sinusthrombose, Meningitis oder Hirnabscess.

Eine Gefahr für das Leben können auch die vorher S. 268 u. 322 erwähnten *Senkungsabscesse am Halse*, welche, wenn sie nicht rechtzeitig eröffnet werden, oft rasch eine enorme Ausdehnung gewinnen, herbeiführen und zwar sowohl durch Perforation der Pleura und *Pyopneumothorax* wie auch durch *Compression der Trachea.*

Im Allgemeinen ist die **Prognose** der in Rede stehenden Knochenerkrankungen *schlechter* bei Tuberculose, Scrophulose, inveterirter Syphilis und Marasmus, bei tiefem Sitz derselben in der Pyramide und dem Warzentheil, bei starker Granulationsbildung im Mittelohr und Gehörgang, bei abnormer Verwachsung des Trommelfells mit der inneren Paukenhöhlenwand und ähnlichen localen Verhältnissen, welche eine Retention der Secrete in der Tiefe des Ohrs begünstigen und die Entfernung derselben bez. der Sequester erschweren, *besser* bei fehlenden Constitutionsanomalieen, oberflächlichem Sitz der Caries und freien Secretabfluss gestattenden localen Verhältnissen, sowie wenn der Eiter bereits nach aussen durchgebrochen ist. Prognostisch weniger bedeutungsvoll, wenigstens quoad vitam, ist die *Ausdehnung* der Knochenerkrankung; bleibt doch mitunter bei umfangreicher, bis an die Dura und die Venensinus sich erstreckender necrotischer Exfoliation des Schläfenbeins das Leben erhalten, während eine auf das Tegmen tympani beschränkte, wenig ausgedehnte Caries nach Durchbruch des Eiters in die Schädelhöhle zum Tode führen kann.

Bei gleichzeitiger vorgeschrittener Tuberculose der Lungen ist die Möglichkeit, eine Schläfenbeincaries zur Heilung zu bringen, ausgeschlossen.

Der **Verlauf** *der Caries und Necrose des Schläfenbeins ist gewöhnlich ein sehr chronischer.* In seltenen Fällen führt die Krankheit bereits nach mehreren Monaten zum Tode, gewöhnlich besteht sie *Jahrzehnte* hindurch.

Was *die hierher gehörigen Affectionen* **des Warzentheils** anlangt, so verläuft die *Necrose der von der Schuppe gebildeten Partie der Pars mastoid.* bei Kindern in der Regel gutartig: Es bildet sich unter Fiebererscheinungen ein subperiostaler Abscess hinter der Muschel, nach dessen spontaner oder künstlicher Entleerung eine Fistel zurückbleibt, durch welche man mit der Sonde auf den entblössten Sequester gelangt. Dieser braucht bis zur vollständigen Lösung meist einige Monate, seltener nur einige Wochen und kann dann entweder spontan aus der hinter der Muschel befindlichen Fistel ausgestossen oder extrahirt werden. In anderen Fällen gelangt er durch die hintere Wand des äusseren Gehörgangs in letzteren. Die von dem Sequester eingenommene Höhle im Knochen füllt sich entweder mit allmählich in ossificirendes Bindegewebe übergehenden Granulationen und hinterlässt dann meist eine *tief eingezogene Knochennarbe* oder sie überkleidet sich, wie gleichfalls S. 268 bereits erörtert ist, mit einer schleimhautartigen Membran und bleibt bestehen.

Ungünstiger ist die Prognose bei der Caries necrotica. Hier dauert auch nach der Entfernung des Sequesters die jauchige Absonderung und die Gefahr tödtlicher Folgeerkrankungen unverändert fort. Bei kleinen Kindern freilich gelangt eine Caries des Warzentheils mit fistulösem Durchbruch desselben nicht selten auch ohne jeden operativen Eingriff nach monate- oder jahrelangem Bestehen zur Heilung.

Häufiger aber ist dieses nicht der Fall und ist es daher, um dem Eintritt schwerer bez. tödtlicher Folgekrankheiten vorzubeugen und die Heilung, welche zwar ohne Operation vielleicht auch, aber nach sehr viel längerer Zeit eintreten würde, zu beschleunigen, rathsam, in die Warzentheilfistel mit dem scharfen Löffel einzugehen und alles cariös Erweichte zu entfernen.

Die Prognose der im Verlauf von Caries und Necrose des Schläfenbeins auftretenden Facialislähmung ist nicht immer eine ungünstige, da diejenigen Formen derselben, welche durch eine auf die Scheide des Nerven fortgepflanzte Entzündung verursacht sind, oft bereits nach kurzer Dauer verschwinden.

Dennoch ist eine im Verlauf von Mittelohreiterung sich entwickelnde Facialisparalyse immer als ein *ernstes Symptom* zu betrachten; tritt dieselbe doch häufig als Vorläufer einer lethalen Hirnaffection auf.

Was die *Prognose der Labyrinthnecrose* betrifft, so bleibt die durch sie bedingte Taubheit stets, die Facialislähmung, wenn es sich nicht nur um Schneckennecrose handelt, meist bestehen:

Unter 46 von BEZOLD zusammengestellten Fällen von Labyrinthnecrose befanden sich 37, welche die Ausstossung des Sequesters, die 29 mal aus dem Gehörgang, 7 mal aus Warzenfortsatzfisteln, 1 mal durch die Tuba Eust. erfolgte, überlebten, und ist die Prognose der Labyrinthnecrose quoad vitam demnach eine auffallend günstige. Nach Ausstossung des Sequesters sistirte der Ausfluss in 18 Fällen vollständig, in 5 verminderte er sich. In 7 Fällen trat Exitus lethalis ein und zwar durch Fortleitung der Entzündung auf Meningen und Gehirn. Letztere fand am häufigsten von der hinteren Pyramidenfläche aus statt, entsprechend der Lage des Por. acust. int. und war der meist afficirte Theil des Cerebrums daher das Kleinhirn.

Therapie: Bei der Caries und Necrose des Schläfenbeins bildet eine der wichtigsten Aufgaben der Therapie die *möglichst gründliche, regelmässige Entfernung des Secrets aus der Tiefe des Ohrs,* da dasselbe sonst hier leicht stagnirt, sich zersetzt und die Ausbreitung der ulcerativen Knochenerkrankung sowie das Uebergreifen des Entzündungsprocesses auf die Schädelhöhle begünstigt.

POLITZER und SCHWARTZE empfehlen übereinstimmend als besonders wirksam die *regelmässige, häufige Durchspülung der Paukenhöhle von der Tuba Eust. aus* mittelst des Catheters (s. S. 118, 119, 207, 221 u. 270), durch welche nicht nur stinkender Eiter und verkäste Massen herausgespült und die Stagnation des Secrets am besten verhütet, sondern auch etwa vorhandene heftige Schmerzen im Ohr und Kopf häufig rasch gemildert werden sollen. POLITZER benützt für diese Durchspülungen durch den Catheter nur warmes Wasser. SCHWARTZE $3/_{4}$ $^{0}/_{0}$ige Kochsalzlösung mit einem geringen Karbolsäurezusatz von höchstens $1/_{2}$: 100.

Die Ausspülungen vom Gehörgange aus können mit 1—2 $^{0}/_{0}$iger Carbolsäure-oder 0.2—1 $^{0}/_{00}$iger Sublimatlösung vorgenommen werden. *Im Beginn der Behandlung spritze man den Gehörgang immer nur unter ganz schwachem Drucke aus, weil sonst gerade bei Caries des Schläfenbeins,* bei welcher nicht selten eine Communication des Mittelohrs mit der Labyrinth- oder Schädelhöhle besteht, *leicht gefahrdrohende Erscheinungen hervorgerufen werden können.* Um eingedicktes Secret zu erweichen, sollen die Ausspülungen durch längere Zeit hindurch continuirlich mittelst eines *Irrigators* ausgeführt werden.

Tritt der Foetor des Ohrs bald nach der Ausspülung wieder auf oder verschwindet er auch unmittelbar nach derselben niemals gänzlich, so beweist dieses, dass in den schwer zugänglichen Buchten der Paukenhöhle, bez., was häufiger ist, im Warzentheil Secretmassen stagniren. Um letztere zu entfernen, spüle man das Mittelohr mit Hülfe des *S-Röhrchens* (Taf. XVII Fig 6, 7, 8) aus (vergl. hierüber S. 118).

Ausser durch die in der vorher beschriebenen Weise gründlich und regelmässig vorzunehmenden Ausspritzungen des Ohrs *soll einer Zurückhaltung des
Eiters in der Tiefe dadurch entgegengewirkt werden,* dass man etwaige Granulationen oder Polypen, welche Gehörgang oder Paukenhöhle mehr minder verlegen, rasch
beseitigt (s. hierüber S. 307—310), bei Verengerung des Gehörgangs durch eitrige
Unterminirung seiner oberen hinteren Wand die vorgebauchte Parthie ausgiebig incidirt und so dem dahinter befindlichen, flüssigen oder verkästen Eiter einen Aus-
weg schafft, und endlich bei gleichmässiger Schwellung der den Gehörgang auskleidenden Haut allmählich stärker werdende keilförmige Bourdonnets aus antiseptischer Watte oder Gaze oder auch kurze Drainröhrchen einlegt, welche durch
Druck eine Erweiterung seines Lumens herbeiführen sollen.

Subacute Entzündungen, *welche am häufigsten durch Eiterretention in
der Paukenhöhle verursacht werden,* erfordern neben dem Ansetzen von *Blutegeln*
in der Umgebung des Ohrs (s. S. 127 u. 128) und event. neben *Incisionen in
den Gehörgang und auf dem Warzentheil,* wenn die entsprechenden Indicationen
für letztere vorhanden sind, die *Beseitigung der die Retention bedingenden
localen Verhältnisse,* Erweiterung zu enger Trommelfellperforationen etc., *und Durchspülungen der Paukenhöhle von der Tuba aus.* Mit Beseitigung der Eiterretention
können die heftigsten, bohrenden Schmerzen im Ohr und Kopf, hohes Fieber und
bedrohliche Erscheinungen meningitischer Reizung verschwinden. Werden die Schmerzen
nicht durch Eiterretention bedingt und sind dieselben sehr quälend, so erfordern sie
mitunter die Anwendung *subcutaner Morphiuminjectionen.*

Zur Desinfection, Desodoration und zur Verminderung der Secretion
empfehlen sich nach Schwartze *Instillationen von Aqua chlorata 1:5, Aqua
calcariae 1:10,* oder *Calcaria chlorata 1:2000,* während die adstringirenden
Blei-, Zink- und Kupfersalze — ein für Caries characteristisches Zeichen — selbst
in grosser Verdünnung leicht nachhaltige Schmerzen verursachen.

*Ist die cariöse Knochenstelle klein und zugänglich, so ätze man sie mit
Höllenstein* in Substanz (s. S. 126) oder dem *Galvanocauter* (s. S. 126 u. 127),
wobei indessen grösste Vorsicht nothwendig ist, insbesondere wenn die Caries an den
Paukenhöhlenwänden sitzt. Es kann sonst leicht *Facialislähmung* hervorgerufen
werden, die zwar gewöhnlich bald wieder vorübergeht, mitunter aber auch durch
Monate bestehen bleibt. Bei der Galvanocaustik sind daher sehr kleine Brenner
erforderlich und dürfen dieselben nur ganz kurze Zeit einwirken. Nach Politzer
ist die galvanocaustische Aetzung nur bei circumscripter superficieller Caries im Gehörgang, keinesfalls aber bei Caries am Promontorium gestattet. Mit der *Wiederholung der Cauterisation* muss man je nach der Stärke der Reaction kürzere oder
längere Zeit, im Durchschnitt 3—6 Tage warten.

Cariöse Stellen **im knöchernen Gehörgang** *können mit dem scharfen
Löffel* (Taf. XVIII Fig. 15) *ausgekratzt werden,* indessen darf dieses an der
oberen Gehörgangswand wegen der Nähe der Schädelhöhle nur mit grösster Vorsicht
und *höchstens bis zu einer Tiefe von 1—2 mm* geschehen. Innerhalb der
Paukenhöhle soll der scharfe Löffel nach Schwartze wegen möglicher Nebenverletzungen, Facialislähmung etc., *überhaupt nicht* zur Anwendung gelangen, insbesondere aber niemals bei Caries der inneren Paukenhöhlenwand, weil hierbei nur
allzu leicht schon durch einen ganz geringen Druck die Knochenwand perforirt und
das Labyrinth eröffnet werden könnte. Nach Schwartze ist die öfter wiederholte
Galvanocaustik an dieser Stelle entschieden ungefährlicher und ebenso wirksam.

Nach dem Auskratzen des cariösen Knochens bestreue man die blossgelegten
Stellen mit *Jodoform-* oder *Jodolpulver.*

WILDA-LAHR empfahl *zur Heilung circumscripter* **Caries** sowie zur Beseitigung oberflächlich necrotischer Stellen im äusseren Gehörgang und in der Paukenhöhle das folgende Verfahren: Man bringe eine an ihrem gerieften Ende in *Acid. sulfur. pur. oder dilut.* getauchte Silbersonde längere oder kürzere Zeit mit den die erkrankte Knochenparthie bedeckenden Granulationen in Berührung oder steche sie, wodurch das krankhafte Gewebe noch schneller zur Necrotisirung gebracht wird, mehrmals in letztere ein. Sind die Granulationen nach einigen Tagen unter Bestäubung mit Borpulver verschwunden, so wird ein dem Umfang der kranken Knochenstelle entsprechendes kleines, festgewickeltes, in Acid. sulfur. pur. getauchtes Wattepfröpfchen mit Pincette oder Sonde auf die vorher trocken abgetupfte cariöse Stelle gedrückt und im Gehörgang einige Secunden, in der Paukenhöhle nur einige Augenblicke mit ihr in Contact gehalten. Wird der hierbei entstehende *Schmerz* zu intensiv, so entferne man das Pfröpfchen; hält er trotzdem noch lange an, so giesse man *alcalisirte Milch* in den Gehörgang, wodurch er bald gehoben wird. Hat sich nach einigen Tagen der Schwefelsäureschorf abgestossen und ergiebt die Sondenuntersuchung noch immer rauhen Knochen, so wiederhole man die Aetzung mit einem in die Mitte der kranken Parthie einzudrückenden, schwefelsäuredurchfeuchteten Wattepfröpfchen.

KRETSCHMANN drückte gegen cariöse Knochenstellen nach vorheriger sorgfältiger Reinigung des Ohrs ein mit *Jodollösung* (Jodol. 2,0, Alcohol. 16,0, Glycerin. 32,0) getränktes Gazebäuschchen an und erneuerte dasselbe täglich, wenn möglich, sogar 2 mal des Tages. Zuvor wurden die Stellen mit Glycerin und Alcohol betupft. Schon nach den ersten Applicationen sistirte der Geruch.

Bei superficieller sowohl wie bei centraler **Caries und Necrose des Warzentheils** *müssen die erkrankten Knochenparthieen mit dem scharfen Löffel entfernt werden*, nachdem bei letzterer eine etwa vorhandene Fistelöffnung in der Corticalis hinreichend erweitert oder, wenn eine solche nicht vorhanden war, das Antr. mastoid. aufgemeisselt ist (vergl. S. 272). *Man warte hiermit nicht etwa, bis Hirnreizungssymptome oder Erscheinungen anderer lebensgefährlicher Folgeerkrankungen bereits aufgetreten sind. Die Aufmeisslung des Antr. mastoid. bietet auch für solche Fälle von Caries des Schläfenbeins, in denen die Pars petrosa miterkrankt ist, das hauptsächlichste Mittel zur Verhütung von Meningitis und Sinusphlebitis.* Hat man bei einem Abscess in der Regio mastoid. Veranlassung, das Vorhandensein von Caries zu vermuthen, so soll nach Spaltung und Entleerung desselben stets die Corticalis durch Abheben und Zurückschieben des Periosts *vollständig blossgelegt und genau inspicirt werden.* Findet man hierbei bereits eine grössere oder auch feine *Fistelöffnung*, welche meist an der Wurzel des Warzentheils etwas hinter und über dem Gehörgang gelegen ist, so muss dieselbe mit Meissel und Hammer soweit vergrössert werden, bis alles Erkrankte aus dem Inneren des Knochens mit dem scharfen Löffel entfernt werden kann (s. S. 275); zeigt sich der Knochen dagegen nur grau oder gelblich *verfärbt*, so muss von dieser Stelle aus, an welcher dann meistens später der Durchbruch des Eiters zu Stande kommen würde, das Antr. mastoid. aufgemeisselt werden (s. S. 275). Die Knochenerkrankung erstreckt sich bisweilen viel weiter, als es zunächst den Anschein hat. So findet man z. B. beim Abtragen eines für die Nachbehandlung vielleicht hinderlichen Knochenvorsprungs mit Meissel oder Knochenzange nicht selten wider Erwarten neue mit Eiter erfüllte Knochenzellen, einen neuen Krankheitsherd, der sich mitunter bis in das Hinterhauptsbein, die Schuppe oder den Jochfortsatz erstreckt.

Bei vorgeschrittener Lungentuberculose nimmt man von den genannten operativen Eingriffen im Allgemeinen besser *Abstand* und beschränkt sich auf desinficirende Ausspülungen des Ohrs.

Tiefe Senkungsabscesse am Halse gelangen am schnellsten zur Heilung, wenn man sie vollständig spaltet, was indessen, da sie der Scheide der grossen Halsgefässe folgen können, grösste Vorsicht erfordert, und wobei, da die letzteren durch den jauchigen Eiter mitunter arrodirt sind, eine starke Blutung auftreten kann. *Ist die vollkommene Spaltung nicht ausführbar, so lege man an der tiefsten Stelle eine Gegenöffnung an und drainire den Abscess.*

Bei **Necrose des Schläfenbeins** warte man ruhig ab, bis sich der Sequester *vollkommen* gelöst hat, und extrahire ihn erst dann, wenn er frei beweglich im Gehörgang oder Warzentheil liegt.

Kleine gelöste Sequester können, wenn der Gehörgang nicht abnorm eng ist, gewöhnlich leicht mit einer Pincette oder Kornzange extrahirt werden, sind sie in Granulationen fest eingebettet, nach vorheriger Abtragung der letzteren. Umfangreichere, meist dem Warzentheil, seltener der Pyramide entstammende Sequester müssen, wenn sie sich ohne Anwendung grösserer Kraft nicht aus dem Gehörgang entfernen lassen, insbesondere wenn sie mit scharfen Ecken und Spitzen versehen sind, die bei forcirter Extraction tiefe Verletzungen der Cutis und des Gehörgangsknorpels und im Anschluss hieran ausgebreitete Entzündung und Stricturen verursachen könnten, vorher in der Narcose mit einer Knochenscheere in schonender Weise zerstückelt werden. Auch kann man vor der Extraction die Ohrmuschel ablösen und vorklappen (s. S. 166), um sie nach derselben sorgfältig wieder anzunähen. In anderen Fällen wird zur Extraction eines im Warzentheil liegenden Sequesters die Dilatation einer in der Regio mastoid. gelegenen Haut- oder Knochenfistel mit dem Messer bez. Meissel erforderlich sein.

Bei **Caries des Hammers oder Ambos** empfiehlt es sich meistens, dieselben mitsammt dem Trommelfell zu excidiren (s. S. 135—141), wiewohl es feststeht, dass eine oberflächliche Caries des Hammerkopfs ausheilen kann. *Wo gleichzeitig auch die Wände des Atticus* cariös erkrankt sind, soll letzterer breit eröffnet, dem Auge, der Sonde und dem scharfen Löffel zugänglich gemacht und alles Kranke entfernt werden. *Da gleichzeitig mit dem Atticus fast immer auch das Antr. mastoid.* cariös ist, wird dann auch dieses operativ eröffnet werden müssen. (Ueber die Operationsmethoden und die Nachbehandlung s. S. 138—141 u. 281 u. 282.)

Was die **Allgemeinbehandlung** bei *Caries* und *Necrose* anlangt, so ist dieselbe im grossen Ganzen zwar von weit geringerer Bedeutung als die locale Therapie, soll indessen dennoch nicht ausser Acht gelassen werden. Ist an *mehreren* Stellen des Skelets Caries vorhanden und die dyscrasische Natur derselben hierdurch bewiesen, so muss der Allgemeinbehandlung sogar ganz besondere Wichtigkeit beigelegt werden. Zur Anwendung gelangen hierbei neben einem allgemein roborirenden Verfahren *(Sorge für gute Ernährung und gute Luft)* vorzugsweise, namentlich bei länger anhaltenden Schmerzen das *Jodkali innerlich* ($1/_2$—1 g pro die), vorausgesetzt, dass nicht Tuberculose oder grosse Kachexie eine Contraindication bilden, *jodhaltige Mineralwässer, Jodbäder,* ferner *Leberthran,* bei anaemischen Individuen *Eisenpräparate,* bei heralgekommenen namentlich, wenn eine Pulsbeschleunigung oder abendliches Fieber besteht, *Chinin* in kleinen Gaben, sodann die *jod- und kochsalzhaltigen Thermen, Malz- oder Soolbäder* (vergl. hierüber S. 141—147), bei Syphilis die *Inunctionscur.*

In prophylactischer Hinsicht ist es von grösster Wichtigkeit, jede Mittelohreiterung, ganz besonders aber die im Verlauf acuter Exantheme und des Typhus auftretenden, von Anbeginn an aufs Sorgfältigste zu behandeln, um so vorzüglich durch rechtzeitige Antiphlogose und Trommelfellparacentese — das Zustandekommen carioser Erkrankung des Schläfenbeins, wenn möglich, zu verhüten.

Die bei Caries und Necrose des Schläfenbeins auftretende *Facialislähmung* bessert sich häufig schon unter alleiniger Behandlung des Ohrenleidens, besonders

schnell nach Ausstossung eines Sequesters. Bei frischer, unter heftigen Schmerzen
verlaufender Entzündung im Ohre erweist sich mitunter die Application des *künst-
lichen Blutegels* auf den Warzentheil sowie auch die innerliche Verabreichung von
Jodkali (0.5 — 1.0 pro die), die Einreibung von *Jod-* oder *Jodolsalben* mit narcotischen
Zusätzen in der Umgebung des Ohrs und der Gebrauch von *Jodbädern* sehr nützlich.
Die *electrische Behandlung*, welche zuweilen auch eine sehr lange bestehende
Facialisparalyse, gegen welche sich die Jodcur erfolglos erwies, noch beseitigen oder
wenigstens erheblich bessern kann, darf nur in solchen Fällen angewandt werden,
wo keine Reactionserscheinungen oder gefahrdrohenden Symptome vorhanden sind.
Bleibt die Facialislähmung noch nach Ausheilung der Caries und Beseitigung der
Eiterung bestehen, so ist sie unheilbar, und hat die Anwendung des faradischen
Stroms in solchen Fällen nur den Zweck, der Atrophie der gelähmten Gesichts-
muskeln entgegenzuwirken.

VI. Das Cholesteatom oder die Perlgeschwulst des Schläfenbeins.

Unter obiger Bezeichnung verstehen die Ohrenärzte *zwiebelartig aus concentrisch geschichteten Epidermislamellen zusammengesetzte Massen*, welche im
Mittelohr, und zwar hier am häufigsten im Antrum mastoid. und im Recessus
epitympanicus, seltener im äusseren Gehörgang, noch seltener im Trommelfell und
im Labyrinth vorkommen.

Ihre *Grösse* schwankt von derjenigen eines Hanfkorns bis zu der eines grossen
Hühnereis. Durch allmähliches Wachsthum, oft auch durch rascheres Aufquellen
nehmen sie an Umfang zu, wobei die *Knochenhöhlen*, in denen sie ihren Sitz
haben, theils durch *Druckusur*, theils in Folge *cariöser Zerstörung ihrer
Wandungen* mehr minder beträchtlich erweitert bez. durchbrochen werden können.
Die cariöse Erkrankung der umgebenden Knochenwände ist, wofern sie nicht schon
vor der Cholesteatombildung bestand, auf entzündliche Reizung durch die Zersetzungs-
producte der abgestorbenen und faulenden Epidermismassen sowie durch die zwischen
ihnen befindlichen Micrococcen zu beziehen.

Auf Grund der genannten Vorgänge kann ein zunächst im Antr. mastoid.
sitzendes Cholesteatom später den ganzen Warzentheil in einen einzigen grossen
Hohlraum verwandeln, die Wände desselben zerstören und so entweder nach aussen
hinter der Ohrmuschel oder nach vorn in den Gehörgang, nach oben in die mittlere
oder endlich nach innen in die hintere Schädelgrube, den Sinus transversus oder die
Felsenbeinpyramide mit dem in dieser gelegenen Labyrinth, endlich nach unten gegen
die Incisura mastoid. durchbrechen, ein im Cavum tympani befindliches das Trommelfell und den oberen knöchernen Theil der lateralen, die innere Paukenhöhlenwand,
das Tegmen tympani oder auch endlich den Boden der Paukenhöhle, also das Dach
der Fossa jugularis *perforiren*. Mitunter entsteht durch Zerstörung ausgedehnter
Abschnitte des Schläfenbeinknochens seitens der Cholesteatommassen eine *grosse unregelmässige Höhle*, in welcher äusserer Gehörgang, Pars mastoid., Cavum tympani,
Labyrinth und andere Theile der Felsenbeinpyramide vollkommen aufgegangen sein
können.

Bei Durchbruch des Cholesteatoms in die Schädelhöhle zeigt sich die dasselbe
bedeckende *Dura mater* meist stark verdickt und mitunter gegen das Gehirn

höckrig vorgebaucht (Taf. X Fig. 1). seltener perforirt. Im Gegensatz zu der Erweiterung der Warzenzellen durch Usur bez. Caries findet man dieselben in anderen Fällen durch *Sclerose* vollkommen verödet oder wenigstens *die Corticalis* in Folge der chronisch entzündlichen Reizung stark *verdickt und eburnisirt.* Gerade in solchen Fällen aber ist die Gefahr, dass das Cholesteatom durch die dünne Decke der Paukenhöhle und des Antrum mast. in die Schädelhöhle durchbricht, am grössesten.

Entsprechend den praeformirten oder durch Usur bez. cariöse Zerstörung der Wände neu entstandenen Knochenhöhlen, welche von dem Cholesteatom erfüllt werden, zeigt das letztere zuweilen eine sehr unregelmässige *Gestalt* und knollen- oder zapfenförmige Erhabenheiten (Taf. X Fig. 1).

Seine *Farbe* ist weiss, die Oberfläche perlmutterartig glänzend, an den zersetzten Parthieen mehr schmutzig-bräunlich.

Auf dem *Durchschnitt* erkennt man die namentlich in den peripheren Zonen der Geschwulst vollkommen concentrisch gelagerten dünnen Lamellen, die in der Hauptsache aus verhornten oder fettig zerfallenen. runden oder polygonalen *Plattenepithelien* bestehen, welche 2—3 mal so gross sind wie die der Mittelohrschleimhaut, in Grösse und Form den Epidermiszellen des äusseren Gehörgangs gleichen, und zwischen welchen sich häufig Bacterien. Fettkörner und Cholestearinkrystalle, seltener kernhaltige Riesenzellen finden. In vielen Fällen besteht das Cholesteatom durchweg aus den gleichen, *perlmutterartig glänzenden Epidermisplatten.* in anderen findet sich im Centrum desselben ein aus Detritus, Fettnadeln, Cholestearinkrystallen, glänzenden, unregelmässig gestalteten Schollen und zahllosen Bacterien bestehender, ungemein *fötider, käsiger Kern.*

Die Wände der die Geschwulst bergenden Knochenhöhlen sind entweder glatt oder rauh. Sie werden, so lange sie noch nicht cariös erkrankt sind, gleichmässig von einer dünnen, glatten, weissen oder weiss-röthlichen, stellenweise perlmutterartig glänzenden Membran überzogen, welche aus einer dem Knochen fest aufliegenden, sehr dünnen Bindegewebslage und einer 4—6 fachen, dem Rete Malpighii analogen Zellschicht besteht, deren oberste nach dem Centrum der Höhle zu gelegene Schicht direct in die kernlosen, polygonalen Plattenzellen des dieser Höhlenmembran innig anliegenden Cholesteatoms übergeht (Taf. IX Fig. 10).

Nach der Entfernung des letzteren behält die beschriebene *Auskleidungsmembran der Knochenhöhlen* ihre epidermisartige Beschaffenheit bei und producirt häufig schon kurze Zeit nach der Entfernung wieder neue Epidermislamellen.

Auffallend häufig findet man das Cholesteatom bei chronischen Mittelohreiterungen mit Perforation der Shrapnell'schen Membran oder mit fistulösem Durchbruch in den äusseren Gehörgang bez. durch die laterale Wand des Warzentheils.

In sehr vielen Fällen von Cholesteatom des Mittelohrs zeigt die Schleimhaut des letzteren *polypöse Granulationen.*

Die Cholesteatome des Meat. audit. ext. — Anhäufungen von grossen, festen Ballen zwiebelartig geschichteter Epidermislamellen, welche der Aussenfläche des Trommelfells und den Wänden des Gehörgangs fest anhaften und den knöchernen Abschnitt des letzteren häufig stark erweitern — sind als solche mit Sicherheit nur dann anzusprechen, wenn das Trommelfell nicht perforirt ist, und auch die knöchernen Wände des Gehörgangs keine Defecte zeigen, welche eine Communication mit dem Mittelohr herstellen. Sonst nämlich bleibt es zweifelhaft, ob das im Gehörgang gefundene Cholesteatom nicht im Mittelohr entstanden und erst von hier aus in den Gehörgang vorgedrungen ist.

Nach Kirchner dringen die Cholesteatommassen von der Oberfläche aus tief in die sie umgebende Knochensubstanz ein, füllen die Havers'schen Canäle selbst in noch gesunden Bezirken an und führen zur Thrombosirung der Gefässe des Knochens, wodurch letzterer der Ernährung beraubt und zur Usur gebracht wird. Später sieht man von den Havers'schen Canälen aus weite Hohlräume im Knochen entstehen, welche gleichfalls mit Cholesteatommassen angefüllt sind. Das Cholesteatom verhält sich hiernach wie ein maligner Tumor.

Aetiologie: Was die Entstehung der von den Ohrenärzten sogenannten Cholesteatome des Felsenbeins anlangt, so handelt es sich wohl nur in einer relativ kleinen Anzahl von Fällen um von den Knochen oder den Weichtheilen ausgehende und erst im weiteren Verlauf eine eitrige Mittelohrentzündung hervorrufende *wahre Neubildungen, Perlgeschwülste (Margaritome).* Bei diesen lässt sich ein die Geschwulst umhüllender, dünner, fibröser Balg nachweisen, welcher durch ernährende Gefässe mit irgend einem Theile des Schläfenbeins in Verbindung steht.

Sehr viel häufiger sind die „Cholesteatome" Producte einer chronischen „desquamativen Entzündung" der Cutisschicht des Trommelfells und Gehörgangs sowie der Auskleidung der Mittelohrräume. Von letzteren freilich können sie nur dann geliefert werden, wenn an Stelle der normalen Mucosa eine Epidermis tragende Haut getreten ist. Dieses kommt nun häufig dadurch zu Stande, dass die Epidermis des Trommelfells bez. des äusseren Gehörgangs durch Perforationen sowohl der Pars tensa wie der Pars flaccida des Trommelfells hindurch, insbesondere wenn die Ränder desselben mit der inneren Paukenhöhlenwand irgendwo verwachsen sind, auf die von Epithel entblösste, exulcerirte Schleimhaut des Cavum tympani *hinüberwächst* und grössere Strecken der Paukenhöhle sowie des Antrum mast. überkleidet, was sowohl bei noch bestehender Mittelohreiterung wie auch nach Aufhören derselben geschehen kann, oder auch dadurch, dass die Epidermis durch Warzentheilfisteln hindurch in das Mittelohr *wandert.*

Es steht fest, dass bei Cholesteatomen des Mittelohrs an Stelle der normalen Mucosa desselben eine cutisartige Auskleidung vorkommt, wie sie Fig. 10 (Taf. IX) darstellt. Durch eine solche dermoide Umwandlung der Paukenhöhlenschleimhaut wird in vielen Fällen eine Heilung der Mittelohreiterung herbeigeführt und, wie bereits früher (S. 214) erwähnt wurde, ein gewisser Schutz vor den bei persistenten Trommelfellperforationen sonst so häufigen Recidiven der Eiterung geschaffen. *Zur Bildung eines Cholesteatoms gehört also ausser der dermoiden Umwandlung der Mucosa noch ein weiteres Moment, und dieses ist in einer chronischen Dermatitis der neuen, cutisartigen Mittelohrauskleidung zu suchen,* auf welche auch der aus Fig. 10 (Taf. IX) ersichtliche Gefässreichthum der bindegewebigen Grundlage bez. die Infiltration derselben mit Rundzellen hindeutet. In Folge dieser chronischen Entzündung erfolgt eine übermässige Bildung und Verhornung der Zellen des Rete Malpighii. Die verhornten Lamellen werden nicht wie bei normaler Haut unmerklich abgelöst und entfernt, hängen vielmehr unter einander und mit dem Mutterboden so fest zusammen, dass sie vor ihrer spontanen oder künstlichen Entfernung gewöhnlich erst zu dicken, einen zwiebelartig geschichteten Bau zeigenden Conglomeraten anwachsen. Ihre Anhäufung wird ferner dadurch begünstigt, dass die Knochenhöhlen, in denen sie entstehen, nur verhältnissmässig kleine Ausgangsöffnungen besitzen, wodurch die Epithellamellen an Ort und Stelle zurückgehalten werden. Durch die in ihnen befindlichen Eitercoccen wird dauernde Entzündung und Eiterung unterhalten.

Nach anderen Autoren entsteht die zur Bildung der als Product desquamativer Entzündung auftretenden Cholesteatome des Mittelohrs nothwendige epidermoidale Umwandlung der Mucosa nicht dadurch, dass Rete Malpighii und Epidermis der äusseren Haut durch Trommelfellperforation oder im Gehörgange bez. an der Aussenfläche des Warzentheils mündende Fisteln des letzteren in das Mittelohr *einwandern,* sondern vielmehr, indem die Mittelohrschleimhaut bei der chronischen eitrigen Entzündung an Stellen, die für den Abfluss des Secrets ungünstig gelegen sind, und wo dasselbe daher auf das Schleimhautepithel einen starken mechanischen Druck ausübt, so besonders im Antrum mastoid., in den Cellul. mastoid., in der Cavitas Shrapnelli in Folge dieses Druckes allmählich eine epidermoidale Umwandlung mit nachfolgender Exfoliation der oberflächlichen Epithelzellen erfährt, indem also eine *Metaplasie des Cylinderepithels der Mittelohrschleimhaut in geschichtetes Plattenepithel* stattfindet.

Andere nehmen wiederum an, dass bei eitrigen granulösen Mittelohrentzündungen unter bis jetzt unbekannten Verhältnissen *von den Granulationen* eine Proliferation von Epidermis stattfindet, deren ältere abgestossene Schichten sich allmählich in den Räumen des Mittelohrs anhäufen und so schliesslich eine Perlgeschwulst bilden.

In den stecknadelkopfgrossen, weissen und glatten *Epithelialkugeln*, welche POLITZER in den mit Epithel ausgekleideten, *drüsenartigen Einsenkungen der entzündeten wuchern-den Paukenhöhlenschleimhaut* bei Mittelohreiterung gefunden hat, und die sich durch Abschnürung des Drüsenschlauchs und Fortwuchern des eingeschlossenen Epithels in den so entstandenen cystenartigen Räumen zu wahren Cholesteatomen weiter entwickeln können, werden wohl nur sehr wenige Perlgeschwülste des Mittelohrs ihren Ursprung haben, und noch seltener vielleicht dürfte die von BÖTTCHER und SCHWARTZE für immerhin möglich gehaltene *Entstehung primärer Cholesteatome im Labyrinth von der epithelialen Aus-kleidung des Aquaeductus vestibuli* sein.

Die Cholesteatome des Meat. audit. ext. entstehen durch eine *chronische desqua-mative Entzündung der das Trommelfell und den äusseren Gehörgang bedeckenden Cutisschicht.*

Wie ersichtlich, gehen die Ansichten der Autoren über den Entstehungs-modus der Cholesteatome des Felsenbeins weit aus einander; sie unterscheiden sich auch insofern, als einzelne nur *eine* der angeführten Erklärungen für das Zustande-kommen der in Rede stehenden Geschwülste, andere *mehrere* bez. *alle* gelten lassen. Letzterer Standpunkt dürfte nach meiner Meinung der richtigere sein.

Verlauf und Prognose: In den sehr seltenen Fällen von *ächter Perl-geschwulstbildung* zeigt die Umgebung im Beginn keine Entzündung. Erst später tritt Eiterung hinzu und können durch diese sowohl wie auch durch das Wachs-thum des Tumors allein Perforation des Trommelfells und die vorher bereits er-wähnten, durch Usur oder Caries verursachten Veränderungen am Knochen zu Stande gebracht werden.

Auch *die secundären*, durch desquamative Entzündung der Mittelohrschleim-haut entstandenen *Cholesteatome im Schläfenbein* können Jahre lang bestehen, ohne entzündliche Reactionserscheinungen hervorzurufen. Sie verursachen dann ent-weder *gar keine subj. Beschwerden* — selbst bei ausgedehnten Zerstörungen des Knochens fehlen häufig ernste Erscheinungen vollkommen — *oder ein Gefühl von Schwere und Druck im Kopf, Kopfschmerz oder Schwindel.*

Nicht selten tritt ganz plötzlich, sei es dass durch raschen Nachschub neuer Schichten, sei es dass durch Eindringen von Wasser oder Dämpfen ins Ohr (z. B. bei einem Dampfbad) die Perlgeschwulstmassen zum *Aufquellen* gebracht werden oder dass hinter denselben eine Eiterung auftrat, *heftige Entzündung* ein, welche nicht nur mit intensiven Schmerzen einhergehen, sondern in Folge der durch das Cholesteatom bedingten *Eiterretention* zu gefährlichen Complicationen führen kann. Ist es doch natürlich, dass die schwer zu entfernenden Perlgeschwulstmassen im Mittelohr, mögen dieselben von einer ächten Neubildung stammen oder das Product einer desquama-tiven Entzündung sein, den Abfluss der durch die Entzündung der umgebenden Theile, sowie den Zerfall der Massen selbst sich bildenden Secretions- bez. Zer-setzungsproducte oft sehr behindern, sodass in vielen Fällen Resorption der letzteren und hierdurch *Sinusthrombose mit Pyaemie oder Septicaemie, Meningitis oder Hirnabscess* zu Stande kommen.

Im Gegensatz aber zu denjenigen Fällen von Cholesteatom des Mittelohrs, in denen es, ohne dass ernstere Symptome längere Zeit vorhergegangen waren, ausser-ordentlich schnell zu lethal verlaufender Sinusthrombose, Meningitis oder Hirnabscess kommt, giebt es wiederum andere, in welchen *heftige Schmerzen, Druck und Schwere im Kopf, ja sogar hohes Fieber, Schüttelfröste und Symptome meningitischer Reizung* längere Zeit bestehen, dann aber nach spontaner oder künstlicher Ent-fernung der Perlgeschwulstmassen vollkommen *verschwinden*, vielleicht, um nach einiger Zeit, wenn sich die Massen wieder angesammelt haben, von Neuem aufzu-treten. *Denn auch nach vollkommener Entfernung der Cholesteatommassen, selbst durch einen operativen Eingriff, ist eine Wiederansammlung derselben schwer zu verhüten.* Der letztere Umstand macht das Cholesteatom des Mittelohrs zu einer für den Kranken sehr verhängnissvollen Affection, die schliesslich, wenn Patient nicht dauernd ärztlich überwacht wird, doch den Tod herbeiführen kann. Liegt die Knochenhöhle, aus der das Cholesteatom entfernt wurde, durch eine weite Oeffnung in der Gehörgangswand oder auf der Aussenfläche des Warzentheils nach aussen frei, so kann nicht nur die Eiterung, sondern auch jede Hyperproduction von Epidermis *dauernd aufhören.* Die Höhlenauskleidung verhält sich dann mitunter vollkommen wie die äussere Hautdecke, sodass eine Ansammlung von Abstossungsproducten hier nicht mehr stattfindet. In anderen Fällen wiederum findet auch in solchen nach dem Gehörgang und der äusseren Fläche der Pars mastoid. weit offen liegenden Höhlen eine Neubildung von Perlgeschwulstmassen statt.

Der *Ausfluss* aus dem Ohre ist bei Cholesteatom oft sehr gering.

Brechen die Cholesteatome in die Schädelhöhle durch, so entwickelt sich eine *Pachymeningitis* und, wenn auch die Dura perforirt wird, *Leptomeningitis oder Encephalitis* bez., wenn der Durchbruch in den Sulcus transversus erfolgte, *Blutungen aus dem Sinus transvers.* oder *Thrombose und Pyaemie.*

Die **Diagnose** eines Cholesteatoms des Schläfenbeins ist *sicher*, wenn aus zwiebelartig geschichteter Epidermis bestehende Massen, welche entweder weiss und perlmutterglänzend oder auch bräunlich gelb erscheinen, sich aus dem Ohr entleert haben, was mitunter in verschieden langen Zwischenräumen, nach Wochen oder auch Jahren, unter heftigen, durch Aufquellen der Perlgeschwulst bedingten Schmerzen und Fieber spontan, in anderen Fällen beim Ausspritzen des Ohres, namentlich mit dem in Fig. 6 u. 7 (Taf. XVII) abgebildeten Paukenröhrchen geschieht.

Mit einiger Wahrscheinlichkeit wird man ein Cholesteatom im Schläfenbein annehmen können, wenn man bei einer Mittelohreiterung in der Paukenhöhle zeitweilig Epidermislamellen mit dem Ohrenspiegel wahrnimmt, welche nur wenig über den Rand der Trommelfellperforation hervorragen, wenn die Eiterabsonderung dauernd fötid bleibt und allen Behandlungsversuchen trotzt und wenn endlich häufig ohne äusseren Grund schmerzhafte Entzündungen und Hirnreizungssymptome auftreten.

Stets fahnde man sorgfältig auf *Fistelöffnungen in der hinteren oberen Gehörgangswand*, in welcher ebenso wie am Rande der Trommelfellperforation Cholesteatommassen zu Tage treten können.

Der Warzentheil ist öfters aufgetrieben, ohne dass gleichzeitig eine Entzündung der bedeckenden Weichtheile oder Druckschmerz zu bestehen braucht. Mitunter lassen sich grössere Defecte in der Corticalis desselben selbst bei sorgfältiger Palpation nicht nachweisen. In anderen Fällen zeigt er hierbei eine Elasticität, die zur Verwechslung mit einer Eiteransammlung führen kann.

Therapie: *Das Cholesteatom des äusseren Gehörgangs* ist viel schwerer zu entfernen als ein Ceruminalpfropf. Auch pflegen die bei letzterem (S. 183) empfohlenen Eingiessungen von 1 %iger Sodalösung wenig zur Erweichung bez. Lockerung der Cholesteatommassen beizutragen. Bessere Dienste haben mir hierfür *Instillationen von Acohol. absol.* (s. S. 125 u. 219) geleistet, welcher, falls er zu sehr reizt, mit destillirtem Wasser oder reinem Glycerin zu verdünnen ist*). Durch diese werden die Epidermismassen zum Schrumpfen gebracht und sind nun leichter beim Ausspritzen des Ohrs zu entfernen. Immerhin gelingt letzteres häufig erst in wiederholten Sitzungen, nachdem die alcoholischen Ohrtropfen 3 mal täglich mehrere Tage hindurch eingeträufelt und jedesmal 10 Minuten im Ohre gelassen wurden.

---

* Rp. Alcohol. absol. 100,0   oder Rp. Alcohol. absol.
  Ds. Ohrtropfen   Glycerin pur. aa 50,0
                                                  M. D. S. Ohrtropfen.

Erweisen sich auch hiernach öftere Versuche, das Cholesteatom des Gehörgangs durch *Ausspritzungen* allein zu entfernen, erfolglos, so benütze man zur Ablösung desselben von seiner Unterlage und zur Lockerung der sehr cohärenten Lamellen von einander ein rechtwinklig abgebogenes, vorn stumpfes bez. geknöpftes *Häkchen* (Taf. XV Fig. 12 u. 14). Ist durch Entfernung kleinerer Stücke der Geschwulst mittelst dieses Instruments, welches natürlich nur unter Leitung des Stirnspiegels und den S. 115 u. 116 angegebenen Cautelen angewandt werden darf, erst etwas Luft geschaffen, so gelingt es nunmehr leichter, den Cholesteatompfropf durch weiteres Ausspritzen aus dem Gehörgang herauszubefördern.

Die Cholesteatome des Mittelohrs sind natürlich noch weit schwerer zu entfernen wie diejenigen des Meat. audit. ext., da sie in den Höhlen des Mittelohrs sowohl dem Strahl des Spritzwassers, wie auch unseren Instrumenten (Pincetten, Häkchen) viel weniger zugänglich sind. Auch hier wird es sich empfehlen, zunächst durch *Ohrtropfen von Alcohol absolut. oder Alcohol. absolut. Glycerin. pur. ää*, falls dieselben nicht Eingenommenheit des Kopfes, Kopfschmerz oder Schwindel verursachen, die Massen zum Schrumpfen zu bringen.

Wo man mit der gewöhnlichen Ohrenspritze nicht zum Ziele kommt — und das wird meistens der Fall sein — bediene man sich eines *S-förmigen*, durch den Trommelfelldefect in die Paukenhöhle einzuführenden *Röhrchens* (Taf. XVII Fig. 6 u. 7), über dessen Anwendung S. 118 zu vergleichen ist. Ist die in der Pars tensa oder flaccida des Trommelfells gelegene Perforation zur Einführung des S-Röhrchens zu eng, so kann man sie, falls die Anwendung desselben zur Entfernung cholesteatomatöser oder verkäster Massen indicirt erscheint, vorher mit dem Galvanocauter genügend erweitern. Besteht eine Fistelöffnung in der oberen und hinteren Gehörgangswand, so lässt sich durch Einführung des S-Röhrchens in diese der Strahl des Spritzwassers direct in den Warzentheil dirigiren. Haben die mit dem S-Röhrchen durch eine Trommelfellperforation oder eine Warzentheilfistel hindurch vorgenommenen Injectionen einen Epidermisfetzen aus dem Mittelohr in den Gehörgang oder wenigstens in den Bereich des Gesichtsfeldes befördert, so gelingt es mitunter durch langsamen Zug an demselben mit der Pincette grössere, zusammenhängende Epidermismassen zu extrahiren. Hiernach sind dann wiederum erneute Injectionen durch das S-Röhrchen vorzunehmen, um das noch etwa Zurückgebliebene zu entfernen.

Ist der Gehörgang zu eng, um das S-Röhrchen einzuführen, so versuche man das Mittelohr von den in ihm befindlichen Cholesteatommassen mittelst *Einspritzungen durch den in die Tuba eingeführten Catheter* zu befreien. Letztere dürfen aber nicht mit zu starkem Druck ausgeführt werden, da sonst leicht Schmerz und Schwindel entsteht.

Etwaige *polypöse Granulationen*, welche den Gehörgang oder die Paukenhöhle erfüllen, *sind vorher zu beseitigen*.

Lassen sich die Cholesteatommassen im Mittelohr durch Ausspritzungen nicht vollständig herausschaffen, so *quellen* die zurückgebliebenen nun unter der Einwirkung des injicirten Wassers häufig stark auf und erzeugen hierbei heftige Druck- und Entzündungserscheinungen. Letztere können die *schleunige Vornahme des zur vollständigen Entfernung der Perlgeschwulst erforderlichen operativen Eingriffs* nothwendig machen. Das Aufquellen kann vielleicht etwas hintangehalten werden, wenn man dem zum Spritzen benützten Wasser etwa den vierten Theil *Alcohol. absol.* zusetzt und nach dem Ausspülen sofort wieder die alcoholischen Ohrtropfen einträufeln lässt.

In vielen Fällen ist eine vollständige Entfernung des Cholesteatoms aus dem Mittelohr nur nach vorheriger *Excision des noch übrig gebliebenen Trommelfellrestes, sowie von Hammer und Ambos* (s. S. 135—141) zu erreichen, welcher man, da die Hauptmasse der Geschwulst gewöhnlich im Warzentheil sitzt, meist sogar noch die *Aufmeisslung* des letzteren folgen lassen muss.

Um der Wiederansammlung cholesteatomatöser Massen vorzubeugen, lasse man 1—2 mal täglich *Ohrtropfen von Alcohol. absol. oder Alcohol. absol. Glycerin. pur.* āā einträufeln und das Ohr des Abends mit Borsäurelösung ausspritzen. Immerhin wird Patient gut thun, sich alle paar Monate ohrenärztlich untersuchen zu lassen.

Bezold empfiehlt nach Entfernung des Cholesteatoms aus den Hohlräumen des Mittelohrs *mit dem S-Röhrchen Borsäurepulver* auf die nun freiliegenden Wände der Knochenhöhle zu *insuffliren.*

Schwartze sucht nach operativer Entfernung des Cholesteatoms aus dem Warzentheil durch Transplantation von Hautlappen in die Knochenhöhle die letztere dauernd offen zu halten. Ihre breite Oeffnung an der Aussenwand des Warzentheils, welche durch die Pelotte (Taf. XIX Fig. 11) verschlossen gehalten werden muss, gestattet dann jederzeit, die Höhle in ihrer ganzen Ausdehnung zu übersehen und abzutasten sowie bei eintretendem Recidiv die cholesteatomatösen Massen zu entfernen, bevor es zu Eiterung und jauchigem Zerfall kommt. Als ein weiterer sehr erheblicher Vortheil dieser Operationsmethode ist anzuführen, dass etwaige nach der Entfernung neu gebildete Cholesteatommassen sich durch die persistente Knochenfistel entleeren und nicht, wie dieses sonst so leicht geschieht, in die Schädelhöhle durchbrechen werden. Endlich scheint die Secretion in der von den Perlgeschwulstmassen befreiten Knochenhöhle noch am ehesten dauernd zu sistiren und definitive Verhornung der Auskleidungsmembran noch am ehesten zu Stande zu kommen, wenn die Luft permanent möglichst freien Zutritt zu letzterer hat.

Aus diesem Grunde empfiehlt es sich, die *Aufmeisslung des Warzentheils* in der S. 280—282 beschriebenen Weise, also *mit Fortnahme der hinteren Gehörgangswand,* auszuführen, die das Cholesteatom enthaltende Knochenhöhle *vollkommen* freizulegen, dann den Schwartze'schen Lappen (s. S. 139) zu bilden und, nachdem man die ganze Operationshöhle mit Gaze gründlich gereinigt, alle Blutcoagula, Cholesteatomfetzen, abgeschabten Granulationen und Knochensplitter sorgfältig entfernt hat, den vorderen Rand des Lappens mit dem unteren Theil des hinter der Ohrmuschel geführten Hautschnitts durch tiefgehende Nähte zu vereinigen, endlich hinter dem oberen Theil des parallel der Ohrmuschel geführten Schnitts einen mit seiner freien Spitze nach unten sehenden, oben etwa 2, unten 1 cm breiten, langen, aus Haut und subcutanem Gewebe bestehenden Lappen von seiner Unterlage abzupräpariren, nach vorn zu verschieben und in den oberen Umfang der Knochenhöhle hineinzulegen, wo er durch Jodoformgazetampons fest an seine Unterlage angedrückt werden soll. Stand in dem vorderen Rande des Schwartze'schen Lappens Knorpelsubstanz vor, so muss dieselbe, bevor man näht, mit der Scheere abgetragen werden. Beim ersten Verbandwechsel, also nach 5—10 Tagen, werden die Nähte entfernt. In den ersten 14 Tagen haftet die Jodoformgaze der Wundfläche so fest an, dass man sie nicht herausnehmen darf. Secernirt die Wunde stärker, so wird alle 3—4 Tage, event. noch öfter, verbunden. Spätestens nach 2—3 Wochen können auf den blossliegenden mit Granulationen bedeckten Knochen Hautlappen nach Thiersch transplantirt werden. Die den zu überhäutenden Stellen entsprechend zugeschnittenen Lappen (s. S. 282) werden nach gründlichem Abkratzen der Granulationen mit dem scharfen Löffel und sorgfältiger Blutstillung auf den nun ganz freiliegenden Knochen genau mit der Sonde angedrückt und durch Tamponade der Knochenhöhle mit erbsengrossen Jodoformgazekügelchen unverrückt gegen ihre Unterlage angedrückt erhalten. Um sie nicht wieder loszureissen, muss man sich auch bei den folgenden Verbandwechseln davor hüten, etwa festgeklebte Gaze abzureissen, auf der frisch überhäuteten Fläche viel zu wischen und die neue Gaze fest hineinzustopfen.

Die transplantirte Haut pflegt in der ersten Zeit sehr viel Epidermis zu produciren, später erscheint sie glatt und glänzend, rosa oder grau.

Ist ein Cholesteatom durch Aufmeisslung des Warzentheils entfernt, so beobachtet man häufig auch nach scheinbar gründlichster Beseitigung alles Kranken bei der Nachbehandlung, dass sehr bald wieder *weiss-graue Membranen auf den Wundflächen* erscheinen, welche aus Epidermis mit langen Retezapfen und oft dicken Lagen verhornter Epithelien bestehen. Diese breiten sich allmählich über die ganze Wundfläche aus, verhüten die Ausheilung des Knochendefects und geben in Folge der Zersetzung der sich abstossenden Epithelien zu Reizungszuständen Veranlassung. Durch sie erklärt es sich, dass auch nach sorgfältigster operativer Entfernung alles Kranken und scheinbar vollkommener Vernarbung so *häufig hartnäckige Recidive der Cholesteatombildung* auftreten ohne vorausgegangene Symptome von Entzündung und Eiterung. Die vorher S. 332 beschriebene Beobachtung Kirchner's macht uns die grosse Schwierigkeit verständlich, alle „Keime" des Cholesteatoms gründlich auszurotten. Will man Recidive aber verhüten, so bleibt nichts übrig, als, wie es Kirchner vorschlägt, bei operativer Entleerung des Cholesteatoms aus dem Warzentheil, ähnlich wie bei einer bösartigen Neubildung, noch einen beträchtlichen Theil von dem scheinbar gesunden Knochengewebe gleichzeitig wegzunehmen, da man „nur auf diese Weise im Stande ist, alle Keime des Cholesteatoms zu zerstören". Erscheinen die Membranen dennoch wieder, so entferne man sie mit dem scharfen Löffel.

Schwartze schien die Anwendung einer *Jodoformemulsion in Glycerin oder Mandelöl* die Regeneration der in Rede stehenden Membranen wenn auch nicht ganz zu verhindern, so doch etwas zu beschränken.

Die breite Aufmeisslung des Warzentheils ist das einzige Mittel, um eine Perlgeschwulst des Mittelohrs zu vollkommener Heilung zu bringen. Da nun die Entwicklung der cholesteatomatösen Massen bei Mittelohreiterung erfahrungsgemäss noch häufiger als andere Formen von Otit. med. purul. chron. lethale Folgeerkrankungen (Meningitis, Hirnabscess und Pyaemie oder Septicaemie) hervorruft, so empfiehlt es sich, die sofortige Vornahme der genannten Operation in allen denjenigen Fällen anzurathen, in denen man eine Perlgeschwulst im Mittelohr mit Sicherheit diagnosticirt hat.

VII. Fremdkörper im Ohre.

Kindern bereitet es ein besonderes Vergnügen, sich selber oder ihren Gespielen Fremdkörper in die Ohren zu stecken. Sie benützen hierzu *alle möglichen Dinge*, wie Erbsen, Linsen, Bohnen, Kirschkerne, Kaffeebohnen, Getreidekörner, Johannisbrodkerne, kleine Steine, Glas- oder Metallperlen, kleine Knöpfe, Papierkügelchen und Anderes (vergl. auch Taf. X Fig. 11).

Bei Erwachsenen kommen Fremdkörper im Ohre sehr viel seltener vor und in der Regel *aus ganz bestimmter Veranlassung*. So finden wir sie öfters bei Leuten, welche an *Jucken im Ohre* leiden und die üble Angewohnheit haben, *die Wände des Gehörgangs mit festen Körpern zu scheuern*. Bei dieser Manipulation bleiben nicht selten die aus Metall, Porcellan oder Horn verfertigten, mitunter nur lose aufgesteckten Knöpfe der Notizbleistifte im Gehörgang stecken; auch können hierbei Holzstückchen von einem Zahnstocher, Zündhölzchen und dergl. im Ohre abbrechen. Sodann gelangen bei Erwachsenen mitunter Fremdkörper zur Beobachtung, welche *zur Linderung von Zahn-, seltener von Ohrenschmerzen und -sausen* in den Gehörgang gesteckt wurden. Hierhin gehören die sogenannten

Ohr- oder Magnetpillen, ferner Stücke von Campher, Knoblauch, Zwiebeln, rohen Kartoffeln oder Speck. Auch kommt es vor, dass Personen, welche die gleichfalls üble Angewohnheit haben, Wattepfröpfe sehr tief in das Ohr zu stecken, dieselben nicht wieder herausbekommen können oder auch ihr Vorhandensein ganz vergessen.

Endlich können sowohl bei Erwachsenen wie bei Kindern *lebende Thiere* in das Ohr hineinkriechen oder -fliegen. Es sind dieses am häufigsten die Küchenschwaben (Taf. X Fig. 11 a), ferner Fliegen, Flöhe, Wanzen, der Ohrwurm (Forficula auricularis), kleine Spinnen, sodann die bei putriden vernachlässigten Ohreiterungen mitunter in grossen Massen im Gehörgang und der Paukenhöhle vorkommenden Fliegenlarven, welche sich aus den Eiern der Fliege entwickeln, als Würmer erscheinen und sehr beweglich sind.

Symptome, Verlauf und Prognose: *In der überwiegenden Mehrzahl der Fälle verursachen die Fremdkörper im Ohre keinerlei Beschwerden oder Gefahren für den Patienten und beeinträchtigen selbst das Hörvermögen gar nicht oder nur unbedeutend.* Letzteres erklärt sich daraus, dass sie, wenn man von tief eingeführten Wattepfröpfen absieht, das Lumen des Gehörgangs meist nicht hermetisch verschliessen, vielmehr noch Spalten übrig lassen, durch welche die Schallwellen zum Trommelfell gelangen können. Allerdings sind in der Literatur einzelne Fälle mitgetheilt, wo Fremdkörper im Ohre durch Reizung der im Gehörgang verlaufenden Trigeminus- und Vaguszweige *nervöse Reflexerscheinungen*, wie hartnäckigen Hustenreiz, Asthma, Uebelkeit und Erbrechen, Blepharospasmus, epileptische Krämpfe, Cephalalgie, ausgelöst haben. Dieses aber sind *seltene Ausnahmen*, und *die Regel ist, dass todte Fremdkörper, wofern man sie nur in Ruhe lässt, ruhig im Ohre bleiben können, ohne irgend welche Gefahr oder nennenswerthe Beschwerden herbeizuführen.*

Lebende Thiere im Ohre verursachen dem Patienten allerdings Beschwerden, zuweilen sogar sehr heftige. Dieselben bestehen in Schmerzen und ferner in mitunter überaus starkem, dem Donner ähnlichen subj. Geräusch, Erscheinungen, welche durch das Herumkriechen oder -springen der Insecten auf den Gehörgangswänden und dem Trommelfell hervorgerufen werden und den Patienten nicht selten in grosse Aufregung versetzen. Sehr starke Schmerzen und selbst Delirien können durch die Bewegung der bei Kindern mit stinkendem Ohrenfluss, wie oben erwähnt, zuweilen massenhaft im Gehörgang und der Paukenhöhle befindlichen *Fliegenmaden* entstehen.

Todte Fremdkörper indessen — und auch Thiere sterben nicht selten bald nach dem Eindringen in den Gehörgang ab, ohne irgend welche krankhaften Erscheinungen veranlasst zu haben, — verursachen, wie hier absichtlich nochmals hervorgehoben werden soll, von seltenen Ausnahmefällen abgesehen, wenn man sie nur in Ruhe lässt, gar keine Gefahren oder Beschwerden für den Patienten.

Es sind in der Literatur zahlreiche Fälle mitgetheilt, wo bei einer zufälligen Untersuchung des Ohres Fremdkörper (z. B. Schieferstiftstückchen, Erbsen, Kirschkerne, Steine, ein cariöser Backzahn) gefunden wurden, welche 30, ja selbst 50 Jahre im Gehörgang lagen, ohne dass der Patient von ihrem Vorhandensein irgend etwas gewusst oder eine Unbequemlichkeit verspürt hatte.

Auf der anderen Seite soll nicht unerwähnt bleiben, dass die Fremdkörper häufig von Ohrenschmalz umhüllt werden, und dass hierdurch gelegentlich der S. 181 geschilderte Symptomencomplex eines obturirenden Ceruminalpfropfs entstehen kann (Schwerhörigkeit, Druckgefühl, Ohrensausen etc.). Diese Erscheinungen jedoch treten gewöhnlich erst nach längerer Zeit auf und bieten bei ihrer relativen Unerheblichkeit wahrlich keine Veranlassung, das Hineingerathen von Fremdkörpern in das Ohr als eine grosse Gefahr zu betrachten, welche sofortige Entfernung derselben dringend erheischt, eine Ansicht, die nicht energisch genug bekämpft werden kann, welche indessen beim Laienpublicum sowohl wie auch bei einem Theil der Aerzte immer noch besteht.

Der Fremdkörper im Ohre verursacht keine Gefahren für den Patienten, wenn man ihn nur in Ruhe lässt!

Leider geschieht dieses nur in den seltensten Fällen. Gewöhnlich machen schon die Angehörigen, sobald sie erfahren, dass ein Kind sich einen Fremdkörper in das Ohr gesteckt hat, sofort den Versuch, ihn zu entfernen. Sie benützen hierzu in der Regel eine *Haarnadel.* Das corpus alienum hiermit herauszubefördern gelingt ihnen wohl niemals. Häufig schieben sie im Gegentheil das ursprünglich ganz vorne am Ohreingange liegende weiter in die Tiefe. Ist dieses geschehen, so suchen sie nun Hülfe bei Heilgehülfen oder auch häufig bei Aerzten nach, welche sich mit Ohrenheilkunde niemals beschäftigt haben. Hier werden dann die Versuche, den Fremdkörper instrumentell zu extrahiren, weiter fortgesetzt, wobei insbesondere *Zangen und Pincetten* zur Anwendung gelangen. Dass es mit solchen fast immer unmöglich ist, fremde Körper aus dem Ohre zu entfernen, sollte a priori einleuchten. Nur ganz dünne Gegenstände, wie etwa Nadeln, können im Gehörgang mit Pincetten oder Zangen bequem gefasst und herausgeholt werden, aber auch diese nur dann, wenn mit dem Stirnspiegel genügend Licht hineingeworfen wird, um das Operationsfeld ausreichend zu erhellen, und wenn ferner der Patient während der ganzen Manipulation den Kopf vollkommen ruhig hält. Beides ist niemals der Fall. Aerzte, welche zur Entfernung eines Fremdkörpers aus dem Ohre sofort zu Zangen oder Pincetten greifen, sind mit den Fundamenten der Ohrenheilkunde so wenig vertraut, dass sie in dem kunstgerechten Gebrauch des Reflectors gleichfalls kaum bewandert sein dürften. Und dass Kinder oder auch selbst Erwachsene während einer instrumentellen Fremdkörperextraction mittelst Zangen oder Pincetten vollkommen ruhig sitzen, ist bei der grossen Empfindlichkeit des Gehörgangs ebenfalls ausgeschlossen. Ausserdem aber ist in der Mehrzahl der Fälle kein Raum vorhanden, um die Branchen einer Zange oder Pincette zwischen Fremdkörper und Gehörgangswände zu schieben, wie es doch, wenn man den ersteren fassen will, nothwendig wäre.

Was geschieht also, wenn — trotz all' dieser auf der Hand liegenden Bedenken ein leider auch heute noch immer häufiger Fall — dennoch ohne genügende Beleuchtung, gewöhnlich auch ohne gehörige Fixirung des Kopfes des Patienten *der Versuch gemacht wird, den Fremdkörper mit Zangen oder Pincetten zu entfernen?* In der Regel Folgendes:

Während das Instrument im Ohre geöffnet wird oder auch schon beim Einführen desselben wird die Gehörgangswand *unsanft berührt,* Patient empfindet hierbei heftigen Schmerz und macht in Folge dessen eine dem Operateur *unerwartete Bewegung mit dem Kopfe,* wobei das im Ohr befindliche Instrument oft genug nicht nur die Gehörgangswand verletzt, excoriirt oder quetscht, sondern auch den Fremdkörper weiter in die Tiefe stösst. Werden die Extractionsversuche trotzdem weiter fortgesetzt, so wiederholt sich dieses immer häufiger und in verstärktem Masse. Durch die mechanische Reizung bez. Verletzung des Gehörgangs wird derselbe immer empfindlicher, der Patient in Folge der Schmerzen immer unruhiger und ungeduldiger, die Kinder — und um solche handelt es sich ja meistens — wehren sich mit Händen und Füssen, schreien und halten den Kopf auch nicht eine Secunde lang ruhig. Verliert der „Operateur" trotz alledem nicht den Muth, so wird es ihm bei weiterer Fortsetzung der instrumentellen Extractionsversuche allmählich gelingen, nicht nur die Gehörgangswände stark zu irritiren bez. zu zerfetzen, wobei natürlich auch Blutung eintreten kann, sondern auch den vorläufig noch im knorpligen Gehörgange liegenden Fremdkörper tief in den knöchernen Theil des Canals oder sogar nach artificieller Perforation des Trommelfells in die Paukenhöhle hineinzustossen und hier fest einzukeilen.

Die otiatrische Literatur enthält eine grosse Reihe von Fällen, wo durch derartige, von unkundiger Hand vorgenommene Extractionsversuche*) nicht nur der Gehörgang, sondern auch Trommelfell, Gehörknöchelchen, ja selbst die knöchernen Wände der Paukenhöhle, die dieser so nahe gelegene Carotis int. und Vena jugul., sowie der N. facialis verletzt, wo der Hammer oder ein Stück vom Annulus tympanicus herausgerissen wurden, wo als Folge des Eingriffs sofortige Facialislähmung, ferner mit qualvollen subj. Geräuschen und Schwindelanfällen verbundene unheilbare Taubheit eintrat oder gar durch eine an die Verletzung des Ohres sich anschliessende eitrige Meningitis oder Hirnabscess Tod erfolgte.

Und solche unverständigen, in ihren Folgen so überaus verhängnissvollen, selbst zum Tode führenden Extractionsversuche sind — kaum glaublich, aber dennoch wahr und von zuverlässigen Berichterstattern gewährleistet — sogar in Fällen vorgenommen worden, wo in dem betreffenden Ohr ein Fremdkörper überhaupt nicht vorhanden war.

Wenn nun auch nicht immer, wo in der oben geschilderten ungeeigneten Weise Zangen und Pincetten gegen ein im **Gehörgang** befindliches Corpus alienum ins Feld geführt werden, die erwähnten schweren Verletzungen und Folgeerscheinungen einzutreten brauchen, so wird doch durch diese instrumentellen Manipulationen die sonst stets durchaus günstige Prognose der Fremdkörper erheblich verschlechtert.

Denn wenn auch tiefere Verletzungen ausbleiben, so wird doch schon die *unvermeidliche mechanische Reizung des Gehörgangs* hinreichen, um eine *entzündliche Schwellung seiner Wände* entstehen zu lassen. Hierdurch aber wird eine *feste Einkeilung* des vorher, wie wir oben S. 338 bereits erwähnt haben, den Meatus fast niemals hermetisch verschliessenden Fremdkörpers zu Stande kommen und eine Entfernung desselben nunmehr viel schwieriger werden. Tritt im weiteren Verlauf der artificiellen Gehörgangsentzündung eine Eiterabsonderung ein, so wird jenseits des durch die geschwollenen Gehörgangswände fest eingekeilten Fremdkörpers in der Tiefe des Ohres *Eiterretention* entstehen müssen und als Folge der letzteren können dann, wenn vorher nicht noch rechtzeitig von sachverständiger Seite die Entfernung des Fremdkörpers bewirkt wird, wiederum *tödtlich verlaufende Complicationen, wie Meningitis, Hirnabscess, Pyaemie und Septicaemie*, zu Stande kommen.

Ist ein umfangreicher Fremdkörper in die enge **Paukenhöhle** *gestossen worden*, so kann derselbe hier, abgesehen von der Schwellung der Gehörgangswände oder dem bei Fruchtkernen eintretenden Aufquellen, so fest eingekeilt sein, dass man ihn ohne vorhergehende operative Eingriffe auch instrumentell absolut nicht aus seiner Lage bringen und extrahiren kann. Besonders hinderlich wirkt hier das Vorspringen des Annulus tympanicus, über welchen der in der Pauken-

---

*) *„Alljährlich sterben überall in Folge solcher eine Anzahl von Kindern. Aus der relativen Seltenheit der publicirten lethalen Fälle darf nicht geschlossen werden auf die Seltenheit ihres Vorkommens."* Dieser vor wenigen Jahren gethane Ausspruch Schwartze's dürfte leider auch heute noch Geltung haben.

höhle befindliche Fremdkörper, auch wenn man ihn mit dem Häkchen fest gefasst hat, oft nicht herübergehoben werden kann.

Diagnose und Therapie: *Bevor wir an die Entfernung eines Fremdkörpers herangehen, müssen wir uns stets durch objective Untersuchung selber überzeugen, dass ein solcher auch wirklich im Ohre vorhanden ist.*

Auf die Angaben der Patienten dürfen wir uns in diesem Falle *nicht* verlassen. Denn einmal handelt es sich hier ja meist um *Kinder*, deren Aussagen niemals durchaus zuverlässig sind: manche Kinder geben vor, einen Fremdkörper im Ohre zu haben, *ohne* dass dieses überhaupt der Fall ist, andere beschuldigen den *falschen* Gehörgang, zeigen z. B. das rechte Ohr, während das Corpus alienum thatsächlich im linken sitzt. Sodann aber glauben auch *Erwachsene* nicht selten, einen Fremdkörper im Ohre zu haben, nachdem derselbe schon lange wieder herausgefallen ist.

Nur auf diese Weise erklären sich die häufigen Fälle, wo beim Scheuern der juckenden Gehörgangswände mit einem Notizbleistift das lose aufsitzende Knöpfchen desselben im Ohre zurückbleibt und wo wir bei der otoscopischen Untersuchung trotz der bestimmten Angabe des Patienten, dass das Knöpfchen noch im Gehörgange stecke, letzteren vollkommen frei finden. Das Gefühl von dem Vorhandensein des Fremdkörpers im Ohre kann eben, auch wenn derselbe sich nicht mehr darin befindet, noch längere Zeit bestehen bleiben.

Zur Feststellung der Diagnose bediene man sich des Ohrenspiegels. Mit diesem wird es uns, wenn rohe instrumentelle Extractionsversuche von unkundiger Hand noch nicht vorausgegangen sind, fast immer gelingen, den Fremdkörper zu constatiren. Nur ganz kleine Thiere (Wanzen, fast microscopisch kleine Spinnen), welche sich im Sinus meat. aud. ext. (Taf. 1 Fig. 1 u. 3) verstecken, können gelegentlich bei der Ohrenspiegeluntersuchung der Wahrnehmung entgehen. Sonst aber werden wir im Gehörgang stets eine Masse finden, welche entsprechend ihrer Grösse die Besichtigung des Trommelfells mehr weniger behindert, die uns indessen, da sich der Fremdkörper nicht selten mit Ohrenschmalz umhüllt, gelegentlich auch als Ceruminalpfropf imponiren kann.

Die Natur des im Ohre steckenden Fremdkörpers zu erkennen, wird, auch wenn derselbe nicht von Ohrenschmalz eingehüllt ist, in vielen Fällen nicht leicht sein, da man ja bei der otoscopischen Untersuchung meist nur *eine* Fläche desselben zu Gesicht bekommt. *Trotzdem ist eine behufs näherer Aufklärung vorzunehmende Sondenuntersuchung in der Regel nicht rathsam und höchstens in solchen Fällen gestattet, wo nach vorausgegangenen, von unkundiger Hand ausgeführten, erfolglosen instrumentellen Extractionsversuchen der Gehörgang durch Schwellung seiner Wände, Blutgerinnsel oder Granulationen dergestalt verlegt ist, dass wir den von anderer Seite gewaltsam in die Tiefe gestossenen Fremdkörper mit dem Ohrenspiegel überhaupt nicht mehr wahrnehmen können.* Dass auch in diesen Fällen die Sondenuntersuchung nur unter Leitung des Stirnspiegels, bei gehöriger Fixation sowohl des Kopfes wie der Hände des Patienten, besser noch in der Narcose und stets nur mit grössester Vorsicht vorgenommen werden darf, weil man sonst Gefahr laufen würde, das Corpus alienum noch mehr in die Tiefe zu schieben oder auch den bereits von Anderen verursachten Verletzungen neue hinzuzufügen, bedarf keiner weiteren Begründung.

Mitunter können wir in zweifelhaften Fällen das Vorhandensein eines durch Spiegel- und selbst Sondenuntersuchung nicht sicher erkennbaren Corpus alienum im Ohre *durch den Geruchssinn* feststellen, wenn es sich um Körper handelt, die einen starken characteristischen Geruch besitzen, wie z. B. Knoblauch.

Unser **therapeutisches** Verhalten

A. bei todten Fremdkörpern

im Gehörgang ist ein verschiedenes:

1) *Sind instrumentelle Extractionsversuche überhaupt noch nicht vorgenommen worden*, so versuchen wir das Corpus alienum durch *einfaches Ausspritzen* mit abgekochtem lauwarmem Wasser (s. S. 116 u. 117) zu entfernen. Sehr häufig wird bereits die erste oder zweite Spritze dasselbe herausspülen. Es ist dieses auch durchaus nicht befremdend. Der Fremdkörper füllt, wie wir oben bereits erwähnt haben, den nicht entzündlich geschwollenen Gehörgang fast niemals vollkommen aus; es bleiben vielmehr zwischen seinem Rande und den Wänden des Canals stets Spalten übrig, in welche das Wasser beim Ausspritzen des Ohres hineindringt. Bedient man sich einer nicht zu kleinen Spritze, so wird durch die genannten Spalten eine so grosse Menge Wassers hinter den Fremdkörper gelangen, dass sie beim Zurückfliessen denselben herausschwemmen muss. Zweckmässig ist es, die Ohrmuschel beim Ausspritzen energisch nach hinten bez. hinten und oben (s. S. 26) vom Kopfe abzuziehen, um den gekrümmten Gehörgang in einen geraden Canal zu verwandeln, sodann das mit einem weichen dünnen Gummischlauch armirte spitze Ende der Spritze (Taf. XVII Fig. 1) vorsichtig bis in die Nähe des Fremdkörpers vorzuschieben und, wenn man vorher mit dem Ohrenspiegel an einer Seite desselben eine Spalte hat constatiren können, den Wasserstrahl hierhin zu dirigiren. Natürlich kann man bei ungeschickter Manipulation auch mit der Spritze den Fremdkörper weiter in die Tiefe schieben und muss man sich hiervor hüten. Ist indessen die Spitze der Spritze vorn mit einem noch ca. 1 cm weit überstehenden weichen Gummidrain bekleidet, so ist diese Gefahr eine sehr geringe und dürfte nur bei sehr grosser Ungeschicklichkeit des Arztes oder sehr heftigen Kopfbewegungen des Patienten eintreten. Bei letzteren braucht man einen Gehülfen, um den Kopf zu fixiren.

2) *Sind instrumentelle Extractionsversuche von unkundiger Hand dagegen bereits vorausgegangen, so haben wir uns in unserem Verhalten nach dem Allgemeinbefinden des Patienten zu richten:*

a) Ist letzteres nicht nennenswerth beeinträchtigt, sind Fieber, Cerebralsymptome (Schwindel, Uebelkeit, Erbrechen, starke Kopfschmerzen, Delirien) oder auch heftige spontane Schmerzen im Ohre *nicht* vorhanden, so wird man zunächst wieder versuchen, den Fremdkörper durch *einfaches Ausspritzen* zu entfernen. In diesen Fällen werden wir allerdings gewöhnlich nicht sogleich bei der 1. oder 2. Spritze zum Ziel gelangen, sondern *länger und wohl auch stärker spritzen* müssen. Wenn durch die 6. oder 8. Spritze der Fremdkörper noch immer nicht herausgespült wird, empfiehlt es sich, mit dem Ohrenspiegel hineinzusehen, um zu constatiren, ob er wenigstens etwas weiter nach aussen gerückt ist. Ist dieses der Fall, so soll man ruhig weiter spritzen. Vielleicht kommt man schneller zum Ziel, wenn man statt der gewöhnlichen Spritze ein mit entsprechendem Ansatz versehenes *Klysopomp* benützt, mit dem man einen mehr *continuirlichen Strahl* ins Ohr hineinschicken kann. Auch können wir, wenn nach längerem Spritzen der Fremdkörper nicht herauskommt, *die Kranken ruhig zum nächsten Tage wieder bestellen* und inzwischen durch Application einer *Eisblase* auf's Ohr und eventuell *locale Blutentziehungen* in seiner Umgebung (s. S. 127—129) die Entzündung zu vermindern suchen. Nicht selten werden wir dann, nachdem die Schwellung der Gehörgangswände geringer geworden ist. im Stande sein, durch weiteres Ausspritzen den Fremdkörper herauszubefördern.

b) Gelingt dieses nicht oder *bestehen Erscheinungen, welche eine rasche Entfernung des Fremdkörpers erforderlich oder wünschenswerth machen* — das Letztere ist der Fall, wenn Fieber oder Cerebralsymptome wohl fehlen, die Patienten aber nicht allein *während* oder unmittelbar *nach* dem Ausspritzen. sondern auch unabhängig von diesem heftige Schmerzen im Ohre empfinden. — so werden wir nun *sofort* die **instrumentelle** *Entfernung des Fremdkörpers* in Angriff nehmen*). *Diese aber erheischt die Anwendung der* **Narcose**, da es dringend nothwendig ist. dass Patient, während das Instrument sich im Ohre befindet. vollkommen ruhig liegt. Dass die Narcose besonders tief ist, scheint mir nicht durchaus erforderlich zu sein, wenn man nur zwei Gehülfen hat. welche den Kopf und die Hände des Kranken fest fixiren, sodass während der Operation unerwartete Bewegungen nicht vorkommen können.

Ist hierfür Sorge getragen, so führe man bei guter Beleuchtung des Gehörgangs mit reflectirtem Licht unter Leitung des Stirnspiegels und je nach Lage des Falls nach vorheriger Einführung des Trichters oder auch ohne einen solchen ein möglichst dünnes, aber doch festes, rechtwinklig abgebogenes, *stumpfes* stählernes Häkchen (Taf. XV Fig. 12) zwischen Fremdkörper und oberer hinterer Gehörgangswand — die Ebene des Häkchens der letzteren parallel gerichtet — so tief hinein, dass sich die Spitze desselben hinter dem Corpus alienum befindet. richte sodann durch eine Axendrehung des Stiels um 90° die abgebogene Spitze des Häkchens gegen die Mitte des Fremdkörpers und versuche nun. durch vorsichtiges Zurückziehen des Instruments letzteren mit herauszubefördern. Zweckmässig ist es hierbei, den Stiel des Häkchens etwas gegen die obere Wand zu drängen. Lag das Corpus alienum im inneren Theil des Gehörgangs hinter dem Isthmus desselben. so ist es, um das Trommelfell nicht zu verletzen, besser, das Instrument nicht längs der oberen hinteren, sondern längs der vorderen unteren Gehörgangswand einzuführen, weil diese ja länger ist als jene (Taf. I Fig. 1 u. 3). Bei der grossen Verschiedenheit der Fälle bezüglich der Weite des Gehörgangs und der mehr minder festen Einkeilung der Fremdkörper ist es wünschenswerth, zur Entfernung derselben eine grössere Anzahl von Häkchen zur Verfügung zu haben. Die Fig. 12. 13 (Taf. XV) u. 4—7 (Taf. XIX) stellen verschiedene Arten derselben dar. Krumme Häkchen wie in Fig. 13 (Taf. XV) u. in Fig. 6 u. 7 (Taf. XIX) können nur dann benützt werden. wenn zwischen Fremdkörper und Trommelfell ein genügend freier Raum sich befindet. In solchen Fällen erweisen sie sich zur Extraction weicherer Körper wie Watte und Papierpfröpfe. aufgequollene Erbsen. Linsen oder Bohnen als ganz geeignet. Auch kann man für solche Corpora aliena ein gerades oder krummes *spitzes* Häkchen (Taf. XIX Fig. 5 u. 7) benützen. mit dem man besser wie mit dem stumpfen in die Masse derselben eindringen und sie mitunter leichter extrahiren kann. auf der anderen Seite aber noch vorsichtiger wie mit dem stumpfen manipuliren muss. um keine Verletzung der

---

*) Es dürfte nicht unnütz sein, darauf hinzuweisen, dass die instrumentelle Fremdkörperextraction aus dem Ohre eine Operation ist, welche dem specialistisch ausgebildeten Ohrenarzt vorbehalten bleiben sollte. Denn nur die instrumentellen unter Leitung des Spiegels auszuführenden Eingriffen im Ohre Erfahrene und Geübte wird die genannte Operation erfolgreich ausführen, ohne dabei dem Ohre Verletzungen zuzufügen, welche später nicht nur für das Sinnesorgan, sondern auch für Leben und Gesundheit des Patienten verhängnissvoll werden können. *Das Hinzuziehen eines Ohrenarztes in solchen Fällen dürfte sich daher selbst dann empfehlen, wenn dadurch ein Zeitverlust von mehreren Stunden verursacht wird.*

Gehörgangswände und Blutung zu machen. Letztere wird ja zwar, wenn der Operateur ein geübter Ohrenarzt ist, niemals erheblich sein, ist aber doch soviel wie irgend möglich zu vermeiden, da schon wenige Tropfen Blut hinreichen können, um das Operationsfeld zu verdecken. War dennoch eine Blutung entstanden, so wird man dieselbe mitunter vor weiterer Fortsetzung der Extractionsversuche erst mit dem Wattestäbchen oder mit Jodoformgaze zu stillen suchen müssen.

Ist ein Corpus alienum in dem Gehörgang so fest eingekeilt, dass sich von den in Fig. 12 u. 13 (Taf. XV) u. 4—7 (Taf. XIX) abgebildeten Häkchen keines zwischen seinen Rändern und den Gehörgangswänden einführen lässt, so wird man zuweilen mit Erfolg von dem „Doublehook-Extractor" (Taf. XIX Fig. 3) Gebrauch machen. Dieser wird bis an die Aussenfläche des Fremdkörpers herangeführt und durch mehrere Umdrehungen um seine Axe nach Art eines Pfropfenziehers in die Masse desselben hineingebohrt. Beim Herausziehen des Instruments folgt dann entweder der ganze Fremdkörper oder wenigstens ein Stück von demselben. In letzterem Fall hat man immerhin den Vortheil, durch successive Entfernung einzelner Stückchen einen grösseren Raum zu gewinnen, sodass nunmehr vielleicht eins von den in Fig. 12 u. 13 (Taf. XV) u. 4—7 (Taf. XIX) abgebildeten Häkchen zwischen Gehörgangswand und Fremdkörper hinter den letzteren eingeführt werden kann. Natürlich kann der „Doublehook-Extractor" überhaupt nur bei nicht ganz harten Fremdkörpern Anwendung finden, so bei Erbsen, Bohnen, Johannisbrodkernen, Wattepfröpfen und dergl.. In ganz harte Körper, wie Steine oder Glasperlen, kann er sich selbstverständlich nicht hineinbohren. Ueberhaupt aber darf er nur mit grosser Vorsicht und von sehr geübter Hand benützt werden, da seine scharfen Spitzen sonst leicht Verletzungen des Ohres, Blutung etc. verursachen können. Für fest eingekeilte Fremdkörper scheinen sich ferner die von BERTHOLD angegebenen stumpfen Häkchen von *nicht gehärtetem, weichem Eisen* gut zu eignen. Sie haben den Vortheil, dass man ihnen jede erforderliche Krümmung geben kann, und dass sie weniger leicht am Fremdkörper abbrechen, wie die gehärteten Stahlhäkchen.

Bei Glas- oder Metallperlen und bei den Knöpfen der Notizbleistifte empfiehlt es sich, wenn sie ihre Oeffnung dem Ohreingang zukehren, in dieselbe ein entsprechend dickes, ca. 2 Zoll langes, vorher angefeuchtetes Laminariastäbchen vorsichtig einzuführen und so lange (etwa $\frac{1}{2}$ Stunde) darin zu lassen, bis Perle oder Knöpfchen dem aufgequollenen Laminariastäbchen fest genug aufsitzen, um sich durch Zug an dem äusseren Ende des letzteren mit herauszubefördern zu lassen. Diese jedenfalls schonende Methode ist um so wichtiger, als Perlen, deren Canal der Gehörgangsaxe parallel verläuft, durch Ausspritzen öfters desshalb nicht entfernt werden können, weil das Spritzwasser durch den Canal nicht nur ein-, sondern auch abfliesst, und die Notizbleistifte bei gleicher Richtung ihres Canals durch den Wasserstrahl zuweilen noch weiter in die Tiefe getrieben werden.

Um den Fremdkörper instrumentell entfernen zu können, ist es zuweilen nothwendig, zunächst polypöse Granulationen, welche in Folge der vorher von unkundiger Hand vorgenommenen instrumentellen Extractionsversuche entstanden sind und welche das Corpus alienum vollkommen verdecken können, mit Schlinge oder scharfem Löffel in der Narcose zu beseitigen. Die Fremdkörperextraction wird dann sofort angeschlossen.

c) Bleiben die vorher geschilderten, von einem geübten Ohrenarzt ausgeführten instrumentellen Extractionsversuche erfolglos, was insbesondere bei fester Einkeilung des Fremdkörpers in dem tiefsten Theil des Gehörgangs, dem Sinus meat. aud. ext. der Fall sein kann, so schreite man zu partieller Ablösung und nachfolgender Vorklappung der Ohrmuschel und des knorpligen Gehör-

gangs. Bei dieser **Operation** circumcidirt man die Muschel in derselben Weise wie bei der Stacke'schen (s. S. 137 u. 138), indessen wird hier der Schnitt nicht wie bei jener auch durch das Periost geführt. Sodann wird Muschel und knorpliger Gehörgang abpräparirt und letzterer möglichst nahe an seiner Verbindung mit dem knöchernen bis auf die vordere Wand durchschnitten. Ist dieses geschehen, so klappt man Muschel und knorpligen Theil des Gehörgangs so weit nach vorn, dass man nach Stillung der zuweilen allerdings recht störenden Blutung einen deutlichen Einblick in den knöchernen Theil bekommt. Hiernach gelingt es mitunter, schon durch kräftiges Ausspritzen den Fremdkörper herauszubefördern. Bleibt dieses erfolglos, so wird man ihn in manchen Fällen durch dahinter geführte stumpfe Häkchen, wie früher (S. 343 u. 344) geschildert wurde, oder auch mit einer knieförmig gebogenen Kornzange entfernen können. Hierauf wird die Ohrmuschel unter strenger Beobachtung antiseptischer Cautelen mit Catgut- oder Seidenfäden wieder angenäht, in den Gehörgang bis zu vollständiger Vernarbung der abgelösten Theile ein entsprechend weites Gummirohr gesteckt, welches, wenn man die Entstehung einer Verengerung des Meat. audit. ext. vermeiden will, niemals zu früh weggelassen werden darf, und darüber ein antiseptischer Verband applicirt, unter welchem die Muschel gewöhnlich per primam anheilt.

Fremdkörper, die von unkundiger Hand in die **Paukenhöhle** *gestossen sind,* sollen mitunter, wenn sie bei Sondenuntersuchung noch etwas Beweglichkeit zeigen, mittelst *Luftdouche* oder *forcirter Wasserinjectionen durch den Tubencatheter* in den Gehörgang zurückbefördert werden können event. *nach genügender Erweiterung der Trommelfellperforation oder Excision der ganzen Membrana tympani und des Hammers* (s. S. 135—137). In anderen Fällen werden sie sich vor oder nach Vornahme der eben erwähnten operativen Eingriffe am Trommelfell durch einfaches Ausspritzen vom Gehörgang aus (s. S. 116) oder auch (in der Narcose) mit dem *stumpfen Häkchen,* dem *Doublehook-Extractor* und dergl.[*] herausbefördern lassen. Gelingt dieses nicht, so kann

1) die vorher bereits geschilderte *Ablösung und Vorklappung der Ohrmuschel und des knorpligen Gehörgangs,* welche bei jungen Kindern, bei denen die obere Wand des knöchernen noch nicht so lang ist, meist genügen wird, wenn auch diese aber zur Entfernung des Fremdkörpers mit stumpfen Häkchen, dem Zaufal'schen Hebel und dergl. nicht ausreicht,

2) *Exstirpation der* durch die vorausgegangenen, von anderer Seite ausgeführten Extractionsversuche oft ohnehin sehr beschädigten und geschwollenen *membranösen Bedeckung der hinteren und oberen knöchernen Gehörgangswand* oder, wenn auch hierdurch genügender Raum nicht gewonnen wird, um das Corpus alienum aus der Paukenhöhle herauszuheben,

3) *Abmeisslung eines keilförmigen Stücks der hinteren knöchernen Gehörgangswand* bez., wenn der Fremdkörper im Antrum mastoid. oder im Adit. ad antr. eingekeilt ist.

---

[*] Schwartze benützt hierzu mit Vorliebe den Zaufal'schen *schaufelförmigen Hebel* (Taf. XIX Fig. 8). E. Sargnon entfernte den sehr harten, schwarzbraunen, glatten, im Durchmesser ca. 6 mm grossen, ovalen Kern einer Cannahöhre (Canna indica), der in der Paukenhöhle lag und dieselbe beinahe ganz ausfüllte, nachdem viele andere Instrumente versagt hatten, schliesslich mit Allen's *Polypen- und Fremdkörperzange* (Taf. XIX Fig. 2) in der Narcose. In das Ohr war eine 5%ige Cocainlösung geträufelt, um die Blutgefässe der Paukenhöhle zu contrahiren und die Blutung zu verringern; und thatsächlich war letztere während der Operation auffallend gering. Es gelang, die 3 stählernen Arme des Instruments hinter und um den Kern zu bringen, ihn fest zu fassen und zu extrahiren.

4) die *operative Eröffnung des Antrum* und namentlich im letzteren Fall resp., wenn der Fremdkörper mit einem Ende gegen den Rivinischen Ausschnitt, mit dem anderen gegen den unteren hinteren Theil des Annulus tympanicus gerichtet ist.

5) *operative Entfernung nicht nur des Trommelfells und des Hammers, sondern auch der Pars epitympanica der oberen knöchernen Gehörgangswand und des Ambos* nothwendig werden.

Bei der 2. und 3. Operation wird in derselben Weise wie bei der STACKE'schen die Muschel circumcidirt*), sodann ebenso wie die hintere und obere membranöse Gehörgangswand mit dem Elevatorium losgelöst und nach Stillung der Blutung die Verbindung des knorpligen mit dem knöchernen Gehörgang knapp am äusseren Rande des letzteren in der hinteren Hälfte ihrer Circumferenz mit einem Spitzbistouri senkrecht auf die Axe des Meatus durchschnitten. Nun wird die Muschel nach vorn umgeklappt und durch je einen mit dem Spitzbistouri vom Rande des Trommelfells nach aussen geführten Schnitt die Cutisauskleidung der oberen und unteren Wand des knöchernen Gehörgangs durchtrennt und der so auf 3 Seiten umschnittene losgelöste Hautlappen mit Pincette und Scheere herausgenommen. Hierdurch wird einmal erreicht, dass man besser in die Paukenhöhle sehen und dann, dass der aus letzterer herausgehobene Fremdkörper leichter durch den Gehörgang hindurchtreten kann. Schafft die geschilderte Exstirpation der hinteren und oberen membranösen Gehörgangswand aber auch noch nicht ausreichenden Raum zur Entfernung des Corpus alienum aus der Paukenhöhle mit Hülfe hebelförmiger Instrumente, so muss man, wie oben bereits erwähnt wurde, noch ein keilförmiges Stück von der hinteren knöchernen Wand des Meatus wegmeisseln. Die Basis des Keils wird nach aussen liegen, seine Schneide an der hinteren Trommelfellperipherie auslaufen müssen. Verletzung des N. Facialis kann bei vorsichtigem Meisseln vermieden werden.

Nach Anderen ist es besser, nach Circumcision der Ohrmuschel und sorgfältiger Unterbindung blutender Gefässe, den knorpligen von dem knöchernen Gehörgang nicht abzutrennen, sondern vielmehr genau wie bei der STACKE'schen Operation (s. S. 137—141) die Haut- und Periostauskleidung des *ganzen* knöchernen Gehörgangs bis auf einen schmalen ringförmigen Rest am Trommelfell stumpf abzulösen, dicht am Trommelfell durchzuschneiden und nun durch Zug an der Ohrmuschel mit dem Wundhaken so weit nach vorn zu klappen, dass sie aus jeder Verbindung mit ihrer knöchernen Unterlage gelöst ist. Sodann wird nicht die ganze hintere Wand des knöchernen Gehörgangs, sondern nur der innerste Theil derselben dicht am Trommelfell und, wenn dieses zur Entfernung des Fremdkörpers erforderlich ist, ausserdem auch der obere, hintere, untere und vordere Theil des Margo tympanicus abgemeisselt**).

Dieses letzte Verfahren ist von BEZOLD angegeben worden. Er hält dasselbe für so gut durchführbar, dass er es auch für diejenigen Fälle von Fremdkörpern in der Paukenhöhle empfiehlt, bei denen bedrohliche Erscheinungen noch nicht vorhanden sind, vorausgesetzt dass eine schonendere Entfernung vom Gehörgang aus nicht gelingt.

Ist der Fremdkörper im Antrum mastoid. oder im Aditus ad antr. eingekeilt, so muss

---

*) ZAUFAL führt statt dessen einen horizontalen Schnitt nur durch die Haut, 2 cm über dem oberen Ansatz der Ohrmuschel in der nach oben verlängerten Linie des Tragusrandes beginnend und bis zur Mitte der Wurzel des Warzentheils, und einen zweiten senkrecht auf diesen durch Haut und Periost bis zur Spitze des Warzenfortsatzes, präparirt dann von oben her die Cutis von der Aponeurose des M. temporal. ab, bis er zum Proc. zygomatic. gelangt ist, führt nun erst auf und längs dem letzteren den Periostschnitt in die hintere Schnittlinie, um dann den dreieckigen Periost- und Hautlappen mit der Ohrmuschel und der Auskleidung der hinteren Wand des knöchernen Gehörgangs vom Knochen bis gegen das Trommelfell mit dem Elevatorium loszupräpariren.

**) Speciell der untere Rand des Margo tympanic. ist es, welcher der instrumentellen Entfernung von Fremdkörpern aus der Paukenhöhle die grössten Hindernisse bereitet, insofern es unmöglich sein kann, ein auf dem bekanntlich 2—3 mm tiefer als die untere Gehörgangswand gelegenen Boden der Paukenhöhle befindliches Corp. alienum, selbst wenn dasselbe noch beweglich ist, vom Meatus aus über den vorspringenden Rand des Trommelfellsulcus mittelst Häkchen und dergleichen herüberzuheben. Wird hierbei stärkere Gewalt angewandt, so kann man den oft papierdünnen Boden, das Dach der Paukenhöhle, den Canalis Falloppiae und die Gehörknöchelchen verletzen.

auch das Antrum eröffnet bez. die Pars epitympanica der oberen knöchernen Gehörgangswand abgemeisselt oder der Ambos weggenommen werden. Durch die vorausgegangenen
Extractionsversuche sind in solchen Fällen gewöhnlich sehr bedeutende Verletzungen am
Trommelfell und in der Paukenhöhle herbeigeführt und ist es daher zweckmässig, das
Cavum tympani breit zu öffnen, um nicht nur den Fremdkörper, sondern auch etwaige
fracturirte oder dislocirte Gehörknöchelchen oder abgesprengte Knochensplitter, Granulationen
etc. entfernen zu können.

Ist dieses geschehen, so wird die Ohrmuschel und der knorplige Gehörgang event.
mit der anhaftenden membranösen Auskleidung des knöchernen, falls letzterer ausgeschält
wurde, wieder in seine normale Lage zurückgebracht, in den Gehörgang ein sein Lumen
ausfüllendes, fast bis in die Paukenhöhle reichendes Drainrohr geschoben, und die Hautwunde genäht. Dieselbe heilt meist per primam. Der losgelöste Hautperiostcylinder legt
sich der knöchernen Unterlage wieder an. War die membranöse hintere Wand des
knöchernen Gehörgangs excidirt, so granulirt der entblösste Knochen und es bildet sich
auf ihm eine glatte Narbenmembran.

*Die **sofortige** Vornahme dieser Operationen ist geboten*

1) wenn lebensgefährliche Symptome auftreten.

2) wenn der Eintritt hochgradiger Schwerhörigkeit bez. Taubheit eine durch
das Aufquellen des Fremdkörpers oder die vorgenommenen Extractionsversuche verursachte frische Verletzung an der Steigbügelfussplatte wahrscheinlich macht, durch
welche sich die Mittelohreiterung auf das Labyrinth und die Schädelhöhle ausbreiten kann.

3) wenn Patient nicht in der Lage ist, unter beständiger Aufsicht des Arztes
zu bleiben.

Treten bei einem in der Paukenhöhle eingekeilten Fremdkörper neben Mittelohreiterung *Entzündungserscheinungen in der Umgebung des Ohres*, besonders
am Warzentheil, auf, so ist die *sofortige Aufmeisslung des Antr. mastoid., bei
welcher gleichzeitig die hintere knöcherne Gehörgangswand bis zur Paukenhöhle entfernt und der Fremdkörper extrahirt werden soll*, indicirt.

*Auf der anderen Seite darf nicht vergessen werden, dass in einzelnen
wenn auch selteneren Fällen Fremdkörper lange Zeit in der Paukenhöhle
gelegen haben, ohne besondere Beschwerden zu verursachen. Immerhin sind
die Fälle, wo ein Corpus alienum durch rohe instrumentelle Extractionsversuche in die Paukenhöhle gestossen ist, stets ernster als diejenigen, wo dasselbe
noch im Meat. audit. ext. steckt.*

Natürlich muss man, wenn ein Fremdkörper fest in den Gehörgang eingekeilt
oder gar in die Paukenhöhle gestossen worden ist, den Kranken *auf's Sorgfältigste
beobachten*, um, wenn irgendwelche drohenden Erscheinungen, wie Fieber, Cerebralsymptome, ausgesprochene Neuroretinitis oder Stauungspapille, heftige Schmerzen im
Ohre, Entzündung in der Umgebung, insbesondere am Warzentheil, sich bemerklich
machen, sofort zur instrumentellen bez. operativen Entfernung des Fremdkörpers zu
schreiten. Nothwendig sind *tägliche Temperaturmessungen* und *öftere Augen-
spiegeluntersuchung*. Temperaturerhöhung, wenn auch nur um 1⁰, sowie allmählich
an Intensität zunehmende Symptome einer beginnenden Neuroretinitis, fortschreitende
venöse Hyperaemie des Augenhintergrundes mahnen zur Vorsicht, falls für beide
eine andere Ursache als die Ohreiterung nicht aufzufinden ist.

Fühlt sich indessen Patient trotz des von unkundiger Hand in die Tiefe gestossenen und eingekeilten Corpus alienum vollkommen wohl — und auch dieses
wird öfters beobachtet — so kann man, wenn die anatomischen Verhältnisse der
instrumentellen Entfernung sehr ungünstig sind, der Gehörgang eng, der Fremdkörper durch Blutgerinsel oder Granulationen der Wahrnehmung mit dem Auge
vollkommen entzogen ist, zunächst ein *antiphlogistisches Verfahren* einschlagen

und event. durch *Abtragen etwaiger den Gehörgang füllender Granulationen
mit der Schlinge* einer Eiterretention vorzubeugen suchen. Mitunter wird dann
nach einiger Zeit. zuweilen erst nach mehreren Wochen, wenn die entzündliche
Schwellung des Gehörgangs sich vermindert hat. der vorher unsichtbare Fremdkörper
zum Vorschein kommen, um dann entweder mit der Spritze oder, wenn nöthig,
instrumentell entfernt zu werden.

B. **Lebende Thiere,** welche. wie vorher erwähnt. bei ihren Bewegungen im
Ohre heftige Beschwerden verursachen können. *sollen möglichst schnell zum Ab-
sterben gebracht werden.* Zu diesem Behuf muss sich Patient auf das gesunde
Ohr hinlegen und der Gehörgang des Kranken mit *Oel* gefüllt werden. Sind die
Thiere, was gewöhnlich nach einigen Minuten bereits der Fall ist und sich durch
das Aufhören der Bewegungen im Ohre kund thut, todt. so können sie durch
Ausspritzen mit lauwarmem Wasser entfernt werden. *Bei den Fliegenlarven*
indessen gelingt dieses nicht immer. da selbst die todten Thiere häufig an den
Wänden des Gehörgangs und der Paukenhöhle so fest eingehakt bleiben, dass sie
beim Ausspritzen nicht folgen. vielmehr einzeln — häufig sind ihrer 10 und noch
mehr im Ohre — mit der Pincette entfernt werden müssen. Mit einer solchen
kann man auch diejenigen Larven. welche, während das Oel sich im Ohre befindet,
an die Oberfläche kommen. um zu athmen. fassen und extrahiren. Da die Entfernung mit der Pincette namentlich bei unruhigen schreienden Kindern immerhin
eine schwierige Arbeit ist. so hat KÖHLER nach einem Mittel gesucht. welches die
Larven schnell tödtet und für das Ohr gefahrlos ist. Er fand ein solches in dem
Terpentinöl. mit welchem man den Gehörgang anfüllen soll. Spritzt man dann
nach 5 Minuten mit lauem Wasser aus, so fallen nach K. die todten Larven sofort
heraus. *Zur schnellen Tödtung von Fliegen. Flöhen und anderen lebenden
Thieren empfiehlt K.* Installation *von Alcohol.* Behauptet Jemand. in seinem
Ohre die Bewegungen eines Thieres deutlich und unangenehm zu empfinden und ist
ein solches otoscopisch nicht nachzuweisen. so soll man *dennoch* den Gehörgang
ausspritzen. da sehr kleine. fast microscopische Thiere mitunter mit dem Ohrenspiegel
in der That nicht wahrnehmbar sind. Zuweilen allerdings handelt es sich in solchen
Fällen auch nur um eine durch einen Reizzustand der Gehörgangsnerven hervorgerufene Paraesthesie.

*Wenn wir zum Schluss das Wichtigste in der Behandlung
der Fremdkörper im Ohre nochmals zusammenfassen wollen, so
ist hervorzuheben, dass in allen*) Fällen zunächst nur die Spritze*

---

*) Nur in solchen Fällen, wo das Ausspritzen — selbstverständlich stets mit richtig
temperirtem, also 30° R warmem Wasser — heftigen Schwindel erzeugt, ist davon Abstand zu nehmen. Auch wird dasselbe, wenn im Trommelfell eine grosse Perforation besteht, mitunter unwirksam bleiben, weil der Abfluss durch die Tuba die Expulsivkraft
des eingespritzten Wassers beeinträchtigt.

Bei manchen tief im Gehörgang oder in dem spitzwinkligen Recessus zwischen dem
innersten Abschnitt der unteren Gehörgangswand und dem untersten Theil des Trommelfells sitzenden schweren Fremdkörpern. z. B. Schrotkörnern, soll es empfehlenswerth sein,
die Einspritzungen in der Rückenlage bei überhängendem Kopf vorzunehmen.

Der Vorschlag, bei quellungsfähigen Fremdkörpern im Ohre (wie Erbsen, Bohnen,
Linsen, Johannisbrotkernen) statt mit Wasser mit Oel oder Glycerin auszuspritzen. ist
wohl nur von wenigen Autoren acceptirt worden, weil auch durch Wasserinjectionen schwer-
lich ein bedenkliches Aufquellen der genannten Körper zu Stande kommt, sich ausserdem
aber durch unmittelbar folgende Instillation von Glycerin bez. Carbolglycerin 1 : 100 oder
Alcohol sicher verhüten lässt. Sind aber aus anderen Ursachen Hülsenfrüchte oder Frucht-
kerne im Ohre in der That stark aufgequollen, so kann. auch wenn sie sich in der Paukenhöhle befinden und Gründe für eine rasche instrumentelle Extraction (s. unten) nicht vor-

in Anwendung gezogen werden soll, dass aber auch diese, von den eben erwähnten seltenen Ausnahmefällen abgesehen, nur dann in Thätigkeit treten darf, wenn man durch Ohrenspiegeluntersuchung die Anwesenheit des Fremdkörpers festgestellt hat, und dass endlich instrumentelle Extractionsversuche stets einem geübten Ohrenarzt vorbehalten bleiben sollen.

Nach Entfernung *eines* Fremdkörpers muss durch Ohrenspiegeluntersuchung festgestellt werden, ob noch weitere vorhanden und ob durch die Extractionsversuche Verletzungen oder Entzündung entstanden sind. Letztere erfordern dann die entsprechende Behandlung. Sonst wäre der Ohreingang nur noch für 2—3 Tage mit Salicylwatte verstopft zu halten.

Bei kleinen, im Trommelfell festsitzenden Fremdkörpern z. B. Getreidekörnern räth SCHWARTZE abzuwarten, bis durch die eintretende Suppuration eine spontane Lösung derselben erfolgt und die Fremdkörper von selbst in den Gehörgang fallen, aus welchem sie dann leicht ausgespritzt werden können.

In die *Tuba Eust.* dringen Fremdkörper, wenn wir von den zu therapeutischen Zwecken eingeführten absehen, im Ganzen selten ein, relativ am häufigsten beim unvorsichtigen Ausspritzen der Nase, wobei es SCHALLE begegnete, dass ein aus der benützten Hartgummispritze abgesprungenes Stück *Hartgummi* von 6 mm Länge und 1,5 mm Dicke durch die Ohrtrompete in die Paukenhöhle gerieth und hier eine eitrige perforative Entzündung hervorrief, und wobei ferner, worauf wir später noch näher eingehen werden, öfters Injectionsflüssigkeit und das Secret der Nase und des Rachens in das Mittelohr gelangen, ferner beim Brechakt, bei welchem *Speisepartikel, Galle und Blut*, beim Niesen, wobei *Schnupftabak, Staub und das Secret der Nase und des Rachens* in das Mittelohr geschleudert werden können, wodurch gleichfalls nicht selten eine mehr minder heftige Entzündung verursacht wird. URBANTSCHITSCH sah einen 3 cm langen *Haferrispenast* von der Mundhöhle in die Tuba und von hier in die Paukenhöhle eindringen. Nach Eintritt von Eiterung und Perforation des Trommelfells gelangte derselbe in den äusseren Gehörgang. FLEISCHMANN fand bei der Section eines Mannes, der lange über subj. Gehörsempfindungen geklagt hatte, eine in der Ohrtrompete steckende *Gerstengranne. Laminaria-Bougies* können in der Tuba abbrechen und die abgebrochenen Stücke in derselben sitzen bleiben oder unter heftigem Würgen wieder ausgestossen werden. Heftige Schmerzen und Entzündung sind die gewöhnliche Folge solcher übler Zufälle. Von mehreren Autoren ist beobachtet worden, dass *Spulwürmer* aus dem Nasenrachenraum durch die Tuba in die Paukenhöhle bez. von hier aus nach Perforation des Trommelfells nach aussen wanderten, was natürlich heftige Schmerzen verursachte.

VIII. Traumatische Läsionen des Ohres.

Dieselben entstehen

1) *durch directe Einwirkung des verletzenden Körpers auf die einzelnen Theile des Gehörorgans* und

2) *indirect durch eine Erschütterung der letzteren, wie sie bei plötzlichen Luftdruckschwankungen oder Erschütterungen der Kopfknochen, die sich auf das Gehörorgan fortpflanzen, statt hat.*

liegen, eine Schrumpfung behufs leichterer Entfernung durch häufige Einträufelungen von Glycerin oder Alcohol herbeigeführt werden. Letzteren kann man unter denselben Umständen auch einträufeln lassen, um etwaige durch die Anwesenheit des Fremdkörpers erzeugte Granulationen zum Schrumpfen zu bringen.

A. Verletzungen der Ohrmuschel und des äusseren Gehörgangs.

Blutergüsse zwischen Haut und Knorpel der **Muschel**, welche durch Zerren an derselben, durch Druck, Quetschung, Stoss, Schlag oder Fall entstehen können, werden häufig resorbirt, ohne dass eine bleibende Verunstaltung der Muschel zu Stande kommt, und genügt hier **therapeutisch** die Application von *Bleiwasserumschlägen*, bei welchen man den Ohreingang natürlich mit einem reinen Wattepfropf verstopfen muss.

In anderen Fällen tritt *Vereiterung oder Verjauchung des Extravasats* ein und ist dann die Entleerung des Eiters durch *Incision* und antiseptischer Verband erforderlich.

Hat der Knorpel gelitten, so kann Entzündung desselben entstehen und entstellende Deformität der Muschel, z. B. eine Knickung derselben, zurückbleiben (vergl. diesbezüglich auch das traumatische Othämatom S. 163).

Schnitt-, Hieb- und Stichwunden heilen gut und meist per primam, wenn man die Hautränder auf beiden Seiten des Knorpels durch *Suturen* unter antiseptischen Cautelen sorgsam vereinigt. Selbst ganz *abgehauene Stücke* können durch die *Naht* noch angeheilt werden, und die Heilung ist mitunter sogar in Fällen erfolgt, wo die getrennten Theile erst nach mehreren Stunden vereinigt wurden.

Bei Riss-, Quetsch- und Bisswunden ist die **Prognose** weniger günstig. Hier kommt es häufig zur Necrose der verletzten Hautparthieen und nach Abstossung derselben und Blosslegung des Knorpels zur Bildung von Geschwüren, welche gewöhnlich nur mit Schrumpfung und Verunstaltung der Ohrmuschel vernarben.

Die meist ganz ungefährliche Durchbohrung des Läppchens beim *„Ohrlöcherstechen"* kann gelegentlich eine heftige und langwierige Entzündung hervorrufen, welche sich mitunter über die ganze Muschel und deren Umgebung ausbreitet. In einigen Fällen ist sogar der Tod danach eingetreten, einmal durch Trismus, ein anderes Mal durch Gangrän des Ohres.

Nicht selten entsteht nach dem „Ohrlöcherstechen" *Narbenkeloïd* (Taf. IX Fig. 1).

Bei Spaltung des Lobulus durch *ausgerissene oder durchgeeiterte Ohrringe* vereinige man die angefrischten Ränder durch die Naht, nachdem man, wenn ein Loch für den Ohrring bleiben soll, um das völlige Zusammenheilen des Spalts zu verhüten, einen Bleidraht eingelegt hat.

Schwere Verletzungen, die den Verlust der ganzen Ohrmuschel oder eines grösseren Theils derselben zur Folge haben, setzen das Hörvermögen etwas herab, insbesondere wenn eine Deformität oder Stenose an der Concha oder am Tragus eintritt.

Die *Verletzungen des* **Gehörgangs** durch Strick- und Haarnadeln, Ohrlöffel, Stahlfedern und dergl., wie sie unzweckmässiger und unvorsichtiger Weise von manchen Personen zur Befreiung des Meatus von Cerumen oder bei Jucken im Ohre zum Scheuern der Gehörgangswände benützt werden, sind ebenso wie diejenigen, welche in seltenen Fällen durch zufälliges Eindringen von Baumzweigen, Stroh- oder Schilfhalmen entstehen, meist leichterer Natur.

Anders die *Quetsch- und Risswunden des Gehörgangs*, welche bei rohen, von unkundiger Hand ausgeführten Extractionsversuchen von Fremdkörpern entstanden sind. Diese können *Phlegmone* und *Periostitis* mitunter mit consecutiver Eiterung, *Stenosirung* oder *Caries des Gehörgangs* verursachen und selbst Meningitis zur Folge haben.

Fracturen oder Fissuren des knöchernen Gehörgangs kommen mitunter durch Schlag, Stoss oder Sturz auf den Kopf oder durch heftige, den Unterkiefer treffende Gewalteinwirkung (Stoss, Fall auf das Kinn, Hufschlag) zu Stande. Gewöhnlich sind sie mit Blutung und zwar meist mit profuser *Blutung aus dem Ohre* verbunden. Dieselbe kann aber, wenn der Hautüberzug nicht mit zerreisst, auch ausbleiben und findet man dann nur ein *subcutanes Blutextravasat* im Gehörgang.

Der Fractur oder Fissur des letzteren, welche bei Gewalteinwirkung auf die Scheitelgegend meist die *obere*, bei solcher auf das Occiput die *hintere*, und endlich bei solcher auf den Vorderkiefer die *vordere untere* Wand betrifft, und bei welcher es zuweilen sogar zur *Absprengung von Knochensplittern* kommt, die dann aus dem Gehörgang herauseitern oder extrahirt werden können, folgt stets längere *Entzündung*. An der Bruchstelle bildet sich ein *Callus* oder *Caries und Necrose* mit Ausstossung von Sequestern und kann hierdurch eine Stenose des Gehörgangs entstehen. Bei sehr bedeutender Gewalteinwirkung auf den Unterkiefer kann der Gelenkfortsatz desselben nach Fractur der Cavitas articularis im Meat. audit. ext. eingekeilt oder bis in die mittlere Schädelgrube hineingestossen werden. Andererseits entsteht bei Gewalteinwirkung auf den Unterkiefer *ohne* Fractur der knöchernen Wände mitunter eine Otitis externa oder media.

Fracturen der vorderen und unteren Gehörgangswand gelangen gewöhnlich zur Heilung, auch wenn bereits Necrose eingetreten ist. Zweckmässig ist es, den Unterkiefer bis zur Heilung soviel als möglich zu fixiren. Bei Fracturen der oberen und hinteren Gehörgangswand ist die Prognose wegen der Nachbarschaft der Dura, des Warzentheils und des Sinus sigmoid. zweifelhaft, bei gleichzeitiger Fissur der Schädelbasis ganz ungünstig; denn im letzteren Fall ist der Verlauf fast immer lethal.

Einwirkung von heisser Flüssigkeit oder Dämpfen, geschmolzenen Massen (wie Blei, Eisen etc.), *scharfen ätzenden Substanzen* (Salpetersäure, Schwefelsäure, zu starke Carbolsäurelösung, caustische Alcalien, Liquor ferri sesquichlorati) auf Ohrmuschel und äusseren Gehörgang kann oberflächliche oder tiefere Zerstörung der Weichtheile, reactive Entzündung mit Bildung von Blasen, oberflächliche oder tiefere Ulcerationen, Granulationen und Verengerung oder Verschluss des Gehörgangs verursachen.

Die Verletzungen des Gehörgangs, insbesondere die Fracturen desselben sind sehr häufig mit Verletzung tieferer Ohrtheile (Trommelfell, Paukenhöhle, Warzentheil, Labyrinth) oder gar des Schädelinhalts complicirt, die Fracturen häufig nur eine Theilerscheinung einer Schädelbasisfractur (vergl. diesbezügl. S. 351—365). All' dieses ist bei Stellung der **Prognose** zu berücksichtigen.

Therapie: Durch Verbrennung entstandene Blasen sind durch Einstich zu eröffnen und dann antiseptisch zu verbinden, nässende Stellen mit in Borvaselin oder einer Mischung aus gleichen Theilen Aqua Calcis und Oleum Lini getauchten Läppchen von hydrophiler Gaze zu bedecken. Bei leichter oberflächlicher Verletzung der Gehörgangswände führe man einen mit Borvaselin bestrichenen Gazetampon ein. Noch etwa im Meat. audit. ext. vorhandenes flüssiges Blut tupfe man mit antiseptischer Watte auf. Ist die Blutung reichlich, so wird mitunter Tamponade des Gehörgangs erforderlich. Bei consecutiver Entzündung lege man eine Eisblase auf's Ohr (s. S. 128). Ueber die Therapie der Schädelbasisfracturen s. S. 364 u. 365.

B. Verletzungen des Trommelfells.

a) *Traumatische Perforationen, Rupturen.*

Aetiologie: Als Ursachen einer traumatischen Perforation des Trommelfells sind zu nennen:

1) directes Eindringen verletzender Körper durch die Substanz desselben (*directe Rupturen*),

2) plötzliche, heftige Luftdruckschwankungen auf der Aussen- oder Innenfläche der Membran (*indirecte Rupturen*),

3) Stoss, Schlag oder Fall auf den Schädel bez. Unterkiefer mit oder ohne gleichzeitig erfolgende Fractur oder Fissur des Schläfenbeins (*indirecte Rupturen*).

Die erste Entstehungsweise finden wir, da von den zu therapeutischen Zwecken mittelst Paracentesennadel und Galvanocauter ausgeführten Trommelfellperforationen an dieser Stelle abgesehen werden soll, am häufigsten wohl bei Leuten, welche an habituellem *Jucken im Ohre* leiden und die üble Gewohnheit haben, sich die Wände des Gehörgangs mit *Strick- oder Haarnadeln, Federhaltern, Ohrlöffeln u. dergl.* zu scheuern. Stösst ihnen während dieser Manipulation, welche sie mitunter unvorsichtig genug sind sogar im Gehen fortzusetzen, Jemand an den Kopf oder Ell-

bogen an, oder machen sie selber eine hastige, ungeschickte Bewegung, so kann
hierbei leicht eine Verletzung nicht nur des Gehörgangs, sondern auch des Trommelfells zu Stande kommen.

Dasselbe geschieht ferner zuweilen bei der unzweckmässigen Einführung von
Instrumenten (Ohrlöffeln, Haarnadeln und dergl.) in den Gehörgang behufs Reinigung
desselben und, wie wir S. 339 u. 340 bereits ausgeführt haben, leider noch allzu häufig
bei von *Unkundigen vorgenommenen Versuchen, einen Fremdkörper aus dem
Gehörgang instrumentell zu entfernen,* ja sogar bei nur zur Ermittlung eines
solchen angestellter Sondenuntersuchung des Ohres ohne gleichzeitige Beleuchtung
mit dem Reflector und ohne genügende Fixation von Kopf und Händen des Kranken
und ebenso bei ungeschickter Anwendung von Ohrenspritzen mit langen, spitzen,
nicht mit weichen Gummidrain armirten Ansatzstücken.

Seltener ist das Zustandekommen traumatischer Trommelfellperforationen durch
in den Gehörgang eindringende *spitze Baumzweige, Strohhalme oder Schilf-
stengel* beobachtet worden.

Auch kann das Trommelfell, wenn es pathologisch einwärts gezogen ist, bei
zu tiefer Einführung eines *Tubenbougies* von innen nach aussen durchstossen
werden.

Zu denjenigen traumatischen Trommelfellperforationen, welche durch unmittelbare Berührung der Membran mit dem verletzten Körper entstehen, gehören ferner
die durch das Eindringen *heisser Flüssigkeiten und Dämpfe,* sowie von *geschmolzenem Metall* (Blei, Eisen etc.) und *ätzenden Substanzen* (Salpetersäure,
Schwefelsäure, Liquor ferri sesquichlor., caustischen Alcalien etc.) erzeugten.

In Folge *plötzlicher Luftverdichtung im äusseren Gehörgang* entstehen
Trommelfellrupturen durch Ohrfeigen, Faustschlag, Fall auf's Ohr, beim Hinein-
springen in's Wasser insbesondere bei seitlichem Aufschlagen auf dasselbe, durch
den Anprall eines Schneeballs und ferner durch in der Nachbarschaft stattfindende
Explosionen, Gewehr- oder Kanonenschüsse.

Durch *plötzliche Luftverdichtung in der Paukenhöhle* kann Trommelfellruptur zu Stande kommen bei sehr heftigem Niesen, Schnäuzen, Husten und Erbrechen sowie beim Catheterismus tubae und den Ersatzverfahren desselben.

Sodann kann eine Zerreissung der Membran in Folge einer *auf ihre Aussenfläche einwirkenden Luftverdünnung* bei Luftschiffern, bei unvorsichtiger, zu
therapeutischen Zwecken vorgenommener, zu starker Aspiration vom Gehörgange aus
und endlich durch Kuss auf's Ohr erfolgen.

Von Wichtigkeit indessen ist, dass ein normales Trommelfell meist nur durch
sehr heftige Luftdruckschwankungen zerrissen wird, also solche, wie sie z. B. bei in
der Nähe erfolgenden Kanonenschüssen, Platzen einer Granate, Explosionen von
Dynamit und dergl. zu Stande kommen, und dass geringere Druckschwankungen
eine Ruptur nur dann herbeiführen, wenn die Widerstandskraft der Membran durch
noch bestehende oder abgelaufene Entzündungsprocesse, durch Atrophie, Narben,
Kalkeinlagerungen oder Verwachsungen vorher gelitten hatte. Auch Unwegsamkeit
der Tuba Eust. soll die Entstehung einer Trommelfellzerreissung begünstigen.

Mitunter kommt bei einer *starken* Ohrfeige keine Trommelfellruptur zu Stande,
wenn die Hand den Ohreingang nicht verschliesst, während schon ein *leichter* Schlag
eine Zerreissung der Membran verursacht, wenn dabei nur ein luftdichter Abschluss
des Ohreingangs zu Stande kommt.

Von den *Fracturen der Schädelknochen* pflanzen sich diejenigen am häufigsten auf das Trommelfell fort, welche an der oberen oder der vorderen Gehörgangswand verlaufen.

Objective Symptome: Die von der Zerreissung des Trommelfells abhängigen, mit dem Ohrenspiegel wahrnehmbaren Symptome sind *Blutung* und *Perforation der Membran*.

Erstere kann so stark sein, dass das im Gehörgang befindliche Extravasat das Trommelfellloch vollkommen verdeckt. Besonders häufig ist dieses bei denjenigen Perforationen der Fall, welche durch Fortpflanzung einer Schädelfractur zu Stande kommen, wobei das Blut theils aus den Trommelfellgefässen, theils aus dem fracturirten Knochen stammt, dann aber auch bei solchen, welche durch directes Eindringen verletzender Körper entstehen. Andererseits giebt es Fälle, in denen bei der Zerreissung des Trommelfells eine Blutung weder auf die freie Fläche (Paukenhöhle oder Gehörgang) noch in die Substanz der Membran erfolgt, wie namentlich bei Atrophie des Trommelfells.

Die Merkmale von Ecchymosen und Perforationen im Trommelfell sind früher (S. 34 u. 36—41) bereits ausführlich geschildert worden und kann behufs Diagnose derselben im Allgemeinen hierauf verwiesen werden.

Die *traumatischen Perforationen* indessen unterscheiden sich von den übrigen dadurch, dass sie mitunter nicht runde, sondern *lineare Begrenzung* zeigen. Zuweilen finden wir einen Längsriss (Taf. VI Fig. 29), zuweilen ist ein dreieckiger Lappen aus dem Trommelfell herausgerissen (Taf. VI Fig. 29), in anderen Fällen weist das Loch zwar rundliche Ränder, aber spitze Ecken auf (Taf. VI Fig. 31), in noch anderen freilich unterscheidet sich die traumatische Perforation in der Form von anderweitig entstandenen gar nicht.

Die unter der Epidermis sitzenden *Ecchymosen wandern* im Laufe einiger Wochen meist vom Centrum gegen die Peripherie des Trommelfells und von dort in den knöchernen Gehörgang, wahrscheinlich wegen excentrischen Wachsens der Hautschichte.

Betrachten wir nun *die verschiedenen Ohrenspiegelbefunde bei den einzelnen Entstehungsursachen einer Trommelfellzerreissung* etwas näher, so finden wir **bei der Durchstossung der Membran** mit spitzen Körpern in der Regel eine runde und kleine Oeffnung, während stumpfe gewöhnlich grössere, mitunter das ganze Trommelfell einnehmende, meist unregelmässige Zerreissungen zu Stande bringen, deren Ränder und Umgebung von Blutextravasat oft derart bedeckt sind, dass wir Form und Ausdehnung der Ruptur in Folge dessen nicht zu erkennen vermögen. Nicht selten kommt es hier später zur Entwicklung einer eitrigen Mittelohrentzündung.

Directe Trommelfellrupturen sind mitunter mit Luxation der Gehörknöchelchen, mit Fractur des Hammergriffs oder des Steigbügels, mit Verletzung der inneren Paukenhöhlenwand und Abfluss von Liquor cerebrospin. complicirt.

Ein verschiedenes Verhalten in Bezug auf die Form zeigen auch diejenigen Trommelfellzerreissungen, welche **durch Fortpflanzung einer Erschütterung oder Fractur der Schädelknochen** zu Stande kommen. Bisweilen finden wir nur einen linearen Riss mit an einander liegenden Rändern, in anderen Fällen grössere, unregelmässige Defecte, lappenförmige Wunden, zuweilen partielle Ablösung des Trommelfells an seiner peripheren Insertion, am häufigsten länglich-ovale Perforationen. Wegen des hier gewöhnlich sehr reichlichen Blutextravasats im Gehörgang und in der Paukenhöhle ist Form und Grösse derselben zunächst meist nicht zu erkennen. Später tritt, wenn Patient in Folge der Schädelverletzung nicht vorher zu Grunde geht, Mittelohreiterung ein. Bei Fortpflanzung einer Schädelbasisfractur auf das Trommelfell sitzt die Perforation oft in der Gegend der Shrapnell'schen Membran.

Die **durch Schlag auf's Ohr** entstehenden Trommelfellperforationen befinden sich häufiger auf der linken Seite, rechts wohl nur dann, wenn der Schlag von hinten applicirt wurde oder der Schläger linkshändig war. Meist finden wir bei dieser leider sehr häufigen Art von Trommelfellruptur ein länglich-ovales, gewöhnlich in der Mitte zwischen Hammergriff und Sehnenring befindliches Loch mit zugespitzten oder abgerundeten Ecken, dessen grosse Axe in der Regel in der Richtung der Radiärfasern verläuft. Seltener sind ein vollkommen runder Defect, eine unregelmässige lappenförmige Ruptur oder ein linearer, nicht klaffender Riss, welch' letzterer, wenn er innerhalb des dreieckigen Lichtreflexes oder dicht vor und parallel dem Hammergriff liegt, von diesem beschattet, bei der Ohrenspiegeluntersuchung leicht übersehen werden kann. Die Ränder der Perforation sind meist ganz oder wenigstens theilweise mit Blutgerinseln bedeckt. Am Trommelfell finden sich ausser etwaigen älteren Veränderungen (Narben, atrophische Parthieen, Kalkeinlagerungen etc.) sehr häufig mehr minder zahlreiche Ecchymosen (Taf. VI Fig. 30) und ferner Injection der Hammergriffgefässe. Nur selten beobachtet man nach Ohrfeigen oder anderen traumatischen Einwirkungen zwei oder noch mehr Trommelfelllöcher.

Durch die Perforation, welche die dahinter liegende innere Paukenhöhlenwand als knochengelbe, feuchtglänzende Fläche erkennen lässt, entweicht, wenn es sich um ein vor der Verletzung normales, nicht catarrhalisch erkranktes Ohr handelt, und wenn nicht gleichzeitig eine Erfüllung der Paukenhöhle mit Blut stattgefunden hat, die Luft beim VALSAVA'schen Versuch schon bei geringem Druck mit einem weichen, tiefen, hauchenden Geräusch.

Als letztes unter den objectiven Symptomen wäre noch ein mitunter selbst mehrere Meter weit hörbares *Knallen oder Knacken* zu erwähnen, welches *bei Zerreissung der Membran* durch Luftverdichtung in der Paukenhöhle, dann aber auch bei manchen directen Rupturen entsteht, bei indirecten durch Luftverdichtung von aussen her zu Stande kommenden dagegen wegen der hierbei vorhandenen äusseren Geräusche gewöhnlich nicht wahrnehmbar ist.

Subjective Symptome: *Im Moment der Zerreissung* haben die Kranken meist das Gefühl, dass etwas im Ohre *geplatzt* sei; in manchen Fällen empfinden sie ferner einen starken *Knall*, in anderen *Schmerz* im Ohre, in noch anderen *beides zugleich*. Der *Schmerz* ist mitunter äusserst heftig und Stunden lang andauernd, oft aber auch, insbesondere wenn das Trommelfell vorher bereits atrophisch war, unbedeutend oder ganz fehlend. Beim Eintritt reactiver Entzündung kann er von Neuem sich einstellen.

Nicht selten trat *unmittelbar nach der Entstehung* der Ruptur eine *Ohnmacht* oder *Schwindel* ein, welch' letzterer in vereinzelten Fällen Tage lang anhielt, häufiger nach einigen Stunden bereits aufhörte, zuweilen so heftig war, dass sich der Kranke nicht aufrecht halten konnte. Bei sehr nervösen Personen hat man sogar *Erbrechen* und *Convulsionen* beobachtet.

Ein *Gefühl von Betäubung, Schwere und Eingenommenheit des Kopfes* kann längere Zeit anhalten; desgleichen *subj. Gehörsempfindungen*, die jedoch in manchen Fällen auch vollkommen fehlen.

Die *Hörstörung* in Folge einer Trommelfellzerreissung ist sehr verschieden, mitunter sehr gering, zuweilen aber, wenn gleichzeitig eine traumatische Labyrinthaffection stattfand, sehr hochgradig. Völlige Taubheit nach einer Trommelfellruptur kann nur durch eine complicirende Acusticuslähmung bedingt sein.

Die Zerreissung eines pathologisch veränderten Trommelfells kann gelegentlich auch eine zeitweilige *Hörverbesserung* zu Stande bringen, wie dieses bei den durch Luftdruck entstandenen Rupturen öfters beobachtet ist.

Mitunter klagen die Patienten darüber, dass ihnen beim Schneuzen der Nase die Luft aus dem Ohre herauszischt.

Verlauf und Prognose: Bei den durch directes Eindringen verletzender Körper oder durch Fortpflanzung einer Schädelfractur entstandenen Trommelfell-zerreissungen tritt in der Mehrzahl der Fälle *eitrige Mittelohrentzündung*, bei den durch Ohrfeigen oder Faustschlag zu Stande kommenden dagegen gewöhnlich in kürzerer Zeit *Heilung* der Rupturstelle ein und zwar je nach Grösse und Form derselben *mit oder ohne Narbenbildung.* Zur eitrigen Mittelohrentzündung kommt es in diesen letzteren Fällen nur ausnahmsweise und zwar entweder bei dyscrasischen Patienten oder bei unzweckmässiger Behandlung (Ausspritzen des Ohres, Eintreiben von heissen Dämpfen, z. B. „Bähungen mit Camillenthee", Einträufelung von Oel oder anderen Flüssigkeiten und dergl. mehr).

Ist eine Mittelohreiterung entstanden, so tritt die Prognose der letzteren in ihre Rechte. Wir haben früher (S. 203—205) gesehen, wie auch hier bei richtiger Behandlung selbst nach längerer Zeit noch vollkommene Heilung erfolgen kann, während in anderen Fällen nicht nur dauernde Hörstörung, sondern sogar durch Fortpflanzung der Entzündung auf die Schädelhöhle eitrige Meningitis, Hirnabscess, Pyaemie oder Septicaemie zu Stande kommen und hierdurch tödtlicher Ausgang bedingt wird. *Mit Rücksicht auf diese verhängnissvollen Folgen der Trommelfellrupturen, welche nicht etwa nur bei übermässig starken, sondern auch schon bei gewöhnlichen Ohrfeigen eintreten können, sollten letztere als Züchtigungsmittel in Schulen etc.* **auf's Strengste** *verpönt und untersagt werden.*

Aber auch dort, wo eine Eiterung ausbleibt und die zerrissene Membran wieder zusammenheilt, was *oft schon nach 2 Tagen* geschehen ist, in anderen Fällen aber, insbesondere bei atrophischem Trommelfell, *auch 6 Wochen lang* währen kann, bleiben zuweilen nach Heilung der Ruptur subj. Geräusche mit oder ohne Schwerhörigkeit noch für Wochen oder Monate, mitunter sogar für das ganze übrige Leben zurück. Dieses geschieht namentlich dann, wenn durch das Trauma gleich-zeitig eine *Labyrinthaffection* hervorgerufen wurde, und es mag an dieser Stelle bereits Erwähnung finden, dass eine solche in besonders grosser Stärke vorzugsweise in denjenigen Fällen von Luftverdichtung im äusseren Gehörgang aufzutreten pflegt, bei welchen das Trommelfell intact blieb. Wahrscheinlich wird in diesen ein grösserer Theil der angewandten Gewalt durch die plötzliche Einwärtstreibung der Gehör-knöchelchenkette auf das innere Ohr übertragen. Vollkommene Wiederherstellung des Ohres nach kürzerer oder längerer Zeit ist übrigens auch nach Labyrinth-erschütterung keineswegs ausgeschlossen.

Ohne dieselbe erfolgt sie in manchen Fällen bereits *in wenigen Tagen.*

Therapie: Bei den durch plötzliche Luftdruckschwankung auf der Aussen-oder Innenfläche der Membran (Ohrfeigen, heftiges Schneuzen etc.) hervorgerufenen Trommelfellrupturen ist, um Heilung herbeizuführen, in der Mehrzahl der Fälle nichts weiter erforderlich, als dass Patient auf der betreffenden Seite den Ohreingang durch einen *Pfropf reiner antiseptischer Watte dauernd* verschlossen hält. Hierdurch soll verhütet werden, dass kalte und feuchte Luft, Wasser und Staub durch die Perforation hindurch in die Paukenhöhle gelangt und in dieser eine Entzündung zu Stande bringt. Statt der Watte kann der Gehörgang auch mit Jodoformgaze ver-stopft werden. Die Tampons dürfen aber weder das Trommelfell berühren noch auf die Gehörgangswände einen Druck ausüben, weil hierdurch eine Reizung ent-stehen könnte. Ist ein Watte- oder Gazetampon einmal aus dem Ohre heraus-genommen worden, so soll er lieber nicht wieder hineingesteckt, sondern durch einen neuen ersetzt werden. Beim Waschen muss er im Ohre bleiben, um das Hineindringen von Wasser zu verhindern. Ist er hierbei nass geworden, so nehme man ihn nach dem Waschen sofort heraus, um ihn mit einem neuen, trockenen zu vertauschen.

Bassin-, Fluss-, Seebäder oder Douchen sollen, solange eine Trommelfellruptur besteht, ausgesetzt werden.

Heftiges Schneuzen ist, da es das Zusammenheilen der Rissstellen verhindert, zu untersagen. Desgleichen soll auch von der Luftdouche und häufiger Ausführung des VALSALVA'schen Versuchs Abstand genommen werden.

Nur in schwereren Fällen wird man Ruhe und Enthaltung von Tabak und Spirituosen verordnen müssen, in leichteren kann Patient ungestört seiner Beschäftigung nachgehen.

Wo es zur reactiven Entzündung des Trommelfells oder zur Mittelohreiterung kommt, sind sie nach den bei der Besprechung dieser Krankheiten (S. 190 u. 205—208) angegebenen Grundsätzen zu behandeln. Besondere Beachtung verdienen hierbei die bei traumatischen Trommelfellperforationen in der Gegend der Membr. Shrapnelli häufig auftretenden kleinen polypösen Granulationen, welche oft die Ursache einer hartnäckigen Eiterung sind.

Zur Verhütung traumatischer Trommelfellperforationen bei Einwirkung starken Schalls ist es von Wichtigkeit, dass man auf letzteren vorbereitet sei, weil das Trommelfell in diesem Fall viel schwerer platzt, als wenn es von dem Schall überrascht wird.

b) Excoriationen am Trommelfell kommen bei directer Verletzung desselben vor, am häufigsten an der hinteren Hälfte.

c) Commotion des Trommelfells mit consecutiver Myringitis traumatica und *Blutextravasate* in die Substanz der Membran oder auf die freie Oberfläche derselben entstehen bei indirecter Gewalteinwirkung. Häufig ist hier das Trommelfell durch den auf seine Aussenfläche wirkenden Luftdruck nach einwärts gepresst.

Ueber die **Behandlung** der Myringitis s. S. 190. Die Extravasate gelangen von selber zur Resorption, verursachen keine wesentliche Hörstörung und bedürfen keiner Behandlung.

Gleichzeitig mit einer direkten Trommelfellruptur kommen mitunter

C. Verletzungen der Paukenhöhle,

Quetschung und Zerreissung ihrer Schleimhaut, Muskeln und Nerven, Fractur ihrer knöchernen Wände sowie der Gehörknöchelchen oder auch Trennung der Gelenkverbindungen der letzteren, insbesondere des Ambossteigbügelgelenks, Durchstossung der Membrana tympan. secundaria oder des Ligament. annulare stapedis zu Stande. Der *Verletzung der Paukenhöhle*, bei welcher stets eine stärkere Blutung eintritt, folgt fast immer eine *eitrige Mittelohrentzündung*, über deren Prognose und Therapie S. 204—208 zu vergleichen ist.

Verletzung der Paukenhöhle kann ferner *durch ätzende oder siedende Flüssigkeiten*, welche vom Gehörgang aus in dieselbe eindringen, — von der Tuba Eust. aus wird dieses nur in den seltensten Fällen vorkommen — oder *durch traumatische Erschütterung der Kopfknochen* verursacht werden. Bei letzterer entstehen und zwar nicht nur, wenn eine Schädelbasisfractur erfolgt, *Trennung und Dislocation der Gehörknöchelchen* sowie *Bluterguss in die Paukenhöhle* zuweilen übrigens auch ohne gleichzeitige Trommelfellruptur und spricht man in letzterem Fall von einem *Haematotympanum*.

Bei *Fractur des Hammergriffs*, welche auch bei indirecten Rupturen des Trommelfells, namentlich nach Sturz aus der Höhe, mitunter entsteht, können die Bruchstücke desselben entweder durch Callusbildung an einander heilen, sodass an der Fracturstelle eine Verdickung entsteht, oder auch unvereinigt bleiben, in welch' letzterem Fall das untere Ende bei Untersuchung mit dem SIEGLE'schen Trichter ausgiebige Bewegungen zeigt, während das obere in Ruhe bleibt. Stets aber bilden sie miteinander einen stumpfen Winkel (s. Taf. VII Fig. 1).

Haematotympanum beobachtet man ferner zuweilen nach dem Abfeuern eines Gewehrs in unmittelbarer Nähe des Ohrs, nach heftigem Erbrechen, Husten (z. B. beim Keuchhusten), Niesen und kräftiger Luftdouche bei Synechieen in der Paukenhöhle, sowie auch ohne vorausgegangenes Trauma bei Scorbut, Leukaemie, Morbus Brightii und Diphtheritis.

Hat das Trommelfell nicht durch frühere Entzündungen seine Transparenz vollkommen verloren, so sieht man den Bluterguss in der Paukenhöhle blauroth oder blauschwarz hindurchscheinen. Zuweilen wölbt er die Membran mehr oder weniger vor.

Als **subjective Symptome** *eines Haematotympanum* wären plötzlich auftretende Schwerhörigkeit und subj. Gehörsempfindungen, Fülle und Druck im Ohr, Schwindel und Schmerz, welch' letzterer meist nur einen Tag hindurch anhält, zu nennen.

Der Bluterguss pflegt innerhalb einiger Wochen oder Monate vollkommen resorbirt zu werden und tritt hiermit, wenn die Kette der Gehörknöchelchen nicht verletzt war, auch eine Wiederherstellung des Gehörs ein. In anderen Fällen vereitert das Extravasat mitunter noch mehrere Wochen nach der Verletzung und kommt es dann zur Trommelfellperforation.

Therapie: Man verstopfe den Ohreingang mit Salicylwatte, verbiete Alles, was eine Congestion zum Kopfe bez. eine Wiederholung der Hämorrhagie verursachen könnte, und verordne bei stärkerem Schmerz Blutegel in der Umgegend der Ohrmuschel und Abführmittel.

D. Verletzungen der Tuba Eustachii.

Dieselben sind sehr selten. Sie können durch ungeschickte Ausführung des Catheterismus oder der Bougirung der Eustachischen Ohrtrompete (Ecchymosen, traumatisches Emphysem [vergl. S. 59]) oder chirurgische Operationen im Nasenrachenraum (Schnittwunden in das Ost. pharyng. tubae), durch Stiche in die seitliche Halsgegend oder durch Schüsse zu Stande gebracht werden. Bei letzteren kann die Kugel im knöchernen Abschnitt der Tuba stecken bleiben und den Canal verlegen. Auch kann in Folge der Schussverletzung eine Verwachsung desselben entstehen.

E. Verletzungen des Warzentheils.

Durch Schlag auf den Kopf kann ebenso wie in die Paukenhöhle auch in die pneumatischen Zellen des Warzentheils eine *Blutung* zu Stande gebracht werden, ohne dass gleichzeitig eine Trommelfellzerreissung oder eine *Fissur an der Pars mastoidea* erfolgt. Ist letztere vorhanden, so besteht *Sugillation und Druckschmerz am Warzentheil*.

Bei Fractur der Corticalis kann auch Ansammlung von Luft im Unterhautzellgewebe, *Emphysem*, unter der Ohrmuschel auftreten, welches sich als eine weiche, schmerzlose, bei Druck knisternde Anschwellung characterisirt. Diese Luftansammlung der weichen Schädeldecken kann allmählich zunehmen und persistiren.

Ecchymosen am Warzentheil sprechen, wenn sie bald nach einer denselben nicht direct treffenden Kopfverletzung auftreten, für eine *Fractur der Schädelbasis*.

Nach Ueberfahren, Hufschlag eines Pferdes und Schüssen ist mehrmals bereits ein vollkommenes *Abbrechen des Warzenfortsatzes* an seiner Basis beobachtet worden.

Bei *Fractur des Warzentheils* entsteht zuweilen *Necrose,* welche durch Entfernung der Sequester geheilt werden kann. Verlief die Bruchstelle durch den Canalis Fallopp., so kann *Facialislähmung* eintreten. Mitunter ist letztere, auch wenn es nicht zur Necrose kommt, bleibend.

Bei *Schussfracturen* des Warzentheils kommt wegen der heftigen Erschütterung des Felsenbeins fast immer *Taubheit* zu Stande.

Nach einer Verletzung des Warzentheils kann, auch ohne dass eine Fractur der Schädelbasis besteht, *Exitus lethalis* in Folge von Meningitis oder Sinusphlebitis und consecutiver Pyaemie eintreten.

F. Verletzungen des Labyrinths, des Hörnervenstamms und der acustischen Centren im Gehirn.

Directe traumatische Läsionen des Labyrinths, also solche, bei denen das letztere von dem verletzenden Körper unmittelbar getroffen wird, kommen ausserordentlich selten, am häufigsten bei durch Unkundige vorgenommenen, rohen instrumentellen Extractionsversuchen von Fremdkörpern aus dem Ohre, durch Eingiessen von geschmolzenem Metall oder concentrirten Säuren in den Gehörgang, gelegentlich aber auch durch Stricknadeln oder ähnliche, lange, schlanke und etwas spitze Gegenstände, welche zum Scheuern der Gehörgangswände benützt werden und unter den S. 351 u. 352 bereits besprochenen unglücklichen Umständen nicht nur das Trommelfell, sondern auch die Labyrinthwand der Paukenhöhle perforiren können, und durch Projectile zu Stande.

Indirecte traumatische Verletzungen des Labyrinths sind sehr viel häufiger. Sie zerfallen einmal in solche, welche durch *plötzliche Luftdruckschwankungen im äusseren Gehörgang* oder durch *plötzliche Einwirkung eines lauten Schalls,* insbesondere wenn derselbe in unmittelbarer Nähe des Ohres und in geschlossenen Räumen (z. B. gedeckten Schiessständen) entsteht, zu Stande kommen, und dann in solche, die durch *Gewalteinwirkung auf die Schädelknochen* verursacht werden, in letzterem Fall, indem sich eine hierbei entstandene *Schädelfissur* oder auch nur die einfache *Erschütterung des Schädels* auf die Labyrinthkapsel fortpflanzt.

Meist entstehen sie demnach durch Schlag auf das Ohr, durch heftige Schalleinwirkung bei Explosion von Gasen, Dynamit, Mörsern, Schüssen von Kanonen, Flinten, Zimmerpistolen, Teschins — beim Schiessen in geschlossenen Räumen ist der Schall wegen der Resonanz besonders laut — beim Schreien in's Ohr, starkem Locomotivpfiff, Peitschenknall, Trompetenstoss, beim Vorüberfahren eines mit Eisenstangen beladenen Wagens, sodann durch Kuss auf das Ohr oder plötzliches Verlassen einer Taucherglocke etc. und ferner durch Sturz auf die Füsse, Kniee oder den Steiss und durch Schlag oder Fall auf den Kopf insbesondere das Occiput.

Die *Gewalt des Traumas* braucht durchaus nicht sehr bedeutend zu sein, um eine Hörnervenaffection im Labyrinth oder den acustischen Centren des Gehirns hervorzurufen.

Schwartze fand die letztere in seltenen Fällen schon *bei ganz geringfügiger Gewalteinwirkung auf den Schädel* (Fall auf den Hinterkopf, schwacher Schlag gegen das Stirnbein mit einem Löffel). Umanstschurch beobachtete einmal völlige Ertaubung des einen Ohres, die er auf eine Blutung in's Labyrinth oder die acustischen Centren bezieht, unmittelbar *nach dem Niesen.*

Auch ein nur *mässig starker Schall* kann auf das Labyrinth mitunter schädlich einwirken, falls er das Ohr *plötzlich und unerwartet* trifft.

Sodann kann Schwerhörigkeit in Folge von Commotion des Nervenapparates ferner durch **chronische Einwirkung eines mässig intensiven Schalls** zu Stande kommen, so z. B. bei Schlossern, Klempnern, Schmieden, Kesselschmieden, Fassbindern, Arbeitern in geräuschvollen Fabriken, Locomotivführern und -heizern und ähnlichen Berufsarten.

Es kommt bei den traumatischen Labyrinthaffectionen wahrscheinlich entweder zu Blutaustritten in das Labyrinth oder zur Commotion desselben mit nachfolgender Atrophie der Nervenfasern und des häutigen Labyrinths.

Nach POLITZER handelt es sich bei den durch heftige Schalleinwirkung verursachten Labyrinthaffectionen „in der Mehrzahl der Fälle um eine übermässige Erschütterung der Labyrinthflüssigkeit, durch welche die Endigungen des Hörnerven eine plötzliche Lageveränderung erlitten, in deren Folge sie theils gelähmt, theils in einen abnormen Reizzustand versetzt würden". Nach HABERMANN beruht die Schwerhörigkeit der Kesselschmiede darauf, dass durch die beständige übermässig starke Erregung des Nervenendapparates des inneren Ohres eine Verminderung seiner Erregbarkeit bez. in der basalen Windung eine Lähmung derselben auftritt und diese weiter zu einem Schwund des ausser Function gesetzten CORTI'schen Organs und dann zu einer aufsteigenden Atrophie der zugehörigen Nerven führt. Nur bei besonders starker Schalleinwirkung nimmt H. grössere mechanische Läsionen im CORTI'schen Organ an.

Auch die indirecten Verletzungen des Labyrinths sind zuweilen, durchaus aber nicht immer, mit solchen des schallleitenden Apparats (Trommelfellruptur, Haematotympanum etc.) verbunden. Die bei Gewalteinwirkung auf den Schädel zu Stande kommenden Fissuren des Felsenbeins sind gewöhnlich, wenn auch nicht constant, mit Fissur der Trommelhöhle und des äusseren Gehörgangs combinirt.

Symptome: Bei *directer* traumatischer Verletzung des Labyrinths tritt *Kopfschmerz, Schwindel, Erbrechen, Sausen und hochgradige Schwerhörigkeit* ein.

Ausserdem fliesst von der eröffneten Labyrinthkapsel aus reichliche, wässrige, klare, nicht schleimige Flüssigkeit aus dem Ohre ab, welche die chemischen Eigenschaften des *Liquor cerebrospinalis* zeigt, d. h. eine reducirende Substanz (Zucker?) enthält, alkalisch reagirt, an Chlornatrium reich, an Eiweiss arm ist und sich in Folge dessen beim Kochen und bei Zusatz von Salpetersäure kaum, bei solchem von Höllensteinlösung stark trübt.

Die Menge derselben schwankt nach den vorliegenden Beobachtungen zwischen 13 und ca. 1000 g pro die. Der Abfluss solcher Flüssigkeit, welcher gewöhnlich 1—3 Tage lang reichlich ist, um dann gegen den 5.—8. Tag allmählich aufzuhören, kann natürlich nicht nur bei directen, sondern auch bei indirecten traumatischen Läsionen des Labyrinths stattfinden, wofern durch letztere nur eine Eröffnung der Labyrinthkapsel oder eine Fissur der Schädelbasis zu Stande gebracht wurde, und kann ein Abfliessen derselben aus dem äusseren Gehörgang auch ohne gleichzeitige Trommelfellperforation beobachtet werden, wenn die obere Wand des Meat. audit. ext. fracturirt ist. Andererseits kann, wenn das Trommelfell nicht zerrissen ist, der bei Labyrinthverletzung oder Schädelbasisfractur abfliessende Liquor cerebrospin. sich auch durch die Tuba Eust. in Rachen und Nase entleeren.

Ein Tage lang anhaltender *seröser Abfluss* aus dem Ohre nach Schädelverletzung ist übrigens durchaus nicht immer ein sicheres Zeichen für das Vorhandensein einer Schädelfractur, kann vielmehr, da das Labyrinth mit dem Subarachnoidealraum communicirt, bei Eröffnung der Labyrinthkapsel auch *ohne* Basisfractur vorkommen.

Noch weniger wie der Ausfluss von Liquor cerebrospin. beweist eine nach Schädelverletzung erfolgende profuse Blutung aus dem Ohre das Vorhandensein einer Basisfractur mit voller Sicherheit. Denn, wenn die Blutung aus dem Ohre in manchen Fällen auch durch Zerreissung des Sinus transvers. oder petrosus sup. entsteht, so kann sie doch ebenso gut auf Verletzung des Bulbus ven. jugul., auf Ruptur des Trommelfells und der Paukenhöhlenschleimhaut, ja selbst auf Verletzung der Gehörgangswandungen allein beruhen und in Fällen auftreten, wo eine penetrirende Fissur der Schädelbasis nicht vorhanden ist *).

---

*) In einem von HEDINGER mitgetheilten Falle von starker Blutung aus dem Ohre nach einem Sturz aus bedeutender Höhe ergab die Section des bald darauf an inneren

*Immerhin wird man die letztere mit ziemlich grosser Wahrscheinlichkeit ver-
muthen können,* wenn nach einer Schädelverletzung Blut aus Ohr, Mund und Nase, Abfluss von Liquor cerebrospin. und länger anhaltende Bewusstlosigkeit besteht. Sodann
sprechen für das Vorhandensein einer Schädelbasisfractur Sugillationen in der Regio
mastoid., am Nacken, in der Halsgegend, am Zahnfleisch des Oberkiefers, an den Augen-
lidern und an der Conjunctiva, vorausgesetzt, dass eine directe Verletzung der eben genannten blutunterlaufenen Theile mit Bestimmtheit ausgeschlossen werden kann. Sichergestellt ist die Diagnose einer Schädelbasisfractur natürlich, wenn sich zerstrümmerte
Hirnmasse aus dem Ohre entleert.

Die Fracturen der Schädelbasis sind übrigens fast immer indirecte Brüche und entstehen meist durch Gewalteinwirkung auf das Schädelgewölbe, seltener auf die Gesichtsknochen oder die Wirbelsäule; durch directe Gewalteinwirkung kommen sie abgesehen
von den Schlussfracturen sehr selten zu Stande.

Es sei hier noch hinzugefügt, dass auch bei vorhandener Schädelbasisfractur,
wenn sich dieselbe auf die inneren Theile des Ohres, Paukenhöhle und Labyrinth
beschränkt, Abfluss von Blut aus dem Gehörgang *fehlen* kann, wenn das Trommelfell nicht zerrissen ist. Hier fliesst das Blut mitunter durch die Tuba Eust.
und wird dann verschluckt oder ausgeworfen, kann aber auch als Nasenbluten
imponiren.

Mitunter, anscheinend aber selten, tritt gleichzeitig mit einer durch Schädelbasisfractur erzeugten ein- oder doppelseitigen Taubheit *Facialisparalyse* auf.
Ausser dieser können natürlich auch *Lähmungen anderer Hirnnerven* vorkommen
und zwar relativ am häufigsten, wenn auch viel seltener, als die *Facialis*- oder
gar die *Acusticuslähmung,* solche des *Abducens, Oculomotorius, Trigeminus* oder
Opticus.

Gleichviel ob die *Verletzung des Labyrinths* durch eine sich auf die knöcherne
Kapsel desselben fortpflanzende Schädelfractur oder auf andere Weise zu Stande kam,
so treten unmittelbar nach dem Trauma zuweilen *Bewusstlosigkeit,* gewöhnlich nur
kurze Zeit anhaltend, und ferner *Schwindel, Unsicherheit des Ganges, Uebelkeit
oder Erbrechen,* fast immer aber auch bei leichter Labyrintherschütterung *Benommenheit oder Betäubung im Kopf, ein Gefühl, als wenn das Ohr plötzlich
mit Watte verstopft wäre, continuirliche subj. Gehörsempfindungen, Hyperaesthesia acustica, die Empfindung eines blechartigen gellenden Beiklangs bei
objectiven Gehörsempfindungen und Schwerhörigkeit oder Taubheit* ein, welch'
letztere sich in seltenen Ausnahmefällen auf bestimmte Tonreihen und zwar häufiger
auf hohe als auf tiefe Töne beschränkt, mitunter auch nicht sofort nach der
Verletzung, sondern erst einige Tage oder Wochen später zur Entwicklung
gelangt.

Die *nach Fractur der Schädelbasis* entstehende, auf Verletzung der acustischen
Centren im Gehirn, Zerreissung des Hörnervenstamms oder Quetschung und Compression desselben durch Blutextravasat innerhalb des Meat. audit. intern. oder endlich auf Bluterguss in das Labyrinth mit Zerreissung seiner häutigen Theile
beruhende *ein- oder doppelseitige Taubheit* tritt fast immer *sofort* nach der
Verletzung ein und ist nach Schwartze gewöhnlich eine complete; nach v. Bruns
soll trotz Abfluss von Cerebrospinalflüssigkeit mehrmals noch Gehör auf dem verletzten Ohre erhalten geblieben sein.

Die auf Labyrintherschütterung beruhenden Hörstörungen betreffen, wofern nicht eine ganz excessive Detonation oder eine sehr schwere Contusion des

Verletzungen verstorbenen Mannes eine ausgedehnte Gefässzerreissung in der Fossa
retromaxillaris (Ruptur der Vena jugul. ext., wahrscheinlich auch von Aesten der interna)
und eine durch Loslösung des knorpligen vom knöchernen Gehörgang entstandene bohnen-
grosse Lücke, durch welche das Blut nach aussen gelangt war.

Schädels vorlag, gewöhnlich nur *ein* Ohr, und zwar dasjenige, welches sich der Schallquelle oder der sonstigen Ursache der Commotion näher befand*).

Nicht selten ist die *Hautsensibilität im Gehörgang und in der Umgebung der Muschel* in der ersten Zeit nach der Verletzung *vermindert*, mitunter sogar noch Monate lang, und hat der Patient das *Gefühl, als wenn Filz auf der Haut läge.*

Bei doppelseitiger Ertaubung nach traumatischer Läsion des Labyrinths *spricht* der Patient stets *sehr laut*, weil er die eigene Stimme nicht hört.

Diagnose: Für das Vorhandensein einer traumatischen Läsion des Labyrinths spricht abgesehen von dem aetiologischen Moment die *Herabsetzung der Kopfknochenleitung* auf dem erkrankten Ohre.

Nach Politzer werden die Stimmgabeltöne vom Scheitel aus bei einseitiger Labyrintherschütterung constant nach dem gesunden Ohre gehört, — ob dieses wirklich *durchgängig* der Fall ist, möchte ich bezweifeln — nach Schwartze können sie bei geringen Graden von einseitiger Commotion des Hörnerven und Labyrinthverletzung im ganzen Kopf gleich, ausnahmsweise, wenn auch der schallleitende Apparat erkrankt ist, selbst nach dem verletzten Ohre gehört werden. Auch beobachtete er einen Patienten, wo letzteres sogar bei einer nach Schädelbasisfractur entstandenen *vollkommenen* einseitigen Taubheit der Fall war. Ueber die anderweitigen Resultate der Hörprüfung und ihre diagnostische Bedeutung für Erkrankungen des Labyrinths bez. des ganzen schallempfindenden Apparats vergl. S. 257 u. 258.

Zur *Unterscheidung zwischen einfacher Commotion des Labyrinths und Blutung in dasselbe* dient, dass die Hörstörung bei ersterer sich in der Regel von selber vermindert, bei letzterer dagegen in den der Verletzung folgenden Tagen meist noch zunimmt und mit anhaltendem Schwindel Astasie und Taumeln nach der verletzten Seite verbunden ist.

Eine nach Fractur des Felsenbeins nicht unmittelbar, sondern *erst nach Wochen auftretende Taubheit* kann nicht auf Zerreissung des Hörnervenstamms, sondern nur auf Affection der acustischen Centren oder auf entzündliche Vorgänge am Nervenstamm (Exsudatdruck, Neuritis ascendens) bez. im Labyrinth (hämorrhagische Entzündung) beruhen.

An eine *Verletzung der acustischen Centren* werden wir denken müssen, wenn nach einer Schädelverletzung ausser der Hörstörung noch *Lähmungs- oder Reizungserscheinungen im Gebiete anderer Hirnnerven*, insbesondere der *Augenmuskelnerven*, des *Trigeminus* und des *Opticus* auftreten.

Uebrigens steht manche Taubheit, die erst mehrere Tage oder Wochen nach einer Kopfverletzung bemerkt wird, mit letzterer in gar keinem ursächlichen Zusammenhang, wird vielmehr *durch zufällige Complicationen veranlasst*, so z. B. durch Mittelohrentzündungen, welche in Folge von Eisüberschlägen auf den Kopf, bei denen Eiswasser in die Ohren lief, entstanden sind.

Sodann kann sich aus einer durch Kopfverletzung entstandenen Trommelfellruptur oder einem Haematotympanum *Mittelohreiterung* und, durch diese bedingt, Taubheit entwickeln, die insbesondere bei gleichzeitiger Lähmung anderer Hirnnerven leicht eine traumatische Acusticuslähmung vortäuschen kann.

Bleibende Taubheit nach Kopfverletzung wird mitunter auch durch einen im Anschluss an diese sich entwickelnden *Hirntumor* verursacht und muss man hieran denken, wenn noch andere Hirnnerven, insbesondere die Augenmuskelnerven, gelähmt sind und Stauungspapille vorhanden ist.

Verlauf und Prognose: *Bei geringen Graden von einmaliger Commotion des Hörnerven* kann die *Functionsstörung* bereits nach einigen Stunden oder *Tagen verschwinden.*

---

*) Ein einziges Mal hat Schwartze, nach einem Schlag auf das linke Ohr plötzliche Ertaubung des rechten beobachtet. Passionirte Jäger sind nach diesem Autor oft auf dem *linken* Ohr, welches, insbesondere bei dem alten Percussionsgewehr, beim Schuss dem Knall mehr exponirt ist, ganz taub.

Nach Schwartze handelt es sich dann wahrscheinlich nur um moleculare Veränderungen der nervösen Formbestandtheile oder um passive Hyperaemie im Labyrinth in Folge einer durch das Trauma verursachten transitorischen Lähmung der vasomotorischen Nerven, welche letztere bei längerem Bestehen zu weiteren krankhaften Veränderungen im Labyrinth führen kann.

Die subj. Gehörsempfindungen indessen dauern auch in diesen leichten Fällen *meist längere Zeit* an und verschwinden, allmählich schwächer werdend, oft erst nach Wochen oder Monaten. In einzelnen Fällen bleiben sie sogar das ganze Leben hindurch bestehen. Selten und nur bei den leichtesten Graden von Labyrintherschütterung gehen sie bereits nach einigen Stunden oder Tagen vorüber.

Bei **höheren** *Graden der Commotion*, bei welchen multiple kleine Blutaustritte ins Labyrinth erfolgen, kann nach vollständiger Resorption derselben im Laufe von 1—2 Monaten complete Wiederherstellung des Hörvermögens zu Stande kommen.

In den **höchsten** *Graden*, wo grössere Blutungen in's Labyrinth und Zerstörung der Nervenendigungen statthaben, und consecutiv entzündliche Processe Platz greifen, bleiben die Hörstörungen in unveränderter Intensität *dauernd* bestehen. Es ist dieses namentlich dann der Fall, wenn das von der Erschütterung betroffene Ohr schon vorher krank war, sei es, dass eine erschwerte Durchgängigkeit der Tuba, Sclerose der Paukenhöhle oder Degeneration ihrer Binnenmuskeln bestand. Hier reicht schon eine Erschütterung geringen Grades hin, um eine bedeutende Zunahme der bereits vorhandenen Schwerhörigkeit zu verursachen.

Mitunter tritt nach Labyrintherschütterung anfangs nur eine *mässige* Schwerhörigkeit ein, welche später immer mehr zunimmt und sich zu *totaler* Taubheit steigern kann.

Bei Luftverdichtung im äusseren Gehörgang oder Einwirkung starken Schalls ist die Labyrintherschütterung besonders heftig, wenn das Trommelfell *nicht* platzt: im anderen Fall nämlich wird ein Theil der Stosskraft zur Zerreissung des Trommelfells verwandt und nicht durch den Steigbügel auf das Labyrinth übertragen.

Schwindel, Uebelkeit und Erbrechen gehen gewöhnlich schneller vorüber als die Hörstörungen.

Bei einer durch die Labyrinthkapsel verlaufenden *Schädelbasisfractur* pflegen die *subj. Gehörsempfindungen* continuirlich zu sein und das ganze Leben hindurch bestehen zu bleiben; in seltenen Fällen können sie auch fehlen. *Schwindel und Unsicherheit des Ganges, Taumeln bis zum Fallen*, welche Symptome hierbei sehr häufig sind, verschwinden in manchen Fällen schon nach einigen Wochen, in anderen bestehen sie noch nach Jahren unverändert fort.

Nach Schwartze kann bei einseitiger Taubheit in Folge von Commotion des Labyrinths nach Jahren *auch das zweite Ohr sympathisch* erkranken.

War neben der Labyrinthverletzung noch eine Fractur der Schädelbasis zu Stande gekommen, so tritt oft *Meningitis und der Tod* ein.

Heilung kommt in solchen Fällen zwar auch vor, ist aber seltener, während sie, wenn die traumatische Eröffnung der Labyrinthkapsel nicht mit einer Schädelbasisfractur verbunden ist, selbst bei schweren Symptomen häufig beobachtet wird.

Zuweilen tritt übrigens auch bei einer auf das Labyrinth beschränkten Fissur des Felsenbeins ohne gleichzeitige Verletzung des Mittelohrs durch eitrigen Zerfall des in das Labyrinth ergossenen Bluts und Fortpflanzung der Eiterung zur Schädelbasis durch den Porus acusticus int. noch Wochen und Monate lang nach der Verletzung *Exitus lethalis* ein.

Die bei traumatischer Labyrinthaffection mitunter vorkommende *Facialislähmung* kann sich, wenn sie *durch hämorrhagische Infiltration der Nervenscheide des*

Facialis im Canalis Fallopp. bedingt war, bald wieder verlieren: beruht sie auf *Zerreissung des Facialis* im Porus acust. int., so ist dieses natürlich ausgeschlossen.

War im *unmittelbaren* Anschluss an eine Schädelfractur *Taubheit* aufgetreten, so sollte jeder Behandlungsversuch derselben nach Schwartze unterlassen werden, da er doch aussichtslos sei. Freilich ist es wegen der meist längere Zeit anhaltenden Bewusstlosigkeit des Patienten schwer zu constatiren, ob die Taubheit unmittelbar nach der Verletzung eingetreten ist.

Schüsse in das Ohr verlaufen *fast immer tödtlich*. In einigen seltenen Fällen blieb das Leben erhalten. Bleibt die Kugel im Felsenbein stecken, so kann später eitrige Arrosion der Carotis, mitunter auch noch nach Jahren eitrige Meningitis sich entwickeln. Es dürfte daher zweckmässig sein, die Kugel, nachdem man ihren Sitz (mit der electrischen Sonde von Trouvé) constatirt hat, zu extrahiren, event., wenn nöthig, nach vorheriger Ablösung der Ohrmuschel und des knorpligen Gehörgangs mit oder ohne folgende Abmeisslung des vorderen Theils der Pars mastoidea.

Therapie: Leichtere Fälle von *Labyrintherschütterung* bedürfen zunächst, abgesehen von diätetischen Vorschriften (s. weiter unten), keiner besonderen Behandlung, da die durch sie entstandenen Beschwerden gewöhnlich nach einigen Stunden oder Tagen von selber verschwinden. Geschieht dieses nicht, so lasse man nach Schwartze möglichst bald nach der Verletzung einen *künstlichen Blutegel auf den Warzentheil* setzen und verordne *antiphlogistische Diät und Laxantien*. Tritt unter dieser Behandlung keine fortschreitende Besserung ein, so injicire man nach Schwartze *Strychninum nitric.* in die Nacken- oder Schläfengegend *subcutan* und zwar täglich 0,002 bis 0,006 pro dosi.*)

Schwartze hat schon nach 5 maliger, öfter nach 8 maliger Injection völlige Heilung gesehen, wo sich der Zustand vorher Wochen lang nicht gebessert hatte. Er hält einen Erfolg aber nur dann für wahrscheinlich, wenn Taubheit und subj. Gehörsempfindungen nicht länger als 6 Wochen bestanden, hat ihn allerdings auch in 2 Fällen noch nach 10 bez. 12 Wochen beobachtet. Tritt nach 8—14 Injectionen gar keine Besserung ein, so soll man die Cur nicht weiter fortsetzen. Ist dagegen eine Besserung nachweisbar, so injicire man so lange, bis die Hörweite nicht mehr zunimmt.

Bei Blutung in's Labyrinth lasse man anfangs wiederholt *künstliche Blutegel* setzen und verabreiche dann durch längere Zeit hindurch *Jodkalium*.

Politzer empfiehlt *bei Labyrintherschütterung reizende Fussbäder*. *Application von Vesicantien* auf den Warzentheil mit darauf folgender endermatischer Einreibung von Pustelsalbe. Einlegen von mit Aether sulfur. Glycerin. ää. getränkten Wattekugeln in die Ohröffnung oder *subcutane Injectionen von Pilocarpin. muriat.* behufs Einleitung starker Transpiration (s. S. 151). Je älter die Hörstörung ist, desto geringere Aussicht hat man, eine wesentliche Besserung herbeizuführen. Indessen soll, wo die Affection erst mehrere Wochen oder Monate besteht, immer doch noch ein Versuch gemacht werden, durch subcutane Pilocarpininjectionen, welche im Laufe eines Monats etwa 20 Mal wiederholt werden können, innerlichen Gebrauch von *Jodkali*, bei fehlenden subj. Geräuschen von *Strychninum nitricum* (0,07 : 10,0 Aqu. dest. 3 mal täglich 3—5 Tropfen, sowie durch Einleitung von *Schwefelätherdämpfen durch den Tubencatheter* in die Paukenhöhle das Hörvermögen zu bessern. Lassen all' diese Mittel im Stich, so gehe man nach P. zur

---

*) Rp.
  Strychnin. nitric. 0,05
  Aq. destill. ad 5,0
  M. D. S. Zur subcutanen Injection.
  (Man beginne mit ¼ Spritze).

galvanischen Behandlung über, durch welche er auch in veralteten Fällen von schwerer Labyrintherschütterung noch gute Resultate erzielt haben will, während nach Schwartze solche Fälle unheilbar sind.

Bürkner empfiehlt, wo neben den Hörstörungen Schwindel besteht, innerliche Darreichung von Kal. jodat. Kal. bromat ää 5,0—7,5 : Aqu. destill. 150,0.

Bei jeglicher Art traumatischer Labyrinthaffection muss Alles, was eine Congestion zum Kopf oder eine heftigere Erschütterung desselben hervorrufen kann, und ferner jede Anstrengung der Ohren durch lautes Geräusch, Musik, längere Unterhaltung oder aufmerksames Lauschen für längere Zeit streng untersagt werden.

Prophylactisch kann einer Labyrintherschütterung durch lauten Schall bis zu einem gewissen Grade dadurch vorgebeugt werden, dass man sich auf denselben *psychisch* vorbereitet, wobei wahrscheinlich die Binnenmuskeln der Paukenhöhle derart in Thätigkeit treten, dass sie die Einwirkung des Schalls auf das Labyrinth abschwächen. Als weiteres Schutzmittel dient *Verstopfen des Gehörgangs, Hinaufziehen der Schulter gegen das der Schallquelle näher zugewandte Ohr und der Valsalva'sche Versuch.*

Hat sich erst einige Wochen nach einer sicheren oder zweifelhaften Schädelbasisfractur Taubheit entwickelt, so kann man versuchen, dieselbe durch Application von *Heurtloups,* innerliche Verabreichung von *Jodkali,* Anlegen eines *Haarseils in den Nacken* zu bessern, darf sich hiervon indessen nicht all' zu viel Erfolg versprechen.

Bei gleichzeitiger traumatischer Affection des schallleitenden Apparats (Trommelfellruptur, Haematotympanum, Fractur der Gehörgangswand) ist zunächst, wenn die Blutung stark ist, *Tamponade des Gehörgangs,* dann ein *antiseptischer Occlusivverband* nothwendig; kommt es doch zur Eiterung, so behandle man dieselbe sorgfältig nach den früher geschilderten Grundsätzen, aber, um eine Reizung des Labyrinths zu vermeiden, so milde als möglich.

Bei Schädelbasisfracturen verordne man *ruhige Bettlage, leichte Diät,* verhüte alle physischen und psychischen Erregungen und sorge für *regelmässige Stuhlentleerungen.* Tritt Congestion zum Kopfe ein (Cephalalgie, Unruhe, Schlaflosigkeit) so applicire man einen *Eisbeutel,* desgleichen auch bei fixem Kopfschmerz über der Fracturstelle. Verläuft der Bruchspalt durch den Meat. audit. ext., so tamponire man diesen, um eine Infection des Schädelinhalts von aussen her zu verhüten, mit Jodoformgaze, lasse die Blutgerinnsel aber unberührt. Macht äussere Verunreinigung die Entfernung der letzteren durchaus erforderlich, so hüte man sich auf's Sorgsamste vor zu energischen Ausspülungen. *Bei venöser Sinusblutung* gleichfalls *Tamponade mit Jodoformgaze.* Durch den Bruchspalt hervorquellende zertrümmerte Hirnmasse ist abzutragen.

Ist mit der Schädelfractur eine *Gehirnerschütterung (Commotio cerebri)* verbunden, so sorge man bei längerem Anhalten des Stadium depressionis, in welchem der Patient bewusstlos oder wenigstens somnolent, der Körper kühl, das Gesicht blass, der Puls klein, kaum fühlbar, meist schon verlangsamt, die Athmung ganz oberflächlich und nur zuweilen von tieferen, seufzerähnlichen Inspirationen unterbrochen, oft auch im Gegentheil tief und schnarchend ist, die Pupillen fast garnicht reagiren, bei schwereren Fällen wiederholtes Erbrechen erfolgt, Urin und Koth zurückgehalten wird oder unwillkürlich abgeht, abgesehen von der Beobachtung strengster *Ruhe* für Erwärmung des kühlen Körpers und *Belebung der Herzthätigkeit,* indem man den Patienten in ein erwärmtes Bett bringt, den Kopf tief lagert, auf den Unterleib warme Tücher, ins Epigastrium und an die Waden Sinapismen legt und *subcutan Aether oder Campheröl* injicirt.

Ist durch ein *traumatisches Blutextravasat im Cavum cranii* oder durch eine *Schädelfractur mit Depression der Fragmente* eine *Compressio cerebri* entstanden, so erleichtere man den Abfluss des venösen Bluts aus dem Kopf durch *Hochlagerung* des letzteren, lege eine *Eisblase* auf und gebe bei starker Unruhe des halb bewusstlosen Patienten *Morphium in kleinen Gaben.* Treten die characteristischen Symptome des ersten Stadiums der Compressio cerebri, desjenigen der *Hirnreizung,* also Unruhe, Schlaflosigkeit, Delirien, Röthung des Gesichts, Verengerung der Pupillen, Empfindlichkeit gegen Sinneseindrücke, Erbrechen, Pulsverlangsamung bis zu 40 oder weniger Schlägen in der Minute trotz erhöhter Temperatur, welchen später *Lähmungen* und schliesslich Coma folgen, erst einige Zeit nach dem Trauma auf, so handelt es sich meist um ein durch Verletzung der A. meningea media erzeugtes *Haematom,* dessen Entwicklung ja erst allmählich vor sich gehen kann. Besonders characteristisch für diese Entstehungsart der Compressio cerebri ist es, wenn in den ersten Stunden nach dem Trauma Symptome von Hirndruck, Kopfschmerz, Uebelkeit, Erbrechen, Unruhe, Müdigkeit, Benommenheit, Schlaflosigkeit, Coma, Pulsverlangsamung, ferner halbseitige Lähmungen einzelner Muskelgruppen bez. ganzer Gliedmassen oder auch des Abducens und Oculomotorius u. a. m. an der der Verletzung entgegengesetzten Seite auftreten, welche unmittelbar nach derselben fehlten, sodass sich der Verletzte in der ersten Zeit nach dem Unfall mitunter noch relativ wohl befinden kann. *In solchen Fällen muss der Schädel trepanirt, der Bluterguss entfernt, die verletzte Arterie aufgesucht und unterbunden werden.* Die hierzu nöthigen operativen Eingriffe, bezüglich welcher wir auf die Lehrbücher der Chirurgie verweisen müssen, dürfen *nicht zu lange aufgeschoben* werden, da Patient in solchen Fällen meist bereits binnen 24 Stunden zu Grunde geht.

Die forensische Bedeutung der traumatischen Ohrerkrankungen.

Da traumatische Erkrankungen des Gehörorgans häufig durch Misshandlung. z. B. der Schüler von Seiten des Lehrers, der Lehrlinge von Seiten des Meisters, ferner bei Schlägereien und ähnlichen Gelegenheiten, endlich durch Unfälle, für welche ein Anderer haftbar ist, entstehen, so geben sie nicht selten Veranlassung zu *Processen,* in welchen es sich um *Bestrafung des Thäters* bez. *Schadenersatz* oder *Beides* handelt.

Es sind bei solchen Anlässen hauptsächlich folgende zwei Fragen, welche der als *Sachverständige* vor Gericht geladene Arzt beantworten soll:

1) Ist die von dem Verletzten angegebene Ohrerkrankung **traumatischer** Natur?

2) Handelt es sich, falls die erste Frage bejaht wurde, um eine **leichte,** um eine **schwere** oder endlich um eine solche Verletzung, die den **Tod** des Verletzten herbeigeführt hat (vergl. § 223, 224 und 226 des deutschen Reichsstrafgesetzes) und ist dieselbe **mittelst eines gefährlichen Werkzeugs etc.** (vergl. § 223a) begangen*)?

---

*) Das deutsche Reichsstrafgesetzbuch unterscheidet *leichte* Körperverletzungen, *schwere* und solche mittelst eines gefährlichen Werkzeuges oder verwandte Fälle (sogenannte „qualificirte" Körperverletzungen).

Bezüglich der *leichten* sagt

§ 223: „Wer vorsätzlich einen Anderen körperlich misshandelt oder *an der Gesundheit beschädigt,* wird wegen Körperverletzung mit Gefängniss bis zu 3 Jahren oder mit Geldstrafe bis zu 1000 Mark bestraft."

Bezüglich der *„qualificirten"* Körperverletzungen sagt

§ 223a: „Ist die Körperverletzung mittelst einer *Waffe,* insbesondere eines Messers oder eines anderen *gefährlichen Werkzeuges,* oder mittelst eines *hinterlistigen Ueberfalls,* oder *von Mehreren gemeinschaftlich,* oder mittelst einer *das Leben gefährdenden Behandlung* begangen, so tritt Gefängnissstrafe nicht unter 2 Monaten ein."

Bezüglich der *schweren* Körperverletzungen sagt

§ 224: „Hat die Körperverletzung zur Folge, dass der Verletzte ein wichtiges Glied des Körpers, das Sehvermögen auf einem oder beiden Augen, *das Gehör,* die Sprache oder die Zeugungsfähigkeit verliert oder in erheblicher Weise dauernd entstellt wird oder in Siechthum, Lähmung oder Geisteskrankheit verfällt, so ist auf Zuchthaus bis zu 5 Jahren oder Gefängniss nicht unter einem Jahre zu erkennen."

Die Entscheidung dieser Fragen ist eine für den Arzt **ausserordent-**
lich schwere Aufgabe *und zwar aus folgenden Gründen:*

Wie wir in Vorstehendem geschildert haben, gehören zu den häufigsten Symptomen traumatischer Ohraffectionen subj. Gehörsempfindungen, Hyperaesthesia acustica,
die Empfindung eines unangenehmen, gellenden, metallischen oder trompetenartigen
Beiklangs bei äusserem Geräusch, Schwindel und Schwerhörigkeit.

Wenn es nun schon ausserordentlich schwierig ist, festzustellen, ob die nach
Angabe des Verletzten seit Einwirkung des Traumas bei ihm vorhandene Schwerhörigkeit *thatsächlich* besteht oder von ihm, um eine möglichst strenge Bestrafung
des Angeklagten bez. einen möglichst hohen Schadenersatz zu erzielen, nur *simulirt*
wird *), so ist dieses im Bezug auf die subj. Gehörsempfindungen, die Hyperaesthesia
acustica und den Schwindel, welch' letzterer, wie hier eingeschaltet werden mag,
durchaus nicht immer *dauernd* zu bestehen braucht, sondern in manchen Fällen
nur *ab und zu* auftritt, durch ärztliche Untersuchung **überhaupt nicht** aufzudecken.

Dazu kommt, dass die genannten Symptome traumatischer Ohraffectionen für
diese *keineswegs pathognostisch* sind, vielmehr ganz ebenso häufig bei *nicht*
traumatischen Ohrenkrankheiten vorkommen, sodass dieselben sehr wohl bereits *vor*
Einwirkung des Traumas bestanden haben können, was durch ärztliche Untersuchung
gleichfalls nicht entschieden werden kann.

Da sich nun die Klagen des Verletzten in der Mehrzahl der Fälle im Wesentlichen auf die erwähnten *subjectiven* Beschwerden beziehen, so ist der Arzt eigentlich niemals in der Lage, die Angabe desselben, dass durch das Trauma Krankheitserscheinungen bei ihm verursacht wären, als richtig oder als falsch zu bezeichnen. Er sollte sich indessen nach meinem Dafürhalten bei Abgabe seines
Gutachtens niemals auf die Erklärung beschränken, dass eine sichere Entscheidung
darüber, ob die von dem Verletzten behaupteten krankhaften Erscheinungen überhaupt bez. ob sie in der angegebenen Intensität beständen und endlich ob sie ur-
sächlich auf das stattgehabte Trauma zurückzuführen wären, in dem vorliegenden
concreten Falle nicht möglich sei, sondern vielmehr, um zu verhüten, dass der
Richter auf Grund des hierin enthaltenen *„non liquet"* zu einer dem Verletzten
ungünstigen Entscheidung gelange, stets hinzufügen, *dass eine solche Entscheidung,*
wenn wir von dem in manchen Fällen möglichen Nachweis einer simulirten Schwerhörigkeit oder Taubheit absehen, *durch ärztliche Untersuchung thatsächlich*
niemals *getroffen werden könne, und dass daher in dieser Beziehung auf die*
Zeugenaussagen *der Hauptwerth gelegt werden müsse.*

Unter *„Verlust des Gehörs"* (§ 224) versteht das Gesetz Taubheit auf *beiden* Ohren.
Unter *Taubheit* ist meines Erachtens *Taubheit für Sprache*, nicht etwa für Kanonenschüsse zu verstehen.

Besteht für den Gerichtsarzt im Uebrigen irgend ein Zweifel über den Sinn der
gesetzlichen Begriffe z. B. *„Beschädigung an der Gesundheit"* (§ 223), — das deutsche Gesetz ist sehr kurz gefasst — so empfiehlt es sich **dringend**, *dass sich derselbe vor*
Abgabe seines Gutachtens über diese in ihrer Anwendung auf den vorliegenden Fall
vom Richter instruiren lässt.

Bezüglich der *tödtlichen* Körperverletzungen sagt

§ 226: „Ist durch die Körperverletzung der *Tod* des Verletzten verursacht worden,
so ist auf Zuchthaus nicht unter 3 Jahren oder Gefängniss nicht unter 3 Jahren zu
erkennen."

* Ueber die Methoden, deren wir uns bedienen, um hierüber in's Klare zu kommen
und über die *Unzulänglichkeit* derselben für viele Fälle vergl. S. 369—372.

Dass auch durch diese ein sicheres Urtheil darüber, ob die stattgehabte Verletzung eine Gesundheitsschädigung verursacht habe und ob letztere gering oder hochgradig sei, in sehr vielen Fällen *nicht* gewonnen werden kann, weiss ich wohl. Um die hier bestehenden grossen Schwierigkeiten darzuthun, will ich sogar noch darauf hinweisen, dass sich der Verletzte hinsichtlich der Wirkung des Traumas gelegentlich *selber* sehr wohl einer Täuschung hingeben kann, wenn er das Bestehen von einseitiger Schwerhörigkeit oder Taubheit, wie wir das bereits S. 97 u. 248 als möglich und nicht selten vorkommend beschrieben haben, Jahre lang ganz übersehen hat, bis durch das Trauma bez. durch Ohrensausen, welches bei demselben entstanden ist, oder dergl. seine Aufmerksamkeit auf das betreffende Ohr zufällig gelenkt wurde.

Dennoch hat der Ohrenarzt, dem es aus Fällen, die nicht Gegenstand eines Gerichtsverfahrens wurden und bei denen zu Simulation keinerlei Veranlassung vorlag, bekannt sein muss, dass durch traumatische Einwirkung auf das Gehörorgan, selbst wenn dieselbe durchaus keine vehemente ist, oft genug hochgradige Schwerhörigkeit oder gar vollkommene Taubheit, verbunden mit zuweilen bis zum Tode anhaltenden quälenden subj. Gehörsempfindungen und Gleichgewichtsstörungen, herbeigeführt wird, welch' letztere bei manchen Gewerksklassen, wie z. B. Maurern, Zimmerleuten, Dachdeckern vollkommene Berufsunfähigkeit bedingen können, nach meiner Ansicht *keine Veranlassung, sein Gutachten so zu fassen, dass der Verletzte mit seinem Entschädigungsanspruch abgewiesen und der Thäter freigesprochen wird, wenn er nicht bei der Hörprüfung mit Sicherheit nachweisen kann, dass es sich in der That um einen Simulanten handelt* (s. diesbezüglich S. 369—372).

Was das Ergebniss der *objectiven Untersuchung des Ohres* anlangt, so ist diesem nach meinem Dafürhalten eine massgebende Bedeutung für die Beurtheilung des Rechtsfalls gewöhnlich *nicht* beizumessen. Wissen wir doch, dass traumatische Einwirkungen auf das Gehörorgan oft genug hochgradige Störungen im schallempfindenden Apparat zu Stande bringen, ohne dass wir in der den objectiven Untersuchung zugänglichen Theilen des Ohres irgend welche Spuren einer traumatischen Läsion nachweisen können, ja dass sogar z. B. bei Ohrfeigen die Schädigung des Labyrinths gerade in denjenigen Fällen besonders stark zu sein pflegt, wo eine Zerreissung des Trommelfells nicht eingetreten ist.

Der positive objective Nachweis nicht traumatischer pathologischer Veränderungen am Trommelfell oder in der Paukenhöhle aber, welchem von manchen Autoren insofern eine grosse Bedeutung beigelegt wird, als durch ihn das Vorhandensein einer schon *vor* der Verletzung bestehenden Ohrerkrankung bewiesen und damit gewissermassen ein *Entlastungsmoment für den Angeklagten* beigebracht werden soll, ist nach meiner Meinung ebenfalls durchaus nicht von sehr erheblicher Wichtigkeit. Denn selbst bei hochgradigen Veränderungen am Trommelfell und in der Paukenhöhle ist nicht selten ein ausserordentlich gutes, ja mitunter sogar völlig normales Hörvermögen vorhanden. Andererseits aber lehrt uns die Beobachtung von Fällen, in denen Simulation gänzlich ausgeschlossen ist, dass gerade bei schon *vorher* krankhaften Zustande des Ohres durch eine traumatische Einwirkung auf dasselbe besonders leicht eine sehr intensive Functionsstörung zu Stande gebracht wird.

Freilich ist es auch nicht undenkbar, dass Jemand, der geschlagen wurde, ohne indessen in seinem Gehörorgan dadurch geschädigt zu werden, eine vorher bereits bestehende Ohrenkrankheit dazu benützt, um von dem Gegner eine hohe Entschädigung zu erhalten. In anderen Fällen wiederum wird die Beeinträchtigung des Gehörorgans durch das Trauma zwar nicht vollständig *erfunden*, wohl aber sehr *übertrieben*.

In Vorstehendem sind die *allgemeinen* Grundsätze, welche bei der gerichtsärztlichen Begutachtung einer Verletzung des Gehörorgans nach meinem Dafürhalten berücksichtigt werden sollten, erörtert.

Ausführlicher auf *Einzelheiten* einzugehen, dürfte überflüssig sein: Bei der Beschreibung der *traumatischen Ohrerkrankungen* (S. 349—365) ist über den *verschiedenartigen Verlauf derselben*, über die *Gesundheitsstörungen*, welche sie verursachen, und über die *Folgezustände*, die sie hinterlassen können, das Nähere bereits mitgetheilt.

S. 365 u. 366 sind die *Strafbestimmungen*, welche diesbezüglich in Betracht kommen, wenigstens *nach dem deutschen Gesetz* angegeben und ist es aus denselben ersichtlich, worauf der Gerichtsarzt bei Begutachtung eines concreten Falles von traumatischer Läsion des Ohres sein Augenmerk zu richten hat.

Erwähnung mag hier noch finden, dass bei der Verschiedenartigkeit des Verlaufs, den die traumatischen Ohraffectionen nehmen können, der Arzt häufig genöthigt sein wird, die *Abgabe seines Gutachtens zu verschieben*, bis sich die Folgen der Läsion *endgültig* beurtheilen lassen, was mitunter allerdings einen *sehr langen* Aufschub bedeuten kann. Führen doch anscheinend leichte Verletzungen des Schläfenbeins in manchen Fällen bleibende Störungen, ja sogar den Tod herbei, während andererseits anfangs sehr schwer erscheinende z. B. mit profuser Blutung aus dem Ohre und Abfluss von Liquor cerebrospin. einhergehende gelegentlich heilen. Auch kann eine durch Verletzung des Ohres zu Stande gekommene Schwerhörigkeit mitunter nach mehreren Monaten wieder zurückgehen bez. ganz verschwinden.

Zum Schluss bleibt uns noch übrig die Directiven anzugeben, nach welchen der Arzt bei Beantwortung der Frage, ob eine **Trommelfellperforation traumatischen Ursprungs** *sei oder nicht, zu verfahren hat, und endlich die Methoden mitzutheilen, deren wir uns bedienen können, um etwaige* **Simulation von Schwerhörigkeit oder Taubheit** *aufzudecken*.

Was den erstgenannten Gegenstand anlangt, so ist bei traumatischer Trommelfellruptur mitunter der *Ohrenspiegelbefund* ein so *durchaus characteristischer*, dass dieselbe von einem erfahrenen Ohrenarzt ohne Besinnen als durch Verletzung entstanden bezeichnet werden kann. Es ist dieses dann der Fall, wenn das Trommelfellloch vollkommen lineare Begrenzungen oder wenigstens spitze Ecken wie in Fig. 29—31 (Taf. VI) zeigt und gleichzeitig am Trommelfell Ecchymosen oder Blutgerinnsel vorhanden sind.

In anderen Fällen wiederum ist der objective Befund *kein unzweideutiger*. Insbesondere werden wir über das abzugebende gerichtsärztliche Gutachten zweifelhaft sein, wenn durch ein Trommelfellloch mit *runden* Contouren die Labyrinthwand von normaler Schleimhaut bekleidet, also als eine knochengelbe, leichten Glanz zeigende Fläche hindurchscheint. Denn wenn normaler Zustand der Paukenhöhlenschleimhaut auch gerade bei traumatischen Perforationen besonders häufig gefunden wird, so gelangt er doch auf der anderen Seite oft genug auch bei den durch Mittelohreiterung entstandenen zur Wahrnehmung, da ja auch hier nach Aufhören der Secretion die vorher geröthete und geschwollene Schleimhaut wieder vollkommen zur Norm zurückkehren kann. *Eine Entscheidung über die Entstehungsursache der Perforation können wir in solchen Fällen nur dann treffen, wenn uns gestattet wird, den Patienten längere Zeit zu beobachten.* Verheilt das fragliche Loch binnen etwa 6 Wochen, so dürfen wir es als durch ein Trauma entstanden ansprechen, da die nach Ablauf einer Mittelohreiterung zurückbleibenden einen ähnlichen Ohrenspiegelbefund zeigenden Defecte entweder gar nicht mehr oder doch nur nach sehr viel längerer Zeit zuheilen.

Unter allen Umständen aber müssen wir ein Gutachten über die Entstehungsursache der Trommelfellperforation verweigern, wenn dieselbe bereits verheilt ist, oder wenn Mittelohreiterung besteht. In diesen beiden Fällen ist die ursprüngliche Entstehungsursache der Perforation nicht mehr zu erkennen.

Bei ärztlichen *Gutachten in Sachen der Unfallversicherung* kommt es darauf an, festzustellen, ob die Körperverletzung oder Tödtung auf den Unfall im Betriebe zurückzuführen ist.

Nach § 53 No. 3 des hauptsächlich in Betracht kommenden *Unfallversicherungsgesetzes* vom 6. Juli 1884 ist „die Art der vorgekommenen Verletzungen" zu constatiren.

Bei Feststellung der Erwerbsunfähigkeit handelt es sich (vergl. besonders § 5 des angeführten Gesetzes) um folgende 2 Fragen:

1) liegt „*völlige*" oder „*theilweise*" *Erwerbsunfähigkeit* vor? Im letzteren Fall ist das „*Mass der verbliebenen Erwerbsfähigkeit*" zu bestimmen.

2) wie lang ist die *Dauer der Erwerbsunfähigkeit?*

Bei dem sehr ungleichen Verlauf, welchen die traumatischen Läsionen des Gehörorgans in verschiedenen Fällen zeigen, ist es unnütz, die Verletzungen der einzelnen Ohrtheile hier nochmals hinsichtlich ihrer Bedeutung für die Unfallversicherung zu besprechen, und verweise ich in dieser Beziehung auf das S. 349—365 Gesagte.

Nicht überflüssig aber erscheint es mir, darauf hinzuweisen, dass *der Begriff der Erwerbsunfähigkeit* überhaupt, ganz besonders aber der theilweisen, in einem gegebenen Falle *fraglich* sein kann, und dass es sich daher für den Arzt dringend empfiehlt, wenn ihm die betreffende Behörde nicht selber hierüber ausreichenden Aufschluss giebt, sie vor Abgabe seines Gutachtens um einen solchen zu ersuchen.

Von den

Methoden, die dazu dienen sollen, Simulation von Schwerhörigkeit oder Taubheit aufzudecken,

und die nicht nur für den *Gerichts-*, sondern auch für den *Militärarzt* von grosser Wichtigkeit sind, wollen wir nur diejenigen schildern, aus denen ein *sicheres* Urtheil über das Vorhandensein oder Nichtvorhandensein von Simulation gewonnen werden kann, eine Reihe complicirterer Verfahren dagegen, welche theils wegen ihrer schwierigen Ausführbarkeit, theils aus anderen Gründen die Möglichkeit von Fehlschlüssen und die Gefahr, einen Unschuldigen für einen Simulanten zu halten, in sich schliessen, unerörtert lassen.

Es sei vorausgeschickt, dass doppelseitige Taubheit sehr viel seltener simulirt wird, als ein- oder doppelseitige Schwerhörigkeit, weil sich der Simulant selber sagt, dass erstere seiner Umgebung eher hätte auffallen müssen als letztere und ihr Nichtvorhandensein daher durch Erhebungen leichter zu eruiren ist.

A. Methoden zur Feststellung bez. Ausschliessung von Simulation einseitiger Schwerhörigkeit resp. Taubheit:

1) Die stark angeschlagene e- oder A-Gabel (Taf. XVI Fig. 12) werde von dem Untersucher zunächst in gleicher Entfernung vor das eine und das andere Ohr des respectiven Simulanten gehalten. Der letztere wird, wenn er den Ton der Gabel mit seinem gesunden bez. besseren Ohre hört, dieses ruhig zugeben, da es sich ja um sein „gutes" Ohr handelt. Hiernach setzt man nunmehr die *stark* angeschlagene Gabel auf den Scheitel des zu Untersuchenden auf (s. S. 79) und fragt ihn, ob er den Ton derselben höre. Hat man es wirklich mit einem Simulanten zu thun, so wird derselbe höchst wahrscheinlich, gleichviel ob er den Ton im ganzen Kopf gleichmässig stark oder gar in dem angeblich kranken Ohre stärker hört, immer vorgeben, ihn ausschliesslich oder wenigstens vorwiegend in seinem „gesunden" Ohre zu hören, weil der Laie nichts davon weiss, dass ein Ohr, welches *per Luftleitung* schlechter hört als ein anderes, *per Knochenleitung* ebenso gut oder gar besser percipiren kann als dieses.

Lässt man ihn nun den Ohreingang des „guten" Ohres durch Hineinstecken eines Fingers oder festes Vorhalten der Handfläche möglichst dicht verschliessen und setzt dann wiederum die *stark* angeschlagene Gabel auf den Scheitel auf, so wird ein Simulant jetzt wahrscheinlich behaupten, den Ton derselben, „da das gesunde Ohr verschlossen sei," garnicht mehr oder höchstens nur ganz schwach auf dem offen gelassenen kranken Ohre zu hören, und sich, da dieses nicht möglich ist, — muss die auf den Scheitel aufgesetzte Stimmgabel doch, vorausgesetzt dass sie noch stark schwingt, nach Verschluss des gesunden Ohres in diesem um so stärker gehört werden — hierdurch als *Simulant* decouvriren. *)

2) In das eine Kautschukrohr eines binauralen CAMMOX'schen Stethoscops (Taf. XVI Fig. 28) fügt man einen dicht schliessenden Holzpfropfen, steckt dann beide Kautschukrohre wieder in die Metallröhren und überzeugt sich nun vor der Untersuchung des fraglichen Simulanten zunächst am eigenen oder an einem anderen völlig normal, womöglich sehr fein hörenden Ohre, dass ein solches durch den verstopften Schenkel des Stethoscops Worte, welche in den Thoraxtrichter desselben hinein geflüstert werden, nicht zu verstehen vermag. Ist dieses festgestellt, so fügt man zunächst beide Schenkel des Stethoscops in die Ohren des zu Untersuchenden, den verstopften in das angeblich bessere Ohr und flüssert dann in den Thoraxtrichter des Stethoscops, welches natürlich ganz in derselben Weise gehalten werden muss wie bei dem vorausgegangenen Controlversuch und in derselben Stärke wie bei letzterem, Worte hinein, die der Untersuchte, dem man vorher die Augen verbunden hat, wiederholen muss Ist ihm dieses ohne Mühe gelungen, so lässt man ihn nun den Stethoscopschenkel aus seinem „guten" Ohre herausnehmen, das letztere durch Hineinstecken des Fingers oder Andrücken des Tragus verschliessen und spricht jetzt wiederum mit derselben Stärke und unter den gleichen übrigen Bedingungen Flüsterworte, am besten dieselben wie vorher, wenn auch vielleicht in veränderter Reihenfolge, in den Thoraxtrichter hinein. Behauptet der Untersuchte nunmehr, dieselben, nachdem der eine Schenkel des Hörrohrs aus seinem „guten" Ohre genommen sei, nicht mehr verstehen zu können, so ist er ein *Simulant*.**) Denn in dem „guten" Ohre steckte ja der durch den Holzpfropfen verstopfte Schenkel des Stethoscops, durch welchen, wie vorher festgestellt war, auch ein normales Ohr Flüstersprache nicht hören konnte und dessen Herausnahme aus dem Ohre den Untersuchten demnach nicht hindern kann, ebenso viel zu hören wie vorher.

3) Hört, wovon man sich natürlich zunächst immer durch entsprechende Hörprüfung überzeugen muss, das eine Ohr des Untersuchten vollkommen normal, so lasse man dasselbe mit dem Finger fest verschliessen und spreche nun mit mittellauter oder gar lauter Stimme in das kranke aus einer Entfernung von wenigen Centimetern hinein. Behauptet der Untersuchte hierbei, die Worte nicht verstehen zu können, so ist er ein *Simulant*, da er dieselben, wenn auch nicht mit seinem kranken, so doch jedenfalls mit dem anderen normal hörenden Ohre verstehen müsste. Denn ein solches kann, wie wir S. 74 bereits

---

*) Es ist, wenn auch nicht sehr wahrscheinlich, so doch nicht gänzlich ausgeschlossen, dass ein Simulant bei dieser Prüfung Angaben macht, nach denen wir ihn der Simulation nicht überführen können. So kann er z. B., wenn sein „gutes" Ohr auch nicht normal hört, behaupten, dass er den Ton der auf den Scheitel stark angeschlagenen tiefen Stimmgabel überhaupt nicht höre, und ist dieses, insbesondere wenn er das 50. oder 60. Lebensjahr schon überschritten hat, immerhin nicht unmöglich.

Mindestens ebenso schlimm ist es, wenn er schlau genug ist, Angaben zu machen, wie sie bei einem einseitigen Schwerhörigen der Wahrheit entsprechen, wenn er also nach Verschluss seines „guten" Ohres erst recht behauptet, den Ton der auf den Scheitel aufgesetzten Gabel nur oder vorwiegend auf seinem „guten" Ohre zu hören.

Auch in solchem Falle ist es ja möglich, dass der Untersuchte ein Simulant ist; wir können ihm aber dann nach dieser Methode die Simulation nicht nachweisen und dürfen ihn daher der letzteren zunächst auch nicht beschuldigen.

**) Auch bei diesem Verfahren ist es wenn auch immerhin sehr unwahrscheinlich, so doch nicht völlig ausgeschlossen, dass ein abgefeimter Simulant sich nicht fangen lässt, indem er einfach angiebt, die Flüsterworte nach Herausnahme des einen Stethoscopschenkels mit seinem durch den Finger verstopften „guten" Ohre oder auch mit dem kranken zu hören. Ersteres könnte vielleicht, wenn man ihn den befeuchteten Finger recht fest in den Ohreingang stecken lässt und sich durch Verlängerung des Stethoscops genügend weit von dem Ohre entfernt, als unmöglich erwiesen werden. Die letztere Angabe indessen ist nicht von der Hand zu weisen, wenn der Untersuchte nicht einseitig *taub*, sondern nur *schwerhörig* zu sein behauptet.

erörtert haben, durch einfachen Verschluss nicht in dem Maasse vom Hörakt ausgeschlossen werden, dass es in einer so geringen Entfernung mittellaut oder gar laut gesprochene Worte nicht mehr versteht.

4) Auf demselben Princip beruht ein von Voltolini angegebenes Verfahren: Man stecke in das angeblich taube oder sehr schwerhörige Ohr ein grosses trompetenförmiges Hörrohr, welches man, um ihm ein „geheimnissvolles Ansehen" zu geben, vielleicht noch mit einem Gummischlauch umwickelt hat, und spreche in den Trichter desselben, während das andere gut hörende Ohr gar nicht oder doch nur mit einem durchbohrten Gummipfropf verstopft wird, mit gedämpfter Stimme, doch aber noch so laut hinein, dass alle sonst im Zimmer Anwesenden es verstehen. Will der Untersuchte hierbei nichts verstanden haben, so ist er natürlich ein *Simulant*.

5) Man verbindet dem fraglichen Simulanten die Augen und lässt ihn sein „gutes" Ohr durch Hineinstecken des Fingers oder festes Vorhalten der Hand möglichst dicht verschliessen, sodann prüft man mit dem Politzer'schen Hörmesser oder einem stärkeren Schlagwerk z. B. einem Metronom in der bekannten, S. 76 geschilderten Weise die Hörweite seines „kranken" Ohres mehrere Male nach einander. Findet man dieselbe bei wiederholten Messungen stets gleich gross oder nur wenig verschieden, so kann Simulation *ausgeschlossen* werden.

Ob man andererseits, wenn die Hörweite bei wiederholten Bestimmungen, insbesondere wenn dieselben an verschiedenen Tagen vorgenommen werden, in weiten Grenzen schwankt, den Untersuchten der Simulation beschuldigen darf, halte ich im Gegensatz zu anderen Autoren für *sehr* fraglich.

Hat sich ein der Simulation verdächtiges Individium durch *eines* der aufgeführten Verfahren nicht als Betrüger entlarven lassen, so ziehe man auch die *anderen* noch in Anwendung, wodurch es uns bisweilen gelingen wird, auch einen abgefeimten Simulanten zu überführen.

B. Methoden zur Feststellung von Simulation doppelseitiger Schwerhörigkeit:

Simulation von *doppelseitiger* Schwerhörigkeit ist noch schwerer als solche von *einseitiger* zu entlarven.

Mittelst der unter A. No. 5 angegebenen Methode werden wir mitunter im Stande sein, Simulation *auszuschliessen*.

Wenn die Hörweite beider Ohren sehr verschieden ist, wie dieses ja auch bei doppelseitiger Schwerhörigkeit oft vorkommt, so werden wir gelegentlich auch mittelst der unter A No. 1 und 2 geschilderten Verfahren einen Simulanten zu entlarven vermögen. Indessen wird dieses natürlich unmöglich sein, wenn eine beiderseits annähernd *gleich* grosse resp. nur wenig differirende Schwerhörigkeit simulirt wird.

C. Methoden zur Entlarvung von Simulation doppelseitiger vollkommener Taubheit:

Die letztere wird relativ am häufigsten von Stellungspflichtigen simulirt. Mitunter gelingt es, sie dadurch aufzudecken, dass man dem Betreffenden, nachdem man seine Ohren gründlich untersucht hat, mittheilt, er sei für untauglich befunden worden und könne gehen. Schickt sich der angeblich vollkommen taube Mensch hierauf an, das Zimmer zu verlassen, so ist er ein *Simulant,* vorausgesetzt dass er nicht im Stande war, von den Lippen abzulesen, in welch' letzterem Fall ihm die Erlaubniss das Zimmer zu verlassen von einem Mitgliede der Stellungscommission gegeben werden muss, dessen Gesicht er nicht beobachten konnte.

Nach Knoblauch wurde ein Simulant dadurch entlarvt, dass man ihm sagte, sein Hosenlatz stände offen; er griff hin, um sich davon zu überzeugen. Natürlich muss auch hierbei ausgeschlossen sein, dass der Untersuchte die Bemerkung von den Lippen ablesen konnte.

Einfältige Simulanten lassen sich mitunter dadurch entlarven, dass man sie fragt, wie lange sie bereits taub seien. Beantworten sie diese Frage, so sind sie, falls dieselbe nicht von den Lippen abgelesen werden konnte, Betrüger.

Bérard entlarvte einen angeblich ganz tauben Simulanten, indem er „der Wärterin im harmlosen Tone die Weisung gab, das grosse Messer zu holen," worauf derselbe, eine Operation befürchtend, sich decouvrirte.

24*

Gelingt es auf diese und ähnliche Weise oder durch längere Beobachtung des der Simulation schwer Verdächtigen nicht, ihn zu entlarven, so prüfe man, ob er in berauschtem Zustande, aus dem Schlafe erweckt, oder nach dem Erwachen aus der Chloroformnarcose bez. vor vollkommenem Eintritt der letzteren, Sprache versteht, wobei natürlich auch wiederum dafür Sorge getragen werden muss, dass er nicht von den Lippen ablesen kann.

Im Anschluss an die Methoden zur Entlarvung von Simulanten mögen an dieser Stelle die

Bestimmungen, welche in Deutschland bei der Aushebung von Ohrenkranken zum Militärdienst zu berücksichtigen sind,

mitgetheilt werden.

Nach der deutschen „Heerordnung" machen *zum activen Dienst untauglich:*

1) „Taubheit auf *einem* Ohr nach abgelaufenen Krankheitsprocessen";

2) „mässiger Grad von chronischer Schwerhörigkeit auf *beiden* Ohren".

„*Mässiger* Grad" von Schwerhörigkeit wird angenommen, wenn die „Hörweite für Flüstersprache *)" im geschlossenen Raume" zwischen 4 und 1 m beträgt.

Mit den unter 1 und 2 aufgeführten „bleibenden körperlichen Gebrechen" behaftete Leute dürfen nur zur *Ersatzreserve* resp. zum *Landsturm* genommen werden.

3) „Fehlen einer Ohrmuschel";

4) „Taubheit oder unheilbare erhebliche Schwerhörigkeit auf beiden Ohren";

5) „erhebliche, schwer heilbare Krankheitszustände des Gehörapparates".

„*Erhebliche* Schwerhörigkeit" wird angenommen, wenn „die Hörweite für Flüstersprache *) im geschlossenen Raume" höchstens 1 m beträgt. Als „*erhebliche schwer heilbare Krankheitszustände des Gehörapparats*" dürften insbesondere öfters recidivirende chronische Mittelohreiterungen und ferner mit quälenden subj. Gehörsempfindungen bez. zeitweihgen Gleichgewichtsstörungen verbundene chronische Affectionen des mittleren und inneren Ohres gelten. Solche Krankheitszustände sind bei einmaliger Untersuchung schwer zu erkennen und sollten hier daher zuverlässige ärztliche Atteste Berücksichtigung finden.

Die unter 3, 4 und 5 aufgeführten Gebrechen machen „im Allgemeinen auch für den Landsturm *dauernd* untauglich".

Zeitig untauglich machen:

„Entzündungen etc. des Gehörorgans." Leute mit solchen floriden Ohrenleiden sind zunächst zurückzustellen.

IX. Neurosen des schallleitenden Apparates:

I. motorische.

A. Krämpfe:

1) Krampfhafte Zuckungen der **Muskeln der Ohrmuschel** sind meist eine *Theilerscheinung des Tic convulsiv; isolirt* treten sie nur ganz selten auf.

Therapie: Lässt sich eine reflectorisch wirkende Ursache des Krampfes auffinden, so muss man diese zu beseitigen suchen. *Etwaige Augenleiden* sind entsprechend zu *behandeln, kranke Zähne zu extrahiren.* Lassen sich „Druckpunkte" nachweisen, die gewöhnlich an den Austrittsstellen der Trigeminusäste liegen, — bei Druck auf diese Punkte lässt der Krampf sofort nach — so lasse man die Anode des *constanten Stromes* auf dieselben einwirken. Im anderen Fall setze man die Anode auf den Facialisstamm und die einzelnen Aeste des Pes anserinus. Mitunter nützt auch die *Galvanisation der*

---

*) *Die Flüstersprache sei von solcher Intensität*, „dass die im Freien unter den günstigsten Bedingungen bei Tage vorgesprochenen Worte von einem normal Hörenden auf höchstens 2 m zum Nachsprechen verstanden werden." „Im geschlossenen Raume von 5½ m wird diese Flüstersprache von normal Hörenden auf ungefähr 23 m verstanden." „Die Prüfung ist bei *zugewandtem* Ohre vorzunehmen."

Med. oblongata, bei welcher man die Anode dicht unter der Protuberanz des Occiput aufsetzt, während die Kathode in der Hand ruht. Die Dauer der einzelnen Sitzungen soll 5—10 Minuten betragen. Auch der *faradische Strom* wirkt mitunter günstig. Von inneren Mitteln können *Bromkali, Arsenik, Atropin, Zinc. oxydat.* u. a. versucht werden.

2) Die gleichfalls sehr selten vorkommenden klonischen Spasmen des *M. tens. tymp.* verursachen meist ein *lautes Knacken oder dumpfes Pochen im Ohre*, welches auch objectiv, mitunter sogar auf grössere Entfernung, wahrnehmbar ist, können aber auch vorkommen, ohne ein subjectiv oder objectiv hörbares Geräusch zu verursachen. Meist *mit gleichzeitigen krampfhaften Zuckungen des Gaumensegels und der Kehlkopf-muskeln combinirt*, sind sie in anderen Fällen auch *isolirt* beobachtet worden. Die durch sie hervorgerufene *Bewegung des Trommelfells* ist mit dem Ohrenspiegel sichtbar oder lässt sich durch ein in den Gehörgang luftdicht eingeführtes Manometer constatiren.

Therapie: Zunächst versuchsweise *Anwendung des constanten bez. faradischen Stroms*, wodurch in einigen Fällen Heilung erzielt wurde.

Bei einem von Kessel behandelten Studenten, bei dem sich in Folge eines Schläger-hiebs eine wulstförmige, die Muschel retrahirende Narbe hinter dem Ohre gebildet hatte, wurden Schwerhörigkeit und ein schwirrendes Geräusch im Ohre, welches K. seiner Tiefe nach für einen Muskelton hielt und, da sich alle Erscheinungen bei Druck auf den Narbenwulst steigerten, auf einen von den sensiblen Nerven der Narbe ausgelösten Reflex-krampf des Tensor tymp. bezog, durch *Durchschneidung des Narbenwulstes* dauernde Heilung erzielt.

Bei unheilbarem und sehr quälendem Krampf des Tensor tymp. ist die *Tenotomie desselben* indicirt.

3) Einen clonischen Krampf des *M. stapedius* vermuthete Gottstein in einem Fall von *Blepharospasmus*, in welchem die Patientin während des Anfalls in beiden Ohren ein *Rauschen* hörte, Habermann in einem Fall, wo bei einer Kranken mit alter trockener Trommelfellperforation im rechten Ohre nach 3 Wochen langem Bestehen eines clonischen rechtsseitigen, täglich mehrmals auftretenden und nach 4 Wochen von selber aufhörenden Lidkrampfs sich auf der rechten Seite ein *dumpfes Sausen* einstellte, welches anfangs nur mit dem Krampf, später aber, als derselbe sistirte, schon beim Schliessen der Augenlider auftrat. Fast bei jedem Lidschluss, später auch bei jeder stärkeren Be-wegung des Kopfes trat im rechten Ohre 4—5 Mal hintereinander ein *Dröhnen* ein, hielt die Patientin die Augen längere Zeit fest geschlossen, so noch sehr viel häufiger. Dabei zeitweise Anwandlung von Schwindel. Im Gebiet des N. trigemin. und facial. konnte H. ein ätiologisches Moment für die clonischen Krämpfe des M. orbicularis oculi und des Stapedius nicht auffinden. Er betrachtete als solches die Anaemie der Patientin und eine vielleicht damit verbundene grössere Erregbarkeit der motorischen Centren, in deren Folge die Krämpfe des Stapedius nicht nur bei Innervation des Orbicularis oculi, sondern auch anderer Muskelgruppen wie z. B. durch Bewegungen des Kopfes, aus-gelöst wurden.

In Gottstein Fall sistirte das Ohrensausen in beiden Ohren, solange ein Finger-druck auf einen bestimmten Punkt am vorderen unteren Winkel des Proc. mastoid, aus-geübt wurde. Ein noch günstigeres Resultat ergab Application des Inductionsstroms, gleichgültig ob G. die Electroden auf je einen Druckpunkt der beiden Warzenfortsätze oder ob er eine auf einen Halswirbel, die andere auf den Proc. mastoid. setzte: Das Sausen war während der Einwirkung des faradischen Stroms verschwunden und blieb auch nachher noch geringer. Nach 12 Sitzungen blieb es dauernd weg.

Habermann machte, nachdem der faradische Strom (die eine Electrode auf dem afficirten Ohr, die andere auf der entgegengesetzten Halsseite) das Geräusch meist zwar für einen halben bis ganzen Tag zum Verschwinden gebracht, aber trotz vierwöchent-licher Anwendung nicht dauernd beseitigt hatte, die *Tenotomie des Stapedius* mit der Paracentesennadel, welche durch die die hintere Hälfte des Trommelfells einnehmende Per-foration eingeführt wurde, und pulverte dann etwas Borsäure ein. Unmittelbar nach der Operation hörte das Geräusch vollständig und für die Dauer auf, ebenso der Schwindel und die Eingenommenheit des Kopfes.

4) Der clonische Krampf der *Tubenmuskeln* ist etwas häufiger beobachtet worden, im Ganzen aber auch sehr selten. Er kommt *einseitig und doppelseitig* vor, *isolirt oder mit Krämpfen der Kehlkopf-, Zungen-, Augen-, Mund- und Nasenmuskeln ver-gesellschaftet*.

Er verursacht ein nicht nur für den Patienten, sondern auch *objectiv*, mitunter noch in weiter Entfernung *vernehmbares knackendes oder tickendes Geräusch*, welches sich in kurzen Zwischenräumen wiederholt, mitunter auch während des Schlafes anhält und die Patienten zuweilen ausserordentlich belästigt. Man sieht dabei eine *zuckende Bewegung des Gaumensegels*, bisweilen *rhinoscopisch eine Verengerung des Ost. pharyng. tubae*.

Therapeutisch empfiehlt sich die *Massage* der Gegend zwischen dem aufsteigenden Unterkieferast und dem Warzenfortsatz und ferner die *Galvanisation des Gaumensegels*. Vorübergehend kann man den Krampf in manchen Fällen durch Fingerdruck auf das Velum palatinum sistiren.

B. Lähmungen:

1) Lähmung des *M. stapedius* kommt *bei intracranieller Lähmung des Facialis* zu Stande. Sie *kann* nach Kessel. in Folge der jetzt überwiegenden Wirkung des Tensor tymp. *zu stärkster Einwärtsziehung des Trommelfells*, Druckatrophie desselben und fast vollständiger Taubheit führen. In solchen Fällen ist nach K. die *Tenotomie des Tens. tymp.* indicirt. Nach Lucae. ist bei Lähmung des Stapedius *Feinhörigkeit für alle musikalischen Töne, speciell abnorme „Tiefhörigkeit" vorhanden*.

2) Lähmung des *Gaumensegels* und der *Tubenmuskeln* (nach Diphtheritis, Typhus, Rheumatismus) kann in Folge der gestörten Ventilation der Paukenhöhle und der hierdurch (s. S. 231) in letzterer entstehenden Luftverdünnung Hörstörung hervorrufen.

Prognose: Die diphtheritische Gaumensegel- und Tubenmuskellähmung verschwindet bei roborirendem Verfahren in der Regel nach einigen Wochen.

Therapie: Um die Luftverdünnung in der Paukenhöhle hintenanzuhalten, muss die Tuba zeitweilig catheterisirt werden.

2. sensible.

A. *Neuralgieen (die Otalgia nervosa, nervöser Ohrenschmerz):*

Dieselbe kommt *sowohl selbstständig wie auch als Theilerscheinung einer Trigeminus- oder Cervico-occipitalneuralgie* vor und besteht in *anfallsweise* auftretenden Schmerzen in einem Ohre, in welchem keinerlei Entzündungserscheinungen nachweisbar sind. Wenn auch sehr viel seltener als der entzündliche gelangt der nervöse Ohrenschmerz im Ganzen doch nicht allzu selten zur Beobachtung.

Nur in wenigen Fällen geht er von den aus dem Plexus cervicalis entspringenden Nerven der Ohrmuschel, viel häufiger von dem seine sensiblen Zweige vom Trigeminus und Glossopharyngeus erhaltenden Plex. tympanicus aus. In letzterem Fall spricht man von einer *Neuralgia tympanica*.

1) Die *Neuralgie der Ohrmuschel* beschränkt sich gewöhnlich auf eine umschriebene Stelle. Sie wird *an der vorderen Fläche* von dem N. auriculo-temporalis, einem Zweige des Ramus inframaxill., also des 3. Astes vom Trigeminus, *an der hinteren* von dem N. auricul. magnus und dem N. occipital. minor des Plexus cervical. ausgelöst und findet sich *namentlich nach Herpes Zoster*. Man findet bei ihr einen Schmerzpunkt an der Ohrmuschel da, wo der N. auriculo-temporalis über den Jochbogen hinzieht, und häufig auch einen am Warzenfortsatz. Ein leichter Druck auf dieselben steigert den Schmerz, ein stärkerer vermindert ihn bisweilen. *Während des Anfalls tritt mitunter geringe Röthung und Schwellung an der betreffenden Ohrmuschel* auf.

2) Die *Neuralgie des Plexus tympanicus* kommt *selbstständig oder als Theilerscheinung einer Neuralgie des Trigeminus* und zwar meistens seines 3., selten seines 2. Astes vor. Im ersteren Falle erstreckt sie sich auf das äussere und mittlere Ohr, während im letzteren *nur das Mittelohr ergriffen ist*.

Symptome: Dieselben bestehen in *Anfällen* von heftigen bohrenden und reissenden Schmerzen im Ohre, welche in die Verbreitungsgebiete des N. temporalis, supra- und infraorbitalis, maxillaris sup. und inf. ausstrahlen können. Sie sind zuweilen mit Hyperaesthesia acust. (s. S. 102), mit subj. Gehörsempfindungen. Schwerhörigkeit. Hyperaesthesie und Röthung der Ohrmuschel. Lichtscheu, Thränenfluss und Zuckungen der Gesichtsmuskeln verbunden. Erscheinungen, welche alle nach dem Anfall verschwinden. Der letztere dauert nur *selten länger als einige Stunden* an und kehrt meist in unregelmässigen, seltener in regelmässigen Zwischenräumen wieder.

Aetiologie: *Die weitaus häufigste Ursache der Otalgia nervosa bilden cariöse Zähne,* die selber mitunter spontan nicht schmerzhaft sind.

Als *seltenere* ätiologische bez. prädisponirende Momente wären *Geschwüre an der Epiglottis und im Rachen, Angina tonsillaris,* ferner *chronische Laryngitis* mit Verdickung der Stimmbänder, *Strictur des Oesophagus nach Geschwüren, operative Eingriffe im Larynx oder Pharynx* (z. B. Tonsillotomie), ferner *Durchbruch des Weisheitszahns, Zungenkrebs* (schon in frühen Stadien), *Rheumatismus des Kiefergelenks, Erkältung, mechanische Einwirkung auf die* in Betracht kommenden *Nervenstämme,* Erkrankungen der benachbarten Knochen und des Periosts sowie Geschwülste, welche auf dieselben drücken, Caries der Schädelknochen und der Halswirbel, *Entzündung und Neubildung im Ganglion Gasseri, cerebrale Erkrankungen, Malariainfection, Syphilis, Anaemie und Marasmus, Hysterie, Neurasthenie, Pubertätsentwicklung, Menstruationsanomalieen, Schwangerschaft, Wochenbett, Klimacterium* zu nennen. Nach KAICSER findet sich hartnäckige Otalgie häufig bei Syphilitischen in Folge von specifischer Erkrankung des Periosts und der Gefässe der Paukenhöhle.

Die **Diagnose** *beruht auf dem Nachweis, dass Entzündungserscheinungen im Ohre, welche die Schmerzanfälle verursachen könnten, nicht vorhanden sind.* Findet man cariöse Backzähne an der entsprechenden Seite, welche beim Druck oder Eingehen mit der Sonde sehr schmerzhaft sind, so ist es sehr wahrscheinlich, dass die Zahncaries die Ursache bildet. Indessen ist dieses nicht immer der Fall. Zuweilen nämlich bleibt die Otalgie auch nach der Extraction der kranken Zähne bestehen. Sind solche überhaupt nicht vorhanden, so wird man durch Spiegeluntersuchung feststellen müssen, ob pathologische Veränderungen im Rachen oder Kehlkopf, insbesondere Geschwüre, vorhanden sind, welche die Otalgie hervorrufen könnten, und ferner durch eine Untersuchung der betreffenden Points douloureux, ob dieselbe als Theilerscheinung einer Neuralgie des Trigeminus oder des Cervicalplexus aufzufassen ist.

Die **Prognose** ist bei denjenigen Otalgieen, welche von einem cariösen Zahn ausgehen, und bei den typischen Formen im Ganzen günstig, ungünstig dagegen bei cerebraler Ursache, Anaemie und Marasmus, alter Syphilis und tuberculösen Kehlkopfgeschwüren. In manchen Fällen tritt spontane Heilung ein; andere sind sehr hartnäckig.

Therapie: Wo auf der Seite der Otalgie *cariöse Backzähne* vorhanden sind, lasse man dieselben *extrahiren.* Ist dieses nicht der Fall oder wird die Neuralgie hierdurch bez. durch das mitunter auch bereits ausreichende *Tödten des oder der Zahnnerven* nicht beseitigt, so gebe man *bei den typischen Formen Chinin. sulfur. 0,25—0,5 pro dosi 2—3 mal im Laufe von 2—3 Stunden vor dem Anfall, bei den atypischen Chinin. sulfur. 0,2—0,3 pro dosi 3 mal täglich* und, wenn dieses nicht hilft, *Sol. Fowleri* in nicht zu kleinen Gaben (s. S. 146 u. 158). HEDINGER heilte einen durch Malariainfection hervorgerufenen Fall von Neuralgia tympanica mit gleichzeitiger Infra- und Supraorbitalneuralgie, nachdem sich Chinin und Arsenik als nutzlos erwiesen hatten, durch länger fortgesetzte Darreichung von *Tinct. Eucalypti* (Rp. Ol. Eucalypti 3,0, Spir. vini 20,0 3 mal täglich 20 Tropfen).

Besteht der Verdacht auf *Syphilis* und ist die Neuralgie mit Zuckungen und leichter Parese der Gesichtsmuskeln verbunden, so verordne man *Jodkali 1,0 pro die.*

Sodann kommen von innerlichen Mitteln *bei rheumatischer Ursache Natr. salicyl.*[*], *bei Anaemie Eisen,* ferner *Antipyrin*[**], *Phenacetin*[***],

---

[*] Rp. Natr. salicyl 0,5
D. tal. dos. X
ad capsul. amylac.
S. 4mal tgl. 1 Pulver.

[**] Rp. Antipyrin 0,5
D. tal. dos. X
S. 3mal tgl. 1 Pulver.

[***] Rp. Phenacetin. 0,5—1,0
D. tal. dos. VI
S. nach Bedarf 1 Pulver.

Salol*), Butylchloralhydrat**) oder *Tinct Gelsemii***)*, von äusserlichen Application von *Vesicantien* und Einreibung von *Morphium*- oder *Veratrinsalben
in der Regio mastoid.* in Betracht.

　　Besser als alle anderen Mittel wirkt mitunter der constante Strom:
Der Kupferpol wird auf das Ohr, der Zinkpol auf den Nacken gesetzt; bei vasomo-
torischer Neurose (Röthung der Muschel im Anfall) setzt man die Kathode auf den
Sympathicus, die Anode in den Gehörgang.

　　Wo der Schmerz bei Druck auf die Gegend zwischen Warzenfortsatz und
Unterkieferast gesteigert wurde, beobachtete POLITZER nach mehrmaliger *Massage*
dieser Parthie bedeutende Besserung.

　　URBANTSCHITSCH empfiehlt gegen intermittirende Otalgieen *Inhalationen von
Amylnitrit* (auch ausserhalb des Anfalls): in einem allen Mitteln trotzenden Fall erzielte er durch *Suggestion im hypnotischen Zustand* dauernden Erfolg.

　　Bei sehr heftigen Schmerzen ist man nicht selten zur *subcutanen Injection
von Morphium oder Cocaïn* gezwungen.

　　Werden die Anfälle durch kalten Luftzug ausgelöst, so lasse man prophylactisch
eine *Ohrenklappe* tragen.

　　Manche Fälle wurden durch *Exstirpation von Neuromen in der Nähe des
Ohres* geheilt.

　　3) Die Neuralgie des Warzentheils: Mitunter, wenn auch sehr selten, findet
man heftige, Jahre hindurch *anfallsweise* auftretende Schmerzen an einem Warzentheil, welcher niemals Entzündungserscheinungen oder Druckempfindlichkeit aufzuweisen
hatte, während das Trommelfell vollkommen normal erscheint oder die Zeichen einer längst
ausgeheilten Mittelohreiterung zeigt. Wie die Schmerzen in diesen Fällen entstehen, ist
noch nicht sichergestellt. *Anaemische* scheinen für dieselben besonders disponirt zu sein.

　　Therapeutisch empfiehlt sich, wenn die oben angegebenen *Hautreize* und
Antineuralgica nichts nützen und die Schmerzen ungemein quälend sind, die
Aufmeisslung des Warzentheils.

　　SCHWARTZE erzielte hierdurch Heilung in Fällen, in denen es ihm wegen Sclerose
des Knochens nicht gelang, das Antrum zu eröffnen, und lässt er es unentschieden, ob
die Operation hier nur als kräftiges Revulsivum bez. durch die bei demselben stattgehabte
venöse Blutung aus dem Knochen oder der Schleimhaut oder durch Durchtrennung von
durch die verhärtete Knochensubstanz comprimirten Nerven günstig eingewirkt hat.

B. Hyperaesthesie der Ohrmuschelhaut und des äusseren Gehörgangs

z. B. gegen kalten Luftzug ist selten und dann gewöhnlich von Eczemen, Entzündungen
oder Erfrierungen zurückgeblieben.

　　Therapeutisch erweisen sich kalte Abreibungen der Muschel und Bepinselungen
mit Fett als nützlich.

　　Nervöses Hautjucken des äusseren Gehörgangs ist ziemlich selten,
viel häufiger findet sich ein Pruritus cutaneus bei mangelnder Ceruminalsecretion,
bei chronischem Eczem, chronischer Otit. ext. diff. und Otomycosis. Das gewöhnlich
intermittirend auftretende Jucken ist oft sehr quälend, verführt die Kranken zu
häufigem Scheuern und Kratzen der Gehörgangswände und bildet so die Ursache
für die Entstehung von Excoriationen und Entzündungen an demselben.

---

　　*) Rp. Salol. 0,6　　　　　　　　　　　　**) Rp. Butylchloral.
　　　　　D. tal. dos. X　　　　　　　　　　　　　　Pulv. rad. Liquirit. aa 1,5
　　　　　in capsul. amylac.　　　　　　　　　　　　Mucil. Gumm. arab. q. s.
　　　　　S. 3 stündlich 1 Pulver.　　　　　　　　　ut f. pil. XXX.
　　　　　　　　　　　　　　　　　　　　　　　　　S. zweistündl. 2—4 Pillen.

　　　　　　　***) Rp. Tinct. Gelsemii sempervirent. 15,0
　　　　　　　　　　D. S. 3 mal tgl. 10—20 Tropfen.

Therapeutisch empfohlen sich *Bepinselungen mit Vaselin, Alcohol oder Mentholspiritus* (Menthol 3.0—5.0. Spirit. vini ad 100.0) oder nach POLITZER mit 20 %iger Cocainlösung. SCHWARTZE empfiehlt Insufflation von Alaunpulver und am meisten *Bepinselung der Wände mit 4—10 %iger Lapislösung.* Letztere muss aber vom Arzte selber vorgenommen werden. Etwa bestehende Menstruationsanomalieen sind zu behandeln, bei Neigung zu Kopfcongestionen innerlich Säuren und Laxantien zu verordnen. In sehr hartnäckigen Fällen versuche man *Sol. Fowleri innerlich* (s. S. 146 u. 158).

C. Anaesthesie der Ohrmuschel und des äusseren Gehörgangs kommt ebenfalls selten vor und dann meistens als Theilerscheinung einer Anaesthesie der ganzen Kopfhälfte bei Cerebralaffectionen, Hysterie oder nach Meningitis cerebrospin..

Eine *Anaesthesie der Mittelohrschleimhaut* ist bei dem trockenen chronischen Mittelohreatarrh ziemlich häufig.

3. secretorische.

Als secretorische Reflexneurose deutet WALB einen Fall, in welchem zu 3 verschiedenen Malen bei normalem Zustande von Nase, Nasenrachenraum und Tuba Eust. neben heftigen Zahnschmerzen eine Ansammlung von serösem Exsudat in der Paukenhöhle auftrat. Nach Extraction des stark cariösen und mit Wurzelentzündung behafteten 2. oberen Molarzahns trat dauernde Heilung des Ohrenleidens ein.

X. Die Missbildungen des Gehörorgans.

Sie verursachen häufig Taubheit resp. Taubstummheit. Die *Excessbildungen* beschränken sich meistens auf das äussere Ohr, die *Hemmungsbildungen* dagegen betreffen gewöhnlich das äussere und mittlere Ohr zugleich. Missbildungen des äusseren und mittleren Ohres sind oft mit Ohr- und Halskiemenfisteln, mit Hemmungsbildungen des Unterkiefers, Asymmetrie des Gesichts, Hasenscharte, Gaumenspalte und Wolfsrachen verbunden. Bildungsfehler des Labyrinths sind viel seltener.

Die congenitalen Missbildungen der Ohrmuschel treten entweder als *Bildungsdefecte* oder als *Bildungsexcesse* auf. Erstere sind gewöhnlich, wenn auch nicht immer mit Hemmungsbildungen tieferer Ohrabschnitte, insbesondere des Gehörgangs und Mittelohrs, seltener des Labyrinths vergesellschaftet und erscheinen entweder als *totaler Mangel der ganzen Muschel,* häufiger als *Verkrüppelung oder Fehlen einzelner Theile derselben,* am häufigsten des Lobulus. Die Fig. 5—8 (Taf. X) stellen verschiedene Arten solcher die Muschel betreffender Bildungsdefecte dar.

Zu den Bildungsexcessen gehören die *übermässige Vergrösserung der ganzen Muschel (Macrotie) oder einzelner Abschnitte derselben* z. B. des Ohrläppchens, das Vorkommen von mehr als zwei Muscheln *(Polyotie)* und die *Auricularanhänge* (Taf. X Fig. 4), warzenähnliche, aber glatte, etwa kirschkerngrosse, aus Haut und Netzknorpel bestehende Wülste, welche einzeln oder mehrfach, am häufigsten vor dem Tragus, mitunter aber auch am Ohrläppchen hinter dem Ohre oder am Halse inseriren.

Gewöhnlich sitzen die rudimentären, zuweilen aber auch gut ausgebildete Muscheln *an abnormer Insertionsstelle,* so auf der Wange, am Halse oder an der Schulter.

Eine nicht seltene Hemmungsbildung ist die zuweilen doppelseitige, ein kleines Grübchen oder einen 0,5—2 cm langen, blind endenden Fistelgang darstellende *Fistula auris congenita,* nach Ansicht der meisten Autoren ein Residuum der ersten Kiemenspalte. Dieselbe liegt meist vor dem Helix 1 cm über dem Tragus, seltener an anderen rückwärts gelegenen Theilen (Antitragus, Lobulus, Concha auris, Crus helicis) und entfernt zeitweise eine weissgelbliche, rahmige, Eiter- oder Epithelzellen enthaltende Flüssigkeit. Durch Verstopfung ihrer Oeffnung entsteht mitunter eine cystöse Erweiterung der Fistel *(Kiemencyste),* die die Grösse einer Nuss erreichen und leicht mit einem Abscess verwechselt werden kann.

Unter den fast immer mit Bildungsdefecten der Ohrmuschel, häufig auch des mittleren, seltener des inneren Ohrs verbundenen *Hemmungsbildungen des* **äusseren**

Gehörgangs wären die angeborene totale oder partielle *Verengerung* und die *Atresie* desselben zu erwähnen. Letztere ist *knöchern oder membranös.* Statt des Orificium ext. findet sich eine seichte Delle oder ein blind endender kurzer Canal.

Als *Bildungsexcess* ist die sehr seltene *Duplicität des Gehörgangs* aufzufassen.

Sind die Bildungsfehler des äusseren Gehörgangs nicht mit solchen des mittleren und inneren Ohres verbunden, so wird Sprache mitunter noch einige Meter vom Ohre entfernt, sicher aber in der Nähe desselben verstanden. Handelt es sich wie gewöhnlich um *einseitige* congenitale Atresie des Gehörgangs, so ist nach SCHWARTZE eine gleichzeitige Missbildung des Labyrinths wahrscheinlich, wenn der Ton der auf die Mittellinie des Schädels gesetzten Stimmgabel nur nach dem normal hörenden Ohre gehört wird. Natürlich hat diese Untersuchung nur dann einen Werth, wenn Patient bereits alt genug ist, um zuverlässig zu beobachten.

Therapie: Dislocirte Ohrmuscheln bei *Verdopplung* können abgetragen werden, ebenso ein *hypertrophischer Lobulus* oder *Auricularanhänge.* Bei *operativer Entfernung* der letzteren berücksichtige man die Lage der A. temporalis dicht vor dem Tragus. Verletzung derselben erfordert die Unterbindung beider Gefässenden.

Entstellung durch angeborenes *Abstehen der Ohrmuschel* kann, falls frühzeitiges *Bandagiren* (Heftpflasterverband) oder das *Tragen einer federnden Pelotte* (Taf. XIX Fig. 9) erfolglos geblieben ist, *operativ beseitigt* werden, indem man ein elliptisches Stück aus der Ohrmuschel (Haut und Knorpel) längs der Insertion derselben excidirt und die Schnittränder durch Naht vereinigt. Man mache einen Hautschnitt längs der ganzen hinteren Furche zwischen Muschel und Warzentheil, verbinde sodann die beiden Enden desselben durch einen zweiten, über die hintere Fläche der Muschel gehenden gekrümmten Schnitt und löse nun die umschnittene Hautparthie mitsammt dem subcutanen Bindegewebe ab. Hierauf excidire man durch zwei den ersten ziemlich parallele und den Korpel der Muschel durchdringende Schnitte ein elliptisches Stück des letzteren, welches indessen nicht so gross sein darf als das excidirte Hautstück. Endlich schliesse man die Wunde durch zahlreiche Nähte, welche theils nur die Haut, theils Haut und Knorpel fassen.

Bei *Microtie, Katzenohr* und *spindelförmig verkrümmten Ohrmuscheln* kann man durch *Excision keilförmiger Stücke und Naht* die Verunstaltung verringern.

Defecte der ganzen Ohrmuschel verdecke man durch *passende Frisur* oder *Prothese* künstlicher aus Papiermaché gefertigter Muscheln. Bei angeborenem oder auch erworbenem *Defect einzelner Theile der Muschel,* wie ihres oberen Theils, des Randes oder des Lobulus lässt sich durch *Hautlappen aus der nächsten Umgebung* Ersatz schaffen. Ist der Lappen angeheilt, so durchtrennt man die Brücke und giebt ihm durch entsprechende Hautexcisionen und Naht eine passende Form.

Die *Fistula auris congenita* kann durch Ausbrennen mit dem Galvanocauter beseitigt werden, erfordert jedoch wegen der sehr geringfügigen Beschwerden meist gar keine Behandlung. Eine *Kiemencyste* muss gespalten werden.

Bei häufiger Verwachsung des äusseren Gehörgangs kann durch *ringförmige Excision der verschliessenden Membran und Einlegen von Laminaria* eine bleibende Oeffnung hergestellt werden. Indessen soll ein Versuch hierzu *niemals bei ganz kleinen Kindern* vorgenommen werden, weil man bei diesen schwer feststellen kann, ob noch Hörfähigkeit und ein wie hoher Grad derselben trotz der Atresie vorhanden ist. Ist der Verschluss *knöchern,* was sich durch Acupunctur oder Probeincision feststellen lässt, so unterlasse man jeden Operationsversuch.

Bei congenitaler Verengerung des Gehörgangs ist *Dilatation mit Darmsaiten* oder *Laminariacylindern* mitunter von Erfolg begleitet.

Als *Bildungsfehler des Trommelfells* wären zu nennen: Der stets mit Hemmungsbildung des äusseren Gehörgangs und des Mittelohrs vergesellschaftete congenitale *Defect des Trommelfells,* die bei angeborener Taubstummheit und Cretinismus mitunter vorkommende congenitale nahezu *horizontale Lage* desselben, endlich das als seltene angeborene Hemmungsbildung vorkommende, stets doppelseitige und mit Spaltung des Gaumensegels verbundene *Foramen Rivini,* ein Loch am vorderen oberen Pol des Trommelfells in der Gegend der Membrana Shrapnelli.

Das letztere begünstigt, indem es kalte Luft und beim Baden Wasser in die Paukenhöhle eindringen lässt, die Entstehung von Mittelohrentzündungen. Würde es früh genug erkannt, so könnte durch einfaches Verstopfen des Ohreingangs mit antiseptischer Watte der Entstehung mancher Mittelohrentzündung vorgebeugt werden, indem hierdurch das Eindringen von kalter Luft oder von Wasser in die Paukenhöhle verhütet werden würde.

Die durch **Bildungsfehler der Paukenhöhle,** wie vollständiger Defect, Verengerung der ganzen Paukenhöhle oder ihrer Labyrinthfenster, abnorme Grösse oder Kleinheit der Gehörknöchelchen. Defect oder abnorme Bildung eines oder mehrerer derselben, bedingten Hörstörungen sind unheilbar. Die häufigen Dehiscenzen der knöchernen Paukenhöhlenwände sind wohl öfter auf Druckatrophie als auf Bildungsanomalieen zurückzuführen.

Von den congenitalen *Missbildungen der Tuba Eustachii* sind *Defect* oder *Obliteration* und *Stenose* oder *Erweiterung* derselben um das 3—4 fache ihres normalen Lumens ungemein selten. Etwas häufiger finden sich angeborene *winklige Knickung* im Verlauf der knöchernen Tuba, welche die Bougirung derselben erschweren oder unmöglich machen kann, kesselartige *Ausbuchtungen* in derselben und *Ossificationslücken*, durch welch' letztere bei gewaltsamer Sondirung mit spitzen und unbiegsamen Bougies von Fischbein oder Metall die Möglichkeit einer Carotisverletzung gegeben ist, sowie *Fehlen*, angeborne *Enge* oder *unsymmetrische Lage der Ostia pharyng. tubae*, welche das Auffinden derselben beim Catheterismus erschweren und event. ohne Zuhülfenahme der Rhinoscopia post. unmöglich machen kann.

Congenitaler vollkommener *Defect* oder abnorme *Kleinheit des Warzentheils* kommt neben anderen tieferen Missbildungen im Ohre mitunter bei angeborener Taubstummheit vor. Congenitale *Dehiscenzen* in Folge mangelhafter Ossification *(Ossificationslücken)* finden sich am Warzentheil nach oben zu gegen die Schädelhöhle, ferner gegen den Sulcus transv., petrosus sup., die Incisura mastoid. zu und endlich an der äusseren Wand.

Congenitale Bildungsfehler des Labyrinths sind viel seltener als diejenigen des äusseren und mittleren Ohres. Sie kommen mit letzteren combinirt oder auch isolirt vor und bestehen in einem Defect des ganzen Labyrinths oder einzelner Theile desselben oder in anomaler Bildung der letzteren. Besonders häufig wurden bei angeborener Taubheit Veränderungen an den halbzirkelförmigen Canälen gefunden.

Unter den *Missbildungen des Hörnerven* ist gänzliches Fehlen desselben sehr selten, abnorm derbe Consistenz oder Atrophie häufiger beobachtet worden.

XI. Taubstummheit.

Wird ein Kind taub geboren oder verliert es in frühem Lebensalter*) das Hörvermögen, so wird es taubstumm.

Die *angeborene Taubstummheit* beruht auf einer Bildungsanomalie des Centralnervensystems oder des Gehörorgans sowie auf intrauterinen Erkrankungen im Ohr oder der Schädelhöhle. Unter den **Ursachen**, welchen sie zugeschrieben wird, spielen die *Vererbung des Gebrechens* und die *Ehen zwischen Blutsverwandten* die wichtigste Rolle. Was die erstere anlangt, so haben wir die *directe Vererbung*, bei welcher taubstumme Kinder aus Ehen stammen, in welchen ein oder gar beide Theile taubstumm sind, und die *indirecte Vererbung*, bei welcher die Taubstummheit sich erst im zweiten, dritten oder in einem noch späteren Gliede zeigt, zu unterscheiden. Begünstigt wird das Auftreten angeborener Taubheit auch durch die Summirung der Constitutionsanomalie von väterlicher oder mütterlicher Seite, bei Schwerhörigkeit beider Theile, besonders wenn dieselbe schon bei mehreren Generationen bestand. *Es mag übrigens nicht unerwähnt bleiben, dass taubstumme ebensowohl wie blutsverwandte Eltern auch durchaus vollsinnige Kinder haben können*, und dass die Gefahr, taubstumme Kinder ins Leben zu setzen, anscheinend um so grösser wird, wenn die Ehen zwischen Schwerhörigen, Taub-

---

*) Ertaubt ein Kind in den 4 ersten Lebensjahren, so wird es fast immer taubstumm. Wird die Taubheit zwischen dem 4. und 7. Lebensjahre acquirirt, so gelingt es bei besonderer Aufmerksamkeit der Umgebung und guter Intelligenz der Kinder, insbesondere wenn diese das Lesen schon erlernt hatten, mitunter, wenn auch nicht immer, ihnen die Sprache zu erhalten. Lässt es die Umgebung der ertaubten Kinder dagegen an der erforderlichen Sorgfalt fehlen, so wird die Sprache derselben immer rauher, härter und undeutlicher, bis sie schliesslich vollkommen verloren geht. *Ertaubung nach dem 7. Lebensjahr führt nur selten zur Taubstummheit*, doch ist die Entwicklung der letzteren in einzelnen Fällen sogar noch im 14. und 15. Lebensjahr beobachtet worden. *Die Sprache ist bei ganz tauben oder hochgradig schwerhörigen Individuen fast immer rauh, hart und laut.*

stummen und Blutsverwandten nicht nur *eine*, sondern *mehrere* auf einander folgende Generationen betreffen.

Die *erworbene Taubstummheit* entsteht am häufigsten bei *Meningitis* und zwar sowohl bei der genuinen wie bei der Meningitis cerebrospin. epidemica, sodann bei den im Verlauf von *Scharlach, Diphtheritis, Typhus, Masern, hereditärer Syphilis, epidemischer Parotitis* auftretenden Krankheiten des mittleren und inneren Ohres, endlich bei *primären Labyrinthaffectionen*, insbesondere den Entzündungen desselben, bei der *Panotitis* und bei den *traumatischen Läsionen des Hörnervenapparats*.

Nicht alle Taubstumme sind *vollkommen* gehörlos. Manche haben noch „*Schallgehör*" und reagiren auf starke Töne oder Geräusche, welche durch Anschlagen von Glocken oder des japanesischen Tamtams (Taf. XVI Fig. 24), durch Anblasen von Pfeifen oder Trompeten, durch Zusammenschlagen der Handflächen und dergl. hinter ihrem Rücken hervorgebracht werden, indem sie zusammenzucken oder sich umdrehen. Andere verstehen noch einzelne ins Ohr gesprochene Vocale, besonders a, o und u (*„Vocalgehör"*), seltener auch einige Consonanten, am häufigsten b, p und r, ein kleiner Theil sogar einzelne, dicht am Ohr gesprochene Worte (*„Wortgehör"*).

Bei Kindern, die noch nicht sprechen gelernt haben und daher vorgesprochene Worte selbstverständlich nicht wiederholen können, lässt sich das Vorhandensein oder Nichtvorhandensein von Gehör stets nur in der Weise feststellen, dass wir hinter dem Rücken des Kindes, dessen Aufmerksamkeit jedoch nicht auf uns gerichtet sein darf, dasselbe anrufen oder auf andere Weise, am besten wohl mit dem *Tamtam*, welches einen sehr tiefen Grundton und eine grosse Zahl höherer Obertöne enthält und bei kräftigem Anschlag ausserordentlich laut erschallt, und der sehr schrillen *g¹-Pfeife* (Taf. XVI Fig. 19) einen lauten Klang erzeugen und beobachten, ob das Kind bei denselben zusammenfährt oder sich umdreht. Das Zustandekommen einer Gefühlsempfindung, wie sie z. B. beim Zuwerfen einer Thür oder beim Aufstampfen mit dem Fusse leicht entstehen kann, muss hierbei, um Fehlschlüsse zu vermeiden, natürlich sorgfältig ausgeschlossen werden.

Bei der angeborenen Taubstummheit scheint ein geringer Rest von Hörvermögen relativ häufiger vorzukommen als bei der acquirirten.

Die Taubstummen sind durchaus nicht, wie man früher glaubte, alle kränklich, schwächlich, stupid, träge und jähzornig, sondern bei richtiger Erziehung meist gesund, munter, aufgeweckt und intelligent. Manche taubstumme Kinder freilich sind als solche schon durch ein besonders widerspenstiges Wesen leicht zu erkennen, sie sträuben sich auf's Heftigste gegen die Untersuchung, schreien und schlagen um sich.

Prognose: Dieselbe ist bei der angeborenen Taubstummheit günstiger als bei der erworbenen. Bei ersterer stellt sich mitunter spontan nach mehreren Jahren eine geringe Hörfähigkeit ein, sodass Sprache zuweilen bis auf 1,5 m Entfernung verstanden wird.

Politzer beobachtete sogar einen Knaben, welcher mit 3 Jahren taubstumm und ohne jede Schallempfindung zu sein schien, während er im 7. Lebensjahr, ohne dass inzwischen eine Behandlung stattgefunden hatte, normales Gehör zeigte. Ein solcher Fall indessen ist ausserordentlich selten.

Von den Fällen von erworbener Taubstummheit würden nach v. Tröltsch mindestens ¹⁄₃, nämlich fast alle jene, welche durch die insbesondere bei Masern, Scharlach, Diphtheritis und Typhus so ungemein häufig vorkommenden entzündlichen und exsudativen Vorgänge in der Paukenhöhle entstanden sind, durch richtige und frühzeitige Behandlung ihrer Ohrenkrankheit verhütet werden können. „Solange freilich übrigens durchaus tüchtige Aerzte, die bei jedem halbwegs verdäch-

tigen Bronchialkatarrh Auscultation und Percussion gewissenhaft zu Rathe ziehen, sich nicht scheuen, kritiklos jeglichen „Ohren"-Kranken, der ihnen unter die Hände kommt, mit Oelinstillationen und dergl. zu „behandeln" — so lange sonst gut geschulte Aerzte bei Scharlach-„Otorrhöen" von „harmlosen Catarrhen des äusseren Gehörgangs" sprechen — solange die Frage, ob es „wünschenswerth" sei, die Ohrenkranken grösserer Hospitäler fachmännisch gebildeter Behandlung zu überweisen, in ärztlichen Kreisen nicht nur noch ventilirt, sondern sogar verneint werden kann, — solange mit einem Worte dem otiatrischen Zweige der Chirurgie von der Mehrzahl der Mediciner so wenig Beachtung geschenkt wird — so lange wird auch eine Besserung auf diesem Gebiete der Hygiene kaum zu erwarten sein" (SCHMALTZ).

Therapie: Findet man bei taubstummen Kindern die objectiven Symptome einer *Mittelohraffection*, so kann durch *entsprechende Behandlung* der letzteren eine Besserung des Hörvermögens und dadurch auch der Sprache erzielt werden. Man soll daher insbesondere bei pathologischer Einwärtsziehung des Trommelfells, wie sie in Folge eines angeborenen oder in den ersten Lebensjahren entstandenen Mittelohrcatarrhs nicht selten ist und hochgradige Schwerhörigkeit bez. Taubheit bedingen kann, sowie bei Schleimansammlung im Mittelohr stets möglichst frühzeitig die Luftdouche appliciren, wenn nöthig unter Zuhülfenahme des Catheters, und diese Behandlung erst dann aufgeben, wenn nach mehrwöchentlicher Fortführung derselben keinerlei Erfolg bemerkbar ist. Daneben muss selbstverständlich eine Behandlung etwaiger complicirender Nasen- und Rachenaffectionen, kurz die S. 238—240 u. 242—244 angegebene entsprechende Therapie der bestehenden *Mittelohrcatarrhe* eingeleitet werden. In gleicher Weise muss bei *Mittelohreiterungen* der Versuch gemacht werden, durch specialistische Behandlung auch das Hörvermögen zu verbessern.

In einigen Fällen von angeborener Taubstummheit ist durch *Beseitigung eines membranösen Verschlusses des Meat. audit. ext.* das Gehör hergestellt worden.

*Hat die Ertaubung ein Kind betroffen, das bereits sprechen konnte, so soll man es dazu anhalten, **viel und deutlich** zu sprechen und ihm **möglichst frühzeitig**,* keinesfalls aber erst, wenn die Sprache verloren gegangen ist, was mitunter bereits in ausserordentlich kurzer Zeit geschieht, *Taubstummenunterricht* geben lassen. Je zeitiger hiermit begonnen wird, desto leichter ist es, dem Kinde die Sprache zu erhalten. Aerztliche Behandlungsversuche können ja neben dem Taubstummenunterricht vorgenommen werden, sollen den Beginn desselben aber nicht hinausschieben.

Man unterscheidet eine *deutsche* und eine *französische Methode* des Taubstummenunterrichts. Erstere lehrt die Taubstummen, sowohl diejenigen, welche die Sprache noch nicht erlernt hatten, als auch diejenigen, denen sie bereits verloren gegangen war, die *Lautsprache* und ausserdem die *Fähigkeit, vom Munde der ihnen Sprechenden abzulesen,* letztere legt den Hauptwerth auf die Erlernung der *Zeichen- oder Geberdensprache,* bei welcher die einzelnen Buchstaben durch bestimmte Fingerstellungen dargestellt werden.

Die Vorzüge der deutschen Methode, die übrigens neuerdings auch in Frankreich eingeführt wurde, sind evident. In Deutschland wird der Taubstumme in den Stand gesetzt, mit Vollsinnigen zu sprechen und ihre Sprache zu verstehen, bei der französischen Methode kann er sich ausser auf schriftlichem Wege nur mit Seinesgleichen oder mit solchen Vollsinnigen verständigen, welche die Geberdensprache gleichfalls erlernt haben.

Der *öffentliche* Taubstummenunterricht erfolgt in *Internaten (Taubstummenanstalten)* oder in *Externaten (Taubstummenschulen).* Letztere sind im Allgemeinen insofern vorzuziehen, als den Taubstummen hier nicht so wenig Gelegenheit geboten ist, mit Vollsinnigen zu verkehren und das Gelernte practisch anzuwenden wie in ersteren, wo sie während ihrer ganzen Schulzeit eigentlich nur ihrem Lehrer ablesen. In den genannten Anstalten wird den Zöglingen nicht nur die Lautsprache und das Ablesen vom Munde gelehrt, sondern auch anderer Unterricht ertheilt, sodass sie sich später häufig selbständig eine eigene Existenz schaffen können.

Durch guten Unterricht, welchen man bei den nöthigen pecuniären Mitteln auch privatim durch einen Taubstummenlehrer ertheilen lassen kann, erhalten manche Taubstumme eine so deutliche Sprache, dass sie für Jeden leicht verständlich ist, wenn ihr auch stets eine eigenthümliche unangenehme Härte anhaftet. Andere wiederum sprechen *so undeutlich,* dass man sie nur bei angestrengtester Aufmerksamkeit versteht.

Die Fertigkeit, vom Munde abzulesen, erlernen später Ertaubte oder schwerhörig Gewordene meist sehr viel leichter und in vollkommenerer Weise als taub Geborene. Bei gutem Unterricht aber und entwickelter Intelligenz können auch die letzteren so weit gebracht werden, dass sie die Sprache selbst bei vor den Mund gehaltener Hand an den Bewegungen der übrigen Gesichtsmuskeln abzulesen im Stande sind.

Bei einem sehr schwerhörigen oder tauben Erwachsenen bedarf es grosser Energie, um das Ablesen des Gesprochenen vom Munde ordentlich zu erlernen. *Die Zeit, die hierzu erforderlich ist,* schwankt je nach der Beanlagung des Schülers und der Befähigung des Lehrers in ziemlich weiten Grenzen. *Im Durchschnitt genügen bei gutem Unterricht für Erwachsene ca. 100 Stunden, für Kinder sind durchschnittlich etwa 300—400 nothwendig.* Viele geben denselben zu früh wieder auf.

Ich halte diesen Unterricht auch bei solchen Personen, welche nicht ganz taub, wohl aber sehr schwerhörig sind und bei denen eine ohrenärztliche Behandlung nur noch wenig oder gar nichts nützt, für dringend empfehlenswerth, da er im Stande ist, diesen Unglücklichen den geselligen und geschäftlichen Verkehr mit anderen Menschen erheblich zu erleichtern. *Contraindicirt* ist er nur bei sehr angegriffenem Kräftezustand und bei schwachen Augen. Denn es ist anstrengend, insbesondere für die Augen, das Ablesen vom Munde zu erlernen.

Die Aufnahme in ein Taubstummeninstitut ist an ein bestimmtes Alter gebunden. Kinder unter 6 bez. 8 Jahren — es ist dieses in verschiedenen Anstalten verschieden — werden nicht aufgenommen. Da die vorhandenen Anstalten indessen für den Bedarf keineswegs ausreichen, so muss man ein taubstummes Kind *möglichst frühzeitig vormerken* lassen, wenn man nicht Gefahr laufen will, dass die Anmeldung zu spät kommt.

In Deutschland kommt auf ca. 1000, in der Schweiz schon auf ca. 400 Einwohner je ein taubstummes Individuum. *In Gebirgsgegenden ist die Taubstummheit häufiger als im Flachland.* Scheinbare Ausnahmen hiervon, z. B. die zur Zeit relativ grosse Anzahl von Taubstummen in Ost- und Westpreussen, beruhen auf zufälligen Verhältnissen, in jenen Provinzen z. B. auf der dort 1864/65 herrschenden *Epidemie von Genickstarre,* in welcher besonders viele Fälle von gänzlicher Ertaubung zu Stande kamen.

Beim männlichen Geschlecht findet sich Taubstummheit häufiger als beim weiblichen.

Was das Verhältniss der Taubgewordenen und der Taubgeborenen anlangt, so scheinen sie, obwohl die Ansichten hierüber noch auseinandergehen, im Ganzen ziemlich gleich häufig vorzukommen.

Zum Schluss lasse ich ein Verzeichniss der **Taubstummenanstalten** in Deutschland, Oesterreich-Ungarn und der Schweiz folgen:

Preussen.

Prov. Brandenburg: Berlin (Kgl. Taubstummenanstalt, Städt. Anstalt), Guben, Weissensee b. Berlin, Wriezen a. Oder. *Prov. Ostpreussen:* Angerburg, Königsberg, Rössel. *Prov. Westpreussen:* Danzig, Elbing, Marienburg, Schlochau. *Prov. Pommern:* Cöslin, Stettin, Stralsund. *Prov. Posen:* Bromberg, Posen, Schneidemühl. *Prov. Schlesien:* Breslau, Liegnitz, Ratibor. *Prov. Sachsen:* Erfurt, Halberstadt, Halle a.S., Osterburg i Altmark, Weissenfels. *Prov. Hannover:* Emden, Hildesheim, Osnabrück, Stade. *Prov.*

Schleswig-Holstein: Schleswig. *Prov. Westfalen:* Büren, Langenhorst b. Ochtrup, Pershagen, Soest. *Rheinprovinz:* Aachen, Brühl, Elberfeld, Essen, Kempen, Köln, Neuwied, Trier. *Prov. Hessen-Nassau:* Camberg, Frankfurt a M., Homberg.

Oesterreich-Ungarn.

Cisleithanien: Brünn, Budweis, Döbling, Görz, Graz, Klagenfurt, Königgrätz, Leitmeritz, Lemberg, Linz a Donau, Mils, Prag, St. Pölten, Trient i Tirol, Währing, Wien. *Transleithanien:* Agram, Budapest, Kapósvar, Klausenburg, Mitrovitz, Temesvar, Waitzen.

Schweiz.

Aarau, Bettingen, Genf (Cantonal- und städt. Anstalt), Greyerz, Hohenrain, Liebenfels b Baden, Lokarno, Moudon, Münchenbuchsee, Rieben b Basel, St. Gallen, Wabern, Zofingen, Zürich.

XII. Ueber die lethalen oder doch wenigstens meistens lethal verlaufenden Folgeerkrankungen bei Ohraffectionen.

Exitus lethalis in Folge von Ohreiterungen ist viel häufiger, als dieses von der Mehrzahl der Aerzte und Laien angenommen wird, wird doch die Untersuchung des Gehörorgans nicht nur intra vitam, sondern auch bei der Section oft genug unterlassen oder durchaus ungenügend ausgeführt und in Folge dessen der Zusammenhang der den Tod herbeiführenden letzten Krankheit mit dem Ohrenleiden oft genug vollkommen verkannt. Viele, die nach der Diagnose der sie zuletzt behandelnden Aerzte an Nervenfieber, bösartigem Wechselfieber, an Apoplexie, insbesondere aber an Meningitis, Hirnabscess oder Pyaemie zu Grunde gehen, sterben thatsächlich an den Folgen einer Ohreiterung, welche sie vielleicht ihr ganzes Leben hindurch unbeachtet gelassen haben.

Von den durch Ohreiterungen verursachten *lethalen Folgeerkrankungen* sind *die häufigsten die Meningitis, der Hirnabscess* und *die Pyaemie oder Septicaemie.*

Sie kommen *seltener bei acuten, häufiger bei chronischen Eiterungen des Ohres vor,* weitaus *am häufigsten bei Mittelohreiterungen* und entstehen, indem sich die Entzündung vom Ohre auf das Gehirn, seine Häute und die dem Schläfenbein benachbarten Hirnsinus bez. auf den Bulbus der Vena jugul. oder die diploëtischen Knochenvenen des Schläfenbeins entweder durch cariöse oder congenitale, eine directe Communication zwischen Ohr und Schädelhöhle verursachende Knochenlücken oder längs den das Schläfenbein vielfach durchsetzenden, in das Cavum cranii eindringenden Gefässen, Nerven und Bindegewebszügen fortpflanzt. Unter letzteren verdienen der in der Sutura petroso-squamosa des Tegmen tympani verlaufende Fortsatz der Dura mater und der Hiatus subarcuatus besondere Erwähnung.

Gerathen die Infectionsträger unter die Dura mater d. h. an ihre den Schädelknochen zugewandte Fläche, so entsteht eine *Pachymeningitis purulenta externa* bez. ein *extraduraler Abscess,* wird die Dura perforirt, *Pachymeningitis purulenta interna* und *Leptomeningitis purulenta,* gelangen sie auf dem Wege von Bindegewebszügen oder Blutgefässen in die Hirnsubstanz selbst, *Hirnabscess.*

Findet die Fortpflanzung durch die so häufig cariös erkrankte dünne spongiöse *obere Wand der Paukenhöhle und des Warzentheils* statt, so gerathen die pathogenen Micrococcen in die *mittlere,* findet sie an *der hinteren Wand des Felsenbeins* statt, in die *hintere Schädelgrube* (s. Taf. V Fig. 2). In manchen Fällen, in denen die Eiterung aus dem Mittelohr auf die mittlere Schädelgrube übergegriffen hat, zeigt die obere Wand der Paukenhöhle und des Warzentheils einen *grösseren*, von zackigen Rändern begrenzten, *cariösen Defect*, in anderen eine oder mehrere *kleine* Durchbruchsstellen, durch welche Eiter oder Cholesteatommassen in die Schädelhöhle bez. das Gehirn eindringen. Zuweilen erfolgt der Uebergang auch durch eine oder mehrere *congenitale Lücken* (Dehiscenzen) der oberen Wand des Mittelohrs. Bei Fortpflanzung der Entzündung vom Mittelohr auf die hintere Schädelgrube dringt der Eiter aus der Paukenhöhle oder dem Warzentheil zuweilen *ohne Verletzung der Labyrinthkapsel* durch die pneumatischen und diploëtischen Räume der Pyramide gegen deren hintere Fläche vor. Mitunter aber greift die Eiterung vom Mittelohr nicht sogleich auf die Schädelhöhle über, pflanzt sich vielmehr zunächst nach Zerstörung des bindegewebigen Verschlusses der Fenestra ovalis oder rotunda resp. nach cariösem Durchbruch der inneren Paukenhöhlenwand *auf das Labyrinth* oder durch congenitale bez. cariöse Lücken im Canalis Fallopp. sowie durch den Canal der Eminentia pyramidalis *auf das Neurilemm des Facialis* fort und gelangt erst, indem sie diesem oder dem Hörnerven folgt, *durch den Por. acust. int.* oder *durch die Aquäducte des Labyrinths* in die Schädelhöhle.

Die *Pyaemie* und *Septicaemie* entsteht häufig *durch Phlebitis* der dem Schläfenbein benachbarten *Hirnsinus* und zwar am häufigsten des an der Innenseite des Warzentheils liegenden Sin. transvers., seltener der Sin. petros. sup. und inf. oder des Sin. cavernos mit consecutiver Thrombose; in anderen Fällen geht sie, wie bereits erwähnt, von dem *Bulbus venae jugul.* oder den *diploëtischen Knochenvenen* des Schläfenbeins aus. Die Phlebitis der Sinus kann nicht nur durch Berührung ihrer Wand mit entzündetem cariösem oder necrotischem Knochen, sondern auch bei völlig normaler Beschaffenheit des letzteren durch die aus einem mit Eiter erfüllten Warzentheil zum Sinus verlaufenden und in denselben mündenden kleinen Venen hervorgerufen werden.

Nicht selten finden sich *Meningitis, Hirnabscess und Sinusphlebitis combinirt.*

Sie sind in den meisten Fällen eine *Folge eitriger Entzündung des Mittelohrs*, sehr viel seltener *des äusseren Gehörgangs;* in einzelnen ist der Tod durch consecutive Meningitis oder Sinusthrombose auch *bei einfachem Mittelohrcatarrh* mit serösem oder schleimigem Exsudat und ohne Trommelfellperforation beobachtet worden.

Fall oder Schlag auf den Kopf können das Uebergreifen einer Eiterung vom Ohr auf das Gehirn und seine Häute begünstigen.

Gefördert wird dasselbe durch alle diejenigen *Momente, welche den Abfluss des Eiters aus dem Ohre erschweren*, Verengerung oder Verlegung des äusseren Gehörgangs, Polypen, Granulationen oder Sequester, Kleinheit oder ungünstige Lage der Trommelfellperforation und ferner durch Anhäufung von eingedicktem Eiter oder Cholesteatommassen im Mittelohr.

Der Tod erfolgt im Anschluss an Mittelohreiterung ferner, wenn auch ungleich seltener, zuweilen durch *Arrosion der Carotis int. oder des Sin. transvers.* und daraus resultirender *tödtlicher Blutung aus dem Ohre* oder durch eine von der Localerkrankung ausgehende *allgemeine Kachexie.*

Die Pachymeningitis externa purulenta.

Dieselbe scheint die häufigste intracranielle Erkrankung nach Mittelohreiterungen zu sein.

Mitunter zeigt die erkrankte Dura nur einen eitrigen Belag auf ihrer Aussenfläche, in anderen Fällen ist sie durch den Eiter in geringerer oder grösserer Ausdehnung vom Knochen abgelöst und es besteht dann ein richtiger *extraduraler Abscess.*

Ueber letzterem liegt häufig noch in der Substanz der aufliegenden Hemisphäre ein typischer Hirnabscess und *scheint es, als ob das längere Bestehen einer Eiteransammlung zwischen Knochen und Dura die nachfolgende Entstehung eines Hirnabscesses, einer Sinusphlebitis mit Thrombose und einer Leptomeningitis purulenta befördert.* Besonders häufig scheint den Kleinhirnabscessen eine eitrige Pachymeningitis externa längs des Sinus transvers. und in der unteren hinteren Schädelgrube vorauszugehen. Oft findet man hierbei ausserdem noch eine Thrombose in dem von Eiter umspülten und erweichten Sinus.

Die Eiteransammlung zwischen Knochen und Dura ist mitunter recht bedeutend und über weite Flächen ausgedehnt. Sie kann sich tief in das Schädelinnere hinein, so z. B. über die Eminentia arcuata hinaus oder bis zum Foramen jugulare, erstrecken. Zuweilen findet man einen extraduralen Abscess in der hinteren und einen zweiten in der mittleren Schädelgrube. An letzterer Stelle, also unmittelbar über dem Tegmen tympani, ist der extradurale Abscess nach Barker häufiger als an der ersteren. Die durch den Eiter abgehobene Dura kann mehr minder verdickt, verfärbt oder gangränös sein.

Symptome und Diagnose: Die Symptome bestehen in *Hirndruckerscheinungen* (Pulsverlangsamung, Schwindel, Uebelkeit, Erbrechen, Schmerzen in der erkrankten Kopfhälfte, Obstipation, Stauungsneuritis, Somnolenz), in *Fieber*, welches öfters durch einen Schüttelfrost eingeleitet wird, und ferner in *örtlichen Symptomen.* Die letzteren sind *je nach dem Sitz des Abscesses* verschieden:

Handelt es sich um einen *extraduralen Abscess in der hinteren Schädelgrube* an der vorderen, lateralen und unteren Wand des Sinus sigmoid., so kann derselbe *Knochenauftreibung, subperiostalen Abscess und Phlegmone hinter der Pars mastoid.* am angrenzenden Theil des Occiput und am hinteren Abschnitt des Warzentheils selber erzeugen, ferner *Druck- und Percussionsempfindlichkeit an den genannten Stellen,* auch wenn sich dieselben äusserlich unverändert, weder geschwollen noch aufgetrieben, zeigen, sodann eine *Bewegungsbeschränkung des Kopfes* um die verticale und transversale, am deutlichsten um die sagittale Axe und *Caput obstipum* meist nach der kranken Seite.

Die *Nackensteifigkeit,* welche in geringem Grade nicht selten auch bei Kleinhirnabscessen vorkommt, findet sich bei extraduralem Abscess in der hinteren Schädelgrube öfters, auch ohne dass eine Leptomeningitis oder Infiltration der tiefen Hals- oder Nackenmuskeln daneben bestehen.

Häufig indessen fehlen all' diese örtlichen Erscheinungen selbst bei grossen perisinösen Abscessen in der hinteren Schädelgrube vollkommen insbesondere, solange der Eiter aus dem Antrum mastoid. und dem Paukenhöhle guten Abfluss hat, und wird dann der Verdacht auf das Vorhandensein eines extraduralen Abscesses in der hinteren Schädelgrube nur durch *heftige, Nachts exacerbirende Schmerzen in der erkrankten Kopfhälfte* hervorgerufen, welche meist mit *Schwindel, Brechreiz, Pulsverlangsamung,* bisweilen mit *Neuritis optica* verbunden sind.

Mitunter findet man bei extraduralen Abscessen *Nystagmus* beider Augen vorwiegend nach der dem kranken Ohre entgegengesetzten Blickrichtung.

Derselbe wird hier wahrscheinlich durch Einwirkung auf das Associationscentrum der Augenmuskelbewegungen hervorgerufen und kann sowohl bei extraduralen wie auch bei Kleinhirnabscessen, bei Leptomeningitis oder Sinusthrombose vorkommen. *Nystagmus ist aber auch* **ohne** *intracranielle Complicationen bei Ohraffectionen nicht selten.* Er wird bei Labyrintherkrankungen sowohl wie bei acuter Mittelohreiterung beobachtet, bald vorübergehend auch nach der Lufttdouche. Wahrscheinlich entsteht er in diesen Fällen durch reflectorische Reizung des Associationscentrums für die Augenmuskelbewegungen vom Labyrinth oder dem Plexus tympanicus aus.

Ein extraduraler Abscess in der mittleren Schädelgrube kann durch die Schuppe hindurch in die Schläfe durchbrechen.

Sehr häufig fehlen selbst bei grösseren Eiteransammlungen zwischen Knochen und Dura nicht nur alle localen Veränderungen, sondern auch die vorher genannten Hirndruckerscheinungen entweder ganz oder doch zum grössten Theil. In solchen Fällen werden die extraduralen Abscesse meist erst bei der Aufmeisslung des Warzentheils entdeckt, indem sich hierbei beim Sondiren einer aus dem Warzentheil in den Schädel führenden Fistel plötzlich eine grössere Eitermenge entleert.

Therapeutisch soll man durch *entsprechende Resection der Schädelknochen* mit Meissel und Hammer bez., wenn eine Knochenlücke bereits vorhanden ist, der Luer'schen Hohlmeisselzange für genügende Entleerung des Eiters Sorge tragen. *Mitunter ist der extradurale Abscess so gross, dass die untere Fläche des Schläfenlappens oder die vordere laterale Fläche des Kleinhirns weit freigelegt werden müssen.*

Ueber die *Ausführung der Operation* insbesondere *bei extraduralem Abscess in der hinteren Schädelgrube* vergl. später bei der Therapie der Sinusphlebitis. *Bei extraduralem Abscess der mittleren Schädelgrube* muss man, von einem 1,3 cm über und ebensoweit hinter dem Centrum des knöchernen Gehörgangs befindlichen Punkte ausgehend, den Knochen vorsichtig Schicht für Schicht mit Meissel und Hammer entfernen. Oft sickert der Eiter schon durch die Poren des hierbei gewöhnlich erweichten Knochens hindurch.

Die Leptomeningitis purulenta.

Sie entsteht, indem sich die Entzündung aus dem Ohre auf den S. 283 u. 284 angegebenen Wegen in die Schädelhöhle fortpflanzt, oder ferner durch allmähliche Ausbreitung eines Hirnabscesses nach der Gehirnoberfläche hin, endlich im Verlauf der Pyaemie durch Verschleppung von Microben mittelst der Blutbahn von irgend einem Infectionsherd aus.

In manchen Fällen ist die Dura perforirt, in anderen nicht.

Ebenso wie die übrigen intracraniellen Complicationen der Ohreiterung entsteht auch die Meningitis am häufigsten in Fällen, wo eine Secretverhaltung im Ohre stattfindet.

Gelegenheitsursache bilden meist *Traumen, Erkältungen, körperliche Anstrengungen, Excesse in Baccho* und andere Umstände, welche eine Congestion zum Kopfe herbeiführen.

Pathologische Anatomie: Im Beginn der Entzündung ist *die Pia* getrübt, dann entstehen sulzige, gallertige Auflagerungen, schliesslich findet man im Parenchym der weichen Hirnhaut eitriges Exsudat, welches vorzugsweise den Gefässen folgt. *Der Liquor cerebrospin.* ist trüb; später sind ihm deutliche eitrige Flocken beigemengt.

Die Entzündung ist *circumscript oder diffus;* sie kann sich über die ganze *Basis* und *Convexität* des Gehirns erstrecken und *bis zur Cauda equina des Rückenmarks* ausdehnen.

Die otitische Meningitis purul. betrifft meist die Basis, seltener die Convexität. Ist die Meningitis durch Schläfenbeincaries veranlasst, so ist die Eiteransammlung zwischen Pia und Arachnoidea gewöhnlich in unmittelbarer Nähe des cariösen Knochens am reichlichsten.

Das Gehirn ist bei der Leptomeningitis purul. fast immer gleichzeitig erkrankt, da sich die Entzündung längs der aus der Pia in die Gehirnsubstanz eintretenden Gefässe fortpflanzt. Man findet die ganze Gehirnsubstanz daher gewöhnlich ödematös, teigig, im Inneren des Gehirns nicht selten kleine Eiterherde oder Blutungen. Durch den Druck des meningealen Exsudats sind die Windungen an der Hirnoberfläche oft beträchtlich abgeplattet.

Die Ventrikel sind häufig erweitert und enthalten fast immer eine geringere oder reichlichere Menge serösseitriger Flüssigkeit.

Nicht selten besteht neben der otitischen Meningitis gleichzeitig noch Abscessbildung im Gehirn oder Sinusphlebitis.

Symptome: Die Meningitis beginnt *entweder rasch,* indem sich *unter Frost und hohem Fieber* plötzlich die später anzuführenden schweren Hirn erscheinungen einstellen, *oder schleichend* mit unbestimmten, schwer zu deutenden Symptomen.

Unter letzteren ist es fast immer der *Kopfschmerz*, welcher zuerst unsere Aufmerksamkeit auf ein intracranielles Leiden hinlenkt. Beinahe in allen Fällen eitriger Leptomeningitis erreicht derselbe bald rasch, bald langsamer eine grosse Heftigkeit. *Er pflegt so intensiv zu sein, dass die Kranken anhaltend wimmern und stöhnen.* Nur sehr selten ist er auffallend gering oder fehlt sogar ganz. *Oft aber zeigt er grosse Intensitätsschwankungen*, stunden- und tagelang anhaltende Remissionen. Bald verbreitet er sich über den ganzen Kopf, bald sitzt er vorzugsweise im Hinterhaupt oder der Stirn.

Im weiteren Verlauf treten *Störungen des Bewusstseins (Benommenheit, Delirien)*, ferner *Schwindel und Taumeln*, häufig *Uebelkeit, Erbrechen und Hyperaesthesie* hinzu. Unter *Stöhnen und Zähneknirschen* werfen sich die Kranken unruhig im Bett umher. Mitunter werden die Delirien sehr heftig; meist aber überwiegen die Depressionserscheinungen: die Kranken werden somnolent, geben zunächst noch durch häufiges Greifen nach dem Kopf, schmerzhaftes Verziehen des Gesichts bei allen passiven Bewegungen das Fortbestehen der Kopfschmerzen zu erkennen, schliesslich hört mit dem Eintritt tiefen Comas auch dieses auf.

Ausser diesen *allgemeinen Hirnsymptomen* beobachtet man häufig mitunter bereits früh *Lähmungs- und Reizungserscheinungen im Gebiete der Hirnnerven*, welche hauptsächlich durch basale Meningitis hervorgerufen werden, wie *Augenmuskellähmung, Nystagmus, Verengerung oder Erweiterung der Pupillen mit träger oder aufgehobener Lichtreaction, Ungleichheit der Pupillen, Facialisparese, Trismus (Masseterenkrampf), Zähneknirschen, zuweilen Neuritis optica,* ferner als Ausdruck einer Erkrankung des Gehirns selbst und zwar vorzugsweise der Gehirnrinde *Zuckungen oder Convulsionen in einer oder mehreren Extremitäten und mono- oder hemiplegische Lähmungen.* Hierzu tritt häufig, besonders ausgesprochen, wenn die Entzündung die hintere Schädelgrube und das oberste Halsmark befallen hat. *Nackenstarre.*

Fast immer besteht *Fieber*, das indessen *öftere Remissionen* und eine *ganz unregelmässige Curve* zeigt. Nicht selten erreicht die Temperatur eine Höhe von 40° oder 40.5° C. zuweilen aber auch nicht einmal 39°. In manchen Fällen treten wiederholentlich *Frostanfälle* auf.

Der Puls ist gewöhnlich frequent, oft etwas unregelmässig, nur selten retardirt.

Obstipation wird bei Meningitis fast constant. *Erbrechen* namentlich im Beginn derselben häufig beobachtet.

Das Abdomen ist nicht selten gespannt und eingezogen.

Im Endstadium wird der Kranke *comatös*, es tritt *Sphincterenlähmung* ein (Urin und Koth gehen unfreiwillig ab), *der Puls wird immer frequenter und kleiner*, endlich kaum zähl- und fühlbar. Ab und zu treten isolirte und allgemeine *clonische Krämpfe* auf. Schliesslich erfolgt der *Tod.*

Bei Basilarmeningitis kommen halbseitige Lähmungen (Hemiparesen und Hemiplegieen), wie sie bei der Meningitis der Convexität mitunter schon sehr früh auftreten, bedingt durch consecutive eitrige Encephalitis der Hirnrinde, nicht vor. Dagegen findet man bei ihr häufig *Lähmungen der an der Basis verlaufenden Hirnnerven, besonders des Facialis, Abducens und Oculomotorius,* welche entweder durch Uebergang der Entzündung oder durch Druck des meningitischen Exsudats auf die betreffenden Nervenstämme oder durch Lymphstauung in den Nervenscheiden zu Stande kommen, *Cheyne-Stokes'sches Athmen* und als Folge der gleichzeitigen Spinalmeningitis *Nackenstarre.*

25 *

Die **Diagnose** der Meningitis ist *mitunter sehr schwierig* und sind *Verwechslungen derselben mit Typhus, Pyaemie oder Miliartuberculose* daher nicht selten.

Beim Typhus entwickeln sich die Krankheitserscheinungen meist *langsamer* und die schweren Hirnsymptome *später* als bei der Meningitis. Für ihn sprechen ferner das Vorhandensein von *Roseola, stärkere Milzgeschwulst, characteristische Stühle* und die *eigenthümliche Fiebercurve.*

Schwere Pyaemie und Septicaemie unterscheiden sich von Meningitis dadurch, dass bei ihnen nicht selten *Hautblutungen, septische Netzhauterkrankungen* und *Gelenkschwellungen* auftreten.

Die **Prognose** der diffusen Meningitis purul. ist *ungünstig.* Der Tod tritt meist bereits innerhalb der ersten 3 Tage, selten später als nach 1—1$\frac{1}{2}$ Wochen ein. gewöhnlich in tiefem Coma, zuweilen unter Convulsionen.

Therapie: Eine circumscripte Meningit. purul. könnte durch Schädeltrepanation und Desinfection der inficirten Stelle vielleicht geheilt werden. Gewöhnlich indessen wird die Diagnose erst dann gestellt, wenn sich die Entzündung zu weit ausgebreitet hat, um durch einen solchen operativen Eingriff noch sistirt werden zu können. Nach v. Bergmann soll man letzteren nur in solchen Fällen von eitriger Meningitis vornehmen. welche durch Durchbruch eines Hirnabscesses an die Oberfläche des Gehirns hervorgerufen sind. Indessen auch hier wird die Trepanation meist zu spät kommen.

Erleichterung und vorübergehende Besserung schafft mitunter die *Application einer Eisblase auf den womöglich geschorenen Kopf und von Blutegeln hinter dem Ohre und in der Schläfengegend.*

Bei grosser Unruhe und heftigen Schmerzen verabreiche man *Narcotica, am besten Morphium subcutan.*

Der otitische Hirnabscess.

Derselbe wird *ungleich häufiger bei chronischen als bei acuten Mittelohreiterungen* gefunden. kommt *aber auch bei letzteren* vor und ist sogar, wenn auch sehr selten. schon in Fällen beobachtet worden. wo die Ohreiterung erst einige Wochen bestand.

Er bildet wohl mindestens die Hälfte. vielleicht sogar $\frac{3}{4}$ aller Hirnabscesse überhaupt und sitzt *meist in den Grosshirnhemisphären* (bei weitem am häufigsten im Schläfenlappen und zwar gewöhnlich im mittleren oder hinteren Theil desselben, gelegentlich im Frontal-, selten im Occipital- und noch seltener im Parietallappen) oder auch, wiewohl *seltener, in den Kleinhirnhemisphären* (und zwar gewöhnlich in dem an das Felsenbein grenzenden äusseren und vorderen Theil des Seitenlappens vom Kleinhirn). *endlich in beiden zugleich.*

Nicht immer steht er in unmittelbarem Zusammenhang mit dem Eiterherde im Ohre, vielmehr findet man zuweilen, nach Körner allerdings im Ganzen selten, zwischen dem Hirnabscess und dem Schläfenbein eine Schicht normaler oder nur leicht erkrankter Hirnsubstanz. Man spricht in letzterem Falle von einem „*metastatischen" Hirnabscess.* Das Zustandekommen eines solchen erklärt sich nach Bisswanger dadurch, dass pathogene Micrococcen in den Spalträumen der von dem eiternden Mittelohr zum Cavum cranii verlaufenden. Blut- und Lympfgefässe begleitenden Bindegewebszüge in die Hirnsubstanz einwandern.

Am häufigsten kommt der otitische Hirnabscess jedenfalls *bei denjenigen Mittelohreiterungen* vor, *welche mit Ostitis und Caries des Schläfenbeins complicirt* sind. und zwar scheint die Knochenerkrankung nach Körner in den meisten Fällen bis zur Dura zu reichen und *recht häufig eine mehr minder breite Verbindung zwischen den Eiterdepots im Knochen und im Gehirn* zu bestehen. Nur selten ist die Dura nicht in Mitleidenschaft gezogen. Perforirt freilich ist sie durchaus nicht immer. Mitunter wird die Ulcerationsstelle an der Dura mit dem Hirnabscess durch einen Fistelgang verbunden.

In der Mehrzahl der Fälle findet man Abscesse im Grosshirn bez. im Schläfenlappen bei Knochenulcerationen an der oberen Wand des Mittelohrs, Kleinhirnabscesse bei solchen an der hinteren Felsenbeinfläche oder im Warzentheil. Da die Eiterung aber meist sowohl in der Paukenhöhle wie im Warzentheil sitzt, kann man diese Erfahrung für die Localisation des Hirnabscesses gewöhnlich nicht verwerthen.

Im Ganzen scheinen die otitischen Hirnabscesse bei Weitem am häufigsten den Schläfenlappen, seltener das Kleinhirn und nur in Ausnahmefällen die Brücke oder die Hirnschenkel zu befallen. *Nach* Körner *sind die Abscesse im Kleinhirn, insbesondere bei Kindern bis zu 10 Jahren, sehr viel seltener als diejenigen im Grosshirn.*

Ueberhaupt aber sind Hirnabscesse in frühem Kindesalter relativ selten.

Nur ganz ausnahmsweise sitzt ein otitischer Hirnabscess *in der dem afficirten Ohre entgegengesetzten Hirnhälfte.*

Zuweilen findet man gleichzeitig mehrere von einander getrennte oder auch zusammenhängende Abscesse an verschiedenen Stellen des Gehirns, so z. B. einen im Schläfenlappen und einen im Kleinhirn oder auch mehrere im Kleinhirn oder im Schläfenlappen allein.

Manche Hirnabscesse sind nicht grösser als eine Erbse, andere so gross, dass sie fast die ganze Gross- oder Kleinhirnhemisphäre einnehmen. Zwischen diesen Extremen giebt es mannigfache Zwischenstufen.

Der in dem Hirnabscess enthaltene Eiter ist meist grüngelb, dünnflüssig, mit fibrinösen Flocken vermischt, häufig fötid.

Etwa die Hälfte der otitischen, insbesondere die älteren Hirnabscesse, sind von einer *Bindegewebskapsel* umgeben, welche anfangs dünn, später allmählich dicker, — sie kann eine Stärke von 5 mm erreichen — und fester wird, zuweilen verkalkt. Die an ihrer Innenfläche glatte Kapsel aber, welche den Abscess von der gesunden Hirnpartie abgrenzt und von derselben zuweilen leicht abgezogen werden kann, *bildet nach* v. Bergmann *durchaus keinen Schutz vor der weiteren Ausbreitung des Eiters.* Sie zeigt keine Neigung zur Schrumpfung und Narbenbildung, *secernirt vielmehr wie eine pyogene Membran zeitweilig neuen Eiter,* sodass der Abscess wächst, und wird, wenn bei stärkerer Congestion zum Gehirn, körperlicher Anstrengung, unzweckmässiger Lebensweise oder aus unbekannten Gründen die fast erloschene Eiterretention seitens der Kapselmembran wieder zunimmt, nicht selten *durchbrochen.*

Die Kapsel zeigt zuweilen eine Oeffnung oder einen Fistelgang, durch welchen der Abscess mit der Hirnoberfläche, dem erkrankten Knochen oder gar mit der Aussenfläche des Schädels in Verbindung stehen kann. Ein frischer Hirnabscess ist meist unregelmässig gestaltet, ein eingekapselter rund oder oval.

Nur selten hat man bei der Section von Hirnabscessen die Zeichen einer Rückbildung gefunden, eine derbe, fast knorpelharte, fibröse Kapsel und innerhalb derselben einen eingedickten, theilweise verkalkten Eiter oder auch eine seröse Flüssigkeit. In einem von Schwartze beobachteten Fall fand sich der Eiter bei der Obduction vollständig resorbirt und die Abscesshöhle leer.

Die Umgebung eines Hirnabscesses wird häufig nicht normal, sondern im Zustand der weissen Erweichung gefunden, in welchem es leicht zu Hämorrhagieen oder Eiterung kommen kann.

Die über dem Abscess gelegenen Hirnwindungen sind oft abgeplattet.

Die Ansicht, dass eine zum Ohrenleiden sich gesellende, mitunter nur geringfügige *Erschütterung oder Verletzung des Kopfes* einen Hirnabscess hervorrufen könne, ist nach v. Bergmann eine irrthümliche*); wohl aber hält er es für durchaus wahrscheinlich, dass ein solches Trauma einen bereits bestehenden otitischen

---

*) *Es ist dieses auch in forensischer Beziehung von grosser Wichtigkeit.* In Fällen, in welchen nach einer geringfügigen Kopfverletzung der Tod eintrat und sich bei der Section ein otitischer Hirnabscess fand, wird man nach v. Bergmann die Entstehung des letzteren nicht auf das Trauma zurückführen dürfen.

Hirnabscess zu verstärktem Wachsthum oder zum Durchbruch in den Ventrikel bringen kann, und hat er zweimal nach Aufmeisslung des Warzentheils ein *rasches Heraustreten des Hirnabscesses aus dem Latenzstadium in das terminale* beobachtet. Es würde nach ihm ein solcher Vorgang in denjenigen Fällen anzunehmen sein, wo dem Trauma unmittelbar eine Verschlimmerung des Allgemeinbefindens oder gar ein schneller Tod folgt.

Sehr häufig ist der otitische Hirnabscess mit Phlebothrombose des Sinus transvers., seltener mit eitriger Meningitis complicirt.

Verlauf: Man unterscheidet *bei den chronischen Hirnabscessen* — und die otitischen verlaufen in der überwiegenden Mehrzahl der Fälle chronisch — *3 Stadien:*

1) ein entzündliches, fieberhaftes *Initialstadium*, dessen *Dauer zwischen einigen Tagen und 2 Wochen* schwankt. Es zeigt entweder die Erscheinungen einer acuten Encephalitis oder nur unbedeutende Symptome, welche gewöhnlich als von der vorhandenen Mittelohrentzündung abhängig betrachtet werden.

2) *das latente Stadium*, dessen Dauer in der Regel *zwischen einigen Wochen und 2 Jahren* schwankt, in sehr seltenen Fällen *aber auch fast 30 Jahre* betragen haben soll. Meist treten in diesem Stadium *zeitweilig Hirnerscheinungen*, wie *Kopfschmerzen, psychische Depression, leichte Convulsionen* auf, sodass es sich also gewöhnlich nicht um eine *vollkommene*, sondern nur um eine *unvollständige* Latenz des Hirnleidens handelt.

3) *das terminale Stadium*, dessen Dauer *zwischen einigen Tagen und etwa 3 Monaten* schwankt, nur sehr selten indessen länger dauert als etwa 4 Wochen. Das terminale Stadium kann *ganz plötzlich durch eine körperliche oder psychische Aufregung, einen Schlag oder Fall auf den Schädel* hervorgerufen werden.

Symptome und Diagnose: *Hirnabscesse können, selbst wenn sie gross sind, lange Zeit fast symptomlos verlaufen.* Es gilt dieses namentlich für *die chronischen Hirnabscesse*, welche sich ganz langsam und schleichend entwickeln. Die *Symptome der letzteren* zerfallen nach v. Bergmann:

1) in **solche, die von der Eiterung an sich abhängen**, abendliches meist niedriges *Fieber*, welches Tage und Wochen lang anhalten und dann wieder verschwinden kann, um entsprechend dem schubweisen Wachsen des chronischen Abscesses in einiger Zeit, mitunter erst nach Wochen oder selbst Monaten, in grösserer Intensität wiederzukehren, dann wieder zu verschwinden und so fort, *Mattigkeit und Theilnahmlosigkeit in den Fieberzeiten, Appetitlosigkeit, Magendruck, aufgetriebener Leib, Uebelkeit, Würgen, Erbrechen und Stuhlverstopfung.* Das Fieber, welches hauptsächlich im Terminalstadium hervortritt, zeigt oft einen *intermittirenden Character*. Häufig ist es von *leichtem Frösteln oder starkem Schüttelfrost* begleitet und endigt dann gewöhnlich mit reichlichem *Schweiss*, sodass die Krankheit leicht mit Intermittens verwechselt werden kann.

Für die Diagnose eines otitischen Hirnabscesses sind all' diese Erscheinungen kaum zu verwerthen, da hier ja neben der fraglichen Eiterung im Hirn eine solche im Ohre besteht, welche bei jeder Retention des Eiters im Inneren oder bei einer Verbreitung der Entzündung auf noch nicht ergriffene Abschnitte und Räume desselben die gleichen Symptome hervorrufen kann. *Sie sprechen für einen Hirnabscess bez. einen anderen intracraniellen Entzündungsprocess nur dann, wenn das Fieber auch nach der Aufmeisslung des Warzentheils und nach Beseitigung alles dessen, was etwa eine Eiterretention im Ohre veranlassen könnte, noch fortbesteht, trotzdem die Ohraffection selber keine Ver-*

*schlimmerung zeigt und in den übrigen Organen eine Ursache für das Fieber
nicht gefunden werden kann.*

Oft findet man bei otitischem Hirnabscess auch *subnormale Temperaturen.*

2) in solche, die einen gesteigerten intracraniellen Druck und
störende intracranielle Verschiebungen anzeigen und welche fast immer
neben den unter 1) aufgeführten Symptomen einhergehen. Es sind dieses:

a) *der Kopfschmerz,* welcher *fast in allen Fällen* von Hirnabscess vorhanden
ist und nur sehr selten vollkommen fehlt. Derselbe ist *meist sehr anhaltend,
aber von wechselnder Stärke.* In manchen Fällen ist er nur *gering* und besteht mehr in einem Gefühl von Schwere und Dumpfheit im Kopf, in anderen ist
er *ungemein heftig.* Auch bei demselben schwankt seine Intensität in weiten
Grenzen. Mitunter stellt der anhaltende, tiefsitzende, dumpfe Kopfschmerz lange
Zeit das einzige Krankheitssymptom beim Hirnabscess dar. *Regelmässig exacerbirt er während der Fieberzeiten,* in denen er sich stets zu besonderer Heftigkeit
steigert. *Ueberhaupt rufen alle diejenigen Momente, welche den intracraniellen
Blutdruck durch Congestion oder Stauung erhöhen,* wie der Genuss erhitzender
alcoholischer Getränke, Muskelanstrengungen, Niederbücken und tiefe Lage des Kopfes,
die Schmerzen hervor oder steigern dieselben.

Bei den otitischen Schläfenlappen- und Kleinhirnabscessen localisirt sich der Kopfschmerz mitunter ziemlich genau auf den Ort des Abscesses. Es ist dieses aber durchaus nicht immer der Fall, vielmehr kann er bei Kleinhirnabscessen ebensowohl wie im
Hinterkopf, auch an anderen Theilen des Schädels z. B. in der Stirn, bei Schläfenlappenabscessen umgekehrt auch im Hinterkopf, ferner bei Gross- wie bei Kleinhirnabscessen
gleichmässig im ganzen Kopf oder in der ganzen erkrankten Kopfhälfte oder endlich auch
jeden Tag an einer anderen Stelle sitzen.

*Nicht selten wird ein anfallsweise auftretender einseitiger Kopfschmerz
bei Abscessus cerebri,* insbesondere wenn er mit Uebelkeit und Erbrechen verbunden ist, *mit Migräne verwechselt.*

*Bei Percussion der bezüglichen Schädelparthie steigert er sich bisweilen
oder tritt sofort hervor.* Dieselbe sollte daher zum Zweck der Diagnosenstellung
niemals unterlassen werden, ist aber, da ein Druckschmerz über den pneumatischen
Zellen des Schläfenbeins nur eine Entzündung oder entzündliche Ansammlung im
Inneren derselben anzeigt und auch in etwas grösserer Entfernung vom Ohre z. B.
2 cm hinter dem äusseren Gehörgang auf einen extraduralen Abscess bezogen
werden kann, *für die Annahme eines Hirnabscesses nach* v. Bergmann *nur
dann zu verwerthen, wenn die Gegend der Schuppe oder des hinteren unteren
Scheitelbeinwinkels durch Schmerz gegen unser Anschlagen reagirt.* Bei
manchen Hirnabscessen fehlt die Empfindlichkeit auf Percussion der betreffenden
Schädelstelle vollkommen.

b) *Verlangsamung des Pulses* mitunter bis zu 30 Schlägen in der Minute.
Dieselbe findet zuweilen während des ganzen Krankheitsverlaufs statt. In anderen
Fällen wird sie nur während kurzer Zeit beobachtet und wechselt mit normaler
oder übernormaler Pulsfrequenz. *Mitunter fehlt sie selbst bei grossen Hirnabscessen ganz.*

c) *Schwindel.* Derselbe ist beim otitischen Hirnabscess *häufig,* entsteht gewöhnlich bei Bewegungen und *exacerbirt meist während der Kopfschmerzen.*
Zuweilen ist er so heftig, dass die Patienten wie Betrunkene schwanken oder gar
hinfallen.

d) *Mitunter kommt auch Erbrechen vor.* Dasselbe kann nach der Nahrungsaufnahme oder auch unabhängig von dieser erfolgen.

e) *Somnolenz oder Coma.*

f) *Schnarchende Respiration* und *Cheyne-Stocke'sches Phänomen.*
g) *Stauungspapille oder -neuritis* im Hintergrunde des Auges.

Die *Stauungspapille* wird bei Hirnabscessen *weit seltener* beobachtet *als bei Hirntumoren,* bei welch' letzteren die Druckerscheinungen überhaupt stärker entwickelt zu sein pflegen. Am häufigsten findet sich bei Abscessen die *„Stauungsneuritis"*, bei welcher die Schwellung geringer, die entzündlichen Erscheinungen aber ausgesprochener sind als bei der typischen Stauungspapille. Die Sehnervenveränderung ist beim Hirnabscess *meist doppelseitig.* Ist sie nur einseitig oder auf einer Seite viel stärker als auf der anderen, so ist dieses meist die Seite des Abscesses, welcher dann in der Regel in den vorderen Hirnpartieen im Stirn- oder Schläfenlappen liegt. Häufig bestehen dabei *hochgradige Sehstörung, Gesichtsfelddefecte und Farbenstörungen bis zur völligen Blindheit.*

Die unter b) bis g) angeführten Druckerscheinungen sind beim Hirnabscess ausser im terminalen Stadium desselben, wie bereits erwähnt, *nur selten so stark entwickelt wie beim Hirntumor.* Sie zeigen meist. nicht wie bei letzterem, eine ununterbrochene stetige und ziemlich gleichmässige Zunahme im Laufe der Zeit. *treten* vielmehr *anfallsweise auf,* um dann wieder zu verschwinden und nach Pausen, deren Dauer verschieden lang sein kann. gewöhnlich in grösserer Heftigkeit wiederzukehren.

Während des abendlichen Fiebers und der Kopfschmerzen pflegen sie *am stärksten* zu sein.

Die schwersten Druckerscheinungen (Bewusstlosigkeit. Coma. starke Pulsverlangsamung. schnarchende Respiration. Cheyne-Stockes'sches Phänomen) *können beim Hirnabscess öfters wieder vollkommen verschwinden* und ein ausserordentlich bedenklich aussehender Zustand wiederholentlich auffälliger Besserung Platz machen.

Verdacht auf das Bestehen eines Hirnabscesses müssen wir schöpfen, wenn während des abendlichen Fiebers und der Kopfschmerzen der Puls sich verlangsamt und Patient somnolent wird.

3) In die **Herdsymptome, entsprechend dem Sitz des Abscesses.** Dieselben sind theils von der *Zerstörung der Hirnsubstanz,* theils von der *Erweichung derselben,* welche rings um den Eiterherd dessen schubweiser Vergrösserung vorausgeht, abhängig. *Da letztere sich mitunter wieder zurückbildet, so kann ein oder das andere Herdsymptom wieder verschwinden.*

Sitzt der Abscess in der Marksubstanz, so kann er sehr grosse Ausdehnung gewinnen. einen ganzen Grosshirnlappen. ja sogar eine ganze Grosshirnhemisphäre einnehmen. ohne dass Herdsymptome überhaupt auftreten. *Bei der Hälfte der otitischen Hirnabscesse fehlen sie bis ans Ende. Sie machen sich um so eher bemerkbar, je mehr sich der Abscess der motorischen Region der Hirnrinde nähert,* sind besonders ausgeprägt. wenn er in der motorischen Region der Hirnrinde seinen Sitz hat, *können vollständig fehlen, wenn er im Frontal-, Occipital- oder Temporallappen gelegen ist.*

Ein nicht seltenes Herdsymptom des otitischen Hirnabscesses bilden *epileptiforme Krampfanfälle.* Die Häufigkeit derselben ist verschieden. Man hat bis 15 Anfälle in 24 Stunden beobachtet. Meist sind dieselben *von Lähmungen begleitet oder gefolgt.* Gewöhnlich handelt es sich um *unvollständige Hemiplegieen,* die sich in der Regel auf *eine obere Extremität* beschränken mit oder ohne Betheiligung des *Facialis.* Oft tritt beim Weiterschreiten des Abscesses *eine* Lähmungserscheinung zu der *anderen.* Das Fortschreiten der Lähmung wird häufig von epileptiformen Convulsionen begleitet.

Bei Abscessen im Hinterhauptslappen hat man *öfters* **Hemianopsie,** bei solchen *im Schläfenlappen* **Worttaubheit** beobachtet.

Deutliche **Herabsetzung der Sensibilität** findet man *bei Abscessen im Thalamus opticus, im hinteren Theil der Hemisphären oder im Kleinhirn mit Compression des Pons.*

Die *Sprache* ist oft langsam. Deutliche **Störung der Articulation und des Schlingens** beobachtet man nur *bei Compression des Pons* oder Abscess in demselben. **Sprachstörungen** findet man ferner *bei Grosshirnabscessen im linksseitigen Central- oder Schläfengebiet.*

Als weitere Herdsymptome wären **Ptosis auf der Seite des Hirnabscesses, Augenmuskellähmungen, Nystagmus** zu nennen. Nicht selten ist **Lichtscheu,** welche während der Kopfschmerzen zuzunehmen pflegt.

Im Terminalstadium besteht häufig **Ungleichheit, Unregelmässigkeit und träge oder fehlende Reaction der Pupillen.**

Die häufige *Lähmung des Facialis und Acusticus* ist gewöhnlich Folge der Felsenbeinerkrankung und befindet sich dann auf der Seite des afficirten Ohrs. Meist sind nur die unteren Aeste des Facialis betroffen. Im Terminalstadium ist auch die entgegengesetzte Gesichtshälfte oft gelähmt.

Nicht selten findet man bei otitischen Hirnabscessen *Geistesstörungen von sehr verschiedener Intensität.*

Sie bestehen mitunter nur in *geringer Herabsetzung der Intelligenz, Abnahme des Gedächtnisses, Unlust zur Arbeit,* in anderen Fällen zeigen die Kranken eine *Veränderung ihres Characters,* sie werden traurig, schweigsam oder eigensinnig; zuweilen entwickeln sich ausgesprochene *Hypochondrie, Neigung zum Selbstmord* oder auch *Delirien und maniakalische Anfälle,* sodass man die Patienten in eine Irrenanstalt bringen muss.

Von den genannten Symptomen des Hirnabscesses treten gewöhnlich mehrere zusammen und meist nur zeitweilig, also gewissermaassen *in Anfällen,* auf. Letztere sind durch mehr minder lange *Remissionen* von einander getrennt und *nehmen allmählich an Intensität zu.*

Die Zahl der einzelnen Anfälle, welche durch plötzliche Vergrösserung des Abscesses, Circulationsstörungen in seiner Umgebung, Steigerung des intracraniellen Drucks hervorgerufen werden, ist *verschieden.* Mitunter führt schon der erste den Tod herbei; in anderen Fällen kommt es zu mehreren. *In noch anderen fehlen die Anfälle gänzlich und findet hier bis zum Tode eine stetige Zunahme der Erscheinungen ohne Remissionen statt.* Insbesondere verlieren sich Geistesstörungen niemals vollständig.

Das Allgemeinbefinden ist mitunter *wenig gestört.* Gewöhnlich indessen haben die Patienten ein *ausgesprochenes Krankheitsgefühl,* sind appetitlos, blass und magern ab.

Da die Symptome vieler otitischer Hirnabscesse so geringfügig, wenig markant und unbeständig sind, häufig lange Remissionen zeigen, da Fieber, Kopfschmerzen, Schwindel, Erbrechen oft genug bei uncomplicirten Erkrankungen der Paukenhöhle, des Warzentheils und des Labyrinths vorkommen, so ist es *erklärlich, dass die otitischen Hirnabscesse ausserordentlich oft nicht erkannt werden,* und das um so mehr, als sie in vielen Fällen noch mit anderen intracraniellen Affectionen, nämlich mit Eiteransammlungen zwischen Knochen und Dura, Meningitis und Sinusphlebitis complicirt sind.

Zur *Unterscheidung* des otitischen Hirnabscesses *von der Pachymeningitis ext. purulenta circumscripta* dient, dass *bei letzterer mehr locale Veränderungen an den erkrankten Knochen* z. B. Fisteln, die in die Schädelhöhle führen, dagegen *keine Erscheinungen erhöhten intracraniellen Drucks* beobachtet werden. Bei gleichzeitigem Bestehen beider Affectionen ist es oft unmöglich, eine richtige Diagnose zu stellen.

Zur *Unterscheidung zwischen Hirnabscess und Meningitis* dient, dass bei ersterem die Prodromalerscheinungen längere Zeit anzudauern pflegen, während *letzere meist deutlicher und plötzlicher einsetzt.* Ausserdem sind *bei Meningitis die Hirnnerven gewöhnlich in grossem Umfang afficirt*, was bei Abscessen nur in den sehr seltenen Fällen vorkommt, wo sie im Pons sitzen. Besteht neben dem Hirnabscess noch eine Meningitis, wie dieses namentlich im Endstadium des ersteren häufig der Fall ist, so wird das Bild des Abscesses durch dasjenige der Meningitis verwischt und meist unkenntlich.

Mit *Phlebitis und Thrombose der Venensinus* sind Hirnabscesse weniger leicht zu verwechseln.

Was die *Differentialdiagnose zwischen Hirnabscess und Hirntumor* betrifft, so spricht das Vorhandensein eines geeigneten ätiologischen Moments (Ohreiterung, Trauma, putride Lungenerkrankung, Empyem) für einen Abscess, desgleichen Fiebererscheinungen, welche bei diesem häufig, beim Hirntumor sehr selten sind, ebenso auch zeitweilige Remissionen allgemeiner Hirnsymptome, endlich eine rasche Entwicklung der letzteren, dagegen langsame, stetige und gleichmässige Zunahme der Erscheinungen, deutliche Herdsymptome und ausgeprägte Stauungspapille für Hirntumor; Störungen im Bereich der basalen Gehirnnerven (Augenmuskellähmungen etc.) sind bei Hirntumoren häufig, bei Abscessen selten. *Uebrigens können Hirntumor und -abscess zusammen vorkommen.*

Für die *Differentialdiagnose zwischen dem otitischen Hirnabscess im Schläfenlappen und im Kleinhirn* ist nach KÖRNER zu beachten, dass bei Kindern unter 10 Jahren die ersteren etwa 3 mal so häufig gefunden sind als die letzteren.

Schwindelerscheinungen sind nach ihm bei otitischem Abscess im Grosshirn ebenso oft beobachtet worden wie bei solchen im Kleinhirn und können dieselben sowohl Folge einer Miterkrankung des Labyrinths wie auch einer Zunahme des Hirndrucks sein. Uebrigens fehlen Coordinationsstörungen (taumelnder Gang, starker Schwindel) auch bei Kleinhirnabscessen mitunter vollständig.

Sprachstörungen kommen *nur bei Grosshirnabscessen* vor und zwar, wenn der Patient rechtshändig ist, nur bei linksseitigen Hirnabscessen.

Gekreuzte Facialislähmung ist bei Kleinhirn- wie bei Schläfenlappenabscessen beobachtet worden, *Hemiplegie und Hemiparese* nur bei letzteren.

Ptosis fand man mitunter bei Abscessen im Schläfen- oder im unteren Theil des Scheitellappens, und ist sie in diesen Fällen wohl als eine corticale anzusprechen.

Ebenso schwierig ist es, zu bestimmen, an welcher Stelle der Hemisphären ein Grosshirnabscess seinen Sitz hat.

Herdsymptome treten erst dann auf, wenn die graue Substanz oder die Capsula interna vom Abscess zerstört, comprimirt bez. in Mitleidenschaft gezogen werden. Bei Abscessen im Centrum ovale fehlen sie ganz. *Erfahrungsgemäss sitzen die meisten otitischen Hirnabscesse im Schläfenlappen.* Je mehr sich der Abscess dem hinteren Abschnitte der Frontalwindungen nähert, desto eher ruft er Strabismus, Sprachstörungen und bei Mitleidenschaft der 3. linken Frontalwindung atactische Aphasie hervor.

Bei einem Abscess im Hinterhauptslappen wird mitunter Hemianopsie beobachtet.

Besonders schwierig, **meist ganz unmöglich** *ist es selbst in solchen Fällen, in denen Herdsymptome eine genaue Localisation ermöglichen,* **das Vorhandensein multipler Abscesse auszuschliessen.** Durch ein solches aber werden die Chancen für den definitiven Erfolg einer Operation natürlich sehr herabgesetzt.

Prognose: Nach v. BERGMANN führen alle Hirnabscesse, falls sie nicht rechtzeitig operativ entleert werden, zum *Tode.*

Der letztere wird meist *durch ausgebreitetes Hirnödem* herbeigeführt und tritt dann unter den Erscheinungen wachsenden Hirndrucks im tiefsten Coma ein oder er erfolgt *bei Durchbruch des Abscesses an die Oberfläche des Gehirns* (Convexität oder Basis) in Folge und unter den Erscheinungen der sich hieran anschliessenden, diffusen, eitrigen *Meningitis* (basale Krämpfe, Lähmungen, Sensibilitätsstörungen, neuroparalytische Keratitis etc.) oder endlich *in Folge von Durchbruch in die Ventrikelhöhlen.* Bei letzterem tritt der Tod sehr rasch, zuweilen schon in einigen Minuten, spätestens nach 24 Stunden ein unter allgemeinen Convulsionen, Augenmuskelkrämpfen Delirien oder kurz dauerndem, tiefem

Coma. Hier findet sich auch hochgradige Myosis, wahrscheinlich durch directe Reizung der Sphincterkerne. Nur in seltenen Fällen wird der Tod auf andere Weise herbeigeführt, so z. B. bei Kleinhirnabscessen durch *Compression der Medulla oblongata.*

Therapie: Heilung eines Hirnabscesses ist nur durch *operative Entleerung desselben nach Eröffnung der Schädelkapsel* zu erzielen. Obwohl nun die Gefahren der Schädeltrepanation durch die antiseptische Wundbehandlung bedeutend verringert sind, so ist diese Operation *doch nicht vollkommen gefahrlos;* denn es ist immerhin möglich, dass in dem antiseptischen Verfahren Fehler gemacht werden. *Die operative Entleerung eines Hirnabscesses ist daher nach* v. BERGMANN *nur dann zu versuchen, wenn man den Sitz desselben mit ziemlicher Sicherheit feststellen kann. Dann aber soll man schnell operiren,* da der Abscess sehr rasch und ganz unerwartet zum Tode führen kann. Von 32 Fällen operativer Eröffnung otitischer Hirnabscesse verliefen 17 günstig, 15 lethal. In einigen Fällen sammelte sich der Eiter nach Entleerung der Abscesshöhle später noch mehrmals in derselben an, sodass von Neuem eine Verschlimmerung eintrat und die Höhle dann wieder punctirt und drainirt werden musste.

Die Operation geschieht in folgender Weise:

Nachdem man das Operationsgebiet in grosser Ausdehnung abrasirt und desinficirt, sodann den Kranken, falls er nicht bewusstlos ist, narcotisirt hat, wird zunächst mit dem Messer aus Haut, Galea und Periost ein halbmondförmiger Lappen gebildet und mit dem Raspatorium zur Seite geschoben. Ist dieses geschehen, so wird entweder mit Meissel und Hammer oder mit dem Handtrepan ein Stück aus den knöchernen Schädel entfernt. Der Meissel hat den Vorzug, dass man mit ihm diesem Knochenstück jede beliebige Form geben kann. Bei Benützung des Trepans muss man meist mehr als *eine* Krone aufsetzen, da eine grosse Oeffnung im Schädel nothwendig ist. Die zwischen zwei oder drei Trepanationsöffnungen stehen bleibenden Knochenspangen werden mit Hohlmeissel und Hammer fortgeschlagen. Der Meissel soll stets schräg zur Oberfläche des Knochens, niemals senkrecht aufgesetzt werden. Ist er ein kleines Stück schräg im Knochen eingetrieben, so drückt man ihn leicht nieder. Bei solcher hebelförmigen Bewegung des Meissels bricht der Knochen immer tiefer, als ihn der Meissel gefasst hat, und wird hierdurch eine Verletzung endocranieller Gebilde (Dura, Sinus, Hirn) vermieden. Ist die Dura erreicht, so schiebt man zwischen diese und den Knochen ein breites und stumpfes Elevatorium oder einen Spatel und meisselt nun, um die Dura so vor einer Verletzung zu schützen, auf diesem weiter. Durch langsames Vorgehen mit kleinen kurzen Meisselschlägen sucht man zu starke Erschütterung des Schädels zu vermeiden. Nach Entfernung der Knochendecke mit Hammer und Meissel findet man die Dura über dem Hirnabscess erweicht und missfarbig oder auch gesund. *Pralle Spannung der Dura und Fehlen der Pulsation* in Folge von Anaemie der betreffenden Hirnstelle *spricht für eine Eiteransammlung unter der Dura. Ein Hirnabscess kann indessen auch vorhanden sein, wo die darunter liegende Dura pulsirt und nicht prall gespannt erscheint, und ist es daher stets nothwendig, sie zu incidiren.* Findet man hiernach zunächst noch keinen Eiter, so steche man bei sicherer Diagnose das Messer an der betreffenden Stelle ins Gehirn ein, spalte den Abscess, wenn man ihn gefunden hat, genügend weit und spüle ihn dann, da der Eiter durchaus nicht immer so dünnflüssig ist, um sich spontan zu entleeren, mit 1 %/₀₀iger Sublimatlösung unter geringstem Drucke aus. Um eine Wiederansammlung des Eiters zu verhüten, ist die Wunde unter strengster Asepsis, solange es nöthig ist, durch Drain oder Tamponade offen zu halten. Das Drain darf nicht zu tief eingeführt sein, um die Abscesswand nicht zu drücken oder gar zu durchstossen. Auch mit Jodoformgaze darf man die Abscesshöhle nur locker tamponiren. Der Verband ist täglich zu wechseln.

v. BERGMANN operirt innerhalb eines Gebietes, welches nach oben durch eine 5 cm. nach unten durch eine 1 cm über dem Jochbogen und diesem parallel verlaufende, nach hinten durch eine die Verbindungslinie zwischen unterem Orbitalrand und Tuber occipitalis senkrecht schneidende, am hinteren Rande des Warzenfortsatzes verlaufende, nach vorn durch eine im Kiefergelenk senkrecht errichtete Linie begrenzt wird. Dieses Gebiet, innerhalb dessen man den Schläfenlappen antrifft, reicht zur Eröffnung eines *Grosshirn-* wie eines *Kleinhirnabscesses aus.* Bei letzterem verlegt v. BERGMANN die Mitte der Trepanationsöffnung gerade in die hintere Begrenzungslinie, bildet einen grossen Haut- und Periostlappen, der mit seiner Convexität nach unten bis auf die äussere Fläche des Warzentheils reichen soll. und durch welchen der hintere untere Winkel des Os parietale und seine Verbindung mit dem Schläfen- und Hinterhauptsbein sowie das nach vorn und unten von dieser Verbindungsstelle liegende Emissarium mastoid. freigelegt wird. „Wenn neben der hier durchtretenden Vene ein Eitertröpfchen zum Vorschein kommt oder wenn ein solches schon unter dem Periost liegt, ist es sicher, dass die Eiterung den Weg zu den hinteren Schädelgruben eingeschlagen hat" (v. BERGMANN).

Nach CHAUVEL erreicht man den *Schläfenlappen* am besten von einer gerade über dem Orificium ext. des äusseren Gehörgangs befindlichen Stelle aus. Dieselbe liegt auf einer vom äusseren Augenwinkel beginnenden und den oberen Rand der Ohrmuschel tangirenden horizontalen Linie in der Mitte zwischen zwei auf ihr errichteten Senkrechten, von denen die eine vor, die andere hinter der Muschel gelegen ist. Von dieser Stelle, die also ziemlich der Mitte des von v. BERGMANN begrenzten Gebietes entsprechen würde und welche nach hinten von den Verzweigungen der A. meningea media liegt, gelangt man direct auf die mittlere Windung des Schläfenlappens.

Die meisten Operateure haben *bei otitischen Schläfenlappenabscessen* etwas nach hinten und oben vom äusseren Gehörgang operirt, also im hinteren und unteren Theil des von v. BERGMANN umgrenzten Gebietes. So empfiehlt z. B. BARKER als besten Ort zur Schädeltrepanation bei otitischen Schläfenlappenabscessen einen 4 cm im Durchmesser haltenden Kreis, dessen Mittelpunkt 3.2 cm *hinter* und ebenso viel *über* dem Centrum des knöchernen Gehörgangs gelegen ist. Ist die Dura hier freigelegt, so kann man die Aspirationsnadel nach ihm in der Richtung nach innen, vorn und unten bis zu einer Tiefe von 3,8 cm einsenken. Nach HEIMANN ist es, um eine Verletzung des Sinus transvers. zu vermeiden, besser, die Oeffnung im Schädel etwas weiter nach vorn, also in die vordere Begrenzungslinie v. BERGMANN's, zu verlegen.

Bei Kleinhirnabscessen schreitet man von der Trepanationsöffnung im Warzentheil weiter nach hinten und oben vor. SCHWARTZE legte in einem Fall, wo die Operationswunde am Warzentheil bereits vernarbt war, zur Freilegung eines Kleinhirnabscesses die Knochenöffnung zwischen dem Emissarium mastoid. und der Protuberantia occipitalis , in einem anderen Fall 4 cm hinter der Insertion der Ohrmuschel an.

Nach v. BERGMANN soll man bei Kleinhirnabscessen die Mitte der Trepanationsöffnung gerade in die hintere seiner Begrenzungslinien verlegen und einen grossen Haut- und Periostlappen bilden, welcher mit seiner Convexität nach unten bis auf den Warzentheil reicht. Hindurch werden der hintere untere Winkel des Scheitelbeins und seine Verbindung mit Schläfen- und Hinterhauptsbein sowie das Emissarium freigelegt (s. Taf. IV Fig. 8), was die Orientirung bedeutend erleichtert. Natürlich muss man sich hierbei hüten den Sinus transvers. zu verletzen.

Die Trepanationsöffnung im Schädel soll nach v. B. mindestens 3 cm im Quadrat, also thalergross sein, insbesondere bei Kleinhirnabscessen. Eine bei Operation eines Hirnabscesses auftretende *Blutung* stillt man, wenn sie aus der Diploe, der Hirnsubstanz oder dem Sin. transvers. stammt, durch Tamponade mit Jodoformgaze, stammt sie aus einem Ast der A. meningea media, indem man das Gefäss durch weiteres Abmeisseln des Knochens freilegt und dann unterbindet oder umsticht. Dieses kann allerdings erhebliche Schwierigkeiten bereiten und in Folge dessen leicht ein intermeningeales Blutextravasat entstehen. Findet man bei der Eröffnung des Hirnabscesses eine dicke und derbe Kapsel, so soll man dieselbe nach v. Bergmann exstirpiren.

Wurde der Abscess nicht vollkommen entleert oder ist noch ein zweiter, uneröffneter vorhanden, so wird das Gehirn durch die Trepanationsöffnung nach aussen gedrängt, es entsteht ein Hirnprolaps.

Mit der Entleerung des Abscesses werden diejenigen Herdsymptome, welche durch die eitrige Zerstörung von Hirnsubstanz bedingt sind und welche man „*Ausfallssymptome*" nennt, nicht zurückgehen, wohl aber diejenigen, welche auf zeitweiliger entzündlich-ödematöser Inhibition der Nachbarschaft beruhen. Alle „*Fernsymptome*" (Blindheit, Lähmungen, Neuritis optica etc.) können verschwinden. In anderen Fällen bleiben mehr minder hochgradige Beeinträchtigung des Sehvermögens, Gesichtsfeldsdefecte, Farbenstörungen als Residuen der von Opticusatrophie gefolgten Neuritis auch nach Entleerung des Eiters bestehen. Die Function derjenigen Muskelgruppen, welche von Krämpfen befallen waren, stellt sich nach gelungener Operation wieder her, da diejenigen Hirntheile, welche Reizsymptome

verursachen, nicht zerstört sein können. Die nach Entleerung des Abscesses sich
bildende Hirnnarbe kann zur Entwicklung von Epilepsie führen.

Der Defect in der knöchernen Schädelkapsel bleibt in der Regel bestehen und
schliesst sich nur durch ein gewöhnlich sehr derbes membranöses Gewebe. Daher
müssen die Patienten nach der Heilung dauernd eine Schutzplatte aus Metall oder
Guttapercha tragen.

*Wo der Hirnabscess nur Fieber erzeugt, wird man vor der Operation
am Gehirn zunächst den Warzentheil aufmeisseln und erst, wenn in diesem
kein Eiter gefunden wird, die Quelle des Fiebers in einer anderswo gelegenen
Eiterretention, einer Ansammlung zwischen Dura und Knochen oder im Gehirn selbst suchen.*

Nach Körner darf man, da das Schläfenbein beim otitischen Hirnabscess fast
immer erkrankt sei, sich niemals mit der Entleerung des letzteren begnügen, soll
vielmehr *immer* auch den kranken Knochen aufsuchen und entfernen, weil von
diesem sonst selbst bei anfangs günstigem Erfolg der Operation später leicht wieder
von Neuem Hirnabscesse oder Meningitis inducirt werden können. Da bei einem
otitischen *Schläfenlappenabscess* in der Regel die knöcherne Decke der Pauken-
oder Warzenhöhle erkrankt sei und der Abscess gerade an dieser Stelle mit seinem
tiefsten Theile der Dura am nächsten zu liegen pflege, so könne man hier die obere
Gehörgangswand bis in die Paukenhöhle abmeisseln, das Tegmen tympani und andere
etwa erkrankte Knochentheile wegnehmen und dann von der Paukenhöhle und dem
Gehörgang aus auf den Abscess einscheiden. Bei einem otitischen *Kleinhirnabscess*
kann man, wenn der Warzentheil noch nicht vorher aufgemeisselt war, die Eröffnung
der Pars mast. und der Schädelkapsel mit einander verbinden, indem man von der
im Warzentheil angelegten Oeffnung weiter nach hinten und oben vorgeht. Zu dem
Hirnabscess führende Knochenfisteln können hierbei als Wegweiser dienen.

Wo eine Schädeltrepanation wegen Unsicherheit der Diagnose nicht gerechtfertigt erscheint, ist man auf eine *symptomatische Therapie* (Application einer
Eisblase auf den Kopf, Narcotica, Bromkalium) angewiesen.

Die otitische Sinusphlebitis, Thrombose, Pyaemie und Septicaemie.

*Pyaemie in Folge von Ohreiterungen scheint noch häufiger zu sein als
Leptomeningitis und Hirnabscess.*

Sie entsteht *gewöhnlich durch Phlebitis und Thrombose der dem Schläfenbein benachbarten Hirnsinus* (am häufigsten des Sinus transvers., seltener des
Sinus cavernos. und des Sinus petros. sup. oder inf.) *bez. des Bulbus venae jugul.,
weniger oft von den Venae diploicae aus.*

Mitunter ist der den genannten, grösseren venösen Blutleitern unmittelbar anliegende
Knochen, ebenso wie die Wand der ersteren verfärbt, erweicht oder eitrig durchsetzt, sodass wir hier einen *directen Uebergang der entzündlichen Erkrankung vom Knochen
auf die Gefässwand* annehmen dürfen. In anderen Fällen steht die letztere durch einen
in der Wand des Schläfenbeins befindlichen *curiösen oder congenitalen Knochendefect*
mit dem im Mittelohr gebildeten Eiter in unmittelbarer Berührung oder der Sinus verläuft durch einen *extraduralen Abscess* hindurch, wobei er durch reichliche Eiter- und
Granulationsmassen weit vom Knochen abgedrängt sein kann. *In noch anderen Fällen
endlich liegt die Venenwand weder einem Entzündungs- noch einem Eiterherd direct an,*
kann von einem solchen z. B. central im Warzentheil gelegenen Herde vielmehr durch
eine dicke Schicht gesunden Knochengewebes getrennt sein. In diesen Fällen pflanzt
sich die Thrombose von den das Schläfenbein durchsetzenden Venen, die in die Hirnsinus einmünden, auf letzteren fort. Mitunter findet man Thrombose des Sinus transvers.

bei einer sehr hochgradigen Sclerosirung des Warzentheils. Hier tritt häufig kein einziges thrombosirtes Gefäss aus dem elfenbeinharten Knochen in den Sinus hinein und handelt es sich dann um die Ausbreitung einer Thrombose des Bulbus ven. jugul., des Sinus petros. sup. oder inf., der Venae diploicae, der Pia- oder der Labyrinthvenen auf den Sinus transvers.. Von den letzteren mündet die V. aquäduct. cochleae in den Bulbus ven. jugul., die V. aquäduct. vestib. gewöhnlich in den Sinus transvers. ca. ¹⁄₂ cm nach oben vom Bulbus ven. jugul., mitunter auch in den Sinus petros. sup., die V. auditiva int. in den Sinus transvers. oder den Sinus petros. inf..

Es kann sich also bei Labyrintheiterung die Thrombose der venösen Labyrinthgefässe sowohl auf den Bulbus ven. jugul. wie auf den Sinus transvers. oder den Sinus petros. sup. oder inf. allein ausbreiten.

Meist geht eine Entzündung der Sinuswand der Thrombose voraus. Die letztere kann übrigens auch dadurch entstehen, dass sich bei einem *otitischen Hirnabscess* oder einer *otitischen Leptomeningitis* phlebothrombotische Processe in den Gefässen der Pia auf die Blutleiter der Dura mater fortpflanzen.

Die otitische Sinusthrombose kann einen *derben, soliden Thrombus* erzeugen, *welcher sich in einen den Sinus obliterirenden, festen, bindegewebigen Strang verwandelt.* Meist aber tritt durch Eindringen von Entzündungserregern ein *eitriger oder jauchiger Zerfall des Gerinnsels* ein.

Mitunter ist *die dem Thrombus anliegende Sinuswand* fistulös durchbrochen oder in grösserer Ausdehnung zerstört.

In einigen Fällen fand man den *Thrombus* eine Strecke weit organisirt. weiterhin dagegen weiche. eitrig zerfallene Massen.

Zuweilen beobachtet man eine *sprungweise Vereiterung des Thrombus,* z. B. vereiterten Thrombus in der Fossa sigmoid. und dem Torcular Herophili, nicht zerfallene in dem dazwischen gelegenen Abschnitt des Sinus transvers..

Die Wand des Sinus transvers. zeigt nur selten ihre normale Beschaffenheit. Zuweilen ist sie sehr *stark verdickt,* in anderen Fällen *gelbgrün verfärbt,* zum Theil *gangränös* oder auch bereits *fistulös perforirt.* Oft ist sie *mit geringen Eitermengen bedeckt* oder *durch reichliche Eiteransammlung bez. Granulationen weit vom Knochen abgedrängt.* Die genannten Veränderungen der Sinuswand können sich auch auf die benachbarte Dura an der vorderen und lateralen Wand des Cerebellum weiter ausbreiten.

Der Sinus selbst stellt, wenn er thrombosirt ist. mitunter einen *hart sich anfühlenden Strang* dar. kann aber *bei eitrigem Zerfall auch ganz weich* sein.

Bei sehr circumscripter Phlebitis bildet sich zuweilen *kein Thrombus* in ihm aus. dagegen kann hier durch *Arrodirung seiner Wand* eine *profuse Blutung* hervorgerufen werden.

Unter den *Entstehungsursachen* der **Thrombose des Sinus transvers.** ist die häufigste ein von extraduralen. perisinösen Abscessen oder von Ostitis des Sulcus sigmoid. auf ihn fortgepflanzter Entzündungsprocess.

Die otitische Phlebothrombose tritt am häufigsten im Sinus transvers. und zwar in seinem im Sulcus sigmoid. gelegenen Abschnitt auf und bleibt auf diesen beschränkt.

In anderen Fällen pflanzt sie sich von hier auf die *Jugularis* fort. mitunter bis in die *Subclavia* hinab. seltener auf den *Sinus petros. sup.,* noch seltener auf den *Sinus perpendicularis, occipitalis. longitud. sup., auf den Sin. petros. inf.* oder *cavernos.* nicht nur der ohrenkranken. sondern auch der gesunden Seite. Ein ausgedehntes Uebergreifen auf den Sinus transvers. der gesunden Seite scheint nur sehr selten vorzukommen. desgleichen unvermitteltes Nebeneinanderbestehen von Thrombosen verschiedener Sinus.

Eine isolirte otitische Thrombose des **Sinus cavernos.** kann einmal von einem Entzündungsherd in der Spitze der Pyramide aus oder durch Fortpflanzung von einem thrombosirten Gefäss des Tegmen tympani inducirt, sodann kann die Eiterung aus dem Mittelohr längs dem Plexus caroticus auf den Sinus cavernos. übertragen werden. Die Thrombose des letzteren pflanzt sich mitunter durch die V. opthalmica in die V. frontal. und facial. fort.

Eine Thrombose des **Sinus petros. sup.**, welche nicht selten auf kleine Abschnitte desselben beschränkt bleibt und daher relativ häufig spontan zur Heilung gelangt, kann sowohl durch Eiteransammlung an der hinteren wie an der oberen Felsenbeinfläche verursacht sein.

Die otitische Thrombose der **Vena jugul.** beschränkt sich mitunter auf den obersten Abschnitt derselben. In anderen Fällen erstreckt sie sich durch das ganze Gefäss bis zur Subclavia herab, zuweilen ist die thrombosirte Jugularis mit ihrer Scheide zu einem *harten Strang* verwachsen und in schwieliges Narbengewebe gebettet. Oft ist ihre *Wand* sowohl wie das anliegende perivenöse Gewebe schmutziggelb bis schwarzbraun *verfärbt.* In ihrem Verlauf am Halse wird sie meist von bohnengrossen *Drüsen* begleitet. An der Schädelbasis ist sie häufig von kleineren oder grösseren Eitermengen umgeben. Letztere wölben zuweilen die Pharynxwand vor und entsteht hierdurch ein *Retropharyngealabscess.*

Eine *otitische Sinusthrombose* ist *mitunter bereits bei ganz kleinen Kindern,* selbst schon im 1. Lebensjahr gefunden worden.

Sehr häufig sind mit otitischer Sinusthrombose Pachy-, Leptomeningitis purul. oder auch Hirnabscess verbunden und zwar entweder als Folgezustände der gleichen Ursache, nämlich der Ohreiterung, oder durch die Sinusphlebitis selber hervorgerufen und ist dann *das Symptomenbild* der letzteren *hierdurch verwischt.*

Symptome: *Zuweilen* verursachen otitische Thrombosen in dem Hirnsinus selbst bei vereiterter Thrombose *gar keine Symptome.*

Die durch die Thrombose etwa bedingten Stauungserscheinungen in dem Gebiete derjenigen Venen, welche ihr Blut in den betreffenden Sinus entleeren, können durch Erweiterung anderer Sinus und der Emissarien sowie in Folge der zahlreichen Anastomosen der Piagefässe vollkommen ausgeglichen werden um so mehr, als sich die otitische wie jede entzündliche Thrombose im Gegensatz zu der marantischen nicht plötzlich, sondern allmählich entwickelt. Am häufigsten fehlen Circulationsstörungen natürlich, wenn die Obliteration des Sinus sich auf eine *kleine* Stelle beschränkt.

In anderen Fällen findet man deutliche Stauungserscheinungen, deren Art und Weise davon abhängt, *welcher* der verschiedenen Hirnsinus undurchgängig geworden ist.

Handelt es sich um eine **Thrombose des Sinus cavernos.,** so besteht *zuweilen ausgesprochene Stauung im Gebiet der Venae opthalmicae, Stauungspapille, Oedem der Augenlider und der Conjunctiva, mitunter selbst der ganzen Gesichtshälfte, Protusio bulbi, zuweilen sogar Orbitalabscess und ferner abnorme Füllung der Vena frontalis.* Hierzu treten bei periphlebitischer Schwellung *mitunter Lähmung der dem Sinus cavern. benachbarten Hirnnerven (Oculomotorius- und Abducensparalyse) und neuralgische Schmerzen im Trigeminus,* so z. B. bei Neuralgie des ersten Trigeminusastes circumscripter fixer Schmerz in Stirn und Auge. In Folge von Hämorrhagieen der weichen Hirnhäute in der Gegend des Hypoglossusursprungs kommt es hier zuweilen auch zu *Schwerbeweglichkeit der Zunge.*

Desgleichen findet man bei **Thrombose des Sinus transvors.** *mitunter eine oedematöse Schwellung, Phlegmone und subperiostalen Abscess hinter der Pars mastoid. am angrenzenden Theil des Occiput und am hinteren Abschnitt* *des Warzentheils selber* in Folge einer von Phlebothrombose des Sinus fortgeleiteten Phlebitis des Emissarium mastoid..

Bei **Thrombose des Sinus petros. sup.** kann eine *diffuse, oedematöse Anschwellung der Schläfengegend* vorkommen.

Bei **Phlebothrombose der Jugularis** fühlt man nicht selten im Verlauf derselben einen *derben Strang, welcher sowohl spontan wie auf Druck schmerzhaft ist. Die Weichtheile und die Drüsen über der Jugularis sind geschwollen.* Es bestehen ferner *Schmerzen in der betreffenden Halsseite bei Bewegung des Kopfes und beim Schlucken.* Im weiteren Verlauf der Krankheit können übrigens das Oedem und die Schmerzhaftigkeit in der seitlichen Halsgegend wieder verschwinden. Zuweilen kommt es bei Thrombose des Bulbus venae jugul. zu *Lähmungserscheinungen im Gebiet der aus dem Foramen jugul. austretenden Nerven (Glossopharyngeus, Vagus, Accessorius Willisii).*

Bei **eitriger Phlebitis der Hirnsinus** kommt es gewöhnlich zu einer ausgesprochenen *Pyaemie* oder *Septicaemie.*

Die bedrohlichen Erscheinungen treten in der Regel *ganz plötzlich* auf.

Bei der **Pyaemie** setzen sie meist mit einem *Schüttelfrost* ein, welcher sich später öfters wiederholen kann, nicht selten sogar *mehrmals täglich* auftritt, in anderen Fällen aber auch gänzlich fehlt. Gewöhnlich kommt es zu hohem und lange andauerndem *Fieber von stark remittirendem oder intermittirendem Character* mit häufigen unregelmässigen und jähen Schwankungen der Temperaturcurve zwischen 40° C oder mehr und normaler bez. subnormaler Temperatur im Laufe eines Tages. Nur selten ist das Fieber gering. Mitunter setzt es für einige Tage aus, um dann von Neuem wiederzukehren. *Besteht eine complicirende Leptomeningitis, so kann es auch continuirlich sein.*

Daneben sind *gewöhnlich starke Appetitlosigkeit, Kopfschmerzen, zuweilen Uebelkeit oder Erbrechen und profuse Durchfälle* vorhanden. Sehr häufig entwickelt sich *Icterus.* In manchen Fällen befinden sich die Patienten zwischen den Frostanfällen, die häufig von profusen Schweissen gefolgt sind, im Ganzen relativ wohl. Sodann kann es in Folge von Verschleppung der Eitercoccen bez. losgelöster Bröckel der inficirten oder eitrigen Thromben durch den Blutstrom zur Entwicklung von *Eiterungen in den verschiedensten Organen* kommen.

Die *metastastischen (embolischen) Eiterherde und Entzündungsprocesse* finden sich am häufigsten in den Lungen, der Milz und den Gelenken, seltener in der Leber, den Nieren, dem Herzen, dem Gehirn, den Meningen, den Augen etc.. In Folge der Metastasen in inneren Organen können Haemoptoe, Bronchitis, lobuläre Pneumonie, Lungenabscesse, fibrinöse und eitrige Pleuritis oder Endocarditis auftreten.

Pyaemische Entzündungen und Abscesse in dem subcutanen Zellgewebe, den Lymphdrüsen, den Muskeln, den Gelenken, dem Knochenmark verlaufen *oft völlig schmerzlos.* Zuweilen bestehen *capilläre Blutungen.*

Bei der reinen **Septicaemie,** welche durch Aufnahme fauliger Massen in den Blutkreislauf entsteht, sind die embolischen Infarcte, die metastatischen Entzündungen und insbesondere die Eiterungen sehr viel seltener als bei der Pyaemie.

Auch bei ihr besteht gewöhnlich, wenn auch nicht immer, *hohes Fieber.* Meist indessen ist dasselbe *continuirlich.* Auch bei fehlendem Fieber ist der *Puls stets sehr beschleunigt.*

Oft bestehen *Icterus* und *Durchfälle.* Letztere zeigen mitunter eine blutig diphtheritische Beschaffenheit.

An der Haut beobachtet man öfters vesiculöse, pustulöse oder urticaria-, masern- und scharlachähnliche *Exantheme.* Häufig finden sich *Blutungen* auf der äusseren Haut (kleine, punktförmige Hämorrhagieen oder ausgedehnte Sugillationen) in den Pleuren, dem Pericardium, im Magendarmcanal, in den Nieren, der Harnblase, der Retina und in anderen Organen.

Mitunter verbindet sich die Septicaemie mit pyaemischen Symptomen und spricht man dann von **Pyo-Septicaemie.**

Bei beiden Krankheiten besteht öfters *Kopfschmerz und Benommenheit.*

Diagnose: *Die otitische Pyaemie und Septicaemie wird nicht selten verkannt.* Mitunter wird sie *mit Abdominaltyphus verwechselt,* insbesondere wenn der Allgemeinzustand des Patienten schwer beeinträchtigt ist, wenn Durchfälle, roseolaartiges Exanthem und Milztumor vorhanden sind.

Gegen Typhus sprechen ein rascher Beginn, etwaige Schwellungen der Gelenke, Hautblutungen oder intermittirendes Fieber und septische Netzhauthämorrhagieen.

Mit einer *Meningitis* kann Pyo-Septicaemie um so leichter verwechselt werden, als sie mit dieser öfters combinirt ist. Ein starker Milztumor, etwaige Endocarditis und anderweitige septische Erscheinungen sprechen gegen die Annahme einer reinen Meningitis.

Sodann kommt *Verwechslung mit acuter Miliartuberculose* vor. Für letztere spricht das etwaige Auftreten von Miliartuberkeln in der Choroidea.

Gegen die *Verwechslung mit Intermittens* schützt die Erfolglosigkeit des Chinins und die Beobachtung des weiteren Verlaufs.

Was die *diagnostische Bedeutung der vorher erwähnten localen Folgeerscheinungen der Sinusthrombosen* anlangt, so beobachtet man ein **Oedem des oberen Augenlides oder der ganzen Gesichtshälfte** ausser *bei Thrombose des Sinus cavernos,* auch mitunter *bei Leptomeningitis,* bei *grossen Warzentheilabscessen* und bei *Morbus Brightii.*

Fixer Schmerz in Stirn und Auge ferner findet sich ausser *bei Thrombose des Sinus cavernos, oder transvers.* zuweilen auch *bei Erkrankung des Warzentheils* und *bei extraduralen Abscessen.*

Schwellung, Druckschmerz und Knochenauftreibung hinter dem Warzentheil, *entsprechend der Austrittsstelle des Emissar. mastoid.* spricht mit grosser Wahrscheinlichkeit für *Thrombose des Sinus transvers. oder extraduralen Abscess in seiner Umgebung* nur dann, wenn die Regio mastoid. selber äusserlich unverändert erscheint. Ist dieses der Fall, so besitzt das in Rede stehende Symptom in diagnostischer Beziehung eine grosse Bedeutung, insofern es uns auf einen Krankheitsherd in der hinteren Schädelgrube hinweist und dazu auffordert, diese zu eröffnen und den Sinus transvers. freizulegen. Ueber den Zustand des letzteren belehrt oft erst die directe Inspection, Palpation bez. Function.

Neuritis optica oder Stauungspapille ist *bei reiner Sinusthrombose* selten, kommt aber vor. Häufig ist sie *bei einer mit Leptomeningitis oder extraduralem Abscess complicirten Sinusthrombose.* Freilich kann sie auch bei weit ausgedehnter Thrombose und grossem extraduralem Abscess ganz fehlen. Sie entwickelt sich in wenigen Tagen und kann auch durch gründliche Entleerung der Eiterherde in ihrer Entwicklung nicht immer aufgehalten werden. Man darf also, wenn die Stauungspapille nach der Entleerung eines extraduralen Abscesses resp. Ausräumung des thrombosirten Sinus noch zunimmt, hieraus nicht auf das Vorhandensein eines zweiten intracraniellen Eiterherds schliessen. Neuritis optica und Stauungspapille kann übrigens mitunter, wiewohl selten, auch *bei uncomplicirtem Empyem im Warzentheil oder bei Otitis med. purul.* auftreten, ist also *kein ganz zuverlässiges Symptom intracranieller Complicationen.* Immerhin bildet sie für die Diagnose der letzteren ein wesentliches Unterstützungsmittel und *dient zur Unterscheidung derselben von Typhus, Malaria und Pneumonie.*

Die Prognose der otitischen Phlebothrombose der Hirnsinus und des Bulbus ven. jugul.. der otitischen Pyaemie und Septicaemie ist. wenn auch nicht gänzlich hoffnungslos. so doch im grossen Ganzen als eine *sehr ungünstige* zu bezeichnen. *Freilich ist Heilung nicht vollkommen ausgeschlossen*, insbesondere wenn wir durch *entsprechende operative Eingriffe* (Aufmeisslung des Warzentheils. Entleerung extraduraler Abscesse, Ausräumung eitrig oder jauchig zerfallener Thromben aus dem Sinus transvers.) den den Ausgangspunkt der Allgemeininfection bildenden Eiterherd entfernen. Natürlich können die genannten operativen Eingriffe eine bereits bestehende Pyaemie oder Septicaemie nicht coupiren, sondern nur darauf hinwirken, dass nicht mehr gar zu viel *neues* septisches Material in den Blutkreislauf gelangt. Dementsprechend können die pyaemischen oder septicaemischen Erscheinungen auch nach gründlichster und vollendetster Ausführung solcher Operationen noch lange Zeit andauern und sogar zum Tode führen. Immerhin wird die Chance, dass der Körper die bisherige Infection überwindet, durch sie vergrössert. Ist die Entfernung des den Ausgangspunkt bildenden Eiterherdes keine gründliche, so kann. nachdem der erste Anfall von Pyaemie geheilt ist, später ein zweiter eintreten. an welchem Patient dann vielleicht stirbt. *Mitunter heilt eine Pyaemie übrigens auch ohne derartige operative Eingriffe. Indessen die Mehrzahl* der von otitischer Pyaemie oder Septicaemie Befallenen *geht zu Grunde*, sei es durch den *Kräfteverfall*, sei es durch die *metastatischen Entzündungen und Abscesse*, so z. B. bei Durchbruch eines Lungenabscesses in die Pleura, und zwar gewöhnlich schon nach einer oder mehreren Wochen, bisweilen aber auch erst nach einigen Monaten.

Therapie: Treten im Verlauf einer Mittelohreiterung Erscheinungen auf. welche den Verdacht auf das Bestehen einer Thrombose der Hirnsinus oder des Bulbus ven. jugul. bez. von Pyaemie oder Septicaemie hervorzurufen geeignet sind. so muss man *zuerst die Aufmeisslung des Warzentheils* vornehmen.

Mitunter ergeben sich bei dieser Operation Anhaltspunkte für die Annahme einer Phlebitis und Periphlebitis des Sinus transvers. bez. anderer intracranieller Complicationen (Hirnabscess, Pachymeningitis und Leptomeningitis purul.). Es ist dieses der Fall:

1) wenn man den Knochen an der Aussenwand des Sulcus sigmoid. stark verfärbt findet.

2) wenn bei der Aufmeisslung plötzlich aus einer in die hintere Schädelgrube führenden Knochenfistel Eiter hervorstürzt. Auch wird das Vorhandensein weiterer Complicationen wahrscheinlich gemacht, wenn die bei der Operation gefundenen Veränderungen im Ohre nicht hinreichen, um die bestehenden schweren Krankheitserscheinungen genügend zu erklären.

In all diesen Fällen ist es indicirt, bei der Aufmeisslung des Warzentheils den Sinus sigmoid. freizulegen und ihn, wenn er einen eitrig oder jauchig zerfallenen Thrombus enthält, zu eröffnen, um die septischen Thrombusmassen zu entleeren.

Zu diesem Behuf macht man zunächst senkrecht auf das untere Ende des zur Freilegung des Warzentheils angelegten verticalen Schnitts einen zweiten horizontal nach hinten verlaufenden von ca. 4 cm Länge durch Haut und Periost und hebt letztere mit dem Elevatorium vom Knochen ab. Hierdurch wird das gewöhnlich etwas nach vorn und unten von der Stelle, wo Sutura lambdoidea, parieto-mastoid. und occipito-mast. zusammenstossen (s. Taf. IV Fig. 8), befindliche Emissarium mastoid. freigelegt, welches, wenn es thrombosirt ist, öfters als blauschwarzer Strang durch den Knochen hindurchscheint. Zuweilen sieht man an seiner Ausgangsöffnung einige Eitertropfen. Nun wird die hintere Wand des Operationscanals im Warzentheil mit Meissel und Hammer sehr vorsichtig so weit entfernt, bis man den Sinus transvers. an einer Stelle freigelegt hat. Um ihn in grösserer Ausdehnung blosszulegen, kann man sich statt des Meissels und Hammers auch einer schlanken Luer-schen Zange bez., wenn der Knochen erweicht ist, des scharfen Löffels bedienen. Indessen muss man natürlich auch hierbei sehr vorsichtig verfahren und, um keine Blutungen oder Embolieen zu erzeugen, jeden Druck auf den Sinus so viel als möglich vermeiden. Letzterer sowie die Dura in seiner Umgebung sollen, soweit sie erkrankt sind, durch Wegnahme des sie bedeckenden Knochens vollkommen freigelegt werden. Hiervon ab-gesehen hängt die Ausdehnung, in welcher man den Knochen entfernt, davon ab, wie weit dieser selbst erkrankt ist. Findet man den Sinus von Granulationen umwuchert, so muss man letztere sehr vorsichtig abschaben. Sie können eine Fistel in der Sinuswand verdecken.

Ist der Sinus thrombosirt, so erscheint er bei Palpation oft als harter Strang und zwar mitunter auch bei eitrigem Zerfall des Thrombus. In anderen Fällen wiederum kann ein mit Eiter erfüllter Sinus auch respiratorische und pulsatorische Bewegungen zeigen.

Die weitere Gestaltung der Operation hängt davon ab, ob der in dem Sinus be-findliche Thrombus eitrig oder jauchig zerfallen ist oder nicht. Um dieses festzustellen, muss man ihn, wenn ein eitriger Zerfall durch die beobachteten Krankheitserscheinungen nicht vorher bereits vollkommen sichergestellt ist, zunächst *punctiren,* was übrigens mit-unter Schwierigkeiten bereiten kann. Erhält man bei der Punction eitrige oder jauchige Massen, so soll man die Sinuswand soweit, als der Thrombus septisch zerfallen ist, *in-cidiren,* die zerfallenen Massen vorsichtig entfernen und den eröffneten Sinus dann locker mit Jodoformgaze tamponiren. Letztere ist täglich oder jeden zweiten Tag zu erneuern. Purulenter Zerfall kann vorhanden sein, auch wenn bei der Punction kein Eiter gefunden wird. Bleiben schwere pyaemische Erscheinungen bestehen, so wird man einige Tage nach der ersten Operation, falls bei dieser die Eröffnung des Sinus unterblieben war, die letztere vornehmen und die zerfallenen Thromben entfernen, wo dieses aber bereits erfolg-los geschehen ist, nunmehr die Jugularis *unterbinden.*

Von einigen Operateuren ist die Unterbindung der Jugularis bereits *vor* Eröffnung des Sinus transvers. vorgenommen und letzterer nach der Ausräumung der zerfallenen Thromben durchgespült worden. Die vorherige Unterbindung der Jugularis interna ver-hindert zwar die weitere Ausbreitung der Thrombose des Sinus transvers. nach unten, nicht aber die weitere Ausbreitung nach vorn auf den Sinus petrosus und cavernosus und von hier auf die andere Seite, sodass dann später eine Infection durch die andere V. jugular. int. stattfinden kann.

Ist die Sinusthrombose mit ausgesprochener diffuser Leptomeningitis purul. com-plicirt, so bleiben beide Arten der Operation erfolglos, ebenso meist auch bei ausgedehnten Metastasen in Lunge und Herz. In anderen Fällen hat dieselbe einige Male zur Heilung geführt. Indessen auch *ohne* operative Eingriffe kann eine Pyaemie, wie vorher bereits erwähnt wurde, in seltenen Fällen zur Heilung gelangen.

Im Verlauf der Pyaemie aufgetretene *metastatische Abscesse sind,* wenn möglich, *zu eröffnen und zu desinficiren.*

Der bei längerer Dauer der Erkrankung leicht auftretende *Decubitus* am Kreuzbein, den Trochanteren, den Schulterblättern, den Ellbogen ist durch *Unter-legen von Luft- oder Wasserkissen, durch Reinlichkeit und spirituöse Waschungen,* wenn möglich, zu verhüten.

Sehr wichtig ist es, durch leicht verdauliche, aber *kräftige Kost, schweren Wein oder Cognac* die Kräfte des Kranken möglichst lange zu erhalten.

Lethale Ohrblutungen.

Blutungen *aus der Carotis interna* kommen bei Mittelohreiterungen vor, sind aber *selten.* In einigen Fällen hatte die Eiterung nur wenige Monate bestanden. In der Mehrzahl derselben trat die Blutung ganz unerwartet auf; ohne äussere Veranlassung spritzte plötzlich ein Strahl hellrothen Bluts isochron mit dem Pulse stossweise aus dem Ohre heraus. Seine Dicke war verschieden, mitunter erreichte sie diejenige des kleinen Fingers. Bei geringerer Stärke sistirte die Haemorrhagie nach einigen Minuten von selbst oder bei Gehörgangstamponade, bei grösserer, wo das Blut auch durch die Ohrtrompete in Mund und Nase abfloss, erst bei stundenlang fortgesetzter Digitalcompression der Carotis. In einem Falle führte gleich die erste Blutung und zwar in wenigen Minuten zum Tode, in den anderen erfolgte letzterer erst bei einem *Recidiv*, welches nach 2—13 Tagen eintrat. Bei einem von SEYFERT beobachteten Patienten trat 9 Mal eine profuse Ohrblutung aus der Carotis int. auf. In 3 Fällen wurde die Carotis communis resp. interna unterbunden. In einem derselben blieb die Blutung hierauf bis zu dem nach ca. 2 Monaten erfolgenden Tode des Patienten an Lungentuberculose dauernd weg. In den beiden anderen trat sie 3 resp. 17 Tage nach der Unterbindung und 20 resp. 24 Tage nach der ersten Haemorrhagie von Neuem auf und führte nun zum Tode. Bei der Section fand sich die knöcherne Scheidewand zwischen Canalis caroticus und Paukenhöhle in allen Fällen bis auf dünne zackige Splitter zu Grunde gegangen, die Rissstelle in der Gefässwand am Uebergang des verticalen in den horizontalen Theil der Arterie, also am Knie des Canal. carotic., und ihre Umgebung aufgelockert und missfarbig. Die Ursache der Carotisarrosion bildete fast in allen Fällen eine chronische Mittelohreiterung mit ausgedehnter Caries bei Tuberculösen.

Die **Prognose** ist *schlecht*.

Ausser aus der Carotis können profuse Ohrblutungen *aus dem Bulbus ven. jugul., dem Sinus transvers. oder petros. sup., der A. meningea med. oder stylomastoid.* stammen. Bei den venösen Blutungen strömt dunkelrothes Blut in ziemlich gleichmässigem Strome ab.

Therapeutisch soll bei stärkerer Blutung nach HESSLER sofort die Carotis commun. unterbunden werden, nicht aber die Carotis int., da dieses bei einer Blutung aus der A. meningea med. nichts nützen würde. Freilich hat sich bisher auch die Unterbindung der Carotis commun. meist als vergeblich erwiesen, da sich selbst bei doppelseitiger Unterbindung rasch an der Gehirnbasis ein Collateralkreislauf herstellte.

Ueber die zum Tode führenden **malignen Neubildungen des Gehörorgans** s. S. 310—314.

Zur topischen Diagnostik der Gehirnkrankheiten und zur Projection der Rindencentren und Grosshirnfurchen auf die Schädeloberfläche.

Bei der grossen Bedeutung, welche *die operative Behandlung endocranieller Complicationen von Ohreiterungen* in neuerer Zeit gewonnen hat, dürfte es nicht überflüssig sein, die für diese sehr wichtige *topische Diagnostik der Gehirnkrankheiten* hier kurz zu erörtern. Nach dem heutigen Standpunkt unserer Kenntnisse wäre in dieser Beziehung Folgendes zu bemerken:

1) Monoplegische cerebrale Lähmungen, d. h. solche, die sich auf einen einzelnen Körperabschnitt (Gesicht, Arm, Bein) beschränken, *entstehen meist durch Erkrankungen der Gehirnrinde auf der gegenüberliegenden Seite* und zwar

a) die *Monoplegia lingualis und facialis* durch Laesionen des *untersten Endes der vorderen Centralwindung* (Taf. IV Fig. 11 ◯ u. ◯) (Rindenfeld des N. hypogloss. und facial.; das Rindenfeld des ersteren ragt wahrscheinlich schon etwas in den Fuss der 3. Stirnwindung hinein).

b) die *Monoplegia brachialis* durch Laesionen des *mittlern Drittels der vorderen und hinteren Centralwindung* (Taf. IV Fig. 11 ◯ ◯ ◯) (motor. Rindenfeld für die obere Extremität).

c) die *Monoplegia cruralis* durch Laesionen des *oberen (medialen) Abschnitts vorzugsweise der hinteren Centralwindung* (Taf. IV Fig. 11 ● ●) bis in die Gegend der oberen Parietalwindung, und des Lobulus paracentralis. *In dem obersten Theil der vorderen Centralwindung*, welcher an die erste Stirnwindung anstösst, scheint *das motorische Rindencentrum für Fuss und Zehen zu liegen*. Im oberen medialen Theil der vorderen Centralwindung resp. in dem dicht hinter dem hinteren medialen Theil der 1. Stirnwindung gelegenen *Lobulus paracentralis* stossen die beiden motorischen Rindenfelder der oberen und unteren Extremität zusammen (Taf. IV Fig. 12 ●). *Durch Laesionen an dieser Stelle können Arm und Bein der entgegengesetzten Seite gleichzeitig gelähmt werden*. Häufig finden sich bei Rindenerkrankungen Arm und Gesicht, seltener Arm und Bein gleichzeitig gelähmt, niemals aber bei einem Herd gleichzeitig

Bein und Gesicht bei Freibleiben des Armes, was sich aus der gegenseitigen Lage der Centren (Taf. IV Fig. 11) leicht erklärt.

Bei Krankheitsherden in dem weissen Marklager der Hemisphären, dem Centrum ovale, *welche die motorische zu den Centralwindungen führende Stabkranzfaserung unterbrechen*, werden natürlich ebenso wie bei Zerstörung der betreffenden Rindenparthieen **hemiplegische**, bei geringerer Ausdehnung der Erkrankung auch **monoplegische Lähmungen** *entstehen müssen*. Ebenso können *Erkrankungen im Marklager des Schläfenlappens* **Worttaubheit**, *in demjenigen des Hinterhauptlappens* **Hemiopie**, *in den zur 3. linken Stirnwindung gehörigen Stabkranzfasern* **motorische Aphasie** *verursachen*.

2) Halbseitige oder nur in einem bestimmten Körpertheil auftretende epileptiforme Convulsionen oder leichtere motorische Reizerscheinungen, wie einzelne Zuckungen, tonische Contractionen, *hängen von einer Erkrankung der Hirnrinde ab*.

3) monoplegische oder hemiplegische Lähmungen werden, wenn sie *mit halbseitigen oder nur in einem bestimmten Körpertheil auftretenden epileptiformen Convulsionen verbunden* sind, sei es, dass diese vorher, gleichzeitig oder erst später auftreten, fast immer von einer *Erkrankung der Gehirnrinde* verursacht.

4) Bei Erkrankung des Gyrus angularis oder des Gyrus supramarginalis der Parietalwindung, in welchem das Centrum für die associirten Augenbewegungen zu liegen scheint, ist öfters die unter dem Namen *„Déviation conjugée"* bekannte Reizerscheinung, d. h. gleichzeitige starke Seitwärtsdrehung des Kopfes und beider Augen nach derselben Seite hin, beobachtet worden.

5) Die gewöhnliche Hemiplegie wird am häufigsten durch eine *Erkrankung der Pyramidenbahnen im hinteren Schenkel der inneren Kapsel* hervorgerufen. Denn hier ist die von den Centralwindungen kommende zu dem Hirnschenkelfuss hindurchziehende Pyramidenbahn auf einen relativ engen Raum beschränkt (Taf. V Fig. 3) und genügen daher an dieser Stelle schon verhältnissmässig kleine Krankheitsherde, um eine vollständige Hemiplegie der gegenüberliegenden Körperhälfte zu verursachen. Bleibt die Hemiplegie *dauernd* bestehen, so handelt es sich um eine *Zerstörung* der Pyramidenbahnen, geht sie dagegen *vorüber*, um *zeitweilige* durch Erkrankung der Nachbarschaft (z. B. der ganz nahe gelegenen Centralganglien, des Thalamus optic., insbesondere aber des Nucleus caudat. und des Linsenkerns) hervorgerufene *Functionsunfähigkeit* derselben. *Bei einer rein motorischen Hemiplegie ohne gleichzeitige Sensibilitätsstörung* ist der hinterste Abschnitt der inneren Kapsel, in welchem die sensible Bahn gelegen ist, freigeblieben; bestehen dagegen neben der Hemiplegie noch stärkere Sensibilitätsstörungen (Anaesthesie der Haut mit oder ohne Anaesthesie einzelner oder aller Sinnesorgane auf der gegenüberliegenden Körperhälfte), so ist auch der hinterste Abschnitt der inneren Kapsel erkrankt.

6) Hemiplegie mit gekreuzter (auf der anderen Seite gelegener) *Oculomotoriuslähmung* spricht für eine Erkrankung des der hemiplegischen Seite *entgegengesetzten Grosshirnschenkels*.

7) Hemiplegie mit gekreuzter Facialislähmung spricht für eine Erkrankung der *Brücke*.

8) Halbseitige motorische Reizerscheinungen (posthemiplegische Chorea u. a.) kommen besonders bei Krankheitsherden in der Nähe der hinteren Theile der *inneren Kapsel* vor, welche auf die hier gelegene Pyramidenbahn reizend wirken.

9) Hemianaesthesie der Haut und der Sinnesorgane kommt meist bei Erkrankung der hintersten Abschnitte der *inneren Kapsel* vor (s. Taf. V Fig. 3). *Lähmungen der Muskel- und Hautsensibilität* entstehen ferner auch bei Laesion der *Hirnrinde zu beiden Seiten des Sulcus interparietalis* (Taf. IV Fig. 11). Die *Lähmung des „Muskelsinns"* äussert sich gewöhnlich als *corticale Ataxie*.

10) Hemianopsie s. Hemiopie kommt sowohl bei Erkrankung des *Occipitallappens* wie bei solcher des *Pulvinar*, also des hinteren Abschnitts *des Thalamus opticus*, oder *eines vorderen Vierhügels* oder *eines Tractus opticus*, endlich wahrscheinlich auch bei Erkrankung des hintersten Abschnittes *der inneren Kapsel* vor. In letzterem Fall ist sie meist mit Hemianaesthesie verbunden.

Bei *Rindenerkrankungen* findet man nach NOTHNAGEL:

a) *Hemianopsie*, d. h. Blindheit in den homonymen, meist lateralen Gesichtsfeldparthieen, z. B. *linksseitige Hemiopie*, d. h. Blindheit für alle in der linken Hälfte des Gesichtsfeldes gelegenen Objecte *bei Erkrankung des rechten Hinterhauptlappens*.

b) *vollständige Blindheit* bei doppelseitigen Rindenherden.

c) *Störung des Farbensinns.*

d) *Seelenblindheit,* d. h. das Unvermögen das Gesehene zu deuten, weil die optischen Erinnerungsbilder verloren gegangen sind.

e) *subjective Lichtempfindungen und Gesichtsbilder.*

Einseitige Laesion *des Cuneus und der oberen Occipitalwindung* erzeugt *Hemiopie, doppelseitige vollständige Blindheit.* In den übrigen Theilen der Occipitalwindung liegt das optische *Erinnerungsfeld,* dessen Laesion *Seelenblindheit* erzeugt.

Bei Zerstörung *eines vorderen Vierhügels* tritt *Hemiopie,* bei Zerstörung beider völlige *Blindheit* ein. Ferner hat man *bei Erkrankungen der Vierhügel* wiederholt ein- oder doppelseitige *Oculomotoriuslähmung, reflectorische Pupillenstarre und Nystagmus,* bei Erkrankungen der hinteren Vierhügel *Ataxie* des Körpers beobachtet.

11) *Motorische s. atactische Aphasie* wird durch Erkrankung der hinteren Abschnitte der 3. (Broca'schen) linken *Stirnwindung* hervorgerufen (s. Taf. IV Fig. 11 ● ● ● ● ●). Die Kranken sind hier trotz vollen Bewusstseins und vollständiger Beweglichkeit der Zunge und Lippen nicht im Stande, von selber zu sprechen bez. nachzusprechen, weil ihnen *die Vorstellungen der Sprachbewegungen verloren gegangen* sind. Zuweilen ist die motorische Aphasie nur *unvollständig.* Die Patienten sprechen viele Worte richtig aus, bei anderen machen sie Fehler. Man nennt dieses *„literale Ataxie"* oder *„Silbenstolpern".*

Das motorische Sprachcentrum liegt in unmittelbarer Nähe des Centrums für Facialis und Hypoglossus (s. Taf. IV Fig. 11).

12) *Sensorische (acustische) Aphasie mit Worttaubheit* (oder *Seelentaubheit)* (Verlust des Wortverständnisses) kommt bei Erkrankung der *obersten (ersten) linken Schläfenwindung,* insbesondere ihres hinteren Abschnitts vor (Taf. IV Fig. 11(6) X X X). Den Kranken sind *die Klangbilder der Sprache verloren gegangen, sie verstehen die Worte nicht,* trotzdem ihr Hörvermögen intact ist. *Das Centrum dieser „sensorischen Aphasie mit Worttaubheit"* liegt in den hinteren zwei Dritteln der oberen Schläfenwindung. Wahrscheinlich befindet sich hier auch das *Rindencentrum für die acustischen Wahrnehmungen:* Bei Laesion der hinteren Hälfte der oberen (ersten) Schläfenwindung scheint *Taubheit des gegenüberliegenden Ohres* aufzutreten, die freilich *meist rasch vorübergeht.*

13) Ausgesprochene *motorische Agraphie* (Unfähigkeit zu schreiben oder nachzuschreiben trotz normaler Bewegungsfähigkeit der Hand) ist wahrscheinlich auf eine Laesion des hintersten Abschnitts der 2. *linken Stirnwindung* zu beziehen.

14) *Sensorische Aphasie mit Wortblindheit* findet man, wenn der hinterste Theil des *Gyrus angularis der unteren Parietalwindung,* dort, wo er in den Occipitallappen übergeht (Taf. IV Fig. 11 +), lädirt ist. Die Kranken haben, obwohl ihr Sehvermögen intact ist, das *Verständniss für die Schriftzeichen verloren.*

15) *Articulatorische Sprachstörungen sowie Schlingstörungen* finden sich bei Erkrankung der *Med. oblongata.*

16) *Taumelnder Gang und Schwindel* finden sich bei Erkrankungen des *Kleinhirns,* insbesondere des Wurms. *Der taumelnde Gang ist durch die cerebellare Ataxie bedingt,* welche sich *nur im Rumpf und den unteren Extremitäten* zeigt und zwar *nur beim Stehen und Gehen.* Im Liegen können die Kranken ihre Beine ganz sicher bewegen. Beim Stehen schwanken sie besonders stark, wenn man sie die beiden Hacken aneinander stellen lasst. Durch Schliessen der Augen wird das Schwanken meist *nicht* verstärkt. Beim Gehen taumeln sie wie ein stark Betrunkener zickzackförmig bald nach rechts, bald nach links, mitunter auch vorzugsweise nach einer Seite bez. nach vorn oder hinten. Das *Schwindelgefühl,* welches auch bei anderen Hirnerkrankungen häufig ist, ist bei Kleinhirnaffectionen oft sehr anhaltend und heftig, tritt hier aber *gewöhnlich auch nur beim Stehen oder Gehen,* nicht beim ruhigen Liegen ein.

Die Hemisphären des Kleinhirns können in grosser Ausdehnung zerstört sein, ohne dass irgendwelche Krankheitserscheinungen auftreten. Mitunter sind bei Kleinhirnerkrankungen die *Patellarreflexe* verschwunden.

17) *Zwangslagen und Zwangsbewegungen* kommen am häufigsten bei Erkrankungen *der Crura cerebelli ad pontem* vor. Die Kranken nehmen im Bett stets eine *bestimmte Seitenlage* ein. Bringt man sie in eine andere, so wird der Rumpf bald wieder unwillkürlich zurückgedreht. Mitunter findet sich gleichzeitig auch eine *entsprechende Zwangsstellung des Kopfes und der Bulbi.* Die Zwangsbewegungen bestehen am häufigsten in *Drehungen des Körpers um die Längsaxe* oder in *„Reitbahnbewegungen".*

Wir gehen nun dazu über, die Lage der wichtigsten Grosshirnfurchen und insbesondere diejenige der Rindencentren in Bezug auf die Schädelknochen fest-

zustellen. Es ist dieses sehr wichtig, um die Stelle, an welcher eine *Schädeltrepanation bei Hirnabscessen* vorgenommen werden soll, zu bestimmen.

1) Um die Centralfurche, den Sulcus Rolandi, auf die äussere Schädeldecke zu projiciren, bedient man sich wohl am besten des in Fig. 10 (Taf. IV) dargestellten *Cranienencephalometers* von A. Köhler. Derselbe besteht aus 3 biegsamen, leicht desinficirbaren Bandeisen, deren jedes eine Centimetereintheilung besitzt. Zuerst wird der sagittale Streifen genau nach der Kopfform zurecht gebogen und etwas von vorn und hinten zusammengedrückt, so dass er, leicht federnd und sich der Sagittallinie überall anschmiegend, dicht oberhalb der Nasenwurzel und dicht unterhalb der Protuberantia occipital. ext. festsitzt. Sodann wird von den beiden Querstäben, welche auf dem sagittalen hin- und hergeschoben werden können, der vordere derartig zurechtgeschoben und -gebogen, dass er beiderseits dicht vor und über dem Tragus festsitzt. in die hier fast immer fühlbare, beinahe genau dem oberen Rande des äusseren Gehörgangs entsprechende, kleine Vertiefung eingreift und den sagittalen Stab rechtwinklig schneidet. der hintere derartig, dass er den hinteren Rand der Pars mastoid. tangirt und dem vorderen Querstab parallel verläuft.

Sein Kreuzungspunkt mit dem Sagittalstab entspricht dem oberen Ende der Centralfurche (Taf. IV Fig. 8). Er liegt bei mittelgrossen und mittellangen Schädeln 2 Zoll hinter dem Kreuzungspunct des Sagittalstabs mit der vorderen Verticalen. Das untere Ende der Centralfurche liegt auf letzterer und zwar, wenn die vordere Verticale, von der vorher erwähnten kleinen Vertiefung dicht vor und über dem Tragus bis zum Sagittalstab gemessen, 16 cm lang ist, $5\frac{1}{2}$—6 cm über der erwähnten kleinen Vertiefung, ist sie 17 cm lang, entsprechend höher, ist sie 15 cm lang, entsprechend tiefer.

Verschiebt man also das untere Ende des schrägen Eisenstabes derartig, dass er den vorderen Querstab etwa $5\frac{1}{2}$—6 cm über dieser Vertiefung resp. über dem oberen Rand des äusseren Gehörgangs schneidet, so entspricht sein zwischen den beiden verticalen Querstäben gelegener Abschnitt dem *Sulcus centralis Rolandi. Die beiden Centralwindungen* verlaufen der Centralfurche parallel *und nehmen jede etwa einen Zoll auf jeder Seite des Sulcus Rolandi* ein (s. Taf. IV Fig. 11 (4 u. 5)).

2) Die Fossa Sylvii liegt in ihrem unteren Theil, also bevor sie sich in den kurzen aufsteigenden Ramus anterior und den längeren horizontalen Ramus post. theilt. an der lateralen Seite des Schädels entsprechend der Vereinigung des grossen Keilbeinflügels mit der Schuppennaht (Taf. IV Fig. 8). Ihr Ramus post. verläuft in seinem längeren vorderen Theil ziemlich horizontal. Der vordere verticale Querstab des Köhler'schen Cranienencephalometers wird von ihm 1 cm tiefer getroffen, als von dem unteren Ende des Sulcus Rolandi. Hinter ihrem Kreuzungspunkt mit dem hinteren Verticalstab des Cranienencephalometers steigt die Fossa Sylvii schräg nach hinten oben an und endigt kaum 1 Zoll weiter im Gyrus supramarginalis.

3) Das Centrum für die motorische Aphasie in der 3. Stirnwindung liegt zu beiden Seiten der untersten Theile der Coronarnaht, etwa da, wo diese von der Linea semicircular. gekreuzt wird (Taf. IV Fig. 8 ● ● ● ●).

4) Etwas weiter nach oben und hinten oberhalb der Linea semicircular. und nach hinten von der Coronarnaht liegt das *motorische Rindenfeld des Facialis* (Taf. IV Fig. 8 ○) *und Hypoglossus* (Taf. IV Fig. 8 ⊘).

5) Das Rindencentrum für die sensorische (acustische) Aphasie mit „Worttaubheit" (Taf. IV Fig. 8 X X X) liegt dicht unter dem Ramus post. der Foss. Sylv., zum Theil unter der Schuppe, zum Theil unter dem Scheitelbein.

6) Die Sehsphäre (Taf. IV Fig. 8 ■ u. Taf. IV Fig. 9 ■) liegt ober- und unterhalb der Hinterhauptsnaht unter dem oberen Theil des Hinterhaupts und dem unteren des Scheitelbeins.

7) Das Centrum für die sensorische Aphasie mit „Wortblindheit" (Taf. IV Fig. 8 und 9 ✛) liegt schräg nach vorn von der Sehsphäre unter dem Scheitelbein.

8) Das motor. Rindenfeld für die obere und untere Extremität liegt unter dem Scheitelbein unmittelbar hinter dem Tuber parietale (Taf. IV Fig. 8 ○ ● und Fig. 9 ○ ● ◡).

9) Das Centrum für die Muskel- und Hautsensibilität liegt weiter nach hinten und abwärts wie 8.

10) Zieht man eine Linie vom oberen Rand des Proces. zygomatic. zur Protuberantia occipit. ext. bez. vom unteren Rande der Orbita durch die Mitte des äusseren Gehörgangs, so liegt *der Sinus transversus* am Hinterhaupt dicht oberhalb, *das Kleinhirn* dicht unterhalb dieser Linie (s. Taf. IV Fig. 8).

XIII. Ueber die Lebensversicherung Ohrenkranker.

Da in Folge von Ohrenkrankheiten, wie S. 383—404 erörtert wurde, nicht selten der Tod eintritt, so ist es natürlich, dass bevor Jemand in eine Lebensversicherung aufgenommen wird, der Zustand seines Gehörorgans gründlich untersucht werden muss. Findet sich hierbei eine acute oder chronische Mittelohreiterung oder eine Otitis ext. diff. bei gleichzeitiger starker Verengerung des äusseren Gehörgangs oder Caries der knöchernen Wände des letzteren oder gar eine maligne Geschwulst des Ohres, so ist der Untersuchte auf Grund hiervon *abzuweisen*. Freilich ist es möglich, dass eine Otitis ext. diff. oder eine Mittelohreiterung ausheilt. Ist dieses geschehen und das Ohr schon seit einigen Monaten trocken, so steht nunmehr der Annahme des Antragstellers zur Lebensversicherung nichts mehr im Wege. War eine Perforation im Trommelfell zurückgeblieben, so muss die *Prämie erhöht* werden, da die Eiterung in solchen Fällen erfahrungsgemäss oft genug recidivirt.

Es scheint heute allgemein üblich zu sein, dass, wenn Jemand, der sein Leben versichern will, angiebt, früher in ohrenärztlicher Behandlung gestanden zu haben, die Versicherungsgesellschaft nunmehr von dem betreffenden Otiater ein Attest über den *damaligen* Zustand des Gehörorgans einholt und dieses ihrer Entscheidung zu Grunde legt. Ein solches Verfahren ist nach meiner Ansicht wenig zweckdienlich. Denn ein früher vorhandenes Ohrenleiden, welches die Abweisung des Patienten zur Folge gehabt hätte, kann *inzwischen geheilt* und andererseits kann ein solches Leiden, wenn es auch früher nicht bestand, *inzwischen aufgetreten* sein. Aus diesem Grunde hat nach meiner Meinung nur eine otiatrische Untersuchung des Ohres **unmittelbar** vor Abschluss der Lebensversicherung einen wirklichen Werth für die Gesellschaft. Eine solche ist übrigens für den geübten Specialisten sehr wenig mühevoll und zeitraubend.

XIV. Ueber die Beziehungen der Ohrenkrankheiten zu anderen Krankheiten und zu verschiedenen Krankheitssymptomen.

Krankhafte Affectionen des Gehörorgans sind nicht nur idiopathisch sehr häufig, treten vielmehr auch ungemein oft im Verlaufe anderer Krankheiten auf.

Die secundären Ohraffectionen werden, selbst wenn sie Schmerzen und Ohrgeräusche verursachen — sehr häufig fehlen solche subjectiven Beschwerden vollkommen und äussert sich das Ohrenleiden dann nur durch eine Herabsetzung des Hörvermögens, welche leider allzu leicht ganz unbeachtet bleibt — nicht selten ganz übersehen, weil die übrigen Krankheitserscheinungen die Aufmerksamkeit und das Interesse der Umgebung und des behandelnden Arztes zu sehr absorbiren. Es kann dieses um so eher vorkommen, als es sich hier oft um Kinder handelt, welche noch nicht im Stande sind, über den Sitz ihrer Schmerzen oder anderweitiger Beschwerden Angaben zu machen, oder auch um ältere Personen, welche hieran durch Benommenheit des Sensoriums gehindert sind.

Aus diesem Grunde ist es ganz besonders wichtig, dass der Arzt bei denjenigen Krankheiten, bei welchen das Ohr erfahrungsgemäss sehr häufig in Mitleidenschaft gezogen wird, auf den Zustand dieses Organs von selber achtet, damit er den richtigen Zeitpunkt für eine erfolgreiche Behandlung desselben nicht verpasst und sich hierdurch

einer Versäumniss schuldig macht, die nicht nur für das Gehör des Patienten, sondern auch für die Erhaltung seines Lebens verhängnissvoll werden kann.

Wir haben diejenigen Organ- und Allgemeinerkrankungen, bei welchen das Ohr mit Vorliebe afficirt wird und bei denen anscheinend ein ursächlicher Zusammenhang zwischen dem Ohrenleiden und der anderweitigen Erkrankung besteht, bei der Besprechung der einzelnen Ohrenkrankheiten bereits vielfach erwähnt. Es sind dieses, um kurz zu recapituliren, *die acuten und chronischen Affectionen der Nase, des Nasenrachenraums und des Rachens, ferner von den acuten Infectionskrankheiten Scharlach, Masern, Pocken, Diphtheritis, Typhus, Influenza, Cerebrospinalmeningitis, Mumps, von den chronischen Scrophulose, Tuberculose und Syphilis.*

Da die bei einzelnen dieser und einiger anderer Krankheiten auftretenden Ohrenleiden in ihren Erscheinungen manche Eigenthümlichkeiten aufweisen, so halte ich es für zweckmässig, dieselben hier nochmals einer zusammenhängenden Besprechung zu unterziehen, um so mehr, da es mir wünschenswerth erscheint, die Aufmerksamkeit der Aerzte, welche durch die übrigen Symptome der Allgemeinerkrankung häufig vollkommen absorbirt wird, hierdurch auf diese oft nur geringe und undeutliche Erscheinungen verursachenden, deshalb aber nicht weniger wichtigen Organerkrankungen ganz besonders hinzulenken. *Im Folgenden gebe ich daher eine kurze, auf Einzelheiten nicht näher eingehende, zusammenfassende Darstellung der Ohrenkrankheiten bei Typhus, Scarlatina, Diphtheritis, Masern, Influenza, Mumps, Pneumonie, bei Erkrankungen des Centralnervensystems, sowie bei Tuberculose, Syphilis und Diabetes, indem ich bezüglich ausführlicherer Details auf das bei der speciellen Pathologie und Therapie der hier vorkommenden Ohraffectionen Ausgeführte verweise.*[*)]

Ausserdem aber möchte ich an dieser Stelle nochmals hervorheben, dass Ohrenleiden öfter als man gewöhnlich glaubt, den Ausgangspunkt für andere Erkrankungen schwerster Art, nämlich für Meningitis purulenta, Hirnabscess, Sinusthrombose, Pyaemie und Septicaemie bilden, und dass der Causalnexus zwischen diesen, wenn auch nicht immer, so doch meist zum Tode führenden Krankheiten, welche S. 384—403 ausführlich besprochen wurden, und einem Ohrenleiden während des Lebens, ja sogar bei der Autopsie häufig genug nicht erkannt wird. *Nicht wenige Kranke, welche an hohem Fieber, Symptomen meningitischer Reizung oder Schüttelfrösten leiden, sterben mit der Diagnose „Typhus, Malaria" oder auch „Meningitis", ohne dass der behandelnde Arzt zu der Erkenntniss gelangt, dass es sich hier um einen pyaemischen oder intracraniellen Krankheitsprocess handelt, welcher durch eine* **Ohreiterung** *inducirt wurde. Da letztere selber mitunter nur sehr geringe Erscheinungen verursacht, ist dieses nicht weiter wunderbar. Aber gerade weil dem so ist,* **sollte es sich jeder Arzt zur Pflicht machen,** *in einem einschlägigen Fall die Ohren sachverständig untersuchen zu lassen. Es ist dieses um so wichtiger, als es sich hier ja nicht nur um Sicherung der Aetiologie und der Diagnose handelt, vielmehr bei richtiger Erkenntniss des zu Grunde liegen-*

---

*) *Die zu Affectionen der Nase, des Nasenrachenraums und des Rachens hinzutretenden Ohrenkrankheiten zeigen in ihrem Verlauf von den genannten, durch Erkältung entstandenen, keine erheblichen Abweichungen. Nur pflegen sie bei chronischer Erkrankung der genannten Höhlen häufiger zu recidiviren und sich hartnäckiger zu erweisen, was bei Stellung der* **Prognose** *berücksichtigt werden muss.*

den Leidens *durch Entleerung von etwa im Ohre oder auch bereits in der Schädelhöhle zurückgehaltenem Eiter* sehr wohl **therapeutische Erfolge** erzielt, mitunter die Patienten **vom Tode errettet** werden können.

Aus dem gleichen Grunde sollte eine **sachverständige** *Untersuchung der Ohren* **stets** *in solchen Fällen vorgenommen werden*, wo zwar noch keine intracranielle Erkrankung, keine Pyaemie oder Septicaemie besteht, wohl aber *Symptome, welche gleichfalls oft genug vom Ohre aus hervorgerufen werden, und für welche eine anderweitige zweifellose Ursache am Körper nicht aufgefunden werden kann.* Hierhin gehören *Fieber, Kopfschmerzen, Schwindel, Uebelkeit und Erbrechen.* Diese Krankheitserscheinungen sind in ihrer Beziehung zu Ohrenleiden in der allgemeinen Symptomatologie der letzteren (S. 105—109) bereits genügend besprochen.

Ueber das bei Ohrenkrankheiten häufige Vorkommen von *Facialislähmung*, über das seltenere von *Epilepsie, Eclampsia infantum und anderer Reflexneurosen* soll am Schlusse dieses Capitels noch Einiges mitgetheilt werden.

A. Ueber die Erkrankungen des Gehörorgans,

1) Bei Typhus abdominalis:

Bei diesem sind *leichtere Mittelohrcatarrhe und -entzündungen* mit serösem, schleimigem oder schleimig-eitrigem Secret *ziemlich häufig*, finden aber, insbesondere wenn sie, wie dieses oft der Fall ist, zunächst auffällige Störungen seitens des Gehörorgans nicht verursachen, meist erst in der Reconvalescenz Beachtung.

Seltener sind die *eitrigen perforativen Mittelohrentzündungen.* Bezold fand letztere bei 1243 Typhuskranken nur 41 mal, also nur bei 3.3% der Fälle. Ihr Eintritt fällt in der Regel in die *4. oder 5. Woche der Erkrankung.* Sie entstehen entweder durch directe Fortpflanzung der bei Typhus sehr häufigen einfachen oder diphtheritischen Rachenentzündungen auf das Mittelohr oder, indem letzteres durch aus dem Nasenrachenraum eindringende z. B. durch kräftiges Schnäuzen hineingeschleuderte septische Secrete inficirt wird, oder endlich durch von einer Endocarditis und Thromben des linken Herzens oder Eiterungsherden in der Peripherie ausgehende Embolieen in die Gefässe der Mittelohrschleimhaut. *Die Otitis med. acuta perforativa pflegt beim Typhus* **sehr heftig** *aufzutreten* und schwere subjective und objective Entzündungserscheinungen sowie starkes Fieber zu verursachen. Der Warzentheil ist häufig, mitunter schon von Anfang an, stark in Mitleidenschaft gezogen. Zuweilen finden sich auf der Paukenhöhlenschleimhaut croupöse Membranen, die man mitunter durch das Trommelfellloch hindurchsehen kann.

Die Eiterung dauert bei der typhösen Form der Otitis med. purul. acuta *meist länger* an als bei der genuinen; dennoch pflegt die Trommelfellperforation bei sonst gesunden Personen später wieder zu vernarben und das Hörvermögen zur Norm zurückzukehren.

Auch in schwereren Fällen mit Erkrankung des Warzentheils, mit Caries und Necrose des Schläfenbeins, mit Facialislähmung ist *Heilung nicht ausgeschlossen.*

Andererseits kann natürlich auch bei im Typhus entstandener acuter Mittelohreiterung sowohl vor wie nach Eintritt des Trommelfelldurchbruchs eine *lethale Folgekrankheit der Ohraffection* (Meningitis, Sinusphlebitis etc.) auftreten und *den Tod* herbeiführen.

Die Catarrhe sowohl wie die eitrigen Entzündungen des Mittelohrs sind beim

Typhus nicht selten mit peripherer oder centraler *Acusticuserkrankung* bez. Einwirkung des Typhusprocesses auf die Hörcentren vergesellschaftet und daher häufig mit *sehr hochgradigen Hörstörungen* verbunden. Letztere können indessen allmählich entweder vollkommen oder wenigstens theilweise verschwinden. In anderen Fällen bleiben sie bestehen.

Selbständig auftretende nervöse Schwerhörigkeit, in vielen Fällen wahrscheinlich durch centrale Veränderungen bedingt, findet man beim Typhus gewöhnlich schon im Beginn oder gar im Prodromalstadium.

Therapie: Um das Zustandekommen einer Mittelohrentzündung im Typhus zu verhüten, empfiehlt BRZOLD, falls das Allgemeinbefinden der Kranken es gestattet, die im Nasenrachenraum stagnirenden Secrete durch öftere Anwendung eines Zerstäubers oder öfteres Auswischen mit einem in antiseptische Flüssigkeit getauchten Schwamm zu entfernen und hierauf in das Cavum pharyngonasale Borsäurepulver einzublasen.

Im Uebrigen ist die Behandlung der typhösen Ohrerkrankungen dieselbe wie die der genuinen. Bei grosser Schmerzhaftigkeit des Warzentheils locale Blutentziehung, Eis bez. Jodanstrich, bei subperiostaler Eiterbildung Incision. SCHWARTZE empfiehlt für *alle heftigen Fälle* typhöser Mittelohrentzündung möglichst *frühzeitige Trommelfellparacentese*.

2) Bei Typhus recurrens:

Hier fand LUCMANN unter 180 Fällen 15 mal acute eitrige Mittelohrentzündung, die das gewöhnliche Bild darbot.

3) Bei Scarlatina und Diphtheritis:

Die Scarlatina ist diejenige Infectionskrankheit, welche *die meisten und schwersten Affectionen des Gehörorgans* zur Folge hat. Freilich beobachtet man auch bei ihr öfters *leichte Fälle von Ohrerkrankung* z. B. von acutem Mittelohrcatarrh oder acuter Mittelohreiterung, welche rasch und vollkommen geheilt werden können. *Andererseits aber kommen bei Scarlatina sehr häufig die* **bösartigsten** *Formen acuter* **Mittelohrentzündung** *vor, welche oft genug nicht* nur zu **totalem Verlust des Hörvermögens,** *sondern auch zum* **Tode** *führen*.

Ein Theil dieser Fälle ist *diphtheritischer* Natur, und werden wir die Zahl derselben um so grösser finden, je häufiger wir Gelegenheit haben, das Ohr schon im Beginn der Entzündung zu untersuchen, also zu einer Zeit, wo die diphtheritischen Membranen noch nicht abgestossen sind und die Erkrankung bereits das Aussehen einer einfachen suppurativen Entzündung angenommen hat.

In einem anderen Theil der schwereren Fälle aber handelt es sich nicht um diphtheritische, sondern um *rein eitrige* Entzündung, welch' letztere entweder von vornherein zu ungünstigem Verlauf tendirt oder anfangs ärztlicherseits nicht genügend beachtet worden ist.

Die diphtheritische Entzündung des Mittelohrs kommt beim Scharlach gewöhnlich durch Fortpflanzung des Processes von dem gleichfalls diphtheritisch erkrankten Nasenrachenraum aus zu Stande, seltener ohne eine solche als directe Aeusserung der scarlatinösen Allgemeininfection, eine Entstehungsart, die sowohl beim Scharlach wie bei anderen Infectionskrankheiten für manche Fälle von catarrhalischer, eitriger oder diphtheritischer Mittelohrentzündung sowie von Labyrintherkrankung eine grosse Wahrscheinlichkeit hat.

Die scarlatinöse Mittelohrerkrankung befällt nach HEXSCH *in manchen Epidemieen mehr als die Hälfte aller Scharlachfälle. Sie stellt sich* **gewöhnlich zur Zeit der Abschuppung,** *zuweilen aber auch schon früher* ein.

Die Mittelohrentzündung beginnt meist mit sehr heftigen *Schmerzen*, welche auch nach dem Eintritt der Trommelfellperforation in der Regel noch Tage lang anhalten, bei der diphtheritischen Form allerdings wegen der specifischen Anaesthesie der sensiblen Nerven zuweilen auch vollkommen fehlen können. Häufig verursacht sie vorübergehend eine erhebliche Zunahme der *Temperaturerhöhung* und der etwa bestehenden *Hirnsymptome*, sodass bei kleinen Kindern *Delirien, Convulsionen und Somnolenz* nicht selten beobachtet werden. Durch **rapiden Zerfall der Gewebe** entstehen bei der scarlatinösen Mittelohrentzündung auffallend schnell *ausgedehnte Trommelfelldefecte*. Schon in den ersten Tagen kann das ganze Trommelfell zu Grunde gegangen sein.

Bald nach Eintritt der Perforation sieht man bei der Ohrenspiegeluntersuchung, wenn es sich um einen *diphtheritischen Process in der Paukenhöhle* handelt, — häufig besteht auch bei vorhandener Nasenrachendiphtheritis nur *Hyperaemie oder Hämorrhagie im Mittelohr* oder auch *einfache resp. eitrige Mittelohrentzündung* — mitunter in der Paukenhöhle oder auch in der Tiefe des äusseren Gehörgangs *diphtheritische Membranen*, welche sich sowohl durch Ausspritzen des Ohres wie auch mit der Pincette nur schwer von ihrer Unterlage entfernen lassen. Letztere beginnt hierbei leicht zu bluten. Vor einer Verwechslung der diphtheritischen Membranen mit Fetzen macerirter Epidermis, welche übrigens nur Ungeübten begegnen kann, schützt die microscopische Untersuchung.

Der *Ausfluss* ist in den ersten Tagen nach Eintritt der Trommelfellperforation gewöhnlich gering, serös-eitrig, später nach Abstossung der diphtheritischen Membranen sehr abundant, häufig übelriechend, missfarbig oder blutig tingirt.

In manchen Fällen von diphtheritischer Mittelohrentzündung breitet sich der Process nach Zerstörung des Trommelfells nicht nur auf den äusseren Gehörgang, sondern auch auf die Ohrmuschel aus.

Die diphtheritische Mittelohrentzündung verläuft übrigens nicht selten auch ohne Perforation des Trommelfells und ohne Eiterung; und **es ist wichtig, sich stets gegenwärtig zu halten, dass bei Diphtherie schwere Alterationen im Cavum tympani, ja sogar Necrose der Labyrinthwand vorhanden sein können, wenn auch das Trommelfell nicht perforirt ist und relativ wenig verändert erscheint.** In der Regel besteht *Schwellung der Glandulae auriculares, submaxillares und cervicales*.

Oft gehen bei der scarlatinösen sowohl wie bei der scarlatinös-diphtheritischen Mittelohreiterung auch die *Gelenkverbindungen und Bänder der Gehörknöchelchen* durch *Schmelzung* zu Grunde, sodass letztere gelockert und exfoliirt werden können.

Ebenso kommt es hier *häufig sehr rasch* — nicht selten bereits in wenigen Tagen — zur *Caries und Necrose der Gehörknöchelchen und des Schläfenbeins*, welch' letztere durch Arrosion des Canalis Falloppiae *Facialislähmung*, durch Zerstörung der inneren Paukenhöhlenwand und Uebergang des Eiterungsprocesses auf das Labyrinth *totalen Gehörverlust* und durch Eröffnung der knöchernen Schädelkapsel sowie durch weitere Ausbreitung des Eiterungsprocesses vom Labyrinth aus *tödtlich verlaufende Meningitis, Hirnabscess oder Sinusphlebitis und Pyaemie* herbeiführen können.

Bei Labyrintheiterung treten *Schwindel und taumelnder Gang* auf, welche die Krankheit indessen gewöhnlich nur einige Monate überdauern.

Selbst bei günstigem Verlauf hält die Mittelohreiterung fast immer mindestens 2–3 Monate an, sehr häufig indessen wird sie *chronisch*. Im acuten Stadium zeigt das *Hörvermögen* meist eine bedeutende Herabsetzung, welche später allerdings zurückgehen kann. Oft genug aber bleibt *hochgradige Schwerhörigkeit*, mitunter gar *Taubheit* bestehen, welch' letztere, wenn sie in den ersten Lebensjahren eintritt und doppelseitig ist, zur *Taubstummheit* führt. Auf der anderen Seite giebt es auch Fälle, in denen trotz grossen Trommelfelldefects nach Ablauf der eitrigen oder diphtheritischen Mittelohrentzündung eine *recht gute Hörweite* erhalten bleibt. Immerhin aber sind die bei Scarlatina bez. scarlatinöser Diphtheritis auftretenden Formen der Otit. med. acuta perforativa, sowohl die diphtheritischen wie die eitrigen, im Ganzen auffällig *bösartig*, und ist ihre **Prognose** weit ungünstiger als diejenige der Mittelohreiterungen beim Typhus.

Mitunter kommt es bei Nasenrachendiphtheritis auch zur *Necrose der knorplighäutigen Tuba.*

Eine *diphtheritische Lähmung des Gaumensegels* beeinträchtigt die Ventilation des Mittelohrs (s. S. 232) und verursacht hierdurch hartnäckige Hyperämieen und Catarrhe in demselben. Die Mittelohrschleimhaut zeigt sich bei diphtheritischer Erkrankung stellenweise von einem Fibrinnetz durchzogen.

Das innere Ohr leidet beim Scharlach entweder durch Erhöhung des intralabyrinthären Drucks in Folge von Tubenabschluss bez. Auflagerung von Paukenhöhlenexsudat auf die Fenstermembranen oder durch entzündliche Veränderungen, welche hier sowohl selbständig wie als Folge der Mittelohrentzündung auftreten können, oder endlich, namentlich bei Diphtherie der Paukenhöhle, durch Zerstörung der Fenstermembranen und Ausfluss des Labyrinthwassers.

Bei Diphtheritis zeigt das Labyrinth häufig entzündliche Veränderungen. Hyperaemie, Blutextravasate in Folge von Thrombose und Necrose der Gefässe, eitrige Infiltration, Necrose sowohl des häutigen wie auch des knöchernen Labyrinths und die Producte entzündlicher Neubildung (Bindegewebe und Knochensubstanz). Verursacht wird die Erkrankung des Labyrinths ebenso wie die des Mittelohrs und der Pyramide bei Diphtheritis nach Moos durch Einwanderung von Streptococcen und Staphylococcen. In das Labyrinth gelangen dieselben nach ihm entweder durch die Blutgefässe oder aus dem Subarachnoidealraum durch den Aquäduct. cochleae oder endlich aus dem mit den Lymphgefässen der Nasenschleimhaut communicirenden Subduralraum durch die subduralen Spalten des Acusticus oder durch den Aquäduct. vestibuli. Necrotischen Zerfall und Neubildung neben einander findet man bei diphtheritischer Erkrankung des Ohres auch in den Markräumen des Schläfenbeinknochens.

Nicht oft genug kann hervorgehoben werden, wie wichtig es ist, in jedem Fall von Scarlatina oder Diphtheritis das Verhalten des Gehörorgans aufs Sorgfältigste zu überwachen. Gerade bei diesen Krankheiten entwickeln sich die Ohrcomplicationen oft ganz schleichend, ohne irgend welche auf das Ohr direct hinweisenden Symptome zu verursachen. Oft deutet auf Erkrankung desselben nur das Fortbestehen oder ein erneutes Auftreten von Fieber hin.

Ist das Ohr im Scharlach oder bei der Diphtheritis erkrankt, so suche man, *wenn irgend möglich, sofort specialistische Hülfe* nach. Denn wenn auch der Ohrenarzt hier nicht immer im Stande sein wird, den völligen Verlust des Hörvermögens zu verhüten, so wird es ihm bei *frühzeitiger* Consultation in der Mehrzahl der Fälle doch gelingen, Erkrankungen des Ohres noch zur Heilung zu führen, die bei anfänglicher Vernachlässigung einen ungünstigen Verlauf nehmen.

Die **primäre Rachendiphtherie** scheint seltener als die *scarlatinöse* mit Erkrankung des Ohres complicirt zu sein. *Freilich ist zu berücksichtigen, dass auch bei ersterer ebenso wie bei der scarlatinösen Form eine diphtheritische Mittelohraffection längere Zeit bestehen kann, ohne auffallende Symptome, wie Eiterung, Trommelfellperforation etc., hervorzurufen.* Mit Rücksicht auf diese während des Lebens latent verlaufenden und erst bei Untersuchung der Gehörorgane post mortem zur Kenntniss gelangenden Fälle, welche in Folge dessen sehr häufig übersehen werden, lässt sich über die absolute und relative Häufigkeit von Ohrcomplicationen bei primärer und scarlatinöser Diphtheritis faucium zur Zeit etwas Sicheres noch nicht aussagen. Am grössten dürfte die Gefahr, vollkommen unbeachtet zu bleiben, bei denjenigen Fällen sein, wo im Verlauf einer primären oder scarlatinösen Diphtheritis eine ohne jede Eiterung verlaufende diphtheritische Mittelohrentzündung auftritt, bei welcher das Trommelfell mitunter nur geringe Veränderungen, wie seröse Durchfeuchtung, Verwaschensein der Hammergriffcontouren oder Injection der Hammergriffgefässe zeigt und nicht perforirt erscheint, während im Cavum tympani schwere Veränderungen, ja sogar Necrose der Labyrinthwand vorhanden sein können.

Ueber die *Diphtheritis des äusseren Ohres* s. S. 159 u. 160.

Therapeutisch verordne man *zur Lösung der diphtheritischen Membranen* öfteres Anfüllen des Gehörgangs mit lauwarmem *Kalkwasser*. Hat dieses 15—20 Minuten eingewirkt, so spritze man das Ohr mit 3 %iger Borsäurelösung aus und insufflire eine geringe Menge von Borsäurepulver.

SCHWARTZE empfiehlt, um die ausgedehnten Zerstörungen des schallleitenden Apparates zu verhüten und etwaige heftige Schmerzen abzukürzen, *frühzeitige Vornahme der Trommelfellparacentese.*

Im Uebrigen ist die Behandlung der im Verlauf des Scharlachs oder der Diphtheritis auftretenden **Mittelohraffectionen** dieselbe wie die der genuinen (vergl. also S. 195, 205, 217, 238, 242, 264 u. 270).

Prophylactisch vermeide man bei Nasenrachendiphtherie, falls beide oder wenigstens ein Ohr noch gesund sind, *Einspritzungen in die Nase*, da durch Eindringen der Flüssigkeit in die Tuba Eust. leicht eine diphtheritische Erkrankung des Mittelohrs zu Stande gebracht werden kann. Statt ihrer verwende man zum Reinigen des Nasenrachenraums den in Fig. 1 (Taf. XX) abgebildeten *Zerstäubungsapparat.*

Bei im Verlauf der Scarlatina und der Diphtheritis aufgetretener **Labyrinthaffection** sind einerseits in *frischen* Fällen *Blutegel* und Application des *Eisbeutels* auf das Ohr, andererseits *subcutane Pilocarpininjectionen* empfohlen worden (s. S. 151 u. 152). Letztere können auch in *chronischen* Fällen noch versucht werden, sollen aber, wenn es das Allgemeinbefinden, speciell der Zustand des Herzens, welchen man durch Darreichung von Wein ja stärken kann, irgend gestattet, auch *möglichst frühzeitig* Anwendung finden.

4) Bei Masern:

Erkrankungen des Ohres sind bei Masern *recht häufig*, wenn auch wohl seltener als beim Scharlach, bei welch' letzterem die Pharyngitis eine constante Erscheinung ist. Sie bestehen in *Catarrh und Entzündung des Mittelohrs*, einfacher und perforativer, sowie in *Erkrankung des Labyrinths.*

Im Ganzen verlaufen sie günstiger als die Ohraffectionen beim Scharlach. Die schweren diphtheritischen Mittelohrentzündungen scheinen bei Masern überhaupt nicht vorzukommen.

Die **Otitis media** tritt nach Beobachtungen von TOBEITZ an 95 Fällen von Masernerkrankung meist *im Beginn* derselben *oder während des Desquamationsstadiums*, nach Anderen *mitunter sogar schon im Prodromalstadium* auf. Sie verläuft im Allgemeinen zwar milder als bei Scharlach, mitunter aber auch recht schwer, so zwar, dass sich aus ihr zuweilen, wenn auch freilich in der Regel nur in Folge anfänglicher Vernachlässigung bez. falscher Behandlung die schwersten Folgeerscheinungen entwickeln können.

Der Eintritt der Otorrhoe erfolgt nach Toɴᴇɪᴛz gewöhnlich symptomlos. nur selten unter erneutem Fieber. Unruhe und Schmerzen im Ohr und im Halse. Die Zeit desselben schwankte in den von ihm beobachteten 95 Masernfällen. von denen 35 mit Erkrankungen des Ohres und zwar mit Otitis media acuta complicirt waren. zwischen dem 7. und 26. Tage nach Ausbruch des Exanthems. 22 dieser 95 Fälle verliefen lethal, bei 19 derselben wurde durch die Autopsie eine Ohraffection nachgewiesen, welche sich indessen intra vitam nur 7 mal manifestirt hatte. In diesen 19 Fällen zeigte sich die Paukenhöhlenschleimhaut stets stark geröthet und geschwollen. auch wo während des Lebens Otorrhoe nicht bestanden hatte, oft bis zum Knochen zerstört, die Paukenhöhle selbst mit schleimig-eitrigen oder jauchigen Massen angefüllt.

Da in 2 Fällen, in denen der Tod schon am Tage des Exanthemausbruchs bez. 3 Tage später erfolgte, bereits auf beiden Seiten Otitis media bestand, ist Toɴᴇɪᴛz der Ansicht, dass es sich bei den Ohrcomplicationen der Masern um eine *primäre exanthematische Affection der Schleimhaut des Mittelohrs* handelt und dass die letztere ebenso wie diejenige des Respirations- und Digestionstractus und der Conjuctivae bulbi *schon vor dem Ausbruch des Hautexanthems* nicht etwa in Folge von Fortleitung des Nasenrachencatarrhs, sondern *selbstständig* erkrankt.

Unter 65 von Bʟᴀᴜ beobachteten Fällen von Ohrerkrankung nach Masern handelte es sich 12 mal um einen *einfachen acuten Mittelohrcatarrh*, 16 mal um eine *acute Mittelohreiterung*, 31 mal um *chronische Mittelohreiterung*, 12 mal um *Residuen chronisch entzündlicher Processe im Mittelohr*, 1 mal um *Diphtheritis des äusseren Gehörgangs und des Trommelfells* und 3 mal um *nervöse Schwerhörigkeit.*

Die **acuten Mittelohraffectionen** traten in Bʟᴀᴜ's Fällen *immer* im Desquamationsstadium ein. die Mittelohrentzündungen waren anfangs *stets* mit heftigen Schmerzen verbunden. Im Gegensatz zu Toɴᴇɪᴛz beobachtete Bʟᴀᴜ *niemals*, dass die *Otorrhoe*, wie dieses bei Scarlatina so oft der Fall ist. symptomlos eintrat.

Bei den **chronischen Mittelohreiterungen** wurden auch in denjenigen Fällen, wo Complicationen, wie Polypenbildung oder Caries. welch' letztere übrigens auch bei *acuten* Mittelohreiterungen masernkranker Personen beobachtet ist, nicht bestanden, *mehrfach sehr schwere Veränderungen* gefunden und zwar ausgedehnte Zerstörungen des Trommelfells, Verwachsungen desselben mit der Labyrinthwand, *fast totale Taubheit.*

Die bei Morbillen auftretenden **acuten Mittelohrcatarrhe** gelangen häufig. aber auch nicht immer zur vollständigen Heilung; vielmehr hinterlassen sie. wenn nicht rechtzeitig Luftdouche applicirt wird. gern Verwachsungen in der Paukenhöhle.

Ueberhaupt muss der gewöhnlichen und auch in vielen Lehrbüchern der Kinderheilkunde vertretenen Anschauung der meisten practischen Aerzte, dass die Ohrcomplicationen bei Masern stets harmlos sind und daher einer frühzeitigen specialistischen Behandlung nicht bedürfen, auf Grund von zahlreichen, in der otiatrischen Literatur mitgetheilten, anders lautenden Beobachtungen mit Entschiedenheit entgegengetreten werden. Kann doch jede eitrige Mittelohrentzündung, selbst eine genuine. die schwersten Folgezustände herbeiführen und nicht nur das Hörvermögen, sondern auch das Leben ernstlich gefährden. Natürlich aber wird dieses um so eher geschehen. wenn die Erkrankung anfangs vernachlässigt oder falsch behandelt wird.

5) Bei Influenza:

Bei an Influenza Erkrankten ist das Vorkommen *acuter Mittelohrentzündung* und zwar sowohl der einfachen wie der perforativen Form *ungemein häufig.*[*]) Während der im December 1889 und im Januar 1890 herrschenden Epidemie war die Zahl der acuten Mittelohrentzündungen in den meisten otiatrischen Ambulatorien durchschnittlich etwa 4 mal so gross als in den gleichen Zeitabschnitten früherer Jahre.

Die Ohrerkrankung kann schon in den ersten Tagen des Influenzaanfalls eintreten. In anderen Fällen stellt sie sich erst nach ein, zwei oder drei Wochen ein, sodass die Influenza selbst beim Beginn des Ohrenleidens mitunter schon vollkommen abgelaufen ist.

Bei der Mehrzahl der Kranken ist die Influenza-Otitis einseitig (unter 229 Fällen waren 187 mal das eine und nur 42 mal beide Ohren betroffen).

Sehr viel häufiger als andere Formen von Otitis media zeigt sie einen *hämorrhagischen Character, eine Tendenz zu Blutungen.* Letztere kommen bei ihr *sowohl im äusseren Gehörgang, wie am Trommelfell, wie auch endlich in der Paukenhöhle und dem Warzentheil* vor, natürlich durchaus nicht in allen Fällen, wohl aber entschieden häufiger als sonst bei der Otitis media acuta. In diesen Fällen von *hämorrhagischer Entzündung* findet man bei der *Ohrenspiegeluntersuchung* das *Trommelfell* dunkelblauroth oder blauschwarz, mitunter von stecknadelkopf- bis erbsengrossen Ecchymosen durchsetzt, in anderen Fällen an seiner Aussenfläche eine oder mehrere mit Blut gefüllte blaurothe Blasen von verschiedener Grösse, welche zuweilen auch auf den *Gehörgang* übergreifen. Mitunter findet man sie in letzterem isolirt vor. Bei der perforativen Form der acuten Mittelohrentzündung ist der *Ausfluss* häufig blutig; später aber wird er stets eitrig.

In einigen Fällen ist *mehrfache Durchlöcherung des Trommelfells,* in anderen totale Zerstörung desselben sowie *Luxation und Ausstossung des Hammers* nach necrotischer Zerstörung seiner Bänder beobachtet worden.

Die **subjectiven Symptome** zeigen in der Mehrzahl der Fälle von Influenza-Otitis eine *sehr grosse Heftigkeit.* Die *Schmerzen* sind meist ausserordentlich stark, strahlen häufig bis weit in die Umgebung des Ohres aus und halten nicht selten auch nach der spontanen oder künstlich herbeigeführten Trommelfellperforation noch Tage lang an. Desgleichen ist auch die *Schwerhörigkeit* oft eine sehr hochgradige. Mitunter bleibt auch sie ebenso wie die *subj. Gehörsempfindungen. Hyperaesthesia acustica* und eine *Otalgia nervosa* noch längere Zeit nach Ablauf der Entzündungserscheinungen bestehen.

Der **Verlauf** der acuten Mittelohrentzündung bei Influenza ist im Allgemeinen entschieden als ein schwererer zu betrachten als derjenige der gemeinen. Denn *besonders starke Betheiligung der Pars mastoid, an der Entzündung,* welche mitunter *in auffallend kurzer Zeit* zu den *ausgedehntesten Zerstörungen,* fistulösem Durchbruch ihrer Wände und zwar gewöhnlich mehrerer derselben mit consecutiven Senkungsabscessen an der Schädelbasis und unter den tiefen Halsmuskeln oder ausgedehnten Eiteransammlungen zwischen Knochen und Dura führte, *acute Caries,* die bei einigen Kranken sogar auf das Occiput übergriff, *Meningitis, Hirnabscesse, Sinusthrombose und Pyaemie* sind bei ihr *in ungewöhnlich grosser*

---

*) Sehr viel seltener als die acute Mittelohrentzündung ist bei Influenzakranken *Otitis ext. circumscripta und diffusa, Myringitis, Tubencatarrh, Otalgia nervosa und Erkrankung des Labyrinths* beobachtet worden.

Häufigkeit beobachtet worden, und stellen daher viele Autoren die während der letzten Influenzaepidemie beobachteten eitrigen Mittelohrentzündungen in Bezug auf Bösartigkeit jenen schwersten Formen acuter Mittelohrentzündung an die Seite, wie sie beim Scharlach und der Diphtherie mitunter zur Beobachtung gelangen. **Nach Ludewig dürfte nächst der Pneumonie die Otitis media die häufigste Todesursache Influenzakranker bilden, abgesehen vielleicht von den von Stirnhöhleneiterungen ausgehenden Meningitiden.**

Therapeutisch verfahre man bei der Influenza-Otitis ganz in derselben Weise, wie bei anderen Formen acuter einfacher und eitriger Mittelohrentzündung (s. S. 195 u. 205). Hinzuzufügen wäre diesbezüglich nur noch, dass man gegen die hier mitunter besonders heftigen und hartnäckigen Schmerzen, wenn *Blutegel, Eisblase* und event. *Paracentese* nichts oder nur wenig nützten, mit Vortheil *innerlich Antipyrin, Antifebrin oder Salipyrin* verabreicht hat. *Dass man bei Betheiligung des Warzentheils die Aufmeisslung nicht zu lange hinausschieben darf, ist im Hinblick auf die gerade bei der Influenza-Otitis häufigen, auffallend rapide sich entwickelnden umfangreichen Zerstörungen der knöchernen Mittelohrwände selbstverständlich.*

6) Bei Mumps (Parotitis epidemica):

Bei dieser pflanzt sich mitunter die Entzündung durch die Fissura Glaseri in die Paukenhöhle fort, ebenso wie sich auf diesem Wege umgekehrt bei Otitis med. purul. zuweilen eine Parotitis entwickelt. Es kann dieses besonders leicht bei Kindern vorkommen, bei denen die Fissura Glaseri stärker klafft als bei Erwachsenen.

Ausser durch *Mittelohrentzündung* kann aber bei Mumps das Gehör auch durch eine *Erkrankung des schallempfindenden Apparates* leiden.

In 21 von BLAU zusammengestellten Fällen von *nervöser Taubheit in Folge von Parotitis epidemica* war dieselbe 4 mal vor dem 10. Lebensjahre, 9 mal zwischen dem 10. und 20. Jahre, 4 mal zwischen dem 20. und 30. Jahre, 1 mal zwischen dem 40. und 50. Jahre aufgetreten. 13 mal war die Hörstörung ein-, 7 mal doppelseitig. Am häufigsten entstand sie zwischen dem 3. und 8. Krankheitstage, 2 mal erst während der Reconvalescenz am 15. Tage, mehrmals zu gleicher Zeit oder gar etwas früher wie die Parotisschwellung.

In manchen Fällen ist das einzige Symptom der *Labyrinthaffection* beim Mumps, die wahrscheinlich in einer serösen oder hämorrhagischen Entzündung des Labyrinths besteht, die *plötzlich auftretende und in wenigen Tagen complet werdende Taubheit,* in anderen treten noch *subj. Gehörsempfindungen, Uebelkeit, Erbrechen, Schwindel und taumelnder Gang,* selten Schmerzen im Kopf und in der Tiefe des Ohres und unbedeutendes Fieber hinzu. Schwindel und taumelnder Gang können Wochen und Monate lang anhalten. Die subj. Gehörsempfindungen dauern meist bis zum Lebensende, desgleichen fast immer auch, trotz aller therapeutischen Versuche, die Taubheit.

7) Bei Pneumonie:

Bei der catarrhalischen Pneumonie und der capillären Bronchitis der Kinder werden ebenso wie bei der croupösen Pneumonie nicht selten infectiöse Microorganismen durch die Hustenstösse in die Tuba hineingeschleudert und kommt es in Folge hiervon häufig zu *catarrhalischer oder eitriger Mittelohrentzündung.* Gewöhnlich treten diese Complicationen erst *in der 2. oder 3. Woche des Grundleidens* ein. *Tritt im Verlauf der genannten Lungenaffectionen bei Kindern von Neuem Fieber auf, so soll stets auch das Ohr untersucht werden, da Klagen über dasselbe im Kindesalter vollständig fehlen können.*

8) Bei Erkrankungen des Centralnervensystems und seiner Häute.

a) Bei der epidemischen Cerbrospinalmeningitis:

Dieselbe ist eine der häufigsten Ursachen *eitriger oder haemorrhagischer Labyrinthentzündung* (s. S. 293).

Bezüglich des Uebergangs des Entzündungsprocesses aus der Schädelhöhle in das Labyrinth und der verschiedenen Wege, auf welchen dieser stattfinden kann s. S. 293.

Zuweilen kommt es auch zu *catarrhalischer oder eitriger Entzündung der Paukenhöhle.*

Es ist beobachtet worden, dass sich der entzündliche Process nach Zerstörung des Ligament. annulare stapedis vom Labyrinth auf die Paukenhöhle verbreitete oder mit Umgebung des Labyrinths von der Schädelhöhle aus durch Fortsätze der Dura mater direct in das Mittelohr fortgeleitet wurde.

Eine Hörstörung kann im Verlauf der Meningitis cerebrospin. epidem. ausser durch eitrige Entzündung des häutigen Labyrinths oder der Paukenhöhle ferner noch durch *Erweichung bez. Verdickung des Ependyms des 4. Ventrikels, durch eitrige Infiltration und Erweichung des N. acusticus,* endlich durch *Einbettung desselben in Exsudat und spätere Schrumpfung des Nervenstamms* entstehen.

Das Vorhandensein einer Labyrinthaffection zeigt sich in manchen Fällen erst nach Ablauf, in anderen schon während des Bestehens der Cerebrospinalmeningitis.

Meist wird die *Taubheit* bereits in der 1. oder 2. Woche der Krankheit, selten erst mehrere Wochen oder Monate nach Ablauf derselben bemerkt. In letzteren Fällen zeigt sich Patient, nachdem er wieder zum Bewusstsein gelangt ist. — mitunter kommt es auch gar nicht zur Bewusstlosigkeit, vielmehr klagen die Kranken vor dem Eintritt der Hörstörung nur einige Tage lang über Abgeschlagenheit. Kopfschmerz und Nackensteifigkeit — *auf beiden,* sehr viel *seltener auf einem Ohre* ertaubt, von *Schwindel* geplagt und beim Gehen unsicher. Ist nur *ein* Ohr taub geworden, so ist das andere doch gewöhnlich sehr schwerhörig, meist sind *beide* gänzlich ertaubt. Erwachsene klagen in der Regel auch über *subj. Gehörsempfindungen,* Kinder seltener. Bei mehr als zwei Drittel der an Meningit. cerebrospin. epidem. ein- oder beiderseits Ertaubten bestehen am Anfang *Gleichgewichtsstörungen,* die allmählich an Intensität abnehmen und gewöhnlich im Laufe einiger Monate, selten erst nach mehreren Jahren verschwinden. Bei Kindern dauert der unsichere, schwankende oder taumelnde Gang *("Entengang")* länger an als bei Erwachsenen, bei welch' letzteren er mit dem *eines Betrunkenen* zu vergleichen ist. Sehr junge Kinder verlernen in Folge dessen mitunter, ohne gelähmt zu sein, wieder das Gehen. Zuweilen treten im Verlauf der Krankheit ausser Taubheit *ein- oder doppelseitige Sehstörung, Sprachstörung und Lähmungen in anderen Nervengebieten* auf.

Unter 64 von Moos beobachteten Fällen von Gehörstörungen nach epidemischer Cerebrospinalmeningitis befanden sich 53, bei welchen die Krankheit zwischen dem 1. und 10. Lebensjahre eintrat, 7, bei welchen dieses zwischen dem 10. und 20. und nur 4, bei welchen es zwischen dem 20. und 30. Jahre geschah.

Die Hörstörungen traten 11 mal in den ersten 3 Tagen der Krankheit, 17 mal zwischen dem 3. und 10. Tage und 15 mal zwischen dem 10. Tage bis zum 1. Monate ein.

Bei Labyrinthentzündung im Verlauf von *sporadischer Cerebrospinalmeningitis* ist die *Temperatur mitunter nur vorübergehend erhöht* und während längerer Zeiträume vollkommen normal, *was unter Anderem mit Rücksicht auf der Simulation beschuldigte taube Militärpersonen auch practisch von Interesse ist.*

Prognose: Dieselbe ist *ungünstig.* Zwar kommen Fälle vor, wo in der Reconvalescenz oder nach einigen Wochen die Taubheit auf einem oder beiden Ohren derartig abnimmt, dass Sprache in geringer Entfernung vom Ohre wieder verstanden wird; doch sind dieselben *sehr selten*. Auch ist die Besserung nach Politzer häufig nur *vorübergehend*, insofern das Sprachverständniss nach Monaten oder Jahren wieder verloren gehen kann. Treten bei Ertaubten in der Reconvalescenz subjective Gehörsempfindungen auf, so ist dieses als ein prognostisch *günstiges* Zeichen zu betrachten.

Therapeutisch ist empfohlen worden, sobald sich im Verlauf der Meningitis die ersten Zeichen einer Erkrankung des Gehörorgans bemerklich machen, eine *Eisblase* auf das Ohr zu appliciren und, wenn der Ertaubte bald nach Ablauf der Hirnhautentzündung in Behandlung kommt, die Resorption der Exsudate durch innerliche Verabreichung von *Jodkali* (0,5—2,0 pro die) oder *Jodammonium* (Ammon. jodat. 5,0. Mixt. gummos. 100,0. Sir. cort. Aurant. 15,0. M. D. S. 3 mal tägl. 1 Esslöffel), durch *subcutane Pilocarpininjectionen*, durch Einreibung einer *Jod-, Jodoform-* oder *Jodolsalbe* auf den Warzentheil, sowie endlich durch eine Trink- und Badecur in einem *Jodbade* anzuregen und zu befördern. *Gewöhnlich bleibt die Behandlung indessen gänzlich erfolglos; immer ist dieses der Fall, wenn die Taubheit schon über 3 Monate andauert.*

Kinder müssen, damit sie nicht taubstumm werden, fleissig im Sprechen unterrichtet werden, event. mit Zuhülfenahmenahme eines Hörrohrs.

b) Bei der genuinen Meningitis:

Hörstörungen kommen auch bei dieser vor, indessen sehr viel seltener als bei der epidemischen Cerebrospinalmeningitis.

Als *anatomische Ursache derselben* betrachtet man eitrige Entzündung des Ependyms und Erweichung des Bodens des 4. Ventrikels, sowie eitrige Infiltration, Verfettung und Schrumpfung der Hörnervenstämme.

Die *Taubheit* zeigt sich hier entweder bereits nach der Rückkehr des Bewusstseins in der 3.—8. Woche der Krankheit oder erst in der Reconvalescenz. Erwachsene werden selten, Kinder in der Regel ganz taub. Mitunter bessert sich das Gehör nach der Reconvalescenz bedeutend, um indessen nach Monaten oder Jahren wieder abzunehmen.

Die ertaubten Kinder behalten fast immer für Monate einen *unsicheren, taumelnden Gang*, schwerhörig gewordene Erwachsene *subjective Gehörsempfindungen*, welche oft bis zum Tode anhalten.

Zuweilen treten im Verlauf der Meningitis ausser der Hörstörung *ein- oder doppelseitige Blindheit, Strabismus und Lähmungen in anderen Nervengebieten* auf.

c) Bei acutem und chronischem Hydrocephalus internus:

Hier entstehen nicht selten *hochgradige, bleibende Hörstörungen*, häufige doppelseitige *Taubheit und Taubstummheit* in Folge von entzündlichen Veränderungen am Boden der Rautengrube, welche zu einer Erweichung und Schrumpfung der Acusticuskerne führen, bez. durch Druckatrophie der Acusticusursprünge und des Hörnervenstammes.

Eine bei acutem Hydrocephalus int. entstandene Taubheit kann sich nach Ablauf des Processes vollkommen *zurückbilden*. Unverxsrrxerxen beobachtete 2 Fälle von acutem Hydrocephalus, in denen bei intactem Bewusstsein bald Taubheit, bald Blindheit öfters am Tage *anfallsweise* auf kurze Zeit auftrat, und vermuthete als Ursache ein rasch vorübergehendes *Oedem in den Hor- und Sehcentren*.

d) Bei Herderkrankungen (*Encephalitis, embolische Erweichung, Hirntuberkel, Compression durch Exsudat nach Pachymeningitis haemorrhagica*):

Dieselben verursachen deutliche *Hörstörungen*, wenn sie den Stamm, die Kerne des Acusticus und die Verbindung des letzteren mit den acustischen Rindencentren im Schläfen-

27*

lappen befallen. *Es kommt nicht auf die Ausdehnung, sondern auf den Sitz des Krankheitsherdes an.*

Bei *Herderkrankungen in der ersten Windung des Schläfenlappens* und zwar fast stets des linken ist, wie S. 406 bereits erwähnt wurde, *„sensorische Aphasie"* (Wernicke) oder *„Worttaubheit"* (Kussmaul) beobachtet worden: die Kranken hören Gesprochenes, verstehen es aber nicht. Nach Starker kommt diese „Worttaubheit" auch bei Zerstörung der 3. linken Frontalwindung (der Broca'schen Sprachinsel) vor. Dieselbe tritt übrigens *mitunter nur vorübergehend* auf, sei es, dass sie durch *transitorische collaterale Kreislaufstörungen* bei der die häufigste Ursache der Aphasie bildenden *Embolie eines Astes der A. fossae Sylvii* oder durch eine geringe vorübergehende Laesion des einen Schläfenlappens bedingt ist, sei es, dass für den Schläfenlappen der einen Seite der andere vicariirend eintritt.

*α) **Bei Hirntumoren**:* Diese können *direct* durch Zerstörung der acustischen Centren, durch Compression oder Desorganisation des Hörnerven in seinem Stamm und centralen Verlauf und *indirect* durch die sie begleitende intracranielle Drucksteigerung, sowie durch die fast immer gleichzeitig bestehende chronische Meningitis der Basis, welche zu einer Neuritis descendens des Hörnerven führen kann, endlich durch Laesion des Trigeminus und Facialis, welche ihrerseits mitunter trophoneurotische Störungen im Mittelohr oder Paralyse der Binnenmuskeln hervorrufen, *Schwerhörigkeit oder Taubheit, subj. Gehörsempfindungen und Schwindel* erzeugen.

Die *Hörstörung*, welche meist *einseitig* ist — mitunter allerdings entsteht insbesondere bei Kleinhirntumoren durch Druck oder Ausbreitung der Geschwulst auf die entgegengesetzte Hirnhälfte auch *doppelseitige* Taubheit — kommt *am häufigsten bei Tumoren im hinteren Abschnitt der Hirn- und Schädelbasis* vor, sei es, dass dieselben von der Dura und Pia mater ausgehen, oder dass sie vom Gehirn gegen die Basis vordringen. Begleiterscheinungen sind *Eingenommenheit, Druck und Schmerz an der entsprechenden Kopfhälfte, Flimmern vor den Augen,* später deutliche *Reizungs- und Lähmungserscheinungen im Bereich des Opticus, der anderen Hirnnerven und der Stammganglien.*

Nach Politzer ist bei den durch Hirntumoren bedingten Hörstörungen die *Kopfknochenleitung* für die Uhr und seinen Hörmesser erst dann herabgesetzt, wenn dieselben sehr hochgradig geworden sind, während sie bei Labyrinthaffectionen, auch wenn dieselben nur eine mässige Schwerhörigkeit verursacht haben, bereits stark herabgesetzt oder ganz aufgehoben sein soll.

*β) **Bei Hirnapoplexie*** sind *Hörstörungen selten*, relativ am häufigsten nach Moos bei Haemorrhagicen im Pons und Cerebellum. Als Vorläufer der Apoplexie treten zuweilen *subj. Geräusche* auf.

*γ) **Bei Aneurysma der A. basilaris*** sind Hörstörungen häufig.

Bei krankhafter Disposition des Gehirns kann durch pathologische Veränderungen im Gehörorgane eine **Reflexpsychose** hervorgerufen werden, welche mit der Heilung des Ohrenleidens verschwindet. *Man soll daher bei Geisteskranken, welche am Ohre leiden, nicht versäumen, das letztere zu behandeln.*

e) Bei Tabes dorsalis:

Moure fand unter 53 Tabetikern 42, bei denen das Hörvermögen auf beiden, und einen, bei welchem es auf einer Seite herabgesetzt war. Er verlegt den Hauptsitz der Störung in das *innere Ohr.*

g) Bei Tuberculose:

Bei tuberculösen Individuen erscheinen *am Trommelfell* zuweilen gelbe oder gelbröthliche, stecknadelkopfgrosse, scharf umschriebene, leicht prominirende, härtliche *Knötchen*, welche wahrscheinlich *Tuberkel* sind. An diesen pflegen sich gleichzeitig oder schnell nach einander ganz kleine *Perforationen* zu bilden, welche zunächst von einander getrennt liegen, dann aber durch raschen ulcerativen Zerfall ihrer Ränder bald grösser werden und, mit einander confluirend, zur *rapiden Zerstörung* des im Uebrigen nur leicht getrötheten und geschwollenen, mitunter ganz blassen Trommelfells und zur *Eiterung* führen. Schwartze sah solche Zerstörungen des Trommelfells in den letzten Stadien der Phthise ohne Röthung und Schwellung der Paukenhöhlenschleimhaut und spricht in diesen Fällen von *primärer Tuberculose des Trommelfells.*

Häufiger findet man gleichzeitig oder wenigstens später eine *käsige Entzündung der Paukenhöhlenschleimhaut.* Letztere erscheint dann von grau- oder weissgelben Massen (verfetteten Eiterzellen und Detritus) sowie miliaren Tuberkeln durchsetzt. Bald tritt *geschwüriger käsiger Zerfall der Mucosa, Schmelzung des Bandapparats der Paukenhöhle und Caries oder Necrose der freigelegten Knochen* ein. Zuweilen findet man die Wände der Trommelfellhöhle und des Warzentheils von Schleimhaut völlig entblösst, wie am macerirten Knochen freiliegend. Die cariösen Zerstörungen betreffen mitunter nur die Oberfläche des Knochens, in anderen Fällen erstrecken sie sich weit in die Tiefe und vernichten den grössten Theil der Pyramide, wobei ein *Durchbruch in die Schädelhöhle, Meningitis tuberculosa, Hirnabscess, Sinusthrombose und Pyaemie* entstehen können. Sehr oft kommt es nicht nur zur Caries, sondern zu gänzlichem Verlust der Gehörknöchelchen mit Ausnahme der Steigbügelplatte. *Arrosion des Caroticanals und der Arterie* ist am häufigsten bei tuberculöser Caries beobachtet worden.

Bei längerer Dauer der tuberculösen Ohrerkrankung tritt auch eine reactive Entzündung ein, als deren Ausdruck Hyperplasie der knöchernen Gehörgangswände und Sclerose der knöchernen Mittelohrwandungen sowie des Warzentheils zu betrachten sind. Indessen überwiegt die zerstörende Macht des Krankheitsgifts nach STEINBRÜGGE stets die schützenden Erzeugnisse der productiven Entzündung, sodass eine Heilung nur ausserordentlich selten zu Stande kommt.

Tritt *cariöse Zerstörung des Canal. Fallop.* ein, so kann eine Entzündung der Nervenscheide, Tuberkelbildung innerhalb des N. facialis und Zerstörung desselben die Folge sein. Bei *cariösem Durchbruch der Labyrinthkapsel* erfolgt eine Zerstörung der labyrinthären Gebilde und bei längerer Dauer des Leidens mitunter Neubildung von Granulations-, Faser-, ja sogar Knochengewebe im Labyrinth. Die Tuberkelbildung kann sich bis in den Grund des Meat. audit. int. fortsetzen und auch die Nerven hierselbst befallen.

Die *Beschwerden* der Kranken bestehen bei der Mittelohrtuberculose am Anfang nur in einem *Gefühl von Verstopfung des Ohres* und in subjectiven *Gehörsempfindungen,* zu denen sich rasch hochgradige *Schwerhörigkeit* gesellt. *Schmerzen* sind meist nicht vorhanden oder doch ganz geringfügig; nur in seltenen, stets mit tiefgreifender Knochenaffection, die auf Warzentheil, Caroticanal, Canal. Fallopp., Labyrinth und Schädelhöhle übergreifen kann, verlaufenden Fällen sind sie sehr heftig und anhaltend.

Die Mittelohreiterungen tuberculöser Individuen sind nur dann als tuberculös anzusehen, wenn sich im Ausfluss Tuberkelbacillen finden. Freilich haben sich diese auch in unzweifelhaften Fällen von Mittelohrtuberculose mitunter nicht nachweisen lassen*). *Verdacht auf tuberculösen Ursprung einer Mittelohreiterung werden wir immer dann schöpfen müssen, wenn das Trommelfell multiple Perforationen zeigt und die die innere Paukenhöhlenwand bedeckende Schleimhaut rasch zu Grunde geht, sodass man bei vorsichtiger Sondirung den Knochen blossgelegt findet.* Die eitrige Mittelohrentzündung kann in jedem Stadium der Tuberculose auftreten, sei es, dass die Lungen oder auch andere Organe befallen hat. *Die Otitis media tuberculosa kann, wenn auch selten, das erste manifeste Symptom der Tuberculose sein, in einigen Fällen war sie der Vor-*

---

*) Nach VOLTOLINI liegt dieses vielleicht daran, dass bei entzündlicher Betheiligung des äusseren Gehörgangs der von diesem gelieferte Eiter das Resultat der Untersuchung trüben kann. Man soll daher nach V. zuerst den Gehörgang durch Ausspülen reinigen und $\frac{1}{4}$—$\frac{1}{2}$ Stunde später den Eiter direct aus der Paukenhöhle entnehmen.

läufer einer acuten Miliartuberculose. Häufig tritt sie erst in den letzten Lebenstagen auf.

Nach Steinbrügge ist nicht zu bezweifeln, dass Fälle von wirklicher primärer Tuberculose im Felsenbein vorkommen können, bevor in anderen Organen Tuberkelmaterie abgelagert ist. Indessen dürfte nach ihm die sichere Priorität der tuberculösen Erkrankung dieses Knochens in den meisten Fällen schwer festzustellen sein. In 3 Fällen von Caries des Felsenbeins, wo alle Zeichen von Lungenschwindsucht fehlten, fand Nathan in dem otorrhoischen Secret Tuberkelbacillen. Er nimmt hier eine den scrophulös-fungösen Gelenk- und Knochenleiden analoge Erkrankung des Gehörorgans an.

Obwohl wir Erkrankungen des Ohrs bei tuberculösen Individuen ziemlich häufig finden, so scheint es, als wenn die Bedingungen für wirklich tuberculöse Infection im Gehörorgan nicht günstig sind. Denn *meistens handelt es sich bei Tuberculösen nicht um zerstörende eitrige Processe im Ohre, die übrigens auch hier nicht immer tuberculös zu sein brauchen, sondern um Stauungshyperaemie oder catarrhalische Entzündungen und deren Folgezustände und zwar selbst in solchen Fällen, in denen der Nasenrachenraum geschwürig erkrankt ist.*

Nach Habermann erfolgt die Uebertragung der Tuberkelbacillen auf's Ohr wahrscheinlich nicht durch den Blutstrom, sondern durch die Tuba Eust., welche bei Phthisikern gewöhnlich sehr leicht durchgängig sei, und durch welche bei den verschiedensten Exspirationsbewegungen, namentlich beim Husten, Niesen und Schnäuzen, Partikelchen der Sputa in die Paukenhöhle geschleudert würden. Die Bacillen nisten sich nun in der Schleimhaut des Mittelohrs ein und veranlassen hier die Bildung von oberflächlichen Knötchen, miliaren Tuberkeln, welchen später andere in den tieferen Schichten und selbst im Knochen nachfolgen. Nach Moos können die Bacillen auch aus den Periostgefässen der knöchernen Tuba in die Paukenhöhle einwandern.

Ueber *tuberculöse Geschwüre am Tubenwulst und am Ost. pharyng. tubae* s. S. 257.

Ueber *tuberculöse Erkrankung des Warzentheils und des Schläfenbeins* s. S. 315 u. 325.

Die **Prognose** der Mittelohrtuberculose ist schlecht. Die Eiterung, welche gewöhnlich reichlich, rahmartig ist, zuweilen käsige Bröckel enthält, zäh in den Knochennischen festhaftet, meist auch den Warzentheil erfüllt, kann zwar sistiren, indessen bleibt der Trommelfelldefect gewöhnlich bestehen.

Therapeutisch verordnet man, so lange es eitert, Ausspülungen des Ohrs mit Borsäurelösung. Mitunter erweisen sich Insufflationen von Jodoformpulver heilsam. Besserung des Allgemeinzustandes z. B. durch längeren Aufenthalt im Süden kann auch das Ohrenleiden günstig beeinflussen.

10) Bei Syphilis:

Syphilitische **Primäraffectionen an den äusseren Ohrtheilen** sind ungemein selten, finden sich aber in der ohrenärztlichen Literatur verzeichnet. Der *Schanker* sass entweder an der Basis des Tragus oder am Ohrläppchen oder an der Hautbedeckung des Warzentheils. Die Infection geschah durch das Auslecken des Ohres seitens eines syphilitischen Individuums oder durch den Kuss eines solchen oder endlich durch den Gebrauch eines von einem Syphilitischen benützten Handtuchs.

Von **secundären Affectionen** kommen an der *Muschel* wie im *äusseren Gehörgang papulöse* resp. *papulo-squamöse* und *pustulöse Syphilide* vor bei gleichzeitiger Hautsyphilis an anderen Körperstellen, insbesondere an der Stirn- und Kopfhaut.

Die zu den papulösen Syphiliden gehörenden *breiten Condylome*, welche in der Tiefe des Gehörgangs sowie auch am Ohreingang und in der Muschel vorkommen können, stellen anfangs breite, röthliche oder braunrothe Erhebungen der Haut dar, welche zunächst mit intacter Epidermis bedeckt sind, später zu nässen beginnen, dann einen schmierigen, grauen, oft übelriechenden Belag zeigen und leicht bluten. Sie vergrössern sich allmählich und verlegen, wenn sie an verschiedenen Wänden des Gehörgangs sitzen, letzteren oft vollkommen.

Bei *ulcerösem Zerfall der Condylome*, durch welchen eine profuse, seröseitrige, fötide Secretion entstehen kann, sind zuweilen heftige ausstrahlende *Schmerzen* im Ohre vorhanden, welche bei Kieferbewegungen zunehmen. Bei starker Verschwellung des Meat. audit. ext. ist auch das Hörvermögen beeinträchtigt.

Die **Diagnose** basirt auf dem gleichzeitigen Bestehen anderweitiger syphilitischer Symptome an Genitalien, Haut, Rachen und Lymphdrüsen.

Die **Prognose** ist günstig. Die Condylome heilen bei entsprechender Behandlung *mit* oder *ohne* Narbenbildung. Nur selten bleibt eine *Verengerung des Gehörgangs* zurück.

Von **tertiären** Affectionen findet man an der *Muschel* wie im *äusseren Gehörgang Gummata*, welche bei ulcerösem Zerfall mehr oder weniger tiefgreifende Geschwüre mit speckig belegtem Grunde und steilen aufgeworfenen Rändern darstellen und zur Necrose des Knorpels führen können. Die Umgebung des Geschwürs kann in grosser Ausdehnung geröthet, stark geschwollen und druckempfindlich sein.

Therapie: Neben der stets einzuleitenden *Allgemeinbehandlung* (s. S. 426 u. 427) sind Condylome und Gummata immer auch local zu behandeln: Man reinige sie durch Ausspülen des Ohrs mit 1 °/$_{00}$iger Sublimatlösung und bepudre sie dann mit Calomelpulver, worauf man in den Gehörgang einen Tampon v. Bruns'scher Watte einführt. Statt des Calomels kann man auch weisse Präcipitatsalbe appliciren, welche auf den Gehörgangstampon gestrichen wird. Ist starker Zerfall vorhanden, so bestreue man die Ulcerationen mit Jodoformpulver. Bei ausgedehnten Zerstörungen touchire man den Grund energisch mit dem *Höllensteinstift* oder *Galvanocauter*. Die hierbei auftretenden sehr starken Schmerzen können durch vorherige Cocaïnisirung abgeschwächt werden.

Die syphilitischen Erkrankungen **des Mittelohrs** entstehen am häufigsten durch *Uebergreifen syphilitischer Affectionen des Nasenrachenraums*, secundärer sowohl wie auch *tertiärer*, auf die Tuba Eustachii.

In Folge hiervon kommt es zur Entstehung eines *acuten Mittelohrcatarrhs*, seltener einer *acuten perforativen Mittelohrentzündung*, welche im Allgemeinen keine anderen Erscheinungen darbieten als die entsprechenden nicht syphilitischen Affectionen.

Bei beiden pflegt allerdings in Folge der *häufigen Complication mit Labyrintherkrankung* bedeutende Schwerhörigkeit zu bestehen. Beide werden häufig *chronisch*.

Durch *syphilitische Infection mit dem Tubencatheter* sind ferner bereits mehrfach *primäre Schankergeschwüre am Ostium pharyngeum tubae* hervorgerufen worden, welche gewöhnlich mit intensiver Schwellung der Cervical- oder Submaxillardrüsen einhergehen und meist rasch zur Ausbildung starker Exantheme und der syphilitischen Allgemeininfection führen.

Ebenso wie die secundären und tertiären Ulcerationen können auch die primären eine *Strictur des Tubencanals* mit consecutiver Erkrankung der Paukenhöhle verursachen.

Im secundären Stadium der Lues kommt übrigens eine *chronische Eiterung* oder *Sclerose der Mittelohrschleimhaut* zuweilen auch ohne syphilitische Veränderungen im Rachen und Nasenrachenraum zu Stande.

Für Syphilis characteristisch scheinen nach Sierspaldung *chronische periostitische Entzündungen* der Felsenbeine und der labyrinthären Hohlräume zu sein, welche zur *Verdickung des Periosts*, zur Bildung von *Hyperostosen oder Excostosen* im äusseren

Gehörgang, an den Paukenhöhlenwänden, den Gehörknöchelchen, der knöchernen Tuba Eust., im inneren Gehörgang (mitunter mit consecutiver Lähmung des N. acusticus), zur Synostose des Steigbügels, zum knöchernen Verschluss des Foramen ovale und rotundum, zur *Osteosclerose* des Warzentheils und zur Verengerung bez. vollkommenen Obliteration der labyrinthären Räume führen können.

Bei inveterirter Syphilis, bei welcher die Kranken häufig durch complicirenden Mercurialismus oder Tuberculose zu necrotischem Zerfall der Gewebe besonders disponirt sind, findet man auch die Nerven und Ganglien des Labyrinths oft degenerirt oder zerstört und die Knochen theilweise necrotisch, und *zeigt das Gehörorgan oft die Residuen regressiver und progressiver Processe neben einander.*

Kirchner fand *bei tertiärer Syphilis* an den Gefässen der Paukenhöhlenschleimhaut Veränderungen, wie sie von Heubner an den Hirnarterien Syphilitischer beschrieben sind: *kleinzellige Infiltration der Gefässwände und ihrer Umgebung, sowie Verfettung und Pigmentirung der Endothelien.* An anderen Stellen war aus dem zelligen Infiltrat bereits Bindegewebe entstanden, welches zur *Sclerosirung und Obliteration der Gefässe* geführt hatte. Es bestand also sowohl an der Intima wie an der Adventitia eine Entzündung, welche allmählich eine bedeutende Verengerung bez. vollständigen Verschluss der Gefässe zur Folge hatte. Die Erkrankung des Periosts und der Gefässe der Paukenhöhle erklärt nach Kirchner das Auftreten *hartnäckiger Otalgie*, welches bei constitutioneller Syphilis selbst in solchen Fällen, in denen das Gehör noch nicht beeinträchtigt ist und wo die objective Untersuchung keine Veränderungen im Mittelohr nachzuweisen vermag, häufig beobachtet wird.

Auch schwere Fälle syphilitischer Mittelohrerkrankung, sei es, dass dieselbe in einem acuten oder chronischen Mittelohrcatarrh bez. Sclerose der Mittelohrschleimhaut, sei es dass sie in acuter oder chronischer Mittelohreiterung besteht, können bei energischer antisyphilitischer Allgemeinbehandlung (s. S. 426 u. 427) unter den auch sonst bei den genannten Ohrenleiden üblichen localen Maassnahmen zur Heilung gelangen.

Bei syphilitischer Mittelohreiterung empfehlen sich local *Ohrbäder mit alcoholischer oder wässriger Sublimatlösung.*

Gummata am Warzentheil sind selten. Pollack beschreibt ein solches. Die hühnereigrosse, diffus in die Schläfengegend übergehende, gegen ihre Unterlage nicht verschiebliche, teigige Anschwellung in der Gegend des Warzenfortsatzes drängte die Ohrmuschel fast rechtwinklig vom Kopfe ab. Dabei bestand auf der betreffenden Seite bedeutende Schwellung sämmtlicher Lymphdrüsen des Halses.

Die Diagnose wurde irrthümlich zuerst auf Periostitis des Warzentheils, und, als sich nach der Incision, die nur wenig Eiter entleerte, eine gelblich graue, leicht zerreissliche Masse aus der Wunde herausdrängte, auf Carcinom des Felsenbeins gestellt. Aufklärung schaffte erst die microscopische Untersuchung der Geschwulst, welche als Bestandtheile derselben Rundzellen ergab.

Nach innerlichem Gebrauch von Jodkali erfolgte Heilung.

Die *syphilitische Erkrankung des **Labyrinths*** tritt *bei erworbener Lues meist am Ende des secundären oder im Beginn des tertiären Stadiums* auf, mitunter als einziges Symptom der noch nicht erloschenen Syphilis *nach jahrelangem Bestehen* derselben, sehr viel seltener bald nach der primären Infection (in einem von Politzer beobachteten Falle bereits nach 7 Tagen) zugleich mit der secundären Haut- oder Halsaffection.

Das Mittelohr kann dabei vollkommen intact sein; in anderen Fällen besteht in demselben eine catarrhalische oder eitrige Entzündung syphilitischen oder auch nicht syphilitischen Ursprungs.

Die Diagnose wird mit ziemlich grosser Sicherheit auf *Labyrinthsyphilis* gestellt werden können, wenn bei gesundem äusserem und mittlerem Ohr bei einem Individuum, welches noch jetzt andere *Zeichen constitutioneller Syphilis* aufweist oder welches doch wenigstens früher luetisch erkrankt war, ohne dass ein Trauma unmittelbar vorausging, *plötzlich ein- oder doppelseitig hochgradige Schwerhörigkeit* entsteht, welche *äusserst rapid* innerhalb eines oder weniger Tage in vollkommene *Taubheit* übergeht, begleitet von *permanenten subj. Gehörsempfindungen*, die mitunter sehr heftig sind und nur selten vollkommen fehlen, gewöhnlich auch von *Schwindel* und insbesondere im Dunkeln bez. bei geschlossenen Augen deutlich hervortretendem unsicherem, *taumelndem Gang*, von *Uebelkeit* und oft auch von *Kopfschmerzen* vorzugsweise im Occiput, wenn hierbei die *Knochenleitung stark herabgesetzt* ist, d. h. also wenn tiefe Stimmgabeltöne (wie c oder A) vom Scheitel aus bei einseitiger Erkrankung im gesunden Ohre stärker percipirt werden als im kranken, bei doppelseitiger gar nicht oder doch nur abnorm schwach gehört werden, und wenn die Luftdouche das Gehör nicht merklich bessert.

Freilich könnte die Acusticuslähmung statt durch Labyrinthsyphilis auch durch intracranielle Erkrankungen, welche auf den Hörnerven einwirken, wie Erweichungsherde im Gehirn, Tumoren (Gummata) an der Basis, die aber relativ selten sind, basilare circumscripte Meningitis oder Pachymeningitis, chronische ossilicirende Periostitis des Felsenbeins mit zur Compressionslähmung des Hörnervenstamms führender hyperostotischer Verengerung des Meat. audit. int. verursacht werden; indessen müssten in solchen Fällen anderweitige Lähmungen oder Zeichen intracranieller Erkrankung' bestehen oder doch später hinzutreten.

Schwieriger wird es sein, die Labyrinthsyphilis in denjenigen Fällen zu diagnosticiren, wo auch das Mittelohr erkrankt ist, und ferner da, wo sich die Schwerhörigkeit langsam entwickelt hat.

Mitunter sind die Lymphdrüsen über dem Warzentheil stark geschwollen.

Auch *in Folge hereditärer Syphilis* entstehen öfters Labyrintherkrankungen. Dieselben treten nach Schwartze zwischen dem 6. und 18. Lebensjahre auf und führen nach ihm nur selten apoplectiform, vielmehr gewöhnlich in 6 — 8 Wochen zur *Taubheit*.

Als weitere Symptome des Leidens sind auch hier permanente *subj. Gehörsempfindungen* und *Gleichgewichtsstörungen* zu nennen. Mitunter treten auch *Uebelkeit, Erbrechen* und *Kopfschmerzen* auf.

Neben der hereditären *Labyrinthsyphilis* bestehen häufig *catarrhalische oder eitrige Erkrankung des Mittelohrs*, ferner *Hornhauttrübungen* als Residuen einer *Keratitis parenchymatosa chronica* oder tiefere Augenkrankheiten wie *Iritis syphilitica, Retinitis, Neuroretinitis*, oft auch die von Hutchinson beschriebenen *Veränderungen an den beiden oberen inneren Schneidezähnen*, deren freier Rand hierbei gezähnelt erscheint und allmählich ganz ausbrechen kann, woraus dann eine tiefe halbmondförmige Einkerbung hervorgeht, sowie luetische Affectionen der Nase etc.

Prognose: Dieselbe ist nach Politzer meist ungünstig, nach Schwartze bei der acuten Form der Labyrintherkrankung, wenn dieselbe nicht älter als sechs Wochen ist, günstig, bei der langsam entstehenden progressiven Form dagegen ungünstig.

Die Möglichkeit einer Besserung ist nach letzterem Autor auch in sehr veralteten Fällen nicht völlig ausgeschlossen.

Die Prognose, welche nach Schwartze bei einseitiger Erkrankung schlechter ist als bei doppelseitiger, richtet sich nicht immer nach dem Grad der Schwerhörigkeit. *Kann doch mitunter bei energischer antisyphilitischer Behandlung vollkommene Taubheit zur Heilung gelangen, während geringere Schwerhörigkeit unverändert bleibt und sich später noch verschlimmert.*

Bei hereditärer Labyrinthsyphilis ist eine entschiedene Besserung der Hörstörung ausserordentlich selten. Tritt eine Besserung ein, so erfolgt dieselbe meist allmählich, selten rasch.

Schädelerschütterungen können, selbst wenn sie geringgradig sind, eine auffallende Verschlimmerung herbeiführen.

Therapie: Wo der allgemeine Ernährungszustand es nicht durchaus verbietet, wie bei Tuberculose, Carcinomatose und ähnlichen schweren Dyscrasieen, soll eine energische *Schmiercur* eingeleitet werden:

Am 1. Tage werden beide Unterschenkel, am 2. beide Oberschenkel, am 3. beide Arme, am 4. Brust und Bauch, am 5. der Rücken mit je 3 g Unguent. hydrarg. ciner.*) eingerieben. Am 6. Tage nimmt der Kranke ein warmes Bad, in welchem die Haut mit grüner Seife sorgfältig abgewaschen wird. Am 7. Tage beginnen die Einreibungen in der genannten Reihenfolge wieder von Neuem. Tritt eine merkliche Besserung in etwa 14 Tagen nicht ein, so empfiehlt es sich, vorausgesetzt, dass Patient die Cur verträgt, die tägliche Dosis der grauen Salbe bis auf 6 g zu steigern. Aber auch bei sichtlicher Besserung der syphilitischen Erscheinungen ist eine solche Verstärkung der Einreibungen rathsam, wofern nicht etwa Symptome von Mercurialismus auftreten. In neuerer Zeit neigt man dazu, den Patienten täglich baden zu lassen, um desto grössere Quantitäten grauer Salbe (bis zu 8 und 10 Gramm) einreiben zu können.

Die Inunction geschehe in der Weise, dass der Kranke ein Salbenpäckchen in die Hohlhand nimmt und dasselbe unter gleichmässigem kräftigem Druck so lange langsam auf der Haut hin und her reibt, bis letztere nicht mehr schmiert, sondern trocken erscheint, im Ganzen etwa 20 Minuten. Behaarte Hautstellen sollen möglichst vermieden werden, weil sonst leicht ein mercurielles Eczem entsteht. Ist ein solches zu Stande gekommen, so darf man die erkrankte Stelle nicht wieder von Neuem einreiben. Pausirt man einige Tage, so heilt das Eczem unter Einfettung der Haut mit Borvaselin in der Regel rasch wieder ab. Bei manchen Menschen darf wegen des starken Haarwuchses Brust und Bauch überhaupt nicht eingerieben werden.

Nach Verbrauch von 30 Salbenpäckchen, also nach etwa 5 Wochen, kann man, wenn syphilitische Erscheinungen nicht mehr vorhanden sind, mit den Einreibungen aufhören.

Während der Schmiercur muss nach Schwartze jede Reizung des Acusticus möglichst vermieden und zu diesem Behufe nicht nur jedes laute Geräusch fern und die Umgebung absolut ruhig gehalten, sondern auch *um die Ohren und den ganzen Schädel ein Watteverband* gelegt werden.

Tritt ein günstiger Erfolg ein, so soll man die Cur nicht zu früh abbrechen, da derselbe sonst zuweilen nicht anhält.

Lässt sich eine Schmiercur aus äusseren Gründen nicht einleiten, so kann man durch *subcutane oder intramusculäre Injectionen von Sublimat***) *oder unlöslichen Quecksilbersalzen****), welche um die Entstehung von Abscessen zu verhindern, vom Arzte selbst unter antiseptischen Cautelen ausgeführt werden müssen, mitunter gleich günstige Wirkungen erzielen.

---

*) Rp. Unguent. ciner. 3,0—5,0
    d. tal. dos. ad chartam cerat. No. XII
    S. zum Einreiben nach Vorschrift.

**) Rp. Sublimat. 1,0
    Natr. chlorat. 5,0
    Aqu. destill. ad 100,0
    M. D. S. zur Injection
    täglich eine Pravaz'sche Spritze
    (im Ganzen 30—40 Spritzen).

***) Rp. Hydrargyr. salyic. 1,0   oder Rp. Hydrargyr. oxydat. flav. 1,0
    Paraffin. liquid. 9,0   Gummi arabic. 0,25
    M. D. S. zur Injection.   Aqu. dest. ad 30,0
    Alle 4—6 Tage eine Pravaz'sche   M. D. S. zur Injection.
    Spritze (im Ganzen 8—15).   Alle 6—8 Tage eine Pravaz'sche
                                   Spritze (im Ganzen 6—10)
                                   [etwas schmerzhafter als
                                   Hydrarg. salicyl.].

Ist die Anwendung von Quecksilber nicht statthaft, so verabreiche man *Jod-kalium in grossen Dosen* und zwar in minimo 2 g pro die, am besten in Selterswasser oder Milch. Ist hierdurch nach 8—10 tägigem Gebrauch kein Erfolg erzielt, so gehe man zu einer energischen *Zittmann-Cur* über. Bei letzterer trinkt Patient Morgens im Bett 300—500 warmes Decoct. Zittmanni fortius, Abends 300—500 warmes Decoct. Zittmanni mitius.

Während der Quecksilbercur darf Patient, um Speichelfluss, Stomatitis und Pharyngitis mercurialis zu vermeiden, nicht rauchen, muss stündlich mit *Sol. Kal. chlorici* 10 : 200 oder Liquor Aluminii acetici (1 Theelöffel auf 1 Glas Wasser) gurgeln und nach jeder Mahlzeit mit *Zahnpulver* und einer *reichen* Zahnbürste die Zähne sorgfältig putzen, insbesondere wenn er hohle und defecte Zähne hat.

Daneben verordne man reizlose, aber kräftige Kost und lasse Excesse in Baccho et Venere, sowie Erkältungen, zu welch' letzteren während der Inunctionscur eine besondere Neigung besteht, vermeiden. Im Winter sollen die Patienten wollene Unterbeinkleider tragen. Treten schwere Darmerscheinungen, blutige Diarrhöen etc. ein, so ist die Quecksilbercur zu unterbrechen.

In schweren Fällen soll neben der Schmiercur gleichzeitig eine Schwitzcur eingeleitet werden. Für letztere empfiehlt sich hier am meisten die Combination von Zittmann und Schwitzkasten (s. S. 152).

Politzer verordnet bei frischen Fällen als erste Cur *subcutane Injectionen von Pilocarpin. muriaticum* in steigender Dosis von 0.004 bis 0.012 pro die (s. S. 151) und erst, wenn diese nach 8—14 Tagen keine Besserung herbeiführen, die *Quecksilber- oder Jodcur.* Zur Unterstützung der Allgemeinbehandlung injicirt er *Jodkalilösung durch den Catheter* in die Paukenhöhle und empfiehlt die *Einreibung von Jodoform-, Jodol- oder Quecksilbersalben hinter dem Ohre.* In einigen Fällen, wo weder dieses noch die Allgemeinbehandlung das Gehör merklich gebessert hatte, sah er von dem Gebrauch einer *Trink- und Badecur in einem Jod- oder Schwefelbade* günstigen Erfolg.

Bei hereditärer Labyrinthsyphilis erzielte Schwartze nur ein einziges Mal einen vollkommenen und Jahre lang anhaltenden Erfolg und zwar durch Verordnung einer *Schwitzcur* und von *Jodeisen.* Ist die hereditäre Syphilis mit *Scrophulose* complicirt, so verordnet er Jod. 0,1. Ol. jecor. Aselli 60,0 2—6 mal täglich einen Theelöffel.

Knapp führte in einem Falle durch *Calomel* und *Jodkalium* vollkommene Heilung herbei. Zeissl empfiehlt in frischen Fällen Inunctionscur und Decoct. Zittmanni, bei nicht mehr progressiven Erscheinungen Jodpräparate, insbesondere *Ferrum jodatum.*

Daneben entsprechende Behandlung einer etwa gleichzeitig vorhandenen Mittelohraffection.

11) Bei Diabetes mellitus:

Bei diesem scheinen Complicationen seitens des Ohres relativ selten zu sein; indessen kommen sie vor. Insbesondere sind bei Diabetes mellitus *acute eitrige Mittelohrentzündungen* beobachtet worden, welche sich durch *einen ausserordentlich stürmischen Verlauf* auszeichneten, rasch zu *ausgedehnter Knochencaries* führten und nicht selten den *Tod* zur Folge hatten. Nach einigen Autoren handelt es sich in diesen Fällen *schwerer eitriger Mittelohrentzündung*, die von Anfang an einen ungewöhnlich stürmischen Verlauf, oft *sehr profuse Eiterung, Neigung zu starken Blutungen, frühzeitige Betheiligung des Warzentheils* zeigen und mitunter binnen Kurzem zu ungeheuren Zerstörungen führen, wahrscheinlich um *primäre Ostitis der Paukenhöhle und des Warzentheils* oder nur des letzteren allein.

Therapeutisch wäre hervorzuheben, dass nach der heutigen Ansicht, wenn sich die Mittelohrentzündung trotz antidiabetischer Diät und antiseptischer Local-behandlung nicht bessert und eine Indication für Aufmeisslung des Warzentheils vorliegt, letztere mit Rücksicht auf die Zuckerkrankheit nicht unterlassen werden soll. Knux räth sogar bei Otitis med. purul. diabetica mit profusem Ausfluss wegen der hier so häufigen ausgedehnten Zerstörungen im Inneren des Ohres den Warzentheil *stets* breit zu eröffnen, um dem reichlich abgesonderten Eiter freieren Ausfluss zu schaffen. Natürlich muss die Operation unter peinlichster Antisepsis vorgenommen und nebenbei der Diabetes rationell behandelt werden.

Epilepsie, Eclampsia infantum und andere Reflexneurosen in Folge acuter oder chronischer Erkrankungen des Gehörorgans

sind in der ohrenärztlichen Literatur wiederholt beschrieben worden, so z. B. ein Fall von Epilepsie, in welchem Berührung eines Ohrpolypen Schwindel, Herzklopfen, Uebelkeit, stärkerer Druck auf denselben einen vollständigen *epileptischen Anfall* hervorrief *und in dem die Epilepsie nach Entfernung des Polypen dauernd verschwand*, ferner ein zweiter, in welchem ein Ceruminalpfropf, vielleicht durch Druck auf den Tragus und Reizung des Ramus auricularis vagi, Ziehen im Kopf und Nacken, zeitweisen Schwindel und un-sicheren Gang, *unsagbares Angstgefühl, Herzpalpitationen*, die Empfindung, als ob das Herz still stehe, als ob es sich im Kreise drehe, hüpfe u. s. w., ausgelöst hatte, Be-schwerden, welche die mit einem compensirten Herzfehler behaftete Kranke bereits zu *Selbst-mordgedanken* geführt hatten und die *nach Entfernung des Cerumenpfropfs sofort vollkommen aufhörten*, sodann zwei Fälle von *Gehörshallucinationen*, welche durch einen Ceruminalpfropf bez. eine Otitis med. serosa verursacht und *durch Heilung der Ohr-affection gleichfalls beseitigt wurden*.

Man versäume es daher nicht, in derartigen Fällen die Ohren zu unter-suchen und event. zu behandeln, auch wenn directe Beschwerden von Seiten derselben nicht vorliegen, und thue dieses stets frühzeitig, da sich sonst in den Centralorganen bereits irreparable Veränderungen ausbilden können, welche auch bei Beseitigung des ursächlichen Ohrenleidens nicht mehr zurück-gehen. Dass *Reflexpsychosen (Gehörshallucinationen, Melancholie, Verfolgungs-wahn u. a.)* bei krankhafter Disposition des Gehirns durch pathologische Ver-änderungen im Gehörorgane hervorgerufen werden und mit der Heilung des Ohren-leidens vollkommen verschwinden können, ist öfters beobachtet worden *und soll man daher bei Geisteskranken, welche am Ohre leiden, nicht versäumen, das letz-tere zu behandeln.*

Dass beim Ausspritzen des Ohres mitunter *epileptiforme Anfälle* auftreten, wurde schon früher erwähnt. Bei manchen Patienten ist dieses bei jeder Aus-spritzung der Fall.

Facialislähmung in Folge von Ohrenkrankheiten.

Facialisparalyse ist als Folgezustand einer *chronischen Mittelohreiterung* eine sehr bekannte Erscheinung. Weniger bekannt ist es, dass sie, wenn auch viel seltener, so doch mitunter auch bei *acuter* einfacher und eitriger *Mittelohr-entzündung* und sogar bei dem ganz schmerzlos verlaufenden *acuten und chro-nischen Mittelohrcatarrh* vorkommt. Es ist von Wichtigkeit, dieses hervorzuheben, *damit in keinem Falle von Facialislähmung eine sachverständige Unter-suchung des Ohres unterlassen wird.*

XV. Krankheiten der Nase, des Rachens und des Nasenrachenraums.

Dieselben sind für das Ohr von grosser Wichtigkeit, weil dieses in seinem mittleren Abschnitt mit dem Nasenrachenraum communicirt, so dass sich Schleimhauterkrankungen des Cavum pharyngonasale direct auf die Mucosa der Tuba Eust. ausbreiten und Luftdruckschwankungen in demselben auf das Mittelohr fortpflanzen können.

In Folge des letzteren Umstandes findet man z. B. bei Verschluss der Nasenhöhle, wie sie durch Schwellung ihrer Schleimhaut und durch Tumoren in der Nase oder dem Nasenrachenraum nicht selten zu Stande kommt, häufig genug eine starke *pathologische Einwärtsziehung des Trommelfells.* Dieselbe ist darauf zurückzuführen, dass bei jeder Schlingbewegung in dem nach vorn abgeschlossenen Cav. pharyngonasale eine Luftverdünnung entsteht, die sich durch die Eustachische Ohrtrompete auf die Paukenhöhle fortpflanzt und hier, falls das Trommelfell nicht perforirt ist, eine *Aspiration* desselben nach innen bewirkt, ganz in derselben Weise wie bei dem TOYNBEE'schen Versuch, wo man bei mit den Fingern bis zum luftdichten Abschluss zusammengedrücktem Naseneingang eine Schlingbewegung macht. Während solche durch jede Schlingbewegung verursachten *Luftverdünnungen* im Nasenrachenraum die Druckverhältnisse im Mittelohr in sehr verhängnissvoller Weise beeinflussen, — bleibt ihre Einwirkung und die hieraus resultirende Einwärtsziehung des Trommelfells[*] doch so lange bestehen, als der Abschluss des Nasenrachenraums nach vorn andauert, — üben die bei Krankheiten der Nase und des Rachens gleichfalls sehr häufig, nämlich *beim Niesen, Schnauben, Räuspern und Würgen* vorkommenden starken *Verdichtungen* der Luft im Cav. pharyngonasale keinen so erheblichen Einfluss auf die Druckverhältnisse in der Paukenhöhle aus, weil die bei ihnen stattfindende Luftverdichtung im Mittelohr und die durch diese bewirkte Auswärtswölbung des Trommelfells gewöhnlich bei der nächsten Schlingbewegung wieder verschwindet, also immer nur kurze Zeit anhält.

Dagegen können die bei den Krankheiten der Nase und des Rachens in abnormer Häufigkeit vorkommenden Luftverdichtungen im Nasenrachenraum das Mittelohr insofern ungünstig beeinflussen, als bei ihnen die in den genannten Räumen befindlichen Infectionskeime besonders leicht in letzteres hineingeblasen werden können.

Dass die wegen Epistaxis vorgenommene hintere Tamponade der Nasenhöhle mit oder ohne Benützung von Liq. ferr. sesquichlorat. oft heftige Mittelohrentzündung zur Folge hat, indem der mit Blut durchtränkte Tampon einen sehr günstigen Nährboden für pathogene Microorganismen bildet, welche von ihm aus leicht in die nahe gelegene Rachenmündung der Tuba und dann weiter in die Paukenhöhle eindringen können, ist bekannt, und wird dieselbe daher in neuerer Zeit wenn irgend möglich vermieden. Indessen kann Nasenbluten auch ohne Tamponade zu Er-

---

[*] Eine Einwärtsziehung des Trommelfells wird bei Erkrankungen des Nasenrachenraums ausserdem häufig dadurch hervorgerufen, dass bei diesen das Ost. pharyng. tubae durch geschwollene Schleimhaut, adenoide Wucherungen, angesammeltes Secret u. s. w. verlegt und hierdurch, wie dieses S. 231 u. 232 näher ausgeführt wurde, die Paukenhöhlenventilation aufgehoben wird. Letztere leidet bei Erkrankungen des Nasenrachenraums mitunter auch durch die hier zuweilen vorkommende, durch entzündliche Infiltration der Nasenrachenschleimhaut bedingte Insufficienz der Tubengaumenmusculatur.

krankungen des Mittelohrs führen, wenn in das letztere Blut aus der Nase hineingelangt und hier eine Entzündung erregt. Ist die hintere Tamponade der Nasenhöhle mit dem Belloeq'schen Röhrchen unbedingt nöthig, so benütze man zu ihr stets stark antiseptisches Material (Jodoform- oder Jodolgaze).

Eine gleichfalls bekannte Thatsache, welche S. 432 noch eingehendere Besprechung findet, ist, dass die bei Krankheiten der Nase und des Nasenrachenraums vielfach Anwendung findende Nasendouche nur allzu oft zu Entzündungen des Mittelohrs Veranlassung giebt.

Da die Erkrankungen der Nase, des Rachens und des Nasenrachenraums aus den genannten Gründen ungemein häufig secundär eine Mittelohraffection zur Folge haben und den Verlauf einer bereits bestehenden in sehr wesentlicher Weise beeinflussen, so sollen die für das Ohr wichtigsten von ihnen hier **in aller Kürze** besprochen werden mit besonderer Berücksichtigung ihrer Behandlung. Von einer eingehenden Darstellung derselben sowie auch der hier in Betracht kommenden Untersuchungsmethoden muss ich Abstand nehmen, da eine solche die Grenzen dieses den Ohrenkrankheiten gewidmeten Buches überschreiten würde.

Bezüglich der Untersuchungsmethoden will ich nicht unerwähnt lassen, dass die einfache Besichtigung des Pharynx bei niedergedrückter Zunge oft genug gar nichts Pathologisches ergiebt in Fällen, wo der mit der Rhinoscopia posterior Vertraute mit Leichtigkeit eine erhebliche Erkrankung des Nasenrachenraums (Verdickung der Schleimhaut, adenoide Wucherungen, specifische Geschwüre etc.) auffindet.

Der acute Schnupfen (Rhinitis acuta).

Derselbe pflegt meist auch ohne Behandlung in einigen Tagen bis Wochen vorüberzugehen. In anderen Fällen kann sich eine chronische Rhinitis aus ihm entwickeln. Nicht selten pflanzt sich die Entzündung auf den Rachen, das Mittelohr, die Nebenhöhlen der Nase, den Thränennasengang und die Conjunctiva bulbi fort.

Therapie: In Fällen, wo bei jedem acuten Schnupfen Symptome einer Mittelohrerkrankung, Gefühl von Fülle und Druck im Ohre, geringe Schwerhörigkeit und subj. Gehörsempfindungen auftreten, ist es zweckmässig, den Patienten Zimmerruhe zu verordnen und ihnen den übermässigen Genuss alcoholischer Getränke, das Rauchen sowie den Aufenthalt in raucherfüllten Räumen zu verbieten. Insbesondere ist dieses nothwendig, sobald sich Schmerz im Ohre einstellt.

In vielen Fällen nützt ein *diaphoretisches Verfahren* (mehrere Tassen warmen Fliederthees, heisse Fussbäder oder Pulv. Doveri 0,5 vor dem Schlafengehen).

Bisner empfiehlt als Abortivmittel die Verabreichung von Atropin. sulfur. mit oder ohne Morphium *).

Um die Nasenathmung wieder herzustellen, verordnen Manche die Inhalation des HAGER u. BRANDT'schen *Riechmittels* **). Von diesem werden einige Tropfen auf ein Tuch oder 3—4 Bogen dicken Fliesspapiers gegossen und die aufsteigenden Dämpfe bei geschlossenen Augen alle 2 Stunden in die Nase aufgezogen. Die hierdurch erzielte Erleichterung ist indessen gewöhnlich eine rasch vorübergehende. Demselben Zweck dient ein *Schnupfpulver* von Cocain. muriatic. 0,2—0,4 oder Menthol 0,5; Magist. Bismuth. 10,0, das man 2—4 mal täglich aufschnupfen oder noch besser insuffliren lassen kann. Gleichfalls von Nutzen erweist sich nicht selten eine 2—4%ige *Cocainvaselinsalbe*, welche 3—4 mal täglich mittelst eines dünnen Glasstabes in die Nase eingeführt wird. Die eben angeführten narcotischen Medicamente mildern meist auch den oft vorhandenen Niesreiz und die übrigen abnormen Sensationen (Stirnkopfschmerz, Augenthränen etc.).

---

*) Rp. Atropin. sulfur. 0,0001—0,0003
    Morph. muriatic. 0,005—0,01
    Sacch. alb. 0,5
    M. f. pulv.
    d. tal. dos. No. V
    S. dreimal täglich ein Pulver.

**) Rp. Liquor. Ammon. caust.
    Acid. carbol. aä 5,0
    Spirit. vin. rectificat.
    Aqu. dest. aä 15,0
    M. D. S. Aeusserlich.

Den Naseneingang schütze man namentlich bei Individuen mit zarter Haut vor der Einwirkung des erodirenden Secrets durch *Einpinslung von Cold-cream oder Vaselin.*

Der acute Rachencatarrh (Pharyngitis catarrhalis acuta).

Diese Krankheit interessirt uns hauptsächlich in denjenigen Fällen, in denen der *obere* Theil des Pharynx entzündet ist, weil in solchen das Gehörorgan häufig in Mitleidenschaft gezogen wird.

Therapeutisch empfiehlt sich hierbei zunächst ein *diaphoretisches Verfahren* (s. S. 430). Führt dasselbe nicht baldigst zum Ziel, so lege man eine *Eiscravatte um den Hals* und lasse häufig *Eispillen schlucken.* Kann Patient ohne Beschwerden gurgeln, so verordne man 1—2 stündl. *Gurgelungen mit leicht alcalischen Wässern,* wie Emser Brunnen, 1—2%ige Lösung von Chlornatr., Natr. bicarbonic oder Kal. chlorat. (etwa eine Messerspitze dieser Salze auf ein Glas *kaltes* Wasser). Auch *leicht adstringirende und narcotische Gurgelwässer* sind anzurathen. Man verschreibe Tinctur. Ratanhiae, Tinctur. Catechu oder Tinctur. Pimpinell. 10,0 mit oder ohne Zusatz von Tinctur. thebaica 5,0 und lasse hiervon 20—25 Tropfen auf ein Glas Wassers zum Gurgeln verbrauchen.

Phlegmonöse Rachenentzündung.

Die in dem submucösen und interstitiellen Bindegewebe des Rachens und der Mandeln verlaufende Phlegmone verursacht beträchtliche Infiltration und ödematöse Schwellung und führt nicht selten zur Bildung von Abscessen besonders in den Mandeln und dem peritonsillären Gewebe. Es bestehen dabei heftige Schmerzen im Rachen, die durch jede Schlingbewegung ausserordentlich verstärkt werden. Nicht selten strahlen sie in's Ohr aus. Mitunter treten sie in letzterem sogar vorzugsweise auf, sodass der Verdacht einer Otitis entsteht.

Therapie: *Frühzeitige und energische Application intensiver Kälte (Eiscravatte, Eispillen).* Hierdurch werden die Schmerzen und die Entzündung am schnellsten gemildert. *Tritt dennoch eitrige Schmelzung ein,* was sich durch erhöhtes Fieber, Zunahme der Schmerzen, und stärkere Schwellung zu erkennen giebt, so applicire man *warme Breiumschläge auf die seitliche Halsgegend* und schreite, sobald im Rachen Fluctuation zu fühlen ist, sofort zur *Entleerung des Eiters durch breite Incision.* Da es sich meist um peritonsilläre Abscesse handelt, so macht man den Einschnitt nach CURAU am besten in der Mitte einer Linie zwischen der Basis der Uvula und dem letzten oberen Backzahn. Die Blutung hiernach ist meist unbedeutend. Zum Nachspülen eignet sich am besten 3%ige lauwarme Borsäurelösung (1 Theelöffel auf 1 Glas Wasser).

Der chronische Catarrh der Nase (Rhinitis chronica) und der chronische Catarrh des Nasenrachenraums.

a) Die hypertrophische Form:

Die Rhinitis chronica hypertrophica ist fast stets mit einer Pharyngitis chronica verbunden. Die Schleimhaut der Nase und des Rachens ist entweder in ihrer ganzen Ausdehnung gleichmässig oder an einzelnen Stellen besonders stark geschwollen. Die eitrige oder schleimig-eitrige Secretion ist meist sehr reichlich. Zuweilen ragen die stark hypertrophischen hinteren Enden der unteren, seltener der mittleren Muscheln weit in den Nasenrachenraum hinein. Die oft von zähen Schleimmassen umgebenen Tubenostien sind nicht selten verschwollen und durch Schleimhautwülste oder die hypertrophische Rachentonsille theilweise oder vollkommen verlegt.

Therapie: *Zur methodischen Entfernung des Nasensecrets* bedient man sich, abgesehen von dem einfachen häufigen Schnäuzen der Nase à la paysan, bei welchem abwechselnd zuerst das eine und dann das andere Nasenloch, nicht aber beide zugleich verschlossen werden, des v. TRÖLTSCH'schen *Zerstäubungsapparats* (Taf. XX Fig. 1), dessen Ausflussröhre man mehrere Millimeter bis Centimeter weit in den unteren Nasengang, ja sogar bis in den Nasenrachenraum einführen kann, oder der v. TRÖLTSCH'schen *Röhre zur regenartigen Schluckdouche* (Taf. XX Fig. 2), welche durch den unteren Nasengang eingeführt und dann mit einem Irrigator in Verbindung gesetzt wird, oder endlich der vom Munde aus hinter das Gaumensegel einzuführenden Schwartze'schen *Röhre zur Schlunddouche* (Taf. XX Fig. 3), bei welcher die mit dem Irrigator hinten eingespritzte Flüssigkeit vorn aus der Nase wieder abläuft.

Nur wo es mittelst dieser Apparate *nicht gelingt, das Secret zu entfernen, ist es gestattet, hierzu die* Weber'sche *Nasendouche zu benützen.* Bei dieser strömt die Flüssigkeit aus einem über dem Kopf des Patienten aufgehängten Irrigator in ein Nasenloch ein, und, da das von der Flüssigkeit an seiner oberen Fläche bespülte Gaumensegel sich an die hintere Rachenwand durch Reflexwirkung anlegt, nicht in den Schlund, sondern vielmehr aus dem anderen Nasenloch wieder ab. Der Schlauch des Irrigators soll an seinem vorderen Ende mit einem das Nasenloch nicht vollständig ausfüllenden Ansatz aus weichem Gummi armirt sein. Bei der Weber'schen Nasendouche dringt die Flüssigkeit zuweilen nicht nur in die Stirnhöhlen und verursacht hierdurch stundenlang anhaltenden Stirnkopfschmerz, sondern auch durch die Eustachische Ohrtrompete in die Paukenhöhle, wodurch mitunter acute Mittelohrentzündungen schwerster Form mit intensiven Schmerzen hervorgerufen werden können. In anderen Fällen verursacht das Eindringen der Injectionsflüssigkeit in die Paukenhöhle nur ein Gefühl von Fülle, nicht aber Schmerzen im Ohr.

Um derartige üble Zufälle zu vermeiden, unterrichte man den Patienten, wo die vorher erwähnten Methoden zur Entfernung des Secrets nicht ausreichen und die Weber'sche Nasendouche daher nicht umgangen werden kann, vorher *auf's Genaueste über die bei ihrer Anwendung zu beobachtenden Vorsichtsmassregeln.*

Dieselben bestehen darin, dass man den Druck der Flüssigkeit nicht stärker als durchaus nothwendig wählt. *Der Boden des Irrigators darf deshalb höchstens* $\frac{1}{2}$ *Meter über dem Naseneingang des Patienten liegen.* Letzterer darf *während des Einströmens der Flüssigkeit weder schlucken noch sprechen,* weil hierbei eine Erweiterung des Tubencanals stattfindet, soll vielmehr ruhig durch den Mund athmen, am besten bei herausgestreckter Zunge. Wird diese zurückgezogen, so muss die Einspritzung durch Verschluss des zu diesem Ende vorn mit einem Hahn versehenen Gummischlauchs sofort unterbrochen werden. *Die Flüssigkeit soll lauwarm* im Beginn 25—30° C. später allmählich noch etwas kühler genommen und, falls sich beim In- und Exspiriren die eine Nasenhälfte weniger durchgängig für den Luftstrom erweist als die andere, *stets in die engere Seite eingeleitet werden,* damit sie möglichst ungehindert auf der anderen abfliessen kann. Sind beide Nasenhälften wenig durchgängig, so vermeide man die Weber'sche Nasendouche ganz. Zu berücksichtigen ist diesbezüglich, dass mitunter nach Operationen im Nasenrachenraum eine vorher noch ziemlich gut durchgängige Nase auf einige Tage unwegsam werden kann. Solange dieses der Fall ist, setze man die Weber'sche Nasendouche aus. *Man richte den Flüssigkeitsstrahl* nicht etwa von unten nach oben, weil er sonst in die Stirnhöhle eindringt und lang anhaltenden Kopfschmerz verursacht, sondern *bei aufrechter Kopfhaltung horizontal von vorn nach hinten.*

Wo trotz genauer Beobachtung dieser Vorsichtsmassregeln von Seiten des Kranken, dem man die Weber'sche Nasendouche zur Selbstbehandlung nicht früher überlassen darf, als bis er den richtigen Gebrauch derselben vor unseren Augen demonstrirt hat, dennoch Wasser bei derselben in die Paukenhöhle eindringt, sei es, weil der Verschluss der Tuba abnorm schwach ist, letztere vielleicht sogar offen steht, oder weil das Cav. pharyngonasale abnorm eng bez. durch adenoide Wucherungen ausgefüllt ist, darf sie nicht wieder angewandt werden.

Bei Kindern in den 3 ersten Lebensjahren soll sie nach Gené niemals Anwendung finden, da die Flüssigkeit hier durch die relativ weite, kurze und mehr horizontal verlaufende Tuba besonders leicht in die Paukenhöhle eindringen, ausserdem aber während einer Inspiration auch in den Kehlkopf gelangen, und hierdurch Erstickungsnoth, Glottiskrampf, ja selbst der Tod eintreten kann. *Nach meiner Meinung sollte der Gebrauch der* Weber'schen *Nasendouche bei Kindern so lange ganz unterbleiben, als dieselben noch nicht verständig genug sind, um die vorher angegebenen sehr wichtigen Vorsichtsmassregeln bei ihrer Anwendung zu begreifen und sorgfältig zu beobachten.*

Ganz ausgeschlossen ist das Eindringen von Flüssigkeit in die Paukenhöhle übrigens auch bei den Spray- und Brauseapparaten nicht. Freilich ist es hier viel seltener. Nach Schwartze's Erfahrungen kommt dasselbe bei seiner vom Schlunde aus einzuführenden Röhre und bei dem v. Tröltsch'schen Sprayapparat niemals vor. Umanxuzarsch dagegen hat es bei letzterem ein Mal beobachtet. Der grösseren Sicherheit wegen verbiete man dem Patienten dennoch auch hierbei, während die Flüssigkeit einströmt, das Schlucken.

Nach der Ausspülung der Nase, nach welcher Methode dieselbe vorgenommen sein mag, und ebenso nach dem Aufziehen von Flüssigkeit darf sich der Patient nicht schnäuzen, weil hierbei noch zurückgebliebene Flüssigkeit in die Paukenhöhle geblasen werden könnte. *Ebensowenig darf unmittelbar darauf die Luftdouche applicirt werden. Auch soll sich Patient nicht gleich nachher dem Zuge oder kalter Witterung aussetzen*, weil der Catarrh sonst stärker werden kann. Am besten geschieht die Ausspülung Abends vor dem Schlafengehen.

Injicirt werden sowohl mittelst des Spray- und Brauseapparats, wie auch mittelst der Weber'schen Nasendouche am besten *1—2%ige Lösungen von Natr. chlorat. oder Natr. bicarbonic.*[*]), sowie $\frac{1}{2}$*%ige Lösung von Natr. carbonic.*[**]).

Die *Menge der anzuwendenden Spülflüssigkeit* richtet sich nach der Beschaffenheit des Secrets, das entfernt werden soll. Ist dasselbe schleimig-eitrig, so genügen geringe Mengen ($\frac{1}{2}$—1 Liter), ist es dagegen eingetrocknet, so muss man mitunter 2—3 Liter und noch mehr durchfliessen lassen. *Im Beginn nehme man die medicamentösen Lösungen zum Ausspülen der Nase und des Nasenrachenraums möglichst schwach*, weil sonst leicht unangenehmer Niesreiz und Thränen der Augen auftritt, *und fange mit kleinen Mengen an*, um den Patienten erst an die Durchspülung zu gewöhnen. Ausserdem lasse man *mit den genannten alcalischen Lösungen nach jeder Mahlzeit gurgeln*, um etwaige festsitzende Speisereste zu entfernen. Wo die nasse Reinigung aus den oben angegebenen Gründen nicht anwendbar ist, muss man Nase und Nasenrachenraum *auf trockene Weise* zu reinigen suchen. Hierzu bedient man sich eines Wattestäbchens, das für den Nasenrachenraum die in Fig. 3 (Taf. XX) dargestellte Krümmung besitzen muss.

Bei Kindern, die weder gurgeln noch schnauben können, befördert man flüssiges Secret durch Lucae's *trockene Nasendouche* (s. S. 65) mitunter leicht aus Nase und Rachen heraus.

Ist das Secret entfernt, so *insufflire* man 1 mal täglich, während Patient phonirt, eine Messerspitze eines *Pulvers aus Borsäure oder aus Acid. bor. 2,0: Aluminium acetico-tartar. 1,0* in die Nase, wobei man den Pulverbläser horizontal halten soll. Bei geringfügigeren, noch nicht zu alten Veränderungen kann hierdurch mitunter Heilung erzielt werden.

Wirksamer ist die Application von *Höllensteinlösung* auf die Nasenschleimhaut. Man führe festgedrehte dünne, mit 2—10%iger Höllensteinlösung getränkte, nicht tropfende Tampons aus v. Bruns'scher Watte, deren Länge derjenigen der Nasengänge entsprechen soll, mittelst einer Pincette, entweder in den mittleren oder unteren Nasengang oder auch in beide ein, nachdem man die Oberlippe und den Naseneingang mit Jodkalisalbe bestrichen hat, um eine Schwarzfärbung dieser Theile zu verhüten. Sodann wird die Nasenöffnung mit einem trocknen Wattekügelchen fest verschlossen und durch wiederholtes Zusammendrücken der Nasenflügel die Flüssigkeit über die Schleimhaut vertheilt. Die Wattebäusche sollen so lange liegen bleiben, bis eine stärkere Secretion der Schleimhaut oder stärkerer Niesreiz eintritt, gewöhnlich 5 Minuten. Anfangs behandelt man in dieser Weise abwechselnd immer nur eine Seite, später beide gleichzeitig. Die Wiederholung soll erst nach Abstossung des Schorfs stattfinden, also durchschnittlich nach 1—2 Tagen.

Hypertrophische Schleimhautpartihien, welche die Obstruction der Nase bedingen, sind, falls die vorher erwähnte mildere Therapie nicht zum Ziele führt, nach vorheriger localer Anaesthesirung durch wiederholtes Bepinseln mit 10—20%iger wässriger Cocaïn-[***]) oder 30—50%iger alcoholischer Mentholösung operativ zu entfernen. Unter den letzteren empfehlen sich am meisten die Chromsäure und die Trichloressigsäure. Die *Chromsäure* wird, wie S. 126 beschrieben ist, an eine Sonde angeschmolzen; indessen muss für die Nase ein 1—2 cm langes Stück am vorderen Ende der Sonde mit der Säure armirt werden. Vor der Application schabe man die Chromsäure an denjenigen Seiten des Instruments, welche die nicht zu ätzenden Partihien der Nase berühren könnten, ab. Auf die vorher schon cocaïnisirte Schleimhaut reibe man mit der Sonde das Aetzmittel fest ein und führe darauf sofort einen längeren Wattetampon in die Nase, um die überschüssige Chromsäure aufzunehmen. Oefters ist es nothwendig, nach 8—14 Tagen die Aetzung zu wiederholen. Die *Trichloressigsäure*, welche keine so starke reactive Entzündung hervorruft wie die Chromsäure, wird nach vorausgegangener Cocaïnisirung der Schleimhaut am besten mittelst eines kleinen, flachen, stumpfen

---

[*]) 2 bis 4 Theelöffel auf 1 Liter Wasser.

[**]) $\frac{1}{2}$ Theelöffel auf 1 Liter Wasser.

[***]) *Das Cocaïnisiren* geschieht am besten, indem man ein etwa erbsen- bis bohnengrosses Wattekügelchen mit der Cocaïnlösung tränkt, mit der Pincette fasst und die zu ätzenden Schleimhautpartihien energisch damit bestreicht, um das Kügelchen dann noch 3 bis 5 Minuten auf der zu anaesthesirenden Schleimhaut liegen zu lassen.

Löffelchens (Fig. 4 Taf. XX), in welches man einige Krystalle derselben hineinlegt, auf die zu ätzenden Stellen aufgetragen und mit demselben fest eingerieben. Sodann wird ebenfalls zur Aufsaugung der überschüssigen Säure ein Wattetampon in die Nase eingeführt. Eine etwa nothwendige Wiederholung der Aetzung soll nicht vor 8 bis 14 Tagen stattfinden.

Die Aetzung mit Chrom- oder Trichloressigsäure ist aber im Allgemeinen nur dann von Erfolg, wenn die Schleimhautschwellung auf Cocaïnbepinslung zurückgeht. In anderen Fällen ist man meist genöthigt, zur Galvanocaustik zu greifen.

Bei diffusen Schwellungen der unteren und mittleren Muschel kann man mittelst eines Spitzbrenners entweder die hypertrophischen Theile mehrfach sticheln oder in dieselben mit der Spitze des Brenners unter starkem Druck 1—3 parallel verlaufende tiefe Furchen ziehen. Auch kann man mit einem sehr langen Spitzbrenner am vorderen Ende der Muschel tief in das cavernöse Gewebe hineinstechen, ihn submucös bis an das hintere Ende der Muschel vorschieben und ihn nun hebelnd einige Male hin- und herführen. Beschränkt sich die Schwellung auf das hintere oder vordere Ende der Muschel, so thut man am besten, dasselbe mit der galvanocaustischen Schlinge zu entfernen, wobei, um eine stärkere Blutung zu vermeiden, darauf zu achten ist, dass das Durchschneiden langsam geschieht und der Draht nur rothglühend wird.

Statt der Galvanocaustik kann man auch die *kalte Schlinge* benützen; indessen verursacht diese eine noch stärkere Blutung.

Der meist gleichzeitig bestehende *chronische hypertrophische Retronasalcatarrh* wird, nachdem das Secret aus dem Cav. pharyngonasale entfernt ist, durch *Einpinseln von 3°/₀iger, 5°/₀iger oder 10°/₀iger Höllenstein- oder 2—4°/₀iger Chlorzinklös.*[*]) mittelst eines passend gebogenen, nicht tropfenden Nasenrachenpinsels behandelt. *Man beginne stets mit der schwachen Lösung* und gehe erst dann zu stärkerer über, wenn sich nach dieser kein deutlicher Erfolg zeigt. Die Einpinslung ist *jeden zweiten Tag* zu wiederholen. Abwechselnd mit derselben kann man auch *Insufflationen von Borsäure oder Acid. boric. 2,0; Aluminium acetico-tartar. 1,0* vornehmen.

Ausserdem muss man bei dieser Affection das *starke Rauchen, alcoholische Getränke und stark gewürzte reizende Speisen verbieten.*

Granulationen an der hinteren Pharynxwand, wenn sie Beschwerden machen, — um dieses zu ermitteln, berühre man sie mit der Sonde und prüfe, ob hierdurch Schmerz, Kitzel oder Hustenreiz ausgelöst wird, — sind, nachdem die Schleimhaut vorher gut cocaïnisirt ist, entweder mit Chromsäure oder mit dem Galvanocauter zu *ätzen.* Dabei ist es zweckmässig, dass der Patient die Zunge selber mit dem Spatel herunterdrückt und der Arzt, um keine Nebenverletzungen zu machen, das Velum mit dem Gaumenhaken nach oben und vorn zieht. Man entferne in einer Sitzung nicht mehr als 2—3 Granula. Nach der Operation tritt gewöhnlich nur eine mässige Erschwerung des Schlingens, zuweilen spontaner Schmerz oder, wenn auch selten, leichtes Fieber ein. Ist dieses der Fall, so muss man jede locale Behandlung aussetzen und Eispillen schlucken lassen, bis der Schmerz und die reactive Entzündung wieder vollkommen geschwunden ist.

b) Die atrophische Form:

Auch bei dieser ist Nasen- und Rachenschleimhaut gewöhnlich zusammen erkrankt. Bei längerem Bestehen des Processes ist meist die gesammte Schleimhaut atrophisch, während im Beginn namentlich in der Nase atrophische und hypertrophische Partieen mit einander abwechseln. Häufig ist die atrophische Rhinitis fötid und heisst dann *Ozaena.* Die atrophische Schleimhaut ist blassgelb oder blassroth, verdünnt und zeigt im Pharynx häufig einen firnissartigen Glanz, sodass sie wie lackirt aussieht. Sie ist entweder mit frischem grünlich-gelbem eitrigem Secret oder, da dieses wasserarm ist und leicht eintrocknet, mit glänzenden gelben oder grünlich-gelben, nicht selten durch Beimengung von Blut braunrothen, festhaftenden Borken bedeckt. In Folge des atrophischen Processes, der im weiteren Verlauf nicht allein die Schleimhaut, sondern auch die unter derselben gelegenen Gewebe betrifft, erscheint sowohl die Nasenhöhle, wie das Cav. pharyngonasale abnorm weit, sodass die Rhinoscopia posterior in solchen Fällen besonders leicht gelingt.

---

*) Rp. Sol. Zinc. chlorat. 2—4 100
sine acid. muriatic.
filtra
D.S. Aeusserlich.

Die **Therapie** kann selbstverständlich keine Regeneration der atrophischen Schleimhaut bewirken, sondern nur die noch etwa vorhandenen gesunden Parthieen derselben zu stärkerer Secretion anregen und das abnorme Secret entfernen. Letzteres erreicht man durch *Ausspülung der Nase mit 1—2° igen Lösungen von Natr. bicarbonic., Kal. chloric. und Acid. boric., mit $1\frac{1}{2}$° iger Kochsalzlösung, mit 0,2° iger Lösung von Acid. carbol. oder Kal. hypermanganic. oder endlich mit 0,2—1° iger Lösung von Resorcin bez. Alumin. acetico-tartaric.*. Zu ersterem Zweck *insufflire* man bei der einfachen atrophischen Rhinitis ein Pulver aus *Jodol oder Jodol und Acid. boric. āā oder aus Acid. boric. 2,0: Alumin. acetico-tartaric. 1,0 bez. aus Zinc. sozojodol. 1—2: Jodol 10* oder führe, wie S. 433 beschrieben wurde. *Wattetampons mit 5° 0, 10° 0 oder 15° iger Höllensteinlösung* in die Nase.

Bei der Ozaena empfiehlt sich die GOTTSTEIN'sche *Tamponade der Nase* entweder mit reiner oder mit in Perubalsam 2: Vaselin. flav. 10 getränkter v. BRUNS'scher Watte. Ein 5 cm langer, $\frac{1}{2}$—1 cm dicker Bausch von Verbandwatte wird nach vorheriger Reinigung der Nase mittelst eines nachher durch entgegengesetzte Drehung der Schraube leicht zu entfernenden korkzieherartig gerieften Wattestäbchens in eine Nasenhälfte eingeführt und bleibt hier 2—6 Stunden lang des Vormittags auf der einen, des Nachmittags auf der anderen Seite liegen. Nach der Herausnahme des Tampons *insufflire* man *Aristol* oder *Jodol* oder *Zinc. sozojodol. 1—2: Jodol 10*. Nach täglicher Anwendung der GOTTSTEIN'schen Tamponade pflegt binnen einigen Wochen oder in hartnäckigen Fällen Monaten der Fötor und die Borkenbildung nachzulassen. Alsdann empfiehlt sich die *Application von 5—10° iger Höllensteinlösung* in der oben angegebenen Weise.

Bei der einfachen, insbesondere aber bei der fötiden atrophischen Rhinitis müssen die Ausspülungen der Nase mit *reichlichen* Flüssigkeitsmengen (1—3 Liter) event. 2 mal täglich (Morgens und Abends) vorgenommen werden. Aber auch hierdurch werden meist nicht alle Borken herausgespült. Der Rest derselben, welcher gewöhnlich am Nasendach und auf den mittleren Muscheln sitzt, kann vom Arzt mit Wattestäbchen und Pincette entfernt werden. Manche Autoren wollen die Ausspülungen der Nase bei der Rhinitis chronica atrophicans vollkommen aufgeben und sich auf die eben erwähnte Reinigung mittelst Wattestäbchen und Pincette beschränken. Da letztere aber nur vom Arzte selber ausgeführt werden und die Patienten nicht jahrelang bez. ihr ganzes Leben hindurch täglich zum Arzte gehen können, ist dieses practisch nicht durchzuführen und das Ausspritzen der Nase nicht zu vermeiden.

Der **atrophische Retronasalcatarrh** wird durch *Pinselungen mit 2—4° iger Chlorzinklösung* mit oder ohne darauf folgende Einpulverung von Acid. boric. 2: Aluminium acetico-tartar. 1 behandelt. In hartnäckigen Fällen empfehlen sich *Pinselungen mit Jod-Jodkaliumslösung* *), welche namentlich am Anfang *vorsichtig* ausgeführt werden müssen, da nach ihnen mitunter unangenehme Schmerzen entstehen. Wiederholungen dürfen erst stattfinden, wenn die Reaction abgelaufen ist. Gewöhnlich ist dieses nach 1—2 Tagen der Fall. Zu den stärkeren Lösungen *greift man nur dann, wenn die schwächeren nach 8—10maliger Application keinen befriedigenden Erfolg erzielt haben.*

Nach KRETSCHMANN stehen die so häufig sich auf die Ohrtrompete und Paukenhöhle fortpflanzenden, hartnäckigen und gern recidivirenden Catarrhe der Nase und des Rachens mit einer durch Hyperhidrosis pedum hervorgerufenen Neigung des Patienten zu kalten Füssen in Zusammenhang. Er empfiehlt in diesen Fällen die Anwendung des *Liquor antihidrorrhoicus*, welche folgendermassen geschehen muss: Nachdem die Füsse gründlich mit warmem Wasser bearbeitet und vollständig abgetrocknet sind, giesst man in eine grosse flache Schüssel, die indessen nicht aus Metall sein darf, so viel von dem Liquor, dass er einige Millimeter hochsteht, und setzt nun die Füsse so hinein, dass Anfangs nur Ferse und Sohle benetzt werden. Nach ca. 5 Minuten werden auch die Zehen in die Flüssigkeit gesenkt und gleichfalls 5 Minuten darin gelassen. Man achte darauf, dass der Liquor, welcher übrigens grösstentheils aus Aether besteht, *weshalb man es auf's Strengste verbieten muss, ihm eine offene Flamme zu nähern*, weder an den Zehen noch an den Seiten des Fusses den empfindlicheren oberen Theil der Haut bespült. Nach 10 Minuten bez., wenn ein Prickeln oder Brennen es erforderlich macht, schon früher, werden die Füsse herausgenommen, nochmals mit warmem Wasser abgespült, alsdann, damit nicht zurückbleibende Theile des Liquor die Haut arrodiren, sorgfältigst abgetrocknet

*) Rp. Jod. pur. 0,2   oder Rp. Jod. pur. 0,3   oder Rp. Jod. pur. 0,5
     Kal. jodat. 1,0   Kal. jodat. 1,5   Kal. jodat. 2,5
     Glycerin. pur. 10,0   Glycerin. pur. 10,0   Glycerin. pur. 10,0
     M. D. S. Aeusserlich.   M. D. S. Aeusserlich.   M. D. S. Aeusserlich.

28*

und ½—1 Stunde horizontal gelagert. Die gebrauchte Flüssigkeit kann wieder benützt werden. Etwaige wunde Stellen dürfen nicht mit der Flüssigkeit in Berührung gebracht werden, weil sie sonst angeätzt werden und stark brennen. Die Anwendung soll Anfangs jeden zweiten oder dritten Tag, später in immer längeren Pausen erfolgen, bis die Hyperhidrosis vollkommen verschwunden ist. Schon nach den ersten Bädern wird der Fuss trocken, das Kältegefühl ist verschwunden. 8—14 Tage nach der ersten Anwendung schält sich die Epidermis in grossen Stücken ab.

KRETSCHMANN sah von diesem Verfahren in zahlreichen Fällen von Nasen- und Rachencatarrh sehr günstige Erfolge. Insbesondere bildeten sich die hypertrophischen Formen bei wochen- oder monatelanger Anwendung desselben nicht selten sogar ohne jede Localbehandlung zurück.

Die adenoiden Vegetationen im Nasenrachenraum (Hypertrophie der Rachenmandel).

Unter der Bezeichnung „adenoide Vegetationen" versteht man nicht nur die hypertrophische Pharynxtonsille, welche am Rachendach sitzt und normal bis zu 6 mm über die Schleimhaut prominiren kann, sondern auch eine Hypertrophie des ausserdem noch im Nasenrachenraum vorkommenden adenoiden Gewebes, welches man sowohl am oberen Theil der hinteren Wand wie an den Seitenwänden des Pharynx in der Nähe der Tubenostien, in den Rosenmüller'schen Gruben und an der hinteren Seite des Gaumensegels findet. Die adenoiden Wucherungen können bei starker Entwicklung den Nasenrachenraum fast vollständig ausfüllen, die Choanen verlegen, ja sogar in die Nasenhöhle hineinragen (Taf. X Fig. 9). Nicht selten verdecken sie die Rachenmündungen der Eustachischen Ohrtrompete, erschweren die Oeffnung derselben und führen so Mittelohraffectionen herbei. Nach dem 25. Lebensjahre scheint sich die in feuchten und kalten Klimaten besonders oft vorkommende Hypertrophie der Rachenmandel und des adenoiden Gewebes fast immer von selber zurückzubilden. Denn während sie in der Jugend sehr häufig ist, gelangt sie nach dem 25. Jahre nur selten zur Beobachtung.

Die Beschwerden bestehen in einer mehr minder erheblichen Beeinträchtigung der Nasenathmung, welche ein Offenstehen des Mundes und gewöhnlich starkes Schnarchen während des Schlafs zur Folge hat, sodann in einer nasalen, klanglosen, „todten" Aussprache, bedingt sowohl durch die völlige oder theilweise Obstruction der Nasenhöhle, wie auch durch die Beeinträchtigung der Bewegungsfähigkeit des Gaumensegels. Die Nasenlaute (m, n) können nicht ausgesprochen werden. Die Kranken zeigen ferner, weil sie den Mund fortwährend offen halten müssen und die Nasolabialfalten in Folge dessen mehr und mehr schwinden, einen blöden Gesichtsausdruck, können sich nicht schnäuzen, leiden in vielen Fällen an habituellen Kopfschmerzen und an „Aprosexie" d. h. sie sind unfähig, die Aufmerksamkeit auf einen bestimmten Gegenstand zu concentriren. Bei Kindern führt die Behinderung der Nasenathmung nicht selten zu sehr unruhigem Schlaf, zumunter sogar zu wirklicher Dypnoë während desselben. Dazu gesellen sich ferner noch fast immer die Symptome des chronischen Nasencatarrhs und Nasencatarrhs (vermehrte Secretion etc.). Häufig besteht gleichzeitig auch eine Hypertrophie der Gaumenmandeln.

Da es sich in der Regel um Kinder handelt, so ist die Diagnose der in Rede stehenden Affectionen mittelst Rhinoscopia post. gewöhnlich nicht leicht zu stellen und empfiehlt sich daher die Digitaluntersuchung. Bei dieser stellt man sich neben den sitzenden Patienten, der den Mund weit öffnen muss, legt den linken Arm um seinen Kopf, um denselben auf diese Weise zu fixiren, schiebt mit dem Daumen der linken Hand die Unterlippe des Patienten über seine Vorderzähne, um ihn hierdurch am Beissen zu verhindern, und führt dann schnell den nach oben gekrümmten rechten Zeigefinger*) durch den Mund seitlich von der Uvula möglichst hoch hinter den weichen Gaumen in den Nasenrachenraum hinauf. Hier versucht man das Rachendach, die Tubenwülste, die Mündungen der Tuben und die Choanen abzutasten und unterrichtet sich auf diese Weise nicht nur über das Vorhandensein adenoider Wucherungen überhaupt, sondern auch über deren Grösse, Sitz und Resistenz.

---

*) Will man diesen bei der Untersuchung vor Verletzungen durch Beissen seitens ungeberdiger Kinder ganz sicher stellen, so umgiebt man ihn vorher mit dem LANGENBECK'schen Schutzrohr (Taf. XX Fig. 8).

Therapie: Obwohl die adenoiden Vegetationen nach dem 25. Lebensjahre fast immer schwinden, so ist es doch *rathsam, sie, sobald sie Beschwerden verursachen, operativ zu entfernen.*

Man bedient sich hierzu entweder des GOTTSTEIN'schen *Ringmessers*, eines gefensterten birnförmigen Schabeisens (Taf. XX Fig. 11), dessen Basis am inneren Rande messerartig geschärft ist, oder *zangenartiger Instrumente* z. B. der in Fig. 5 und 6 (Taf. XX) abgebildeten *von* JURASZ *oder* URBANTSCHITSCH. Das GOTTSTEIN'sche *Instrument wird hinter dem Velum palatin.* gegen die obere Pharynxwand vorgeschoben, gegen die an dieser sitzenden Wucherungen angedrückt und dann kräftig zunächst in der Mittellinie und dann noch einmal rechts und einmal links davon nach abwärts zur hinteren Rachenwand geführt, wobei die Wucherungen abgeschnitten werden. Es gestattet, bei einmaliger Einführung in kurzer Zeit möglichst viele Vegetationen zu entfernen, und ist seine Anwendung daher für zahlreiche Fälle ausserordentlich vortheilhaft. Bei ungewöhnlich derben oder grossen Wucherungen bedient man sich besser eines zangenförmigen Instruments, bei dessen Benutzung man die Zunge mit dem linken Zeigefinger oder einem Zungenspatel niederdrückt. Die Zange wird geschlossen hinter dem Gaumensegel gegen den Nasenrachenraum vorgeschoben, dann geöffnet, kräftig zusammengedrückt und so die Wucherungen abgeschnitten.

Die Operation der adenoiden Wucherungen ist mitunter mit einer ziemlich starken Blutung verbunden. *Um die Blutgerinsel aus der Nase zu entfernen, schnaube sich der Patient durch jedes Nasenloch einzeln aus. Ausserdem empfiehlt es sich, sofort nach der Operation mit kaltem Wasser, welches durch eine Spur Kali hypermangan. rosaroth gefärbt ist, gurgeln und diese Gurgelungen auch die nächsten 8 Tage nach jeder Nahrungsaufnahme wiederholen zu lassen. In den ersten beiden Tagen nach der Operation darf Patient nur flüssige und breiige Nahrung zu sich nehmen und muss sich ruhig im Zimmer, am besten im Bett halten.* Mitunter treten im Gefolge der Operation leichtes Fieber, heftiger Kopfschmerz und Schmerz beim Schlucken, zuweilen gar eine eitrige Mittelohrentzündung ein. Mehrere Tage anhaltende intensive Kopfschmerzen nach der Operation, die durch kalte Umschläge und Bettruhe nicht beseitigt werden, sind selten. Zur Verhütung dieser üblen Zufälle ist *eine sorgsame Desinfection der Instrumente und des zur Untersuchung benützten Fingers* erforderlich.

SCHWARTZE berichtet, dass ihm einmal während der Operation ein grösseres Gewebsstück in den Larynx des Patienten gerieth und Erstickungserscheinungen hervorrief. Es liess sich indessen durch Eingehen mit dem Finger leicht aus dem Larynx herausheben.

Die völlig entfernten Wucherungen recidiviren nicht; indessen gelingt es nicht immer, in einer Sitzung alle zu beseitigen. Ob noch Wucherungen zurückgeblieben sind, muss später durch Digital- und Spiegeluntersuchung festgestellt werden, um eine eventuelle Nachoperation anzuschliessen. Letztere darf nicht früher als 8 Tage nach der ersten stattfinden.

Hypertrophie der Gaumenmandeln.

Dieselbe verursacht meist eine chronische Entzündung des Rachens. Diese kann sich auf die Tuben ausbreiten und hierdurch sowie durch die bei der Tonsillenhypertrophie entstehende Insufficienz der Gaumen-Tubenmusculatur kann Schwerhörigkeit verursacht werden. Nur wenn die Tonsillen excessiv vergrössert sind und eine enorme Höhe nach hinten und oben erreichen, können sie den hinteren Gaumenbogen so stark hinaufdrängen, dass die Rachenmündung der Tuba verengt bez. verlegt wird. Dieses im Ganzen sehr seltene Vorkommniss wird um so leichter eintreten, je enger der Rachenraum ist. *Sehr stark hypertrophirte Tonsillen werden, wenn ein chronischer Mittelohrcatarrh besteht, stets operirt werden müssen. Bei einer Vergrösserung mittleren Grades kommt es auf die Weite des Rachens an;* bei mässiger Tonsillenhypertrophie kleiner Kinder wird man abwarten, ob sich dieselbe nicht von selber zurückbildet oder bei zunehmendem Wachsthum des Pharynx wenigstens stationär bleibt. Sind die Tonsillen stark vergrössert, prominent, hart und nicht mit den Gaumenbögen verwachsen, so entferne man die *prominenten* Parthieen mit dem *Messer oder Tonsillotom* event. nach vorhergehender localer Anästhesirung mit 5%,iger Cocainlösung. Die Tonsille wird mit der MUZEUX'schen Zange (Taf. XX Fig. 12) gefasst, etwas vorgezogen und dann mit einem langen, leicht gebogenen, vorn geknöpften Messer (Taf. XX Fig. 13) mittelst sägender Züge abgetragen. Das Messer ist bei der linken Tonsille mit der rechten, bei der rechten mit der linken Hand zu führen. Bedrohliche Blutungen nach der Operation sind selten und lassen sich gewöhnlich durch Ausspülen (nicht Gurgeln) mit Eiswasser und Eis-

cravatte bei aufrechtem Sitzen resp., wenn dieses erfolglos ist, durch längere Digitalcompression stillen. Führt auch die letztere nicht zum Ziel, so muss die Tonsille mit
dem Middeldorpf'schen zangenförmigen Instrument comprimirt oder die Carotis communis
unterbunden werden. Lebensgefährliche Blutungen können durch Verletzung einer abnorm
entwickelten A. palatina ascendens, eines Astes der Carotis ext., entstehen.

Sind die Tonsillen nur mässig vergrössert und schwer zu fassen, so kann man sie
galvanocaustisch durch Einsenken eines Spitzbrenners an mehreren Stellen verkleinern.
Es ist dieses ferner auch bei anaemischen Individuen indicirt, welchen schon ein geringer
Blutverlust schädlich sein könnte. Die Aetzung muss öfters wiederholt werden in etwa
wöchentlichen Intervallen und ist, wenn man die Umgebung der Tonsillen, die Gaumenbögen, die Zunge und die Mundwinkel nicht mit verbrennt, absolut schmerzlos.

*Nach der Tonsillotomie sollen sich die Patienten 3 Tage lang ruhig halten und
nur kalte Milch und aufgeweichtes Weissbrod geniessen, bei heftigen Schmerzen Eis
schlucken.*

Nasenpolypen.

Dieselben sind für das Ohr von viel geringerer Bedeutung als die Tonsillenhypertrophie und insbesondere die adenoiden Wucherungen. Sie verursachen bei genügender
Grösse eine Behinderung der Nasenathmung und ferner einen chronischen Reizzustand der
Schleimhaut, durch welchen mitunter eine abundante Absonderung der letzteren veranlasst
wird. Um das Secret zu entfernen, müssen die Kranken, wenn die Polypen vorgelagert
sind, die Nase mitunter sehr angestrengt ausschnauben. Man extrahire die Polypen nach
localer Anaesthesirung der Nasenschleimhaut durch Bepinselung mit 10%iger Cocainlösung
mittelst eines *Schlingenschnürers*, welcher mit dünnem Klaviersaitendraht armirt ist.
*Zurückgebliebene Polypenreste sowie den Mutterboden ätze man mit dem Galvano-
cauter oder mit Chromsäure bez. Trichloressigsäure* (s. S. 433 u. 434). Grosse Polypen.
welche durch die Choanen in den Nasenrachenraum hineinragen, entferne man mittelst
eines gebogenen Schlingenschnürers, welcher durch den Mund eingeführt und hinter dem
Gaumensegel gegen das Cav. pharyngonasale vorgeschoben wird. Die nach der Polypenoperation mitunter auftretende starke Blutung wird durch Tamponade gestillt.

Alphabetisches Sachregister[*).

---

*) Die fetter gedruckten Zahlen bezeichnen diejenigen Seiten, wo der betreffende
Gegenstand *speciell* abgehandelt wird.

Berichtigungen und Zusätze.

S. 22 Zeile 19 von unten soll stehen „Vestibulum" statt „Vestibulum".

S. 32 „ 9 u. 10 von oben soll stehen „spitzen Winkel von etwa 75⁰" statt „stumpfen Winkel von etwa 50⁰".

S. 36 23 von oben soll stehen „Shrapnell'schen" statt „Shrappnell'schen".

S. 41 7 „ unten soll stehen „perforativer" statt „pervorativer".

S. 54 „ 4 „ „ „Fig. 1" statt „Fig. 2".

S. 122 „ 27 „ „ „ „Fig. 2" statt „Fig. 1".

S. 160 „ 3 „ „ ist hinter „um" einzuschalten: „Gangrän zu vermeiden".

S. 177 „ 3 „ „ soll stehen „Taf. VIII Fig. 6a" statt „Taf. VIII Fig. 6 B".

S. 178 „ 26 „ oben „ „Taf. VIII Fig. 6" statt „Taf VIII Fig. 6 A".

S. 180 „ 10 „ unten „ „Thrombus" statt „Thombus".

S. 186 „ 11 „ oben „ „Scrophulose" statt „Scrophulos".

S. 187 „ 8 „ unten „ „idiopathische" statt „idiopathischs".

S. 200 „ 5 „ oben „Entzündungen der Rachen-" statt „Entzündungen der Nase".

S. 211 „ 14 „ unten „ „ „Taf. VII Fig. 20" statt „Taf. VI Fig. 28".

S. 244 „ 9 „ oben „ „chronischen feuchten" statt „chronisch feuchten".

S. 288 „ 13 „ unten „ „ „Salicylsäure" statt „Salycilsäure".

S. 353 „ 18 „ oben „ „Taf. VI Fig. 29" statt „Taf. VI Fig. 20".

S. 353 19 „ „ „Taf. VI Fig. 30" statt „Taf VI Fig. 29".

S. 372 23 „ „recidivirende" statt „recidirende".

S. 386 19 „ „353 u. 384" statt „283 u. 284".

S. 410 16 „ „ der Punkt hinter „Erkrankungen des Gehörorgans" wegfallen.